소방 실무 핸드북

강주형 · 여용주
윤해권 · 이영수
최동호 공저

도서출판 동화기술

머리말

소방 현장에서 묵묵히 땀 흘리며 안전을 지키는 모든 분들께 진심 어린 감사의 마음을 전합니다. 『소방실무핸드북』이 다섯 번째 판을 맞이하게 된 오늘, 집필진 한 사람 한 사람의 열정과 노력이 여러분의 현장 업무에 작지만 든든한 힘이 되기를 간절히 바랍니다.

이번 개정판은 지난 5년간 이어진 법령과 기술의 변화 속에서도 실무자의 목소리에 귀 기울이며, 한 문장 한 문장을 세심하게 다듬고 새로운 지식을 녹여내기 위해 심혈을 기울여 완성했습니다.

우리 모두가 현장에서 마주하는 어려움과 고민을 조금이나마 덜어드리고자, 복잡한 내용을 보다 명확하고 이해하기 쉽게 재구성하였으며, 실제 현장에서 꼭 필요한 실무 중심의 지침들을 강화하였습니다. 설계도서 검토부터 자재 승인, 검사 업무, 시공과 완공 검사, 그리고 공사 관리에 이르기까지 현장의 생생한 경험을 반영하여, 여러분이 현장 감리와 점검 업무를 수행할 때 신뢰할 수 있는 든든한 동반자가 되어드릴 것을 약속드립니다.

특히 소방 기술자뿐만 아니라 건축, 전기, 기계 분야의 동료 전문가들도 함께 참고할 수 있도록 폭넓게 내용을 담아, 각자의 자리에서 더욱 빠르고 정확한 판단으로 안전을 지키는 데 도움을 드리고자 하였습니다. 이 책이 현장의 복잡하고 예측할 수 없는 상황 속에서 여러분의 현명한 선택과 실행에 작은 등불이 되기를 바라는 마음입니다.

이 모든 노력이 여러분의 안전과 현장 기술력 향상에 보탬이 되고, 궁극적으로 우리 사회가 더 안전한 공간으로 나아가는 밑거름이 되길 진심으로 희망합니다. 앞으로도 계속해서 변화하는 환경에 맞춰 꾸준히 개정하고 보완하여, 더욱 완성도 높은 교재로서 여러분 곁을 지키겠습니다.

소방의 길에서 묵묵히 걸어가는 여러분께 다시 한 번 깊은 감사와 응원의 마음을 전합니다.

감사의 마음을 담아

2025년 7월

소방실무핸드북 집필진 일동

1. 본서는 현재 시행 중인 법령 및 기준 등을 인용하였습니다.
2. 주는 모두 각주로 처리하였으며 모두 저자의 주입니다.

차례

Chapter 01 설계도서 검토 · 19

1.1 설계도서 검토 개요 20

1.1.1 개요 20
1.1.2 설계도서 검토 한계 23
1.1.3 설계도서 검토 내용 25
1.1.4 설계도서 검토보고서 작성 가이드 27
1.1.5 설계도서 검토와 체크리스트 활용 30

1.2 건축방재 33

1.2.1 방화구획 확인 33
1.2.2 면적별 방화구획 확인 38
1.2.3 층간 방화구획 확인 45
1.2.4 용도별 분리 설치 건축물 48
1.2.5 공동주택, 기숙사의 침실, 의료시설의 병실 등에 설치하는 경계벽 50
1.2.6 수직 및 수평 관통부(배관, 덕트, 케이블트레이) 방화구획 확인 57
1.2.7 비상전원 설치장소(발전기실, 축전지실, 펌프 및 소화가스 제어반, 제연설비 송풍기 설치실)의 방화구획 확인 62
1.2.8 방화지구 내 인접건물의 이격거리 기준 65
1.2.9 특별피난계단, 피난계단, 비상용승강장의 방화문 개방방향 및 닫히는 방식 확인 68
1.2.10 계단실의 자동방화셔터 설치 제한 71
1.2.11 피난계단 및 특별피난계단 계단실에 설치된 창문과 실내 창문의 2m 이상 이격 설치 확인 73
1.2.12 비상용 승강기 적용의 적합 여부 확인 75
1.2.13 비상용 승강기 승강장의 구조 및 구획 77
1.2.14 천장과 반자 사이의 거리 및 천장 반자의 재료 79
1.2.15 자동방화셔터의 연동제어반 및 감지기 등의 설치 확인 81
1.2.16 배연창의 설치 84

1.2.17 무창층의 확인 89
1.2.18 아파트의 대피공간 93
1.2.19 소방용 고가사다리차의 통행 및 배치 96

1.3 소화기구 및 자동소화장치 99
1.3.1 수동식 소화기의 배치 기준 99
1.3.2 부속용도별 추가해야 할 소화기구 101
1.3.3 소화기구의 능력단위 수량 103
1.3.4 주거용 주방자동소화장치의 설치 105
1.3.5 이산화탄소, 할로겐화합물 소화기 설치 제한 107
1.3.6 EPS, TPS 실의 자동소화장치 설치 108

1.4 소화펌프, 수조 및 배관 111
1.4.1 소화펌프의 용량 검토 111
1.4.2 소화 수원량의 결정 117
1.4.3 옥상수조의 설치제외 조건 123
1.4.4 소화펌프의 주위 배관 등 127
1.4.5 소화펌프의 축봉장치 132
1.4.6 소화펌프의 기동용 수압개폐장치 135
1.4.7 소화펌프 성능시험배관의 구성 142
1.4.8 소화펌프의 배수시설 145
1.4.9 내연기관 소화펌프의 설치 147
1.4.10 소화수조의 배수배관 151
1.4.11 수계소화설비의 체크밸브 설치 153
1.4.12 소화수원의 음용수 겸용 시 고려사항 155
1.4.13 소화펌프의 정격토출압력과 배관의 사용압력 선정 158
1.4.14 감압밸브의 적용 및 설치방법 160
1.4.15 소화배관의 동파방지 169
1.4.16 소화펌프 주위배관의 개선사항 172

1.5 내진설계 175
1.5.1 소방 내진설계의 현장 착안사항 175

1.6 옥내소화전설비 및 연결송수관설비 178
1.6.1 옥내소화전 설치 및 호스 길이 178
1.6.2 호스릴 옥내소화전 설치 시 고려사항 182
1.6.3 연결송수관설비 방수구의 위치 184
1.6.4 연결송수관설비 방수기구함의 설치 185
1.6.5 옥내소화전의 감압장치 187
1.6.6 옥내소화전 배관 구경 191
1.6.7 연결송수관설비 겸용 배관 구경 192
1.6.8 연결송수관설비 가압펌프의 설치기준 193
1.6.9 연결송수구 배관의 구성 195
1.6.10 옥외 연결송수구의 위치 197

1.7 스프링클러설비 199
1.7.1 스프링클러 헤드 기준개수 적용 기준 199
1.7.2 스프링클러설비 소화계산서 203
1.7.3 스프링클러설비 배관 구경 206
1.7.4 유수검지장치실 및 점검문 크기 208
1.7.5 일제개방밸브의 방수구역 209
1.7.6 습식, 건식 유수검지장치의 시험장치 211
1.7.7 폐쇄형 스프링클러헤드의 표시온도 213
1.7.8 기계실 등의 상하향식 헤드 설치 215
1.7.9 스프링클러헤드의 살수장애 217
1.7.10 보(Beam)와 헤드의 이격거리 218
1.7.11 드라이펜던트 헤드 설치 221
1.7.12 간이스프링클러의 소화수원량 산정 222
1.7.13 간이스프링클러 헤드의 설치 224
1.7.14 ESFR 스프링클러설비 설치장소의 구조 224
1.7.15 ESFR 스프링클러설비의 수원 및 가압송수장치 선정 227
1.7.16 ESFR 스프링클러헤드의 가지배관 배열 229
1.7.17 ESFR 스프링클러헤드의 설치 230
1.7.18 저장물품 사이의 간격은 152mm 이상 확보 233

1.8 가스계 소화설비 235

1.8.1 가스계 소화설비 설치제외 장소 235
1.8.2 전기실, 발전기실 등 별개 방화구획 된 경우 소화가스설비의 적용 237
1.8.3 가스계 소화설비의 성능인증 확인 239
1.8.4 가스계 소화설비 방호구역과 계산서 확인 243
1.8.5 개구부 등의 자동폐쇄장치 설치 247
1.8.6 방호구역별 선택밸브 설치 249
1.8.7 방호구역별 필요약제량에 따른 동관 구성 251
1.8.8 소화가스 용기저장실의 구획 및 필요면적 254
1.8.9 소화약제 저장용기실의 위치 256
1.8.10 가스계 소화설비의 수동식 기동장치 위치 257
1.8.11 PRD 수동복구 밸브의 위치 259
1.8.12 동관 구성의 피드백(Feedback) 시스템 260
1.8.13 가스계 소화설비의 노즐 배치 262
1.8.14 고압가스안전관리법에 의한 저장소 허가 기준량 검토 263

1.9 물분무소화설비 266

1.9.1 물분무소화설비의 소화수원 확보 266
1.9.2 물분무소화설비의 소화펌프 선정 269
1.9.3 물분무소화설비 기동장치의 설치 273
1.9.4 물분무헤드의 선정 275

1.10 포소화설비 278

1.10.1 대상물 및 화재특성에 따른 포소화약제 적용 278
1.10.2 포소화설비의 대상 및 방식에 따른 수원량 산정 280
1.10.3 포소화약제의 저장량 286
1.10.4 포소화약제 저장탱크의 설치장소 289
1.10.5 포소화펌프의 유량 및 양정 계산 291
1.10.6 포 혼합장치의 방식 및 규격 296
1.10.7 포헤드의 설치 수량 298
1.10.8 위험물탱크의 종류에 따른 고정식 방출구 설치 301

1.11 옥외소화전설비 및 상수도소화전 307

1.11.1 옥외소화전 배관 방식 307
1.11.2 옥외소화전 방수압력 초과 시 감압장치 설치 308
1.11.3 상수도소화전의 제수변 설치 308
1.11.4 상수도소화전의 위치 310

1.12 거실 제연설비 313

1.12.1 거실 제연구역의 구획과 면적 313
1.12.2 거실과 통로는 각각 제연구획 316
1.12.3 통로의 공기유입 317
1.12.4 제연구역의 배출량 산정 319
1.12.5 공연장 규모에 따른 객석 제연설비 적용 321
1.12.6 거실제연설비의 공조 겸용 323
1.12.7 제연경계벽의 구조 및 위치 325
1.12.8 공동 예상제연구역의 배출량 328
1.12.9 제연구역 내 급기풍량 334
1.12.10 공기유입구 높이 및 배출구와의 이격거리 336
1.12.11 덕트 강판의 두께 337
1.12.12 급기구의 크기 및 풍속(5m/s) 338
1.12.13 외기취입용 흡입구와 옥외 연기 배출구의 이격 339
1.12.14 제연구역의 수동 기동장치 설치 341
1.12.15 화재시 제연모드 변경 금지 342
1.12.16 풍량 및 풍속에 따른 덕트 및 그릴 규격 343
1.12.17 방화구획 관통 덕트 내 방화댐퍼 설치 346
1.12.18 M.D (Motor Damper) 설치 부분의 점검구 확인 348

1.13 차압 제연설비 350

1.13.1 제연방식의 선정 350
1.13.2 설계 최소차압 355
1.13.3 설계 방연풍속 359
1.13.4 부속실과 비상용 승강장의 구분 363
1.13.5 수직풍도 면적과 제연덕트의 크기 364

1.13.6 수직풍도의 내화구조 및 급기와 배출풍도의 분리 366
1.13.7 특별피난계단의 설치규정 369
1.13.8 아파트의 경우 1층 계단실과 옥내 사이 방화구획 373
1.13.9 제연용 송풍기의 설치장소 375
1.13.10 급기 송풍기의 풍량조절댐퍼 설치 378
1.13.11 옥외 외기 취입구의 연기 재유입 방지 379
1.13.12 차압측정공의 설치 382
1.13.13 급기구와 배기구 위치 384
1.13.14 자동차압급기댐퍼의 차압감지관 387
1.13.15 출입문 개방힘 110N 이하 389
1.13.16 제연 배기덕트의 방화구획 관통부 조치 392
1.13.17 급기댐퍼와 배출댐퍼의 누기율 394
1.13.18 최초 화재층 운전모드의 변경 금지 395

1.14 피난기구 및 인명구조기구 396
1.14.1 완강기의 설치 396
1.14.2 피난기구 설치 장소의 유효공지 확보 397
1.14.3 피난기구 이용 가능한 건축구조 확인 397
1.14.4 인명구조기구의 설치 398

1.15 자동화재탐지설비 399
1.15.1 경계구역의 설정 399
1.15.2 계단 등의 경계구역 설정 402
1.15.3 외기에 면한 상시 개방된 부분의 경계구역 403
1.15.4 소화설비 방호구역의 경계구역 405
1.15.5 감지기의 설치 407
1.15.6 부착높이 15m 초과 부분의 감지기 설치 410
1.15.7 정온식 감지선형 1회로의 최대길이 415
1.15.8 EPS, TPS 등의 감지기 회로 구성 416
1.15.9 P형 수신기 회로수 417
1.15.10 중계기의 설치 위치 419
1.15.11 회로당 감지기 최대 설치개수 423

1.15.12 감지기 설치 제외 425
1.15.13 시각경보기의 설치장소 426
1.15.14 시각경보기의 전원 430
1.15.15 발신기의 수평거리와 보행거리 432
1.15.16 전선관의 굵기 434
1.15.17 전선관의 재질과 공사방법 436
1.15.18 동력제어반과 소화펌프 간 내화배선 설치 439
1.15.19 감시제어반의 설치장소 441

1.16 비상방송설비 444
1.16.1 확성기(스피커) 설치위치 444
1.16.2 비상방송 경보방식 445
1.16.3 비상방송설비의 배선 447

1.17 유도등 448
1.17.1 건물의 용도별, 층별 유도등의 규격 448
1.17.2 피난구유도등 설치 출입문 상단의 공간 450
1.17.3 피난구유도등의 설치 제외 451
1.17.4 통로유도등의 설치 453
1.17.5 장애인 관련법에 따른 유도등 설치 457

1.18 비상조명등 458
1.18.1 비상조명등의 설치 458
1.18.2 비상전원 전용회로 구성 459
1.18.3 예비전원 내장형 비상조명등의 축전지 용량 460
1.18.4 휴대용 비상조명등 설치 461

1.19 비상콘센트설비 462
1.19.1 비상콘센트의 전원회로 구성 462
1.19.2 비상콘센트 10개 이하 설치 463
1.19.3 비상콘센트의 설치위치 465

1.20 무선통신보조설비 467
1.20.1 무선통신보조설비 방식 467
1.20.2 옥외 안테나의 설치위치 469
1.20.3 무선통신보조설비의 케이블 고정방법 470

1.21 비상전원 471
1.21.1 비상전원의 종류 및 용량 471
1.21.2 예비전원 내장에 따른 비상조명등의 비상전원 481
1.21.3 비상전원의 내하배선 483
1.21.4 소방시설에 따른 비상전원 수전설비 486
1.21.5 상용 전원회로의 분기회로 위치 488
1.21.6 감시제어반에서 상용 및 비상전원의 공급여부 확인 492

Chapter 02 자재승인 및 검수 • 493

2.1 자재승인 검토 개요 494
2.2 소방자재의 성능시험 · 형식승인 · KFI 인증 자재 496
2.2.1 소방용 기계 · 기구의 성능시험 496
2.2.2 소방용품의 형식승인 498
2.2.3 KFI 인증 501

2.3 자재승인 503
2.3.1 자재승인 목적 503
2.3.2 자재승인 절차 503
2.3.3 승인대상 자재의 선정 505
2.3.4 승인대상 자재에 대한 검토 506

2.4 자재검수 510
2.4.1 자재검수 목적 510
2.4.2 자재검수 절차 510

2.4.3 자재검수 512

2.5 방화자재 시험성적서 검토 518

Chapter 03 검측업무 · 539

3.1 검측업무 개요 540

3.2 슬리브 설치공사 545

3.2.1 슬리브 재질 확인 545
3.2.2 슬리브 위치 및 규격 확인 547
3.2.3 옥외매립 연결부위 지수판 관통 슬리브 설치 확인 553
3.2.4 슬리브 고정 및 철근보강 등 마감 상태 확인 555
3.2.5 다른 공사와 간섭 확인 557
3.2.6 슬리브 검측 체크리스트 서식 559

3.3 수계배관 설치공사 560

3.3.1 배관의 용접 및 마감상태 확인 560
3.3.2 배관 행거 설치위치, 간격 및 고정 상태 확인 565
3.3.3 배관의 관경 확인 570
3.3.4 배관 굴곡부위의 배수처리 조치 572
3.3.5 밸브류의 규격 및 설치 위치 확인 575
3.3.6 옥내소화전 내함 설치 높이 및 위치 확인 576
3.3.7 앵글밸브, 유수검지장치 등의 설치 및 고정 확인 580
3.3.8 시험밸브의 배수처리 확인 581
3.3.9 스프링클러헤드 주위의 살수장애 확인 585
3.3.10 천장 또는 반자와 헤드간의 거리 및 보와 헤드간의 거리 확인 590
3.3.11 지중 매설배관의 방식조치 확인 596
3.3.12 지중 매설배관의 동결심도 확인 598
3.3.13 배관의 수압시험 방법 및 누수 확인 600
3.3.14 수계 배관공사 검측 체크리스트 서식 605

3.4 가스계배관 설치공사 608
3.4.1 배관의 용접상태 및 마감처리 확인 608
3.4.2 배관 시험 전 밀폐 확인 617
3.4.3 가스계 소화배관의 고정 확인 618
3.4.4 노즐의 오리피스 분구면적 확인 619
3.4.5 방호구역별 선택밸브와 작동 저장용기 수량 확인 621
3.4.6 선택밸브 등 고정 및 공간 확보 623
3.4.7 가스계 배관공사 검측 체크리스트 서식 629

3.5 장비 설치공사 630
3.5.1 소화펌프의 사양과 규격 확인 630
3.5.2 MCC 판넬 부하용량 확인 632
3.5.3 소화펌프의 배수 처리 확인 638
3.5.4 소화수량 확보 확인 640
3.5.5 성능시험배관의 구성 확인 647
3.5.6 유량계 측정(눈금) 범위 확인 649
3.5.7 가압송수장치 작업 및 보수공간 확보 650
3.5.8 이종금속간 접속부 절연 확인 652
3.5.9 펌프 흡입·토출 배관 및 밸브 설치 확인 655

3.6 보온 공사 659
3.6.1 배관 보온재의 규격 확인 659
3.6.2 배관 보온재 누락 여부 및 배관 고정 확인 662
3.6.3 습식 배관의 동파방지 확인 665
3.6.4 매립부분의 배관 보온 확인 667
3.6.5 보온공사 검측 체크리스트 서식 669

3.7 덕트 공사 670
3.7.1 덕트의 규격 확인 670
3.7.2 덕트 이음부위의 기밀 패킹 확인 673
3.7.3 송풍기와 배출덕트 접속부분 캔버스의 내열성능 확인 679
3.7.4 차압감지관의 설치 상태 확인 681

3.7.5 급기 및 배출댐퍼의 벽체 고정 확인 683
3.7.6 옥외 외기취입구와 배기구 이격 확인 686
3.7.7 외기 취입구의 이물질 유입방지 조치 확인 688
3.7.8 송풍기 토출측의 풍량조절댐퍼와 풍량측정공 확인 689
3.7.9 수직풍도 이외 급기덕트의 불연재료 단열처리 확인 690
3.7.10 덕트 공사 검측 체크리스트 서식 692

3.8 전선관 공사 693
3.8.1 전선관 규격 확인 693
3.8.2 직선 배관 시공 및 배관 · 박스 피복 확인 696
3.8.3 전선관 상호간 및 박스간 접속 부속 확인 701
3.8.4 누락된 박스 및 전선관 확인 704
3.8.5 박스 및 배관의 결속 · 보강 706
3.8.6 전선관과 기타 배관의 이격 확인 710
3.8.7 전선관로의 포설 상태 확인 711
3.8.8 전선관 공사 검측 체크리스트 서식 713

Chapter 04 완공검사 • 715

4.1 완공검사 716
4.1.1 현장 시공상태와 최종 완공도면의 일치 717
4.1.2 건축 최종도면과 소방도면의 일치 718
4.1.3 방화구획 관통부의 내화채움구조 확인 718
4.1.4 덕트의 방화구획 관통부 방화댐퍼 설치 확인 720
4.1.5 방화문의 설치 확인 722
4.1.6 방화셔터의 설치 확인 725
4.1.7 수신기 전원배선의 전용여부 확인 729
4.1.8 P형 및 GP형 수신기 공통선의 접속 회로수 확인 730
4.1.9 탬퍼스위치 전선관의 마감상태 확인 732

4.1.10 저수위 경보장치의 현장시험 733
4.1.11 릴리프밸브 배수의 육안 확인 735
4.1.12 자동소화장치의 방출구 위치 확인 736
4.1.13 소화전함의 원활한 개방 확인 738
4.1.14 옥내소화전 사용압력 0.7MPa 초과 시 대책 740
4.1.15 송수구의 설치 위치 확인 742
4.1.16 소화전의 방수시험 743
4.1.17 스프링클러헤드의 차폐판 확인 745
4.1.18 배관 굴곡 부위의 배수처리 확인 746
4.1.19 노출 보 구조의 스프링클러헤드 설치상태 확인 747
4.1.20 소화가스구역의 개구부 폐쇄장치 확인 748
4.1.21 소화가스구역의 과압배출구 확인 750
4.1.22 소화가스 방출 시 공조설비 정지 확인 751
4.1.23 감지기 종별 및 설치수량 확인 752
4.1.24 감지기의 종단저항 처리 확인 753
4.1.25 공기유입구와 감지기의 이격거리 확인 756
4.1.26 발신기의 조작스위치, 시각경보기의 설치 높이 확인 758
4.1.27 단자함 시공 상태 확인 759
4.1.28 스피커 규격 및 설치위치 확인 760
4.1.29 유도등의 설치높이 확인 762
4.1.30 완강기 지지대의 고정 확인 764
4.1.31 피난 개구부의 확보 확인 766
4.1.32 피난구 도어클로저의 폐쇄력 확인 768
4.1.33 거실제연설비 댐퍼 스케줄 확인 769
4.1.34 칼받이 접지극의 접지 처리 확인 770
4.1.35 무반사종단저항 및 안테나 설치 확인 772
4.1.36 옥외안테나 설치 확인 772
4.1.37 누실동축케이블의 고정상태 확인 774
4.1.38 누설동축케이블의 벽 또는 보 등에서 이격거리 확인 775
4.1.39 상수도소화전 주위공간 확보 확인 776
4.1.40 각종 표지판 설치 및 위치 확인 777

4.2 성능시운전 검사 779

4.2.1 소화펌프 성능시운전 검사 782

4.2.2 옥내소화전 성능시운전 검사 789

4.2.3 스프링클러(습식) 성능시운전 검사 791

4.2.4 스프링클러(준비작동식) 성능시운전 검사 794

4.2.5 스프링클러(건식) 성능시운전 검사 798

4.2.6 옥외소화전 성능시운전 검사 801

4.2.7 상수도소화전 성능시운전 검사 802

4.2.8 차압 제연설비 성능시운전 검사 804

4.2.9 자동화재탐지설비 및 경보설비 성능시운전 검사 812

4.2.10 비상발전기 성능시운전 검사 814

Chapter 05 소방공사관리 • 817

5.1 국내법규의 체계 818

5.1.1 법규의 종류 818

5.1.2 법규(法規)의 구성 819

5.1.3 소방법령의 체계 820

5.2 공학단위에 관한 규정 822

5.2.1 기본단위 822

5.2.2 접두어(接頭語) 825

5.3 관련 규정 826

5.3.1 건축법령의 주요 용어 정리: 법제처 참고 826

5.3.2 인허가 소방동의 및 소방시설공사 업무 흐름 833

5.3.3 소방시설업의 정의 834

5.3.4 소방시설업 등록기준 834

5.3.5 소방시설공사의 착공대상 839

5.3.6 소방시설공사의 감리대상 841

5.3.7 소방공사 감리의 종류와 방법 및 배치기준 842
5.3.8 소방시공 기술자의 배치근거 및 기준 844
5.3.9 소방공사 감리 업무 846
5.3.10 소방공사 감리결과의 통보 847
5.3.11 완공(부분 완공) 검사 848
5.3.12 공사의 하자보수 849

5.4 착공 단계 업무 850
5.4.1 감리계약의 체결 850
5.4.2 설계도서 등의 검토 852
5.4.3 착공계 검토 852
5.4.4 공사 관련자 회의 854
5.4.5 하도급 관련 사항 854
5.4.6 착공신고 검토 857
5.4.7 관할 소방서의 감리자 지정신고 등 861

5.5 시공 단계 업무 872
5.5.1 일반 행정업무 872
5.5.2 시공 관리 878
5.5.3 공정 관리 883
5.5.4 설계 변경 885

5.6 준공 단계 업무 888
5.6.1 준공 관리 889
5.6.2 시설물 인수인계 895

부록. 단위환산표 898

01

CHAPTER

설계도서 검토

1.1 설계도서 검토 개요

1.1.1 개요

(1) 감리(監理)의 정의와 역할

1) 감리의 정의
   ① 감리(監理)란 '볼 감(監)'과 '다스릴 리(理)'의 조합으로, "이치에 맞게 본다"는 의미를 지님
   ② 감리는 공사에서 설계도서와 관련 법규에 따라 공사가 적절하게 수행되는지를 감독하고 관리하는 업무를 의미함
2) 감리의 주요 역할
   ① 공사의 적법성과 적합성을 검토
   ② 품질관리, 공사관리, 안전관리 등을 통해 소방시설의 성능을 확보
   ③ 발주자의 권한을 대행하여 업무 수행
   ④ 발주자가 필요로 하는 전문지식을 제공

(2) 감리자의 업무와 책임

1) 현장 공사의 원활한 진행 지원
   - 설계도서에 따라 공사가 원활히 진행되도록 확인, 지도, 감독
2) 관리자의 책임
   ① 적법한 절차를 바탕으로 공사와 품질관리를 이행하도록 지원
   ② 관리자의 책임을 포함하여 공사가 적절히 진행되도록 함
3) 소방감리의 특수성 및 주의사항
   ① 소방관련 법규와 규정에 의해 부적합한 설계까지 책임을 져야 하는 상황이 발생될 수도 있으며, 이러한 문제는 시공 및 관리 단계에서 추가적인 어려움을 야기
   ② 감리자와 시공사 모두에게 불리하게 작용할 수 있으므로 주의 필요

(3) 설계도서의 철저한 검토의 중요성

1) 공사 시작 전 검토 사항
   ① 설계도서를 철저히 검토하여 부적합한 설계사항 발견
   ② 설계자의 의견과 설계 의도를 명확히 파악
   ③ 필요시 설계 변경 절차를 준수하여 진행
2) 감리자와 시공자의 불이익 방지
   - 설계 변경 등을 통해 감리자와 시공자가 불이익을 받지 않도록 조치
3) 적법하고 적합한 공사 보장
   - 시공 관리를 통해 적법하고 적합한 공사가 이루어지도록 보장
4) 리스크 사전 제거의 중요성
   - 감리자, 시공자, 감독관 등 공사 관계자 모두가 참여하여 시공 중 발생할 수 있는 리스크(Risk)를 사전에 최대한 제거

(4) 소방 설계도서의 구성과 검토 방법

1) 소방 설계도서의 구성 요소
   ① 도면
   ② 시방서
   ③ 계산서
   ④ 성능위주설계 신고서 심의결과 (받은 경우)
   ⑤ 사전재난영향성검토 확인 심의결과 (받은 경우)
2) 설계도서의 검토로부터 현장 업무 시작
3) 종합적인 검토의 필요성
   ① 소방 관련 건축, 토목, 기계, 전기 도면과 성능위주설계 심의결과를 함께 검토
   ② 공사 초기 단계에서 발생 가능한 문제를 미리 찾아내고 적절히 조치

(5) 심의의견 검토의 중요성

1) 설계도서 검토 시 주요 발견사항
   ① 소방시설의 누락
   ② 설계 오류
   ③ 설계 개선사항
2) 고층 및 초고층 건축물에서의 중요성 증가
   ① 고층 및 초고층 건축물의 증가에 따라 :
      ☞ 초고층 및 지하연계 복합건축물 재난관리에 관한 특별법」(약칭: 초고층재난관리법)에

따른 사전재난영향성검토협의 심의의견 반영 검토

☞ 「소방시설 설치 및 관리에 관한 법률」(약칭: 소방시설법) 제8조에 따른 성능위주설계 심의의견 반영 검토

3) 초기 검토 과정에서 심의의견이 누락될 경우 준공 지연 등의 문제가 발생할 수 있음

(6) 소규모 건축물에서의 주의사항

1) 소규모 건축물에서도 소방법 및 관련 규정에 부합하지 않는 시설이 적용되는 기본적인 오류 발생 가능

2) 공사 관계자의 철저한 검토 필요

① 소방시설의 적용 여부

② 타 공정과의 간섭 가능성

③ 기술적 문제점 등을 철저히 검토해야 함

(7) 설계 변경 및 확인 절차

1) 초기 검토의 중요성

- 예를 들어, 펌프 유량 검토 시 양정 선정의 적절성과 설계도면, 펌프 양정계산서, 내역서 등의 일치 여부는 공사 초기에 자세히 검토되어야 함

2) 불일치 내용 발견 시 조치

- 서로 일치하지 않는 내용이 발견되면 :

☞ 반드시 발주처에 보고하고

☞ 설계자의 확인을 받아 설계 변경이 이루어져야 함

3) 확인 절차는 보통 문서로 진행되며, 설계자의 개인적인 확인만으로 받은 문서는 효력이 없을 수 있으므로 주의 필요

4) 공식 문서 수령의 필요성

- 부적합한 설계 내용을 설계자가 인정하고 수정 사항을 반영하여 회신할 때에는 :

☞ 설계 책임 기술자의 확인을 받은 공식 문서로 받아야 함

1.1.2 설계도서 검토 한계

(1) 설계도서의 정의 및 소방감리원의 설계도서 검토 사항

1) 설계도서는 설계도면, 시방서, 계산서, 내역서, 현장설명서, 협약서, 입찰안내서 등을 포함하는 문서를 의미함
2) 건축허가조건에 명시된 특기사항을 고려하여 소방시설 설치계획표 검토
3) 건축, 토목, 기계, 전기 등 각 분야의 관련 도서를 제출받아 소방 공정과의 간섭 사항을 비교 검토

(2) 설계도서 검토 시 확인 사항

1) 건축도면 확인 항목
   ① 방화구획, 창호도면
   ② 내장재, 재료마감표
   ③ 단면도, 각 층 평면도 등
2) 기계도면 확인 항목
   ① 샤프트 계획
   ② 배관 경로
   ③ 장비 배치 등
3) 전기 및 통신도면 확인 항목
   ① 비상발전기 도면 및 계산서
   ② MCC(Motor Control Center) 관련 도면
   ③ 케이블 트레이 경로
   ④ 분전반 위치 등
4) 소방 도면과의 비교 검토
   위의 도면들을 소방 도면과 비교하여 간섭 여부를 검토해야 함

(3) 설계도서 검토의 한계 및 문제점

1) 소방감리원이 주로 골조 공사 직전에 투입되어 설계도서 검토가 완료되지 않은 상태에서 시공이 이루어짐
2) 발생 가능한 문제점
   ① 정확도가 떨어지는 시공 상세도에 따라 작업이 진행됨
   ② 사용 불가능한 매립 배관과 슬리브가 설치되는 사례 발생

③ 마감 단계에서 타 공정 간 간섭으로 추가적인 문제 발생

(4) 설계도서 검토 한계의 극복 방안

1) 건축물 골조 공사 이전, 즉 터파기 단계에서 소방감리원을 투입해야 함
2) 타 공정과의 간섭 가능성을 사전에 검토하고 이를 시공 계획에 반영해야 함
3) 예상 효과
   ① 시공 전반에서 발생할 수 있는 문제 예방
   ② 공정 간 충돌 최소화

(5) 소방공사 분리발주에 따른 고려사항

1) 계약 시점 및 만료 기간 차이 발생 가능성
   - 소방공사 분리발주 시행으로 건축공사와 소방공사의 계약 시점 및 계약 만료 기간이 달라질 가능성이 높아짐
2) 계약과 만료 기간의 차이로 인해 설계 검토 및 시공 단계에서 추가적인 주의가 필요함
3) 대응 방안
   - 계약 체결 및 공정 계획 수립 시 이에 대한 면밀한 검토가 필요함

1.1.3 설계도서 검토 내용

(1) 검토도서 목록

1) 소방설계도면 : 옥외 배치도, 계통도, 각층 평면도, 상세도 등
2) 건축설계도면 : 각층 평면도, 방화구획도, 창호도, 재료마감표, 구조도 등
3) 기계도면 : 공조덕트도면(제연설비 겸용의 경우), 물탱크, 시수인입 등
4) 전기도면 : 비상전원, 비상조명등, MCC, 분전반 등
5) 통신도면 : 비상방송, 앰프 등
6) 시방서 : 일반시방서, 특기시방서
7) 계산서 : 소화펌프, 소화가스설비, 제연설비, 비상발전기 등 부하계산서
8) 소방시설 설치계획표 : 건축허가 당시 설계사가 소방서에 제출한 내용의 서류
9) 설계 설명서, 입찰안내서 : 기본설계 당시 건축주와의 협의사항, 요구사항 등
10) 성능위주설계 심의 의결서, 사전재난영향성검토협의 심의의견서, 인허가 시 요구사항

(2) 설계도면 검토

1) 도면목록표의 도면번호, 도면 제목 등 누락된 도면이 없는지 확인
2) 기호 및 범례에 공사와 상관없는 내용이 있는지 확인하고, 범례 등이 도면과 일치하는지 확인
3) 소화설비 계통도, 소화펌프 확대평면, 소화계산서 등과 펌프용량, 수원용량, 소방장비용량 일치여부 확인
4) 계통도 검토내용은 설계개요와 설계적용의 일치여부검토, 계통도와 평면도의 일치여부 검토 (입상배관 구경, 유수검지장치, 옥내소화전, 소방장비, 수량, 스프링클러헤드 설치장소, 간선 수, 화재수신기·전원반·템퍼스위치 위치 등)
5) 평면도 검토내용은 주기사항과 평면도 일치여부, 배관구경, 소화기구의 수량, 입상배관위치, 방호구역선정, 옥내소화전 수평거리, 사용용도별 감지기 적응성, 소방기계와 소방전기분야의 장비 및 기구위치 일치 여부 등을 확인

(3) 설계시방서 및 내역서 검토

1) 시방서는 일반시방과 특기시방으로 구분
2) 시방서는 도면에 표현하기 어려운 내용을 수록하여 시공자로 하여금 공사의 이해도를 높이기 위한 것으로서 작성된 시방서 내용을 꼼꼼히 검토
3) 시방서의 내용이 건축허가 등 협의시점의 소방법에 적합한지 검토
4) 시방서 내용 중 시공자 또는 발주자의 일방적인 내용, 공사 내용과 상이한 시공방법 등 추후

공사 진행에 의견충돌 원인이 되는 사항은 발주자에게 보고하고 결정된 방침에 따라 처리

5) 현장의 특수한 상황에 적합한 시방서는 해당 제품의 사양이 정확히 표현되어 있어야 하며 도면과 시방서의 일치여부를 확인

6) 내역서와 도면의 상이한 내용으로, 즉, 도면에 표기된 사항이 내역에서 누락된 경우, 배관 및 덕트 관통 부분에 내화충진재가 내역에 미반영, 옥내소화전 감압변이 내역에 미 반영된 경우 등

(4) 설계계산서 검토

1) 소방전기분야는 비상전원 및 예비전원의 용량의 적합성 등 검토, 소방기계분야는 수계소화설비 소화펌프 양정 및 동력, 소화가스설비 약제량, 제연설비 풍량 및 휀 동력 등 소방장비 용량 검토

2) 계산서 장비사양과 도면 장비사양의 일치여부 검토

소화수원	법적 소화수원용량, 소화설비할인규정에 의한 수원용량 등 기본사항과 특이사항에 대한 검토
소방펌프계산서	마찰손실, 배관구경, 유량 등 근거 자료검토, 마찰손실 입력자료, 계산서와 설계도면과의 일치여부 확인
스프링클러설비 수리계산서	배관 내경, Isometric Diagram의 로트번호별 입력 값 오류, 유속범위 등
소화가스계산서	KFI 인정서, 평면도, Isometric Diagram 및 계산서 입력 값의 일치여부, 계산서와 설계도면 및 시공의 일치여부 검토
제연설비 계산서	FAN용량, 누설틈새면적, 사용된 댐퍼의 누기율 등 적합여부 검토
내진설계 계산서	설계도면과 계산서의 일치여부, 계산서에서 부적합 조건 여부, 소화펌프실 입상부분의 버팀대의 적정성 여부, 앵커볼트의 규격 등

(5) 성능위주설계 및 사전재난영향성검토협의 심의 조치계획서

1) 항목별 심의의결 항목별 내용이 설계도서에서의 누락 여부 확인

2) 건축, 기계, 통신, 전기 등 소방외의 타 공종에 포함된 항목의 누락 여부 확인

3) 성능위주설계 심의의결 내용에 관한 이행보고서 작성 여부 등

1.1.4 설계도서 검토보고서 작성 가이드

(1) 설계도서 검토보고서 작성 가이드

1) 작성 순서 및 양식 준수

① 작성 순서 : 구분－검토부분－도면번호－문제점－의견

② 샘플 양식 참조

☞ 제시된 샘플 양식을 따라 작성

☞ 보고서는 주요 분야로 구분하여 작성 : 소방기계, 소방전기, 건축방화 등

③ 도면번호와 위치 표기

☞ 수정이 필요한 위치를 쉽게 파악할 수 있도록 도면번호와 도면 위치를 명확히 표기

(2) 문제점 작성 방법

1) 당초 설계 내용에서 나타난 문제를 구체적이고 상세하게 기술

① 기술적 문제

② 시공 문제

③ 법규 위반 문제 등

2) 문제의 원인과 영향 설명

① 문제의 원인과 그로 인한 영향을 명확히 설명

② 설계 변경이나 보완의 필요성을 이해하기 쉽게 작성

(3) 검토자 의견 작성 방법

1) 설계도서의 검토는 감리원만의 업무가 아니므로 관계 당사자인 감리원과 소방기술자(현장 시공사)가 각각 검토하고 의견을 작성함

2) 검토자가 판단한 문제 해결을 위한 의견과 대안을 제시하는 것이 바람직

3) 반드시 대안을 제시해야 하는 것은 아니며, 설계자가 문제를 인식하고 적절히 수정·보완하거나 설계 의도를 명확히 설명하도록 촉구하는 내용을 포함

4) 의견 작성 시 명확하고 객관적인 표현을 사용하여 설계자와의 협의가 원활히 진행될 수 있도록 함

(4) 작성 방식의 효과

1) 설계 변경 및 보완 과정에서 발생할 수 있는 혼란을 줄일 수 있음

2) 문제 해결을 위한 소통과 협업이 효율적으로 이루어짐

예시-설계검토

설계 검토 (소방)

공 사 명 : OO센터 신축공사

구분	항목		도면번호	문제점(도면 내용)	검토자 의견
	연번	부위			
소방기계		소화펌프 주위배관	MF-04	소화펌프 주위배관의 설치 상세도가 구체적이지 않음	소화펌프 주위배관의 구성방법은, 설비의 효율적인 성능을 위하여 매우 중요한 사항이다. 따라서 압력계의 위치, 성능시험배관의 구체적 설치방법, 개폐밸브의 종류와 설치위치, 각 배관의 분기위치 등에 대해 상세히 표기되어야 할 것이다.
		소화펌프 주위배관	MF-04	소화물탱크 상세도와 소화수조 상세도의 펌프 주위배관의 배관종류가 상이함 (KSD3507/KSD3562)	배관 및 부속류는 소화시스템의 사용압력(체절점 부근)을 검토하여 사용압력에 견딜 수 있는 배관 및 부속류로 선정되어야 하며, 압력배관의 범위를 명확히 도면에 명기하기 바람(사용압력 12kg/㎠ 이상일 경우 KSD3562 설치, 부속류의 경우 10kg/㎠ 이상일 경우 20kg/㎠ 용으로 설치)
소방기계		장비일람표	MF-03	압력챔버 사용압력이 10kg/㎠로 설계됨	소화펌프의 정격양정이 10kg/㎠이므로 소화전 1개, 헤드 1개 개방 시 체절점 근처까지 양정이 상승됨으로 10kg/㎠ 이상 사용가능한 제품으로 선정 요함
		소방시설 흐름도	MF-04	NOTE 중 옥내소화전 감압오리피스는 전동 지상2층 이하 층에 설치	감압오리피스는 하나의 옥내소화전을 사용하는 노즐선단에서의 방수압력 7kg/㎠을 초과할 경우에 설치를 함으로 현재 정격양정이 10kg/㎠이며 소화전 1개 방수 시 체절점 근처까지 압력이 상승될 것을 고려하여 감압오리피스 적용을 재검토하여 도면에 수정 요함 (각 동별 감압오리피스 적용 계산서 첨부 요함)
		배관의 규격	계통도 및 시방서 공통	배관의 종류 및 사용압력범위에 대한 구체적인 사항이 누락됨	배관의 종류에서 가장 중요한 것은 사용압력에 대한 분류일 것이며, 설계도서 또는 시방서에 그 사용압력범위에 대한 구체적인 설명이 있어야 할 것이다. 설계도서에 KSD3507 또는 KSD3562 등으로 표기되어 구체적으로 사용목적에 따라, 배관의 종류가 구체적으로 표기되어야 할 것임.
			시방서	배관의 수압검사기준 없음	배관의 수압검사 기준은 소방성능시험 결과표의 수압시험 기준을 준용하여 시방서에 추가요함 (수압시험은 14kg/㎠의 압력으로 2시간 이상 실시하고자 하는 가장 낮은 부분에서 가압하되, 배관, 배관부속류, 밸브류 각종장치 및 기구의 접속부분에서 누수현상이 없어야 한다)

구분	항목		도면 번호	문제점(도면 내용)	검토자 의견
	연번	부위			
		스프링클러 소화배관의 구성	계통도 공통	스프링클러의 방수압력이 1.2 MPa 초과되도록 설계됨	국내에서는 스프링클러의 방수압력을 1.2 MPa을 초과하지 않도록 제한하고 있으며, NFPA 규정에서는 알람밸브의 입구 정압이 1.2 MPa이 넘지 않도록 규정하고 있다. 당 현장에 설계된 스프링클러 소화펌프의 양정은 134 m로서, 이미 정격양정 환산압력조차 1.34 MPa로, 이미 허용압력을 초과하고 있다. 더구나 예상되는 최대 체절압력인 1.88 MPa (13.4x1.4)은 추후 운전 시, 매우 심각한 과압으로 인한 장비 등의 손상을 가져올 수 있으므로, 고층부와 저층부로 배관을 분리하고, 저층부에는 별도의 감압장치를 구성해야 할 것이며, 사용압력기준은 펌프의 체절압력이 되어야 할 것임.
소방전기		범례 및 주기사항	EF-02	방화셔터 설치 내용 없음	방화셔터의 공사범위를 명확히 구분하여 명기할 것 (연동제어기는 건축공사분, 전원공급은 전기공사, 연동제어기는 중계기내장형 등)
		자탐평면도	EF-05	PIT 내 감지기가 지하2층 차동식, 지하1층 연기식으로 설치됨	동일한 PIT 내의 감지기 설치와 관련한 설계자의 의견을 제시할 것
		자탐평면도	EF-10	5층, 옥탑2층 연기감지기의 설치 높이가 15m 이상임	연기감지기는 15m 마다 설치해야 함으로 검토 후 15m 이하가 되도록 감지기 추가 수정 요함 (계통도, 도면, 주기사항 등)
		1층 무통보조 설비 평면도	EF-15	옥외 무통단자함의 위치	무통단자함의 위치는 지상과 지하의 원활한 통신을 위하여 소방활동을 지휘할 수 있는 합리적 위치가 적합하며 소방기계의 옥외 송수구 중 지하층용으로 설치된 송수구 근처에 설치하는 것이 타당하다고 사료됨

1.1.5 설계도서 검토와 체크리스트 활용

(1) 체크리스트 활용의 중요성

1) 각 항목을 체크리스트에 따라 상세하고 체계적으로 진행
2) 다뤄야 할 내용과 항목이 많아 빠뜨리거나 지나치는 부분이 발생할 가능성이 높으므로, 체크리스트를 활용하여 항목을 순서대로 검토하는 것이 실수와 오류를 최소화하는 효과적인 방법

(2) 설계도서 검토 체크리스트 작성 방법

1) 건축물의 용도, 연면적, 지하층 면적, 지하 및 지상 층수 등 건축적 특성에 따라 반영된 소방시설 전반의 시스템 구성요소를 법적 기준에 따라 검토
2) 누락된 부분이 없는지 확인하는 절차 필요
3) 검토자의 경험 활용
   ① 체크리스트는 검토자의 경험을 바탕으로 작성
   ② 검토자의 경험이 부족한 경우, 선행자의 체크리스트를 참고하여 활용
4) 법령 근거 준수
   - 특히, 「소방시설 설치 및 관리에 관한 법률 시행령」 별표 4에 명시된 소방시설 설치 대상을 근거로 해당 소방시설의 화재안전기술기준에 따라 검토

(3) 체크리스트 활용의 효과

1) 법적 기준과 설계 조건을 체계적으로 검토 가능
2) 누락된 사항을 사전에 발견하여 설계 변경이나 보완 작업이 필요한 부분을 명확히 구분
3) 검토 과정의 효율성과 정확성을 동시에 높일 수 있음

설계도서 검토체크리스트

<table>
<tr><th colspan="5">건축물개요</th></tr>
<tr><td rowspan="5">건축물현황</td><td>공 사 명</td><td colspan="3"></td></tr>
<tr><td>소 재 지</td><td colspan="3"></td></tr>
<tr><td>연 면 적</td><td></td><td>건축면적</td><td></td></tr>
<tr><td>지상층수</td><td></td><td>지하층수</td><td></td></tr>
<tr><td>주 용 도</td><td></td><td>부속용도</td><td></td></tr>
</table>

<table>
<tr><th rowspan="2">항목</th><th rowspan="2">번호</th><th>검토결과종합</th><th colspan="2">(결과 : O,△,X)</th></tr>
<tr><th>Check-Lists For Fire protection System</th><th>결과</th><th>비고</th></tr>
<tr><td></td><td></td><td></td><td></td><td></td></tr>
<tr><td></td><td></td><td></td><td></td><td></td></tr>
</table>

<table>
<tr><th colspan="8">소방시설현황</th></tr>
<tr><th>항목</th><th>번호</th><th colspan="2">소화설비명</th><th>해당 여부</th><th>특기사항
(면제 및 대체설비 설치여부 등)</th><th>결과</th><th>비고</th></tr>
<tr><td rowspan="8">소화설비</td><td rowspan="3">1</td><td rowspan="3">소화기구</td><td>수동식소화기</td><td></td><td>33 ㎡ 이상인 거실</td><td></td><td></td></tr>
<tr><td>자동소화장치</td><td></td><td>아파트 및 오피스텔 전세대(주방)</td><td></td><td></td></tr>
<tr><td>간이소화용구</td><td></td><td></td><td></td><td></td></tr>
<tr><td>2</td><td colspan="2">옥내소화전설비</td><td></td><td>연면적 3천㎡ 이상</td><td></td><td></td></tr>
<tr><td>3</td><td colspan="2">스프링클러설비</td><td></td><td>6층 이상은 전층 설치</td><td></td><td></td></tr>
<tr><td>4</td><td colspan="2">간이스프링클러설비</td><td></td><td>근린생활시설 1,000 ㎡ 이상 모든층
교육연구 합숙소 100 ㎡</td><td></td><td></td></tr>
<tr><td>5</td><td colspan="2">옥외소화전설비</td><td></td><td>지상1,2층 바닥면적 합계 9천㎡ 이상</td><td></td><td></td></tr>
<tr><td>6</td><td colspan="2">드렌쳐설비</td><td></td><td>방화지구안의 건축물 해당</td><td></td><td>건축물피난
방화규칙</td></tr>
<tr><td rowspan="6">물분무등설비</td><td>7</td><td colspan="2">물분무 소화설비</td><td></td><td>주차용도 200 ㎡ 이상(필로티 포함)</td><td></td><td></td></tr>
<tr><td>8</td><td colspan="2">포소화설비</td><td></td><td></td><td></td><td></td></tr>
<tr><td>9</td><td colspan="2">이산화탄소 소화설비</td><td></td><td></td><td></td><td></td></tr>
<tr><td>10</td><td colspan="2">할로겐화합물 소화설비</td><td></td><td></td><td></td><td></td></tr>
<tr><td>11</td><td colspan="2">할로겐화합물 및 불활성 기체 소화설비</td><td></td><td>전기실, 발전실 등 바닥면적 300㎡ 이상</td><td></td><td></td></tr>
<tr><td>12</td><td colspan="2">분말소화설비</td><td></td><td></td><td></td><td></td></tr>
<tr><td rowspan="7">경보설비</td><td>13</td><td colspan="2">비상방송설비</td><td></td><td>연면적 3,500 ㎡, 11층 이상,
지하 3층 이상 모든층</td><td></td><td></td></tr>
<tr><td>14</td><td colspan="2">비상경보설비</td><td></td><td>연면적 400 ㎡</td><td></td><td></td></tr>
<tr><td>15</td><td colspan="2">단독경보형감지기</td><td></td><td>연립주택 및 다세대주택
기숙사, 합숙소 2,000 ㎡ 미만</td><td></td><td></td></tr>
<tr><td>16</td><td colspan="2">누전경보기</td><td></td><td></td><td></td><td></td></tr>
<tr><td>17</td><td colspan="2">자동화재탐지설비 및 시각경보기</td><td></td><td>6층 이상 전층 설치
근생, 문화집회, 판매, 숙박, 지하상가 등은 시각경보기 설치</td><td></td><td></td></tr>
<tr><td>18</td><td colspan="2">자동화재속보설비</td><td></td><td>노유자생활시설, 문화유산, 입원실, 산후조리원, 전통시장 등</td><td></td><td></td></tr>
<tr><td>19</td><td colspan="2">가스누설경보기</td><td></td><td></td><td></td><td></td></tr>
</table>

피난설비	20	피난기구	공기안전매트		공동주택		
			인명구조기구		7층 이상 관광호텔, 5층 이상 병원 영화상영관, 대규모점포, 지하역사 등		
			완강기 등				
	21	유도등	유도등 (피난구/통로등)				
			객석유도등		고정의자인 경우 해당		
			유도표지				
	22	비상조명등	휴대용 비상조명등		숙박시설, 영화상영관, 대규모점포, 지하역사, 지하상가 등		
			비상조명등				
소화용수설비	23	소화수조			상수도 인입이 불가한 장소		
	24	상수도소화용수설비					
소화활동설비	25	제연설비	거실		판매시설 1,000㎡ 이상		
			부속실		특피부속실, 비상용, 피난용승강장		
	26	연결송수관설비			5층 이상 연면적 6천㎡ 이상, 7층 이상 모든 층		
	27	연결살수설비					
	28	비상콘센트설비			지하층 포함 11층 이상/ 지하3층 이상으로 1,000 ㎡		
	29	무선통신보조설비			지하가 1천, 지하층 바닥면적 3천, 지하3층 이상 연면적1천, 터널5백 30층 이상으로 16층 이상 부분		
	30	연소방지설비			방화지구안의 건축물		
기타시설	31	통합감시시설					공동구해당
	32	발전설비 설치여부					
	33	배연창			6층 이상 건축물		
	34	비상용 승강기					주택법 10층, 그 외 31m 이상 해당
	35	피난용 승강기					30층 이상 건물
	36	피난안전층					
	37	하향식피난구					내림식사다리
	38	헬리포트, 인명구조공간					
	39	방염시설					
	40	다중이용업					

1.2 건축방재

1.2.1 방화구획 확인

- 연면적 1,000 ㎡ 초과여부 확인
- 방화문 적용의 적합성
- 수평/수직 방화구획의 구조 확인
- 방화구획도면의 적합성 확인

관련기준

건축법 시행령 제46조 (방화구획의 설치)
건축법 시행령 제47조 (방화에 장애가 되는 용도제한)
건축물의 피난 · 방화구조 등의 기준에 관한 규칙 제3조 (내화구조)
건축물의 피난 · 방화구조 등의 기준에 관한 규칙 제14조 (방화구획 설치기준)
내화구조의 인정 및 관리기준 (시행 2019.10.28.)
건축자재 등 품질인정 및 관리기준 (시행 2023.1.9.)
건축자재 등 품질인정 및 관리 세부운영지침 (시행 2023.10.24.)
방화문 및 자동방화셔터의 인정 및 관리기준 (2022.2.11. 폐지)
내화구조 인정 및 관리업무 세부운영지침 (폐지 2023.4.4)
내화충전구조 세부운영지침 (폐지 2023.4.4)
방화문 및 자동방화셔터의 인정 및 관리기준 세부운영지침 (폐지 2023.4.4)

(1) 방화구획 대상 및 목적

1) 주요구조부가 내화구조 또는 불연재로 된 연면적이 1,000 ㎡ 이상 건축물에 적용
2) 화재에 대한 수동적(passive) 방화 대책에 해당
3) 건축물 내부를 일정한 크기의 면적 및 층으로 구분
4) 화재를 하나의 공간으로 한정하여 다른 공간으로 확산 방지 목적

(2) 방화구획의 완화

1) 건축물의 용도 및 조건에 따라 방화구획을 설정하기 곤란한 장소
2) 공간 활용에 불가피한 장소
3) 사전에 다른 부분과 방화구획으로 구획된 장소
4) 드렌처설비 설치장소
   ① 스프링클러설비의 화재안전기술기준(NFTC 103)에서 제시하는 연소할 우려가 있는 개구부 대상
   ② 대상시설 : 방화구획을 관통하는 컨베이어, 에스컬레이터 또는 이와 유사한 시설 주위로서 방화구획을 할 수 없는 장소에 드렌처설비 설치

(3) 방화구획 제외 대상

1) 연면적 1000 ㎡ 미만의 건축물
   - 면적 및 층별 구획 제외
2) 문제점 및 개선사항
   ① 화재확산은 수평 확산(1 m/s ~ 2 m/s)보다 수직 확산(3 m/s ~ 5 m/s)이 대략 2배 이상 빠름
   ② 법적인 완화 조건을 반영하여 비용절감 효과는 있으나 인명 및 재산 피해 우려
   ③ 계단실 방화구획이 되지 않을 경우 상층으로 연소 확대 우려가 큼
   ④ 연면적과 관계없이 계단실은 내화구조로 구획하고, 그 개구부에는 방화문 설치를 의무화 할 필요가 있음

(4) 방화구획의 구성

1) 내화구조의 벽과 바닥으로 구획
2) 개구부에는 방화문 또는 자동방화셔터 구획
3) 덕트 관통부에는 방화댐퍼 설치
4) 배관, 덕트, 케이블, 케이블트레이 등이 관통하는 경우에는 내화채움구조 마감

(5) 방화구획의 구분

1) 방화구획 구분은 그림 1.2.1.1 및 그림 1.2.1.2와 같음
2) 면적별 방화구획
   ① 기준 면적에 다라 내화구조의 수직부재로 구획하고 해당 부재를 관통하는 틈새는 내화채움구조로 마감
   ② 면적별 구획은 10층 이하 층과 11층 이상 층으로 구분
   ③ 스프링클러를 설치한 때에는 기준 면적의 3배까지 완화

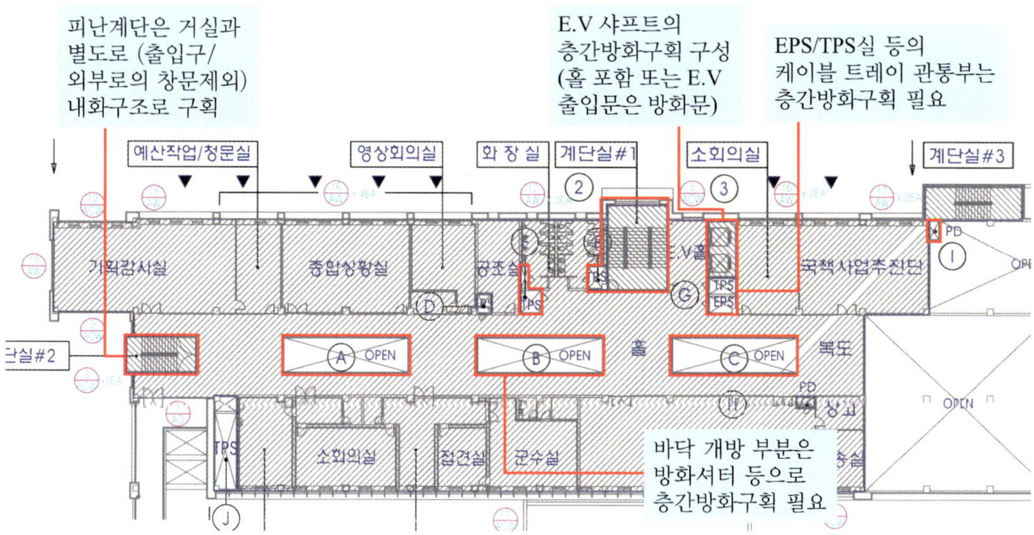

그림 1.2.1.1 방화구획 구분

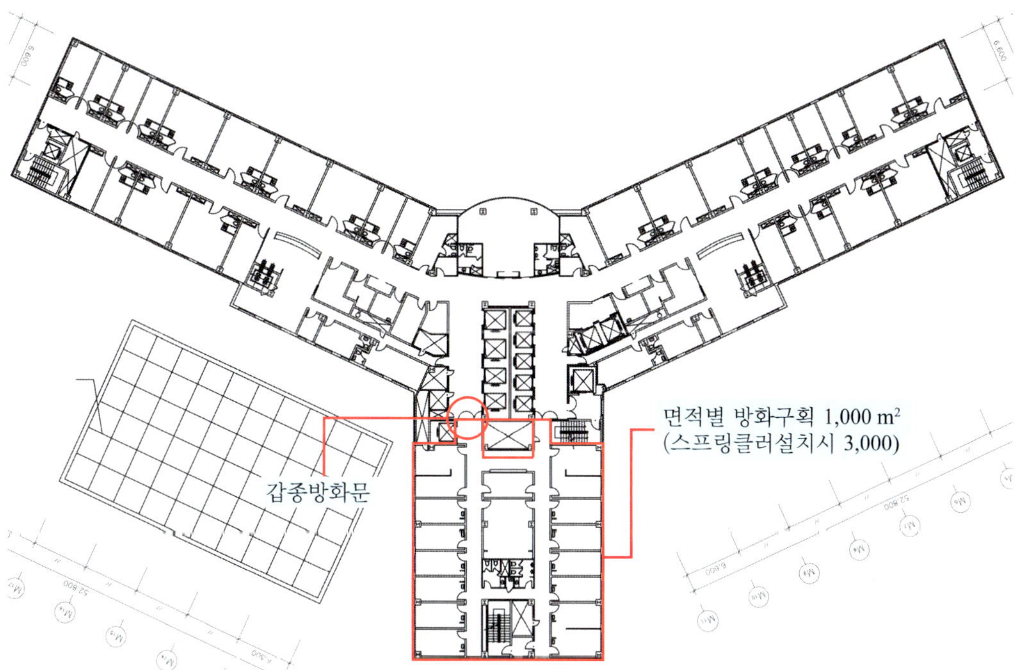

그림 1.2.1.2 면적별 방화구획

3) 층별방화구획

① 매 층마다 구획

② 매 층의 바닥을 내화구조의 수평부재로 구획하고 해당 부재를 관통하는 틈새는 내화채움구조로 마감

③ 건축물의 1층과 2층의 일부를 동일한 용도로 사용하고 그 건축물의 다른 부분과 방화구획으로 구획된 부분으로서 바닥면적 합계 500 ㎡ 이하인 경우에는 1층과 2층을 하나의 구획으로 가능

(6) 용도별 방화구획

1) 소방관련 공간

① 비상전원 설치 장소

② 소화설비 제어반 설치 장소

③ 소화가스 저장용기실

2) 피난관련(내화구조 구획)

① 공동주택의 대피공간

② 초고층 건축물의 피난안전구역

③ 초고층 건축물의 종합방재실

④ (특별)피난계단

⑤ 비상용승강기 승강장 및 승강로

⑥ 피난용승강기 승강장 및 승강로

⑦ 옥상대피공간

(7) 방화구획 검토

1) 방화구획 도면을 기준으로 검토

2) 면적별 방화구획

① 수직으로 개방된 공간을 방화구획한 수직부재(벽)에 틈새, 마감불량 등이 발생하지 않을 것

② 기준면적을 초과하지 않을 것

③ Pipe Shaft (P.S), EPS실, TPS실, A.D 등의 바닥 및 벽체를 배관, 케이블트레이, 덕트 등이 관통하는 부분에 내화채움구조 적용이 적합할 것

④ 커튼월과 바닥 사이에 내화채움구조 공법이 적합할 것

3) 방화구획 면적 완화부분은 완화하지 않은 그 밖의 다른 부분과 방화구획으로 구획

① 기준 면적(스프링클러설비를 설치한 경우 3배)을 초과하지 않아야 하며, 계단실 · 복도 또는 승강기의 승강장 및 승강로는 그 건축물의 다른 부분과 방화구획이 되어 있을 것

② 예시 1, 주차장에서 방화구획을 완화 적용한 경우 기준 면적(스프링클러 설치로 3,000 ㎡를 초과한 경우)을 초과한 경우 주차장과 주차장 이외의 용도는 별도의 방화구획 해야 함

③ 예시 2, 공동주택의 승강장에 EPS/TPS, 배관 샤프트 등의 벽을 내화구조가 아닌 잡철 등으로 설치하는 경우에는 해당 샤프트를 방화구획 할 것

(8) 설계도서 검토보고서 작성

1) 방화구획 면적의 적합성 확인
2) 방화구획을 구성하는 구조의 적합성 확인(내화구조의 벽 또는 바닥, 방화문, 방화셔터, 방화댐퍼 등)
3) 수직 및 수평 방화구획 부재에 발생한 틈새에 내화채움구조 적합성 확인
4) 방화구획 면제 또는 완화 적용의 적정성 확인
5) 방화구획 면제에 따른 다른 부분과 방화구획의 적정성 확인
6) 승강장 및 승강로 방화구획 확인
7) 매 층마다 층간 방화구획의 적정성 확인

1.2.2 면적별 방화구획 확인

- 10층 이하의 층은 바닥면적 1,000 ㎡ 이내마다 구획 확인
- 11층 이상의 층은 바닥면적 200 ㎡, 벽 및 반자의 실내에 접하는 부분의 마감을 불연재로 한 경우에는 500 ㎡ 이내 구획 확인
- 스프링클러가 설치된 경우 기준면적의 3배 완화 적용가능

(1) 면적별 방화구획

1) 지상10층 이하인 층의 경우 1000 ㎡ 이내마다 구획
2) 11층 이상인 층의 경우 200 ㎡ (실내 마감재료 불연재의 경우 500 ㎡) 이내마다 구획
3) 자동식소화설비(스프링클러설비 등)를 설치한 경우에는 해당 면적의 3배까지 완화가 가능

(2) 검토항목

1) 스프링클러설비를 설치한 경우
   ① 11층 이상 층은 마감재료를 불연재료로 사용하였는지 확인

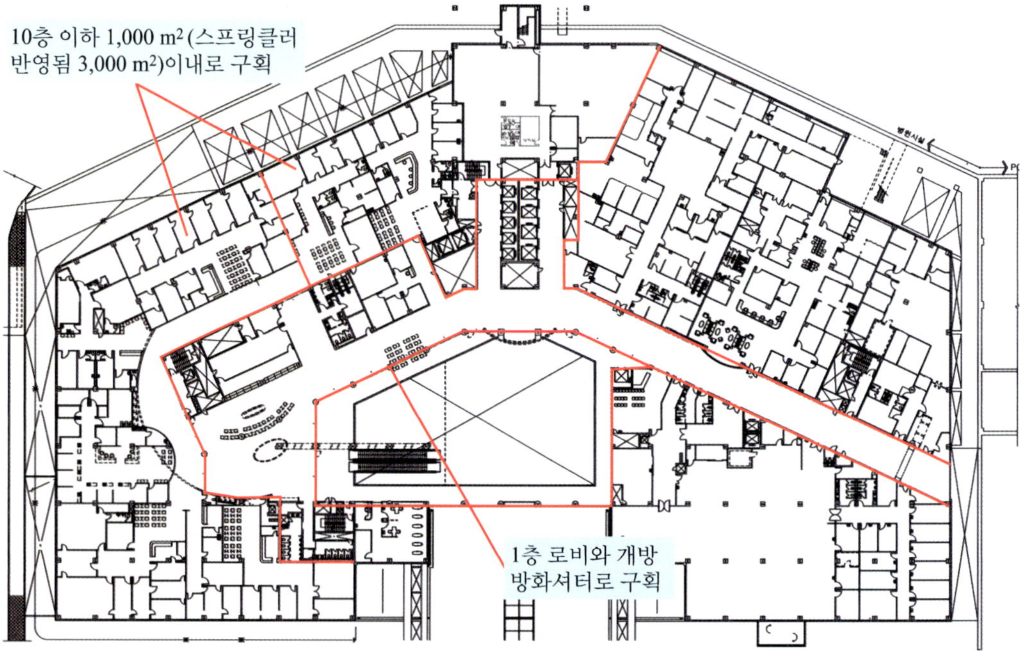

그림 1.2.2.1 면적별 방화구획(10층 이하)

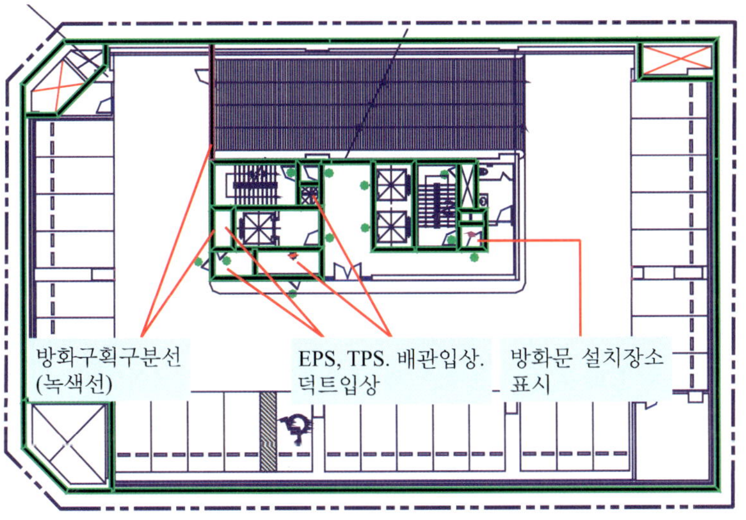

그림 1.2.2.2 방화구획 구획선 및 방화문 대상표시

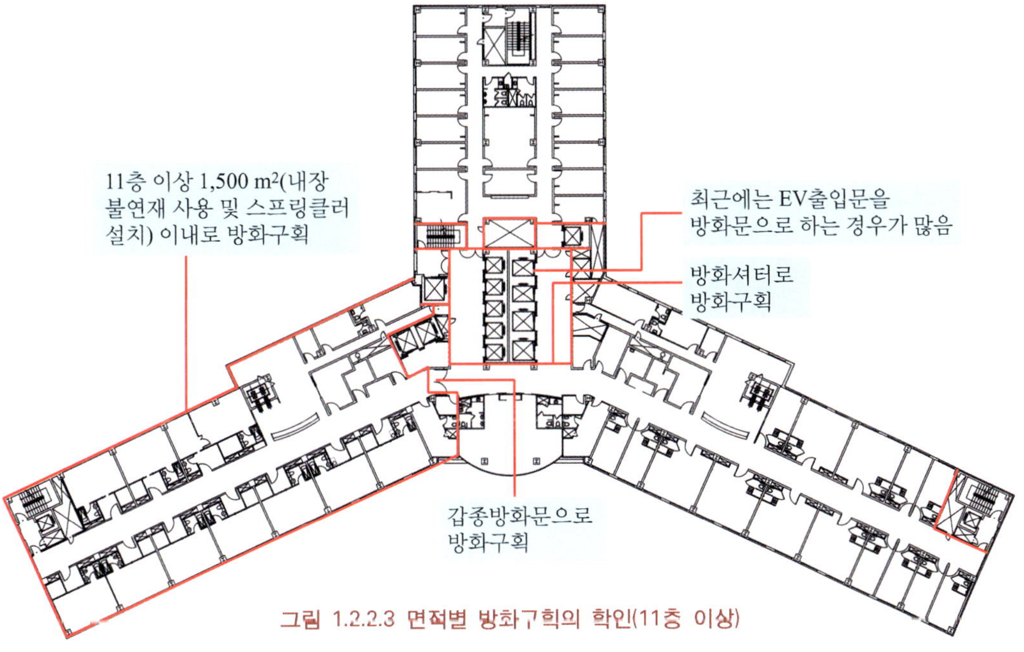

그림 1.2.2.3 면적별 방화구획의 확인(11층 이상)

② 준불연재료를 사용하는 경우도 많이 있으므로 실내마감재료 표(벽 및 반자)를 확인하여 불연재료 외의 재료를 사용한 경우에는 방화구획 면적 소정 또는 마감재료를 불연재료로 변경 할 것

③ 11층 이상의 층은 1500 ㎡ (불연재료 이외의 마감재료 사용 : 600 ㎡)를 초과하여 방화구획 하였는지 확인

④ 10층 이하의 층은 3000 ㎡를 초과하여 방화구획 하였는지 확인

2) 스프링클러설비를 설치하지 않은 경우

① 5층 이하의 층은 1000 ㎡를 초과하여 방화구획 하였는지 확인(6층 이상의 층은 스프링클러 설치 대상)

② 11층 이상의 층은 모두 스프링클러를 설치하고 있음

3) 배관 샤프트 등

① Pipe Shaft(P.S), EPS실, TPS실, A.D 등 방화구획 방법 확인

② 바닥을 층간 방화구획한 경우에는 벽체에 설치하는 출입문을 일반 Steel Door로 설치 가능

③ 벽을 방화구획한 경우에는 Shaft 출입문은 60분+ 방화문 또는 60분 방화문으로 설치

④ 방화구획 부분의 배관 등 관통부 틈새 내화채움구조의 적정여부 확인

⑤ EPS실의 분전반 등에서 화재 발생 빈도가 높으며, 화재 확산속도는 수직 확산이 수평 확산보다 2배 이상 빠른 점을 고려하여 구획된 실의 바닥과 벽체를 모두 구획하는 것을 권장

⑥ 소규모 건축물의 경우 배관 등의 샤프트 벽체를 방화구획하는 경우 그 개구부에 방화문 대신 일반 Steel Door를 반영하는 사례가 있으므로, 반드시 방화문 설치 확인

(3) 방화구획을 구성하는 벽체를 콘크리트구조가 아닌 방식으로 설계한 경우

1) 조적구조로서 10 cm (0.5b 쌓기)로 설계한 사례

① 외벽 중 비내력벽에만 사용 가능함

② 부속실 제연설비의 수직 샤프트 구조에만 사용 가능함

2) 조적구조로서 19 cm (1.0b 쌓기)로 시공하고 조적과 조적 사이의 틈새를 매우지 않은 사례 (도면에서 미장 시공이 없는 경우)

① 조적과 조적사이에 틈새가 발생할 경우 연기 또는 화염의 이동통로가 될 수 있음

② 조적과 벽 또는 천장과 맞닿는 부분의 틈새는 선형조인트 내화채움구조 등으로 마감하는 것이 적합함

③ 조적과 콘크리트 벽 또는 기둥과 맞닿는 부분에 아이소핑크 등의 스티로폼을 설계하지 않아야 하며, 해당 틈새는 선형조인트 내화채움구조 등으로 마감하도록 설계에 반영하여야 함

3) 내화유리가 아닌 방화유리로 방화구획을 구성한 사례

① 방화유리는 차열성능이 없어 방화구획에는 사용 불가함

② 방화유리는 발코니 확장부분에 90 cm 이상 높이의 스팬드럴(Spandrel)로 설치할 수 있음

③ 방화구획은 내화구조로서 내화성능이 인정된 내화유리를 사용하는 것이 적합함

4) 건식벽 구조를 인정된 내화구조에 적합하지 않은 사례

① 건식구조의 벽은 설계도서(시방서 및 도면)에서 제조사를 제시하지 않는 것이 일반적임

② 따라서 설계도면에서 제공하는 구조와 현장에서 선정된 구조가 다를 수 있음

③ 건식 내화구조 선정 시 인정된 내화구조의 적정성 확인

④ 시공 과정에서 인정된 구조대로 시공여부 확인 검측 필요

5) 방화문 문틀 사이를 모르타르 또는 내화채움구조가 아닌 우레탄폼 등으로 채우도록 설계된 사례

① 방화문 문틀 사이에 우레탄폼 등의 가연성 재료를 사용하여 매우는 경우 화재 시 채움재가 녹으면서 방화문이 견디지 못하고 넘어질 우려가 있음

② 방화문 문틀 틈새는 모르타르 등으로 마감해야 내화구조가 형성되며, 화재 시 방화문이 견고하게 견딜 수 있음

6) 배관 등 관통 부위에 인정된 내화채움구조로 설계되지 않은 사례

(4) 주차장 면적별 방화구획 완화

1) 주차장 방화구획 완화는 주차장으로 사용하고 있는 공간 면적에 한함

2) 주차장은 층간 방화구획을 완화해 주는 것은 아님

3) 방화구획 기준면적(스프링클러 미설치 1000 ㎡, 스프링클러설치 3000 ㎡)을 초과하는 경우 주차장 내에 설치된 주차장 환기용도 이외의 Fan Room, 창고, 승강장 등은 주차장과 별도로 방화구획 해야 함

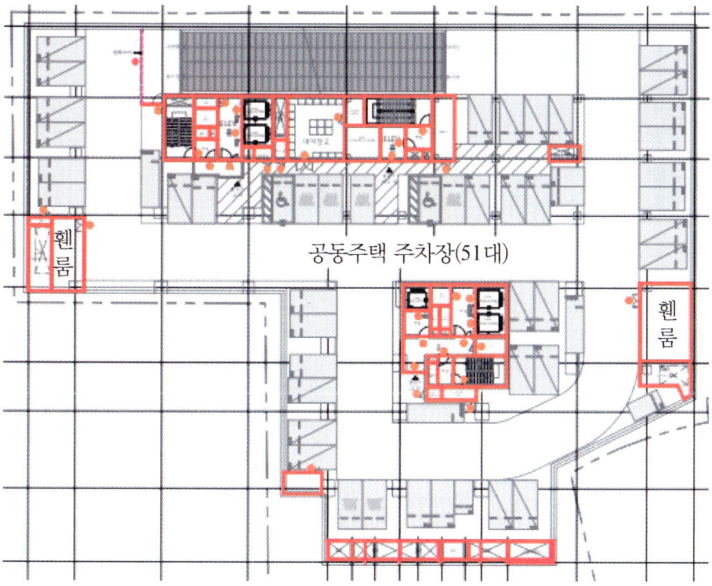

그림 1.2.2.4 지하주차장과 다른 공간을 상호 방화구획한 사례

4) 주차장과 이외의 공간을 구획하는 벽 또는 바닥을 관통하는 배관, 케이블 트레이, 덕트 등의 틈새는 내화채움구조로 마감

5) 다수의 지하층을 D.A를 설치하여 수직으로 지상까지 연결하는 경우에는 그 D.A 벽체 환기구, 덕트 등에는 F.D (Fire Damper)를 설치

6) 지하 주차장 D.A에 연기 급·배기용 F.D 또는 선큰 등에 설치된 자동방화셔터는 화재 시 화재층은 개방하고 기타의 층은 폐쇄하는 방식으로 할 것

7) 지하 주차장 경사로(램프)에 설치한 방화셔터는 맨 하부층을 기준으로 설치하는 것이 피난에 유리함

① 맨 하부층에 자동방화셔터를 설치한 경우 램프 방향으로 피난하도록 방화문의 열림 방향은 램프 방향으로 개방

② 열린 상태의 방화문은 차량의 통행 및 피난자와 간섭이 없도록 충분한 공간 확보

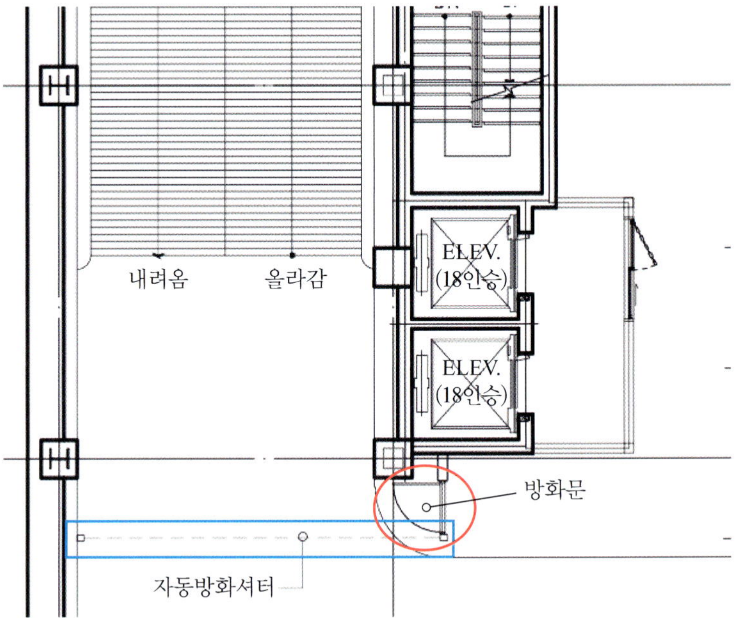

그림 1.2.2.5 지하주차장 최하층 방화셔터 및 램프방향 출입문

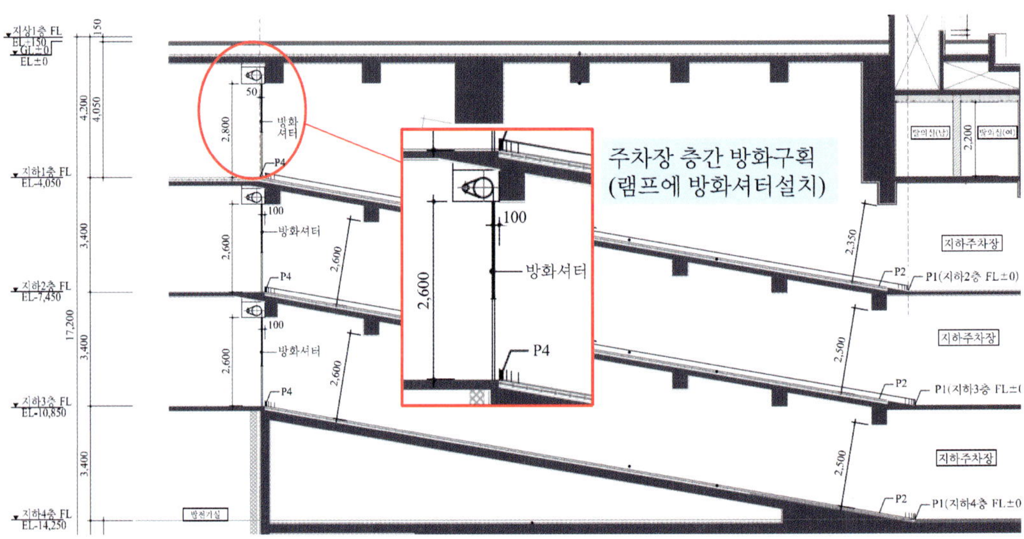

그림 1.2.2.6 지하주차장 램프 층간 방화구획 단면

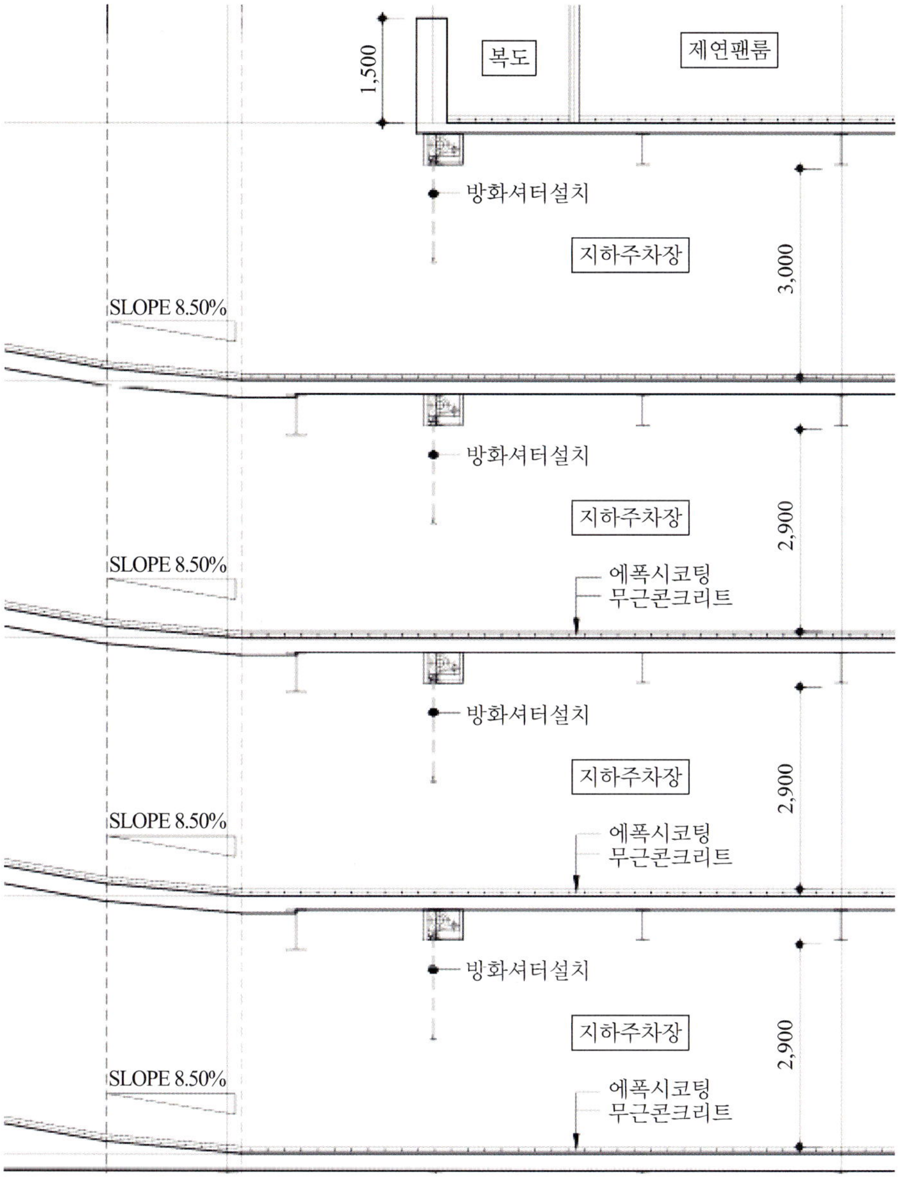

그림 1.2.2.7 지하주차장 램프 층간 방화셔터 설치 사례

8) 주차장을 둘 이상으로 방화구획 한 경우는 건축법 상 완화규정이 있으나, 성능위주설계심의 내용에 있는 경우 검토가 필요함

① 자동방화셔터를 사용하여 주차 공간 사이를 방화구획 한 경우에는 자동방화셔터 양쪽에 차량을 이용하는 사람의 안전을 위해 최소 1 m 이상의 공간 확보 권장

☞ 주차 중 오동작 등에 따른 인명피해 예방

② 방화문은 이면을 확인할 수 있는 구조 권장

③ 방화문이 설치된 양쪽은 피난에 장애가 없도록 최소 1 m 이상의 충분한 공간확보 권장

☞ 피난을 위한 충분한 공간 확보는 방화문의 크기와 피난 안전성을 고려할 때 약 1 m 이상의 공간을 확보하는 것을 권장

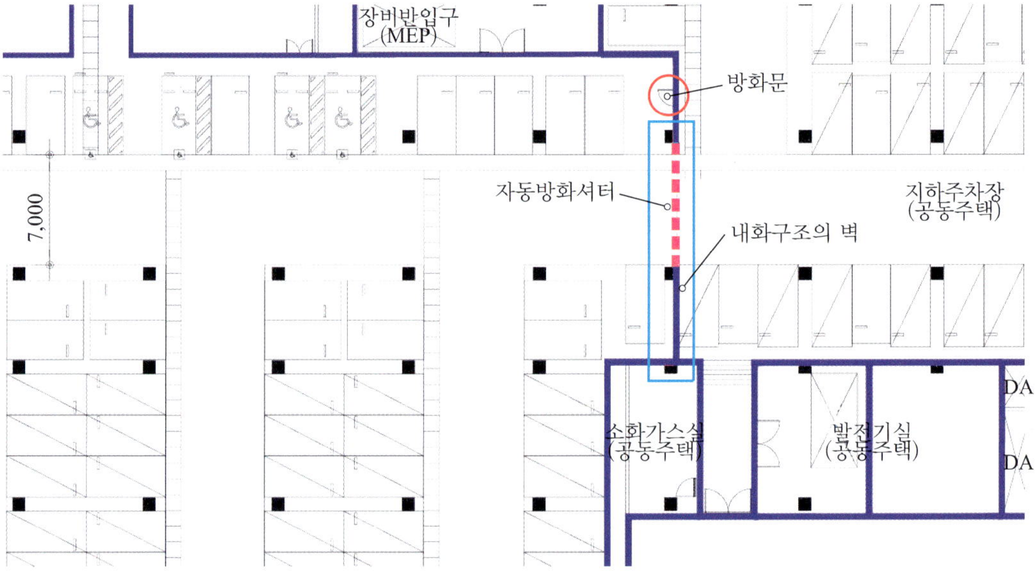

그림 1.2.2.8 지하주차장 수평 방화구획 사례(내화구조 벽체, 자동방화셔터 등)

1.2.3 층간 방화구획 확인

- 매 층마다 벽 및 바닥을 내화구조로 구획
- 벽 및 바닥(커튼월 포함) 관통부는 내화채움구조로 틈새 마감
- 덕트 관통부 및 벽·바닥 개구부는 방화댐퍼로 구획

관련기준

건축물의 피난·방화구조 등의 기준에 관한 규칙 제14조 (방화구획 설치기준) 제1항제2호
내화구조의 인정 및 관리기준 (시행 2019.10.28.)
건축자재 등 품질인정 및 관리기준 (시행 2023.1.9.)
건축자재 등 품질인정 및 관리 세부운영지침 (국토교통부 승인 2023.10.24.)
방화문 및 자동방화셔터의 인정 및 관리기준 (폐지 2022.2.11)
내화구조 인정 및 관리업무 세부운영지침 (폐지 2023.4.4)
내화충전구조 세부운영지침 (폐지 2023.4.4)
방화문 및 자동방화셔터의 인정 및 관리기준 세부운영지침 (폐지 2023.4.4)
내화구조의 품질시험방법_부록1 (국토교통부 승인 2023.10.24.)

(1) 층간 방화구획

1) 건축물 층간 방화구획은 매 층마다 구획
2) 층간 방화구획은 화재 발생 시 수직 공간을 통한 상층부로의 연소 확대방지가 목적

(2) 주요 검토 대상

1) 배관 샤프트(PS : Pipe Shaft), EPS 실, D.A 등의 수직 샤프트의 구획
   - 바닥 또는 벽체를 기준으로 방화구획을 검토
2) 커튼월 부분은 커튼월과 바닥 사이의 틈새는 내화채움구조(선형조인트)로 구획
3) 계단실·복도 또는 승강기의 승강장 및 승강로로서 그 건축물의 다른 부분과 방화구획으로 구획된 부분
   ① 계단실이 건축물의 다른 부분과 방화구획으로 구획된 경우 층간구획 완화
      ☞ 계단실은 매 층을 건축물의 다른 부분과 연결하여 수직으로 이동할 수 있는 공간을 제공함에 따라 수직으로 방화구획 할 수 없음
      ☞ 따라서 계단실의 벽은 내화구조로 하고 매 층을 연결하는 개구부에는 방화문을 설치하여 구획함으로써 수직 공간을 층간 방화구획에서 완화하고 있음
      ☞ 계단실은 건축물의 각 층을 연결하는 구조로 설치됨

② 승강로 방화구획

☞ 승강로는 승강기의 수직 이동 특성상, 매층마다 수직으로 방화구획을 적용하기 어려움

☞ 이에 따라 승강기의 출입문을 방화구획하거나, 승강장을 포함한 방화구획으로 설계하여 건축물의 다른 부분과 방화구획을 형성하고 있으며, 수직 공간에서 층간 방화구획의 기준을 완화하여 적용하고 있음

(3) 층간 방화구획의 중점 관리 대상

1) 커튼월 내화채움구조

① 2008년 5월 15일 이전까지는 커튼월 및 배관 등 관통부에 관한 특별한 구조 및 공법 적용 없음

② 2008년 5월 15일 이후에 허가동의를 받은 현장은 방화구획 관통부분에 대하여 그 구조와 동등 이상의 성능을 가진 내화채움구조 마감을 요구함

2) 배관 샤프트 등의 내화채움구조 누락 등

① 수직 샤프트는 건축물의 다른 부분과 바닥 또는 벽체를 기준으로 층간 방화구획을 구성해야 함

② 방화구획 도면에는 수평(면적별) 방화구획 구간과 수직(층간) 방화구획 구간을 명확하게 표현하여야 함

③ 내화채움구조는 각 공종별로 관통부 재료, 규격 등을 명시한 도면을 작성하는 것이 적합함

④ 설비 샤프트 등의 공간은 가능한 수직과 수평을 모두 방화구획하는 것을 권장함

⑤ 바닥을 관통하는 부분의 구획

☞ 입상 배관의 규격 및 종류가 다양하여 시공이 어려움

☞ EPS실의 경우 케이블트레이 등이 많이 설치되어 화재 시 상층으로 화재확산의 위험성이 높음

☞ 덕트의 경우 매 층마다 바닥을 통해 방화구획 할 경우에는 바닥에 F.D를 설치해야 하기 때문에 대부분 수직 구조부를 방화구획으로 하고 있음

☞ 바닥에 F.D를 설치하는 경우 F.D 오동작 등으로 인하여 설비에 장애가 발생할 우려가 높음

⑥ 벽을 기준으로 방화구획을 하는 경우

☞ 은폐된 반자 내부의 마감에 대한 확인 필요

☞ 은폐된 반자 내부는 내화채움구조 및 벽과 슬래브가 만나는 지점에 대한 틈새 마감이 부적합한 사례가 많음

☞ 조적의 경우 반자 내부는 미장을 하지 않아 방화구획 불량 사례 많이 발생함

☞ 콘크리트와 조적 또는 건식 벽체가 맞닿는 부분의 틈새를 우레탄 폼 등의 부적합한 재료로 시공하는 사례가 주로 발생

3) 설계도서 확인사항

① 은폐된 장소에 대한 건축설계의 마감재료 확인

② 방화문 틈새, 건식벽체 틈새 등 마감재료 확인

③ 각 공종별 도면을 확인하여 관통하는 재료에 따른 내화채움구조 반영여부 확인

4) PVC 배관 관통부

① 내화채움구조 시공방식의 적합성 확인

② PVC 배관의 탈락 등에 따른 화재 확산 가능성 확인

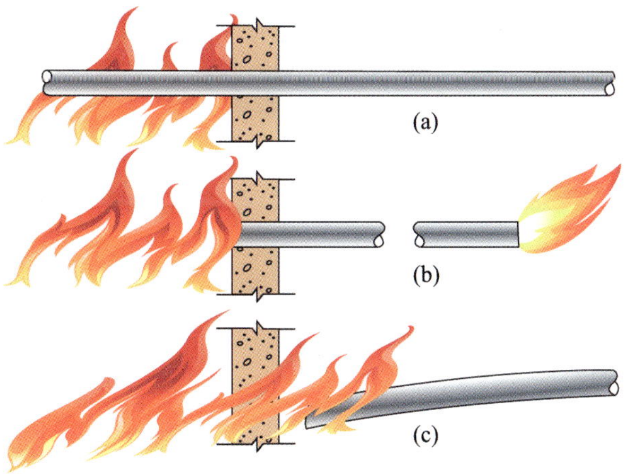

그림 1.2.3.1 방화구획 관통 PVC 배관의 화재전파 모습

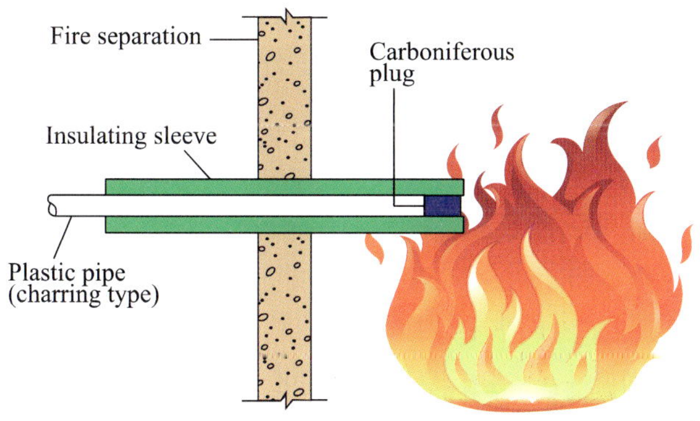

그림 1.2.3.2 방화구획 관통 PVC 배관 슬리브 설치

1.2.4 용도별 분리 설치 건축물

- 용도별 분리 설치한 건축물 확인

관련기준

건축법 제49조 (건축물의 피난시설 및 용도제한 등) 제2항
건축법시행령 제47조 (방화에 장애가 되는 용도의 제한)
건축물의 피난 · 방화구조 등의 기준에 관한 규칙 제14조의2 (복합건축물의 피난시설 등)
주택건설기준 등에 관한 규정 제12조 (주택과의 복합건축)
오피스텔 건축기준 제2조 (오피스텔의 건축기준) 제1항 제2호, 제2항

(1) 같은 건축물에 설치할 수 있는 용도의 경우

1) 공동주택 등
   - 공동주택·의료시설·노유자시설(아동관련시설 및 노인복지시설)

2) 위락시설 등
   - 위락시설·위험물저장 및 처리시설·공장 또는 자동차정비공장

3) 의료시설, 노유자시설(아동관련시설 및 노인복지시설), 공동주택, 장례시설, 제1종 근린생활시설 중 산후조리원과 위락시설, 위험물저장 및 처리시설, 공장 또는 자동차관련시설 중 정비공장은 같은 건축물에 설치할 수 없음

4) 다음의 경우로서 "5)"와 같은 구조로 했을 경우 같이 설치할 수 있음
   ① 공동주택(기숙사만 해당)과 공장이 같은 건축물에 있는 경우
   ② 중심상업지역·일반상업지역 또는 근린상업지역에서 「도시 및 주거환경정비법」에 따른 재개발사업을 시행하는 경우
   ③ 공동주택과 위락시설이 같은 초고층 건축물에 있는 경우로서 주택의 출입구·계단 및 승강기 등을 주택 외의 시설과 분리된 구조로 한 경우
   ④ 지식산업센터와 직장어린이집이 같은 건축물에 있는 경우

5) 공동주택 등 중 하나 이상과 위락시설 등 중 하나 이상을 같은 건축물에 설치할 수 있는 기준(아래 조건을 모두 만족한 경우)
   ① 공동주택 등 출입구와 위락시설 등의 출입구 사이를 보행거리 30 m 이상 이격 설치
   ② 공동주택 등과 위락시설 등은 내화구조로 된 바닥 및 벽으로 구획(출입통로 포함)
   ③ 공동주택 등과 위락시설 등은 서로 이웃하지 않도록 배치
   ④ 건축물 주요구조부를 내화구조로 할 것

⑤ 실내 마감재료는 난연재료 이상으로 할 것

⑥ 거실에서 지상으로 통하는 주된 복도·계단·통로의 벽 및 반자의 마감은 준불연재료 이상으로 할 것

6) 주택과 복합건축물로 건설해서는 안 되는 경우

- 숙박시설(상업지역, 준주거지역 또는 준공업지역에 건설하는 호텔시설은 제외)·위락시설·공연장·공장이나 위험물저장 및 처리시설 그 밖에 사업계획승인권자가 주거환경에 지장이 있다고 인정하는 시설

7) 주택과 복합건축물로 건설이 가능한 경우

① 재개발사업에 따라 복합건축물을 건설하는 경우

② 주택과 위락시설·숙박시설·공연장을 복합건축물로 할 수 있는 경우
(다음 기준 모두 만족한 경우)

☞ 복합 건축물의 층수 50층 이상 높이 150 m 이상인 경우

☞ 위락시설의 경우는 다음 요건을 모두 갖춘 경우

- 위락시설과 주택은 구조 분리
- 사업계획 승인권자가 주거환경 보호에 지장이 없다고 인정하는 경우

③ 도시첨단물류단지 내에 공장을 주택과 복합건축물로 건설하는 경우
(다음 요건을 모두 갖춘 경우)

☞ 해당 공장은 제9조의2제1항제1호 각 목의 어느 하나에 해당하는 공장이 아닐 것

☞ 해당 복합건축물이 건설되는 주택단지 내의 물류시설은 지하층에 설치될 것

☞ 사업계획승인권자가 주거환경 보호에 지장이 없다고 인정할 것

8) 오피스텔은 다른 용도와 복합으로 건축하는 경우 전용의 출입구를 별도로 설치
(다음의 경우는 예외)

① 지상층 연면적 3천제곱미터 이하인 건축물

② 단독주택 및 공동주택을 복합으로 건축하는 경우에는 건축주가 주거기능 등을 고려하여 전용출입구 제외 가능

(2) 복합건축물에서 주요 검토 사항

1) 공동주택을 복합건축물로 건축하는 경우 용도별 분리설치 기준에 적합여부 확인

2) 출입구, 계단, 통로의 분리

3) 지상으로 통하는 주된 복도·계단·통로의 벽 및 반자의 마감재료를 준불연재료 이상 사용 여부

1.2.5 공동주택, 기숙사의 침실, 의료시설의 병실 등에 설치하는 경계벽

- 경계벽 설치 시 구조 확인
- 아파트 발코니 경계벽 확인(피난 가능한 구조 등)

관련기준

건축법 제49조 (건축물의 피난시설 및 용도제한 등) 제4항
건축법시행령 제53조 (경계벽 등의 설치)
건축물의 피난·방화구조 등의 기준에 관한 규칙 제19조 (경계벽 등의 구조)
주택건설기준 등에 관한 규정 제14조 (세대 간의 경계벽 등)

(1) 경계벽의 목적

1) 법 기준에서 정하는 목적은 소음 차단이며, 구조적인 목적은 화재확산 방지에 있음
2) 따라서 경계벽은 내화구조로 바닥에서 상층 슬래브 하단까지 밀실하게 막아야 함

(2) 경계벽 설치대상

1) 공동주택(기숙사 제외)의 세대 사이
   ① 거실·침실 등의 용도로 사용하지 않는 발코니는 제외
   ② 공동주택 발코니 부분은 경계벽을 설치 조건을 적용하지 않음 따라서 내화구조 이외의 구조로 경계벽을 설치할 수 있음
   ③ 공동주택의 경계벽은 콘크리트 구조로 설치하는 것이 일반적임
2) 기숙사의 침실, 의료시설의 병실, 교육연구시설 중 학교의 교실, 숙박시설의 객실 간 경계벽
   - 기숙사 또는 의료시설의 병실 등의 경계벽은 경량구조로 설치하는 것이 일반적임

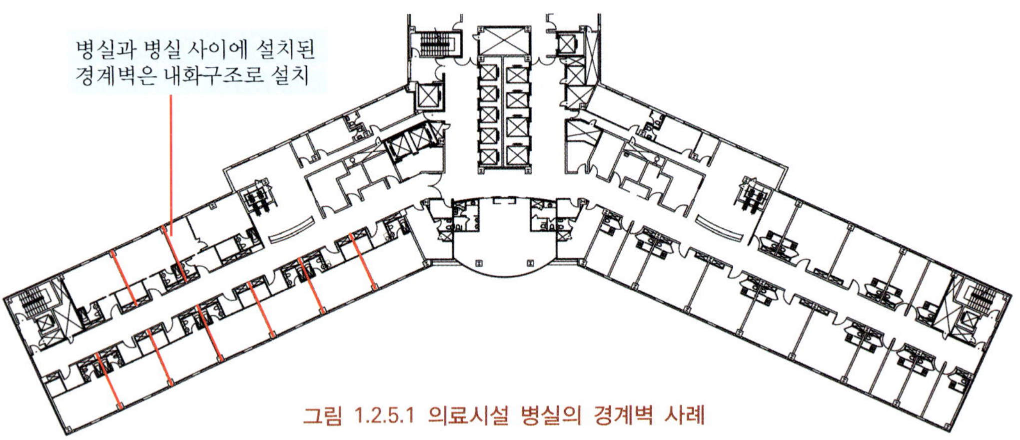

그림 1.2.5.1 의료시설 병실의 경계벽 사례

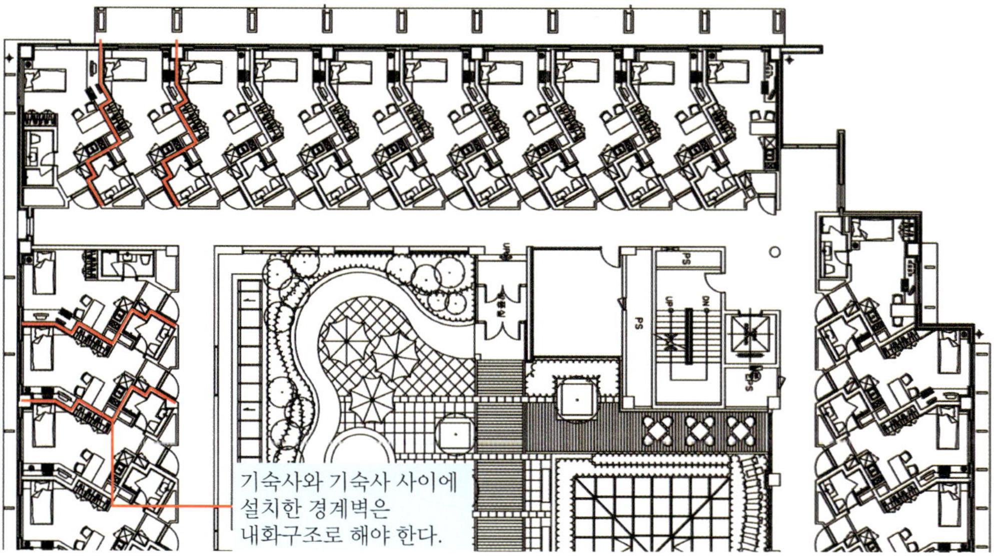

그림 1.2.5.2 기숙사의 경계벽 설치 사례

3) 산후조리원(제1종 근린생활시설)
   ① 임산부실 간
   ② 신생아실 간
   ③ 임산부실과 신생아실 간
      ☞ 산후조리원의 경계벽은 경량구조로 설치하는 것이 일반적임

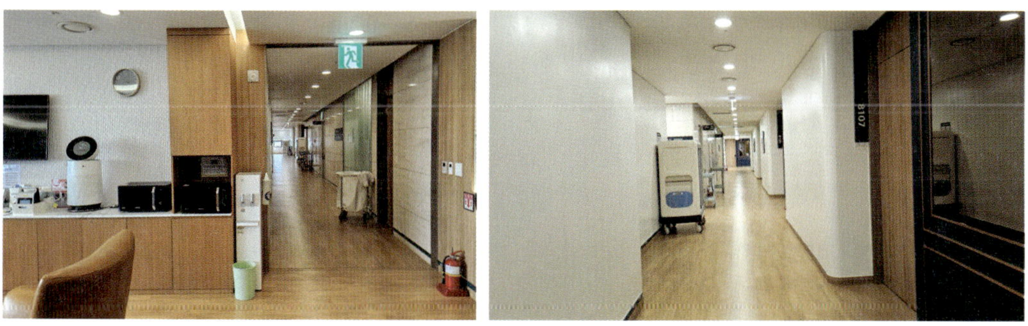

그림 1.2.5.3 산후조리원 실별 구획

4) 다중생활시설의 호실(제2종 근린생활시설)
5) 노인복지주택의 각 세대 간(노유자시설)
6) 노인요양시설의 호실 간(노유자시설)

(3) 경계벽의 구조

1) 내화구조
   ① 해당 층의 바닥에서 바로 위층 바닥까지 닿을 것
   ② 지붕층 바닥에서 층 바닥까지 닿아야 함
2) 공동주택 이외의 용도 경계벽 구조
   ① 철근콘크리트조·철골철근콘크리트조로서 두께 10 ㎝ 이상
   ② 무근콘크리트조 또는 석조로서 두께 10 ㎝ 이상
   ③ 콘크리트블록조 또는 벽돌조 두께 19 ㎝ 이상
   ④ 내화구조로 그 성능을 인정받은 구조
3) 공동주택 각 세대 간
   ① 철근콘크리트조·철골철근콘크리트조(시멘트 모르타르, 회반죽, 석고플라스터 등 바름 두께 포함) 두께 15 ㎝ 이상
   ② 무근콘크리트조·석조·콘크리트블록조·벽돌조(시멘트 모르타르, 회반죽, 석고플라스터 등 바름 두께 포함) 두께 20 ㎝ 이상
   ③ 조립식주택부재인 콘크리트판 두께 12 ㎝ 이상
   ④ 내화구조로써 차음성능을 인정받은 구조
   ⑤ 벽돌조의 경우 줄눈 부위에 빈틈이 생기지 않아야 함
4) 공동주택 3층 이상의 층 발코니에 세대 간 경계벽을 설치하는 경우
   ① 피난용도로 사용할 수 있는 피난구를 경계벽에 설치
   ② 경계벽 구조를 파괴하기 쉬운 구조 등 가능
   ③ 정보표시
      ☞ 피난구 설치 및 경량구조로 설치하는 경우 해당 정보 표시
      ☞ 표지 등은 식별하기 쉬운 위치에 부착
      ☞ 사용설명, 용도 설명, 관련법규 위반 시 처벌 규정 등을 명시하는 것이 적합

(4) 경계벽 도면 검토사항

1) 경계벽의 구조 검토
   ① 경계벽은 바닥에서 천장까지 내화구조로 구획
   ② 슬라브 면에 부착된 단열재가 있는 경우 단열재에 의해 내화구조가 훼손되거나 내화구조가 되지 않을 수 있음(그림 1.2.5.4 참조)
2) 경계벽의 구조를 블록조, 벽돌조, 경량구조로 설치한 경우
   ① 슬래브면과 벽체 상부 틈새 발생 부위에 내화채움구조 등의 적합성 확인
   ② 관통부위 내화채움구조 반영여부 확인
   ③ 슬래브면 단열재 사용여부 확인

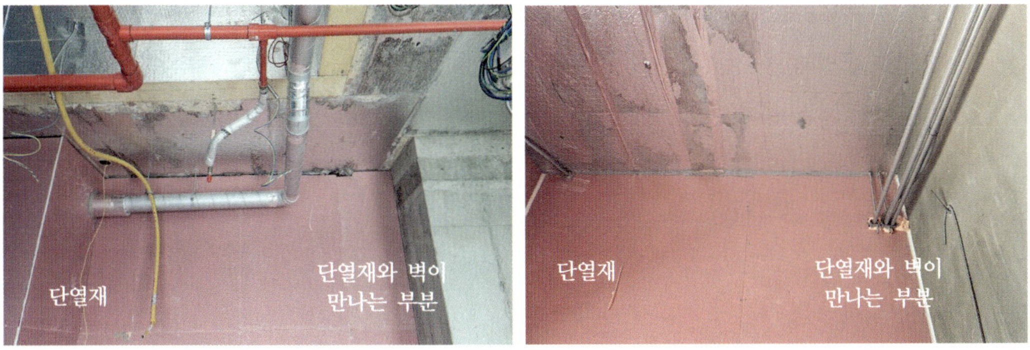

그림 1.2.5.4 경계벽 부적합 시공 사례 1 (천장에 부착된 단열재 하부까지만 건식벽체 시공)

그림 1.2.5.5 경계벽 부적합 시공 사례 2 (조적에 미장을 하지 않고 단열재 하단까지만 조적 시공)

3) 검토 시 주의사항

① 경계벽을 설치해야 하는 대상의 복도 등과 면하는 벽을 방화구획 대상으로 해석되지 않아야 함

② 경계벽의 내화구조 적용과 방화구획은 별개로 해석해야 함

③ 경계벽은 바닥에서 천장까지 내화구조로 시공되어야 함

④ 단열재가 설치되는 경우 경계벽이 설치되는 부분의 단열재는 제거되어야 함

⑤ 위의 해당 내용은 설계도면에서 제시되어야 함

(5) 사전 검토사항

1) 최상부층 등 내부 단열재 시공여부 확인

2) 천장 단열재 사용부분 단열재의 재질확인(스티로폼 또는 순불연 단열재 등)

3) 천장 단열재 부분 시공상세도 확인

① 벽체와 단열재 하단까지의 구조

② 단열재 부분 마감 방법 확인

4) 천장 단열재 부분 시공확인

① 벽체와 단열재 사이는 틈새가 없도록 함

② 단열재로 인한 내화구조 벽체 훼손 여부 확인

(6) 경계벽 설치 시 유의사항

1) 경계벽을 블록조, 벽돌조, 경량구조 등으로 설치하는 경우

① 슬래브 하단과 각각의 재료가 맞닿는 부위에 틈새 발생 우려가 높음

② 벽 및 스래브 하단 등에 틈새가 발생한 경우에는 내화채움구조로 마감할 것

③ 벽돌조 또는 블록조의 경우 줄눈 부위에 빈틈이 생기지 않을 것

④ 벽돌조 등은 미장 또는 매지를 넣어 틈새가 발생하지 않도록 시공 필요

⑤ 경량구조의 경우 벽체 손상 등에 따른 틈이 생기지 않을 것

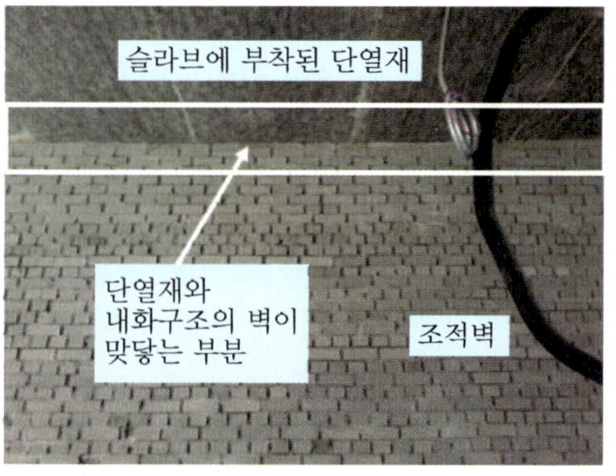

그림 1.2.5.6 경계벽 부적합 시공 사례 3(천장에 설치된 단열재 하단까지만 경계벽 시공)

2) 슬래브 하단에 단열재를 설치하는 경우

① 천장면 하단에 단열재 설치사례

☞ 최상층 천장 바닥에 주로 내단열로 활용

☞ 외기와 노출된 슬라브 하단면에 설치

② 슬라브 타설 시 단열재를 시공할 때

☞ 슬라브 바닥에 단열재 시공

☞ 경계벽(내화구조 벽체가 구성되는 위치) 위치는 단열재 제거(간막이벽이 형성되는 부분의 단열재는 사전 제거)

☞ 콘크리트 타설

☞ 단열재가 내화구조 벽과 슬라브 사이에 위치하는 경우 「건축물방화구조규칙」 제19조제1항 위반에 해당함(그림 1.2.5.7 참조)

그림 1.2.5.7 공동주택 경계벽 부적합 사례(슬라브 콘크리트 타설 전 경계벽 부분의 단열재 시공)

③ 단열재를 콘크리트 타설 후 시공 할 때

☞ 천장하부면에 부착하는 단열재의 벽체부분을 제거

☞ 건식벽체가 천장면까지 닿도록 벽체 시공

☞ 벽체 시공 후 틈새는 내화채움구조로 마감

3) 공동주택 발코니 세대간 경계벽

① 피난용도로 사용하는 경우

☞ 피난구를 경계벽에 설치할 수 있으며, 내화구조의 벽체가 아니어도 됨

☞ 경계벽의 구조는 파괴하기 쉬운 경량구조 등으로 할 수 있음

☞ "피난구" 또는 "화재 시 벽체를 파괴한 후 인접 세대로 피난하시오" 등의 표지 부착

☞ 관련법규 및 처벌규정 등을 병기한 표지 부착 고려

☞ 장애물 등을 경계벽 주변에 쌓아두지 않아야 하며, 피난구 등의 앞에는 창고 등을 설치하지 않아야 함

② 경계벽에 창고 등을 설치하는 경우

☞ 파괴하기 쉬운 구조는 설치할 수 없으며, 경계벽 구조를 갖추어야 함

③ 공동주택 발코니로서 인접세대 피난구를 설치하지 않을 경우

☞ 대피공간 설치 또는 하향식 피난사다리 설치 등 관련 규정에 적합한 구조 여부 확인

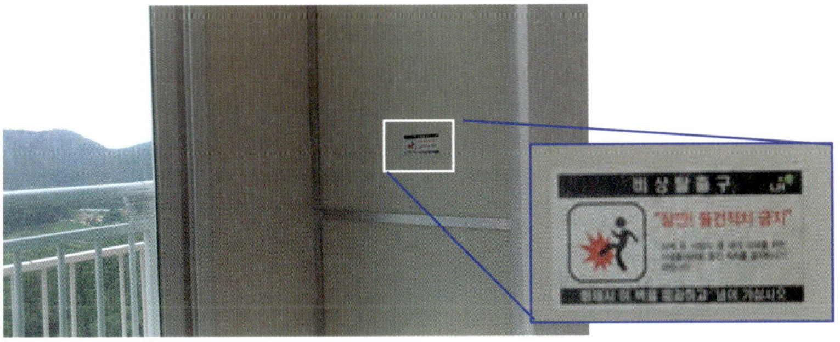

그림 1.2.5.8 공동주택 발코니의 파괴하기 쉬운 구조의 경계벽 설치 사례

(7) 경계벽 재료에 따른 특징

1) 철근콘크리트 구조는 천장바닥면과 벽체 사이에 틈새가 발생하지 않음
2) 조적 또는 건식벽 구조의 경우 슬라브 바닥면과 접하는 부위에 많은 틈새 발생 우려가 높기 때문에 시공관리에 주의 필요
3) 조적 구조의 경우 반자 상부 및 조적 전면에 석고보드를 시공하는 경우 조적과 조적 사이의 매지 틈새를 마감하지 않는 경우가 많으므로 시공관리에 주의 필요
4) 건식벽의 경우 벽과 기둥 또는 벽과 벽이 맞닿는 부분에 틈새 발생 우려가 높으며, 그 틈새는 선형조인트 내화채움구조가 아닌 우레탄폼 등의 제품을 사용하여 틈새를 마감하는 사례가 많음
5) 따라서 조적을 시공하는 경우 사전에 미장이 누락된 부분은 미장을 추가 반영하고, 건식구조의 방화구획 벽체를 설치하는 때에는 그 틈새를 내화채움구조로 마감하는 것이 적합함
6) 또한, 천장에 단열재를 시공하는 경우 경계벽이 단열재 하단까지만 설치되는 사례가 발생하지 않도록 시공상세도 작성 및 시공검측 시 철저한 관리가 필요함

그림 1.2.5.9 건식벽체 틈새 비내화재 사용 및 천장 단열재의 수직 방화벽 관통 사례

1.2.6 수직 및 수평 관통부(배관, 덕트, 케이블트레이) 방화구획 확인

- 배관 및 덕트, 케이블트레이, 전선, 덕트 등의 관통 부위 확인
- 벽 또는 바닥의 방화구획 확인

관련기준

건축물의 피난 · 방화구조 등의 기준에 관한 규칙 제14조 (방화구획의 설치기준) 제2항

(1) 수직 방화구획 관통부

1) 샤프트는 건축물에 물·전기·공기순환 등을 위해 배관·덕트·케이블 등을 수직으로 설치하기 위한 공간을 말함
2) 수직 공간의 방화구획은 화재가 상층으로 확대되는 것을 방지하는 것이 목적임
3) 일반적으로 PS (Pipe Shaft), EPS (Electrical Piping Shaft), TPS (Telecommunication Piping Shaft) 등으로써 수직으로 이동하는 배관, 덕트, 케이블 등을 설치하는 통로임
4) 대부분의 건축물에서는 수직부 샤프트 방화구획 시 수평부재인 바닥을 기준으로 구획하기 보다는 수직부재인 벽을 기준으로 방화구획 하고 있음
5) 그러나 가능한 수직 관통부 방화구획은 벽과 바닥을 모두 구획하는 것이 화재확산 방지 측면에서는 유리한 사항이지만 부득이 수평부재인 바닥을 방화구획하기 어려운 경우에는 수직 배관 등이 관통하는 틈새를 불연재료로 마감하는 것이 적합함
6) 관계 법령 및 기준에서는 수직/수평 방화구획에 관한 명확한 기준을 제시하지 않고 있기 때문에 면적별, 층별 방화구획 기준을 적용하는데 있어서 혼란을 주는 경우가 많음
7) 일반적으로 수직공간에서 방화구획의 결정은 건축설계자가 자유롭게 결정하고 있으며, 화재안전성에 대한 고려는 하지 않음
8) 방화구획은 건축물의 특성과 구조에 따라 충분한 검토 후 피난 및 화재의 확산 등을 고려하여 화재전문가가 결정해야 함
9) 또한, 배관, 덕트, 케이블 등이 수직으로 관통하는 수평 방화구획의 경우에는 해당 관통부에 발생한 틈새는 내화채움구조 등으로 마감해야 함

그림 1.2.6.1 EPS. TPS. PD, 엘리베이터 등 수직으로 연결된 샤프트

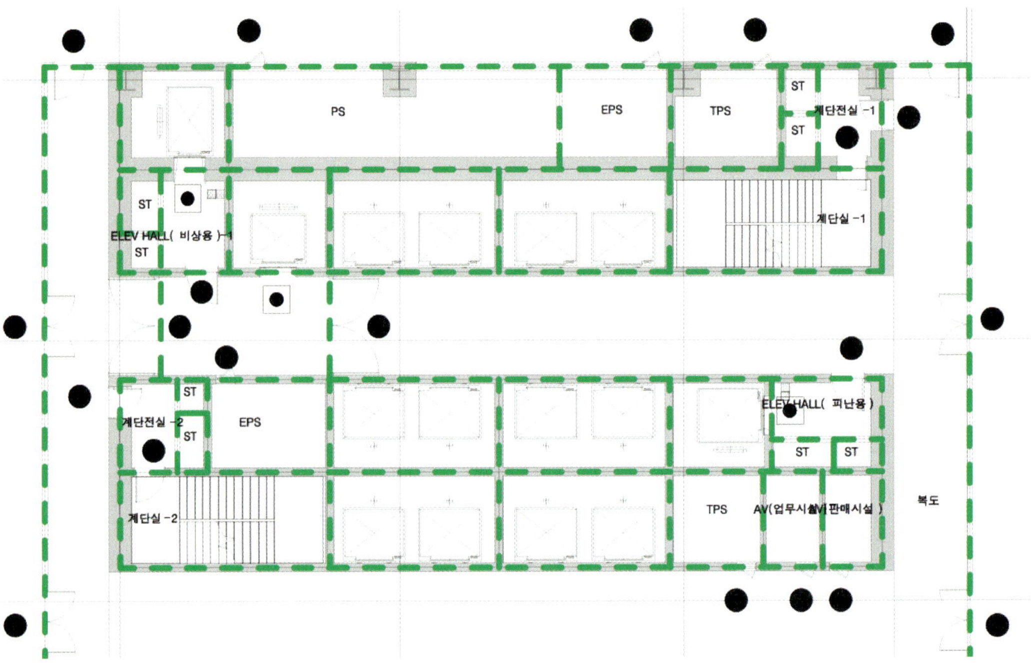

그림 1.2.6.2 수직벽 기준으로 EPS, TPS, PD 수직부재를 층간 방화구획한 사례

(2) 수평 방화구획 관통부

1) 수평 방화구획은 하나의 층에서 면적 또는 필요에 따라 공간을 내화구조의 벽 또는 방화문(자동방화셔터 포함)으로 구획하는 것을 말함

2) 방화구획의 수직부재를 배관·덕트·케이블 등이 관통해서 발생한 틈새는 내화채움구조를 설치함

3) 수평 방화구획은 발생한 화재가 하나의 방화구획된 공간에서 다른 공간으로 수평 확산을 방지하기 위해 구획하는 것이 목적임

4) 배관 등을 설치하는 수직 샤프트에 벽을 설치하여 방화구획 하는 것은 샤프트 내에서 발생한 화재가 수직으로 상승하더라도 다른 층의 거실 등으로 확산되는 것을 방지하기 위해 수직벽 관통부의 틈새를 내화채움구조로 밀실하게 막아야 함

5) 또한 수직으로 관통한 배관 등의 틈새는 최소 불연재료 등으로 밀실하게 막는 것이 화재의 확산 측면에서 매우 유리함

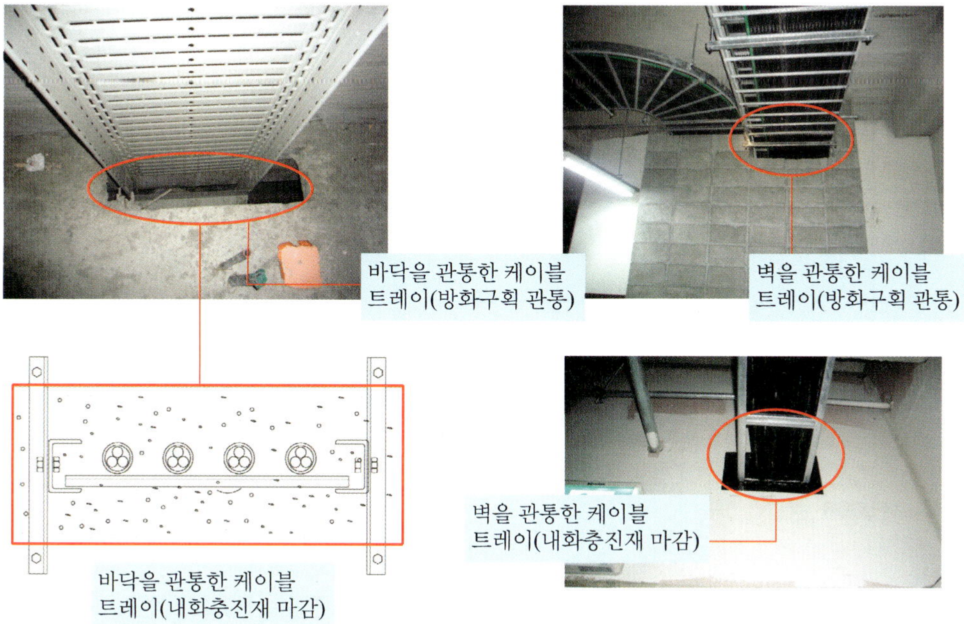

그림 1.2.6.3 케이블트레이 수직 및 수평부재 관통부의 내화채움구조 설치 사례

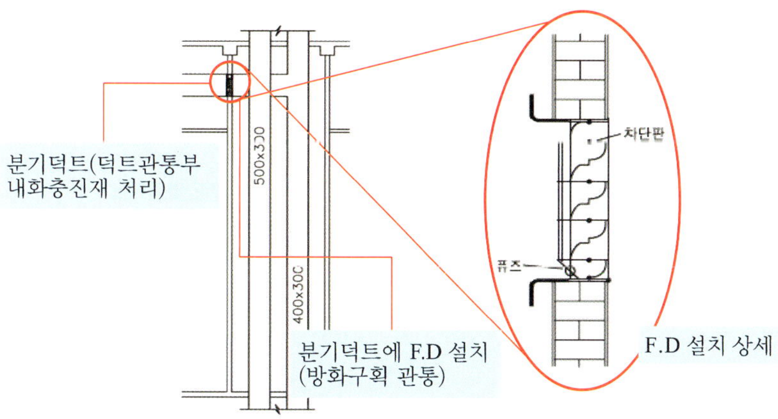

그림 1.2.6.4 수평부재 덕트에 방화댐퍼를 설치한 사례

(3) 수직 및 수평 방화구획의 검토

1) 방화구획 도면을 확인하여 정확한 계획을 확인해야 함
2) 방화구획은 내화구조의 벽과 방화문, 자동방화셔터, 방화댐퍼, 내화채움구조로 이루어져 있으며, 어느 한 곳이라도 정해진 시간동안 견딜 수 있어야 하며, 화재로 인한 틈새가 발생하지 않아야 함
3) 방화구획이 훼손되어 제 역할을 못하여 연기 또는 화염의 이동통로가 되지 않도록 방화구획을 관통하는 배관, 케이블 트레이 및 덕트 등의 관통부 틈새는 상세도를 작성하여 검토하고 수직 또는 수평 관통부의 방화구획 설정의 적정성을 확인해야 함

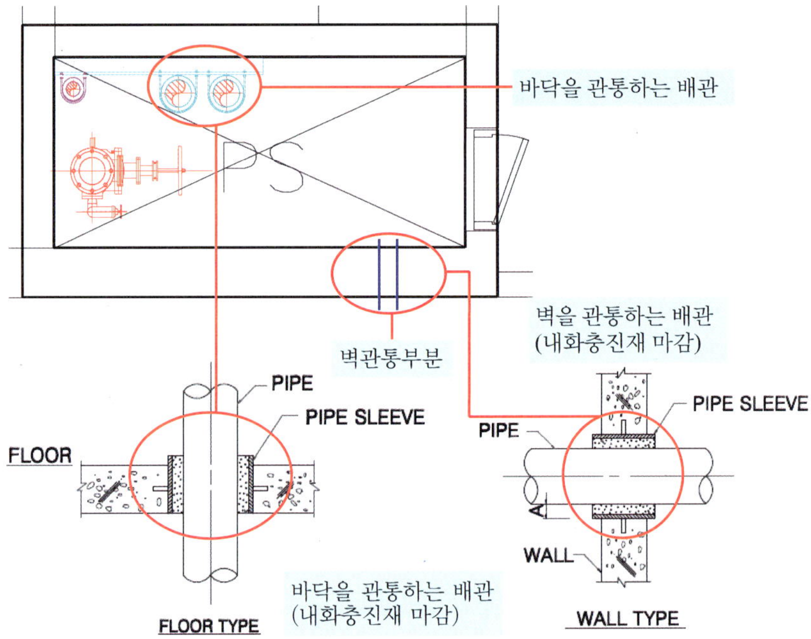

그림 1.2.6.5 수직 및 수평부재를 관통하는 배관에 설치하는 내화채움구조 예시 1

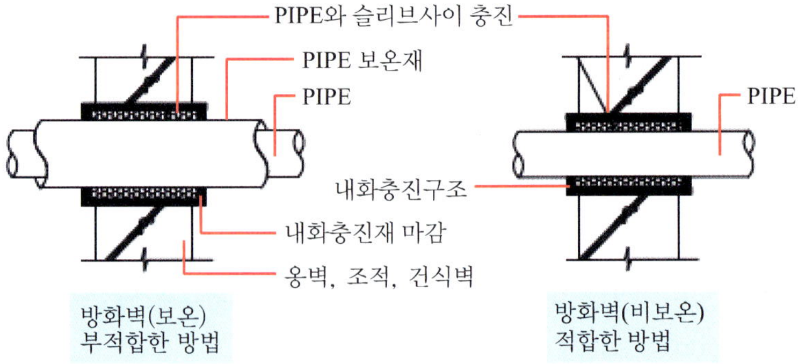

그림 1.2.6.6 수직 및 수평부재를 관통하는 배관에 설치하는 내화채움구조 예시 2

4) 수직 관통부는 방화구획에 해당하지 않더라도 불연재료를 활용한 틈새 마감이 필요
5) 수직 샤프트 방화구획 또는 불연재료 마감은 연돌효과에 따른 피해를 최소화하고, 화재의 수직 확산을 일정부분 완화하는데 효과적임
6) 수직 샤프트의 수직부재를 방화구획으로 한 경우 출입구(점검구) 기준
   ① 개구부에 설치하는 출입구(점검구)는 방화문(60분 방화문 이상)으로 설치
   ② 출입구 문틀 틈새는 우레탄폼 등 가연재를 사용하지 않아야 하며, 해당 틈새는 내화구조에 적합하게 마감해야 함
7) 공조실(팬룸) 등에서 Shaft 또는 바닥을 관통하여 덕트를 설치하는 경우
   ① 덕트에는 방화댐퍼(Fire Damper, FD)를 설치하고 덕트와 구조체 사이의 틈새는 내화채움구조로 마감
   ② 덕트가 수직으로 여러 개 층을 관통하는 경우에는 벽체(수직부재)를 방화구획하여 각 층으로 덕트를 분기하고 분기된 덕트에 FD를 설치하는 것이 효과적임
      ☞ 매 층의 바닥을 관통하는 덕트마다 FD를 설치하는 경우 유지관리가 어려움
      ☞ 방화댐퍼가 오동작에 따라 폐쇄될 경우 해당 설비의 성능저하가 우려됨
      ☞ 매 층 바닥에 방화댐퍼를 설치할 경우 샤프트 내부에 유지관리 공간이 확보되지 않아 점검이 어려움
      참고 1) 방화댐퍼를 설치한 때는 방화댐퍼에 쉽게 접근이 가능한 위치에 방화댐퍼 점검구를 설치할 것
      참고 2) 방화댐퍼가 은폐된 반자 내부에 위치하는 경우 방화댐퍼 점검에 용이한 위치의 천장에 점검구를 설치할 것
      ☞ 방화댐퍼는 기존에는 온도를 감지하여 동작하는 방식이었으나 2021.08.07. 이후에는 연기 또는 불꽃을 감지하여 자동으로 닫히는 구조로 해야 함(개정 2019.08.06. 시행 2021.08.07.)
      ☞ 주방 등 연기가 항상 발생하는 부분에 설치하는 방화댐퍼는 온도를 감지하여 자동으로 닫히는 방식의 적용이 가능함
   ③ 수직 관통부는 상부층 바닥에 내화채움구조를 시공하는 것이 원칙임. 수평부재를 관통하는 내화채움구조의 성능시험에서 가열로 외부에 내화채움구조를 두고 시험을 하고 있어 상부층 바닥에 내화채움구조 설치함
8) 방화구획 관통부분 틈새는 설치된 내화구조체의 내화시간과 동일한 내화시간을 가져야 함
9) 내화구조는 한국건설기술연구원장이 인정한 성능기준에 적합할 것
10) 내화구조 표준으로 된 것, 한국건설기술연구원장이 인정한 성능설계에 따라 내화구조의 성능을 검증할 수 있는 구조로 된 것, 한국산업표준으로 내화성능이 인정된 구조로 해야 함 그 구조 및 성능은 「내화구조의 인정 및 관리기준」과 국토교통부 고시로 정하고 있음

1.2.7 비상전원 설치장소(발전기실, 축전지실, 펌프 및 소화가스 제어반, 제연설비 송풍기 설치실)의 방화구획 확인

- 비상전원설비 설치장소 방화구획 설정을 도면 확인
- 소화설비용 펌프 제어반 및 소화가스 제어반 설치장소 방화구획 설정 도면 확인

관련기준

화재안전기술기준의 비상전원 설치 장소
수계소화설비의 제어반 설치장소
가스계 소화설비의 저장용기실 (NFPC 106 제4조제1항, NFPC 107A 제6조제1항)
특별피난계단의 계단실 및 부속실 제연설비의 급기송풍기 (NFPC 501A 제19조)

(1) 별도의 방화구획 대상

1) 비상전원(자가발전기실, 축전지실, 전기저장장치) 설치 장소
2) 수계소화설비 제어반, 가스계 소화설비 제어반(비상전원 내장한 경우) 설치 장소
   ① 가스계 소화설비는 제어반에 비상전원을 내장하고 있어 방화구획 대상이 됨
   ② 수계소화설비 제어반을 설치하는 장소는 별도의 방화구획을 요구함
3) 가스계 소화설비
   - 가스계 소화설비의 저장용기실은 별도의 방화구획을 하도록 함
4) 특별피난계단의 계단실 및 부속실 제연설비
   - 급기송풍기를 설치하고 있는 장소를 방화구획 하도록 함

(2) 방화구획 검토

1) 비상전원 설치장소
   ① 환기용 덕트
      ☞ 환기용 덕트에는 방화댐퍼를 설치하고 덕트 점검구를 설치
      ☞ 관통부 틈새는 내화채움구조 마감 확인
      ☞ 소화약제 농도유지를 위해 개구부 자동 폐쇄용으로 설치한 PRD(Piston Release Damper) 또는 MD(Motor Damper)는 방화댐퍼와 구분되어야 함
      ☞ 발전기의 배출구에는 소화약제 농도유지를 위해 PRD 또는 MD 등 자동 폐쇄장치를 설치해야 함

② 배관, 부스덕트, 케이블 관통부

☞ 관통부 틈새는 내화채움구조 마감 확인

☞ 내화채움구조는 입증된 구조 적용여부 확인

③ 비상전원 설치장소의 출입문은 방화문 설치

☞ 양개 방화문은 양쪽 출입문에 도어클로저를 설치(한쪽 출입문에만 도어클로저를 설치하는 사례가 많음)

☞ 양개 방화문에는 순위조절기를 부착해야 함(순위조절기를 설치하지 않는 사례 많음)

④ 비상전원을 최하층에 설치하는 경우

☞ 비상전원 설치장소 DA를 여러개의 층과 연결하여 설치하는 때에는 출입문(점검문)을 방화문으로 설치해야 함

☞ 그러나 DA 출입문을 방화문이 아닌 것으로 설치사례 많음

☞ 또한, 단일 DA라도 출입문의 자동폐쇄를 위하여 도어클로저는 반영되어야 함

2) 소화가스 제어반에는 축전지를 내장하고 있으며, 제어반은 소화가스 용기저장실에 병용하여 설치하는 경우가 대부분임

① 제어반에 내장된 축전지로 인하여 제어반이 설치된 장소는 방화구획 대상이 됨

② 제어반을 저장용기실에 설치함에 따라 저장용기실은 방화구획 대상에 해당함

③ 저장용기실은 별도의 방화구획된 실에 설치하도록 규정하고 있음

④ 따라서 소화가스 저장용기실은 방화구획 되어야 함

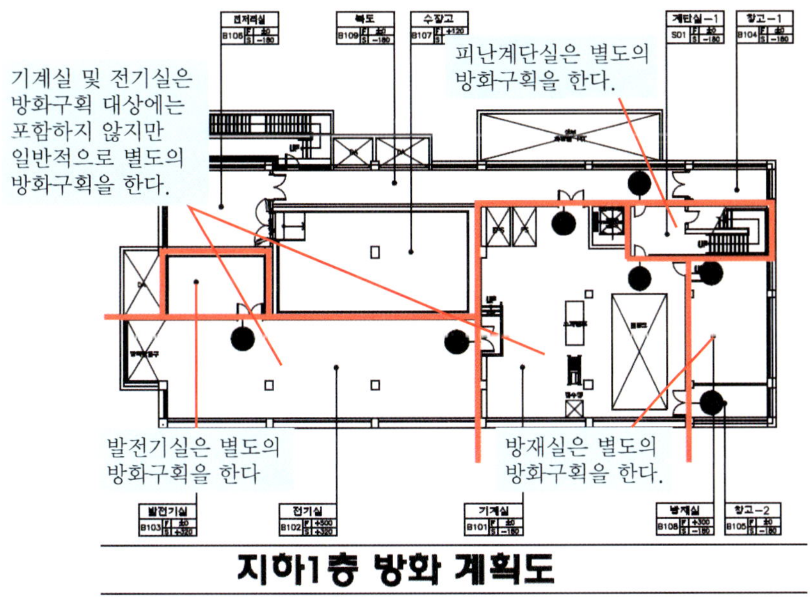

그림 1.2.7.1 발전기실의 별도 방화구획

(3) 방화구획 미반영 사례

1) 발전기실에 설치된 급·배기덕트에 방화댐퍼를 설치하지 않음
2) 발전기실 바닥에 설치하여 전기실과 연결된 케이블 트렌치에 내화채움구조 미반영
3) 결로 수 등을 집수정으로 유도하기 위한 트렌치에 대한 방화구획 미반영
4) 소화가스 용기저장실을 방화구획 하지 않는 경우
5) 소화가스 용기저장실, 제어반실 등을 관통하는 덕트 및 배관, 트레이, 부스턱트 등의 관통부에 내화채움구조 미비
6) 제어반실(종합방재센터 즉 화재수신반 등이 설치된 실)에 환기용 wall fan을 다른 용도의 거실과 연결하여 설치하면서 방화댐퍼를 설치하지 않는 사례
7) 악세스플로어 하부 등을 관통하는 부위에 내화채움구조 미시공

(4) 방화구획 확인 방법

1) 발전기실, 제어반실 방화구획 구조 확인
2) 해당 실의 바닥, 벽, 천장 등을 관통하는 덕트, 배관, 케이블트레이 등의 관통부 확인
3) 악세스 플로어 하부에 설치된 배관, 덕트, 케이블트레이 관통부 내화채움구조 및 덕트에 방화댐퍼 확인
4) 내화채움구조 시공상세도와 설치하고자 하는 제품의 규격에 따른 일치 여부 확인
5) 방화구획 도면과 각각의 설비별 도면의 일치 여부 확인

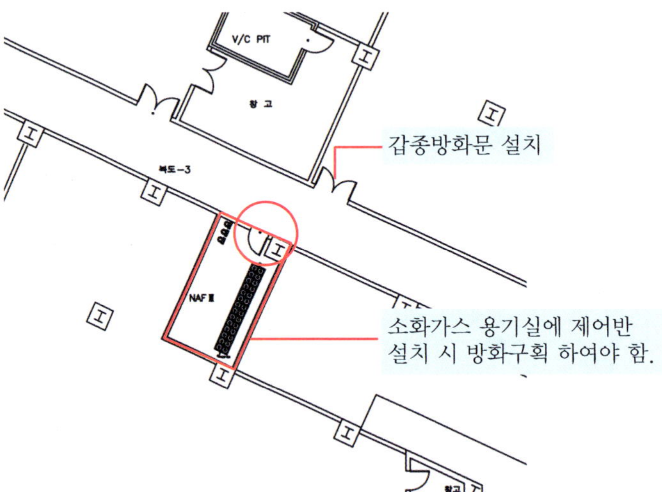

그림 1.2.7.2 소화가스 용기실의 방화구획

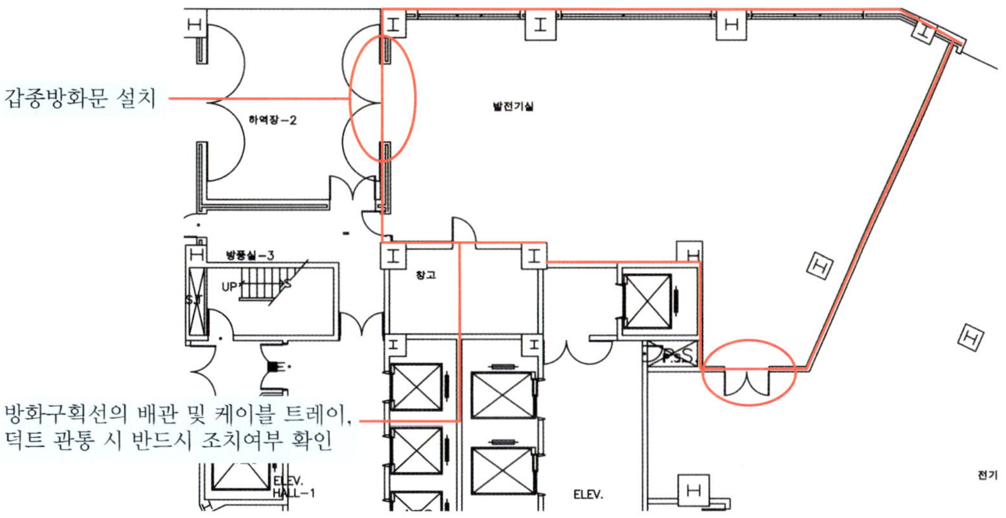

그림 1.2.7.3 발전기실의 방화구획 예시

1.2.8 방화지구 내 인접건물의 이격거리 기준

- 방화지구 안 건축물의 인접 건축물과 이격 거리 확인
- 이격 거리를 둘 수 없는 장소의 추가시설 검토
- 방화지구의 커튼월 설치 불가

관련기준

건축법 제51조 (방화지구안의 건축물)
건축물의 피난 · 방화구조 등의 기준에 관한 규칙 제21조 (방화벽의 구조)
건축물의 피난 · 방화구조 등의 기준에 관한 규칙 제22조 (대규모 목조건축물의 외벽 등)
건축물의 피난 · 방화구조 등의 기준에 관한 규칙 제23조 (방화지구안의 지붕 · 방화문 및 외벽 등)

(1) 방화지구

1) 도시계획구역 안에서 토지의 경제적·효율적인 이용과 공공의 복리증진을 도모하고, 도시의 화재 및 기타 재해의 위험을 예방하기 위하여 정하는 지구
2) 방화지구 내에서는 건물 상호간 거리를 1층에 있어서는 6 m, 2층 이상은 10 m 이상의 거리를 두어야 함

(2) 방화지구 내의 건축물 구조

1) 인접대지 경계선·도로중심선을 기준으로 확인
2) 동일한 대지 안에 있는 2동 이상의 건축물상호 외벽간의 중심선 기준임(연면적 합계 5000 ㎡ 이하인 경우 하나의 건축물로 봄)
3) 1층 3 m 이내, 2층 이상 5 m 이내 거리에 있는 건축물의 각 부분을 말함

(3) 연소할 우려가 있는 부분 - 인동(隣東)거리

1) 건축물에서 인동거리는 화재에 따른 유소(類燒, 다른 집에서 난 불이 자기 집으로 번져 탐) 또는 비화, 복사열 등으로 인한 화재확대를 방지 목적임
2) 건축에서는 방화지구 대상에 대하여 인동거리를 적용하지만 소방에서는 2 개동 이상의 건축물이 있는 경우 옥외소화전을 적용하는데 있어서 인동거리를 적용함
3) 옥외소화전에서 인동거리(1층 6 m, 2층 10 m) 이상을 이격하지 않을 경우 하나의 건축물로 해석하여 해당 면적을 초과하는 경우 설비를 적용
4) 인동거리를 확보하지 못하여 연소할 우려가 있는 부분에 설치해야 할 방화설비
   ① 개구부에 60분+ 방화문 또는 60분 방화문 설치
   ② 외벽에 설치한 창문 등에 드렌처설비 설치
   ③ 내화구조나 불연재료로 된 벽·담장 또는 이와 유사한 방화설비
   ④ 환기구멍에 설치하는 불연재료로 된 방화커버 또는 그물눈 2 mm 이하의 금속망

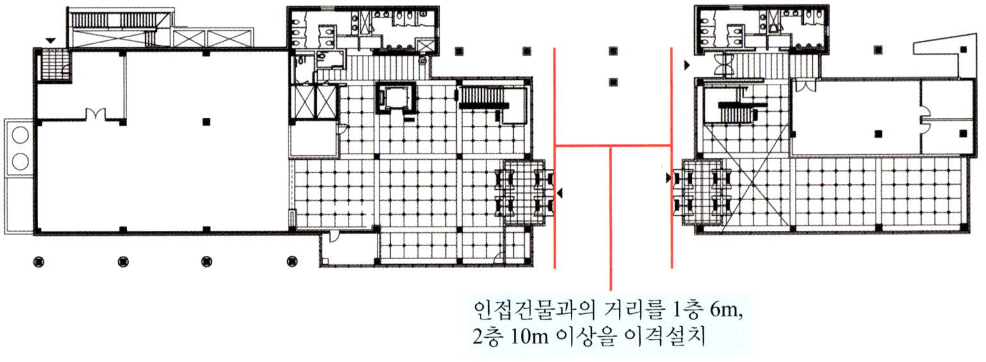

그림 1.2.8.1 방화지구 안 건축물의 이격거리

(4) 방화지구 내의 시설

1) 방화지구의 인동거리가 나오지 않는 외벽은 내화구조를 설치해야 함
   - 그러나 방화유리를 내화구조에 적합한 것으로 잘못 인식을 하여 설치하는 사례가 있었음
2) 방화지구의 외벽에 방화유리를 설치하는 것은 대안이 될 수 없음 따라서 방화유리 설치와 관계없이 드렌처설비 등의 방화설비를 설치해야 함. 단, 내화성능을 인증 받은 내화유리는 사용 가능
3) 인동거리가 확보되지 않는 방화지구 내 건축물 외벽의 커튼월 구조는 설치할 수 없음 (국토교통부 지침(국토교통부 건축법령 운영지침 시달. 2017.10.24.)이 시달)
   - 방화지구 내에서는 커튼월구조를 설치할 수 없음

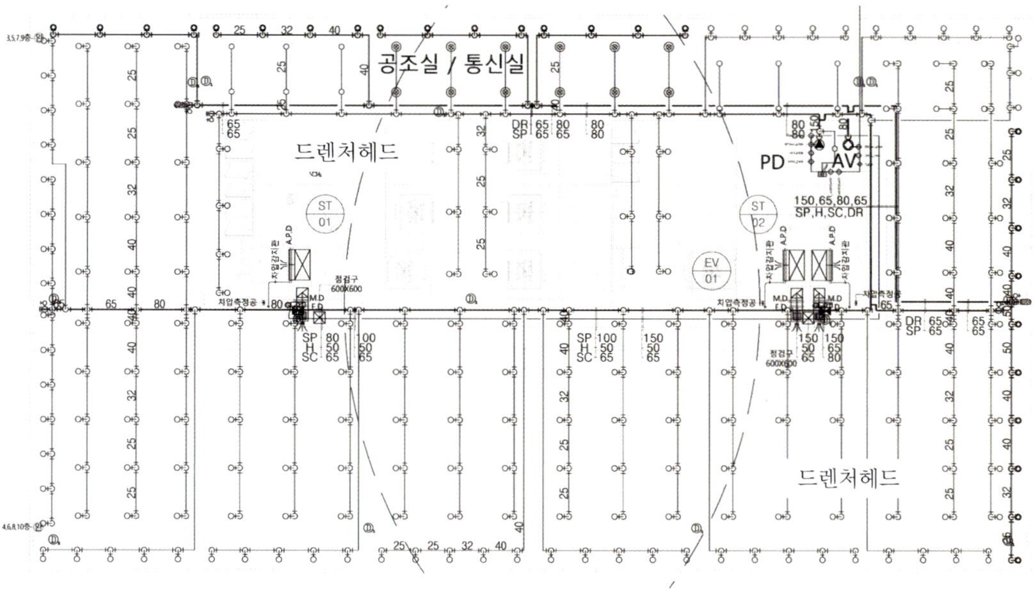

그림 1.2.8.2 방화지구 내 개구부의 드렌처헤드 설치 사례

(5) 방화지구 적용의 문제점

1) 방화지구 내의 재개발로 인해 주변 환경이 변화하고 있으나 여전히 방화지구로 유지하고 있음
2) 드렌처설비 설치를 소방법령에 따르도록 하고 있으나 소방법령에서도 해당 기준이 명확하지 않음
   ① 현재 방화지구 내에 설치하는 드렌처설비는 스프링클러설비의 화재안전기술기준에 따라 건축물 내부 각 층의 개구부 상부에 설치하고 있음
   ② 드렌처헤드는 주변 건축물의 높이와 관계없이 인동거리가 확보되지 않은 경우 전층에 설치하고 있음

1.2.9 특별피난계단, 피난계단, 비상용승강장의 방화문 개방방향 및 닫히는 방식 확인

- 특별피난계단 및 피난계단의 방화문은 피난방향으로 개방
- 비상용승강기승강장 및 피난용승강기 승강장의 방화문 개방방향

관련기준

건축물의 피난 · 방화구조 등의 기준에 관한 규칙 제9조(피난계단 및 특별피난계단의 구조)
특별피난계단의 계단실 및 부속실 제연설비의 화재안전성능기준(NFPC 501A) 제21조(제연구역 및 옥내의 출입문)

(1) 방화문의 구분

1) 방화문은 화재의 확대·연소를 방지하기 위해 건축물의 방화구획 벽의 개구부에 설치하는 문으로서 거주자의 자유로운 출입에 활용하며 아래 항목과 같이 구분함
2) 60분+ 방화문(차열)
   - 연기 및 불꽃을 차단할 수 있는 시간이 60분 이상이고, 열을 차단할 수 있는 시간이 30분 이상인 방화문
3) 60분 방화문
   - 연기 및 불꽃을 차단할 수 있는 시간이 60분 이상인 방화문
4) 30분 방화문
   - 연기 및 불꽃을 차단할 수 있는 시간이 30분 이상 60분 미만인 방화문

(2) 방화문의 설치장소

1) 30분 또는 60분 방화문
   - 특별피난계단 노대 또는 부속실과 계단실 사이 출입문에 설치할 수 있음
2) 60분 방화문, 60분+ 방화문
   - 모든 방화구획의 출입문으로 사용이 가능함

(3) 방화문의 열림 방향

1) 피난방향으로 열리도록 설치해야 하는 방화문
   ① 피난계단에 설치되는 방화문 및 특별피난계단에 설치되는 방화문
   ② 다중이용업에 설치되는 비상구

③ 비상용승강기 승강장 방화문 및 피난용승강기 승강장 방화문, 복도, 거실 등의 방화문은 열리는 방향을 정하고 있지 않음

2) 일반적인 피난경로

① 1차는 거실에서 복도로 피난

② 2차는 복도에서 피난계단 또는 특별피난계단으로 피난

③ 3차는 계단실에서 피난층으로 피난

④ 피난층은 직접 지상과 연결된 출입구가 지하층 또는 2층, 3층에 위치해 있다면 해당 층도 피난층으로 정의됨

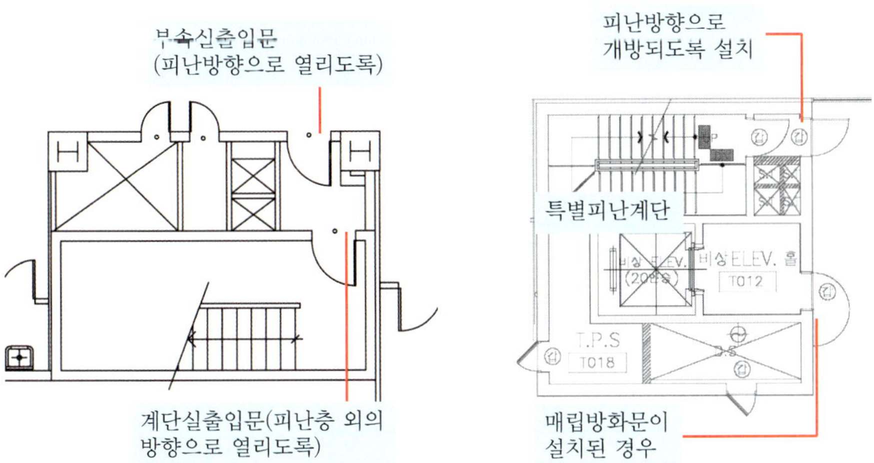

그림 1.2.9.1 계단실 출입문의 설치(피난방향으로 설치)

(4) 피난층 방화문 열림 방향

1) 피난층이 한쪽 면만 직접 지상으로 나가는 경로인 경우에는 피난층에 접근이 쉬운 층을 피난층으로 선택하여 피난 경로를 선정해야 함

2) 예시) 지하층의 한쪽 면과 1층의 한쪽 면, 2층의 한쪽 면이 지상과 연결되어 있을 때 계단실에서 피난층으로 나가는 방향을 어떻게 설정해야 할까?

☞ 지하1층의 경우에는 지하1층에서 옥외로 나가는 가까운 계단을 지하1층 피난경로로 설정

☞ 1층의 경우에는 1층에서 옥외로 나가는 가까운 계단을 1층 피난경로로 설정

☞ 2층의 경우에는 2층에서 옥외로 나가는 가까운 계단을 2층 피난경로로 설정

※ 피난층은 직접 지상으로 통하는 출입구가 있는 층 및 초고층 건축물의 피난안전층을 말하며, 하나의 건축물에서 피난층이 다수인 경우에는 명확한 규정이 없기 때문에 피난 전문가의 의견을 들어 피난경로를 결정하는 것을 권장함

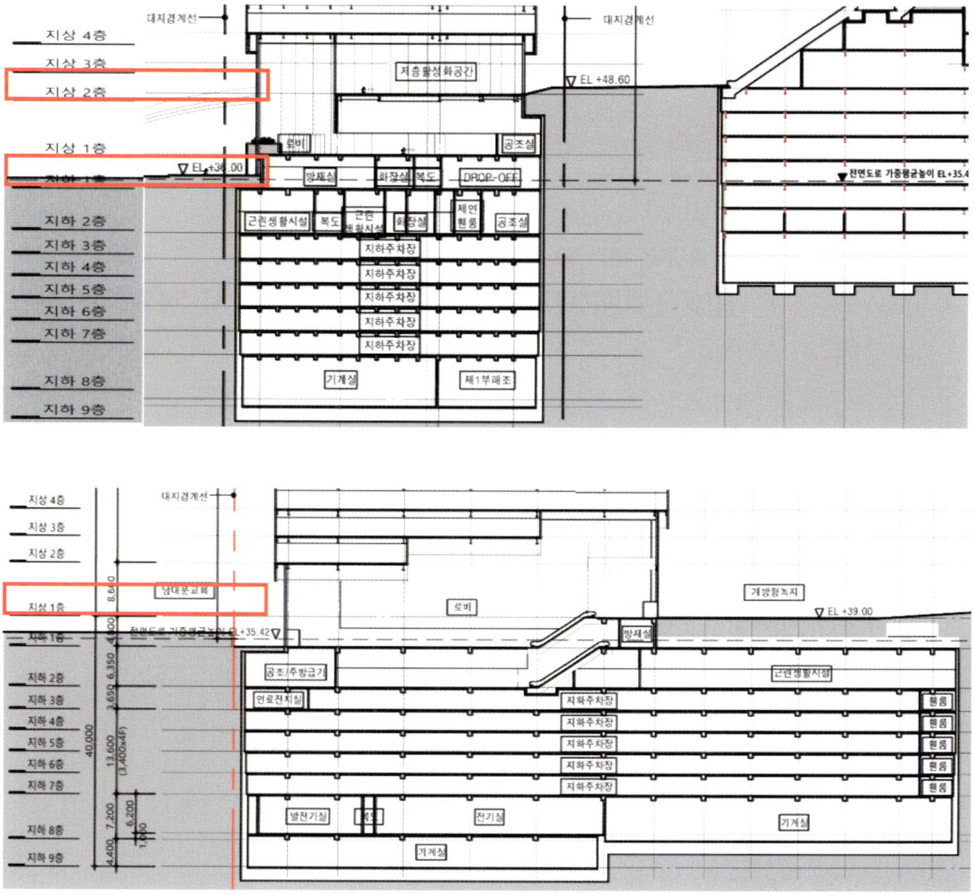

그림 1.2.9.2 피난층(지하1층, 1층, 2층)이 다수의 층에 위치한 사례

(5) 비상용승강기 승강장 및 피난용승강기 승강장

1) 비상용승강기 승강장 및 피난용승강기 승강장의 출입문은 열리는 방향을 규정하고 있지 않음

2) 승강장 출입문의 열리는 방향 자유롭게 선택할 수 있음

3) 열리는 방향 선택 시 고려사항

① 비상용승강기 승강장 출입문은 소방대의 소화활동에 장애가 없도록 검토

② 피난용승강기 승강장 출입문은 피난자의 피난을 위해 가능한 승강장으로 열리도록 검토 (단, 피난자가 머무를 수 있도록 충분한 공간이 확보된 경우에 한함)

③ 제연설비의 제연성능에 영향이 없도록 검토

④ 비상용승강기 승강장과 피난용승강기 승강장 출입문 개폐방향

☞ 관련 규정은 없으나 건축물의 구조와 승강기의 위치에 따른 이용자의 활용성을 고려하여 방향 선정

☞ 소방관은 고도의 훈련을 받은 사람들로서 승강장 출입문 방향을 통일한다면 사용에 큰

혼란은 없을 것임

☞ 30층 이상의 건축물에 설치되는 피난용승강기 승강장 출입문은 거실 또는 복도에서 승강장 방향(피난방향)으로 개방하도록 하는 것이 적합할 것으로 판단됨

⑤ 거실 또는 복도 등 방화구획에 설치된 방화문의 개방방향

☞ 복도 및 통로의 방화구획에 설치되는 방화문은 피난계단에 가까운 피난방향으로 열리도록 하는 것이 적합

☞ 설계자는 거주자의 피난 안전성을 두고 방화문의 열리는 방향을 결정

☞ 피난자의 특성, 건축물의 특성 및 피난 조건을 충분히 고려

☞ 특별한 사유가 없는 한 계단에 가까운 방향으로 열리도록 구성

1.2.10 계단실의 자동방화셔터 설치 제한

- 계단실에 방화셔터 설치여부 확인
- 방화문의 구조 확인(매립형 설치여부 등)
- 직통계단/피난계단/특별피난계단 확인

(1) 계단실 자동방화셔터의 영향성

1) 상부층에서 피난하는 사람들의 피난장애 발생
2) 피난통로 축소
3) 「건축물방화구조규칙」 제9조제2항제1호 바목의 규정에 따라 (특별)피난계단 계단실에는 방화문을 설치하도록 규정하고 있음
   - (특별)피난계단실에는 방화셔터를 설치하는 것은 부적합

(2) 계단실의 구조

1) 모든 계단의 구조는 직통계단으로 구성
2) 지상 5층 이상의 층과 지하 2개 층 이하의 건물은 피난계단으로 하고, 지상 11층 이상과 지하 3층 이하인 건물은 특별피난계단으로 구성
3) 피난계단/특별피난계단의 구조는 개구부를 제외하고는 내화구조로 구획
4) 「건축물방화구조규칙」 제14조제1항제2호의 규정에 따라 매층마다 방화구획 해야 함
5) 따라서 계단실은 층 구분없이 계단실 이외의 부분과 내화구조로 구획해야 하며, 계단실로 통하는 출입구에는 60분+ 방화문 또는 60분 방화문 방화문을 설치해야 함

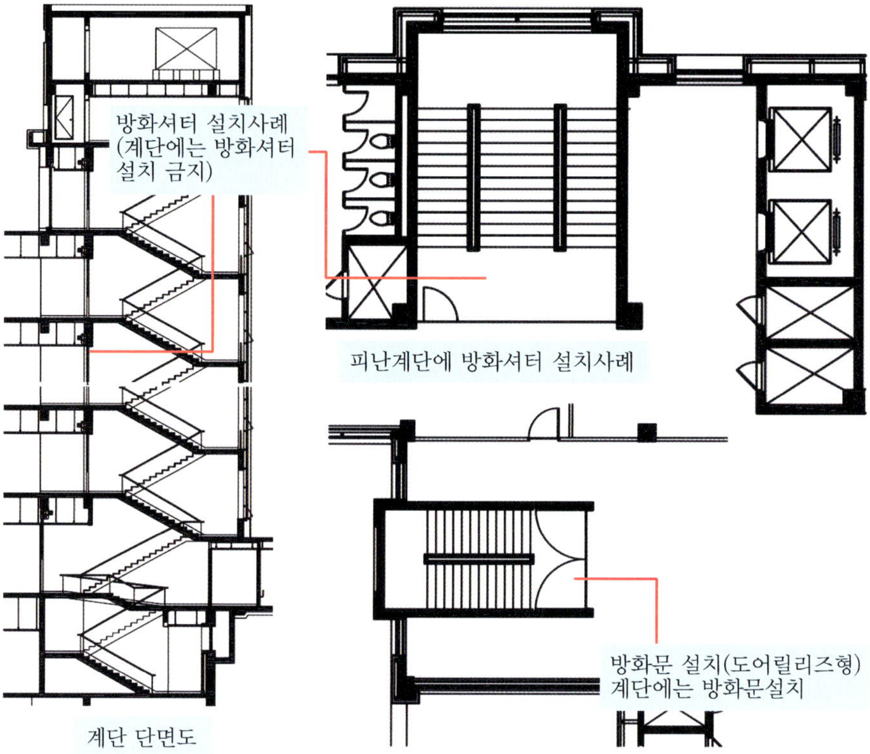

그림 1.2.10.1 계단실 방화셔터 설치 사례

(3) 계단실에 자동방화셔터와 같은 가동식 벽을 설치해서는 안되는 이유

1) 방화구획 구성은 내화구조의 벽 및 바닥과 방화문, 자동방화셔터로 구성하고 있으나 계단실은 단순한 방화구획으로 해석되어서는 안 됨
2) 계단실 건축물의 각층을 수동으로 이동할 수 있는 유일한 통로에 해당함
3) 계단실 출입구에 방화셔터를 설치하는 것은 유일한 피난통로를 차단하는 효과를 가져올 수 있음
4) 또한, 2022년 1월 31일부터는 일체형 방화셔터를 설치할 수 없기 때문에 계단실에 방화셔터를 설치하는 것은 큰 의미가 없음
5) 따라서 (특별)피난계단에 자동방화셔터 설치는 관련 규정에 적합하지 않으며, 직통계단 출입구에 자동방화셔터는 피난에 영향을 줄 우려가 높기 때문에 설치되지 않아야 함

1.2.11 피난계단 및 특별피난계단 계단실에 설치된 창문과 실내 창문의 2 m 이상 이격 설치 확인

- 계단실 창문과 건축물의 다른 부분에 설치된 창문 설치거리 확인
- 부속실과 거실 사이에 창문의 설치여부 확인

관련기준

건축물의 피난 · 방화구조 등의 기준에 관한 규칙 제9조 (피난계단 및 특별피난계단의 구조)

(1) (특별)피난계단실 창문과 거실 창문 사이의 거리

1) 「건축물방화구조규칙」 제9조제2항에 따라 (특별)피난계단 계단실에 창문이 설치된 경우 그 창문과 거실 외벽에 설치된 창문은 2 m 이상 이격하여 설치해야 함
2) 붙박이창으로서 망이 들어있는 유리로 1 ㎡ 이하로 설치한 경우에는 제한이 없음

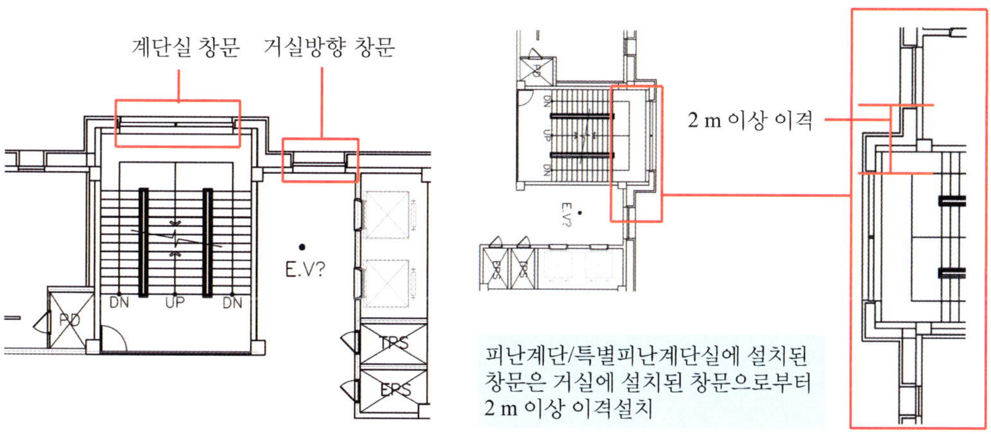

그림 1.2.11.1 피난계단/특별피난계단 계단실과 거실 계단실과의 이격거리 유지

(2) (특별)피난계단실 창문과 거실 창문 사이의 거리를 두는 이유

1) 거실에서 발생된 화재가 파손된 창을 통해 계단실로 확대 또는 연기의 확산으로 피난에 장애가 발생하는 것을 방지하기 위한 목적이 클 것임
2) 확대된 화재는 피난계단 계단실에 설치된 창문을 통해 연기 또는 화염 등이 확대되는 것을 예방하기 위함
3) 또한, 피난계단 사용이 불가능한 상태가 되어 각층에서 피난하는 사람이 계단에 고립될 우려

가 높아 이를 방지할 필요가 있음

4) 1 ㎡ 이하의 망입유리 허용은 유리가 파손되더라도 형태는 그대로 유지되어 개구부가 발생할 우려가 낮으며, 건축설계 과정에서 부득이하게 발생할 수 있는 조건을 고려한 것으로 판단할 수 있음

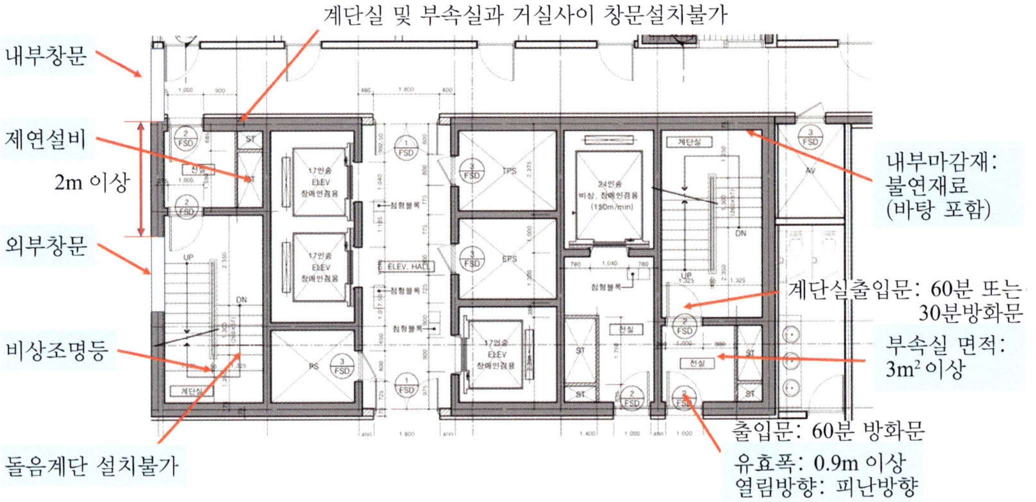

그림 1.2.11.2 특별피난계단 부속실과 면하는 창문 등

(3) (특별)피난계단 계단실 창문 설계 및 시공과정에서 우선 고려되어야 할 사항

1) 계단실에 설치되는 창문과 건축물 외벽에 설치되는 창문은 최소한 2 m 이상 이격하여 설치
2) 피난계단 계단실 창문의 이격거리는 건축평면도와 계단실 상세도면을 참조하여 검토해야 함
3) 피난계단 및 특별피난계단 계단실은 어떤 상황에서도 안전하게 보호될 수 있어야 함

1.2.12 비상용 승강기 적용의 적합 여부 확인

- 건축물의 높이 31 m 이상 확인
- 공동주택 10층 이상 비상용 승강기 설치 확인
- 비상용 승강기 제외조건 확인

관련기준

건축법시행령 제90조 (비상용승강기의 설치)
건축물의 설비기준 등에 관한 규칙 제9조 (비상용승강기를 설치하지 아니할 수 있는 건축물)
주택건설기준 등에 관한 규정 제3장 주택의 구조·설비 등 제15조 (승강기 등)

(1) 비상용승강기의 사용 주체

1) 화재가 발생하면 화재진압 및 구조작업을 위해 소방대원들은 화재층으로 신속하게 이동해야 하며, 소방대원이 화재발생지점에 도착하는 가장 신속한 방법은 고가 사다리차와 비상용 승강기의 이용임
2) 저층부 화재에는 계단 및 고가사다리차를 이용하여 화재지역에 신속하게 도달할 수 있지만 고층건물에는 고가사다리차의 접근이 어렵기 때문에 비상용 승강기의 이용이 필수적임
3) 비상용승강기는 소방대의 사용 목적과 의도에 적합하게 설치되어야 함

(2) 건축물 용도, 층수 및 높이에 따른 비상용승강기 설치

1) 비상용승강기의 설치 대수
   ① 바닥면적 중 최대 바닥면적을 기준으로 비상용승강기 설치대수를 결정함
      ☞ 건축물의 바닥면적 1500 m² 이하인 경우에는 1대 이상 설치
      ☞ 건축물의 바닥면적 1500 m²를 초과하는 경우에는 2대 이상 설치
      ☞ 초과면적 3000 m²마다 1대 이상 설치
   ② 2대 이상 설치하는 경우에는 비상용승강기 상호간 거리를 두고 설치해야 함
      ☞ 한 곳에 2대 이상의 비상용승강기를 밀집해서 설치하지 않아야 함
      ☞ 피난층에서 승강장까지는 보행거리 30 m 이내에 위치해야 함
2) 복합 건축물로서 용도별로 출입구가 다르고 계단 등을 분리해서 설치하고 비상용승강기 대상 높이에 해당하지 않을 때
   ① 해당 용도로 사용되는 건축물의 높이 등이 비상용승강기 설치 대상에 해당하지 않을 때
      ☞ 비상용승강기 관련 규정에는 건축물의 용도별 분리에 관한 내용을 제시하지 않고 있음
      ☞ 바닥면적에 따른 승강기 대수가 확보된 상태라면 원칙적으로는 비상용승강기를 해당

공간을 위해 설치하지 않아도 됨

☞ 그러나 비상용승강기는 건축물의 환경과 구조에 따라 소화활동성을 고려하여 결정할 필요가 있음

☞ 따라서 계단 및 출입구를 달리 구분하는 복합건축물로서 건축물의 높이가 31 m에 해당하지 않더라도 20 m를 초과한다면 비상용승강기를 설치하는 것이 적합할 것임

② 31 m를 넘지 않은 용도의 대상물에 반드시 비상용승강기를 설치해야 하는 기준은 명확하게 제시하고 있지 않음

③ 바닥면적에 따라 설치해야 할 비상용승강기 대수는 가능하다면 용도를 구분하여 분산 배치하는 방안도 검토되어야 함

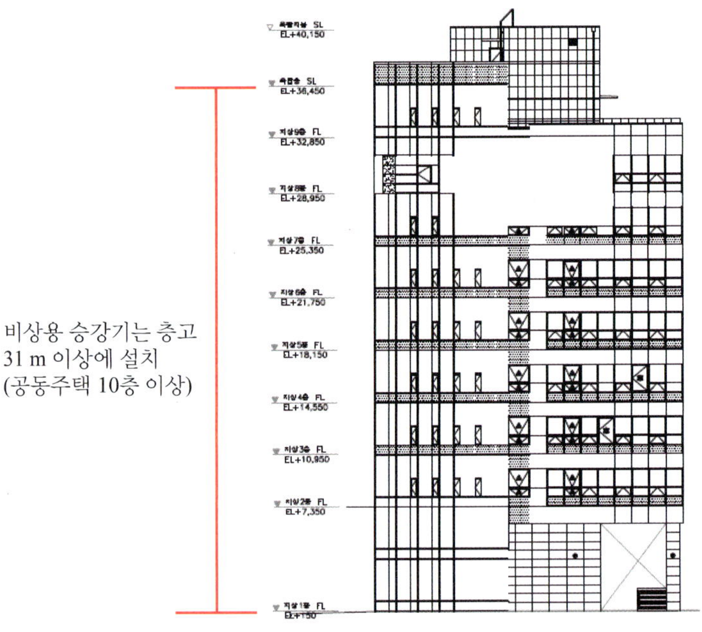

그림 1.2.12.1 비상용승강기 설치대상

(3) 아파트의 비상용승강기 설치 규정

1) 아파트의 경우 과거에는 16층 이상인 경우 비상용승강기를 설치하도록 하였으나 2013년 3월 23일「주택건설기준 등에 관한 규정」제15조가 개정되면서 10층 이상으로 규정을 강화되었음
2) 아파트는 화재 빈도가 높을 뿐만 아니라 화재 시 인명피해 또한 크게 발생
3) 지상 주차장이 설치되는 경우 2열 주차 및 고가사다리차의 회전반경의 부적합 등으로 고가사다리차 전개가 곤란하여 고가사다리차를 활용한 소방대원의 화재지점 진입이 어려운 경우가 많음
4) 공동주택에서 비상용승강기의 설치와 관리는 매우 중요한 요소임.
5) 따라서 부속실 및 계단실 출입문은 상시 닫힌 상태로 관리되거나 자동폐쇄장치에 의해 열리는 방식을 적용하여야 함

1.2.13 비상용 승강기 승강장의 구조 및 구획

- 비상용승강기 승강장 면적 6 ㎡ 이상 확인
- 승강장에서 출입구까지의 거리는 30 m 이하 확인

관련기준

건축물의 설비기준 등에 관한 규칙 제10조 (비상용승강기의 승강장 및 승강로의 구조)

(1) 비상용승강기 승강장의 면적

1) 비상용승강기 승강장의 면적은 6 ㎡ 이상으로 설치되어야 함

① 비상용승강기 승강장 면적은 소방대의 소화활동을 위한 최소 기준 면적이라 할 수 있음

② 승강장 내에 소화활동에 영향을 줄 수 있는 장애물 배치는 하지 않아야 함

③ 비상용승강기 승강장면적은 벽의 중심선이 아닌 마감면을 기준으로 확인하는 것이 타당하지만 일반적으로 건축에서 치수를 확인할 때는 벽의 중심선을 기준으로 하고 있음

④ 승강장을 옥외에 설치할 때는 면적 기준을 적용하지 않음

2) 비상용승강기 승강장 설계

① 비상용승강기의 승강장 규격을 6 ㎡로 최소한의 규정으로 설치하고 있음

☞ 설계자는 규정에만 충실하고 있음

☞ 그러나 공간의 형태와 벽의 간섭여부에 따라 자유롭게 활동이 가능한 공간을 구성하는 것이 적합함

☞ 소방대의 활동은 구조와 소화활동 등 다양하게 운영되고 있기 때문에 모든 활동성을 고려한 설계 필요

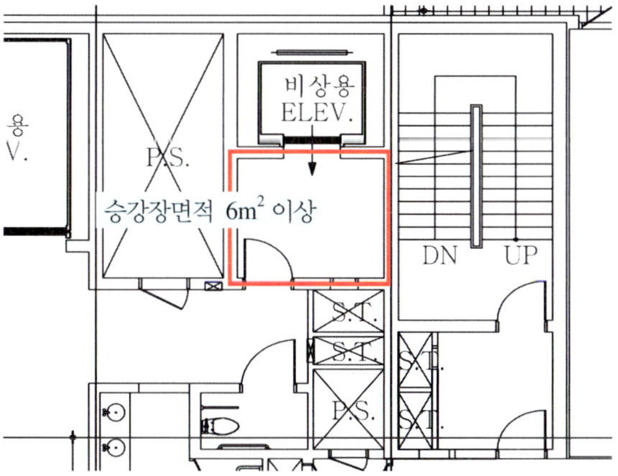

그림 1.2.13.1 비상용승강기 승강장 면적

② 설계자의 경험과 건축물의 특성, 거주자특성 등을 종합적으로 고려하여 승강장 면적을 조정할 필요가 있음

③ 승강장 면적을 산출할 때는 유효 폭인 내부 벽 마감 선을 기준으로 산출해야 함

(2) 피난층에서 비상용승강기 승강장의 접근 거리

1) 비상용승강기승강장 출입구에서 도로 또는 공지에 이르는 보행거리는 30 m 이하로 설치해야 함

① 소방대가 건축물 내로 안전하고 쉽게 접근이 가능하도록 하기 위해서는 접근 통로는 단순해야 함

☞ 미로 형태의 통로로 구성하지 않을 것

☞ 이동경로는 단순할 것

☞ 보행거리는 고정되어 있을 것. 즉, 가변성이 있어서는 안됨

② 처음 설치할 땐 보행거리에 적합하지만 상황에 따라 변경될 수 있음

☞ 인테리어 변경으로 출입구 위치 변경

☞ 실 내부 칸막이 변경

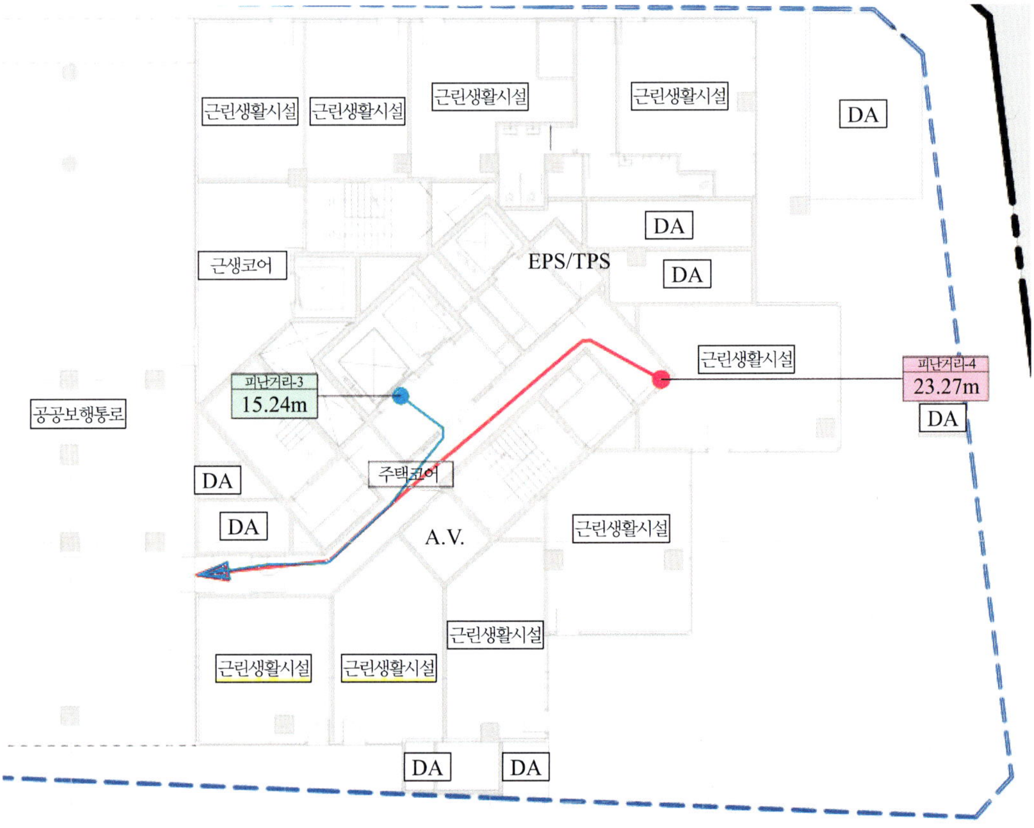

그림 1.2.13.2 비상용승강기 승강장에서 옥외 공지까지 거리

2) 보행거리 설계 시 주의사항

① 비상용승강기 승강장은 한번 결정되면 건축물 철거까지 변경이 어려움에 따라 초기 설계 과정에서 위치를 결정하는데 주의 필요

☞ 외부에서 직접 접근이 가능한 위치 선정 필요

☞ 가능한 외부와 가까운 위치 선정

② 비상용승강기의 위치에 대한 적정성과 칸막이 변경 등이 최소화될 수 있는 위치 선정

☞ 단순한 경로설정 및 충분한 통로 폭 확보

☞ 주변 거실의 가변성이 없는 위치 선정

1.2.14 천장과 반자 사이의 거리 및 천장 반자의 재료

• 천장과 반자 사이의 거리에 따라 스프링클러헤드 추가설치 검토

(1) 천장과 반자 사이 높이에 따른 재질

1) 반자의 재질과 높이 확인

① 천장 및 반자의 재질과 반자 내부 높이는 건축 단면상세도면에서 확인해야 함

② 천장 및 반자의 재질과 반자 내부 높이는 스프링클러 헤드를 반자 내부에 설치 제외 여부를 결정하기 위함

③ 헤드 제외가 가능한 반자 내부 공간

☞ 천장과 반자 양쪽이 불연재료로 되어있고 천장과 반자 사이의 거리가 2 m 미만인 경우

☞ 천장과 반자 사이의 벽이 불연재료이고 천장과 반자 사이의 거리가 2 m 이상으로서 그 사이에 가연물이 없는 부분

☞ 천장·반자 중 한쪽이 불연재료로 천장과 반자 사이의 거리가 1 m 미만인 부분

☞ 천장 및 반자가 불연재료 외의 것으로 되어 있고 천장과 반자 사이의 거리가 0.5 m 미만인 부분

2) 반자 내부 공간의 내부 마감

① 일반적으로 건축물의 최상층 또는 외기와 면하는 층의 천장 내부에는 슬래브 하단에 단열재를 부착하는 사례가 많음

② 반자의 재료를 불연재료로 설치해도 천장면에 불연재료 외의 단열재를 부착했다면 반자 내부 높이가 1 m 이상인 경우에는 반자 내부에 스프링클러헤드를 설치해야 함

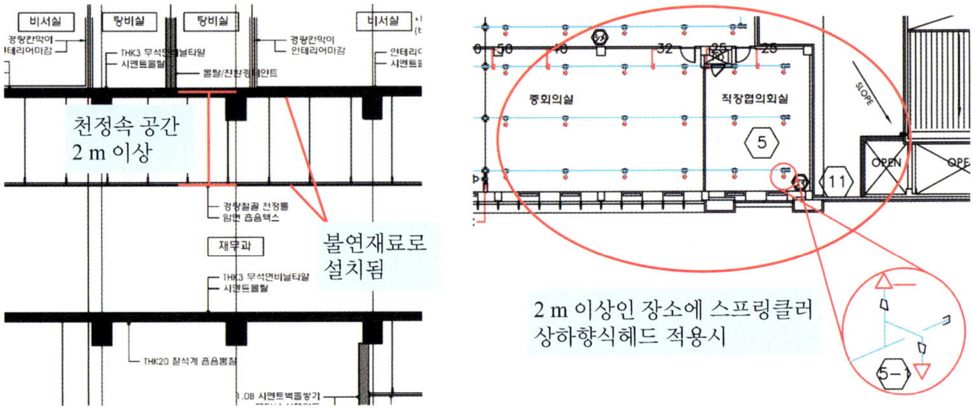

그림 1.2.14.1 천정 속 공간의 스프링클러헤드 설치

(2) 설계 시 주의사항

1) 소방설계 과정에서 천장과 반자의 재질 및 반자 내부 높이 검토
   ① 처장 및 반자 재질 미확인으로 시공 과정에서 헤드를 추가하여 많은 비용이 추가되는 사례가 발생할 우려가 있음
   ② 건축도면 중 입면도 또는 단면도를 참고하여 확인
2) 매 층마다, 공간마다 반자의 높이와 재질이 다를 수 있음
3) 천장면에 부착된 단열재는 스프링클러 헤드가 개방돼도 살수되는 물방울이 닿지 않기 때문에 설계 시 주의가 필요함

1.2.15 자동방화셔터의 연동제어반 및 감지기 등의 설치 확인

- 연동제어반의 위치 검토
- 정온식 감지기와 연기식 감지기의 병행 설치 여부

관련기준

건축물의 피난·방화구조 등의 기준에 관한 규칙 제14조 (방화구획의 설치기준)
건축자재등 품질인정 및 관리기준 제34조 (자동방화셔터 성능기준 및 구성)
중량 셔터 KS F 4510 : 2005

(1) 방화셔터 연동제어반

1) 방화셔터 연동제어반의 위치

- 설치 위치에 대한 별도의 규정은 없음

2) 연동제어반의 역할

① 방화셔터가 감지기에 의해 정상 동작하지 않을 때 수동조작함의 스위치를 눌러 작동

② 화재 초기에 피난자가 화재를 발견하고 수동조작함의 스위치를 눌러 작동

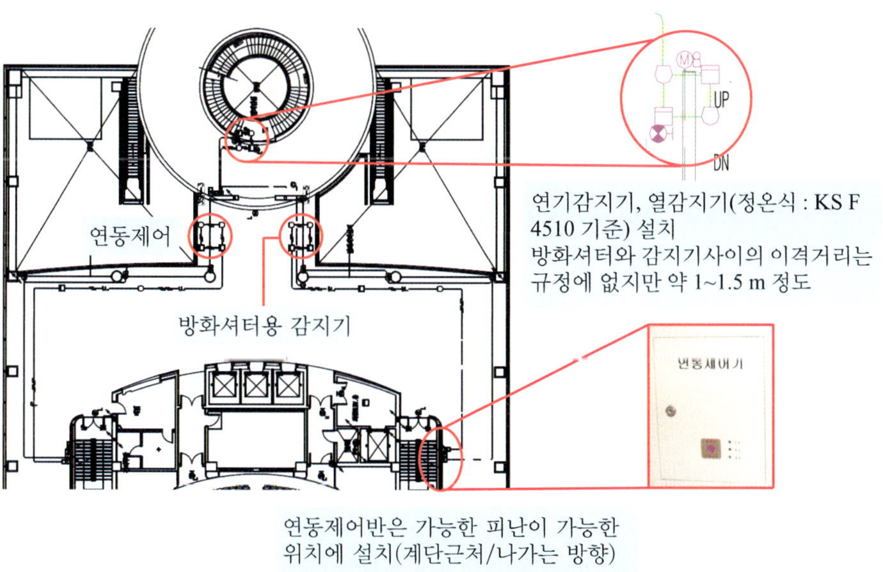

그림 1.2.15.1 방화셔터 연동제어반 및 감지기

3) 연동제어반의 위치선정 시 고려사항

① 피난자가 조작 후 쉽게 피난할 수 있는 장소에 설치

② 특정 실에 속하지 않은 공용 통로 등에 설치

4) 연동제어반 위치에 따른 주의사항

① 가능한 매장 등 점유된 공간에 설치하지 않아야 함

② 쉽게 확인이 가능한 위치에 설치해야 함

③ 방화셔터의 기준 수량을 초과하지 않도록 유의

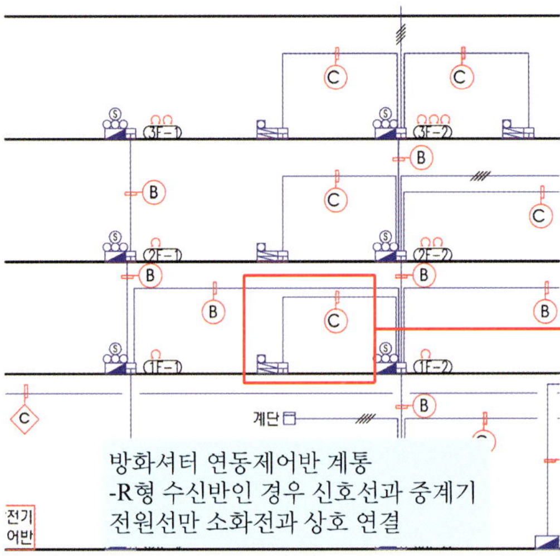

번 호	전선수 및 전선관 굵기	비 고
Ⓐ	TSP 1.29mm / 1Pr (16C)	신호선
Ⓑ	TSP 1.29mm / 1Pr (16C) HIV 2.5㎟ x 8 (28C)	신호선 중계기 전원(2),위치표시등(1),전화(1),응답(1),공통(1) 옥내소화전 펌프기동 표시등
Ⓒ	TSP 1.29mm / 1Pr (16C) HIV 2.5㎟ x 2 (16C)	신호선 중계기 전원(2)
Ⓓ	TSP 1.29mm / 1Pr (16C) HIV 2.5㎟ x 2 HIV 4.0㎟ x 2 (22C)	신호선 중계기 전원(2) 댐퍼 전원
Ⓔ	HIV 4.0㎟ x 2 (16C)	댐퍼 전원
Ⓕ	TSP 1.29mm / 1Pr (16C) HIV 2.5㎟ x 6 (28C)	신호선 중계기 전원(2),위치표시등(1),전화(1),응답(1),공통(1)
Ⓖ	HIV 8㎟ x 5 E - 5.5 x 1 (28C)	비상콘센트 간선
Ⓗ	TSP 1.29mm / 1Pr (16C) HIV 4.0㎟ x 2 (16C)	
①	HIV 2.5㎟ x 1 (16C)	접지선
②	HIV 2.5㎟ x 2 (16C)	
③	HIV 2.5㎟ x 3 (16C)	
④	HIV 2.5㎟ x 4 (16C)	
⑤	HIV 2.5㎟ x 5 (22C)	

그림 1.2.15.2 방화셔터 연동제어반 계통 검토

(2) 방화셔터 감지기

1) 방화셔터의 동작 원리

① 수직 방향 폐쇄의 경우

☞ 1단 강하 : 불꽃 또는 연기감지기의 동작에 의해 방화셔터가 일부 폐쇄됨 (셔터 슬랫이 600 mm 이상 하강)

☞ 2단 강하 : 열감지기의 동작에 의해 방화셔터가 완전 폐쇄됨

② 수평 방향 폐쇄의 경우

☞ 불꽃, 연기, 열감지기에 의해 방화셔터가 완전 폐쇄되어야 함

2) 감지기의 기준 및 설치

① 화재감지기는 불꽃, 연기, 열감지기를 사용

② 화재감지기의 기준은 「자동화재탐지설비 및 시각경보장치의 화재안전기술기준(NFTC 203)」에 적합해야 함

③ 방화셔터 자동 동작은 연기감지기에 의해 1단 강하하고, 열감지기에 의해 2단 강하함

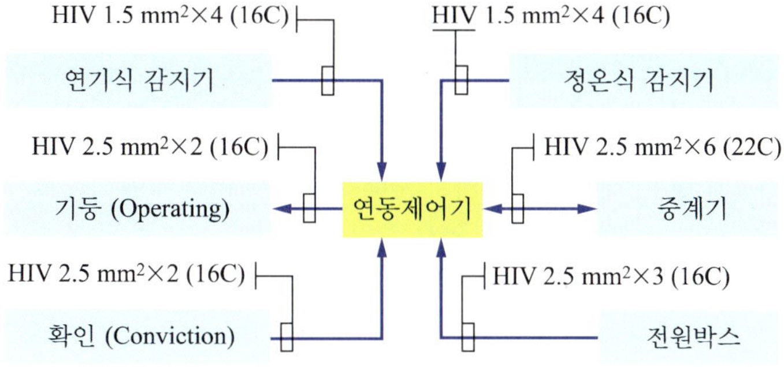

그림 1.2.15.3 방화셔터 DIAGRAM

3) 감지기의 설치 위치 및 작동 방식
   ① 감지기는 방화셔터 인근의 앞 · 뒤에 설치
   ② 연기감지기로 연기를 먼저 감지하여 방화셔터 슬랫이 600 mm 이상 1단 강하함으로써 연기의 인접 구역 확산을 차단
   ③ 화재 확대 시 열감지기로 감지하여 방화셔터가 완전 폐쇄되는 2단 강하로 화재를 구획 내에 가두어 인접 구역으로의 확산을 방지
4) 아트리움 등 여러 층이 개방된 공간의 감지기 설치
   ① 각 층마다 감지기 설치가 어려울 경우 아트리움 상부에 불꽃감지기 등을 설치하여 전체 방화셔터를 폐쇄하는 방안 고려
   ② 각 층의 실내에 면한 부분에 감지기를 설치하여 해당 층의 화재 발생 시 해당 층의 방화셔터를 폐쇄하는 시스템 구성 검토
5) 자동방화셔터 하강 속도 기준
   ① NFPA 101 인명안전코드
      ☞ 하강 속도는 0.15 m/s를 초과하지 않도록 규정
      ☞ 하강 중 90 N 이하의 힘을 받으면 셔터 작동이 중지되고 약 15 cm 정도 상승 후 재작동
   ② 국내 기준
      ☞ KS F 4510 5.8.3.b에서 방화셔터의 하강 속도를 규정
      ☞ 1단 강하 시 방화셔터 슬랫이 600 mm 이상 하강하도록 규정

표 1.2.15.1 방화셔터 하강속도

개폐기능	내측의 높이	
	2m 미만	2m 이상 4m 이하
전동개폐	2~6 m/min (10~30 s/m)	2.5~6.5 m/min (9.2~24 s/m)
자중강하	2~6 m/min (10~30 s/m)	3~7 m/min (8.6~20 s/m)

1.2.16 배연창의 설치

- 자동화재탐지설비 평면도에 배연창설비의 제어라인 포함 여부 확인
- 방화구획별 배연창 설치개소 및 개구 면적 확인

관련기준

건축물의 설비기준 등에 관한 규칙 제14조 (배연설비)

(1) 배연창

1) 배연창 설치 기준 (건축법 시행령 제51조 및 건축설비규칙 제14조)

① 설치 대상 : 6층 이상 건축물로서 다음 시설에 해당하는 건축물

☞ 문화 및 집회시설

☞ 판매 및 영업시설

☞ 의료시설

☞ 연구소, 아동관련시설, 노인복지시설, 유스호스텔

☞ 운동시설

☞ 업무시설

☞ 숙박시설

☞ 위락시설

☞ 관광휴게시설

② 설치 장소 : 각 층의 거실(피난층 제외)

③ 방화구획마다 1개소 이상 설치

④ 배연창 유효면적 : 개구 면적 1 ㎡ 이상, 바닥면적의 1/100 이상 확보

⑤ 배연창 위치

☞ 천장 높이 3 m 미만 :

- 배연창 상변과 천장 또는 반자 사이의 수직거리 0.9 m 이내

☞ 천장 높이 3 m 이상 :

- 배연창 하변이 바닥으로부터 2.1 m 이상에 위치
- 화재실 출입구 높이인 2.1 m보다 낮으면 연기가 출입구를 통해 외부로 전파될 수 있기 때문

⑥ 배연구 개방 방식

☞ 연기감지기 또는 열감지기에 의한 자동 개방(자동화재탐지설비 감지기와 연동)

☞ 수동조작스위치에 의한 수동 개방

☞ 예비전원을 통한 개방

⑦ 면제 조건 :

☞ 소방법에 의한 기계배연설비를 설치하는 경우 배연창 설치 면제

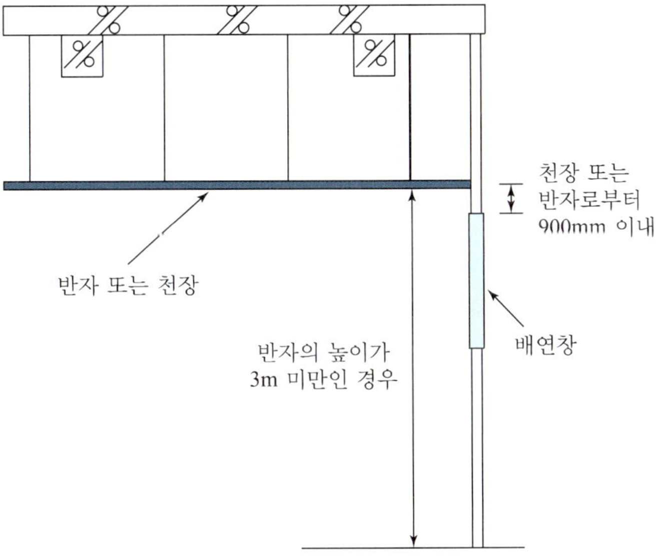

그림 1.2.16.1 배연창 설치 단면 기준

2) 배연창의 설치

① 방화구획마다 1개소 이상 설치해야 함

☞ 배연창 유효면적은 최소 1 m^2 이상이어야 함

☞ 소규모 공간(예: 오피스텔 등)에서 배연창이 누락되는 사례에 주의

☞ 배연창의 열리는 형태에 따라 유효면적이 달라지므로 배연창의 형태, 유효면적 산출서, 상세도면 등을 확인하여 유효면적의 적정성을 검토해야 함

② 배연창의 위치

☞ 배연창 상변과 천장 또는 반자 사이의 수직거리가 0.9 m 이내에 위치해야 함

☞ 반자 높이가 바닥으로부터 3 m 이상인 경우, 배연창 하변이 바닥으로부터 2.1 m 이상에 위치해야 함

3) 배연창의 설계

① 배연창은 건축법에 따른 배연설비로서 건축설계 및 건축공사에 해당함

② 배연창의 제어 및 연동은 자동화재탐지설비 감지기 동작에 의해 이루어지며, 화재 수신반(제어반)을 통해 운영됨

③ 따라서 소방설계에서 배연창 관련 배관·배선, 연동제어반의 위치 등을 검토하여 설계해야 함

4) 배연창 시스템의 구성

- 배연창은 전용 감지기에 의해 작동되도록 하는 것이 가장 합리적이지만, 자동화재탐지설비의 감지기와 겸용해도 시스템 구성에 문제가 없음

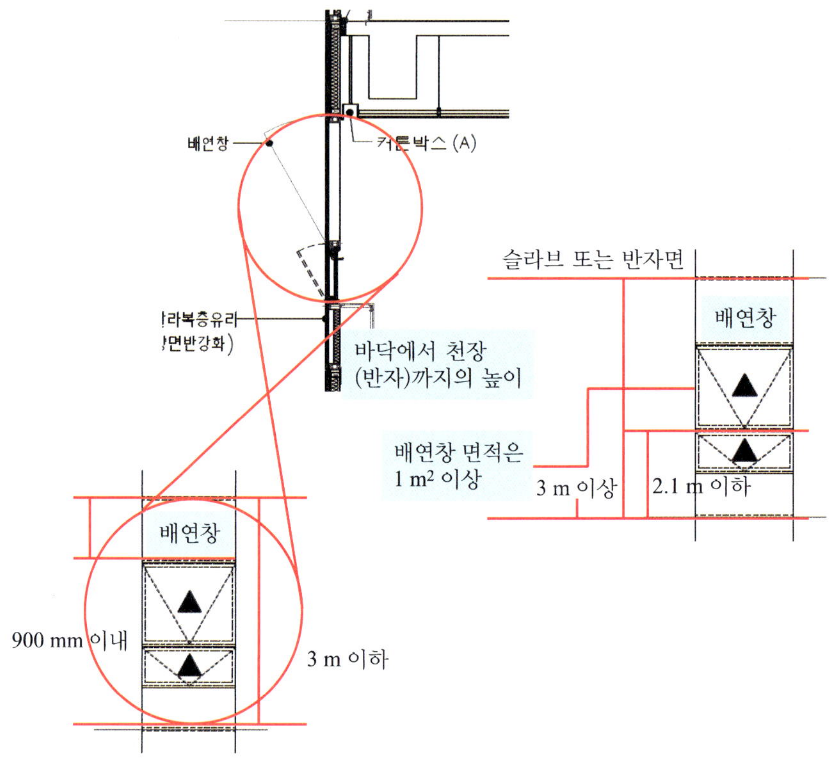

그림 1.2.16.2 배연창 설치 입면 기준

(2) 배연창 검토의 주안점

1) 배연창 위치의 적합성

① 배연창은 천장 높이에 따라 창의 높이가 결정되므로 천장 높이를 확인해야 함

② 방화구획은 정해진 기준에 따라 설치되지 않기 때문에 방화구획 여부를 확인해야 함

☞ 방화구획으로 구획된 실마다 배연창을 두는 것은 화재가 발생한 방화구획 공간에서 배연함으로써 다른 공간으로의 화재 확산을 제한하기 위함

2) 배연창 배선 및 감지기

① 배연창에 필요한 배선은 소방전기설계에서 담당하므로 누락되는 사례가 발생할 수 있음

② 배연창 감지기는 일반적으로 전용 설치보다는 자동화재탐지설비와 겸용으로 설치함

③ 따라서 배선을 누락하거나 수신기와 연동하지 않는 사례가 발생하지 않도록 주의해야 함

3) 배연창 연동제어기

① 배연창의 연동제어기는 일반적으로 EPS실 등에 설치됨

② 연동제어기마다 제어 가능한 수량이 있으므로 하나의 연동제어기가 감당할 수 있는 수량을 초과하지 않도록 해야 함

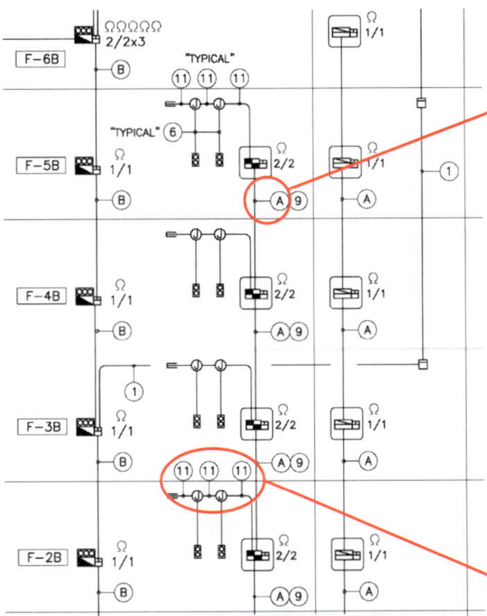

배연창 연동제어반 계통도

CABLE SCHEDULE

SYMBOL	DESCRIPTION	CONDUIT	비 고
Ⓐ	STP 18AWG-1Pr-1 HIV 2.5sq - 2	22C	
Ⓑ	STP 18AWG-1Pr-1 HIV 2.5sq - 8	28C	
Ⓒ	STP 18AWG-1Pr-1 HIV 2.5sq - 4	28C	
Ⓓ	STP 18AWG-1Pr-1	16C	
①	HIV 1.5sq - 4	16C	
②	HIV 1.5sq - 8	22C	
③	HIV 2.5sq - 2	16C	(FLX 16C)
④	HIV 2.5sq - 3	16C	(FLX 16C)
⑤	HIV 2.5sq - 4	16C	(FLX 16C)
⑥	HIV 2.5sq - 6	22C	(FLX 22C)
⑦	HIV 2.5sq - 7	22C	
⑧	HIV 2.5sq - 8	28C	
⑨	HIV 4.0sq-2, E4.0sq	16C	
⑩	HIV 4.0sq - 10	28C	
⑪	HIV 2.5sq - 4 HIV 4.0sq - 2	22C	

그림 1.2.16.3 배연창 제어간선 계통도

(3) 배연창의 유효면적 산정기준

미서기창 : $H \times \ell$

ℓ : 미서기 창의 유효폭

H : 창의 유효 높이

W : 창문의 폭

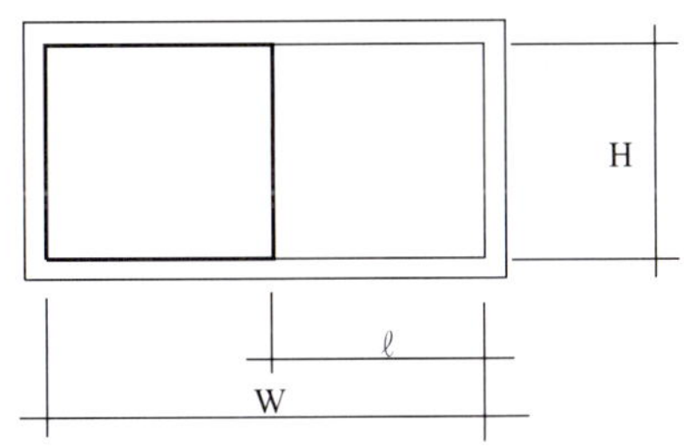

Pivot 종축창 : $H \times \ell'/2 \times 2$

H : 창의 유효 높이

ℓ : 90° 회전시 창호와 직각 방향으로 개방된 수평거리

ℓ' : 90° 미만 0° 초과시 창호와 직각방향으로 개방된 수평거리 수평거리

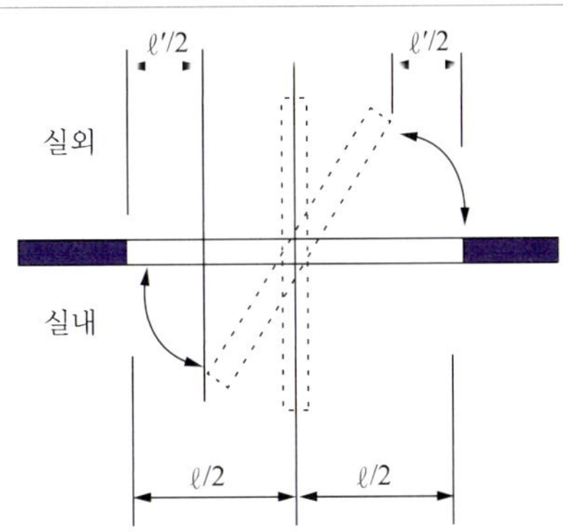

Pivot 횡축창 : $(W\times \ell_1)+(W\times \ell_2)$ W : 창의 폭 ℓ_1 : 실내측으로 열린 상부창호의 길이 방향으로 평행하게 개방된 순거리 ℓ_2 : 실외측으로 열린 하부창호로서 창틀과 평행하게 개방된 순수 수평투영거리	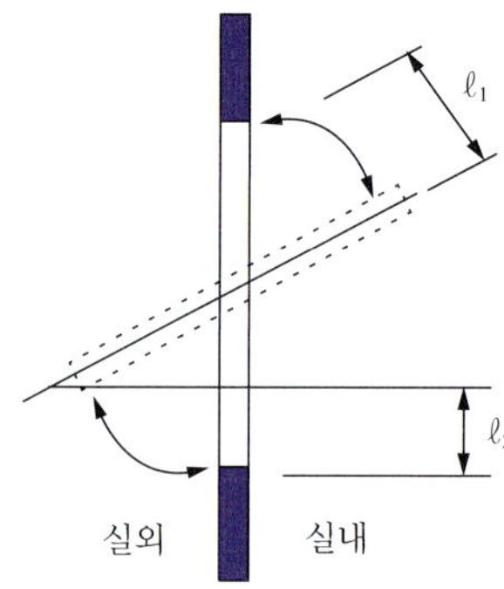
들창 : $W\times \ell_2$ W : 창의 폭 ℓ_2 : 창틀과 평행하게 개방된 순수 수평투영면적	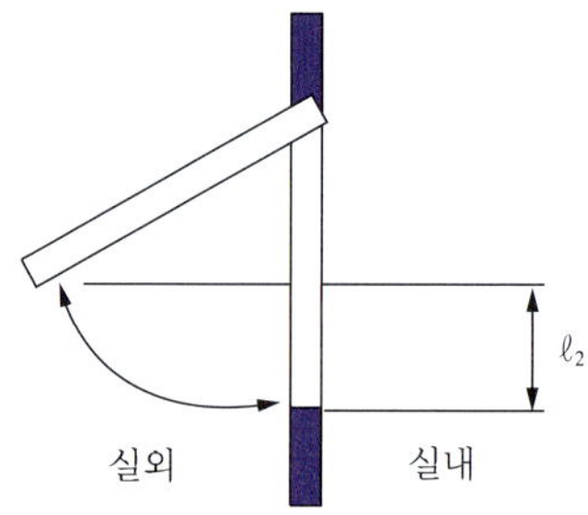
미들창 창이 실외측으로 열리는 경우 : $W\times \ell$ 창이 실내측으로 열리는 경우 : $W\times \ell_1$ (단, 창이 천장(반자)에 근접하는 경우 : $W\times \ell_2$) W : 창의 폭 ℓ : 실외측으로 열린 상부창호의 길이방향으로 평행하게 개방된 순거리 ℓ_1 : 실내측으로 열린 상호창호의 길이방향으로 개방된 순거리 ℓ_2 : 창틀과 평행하게 개방된 순수 수평투영면적 * 창이 천장(또는 반자)에 근접된 경우 창의 상단에서 천장면까지의 거리 ≤ ℓ_1	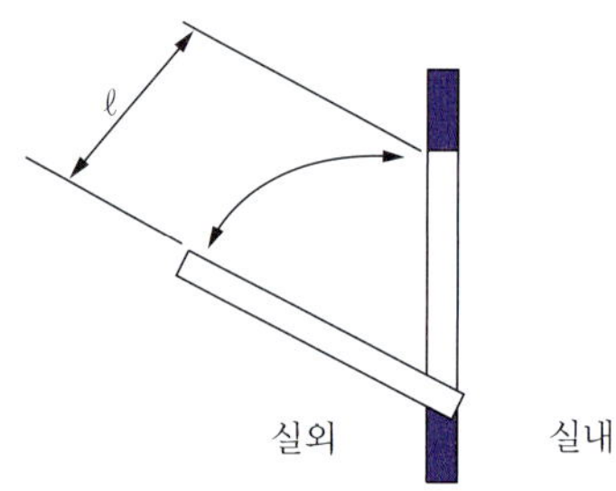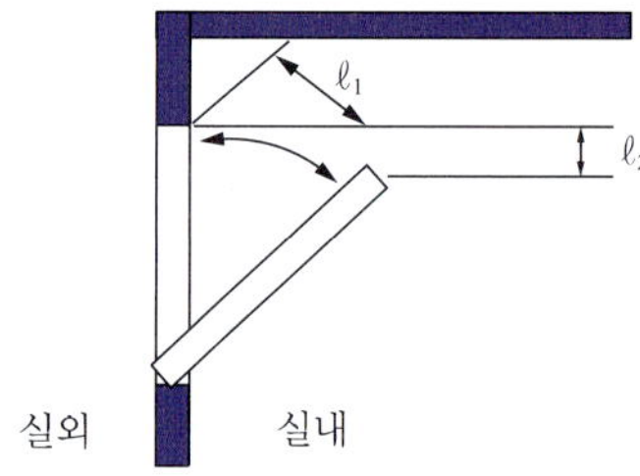

1.2.17 무창층의 확인

- 무창층에 따른 소화설비 적용 검토
- 무창층으로 450 ㎡를 초과하는 장소에는 비상조명등 설치 확인

관련기준

소방시설 설치 및 관리에 관한 법률 시행령 제2조 (정의)
소방시설 설치 및 관리에 관한 법률 시행령 [별표 4]

(1) 무창층

1) 무창층 기준

① 상층 중 개구부의 면적이 해당 층 바닥면적의 1/30 이하인 층

② 표 1.2.17.1 조건에 부합하지 않는 경우 무창층에 해당함

표 1.2.17.1 무창층의 조건

구 분	구 조
적용대상	지상층으로서 개구부의 면적합계가 당해 층의 바닥면적의 30분의 1 이하가 되는 층
개구부 크기	지름 50센티미터 이상의 원이 내접할 것
바닥으로부터 높이	1.2m 이내일 것
개구부 위치	도로 또는 차량 진입이 가능한 빈터에 향해 있을 것
개구부(창문) 설치	창살 등 장애물이 없을 것
개구부 구조	내부 또는 외부에서 쉽게 파괴 또는 개방 구조일 것

2) 무창층 구분

① 조건 : 지상층으로서 아래의 모든 요건을 갖춘 개구부 면적 합계가 해당 층 바닥면적의 1/30 이하인 층

② 개구부 크기 : 지름 50 cm 이상의 원이 내접할 것

③ 바닥으로부터 높이 : 1.2 m 이내일 것

④ 개구부 위치 : 도로 또는 차량 진입이 가능한 빈터에 향해 있을 것

⑤ 개구부(창문) 설치 : 창살 등 장애물이 없을 것

⑥ 개구부 구조 : 내부 또는 외부에서 쉽게 파괴 또는 개방 가능한 구조일 것

3) 개구부의 크기 및 높이

① 개구부 유효 폭은 지름 50 cm 이상의 원이 내접해야 함

② 개구부 하단은 바닥으로부터 1.2 m 이내에 위치해야 함

그림 1.2.17.1
무창층 개구부 기준

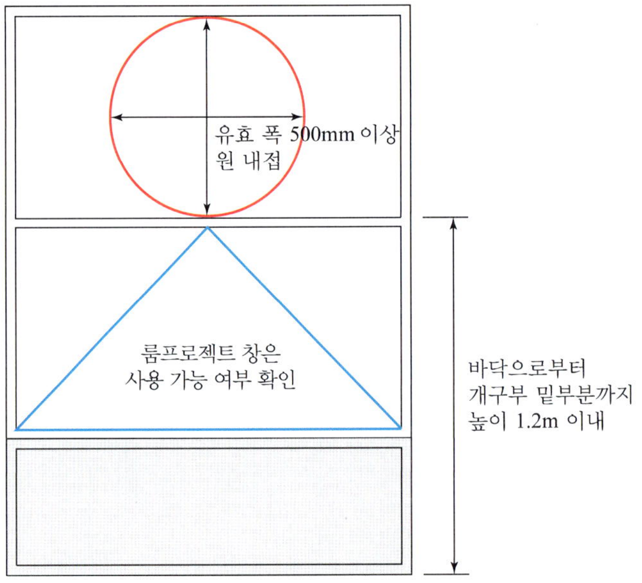

그림 1.2.17.2
무창층 설치기준

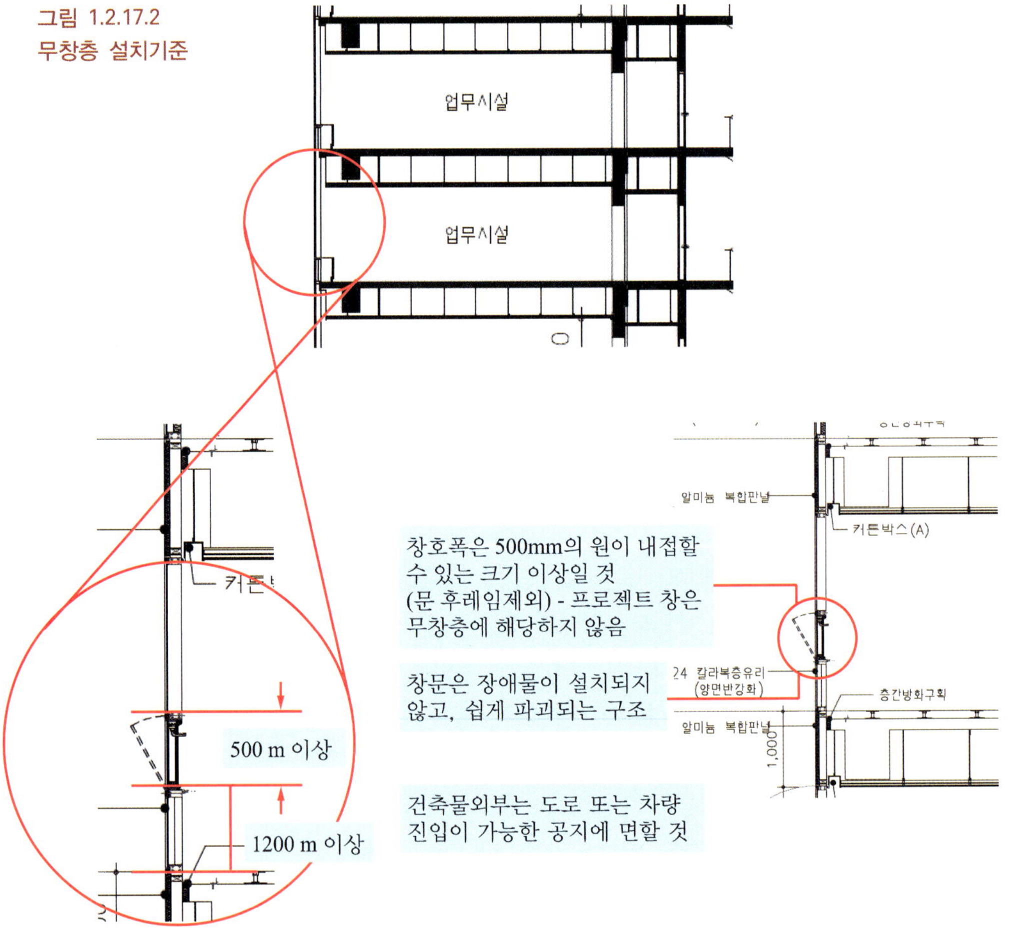

4) 개구부의 위치 및 구조

① 개구부는 건축물 외부에서 도로 또는 차량 진입이 가능해야 함

② 화재 시 탈출 및 외부에서 구조가 가능한 위치

③ 창문에 창살 등 장애물을 설치하지 않아야 함

(2) 무창층에 적용되는 소방시설

1) 무창층의 정의

① 무창층은 「소방시설 설치 및 관리에 관한 법률 시행령」에서 정의하고 있음

② 지상층의 경우 창문은 있지만, 화재 발생 시 연기배출과 창을 통한 피난이 용이하지 않는 지하층 구조와 유사하다고 판단되어 무창이라는 용어를 사용함

2) 무창층에 적용해야 할 소방시설

① 적용 대상 소방시설

☞ 옥내소화전설비

☞ 스프링클러설비

☞ 비상경보설비

☞ 비상조명등

☞ 제연설비

② 무창층에 설치해야 하는 소방시설은 용도와 면적에 따라 적용(표 1.2.17.2 참조)

표 1.2.17.2 무창층에 설치하는 소방시설

소방시설	대상용도	바닥면적 기준
옥내소화전설비	특정소방대상물	600 ㎡ 이상 전층
	근린생활시설·위락시설·판매시서 및 영업시설·숙박시설·노유자시설·의료시설·업무시설·통신촬영시설·공장·창고시설·운수자동차 관련시설·복합건축물	300 ㎡ 이상 전층
스프링클러설비	영화상영관으로 쓰이는 층	500 ㎡ 이상 층
	무대부	300 ㎡ 이상 층
	특정대상물(냉동창고 제외)	1000 ㎡ 이상 층
비상경보설비	특정소방대상물	150 ㎡ 이상 층
비상조명등	모든 대상	450 ㎡ 이상 층
제연설비	근린생활시설·위락시설, 판매시설 및 영업시설, 숙박시설	1000 ㎡ 이상 해당용도 모든 층
	시외버스정류장·철도역사·공항시설·해운시설의 대합실 또는 휴게실	1000 ㎡ 이상인 것

(3) 무창층에 대한 검토

1) 무창층의 구분 어려움
   ① 무창층은 건축물의 창호 및 구조를 확인하여 검토해야 함
   ② 무창층은 건축 후 인테리어 등으로 창문이 차단되는 사례가 발생함
   ③ 무창층을 사전에 예측하여 시설 보완 가능 여부를 검토해야 함
2) 무창층의 위험성
   ① 무창층은 밀폐 공간으로서 화재 가혹도가 큼
   ② 연기 배출이 어려워 피난에 장애 요소로 작용함
   ③ 지하층 구조와 유사한 구조임
3) 창문의 구조 확인 : 창문은 쉽게 깨지는 구조
4) 최근 건축물의 외벽 구조 특징
   ① 커튼월 구조로 되어 있음
   ② 창문은 붙박이창으로 설치되어 있음
   ③ 붙박이창은 접합유리 또는 복층유리로 설치되어 있음
   ④ 환기창은 프로젝트 창으로 설치하여 열리는 각도가 직각이 되지 않음
   ⑤ 창의 높이가 50 cm 미만으로, 내부 유효 폭을 확보하지 못함
   ⑥ 바닥에서 붙박이창 하단까지의 높이는 1.2 m를 초과함

(4) 무창층에 적용되는 소방시설의 조건

1) 옥내소화전설비 : 600 m^2를 초과하는 경우
2) 스프링클러설비 : 1층~3층이며 각 층 바닥면적이 1,000 m^2 이상인 경우
3) 비상경보설비 : 150 m^2 이상인 경우
4) 비상조명등 : 450 m^2 이상인 경우
5) 제연설비를 설치해야 할 용도로서 1,000 m^2 이상인 경우
6) 다중이용업소 간이스프링클러설비 : 면적에 상관없이 설치

(5) 무창층에 사용해야 하는 유리

1) 소방청 업무처리지침 : 쉽게 파괴 또는 개방할 수 있을 것
2) 쉽게 파괴할 수 있는 유리의 종류
   ① 일반유리 : 두께 6 mm 이하
   ② 강화유리 : 두께 5 mm 이하
   ③ 복층유리
      ☞ 일반유리 두께 6 mm 이하 + 공기층 + 일반유리 두께 6 mm 이하
      ☞ 강화유리 두께 5 mm 이하 + 공기층 + 강화유리 두께 5 mm 이하
   ④ 기타 소방서장이 쉽게 파괴할 수 있다고 판단되는 것

1.2.18 아파트의 대피공간

- 대피공간 내에 다른 설비 설치여부확인
- 대피공간 구조 및 면적확인

관련기준

건축법 시행령 제46조 (방화구획의 설치)

발코니 등의 구조변경절차 및 설치기준

(1) 대피공간

1) 설치 대상

- 아파트로서 4층 이상인 층의 각 세대가 2개 이상의 직통계단을 사용할 수 없을 때 설치
  - ☞ 직통계단을 2개 이상 사용할 수 없다는 것은 세대에서 나와 피난을 위해 선택한 방향으로 이동할 때 계단에 이를 수 없는 경우를 의미함

2) 대피공간의 설치 요건

① 세대 단독으로 설치하는 경우 : 2 ㎡ 이상

② 두 세대 공용으로 설치하는 경우 : 3 ㎡ 이상

③ 인접 세대와 발코니 경계벽에 파괴하기 쉬운 경량구조의 피난구를 설치한 경우 : 대피공간 설치 면제

④ 발코니에 하향식 피난기구를 설치한 경우 : 대피공간 설치 면제

(2) 대피공간의 구조 및 관리

1) 규정 변경 사항

- 기존에는 인접 세대와 경량 경계벽을 설치하였으나, 발코니 확장으로 인해 경계벽 설치가 어려워지면서 대피공간을 설치하도록 규정이 변경됨

2) 대피공간의 위치

① 채광 방향과 관계없이 거실 각 부분에서 접근이 용이한 위치에 설치

② 외부에서 신속하고 원활한 구조활동이 가능한 장소에 설치

3) 대피공간의 사용 제한

- 거주자의 편의를 위해 창고 등으로 활용되지 않도록 주의

4) 대피공간의 구조 요건

① 대피공간 출입구는 방화문으로서 거실에서 대피공간 방향으로 열 수 있어야 함

☞ 대피공간을 창고 등으로 활용하지 못하도록 출입문이 대피공간 방향으로 열리도록 함

② 대피공간 출입구에 60분 방화문 또는 60분 차열 방화문 설치

☞ 대피공간은 30분 이상 피난자를 보호할 수 있는 공간으로, 출입문 또한 차열 방화문 설치가 적합하나 규정 개정으로 설치 기준은 삭제됨

③ 1시간 이상 내화성능을 갖는 내화구조의 벽으로 시공하여 피난자가 구조를 기다릴 수 있도록 함

④ 내부 마감은 모두 불연재료로 해야 함

⑤ 대피공간은 외기에 개방되어 외부로부터 구조가 가능해야 함

⑥ 대피공간 출입문에 "대피공간" 표지 부착 및 관련 법에 따른 처벌 규정을 표기하여 물건 적치를 방지

⑦ 창문은 창호 제외 크기가 폭 0.7 m, 높이 1.0 m 이상이어야 하며, 외부로 90도 이상 열리도록 함으로써 구조활동에 지장이 없도록 함

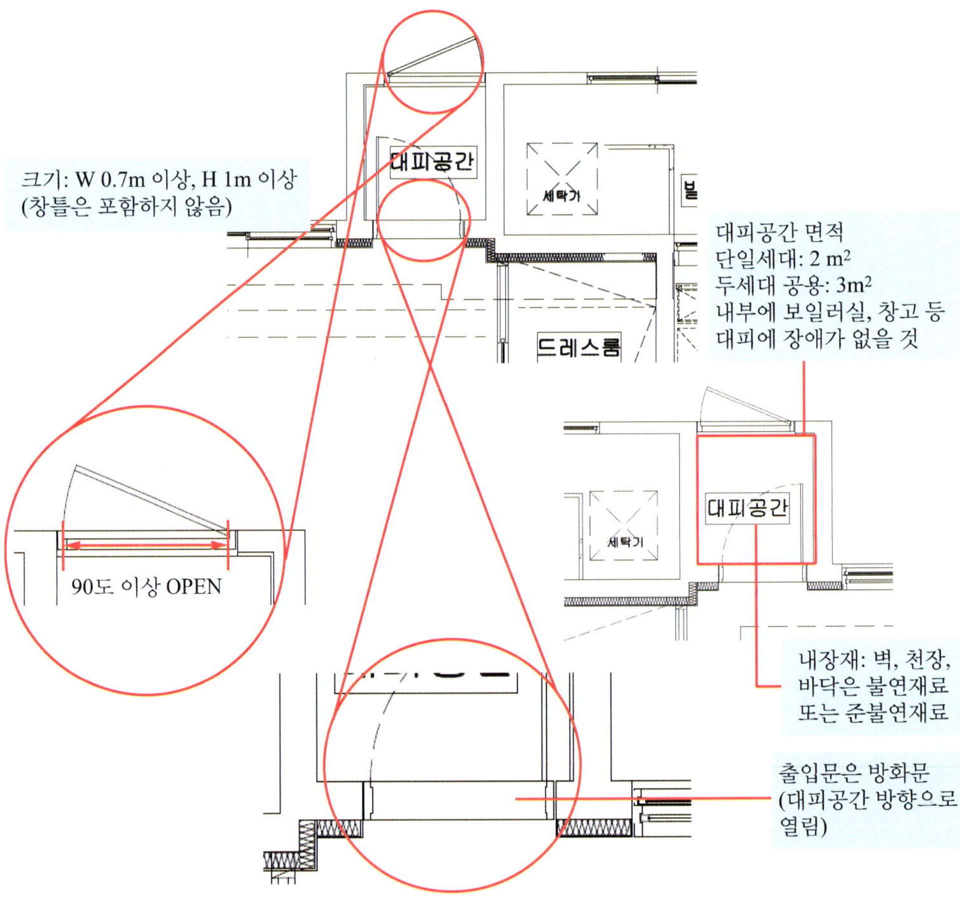

그림 1.2.18.1 대피공간의 구조

5) 대피공간의 사용 금지 사항

- 피난에 장애가 되는 보일러실, 창고 등으로 사용해서는 안 됨

6) 냉방설비 설치 시 주의사항

- 에어컨 실외기 등 냉방설비의 배기장치를 설치한 경우 불연재료로 구획하여 안전성을 높이고, 대피공간 면적에서 제외하여 공간 활용에 영향이 없도록 함

(3) 대피공간에서 검토할 사항

1) 출입구에 설치되는 방화문의 방향과 도어락 확인
2) 벽, 천장, 바닥에 사용된 내부 마감재료 확인
3) 창호의 크기 및 외기 개방 여부 확인
4) 휴대용 비상 조명등 비치 여부
5) 보일러실 및 창고 등으로 사용 여부 확인
6) 냉난방 배기장치의 설치 여부 및 적정성 검토
7) 하향식 피난구 설치 시, 마지막 하부 층에서의 피난 방법의 적정성 확인
8) 대피공간 출입문에 표지 부착 여부 확인

1.2.19 소방용 고가사다리차의 통행 및 배치

- 소방차 부서(정차공간) 및 통행은 적정한지 확인

관련기준

소방기본법 제21조의2 (소방자동차 전용구역 등)
소방기본법 시행령 제7조의12 (소방자동차 전용구역 설치대상)
소방기본법 시행령 제7조의13 (소방자동차 전용구역의 설치 기준 · 방법)

(1) 소방차 배치의 문제

1) 고층 건축물 및 공동주택의 고층화
   - 최근 고층 건축물이 대세를 이루고 있으며, 공동주택 또한 고층 또는 초고층으로 건축되고 있음
2) 소방차 진입 및 활동 공간 부족
   - 고층 건축물에서 소방차의 진입과 통행은 물론 소방사다리차를 펼칠 공간도 부족한 실태임
3) 오래된 아파트의 문제점
   ① 주차공간 부족으로 2열 주차를 하는 사례
   ② 통로 폭이 확보되지 않음
   ③ 소방차가 회전할 수 있는 각도가 나오지 않음
   ④ 진입로가 협소하여 소방차 진입 자체가 어려움
4) 문제 해결을 위한 법 개정
   - 이러한 문제들을 해소하기 위해 공동주택에는 소방차 진입로를 확보하도록 「소방기본법」이 신설(2018.2.9)됨

(2) 공동주택 소방차 전용구역 설치

1) 소방차 전용구역 설치 대상

① 공동주택 100세대 이상

② 3층 이상의 기숙사

2) 소방차 전용구역 표지

- 전용구역은 별도의 표지판을 설치하여 표시하도록 규정되어 있음

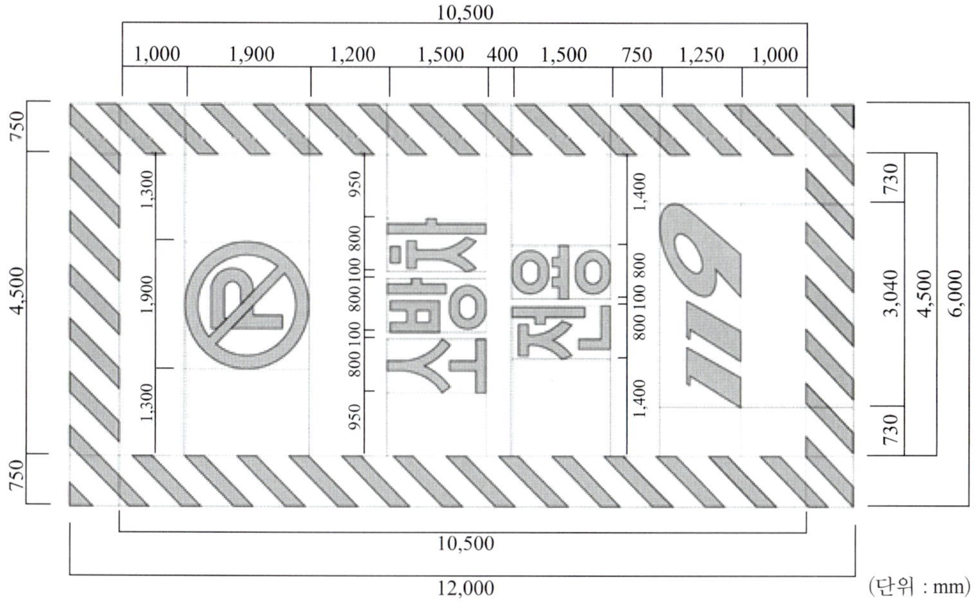

그림 1.2.19.1 소방자동차 전용구역 설치 방법(표시)

(3) 소방차량 통행 및 부서를 위한 기준

1) 소방차 정차공간 확보 : 가로 6 m, 세로 12 m 이상의 정차공간 확보

2) 소방차 통행 가능한 최소 도로 폭 : 4 m 이상

3) 도로의 구조 강도 설계

- 소방차량 통행을 위한 도로의 구조 강도는 32톤의 하중을 견딜 수 있도록 설계

4) 소방차 통행 높이 기준 : 4.5 m 이상

5) 정차 위치의 경사도 : 5도 이하

- 소방차 정차 후 소화활동이 가능하도록 경사도를 제한함

6) 소방차량 회전을 위한 시뮬레이션 수행

① 소방차량의 회전을 고려하여 도로 모퉁이를 절취하여 회전 반경을 확보해야 함

② 전체 배치도 상에서 소방차량의 회전 및 통행의 적정성을 확인하기 위해 시뮬레이션이 필요함

(4) 소방용 고가사다리차의 종류

1) 70 m 굴절 고가사다리차 도입
   - 초고층 건축물 화재 시 소화활동을 위해 70 m 굴절 고가사다리차가 도입됨

2) 53 m 고가사다리차의 특성
   ① 현재 사용되고 있는 소방용 고가사다리차는 대부분 53 m임
   ② 여기서 53 m는 사다리의 길이가 아니라 도달할 수 있는 높이를 의미함
   ③ 53 m 고가사다리차의 작업반경 특성
      ☞ 최적 조건 : 사다리 전개 각도 75도, 건물과의 이격거리 약 13 m에서 최대 도달 높이 53 m
      ☞ 소방차 부서 위치 선정 시 몇 층까지 도달할 수 있는지 검토 가능함

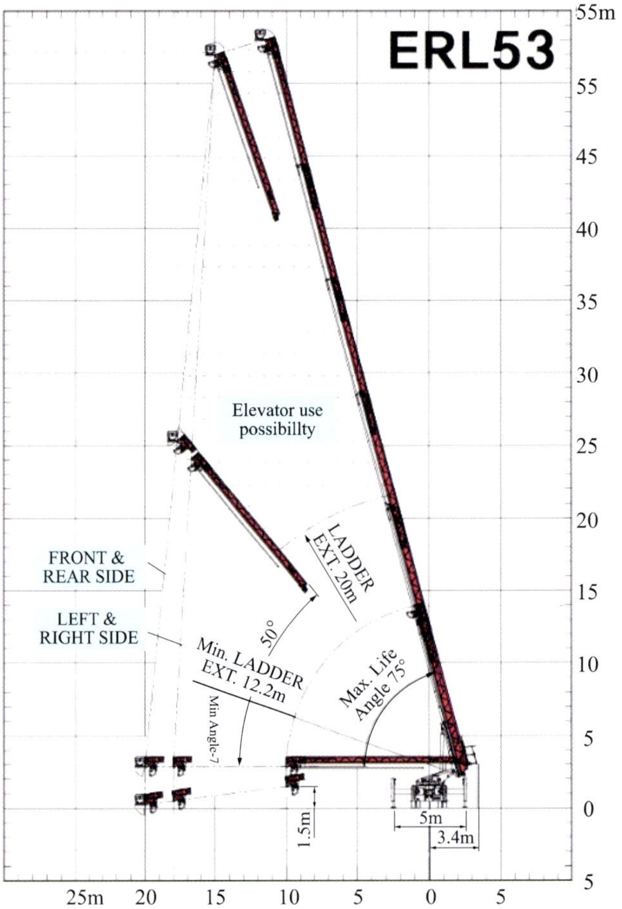

그림 1.2.19.2 53 m 고가사다리차 작업반경

1.3 소화기구 및 자동소화장치

1.3.1 수동식 소화기의 배치 기준

- 수동식 소화기는 보행거리 20 m 이내, 공용복도 우선 배치
- 바닥면적 33 m^2 이상 구획된 거실 배치, 출입구 근처 우선 배치
- 아파트의 경우 각 세대 및 공용부(승강장, 복도 등)마다 설치

(1) 수동식 소화기의 역할 및 배치 원칙

1) 수동식 소화기의 역할
   - 초기 화재를 진압하기 위한 장비로 사용됨

2) 배치 원칙
   ① 재실자가 피난 중에도 효과적으로 사용할 수 있도록 피난 통로에 우선 배치
   ② 화재안전기술기준에 따른 소화기의 필요 수량을 산정한 후, 건물 내부에 효율적으로 분산 배치하여 접근성과 사용 편의성을 높여야 함

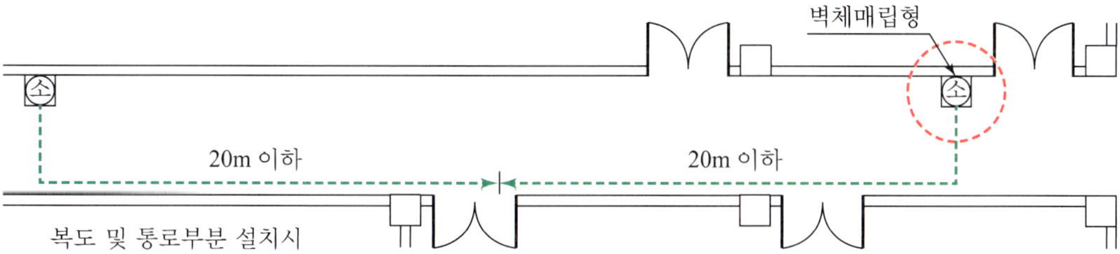

그림 1.3.1.1 수동식 소화기 배치 기준

(2) 소화기 배치 시 고려사항

1) 보행거리 기준
   ① 보행거리에 대한 완화 조건이 없으므로, 보행거리를 최우선으로 고려하여 배치해야 함

② 배치순서 : 공용복도 → 거실 → 부속용도

③ 보행거리 측정방법 : 최단거리가 아닌, 가장 불리한 조건에서의 거리를 적용해야 함 (그림 1.3.1.2 참고)

④ 소화기 종류별 보행거리 기준

- ☞ 소형 소화기 : 보행거리 20 m 이내에 배치
- ☞ 대형 소화기 : 보행거리 30 m 이내에 배치

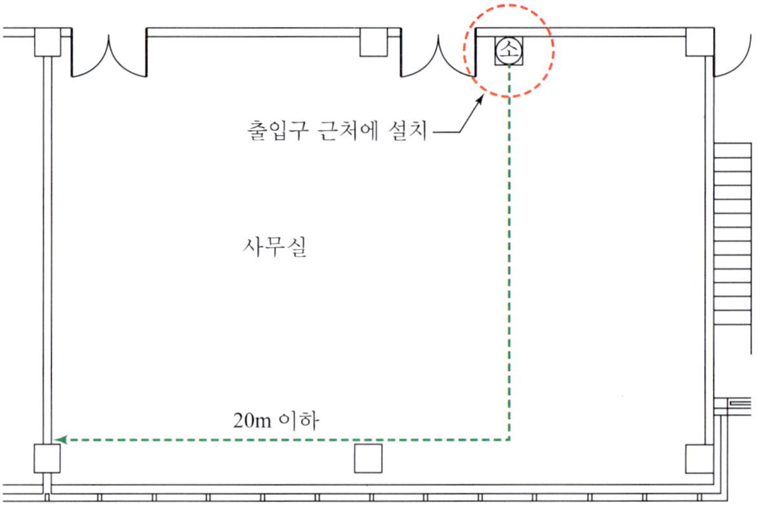

대형소화기인 경우는 30m 적용

그림 1.3.1.2 수동식 소화기의 보행거리 개념

2) 실 면적에 따른 추가 배치

① 실 면적이 33 m² 이상인 공간마다 수동식 소화기를 추가로 배치해야 함

② 추가 배치 시 우선순위 : 출입구 근처에 우선 배치하여 접근성을 높임

③ 추가 소화기의 능력단위 : 건물 내 필요한 소화기구의 기준과 동일하게 설치함

(3) 소화기의 효율적인 배치를 위한 고려사항

1) 접근성 향상

- 재실자가 신속하게 소화기를 사용할 수 있도록 이동 경로 상에 배치

2) 사용 편의성 증대

- 소화기의 위치를 명확하게 표시하고, 장애물 없이 접근 가능하도록 유지

3) 균형 있는 분산

- 건물 내부에 균등하게 소화기를 분산 배치하여 어느 위치에서든 신속한 대응이 가능하도록 함

1.3.2 부속용도별 추가해야 할 소화기구

- 부속용도의 사용여부 판단 : 보일러실, 주방, 발전실, 전기실, 전산기기실 등
- 보일러실, 주방, 전기관련시설이 부속용도일 경우 소화기구 추가 확인
- 상업용 주방의 경우 주방화재용 소화기(K급) 설치 여부 확인

(1) 부속용도의 정의

1) 부속용도란 건축물의 주된 용도에 부수하여 그 기능을 지원하거나 보조하는 용도
2) 건축물의 주된 용도의 기능에 필수적인 용도로 설비, 위생, 사무, 작업, 주차 등의 용도와 구내식당, 직장어린이집, 후생복리시설, 구내소각시설 등의 용도로 사용되는 부분
3) 공동주택의 주방은 주된 용도이나, 보일러실, 실외기실 등은 건축물의 주된 용도인 주거기능을 지원하기 위한 부속용도로 볼 수 있음

NFTC 101. 표 2.1.1.3 부속용도별로 추가해야 할 소화기구 및 자동소화장치

<table>
<tr><th colspan="2">용 도 별</th><th>소화기구의 능력단위</th></tr>
<tr><td colspan="2">1. 다음 각 목의 시설. 다만, 스프링클러설비·간이스프링클러설비·물분무등소화설비 또는 상업용 주방자동소화장치가 설치된 경우에는 자동확산소화기를 설치하지 않을 수 있다.
가. 보일러실·건조실·세탁소·대량화기취급소
나. 음식점(지하가의 음식점을 포함)·다중이용업소·호텔·기숙사·노유자 시설·의료시설·업무시설·공장·장례식장·교육연구시설·교정 및 군사시설의 주방. 다만, 의료시설·업무시설 및 공장의 주방은 공동취사를 위한 것에 한한다.
다. 관리자의 출입이 곤란한 변전실·송전실·변압기실 및 배전반실(불연재료로 된 상자 안에 장치된 것을 제외)</td><td>1. 해당 용도의 바닥면적 25㎡마다 능력단위 1단위 이상의 소화기로 할 것. 이 경우 나목의 주방에 설치하는 소화기 중 1개 이상은 주방화재용 소화기(K급)로 설치해야 한다.
2. 자동확산소화기는 해당 용도의 바닥면적을 기준으로 10㎡ 이하는 1개, 10㎡ 초과는 2개 이상을 설치하되, 보일러, 조리기구, 변전설비 등 방호대상에 유효하게 분사될 수 있는 위치에 배치될 수 있는 수량으로 설치할 것</td></tr>
<tr><td colspan="2">2. 발전실·변전실·송전실·변압기실·배전반실·통신기기실·전산기기실·기타 이와 유사한 시설이 있는 장소. 다만, 제1호 다목의 장소를 제외한다.</td><td>해당 용도의 바닥면적 50㎡마다 적응성이 있는 소화기 1개 이상 또는 유효설치방호체적 이내의 가스·분말·고체에어로졸 자동소화장치, 캐비닛형자동소화장치(다만, 통신기기실·전자기기실을 제외한 장소에 있어서는 교류 600V 또는 직류 750V 이상의 것에 한한다)</td></tr>
<tr><td>5. 「고압가스 안전관리법」·「액화석유가스의 안전관리 및 사업법」 및 「도시가스사업법」에서 규정하는 가연성가스를 연료로 사용하는 장소</td><td>액화석유가스(LPG) 기타 가연성가스를 연료로 사용하는 연소기기가 있는 장소</td><td>각 연소기로부터 보행거리 10m 이내에 능력단위 3단위 이상의 소화기 1개 이상. 다만, 상업용 주방자동소화장치가 설치된 장소는 제외한다.</td></tr>
</table>

(2) 부속용도에 따른 소화기구 추가 설치 기준

1) 추가 설치 기준

① 부속용도에 해당할 경우 NFTC 101 표 2.1.1.3의 부속용도별 추가해야 할 소화기구 및 자동소화장치에 따라 추가 설치

② 보일러실, 음식점 주방 등에 스프링클러설비나 상업용 주방자동소화장치가 설치된 경우에는 자동확산소화기를 제외할 수 있음

2) 특정 장소의 소화기구 설치 요건

① 상업용 주방 등의 장소에는 식용유에 의한 주방화재의 특성을 고려하여 주방에 설치되는 소화기 중 1개 이상은 주방화재용 소화기(K급)을 설치해야 함

(3) 자동확산소화기 설치 시 유의사항

1) 보일러 버너 상부에 자동확산소화기 설치

① 설치방법

☞ 보일러와 일정간격을 이격하여 설치해야 함 (그림 1.3.2.1 참고)

② 주의사항

☞ 보일러실의 천장이 높을 때 자동확산소화기를 천장면에 바로 붙여서 설치하는 경우는 부적절함

☞ 이 경우, 화재 시 소화약제가 화점에 도달하지 못해 소화기 무용지물

☞ 보일러 버너 상부에 직접 설치하여 소화약제가 효과적으로 분사될 수 있도록 해야 함

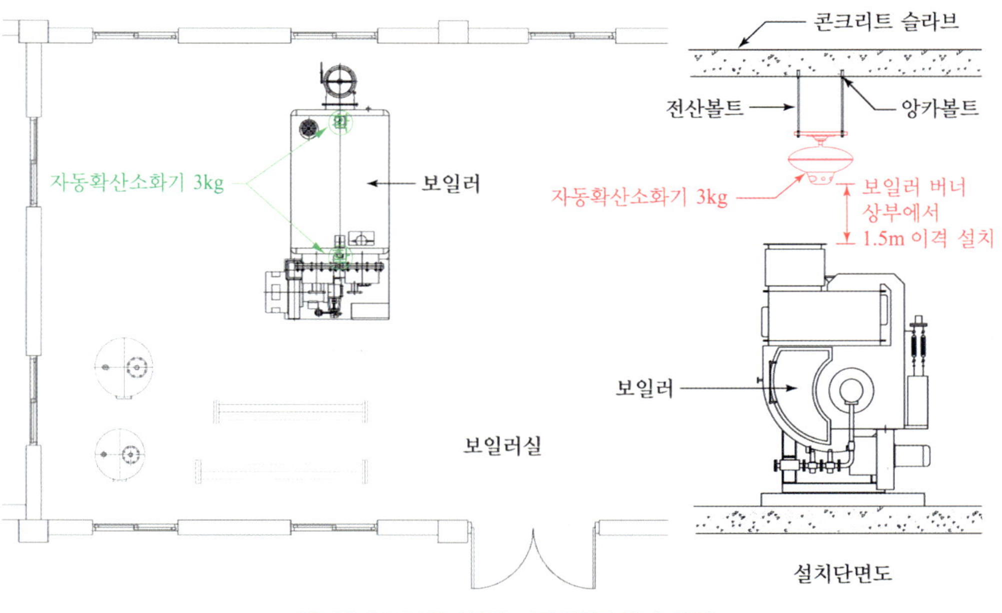

그림 1.3.2.1 보일러실의 자동확산소화기 설치

1.3.3 소화기구의 능력단위 수량

- 소방대상물별 소화기구의 능력단위 산정에 따른 소화기 수량
- 소화기 배치 시, 능력단위 기준과 보행거리 기준을 모두 충족

(1) 수동식 소화기의 배치 기준

1) 보행거리 기준 충족
2) 용도 및 면적에 따른 능력단위 충족

(2) 능력단위 산정

1) 건물 조건(예시) : 근린생활시설로 연면적 3,000 ㎡, 층수 5층, 각 층별 면적은 600 ㎡
2) 능력단위 계산
   ① 기준 : NFTC 101 표 2.1.1.2
   ② 계산식 : 각 층 면적 ÷ 기준 면적(100 ㎡) = 필요 능력단위
   ③ 계산 예시 : 600 ㎡ ÷ 100 ㎡ = 6단위
   ④ 따라서, 각 층마다 6단위의 능력단위가 필요함

NFTC 101 표 2.1.1.2 특정소방대상물 별 소화기구의 능력단위

특정 소방대상물	소화기구의 능력단위
1. 위락시설	해당 용도의 바닥면적 30 ㎡ 마다 능력단위 1단위 이상
2. 공연장 · 집회장 · 관람장 · 문화재 · 장례식장 및 의료시설	해당 용도의 바닥면적 50 ㎡ 마다 능력단위 1단위 이상
3. 근린생활시설 · 판매시설 · 운수시설 · 숙박시설 · 노유자시설 · 전시장 · 공동주택 · 업무시설 · 방송통신시설 · 공장 · 창고시설 · 항공기 및 자동차 관련 시설 및 관광휴게시설	해당 용도의 바닥면적 100 ㎡ 마다 능력단위 1단위 이상
4. 그 밖의 것	해당 용도의 바닥면적 200 ㎡ 마다 능력단위 1단위 이상

(비고) 소화기구의 능력단위를 산출함에 있어서 건축물의 주요구조부가 내화구조이고, 벽 및 반자의 실내에 면하는 부분이 불연재료·준불연재료 또는 난연재료로 된 특정소방대상물에 있어서는 위 표의 기준면적의 2배를 해당 특정소방대상물의 기준면적으로 한다.

3) 능력단위 산정 시 고려사항

① 건축물의 내화성 및 마감재료

☞ 주요구조부가 내화구조이고 실내 마감재료가 불연재 또는 준불연재로 구성된 경우 : 기준 면적의 2배를 적용하여 능력단위를 산정할 수 있음

☞ 예를 들어, 기준 면적을 100 m^2에서 200 m^2로 늘려 계산 가능

② 소화기 수량의 영향

☞ 실제 소화기 수량은 감소하지 않는 경우가 많음

☞ 이는 보행거리 기준도 동시에 만족해야 하기 때문임

(3) 소화기 선택 및 배치

1) 소화기의 중량별 능력단위

① 표 1.3.3.1에 따른 소화기 중량별 능력단위

② 예시 : 3단위 소화기는 중량 3.3 kg

표 1.3.3.1 분말소화기의 중량별 능력단위 예시

종 류	A급 능력단위	B급 능력단위	C급 적응성
분말소화기 0.7kg	1	2	적응
분말소화기 1.5kg	2	3	적응
분말소화기 2.5kg	2	3	적응
분말소화기 3.3kg	3	5	적응

2) 필요 능력단위 충족을 위한 소화기 수량

- 필요 능력단위(6단위)에 따른 소화기 선택 :
  3단위 × 2대 = 6단위로 3.3 kg 소화기 2대를 배치하면 능력단위 기준에 부합함

3) 보행거리 규정 고려

① 소형 소화기는 보행거리 20 m 이내의 보행거리 규정을 고려해야 하므로 실제 설치 수량은 능력단위보다 더 많아질 수 있음

② 재실자가 어느 위치에서든 신속하게 소화기에 접근할 수 있어야 함

1.3.4 주거용 주방자동소화장치의 설치

- 주방 조리기구의 연료공급이 가스식 또는 전기식에 따른 제품 선정 확인
- 가스식의 경우 가스탐지 및 가스차단기 설치 확인
- 전기식의 경우 전기차단기 설치 확인

(1) 전기레인지 사용 시 자동소화장치 설치

1) 전기레인지 종류 : 핫플레이트, 인덕션, 하이라이트 등

2) 설치 조건

① 가스와 전기레인지의 경우 주방자동소화장치를 설치해야 함

② 가스식과 전기식을 겸용으로 사용할 수 있는 하이브리드형 자동소화장치 고려

③ 형식승인 조건과 동일한 설치로 유효한 성능 확보

☞ 주거용 주방 자동소화장치는 형식승인을 받은 조건과 동일하게 설치되어야 화재 시 유효한 성능을 발휘할 수 있음

☞ 방출노즐은 형식승인을 받은 유효한 높이와 위치에 설치

(2) 가스누설 탐지기의 정확한 설치 위치

1) 사용 연료에 따른 설치 위치 결정

① LPG(Liquefied Petroleum Gas, 액화석유가스)

☞ 비중이 공기보다 무거워 바닥 부근에 체류

☞ 따라서, 바닥 부근에 가스누설 탐지기 설치

② LNG(Liquefied Natural Gas, 액화천연가스)

☞ 비중이 공기보다 가벼워 천장 부근에 모임

☞ 따라서, 천장 부근에 가스누설 탐지기 설치

2) 설치 위치의 중요성

- 사용 연료의 특성에 따라 정확한 위치에 설치해야 가스 누설을 신속하게 감지할 수 있음

(3) 시공상세도 작성 및 검토

1) 시공 상세도 작성 : 레인지 방식에 따라 시공 상세도 작성

2) 설계 도서와 실제 시공 상태를 면밀히 검토하여 설치 오류 방지

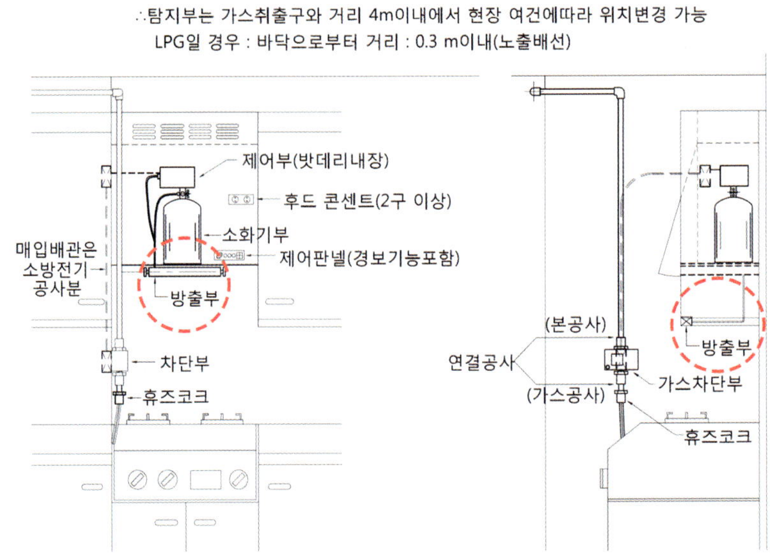

* 소화기충진약제는 분말소화약제 또는 강화액 소화약제로서 해당방호면적을 유효하게 소화할 수 있도록 설치
* 자동식소화기는 형식승인 및 검정기술기준에 적합한 제품을 사용함
* 차단부는 휴즈코크로 부터 2m이내에 설치하되 사용자가 상시점검확인할 수 있는 주방이 설치된 실내에 설치
* 방출구는 가스사용장소의 중앙에 설치 할 것. 다만, 별도로 형식승인을 받은 경우에는 그 성능인정범위 내에서 설치할 수 있다.

그림 1.3.4.1 주거용 주방자동소화장치 설치상세 (예시)

1.3.5 이산화탄소, 할로겐화합물 소화기 설치 제한

- 지하층, 무창층, 밀폐된 거실로서 20 ㎡ 미만의 장소에 CO_2, 할로겐화합물 소화기 설치 금지

(1) 설치 제한 대상 장소

- 바닥면적 20 ㎡ 미만인 장소 : 지하층, 무창층(창문이 없는 층), 밀폐된 거실

(2) 설치 제한 소화기 종류 및 제한 이유

1) 설치 제한 소화기 : 이산화탄소 소화기, 할로겐화합물 소화기

2) 설치 제한 이유

① 인명 피해 우려

☞ 이산화탄소 소화기의 경우 오작동이나 화재 시 방출될 경우 질식 사고 발생 위험이 있음

☞ 할로겐화합물 소화기도 인체에 유해한 화학물질을 방출하여 건강에 위험을 줄 수 있음

② 환기 부족 문제

☞ 제한 대상 장소들은 환기가 원활하지 않아 유해 가스가 축적될 가능성이 높음

☞ 유해 가스 축적으로 인해 응급 상황 발생 시 대피 곤란

3) 제한 조치에 따른 대안

- 대체 소화기 사용 : 물분무형 소화기, 포소화기, 분말소화기 등 권장

1.3.6 EPS, TPS 실의 자동소화장치 설치

- EPS, TPS 등 전기관련 시설의 경우 자동소화장치 설치 여부 확인
- 자동소화장치의 형식승인 또는 성능인증 받은 제품 여부 확인

(1) 자동소화장치의 개요

1) 정의

① 자동소화장치는 특정 공간에 적합한 소화약제를 자동으로 방사하는 고정식 소화장치

② 형식승인이나 성능인증을 받은 제품을 사용하며, 유효한 설치 범위 내에서 각 용도의 설치 조건에 따라 설치

2) 자동소화장치의 종류

① 주거용 주방자동소화장치

② 상업용 주방자동소화장치

③ 캐비닛형 자동소화장치

④ 가스 자동소화장치

⑤ 분말 자동소화장치

⑥ 고체에어로졸 자동소화장치

(2) 피트(PIT) 등의 공간 소방시설 설치 기준

1) 설치 대상 기준(표 1.3.6.1 참조)

① 피트(PIT) 등의 공간에서 시설물을 제외한 크기가 가로·세로·높이가 각각 1.2 m 이상을 모두 만족하는 경우 소방시설을 설치해야 함:

② EPS(Electric Panel System), TPS(Telecommunication Panel System) 실 등 전기관련 시설에는 해당 공간에 적합한 자동소화장치를 설치해야 함

2) 제외 조건 확인(표 1.3.6.2 참조)

① PIT, PS, EPS, TPS 등 공간에 소방시설을 설치하는 기준이 제시되어 있음

② 설치 제외 조건을 반드시 확인하여 불필요한 설치를 방지함

표 1.3.6.1 피트공간 등 판단기준

피트공간의 최소기준	피트공간이 삼각형인 경우
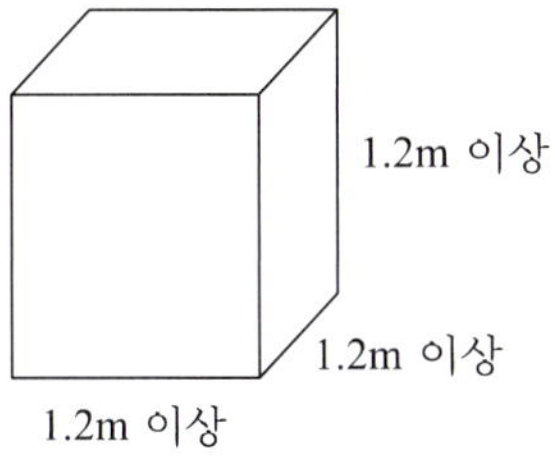	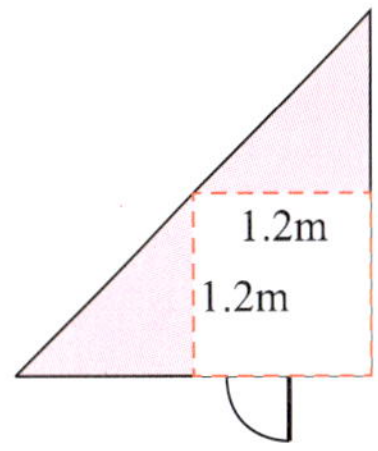
피트공간 내 시설물이 설치된 경우	**피트공간이 다각형인 경우**
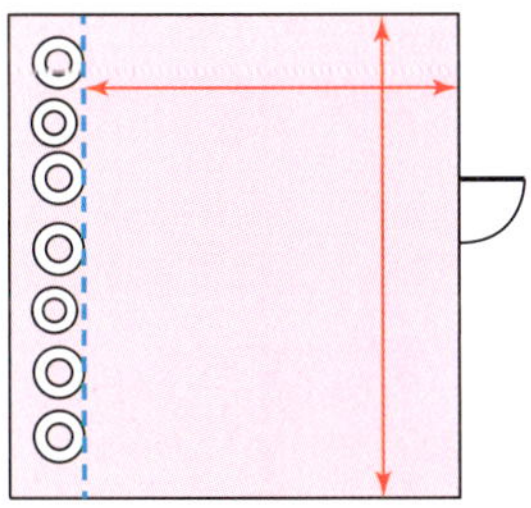	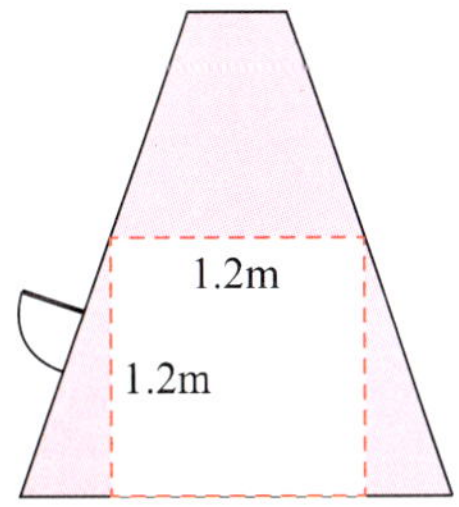

표 1.3.6.2 피트공간 등 소방시설 설치 기준

설치장소	소방시설	자동소화장치	제외조건
PIT	●		점검구 1개소 1 ㎡ 이하 두께 1.5 mm 이상 철판 또는 방화문 성능 재질로 4곳 이상 볼트 조임
파이프샤프트(PS)	●		배관 등 시설물 제외 공간의 크기가 가로 · 세로 · 높이 각각 1.2 m 미만
덕트피트	●		
EPS		●	
TPS		●	

(3) 자동소화장치 설치 시 고려사항

1) 그림 1.3.6.1과 같이 형식승인을 받은 제품을 사용해야 함
2) 설치 조건 및 성능 확인
   - 설치하려는 공간에 적합한 자동소화장치의 특성을 확인해야 함
     - ☞ 감열방식 : 열을 감지하여 자동으로 작동하는 방식 확인
     - ☞ 소화약제 종류 : 해당 공간에 적합한 약제 선택(예: 가스, 분말, 에어로졸 등)
     - ☞ 소화성능 : 공간의 화재 위험도에 대응할 수 있는 성능 확인

☞ 화재등급별 설계체적

A급 화재 : 일반 가연물(목재, 종이 등) 화재에 대한 설계체적 확인

B급 화재 : 유류, 가스 등 화재에 대한 설계체적 확인

☞ 최대 설치 높이 : 소화약제가 효과적으로 작동할 수 있는 최대 높이 내 설치

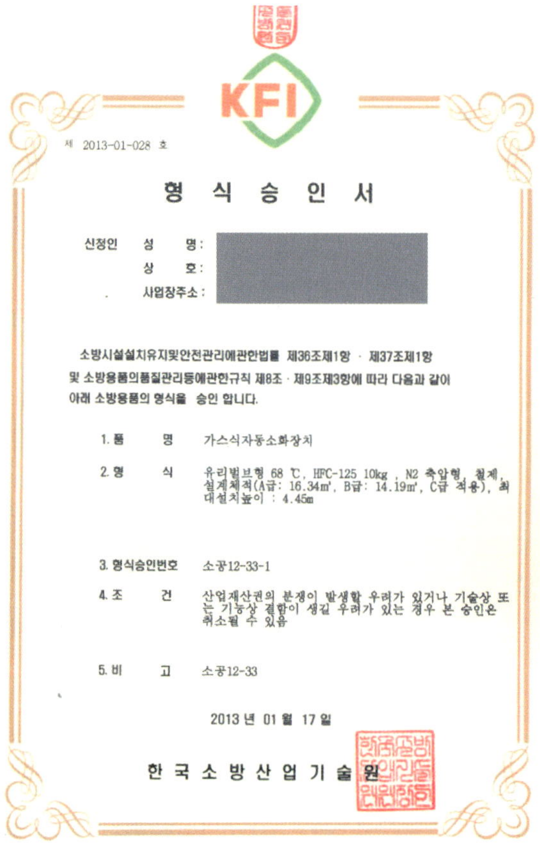

KFI

제 2013-01-028 호

형 식 승 인 서

신청인 성 명 :

상 호 :

사업장주소 :

소방시설설치유지및안전관리에관한법률 제36조제1항 · 제37조제1항 및 소방용품의품질관리등에관한규칙 제8조 · 제9조제3항에 따라 다음과 같이 아래 소방용품의 형식을 승인 합니다.

1. 품 명 가스식자동소화장치

2. 형 식 유리벌브형 68 ℃, HFC-125 10kg , N2 축압형, 철제, 설계체적(A급: 16.34㎥, B급: 14.19㎥, C급 적용), 최대설치높이 : 4.45m

3. 형식승인번호 소공12-33-1

4. 조 건 산업재산권의 분쟁이 발생할 우려가 있거나 기술상 또는 기능상 결함이 생길 우려가 있는 경우 본 승인은 취소될 수 있음

5. 비 고 소공12-33

2013 년 01 월 17 일

한 국 소 방 산 업 기 술 원

그림 1.3.6.1 자동소화장치의 형식승인서

1.4 소화펌프, 수조 및 배관

1.4.1 소화펌프의 용량 검토

- 소화펌프 양정계산서와 설계도면의 소방펌프 사양의 일치 여부 확인

(1) 소화펌프의 용량 검토

1) 건물의 용도, 규모, 설치된 소방시설 등을 확인하여 소화펌프의 설계유량이 적절한지 검토

2) 양정계산서 및 장비일람표 일치 여부 확인

① 그림 1.4.1.1 소화펌프 양정계산서에서 선정된 유량, 동력 등이 적절한지 검토

② 그림 1.4.1.2 장비일람표와 일치 여부를 확인

3) 소화펌프 동력 검토

① 정격토출량의 150%일 때 양정이 65% 이상이어야 함

② 이때의 동력을 확인하여 최종 동력 선정에 문제가 없는지 확인

③ 예시

☞ 정격유량 : 1,450 L/min, 정격양정 : 75 m, 동력 : 37 kW

☞ 검토 결과 :

150% 유량으로 계산한 결과의 동력이 선정된 동력보다 작으면 문제 없음

150% 유량으로 계산된 동력이 선정된 동력보다 클 경우에는 동력의 상향 조정이 필요하다.

$$P(\mathrm{kW}) = \frac{0.163 \times (1.45 \times 1.5) \times (75 \times 0.65)}{0.65} \times 1.1 = 29.3\,\mathrm{kW}$$

1. 법적 소화수량

스프링클러 헤드의 기준 개수		10 개
스프링클러 헤드 정격 토출량		80 L/Min
옥내소화전 기준갯수		5 개
옥내소화전 정격 토출량		130 L/Min
총 토 출 량	5 개 x 130 L/Min =	650 L/Min
	# 개 x 80 L/Min =	800 L/Min
	=	1,450 L/Min
법정 수원 확보량	650 L/Min x 20 Min =	13,000 Lit
	800 L/Min x 20 Min =	16,000 Lit
	=	29.0 M^3

2. 배관마찰 손실수두

a. 실 양 정 (H_1)	(지하1층 ~ 지상7층)	33.9 M
b. 헤드 선단에서의 방수압 (H_2)	(1.0 Kg/cm^2)	10 M
c. 배관의 마찰 손실 수두 (H_3)		

	내 경 (mm)	유 량 (LPM)	길 이 (M)	배관마찰 손실수두(M)	총배관마찰 손실수두(M)
	25	80	2.5	0.454	1.13
	25	160	1.6	1.636	2.62
	65	160	1	0.016	0.02
	65	800	6.6	0.306	2.02
	80	800	46.8	0.111	5.21
	150	800	1	0.005	0.01
	150	1190	4	0.011	0.04
	150	1450	26.7	0.016	0.42
	150	1450	13	0.016	0.20
합 계					11.67

2-1. 부속류 상당마찰 손실수두

d. 배관의 부속류 마찰 손실 수두 (H_4)

배관 부속류	구 간	관 경 (mm)	유 량 (LPM)	수량	길이	배관마찰 손실수두(M)	총배관마찰 손실수두(M)
엘 보		25	80	2	0.9	0.454	0.82
분 티		25	80	1	1.5	0.454	0.68
직 티		25	160	1	0.3	1.636	0.49
엘 보		25	160	1	0.9	1.636	1.47
분 티		65	160	1	3.6	0.016	0.06
직 티		65	800	2	0.8	0.306	0.46
직 티		80	800	2	0.9	0.111	0.20
엘 보		80	800	8	6	0.111	5.35
직 티		150	800	1	1.8	0.005	0.01
엘 보		150	800	1	6	0.005	0.03
분 티		150	800	1	9	0.005	0.05
알람밸브		150	800	1	24	0.005	0.13
게이트밸브		150	800	1	1.2	0.005	0.01
엘 보		150	800	1	6	0.005	0.03
분 티		150	1190	1	9	0.011	0.10
직 티		150	1190	1	1.8	0.011	0.02
직 티		150	1450	6	1.8	0.016	0.17
엘 보		150	1450	1	6	0.016	0.09
분 티		150	1450	2	9	0.016	0.28
엘 보		150	1450	3	6	0.016	0.28
직 티		150	1450	2	1.8	0.016	0.06
게이트밸브		150	1450	2	1.2	0.016	0.04
첵 크 밸 브		150	1450	1	24	0.016	0.38
플렉시블죠인트		150	1450	1	3.6	0.016	0.06
엘 보		150	1450	5	6	0.016	0.47
플렉시블죠인트		150	1450	1	3.6	0.016	0.06
스트레이너		150	1450	1	24	0.016	0.38
게이트밸브		150	1450	1	1.2	0.016	0.019
직 티		150	1450	4	1.8	0.016	0.11
여과망		150	1450	1	24	0.016	0.38
합 계							12.65

3. 펌프의 용량산정

f. 펌프의 총양정

H = H1 + H2 + H3 + H4 (여유율 10%)

= 33.9 + 10 + 11.7 + 12.7 = 68.2 M X 1.1

= 75.0 M

3.1 주 펌프의 동력 계산

$$P = \frac{0.163 \times Q \times H}{E} \times K$$

$$= \frac{0.163 \times 1.45 \times 75}{0.65} \times 1.1$$

= 30.0 Kw

P : 전동기 동력(Kw)
Q : 토출량(M^3/Min)
H : 총양정(M)
E : 효 율
K : 1.1

그림 1.4.1.1 소화펌프 양정계산서 (계속)

3. 펌프의 용량산정	3.2 충압 펌프의 동력 계산

$$P = \frac{0.163 \times Q \times H}{E} \times K$$

$$= \frac{0.163 \times 0.06 \times 75}{0.25} \times 1.1$$

$$= 3.2 \text{ Kw}$$

3.3 소화 펌프의 선정

종 류	형 식	토출측 관 경	흡입측 관 경	토출량 (LPM)	양 정 (M)	동 력 (KW)	단 수 (S)	수 량 (EA)	비 고
주 펌 프	다단볼류트	100	125	1,450	75	37	3	1	
예비펌프	다단볼류트	100	125	1,450	75	37	3	1	
충압펌프	웨스코	40	50	60	75	3.7	–	1	

1. 소화펌프의 사양은 MAKER마다 상이 할 수 있음.
2. 소화펌프 병렬운전시 전토출량 및 양정은 적법한 성능을 가진 것으로 선정할 것.

그림 1.4.1.1 소화펌프 양정계산서

장 비 일 람 표

1. 펌 프

장비번호	수 량	용 도	설 치 위 치	형 식	유량(LPM)	양 정(M)	펌프구경(A) 토출측	펌프구경(A) 흡입측	동 력(KW)	단 수(S)	전 원(ø/V/HZ)	비 고
FP – 1	1	옥내소화전 및 스프링클러 주 펌프	지하1층 기계실	다단볼류트	1,450	75	100	125	37	3	3 / 380 / 60	* 가압송수장치가 기동이 된 경우에 자동으로 정지하지 아니하는 구조로 할것. * 기타 표준부속품 일체구비.
FP – 2	1	옥내소화전 및 스프링클러 예비 펌프	지하1층 기계실	다단볼류트	1,450	75	100	125	37	3	3 / 380 / 60	
FP – 3	1	옥내소화전 및 스프링클러 충압 펌프	지하1층 기계실	웨스코	60	75	40	50	3.7	–	3 / 380 / 60	

2. 압력탱크

장비번호	수 량	용 도	설 치 위 치	용 량 (LIT)	사용압력(KG/CM^2)	비 고
FT – 1	1	소화 펌프 기동용	지하1층 기계실	100	10	* 기타 표준부속품 일체구비

소화계산서의 용량과 일치여부 확인

그림 1.4.1.2 소화설비의 장비일람표

4) 전기분야 계산서와의 일치 여부 확인

① 소화펌프 동력은 비상전원 용량 선정에도 관련이 있음

② 다음과의 일치 여부를 확인 :

☞ 변압기 용량계산서

☞ 발전기 용량계산서

☞ 동력부하계산서

☞ MCC 결선도 및 단선결선도(그림 1.4.1.3, 그림 1.4.1.4)

(2) 전기관련 사항 검토

1) MCC 결선도 및 소화펌프 동력 검토

- 일반 전기도면과 관련하여, 그림 1.4.1.3은 MCC 결선도의 예시이며, 소화펌프와 관련된 동력 사항을 검토

2) 결선도 용어의 이해

① Capacity (kW/kVA)

☞ kW : 유효전력으로, 소화펌프의 정격용량을 나타냄

☞ kVA : 피상전력으로, 유효전력과 무효전력의 합

② MCCB (Molded Case Circuit Breaker)

☞ 배선용 차단기를 의미하며, 과부하 및 단락 등의 이상 상태 시 자동으로 전류를 차단하는 장치

☞ 개폐기구, 트립장치 등을 절연물 용기 내에 일체 조립한 것으로, 통전 상태의 전로를 수동 또는 전기 조작에 의해 개폐할 수 있음

③ MCCB 3P-AF/AT(kA)

☞ AF (Ampere Frame) : 동일 형명으로 제작할 수 있는 최대 정격전류로 배선용 차단기의 제품 크기를 좌우

☞ AT (Ampere Trip) : 배선용 차단기의 과전류 트립 기준치로, 정격 사용전류를 의미하며, 선정 시 AF ≥ AT

☞ 예시 : 50AF/30AT

최대 50 A인 프레임에 30 A에서 트립되도록 맞춰 놓은 차단기

MCCB의 kA는 단락 시 차단 전류치로, 정격전류의 20배 이상으로 선정

④ CT (Current Transformer)

☞ 변류기로, 1차 전류를 이에 비례하는 2차 전류로 변환하여 계측하는 계기용 변성기

☞ 정격 1차 전류 및 정격 2차 전류는 JIS C1731-1에 따라 정해짐

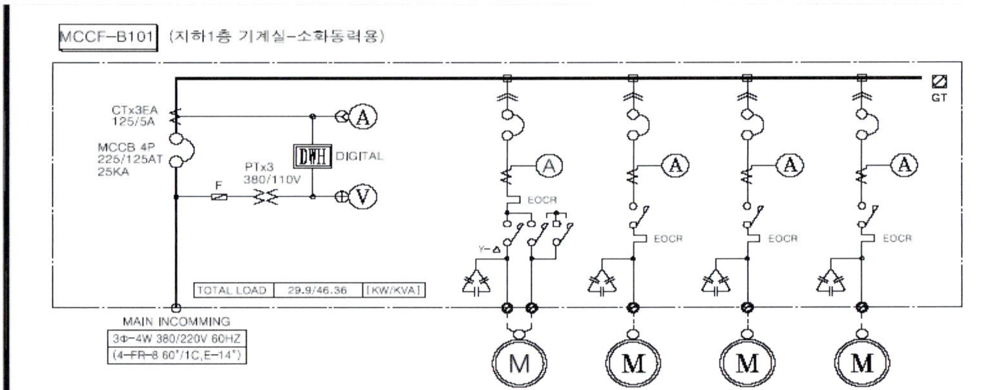

UNIT NO	FP 1	FP 1	FP 2	FP 3
LOAD NAME	스프링클러 주펌프	스프링클러 충압펌프	옥내소화전 주펌프	옥내소화전 충압펌프
CAPACITY (KW/KVA)	15 / 22.52	3.7 / 6.03	7.5 / 11.78	3.7 / 6.03
MCCB 3P-AF/AT (KA)	100 / 100 25KA	50 / 30 14KA	50 / 40 14KA	50 / 30 14KA
CT (A)	50 / 5	15 / 5	30/ 5	15 / 5
CAPACITOR(uF)	100	20	75	20
CABLE SIZE (FR-8)	2-14°/3C,E-5.5°	5.5°/3C,E-2.0	5.5°/3C,E-5.5°	5.5°/3C,E-2.0
CONDUIT SIZE	54C	28C	28C	28C
REMARK'S				

그림 1.4.1.3 MCC 결선도 예

3) 소화펌프 사양의 최종 확인

① 다음 항목들을 확인하여 소화펌프 사양이 제대로 적용되었는지 확인

- ☞ 소화펌프 용량계산서
- ☞ 도면의 장비일람표
- ☞ 소방기계내역서
- ☞ MCC 부하계산서
- ☞ 단선결선도
- ☞ 발전기 용량계산서

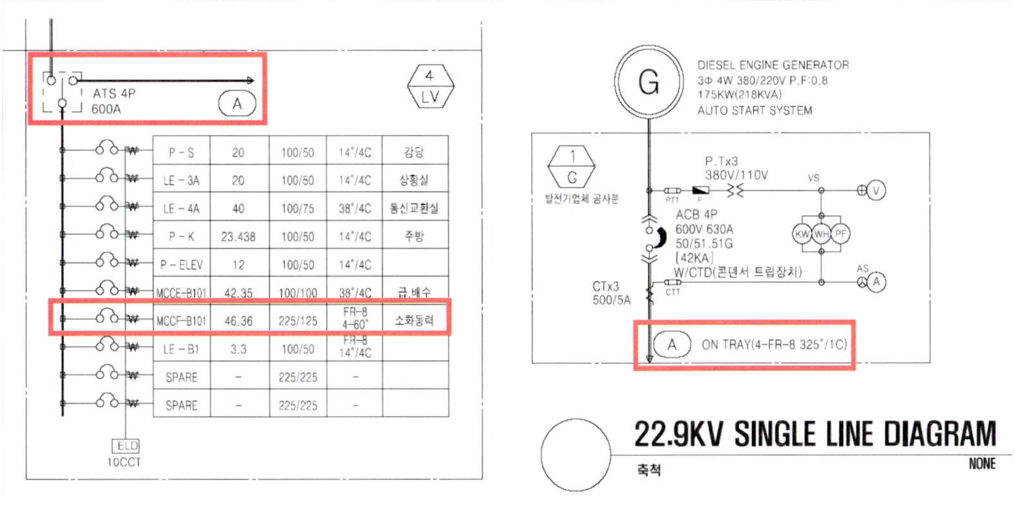

그림 1.4.1.4 단선결선도 예

[공사명] ■■■■■■신축공사-1

품 명	규 격	단위	수량	재료비		노무비		경비		합계		비고
				단가	금액	단가	금액	단가	금액	단가	금액	
0101 장비설치공사												
소방유량계	순간유량계(후로셀) D50	개	3	160,000	480,000	0	0	0	0	160,000	480,000	
소방유량계	순간유량계(후로셀) D65	개	3	180,000	540,000	0	0	0	0	180,000	540,000	
다단볼류트 펌프	D50×0.39LPM×55M×10.0HP(5	대	1	1,500,000	1,500,000	0	0	0	0	1,500,000	1,500,000	
다단볼류트 펌프	D50×0.80LPM×60M×20HP(4S	대	1	2,000,000	2,000,000	0	0	0	0	2,000,000	2,000,000	
웨스코펌프	D40×0.06LPM×60M×[illegible]HP	대	1	1,800,000	1,800,000	0	0	0	0	1,000,000	1,000,000	
웨스코펌프	D40×0.06LPM×60M×5HP	대	1	1,500,000	1,500,000	0	0	0	0	1,500,000	1,500,000	
진동방지장치	펌프(면흡입) 25㎜ 5HP 이하	조	2	77,551	155,102	0	0	0	0	77,551	155,102	
진동방지장치	펌프(면흡입) 25㎜ 10HP 이하	조	1	82,782	82,782	0	0	0	0	82,782	82,782	
진동방지장치	펌프(면흡입) 25㎜ 20HP 이하	조	1	70,508	70,508	0	0	0	0	70,508	70,508	
진동방지장치	후렉시블콘넥터 D40	EA	12	97,360	1,168,320	0	0	0	0	97,360	1,168,320	
진동방지장치	후렉시블콘넥터 D100	EA	12	62,981	755,772	0	0	0	0	62,981	755,772	
진동방지장치	방진스프링(HSM) 50mm 200kg	EA	24	72,946	1,750,704	0	0	0	0	72,946	1,750,704	
강관용접	D65	개소	39	183	7,137	0	0	0	0	183	7,137	

그림 1.4.1.5 소방기계 내역서

MCC 負荷 計算書

공 사 명 : 000000000 신축공사

명 칭 : MCCF - B101　　　　설 치 위 치 : 지하1층 기계실

설비CODE	부 하 명	전 압		용 량			M C C B			CT	콘덴서	CABLE SIZE[㎟]	전선관	운 전	UNIT	비 고
		Φ	V	[KW]	[KVA]	[A]	P	AF	AT	/5[A]	[μF]	FR-8	[mm]	방 식	SIZE	
FP-1	스프링클러 주펌프	3	380	15	22.52	34.2	3	100	100	50	100	14/3C, E-8	36	직입	300	
FP-2	스프링클러 충압펌프	3	380	3.7	6.03	9.16	3	50	30	15	20	1-5.5/3C, E-2.0	28	직입	300	
FP-3	옥내 소화전 주펌프	3	380	7.5	11.78	17.9	3	50	40	30	75	1-5.5/3C, E-5.5	28	직입	300	
FP-4	옥내 소화전 충압펌프	3	380	3.7	6.03	9.16	3	50	30	15	20	1-5.5/3C, E-2.0	28	직입	300	
	계	3	380	29.9	46.36	70.42	4	225	125	125	-	4-60/1C, E-14	70	-	400	

發電機 容量 計算書(甲)

공 사 명 : 00000000 신축공사

NO.	부 하 명	용 도	연결 부하 [Kw]	수 용 률 [%]	수 용 부 하 [Kw]		비 고
					정전시	화재시	
	LE - B1	비상전등	2.64	100	2.64	2.64	
	LE - 3A	상황실	16.00	100	16.0		
	LE - 4A	통신표환실	32.00	100	32.0		
	P - K	주방	18.75	100	18.8		
	P - ELEV	ELEV	15.00	100	15.0	12.0	
	P - S	강당	16.00	100	16.000		
	MCCE - B101	비상동력	24.40	100	24.40		
	MCCF - B101	소방	29.90	100		29.90	15KW
			154.690		124.790	44.640	

그림 1.4.1.6 MCC 부하계산서 및 발전기용량 계산서

1.4.2 소화 수원량의 결정

- 건축물 용도, 규모의 기준개수에 따른 필요 수원량 검토
- 10층 이하, 11층 이상, 공동주택, 창고, 30층 이상의 건축물 등의 수원량 검토
- 소화배관계통도 및 펌프확대평면도의 수원량 일치여부 검토

관련기준

옥내소화전설비의 화재안전기술기준(NFTC 102)

2.1.1 옥내소화전설비의 수원은 그 저수량이 옥내소화전의 설치개수가 가장 많은 층의 설치개수(2개 이상 설치된 경우에는 2개)에 2.6 ㎥(호스릴옥내소화전설비를 포함한다)를 곱한 양 이상이 되도록 해야 한다.

스프링클러설비의 화재안전기술기준(NFTC 103)

2.1.1.1 폐쇄형스프링클러헤드를 사용하는 경우에는 다음 표 2.1.1.1 스프링클러설비 설치장소별 스프링클러헤드의 기준개수[스프링클러헤드의 설치개수가 가장 많은 층(아파트의 경우에는 설치개수가 가장 많은 세대)에 설치된 스프링클러헤드의 개수가 기준개수보다 적은 경우에는 그 설치개수를 말한다. 이하 같다]에 1.6 ㎥를 곱한 양 이상이 되도록 할 것

표 2.1.1.1 스프링클러설비의 설치장소별 스프링클러헤드의 기준개수

스프링클러설비 설치장소			기준개수
지하층을 제외한 층수가 10층 이하인 특정소방대상물	공장	특수가연물을 저장 · 취급하는 것	30
		그 밖의 것	20
	근린생활시설 · 판매시설 · 운수시설 또는 복합건축물	판매시설 또는 복합건축물 (판매시설이 설치되는 복합건축물을 말한다)	30
		그 밖의 것	20
	그 밖의 것	헤드의 부착높이가 8m 이상인 것	20
		헤드의 부착높이가 8m 미만인 것	10
지하층을 제외한 층수가 11층 이상인 특정소방대상물 · 지하가 또는 지하역사			30

비고 : 하나의 소방대상물이 2 이상의 "스프링클러헤드의 기준개수"란에 해당하는 때에는 기준개수가 많은 난을 기준으로 한다. 다만, 각 기준개수에 해당하는 수원을 별도로 설치하는 경우에는 그렇지 않다.

2.1.1.2 개방형스프링클러헤드를 사용하는 스프링클러설비의 수원은 최대 방수구역에 설치된 스프링클러헤드의 개수가 30개 이하일 경우에는 설치헤드수에 1.6 ㎥를 곱한 양 이상으로 하고, 30개를 초과하는 경우에는 수리계산에 따를 것

고층건축물의 화재안전기술기준(NFTC 604)

2.1.1 수원은 그 저수량이 옥내소화전의 설치개수가 가장 많은 층의 설치개수(5개 이상 설치된 경우에는 5개)에 5.2 ㎥(호스릴옥내소화전설비를 포함한다)를 곱한 양 이상이 되도록 해야 한다. 다만, 층수가 50층 이상인 건축물의 경우에는 7.8 ㎥를 곱한 양 이상이 되도록 해야 한다.

2.2.1 수원은 그 저수량이 스프링클러설비 설치장소별 스프링클러헤드의 기준개수에 3.2 ㎥를 곱한 양 이상이 되도록 해야 한다. 다만, 50층 이상인 건축물의 경우에는 4.8 ㎥를 곱한 양 이상이 되도록 해야 한다.

공동주택의 화재안전기술기준(NFTC 608)

2.3.1.1 폐쇄형스프링클러헤드를 사용하는 아파트 등은 기준개수 10개(스프링클러헤드의 설치개수가 가장 많은 세대에 설치된 스프링클러헤드의 개수가 기준개수보다 작은 경우에는 그 설치개수를 말한다)에 1.6 ㎥를 곱한 양 이상의 수원이 확보되도록 할 것. 다만, 아파트 등의 각 동이 주차장으로 서로 연결된 구조인 경우 해당 주차장 부분의 기준개수는 30개로 할 것

창고의 화재안전기술기준(NFTC 609)

2.2.1 수원의 저수량은 옥내소화전의 설치개수가 가장 많은 층의 설치개수(2개 이상 설치된 경우에는 2개)에 5.2 ㎥ (호스릴옥내소화전설비를 포함한다)를 곱한 양 이상이 되도록 해야 한다.

2.3.2.1 라지드롭형 스프링클러헤드의 설치개수가 가장 많은 방호구역의 설치개수(30개 이상 설치된 경우에는 30개)에 3.2 ㎥(랙식 창고의 경우에는 9.6 ㎥)를 곱한 양 이상이 되도록 할 것

2.3.2.2 〈2.3.1.4〉에 따라 화재조기진압용 스프링클러설비를 설치하는 경우 「화재조기진압용 스프링클러설비의 화재안전기술기준(NFTC 103B)」 2.2.1에 따를 것

(1) 소화수원의 용량 결정 방법

1) 옥내소화전설비와 스프링클러설비의 수량 합산
   - ① 옥내소화전설비와 스프링클러설비의 최대 필요 수량을 각각 계산
   - ② 두 설비의 수량을 합산하여 총 소화수원의 용량을 결정

2) 단일 화재(Single Risk) 대응 가정
   - ① 소화설비 적용 시 기본 가정은 단일 화재에 대응하는 것
   - ② 초기 화재를 효과적으로 진압하기 위한 소화수원을 산정하여 소화설비를 설치하는 것이 목표

(2) 설비별 소화수원 산정 기준

1) 옥내소화전설비 수원량 산정
   - 층별 가장 많이 설치된 옥내소화전의 개수를 기준
     - ☞ 29층까지 건축물은 2개, 30층 이상 건축물은 5개를 기준으로 산정

2) 스프링클러설비 수원량 산정
   - 건물의 용도와 규모에 따라 제시된 기준 개수만큼의 헤드가 동시에 개방된다는 가정을 하며, 해당 기준을 바탕으로 필요한 수원을 계산

3) 표 1.4.2.1에 따른 산정
   - ① 설치 장소별 소화수원량은 표 1.4.2.1의 기준에 따라 산정
     - ☞ 층별 최대 옥내소화전 개수
     - ☞ 스프링클러설비의 기준 개수
   - ② 이를 통해 건물에서 확보해야 할 총 소화수원량을 결정

표 1.4.2.1 설치장소별 소화수원량 산정

<table>
<tr><th colspan="3" rowspan="2">구 분</th><th colspan="4">스프링클러설비</th><th colspan="4">옥내소화전설비</th></tr>
<tr><th>기준 개수 (개)</th><th>기준 유량 (lpm)</th><th>수원 공급시간 (분)</th><th>기준 수원량 (m^3)</th><th>기준 개수 (개)</th><th>기준 유량 (lpm)</th><th>수원 공급시간 (분)</th><th>기준 수원량 (m^3)</th></tr>
<tr><td rowspan="6">10층 이하</td><td rowspan="2">공장</td><td>특수가연물</td><td>30</td><td rowspan="8">80</td><td rowspan="8">20</td><td rowspan="8">1.6</td><td rowspan="10">2</td><td rowspan="12">130</td><td rowspan="8">20</td><td rowspan="8">2.6</td></tr>
<tr><td>이외</td><td>20</td></tr>
<tr><td rowspan="2">근생, 판매, 운수, 복합</td><td>판매, 복합(판매포함)</td><td>30</td></tr>
<tr><td>이외</td><td>20</td></tr>
<tr><td colspan="2">헤드 부착높이 8m 이상</td><td>20</td></tr>
<tr><td colspan="2">헤드 부착높이 8m 미만</td><td>10</td></tr>
<tr><td colspan="3">11층 이상 지하가, 지하역사</td><td>30</td></tr>
<tr><td colspan="3">공동주택 각 동 주차장 연결</td><td>30</td></tr>
<tr><td colspan="2" rowspan="2">창고</td><td>일반</td><td rowspan="2">30</td><td rowspan="2">160</td><td>20</td><td>3.2</td><td rowspan="2">40</td><td rowspan="2">5.2</td></tr>
<tr><td>랙식</td><td>60</td><td>9.6</td></tr>
<tr><td colspan="3">30층~49층</td><td>30</td><td rowspan="2">80</td><td>40</td><td>3.2</td><td rowspan="2">5</td><td>40</td><td>5.2</td></tr>
<tr><td colspan="3">50층 이상</td><td>30</td><td>60</td><td>4.8</td><td>60</td><td>7.8</td></tr>
</table>

(3) 소화수원 기준 수량 계산 방법

1) 기준 수량(m^3) 계산
   - 소화수원의 기준 수량(m^3)은 다음과 같이 산출된다:
     - ☞ 기준유량(lpm) × 수원공급 시간(분) = 필요 수량(L)
     - ☞ 필요 수량(L) ÷ 1,000 = 기준 수원량(m^3)

2) 최종 필요한 소화수원의 양 계산
   - 기준 수원량(m^3) × 기준 개수 = 최종 필요한 소화수원의 양

(4) 수계 소화설비 수원량 및 소화수조 산정 예시

1) 설계조건

① 건물 유형 : 10층 이하 근린생활시설

② 옥내소화전
- ☞ 가장 많이 설치된 층의 소화전 수량 : 3개
- ☞ 옥내소화전 유량 : 130 lpm

③ 스프링클러설비
- ☞ 헤드 기준 개수 : 20개
- ☞ 헤드 유량 : 80 lpm

④ 수원 공급시간 : 20분

2) 옥내소화전설비 수원량 산정

① 기준 유량 계산 : 130 lpm × 20분 = 2,600 L ÷ 1,000 = 2.6 m^3

② 수원량 계산 : 기준 개수 2개 × 기준 수원량 2.6 m^3 = 5.2 m^3

3) 스프링클러설비 수원량 산정

① 기준 유량 계산 : 80 lpm × 20분 = 1,600 L ÷ 1,000 = 1.6 m^3

② 수원량 계산 : 기준 개수 20개 × 기준 수원량 1.6 m^3 = 32 m^3

4) 총 소화수원량 계산

① 옥내소화전설비 수원량 : 5.2 m^3

② 스프링클러설비 수원량 : 32 m^3

☞ 합계 : 5.2 m^3 + 32 m^3 = 37.2 m^3

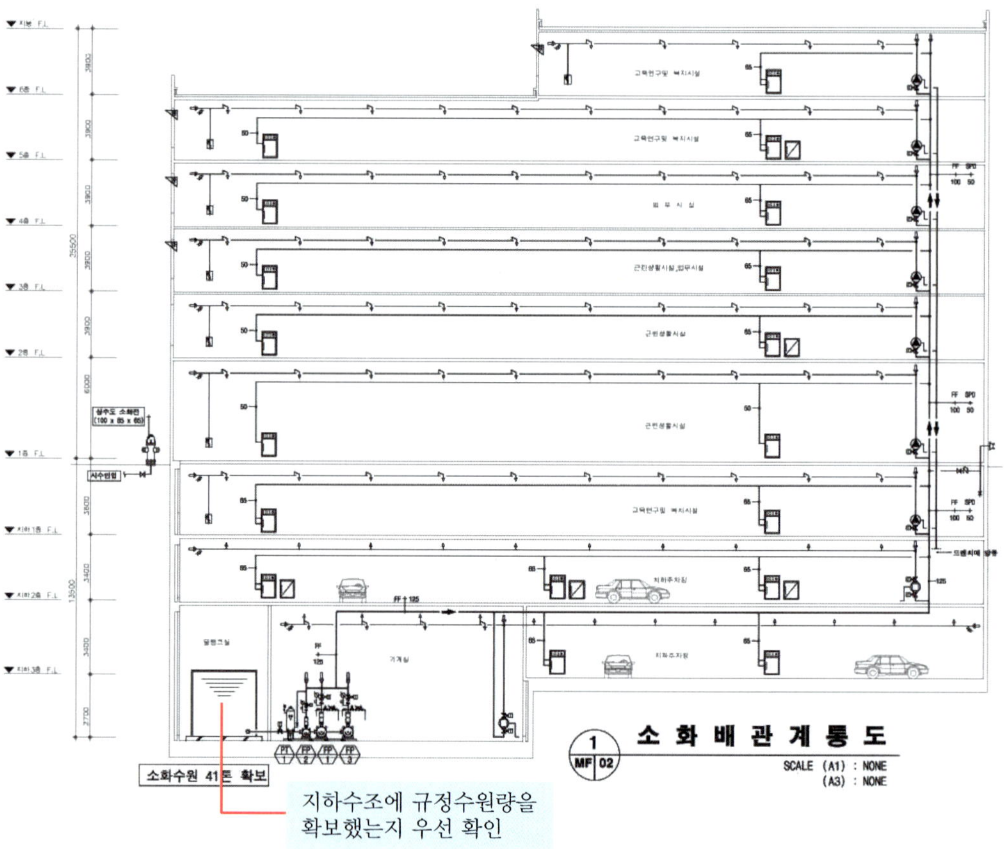

그림 1.4.2.1 소화배관계통도

5) 소화수조의 산정

① 담수율 고려

☞ 전용 소화수조의 경우, 수조 전체를 물로 가득 채울 수 없음

☞ 일반적으로 담수율은 순수 체적의 80~85%로 설정

② 겸용 수조 사용 시 유의사항

☞ 소화수원을 기계설비 수원과 겸용으로 사용하는 경우,

☞ 소화수원의 유효수량이 확보되었는지 반드시 확인해야 함

(5) 소화수원의 확보 및 확인 방법

1) 기준 개수의 적절성 검토

- 옥내소화전 및 스프링클러설비의 기준 개수가 적절히 선정되었는지 검토

2) 설계도서와 도면을 통한 확인

- 그림 1.4.2.1 소화배관계통도 및 그림 1.4.2.2 소화펌프 확대평면도를 통해 건물에 필요한 소화수원이 적합하게 확보되었는지 확인

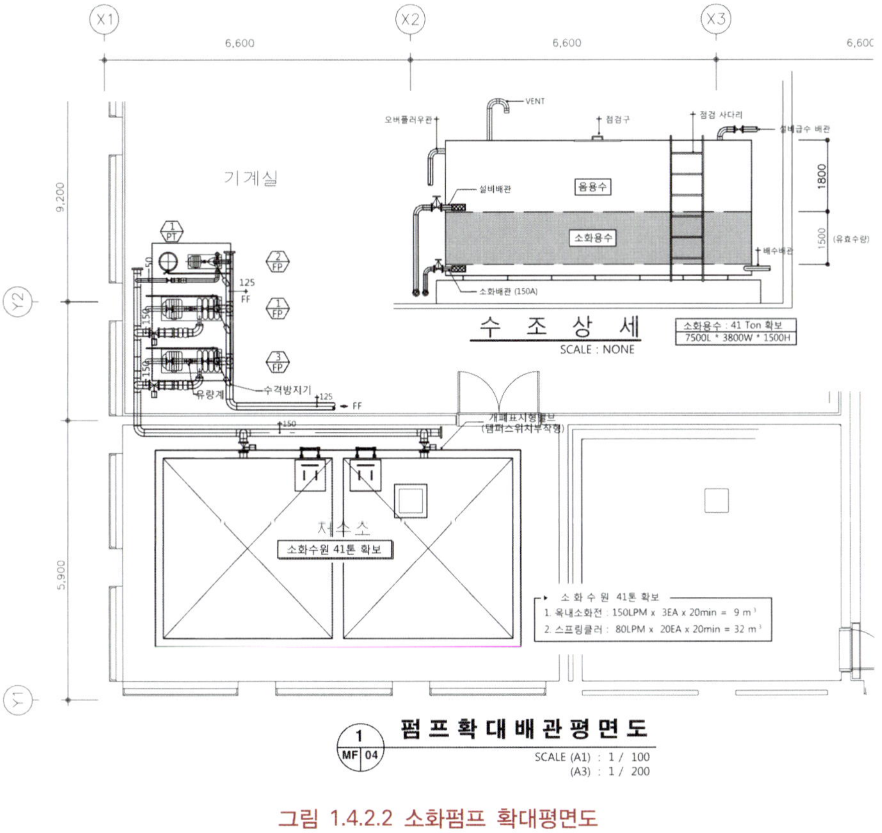

그림 1.4.2.2 소화펌프 확대평면도

(6) 유효수량의 산정 및 검토

1) 유효수량의 정의 및 계산

① 유효수량은 겸용 수조의 경우

☞ 소화 급수배관 상단에서 설비 급수배관 하단까지의 높이

② 필요한 소화수원량 계산

☞ 저수조의 가로 × 세로 × 유효수량의 높이.

☞ 이 값을 통해 소화수원량이 충분히 확보되었는지 검토.

2) 유효수량 확보 확인

① 유효수량의 높이가 필요한 소화수원량을 충족하는지 검토(그림 1.4.2.3을 참고)

② 겸용 수조 사용 시 주의사항

☞ 다른 설비와의 간섭 없이 소화수원이 확보되어야 함

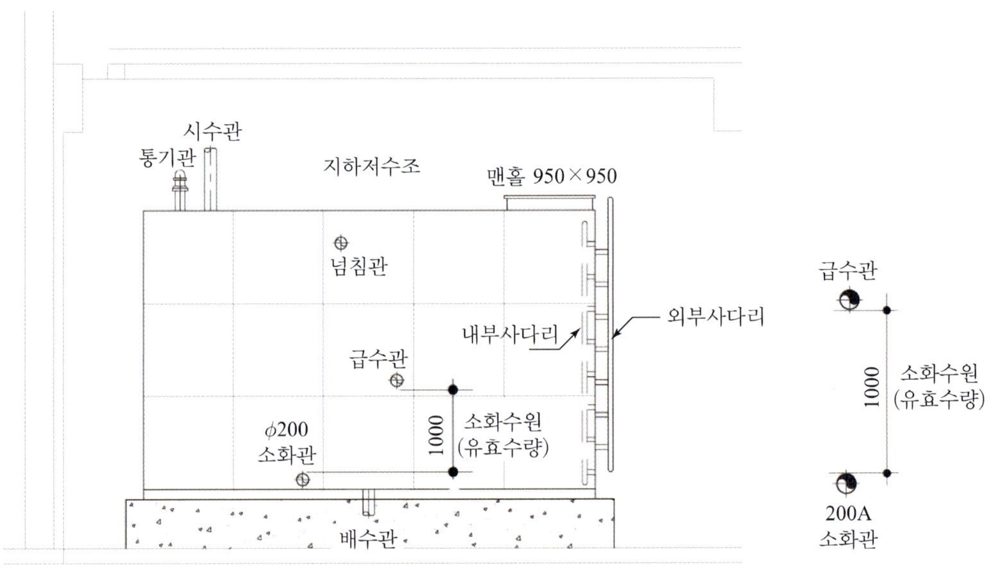

그림 1.4.2.3 겸용 수조의 소화 수원 확보

1.4.3 옥상수조의 설치제외 조건

- 옥상수조가 없는 경우 제외조건 검토 : 일반적으로 예비펌프 설치
- 비상전원이 설치되지 않는 경우 엔진펌프 적용 검토

관련기준

옥내소화전설비의 화재안전기술기준(NFTC 102) / 스프링클러설비의 화재안전기술기준(NFTC 103)

2.1.2 옥내소화전설비의 수원은 2.1.1에 따라 계산하여 나온 유효수량 외에 유효수량의 3분의 1 이상을 옥상(옥내소화전설비가 설치된 건축물의 주된 옥상을 말한다. 이하 같다)에 설치해야 한다. 다만, 다음의 어느 하나에 해당하는 경우에는 그렇지 않다.

(1) 지하층만 있는 건축물

(2) 2.2.2에 따른 고가수조를 가압송수장치로 설치한 경우

(3) 수원이 건축물의 최상층에 설치된 방수구보다 높은 위치에 설치된 경우

(4) 건축물의 높이가 지표면으로부터 10 m 이하인 경우

(5) 주펌프와 동등 이상의 성능이 있는 별도의 펌프로서 내연기관의 기동과 연동하여 작동되거나 비상전원을 연결하여 설치한 경우

(6) 2.2.1.9의 단서에 해당하는 경우. 다만, 학교 · 공장 · 창고시설(2.1.2에 따라 옥상수조를 설치한 대상은 제외한다)로서 동결의 우려가 있는 장소에 있어서는 기동스위치에 보호판을 부착하여 옥내소화전함 내에 설치할 수 있다. → 옥내소화전설비만 해당

(7) 2.2.4에 따라 가압수조를 가압송수장치로 설치한 경우

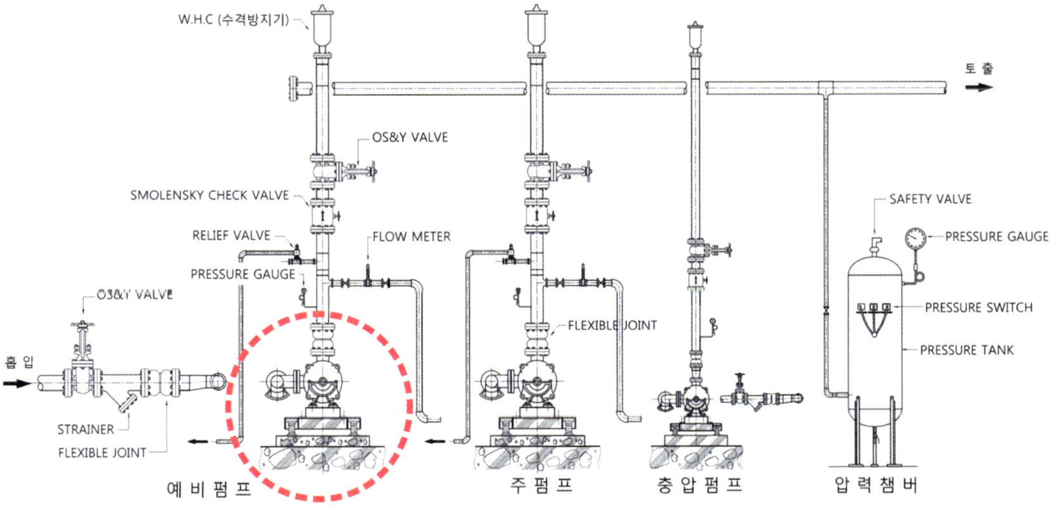

그림 1.4.3.1 예비펌프 소화시스템 개념도

(1) 소화수원의 유효수량 1/3을 옥상에 설치하도록 한 법적 취지

1) 목적 : 화재 시 상용전원 차단으로 소화펌프가 작동하지 않을 경우, 옥상에 설치된 수조의 자연낙차 압력을 이용하여 최소한의 방사압력을 확보하기 위함

(2) 옥상수조 설치 제외 조건

1) 구조적으로 설치가 곤란한 경우
   ① 지하층만 있는 건축물 :
   구조적으로 옥상수조 설치가 어려움
   ② 옥상이 없는 구조 또는 박공지붕인 경우 :
   옥상수조 설치가 곤란함

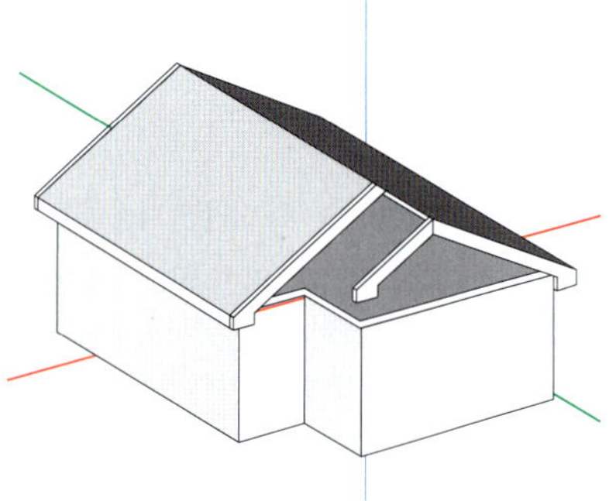

그림 1.4.3.2 박공지붕

2) 설치해도 실질적인 효과가 없는 경우
   ① 고가수조를 가압송수장치로 사용하는 경우
   ☞ 소화설비의 최소 방사압 및 유량을 공급할 수 있는 낙차를 확보할 수 있는 위치에 고가수조를 설치한 경우
   ② 수원이 지붕보다 더 높은 위치에 설치된 경우
   ☞ 옥상수조 설치 효과가 미미함
   ③ 건축물의 높이가 지표면으로부터 10 m 이하인 경우
   ☞ 충분한 방사압력이 형성되지 않아 실효성이 없다고 판단
   ☞ 옥상수조 설치를 면제할 수 있도록 규정
   ④ 동결 우려가 있는 장소의 학교, 공장, 창고시설(NFTC 102 제2.2.1.9 단서 규정)
   ☞ 기동스위치에 보호판을 부착하여 옥내소화전함 내에 설치한 경우
   ☞ 옥내소화전설비에만 해당됨
3) 대체설비를 설치한 경우
   ① 주펌프와 동등 이상의 성능을 가진 예비펌프를 설치한 경우
   ☞ 내연기관의 기동과 연동하여 작동하거나 비상전원을 연결하여 설치한 경우
   ② 가압수조를 설치한 경우
   ☞ 옥상수조를 대신하여 수원 공급 가능

(3) 부지 내 수조 설치 시 최소 낙차 확보 검토

1) 대상 건축물 : 평지가 아닌 넓은 부지의 공장이나 학교 등
2) 수조 설치 위치 : 부지 내 가장 높은 곳에 수조를 설치하여 각 건물에 수원 공급
3) 최소 낙차 확보 필요성 : 건축물 최상층에서 요구되는 방사압력을 확보하기 위해 수조와 건물 사이의 최소 낙차 필요

4) 방사압력 기준

① 옥내소화전설비 : 최소 방사압력 0.17 MPa (17 m)

② 스프링클러설비 : 최소 방사압력 0.1 MPa (10 m)

5) 낙차 확보 기준 : 압력손실을 고려하지 않더라도 옥내소화전 기준으로 최소 17 m 이상의 낙차 필요

(4) 옥내소화전의 경우 동결 우려가 있는 장소의 옥상수조 면제

1) 동절기 동파 우려 : 옥내소화전설비의 기동방식을 ON/OFF 방식으로 설치 시, 옥상수조에 연결하면 배관 내 물이 차 있어 동절기에 동파 발생 우려

2) 면제 규정 : 화재안전기술기준에서는 이러한 경우 옥상수조 설치를 면제할 수 있도록 규정

(5) 예비펌프 설치로 옥상수조 대체

1) 예비펌프 적용

① 옥상수조의 면제 조건 중 가장 많이 사용하는 방법

② 예시 : 그림 1.4.3.3과 같이 예비펌프를 적용

2) "주펌프와 동등 이상의 성능"의 의미

① 펌프의 유량과 양정 등이 주펌프와 동일해야 함

② 주펌프 작동 실패 시 예비펌프가 동일한 성능으로 동작하여 소화설비를 정상 작동시킬 수 있어야 함

3) 예비펌프의 설치 방법

① 모터펌프 또는 엔진펌프로 설치

② 모터펌프의 경우 반드시 비상전원에 연결하여 전원공급이 차단되더라도 작동 가능하도록 함

(6) 주펌프와 예비펌프의 동시 운전 방지 및 제어

1) 동시 운전 방지의 필요성

① 예비펌프는 주펌프가 작동 불능 상태일 때만 작동해야 함

② 두 펌프가 동시에 기동하지 않도록 철저한 제어 필요

2) 비상발전기 용량 산정 시 고려사항

- 비상발전기 용량 산정 시 예비펌프의 용량을 포함하지 않아도 되지만, 주펌프와 예비펌프의 동시 운전을 방지하는 것이 중요

3) 동시 기동 발생 시 문제점과 대책

① 예시

☞ 예비펌프의 기동압력을 주펌프보다 낮게 설정한 경우

☞ 프리액션밸브나 건식밸브 작동 시 배관 내 압력이 급격히 떨어져 예비펌프의 기동압력에 도달

☞ 주펌프와 예비펌프가 동시에 기동하게 됨

② 문제점

☞ 비상발전기의 용량 부족으로 펌프 운전에 문제가 발생하며, 소화활동에 실패할 수 있음

③ 대책

☞ 주펌프와 예비펌프의 기동 조건을 명확히 설정

☞ 제어 시스템을 통해 두 펌프가 동시에 운전되지 않도록 관리

☞ 펌프 운전의 신뢰성을 높여 화재 시 원활한 소화 활동을 보장

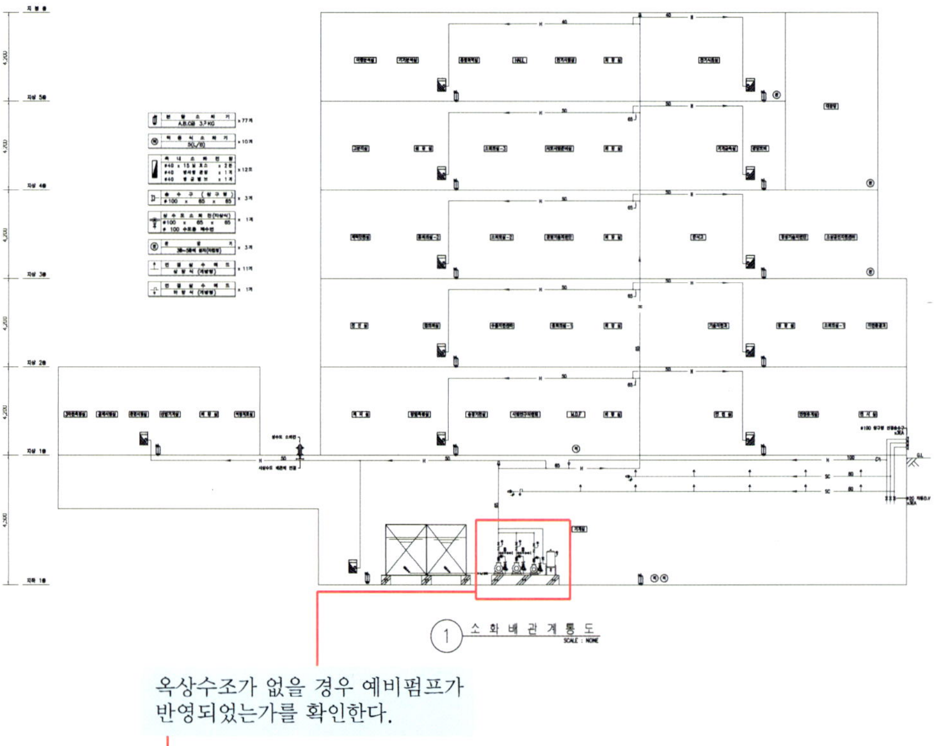

장 비 일 람 표

펌 프(지하층)

장비번호	수량	명 칭	형 식	유량 LPM	양정 M	관경 A	단수 S	모타 HP	비 고
P 1	1	옥내소화전 주펌프	다단보류트	700	64	80	4	20	방진가대위설치
P 1	1	옥내소화전 예비펌프	다단보류트	700	64	80	4	20	방진가대위설치
P 2	1	옥내소화전 충압펌프	웨스코	60	80	40	–	5	방진가대위설치

그림 1.4.3.3 예비펌프 설치 (옥상수조 면제)

1.4.4 소화펌프의 주위 배관 등

- 소화펌프 흡입배관은 토출배관과 동일하거나 더 크게 선정
- 토출측 배관의 기준 유속 만족 여부 확인
- 흡입측 배관에 편심레듀서, 스트레이너 설치 및 버터플라이밸브 설치금지 확인
- 수조의 위치가 펌프보다 낮게 설치된 경우 물올림장치 적용

관련기준

옥내소화전설비의 화재안전기술기준(NFTC 102)

2.2.1.12 수원의 수위가 펌프보다 낮은 위치에 있는 가압송수장치에는 다음의 기준에 따른 물올림장치를 설치할 것

2.2.1.12.1 물올림장치에는 전용의 수조를 설치할 것

2.2.1.12.2 수조의 유효수량은 100 L 이상으로 하되, 구경 15 ㎜ 이상의 급수배관에 따라 해당 수조에 물이 계속 보급되도록 할 것

2.3.4 펌프의 흡입 측 배관은 다음의 기준에 따라 설치해야 한다.

2.3.4.1 공기 고임이 생기지 않는 구조로 하고 여과장치를 설치할 것

2.3.4.2 수조가 펌프보다 낮게 설치된 경우에는 각 펌프(충압펌프를 포함한다)마다 수조로부터 별도로 설치할 것

2.3.5 펌프의 토출 측 주배관의 구경은 유속이 4 ㎧ 이하가 될 수 있는 크기 이상으로 해야 하고, 옥내소화전방수구와 연결되는 가지배관의 구경은 40 ㎜(호스릴옥내소화전설비의 경우에는 25 ㎜) 이상으로 해야 하며, 주배관 중 수직배관의 구경은 50 ㎜(호스릴옥내소화전설비의 경우에는 32 ㎜) 이상으로 해야 한다.

2.3.10 급수배관에 설치되어 급수를 차단할 수 있는 개폐밸브(옥내소화전방수구를 제외한다)는 개폐표시형으로 해야 한다. 이 경우 펌프의 흡입측배관에는 버터플라이밸브 외의 개폐표시형밸브를 설치해야 한다.

스프링클러설비의 화재안전기술기준(NFTC 103)

2.2.1.9 수원의 수위가 펌프보다 낮은 위치에 있는 가압송수장치에는 다음의 기준에 따른 물올림장치를 설치할 것

2.2.1.9.1 물올림장치에는 전용의 수조를 설치할 것

2.2.1.9.2 수조의 유효수량은 100 L 이상으로 하되, 구경 15 ㎜ 이상의 급수배관에 따라 해당 수조에 물이 계속 보급되도록 할 것

2.5.3.2 급수배관에 설치되어 급수를 차단할 수 있는 개폐밸브는 개폐표시형으로 할 것. 이 경우 펌프의 흡입측배관에는 버터플라이밸브 외의 개폐표시형밸브를 설치해야 한다

2.5.3.3 배관의 구경은 2.2.1.10 및 2.2.1.11에 적합하도록 수리계산에 의하거나 표 2.5.3.3의 기준에 따라 설치할 것. 다만, 수리계산에 따르는 경우 가지배관의 유속은 6 ㎧, 그 밖의 배관의 유속은 10 ㎧를 초과할 수 없다.

2.5.4 펌프의 흡입 측 배관은 다음의 기준에 따라 설치해야 한다.

2.5.4.1 공기 고임이 생기지 않는 구조로 하고 여과장치를 설치할 것

2.5.4.2 수조가 펌프보다 낮게 설치된 경우에는 각 펌프(충압펌프를 포함한다)마다 수조로부터 별도로 설치할 것

(1) NFPA 20 규정에 따른 펌프 흡입 및 토출 배관의 유속 제한

1) 흡입 배관 유속 제한(NFPA 20 4.14.3.3)
   ① 흡입 유속은 가능한 작게 유지하는 것이 바람직함
   ② 정격 유량의 150%에서 흡입 유속이 4.57 m/s (15 ft/s)를 초과하지 않아야 함

2) 토출 배관 유속 권장 사항(NFPA 20 A.4.15.5*)
   - 150% 유량에서 펌프 토출측 유속은 6.1 m/s (20 ft/s) 이하로 유지하는 것이 권장됨

(2) 펌프 주위 배관의 최소 관경 및 흡입측 고려사항

1) NFPA 20 Table 4.26(a)† 에 따른 최소 관경
   ① 흡입 배관은 토출 배관과 동일하거나 더 큰 경우도 있음
   ② 흡입측 구경은 펌프의 흡입수두(NPSH)와 관련되므로 신중한 선정 필요
   ③ 주의 : 공동현상(cavitation) 발생 방지를 위해 적절한 흡입 배관 구경 선정이 중요함

표 1.4.4.1 NFPA 20 Table 4.26(a) Summary of Centrifugal Fire Pump Data (Metric)

Pump Rating (L/min)	Minimum Pipe Sizes (Normal) (mm)						
	Suction	Discharge	Relief Valve	Relief Valve Discharge	Meter Device	Number and size of Hose Valves	Hose Header Supply
95	25	25	19	25	32	1−38	25
189	38	32	32	38	50	1−38	38
379	50	50	38	50	65	1−65	65
568	65	65	50	65	75	1−65	65
757	75	75	50	65	75	1−65	65
946	85	75	50	65	85	1−65	75
1,136	100	100	65	85	85	1−65	75
1,514	100	100	75	125	100	2−65	100
1,703	125	125	75	125	100	2−65	100
1,892	125	125	100	125	125	2−65	100
2,839	150	150	100	150	125	3−65	150
3,785	200	150	150	200	150	4−65	150
4,731	200	200	150	200	150	6−65	200
5,677	200	200	150	200	200	6−65	200
7,570	250	250	150	250	200	6−65	200
9,462	250	250	200	200	200	8−65	250
11,355	300	300	200	300	200	12−65	250
13,247	300	300	200	300	250	12−65	300
15,140	350	300	200	350	250	16−65	300
17,032	400	350	200	350	250	16−65	300
18,925	400	350	200	350	250	20−65	300

* NFPA 20 A.4.15.5 The discharge pipe size should be such that, with the pump(s) operating at 150 percent of rated capacity, the velocity in the discharge pipe does not exceed 20 ft/sec(6.1 m/sec).

† NFPA 20 Installation of Stationary Pumps for Fire Protection (2010 Edition) Table 4.26(a), (b) Summary of Centrifugal Fire Pump Data

(3) 화재안전기술기준에 따른 유속 제한 및 배관 구경 선정

1) 옥내소화전 펌프 토출측 유속 제한

① 유속을 4 m/s 이하로 제한함

② 설계도서 검토 시 이 기준에 따라 배관 구경의 적정성 확인

③ 예시 :

☞ 옥내소화전 최대 유량 650 L/min에서 배관 구경 100 mm (KS D 3507 내경 105.3 mm) 적용 시 유속은 약 1.2 m/s로 기준을 충분히 만족함

☞ 별도의 계산 없이도 유속 기준 충족 확인 가능

2) 스프링클러 설비 배관 구경 선정

① NFTC 103 표 2.5.3.3 스프링클러헤드 수별 급수관의 구경에 따른 최대 배관 크기(150 mm)를 펌프 토출측 관경으로 선정.

② 수리 계산 적용 시 유속 제한 : 가지 배관의 유속 6 m/s 이하, 그 밖의 배관의 유속 10 m/s 이하 유지

③ 예시 :

☞ 스프링클러 헤드 30개 기준, 수리 계산 시 유량은 약 3,120 L/min (기준 유량 2,400 L/min의 1.3배 이상)

④ 유속 10 m/s 기준으로 배관 구경을 선정하면, KS D 3507 내경 기준 100 mm 이상의 배관 필요

표 1.4.4.2 일반배관용 탄소강관의 규격(KS 3507)

호칭경	25A	32A	40A	50A	65A	80A	100A	125A	150A	200A
외경 mm	34.0	42.7	48.6	60.5	76.3	89.1	114.3	139.8	165.2	216.3
두께 mm	3.25	3.25	3.25	3.65	3.65	4.05	4.50	4.85	4.85	5.85
내경 mm	27.5	36.2	42.1	53.2	69.0	81.0	105.3	130.1	155.5	204.6

표 1.4.4.3 압력배관용 탄소강관의 규격(KS 3562, Sch 40)

호칭경	25A	32A	40A	50A	65A	80A	100A	125A	150A	200A
외경 mm	34.0	42.7	48.6	60.5	76.3	89.1	114.3	139.8	165.2	216.3
두께 mm	3.4	3.6	3.7	3.9	5.2	5.5	6.0	6.6	7.1	8.2
내경 mm	27.2	35.5	41.2	52.7	65.9	78.1	102.3	126.6	151.0	199.9

(4) 펌프 토출측 배관 및 부속류 설치 시 고려사항

1) 부속류는 펌프 토출측 최대 작동압력을 견딜 수 있는 규격
2) 개폐표시형 밸브 선택
   ① 토출측에 설치되는 밸브는 OS&Y 밸브나 버터플라이 밸브 사용 가능
   ② 단, 흡입측에는 버터플라이 밸브 설치 금지
3) 흡입측에 버터플라이 밸브 설치 금지 이유
   ① 밸브 특성상 완전 개방 시에도 시트와 배관 내 유수 저항이 발생하여 흡입 성능 저하
   ② 공동현상 발생 및 급격한 밸브 폐쇄로 인한 수격현상 등 문제 발생 가능

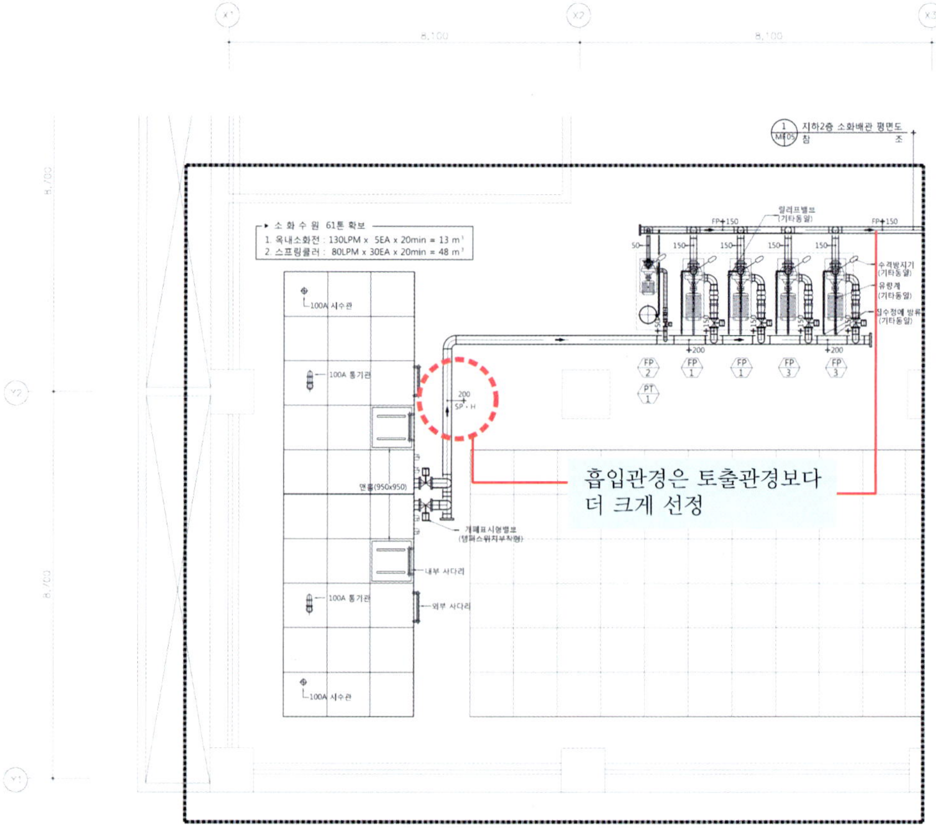

그림 1.4.4.1 소화펌프 흡입·토출배관 구경 검토

(5) 흡입 배관 부속류 설치 시 유의 사항

1) 수원이 펌프보다 낮은 경우 공기 고임방지를 위해 편심 레듀서 사용
2) Foot valve 설치 시 청소 가능한 구조로 설계하여 유지보수 용이성 확보
3) 급격한 밸브 폐쇄 및 과도한 손실 발생 가능성이 있어 흡입배관에는 버터플라이밸브 사용 금지
4) OS&Y 밸브 등 개폐 상태를 확인할 수 있는 개폐표시형 밸브 사용

(6) 수원이 펌프보다 낮게 설치된 경우 물올림 장치 설치 및 배관 분리의 필요성

1) 물올림 장치 설치 이유

① 펌프 위치가 수조보다 높을 때 흡입 배관 내 공기 고임 방지 및 배관 내 상시 물 충진을 위해 설치

② 참고 : 그림 1.4.4.2와 같이 물올림 장치를 적용

2) 펌프 흡입 배관 분리의 필요성

① 통합 배관의 막힘 또는 고장 시 주펌프와 충압펌프 모두 작동 불가한 문제 발생 방지

② 배관 분리를 통해 고장 시에도 펌프 중지 없이 작동 가능하여 소화펌프의 신뢰성 향상

3) 펌프 흡입 배관 겸용 시 발생 가능한 문제점

① 흡입 높이가 높고 충압펌프의 성능이 낮은 경우, 충압펌프 기동 시 후드 밸브 미개방으로 소화수 흡상이 불가능할 수 있음

② 이러한 문제를 방지하기 위해 배관 분리 및 적절한 설계 필요

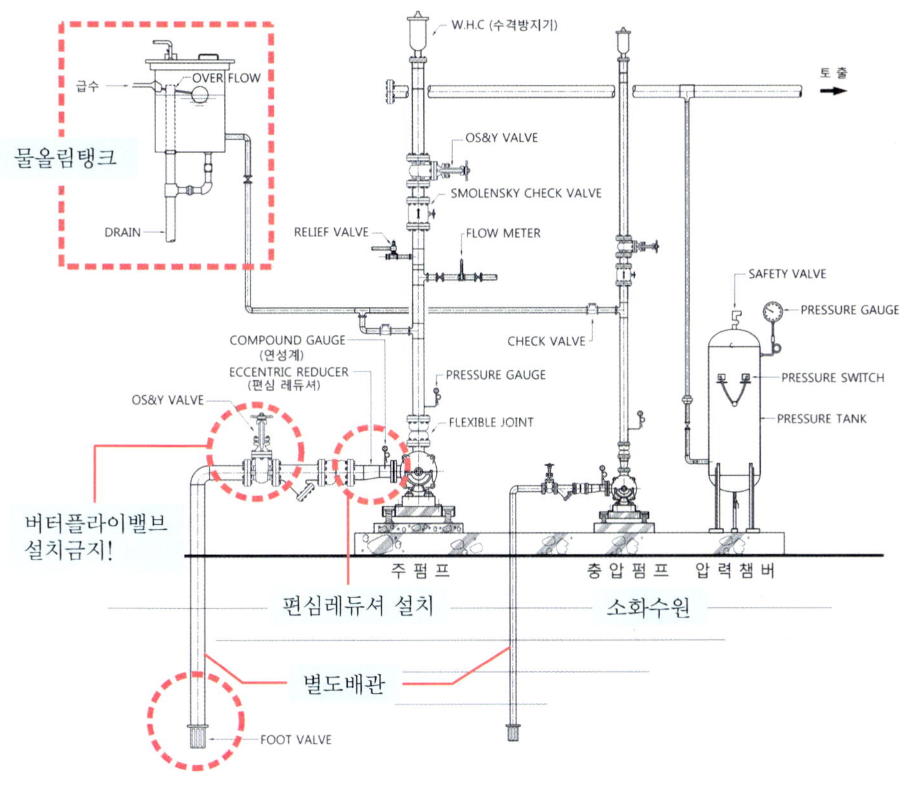

그림 1.4.4.2 펌프 주위배관 구성도(물올림 장치)

1.4.5 소화펌프의 축봉장치

• 소화펌프 축봉장치의 메카니컬 씰(Mechanical seal) 또는 그랜드패킹(Grand Packing) 확인

(1) 소화펌프의 특성 및 적합한 축봉장치 선정 필요성

1) 소화펌프의 중요성
   ① 화재 상황에서 안정적인 성능을 유지하여 소화용수를 공급해야 함
   ② 적합한 펌프의 특성 및 구성 부품으로 이루어져야 함
2) 축봉장치 선택의 중요성
   ① 펌프의 운전 특성에 맞는 축봉장치를 선정해야 함
   ② 부적절한 축봉장치 사용 시 펌프 성능 저하 및 고장 위험 증가

(2) 메카니컬 씰(Mechanical Seal)의 특징 및 소화펌프 적용 시 문제점

1) 메카니컬 씰의 원리와 특징
   ① 고속 회전하는 축에서 유체 누출을 방지하기 위해 사용(그림 1.4.5.1)
   ② 축과 함께 회전하는 부분을 완전히 밀착시켜 미끄럼 운동을 함
   ③ 기밀성과 액밀성을 유지하기 위해 카본 재질의 면이 직접 맞닿아 회전함
   ④ 가공 정밀도가 유체 누설 방지에 중요한 역할을 함
   ⑤ 진동 등으로 틈새가 벌어지면 안 되므로 매우 정밀한 조립과 설치 필요.

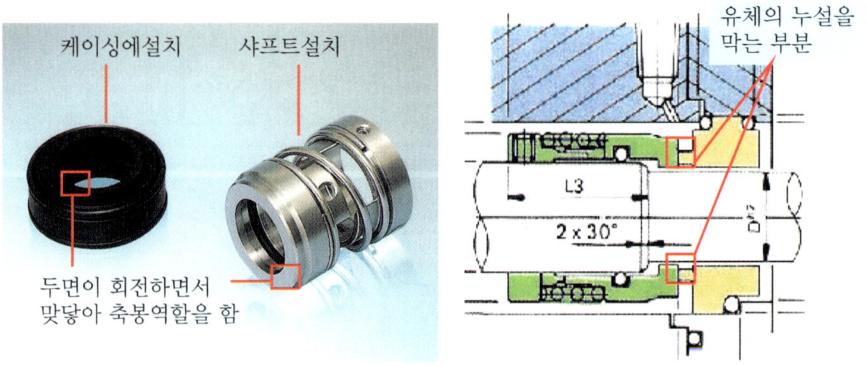

그림 1.4.5.1 메카니컬 씰의 구조와 원리

2) 메카니컬 씰의 재질적 한계

① 카본 재질은 무르기 때문에 충격과 긁힘에 약함

② 유체 내 이물질, 진동, 짧은 운전 및 긴 정지시간으로 인한 고착 등으로 파손 가능성 높음

3) 소화펌프에 메카니컬 씰 적용 시 문제점

① 장시간 운전 정지로 인한 고착 발생

☞ 운전 시 메카니컬 씰의 카본 깨짐 우려

☞ 깨진 파편이 임펠러 흡입측을 막거나 케이싱 내부로 유입되어 임펠러 손상 위험이 있으며, 이런 경우 송수 불능으로 소화실패 가능성 있음

② 유체 내 이물질로 인한 손상

☞ 장시간 사용하지 않은 소화수조에는 침전물과 고형물 발생

☞ 운전 시 이물질 흡입으로 메카니컬 씰 손상 우려

☞ 상기 고착 발생과 동일한 문제점 유발 가능성

4) 메카니컬 씰의 원래 사용 목적

① 누설 시 심각한 재산상 또는 신체상의 피해가 우려되는 화학 공정에 사용

② 고온·고압의 유체를 이송하여 대량 누설 위험이 있는 공정에 적합

5) 일반 설비용 펌프와의 차이점

① 일반 설비용 펌프는 지속적인 운전을 전제로 함

② 소화펌프는 장시간 대기 후 비상 시에만 운영되므로 운전 특성이 다름

③ 따라서 소화펌프에 메카니컬 씰 적용은 신중한 고려 필요

그림 1.4.5.2 메카니컬 씰의 손상 사례

(3) 그랜드패킹(Grand Packing)의 특징 및 소화펌프에의 적합성

1) 그랜드패킹의 특징

① 물리적 충격이나 진동에 의해 깨지거나 파괴될 염려가 없음

② 유체에 포함된 이물질에 영향을 받지 않음

2) 누수에 대한 고려사항

① 평상시 또는 운전 중 약간의 누수 발생 가능

② 누수량은 문제될 만큼 많지 않음

③ 소량의 누수는 축과 그랜드패킹 사이의 냉각수 및 윤활제 역할 수행

④ 펌프의 수명 연장에 기여

그림 1.4.5.3 그랜드패킹

(4) 권장사항

1) 소화펌프의 운전특성에 적합한 축봉장치의 선택 필요

2) 사용조건에 따라 그랜드패킹으로 설치하는 것을 검토하고 안전하고 신뢰성 있는 소화펌프 운전을 위해 적합한 부품 선정이 필요함

1.4.6 소화펌프의 기동용 수압개폐장치

- 기동용 수압개폐장치의 소화펌프 기동방식(압력챔버 또는 기동용 압력스위치 방식)
- 소화펌프의 수동정지 여부 확인

관련기준

옥내소화전설비의 화재안전기술기준(NFTC 102) / 스프링클러설비의 화재안전기술기준(NFTC 103)

1.7.1.9 "기동용수압개폐장치"란 소화설비의 배관 내 압력변동을 검지하여 자동적으로 펌프를 기동 및 정지시키는 것으로서 압력책버 또는 기동용압력스위치 등을 말한다.

2.2.1.9 기동장치로는 기동용수압개폐장치 또는 이와 동등 이상의 성능이 있는 것을 설치할 것. 다만, 학교 · 공장 · 창고시설(2.1.2에 따라 옥상수조를 설치한 대상은 제외한다)로서 동결의 우려가 있는 장소에 있어서는 기동스위치에 보호판을 부착하여 옥내소화전함 내에 설치할 수 있다.

2.2.1.11 기동용수압개폐장치 중 압력챔버를 사용할 경우 그 용적은 100 L 이상의 것으로 할 것

2.2.1.13 기동용수압개폐장치를 기동장치로 사용할 경우에는 다음의 기준에 따른 충압펌프를 설치할 것

2.2.1.13.1 펌프의 토출압력은 그 설비의 최고위 호스접결구의 자연압보다 적어도 0.2 MPa이 더 크도록 하거나 가압송수장치의 정격토출압력과 같게 할 것

2.2.1.13.2 펌프의 정격토출량은 정상적인 누설량보다 적어서는 안 되며, 옥내소화전설비가 자동적으로 작동할 수 있도록 충분한 토출량을 유지할 것

2.2.1.16 가압송수장치가 기동이 된 경우에는 자동으로 정지되지 않도록 할 것. 다만, 충압펌프의 경우에는 그렇지 않다.

(1) 펌프 수동 정지방식의 문제점

1) 소화펌프의 정지 방법

① 수동 정지 : 정지점을 설정하지 않음

② 자동 정지 : 펌프의 체절점 이상에서 정지점을 설정함

2) 소화펌프의 수동 정지 방식의 문제점

① 시험 운전 시 문제 발생 가능

☞ 스프링클러 설비 시험 시, 시험밸브를 열어 방수를 시작하면 배관 내 압력이 감소하여 충압펌프가 기동함

☞ 압력 감소가 지속되면 주펌프가 기동함

☞ 시험 종료 후 시험밸브를 잠그면 배관 내 입력이 상승하여 충압펌프는 정지하지만, 주펌프는 정지점이 없어 계속 운전됨

② 펌프 정지 및 재기동 문제

☞ 주펌프를 정지시키기 위해 수신기 담당자가 펌프 제어 스위치를 '정지'로 전환하면 펌프는 정지함

☞ 다른 구역 시험을 위해 '자동'으로 전환하면 주펌프는 즉시 재기동 됨

☞ 현장에서는 펌프를 대기 상태로 유지하고자 하나, 재기동되는 문제 발생

3) 문제 발생의 원인

① 압력스위치의 기능 제한

☞ 압력스위치는 배관 내 압력이 정지 압력 이상으로 상승해야 접점이 '정지'로 이동하여 펌프를 정지시킴

☞ 수동 정지 방식에서는 정지점을 체절압력 이상으로 설정하므로, 압력스위치 접점이 '정지'로 이동하지 않아 펌프가 계속 운전됨

② 수동 정지 후 자동 복귀 시 펌프 재기동

☞ 수신기 제어반에서 펌프를 '정지'로 선택하면 펌프는 일시 정지함

☞ '자동'으로 복귀하면 압력스위치의 기동 접점이 활성화되어 펌프가 재기동 됨

4) 임시 해결책의 한계

- 압력스위치 커버를 제거하고 강제로 정지 접점을 작동시켜야 하나, 이는 현실적으로 어려움

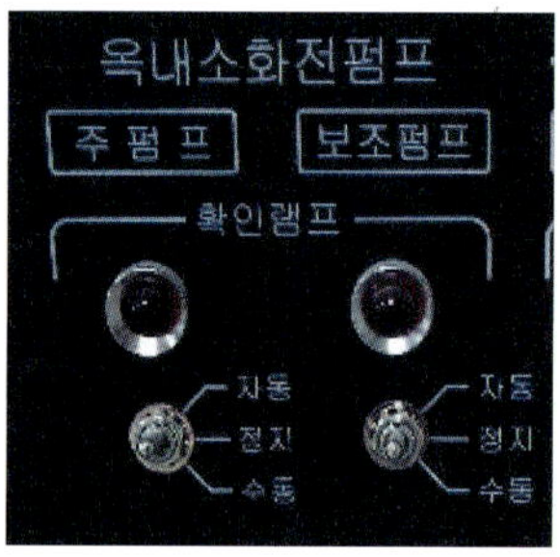

그림 1.4.6.1 수신기에 부착된 제어반의 소화펌프 조작스위치

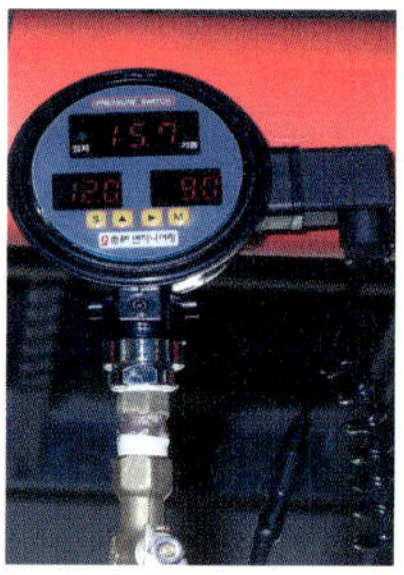

그림 1.4.6.2 디지털 압력스위치

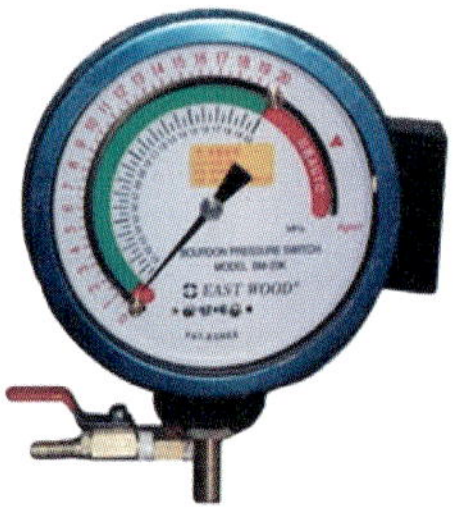

그림 1.4.6.3 접점식 압력스위치

(2) 개선된 압력스위치 시스템 구성 방안

1) 리셋 버튼이 있는 압력스위치 설치

① 장점 : 분해 없이 정지 접점으로 복귀 가능

② 한계점 : 현장에서 직접 리셋해야 하는 불편함 존재

2) 디지털 압력스위치 사용 권장

① 설치 방법 : 수신기 제어반에서 리셋 버튼을 통해 원격으로 복귀 가능하도록 설치

② 장점 : 현장 방문 없이도 펌프 제어 가능

3) 디지털 압력스위치 설치 시 주의사항

① 기동 접점 유지 기능 확보

☞ 펌프 기동 중 정전 등으로 전원 차단 시에도 기동 접점이 유지되도록 설치

☞ 이유 : 화재 시 정전으로 비상전원이 투입될 때 펌프 기동 지연 방지

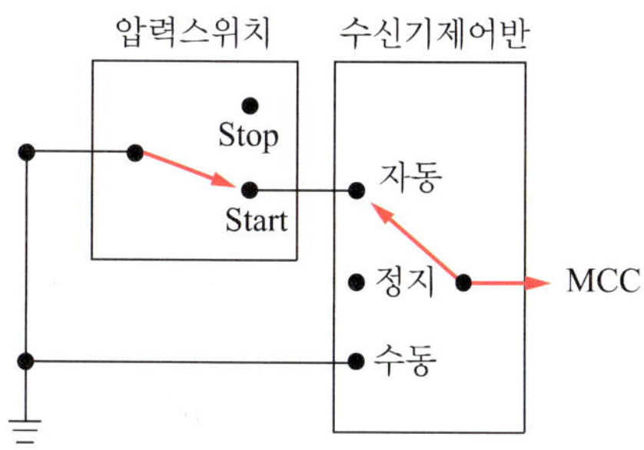

그림 1.4.6.4 펌프가 자동으로 운전되는 상태의 회로 접점상태

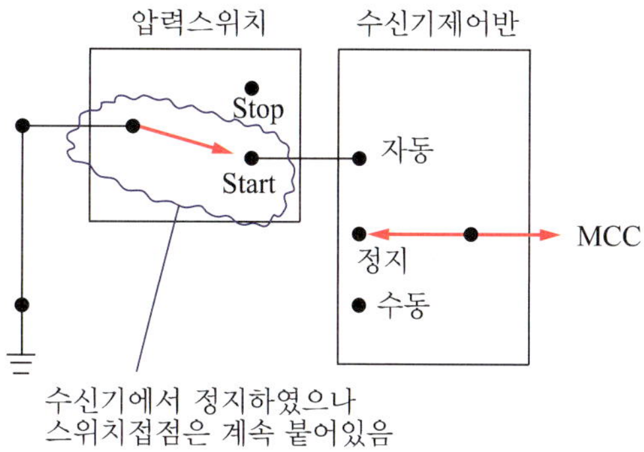

그림 1.4.6.5 펌프 운전 중 제어반에서 정지하였을 경우의 회로 접점상태

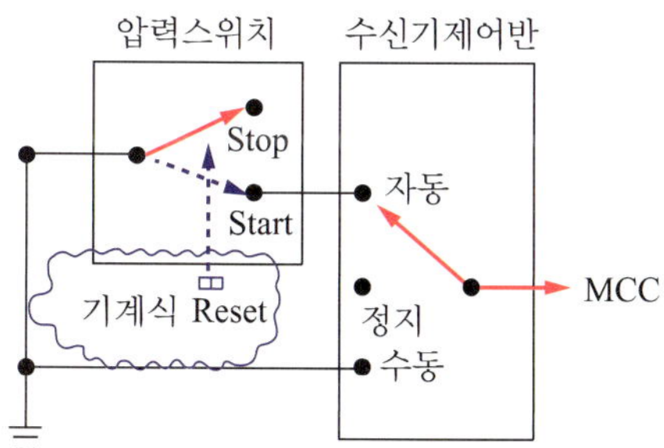

그림 1.4.6.6 기계식 리셋기능이 있는 압력스위치의 설치

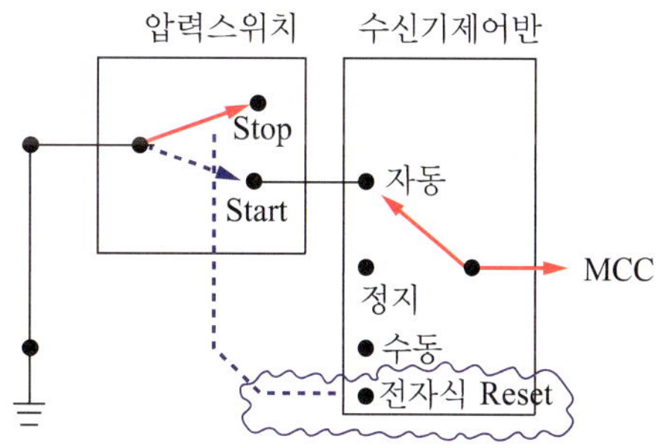

그림 1.4.6.7 전자식 리셋기능이 있는 압력스위치의 설치

(3) 기존 압력챔버 기동 방식의 문제점

1) 압력챔버 내부 공기 관련 문제

① 공기 용해 및 누설

☞ 시간이 지남에 따라 공기가 물에 용해되거나 외부로 누설되어 체적 감소

☞ 맥동 압력의 완충 역할 미비로 시스템 손상 우려

② 공기 부족 시 문제점

☞ 압력스위치에 맥동 압력이 직접 전달되어 접점 손상 및 오작동 발생

2) 국내산 압력스위치의 한계

① 설정 범위 제한

☞ 1 MPa 이하에서는 정확한 압력 조정이 어려움

☞ 압력차(Diff) 조정 범위가 제한되어 순차 기동 설정이 어려움

② 품질 문제

☞ 압력 설정이 정확하지 않거나 시간이 지나면 변동됨

☞ 압력스위치 작동 불량 시 소방 시스템 전체 기능 정지 위험

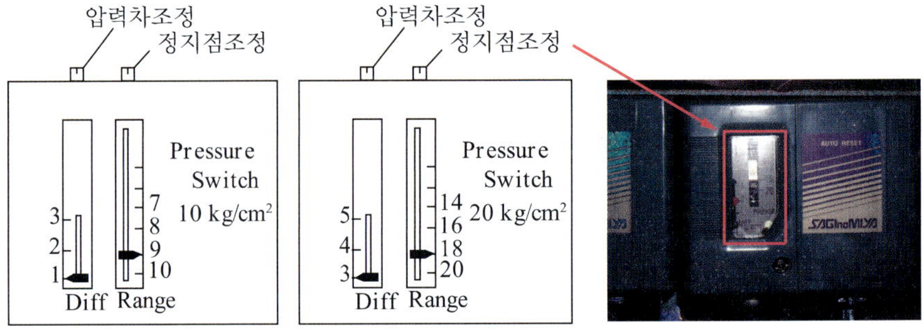

그림 1.4.6.8 압력챔버에 장착된 압력스위치의 규격

3) 화재 시 소화펌프 자동 정지로 인한 위험성
   ① 낮은 정지점 도달 시 펌프가 자동으로 정지되어 화재 진압에 지장
   ② 송수 불능으로 건물 전체 피해 가능성
4) 펌프 작동과 정지 반복으로 인한 문제
   - MCC 손상 우려 : 최소 부하 상태에서 펌프의 잦은 작동과 정지는 전기 설비에 손상을 줌
5) 압력챔버 자체의 구조적 문제
   ① 안전밸브 품질 미흡 : 안전밸브를 통한 공기 누설 빈번
   ② 공기주머니 미설치 : 구조적으로 공기 누설 가능성 높음
   ③ 개선 방안
      ☞ 공기주머니 설치 또는 수위계 표시로 공기량 확인 가능하도록 제작

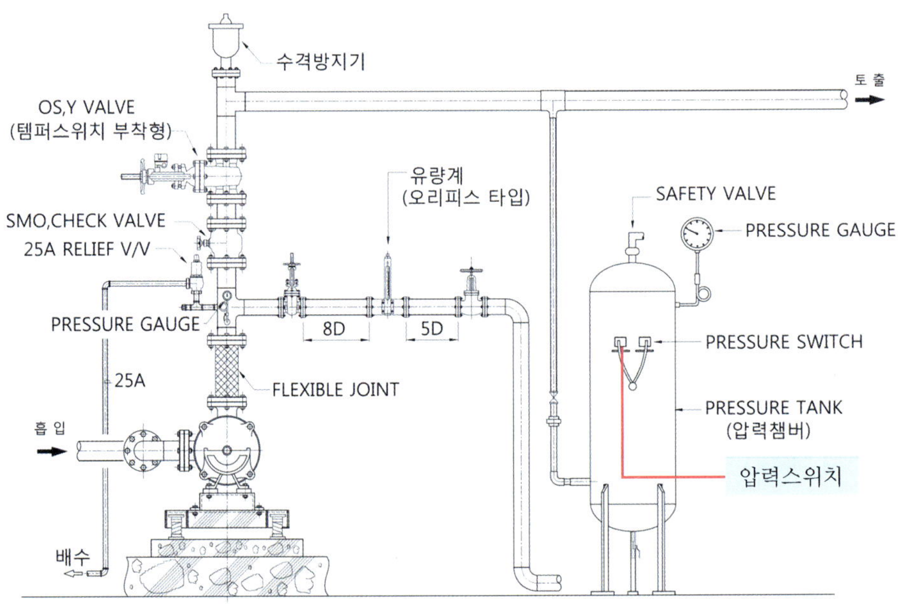

그림 1.4.6.9 압력챔버 기동방식의 구성

(4) 압력직결 기동 방식의 특성 및 구성

1) 압력직결 기동 방식의 특성

① 국제 기준(NFPA 20)에 부합하는 소화펌프 기동 방식 적용

② 압력챔버 설치 불필요 : 설치 공간 절약 및 유지관리 용이

③ 맥동 압력 완충 가능 : 동체크밸브 설치로 해결

④ 기동 압력 미세 조정 용이 : 접점 압력계의 지시 바늘로 정확한 압력 설정 가능

2) 압력직결 기동 방식의 구성 방법

① 배관 구성

☞ 동관 분기 위치 : 소화펌프 2차측 체크밸브와 게이트밸브 사이

☞ 설연 연결 : 농관과 강관 접속 부위 절연 처리

☞ 동관 사용 : 연결 배관은 직경 15 mm 이상의 동관 적용

② 동체크밸브 설치

☞ 특징 : 오리피스 2.4 mm 타공된 동체크밸브 2개 설치

☞ 설치 간격 : 두 동체크밸브 간 1.5 m 이상 이격하여 배치

③ 기동용 압력스위치 설치 : 별도의 전용 함에 수납하여 보호

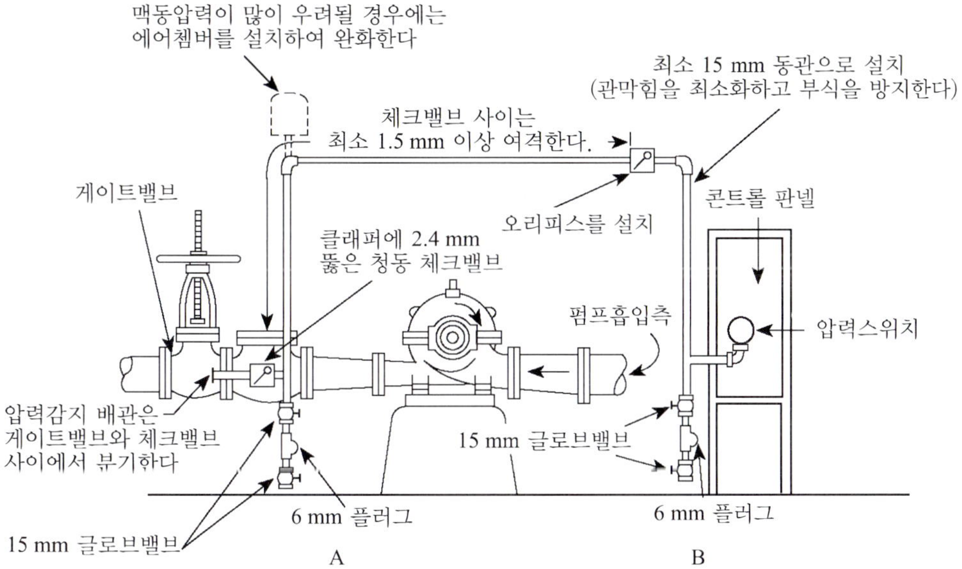

그림 1.4.6.10 압력직결 기동방식의 구성(NFPA 20)

3) 동체크밸브의 작동 원리

① 동 체크의 방향은 압력스위치에서 펌프쪽 배관으로 유수가 흐르도록 설치

② 헤드 개방으로 배관 내 압력이 떨어질 경우 체크밸브가 열려 압력 감소를 빠르게 감지

③ 펌프가 기동되면 체크밸브는 닫히게 되고 체크밸브의 클레퍼에 뚫은 2.4 mm 오리피스를 통하여 배관 내의 압력은 완화되어 압력스위치로 전달

④ 체크밸브 설치 이유 : 배관 내의 압력 감소를 빨리 감지하여 펌프의 기동을 신속하게 하기 위한 목적과 오리피스가 막혀도 펌프 기동에 영향을 주기 않기 위함

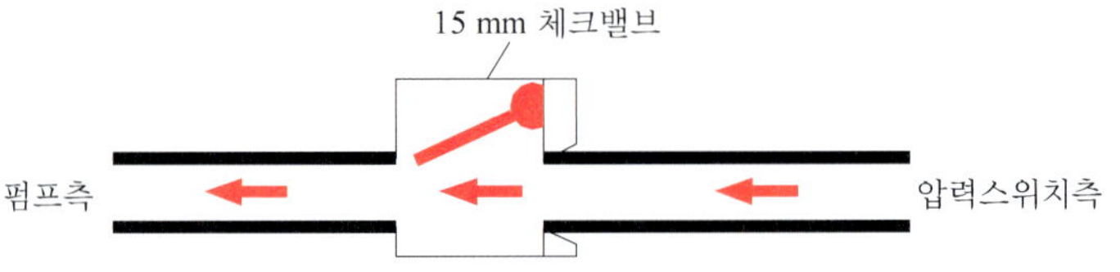

〈헤드개방으로 배관내 압력이 감소될 때의 체크밸브 위치〉

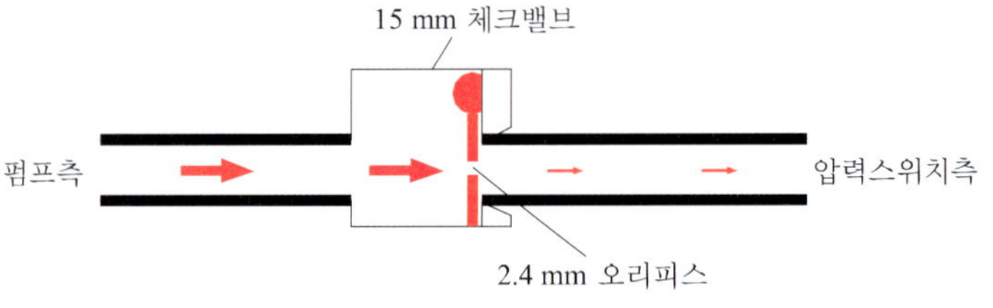

〈펌프가 기동된 경우의 체크밸브 위치〉

그림 1.4.6.11 15 mm 동체크밸브 설치방향과 유수의 흐름방향

4) 압력직결 기동 방식의 작동 원리 및 설정 방법

① 기동 및 정지 압력 설정

☞ 접점 압력계의 지시 바늘로 기동 및 정지 압력을 미세 조정(초기 조정 시)

② 펌프 시험 시 작동 과정

☞ 시험용 볼밸브 개방 : 압력 감소로 기동 접점 활성화, 펌프 기동

☞ 펌프 작동 : 설정된 압력 범위 내에서 자동 운전

③ 펌프 정지 설정

☞ 화재안전기술기준 고려 : 소화펌프는 수동 정지이지만, 유지관리 효율성을 위해 체절압력 이상에서 정지점을 설정 가능

☞ 최소 유량 부하 시 펌프의 지속적인 작동 보장

☞ 체절압력 이후 주펌프는 정지하고, 충압펌프가 가압 후 체절압력 이상에서 정지하도록 설계

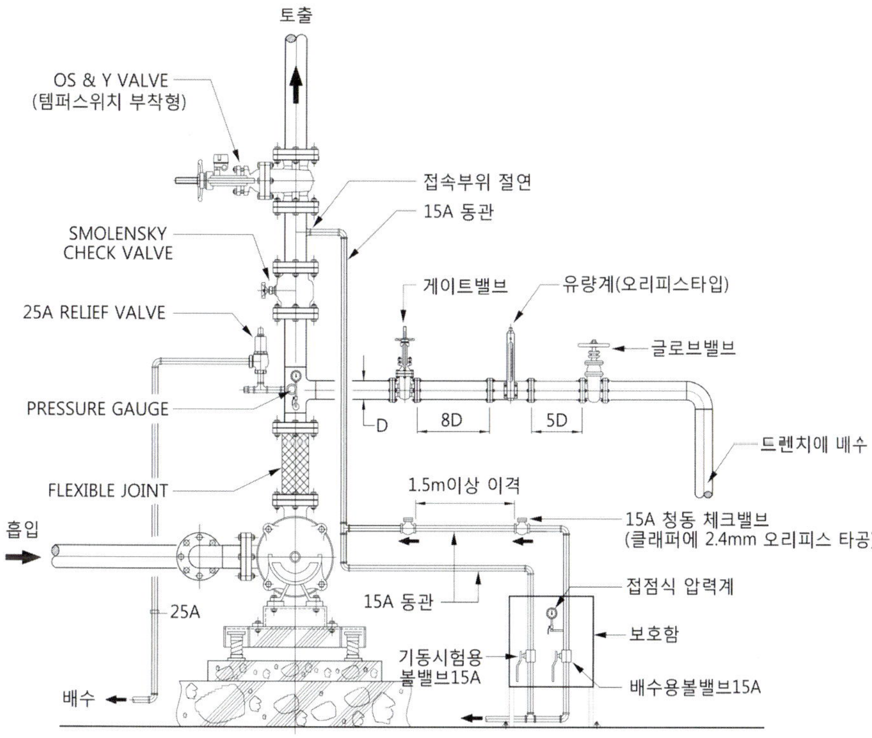

그림 1.4.6.12 압력직결 기동방식의 구성(국내 사례)

1.4.7 소화펌프 성능시험배관의 구성

• 성능시험배관의 구경, 유량계 선정의 적절성 검토

관련기준

옥내소화전설비의 화재안전기술기준(NFTC 102) / 스프링클러설비의 화재안전기술기준(NFTC 103)

2.2.1.7 펌프의 성능은 체절운전 시 정격토출압력의 140%를 초과하지 않고, 정격토출량의 150%로 운전 시 정격 토출압력의 65% 이상이 되어야 하며, 펌프의 성능을 시험할 수 있는 성능시험배관을 설치할 것. 다만, 충압 펌프의 경우에는 그렇지 않다.

2.3.7.1 성능시험배관은 펌프의 토출 측에 설치된 개폐밸브 이전에서 분기하여 직선으로 설치하고, 유량측정장치를 기준으로 전단 직관부에는 개폐밸브를 후단 직관부에는 유량조절밸브를 설치할 것. 이 경우 개폐밸브와 유량측정장치 사이의 직관부 거리 및 유량측정장치와 유량조절밸브 사이의 직관부 거리는 해당 유량측정장치 제조사의 설치사양에 따르고, 성능시험배관의 호칭지름은 유량측정장치의 호칭지름에 따른다.

2.3.7.2 유량측정장치는 펌프의 정격토출량의 175% 이상까지 측정할 수 있는 성능이 있을 것

(1) 성능시험배관의 구성 방법

1) 배관 분기 위치
   - 펌프 토출측 개폐밸브 이전에서 성능시험배관 분기

2) 유량계 종류 및 설치 구성

   ① 유량계 선택 :

   ☞ 펌프 정격토출량의 175% 이상을 측정할 수 있는 성능

   ☞ 오리피스 타입(Orifice Type) 유량계 설치 (그림 1.4.7.1. 참조)

   ② 유량계를 기준으로 :

   ☞ 전단 직관부 : 개폐밸브 설치. 게이트 밸브(Gate Valve) 사용. 시험 시에만 개방하므로 탬퍼스위치 부착형 게이트밸브는 불필요

   ☞ 후단 직관부 : 유량조절밸브 설치. 글로브 밸브(Globe Valve) 사용

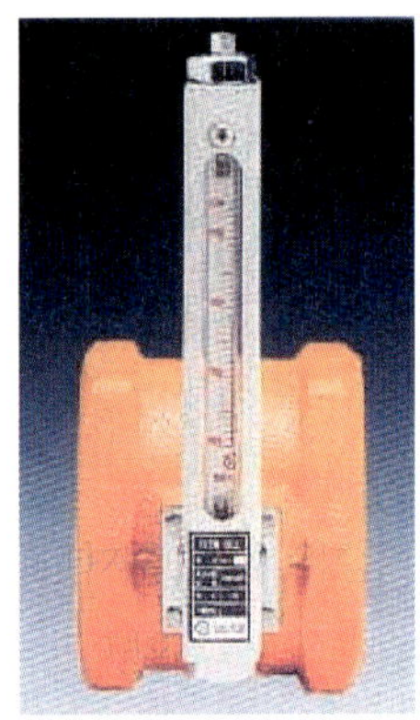

그림 1.4.7.1 유량계 (Orifice type)

3) 유량계 전단 개폐밸브의 압력 고려

   ① 소화시스템의 사용압력을 고려하여 체절운전 시 1 MPa 초과할 경우 밸브는 20K용으로 적용하여 고압 운전에 따른 조치가 필요

4) 유량계의 직관부 설치 중요성

   ① 일정한 유량이 흐르도록 직관부에 설치

   ② 난류 형성 방지를 통해 유량측정의 정확성 확보

(2) 성능시험배관의 구경 결정

1) 기준 및 선정 방법

① 성능시험배관의 구경은 별도의 기준이 없음

② 결정 방법 :

☞ 펌프 유량 범위에 따라 선정한 유량계 구경으로 성능시험배관 구경 결정

2) 유량계 선정 예시

① 소화펌프 용량 : 800 L/min

② 필요한 유량계 유량 :

☞ 800 L/min × 1.75 = 1,400 L/min 이상

③ 유량계 구경 선정 :

☞ 오리피스 타입 유량계에서 1,400 L/min 이상 측정 가능한 제품 선정

☞ 표 1.4.7.1을 참조하여 유량계는 65 mm로 선정

표 1.4.7.1 유량계 규격 (Orifice type)

구경(mm)	25	32	40	50	65	80	100	125	150
유량범위 (L/min)	35~ 180	70~ 360	110~ 550	220~ 1,100	450~ 2,200	700~ 3,300	900~ 4,500	1,200~ 6,000	2,000~ 10,000
1눈금 (L/min)	5	10	10	20	50	100	100	200	200

(3) 유량계와 밸브의 이격 거리

1) 이격 거리 기준

① 유량계와 밸브 사이의 이격 거리 : 전단 8D, 후단 5D 이격 필요

D : 유량계 규격에 따른 관경 (제조사 유량계 규격 참조)

② 이격 거리 적용 방법 : 그림 1.4.7.2 참조

☞ 유량계 후렌지와 밸브 후렌지 사이의 거리로 측정

2) 구경 및 이격 거리 적용 예시

① 유량계 규격이 65 mm인 경우 :

☞ 성능시험배관의 구경 : 65 mm 적용

☞ 전후단 밸브의 이격 거리:

전단 : 8 × 65 mm = 520 mm 이상

후단 : 5 × 65 mm = 325 mm 이상

② 제조사에서 요구하는 기준이 있을 경우 해당 조건에 만족하면 됨

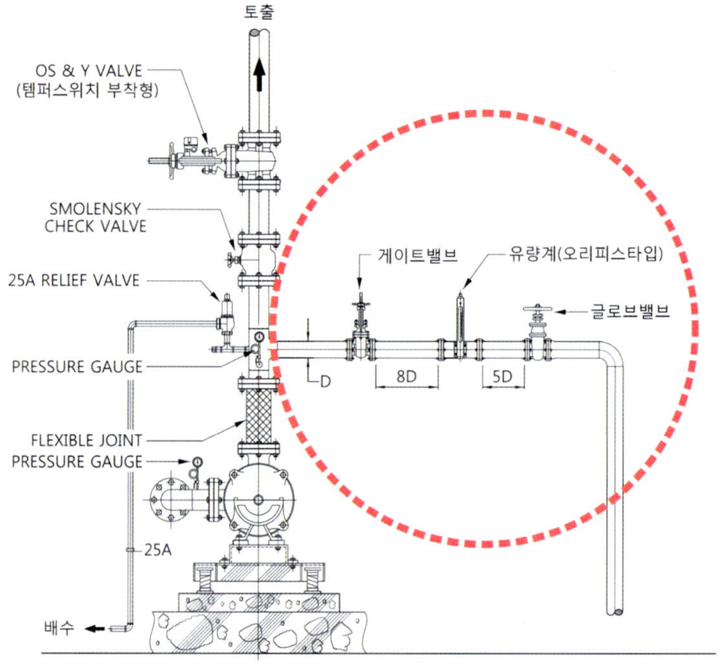

그림 1.4.7.2 유량계의 설치

(4) 배관 구성의 적절성 판단 기준

1) 유량측정의 정확성 확보
   ① 유량계 전후단의 충분한 직관부 확보로 난류 방지
   ② 유량의 일정한 흐름 유지로 성능시험의 정확도 향상
2) 밸브 및 유량계의 적절한 선택
   ① 유량계 성능 : 펌프 정격토출량의 175% 이상 측정 가능해야 함
   ② 밸브 등급 및 재질 :
      ☞ 시스템 압력에 맞는 등급으로 선택
      ☞ 고압 운전에 적합한 재질 사용

1.4.8 소화펌프의 배수시설

- 펌프 성능시험 토출량을 고려하여 집수정 용량을 검토 · 확인

(1) 소화펌프실의 배수시설 중요성

1) 바닥 침수 위험 방지
   ① 소화펌프실은 바닥 침수로부터 위험이 없어야 함
   ② 바닥 침수는 장비 손상 및 운영 장애의 원인이 됨
2) 장비 및 기기 보호
   ① 펌프 성능시험 시 배수된 물로 인한 장비나 기기의 손상을 방지하기 위해 충분한 용량의 배수시설 설치 필요
   ② 적절한 배수시설은 유지관리의 용이성을 향상시킴

(2) 현행 건축물의 배수시설 계획 실태

1) 경제적 이유로 인한 별도 배수시설 미계획
   ① 대부분 건축물에서는 경제적인 이유로 소방 성능시험을 위한 별도의 집수정 및 배수펌프를 계획하지 않음
   ② 추가적인 시설 설치에 대한 비용 부담이 원인
2) 소방 성능시험 시 침수 우려
   ① 소방 성능시험 시 방류되는 물로 인해 기계실 등의 침수가 우려됨
   ② 침수로 인한 장비 손상 및 안전사고 발생 가능성 존재

(3) 집수정 및 배수펌프 용량 확인 및 산정 기준

1) 용량 확인 필수성
   ① 집수정 및 배수펌프의 용량을 반드시 확인해야 함
   ② 적절한 용량 확보로 침수 위험을 예방
2) 별도 기준 부재
   ① 집수정 용량에 대한 별도의 법적 기준은 없음
   ② 그러나 안전한 운용을 위해 적절한 용량 검토가 필요
3) 소화펌프 성능 확인 시 기준
   ① 소화펌프 정격 토출량의 150% 기준으로 산정
   ② 약 2분 이상의 집수가 가능하도록 검토해야 함

4) 예시

① 예를 들어, 소화펌프의 정격 토출량이 1,000 L/min인 경우

☞ 1,000 L/min × 150% = 1,500 L/min

☞ 1,500 L/min × 2분 = 3,000 L

② 집수정은 최소 3,000 L의 용량을 가져야 함

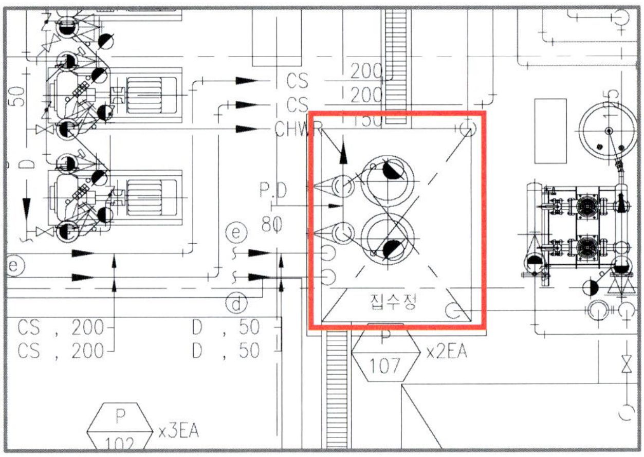

집수정 배수펌프의 용량을 검토하여 소화펌프 성능시험시 배출유량을 소화할 수 있는지의 여부를 검토할 것 !

용도	형식	유체		
		유체명	온도(℃)	유량(L/min)
급수 펌프	BOOSTER	WATER	5	300×2
냉·온수 순환펌프(일반FCU용)	단단 볼류트	WATER	[illegible]	[illegible]
냉각수 순환펌프	단단 볼류트	WATER	[illegible]	[illegible]
온수순환펌프(화장실난방용)	IN-LINE	WATER	[illegible]	[illegible]
급탕순환펌프(기구-저량조)	IN-LINE	WATER	[illegible]	[illegible]
급탕순환펌프(보일러-자량조)	IN-LINE	WATER	[illegible]	[illegible]
기계실 SUMP 배수펌프	VERTICAL	WATER	5	500
PIT 집수정 배수펌프	수중형	WATER	5	100
별관동 PIT 집수정 배수펌프	수중형	WATER	5	200

소화펌프의 성능시험동안 토출되는 유량을 기계실 침수없이 배수할 수 있는 성능인지 유량과 대수를 통해 확인!

그림 1.4.8.1 집수정 용량의 확인

(4) 전용 소화수조의 재순환 시스템 적용 시 고려사항

1) 재순환 시스템 활용

① 전용 소화수조가 있는 경우 방류된 물을 다시 수조로 되돌리는 시스템 적용 가능

② 물의 재사용을 통해 자원 절약 효과

2) 수질기준 확보 필요성

① 먹는물 관리법에 따라 수질기준을 확보해야 하는 경우

☞ 재순환 없이 집수정을 통해 소화수를 배수해야 함

☞ 수질 오염 방지를 위한 조치 필요

(5) 기타 고려사항

1) 배수펌프의 용량 및 성능 확인

① 배수펌프의 용량이 집수정 용량과 조화롭게 설계되어야 함

② 펌프의 성능이 배수 요구량을 충족하는지 확인 필요

2) 유지관리 계획 수립

① 정기적인 점검을 통해 배수시설의 정상 작동 여부 확인

② 비상 시 원활한 배수가 이루어지도록 유지관리 체계 구축

1.4.9 내연기관 소화펌프의 설치

- 내연기관 펌프인 경우 연소공기의 유입구와 냉각공기의 유출 및 연소가스가 빠져나갈 수 있도록 연도가 설치되어 있는지 확인
- 구획여부, 조작 및 점검 공간의 확보 여부
- 연료 저장량 1,000 L 초과 시 위험물 설치허가 확인
- 유류 저장탱크 적정설치 여부

(1) 내연기관 펌프의 개요

1) 정의 및 종류

① 내연기관 펌프 : 구동장치로 엔진을 사용하는 펌프

② 연료 종류

☞ 디젤엔진 사용

☞ 가솔린엔진은 인화성이 높아 위험하므로 사용하지 않음

2) 냉각 방식

① 산업용 설비 엔진 : 수냉식 전용 엔진 사용 가능

② 건축물 설치 엔진 : 냉각계통 구성의 어려움으로 대부분 공랭식 사용

③ 공랭식 엔진 특징 : 엔진의 연소 공기와 엔진 열을 식히는 냉각용 급기공기 필요

(2) 엔진 소화펌프실의 구성

1) 디젤 발전기실과의 유사성

- 엔진 소화펌프실은 건물 내 디젤 발전기실과 동일한 구조로 구성됨

2) 공기의 흐름 구성

① 급기구를 통한 공기 유입 : 엔진을 냉각시킨 후 배출되도록 설치해야 함

② 설치 오류 사례

☞ 급기구 누락

☞ 급기구와 배기구를 동일한 풍도로 설치

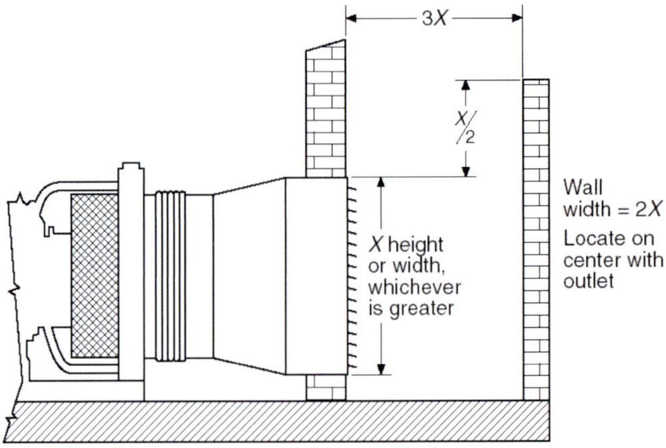

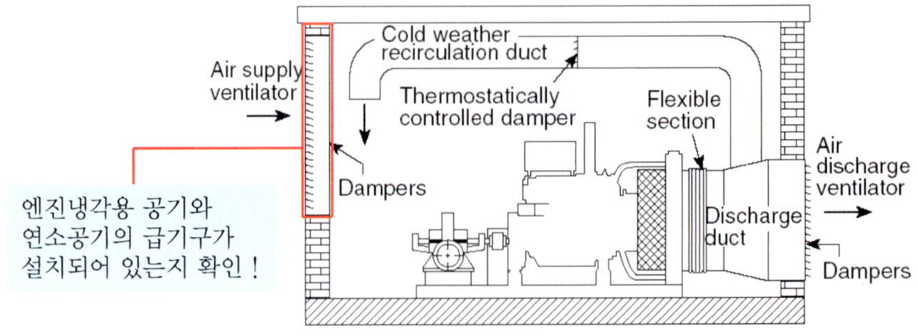

그림 1.4.9.1 발전기의 급기구·배기구

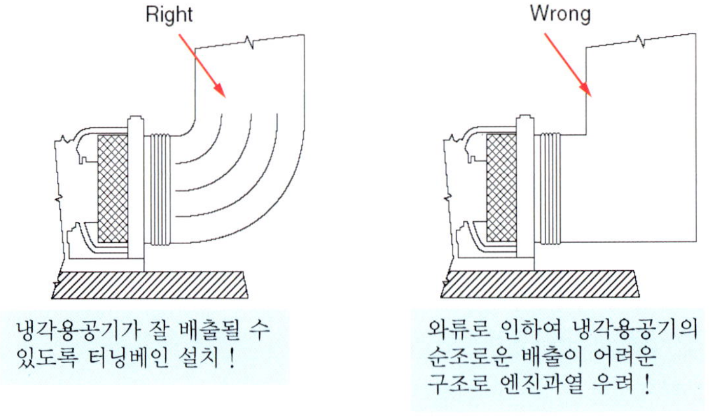

그림 1.4.9.2 엔진 냉각용 덕트의 설치방법

3) 배출구의 적절한 설치

① 덕트 연결 시 배출구 설치 방법 : 그림 1.4.9.2 참조

② Turn in Vain (T.V.) 설치로 냉각공기 배출을 원활히 함

③ 잘못된 설치의 문제점 :

☞ 와류와 소용돌이 발생으로 높은 저항 발생

(3) 연료 저장 및 관련 법규

1) 연료 종류 및 저장량 제한

① 엔진에 공급되는 연료 : 경유

② 건물 내 저장 시 지정수량 : 1,000 L

③ 연료 저장 계획 시 유의사항

☞ 지정수량(1,000 L) 초과하지 않도록 계획

☞ 1,000 L 초과 시 : 위험물안전관리법에 의한 위험물 설치허가 필요

2) 관련 기준 및 규정

① NFPA 20* 11.4.2.1 (2010 Edition) : 연료탱크는 다음을 만족해야 함

☞ 펌프 마력당 1갤런(3.785 L) 이상의 용량

☞ 5%의 팽창 여유량과 5%의 바닥 여유량 추가

② 사용 시간 기준 : 하루 8시간 사용 가능한 용량 확보 필요

3) 연료탱크 용량 산정 방법

- 두 가지 기준 중 더 큰 용량을 연료탱크 용량으로 선정

☞ 기준 1 : 펌프 마력당 1갤런(3.785 L) 이상

☞ 기준 2 : 하루 8시간 사용 가능한 용량

* NFPA 20 11.4.2.1 (2010 Edition) Fuel supply tank shall have a capacity at least equal to 1 gal per hp(5.07 L per kW), plus 5 percent volume for expansion and 5 percent volume for sump.

(4) 내연기관 펌프실 구성 시 고려사항

1) 냉각 공기 순환

① 공랭식 엔진의 냉각을 위한 급기 및 배기 계획 필요

② 급기구 : 엔진 소화펌프실로 공기를 유입시키는 역할

③ 배기구 : 엔진 작동 중 발생한 뜨거운 공기를 밖으로 내보내는 역할

④ 중요성 : 엔진의 효율적인 작동과 과열 방지를 위해 필수적

2) 공기 흐름의 효율성

① TV (Turning Vanes) 설치

☞ 냉각공기의 배출을 원활히 함

☞ 와류 및 소용돌이 방지로 저항 최소화

② 설치 오류 방지

☞ 급기구와 배기구를 동일한 풍도로 설치하지 않도록 주의

☞ 급기구 누락 방지

3) 안전 및 법규 준수

① 연료 저장량 관리 : 지정수량 초과 시 위험물 설치허가 필요

② 위험물안전관리법 준수 : 연료 저장 및 취급에 대한 법적 요구사항 충족

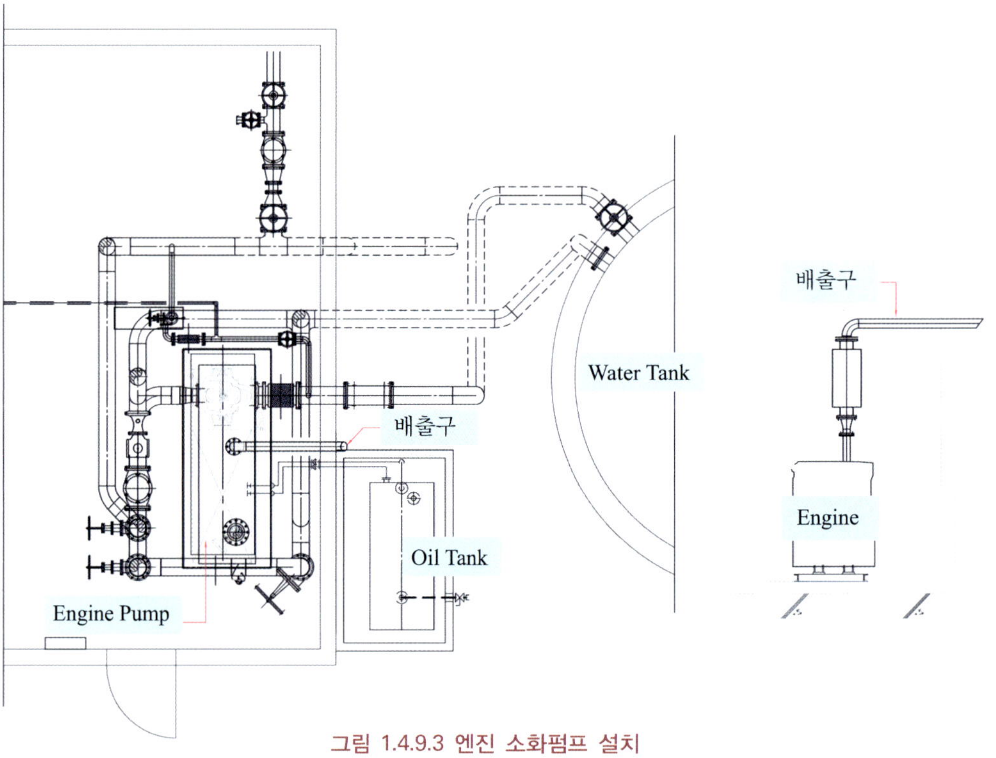

그림 1.4.9.3 엔진 소화펌프 설치

1.4.10 소화수조의 배수배관

- 소화수조의 청소 등을 위한 청소용 배수배관 설치여부 확인

(1) 소화수조 하단의 문제점 및 영향

1) 장기간 저장된 소화용수의 상태
   - 정체된 소화용수
     - ☞ 수조 하단에 장시간 정수 상태로 고여 있음
     - ☞ 움직임이 없어 슬러지 등 불순물이 침전됨

2) 슬러지 및 불순물의 침전 영향
   ① 침전물의 축적 : 시간이 지남에 따라 슬러지 등의 불순물이 수조 바닥에 축적
   ② 소방설비에 미치는 영향
     - ☞ 소방용 펌프 및 배관에 침전물이 흡입됨
     - ☞ 여과기 및 밸브류 등을 막아 통수 불능 상태 유발
     - ☞ 소화설비의 신뢰성과 작동성 저하

(2) 소화수조 하부 청소의 필요성

1) 청소 용이한 구조 설계의 중요성
   ① 저수조 하부의 청소 용이성 확보
     - ☞ 침전된 불순물을 제거하기 위해 하부 청소가 용이해야 함
     - ☞ 주기적인 청소로 소화용수의 품질 유지
   ② 유지관리 효율성 증대
     - ☞ 청소 작업의 효율성을 높여 유지관리 비용 절감
     - ☞ 소화설비의 수명 연장 및 안정성 확보

(3) 청소용 배수밸브 또는 배수관 설치

1) 청소용 배수밸브 설치
   ① 수조 밑부분에 배수밸브 설치
     - ☞ 침전물과 오염된 물을 손쉽게 배출 가능
     - ☞ 밸브를 통한 신속한 배수로 청소 시간 단축

2) 청소용 배수관 설치
   ① 배수관 설치로 원활한 배수 구현
     - ☞ 수조 하부의 물과 침전물을 외부로 배출
     - ☞ 배수 시스템과 연결하여 자동 또는 반자동 배수 가능

(4) 권장사항

1) 청소용 배수배관 설계의 필요성

① 소화수조 하부에 청소용 배수배관 설치는 필수적

② 침전물 축적 방지로 소화설비의 효율성과 신뢰성 향상

2) 유지관리 계획 수립

① 정기적인 청소 스케줄 수립 : 청소 주기와 방법을 명확히 규정

② 시설 관리자의 점검 항목 포함 : 배수밸브 및 배수관의 정상 작동 여부 확인

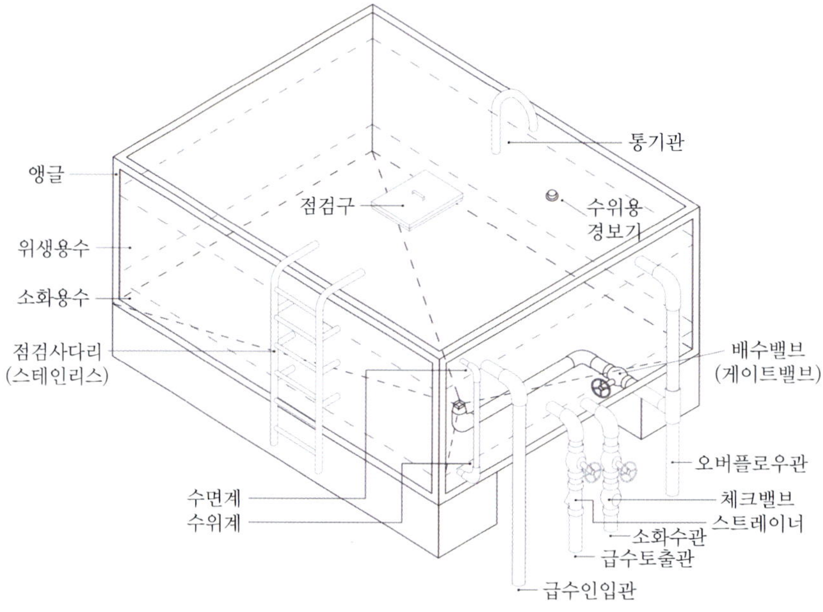

그림 1.4.10.1 소화수조에 연결되는 배관구성의 예(국내)

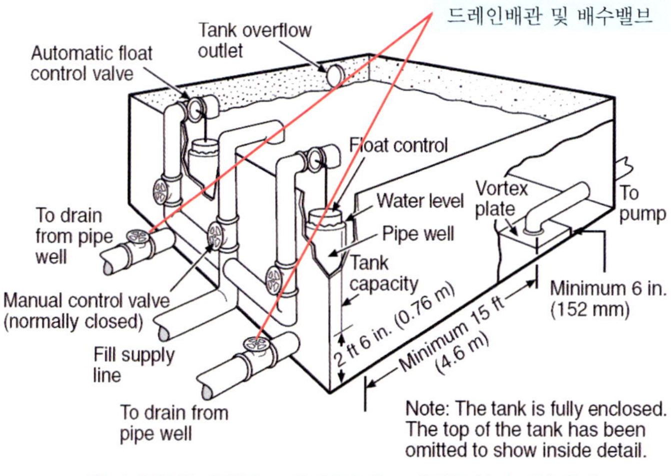

그림 1.4.10.2 소화수조에 연결되는 배관구성의 예(해외)

1.4.11 수계소화설비의 체크밸브 설치

- 사용 부위에 적합한 체크밸브의 설치여부 확인
- 옥상수조 연결배관의 스윙체크밸브 설치 확인

(1) 소방용 체크밸브의 종류

1) 스모렌스키(Smolensky) 체크밸브

① 특징

☞ 해머리스(Hammerless) 체크밸브로 불림

☞ 리프트 타입의 체크밸브로 일정한 압력이 가해져야 유수의 흐름 발생
최소 개방 압력 : 0.3 kg/cm^2 이상이어야 열림

② 설치 부적합 장소

☞ 옥상 수조와 같이 낙차를 확보할 수 없는 장소에는 설치 부적합

☞ 낮은 압력으로는 개방이 어려움

2) 스윙체크밸브

① 특징

☞ 유수의 흐름에 따라 디스크가 개방 및 폐쇄되는 방식

☞ 낮은 압력에서도 작동 가능

② 유지관리 필요성

☞ 역류 발생 및 디스크 닫힘 시간의 지연 등으로 고장이 발생할 수 있음

☞ 이물질에 의한 누수 발생 위험이 있음

☞ 철저한 유지관리가 필요함

그림 1.4.11.1
스모렌스키 체크밸브

그림 1.4.11.2 스윙체크밸브

(2) 옥상수조에 적합한 체크밸브 선택

1) 스모렌스키 체크밸브의 한계
   ① 옥상수조의 낮은 낙차 압력으로는 개방 압력(0.3 kg/cm^2)을 충족하지 못함
   ② 설치 시 유수의 흐름이 원활하지 않아 부적합함
2) 스윙체크밸브의 장점
   ① 낮은 압력의 유수 흐름으로도 작동 가능하여 옥상수조에 적합함
   ② 옥상수조에서 수원을 공급하기에 더 합리적임

(3) 스윙체크밸브 설치 시 주의사항

1) 유지관리의 중요성
   ① 이물질에 의한 디스크 막힘 또는 누수 발생 가능성이 있음
   ② 정기적인 점검과 청소를 통한 유지관리가 필요함
2) 성능 유지 방안
   ① 필터 또는 스트레이너 설치로 이물질 유입 방지
   ② 밸브의 작동 상태를 주기적으로 확인하여 고장 예방

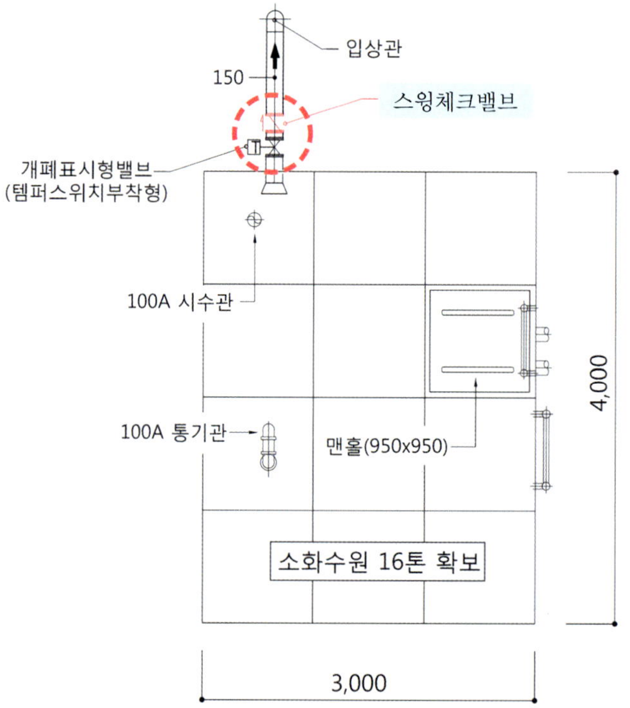

그림 1.4.11.3 옥상수조 평면도 배관 연결

1.4.12 소화수원의 음용수 겸용 시 고려사항

- 펌프 흡입측 배관재질의 내식성 여부 검토

관련기준

수도법 시행규칙 [별표 3의2] 저수조 설치기준 (제9조의2 관련)

1. 저수조의 맨홀부분은 건축물(천정 및 보 등)으로부터 100센티미터 이상 떨어져야 하며, 그 밖의 부분은 60센티미터 이상의 간격을 띄울 것
2. 물의 유출구는 유입구의 반대편 밑부분에 설치하되, 바닥의 침전물이 유출되지 않도록 저수조의 바닥에서 띄워서 설치하고, 물칸막이 등을 설치하여 저수조 안의 물이 고이지 않도록 할 것
3. 각 변의 길이가 90센티미터 이상인 사각형 맨홀 또는 지름이 90센티미터 이상인 원형 맨홀을 1개 이상 설치하여 청소를 위한 사람이나 장비의 출입이 원활하도록 하여야 하고, 맨홀을 통하여 먼지나 그 밖의 이물질이 들어가지 않도록 할 것. 다만, 5세제곱미터 이하의 소규모 저수조의 맨홀은 각 변 또는 지름을 60센티미터 이상으로 할 수 있다.
4. 침전찌꺼기의 배출구를 저수조의 맨 밑부분에 설치하고, 저수조의 바닥은 배출구를 향하여 100분의 1 이상의 경사를 두어 설치하는 등 배출이 쉬운 구조로 할 것
5. 5세제곱미터를 초과하는 저수조는 청소 · 위생점검 및 보수 등 유지관리를 위하여 1개의 저수조를 둘 이상의 부분으로 구획하거나 저수조를 2개 이상 설치할 것
6. 저수조는 만수 시 최대수압 및 하중 등을 고려하여 충분한 강도를 갖도록 하고, 제5호에 따라 1개의 저수조를 둘 이상의 부분으로 구획하는 경우에는 한쪽의 물을 비웠을 때 수압에 견딜 수 있는 구조일 것
7. 저수조의 물이 일정 수준 이상 넘거나 일정 수준 이하로 줄어들 때 울리는 경보장치를 설치하고, 그 수신기는 관리실에 설치할 것
8. 건축물 또는 시설 외부의 땅밑에 저수조를 설치하는 경우에는 분뇨 · 쓰레기 등의 유해물질로부터 5미터 이상 띄워서 설치하여야 하며, 맨홀 주위에 다른 사람이 함부로 접근하지 못하도록 장치할 것. 다만, 부득이하게 저수조를 유해물질로부터 5미터 이상 띄워서 설치하지 못하는 경우에는 저수조의 주위에 차단벽을 설치하여야 한다.
9. 저수조 및 저수조에 설치하는 사다리, 버팀대, 물과 접촉하는 접합부속 등의 재질은 섬유보강플라스틱 · 스테인리스스틸 · 콘크리트 등의 내식성(耐蝕性) 재료를 사용하여야 하며, 콘크리트 저수조는 수질에 영향을 미치지 않는 재질로 마감할 것
10. 저수조의 공기정화를 위한 통기관과 물의 수위조절을 위한 월류관(越流管)을 설치하고, 관에는 벌레 등 오염물질이 들어가지 아니하도록 녹이 슬지 않는 재질의 세목(細木) 스크린을 설치할 것
11. 저수조의 유입배관에는 단수 후 통수과정에서 들어간 오수나 이물질이 저수조로 들어가는 것을 방지하기 위하여 배수용(排水用) 밸브를 설치할 것
12. 저수조를 설치하는 곳은 분진 등으로 인한 2차 오염을 방지하기 위하여 암 · 석면을 제외한 다른 적절한 자재를 사용할 것
13. 저수조 내부의 높이는 최소 1미터 80센티미터 이상으로 할 것. 다만, 옥상에 설치한 저수조는 제외한다.
14. 저수조의 뚜껑은 잠금장치를 하여야 하고, 출입구 부분은 이물질이 들어가지 않는 구조여야 하며, 측면에 출입구를 설치할 경우에는 점검 및 유지관리가 쉽도록 안전발판을 설치할 것
15. 소화용수가 저수조에 역류되는 것을 방지하기 위한 역류방지장치가 설치되어야 한다.

(1) 사수 방지대책 마련

1) 음용수와 소화수의 혼합 방지를 위한 사수 방지대책을 수립해야 함
2) 겸용 수조의 경우 소화수는 음용수 아래부분에 유효수량을 확보하며, 장기간 소화수의 정체로 인한 음용수 수질의 악화 방지

(2) 수조에 연결되는 배관의 재료 요구사항

1) 법적 근거
   ① 수도법 시행규칙 「별표 3의2」 제9호에 의거
      ☞ 저수조 및 저수조에 설치하는 사다리, 버팀대, 물과 접촉하는 접합부속 등의 재질은 내식성(耐蝕性) 있는 재료를 사용해야 함
   ② 내식성 재료 예시 : 섬유보강플라스틱, 스테인리스스틸, 콘크리트
2) 펌프 흡입측 배관에 내식성 있는 재료 사용 : 동관, 스테인리스관

(3) 펌프 흡입측 배관 구성 예시(그림 1.4.12.1 참조)

1) 스테인리스관 적용
   ① 사용 재료 : 스테인리스관(KS D 3576)
   ② 적용 범위 : 체크밸브 이전까지 스테인리스관 사용
2) 체크밸브 설치
   ① 설치 위치 : 펌프 흡입측
   ② 목적 : 물이 역류되지 않도록 방지
   ③ 재질 : 스테인리스스틸 체크밸브 사용
3) 이종금속 부식 방지
   ① 강관과 스테인리스관 접합부에 절연플랜지 사용
      ☞ 목적 : 이종금속 부식 방지
      ☞ 효과 : 배관 시스템의 내구성 향상

(4) 이종금속 부식 방지 대책의 중요성

1) 이종금속 부식 발생 원인
   - 서로 다른 금속 간 접촉으로 인한 전기화학 반응
2) 부식 방지 방법
   - 절연플랜지 등 절연 소재 사용으로 전류 흐름 차단

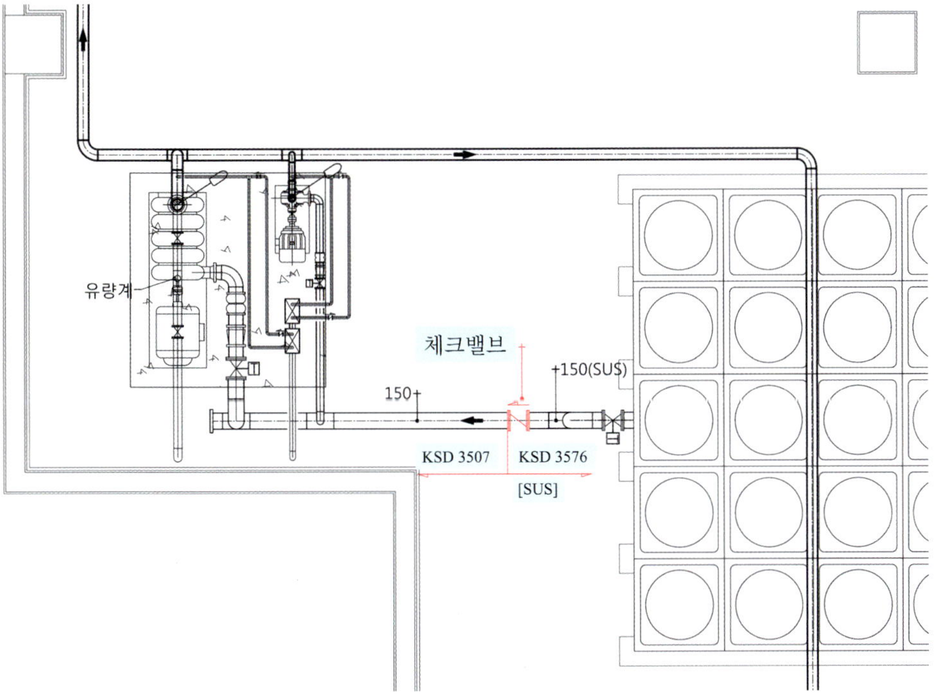

그림 1.4.12.1 소화펌프 흡입측의 스테인리스관 적용

1.4.13 소화펌프의 정격토출압력과 배관의 사용압력 선정

- 배관의 사용압력은 펌프의 체절압력 기준으로 결정
- 정격양정이 약 86 m (=120÷1.4) 이상일 경우 압력배관 사용 여부 검토

(1) 정격토출압력과 사용압력의 정의

1) 정격토출압력 : 옥내소화전 또는 스프링클러 헤드에서 설계기준으로 정한 수량이 동시에 사용될 때의 압력
2) 사용압력 : 펌프 토출측에서 최대압력이 발생하는 압력으로, 가장 불리한 조건일 때 배관에 영향을 주는 압력

(2) 배관 선정 시 사용압력 고려의 필요성

1) 최소 운전점에서의 압력 증가
   ① 최소 운전점의 압력은 체절점까지 도달할 수 있음 : 그림 1.4.13.1 참조
   ② 초기 화재진압 시 상황
      ☞ 옥내소화전 1개 또는 스프링클러헤드 1개 개방 시 최소유량 발생
      ☞ 이때, 펌프는 정격양정보다 더 높은 압력에서 운전됨
2) 배관에 미치는 영향
   ① 높은 압력으로 인한 배관 부담 증가
   ② 사용압력을 고려하지 않으면 배관의 안전성 저하 가능성 있음

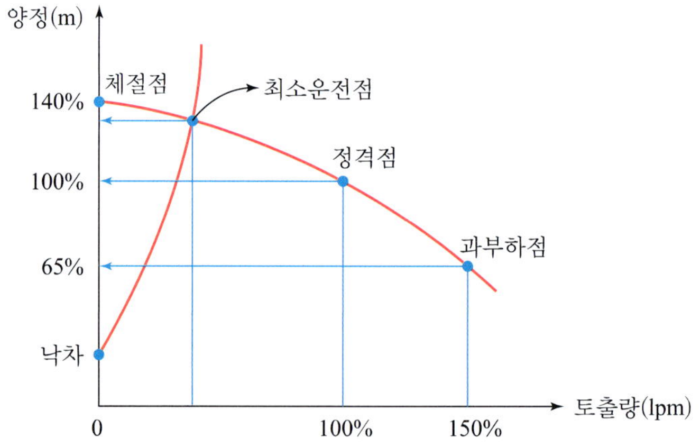

그림 1.4.13.1 소화펌프 최소 사용압력 시 펌프 운전

(3) 배관의 사용압력 기준 결정 방법

1) 펌프의 체절압력 사용

① 사용압력 기준은 최소유량 흐름 시 예상되는 펌프의 체절압력으로 결정

② 체절압력 확인 방법

☞ 펌프의 성능곡선을 입수하여 확인

☞ 펌프 제조사에 문의하여 정확한 체절압력 파악

2) 보수적 판단 기준 적용

① 소방법 규정 : 정격압력의 1.4배를 초과하지 않도록 규정

② 보수적 판단 방법

☞ 정격압력 기준으로 체절압력 계산

☞ 규정된 범위 내에서 사용압력 결정

(4) 펌프 체절압력 계산 예시 및 배관 재질 선택

1) 체절압력 계산 예시

① 예시 계산 : 1.2 MPa ÷ 1.4 ≒ 0.86 MPa

② 결과값 사용 : 계산된 0.86 MPa를 펌프의 사용압력으로 규정

2) 배관 재질 선택 기준

① 사용압력이 0.86 MPa 이상인 경우 : 압력배관용 탄소강관(KS D 3562) 사용

② 압력에 따른 배관 재질 선정 중요성

☞ 배관의 내압성 확보

☞ 설비의 안전성과 신뢰성 향상

(5) 설계 검토 단계에서의 권장 사항

1) 체절압력의 정확한 확인

① 펌프 제조사에 문의하여 정확한 체절압력을 확보

② 설계검토 단계에서 체절압력 확인은 설비 안전성에 중요

2) 소방법 준수 및 안전성 확보

① 소방법 규정에 따른 보수적 판단 적용

② 규정 준수를 통해 설비의 안전성과 신뢰성 확보

1.4.14 감압밸브의 적용 및 설치방법

- 펌프 체절양정이 1.2 MPa 초과 시 감압방법의 적용여부 검토 · 확인
- 감압밸브의 규격, 감압압력, 감압밸브 구성 확인

관련기준

옥내소화전설비의 화재안전기술기준(NFTC 102)

2.2.1.3 특정소방대상물의 어느 층에 있어서도 해당 층의 옥내소화전(2개 이상 설치된 경우에는 2개의 옥내소화전)을 동시에 사용할 경우 각 소화전의 노즐선단에서의 방수압력이 0.17 MPa(호스릴옥내소화전설비를 포함한다) 이상이고, 방수량이 130 L/min(호스릴옥내소화전설비를 포함한다) 이상이 되는 성능의 것으로 할 것. 다만, 하나의 옥내소화전을 사용하는 노즐선단에서의 방수압력이 0.7 MPa을 초과할 경우에는 호스접결구의 인입 측에 감압장치를 설치해야 한다.

스프링클러설비의 화재안전기술기준(NFTC 103)

2.2.1.10 가압송수장치의 정격토출압력은 하나의 헤드선단에 0.1 MPa 이상 1.2 MPa 이하의 방수압력이 될 수 있게 하는 크기일 것

(1) 감압밸브의 적용 조건

1) 옥내소화전 설비
   - 사용압력이 0.7 MPa 초과 시 : 호스접결구에 감압변을 설치할 수 있음
2) 스프링클러 설비
   ① 사용압력이 1.2 MPa 초과 시 : 헤드마다 감압변을 설치할 수 없음
   ② 방수압력이 높을수록 스프링클러 헤드의 방수패턴이 왜곡됨
      ☞ 약 1.2 MPa에서 포용면적 감소. 원형보다는 타원형의 방수패턴이 나타남
   ③ 사용압력 1.2 MPa을 기점으로 시스템 결정 필요
      ☞ 스프링클러 헤드의 방수압력 만족
      ☞ 배관 사용압력 고려하여 1.2 MPa 초과 시 감압밸브 시스템 구성 고려

(2) 감압밸브의 작동원리

1) 밸브 A와 밸브 B로 구성된 시스템에서
   ① 밸브 A 닫힘, 입구측 압력 0.6 MPa 가정
   ② 밸브 B의 토출압력을 0.3 MPa로 유지하려면
      ☞ 밸브 B 닫고 밸브 A 천천히 열기
      ☞ A와 B 사이 배관 내 압력 상승

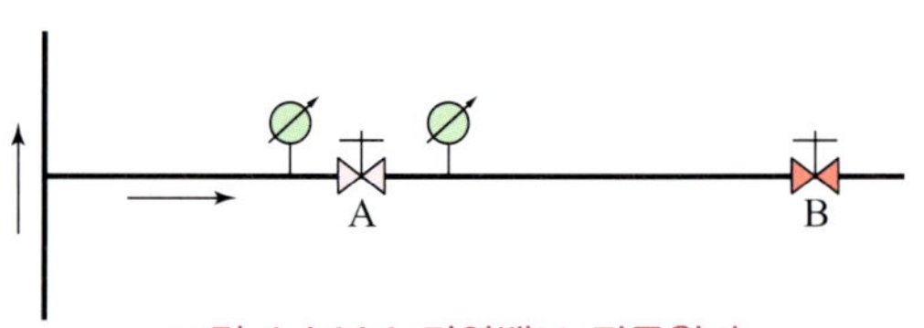

그림 1.4.14.1 감압밸브 작동원리

☞ 압력계가 0.3 MPa 도달 시 밸브 A 닫음

③ 밸브 B 천천히 열면

☞ 배관 내 압력 감소

☞ 밸브 A를 조절하여 유량 공급, 압력 0.3 MPa 유지

2) 수동 조작을 자동화한 것이 감압밸브 : 필요한 적정압력으로 감압 및 유지 가능

(3) 감압밸브 주변 배관의 구성 방법

1) 바이패스 배관 설치

① 목적 : 감압밸브 이상 또는 고장 시 수동 전환 사용 가능

② 구성 방법 : 그림 1.4.14.2 참고

☞ 감압밸브와 병렬로 바이패스 배관 설치

2) 2차측 배관의 릴리프밸브 설치

① 목적 : 감압밸브 고장 시 배관 내 압력 상승 방지

② 설치 기준 : 충분한 유량 흐름을 위해 구경 40 mm 이상

3) 테스트 배관 설치

- 목적 : 감압밸브 설치 후 압력 세팅, 검사 및 작동 점검

4) 압력계 설치

① 설치 위치 : 1차측 및 2차측 양단에 설치

② 목적 : 감압밸브 작동 상태 확인

③ 압력계 범위 선정 : 각각의 최대 사용압력의 2배 이상

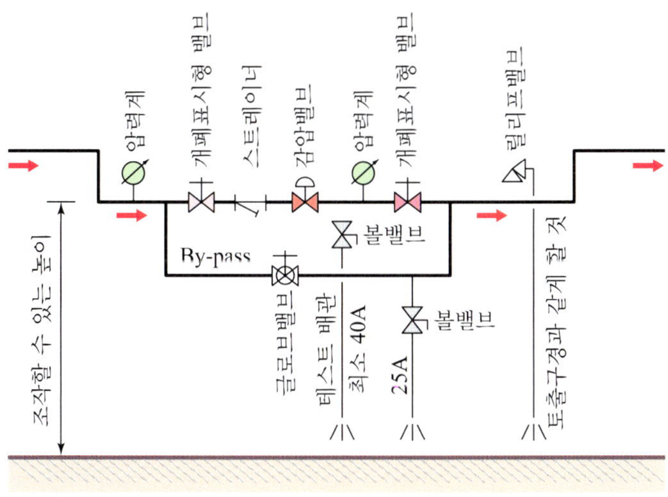

그림 1.4.14.2 감압밸브 설치 상세

그림 1.4.14.3 감압밸브의 현장 설치 예

(4) 감압밸브 적용 사례별 구성 방법

1) Case 1 : 정격양정 ≤ 120 m, 체절양정 〉120 m

① 상황 분석

☞ 체절양정이 120 m 초과로 시스템에 감압 필요

☞ 배관 및 구성부품은 압력배관 요구됨

② 감압밸브 설정 : 설정압력 = 1.2 MPa 또는 정격양정으로 설정

③ 구성 방법

☞ 감압밸브 설치하여 시스템 구성(그림 1.4.14.4)

☞ 압력 릴리프밸브 설치하여 토출유량 일부 재순환(그림 1.4.14.5)

- 소화수조로 재순환하여 시스템 압력 낮춤
- 위생용수 오염 방지 위해 소화용수 전용수조 필요
- 순환 릴리프밸브 별도 설치 불필요

표 1.4.14.1 펌프의 정격양정 및 체절양정의 범위에 따른 감압시스템 구성

구 분		펌프 토출측 감압밸브 설정압력	각층별 별도의 감압밸브 설정압력	압력릴리프 밸브/ 설정압	고층부, 저층부 분리	고압용 배관 및 부속류 (사용압력 2 MPa)	비 고
정격 양정(m)	체절 양정(m)						
120 이하	120 이하	×	×	×	×	필요 없음	
	120 초과	정격양정	×	×	×	감압밸브이전 또는 압력릴리프밸브 이전	Case 1
120~200	200 이하	저층부 수리계산	해당층 수리계산후	×	O	전부 (고층부 일부제외)	Case 2 * 일부저층부 밸브 입구측에 별도 감압밸브 설치
	200 초과	저층부 수리계산	해당층 수리계산후	2MPa	O	전부 (고층부 일부제외)	Case 3 * Case2와 동일 가급적 펌프실 고층, 저층부 분리설치

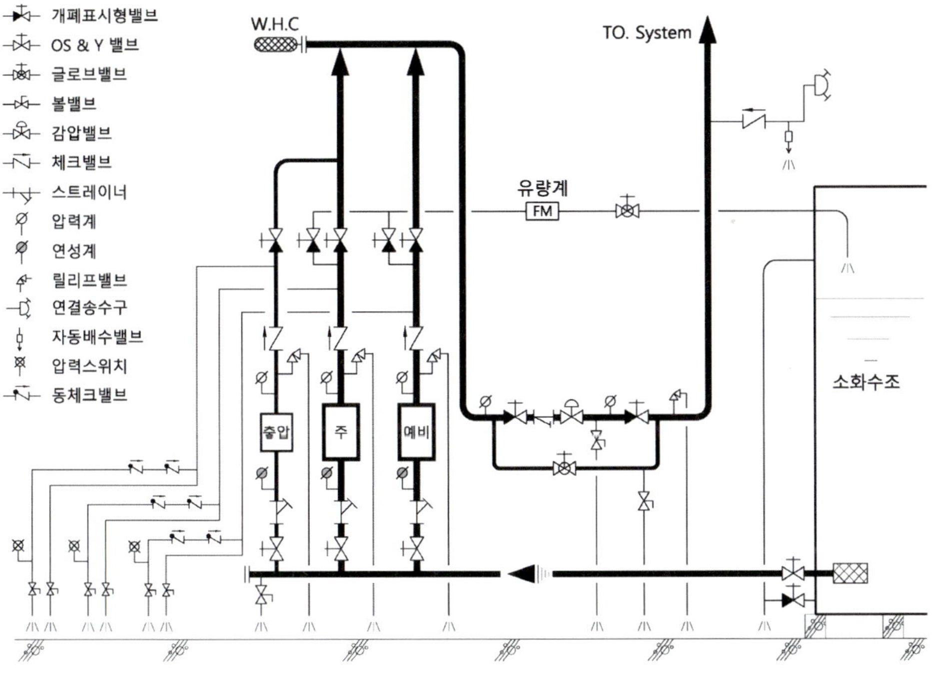

그림 1.4.14.4 Case 1에서 감압밸브를 설치한 경우

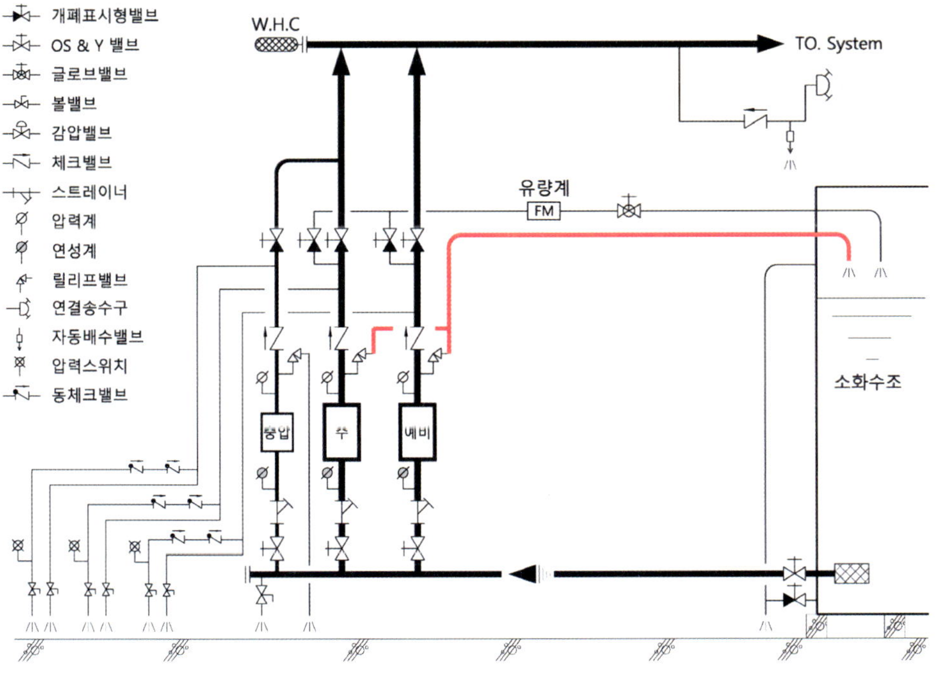

그림 1.4.14.5 Case 1에서 압력 릴리프밸브를 설치한 경우

2) Case 2 : 정격양정 〉120 m, 체절양정 ≤ 200 m

① 상황 분석

☞ 정격양정이 120 m 초과하여 펌프 토출압력 1.2 MPa 이하로 낮출 수 없음

☞ 펌프로부터 가까운 층은 1.2 MPa 초과

② 구성 방법

☞ 고층부와 저층부로 배관 분리 (그림 1.4.14.6)

- 1.2 MPa 초과하지 않는 층부터 최상층까지 고층부 배관
- 1.2 MPa 초과하는 층은 감압밸브 설치한 저층부 배관

☞ 감압밸브 설정압

- 저층부를 독립된 건물로 가정하여 수리계산 후 결정
- 최대 1.2 MPa로 설정 가능

③ 주의 사항

☞ 저층부 수리계산 결과 요구양정이 120 m 초과 시

- 고층부 수리계산 오류 가능성
- 배관을 3개 구역 이상으로 분리해야 할 수도 있음

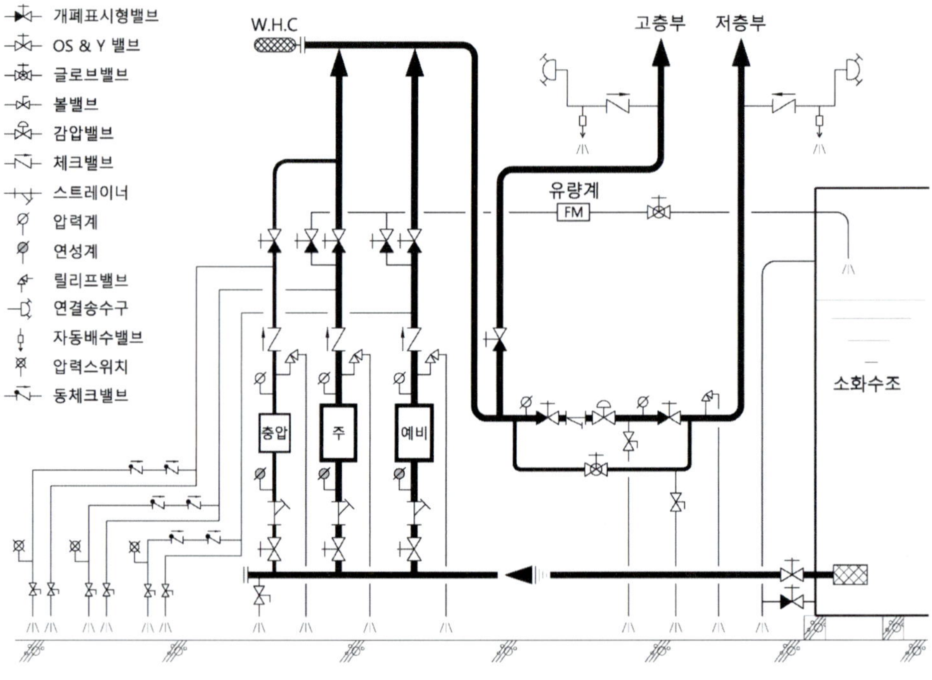

그림 1.4.14.6 Case 2의 고층부와 저층부의 시스템 분리

3) Case 3 : 정격양정 〉120 m, 체절양정 〉200 m

① 상황 분석

☞ 체절양정이 200 m 초과하여 추가 대책 필요

② 구성 방법

☞ 2 MPa 초과 압력 시 작동하는 릴리프밸브 추가 설치 (그림 1.4.14.7)

- 펌프의 토출압력을 2 MPa 이하로 낮춤
- 충분한 배관 구경 선정 필요
- 방출되는 물은 전용 소화수조로 재순환 또는 방류

③ 추가 권장 사항

☞ 건물을 수직으로 2개 이상 존으로 분리

☞ 별도의 펌프실 설치

☞ 고층부, 저층부 배관 완전 독립 구성 권장

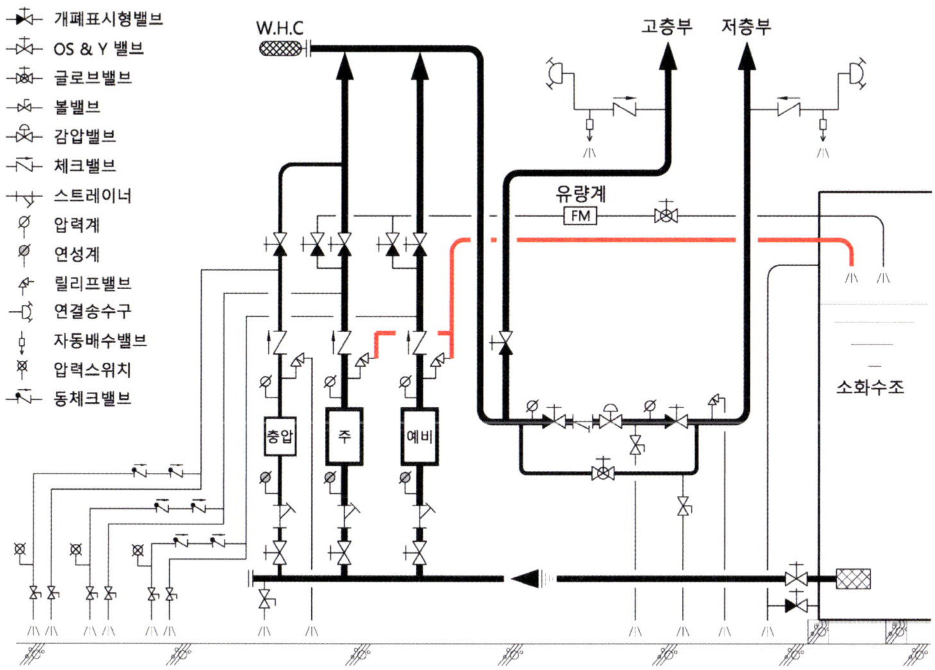

그림 1.4.14.7 Case 3의 압력릴리프밸브 설치

(5) 감압밸브의 용량 계산 예시

1) 예시 가정

① 펌프 성능 조건

☞ 실양정 : 90 m, 체절양정 : 180 m, 정격양정 : 130 m, 정격유량 : 2,800 L/min

② 상황 분석

☞ 정격양정이 120 m 초과로 고층부와 저층부 분리 필요

☞ Case 2에 해당

2) 고층부와 저층부 분리 기준 설정

① 체절압력 1.8 MPa 기준

☞ 높이에 따른 압력 감소율 계산

☞ 60 m 지점에서 압력 1.2 MPa 도달

② 분리 기준

☞ 60 m 이후 : 고층부 배관

☞ 60 m 이하 : 저층부 배관

3) 감압밸브 설정압력 결정

① 저층부를 별도 건물로 간주하여 수리 계산

② 예시

☞ 15층 기준, 말단헤드의 기준개수로 계산

☞ 소요압력 : 0.4 MPa

☞ 소요유량 : 2,600 L/min

③ 정격토출압력 계산

☞ 0.4 MPa (소요압력) + 0.05 MPa (마찰손실압력) + 0.6 MPa (낙차)
= 1.05 MPa

④ 감압밸브 설정압력 범위

☞ 최소 설정압력 : 1.05 MPa

☞ 최대 제한압력 : 1.2 MPa

☞ 설정압력 범위 내에서 설정

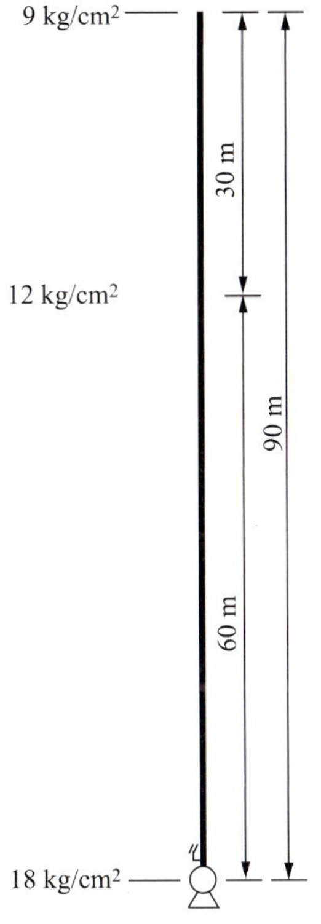

그림 1.4.14.8 소화시스템의 저층부와 고층부 분리

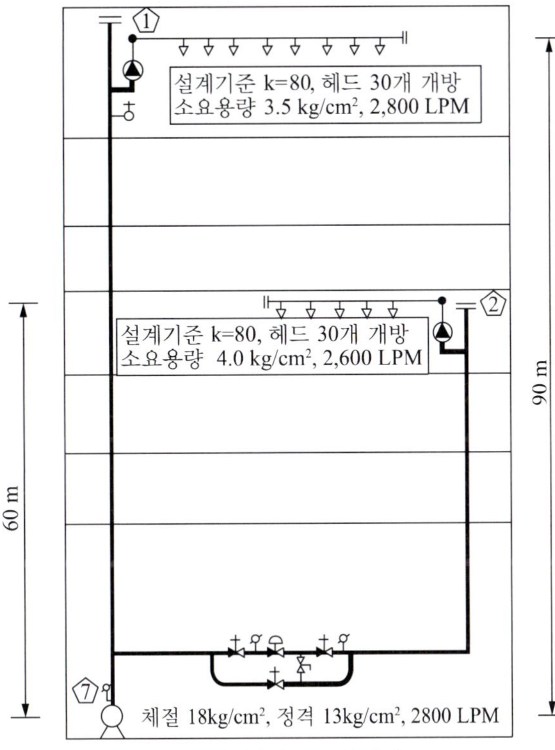

그림 1.4.14.9 고층건물의 고층부, 저층부 배관 분리 예

(6) 권장 사항

1) 감압밸브의 적용은 사용압력 및 시스템 구성에 따라 결정되어야 함
2) 스프링클러 설비에서는 사용압력이 1.2 MPa을 초과할 때 감압밸브 시스템 구성을 고려해야 함
3) 감압밸브 주변 배관은 바이패스 배관, 릴리프밸브, 테스트 배관, 압력계 등을 포함하여 구성해야 함
4) 각 사례별로 건물의 특성과 펌프의 성능을 고려하여 적절한 압력 설정 및 배관 구성을 해야 함
5) 감압밸브의 정확한 설정을 위해 수리계산을 통한 소요압력과 유량을 산정해야 함

표 1.4.14.2 Y사의 파이롯트 작동형 감압밸브의 규격표시 예

구분		FLANGED	SCREWED
적용유체		Water(Air, Gas, Oil)	Water(Air, Gas, Oil)
적용압력		Max 10, 20, 30kgf/cm^2	Max 10, 20kgf/cm^2
적용온도		Max 60℃, 120℃	Max 60℃, 120℃
작동최소차압		0.5kgf/cm^2	0.5kgf/cm^2
조절압력범위		0.5~5kgf/cm^2, 5~12kgf/cm^2	0.2~0.7kgf/cm^2, 5~12kgf/cm^2
최대감압비		5 : 1, 10 : 1, 20 : 1	5 : 1, 10 : 1, 20 : 1
최소조절유량		Water : 3~7L/min	Water : 2~5L/min
허용누설량		0	0
접속방식		KS 10K FF, 20K RF, 30K RF	KS PT Screwed
재질	BODY	FC 200, FCD, SCPH2, STS	Bc6, STS
	TRIM	Bronze, STS	Bronze, STS
	DIAPHRAGM	N.B.R, Viton, Tefron	N.B.R, Viton, Tefron

표 1.4.14.3 H사의 직동형 감압밸브의 규격표시 예

<table>
<tr><th colspan="2">구분</th><th>SWR-P11</th><th>SWR-P12</th></tr>
<tr><td colspan="2">형식</td><td colspan="2">직동식(Direct Acting Type)</td></tr>
<tr><td colspan="2">적용유체</td><td colspan="2">물, Air</td></tr>
<tr><td colspan="2">적용압력</td><td colspan="2">Max. 10kgf/cm^2</td></tr>
<tr><td colspan="2">적용온도</td><td colspan="2">Max. 80℃ (주문사양은 120℃)</td></tr>
<tr><td colspan="2">최소작동차압</td><td colspan="2">0.5kgf/cm^2</td></tr>
<tr><td rowspan="3">압력조절범위</td><td rowspan="2">25~80A</td><td>Diaphragm Type</td><td>0.5~4kgf/cm^2, 4.1~7.0kgf/cm^2</td></tr>
<tr><td>Piston Type</td><td>(7.1~10.0kgf/cm^2)</td></tr>
<tr><td>100~150A</td><td colspan="2">0.5~3kgf/cm^2, 3.1~5.0kgf/cm^2, 5.1~7.5kgf/cm^2</td></tr>
<tr><td colspan="2">최소조정유량</td><td colspan="2">정격유량의 10%</td></tr>
<tr><td colspan="2">접속방법</td><td>KS 10K PT Screwed</td><td>KS 10K Flanged</td></tr>
<tr><td colspan="2">수압시험</td><td colspan="2">15kgf/cm^2–3분</td></tr>
<tr><td rowspan="3">재질</td><td>Body</td><td colspan="2">Cast Iron</td></tr>
<tr><td>Cover</td><td colspan="2">Forged Brass, Cased Bronze, Stainless Steel</td></tr>
<tr><td>Diaphragm</td><td colspan="2">N.B.R</td></tr>
</table>

1.4.15 소화배관의 동파방지

- 동결방지 조치 여부 검토

관련기준

옥내소화전설비의 화재안전기술기준(NFTC 102)

2.3.9 배관은 동결방지조치를 하거나 동결의 우려가 없는 장소에 설치해야 한다. 다만, 보온재를 사용할 경우에는 난연재료 성능 이상의 것으로 해야 한다.

2.2.1.9 기동장치로는 기동용수압개폐장치 또는 이와 동등 이상의 성능이 있는 것을 설치할 것. 다만, 학교·공장·창고시설(2.1.2에 따라 옥상수조를 설치한 대상은 제외한다)로서 동결의 우려가 있는 장소에 있어서는 기동스위치에 보호판을 부착하여 옥내소화전함 내에 설치할 수 있다.

스프링클러설비의 화재안전기술기준(NFTC 103)

2.5.8 배관은 동결방지조치를 하거나 동결의 우려가 없는 장소에 설치해야 한다. 다만, 보온재를 사용할 경우에는 난연재료 성능 이상의 것으로 해야 한다.

(1) 동파 우려 장소 및 동파방지 필요성

1) 동파 우려 장소
   ① 겨울철 동파 우려가 있는 장소
      ☞ 24시간 난방이 되지 않는 장소
      ☞ 외기와 인접한 복도
      ☞ 주차장
      ☞ 옥외에 면하는 부분
      ☞ 방풍실

그림 1.4.15.1 밸브에 설치한 발열전선

2) 동파방지 필요성
   ① 습식배관 내 상시 물이 차 있어 동파 위험이 높음
   ② 보온만으로는 동파 방지 한계 존재 : 난방이 되지 않는 장소에서는 보온만으로 불충분

(2) 동파방지 대책

1) 열선 설치 및 보온재 적용
   ① 열선 설치 권장
      ☞ 소화전의 앵글밸브 및 노출된 습식배관에 열선을 감고 보온재로 감싸기
   ② 발열선 설치 시 고려 사항
      ☞ 발열선 설치를 고려하고 열선계산서를 반드시 첨부
      ☞ 동파 우려 장소에 적용 : 주차장, 옥외에 면하는 부분, 방풍실 등

2) 드라이팬던트 헤드 설치 시 주의사항

① 방풍실 및 옥외에 면하는 천장이 있는 곳

☞ 드라이팬던트 타입의 하향식 헤드 설치 시 물고임 발생 우려

☞ 회향식 굴곡 부분에 물고임으로 인한 동파 가능성

② 대책 : 해당 장소에 열선 설치로 동파 방지 필요

3) 시스템 검토 및 변경 고려

① 난방 미실시 시설의 경우

☞ 학교, 공장, 창고시설 등 동절기 야간 난방 미실시 시설

☞ 화재안전기술기준에 따라 소화펌프 기동을 누름버튼(On/Off) 방식으로 설치 가능(단, 옥내소화전설비에 한함)

② 유의사항

☞ 배관 내 물이 없어 소화수 공급 지연 발생

☞ 즉시 소화에 문제 발생 가능성

☞ 시스템 검토를 신중히 고려해야 함

표 1.4.15.1 보온재의 비교

구 분		유리섬유 (Fiber Glass)	가교 발포폴리에틸렌 (P.E)	NBR 고무발포	EPDM 고무발포
원소재		유리원석	에틸렌 플라스틱	NBR+PVC	Ethylene Propylene Diene Monomer
외형도					
물리화학적 특성 비교	내화학성	대부분 알카리성으로 특별히 수분 접촉에 주의	열가소성 : 가열시 · 융해점 : 80~110℃	열경화성 : 화염확산과 불똥이 생기지 않으며 화염지연제가 첨가됨	
	사용온도	-25 ~ +300 ℃	-20 ~ +80 ℃	-40 ~ +105 ℃	-57 ~ +125 ℃
	열전도율	0.05 (W/m.K) at 20℃ 이하	0.04 (W/m.K) at 20℃ 이하		
	단열성 변화율	투습,흡습에 따른 재질 특성상(Open-Cell) 초기 열전도율의 급격한 상승을 초래함	완벽한 기밀 밀봉의 불가로 틈새 발생으로 인한 열손실	합성고무 재료의 특성(Closed-Cell)으로 초기의 열전도율을 장기적으로 유지 및 지속함	
장 점		-내열성능 -흡음성능	-내수성 -피부접촉 무해	-일반폐기물 -인체무해성 -완벽한 기밀성	-우수한 결로방지 -편리한 시공 -유지보수 용이
단 점		-유해성 분진발생 -폐기물 처리 -열전도율 상승	-내열성 미약 -기밀성유지 불가 -별도 마감재료	-내열성 미약 -외관 연출 한계(흑색 단일품)	

(3) 보온재 선택 및 적용 방법

1) 보온 시 기밀성 유지 필수 : 기밀 유지 불가 시 보온효과 저하

2) 보온재 선택 시 고려 사항

   ① 적용 장소의 특성 반영한 보온재 선택 필요 :

      ☞ 일반적으로 아티론을 사용하지만 장소별 특성 고려 중요

      ☞ 표 1.4.15.1 참조하여 적절한 보온재 선정

   ② 난연재료 성능 이상의 보온재 사용 권장

(4) 보온재의 역할 및 동파 대책

1) 보온재의 역할

   ① 완전한 단열이 아닌 열전달 지연 역할

   ② 실내 보온재 설치 목적 : 배관 온도차로 인한 결로 방지

2) 동파 우려 장소의 추가 대책 필요

   ① 실내 난방 실시

   ② 습식배관 열선 설치

   ③ 습식소화설비를 건식설비 등으로 변경 검토

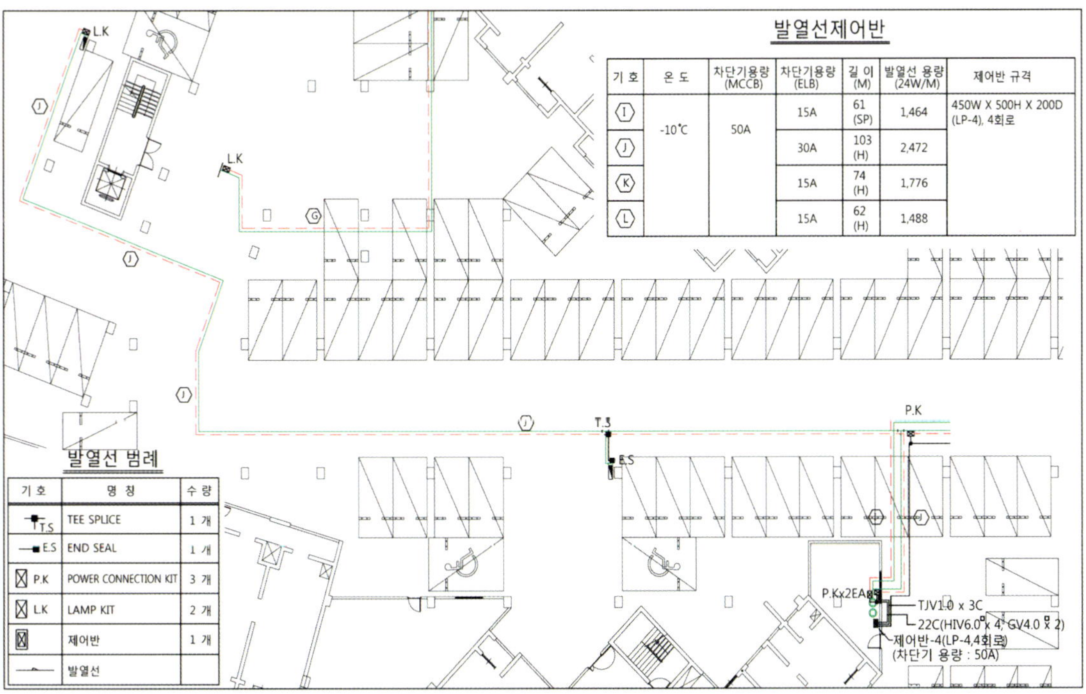

그림 1.4.15.2 지하주차장 발열선 설치 평면도

(5) 권장 사항

1) 동파 방지를 위해 열선 설치와 적절한 보온재 적용 필요
2) 보온재 적용 시 기밀성 유지와 장소 특성에 맞는 재료 선택 중요
3) 동파 우려가 큰 장소는 시스템 변경 등 추가 대책 검토 필요
4) 시스템 검토 시 소화펌프 작동 지연에 따른 화재 대응 영향 고려해야 함

1.4.16 소화펌프 주위배관의 개선사항

- 펌프 흡입 및 토출측 밸브의 겸용 구성 검토
- 릴리프 밸브 개방여부 확인
- 유량측정장치 배관의 겸용 설치 검토

(1) 소방시설의 면제 및 겸용 기준에 대한 검토

1) 소방시설의 법정 설비 및 최소 기준
   - 소방시설은 법정 설비로, 건축주(설치자)의 부담을 줄이기 위해 최소한의 기준과 면제·겸용 조항이 규정되어 있음
2) 대표적인 면제 및 겸용 사례
   ① 가압송수장치의 겸용
   ② 옥상수조의 면제 기준
3) 소방 측면에서의 문제점
   ① 가압송수장치의 겸용
      ☞ 이중안전장치(Fail Safe) 관점에서 소방시설의 신뢰도 저하 요인이 될 수 있음
   ② 옥상수조의 면제 조건 중 예비펌프 설치
      ☞ 옥상수조 설치보다 더 많은 비용 지출
      ☞ 유지관리의 어려움 발생 가능
4) 설계 시 고려 사항
   ① 면제 및 겸용 기준은 법적 최소 요구조건을 만족하므로 잘못된 것은 아님
   ② 그러나 조건을 악용하여 무분별한 설계 적용은 지양해야 함
   ③ 시설의 목적, 효율, 신뢰도 등을 고려한 설계 필요

(2) 기술의 적용과 신제품 활용

1) 기술의 정의와 중요성
   ① 관련 이론을 바탕으로 실제 상황에 적용
   ② 현재 생산되는 다양한 제품을 응용하여 이루어짐
2) 신제품 밸브의 개발과 현황
   - 새로운 종류의 밸브 및 개선된 신제품 밸브가 생산 및 판매 중이지만, 현장 적용은 미흡한 실정

(3) 개선사항 제안

1) 신축이음의 개선사항
   ① 기존 Bellows 또는 Rubber 타입 후렉시블 커넥터의 문제점
      ☞ 관경 증가 시 길이 증가 (35~40 cm)로 설치 공간 많이 필요
   ② 개선안 : 방진형(TPC) 후렉시블 사용
      ☞ 길이 감소 : 20~25 cm로 설치 길이 절약
      ☞ 제품 가격 : 기존 제품보다 일부 상승. 그러나 인건비 절감 및 시공성 개선으로 추가 비용 크지 않음
2) 압력계 설치 방법 개선
   ① 기존 설치 방법
      ☞ 배관 몸체를 15 mm 절단 후 소켓 또는 니플을 용접하여 설치
   ② 개선안 : 펌프의 압력계 설치 부분 활용(그림 1.4.16.1 참고)
      ☞ 펌프 제조 시 흡입측·토출측 몸체에 압력계 설치 부분 존재. 마감 볼트로 체결되어 있음
      ☞ 해당 부분에 직접 압력계 설치로 추가 가공 불필요

그림 1.4.16.1 압력계설치

3) 릴리프 밸브 개방 여부 확인 방법 개선
   ① 문제점
      ☞ 스프링 장력의 릴리프 밸브는 시간 경과에 따라 장력 이완 우려
      ☞ 경년 변화로 인한 고장 여부를 유수 흐름으로 확인 어려움 릴리프 밸브 방출구에 배관 연결 시 유수 흐름 확인 불가
   ② 개선안
      ☞ 릴리프 밸브 방출구 배관 일부 절단 후 확인 장치 설치(그림 1.4.16.2 참고)
      ☞ 25 mm 망입호스를 스테인리스 커플링으로 연결
      ☞ 물이 흐를 때 육안 확인 용이
      ☞ 호스 대신 사이트글라스 설치도 가능

4) 유량측정장치 배관의 겸용 설치

① 적용 조건

☞ 주펌프 병렬 설치 또는 주펌프와 예비펌프 설치 시

☞ 펌프의 유량 및 양정 등이 동일한 경우

② 기존 방식 문제점

☞ 펌프마다 성능시험 배관을 별도 설치해야 함

③ 개선안

☞ 하나의 성능시험 배관을 겸용으로 사용(그림 1.4.16.3 참고)

☞ 펌프를 개별로 시험하므로 겸용 사용 가능

☞ 장점

유량계 1개, 유량조절 밸브 1개 등 부속 절감

공기(工期) 단축 효과

모터 교체 및 수리 시 공간 확보 용이

그림 1.4.16.2 릴리프밸브 개방 확인

그림 1.4.16.3 유량측정장치배관의 겸용

1.5 내진설계

1.5.1 소방 내진설계의 현장 착안사항

- 소화설비, 소화수조의 내진설계 확인
- 소화배관의 흔들림 버팀대 확인

관련기준

소방시설의 내진설계 기준

제2조(적용범위) ① 「소방시설 설치 및 관리에 관한 법률 시행령」(이하 "영"이라 한다) 제8조에 따른 옥내소화전설비, 스프링클러설비, 물분무등소화설비(이하 이 조에서 "각 설비"라 한다)는 이 기준에서 정하는 규정에 적합하게 설치하여야 한다. 다만, 각 설비의 성능시험배관, 지중매설배관, 배수배관 등은 제외한다.

(1) 내진설계의 필요성

1) 지진 발생 시 소방설비의 기능 유지
   - 지진 후 발생하는 2차 화재에 대비하여 소방설비의 정상 작동 필요
2) 인명 및 재산 피해 최소화
   - 소방시설의 내진 성능 확보로 건물 및 거주자의 안전 보장
3) 법적 요구사항 준수
   - 건축법, 소방법 등 관련 법규에서 요구하는 내진설계 기준 준수

(2) 내진설계 적용 대상

1) 건축물의 규모와 용도에 따른 적용
   - 고층 건물, 대형 쇼핑몰, 병원, 학교, 공장 등 중요 시설
2) 소방설비 중 내진설계 대상
   - 소화 배관, 스프링클러 헤드, 소화수조, 펌프, 제어반 등 주요 설비

(3) 설계 단계에서의 고려사항

1) 내진설계 기준의 적용
   ① 국내 내진설계 기준 준수 : 건축구조기준(KBC), 소방시설의 내진설계 및 시공 지침 등
   ② 관련 법규 확인 : 소방기본법, 소방시설법, 건축법 등의 내진 관련 조항 검토
2) 지진하중 산정
   ① 지진구역 분류 및 설계 지진력 결정 : 지역별 지진 구역에 따른 설계 지진력 산정
   ② 소방설비의 중요도 계수 반영 : 소방설비의 중요도에 따른 하중 증감 고려
3) 내진 상세도 작성
   ① 배관의 지지 및 보강 상세도 : 지진 시 배관의 손상을 방지하기 위한 지지대 및 보강 방법 설계
   ② 이음새 및 연결부의 설계 : 진동 및 변위에 대응하는 신축이음 적용

(4) 시공 단계에서의 고려사항

1) 자재 선정
   ① 내진 성능 인증 제품 사용 : 내진 설계 기준을 만족하는 지지대, 앵커, 신축이음 등 사용
   ② 품질 검증된 자재 사용 : KS 인증, 내진 성능 시험을 통과한 제품 활용
2) 시공 품질 관리
   ① 설계 도서 준수 시공 : 설계 의도에 따른 정확한 시공 방법 적용
   ② 현장 검사 및 확인 : 주요 부위의 시공 상태를 수시로 점검하여 오류 방지
   ③ 전문가의 참여 : 내진 전문가의 현장 지도 및 검수 활성화

(5) 유지관리 단계에서의 고려사항

1) 정기 점검 및 보수
   ① 정기적인 내진 성능 점검 : 지지대, 앵커, 이음부 등의 상태 확인
   ② 손상 부위의 신속한 보수 : 부식, 변형, 풀림 등이 발생한 부분의 즉각적인 수리
2) 지진 발생 후 대응
   ① 설비의 이상 여부 확인 : 지진 후 소방설비의 기능 이상이나 손상 여부 점검
   ② 재발 방지 대책 수립 : 문제점 발견 시 원인 분석 및 개선 방안 마련

(6) 배관 설치 시 현장 착안사항

1) 배관 지지대 설치

① 적절한 지지대 간격 유지 : 설계 기준에 따른 지지대 간격으로 배관 변형 방지

② 지지대의 견고한 설치 : 바닥, 벽, 천장 등에 견고하게 고정하여 진동 시 이탈 방지

2) 신축이음 적용

① 진동 및 변위에 대응 : 플렉시블 조인트, 루프 이음 등 신축이음 사용으로 배관 손상 방지

② 이음부의 기밀성 확보 : 이음부에서의 누수 방지를 위한 정확한 시공

3) 설비 간 이격 거리 확보

① 충돌 방지 : 설비와 설비, 배관과 배관 간 충분한 이격 거리 유지

② 공간 활용의 효율성 : 내진 성능을 확보하면서 공간을 효율적으로 사용

(7) 천장 구조 및 건축 요소와의 관계

1) 천장 시스템과의 연계

① 천장 지지 구조와 일체화 : 배관 지지대를 천장 구조와 연계하여 안정성 증대

② 천장 붕괴 시 대비 : 천장 손상에도 소방설비 기능 유지할 수 있도록 설계

2) 벽체 관통부의 처리

① 관통부의 내진 설계 : 벽체 관통 시 슬리브 사용 및 유연한 연결부 설치

② 화재 확산 방지 : 관통부의 내화 처리로 화재 시 연기 및 불길 확산 차단

(8) 노후 건축물의 내진 보강

1) 기존 시설의 내진 성능 평가

① 소방설비의 현재 내진 성능 진단

② 부족한 부분에 대한 개선 방안 마련

2) 보강 공법 적용

① 탄소 섬유 보강, 강판 보강 등 적절한 공법 선택

② 운영 중인 시설에 대한 최소한의 영향으로 보강 시행

1.6 옥내소화전설비 및 연결송수관설비

1.6.1 옥내소화전 설치 및 호스 길이

- 옥내소화전 방수구의 수평거리가 25 m 이하 여부 확인
- 소화전 호스의 길이는 적절한지 검토

관련기준

옥내소화전설비의 화재안전기술기준(NFTC 102)

2.4.2.1 특정소방대상물의 층마다 설치하되, 해당 특정소방대상물의 각 부분으로부터 하나의 옥내소화전 방수구까지의 수평거리가 25 m(호스릴옥내소화전설비를 포함한다) 이하가 되도록 할 것. 다만, 복층형 구조의 공동주택의 경우에는 세대의 출입구가 설치된 층에만 설치할 수 있다.

(1) 법적 기준 및 문제점

1) 일반적인 소화전 설치
   ① 대부분의 건축물에 15 m 소방호스 2본 비치(총 호스 길이 30 m)
   ② 법적 기준 : 수평거리 25 m만 만족하면 문제 없음으로 판단
2) 실제 문제점
   - 옥내소화전의 수평거리 25 m 기준 설치 시 문제 발생 가능
     ☞ 실 구획 및 칸막이 등으로 인해 실제 보행거리가 25 m 초과 가능
     ☞ 호스가 화점까지 직접 연장되지 않을 수 있음

(2) 미국 NFPA 기준 및 국내 기준 비교

1) 미국 NFPA 기준
   ① 소화전 배치 기준 : 보행거리 개념으로 규정
     ☞ Fire Protection Handbook Chapter 18 참고

② 호스 노즐의 방호 범위 : 노즐로부터 30 ft (9 m)

☞ 호스의 최대 도달 거리 내에서 추가로 9 m를 방호 범위로 규정

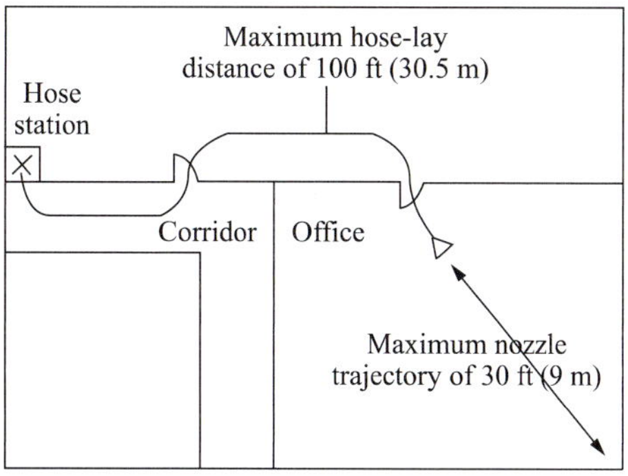

그림 1.6.1.1 옥내소화전 배치 개념(미국)

2) 국내 기준의 해석

① 수평거리 25 m 기준은 호스 길이 15 m에 노즐 끝에서 9 m를 합한 값으로 추정

☞ 15 m(호스 길이) + 9 m(노즐 방수 거리) = 약 24~25 m

② NFPA를 원전으로 볼 때, 국내 기준은 보행거리 기준으로 변경하는 것이 타당

(3) 호스 설치 시 고려사항

1) 호스의 길이와 보행거리

① 수평거리 25 m는 보행거리를 고려하지 않음

☞ 실제 화재 현장에서는 구획된 공간, 칸막이 등으로 인해 보행거리가 증가할 수 있음

② 호스 길이는 건물 각 부분에 유효하게 물을 뿌릴 수 있는 길이로 설치 필요

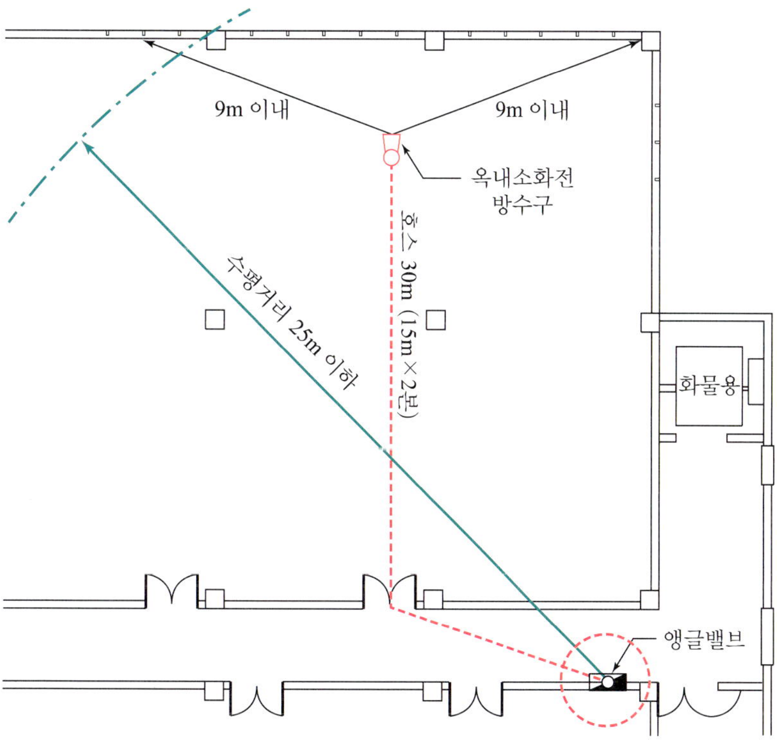

그림 1.6.1.2 옥내소화전 수평거리 및 호스길이에 따른 배치

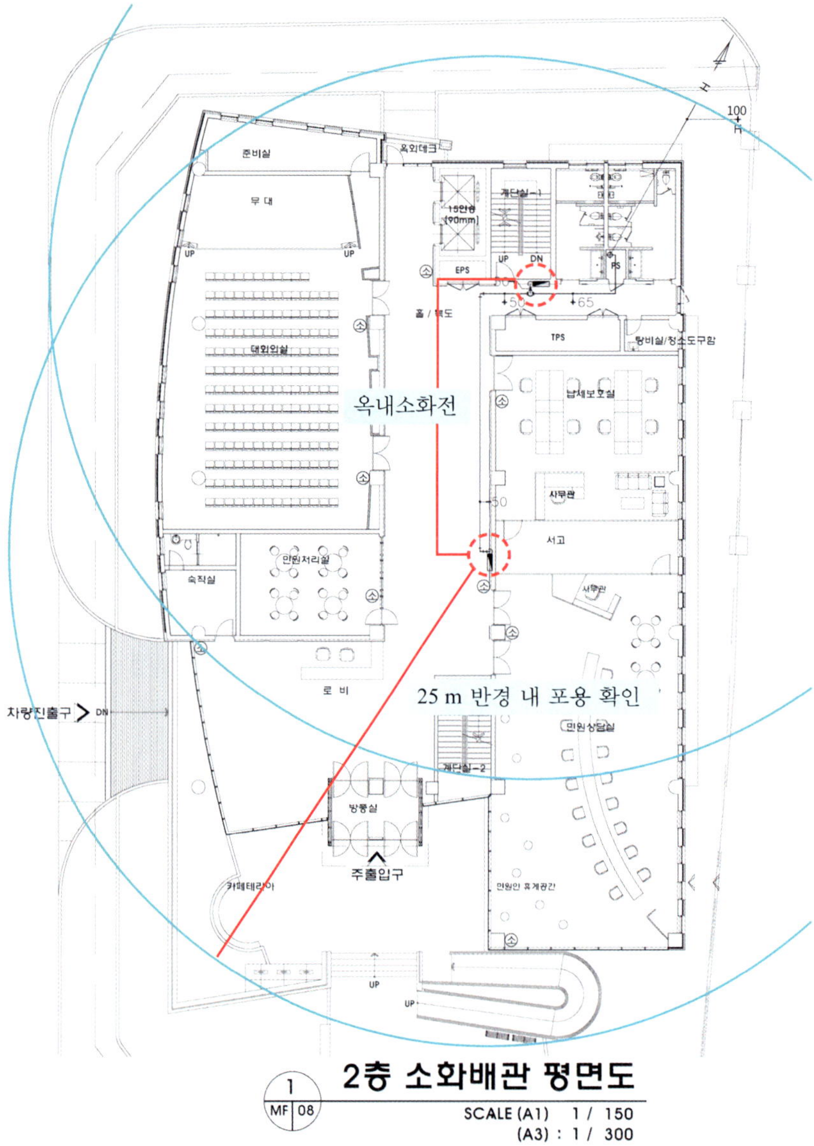

그림 1.6.1.3 옥내소화전 수평거리 확인(국내)

2) 호스 추가 비치 고려

① 실제 사용 거리를 고려하여 호스 추가 비치 필요

☞ 호스 길이가 짧아 화점에 도달하지 못할 경우 대비

② 호스의 설치는 화재 진압 활동의 효율성을 높이는데 중요

(4) 방수압력과 호스 노즐의 역할

1) 방수압력을 통한 보완

① 호스에서 살수되는 방수압력으로 인해 노즐 끝에서 9 m 이내로도 화원까지 살수 가능

☞ Fire Protection Handbook 기준 준용

② 호스가 건물 각 부분까지 물리적으로 닿지 않더라도 화재 진압 가능

(5) 공동주택의 호스 길이 적용

1) 호스 길이의 유연한 적용

① 공동주택에서는 호스 길이를 일률적으로 15 m × 2본 적용 지양

☞ 사용 거리를 고려하여 필요한 경우 15 m 1본만 설치

② 호스 길이 검토 시 고려사항

☞ 건물 구석구석을 모두 포함할 필요 없음

☞ 호스 꺾임을 최소화하여 화재 진압 효율성 향상

2) 호스 길이에 따른 장단점

① 호스가 너무 길 경우

☞ 호스 꺾임 현상 심화

☞ 원활한 화재 진압 활동 어려움 발생

② 적절한 호스 길이 선정으로 화재 진압 활동 효율화 필요

(6) 권장 사항

1) 국내 옥내소화전 설치 기준을 보행거리 기준으로 변경 고려 필요

- NFPA 기준과의 일치성 및 실제 화재 진압 효율성 향상 목적

2) 호스 길이 및 설치 위치는 실제 화재 상황을 고려하여 유연하게 적용

- 건물 구조, 구획, 실 사용자의 접근성 등을 종합적으로 판단

3) 소방호스의 길이는 화재 진압 활동의 효율성과 안전에 직접적인 영향

- 호스 길이가 너무 길거나 짧지 않도록 적절한 설계와 검토 필요

1.6.2 호스릴 옥내소화전 설치 시 고려사항

- 호스릴 옥내소화전 설치장소의 적합여부 검토
- 호스릴 호스길이에 따른 함 두께 검토
- 호스릴 호스의 마찰손실 검토

관련기준

공동주택의 화재안전기술기준(NFTC 608)

2.2.1 옥내소화전설비는 다음의 기준에 따라 설치해야 한다.

2.2.1.1 호스릴(hose reel) 방식으로 설치할 것

(1) 호스릴 옥내소화전의 장점 및 설치 필요성

1) 사용의 편리성
   - 호스릴 옥내소화전은 사용이 편리하여 소화전 사용 전문성이 크게 필요하지 않음

2) 설치 대상 장소
   - 공동주택의 경우 호스릴 옥내소화전으로 설치
   - 불특정 다수인이 많이 모이는 장소, 주거시설 등에 설치를 검토할 필요가 있음

(2) 호스릴 옥내소화전의 단점 및 설치 시 유의사항

1) 소화전함 두께 증가
   - 호스 길이에 따라 소화전함의 두께(폭)가 증가하는 단점이 있음

2) 호스 길이별 호스릴 옥내소화전함 두께는 그림 1.6.2.1과 같으며, 제조사별 일부 차이가 있음

3) 소화전 매립 두께를 고려하여 설치 필요

(3) 호스 재질 및 소화펌프 양정 재검토의 필요성

1) 호스 구경 및 재질의 차이
   - 호스릴 옥내소화전 호스는 일반 소화전 호스와 구경 및 재질이 다름

2) 호스 마찰 확인
   - 현장에 설치되는 제품의 호스 마찰을 반드시 확인해야 함

3) 소화펌프 양정 선정을 재검토
   - 호스 마찰에 따라 소화펌프의 양정(揚程) 선정 재검토가 필요함

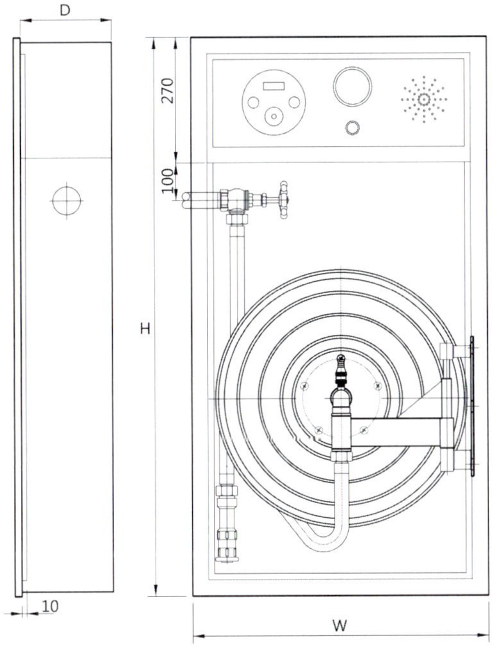

단위 : mm

호스길이	W	D	H
15 m	650	180	1200
20 m	650	180	1200
25 m	700	190	1200
30 m	700	220	1200

그림 1.6.2.1 호스릴 옥내소화전 상세

(4) 호스릴 호스의 사용 조건 및 호스 선정

1) 호스 사용 조건 고려
   - 표 1.6.2.1에서 호스릴 호스를 1 m만 풀었을 때가 가장 불리한 사용 조건임.
2) 해당 조건을 고려하여 설계 조건에 맞는 호스를 선정해야 함
3) 호스 선정 시 유의사항
   ① 호스의 길이, 구경, 재질 등이 설계 조건과 일치하는지 확인.
   ② 사용 조건에 따른 최적의 호스 선택으로 소화 성능 극대화.

표 1.6.2.1 호스릴 옥내소화전 호스 마찰손실(A사 예시)

시험항목	시험기준	시험결과					비고
		호스길이 및 전개상태		전단(MPa)	후단(MPa)	압력손실(MPa)	
기타	드럼과 릴호스를 연결한 후 압력손실 시험	25 m	1 m 풀어서	0.3312	0.1708	0.1604	
			12.5 m 풀어서	0.3127	0.1703	0.1424	
			25 m 풀어서	0.2891	0.1703	0.1188	

1.6.3 연결송수관설비 방수구의 위치

- 연결송수관설비 방수구(65A)의 위치가 계단으로부터 5 m 이내 설치 여부 확인

관련기준

연결송수관설비의 화재안전기술기준(NFTC 502)

2.3.1.2.1 아파트 또는 바닥면적이 1,000 ㎡ 미만인 층에 있어서는 계단(계단이 둘 이상 있는 경우에는 그중 1개의 계단을 말한다)으로부터 5m 이내에 설치할 것. 이 경우 부속실이 있는 계단은 부속실의 옥내 출입구로부터 5m 이내에 설치할 수 있다.

2.3.1.2.2 바닥면적 1,000 ㎡ 이상인 층(아파트를 제외한다)에 있어서는 각 계단(계단의 부속실을 포함하며 계단이 셋 이상 있는 층의 경우에는 그중 두 개의 계단을 말한다)으로부터 5 m 이내에 설치할 것. 이 경우 부속실이 있는 계단은 부속실의 옥내 출입구로부터 5m 이내에 설치할 수 있다.

(1) 연결송수관설비의 용도 및 설치 기준

1) 연결송수관설비는 화재 시 소방대가 사용하는 소화활동설비
2) 설치 위치 기준
   - 연결송수관 방수구에 대한 접근 용이성을 위해 계단에서 5 m 이내에 설치하도록 규정

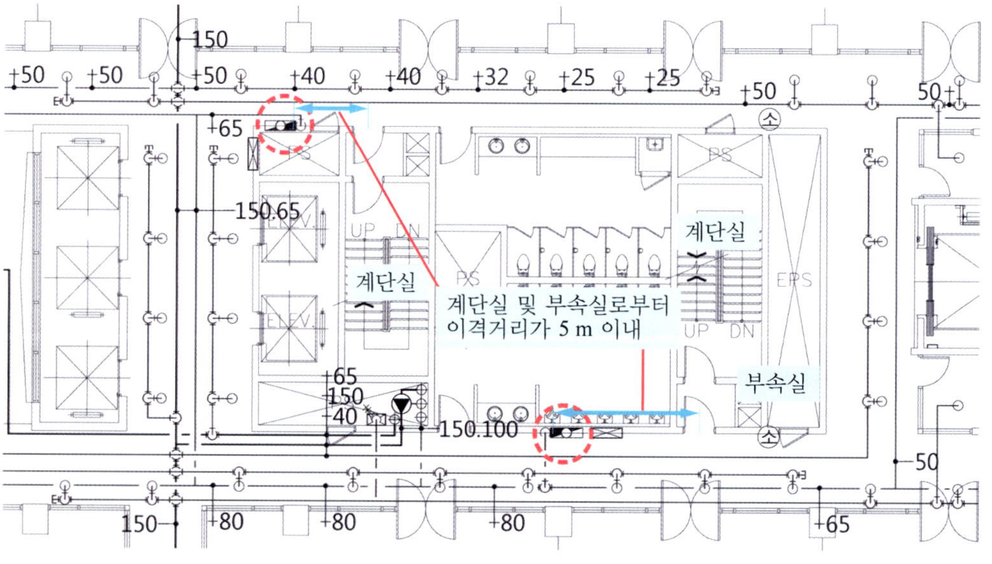

그림 1.6.3.1 연결송수관 방수구의 설치위치

(2) 설계 및 도면 검토 시 유의사항

1) 옥내소화전과의 겸용 설치 시 문제점
   - 연결송수관과 겸용으로 사용하는 옥내소화전의 경우, 수평거리 25 m 기준 충족만을 고려하여 계단으로부터 5 m 이상 초과 설치되는 경우가 종종 발생

2) 유의점
   ① 방수구는 반드시 계단으로부터 5 m 이내에 설치
   ② 부속실이 있는 경우, 부속실 출입문에서 5 m 이내에 설치

(3) 방수구의 설치 위치에 대한 고려사항

1) 5 m 지점이 복도가 아닌 실내일 경우, 소방대가 실질적으로 사용할 수 없는 장소가 될 수 있음
2) 대책 : 계단실 내부 또는 계단실 인근의 가장 가까운 위치에 방수구를 설치하도록 계획

(4) 계단실 내 방수구 설치의 타당성

1) 계단실의 안전성 : 건물 내 가장 안전한 공간
2) 방수구의 계단실 내 설치 장점
   ① 소방대가 안전하게 진압활동을 수행할 수 있음
   ② 계단실 내에 방수구를 설치하는 것이 가장 합리적일 수 있음

1.6.4 연결송수관설비 방수기구함의 설치

- 연결송수관설비 방수구의 방수기구함은 3개 층마다 설치 확인

관련기준

연결송수관설비의 화재안전기술기준(NFTC 502)

2.4.1.1 방수기구함은 피난층과 가장 가까운 층을 기준으로 3개층마다 설치하되, 그 층의 방수구마다 보행거리 5 m 이내에 설치할 것

(1) 방수기구함의 설치

1) 고가사다리차를 통한 화재진압 활동이 어려울 경우 소방대원이 계단을 통해 화재층까지 화재진압 도구를 운반하여 접근
2) 연결송수관설비 방수기구함에 소방호스 등을 미리 수납하여 소방대원의 부담을 경감
3) 소방대가 사용하기 용이하도록 방수구로부터 5 m 이내 근처에 설치
4) 3개 층마다 설치하여 화재층으로부터 2개 층을 벗어나지 않는 범위 내에서 소방호스를 사용할 수 있도록 함

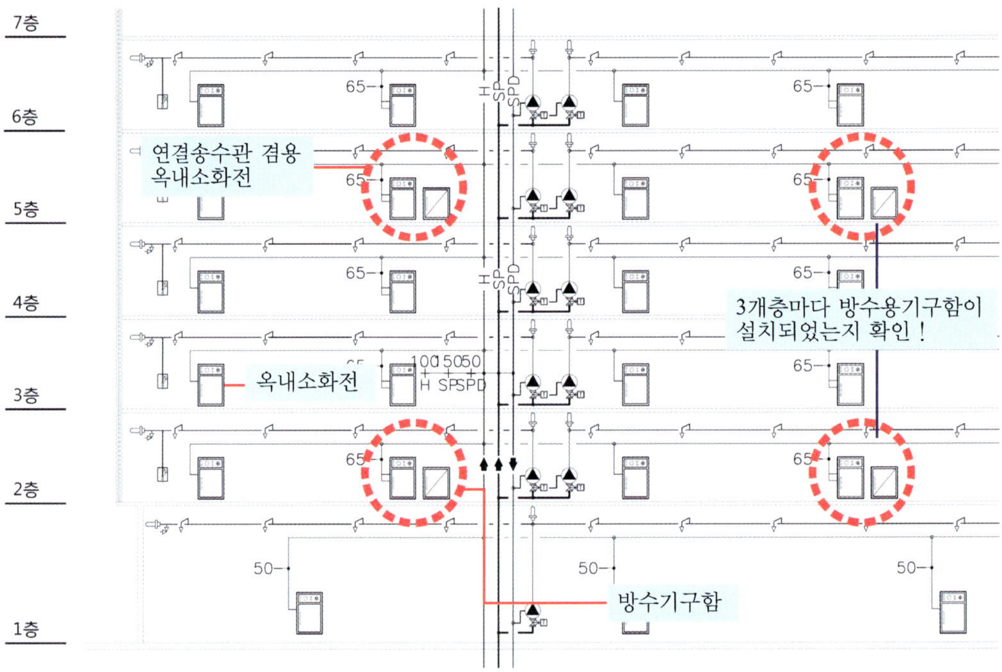

그림 1.6.4.1 연결송수관 방수기구함 설치수량 확인

(2) 방수기구함 설치 층의 고려사항

1) 소방대의 진입이 주로 피난층임을 감안
2) 피난층과 가장 가까운 층인 2층을 기준으로 3개 층마다 방수기구함을 설치
3) 공동주택의 경우 3층부터 3개 층마다 방수기구함을 설치

1.6.5 옥내소화전의 감압장치

- 사용압력이 0.7 MPa 초과되는 부분에 감압장치 설치 여부 검토

관련기준

옥내소화전설비의 화재안전기술기준(NFTC 102)

2.2.1.3 특정소방대상물의 어느 층에 있어서도 해당 층의 옥내소화전(2개 이상 설치된 경우에는 2개의 옥내소화전)을 동시에 사용할 경우 각 소화전의 노즐선단에서의 방수압력이 0.17 MPa(호스릴옥내소화전설비를 포함한다) 이상이고, 방수량이 130 L/min(호스릴옥내소화전설비를 포함한다) 이상이 되는 성능의 것으로 할 것. 다만, 하나의 옥내소화전을 사용하는 노즐선단에서의 방수압력이 0.7 MPa을 초과할 경우에는 호스접결구의 인입 측에 감압장치를 설치해야 한다.

(1) 최대 반동력 제한 및 노즐압력 계산

1) 일반인 사용 시 최대 허용 반동력

① 최대 반동력 : 20 kgf/cm^2 이하

② 반동력 계산식 : 반동력$(R) = 0.015 \times P(\text{kgf/cm}^2) \times d^2(\text{mm}^2)$

2) 노즐 직경과 반동력 관계

① 노즐 직경(d) : 13 mm

② 허용 반동력(R) : 20 kgf/cm^2

3) 노즐압력(P) 계산

① 반동력 식에 값 대입 : $20 = 0.015 \times P(13^2)$ $\quad \therefore P = 7.89$ kgf/cm^2

② 옥내소화전 노즐압력이 약 0.7 MPa 이상이면 반동력이 20 kgf/cm^{2}를 초과하여 일반인이 소화활동에 지장을 받음

③ 안전한 사용을 위해 노즐압력을 0.7 MPa 이하로 감압 필요

(2) 옥내소화전의 감압방법

1) 감압변(오리피스 타입) 설치

① 호스 접결구 앵글밸브 인입측에 감압변 설치 (그림 1.6.5.1 참조)

② 장점 : 설치가 간단하여 가장 많이 사용

2) 주의사항

① 감압 후 압력을 직접 확인할 수 없음

② 감압변 설치 후 소화전 압력 측정 필수

그림 1.6.5.1 소화전 오리피스형 감압장치(감압변)

표 1.6.5.1 국내기준(국가화재안전기술기준)과 NFPA의 설비별 압력 제한사항 비교

구 분	스프링클러설비		옥내소화전설비		연결송구관설비	
	설비사용 압력 (MPa)	헤드 방수압 (MPa)	40A		65A	
			호스 접결구 정압 (MPa)	호스방수압 (MPa)	호스 접결구 정압 (MPa)	호스방수압 (MPa)
국내 기준	1.2 MPa 이상일 경우 압력배관 사용	1.2 MPa 이하	없음	0.17 ~ 0.7	없음	0.35 이상
NFPA 13, 14	1.2 MPa 초과의 경우에는 초과압력에 견딜 수 있는 설비구성 부품 요구	상급위험용도의 팰릿적재, 밀집적재, 대형상자적재, 선반적재 창고의 경우에 한하여 1.2 MPa 이하	1.2 이하	0.46 ~ 0.7	1.2 이하	0.7 ~ 1.2

(3) 오리피스형 감압장치의 특징

1) 설치가 쉬워 기존 건물에도 적용 가능
2) 감압 원리 : 작은 구멍(오리피스)을 통과할 때 발생하는 압력손실 이용
3) 복수 오리피스 사용의 장점
   ① 오리피스 1개보다는 2개를 직렬로 구성하여 감압성능 향상 가능
   ② 오리피스 구경이 지나치게 작아지는 것을 방지
   ③ 막힘 우려 감소
4) 적용 방법
   ① 수리계산을 통해 층별 방수압력이 0.7 MPa 이상인 위치 선정
   ② 해당 구간의 옥내소화전에 감압변 적용

(4) 아파트에서의 감압변 적용

1) 소화펌프 선정 기준 : 가장 불리한 조건의 세대를 가정하여 선정

2) 사용압력 검토 : 사용압력이 0.7 MPa을 초과하는 부분을 동별로 검토

3) 감압변 적용 : 0.7 MPa 초과 부분에 감압변 설치

4) 최소유량 시 압력 상승 고려 (그림 1.6.5.2 참조)

① 소화설비의 최소유량 발생 시 압력이 체절압 근처까지 상승

② 감압변은 사용압력을 기준으로 선정해야 함

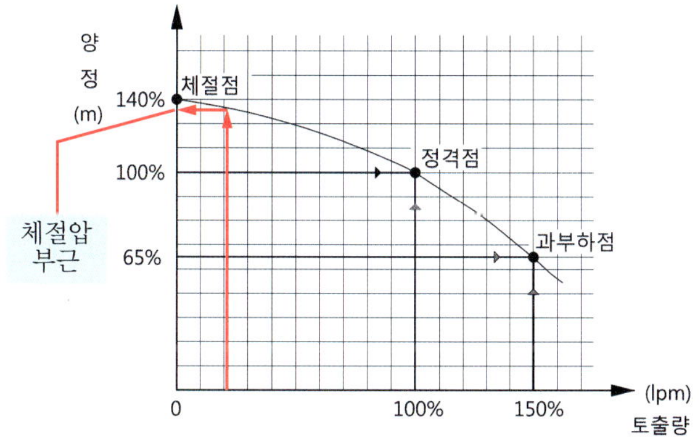

그림 1.6.5.2 소화펌프의 성능곡선에 따른 압력 형성

(5) 감압변 설치 사례

1) 예시 조건

- 소화펌프 정격양정 : 100 m / 체절양정 : 130 m

2) 이론적 접근

① 배관 마찰손실, 호스마찰, 방사압력 등을 고려

② 0.7 MPa (약 70 m) 초과 부분에만 감압변 설치

3) 실무적 접근

① 개략 근사치 계산과 큰 차이가 없으므로 단순화

② 체절양정에서 0.7 MPa (70 m)을 뺀 나머지 구간(60 m)에 감압변 설치

4) 감압변 설치 범위 결정

① 체절압(130 m)에서 허용 방사압(70 m)을 빼면 남은 60 m

② 이 60 m 구간까지 감압변 설치

5) 사용압력 기준으로 개략 계산하여 감압변 설치 검토 (그림 1.6.5.3 참조)

6) 현재 시판 중인 오리피스 감압변의 구경은 24 mm로, 감압성능이 부족하다는 여러 시험자료가 있으므로, 반드시 소방완공 검사 시 현장시험을 통해 감압성능을 확인 후 오리피스 구경을 결정

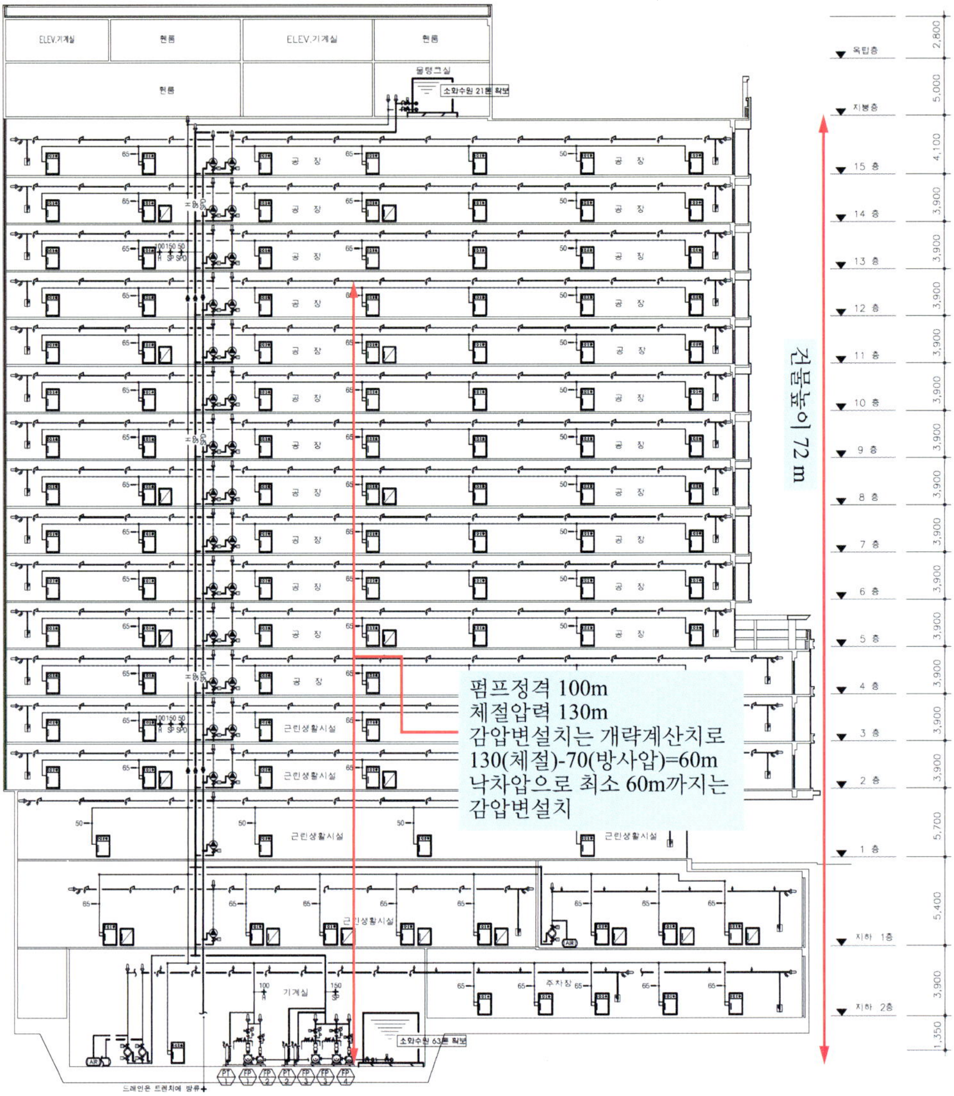

그림 1.6.5.3 옥내소화전 감압변 설치

1.6.6 옥내소화전 배관 구경

- 펌프 토출측 주배관 구경은 4 m/s 이하가 되는지 검토

관련기준

옥내소화전설비의 화재안전기술기준(NFTC 102)

2.3.5 펌프의 토출 측 주배관의 구경은 유속이 4 ㎧ 이하가 될 수 있는 크기 이상으로 해야 하고, 옥내소화전방수구와 연결되는 가지배관의 구경은 40 ㎜(호스릴옥내소화전설비의 경우에는 25 ㎜) 이상으로 해야 하며, 주배관 중 수직배관의 구경은 50 ㎜(호스릴옥내소화전설비의 경우에는 32 ㎜) 이상으로 해야 한다.

(1) 옥내소화전 배관 구경 기준

1) 유속 제한 : 펌프의 토출측 주배관 구경은 유속이 4 m/s 이하가 되도록 크기 선정
2) 옥내소화전 최소 구경 : 40 mm 이상
3) 입상배관 구경 : 50 mm 이상
4) 소방설비용 배관의 유속 제한 이유
   ① 압력손실 최소화 : 유속이 과도하게 높을 경우 압력손실이 증가하여 방사압이 낮아짐
   ② 안정적인 방사압을 유지하기 위해 유속을 제한하여 압력손실을 최소화함

(2) 30층 미만 건축물의 옥내소화전 배관 구경 선정

1) 옥내소화전 최대 동시 사용 수량 : 2개
2) 소화전 배관 구경 : 옥내소화전만 설치될 경우 배관 구경은 최대 50 mm

(3) 30층 이상 건축물의 옥내소화전 배관 구경 선정

1) 옥내소화전 최대 동시 사용 수량 : 5개
2) 동시에 5개 사용 시에도 유속 4 m/s 이하를 유지하여 유속 범위를 초과하지 않음
3) 옥내소화전 설치 수량에 따른 유속이 4 m/s 이하가 되는 배관 구경은 표 1.6.6.1 참조

표 1.6.6.1 옥내소화전 수량별 배관 구경 (KS D 3507 기준)

옥내소화전 수량(개)	1	2	3	4	5
유량 (L/min)	130	260	390	520	650
배관 호칭경 (A)	40	50	65	80	100
배관 내경 (mm)	42.1	53.2	69.0	81.0	105.3
유속 (m/s)	1.6	1.9	1.7	1.7	1.2

1.6.7 연결송수관설비 겸용 배관 구경

- 연결송수관 주배관이 100 mm 이상인지 확인

관련기준

옥내소화전설비의 화재안전기술기준(NFTC 102)

2.3.6 연결송수관설비의 배관과 겸용할 경우의 주배관은 구경 100 ㎜ 이상, 방수구로 연결되는 배관의 구경은 65 ㎜ 이상의 것으로 해야 한다.

(1) 연결송수관설비의 특징 및 필요성

1) 용도 : 연결송수관설비는 소방관이 사용하는 소화활동설비로 화재의 중기 또는 건물 내 전면적으로 확대된 화재를 진압하는 데 사용됨
2) 필요성
   ① 대량의 주수(물)를 필요로 하므로 방수량이 증가
   ② 방수량 증가에 따라 배관의 관경(직경)도 커져야 함
3) 옥내소화전과의 차이점
   ① 옥내소화전은 초기소화를 목적으로 일반인이 사용하는 설비
   ② 연결송수관설비는 보다 큰 화재를 진압하기 위해 소방관이 사용

(2) 연결송수관설비와 옥내소화전의 겸용 설치 시 배관 구경 기준

1) 입상배관(수직 배관) 구경 : 최소 100 mm 이상
2) 수평으로 설치되는 겸용배관 구경
   ① 65A 방수구 1개 겸용배관 : 최소 65 mm
   ② 65A 방수구 2개 이상 겸용배관 : 최소 100 mm 이상

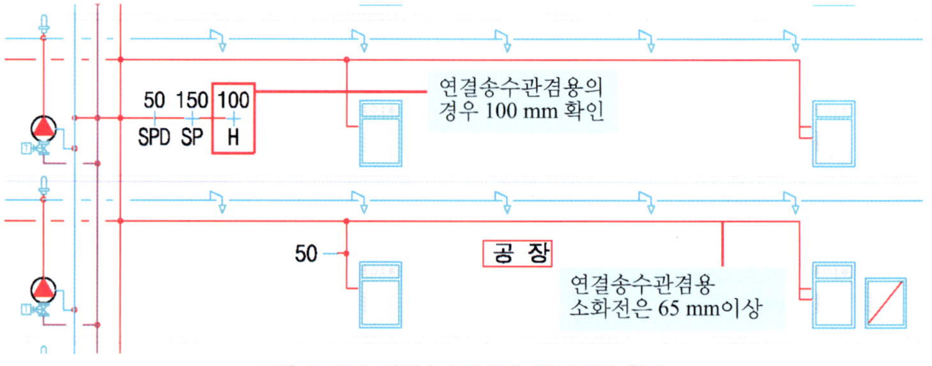

그림 1.6.7.1 연결송수관설비 입상배관 확인

1.6.8 연결송수관설비 가압펌프의 설치기준

- 지표면에서 최상층 방수구의 높이가 70 m 이상 여부 확인

관련기준

연결송수관설비의 화재안전기술기준(NFTC 502)

2.5.1 지표면에서 최상층 방수구의 높이가 70 m 이상의 특정소방대상물에는 다음의 기준에 따라 연결송수관설비의 가압송수장치를 설치해야 한다.

2.5.1.10 펌프의 토출량은 2,400 L/min(계단식 아파트의 경우에는 1,200 L/min) 이상이 되는 것으로 할 것. 다만, 해당 층에 설치된 방수구가 3개를 초과(방수구가 5개 이상인 경우에는 5개)하는 것에 있어서는 1개마다 800 L/min(계단식 아파트의 경우에는 400 L/min)를 가산한 양이 되는 것으로 할 것

2.5.1.11 펌프의 양정은 최상층에 설치된 노즐선단의 압력이 0.35 MPa 이상의 압력이 되도록 할 것

(1) 설치 목적

1) 고층 건물에서 소화펌프차의 한계
   - 일정 높이 이상의 고층건물에서는 소화펌프차가 지상에서 고층부까지 유효하게 송수할 수 없음

2) 높이 한계의 보완을 위한 연결송수관설비 가압펌프 설치

(2) 연결송수관설비 가압펌프의 유량 산정

1) 산정 기준 : 70 m 이상의 방수구 수량에 따라 펌프의 유량을 선정함

2) 일반 건축물의 유량 선정

   ① 기본 토출량 : 2,400 L/min 이상

   ② 방수구가 3개를 초과하는 경우 : 방수구 1개마다 800 L/min을 가산

   ③ 최대 고려 방수구 수 : 5개

   ④ 최대 유량 : 2,400 L/min + 800 L/min × 2 = 4,000 L/min

(3) 연결송수관설비 가압펌프의 양정 산정

1) 양정 계산 방법
   - 가압펌프 필요 양정 = 전체 필요 양정 − 소방차로부터 연결송수관 가압펌프 흡입측 급수압력(70 m 가정)

2) 소방차의 엔진펌프와 연결송수관 가압펌프는 직렬 연결되어 양정이 더해짐

(4) 소방차 급수압력 고려사항

1) 국내 소방차의 급수압력 능력 : 1 MPa (약 100 m) 이상 가능.

2) 적용 규정 및 합리적 선정 방안

① 연결송수관설비 가압송수장치의 적용 규정은 지표면에서 70 m 이상 건축물

② 펌프 양정 산정 시, 본 건축물 최상부의 필요 양정에서 70 m를 뺀 값으로 연결송수관 가압펌프를 선정하는 것이 합리적임

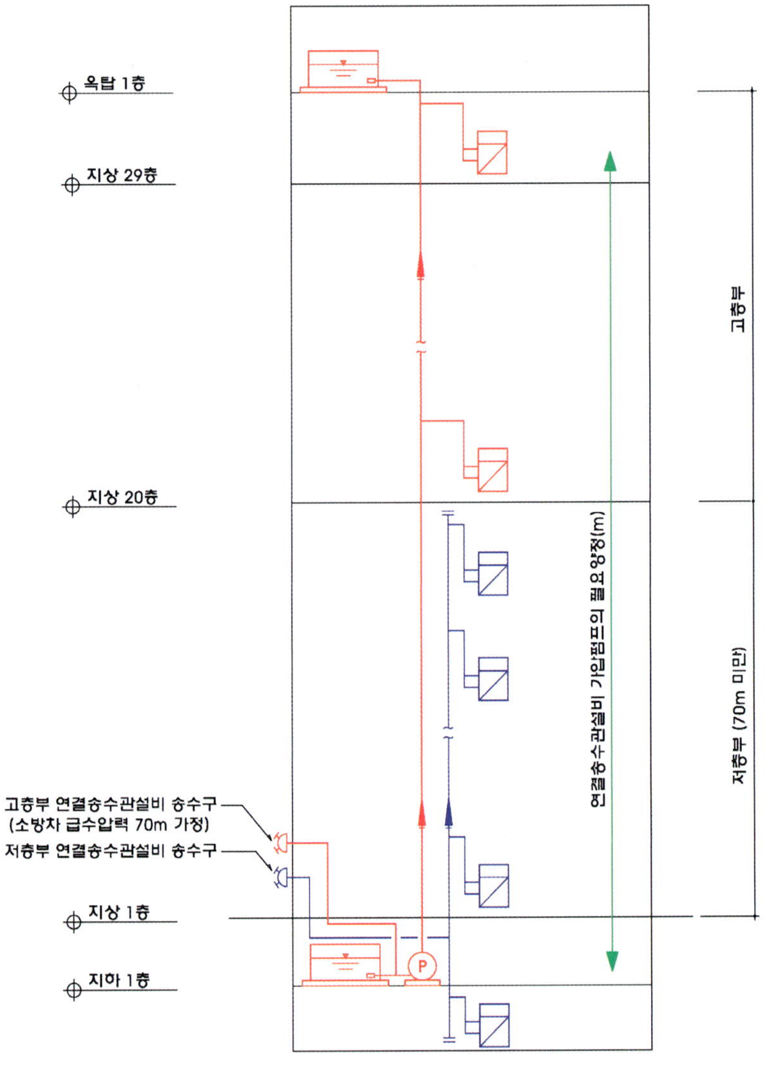

그림 1.6.8.1 연결송수관설비 가압펌프 설치

1.6.9 연결송수구 배관의 구성

- 송수구 연결 배관의 자동배수밸브 및 체크밸브 설치와 방향 확인
- 개폐밸브 설치 시 적합 여부

관련기준

옥내소화전설비의 화재안전기술기준(NFTC 102)

2.3.12.2 송수구로부터 옥내소화전설비의 주배관에 이르는 연결배관에는 개폐밸브를 설치하지 않을 것. 다만, 스프링클러설비·물분무소화설비·포소화설비 또는 연결송수관설비의 배관과 겸용하는 경우에는 그렇지 않다.

2.3.12.5 송수구의 부근에는 자동배수밸브(또는 직경 5㎜의 배수공) 및 체크밸브를 다음의 기준에 따라 설치할 것

스프링클러설비의 화재안전기술기준(NFTC 103)

2.8.1.2 송수구로부터 스프링클러설비의 주배관에 이르는 연결배관에 개폐밸브를 설치한 때에는 그 개폐상태를 쉽게 확인 및 조작할 수 있는 옥외 또는 기계실 등의 장소에 설치할 것

2.8.1.5 폐쇄형스프링클러헤드를 사용하는 스프링클러설비의 송수구는 하나의 층의 바닥면적이 3,000 ㎡를 넘을 때마다 1개 이상(5개를 넘을 경우에는 5개로 한다)을 설치할 것

2.8.1.7 송수구의 부근에는 자동배수밸브(또는 직경 5 ㎜의 배수공) 및 체크밸브를 설치할 것

연결송수관설비의 화재안전기술기준(NFTC 502)

2.1.1.8 송수구의 부근에는 자동배수밸브 및 체크밸브를 다음의 기준에 따라 설치할 것

2.1.1.8.1 습식의 경우에는 송수구 · 자동배수밸브 · 체크밸브의 순으로 설치할 것

2.1.1.8.2 건식의 경우에는 송수구 · 자동배수밸브 · 체크밸브 · 자동배수밸브의 순으로 설치할 것

(1) 연결송수구의 설치 순서 및 구성 요소

1) 설치 순서
   - 송수구 → 자동배수밸브 → 체크밸브

2) 체크밸브의 설치 방향 : 체크밸브는 주배관 쪽 방향으로 유수 흐름 확인

(2) 옥내소화전만 설치된 건축물의 밸브 설치 규정

1) 개폐밸브 설치 금지 : 옥내소화전만 설치되는 건축물의 경우

2) 겸용 설비의 경우 개폐밸브 설치 필요 시 조치
   - 주배관이 습식인 경우
     - ☞ 체크밸브 수리 시 배관의 물을 모두 배수해야 하는 불편이 있음
     - ☞ 유지관리상 개폐밸브를 설치, 반드시 탬퍼스위치 부착형으로 설치

(3) 연결송수구 설치 방식에 따른 구분

1) 습식 시스템
   - 설치 순서 : 송수구 → 자동배수밸브 → 체크밸브

2) 건식 시스템
   - 설치 순서 : 송수구 → 자동배수밸브 → 체크밸브 → 자동배수밸브

(4) 자동배수밸브의 설치 목적 및 위치

1) 설치 목적 : 배관 내 남아 있는 물을 배수하여 동절기 동파로 인한 피해를 줄이기 위함

2) 설치 위치

   ① 배관 내의 물이 잘 빠지는 위치에 설치

   ② 배수로 인해 다른 물건이나 장소에 피해를 주지 않도록 함

(5) 건식 시스템에서의 자동배수밸브 역할

1) 체크밸브에서 송수구 쪽 자동배수밸브
   - 소방자동차로부터 급수한 후 송수구와 체크밸브 사이의 배관에 남아 있는 물을 배수

2) 체크밸브에서 방수구 쪽 자동배수밸브
   - 체크밸브에서 방수구에 이르는 배관 내에 남아 있는 물을 배수

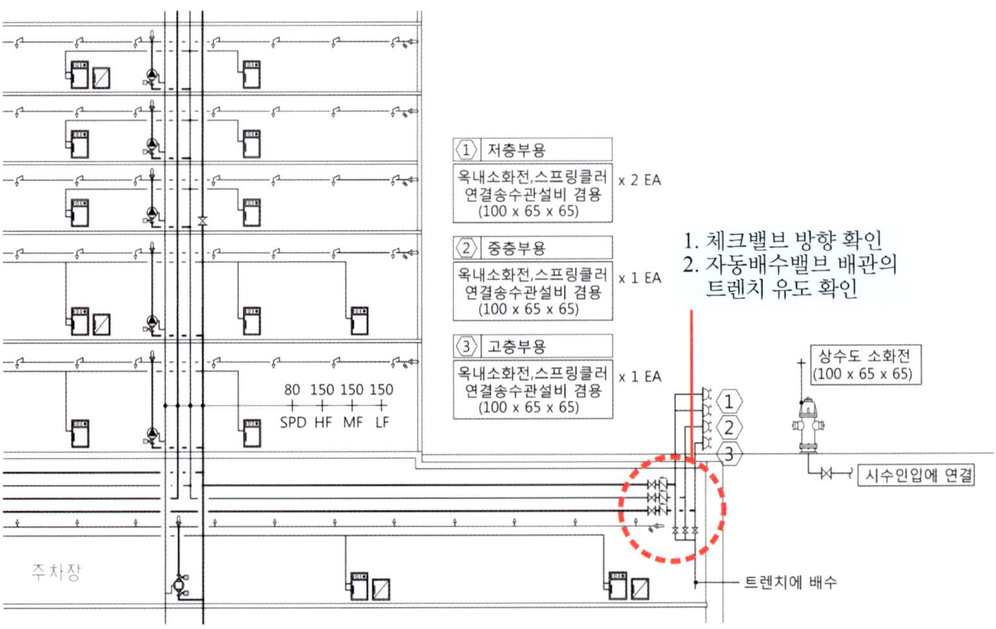

그림 1.6.9.1 연결송수구 주위배관 및 부속류 확인

(6) 체크밸브 및 개폐밸브의 설치 및 확인 사항

1) 체크밸브 방향 확인
   - 송수구 이후 설치된 체크밸브의 방향이 급수 방향인지 확인한다.

2) 개폐밸브 설치
   ① 체크밸브 이후에 설치된 개폐밸브는 체크밸브 유지보수용으로 설치
   ② 법적 의무사항은 아니지만 유지관리 측면에서 설치하는 것이 바람직함
   ③ 스프링클러설비와 연결송수관설비 송수구의 경우 반드시 탬퍼스위치 부착형으로 설치

1.6.10 옥외 연결송수구의 위치

- 옥외 송수구 주변에 낙하물 등의 장애 여부 및 조작 공간 확보 여부

관련기준

옥내소화전설비의 화재안전기술기준(NFTC 102) / 스프링클러설비의 화재안전기술기준(NFTC 103)

2.3.12.1 소방차가 쉽게 접근할 수 있고 잘 보이는 장소에 설치하고, 화재층으로부터 지면으로 떨어지는 유리창 등이 송수 및 그 밖의 소화작업에 지장을 주지 않는 장소에 설치할 것

(1) 연결송수구의 설치 및 안전 조건

1) 설치 높이 기준
   - 0.5 m 이상 1 m 이하의 높이에 설치하여 신속한 호스 체결이 용이하도록 함

2) 소방차 접근성 고려
   - 소방차 정차위치에서 송수구까지는 소방차의 호스길이를 고려

3) 안전한 위치 확인
   ① 화재층에서 위험한 낙하물이 송수구로 떨어지지 않는 안전한 위치에 설치
   ② 낙하물은 소방대원의 안전을 위협할 수 있으며, 소방호스가 찢어져 송수가 불가능해질 수 있음

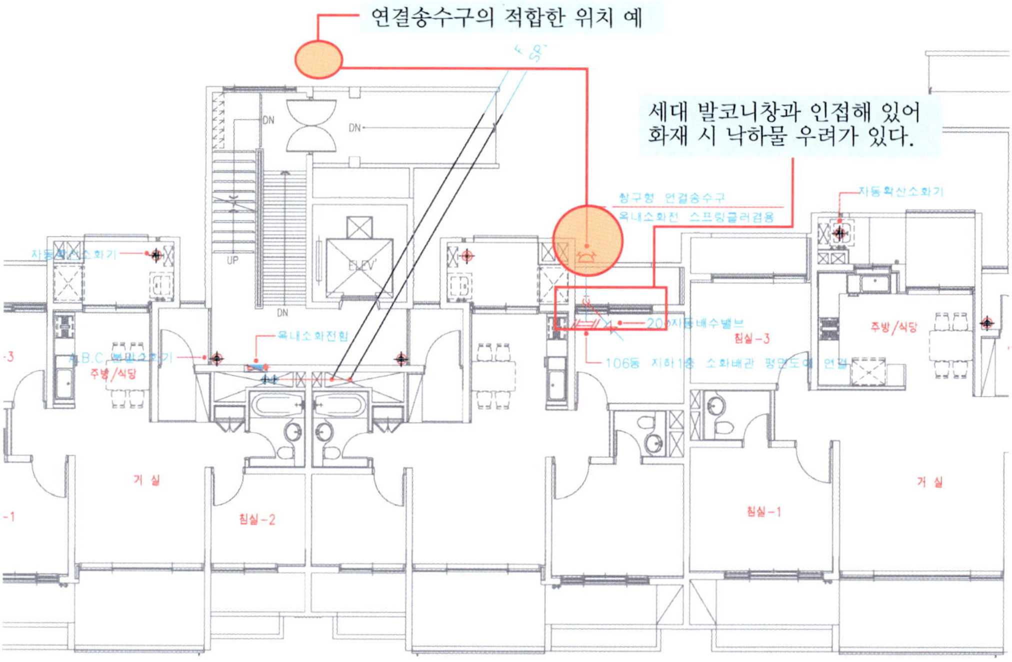

그림 1.6.10.1 연결송수구의 설치위치

(2) 공동주택에서의 송수구 위치 문제점

1) 낙하물로 인한 위험 요소
   - 대부분의 공동주택에서 송수구가 화단 안쪽 벽면 하단부에 위치하여 상부의 창문 등에서 낙하물이 떨어질 위험이 있음

2) 송수구 식별의 어려움
   - 화단 안쪽에 설치되어 조경수로 인해 외부에서 송수구 위치를 식별하기 어려움

(3) 송수구 위치 개선 방안

1) 송수구의 위치가 부적절할 경우 설계도면에서 위치 변경을 검토함

2) 위치 변경 제안

   ① 화단 외부 도로에 인접하도록 송수구를 설치함

   ② 유리창 등의 개구부가 없는 공동주택 측벽 부분으로 송수구 위치 변경 고려

1.7 스프링클러설비

1.7.1 스프링클러 헤드 기준개수 적용 기준

- 스프링클러 설치장소의 용도 및 규모에 따른 헤드의 기준개수 검토

관련기준

스프링클러설비의 화재안전기술기준(NFTC 103)

2.1.1 스프링클러설비의 수원은 그 저수량이 다음의 기준에 적합하도록 해야 한다. 다만, 수리계산에 의하는 경우에는 2.2.1.10 및 2.2.1.11에 따라 산출된 가압송수장치의 1분당 송수량에 20을 곱한 양 이상이 되도록 해야 한다.

2.1.1.1 폐쇄형스프링클러헤드를 사용하는 경우에는 다음 표 2.1.1.1 스프링클러설비 설치장소별 스프링클러헤드의 기준개수[스프링클러헤드의 설치개수가 가장 많은 층(아파트의 경우에는 설치개수가 가장 많은 세대)에 설치된 스프링클러헤드의 개수가 기준개수보다 적은 경우에는 그 설치개수를 말한다. 이하 같다]에 1.6 ㎥를 곱한 양 이상이 되도록 할 것

표 2.1.1.1 스프링클러설비의 설치장소별 스프링클러헤드의 기준개수

스프링클러설비의 설치장소			기준개수
지하층을 제외한 층수가 10층 이하인 소방대상물	공장	특수가연물을 저장 · 취급하는 것	30
		그 밖의 것	20
	근린생활시설 판매시설 · 운수시설 또는 복합건축물	판매시설 또는 복합건축물 (판매시설이 설치되는 복합건축물을 말한다)	30
		그 밖의 것	20
	그 밖의 것	헤드의 부착높이가 8m 이상인 것	20
		헤드의 부착높이가 8m 미만인 것	10
지하층을 제외한 층수가 11층 이상인 소방대상물 · 지하가 또는 지하역사			30

비고 : 하나의 소방대상물이 2 이상의 "스프링클러헤드의 기준개수"란에 해당하는 때에는 기준개수가 많은 것을 기준으로 한다. 다만, 각 기준개수에 해당하는 수원을 별도로 설치하는 경우에는 그렇지 않다.

2.1.1.2 개방형스프링클러헤드를 사용하는 스프링클러설비의 수원은 최대 방수구역에 설치된 스프링클러헤드의 개수가 30개 이하일 경우에는 설치헤드수에 1.6 ㎥를 곱한 양 이상으로 하고, 30개를 초과하는 경우에는 수리계산에 따를 것

공동주택의 화재안전기술기준(NFTC 608)

2.3.1.1 폐쇄형스프링클러헤드를 사용하는 아파트 등은 기준개수 10개(스프링클러헤드의 설치개수가 가장 많은 세대에 설치된 스프링클러헤드의 개수가 기준개수보다 작은 경우에는 그 설치개수를 말한다)에 1.6 ㎥를 곱한 양 이상의 수원이 확보되도록 할 것. 다만, 아파트 등의 각 동이 주차장으로 서로 연결된 구조인 경우 해당 주차장 부분의 기준개수는 30개로 할 것

창고시설의 화재안전기술기준(NFTC 609)

2.3.2.1 라지드롭형 스프링클러헤드의 설치개수가 가장 많은 방호구역의 설치개수(30개 이상 설치된 경우에는 30개)에 3.2 ㎥(랙식 창고의 경우에는 9.6 ㎥)를 곱한 양 이상이 되도록 할 것

2.3.2.2 2.3.1.4에 따라 화재조기진압용 스프링클러설비를 설치하는 경우 「화재조기진압용 스프링클러설비의 화재안전기술기준(NFTC 103B)」 2.2.1에 따를 것

(1) 스프링클러 헤드 기준개수의 개념 및 적용 원칙

1) 개념

- 스프링클러 헤드 기준개수란 스프링클러설비 설치대상 건물의 규모와 용도에 따라 적용되는 헤드의 개수를 말함

2) 기준개수 적용 원칙

- 하나의 건물에 2 이상의 기준개수가 해당될 때에는 기준개수가 큰 기준으로 적용

3) 예시

- 5층 건물에서, 지상층은 근린생활시설이고, 지하층은 주차장 용도인 경우.
  - ☞ 근린생활시설은 스프링클러설비가 면제, 주차장만 스프링클러설비 설치대상
  - ☞ 이 경우 "10층 이하 – 그 밖의 것 – 부착높이 8 m 이하"로 보아 기준개수는 10개로 적용

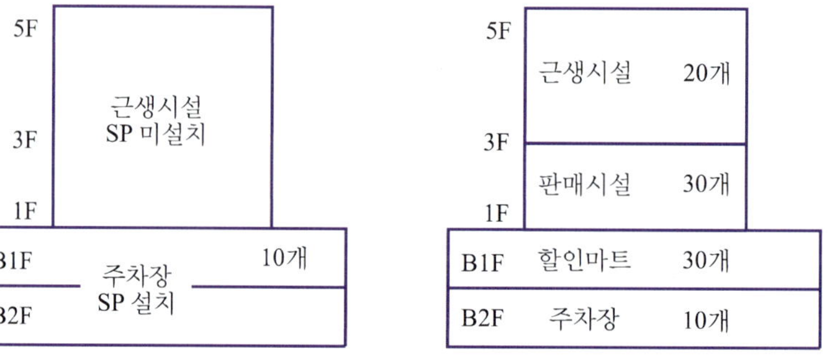

그림 1.7.1.1 스프링클러헤드 기준개수 확인

(2) 복합건축물의 기준개수 적용 방법

1) 복합건축물의 정의

- '소방시설 설치 및 관리에 관한 법률 시행령' 「별표2」 비고 2의 특정소방대상물 중 하나의 건축물 안에 2 이상의 용도로 사용되는 것을 말함

2) 복합건축물로 보지 않는 경우

① 관계법령에서 주된 용도의 부수시설로서 그 설치를 의무화하고 있는 용도.

② 주택법에 의한 부대시설 또는 복리시설.

③ 건축물의 주된 용도의 기능에 필수적인 용도로 사용되는 것.

3) 복합건축물의 기준개수 적용

- 스프링클러 설치장소에 따라 각각 기준개수를 적용한 후, 그 중 가장 많은 기준개수를 적용

4) 별도의 시스템 적용 시

- 각 용도별로 별도의 시스템을 적용하고, 완전구획이 되어 있다면 각각의 용도에 적합한 기준개수를 적용할 수 있음

5) 예시

- 5층 이하의 근린생활시설과 판매시설로 구성된 복합건축물의 경우
  - ☞ 스프링클러 설치장소에 따라 기준개수가 다르므로, 가장 많은 기준개수인 30개로 적용

표 1.7.1.1 설치장소별 스프링클러헤드 기준개수와 수원량

구 분			스프링클러설비			
			기준개수 (개)	기준유량 (lpm)	수원공급시간 (분)	기준수원량 (m^3)
10층 이하	공장	특수가연물	30	80	20	1.6
		이외	20			
	근생, 판매, 운수, 복합	판매, 복합 (판매 포함)	30			
		이외	20			
	헤드 부착높이 8m 이상		20			
	헤드 부착높이 8m 미만		10			
11층 이상, 지하가, 지하역사			30			
공동주택, 각 동 주차장 연결			30			
창고	일반		30	160	20	3.2
	랙식				60	9.6
30층~49층			30	80	40	3.2
50층 이상			30		60	4.8

(3) 지하층이 지하가와 연결된 경우의 소화설비 적용

1) 지하가로 보는 경우

- 특정소방대상물의 지하층이 지하가와 연결되어 있는 경우, 해당 지하층 부분을 지하가로 보아 소화설비를 적용

2) 별개의 소방대상물로 보는 경우

① 지하가와 연결되는 지하층 통로에 경보설비 또는 자동소화설비와 연동하여 자동으로 닫히

는 방화셔터 또는 60분 방화문이 설치된 경우.

② 자동으로 방수되는 방식의 드렌처설비를 설치한 경우.

3) 기준개수 판단 시 주의사항

- 소방대상물의 기준개수를 판단할 때, 하나의 소방대상물인지 여부도 검토하여 적법한 스프링클러 헤드 기준개수를 적용

(4) 10층 이하 건축물의 헤드 기준개수 선정 시 유의사항

1) 기준개수 선정 기준

- 10층 이하의 건축물로 그 밖의 것에 해당될 때는 헤드 기준개수를 10개로 선정

2) 실수하기 쉬운 사례

- 1, 2층이 개방된 로비나 기계실 등 층고가 높은 경우로 헤드 부착 높이가 8 m 이상인 경우

3) 검토방안

① 헤드 설치장소 기준으로 기준개수를 10개로 선정하더라도, 헤드 부착높이가 8 m 이상이면 기준개수가 20개가 됨

② 건축 단면도와 실내마감표를 검토하여 헤드 부착높이 확인 후 기준개수가 맞는지 검토

(5) 공동주택(아파트)의 스프링클러 헤드 기준개수

1) 일반적인 기준개수

- 공동주택(아파트)의 경우 스프링클러 헤드 기준개수는 10개

2) 주차장 연결 구조 시 기준개수

- 아파트 등의 각 동이 주차장으로 서로 연결된 구조인 경우, 해당 주차장 부분의 기준개수는 30개

(6) 창고의 스프링클러 헤드 기준개수 및 수원공급시간

1) 헤드 종류 및 기준개수

- 창고의 경우 스프링클러헤드를 라지드롭형으로 설치하며, 기준개수는 30개

2) 수원공급시간

① 일반 창고 : 수원공급시간 20분 이상

② 랙식 창고 : 수원공급시간 60분을 곱한 양 이상

1.7.2 스프링클러설비 소화계산서

- 소화계산서와 평면도 검토 및 배관 및 부속류 마찰손실의 관련 근거 확인

관련기준

1. 정형화된 국내의 마찰손실수두 계산방법이 없으므로 NFPA 등 해외기준을 참조한다.
2. 배관의 마찰손실수두는 Hazen-Williams의 식을 이용하며 이때, 배관구경은 내경기준으로 해야 한다.
3. 아래 표는 ASHRAE Handbook를 출전으로 하는 것으로 알려져 있으나 이는 소화설비에 적용하는 것이 아니고 위생설비 배관 등에 사용하는 것이 원칙으로 하지만 현재 국내에서 규약배관 방식으로 설계 시 가장 많이 사용한다.

관경	90° Elbow	45° Elbow	분류 Tee	직류 Tee	Gate 밸브	Ball 밸브	Angle 밸브	Check 밸브
25 mm	0.90	0.54	1.50	0.27	0.18	7.5	4.5	2.0
32 mm	1.20	0.72	1.80	0.36	0.24	10.5	5.4	2.5
40 mm	1.50	0.90	2.10	0.45	0.30	13.5	6.5	3.1
50 mm	2.10	1.20	3.00	0.60	0.39	16.5	8.4	4.0
65 mm	2.40	1.50	3.60	0.75	0.48	19.5	10.2	4.6
80 mm	3.00	1.80	4.50	0.90	0.63	24.0	12.0	5.7
100 mm	4.20	2.40	6.30	1.20	0.81	37.5	16.5	7.6
125 mm	5.10	3.00	7.50	1.50	0.99	42.0	21.0	10.0
150 mm	6.00	3.60	9.00	1.80	1.20	49.5	24.0	12.0
200 mm	6.50	3.70	14.00	4.00	1.40	70.0	33.0	15.0

비고 1) 윗 표의 elbow, tee는 나사접합을 기준으로 한 것임 (용접의 경우는 일반적으로 손실을 더 작게 적용한다)
2) Reducer는 45° elbow와 같다(다만 관경이 작은 쪽에 따른다)
3) Coupling은 직류T와 같다
4) Union, Flange, Socket은 손실수두가 미소하여 생략한다
5) Auto 밸브(포소화설비), Globe 밸브는 Ball 밸브와 같다
6) Alarm 밸브, Foot 밸브 및 Strainer는 Angle 밸브와 같다

4. 아래 표는 NFPA 13 Table 14-4.3.1.1.에서 제시된 표로서 원래 ft단위이나 meter단위로 변환하고 소수3자리에서 반올림하여 기재함 본 자료는 sch40을 기준으로 하며 기타 내경이 다른 배관은 아래의 식을 이용하여 환산된 계수 k를 등가배관 길이에 곱하여 사용한다. 계수 $k = \left(\dfrac{\text{사용배관의 내경}}{\text{sch40강관의 내경}}\right)^{4.87}$

관경	45° Elbow	90° Elbow (standard)	90° Elbow (long)	분류Tee Cross	Butterfly 밸브	Gate 밸브	Check 밸브
20 mm	0.30	0.61	0.30	0.91	–	–	–
25 mm	0.30	0.61	0.61	1.52	–	–	1.52
32 mm	0.30	0.91	0.61	1.83	–	–	2.13
40 mm	0.61	1.22	0.61	2.44	–	–	2.74
50 mm	0.61	1.52	0.91	3.05	1.83	0.30	3.35
65 mm	0.91	1.83	1.22	3.66	2.13	0.30	4.27
80 mm	0.91	2.13	1.52	4.57	3.05	0.30	4.88
100 mm	1.22	3.05	1.83	6.10	3.66	0.61	6.71
125 mm	1.52	3.66	2.44	9.14	3.05	0.91	9.75
150 mm	2.13	4.27	2.74	9.14	3.05	0.91	9.75

비고 1) Check 밸브는 Swing형에 한한다.
2) 위 표는 배관 재질에 관계없이 모두 적용할 수 있다.
3) C=120을 적용해야 한다.
4) 스프링클러헤드에 직접 연결된 관부속품에 대한 손실은 제외한다.
5) 표에 제시되지 않은 각종 밸브 및 관부속품은 원칙적으로 제조자로부터 등가길이에 대한 정보를 제공받아야 하지만 실제 제공받는 일은 거의 없으므로 위의 표와 유사한 등가길이를 적용한다.(건식밸브의 경우 미국 Viking사에서는 C=120일 경우 80A → 1.5m, 100A → 4.3m, 150A → 6.7m의 수치를 제시하고 있다.)

(1) 소화계산서의 검토

1) 소화배관계통도 및 평면도 확인 사항

① 소화펌프의 위치 확인

② 수리적으로 가장 먼 위치의 헤드 확인

2) 기준개수 검토

① 건축물 용도에 따른 기준개수 확인

② 기준개수 수량만큼 계산되었는지 소화계산서와 평면도를 함께 검토

(2) 펌프양정 계산 방법

1) 펌프양정 공식

- $H(m) = H_1 + H_2 + 10\,m$

  여기서, H_1 : 건물의 실양정(낙차) (m)

  H_2 : 배관의 마찰손실수두 (m)

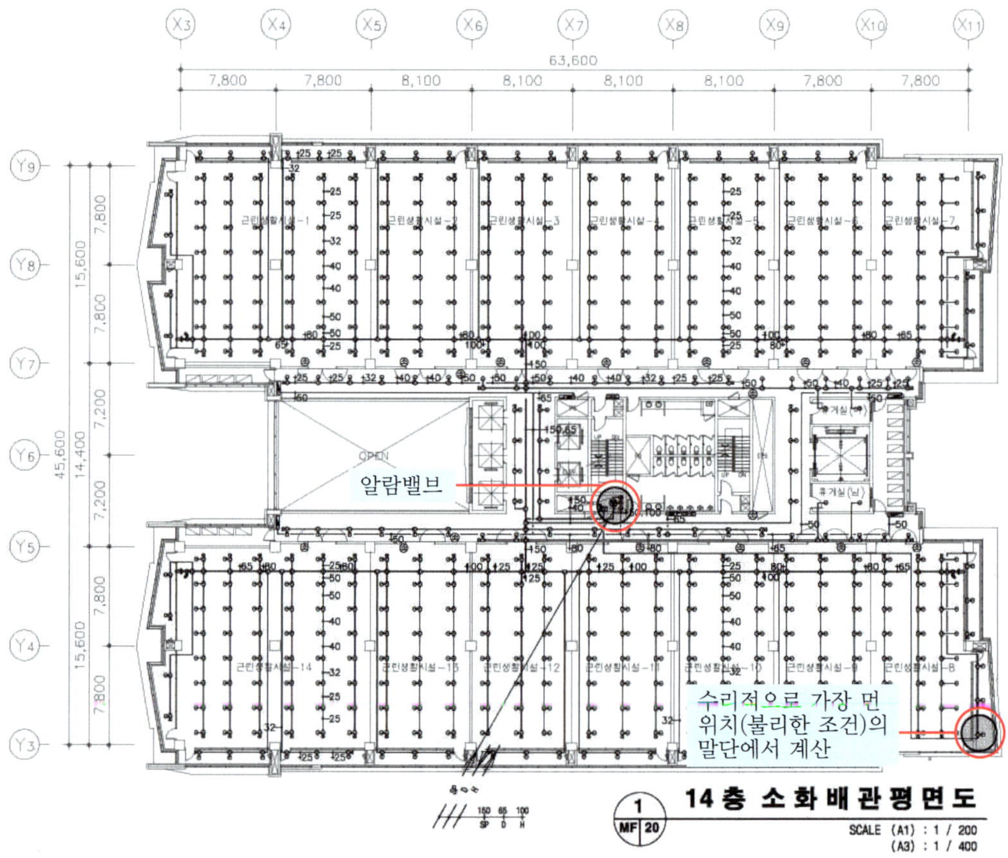

그림 1.7.2.1 스프링클러 소화설비 평면도

5.1) 배관 및 부속 마찰 손실표 (h_2)									
구 간 (Location)									
배 관 재 질 (Pipe Schedule)	10 KSD 3507	10 KSD 3507	10 KSD 3507	10 KSD 3507	10 KSD 3507	10 KSD 3507	10 KSD 3507	10 KSD 3507	10 KSD 3507
유 량 l/min (Flow)	80	160	240	480	1120	1760	2400	2400	2400
호 칭 경 mm (Pipe size)	25	25	32	65	65	65	80	100	125
내 경 mm (Inside diameter)	27.5	27.5	36.2	69.0	69.0	69.0	81.0	105.3	130.1
① 직 관 m (Pipe length)	2.5	2.5	2.5	2.2	1.5	2.7	8.4	12.5	5.0
TEE(flow turned 90°)	1 / 1.7 1.7			2 / 3.1 6.2					
90° ELBOW	2 / 0.8 1.6		1 / 1.1 1.1						
ANGLE VALVE									

5.2) 배관 및 부속 마찰 손실표 (h_2)									
구 간 (Location)									
배 관 재 질 (Pipe Schedule)	10 KSD 3507	10 KSD 3507							
유 량 l/min (Flow)	2400	2400							
호 칭 경 mm (Pipe size)	150	200							
내 경 mm (Inside diameter)	155.5	204.6							
① 직 관 m (Pipe length)	78.5	8.5							
TEE(flow turned 90°)	5 / 7.0 35.0	2 / 9.2 18.4							
90° ELBOW	8 / 2.5 20.0	1 / 3.3 3.3							
ANGLE VALVE									
GATE VALVE	3 / 1.0 3.0	1 / 1.3 1.3							
CHECK VALVE	1 / 12.9 12.9								
ALARM VALVE	1 / 12.9 12.9								
DRY PIPE VALVE									
PREACTION VALVE									
② 부 속 류 m (Fittings)	83.8	23.0							
상 당 장 m : ① + ②	162.3	31.5							
③ 마찰손실 / m당 (Friction Loss)	0.0338	0.0089							
소 계 m : (①+②)x③	5.48	0.28							

■ 배관마찰 손실합계 = 26.3m

구경별 헤드수량에 따른 유량 검토

구간별 직관의 길이

부속류의 등가관장 적용이 적절한지 검토

기준개수 30개에 따른 최종 유량 확인

입상관은 소화계통도에서 건물높이를 확인함

부속류 등가길이는 설계자 첨부데이터 일치여부를 확인

최종 배관마찰손실 합계를 확인 후 펌프계산서를 검토

그림 1.7.2.2 소화설비 계산서 예

2) 실양정(H_1) 계산

- 최고위 말단에 설치된 헤드 높이로부터 수조 내 펌프의 흡수면까지의 높이

3) 배관의 마찰손실수두(H_2) 계산

① 소화계산서의 직관, 유량, 구경 및 등가관장을 계산하여 총 배관마찰손실을 구함

② 등가관장은 NFPA, 일본 데이터를 준용하여 계산

③ 직관의 마찰손실 계산은 Hazen-Williams 식을 사용

1.7.3 스프링클러설비 배관 구경

- 표 2.5.3.3 스프링클러헤드 수별 급수관의 구경에 의한 헤드수별 배관 구경 검토

관련기준

스프링클러설비의 화재안전기술기준(NFTC 103)

2.5.3.3 배관의 구경은 2.2.1.10 및 2.2.1.11에 적합하도록 수리계산에 의하거나 표 2.5.3.3의 기준에 따라 설치할 것. 다만, 수리계산에 따르는 경우 가지배관의 유속은 6 ㎧, 그 밖의 배관의 유속은 10 ㎧를 초과할 수 없다

표 2.5.3.3 스프링클러헤드 수별 급수관의 구경 (단위 : mm)

급수관의 구경 / 구분	25	32	40	50	65	80	90	100	125	150
가	2	3	5	10	30	60	80	100	160	161 이상
나	2	4	7	15	30	60	65	100	160	161 이상
다	1	2	5	8	15	27	40	55	90	91 이상

(주) 1. 폐쇄형스프링클러헤드를 사용하는 설비의 경우로서 1개층에 하나의 급수배관(또는 밸브 등)이 담당하는 구역의 최대 면적은 3,000㎡를 초과하지 않을 것

2. 폐쇄형스프링클러헤드를 설치하는 경우에는 "가"란의 헤드 수에 따를 것. 다만, 100개 이상의 헤드를 담당하는 급수배관(또는 밸브)의 구경을 100mm로 할 경우에는 수리계산을 통하여 2.5.3.3의 단서에서 규정한 배관의 유속에 적합하도록 할 것

3. 폐쇄형스프링클러헤드를 설치하고 반자 아래의 헤드와 반자속의 헤드를 동일 급수관의 가지관상에 병설하는 경우에는 "나"란의 헤드 수에 따를 것

4. 2.7.3.1의 경우로서 폐쇄형스프링클러헤드를 설치하는 설비의 배관구경은 "다"란에 따를 것

5. 개방형스프링클러헤드를 설치하는 경우 하나의 방수구역이 담당하는 헤드의 개수가 30개 이하일 때는 "다"란의 헤드수에 의하고, 30개를 초과할 때는 수리계산 방법에 따를 것

(1) 급수관 구경 적용 기준

1) 하향식 또는 상향식의 경우

- 표 2.5.3.3의 '가'란의 헤드 수별 구경을 적용

2) 반자 아래와 반자 속 헤드를 동일 급수관 가지배관에 병설하는 경우

- 표 2.5.3.3의 '나'란의 헤드 수별 구경을 적용

3) 개방형 헤드를 설치한 경우
   ① 표 2.5.3.3의 '다'란의 헤드 수별 구경을 적용
   ② 헤드 수가 30개를 초과할 경우, 수리계산 방법의 적용 여부를 검토

(2) 수리계산에 의한 배관 구경 선정 시 유의사항

1) 유속 검토
   ① 가지배관의 유속이 6 m/s를 초과하지 않는지 확인
   ② 그 밖의 배관은 유속이 10 m/s를 초과하지 않는지 검토

2) 규정 유속 초과 시 조치
   - 규정 유속을 초과할 경우, 해당 부분의 배관 구경을 조정해야 함

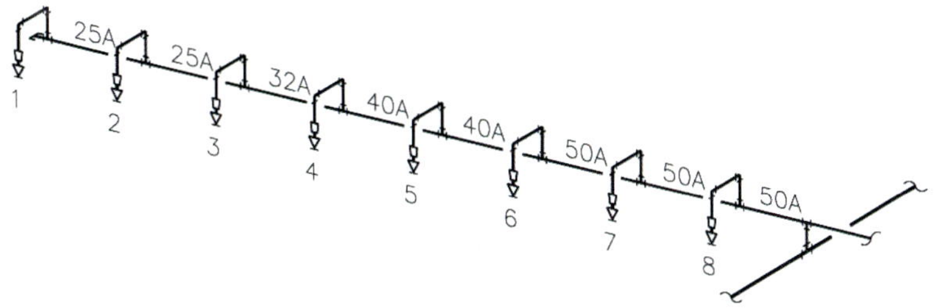

그림 1.7.3.1 한쪽 가지배관에 설치하는 경우 표 2.5.3.3의 '가' 적용

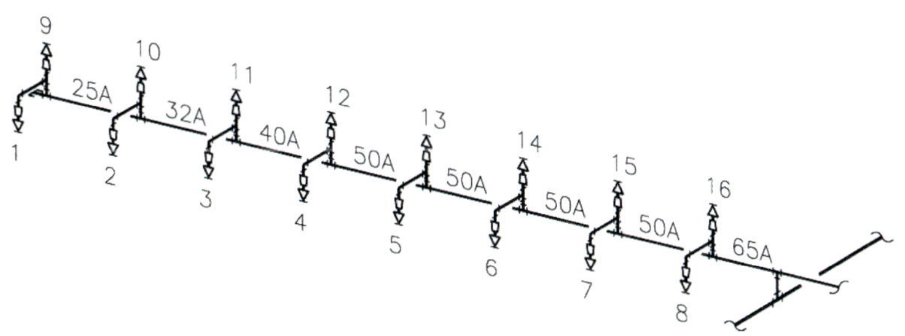

그림 1.7.3.2 반자가 설치된 경우 표 2.5.3.3의 '나' 적용

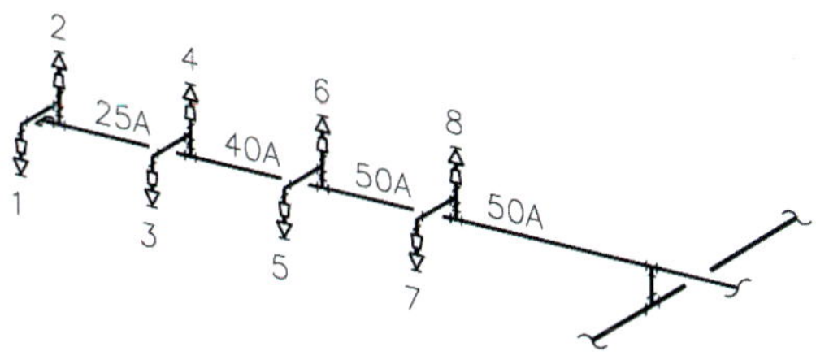

그림 1.7.3.3 반자가 설치되지 않은 경우 표 2.5.3.3의 '가' 적용

1.7.4 유수검지장치실 및 점검문 크기

- 유수검지장치실의 구획여부 및 출입문크기 검토
- 유수검지장치의 설치공간 검토

관련기준

스프링클러설비의 화재안전기술기준(NFTC 103)

2.3.1.4 유수검지장치를 실내에 설치하거나 보호용 철망 등으로 구획하여 바닥으로부터 0.8 m 이상 1.5 m 이하의 위치에 설치하되, 그 실 등에는 가로 0.5 m 이상 세로 1 m 이상의 개구부로서 그 개구부에는 출입문을 설치하고 그 출입문 상단에 "유수검지장치실" 이라고 표시한 표지를 설치할 것. 다만, 유수검지장치를 기계실(공조용기계실을 포함한다)안에 설치하는 경우에는 별도의 실 또는 보호용 철망을 설치하지 않고 기계실 출입문 상단에 "유수검지장치실"이라고 표시한 표지를 설치할 수 있다.

(1) 유수검지장치실의 출입문 설치 기준

1) 출입문 설치 필요성
   - 유지보수 및 비상작동을 위해 사람의 출입이 가능한 출입문 설치
2) 출입문 크기 기준
   ① 소방법상 크기 : 가로 0.5 m 이상, 세로 1 m 이상을 확보
   ② 유효크기 명기
      ☞ 건축 시 출입문 설치 시, 유수검지장치실의 출입문은 문틀(frame)을 제외한 실제 크기(유효크기, 문 내치수)를 명기

(2) 유수검지장치실의 설치 위치 및 공간 검토

1) 일반인의 출입이 어려운 장소에 설치한 경우
   - 기계실, 공조실, 팬룸 등 일반인의 출입이 어려운 장소에 설치한 경우에는 다음을 준수
      ☞ 해당 실 출입문 상단에 표지를 설치
      ☞ 해당 기계실의 도면을 검토하여 유수검지장치 등이 설치될 수 있는 공간이 있는지 확인
2) 알람밸브실의 전용공간 확보
   - 실내에 설치되는 알람밸브실을 전용공간으로 확보하는 경우
      ☞ 유지 관리적 측면을 고려하여 최소 면적을 확보
      ☞ 실제 유수검지장치의 크기 및 설치 배관을 고려하여 면적을 결정

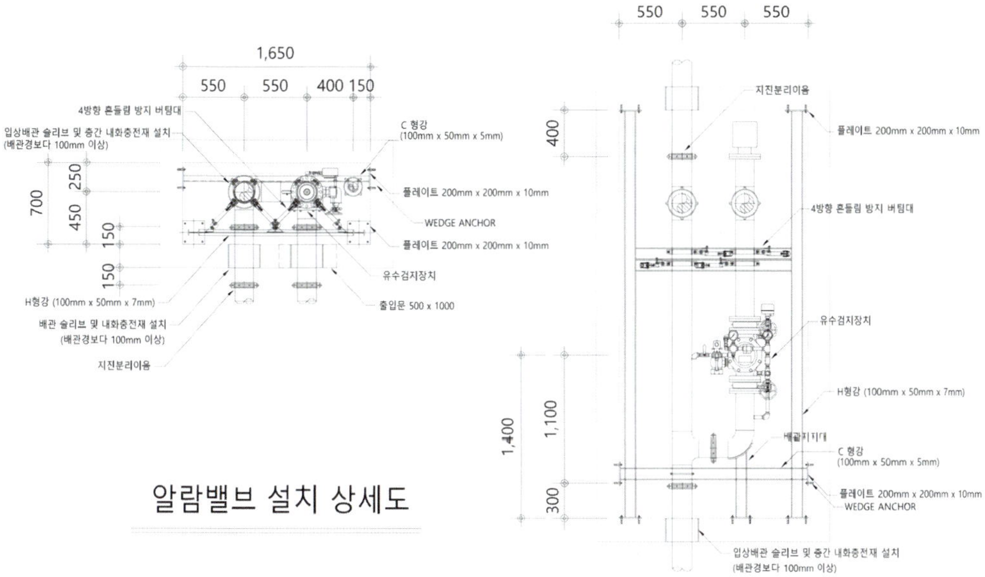

그림 1.7.4.1 알람밸브의 설치 상세도(예시)

1.7.5 일제개방밸브의 방수구역

- 일제개방밸브의 방수구역 헤드 수량 검토

관련기준

스프링클러설비의 화재안전기술기준(NFTC 103)

2.4.1.1 하나의 방수구역은 2개 층에 미치지 않아야 한다.

2.4.1.2 방수구역마다 일제개방밸브를 설치해야 한다.

2.4.1.3 하나의 방수구역을 담당하는 헤드의 개수는 50개 이하로 할 것. 다만, 2개 이상의 방수구역으로 나눌 경우에는 하나의 방수구역을 담당하는 헤드의 개수는 25개 이상으로 해야 한다.

(1) 무대부 등 연소속도가 빠른 가연물이 있는 장소의 스프링클러 설비 설치

1) 개방형 헤드 적용

- 무대부 등 연소속도가 빠른 가연물이 있는 장소에는 개방형 헤드를 적용

2) 일제개방밸브 설치

① 일제개방밸브는 프리액션밸브와 작동원리는 차이가 없으나, 개방형 스프링클러설비 적용 시 화재안전기술기준에서 요구하는 일제개방밸브의 사용 여부를 확인

② 사용할 밸브 구경에 해당하는 제품이 있는지 확인

(2) 개방형 헤드 수 및 방수구역 설정

1) 방수구역 설정 기준

① 개방형 헤드 수가 50개 이하인 경우 하나의 방수구역으로 설정

② 헤드 수가 30개를 초과할 경우 수리계산이 필요하므로, 스프링클러 기준개수가 30개인 건물의 경우 대부분 개방형 헤드 수를 30개 이하로 조정

2) 개방형 헤드 수량 제한

- 개방형 헤드는 최소 25개 이상

3) 방수구역 분리 시 설계 방법

① 그림 1.7.5.1과 같이 2구역 이상으로 방수구역을 분리할 때 체크밸브(체크 방향에 유의)를 이용하여 방수구역을 중첩시켜 설계

② 하나의 방수구역의 헤드 수가 25개 이상 30개 이하인지 검토

③ 헤드 수가 30개를 초과하는 경우 수리계산서가 첨부되었는지 확인

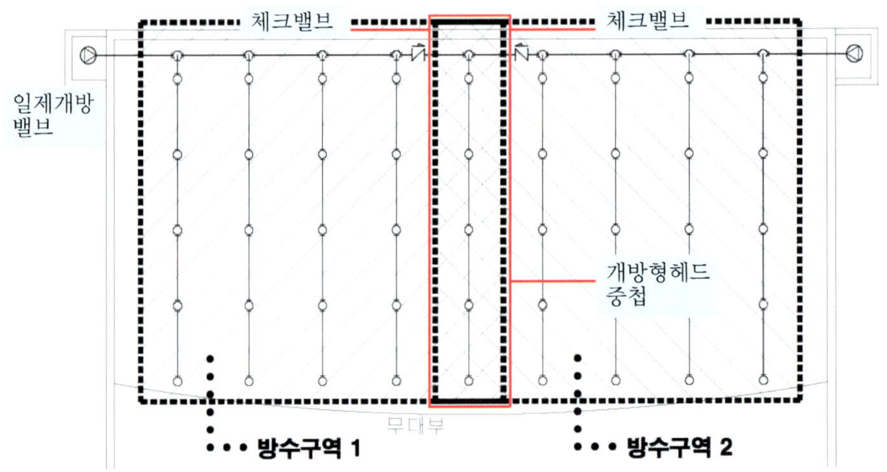

그림 1.7.5.1 개방형 스프링클러설비의 방수구역

1.7.6 습식, 건식 유수검지장치의 시험장치

- 알람밸브 2차측 배관에 시험장치 연결(사이트글라스) 확인
- 시험밸브함의 설치장소가 배수 가능 장소인지 확인

관련기준

스프링클러설비의 화재안전기술기준(NFTC 103)

2.5.12 습식유수검지장치 또는 건식유수검지장치를 사용하는 스프링클러설비와 부압식스프링클러설비에는 동 장치를 시험할 수 있는 시험장치를 다음의 기준에 따라 설치해야 한다.

2.5.12.1 습식스프링클러설비 및 부압식스프링클러설비에 있어서는 유수검지장치 2차 측 배관에 연결하여 설치하고 건식스프링클러설비인 경우 유수검지장치에서 가장 먼 거리에 위치한 가지배관의 끝으로부터 연결하여 설치할 것. 이 경우 유수검지장치 2차 측 설비의 내용적이 2,840 L를 초과하는 건식스프링클러설비는 시험장치 개폐밸브를 완전 개방 후 1분 이내에 물이 방사되어야 한다.

2.5.12.2 시험장치 배관의 구경은 25 ㎜ 이상으로 하고, 그 끝에 개폐밸브 및 개방형헤드 또는 스프링클러헤드와 동등한 방수성능을 가진 오리피스를 설치할 것. 이 경우 개방형헤드는 반사판 및 프레임을 제거한 오리피스 만으로 설치할 수 있다.

2.5.12.3 시험배관의 끝에는 물받이 통 및 배수관을 설치하여 시험 중 방사된 물이 바닥에 흘러내리지 않도록 할 것. 다만, 목욕실 · 화장실 또는 그 밖의 곳으로서 배수처리가 쉬운 장소에 시험배관을 설치한 경우에는 그렇지 않다.

(1) 유수검지장치의 작동시험을 위한 시험장치 설치

1) 시험장치 설치 대상 설비
   ① 습식(알람밸브) 설비
   ② 건식(드라이밸브) 설비
   ③ 부압식 설비
2) 시험장치 설치 목적
   - 스프링클러 헤드 1개 개방 시 소화수 방수 및 소화펌프의 작동 상태 확인
3) 시험밸브의 압력계 설치
   - 시험밸브의 압력계는 법적 요구사항이 아니므로 반드시 설치하지 않아도 됨
4) 말단헤드의 방수상태 확인을 위한 오리피스 설치
   - 개방형 헤드 또는 반사판 및 프레임을 제거한 오리피스를 설치하여 말단헤드의 방수상태를 확인

(2) 시험밸브의 연결 및 설치 방법

1) 습식 및 부압식 스프링클러설비

• 유수검지장치 2차측 배관에 연결하여 설치

2) 건식 스프링클러설비

① 유수검지장치에서 가장 먼 거리에 위치한 가지배관의 끝으로부터 연결하여 설치

② 건식밸브의 경우, 2차측 설비의 내용적이 2,840 L를 초과하는 경우 시험장치 개폐밸브를 완전 개방 후 1분 이내에 물이 방사되어야 함

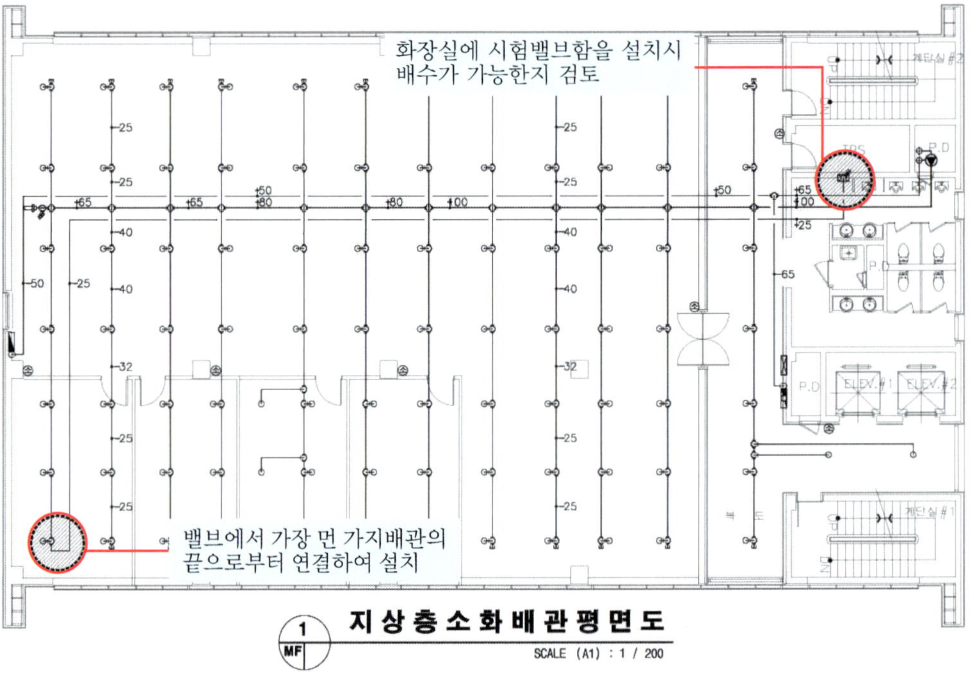

그림 1.7.6.1 건식 스프링클러설비의 시험배관 연장 설치

(3) 시험배관의 드레인 배관 연결 및 사이트글라스 설치

1) 드레인 배관에 직접 연결하는 경우

• 물이 방류되는 것을 확인하기 위해 그림 1.7.6.2와 같이 사이트글라스(Sight Glass)를 설치

2) 오리피스 구경

• 스프링클러헤드의 오리피스와 동일한 구경(11.2 mm)으로 설치

(4) 시험밸브함 설치 장소 및 배수시설 검토

1) 배수시설의 필요성

① 시험 시 방수되는 물 처리를 위한 배수시설이 요구

② 상시 유지관리를 위해 시험이 가능하도록 설계

③ 사이트글라스 설치 시 배수배관의 구경 고려

2) 배수구 구경이 작은 경우의 대처

① 발코니, 화장실 배수구에 방류할 경우 배수구의 구경이 작아 물이 넘칠 수 있음

② 배수배관 구경이 작은 경우, 추후 스프링클러설비 시험을 위해 별도의 배수시설을 검토해야 함

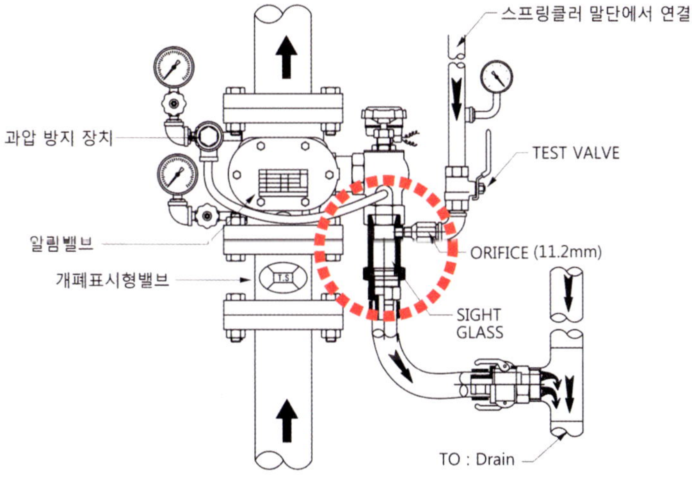

그림 1.7.6.2 Sight glass 방식

1.7.7 폐쇄형 스프링클러헤드의 표시온도

• 헤드의 설치장소별 헤드온도 적합여부 검토

관련기준

스프링클러설비의 화재안전기술기준(NFTC 103)

2.7.6 폐쇄형스프링클러헤드는 그 설치장소의 평상시 최고 주위온도에 따라 다음 표 2.7.6에 따른 표시온도의 것으로 설치해야 한다. 다만, 높이가 4 m 이상인 공장에 설치하는 스프링클러헤드는 그 설치장소의 평상시 최고 주위온도에 관계없이 표시온도 121 ℃ 이상의 것으로 할 수 있다.

표 2.7.6 설치장소의 평상시 최고 주위온도에 따른 폐쇄형스프링클러헤드의 표시온도

설치장소의 최고 주위온도	표시 온도
39℃ 미만	79℃ 미만
39℃ 이상 64℃ 미만	79℃ 이상 121℃ 미만
64℃ 이상 106℃ 미만	121℃ 이상 162℃ 미만
106℃ 이상	162℃ 이상

(1) 폐쇄형 헤드의 표시온도와 최고 주위온도

1) 표시온도 : 폐쇄형 헤드에서 감열체가 작동하는 온도로 제조 시 헤드에 표시
2) 최고 주위온도 : 헤드가 설치된 장소에서 평상시 예상되는 가장 높은 온도를 말함

(2) 폐쇄형 스프링클러헤드의 종류 및 사용 온도

1) 폐쇄형 헤드의 종류 구분
   ① Fusible-link type
   ② Glass-bulb type
2) 사용되는 표시온도
   ① Fusible-link type : 72℃, 105℃를 많이 사용
   ② Glass-bulb type : 68℃, 93℃를 사용

(3) 헤드의 선택 기준

1) 표준온도 헤드 적용 : 모든 구역에 설치할 수 있음
2) 중온도 헤드 적용 필요 시점
   - 설치 장소의 최고 주위온도가 39℃ 이상일 경우
     ☞ 예시 : 주방, 보일러가 설치된 기계실, 보일러실 등

(4) 헤드의 표시온도 및 색상 구분

1) 색상 구분 기준 : 표 1.7.7.1과 같이 표시온도에 따라 색상 구분
2) Glass-bulb type 68℃ 헤드의 특징
   ① 액체의 색상은 빨강색
   ② 설치된 헤드를 보고 적합하게 설치되었는지 확인 가능

표 1.7.7.1 스프링클러헤드의 표시온도 및 색상

Fusible-link 형		Glass-bulb 형	
표시온도(℃)	Frame의 색	표시온도(℃)	액체의 색상
77 미만	색 표시 안함	57	오렌지
78~120	흰 색	68	빨 강
121~162	파 랑	79	노 랑
163~203	빨 강	93	초 록
204~259	초 록	141	파 랑
260~319	오렌지	182	연한 자주
320 이상	검 정	227 이상	검 정

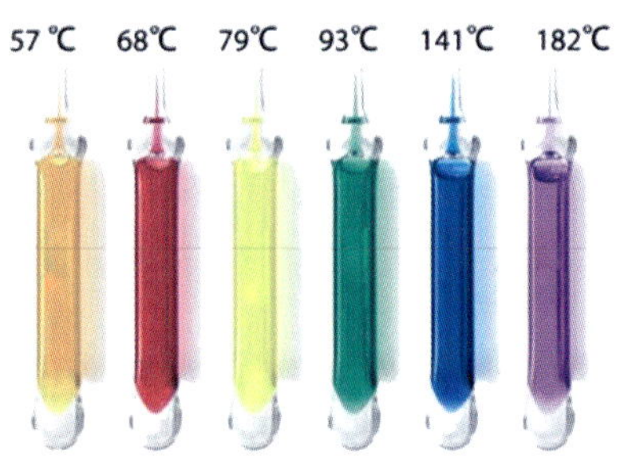

출전 : 스프링클러헤드의 형식승인 및 제품검사의 기술기준 제12조의 6(표시) 9호

1.7.8 기계실 등의 상하향식 헤드 설치

- 반자가 설치되지 않은 장소의 상하향식 헤드는 한쪽 가지관에 헤드수가 8개 이하 설치여부 확인

관련기준

스프링클러설비의 화재안전기술기준(NFTC 103)

2.5.9.2 교차배관에서 분기되는 지점을 기점으로 한쪽 가지배관에 설치되는 헤드의 개수(반자 아래와 반자속의 헤드를 하나의 가지배관 상에 병설하는 경우에는 반자 아래에 설치하는 헤드의 개수)는 8개 이하로 할 것. 다만, 다음 각 기준의 어느 하나에 해당하는 경우에는 그렇지 않다.

2.5.9.2.1 기존의 방호구역 안에서 칸막이 등으로 구획하여 1개의 헤드를 증설하는 경우

2.5.9.2.2 습식스프링클러설비 또는 부압식스프링클러설비에 격자형 배관방식(2 이상의 수평주행배관 사이를 가지배관으로 연결하는 방식을 말한다)을 채택하는 때에는 펌프의 용량, 배관의 구경 등을 수리학적으로 계산한 결과 헤드의 방수압 및 방수량이 소화목적을 달성하는 데 충분하다고 인정되는 경우

2.7.7.9 상부에 설치된 헤드의 방출수에 따라 감열부에 영향을 받을 우려가 있는 헤드에는 방출수를 차단할 수 있는 유효한 차폐판을 설치할 것

(1) 하향식 헤드 추가 설치 시 배관 구경 적용 기준

1) 추가 설치 상황

- 반자가 설치되지 않은 장소에서 살수 장애 등으로 인해 하향식 헤드를 추가 설치하는 경우

  ☞ 예시 장소 : 기계실, 공조실, 팬룸, 주차장 등

2) 배관 구경 적용 방법

① 한쪽 가지배관에 적용하는 헤드 수별 배관 구경은 표 2.5.3.3의 '나'란을 적용하지 않고 '가'란을 적용

② 상향식, 하향식 헤드를 별도로 보아 각각 8개 이하로 설치되었는지 검토

(2) 차폐판 설치 및 재질 선택

1) 차폐판 설치 필요성

- 하부에 설치된 헤드의 감열부가 상부에 설치된 헤드의 방출수로부터 영향을 받지 않도록 차폐판 설치

2) 차폐판 재질 기준

- 차폐판 재질에 대한 구체적인 기준은 없으나, 최소한 난연재료 이상의 재질 선택

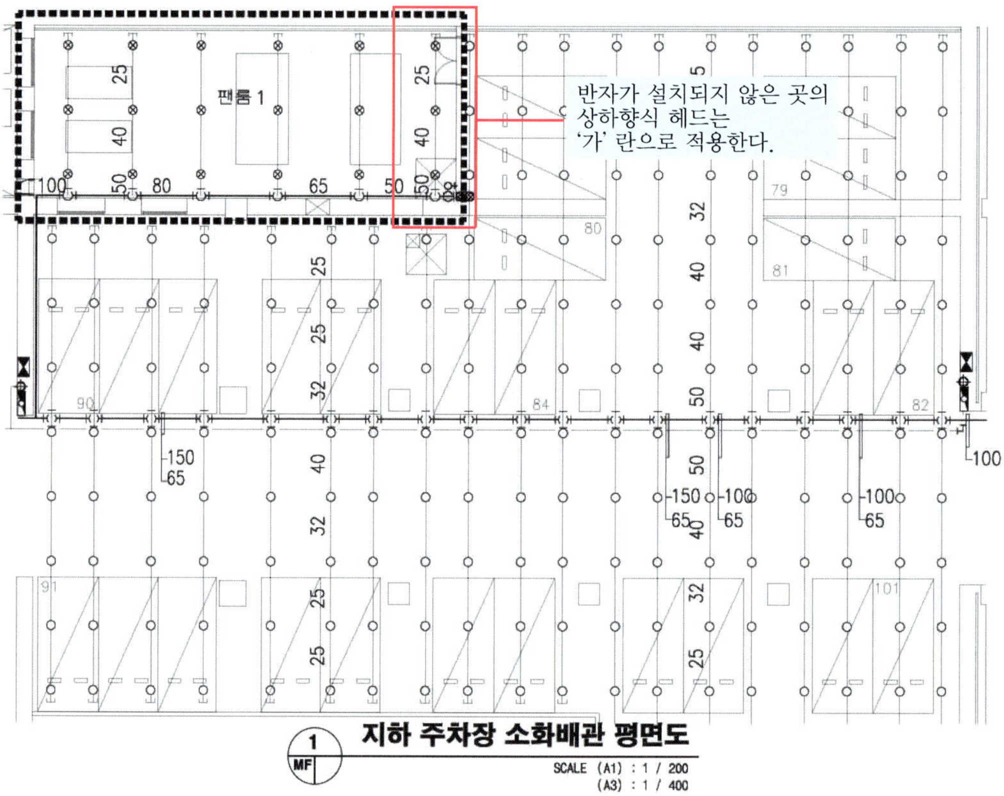

그림 1.7.8.1 반자가 없는 경우 상하향식 스프링클러 헤드 설치

1.7.9 스프링클러헤드의 살수장애

- 기계설비 및 전기도면과 소방도면을 통합 검토하여 살수장애가 예상되는 부분을 확인하여 헤드의 추가여부 검토

관련기준

스프링클러설비의 화재안전기술기준(NFTC 103)

2.7.7.1 살수가 방해되지 않도록 스프링클러헤드로부터 반경 60 ㎝ 이상의 공간을 보유할 것. 다만, 벽과 스프링클러헤드간의 공간은 10 ㎝ 이상으로 한다.

2.7.7.2 스프링클러헤드와 그 부착면(상향식헤드의 경우에는 그 헤드의 직상부의 천장 · 반자 또는 이와 비슷한 것을 말한다. 이하 같다)과의 거리는 30 ㎝ 이하로 할 것

2.7.7.3 배관 · 행거 및 조명기구 등 살수를 방해하는 것이 있는 경우에는 2.7.7.1 및 2.7.7.2에도 불구하고 그로부터 아래에 설치하여 살수에 장애가 없도록 할 것. 다만, 스프링클러헤드와 장애물과의 이격거리를 장애물 폭의 3배 이상 확보한 경우에는 그렇지 않다.

(1) 반자가 없는 장소에서의 스프링클러헤드 설치 고려사항

1) 살수 장애 발생 가능성 : 반자가 없는 주차장, 기계실, 공조실 등에서는 배관, 덕트, 케이블 트레이 등으로 인해 살수 장애 예상
2) 간섭 여부 확인 : 해당 분야의 도면과 소방 도면을 함께 검토하여 간섭 여부 확인

(2) 스프링클러헤드와 장애물 사이의 이격 거리 기준

1) 이격 거리 설정 : 그림 1.7.9.1과 같이, 헤드와 장애물 간의 이격 거리는 장애물 최대 장변의 3배 이상 또는 최대 60 cm까지 이격
2) 스프링클러헤드의 살수 장애를 방지하여 정상적인 소화 기능 유지

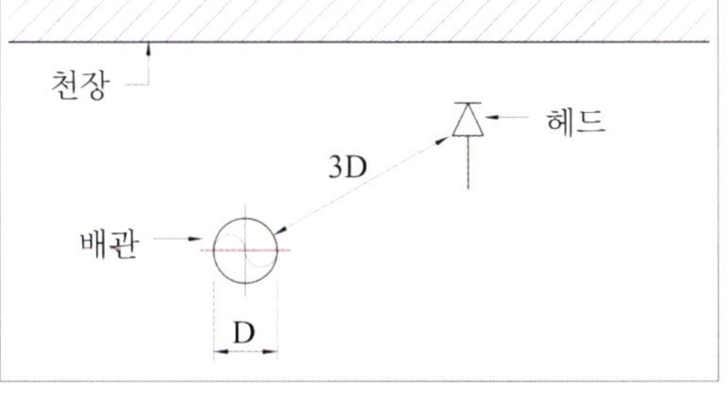

그림 1.7.9.1 헤드와 장애물의 이격(3D)

1.7.10 보(Beam)와 헤드의 이격거리

- 구조도면에서 보 구조를 확인하여 헤드와 보의 이격거리 검토

관련기준

스프링클러설비의 화재안전기술기준(NFTC 103)

2.7.8 〈2.7.7.2〉에도 불구하고 특정소방대상물의 보와 가장 가까운 스프링클러 헤드는 다음 표 2.7.8의 기준에 따라 설치해야 한다. 다만, 천장 면에서 보의 하단까지의 길이가 55 ㎝를 초과하고 보의 하단 측면 끝부분으로부터 스프링클러헤드까지의 거리가 스프링클러헤드 상호간 거리의 2분의 1 이하가 되는 경우에는 스프링클러 헤드와 그 부착 면과의 거리를 55 ㎝ 이하로 할 수 있다.

표 2.7.8 보의 수평거리에 따른 스프링클러헤드의 수직거리

스프링클러헤드의 반사판 중심과 보의 수평거리 (a)	스프링클러헤드의 반사판 높이와 보의 하단 높이의 수직거리 (b)
0.75 m 미만	보의 하단보다 낮을 것
0.75 m 이상 1 m 미만	0.1 m 미만일 것
1 m 이상 1.5 m 미만	0.15 m 미만일 것
1.5 m 이상	0.3 m 미만일 것

(1) 천장이 보(Beam) 구조인 경우 헤드의 집열 및 살수 장애 고려

1) 헤드의 집열 및 살수 장애 기준 검토
   - 주차장 등 천장이 보 구조인 경우, 스프링클러 헤드의 집열을 위한 기준과 살수 장애를 고려하여 기준에 적합한지 판단

2) 화재안전기술기준에 따른 헤드 설치 기준
   - 천장면에서 보의 하단까지 길이가 55 cm 이하인 경우와 55 cm 초과인 경우에 따라 헤드 설치

3) 헤드의 빠른 감열을 위한 부착면 이격 거리
   - 헤드의 빠른 감열을 위해서는 헤드와 부착면의 거리가 30 cm 이하

     ☞ 참고 : 소방청, 화재예방과－7621, 2019.10.22.

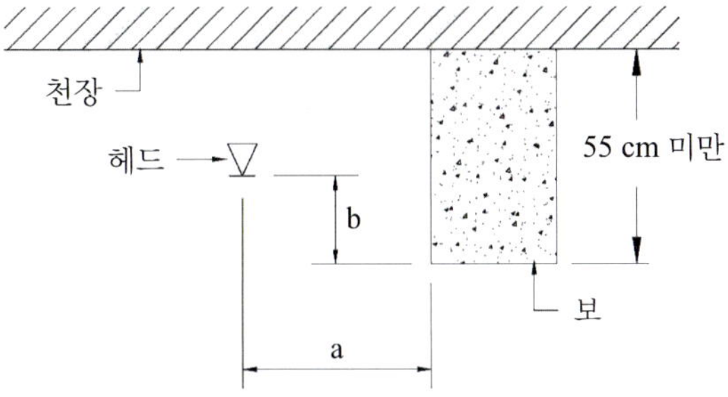

그림 1.7.10.1 보 깊이가 55 cm 미만인 경우의 헤드 배치

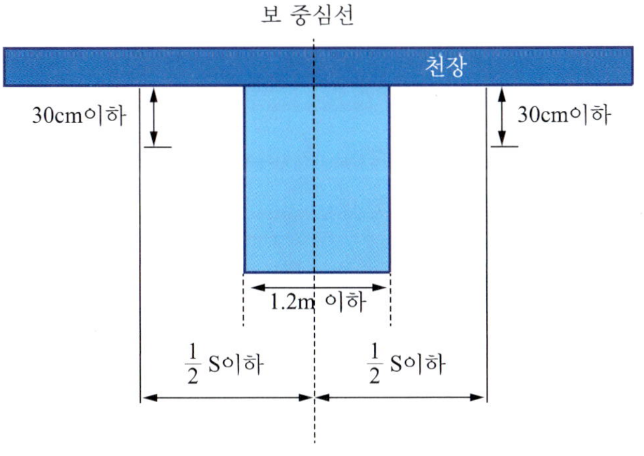

그림 1.7.10.2 보 폭이 1.2 m 이하인 경우 헤드 배치

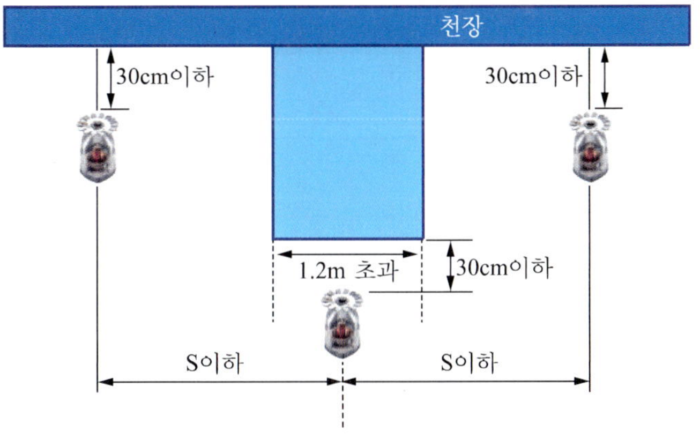

그림 1.7.10.3 보 폭이 1.2 m 초과인 경우 헤드 배치

(2) 건축 구조도면 검토 및 헤드 설치 검토

1) 건축 구조도면의 이해

- 그림 1.7.10.4는 건축 구조도면으로, 3층 구조평면도는 3층 바닥을 기준으로 그리기 때문에, 2층 평면도를 2층 천장 구조로 보고 검토

2) 보의 크기 확인 및 헤드 설치

① 평면도의 기호에 따라 보 일람표를 확인하여 보의 크기 파악

② 보의 크기를 확인한 후, 헤드 설치 검토

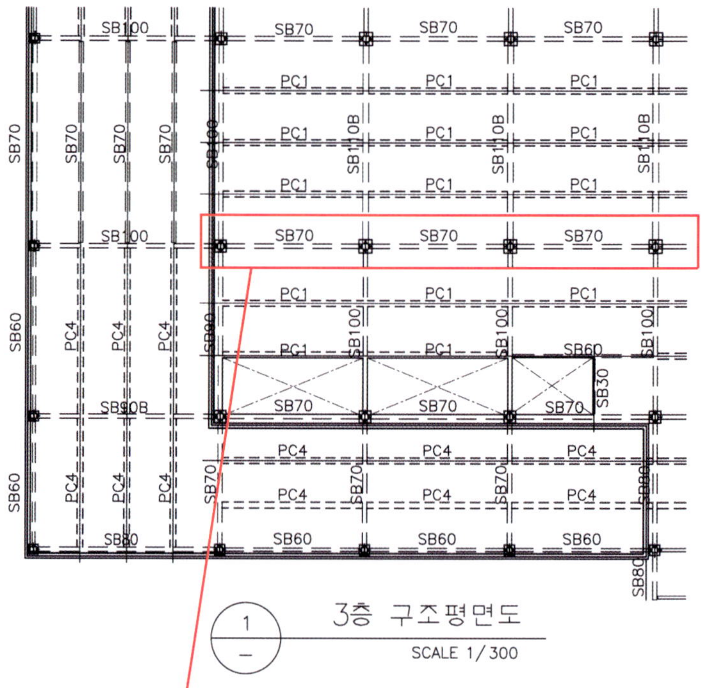

철골 보 일람표

기 호	SIZE	STUD	비 고	기 호	SIZE	STUD	비 고
SB30	H-300X150X6.5X9	1-Ø19@300	SHN490	SB80B	H-808X302X16X30	2-Ø19@200	SHN490
SB35	H-350X175X 7X11	1-Ø19@300	SHN490	SB90	H-900X300X16X28	2-Ø19@200	SHN490
SB40	H-400X200X8X13	1-Ø19@200	SHN490	SB90B	H-912X302X18X34	2-Ø19@200	SHN490
SB45	H-450X200X9X14	1-Ø19@200	SHN490	SB90C	H-918X303X19X37	2-Ø19@200	SHN490
SB48	H-482X300X11X15	-	SHN490	SB100	BH-1000X300X19X37	2-Ø19@200	SN490
SB50	H-500X200X10X16	1-Ø19@200	SHN490	SB110	BH-1100X300X19X37	2-Ø19@200	SN490
SB60	H-600X200X11X17	1-Ø19@200	SHN490	SB110B	BH-1100X400X19X37	2-Ø19@200	SN490
SB70A	H-692X300X13X20	2-Ø19@200	SHN490	SB250	H-250X250X9X14	-	SHN490
SB70	H-700X300X13X24	2-Ø19@200	SHN490				
SB80	H-800X300X14X26	2-Ø19@200	SHN490				

그림 1.7.10.4 구조평면도

1.7.11 드라이펜던트 헤드 설치

- 동파우려가 있는 장소의 하향식헤드는 드라이펜던트 설치여부 확인

관련기준

스프링클러설비의 화재안전기술기준(NFTC 103)

2.7.7.7 습식스프링클러설비 및 부압식스프링클러설비 외의 설비에는 상향식스프링클러헤드를 설치할 것. 다만, 다음의 어느 하나에 해당하는 경우에는 그렇지 않다.
(1) 드라이펜던트스프링클러헤드를 사용하는 경우
(2) 스프링클러헤드의 설치장소가 동파의 우려가 없는 곳인 경우
(3) 개방형스프링클러헤드를 사용하는 경우

(1) 드라이펜던트 타입 헤드의 설치 필요성

1) 건식 및 준비작동식 구역의 하향식 헤드 문제점 : 동파 방지 조치가 어려움
2) 드라이펜던트 타입 헤드의 설치
   - 건식 및 준비작동식 구역에 설치된 하향식 헤드는 드라이펜던트 타입의 헤드로 설치
3) 헤드 타입의 검토 : 소방도면 기구수량표에서 헤드 타입이 드라이펜던트 타입인지 여부 확인
4) 건식 등 스프링클러 방호구역의 살수 장애로 추가된 하향식 헤드의 처리
   - 기계실 등에서 살수 장애로 추가된 하향식 헤드도 드라이펜던트 타입의 헤드로 설치해야 함

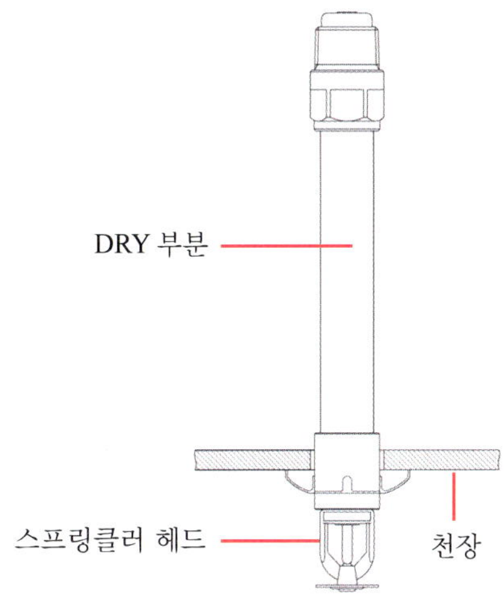

그림 1.7.11.1 드라이펜던트 헤드

(2) 드라이펜던트 헤드와 연결 부속의 구조 및 동파 방지 대책

1) 내부 물의 자연 배출 구조 확보
   - 드라이펜던트 헤드와 연결되는 부속은 내부의 물이 자연 배출될 수 있는 동파방지 구조
2) 자연 배수가 불가능한 부속의 처리 방법
   - 만일 드라이펜던트와 연결되는 부속(엘보, 커플링 등)의 물이 자연 배수될 수 없는 구조라면, 드라이펜던트의 길이를 늘려 교차배관 부분으로 자연 배수될 수 있도록 조치

1.7.12 간이스프링클러의 소화수원량 산정

- 사용된 헤드 종류, 용도에 따른 소화수원량 검토

관련기준

간이스프링클러설비의 화재안전기술기준(NFTC 103A)

2.1.1.1 상수도직결형의 경우에는 수돗물

2.1.1.2 수조("캐비닛형"을 포함한다)를 사용하고자 하는 경우에는 적어도 1개 이상의 자동급수장치를 갖추어야 하며, 2개의 간이헤드에서 최소 10분[영 별표 4 제1호마목2)가) 또는 6)과 8)에 해당하는 경우에는 5개의 간이헤드에서 최소 20분] 이상 방수할 수 있는 양 이상을 수조에 확보할 것

소방시설 설치 및 관리에 관한 법률 시행령 [별표 4] 1. 소화설비

마. 간이스프링클러설비를 설치해야 하는 특정소방대상물은 다음의 어느 하나에 해당하는 것으로 한다.

2) 근린생활시설 중 다음의 어느 하나에 해당하는 것

가) 근린생활시설로 사용하는 부분의 바닥면적 합계가 1천㎡ 이상인 것은 모든 층

6) 숙박시설로 사용되는 바닥면적의 합계가 300㎡ 이상 600㎡ 미만인 시설

8) 복합건축물(별표 2 제30호나목의 복합건축물만 해당 → 하나의 건축물이 근린생활시설, 판매시설, 업무시설, 숙박시설 또는 위락시설의 용도와 주택의 용도로 함께 사용되는 것)로서 연면적 1천㎡ 이상인 것은 모든 층

(1) 간이스프링클러의 소화수원량 및 비상전원 확보

1) 일반 대상의 간이스프링클러설비

① 간이헤드의 방사량 : 50 L/min / 표준형 헤드의 방사량 : 80 L/min

② 규정 방사압에서의 기준 헤드 수량 : 2개 / 방수시간 : 10분

③ 비상전원 : 10분 이상

2) 위험도가 높은 대상의 간이스프링클러설비

① 적용 대상 시설 : 근린생활시설 1천㎡ 이상, 숙박시설 300~600 ㎡ 미만, 주택의 용도와 함께 사용되는 근생, 판매, 업무, 숙박, 위락시설의 복합건축물

② 규정 방사압에서의 최소 기준 수량 : 5개 / 방수시간 : 20분

③ 비상전원 : 20분 이상

3) 소화수원량 계산 방법

① 계산식 : 소화수원량 = 헤드 방사량 × 기준 수량 × 방수 시간

② 예시 계산 (간이헤드 기준)

☞ 소화수원량 = 50 L/min × 2개 × 10분 = 1,000 L

(2) 수원 확보 방법 및 검토 사항

1) 상수도설비에 직접 연결하는 경우

- 수돗물 자체가 수원이 되며, 별도의 수조 설치 불필요

2) 수조를 설치하는 경우
   ① 1개 이상의 자동급수장치를 갖추어야 함 (예; 소화펌프)
   ② 기준 이상의 방수량 확보 가능 여부를 사전에 검토
   ③ 상수도 급수 성능이 방사압을 유지할 수 있는지 검증 필요

3) 옥상수조 등의 보조 수원 확보 기준
   - 간이스프링클러설비의 경우 옥상수조 등의 보조 수원 확보 기준이 없음

4) 간이스프링클러설비의 필요 압력 계산 확인, 상수도 직결의 경우는 상수도 공급 압력을 반드시 확인해야 함

(3) 캐비닛형 간이스프링클러설비 채택 시 검토 사항

1) 캐비닛형 간이스프링클러설비 : 수원, 펌프, 주위 배관 등이 일체형으로 구성

2) 설비구성의 적합성 검토
   ① 수원, 펌프의 용량이 규정에 적합한지 확인
   ② 주위 배관의 배관 연결이 올바르게 되어 있는지 검토

3) 수도 공급 압력 부족 시 대책
   ① 국내 실정상 수도 공급 압력이 부족한 경우가 많음
   ② 설계 시 수도 공급 압력을 판단하기 어려움
   ③ 필요 압력을 계산하여 캐비닛형 일체형 소화펌프 및 수원을 확보하도록 함

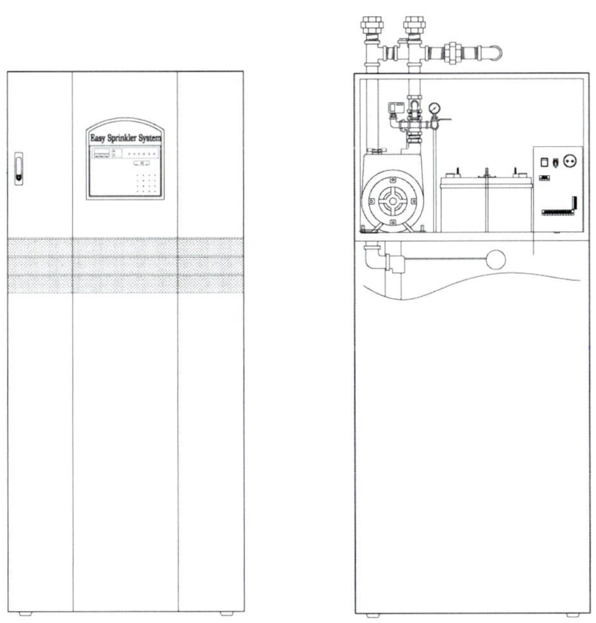

그림 1.7.12.1 캐비닛형 간이스프링클러설비

1.7.13 간이스프링클러 헤드의 설치

• 간이스프링클러 헤드의 설치기준 검토

관련기준

간이스프링클러설비의 화재안전기술기준(NFTC 103A)

2.6.1.3 간이헤드를 설치하는 천장 · 반자 · 천장과 반자 사이 · 덕트 · 선반 등의 각 부분으로부터 간이헤드까지의 수평거리는 2.3 m(「스프링클러헤드의 형식승인 및 제품검사의 기술기준」에 따른 유효살수반경의 것으로 한다) 이하가 되도록 해야 한다. 다만, 성능이 별도로 인정된 간이헤드를 수리계산에 따라 설치하는 경우에는 그렇지 않다.

(1) 간이 스프링클러헤드의 설치 기준 및 특성

1) 수평거리 설치 기준
- 간이 스프링클러헤드는 표준형 스프링클러헤드와 동일하게 수평거리가 2.3 m 이하가 되도록 설치

2) 주거용 간이헤드 사용 시 사양
① K-50, 오리피스 직경 : 8.9 mm, RIT-50 이하
② 방사압 및 방사량 특성 : 최소 방사압 = 0.1 MPa, 방사량 = 50 L/min
③ 기타 사항은 표준형 스프링클러헤드의 기준을 준용

1.7.14 ESFR 스프링클러설비 설치장소의 구조

• ESFR 스프링클러설비 설치장소의 단면 등 구조 검토

관련기준

화재조기진압용 스프링클러설비의 화재안전기술기준(NFTC 103B)

2.1.1 화재조기진압용 스프링클러설비를 설치할 장소의 구조는 다음의 기준에 적합해야 한다.

2.1.1.1 해당 층의 높이가 13.7 m 이하일 것. 다만, 2층 이상일 경우에는 해당 층의 바닥을 내화구조로 하고 다른 부분과 방화구획 할 것

2.1.1.2 천장의 기울기가 1,000분의 168을 초과하지 않아야 하고, 이를 초과하는 경우에는 반자를 지면과 수평으로 설치할 것

2.1.1.3 천장은 평평해야 하며 철재나 목재트러스 구조인 경우, 철재나 목재의 돌출 부분이 102 ㎜를 초과하지 않을 것

2.1.1.4 보로 사용되는 목재 · 콘크리트 및 철재 사이의 간격이 0.9 m 이상 2.3 m 이하일 것. 다만, 보의 간격이 2.3 m 이상인 경우에는 화재조기진압용 스프링클러헤드의 동작을 원활히 하기 위해 보로 구획된 부분의 천장 및 반자의 넓이가 28 ㎡를 초과하지 않을 것

2.1.1.5 창고 내의 선반 등의 형태는 하부로 물이 침투되는 구조로 할 것

(1) ESFR 헤드의 적용 조건 및 높이 확인

1) ESFR 헤드 적용 가능 조건
   - 해당 층의 높이가 13.7 m 이하의 개방된 공간
2) 건축 단면도에서 높이 확인 필요
   ① 건축 단면도를 통해 층의 높이 확인
   ② 해당 층의 높이란 바닥에서 헤드를 부착하는 천장이나 반자까지의 높이를 말함
3) ESFR 헤드 종류에 따른 최대 층고 및 저장물 높이 확인
   ① ESFR 헤드의 종류별로 제조사의 시방서와 제품 규격 확인
   ② 설치 가능한 최대 층고와 저장물의 높이 파악

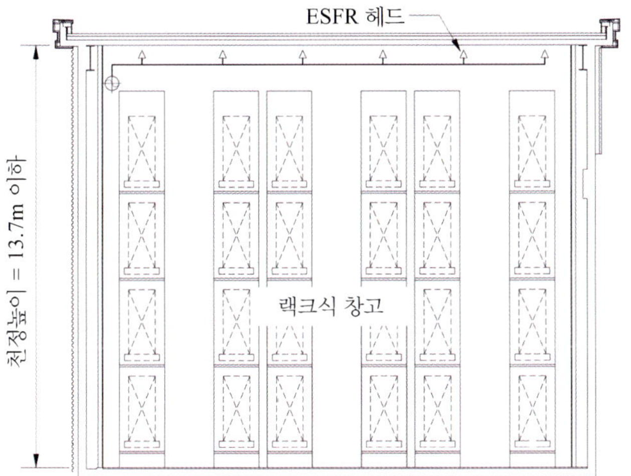

그림 1.7.14.1 랙크식 창고 단면도

(2) 천장의 기울기 제한 및 설치 장소 적합성 검토

1) 천장의 기울기 허용 범위
   - 천장의 기울기는 16.7% 이하까지만 허용
2) 천장의 구조 확인 및 적합성 검토
   ① 건축 단면도에서 천장의 구조 확인
   ② ESFR 헤드의 설치 장소가 천장의 기울기 제한에 적합한지 검토

3) 천장의 기울기가 큰 경우의 문제점

① 열이 천장 꼭대기로 모여 화재 발생 부분 위의 헤드 미작동 가능

② 천장 최상부의 헤드가 먼저 작동하여 화점 부근 헤드의 작동 지연

③ 조기 진압에 지연 시 화재 확산으로 소화실패 가능

(3) 트러스 구조의 살수 장애물 기준 및 검토

1) 트러스 구조의 특성 및 요구 사항

- 조기에 화재를 감지하여 동작해야 하며, 살수 장애를 최소화

2) 살수 장애물 구조 기준

- 천장면에서 돌출 부분이 102 mm를 초과하면 살수 장애물 구조로 간주

3) 천장 구조 검토 시 확인 사항

- 도면 검토를 통해 천장의 구조의 돌출 부위가 기준에 적합한지 확인

(4) 보 구성 천장의 구조 검토 및 이격거리 확인

1) NFTC 103B 2.1.1.4 규정은 NFPA 13에서 살수장애구조로 정의한 내용으로 NFPA 13의 ESFR 설치기준에는 해당 규정이 포함되어 있지 않음

2) 본 규정은 국내 기준에만 있는 것으로 관련 규정 적용 시 ESFR 스프링클러의 살수장애 및 감열 지연 문제가 발생할 우려가 있음

3) 따라서 설계 검토 시 보와 관련된 본 규정의 적용은 제외하여 검토해야 함

(5) ESFR 헤드 설치 시 저장물품 선반 구조 요건

1) 하부로의 살수 침투 가능성

- 선반 등은 하부로 살수된 물이 침투될 수 있는 구조로서 개방면적이 선반 바닥면적의 50% 이상

2) 선반 재질 및 구성

- 보통 목재 또는 플라스틱의 팔레트(pallet)를 사용

그림 1.7.14.2 다양한 형태의 Pallet

1.7.15 ESFR 스프링클러설비의 수원 및 가압송수장치 선정

- 적용된 ESFR 헤드의 K값, 방사압력 검토
- 수리계산서의 배관마찰손실을 확인

관련기준

화재조기진압용 스프링클러설비의 화재안전기술기준(NFTC 103B)

2.2.1 화재조기진압용 스프링클러설비의 수원은 수리학적으로 가장 먼 가지배관 3개에 각각 4개의 스프링클러헤드가 동시에 개방되었을 때 헤드선단의 압력이 표 2.2.1에 따른 값 이상으로 60분간 방수할 수 있는 양 이상으로 계산식은 식 (2.2.1)과 같다.

$Q = 12 \times 60 \times K\sqrt{10p}$

여기서 Q : 수원의 양(L), K : 상수[L/min/(MPa)$^{1/2}$], p : 헤드선단의 압력(MPa)

표 2.2.1 화재조기진압용 스프링클러헤드의 최소방사압력(MPa)

최대층고 (m)	최대저장높이 (m)	화재조기진압용 스프링클러헤드의 최소방사압력 (MPa)				
		K=360 하향식 (방수량 LPM)	K=320 하향식 (방수량 LPM)	K=240 하향식 (방수량 LPM)	K=240 상향식 (방수량 LPM)	K=200 하향식 (방수량 LPM)
13.7	12.2	0.28 (602.4)	0.28 (535.5)	–	–	–
13.7	10.7	0.28 (602.4)	0.28 (535.5)	–	–	–
12.2	10.7	0.17 (469.4)	0.28 (535.5)	0.36 (455.4)	0.36 (455.4)	0.52 (456.0)
10.7	9.1	0.14 (426.0)	0.24 (495.7)	0.36 (455.4)	0.36 (455.4)	0.52 (456.0)
9.1	7.6	0.10 (360.0)	0.17 (417.2)	0.24 (371.8)	0.24 (371.8)	0.34 (368.8)

(1) 수원의 계산 방법

1) 동시에 개방되는 헤드 수와 위치
   - 수리학적으로 가장 먼 가지배관 3개에 각각 4개의 헤드가 동시에 개방되었을 때를 고려
2) 최대층고와 최대저장높이에 따른 계산
   ① 1개의 헤드에서 방수량은 K 값과 최소 방사압력을 선택하여 결정
   ② 최대층고와 최대저장높이에 따라 표 2.2.1의 헤드 선단 최소 방사압력 이상으로 60분간 방사할 수 있는 양으로 수원을 계산
   ③ 수원 계산의 예
      ☞ 최대층고와 최대저장높이를 고려하여 헤드를 K-320, 방사압력 0.28 MPa으로 선정
      ☞ $Q = 12 \times 60 \times 320\sqrt{10 \times 0.28} = 385{,}533$ L

☞ 최소 확보 수원은 386 ㎥ 이며, 수리계산 시 30~50% 이상의 수원 증가

(2) 배관 구경 선정 및 유속 검토

1) 배관 구경 선정 방법

① ESFR 스프링클러설비의 헤드 수별 배관 구경 기준은 없으므로, 수리계산에 의해 배관 구경을 선정

② 수리계산 시 동시 개방 헤드(12개)의 압력이 표 2.2.1 헤드 선단 최소 방사압력 이상으로 방사되어야 함

2) 수리계산의 가지배관 및 기타 배관의 유속 검토

① 가지배관의 유속 : 6 m/s 미만

② 그 밖의 배관 유속 : 10 m/s 미만

③ 유속을 작게 할수록 배관 구경이 커지지만, 수격현상 발생 시 충격을 줄일 수 있는 장점이 있음

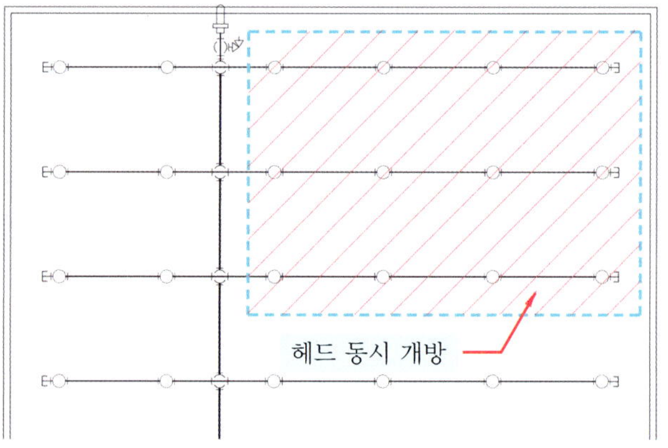

그림 1.7.15.1 ESFR 스프링클러 헤드 방호구역 선정

(3) 가압송수장치 선정 시 수리계산 검토

1) 배관 마찰 손실 계산이 반드시 수리계산에 의해 수행되었는지 검토

2) 수리계산에 대한 구체적 기준이 없은 경우, NFPA 13의 수리계산 절차에 따라 검토

3) 구간별 유량에 따른 배관 구경과 유속 검토

1.7.16 ESFR 스프링클러헤드의 가지배관 배열

- 천장의 높이가 9.1~13.7 m 이하인 경우에 가지배관 사이의 거리는 2.4~3.1 m 이하
- 천장의 높이가 9.1 m 미만은 2.4~3.7 m 이하 여부

관련기준

화재조기진압용 스프링클러설비의 화재안전기술기준(NFTC 103B)

2.5.10.2 가지배관 사이의 거리는 2.4 m 이상 3.7 m 이하로 할 것. 다만, 천장의 높이가 9.1 m 이상 13.7 m 이하인 경우에는 2.4 m 이상 3.1 m 이하로 한다.

(1) 천장 높이에 따른 가지배관 간격 기준

1) 천장 또는 반자 높이에 따른 가지배관 거리 검토
   ① 천장 높이 9.1 m 미만인 경우 : 가지배관의 간격은 2.4~3.7m 이하
   ② 천장 높이 9.1~13.7 m 이하인 경우 : 가지배관의 간격은 2.4~3.1 m 이하
   ③ 어떠한 경우에도 가지배관 간격이 3.7 m를 초과하지 않아야 함
2) ESFR 스프링클러설비는 NFPA 13 기준을 준용하여 제정한 것으로 국내 기준에 명시되지 않은 사항은 NFPA 13 기준을 참고

표 1.7.16.1 ESFR 스프링클러헤드의 가지배관의 간격

천장 높이	가지배관의 간격
9.1 m 미만	2.4~3.7 m 이하
9.1~13.7 m 이하	2.4~3.1 m 이하

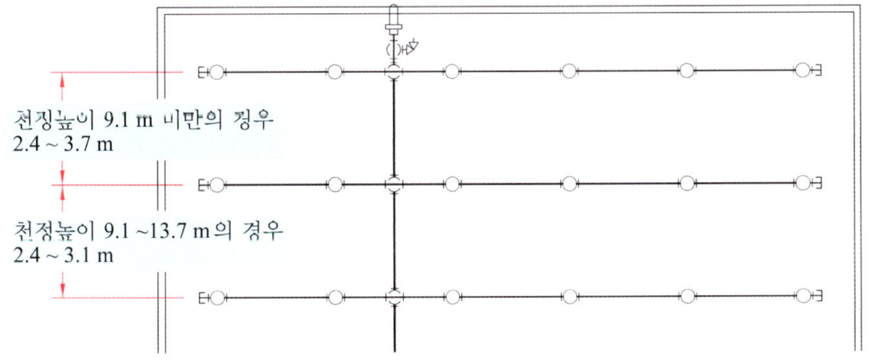

그림 1.7.16.1 ESFR 스프링클러 헤드 가지배관의 배열

1.7.17 ESFR 스프링클러헤드의 설치

- 가지배관의 헤드간격, 방호면적, 적재물 이격거리, 천장 이격거리 등 기준에 적합여부를 검토

관련기준

화재조기진압용 스프링클러설비의 화재안전기술기준(NFTC 103B)

2.7.1 화재조기진압용 스프링클러설비의 헤드는 다음의 기준에 적합해야 한다.

2.7.1.1 헤드 하나의 방호면적은 6.0 ㎡ 이상 9.3 ㎡ 이하로 할 것

2.7.1.2 가지배관의 헤드 사이의 거리는 천장의 높이가 9.1 m 미만인 경우에는 2.4 m 이상 3.7 m 이하로, 9.1 m 이상 13.7 m 이하인 경우에는 3.1 m 이하로 할 것

2.7.1.3 헤드의 반사판은 천장 또는 반자와 평행하게 설치하고 저장물의 최상부와 914 ㎜ 이상 확보되도록 할 것

2.7.1.4 하향식 헤드의 반사판의 위치는 천장이나 반자 아래 125 ㎜ 이상 355 ㎜ 이하일 것

2.7.1.5 상향식 헤드의 감지부 중앙은 천장 또는 반자와 101 ㎜ 이상 152 ㎜ 이하이어야 하며, 반사판의 위치는 스프링클러 배관의 윗부분에서 최소 178 ㎜ 상부에 설치되도록 할 것

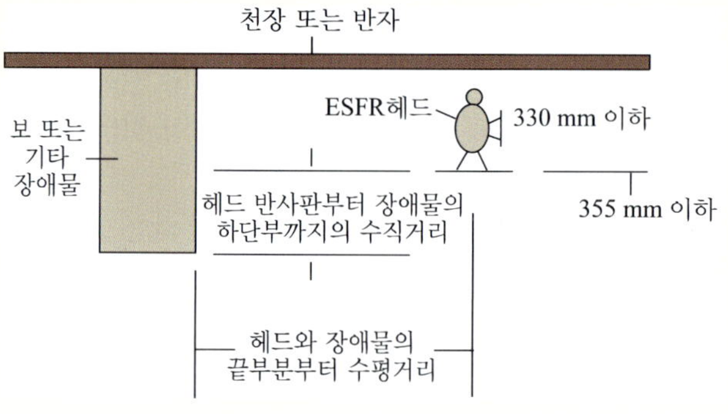

그림 2.7.1.8(1) 보 또는 기타 장애물 위에 헤드가 설치된 경우의 반사판 위치
(그림 2.7.1.8(3) 또는 표 2.7.1.8(1)을 함께 사용할 것)

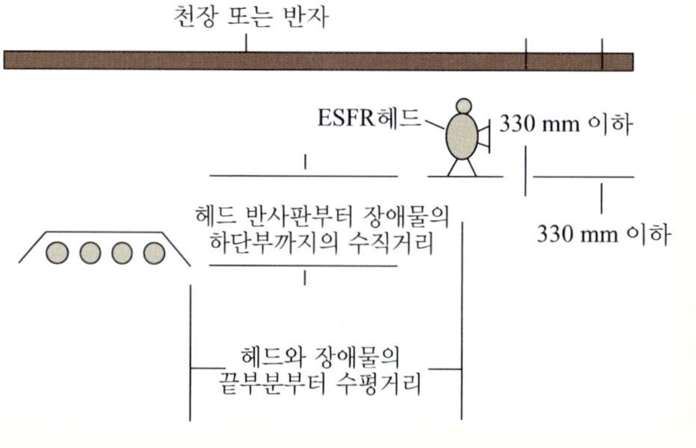

그림 2.7.1.8(2) 장애물이 헤드 아래에 연속적으로 설치된 경우의 반사판 위치
(그림 2.7.1.8(3) 또는 표 2.7.1.8(1)을 함께 사용할 것)

2.7.1.6 헤드와 벽과의 거리는 헤드 상호간 거리의 2분의 1을 초과하지 않아야 하며 최소 102 ㎜ 이상일 것

2.7.1.7 헤드의 작동온도는 74 ℃ 이하일 것. 다만, 헤드 주위의 온도가 38 ℃ 이상의 경우에는 그 온도에서의 화재시험 등에서 헤드 작동에 관하여 공인기관의 시험을 거친 것을 사용할 것

2.7.1.8 헤드의 살수분포에 장애를 주는 장애물이 있는 경우에는 다음의 어느 하나에 적합할 것

2.7.1.8.1 천장 또는 천장 근처에 있는 장애물과 반사판의 위치는 그림 2.7.1.8(1) 또는 그림 2.7.1.8(2)와 같이하며, 천장 또는 천장 근처에 보 · 덕트 · 기둥 · 난방기구 · 조명기구 · 전선관 및 배관 등의 기타 장애물이 있는 경우에는 장애물과 헤드 사이의 수평거리에 따른 장애물의 하단과 그보다 윗부분에 설치되는 헤드 반사판 사이의 수직거리는 표 2.7.1.8(1) 또는 그림 2.7.1.8(3)에 따를 것

2.7.1.8.2 헤드 아래에 덕트 · 전선관 · 난방용배관 등이 설치되어 헤드의 살수를 방해하는 경우에는 표 2.7.1.8(1) 또는 그림 2.7.1.8(3)에 따를 것. 다만, 2개 이상의 헤드의 살수를 방해하는 경우에는 표 2.7.1.8(2)를 참고로 한다.

2.7.1.9 상부에 설치된 헤드의 방출수에 따라 감열부에 영향을 받을 우려가 있는 헤드에는 방출수를 차단할 수 있는 유효한 차폐판을 설치할 것

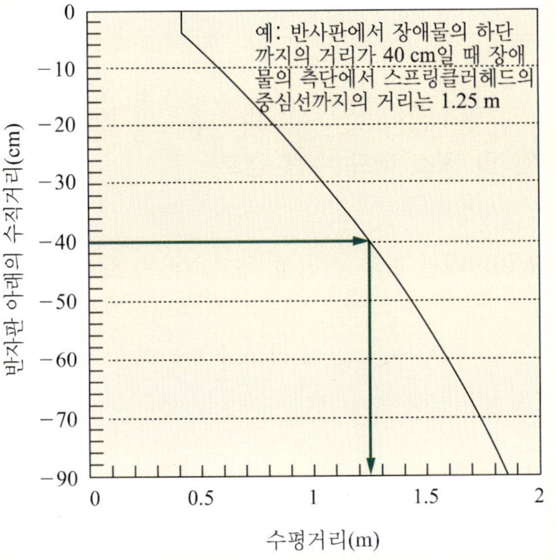

그림 2.7.1.8(3) 장애물 아래에 설치되는 헤드 반사판의 위치

표 2.7.1.8(1) 보 또는 기타 장애물 아래에 헤드가 설치된 경우의 반사판 위치

장애물과 헤드 시이의 수평거리	장애물의 하단과 헤드의 반사판 사이의 수직거리	장애물과 헤드 사이의 수평거리	장애물의 하단과 헤드의 반사판 사이의 수직거리
0.3 m 미만	0 mm	1.1 m 이상 1.2 m 미만	300 mm
0.3 m 이상 0.5 m 미만	40 mm	1.2 m 이상 1.4 m 미만	380 mm
0.5 m 이상 0.7 m 미만	75 mm	1.4 m 이상 1.5 m 미만	460 mm
0.7 m 이상 0.8 m 미만	140 mm	1.5 m 이상 1.7 m 미만	560 mm
0.8 m 이상 0.9 m 미만	200 mm	1.7 m 이상 1.8 m 미만	660 mm
1.0 m 이상 1.1 m 미만	250 mm	1.8 m 이상	790 mm

표 2.7.1.8(2) 저장물 위에 장애물이 있는 경우의 헤드설치 기준

장애물의 류 (폭)		조 건
돌출장애물	0.6 m 이하	1. 표 2.7.1.8(1) 또는 그림 2.7.1.8(2) 에 적합하거나 2. 장애물의 끝 부근에서 헤드 반사판까지의 수평거리가 0.3 m 이하로 설치할 것
	0.6 m 초과	표 2.7.1.8(1) 또는 그림 2.7.1.8(3) 에 적합할 것
연속장애물	5 cm 이하	1. 표 2.7.1.8(1) 또는 그림 2.7.1.8(3) 에 적합하거나 2. 장애물이 헤드 반사판 아래 0.6 m 이하로 설치된 경우는 허용한다.
	5 cm 초과 0.3 m 이하	1. 표 2.7.1.8(1) 또는 그림 2.7.1.8(3) 에 적합하거나 2. 장애물의 끝 부근에서 헤드 반사판까지의 수평거리가 0.3 m 이하로 설치할 것
	0.3 m 초과 0.6 m 이하	1. 표 2.7.1.8(1) 또는 그림 2.7.1.8(3) 에 적합하거나 2. 장애물이 끝 부근에서 헤드 반사판까지의 수평거리가 0.6 m 이하로 설치할 것
	0.6 m 초과	1. 표 2.7.1.8(1) 또는 그림 2.7.1.8(3) 에 적합하거나 2. 장애물이 평편하고 견고하며 수평적인 경우에는 저장물의 최상단과 헤드반사판의 간격이 0.9 m 이하로 설치할 것 3. 장애물이 평편하지 않거나 비연속적인 경우에는 저장물 아래에 평편한 판을 설치한 후 헤드를 설치 할 것

(1) 헤드의 방호면적 확인 및 최소 헤드 수량 검토

1) 방호면적의 산출

① 헤드 간의 거리와 가지배관 간의 거리를 측정하여 가로(A) × 세로(B) 형태로 방호면적을 계산

② 방호면적이 최소 6 m^2 이상, 9.3 m^2 이하인지 확인

③ 가지배관의 간격을 고려하여 최소 헤드 수량 검토

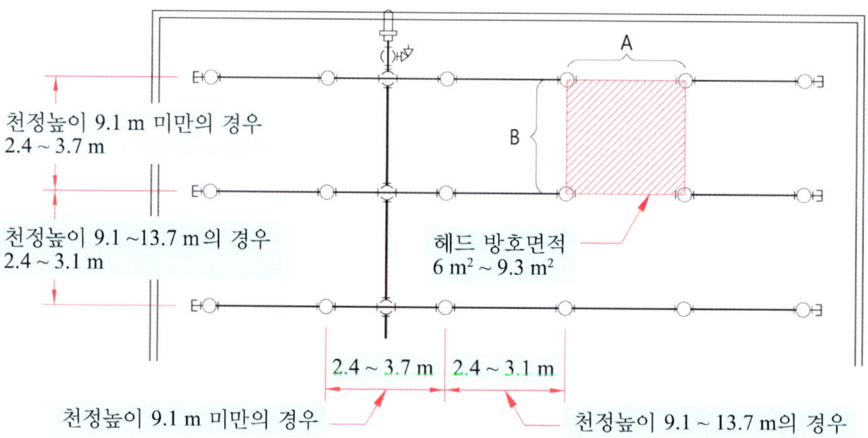

그림 1.7.17.1 ESFR 스프링클러 헤드의 간격 및 방호면적

(2) 예시 : 천장 높이 9.1 m 미만인 경우

1) 방호면적을 규정한 것은 방수되는 소화수의 방수밀도를 규정한 것
2) 최대 허용 간격 설정 시 방호면적 계산
   - 가지배관 간격과 헤드 간격을 최대치인 3.7 m 이하로 설정할 경우
     ☞ 방호면적 : 3.7 m × 3.7 m = 13.69 ㎡
     ☞ 13.69 ㎡는 방호면적 기준 최대 9.3 ㎡을 초과하므로 헤드 또는 가지배관 간격을 조정하여 방호면적 기준에 맞춰야 함

(3) 헤드 살수 장애 발생 시 검토 사항

1) 장애물로 인한 살수 장애가 발생 될 경우 스프링클러 방수패턴이 왜곡되어 비닥면의 살수밀도가 적어져 소화 실패의 가능성이 있음
2) 관련 규정에 따른 검토 필요
   - 그림 2.7.1.8(1), (2), (3) 및 표 2.7.1.8(1), (2)의 규정에 따라 살수 장애를 검토
3) 공사 전에 장애물로 인한 살수 장애부분은 세심한 검토가 필요함

1.7.18 저장물품 사이의 간격은 152 mm 이상 확보

- 저장물품 사이의 간격이 152 mm 이상 여부 검토

관련기준

화재조기진압용 스프링클러설비의 화재안전기술기준(NFTC 103B)

2.8.1 저장물품 사이의 간격은 모든 방향에서 152 ㎜ 이상의 간격을 유지해야 한다.

(1) 저장물품 사이 간격 기준 및 중요성

1) 모든 방향에서 152 mm 이상의 간격 확보 필요
   ① 저장물품의 간격은 모든 방향에서 152 mm 이상 확보
     ☞ 여기서 '모든 방향'이란 랙크식 창고에 대한 기준으로서
     ☞ 물품 간의 수평 방향, 물품 간의 수직 방향
     ☞ 개방 배열 상태에서 152 mm 이상 이격되어야 함을 의미함

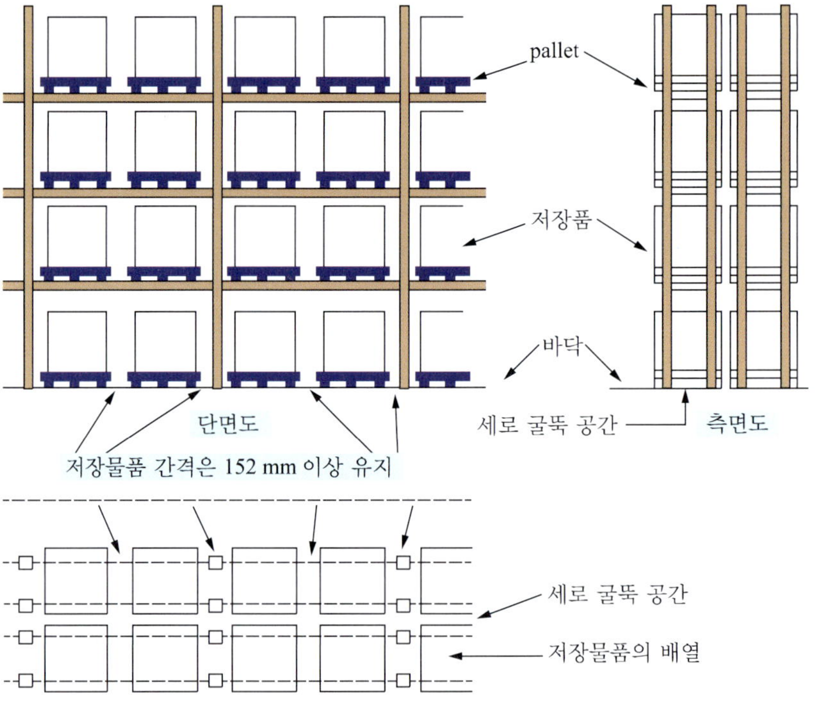

그림 1.7.18.1 랙크식 창고의 저장물품 사이의 간격

2) 간격 확보의 목적

① 랙크식 창고의 저장물품에서 화재 발생 시

☞ 물품 사이에 152 mm 이상의 공간을 확보함으로써 수직으로 연소가 진행될 수 있도록 보조

☞ 열이 수직으로 상승하여 헤드를 조기에 작동시킬 수 있음

② 공간이 없어 물품 사이 간격 미확보 시 문제점

☞ 화재가 랙크 상부로 확대되지 못하고, 랙크를 중심으로 수평이나 통로 측의 면을 따라 위로 확대

☞ 헤드 작동 지연이 발생하여 화재 조기 진압이 어려워질 수 있음

③ 공사 완료 후 시설물 인수인계 단계에서 소방안전관리자 및 시설물 관계자에게 물품 저장 시 최소 간격을 준수하도록 안내가 필요

1.8 가스계 소화설비

1.8.1 가스계 소화설비 설치제외 장소

- 이산화탄소소화설비 설치 제외장소 확인
- 할로겐화합물 및 불활성기체 소화설비의 최대허용설계농도(NOAEL) 확인

관련기준

이산화탄소소화설비의 화재안전기술기준(NFTC 106)

2.8.1 이산화탄소소화설비의 분사헤드는 다음의 장소에 설치해서는 안 된다.

2.8.1.1 방재실 · 제어실 등 사람이 상시 근무하는 장소

2.8.1.2 니트로셀룰로스 · 셀룰로이드제품 등 자기연소성물질을 저장 · 취급하는 장소

2.8.1.3 나트륨 · 칼륨 · 칼슘 등 활성금속물질을 저장 · 취급하는 장소

2.8.1.4 전시장 등의 관람을 위하여 다수인이 출입 · 통행하는 통로 및 전시실 등

할로겐화합물 및 불활성기체소화설비의 화재안전기술기준(NFTC 107A)

2.2.1 할로겐화합물 및 불활성기체소화설비는 다음의 장소에는 설치할 수 없다.

2.2.1.1 사람이 상주하는 곳으로써 2.4.2의 최대허용 설계농도를 초과하는 장소

2.2.1.2 「위험물안전관리법 시행령」 별표 1의 제3류위험물 및 제5류위험물을 저장 · 보관 · 사용하는 장소. 다만, 소화성능이 인정되는 위험물은 제외한다.

표 2.4.2 할로겐화합물 및 불활성기체 소화약제 최대허용설계농도(NOAEL)

소화약제	상 품 명	NOAEL (%)
FC-3-1-10	-	40
HCFC BLEND A	Fine XG, NAF S-Ⅲ	10
HCFC-124	-	1.0
HFC-125	DOC FS 125 MG-125 PFS NK FS-125 Fort-125	11.5
HFC-227ea	FM-200	10.5
HFC-23	Anyfire	30
HFC-236fa	-	12.5
FIC-13I1	-	0.3
FK-5-1-12	Fort-1230(NOVEC)	10
IG-01	-	43
IG-100	SN-100	43
IG-541	Inergen	43
IG-55	-	43

(1) 이산화탄소소화설비의 설치 제한 및 주의사항

1) 질식 위험으로 인한 설치 제한

① 이산화탄소소화설비는 설계농도(34% 이상)에서 질식의 위험이 있음

② 약제 방사 후 충분한 환기 후에만 출입 가능함

③ 따라서 상시 사람이 상주하는 공간에는 설치하지 않아야 함

2) 이산화탄소소화설비로 인한 사고 사례

① 2001년 5월 28일 금호미술관 사고

☞ 장소 : 종로구 사간동 금호미술관

☞ 내용 : 관람 중이던 어린이가 장난으로 수동조작스위치를 눌러 2층 전시실 내부에 이산화탄소가 방출됨

☞ 피해 : 어린이를 포함하여 총 59명 부상 발생

☞ 결과 : 이 사건을 계기로 전시장 등에 이산화탄소소화설비의 설치가 금지됨

② 2008년 9월 13일 금강대학교 사고

☞ 장소 : 금강대학교 지하 전기실

☞ 내용 : 변압기 화재로 이산화탄소가 방출됨

☞ 피해 : 직원 1명 사망

3) 이산화탄소소화설비 설치 제외 장소

① 방재실·제어실 등 사람이 상시 근무하는 장소

☞ 이유 : 질식 우려가 있기 때문.

② 니트로셀룰로스·셀룰로이드 제품 등 자기연소성 물질을 저장·취급하는 장소

☞ 이유 : 화재 시 외부의 가열이나 충격 등에 의해 산소를 방출하여 질식소화인 이산화탄소설비와 적응성이 낮음

③ 나트륨·칼륨·칼슘 등 활성금속 물질을 저장·취급하는 장소

☞ 이유 : 활성금속은 이산화탄소 가스 방사 시 폭발 위험이 있으므로 적용 불가

④ 전시장 등 다수인이 출입·통행하는 통로 및 전시실

☞ 이유 : 인명 피해 우려가 있음

(2) 할로겐화합물 및 불활성기체 소화설비의 설치 시 주의사항

1) 사람이 상주하는 장소에 설치 가능 조건

① 사용되는 소화약제가 방호구역에 방출 시 최대허용 설계농도(NOAEL)를 초과하지 않아야 함

② NOAEL(No Observed Adverse Effect Level)은 현저한 영향이나 부작용이 전혀 발생하지 않는 최대 허용농도를 의미함

③ 소화가스계산서를 통해 NOAEL 초과 여부를 확인하여 상주 구역에 설치 가능 여부를 검토해야 함

2) 할로겐화합물 및 불활성기체 소화설비 분사헤드 설치 제외 장소

① NOAEL를 초과하는 장소

☞ 사람이 상주하는 곳에서 소화약제별 최대허용 설계농도(NOAEL)를 초과하는 경우 설치 불가

② 특정 위험물을 저장·보관·사용하는 장소

☞ 제3류 위험물 : 자연발화성 및 금수성 물질

☞ 제5류 위험물 : 자기반응성 물질

☞ 단, 소화성능이 인정되는 위험물은 제외됨

1.8.2 전기실, 발전기실 등 별개 방화구획 된 경우 소화가스설비의 적용

• 동일한 방화구획의 면적이 300 m^2 이하 인지 검토

관련기준

소방시설 설치 및 관리에 관한 법률 시행령 [별표 4]

바. 물분무등소화설비를 설치해야 하는 특정소방대상물[위험물 저장 및 처리 시설 중 가스시설, 발전시설의 전기저장시설 중 무정전전원공급장치(UPS)의 시설 및 지하구는 제외한다]은 다음의 어느 하나에 해당하는 것으로 한다.

5) 특정소방대상물에 설치된 전기실 · 발전실 · 변전실(가연성 절연유를 사용하지 않는 변압기 · 전류차단기 등의 전기기기와 가연성 피복을 사용하지 않은 전선 및 케이블만을 설치한 전기실 · 발전실 및 변전실은 제외한다) · 축전지실 · 통신기기실 또는 전산실, 그 밖에 이와 비슷한 것으로서 바닥면적이 300㎡ 이상인 것[하나의 방화구획 내에 둘 이상의 실(室)이 설치되어 있는 경우에는 이를 하나의 실로 보아 바닥면적을 산정한다]. 다만, 내화구조로 된 공정제어실 내에 설치된 주조정실로서 양압시설(외부 오염 공기 침투를 차단하고 내부의 나쁜 공기가 자연스럽게 외부로 흐를 수 있도록 한 시설을 말한다)이 설치되고 전기기기에 220볼트 이하인 저전압이 사용되며 종업원이 24시간 상주하는 곳은 제외한다.

(1) 소화가스설비 적용 면적의 계산 기준

1) 전기실과 발전기실의 방화구획 여부에 따른 적용

• 전기실을 통하여 출입할 수 있는 발전기실이 설치된 경우에,

☞ 전기실과 발전기실이 각각 방화구획되어 있다면,

☞ 소화가스설비의 적용 면적인 300 ㎡는 각 실의 바닥면적을 개별적으로 고려하여 적용

(2) 방화구획의 판단 기준과 소화설비 적용 방법

1) 개별 방화구획의 경우 하나의 방화구획으로 간주하지 않음

- 각 실이 개별적으로 방화구획되어 있거나,
  - ☞ 출입문이 방화문, 벽체가 내화구조로 방화구획되어 있다면,
  - ☞ 이를 하나의 방화구획으로 볼 수 없음

2) 방화구획의 의미와 소화설비 적용

- 방화구획은 완전 구획을 의미하지 않으므로,
  - ☞ 물분무 등 소화설비의 적용 시,
  - ☞ 각 방화구획된 실의 용도를 구분하여 바닥면적을 적용

(3) 소화가스설비 설치 예시 및 엔지니어의 판단 필요성

1) 예시 : 전기실과 발전기실의 면적이 각각 300 ㎡ 미만인 경우

- 그림 1.8.2.1과 같이, 전기실과 발전기실이 각각 방화구획과 방화문으로 구획되어 있고, 각각의 면적이 300 ㎡ 미만일 때는,
  - ☞ 소화가스설비를 설치하지 않아도 된다.

2) 화재 위험성 고려 및 기술적 판단의 필요성

- 화재 위험성을 고려했을 때, 작은 면적 차이로 설치 여부를 결정하는 것은 적절하지 않을 수 있으므로,
  - ☞ 엔지니어의 기술적 판단과 건축주의 화재 안전에 대한 인식이 필요

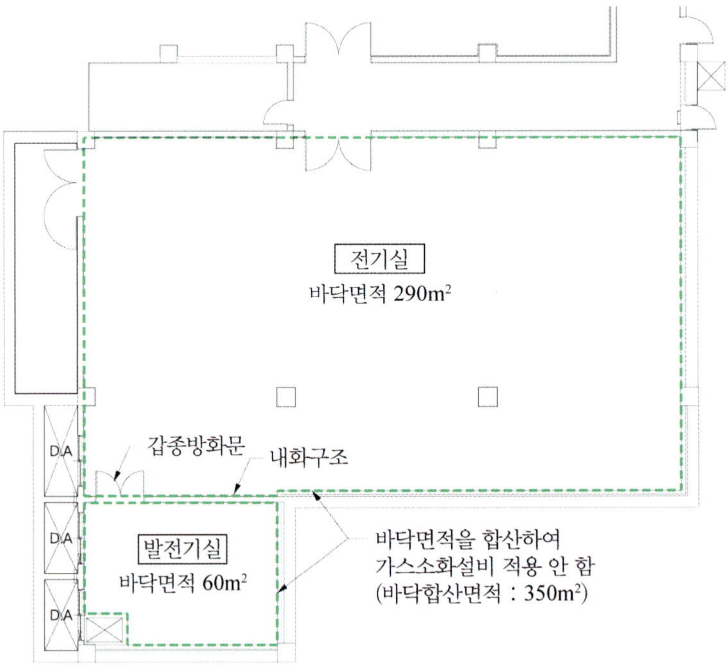

그림 1.8.2.1 소화가스설비의 적용 검토

1.8.3 가스계 소화설비의 성능인증 확인

- 가스계 소화설비의 성능시험 기술기준의 제품 승인여부 확인

관련기준

할로겐화합물 및 불활성기체소화설비의 화재안전기술기준(NFTC 107A)

2.15.1 할로겐화합물 및 불활성기체소화설비를 설계프로그램을 이용하여 설계할 경우에는 「가스계소화설비 설계프로그램의 성능인증 및 제품검사의 기술기준」에 적합한 설계프로그램을 사용해야 한다.

(1) 가스계 소화설비의 유체 흐름 해석의 어려움

1) 수계산의 한계
   - 가스계 소화설비의 유체 흐름해석을 수계산으로 간단히 수행하기 매우 어려움

2) 하론 및 일부 할로겐화합물, 불활성기체의 경우
   - 자체 증기압이 낮아 별도의 기체 축압방식으로 방출시켜야 하는 하론(Halon)이나 일부 할로겐화합물 및 불활성기체의 경우

     ☞ 기상(氣相)과 액상(液相)이 혼합되어 흐르므로 수계산으로 분석이 거의 불가능함

3) 이산화탄소의 경우
   - 이산화탄소는 배관 내 압력 감소 계산 방법과 노즐의 방출 특성 테이블이 제공되어 수계산이 어느 정도 가능하지만 계산 과정이 매우 까다롭고 신뢰성이 떨어짐

(2) 프로그램을 통한 가스계 소화설비의 계산 이유

1) 노즐 분구면적 결정 목적
   - 가스계 소화설비에서 프로그램을 통해 계산하는 이유는 설계 방출시간 내에 원하는 방출량으로 소화약제가 정확히 방출되도록 노즐의 분구면적을 결정하기 위함

2) 노즐 분구면적 계산 과정

   ① 배관에서의 압력 손실 계산

   ② 계산된 압력 손실을 토대로 각 구간의 지점에서의 압력 계산

   ③ 최종 노즐에서의 방출 압력 계산

   ④ 계산된 방출 압력을 통해 설계 방출시간 내에 약제가 방출될 수 있도록 프로그램을 통해 노즐의 분구면적 계산

   ⑤ 예시 : 그림 1.8.3.1과 같이 프로그램이 노즐의 분구면적 산출

3) 프로그램 결과값의 내용
   - 각 구간의 유량과 압력 등이 상세히 계산되어 출력됨

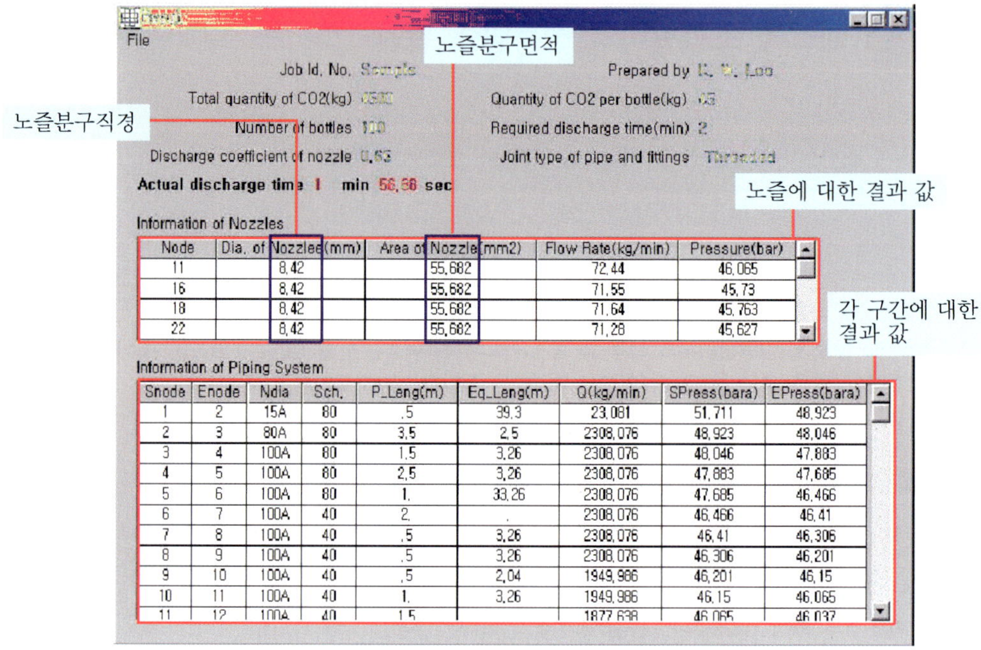

그림 1.8.3.1 이산화탄소소화설비 프로그램 출력 결과 예

(3) 가스계 소화설비의 신뢰성과 설계 프로그램 검증

1) 성능인정 기준 제정

- 가스계 소화설비는 신뢰도가 중요하므로, 한국소방산업기술원에서는 2000년 10월 9일 「가스계 소화설비의 성능인정에 관한 기준(KFI 002)」을 제정하여 검증받은 설계 프로그램을 사용하도록 하였음

2) 기존 KFI 인증 기준의 문제점과 개선

① 기존 소화가스설비 KFI 인증이 국제 기준을 만족하지 못하고 소화 성능에 대한 불신이 있었음

② 이에 따라 2010년 1월 6일 「가스계 소화설비의 설계프로그램 성능시험기술 기준」을 공포

③ 기존 KFI 인증 기준은 2011년 8월 31일까지 유예 기간을 두고 폐지되었음

표 1.8.3.1 화재시험방법에 따른 성능기준 비교

항 목		KFI 인증	성능 인정	국제 기준
A급 (C급적용)	목재	○	○	○
	PMMA	×	○	○
	ABS	×	○	○
	PP	×	○	○
B급	헵탄 팬테스트	○	○	○
노즐높이	헵탄 캔	○	○	○
노즐면적		×	○	○

*각 테스트 결과 중 가장 높은 소화농도를 채택하고 전기화재는 A급 소화농도를 적용함

3) 기존 KFI 인증 소화약제의 처리

① 기존 KFI 인증서를 받은 소화약제를 계속 사용시 성능시험을 다시 받아야 함

② 변경된 성능인정 기술기준은 ISO (International Organization for Standardization), UL(Underwriters Laboratories) 등 국제적 기관의 시험 방법을 준용하여 소화 테스트 실시

③ 표 1.8.3.1은 인증 기준과 국제 기준의 비교임

(4) 기존 인정 기준과 변경된 성능 기준의 비교

1) 소화시험 대상 재료의 추가

① 기존 KFI 인증에서는 목재 시험만으로 소화 농도를 인정

② 변경된 성능 기준에서는 중합 재료 3종류의 소화시험이 추가되어 기존 소화가스의 소화 농도가 상승

☞ PMMA (Poly methyl methacrylate) : 투명 플라스틱으로 아크릴 종류를 의미

☞ PP (Poly propylene) : 열가소성 수지로 필름, 자동차, 전기, 전자 부품, 일용품 등의 원료로 사용

☞ ABS (Acrylonitrile Butadiene Styrene) : 내충격성이 큰 플라스틱 종류

2) 시험 조건의 변경

① 기존 시험 방법은 최대 배관비(배관 내용적 비)에서 소화시험을 하였음

② 변경된 성능 기준에서는 21℃의 최소 설계 압력 이하의 조건에서 소화시험(A급, B급)을 실시

③ 표 1.8.3.2는 기존 가스계 소화설비의 KFI 인증 기준과 성능시험 기술 기준을 비교한 것임

표 1.8.3.2 KFI 인증기준과 성능시험기술기준의 비교

성능확인 시험항목	KFI 인증	성능 인정	국제 기준
방출압력 확인	○	○	○
B급 소화테스트	○	○	○
목재 소화테스트	○	○	○
폴리머 소화테스트	×	○	○
노즐방호면적 테스트	×	○	○
방출시간 확인	×	○	○
최소방출시간 확인	×	○	○
최대방출시간 확인	×	○	○
분사헤드별 방출량 확인	×	○	○
Tee 분기량 확인	×	○	○
최대 흐름율 확인	×	○	○
최소 흐름율 확인	×	○	○
분사헤드 간 최대압력편차 확인	×	○	○
분사헤드 간 약제도달시간 편차 확인	×	○	○
약제 충전비(최소/최대) 확인	×	○	○
180도 분사헤드 능력 확인	×	○	○

(5) 소화가스 약제 사용 시 확인 사항

1) 제품 승인서 확인

① 소화가스 약제 사용 시 그림 1.8.3.2와 같은 제품 성능인증서를 반드시 확인

② 한국소방산업기술원 홈페이지(http://www.kfi.or.kr)에서도 성능 인증을 받은 약제를 확인할 수 있음

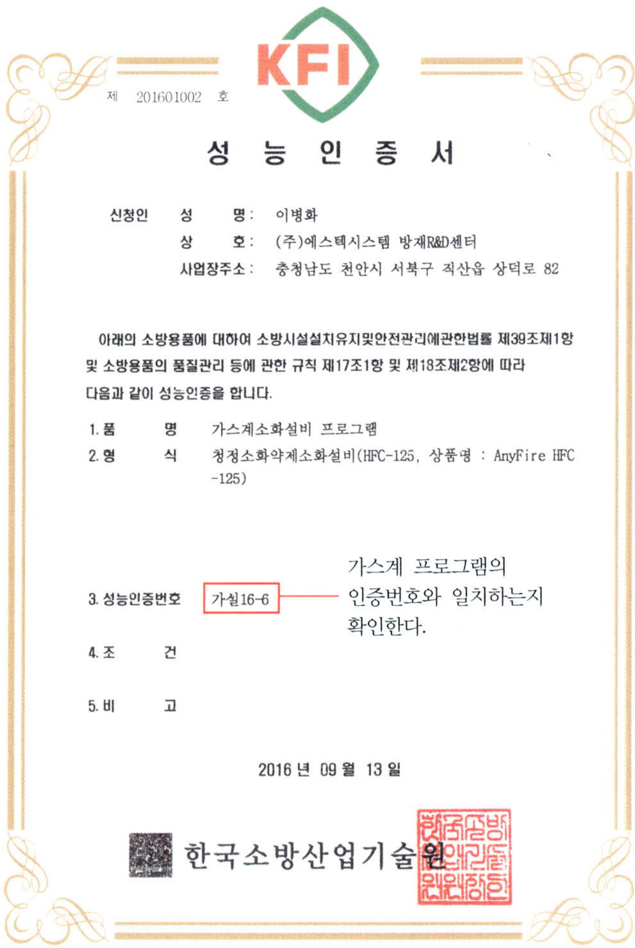

KFI

제 201601002 호

성 능 인 증 서

신청인 성 명 : 이병화

상 호 : (주)에스텍시스템 방재R&D센터

사업장주소 : 충청남도 천안시 서북구 직산읍 상덕로 82

아래의 소방용품에 대하여 소방시설설치유지및안전관리에관한법률 제39조제1항 및 소방용품의 품질관리 등에 관한 규칙 제17조1항 및 제18조제2항에 따라 다음과 같이 성능인증을 합니다.

1. 품 명 가스계소화설비 프로그램

2. 형 식 청정소화약제소화설비(HFC-125, 상품명 : AnyFire HFC-125)

3. 성능인증번호 가실16-6

4. 조 건

5. 비 고

2016 년 09 월 13 일

한국소방산업기술원

그림 1.8.3.2 소화가스약제 소화설비의 제품 성능인증서

1.8.4 가스계 소화설비 방호구역과 계산서 확인

- 실체적에 따른 약제량 확인
- 과압배출구 계산면적과 도면일치 확인

관련기준

할로겐화합물 및 불활성기체소화설비의 화재안전기술기준(NFTC 107A)

2.4.1 소화약제의 저장량은 다음의 기준에 따른다.

2.4.1.1 할로겐화합물소화약제는 다음 식 (2.4.1.1)에 따라 산출한 양 이상으로 할 것

$W = V/S \times [\, C / (100-C) \,]$ (2.4.1.1)

W : 소화약제의 무게(kg)

V : 방호구역의 체적(㎥)

C : 체적에 따른 소화약제의 설계농도(%)

S : 소화약제별 선형상수(K1+K2×t)(㎥/kg)

t : 방호구역의 최소예상온도(℃)

소화약제	K1	K2
FC-3-1-10	0.094104	0.00034455
HCFC BLEND A	0.2413	0.00088
HCFC-124	0.1575	0.0006
HFC-125	0.1825	0.0007
HFC-227ea	0.1269	0.0005
HFC-23	0.3164	0.0012
HFC-236fa	0.1413	0.0006
FIC-1311	0.1138	0.0005
FK-5-1-12	0.0664	0.0002741

2.4.1.2 불활성기체소화약제는 다음 식 (2.4.1.2)에 따라 산출한 양 이상으로 할 것

$X = 2.303(V_s/S) \times \log_{10} 100 \, / \, (100-C)]$ (2.4.1.2)

X : 공간체적당 더해진 소화약제의 부피(㎥/㎥)

C : 체적에 따른 소화약제의 설계농도(%)

Vs : 20℃에서 소화약제의 비체적(㎥/kg)

S : 소화약제별 선형상수(K1+K2×t)(㎥/kg)

t : 방호구역의 최소예상온도(℃)

소 화 약 제	K1	K2
IG-01	0.5685	0.00208
IG-100	0.7997	0.00293
IG-541	0.65799	0.00239
IG-55	0.6598	0.00242

2.4.1.3 체적에 따른 소화약제의 설계농도(%)는 상온에서 제조업체의 설계기준에 따라 인증받은 소화농도(%)에 표 2.4.1.3에 따른 안전계수를 곱한 값 이상으로 할 것

설계농도	소화농도	안전계수
A급	A급	1.2
B급	B급	1.3
C급	C급	

2.14.1 할로겐화합물 및 불활성기체소화설비의 방호구역에는 소화약제 방출시 발생하는 과(부)압으로 인한 구조물 등의 손상을 방지하기 위해 2.14.1.1부터 2.14.1.4까지의 내용을 검토하여 과압배출구를 설치해야 한다. 다만, 과(부)압이 발생해도 구조물 등에 손상이 생길 우려가 없음을 시험 또는 공학적인 자료로 입증하는 경우 설치하지 않을 수 있다.

2.14.1.1 방호구역 누설면적

2.14.1.2 방호구역의 최대허용압력

2.14.1.3 소화약제 방출시의 최고압력

2.14.1.4 소화농도 유지시간

(1) 가스계 소화설비의 방호구역 확인 및 약제량 계산

1) 방호구역 일치 검토
   - ① 소화가스계산서와 소화평면의 방호구역이 일치 여부 검토
   - ② 도면상의 소화가스 방호구역의 면적과 실 높이 또는 층고 확인
   - ③ 각 방호구역별 실체적이 계산서와 일치 여부 확인
2) 가스계소화설비 필요 소화약제량 계산
   - ① 약제량 계산은 보통 엑셀 수식으로 작성
   - ② 계산된 약제량을 바탕으로 설계 프로그램에 따라 전역방출방식 가스계 소화설비의 배관 구경, 방출 압력, 농도 등의 세부적인 계산이 이루어짐

(2) 할로겐화합물 및 불활성기체의 소화농도 확인

1) 제조사 제공 소화농도 확인
   - 할로겐화합물 및 불활성기체의 소화농도를 제조사가 제시하는 자료를 통해 확인
2) 최대허용설계농도(NOAEL) 확인
   - ① 사람이 상주하는 장소에서의 최대허용설계농도(NOAEL)를 확인
   - ② 방호구역에 적용하려는 소화약제가 NOAEL을 초과하지 않는지 검토하여 방호구역에 적합한지 판단

HFC-227ea 할로겐화합물 소화설비 약제량 계산서

현 장 명 : [redacted]
날 짜 : 2024년 10월
설계 사양 : - 성능인증번호 : 가설 16-5
- 방호구역 적용 온도 : 20℃
- 방출시간 : 소화약제의 95%가 방출완료 되는 시간(최소 4초 ~ 최대 10초)
- 최대 설계농도 : 10.5%

- 구조물 허용압력 기준
4.8 kpa : 콘크리트 구조물
2.4 kpa : 일반 구조물
1.2 kpa : 경량 구조물

저장소	층별	방호구역번호	방호구역명	면적 (㎡)	높이 (m)	체적 (m³)	필요약제량 (kg)	적용약제량 (kg)	화재구분	안전계수	설계농도 (%)	적용설계농도 (%)	보정량 (kg)	실린더 충전량 (kg)	실린더 저장용기	실린더 병수	전역 방출 시스템 주배관 (A)	선택밸브(A) 150	125	100	80	65	50	40	32	25	분사 노즐(A) 50	40	32	25	20	15	과압배출구 구조물 허용압력 (kpa)	댐퍼 크기 (mm) 가로	세로	수량	비고
	지하4층	1	발전기실(주거)	149.62 53.18	5.25 6	1104.6	817.9	840	B급	1.3	9.204	9.4%		70	82.5L	12	150	HFC-227ea MODULAR SYSTEM 70KG x 2 BTL x 6 SET									8	0	0	0	0	0	2.4	500 × 500		1EA	
			상부	149.62 53.18	2.6 3	548.6	406.2																				4										
			하부	149.62 53.18	2.65 3	556.0	411.7																				4										

그림 1.8.4.1 할로겐화합물 소화설비 약제량 계산서

HFC-227ea FLOW CALCULATIONS
Version KFI 2016

Data input file name: C:\Users\user\Desktop\지하4층 발전기실(주거).227

Company Information
Company: [redacted]

Project Information
Project Name: [redacted]-지하4층 발전기실(주거)
Program Default
SI units (meters, kilograms, bar) are specified
Total flooding system
Nozzle Diameters are specified

Agent Storage Conditions

Nominal Storage Pressure is 4137 kpa at 21 degrees Celsius
70 kgs of HFC-227ea is stored in each of 12 cylinders with 0.85 kg/liter fill density.
Total HFC-227ea discharged is 840 kgs

Pipe and Fittings

Sec Start	Sec End	Nominal Pipe Size		Length (m)	90's	Side Tee	Thru Tee	Unions/ Cplgs	Eql (m)
1	2	40A	40T	0.00	0	0	0	0	Cyl Valve 2 m
2	3	40A	40W	0.30	0	0	0	0	
3	4	150A	40W	3.51	1	0	0	0	
4	5	150A	40W	0.50	0	0	0	0	
5	6	150A	40W	12.25	3	0	0	0	
6	7	100A	40W	6.30	1	1	0	0	
7	8	80A	40W	2.00	0	1	0	0	
8	301	50A	40T	2.70	1	1	0	0	
8	302	50A	40T	4.90	1	1	0	0	
7	9	80A	40W	2.00	0	1	0	0	
9	303	50A	40T	4.90	1	1	0	0	
9	304	50A	40T	2.70	1	1	0	0	
6	10	100A	40W	6.30	1	1	0	0	
10	11	80A	40W	2.00	0	1	0	0	
11	305	50A	40T	2.70	1	1	0	0	
11	306	50A	40T	4.90	1	1	0	0	
10	12	80A	40W	2.00	0	1	0	0	
12	307	50A	40T	4.90	1	1	0	0	

그림 1.8.4.2 할로겐화합물 소화설비 설계프로그램 결과

HFC-227ea FLOW CALCULATIONS
Version KFI 2016

Data input file name: C:\Users\user\Desktop\지하4층 발전기실(주거).227

Nozzle Performance Summary (Continued)

Nozzle Number	Nominal Pipe Size		Nozzle Dia.	Weight (kgs) Discharged	Pressure at Nozzle
302 (180)	50A	40T	35.00	104.8	9.79
303 (180)	50A	40T	35.00	104.8	9.79
304 (360)	50A	40T	35.00	105.2	9.93
305 (360)	50A	40T	35.00	105.2	9.93
306 (180)	50A	40T	35.00	104.8	9.79
307 (180)	50A	40T	35.00	104.8	9.79
308 (360)	50A	40T	35.00	105.2	9.93

Concentration Results

Area	Volume	Time (sec)	HFC-227ea (kgs) Supplied	HFC-227ea (kgs) Required	Actual Concentration	Design Concentration
상부	548.6	7.9	420.84	406.2	9.5% at 20.0°C	9.204% at 20.0°C
하부	556.0	7.9	419.16	411.7	9.4% at 20.0°C	9.204% at 20.0°C

그림 1.8.4.3 설계농도 및 실제 약제방출 시 농도 확인

(3) 과압배출구 설치 및 고려 사항

1) 과압배출구 설치 필요성 : 소화약제 방출 시 과압으로 인해 방호구역의 구조물 손상이 발생할 우려가 있으므로 과압배출구 설치

2) 과압 또는 부압 고려 : 소화약제의 종류에 따라 방출 시 발생하는 과압 또는 부압 고려

3) 과압배출구 설치 시 고려 요소

① 방호구역의 누설면적

② 최대허용압력

③ 소화약제 방출 시 최고압력

④ 소화농도 유지시간

3) 제조사 데이터에 따른 설치 : 위의 요소들을 고려하여 제조사가 제공하는 데이터에 따라 과압배출구를 설치하고, 구조물의 손상을 방지

- 구조물 허용압력 기준
4.8 kPa : 콘크리트 구조물, 2.4 kPa : 일반 구조물, 1.2 kPa : 경량 구조물

설계 농도 (%)	적용 설계 농도 (%)	보정량 (kg)	실린더			전역 방출 시스템																과압배출구			
			충전량 (kg)	저장 용기	병수	주배관 (A)	선택밸브(A)									분사 노즐(A)						구조물 허용 압력 (kpa)	댐퍼 크기 (mm)		수량
							150	125	100	80	65	50	40	32	25	50	40	32	25	20	15		가로	세로	
9.204	9.4%		70	82.5L	12	150	HFC-227ea MODULAR SYSTEM 70KG x 2 BTL x 6 SET									8	0	0	0	0	0	2.4	500 × 500		1EA

그림 1.8.4.4 과압배출구 계산

1.8.5 개구부 등의 자동폐쇄장치 설치

- 방호구역의 개구부 폐쇄 여부 확인

관련기준

할로겐화합물 및 불활성기체소화설비의 화재안전기술기준(NFTC 107A)

2.12.1 할로겐화합물 및 불활성기체소화설비를 설치한 특정소방대상물 또는 그 부분에 대하여는 다음의 기준에 따라 자동폐쇄장치를 설치해야 한다.

2.12.1.1 환기장치 등을 설치한 것은 소화약제가 방출되기 전에 해당 환기장치 등이 정지될 수 있도록 할 것

2.12.1.2 개구부가 있거나 천장으로부터 1 m 이상의 아래부분 또는 바닥으로부터 해당 층의 높이의 3분의 2 이내의 부분에 통기구가 있어 소화약제의 유출에 따라 소화효과를 감소시킬 우려가 있는 것은 소화약제가 방출되기 전에 해당 개구부 및 통기구를 폐쇄할 수 있도록 할 것

2.12.1.3 자동폐쇄장치는 방호구역 또는 방호대상물이 있는 구획의 밖에서 복구할 수 있는 구조로 하고, 그 위치를 표시하는 표지를 할 것

(1) 이산화탄소 소화설비의 개구부 가산량 규정 및 적용 이유

1) 개구부 가산량의 필요성
   ① 이산화탄소 소화설비에서는 개구부의 가산량 규정이 있어 추가할 수 있음
   ② 소화약제가 공기보다 비중이 무거워 방출 시 방호구역 아래쪽으로 이동
   ③ 방호구역 하부에 개구부가 있으면 다량의 약제가 누출되어 설계된 소화농도를 유지하기 어렵게 됨
   ④ 반면에 천장 근처의 개구부는 약제 누출이 비교적 적어, 약제량을 추가하여 설계농도를 유지할 수 있으므로 가산량을 산정

(2) 할로겐화합물 및 불활성기체 소화설비의 개구부 폐쇄 필요성

1) 할로겐화합물 및 불활성기체 소화설비에는 개구부 가산량 규정이 없음
2) 소화약제 방출 전에 방호구역의 환기장치를 정지하고, 개구부 및 통기구 등을 모두 폐쇄
3) 특히, 천장으로부터 1 m 이하의 부분이나 바닥으로부터 층 높이의 3분의 2 이내에 위치한 통기구는 폐쇄해야 하며, 대부분의 소화가스 방호구역은 폐쇄가 원칙
4) 방호구역 덕트 관통부 벽체의 처리
   ① 송풍기에 의한 강제 방식 환기 덕트가 천장 아래 1 m 이내에 설치되어 있더라도, 방호구역을 관통하는 벽체 부분에 댐퍼(PRD)를 설치하여, 소화약제 방사 시 자동으로 정지되고 폐쇄
   ② 또한 방호구역 내의 개구부는 소화가스 농도 유지 시간을 위해 폐쇄

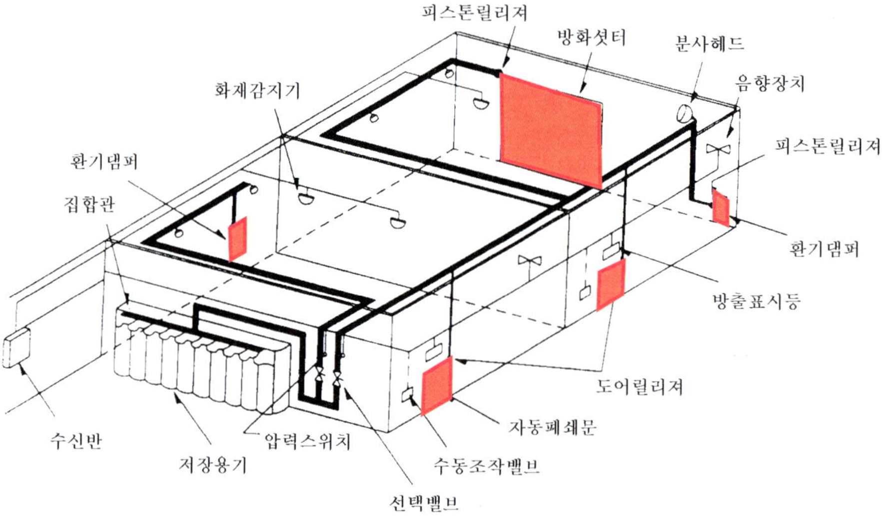

그림 1.8.5.1 가스계 소화설비 설치상세도

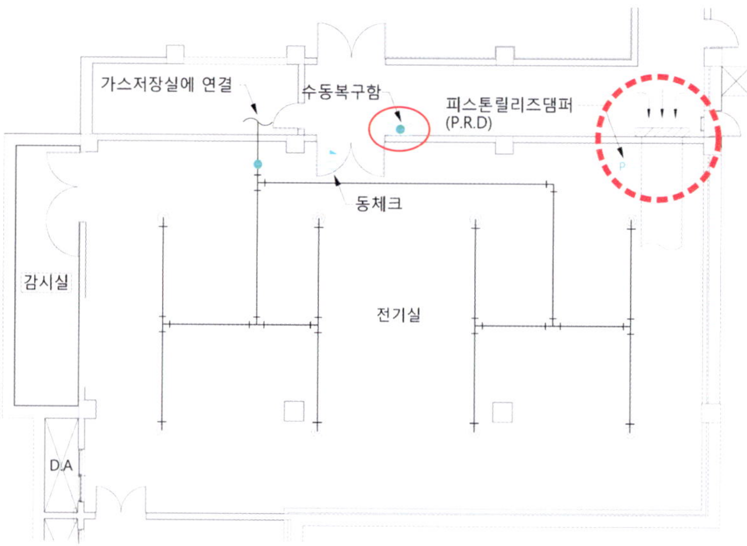

그림 1.8.5.2 가스계 소화설비의 자동폐쇄장치 및 수동복구함

(3) 개구부 폐쇄 방법

1) PRD의 설치 및 작동 시점

- 피스톤 릴리즈 댐퍼(PRD)는 소화가스 약제가 방사되기 전에 폐쇄되어야 하므로, 동관의 접속 부분을 노즐 이전의 배관에 연결하여 설치

2) PRD의 한계와 MD의 도입

① PRD는 작동 여부를 확인하기 어려운 단점이 있어, 모터 댐퍼(MD)를 설치하는 경우가 많음

② 모터 댐퍼는 화재 감지기의 작동과 동시에 신속하게 개구부를 폐쇄할 수 있음

③ 수신반에서 댐퍼의 작동 상태를 확인할 수 있어 신뢰성이 높음

1.8.6 방호구역별 선택밸브 설치

- 설계계산서와 도면의 구경 확인

관련기준

할로겐화합물 및 불활성기체소화설비의 화재안전기술기준(NFTC 107A)

2.8.1 하나의 특정소방대상물 또는 그 부분에 2 이상의 방호구역 또는 방호대상물이 있어 소화약제 저장용기를 공용하는 경우에는 다음의 기준에 따라 선택밸브를 설치해야 한다.

2.8.1.1 방호구역마다 설치할 것

2.8.1.2 각 선택밸브에는 해당 방호구역을 표시할 것

(1) 국내 가스계 소화설비의 설계 방식과 Single Risk 개념

1) 국외와 국내의 설계 방식 차이

① 미국이나 유럽에서는 방호구역마다 용기저장실을 확보하여 시스템을 구성

② 국내에서는 각 방호구역별 필요한 저장용기의 개수를 산출한 다음, 가장 많이 소요되는 방호구역에 해당하는 용기를 한 곳에 저장하는 방식으로 적용

2) Single Risk 개념의 적용

- '동일 건물에서 각각의 방호공간이 동시에 화재가 발생할 확률이 지극히 낮다'는 Single Risk 개념에 기반

(2) 선택밸브 설치 및 필요성

1) 화재 발생 방호공간에 선택적 약제 방출

- 화재가 발생한 방호공간에만 선택적으로 약제를 방출할 수 있도록 선택밸브를 각각 설치

2) 선택밸브가 불필요한 경우

- 방호대상공간이 하나일 때에는 별도의 선택밸브를 설치할 필요가 없음

(3) 국내 용기저장 집합방식의 문제점

1) 비용 절감과 신뢰성 저하

- 국내의 용기저장 집합방식은 비용 절감이 가장 큰 이유로 채택되었지만, 단일 저장 방식과 비교하면 신뢰성이 떨어짐

2) 화재 전파 시 대응 한계

- 최초 화재실의 소화가 실패하여 다른 구역으로 화재가 전파될 경우, 추가 약제가 없어 화재 진압이 불가능함

3) 배관 길이에 따른 약제 방출 문제

- 가스 저장실을 한 곳에만 확보하면 방호구역까지의 배관 길이가 매우 길어질 수 있어, 이로 인해 정상적인 약제 방출이 어려울 수 있음

4) 기능적 문제 해결을 위해 성능인증 받은 약제를 사용

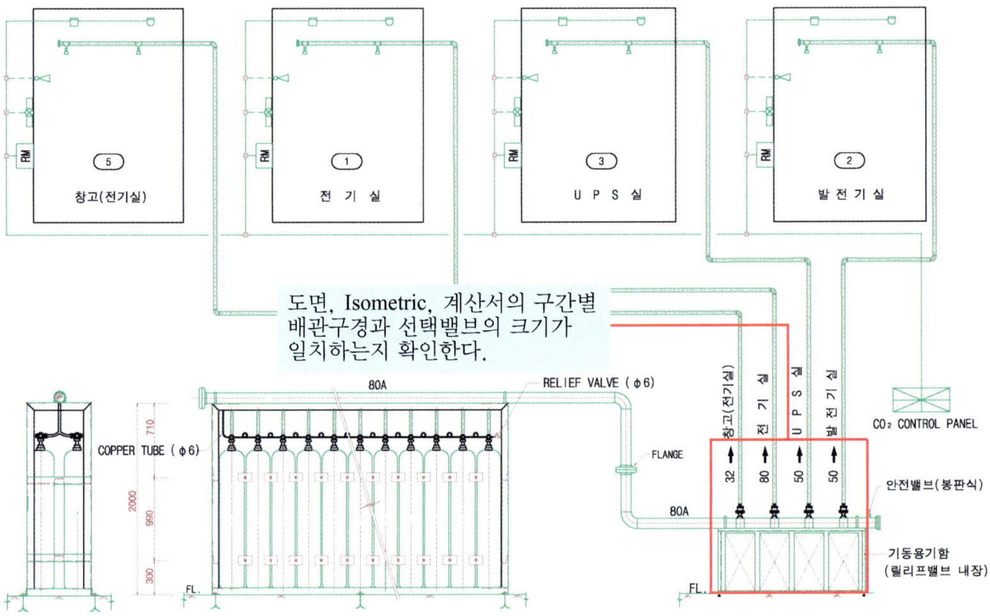

그림 1.8.6.1 소화가스설비 계통도

[압력강하 및 오리피스 계산결과]

구간	시점	종점	약제량 kg/분	배관경	시작압력 kg/cm²	종단압력 kg/cm²	오리피스 mm
1	1	2	12.8	FTV-15	47.2	47.1	
2	2	3	2021.8	80	47.1	32.5	
3	3	4	1048.9	65	32.5	30.2	
4	4	5	592.8	50	30.2	28.4	
5	5	6	197.6	32	28.4	27.1	
6	6	7	121.6	25	27.1	24.6	13.7
7	6	8	76	25	27.1	26.2	10.4
8	5	9	395.2	40	28.4	25.9	
9	9	10	243.1	32	25.9	23.6	
10	10	11	121.6	25	23.6	21.1	15
11	10	12	121.6	25	23.6	21.1	15
12	9	13	152	32	25.9	25	
13	13	14	76	25	25	24.2	10.9
14	13	15	76	25	25	24.2	10.9
15	4	16	456.1	50	30.2	29	
16	16	17	152	32	29	28.3	
17	17	18	76	25	28.3	27.4	10.1

계산서 결과에서 선택밸브의 구경기준이 되는 주배관의 구경

그림 1.8.6.2 프로그램 계산서 예

1.8.7 방호구역별 필요약제량에 따른 동관 구성

- 방호구역별 용기수에 따른 동관 연결 확인

(1) 동관 연결의 정확성 확인으로 소화약제 방출 보장

1) 동관 연결 확인의 중요성
   - 각 방호구역에 필요한 소화약제 저장용기가 화재 시에 정확하게 개방되어 방출될 수 있도록 동관이 정확하게 연결되어 있는지를 확인
2) 방호구역이 많은 경우의 주의 사항
   - 방호구역의 개수가 많을 경우에는 동관의 연결이 복잡해지므로 주의 깊게 검토

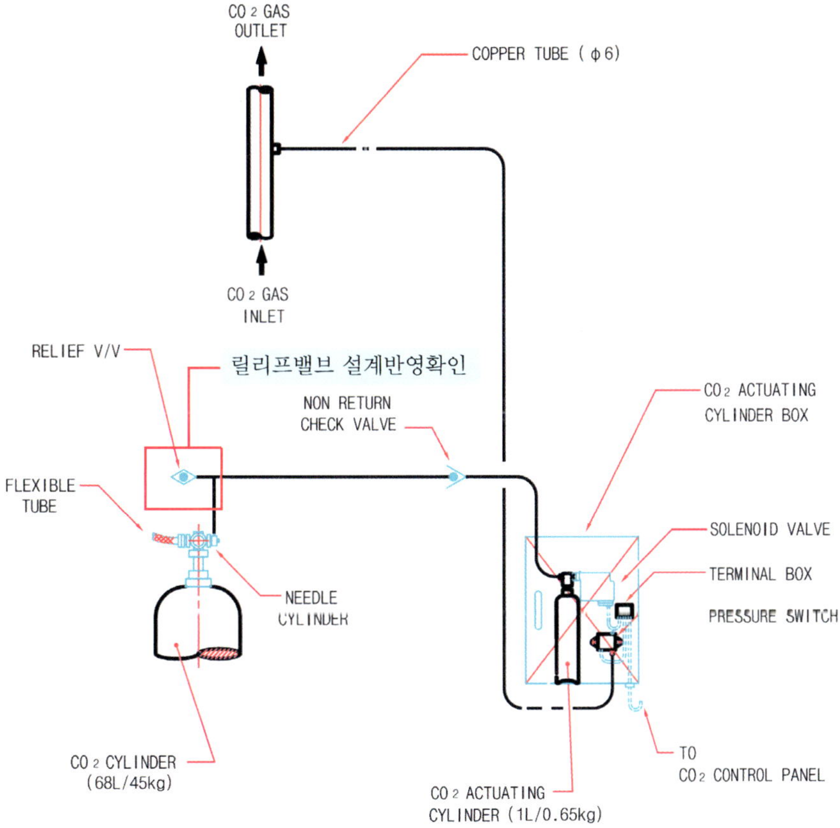

그림 1.8.7.1 소화가스설비의 흐름도

(2) 설계 및 시공의 정확성 확인

1) 설계도면과 시공 현장 확인
   - 설계도면뿐만 아니라 시공 중에도 정확한 시공이 이루어지고 있는지 확인

2) 오류 발생 시의 위험성
   ① 설계도서의 오류나 시공 부실로 인해 화재 시 해당 방호구역에 필요한 개수의 용기가 개방되지 않는 사례가 발생할 수 있음
   ② 또는 다른 방호구역의 선택밸브가 작동하여 약제가 잘못된 방호공간으로 방출된 사례도 있음

(3) 동관에 설치하는 릴리프밸브의 용도와 구조

1) 릴리프밸브의 기능
   - 기동용기로부터 조금씩 누설된 가스가 저장용기를 개방시키지 않도록 방지하는 기능

2) 가스 누설과 릴리프밸브의 필요성
   ① 오랜 시간이 지나면 기동용기로부터 가스가 조금씩 누출될 수 있음
   ② 이렇게 누설된 가스가 동관 내부에서 배출되지 못하고 축적되면 저장용기가 의도치 않게 개방될 수 있음

3) 릴리프밸브의 구조 및 작동 원리
   ① 평상시에는 열려 있어 소량의 누출 가스를 대기 중으로 방출
   ② 화재 시 기동용기가 개방되어 한꺼번에 고압의 가스가 분출될 때 자동으로 닫히는 구조로 되어 있음

(4) 소화약제량의 정확한 연결 확인 방법

1) 소화가스 저장실 확대평면도 확인
   - 해당 방호구역의 필요한 약제량이 제대로 연결되었는지는 그림 1.8.7.2의 소화가스 저장실 확대평면도를 통해 확인

2) 구역별 약제량 구분과 동체크의 설치 방향 주의
   ① 구역별 약제량은 동체크 밸브로 구분
   ② 동체크의 도면 기호에서 가스의 흐름 방향은 기호와 반대이므로, 동체크의 설치 방향에 유의

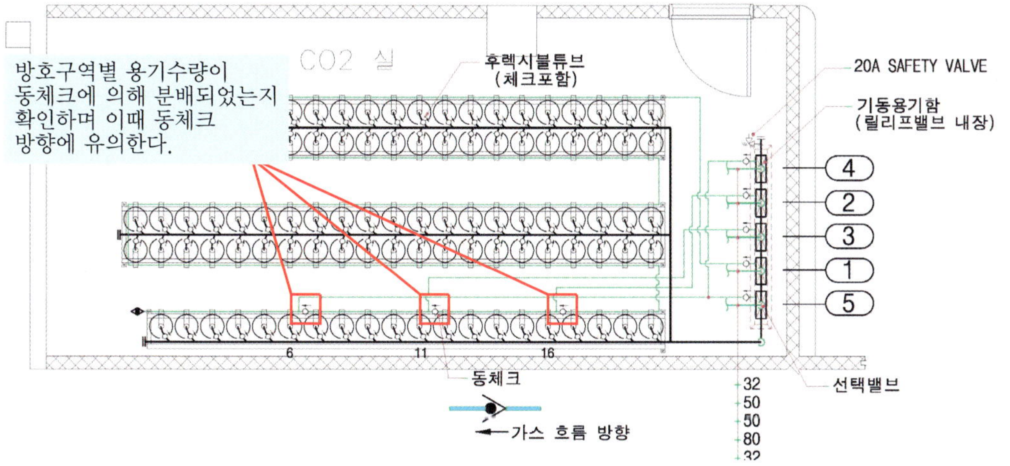

방호구역별 설치내용

번호	설치층	방호구역명	용기수(B/T)	주배관경(A)	노즐수(25A)
1	지하2층	전기실	104	80	12
2	지하2층	발전기실	16	50	6
3	지하2층	UPS실	11	50	4
4	지하2층	경유탱크실	6	32	2
5	지하2층	창고(전기실)	6	32	2

그림 1.8.7.2 소화가스 확대평면도 및 약제량

1.8.8 소화가스 용기저장실의 구획 및 필요면적

- 저장용기실의 방화구획여부
- 용기저장이 가능한 설치공간 및 용기간격 3 cm 이상 이격 여부

관련기준

할로겐화합물 및 불활성기체소화설비의 화재안전기술기준(NFTC 107A)

2.3.1 할로겐화합물 및 불활성기체 소화약제의 저장용기는 다음의 기준에 적합한 장소에 설치해야 한다.

2.3.1.1 방호구역 외의 장소에 설치할 것. 다만, 방호구역 내에 설치할 경우에는 피난 및 조작이 용이하도록 피난구 부근에 설치해야 한다.

2.3.1.2 온도가 55 ℃ 이하이고, 온도 변화가 작은 곳에 설치할 것

2.3.1.3 직사광선 및 빗물이 침투할 우려가 없는 곳에 설치할 것

2.3.1.4 저장용기를 방호구역 외에 설치한 경우에는 방화문으로 구획된 실에 설치할 것

2.3.1.5 용기의 설치장소에는 해당 용기가 설치된 곳임을 표시하는 표지를 할 것

2.3.1.6 용기 간의 간격은 점검에 지장이 없도록 3 ㎝ 이상의 간격을 유지할 것

2.3.1.7 저장용기와 집합관을 연결하는 연결배관에는 체크밸브를 설치할 것. 다만, 저장용기가 하나의 방호구역만을 담당하는 경우에는 그렇지 않다.

2.6.1.3 제어반 및 화재표시반은 화재 및 침수 등의 재해로 인한 피해를 받을 우려가 없고 점검에 편리한 장소에 설치할 것

(1) 가스계 소화설비의 전용제어반 설치 및 규정

1) 전용제어반의 설치 위치 및 역할
   ① 가스계 소화설비는 전용제어반을 주로 용기저장실에 설치
   ② 전용제어반은 소화설비의 기능을 제어하고, 주수신기로 신호를 송신하는 역할을 담당
2) 전용제어반 설치 위치의 중요성
   ① 전용제어반은 가스계 소화설비의 작동을 제어하기 때문에 그 기능이 중요함
   ② 따라서 화재로부터 피해를 받지 않는 장소에 설치하도록 규정하고 있음
3) 화재안전기술기준과 방화구획 요구 사항
   ① 화재안전기술기준에서는 반드시 방화구획을 하도록 규정하고 있지는 않지만, 화재에 따른 영향이 없는 장소에 설치하도록 규정한 것은 설치 장소가 방화구획된 공간이어야 함을 의미
   ② 따라서, 전용제어반은 방화구획된 공간에 설치해야 함

(2) 저장용기실의 설치 및 방화구획

1) 방화문으로 구획된 실에 저장용기 설치
2) 화재 시 영향을 받지 않도록 저장용기실 자체를 방화구획 하는 것이 합리적

(3) 저장용기의 간격 및 설치 공간 확보

1) 용기 간의 간격은 점검에 지장이 없도록 3 cm 이상 이격
2) 저장용기의 설치 간격은 다음과 같이 확보하여 설치 후 관리가 용이하도록 함
   - ☞ 용기와 용기 또는 벽체 사이의 점검공간 : 최소 600 mm 이상 확보
   - ☞ 유지관리 및 작업공간 : 최소 1,000 mm 이상 확보
3) 저장용기마다 크기가 다르므로, 해당 소화가스 업체의 용기 크기를 확인하여 실제 설치가 가능한지 검토

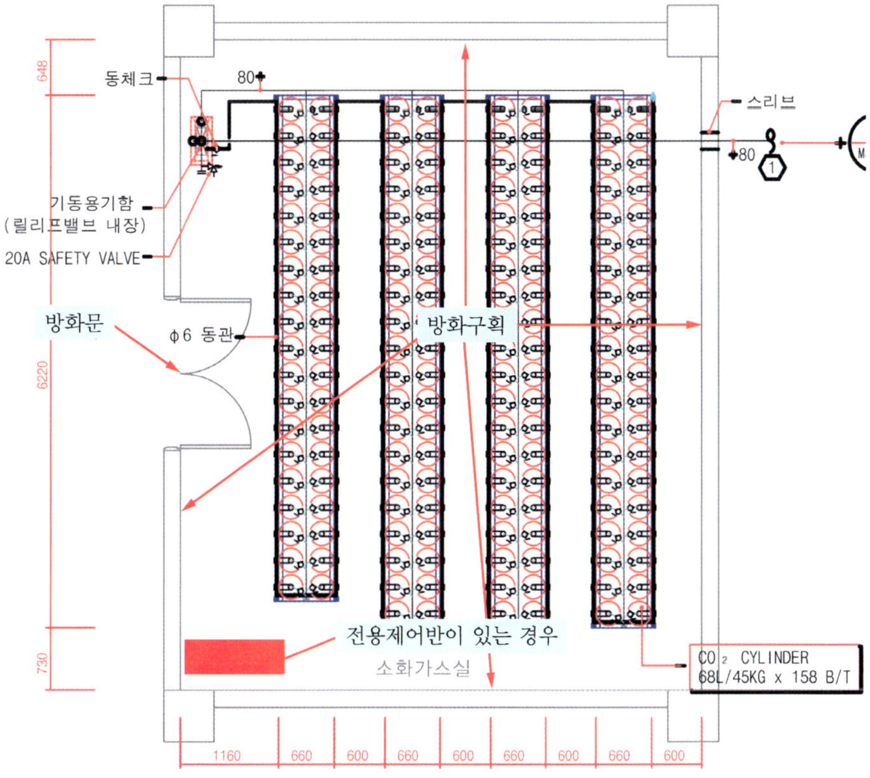

그림 1.8.8.1 소화가스저장실 상세도

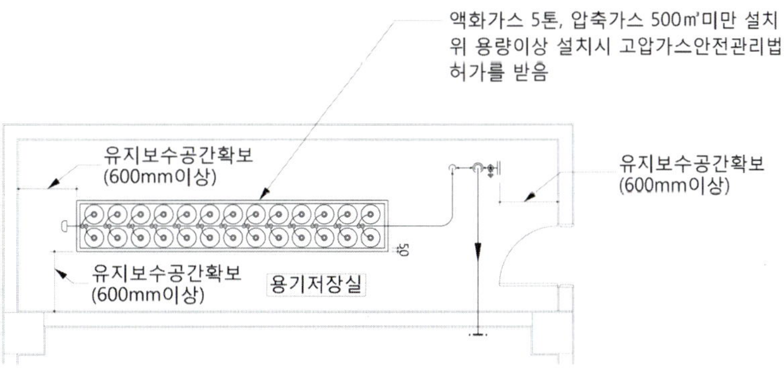

그림 1.8.8.2 소화가스 용기 저장실의 배치

1.8.9 소화약제 저장용기실의 위치

• 소화가스 용기의 위치가 방화구역 외 장소 또는 피난구 부근에 설치되었는지 확인

관련기준

할로겐화합물 및 불활성기체소화설비의 화재안전기술기준(NFTC 107A)

2.3.1.1 방호구역 외의 장소에 설치할 것. 다만, 방호구역 내에 설치할 경우에는 피난 및 조작이 용이하도록 피난구 부근에 설치해야 한다.

(1) 저장용기의 집합 설치와 보호조치

1) 투자비용 상승의 문제점
   - 방호구역마다 저장용기를 설치하면 저장공간과 용기 수량이 증가하여 투자비용이 상승
2) 우리나라와 일본의 대처 방식
   - 가장 많이 필요한 방호구역의 용기 수량을 기준으로 하나의 장소에 저장하여 비용을 절감
3) 용기저장실의 보호조치 필요성
   - 방호구역과 용기저장실이 완전히 분리되어 있으므로, 화재 위험이나 부식 우려가 없도록 용기저장실에 별도의 보호조치

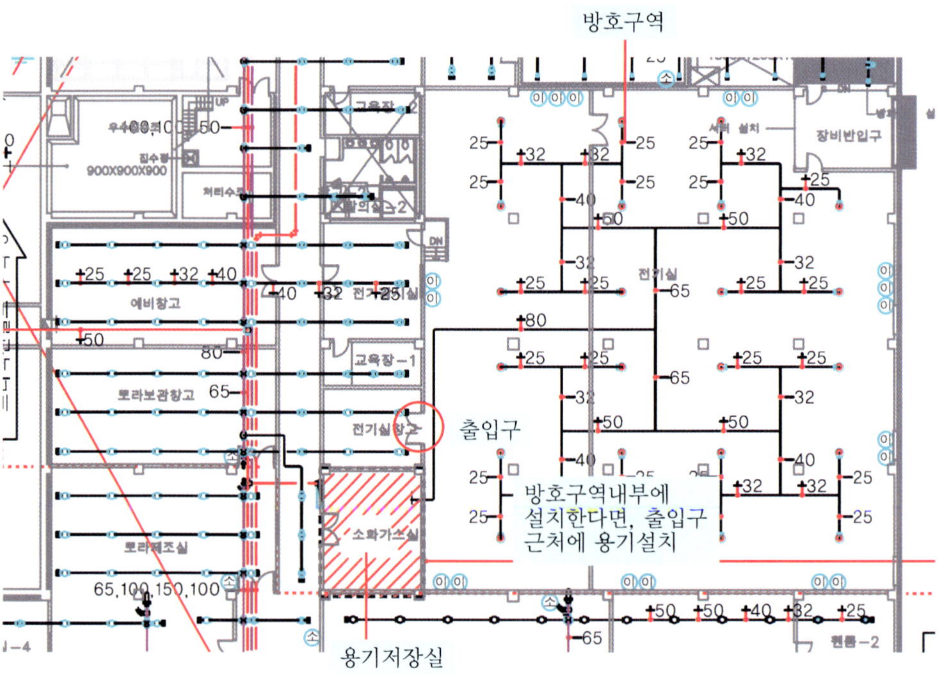

그림 1.8.9.1 소화가스 저장실의 위치

(2) 방호구역 내 용기 설치 시 장점

1) 별도 화재방호조치 불필요 : 방호구역 내에 용기를 설치하면 화재 시 용기밸브가 작동되어 약제가 방출되므로, 별도의 화재방호조치가 필요 없음

(3) 팩케이지 또는 모듈러 설비의 설치 방법

1) 설치 위치 : 할로겐화합물 및 불활성기체 설비 중 방호구역 내에 설치하는 팩케이지 또는 모듈러 설비는 해당 방호구역에 설치
2) 저장용기의 배치 : 저장용기는 출입문 근처에 설치하여 피난 시 수동 작동 용이

1.8.10 가스계 소화설비의 수동식 기동장치 위치

- 방호구역의 출입문마다 설치 여부 확인

관련기준

할로겐화합물 및 불활성기체소화설비의 화재안전기술기준(NFTC 107A)

2.5.1 할로겐화합물 및 불활성기체소화설비의 수동식 기동장치는 다음의 기준에 따라 설치해야 한다. 이 경우 수동식 기동장치의 부근에는 소화약제의 방출을 지연시킬 수 있는 방출지연스위치(자동복귀형 스위치로서 수동식 기동장치의 타이머를 순간 정지시키는 기능의 스위치를 말한다)를 설치해야 한다.

2.5.1.1 방호구역마다 설치할 것

2.5.1.2 해당 방호구역의 출입구 부근 등 조작을 하는 자가 쉽게 피난할 수 있는 장소에 설치할 것

(1) 수동조작스위치의 역할과 설치 위치 고려

1) 역할
   ① 자동 가스계 소화설비 미작동 시 수동으로 작동
   ② 피난자가 화재를 확인하고 소화설비를 작동할 때 사용
2) 설치 위치 검토 : 수동조작스위치를 방호구역 내부에 설치할지, 외부에 설치할지 고려 필요

(2) 수동조작스위치의 설치 위치별 장단점

1) 외부 설치 시 문제점
   ① 대부분 방호구역 출입구 바깥쪽에 설치
   ② 불특정 다수인에 의한 오동작으로 소화설비가 작동될 우려

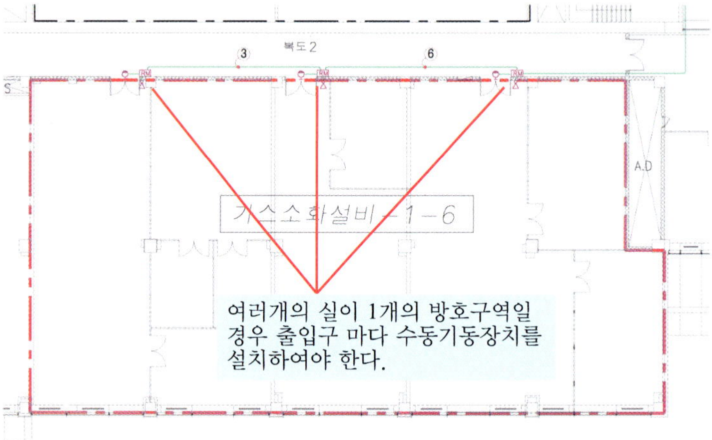

그림 1.8.10.1 가스계소화설비 방호구역의 수동식 기동장치

2) 외부 설치 필요성

① 외부에서 실내 상황 파악 어려움

② 출입문이 잠긴 경우 확인 불가

③ 외부에 수동조작스위치 설치가 합리적

3) 내부 설치의 장점

① 방호구역 상황 파악 후 작동 가능

② 내부 인원 대피 확인 후 스위치 작동으로 안전성 향상

4) 출입문이 여러 개인 방호구역의 수동조작스위치 설치

- 각 출입구에 스위치 설치
  - ☞ 각 출입구 바깥 가까운 곳에 수동조작스위치 설치
  - ☞ 어떤 출구로 피난자가 나오더라도 작동 가능하도록 함

(3) 비상정지스위치의 고려사항

1) 도입 배경 : 이산화탄소 소화설비 오동작 방출로 인한 인명사고 발생 후 규정 추가

2) 목적

① 화재감지기 작동 시 약제 방출을 지연

② 화재실 내 인원 피난 시간 확보

③ 오동작으로 인한 작동 방지

3) 단점

① 실제 화재 시 화재 신압 실패 가능성

② 가스 방출 지연으로 화재 규모 커져 소화 실패 우려

4) 설치 시 고려사항

① 인명 안전 위한 장치지만 조기 소화 지연 문제 존재

② 외국에서는 비상정지스위치 설치를 신중히 고려함

1.8.11 PRD 수동복구 밸브의 위치

- PRD (Piston Release Damper)의 수동복구 밸브의 방호구역 외부 설치 확인

관련기준

할로겐화합물 및 불활성기체소화설비의 화재안전기술기준(NFTC 107A)

2.12.1 할로겐화합물 및 불활성기체소화설비를 설치한 특정소방대상물 또는 그 부분에 대하여는 다음의 기준에 따라 자동폐쇄장치를 설치해야 한다.

2.12.1.1 환기장치 등을 설치한 것은 소화약제가 방출되기 전에 해당 환기장치 등이 정지될 수 있도록 할 것

2.12.1.2 개구부가 있거나 천장으로부터 1 m 이상의 아래부분 또는 바닥으로부터 해당 층의 높이의 3분의 2 이내의 부분에 통기구가 있어 소화약제의 유출에 따라 소화효과를 감소시킬 우려가 있는 것은 소화약제가 방출되기 전에 해당 개구부 및 통기구를 폐쇄할 수 있도록 할 것

2.12.1.3 자동폐쇄장치는 방호구역 또는 방호대상물이 있는 구획의 밖에서 복구할 수 있는 구조로 하고, 그 위치를 표시하는 표지를 할 것

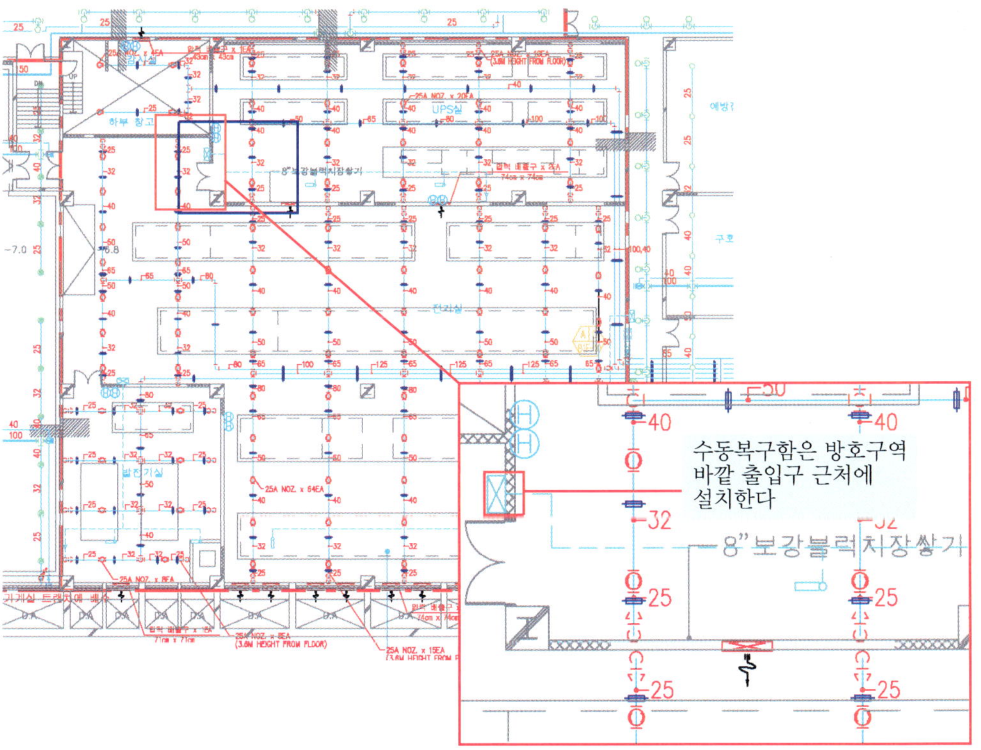

그림 1.8.11.1 수동복구함의 설치 위치

(1) 약제 방출 후 방호구역 출입 제한

1) 방호구역 내부는 방출된 소화약제로 인해 사람이 들어갈 수 없음
2) 실내를 완전히 환기시킨 후에만 내부로 진입

(2) 환기 실시를 위한 조치

1) 환기댐퍼 또는 환기덕트를 폐쇄한 PRD를 복구하여 댐퍼를 개방
2) 환기를 원활히 하기 위해 방호구역 외부에 수동복구밸브를 설치

1.8.12 동관 구성의 피드백(Feedback) 시스템

- Feedback 구성 시 동 check의 방향에 유의

(1) 국내 저장용기 개방 방식

1) 별도의 기동용기 가스압력 이용
   ① 대부분 별도의 기동용기 가스압력을 사용하여 저장용기 개방
   ② 기동용기는 이산화탄소(CO_2)를 충전하여 사용
2) 기동용기 1병으로 개방 가능한 저장용기 수의 한계
   - 기동용기 1병이 작동시킬 수 있는 저장용기 개수에는 한계가 있음

(2) 기동용기 수량 결정의 어려움과 해결책

1) 기동용기 수량 결정의 어려움
   ① 실험 및 실제 약제 방출사고 등을 종합하면 개방 가능한 용기 수량이 모두 다름
   ② 저장용기 개수에 따라 필요한 기동용기 수를 정확히 결정하기 어려움
2) 피드백 방식 적용의 합리성
   - 저장용기가 30병을 넘는 경우 피드백 방식 적용이 합리적이라고 판단

(3) 피드백(Feed Back) 방식의 개요와 설계

1) 피드백 방식의 목적
   - 기동용기 1개의 가스압으로 저장용기 실린더밸브를 개방하지 못하는 문제 해결

2) 피드백 방식의 설계 구성

① 방출되는 가스의 압력 일부를 되돌려 저장용기 개방에 활용

② 선택밸브 이후 리턴(return) 동관과 동체크를 통해 가스압이 실린더 쪽으로 전달되도록 구성

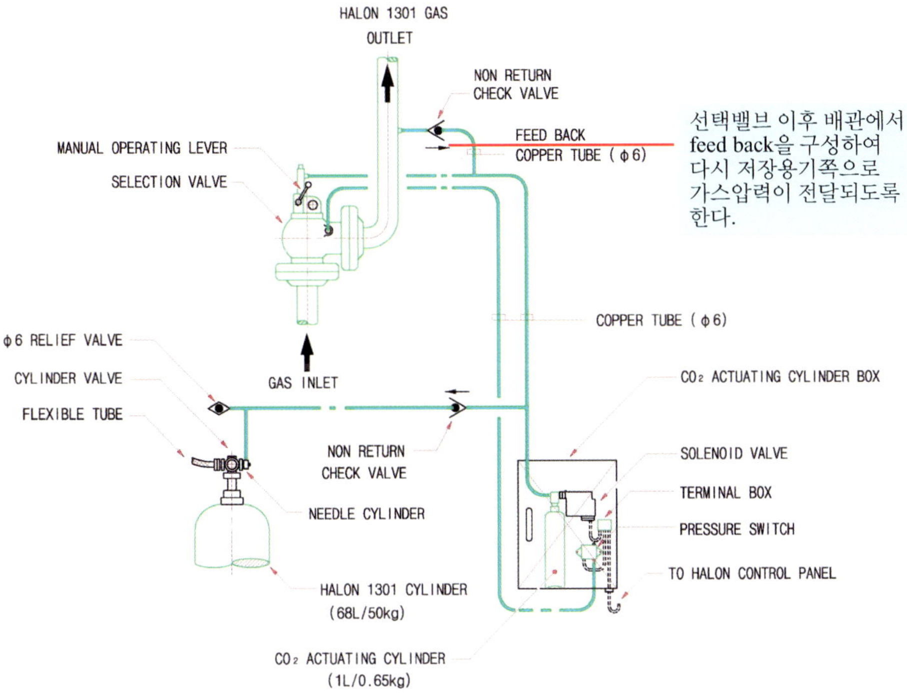

그림 1.8.12.1 소화가스 계통도의 Feed Back system 검토

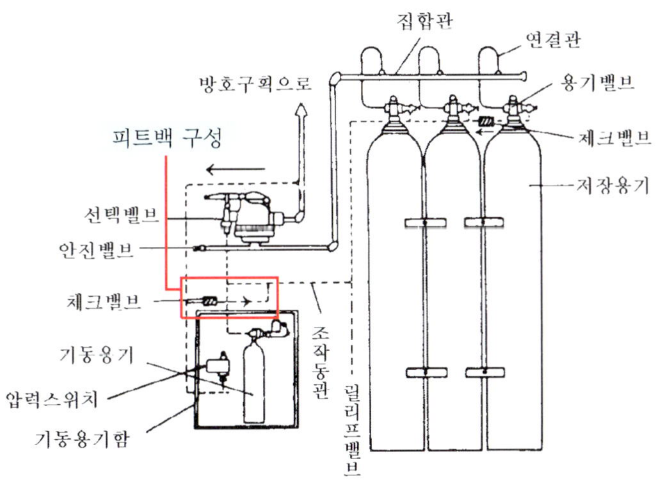

그림 1.8.12.2 소화가스 시스템의 피드백 구성

1.8.13 가스계 소화설비의 노즐 배치

- 소화가스시스템 제조사의 설계 매뉴얼 참조

관련기준

할로겐화합물 및 불활성기체소화설비의 화재안전기술기준(NFTC 107A)

2.9.1 할로겐화합물 및 불활성기체소화설비의 분사헤드는 다음의 기준에 따라야 한다.

2.9.1.1 분사헤드의 설치 높이는 방호구역의 바닥으로부터 최소 0.2 m 이상 최대 3.7 m 이하로 해야 하며 천장높이가 3.7 m를 초과할 경우에는 추가로 다른 열의 분사헤드를 설치할 것. 다만, 분사헤드의 성능인정 범위 내에서 설치하는 경우에는 그렇지 않다.

2.9.1.2 분사헤드의 개수는 방호구역에 2.7.3에 따른 방출시간이 충족되도록 설치할 것

2.9.1.3 분사헤드에는 부식방지조치를 해야 하며 오리피스의 크기, 제조일자, 제조업체가 표시되도록 할 것

2.9.2 분사헤드의 방출률 및 방출압력은 제조업체에서 정한 값으로 할 것

2.9.3 분사헤드의 오리피스의 면적은 분사헤드가 연결되는 배관구경 면적의 70 % 이하가 되도록 할 것

(1) 노즐의 방출률 및 방출압력 검토

1) 제조사 매뉴얼 참조 : 노즐의 방출률, 방출압력 등은 제조사의 매뉴얼을 따름
2) 오리피스 면적 확인 : 프로그램 계산 결과 헤드의 오리피스 면적(분구면적)이 노즐이 연결되는 배관 구경 단면적의 70%를 초과하지 않도록 계산서를 확인하여 검토

[압력강하 및 오리피스 계산결과]

구간	시점	종점	약제량 kg/분	배관경	시작압력 kg/cm²	종단압력 kg/cm²	오리피스 mm
1	1	2	12.8	FTV-15	47.2	47.1	
2	2	3	2021.8	80	47.1	32.5	
3	3	4	1048.9	65	32.5	30.2	
4	4	5	592.8	50	30.2	28.4	
5	5	6	197.6	32	28.4	27.1	
6	6	7	121.6	25	27.1	24.6	13.7
7	6	8	76	25	27.1	26.2	10.4
8	5	9	395.2	40	28.4	25.9	
9	9	10	243.1	32	25.9	23.6	
10	10	11	121.6	25	23.6	21.1	15
11	10	12	121.6	25	23.6	21.1	15
12	9	13	152	32	25.9	25	
13	13	14	76	25	25	24.2	10.9
14	13	15	76	25	25	24.2	10.9
15	4	16	456.1	50	30.2	29	
16	16	17	152	32	29	28.3	
17	17	18	76	25	28.3	27.4	10.1

각 노즐에서의 분구면적이 배관 구경 면적의 70%를 초과하는지 검토한다.

그림 1.8.13.1 소화가스 약제량 계산결과 중 오리피스 확인

(2) 설계도서의 타당성 검토

1) 노즐 설치 기준 : 가스계 소화설비의 노즐 설치에 관한 이격거리, 포용면적 등은 제조사가 제공하는 규격에 따라 설치
2) 관련 자료 검토 : 설계도서의 타당성은 관련 자료(제조사 매뉴얼)에 따라 검토

(3) 노즐 방사압력 및 방출시간 확인

1) 컴퓨터 프로그램 결과 활용 : 노즐의 적정 방사압력과 규정 시간 이내에 방출 가능한지 여부는 컴퓨터 프로그램의 결과를 근거로 판단
2) 각 노즐의 세부 사항 확인 : 각 노즐의 종단 압력, 오리피스의 분구면적 등을 확인

1.8.14 고압가스안전관리법에 의한 저장소 허가 기준량 검토

- 액화가스 5톤, 압축가스 500 m^3 이상 여부 검토

관련기준

고압가스 안전관리법 시행령 제3조 (고압가스제조허가 등의 종류 및 기준 등)

② 법 제4조제5항에 따른 고압가스저장소 설치허가의 대상범위는 법 제3조제1호에 따라 산업통상자원부령으로 정하는 양 이상의 고압가스를 저장하는 시설로 한다. 다만, 다음 각 호의 어느 하나에 해당하는 자가 그 허가받은 내용에 따라 고압가스를 저장하는 것은 제외한다.

1. 법 제4조제1항에 따른 고압가스 제조허가를 받은 자
2. 법 제4조제3항에 따른 고압가스 판매허가를 받은 자
3. 「액화석유가스의 안전관리 및 사업법」 에 따른 액화석유가스 저장소의 설치허가를 받은 자
4. 「도시가스사업법」 에 따른 도시가스사업의 허가를 받은 자

고압가스 안전관리법 시행규칙 제2조 (정의)

② 「고압가스 안전관리법」 (이하 "법"이라 한다) 제3조제1호에서 "산업통상자원부령으로 정하는 일정량"이란 다음 각 호에 따른 저장능력을 말한다.

1. 액화가스 : 5톤. 다만, 독성가스인 액화가스의 경우에는 1톤(허용농도가 100만분의 200 이하인 독성가스인 경우에는 100킬로그램)을 말한다.
2. 압축가스 : 500세제곱미터. 다만, 독성가스인 압축가스의 경우에는 100세제곱미터(허용농도가 100만분의 200 이하인 독성가스인 경우에는 10세제곱미터)를 말한다.

(1) 고압가스안전관리법 시행규칙에 따른 저장소 허가 기준

1) 허가 필요 기준량

① 액화가스 : 5톤 이상

② 압축가스 : 500 m^3 이상

③ 소화가스라도 이 기준을 초과하면 고압가스 저장소 허가가 반드시 필요함

(2) 저장용기 최대 수량 계산

1) 이산화탄소소화설비 (액화가스 용기)

- 계산식

☞ 단위 용기 내용량 : $W = \frac{V_2}{C} = \frac{68}{(1.05/1.47)} = 46.2$ kg

☞ 허가 필요 기준량 : 5000 kg

☞ 최대 용기 수량 : 5000 kg / 46.2 kg = 108.2 → 109 병

2) IG-541 (Inergen) 소화설비 (압축가스 용기)

- 계산식

☞ 단위 용기 내용적 : $Q = (10P+1)V_1 = (10 \times 169 + 1)\,0.08 = 13.6\ m^3$

☞ 허가 필요 기준량 : 500 m^3

☞ 최대 용기 수량 : 500 m^3/13.6 = 36.8 → 37 병

(3) 소화약제별 최대 저장용기 수량

소화약제	용기 기준 용량 (L)	최대 저장 수량 (병)
1) 이산화탄소(CO_2) 약제	68	109
2) HFC-227ea	67.5	60
3) HFC-23	67.5	130
4) HFC-125	67.5	71

(4) 저장용기실 허가 및 면제 방법

1) 허가 필요 조건

- 고압가스안전관리법에 의해 최대 저장량 이상을 저장할 때 저장용기실 허가를 받아야 함

2) 허가 면제 방법

- 저장소 허가를 받지 않기 위해서는

☞ 소화가스 저장용기실을 최대 저장량 이하로 분리하여 용기를 저장

☞ 각 분리된 저장용기실의 용기 수량이 허가 필요 기준량 미만일 경우 고법에 의한 허가 불필요

참고 – 고압가스 안전관리법 시행규칙 [별표 1] 저장능력 산정기준

1. 압축가스의 저장탱크 및 용기는 다음 가목의 계산식에 따라, 액화가스의 저장탱크는 다음 나목의 계산식에 따라, 액화가스의 용기 및 차량에 고정된 탱크는 다음 다목의 계산식에 따라 산정한다.

   가. $Q=(10P+1)V_1$

   나. $W=0.9\,d\,V_2$

   다. $W=V_2/C$

   위의 계산식에서 Q, P, V_1, W, d, V_2 및 C는 각각 다음의 수치를 표시한다.

   Q : 저장능력 (m^3)

   P : 35℃ (아세틸렌가스의 경우에는 15℃)에서의 최고충전 압력(MPa)

   V_1 : 내용적 (m^3)

   W : 저장능력 (kg)

   d : 상용온도에서의 액화가스의 비중 (kg/l)

   V_2 : 내용적 (L)

   C : 저온용기 및 차량에 고정된 저온탱크와 초저온용기 및 차량에 고정된 초저온탱크에 충전하는 액화가스의 경우에는 그 용기 및 탱크의 상용온도 중 최고 온도에서의 그 가스의 비중(단위: kg/L)의 수치에 10분의 9를 곱한 수치의 역수, 그 밖의 액화가스의 충전용기 및 차량에 고정된 탱크의 경우에는 다음 표의 가스 종류에 따르는 정수

액화가스의 종류	정수	액화가스의 종류	정수
액화에틸렌	3.50	액화염화비닐	1.22
액화에탄	2.80	액화4불화에틸렌	1.11
액화프로판	2.35	액화프레온 152a	1.08
액화프로필렌	2.27	액화산소	1.04
액화부탄	2.05	액화프레온 500	1.00
액화부틸렌	2.00	액화프레온 13	1.00
액화사이클로프로판	1.87	액화프레온 22	0.98
액화암모니아	1.86	액화프레온 502	0.93
액화부타디엔	1.85	액화6불화항	0.91
액화트리메틸아민	1.76	액화프레온 115	0.90
액화메틸에테르	1.67	액화아르곤	0.87
액화모노메틸아민	1.67	액화프레온 12	0.86
액화염화수소	1.67	액화크세논	0.81
액화시안화수소	1.57	액화염소	0.80
액화황화수소	1.47	액화취화수소	0.80
액화질소	1.47	액화아황산가스	0.80
액화탄산가스	1.47	액화프레온 13B₁	0.79
액화아산화질소	1.34	액화프레온 114	0.76
액화산화에틸렌	1.30	액화프레온 C318	0.74
액화염화메탈	1.25	그 밖의 액화가스	1.05를 해당 액화가스의 48℃에서의 비중으로 나누어 얻은 수치

2. 저장탱크 및 용기가 다음 각 목에 해당하는 경우에는 제1호에 따라 산정한 각각의 저장능력을 합산한다. 다만, 액화가스와 압축가스가 섞여 있는 경우에는 액화가스 10 kg을 압축가스 1 m^3로 본다.

   가. 저장탱크 및 용기가 배관으로 연결된 경우

   나. 가목의 경우를 제외한 경우로서 저장탱크 및 용기 사이의 중심거리가 30m 이하인 경우 또는 같은 구축물에 설치되어 있는 경우. 다만, 소화설비용 저장탱크 및 용기는 제외한다.

1.9 물분무소화설비

1.9.1 물분무소화설비의 소화수원 확보

- 방호대상물의 용도에 따른 수원량 확보 여부 확인

관련기준

물분무소화설비의 화재안전기술기준(NFTC 104)

2.1.1 물분무소화설비의 수원은 그 저수량이 다음의 기준에 적합하도록 해야 한다.

2.1.1.1 「화재의 예방 및 안전관리에 관한 법률 시행령」 별표 2의 특수가연물을 저장 또는 취급하는 특정소방대상물 또는 그 부분에 있어서 그 바닥면적(최대 방수구역의 바닥면적을 기준으로 하며, 50 ㎡ 이하인 경우에는 50 ㎡) 1 ㎡에 대하여 10 L/min로 20분간 방수할 수 있는 양 이상으로 할 것

2.1.1.2 차고 또는 주차장은 그 바닥면적(최대 방수구역의 바닥면적을 기준으로 하며, 50 ㎡ 이하인 경우에는 50 ㎡) 1 ㎡에 대하여 20 L/min로 20분간 방수할 수 있는 양 이상으로 할 것

2.1.1.3 절연유 봉입 변압기는 바닥 부분을 제외한 표면적을 합한 면적 1 ㎡에 대하여 10 L/min로 20분간 방수할 수 있는 양 이상으로 할 것

2.1.1.4 케이블트레이, 케이블덕트 등은 투영된 바닥면적 1 ㎡에 대하여 12 L/min로 20분간 방수할 수 있는 양 이상으로 할 것

2.1.1.5 콘베이어 벨트 등은 벨트 부분의 바닥면적 1 ㎡에 대하여 10 L/min로 20분간 방수할 수 있는 양 이상으로 할 것

(1) 물분무 소화설비의 특성 및 적용 대상

1) 물분무 소화설비의 특성

① 스프링클러설비의 물방울보다 작은 물방울의 분포 비율이 큼

② 화면(火面) 전체를 덮어 냉각 및 질식 작용으로 소화

2) 적용 대상 및 효율성

① 원칙적으로 특정부위에 대한 화재 방호시스템으로 사용

② 주차장, 차고 등에는 물분무설비를 현실적으로 적용하지 않음
이는 해당 장소에 스프링클러설비를 설치하는 것이 더 효율적이기 때문임

(2) 변압기 및 케이블트레이의 기준면적 산정

1) 절연유를 봉입한 변압기

① 보통 유입식 변압기를 의미함

② 기준면적(S) : 변압기의 바닥면적을 제외한 4면 및 윗면의 표면적 합산 면적

2) 케이블트레이의 투영된 바닥면적

- 케이블트레이 위에서 빛을 비추었을 때 바닥에 그림자로 투영된 케이블의 밑면적을 의미

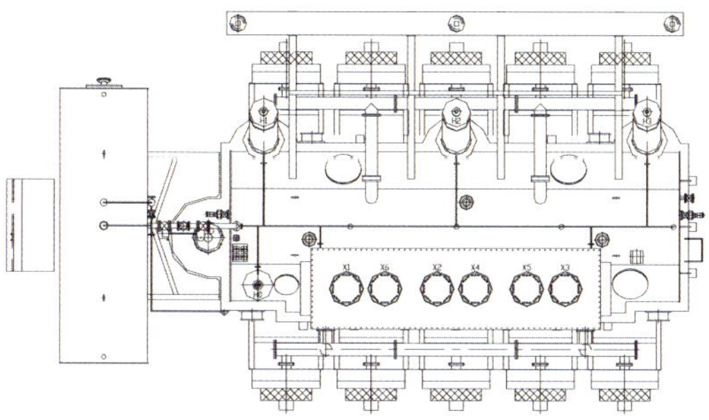

변압기 평면도

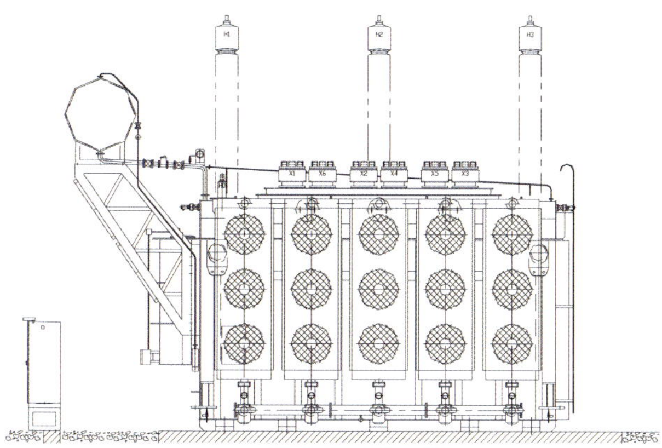

변압기 정면도

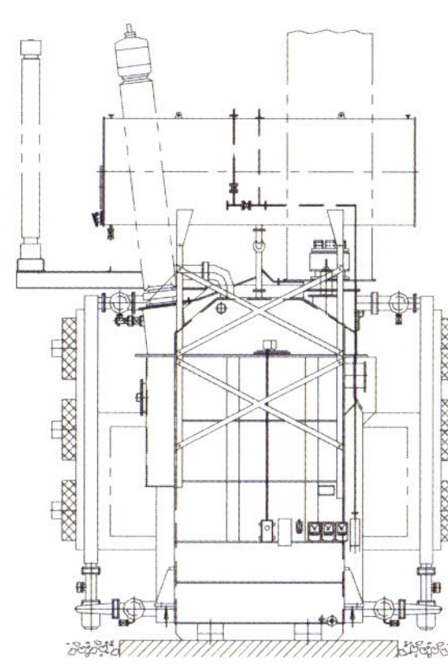

변압기 측면도

그림 1.9.1.1 변압기 상세도

(3) 화재안전기술기준에 따른 수원 산정 및 적용

1) 수원 산정 기준

① 특수가연물, 차고, 변압기, 케이블트레이 등에 대한 수원 적용기준을 따름

② 표 1.9.1.1의 기준 이상을 적용

2) 단위면적당 유량

① 화재안전기술기준상의 단위면적당 유량은 NFPA 15의 기준을 준용하여 국내 기준으로 적용

② 10 L/min/m^{2}은 방수밀도의 개념으로 봄

표 1.9.1.1 소방대상물별 물분무설비의 소화수원 산정

소방대상물	수원 (L)	기준면적 S (m^2)
특수가연물 저장 또는 취급	(10 L/min/m^2 × 20분) × S	최대방수구역의 바닥면적 50m^2 이하는 50m^2
차고 또는 주차장	(20 L/min/m^2 × 20분) × S	최대방수구역의 바닥면적 50m^2 이하는 50m^2
절연유 봉입변압기	(10 L/min/m^2 × 20분) × S	변압기의 바닥면적을 제외한 표면적을 합산한 면적
케이블트레이 · 케이블덕트	(12 L/min/m^2 × 20분) × S	투영된 바닥면적
콘베이어 벨트	(10 L/min/m^2 × 20분) × S	벨트부분의 바닥면적

3) 소화수원 공급시간

① 국내 기준은 소화수원의 공급시간을 20분으로 규정(NFPA 15 기준은 1시간)

② 물분무 소화설비에도 20분을 적용하지만, 실제 수리 계산 시 화재안전기술기준의 수원량보다 더 많은 수원을 확보해야 함

(4) 물분무 소화설비의 수원 산정 및 검토

1) 방호대상물 유량 선정

① 물분무 소화설비에서 가장 먼저 확인할 사항은 방호대상물에 대한 유량 선정

② 실제 계산 예:

☞ NFPA 15 (Standard for Water Spray Fixed Systems for Fire Protection) 기준

☞ 면적당 10.2 L/min을 적용하여 변압기 노출 부분의 유량을 산정

2) 소화수원량 산정 방법

- 산출된 유량 × 소화수원 요구시간을 계산하여 필요한 수원량을 산출

방호구역명 : STG Bearing

(1) Dimension	a) Body : 1.8 m (L) × 9.5 m (W) × 1.2 m (H) b) Body : 1.96 m (L) × 2.1 m (W) × 1.17 m (H) c) Body : 1.6 m (L) × 1 m (W) × 1.2 m (H)
(2) Projected area : A (기준면적 : 바닥면적을 제외한 4면 및 윗면의 표면적을 합산한 면적)	$A = \{(1.8 \times 9.5) + (1.8 + 9.5) \times 2 \times 1.2\}$ $+ \{(1.96 \times 2.1) + (1.96 + 2.1) \times 2 \times 1.17\}$ $+ \{(1.6 \times 1) + (1.6 + 1) \times 2 \times 1.2\}$ $= 44.22 + 13.62 + 7.84 = 65.68\ m^2$
(3) Flow demand : Q_{ST}	$Q_{ST} = A \times q$ A : Projected area of hazard (m^2) q : Density (10.2 L/min/m^2) (NFPA15, clause 7.4.2.1 in 2007Edition) = 65.68 × 10.2 L/min/m^2 = 669.94 L/min Say, 670 L/min 670 lpm × 20분 = 13,400 L = 13.4 m^3

3) 수원량 확인 및 검토

- 물분무소화설비의 수원량은 다음을 통해 확인 및 검토
  - ☞ 소방 방호대상물의 종류
  - ☞ 방수밀도
  - ☞ 기준면적인 표면적, 바닥면적
  - ☞ 계산서, 도면 등 관련 자료

1.9.2 물분무소화설비의 소화펌프 선정

- 물분무 노즐의 방사압과 유량 및 수리계산서 확인

관련기준

물분무소화설비의 화재안전기술기준(NFTC 104)

2.2.1 전동기 또는 내연기관에 따른 펌프를 이용하는 가압송수장치는 다음의 기준에 따라 설치해야 한다.

2.2.1.1 쉽게 접근할 수 있고 점검하기에 충분한 공간이 있는 장소로서 화재 및 침수 등의 재해로 인한 피해를 받을 우려가 없는 곳에 설치할 것

2.2.1.2 펌프의 1분당 토출량은 다음의 기준에 따라 설치할 것

2.2.1.2.1 「화재의 예방 및 안전관리에 관한 법률 시행령」 별표 2의 특수가연물을 저장 · 취급하는 특정소방대상물 또는 그 부분은 그 바닥면적(최대 방수구역의 바닥면적을 기준으로 하며, 50 ㎡ 이하인 경우에는 50 ㎡) 1 ㎡에 대하여 10 L를 곱한 양 이상이 되도록 할 것

2.2.1.2.2 차고 또는 주차장은 그 바닥면적(최대 방수구역의 바닥면적을 기준으로 하며, 50 ㎡ 이하인 경우에는 50 ㎡) 1 ㎡에 대하여 20 L를 곱한 양 이상이 되도록 할 것

2.2.1.2.3 절연유 봉입 변압기는 바닥면적을 제외한 표면적을 합한 면적 1 ㎡당 10 L를 곱한 양 이상이 되도록 할 것

2.2.1.2.4 케이블트레이, 케이블덕트 등은 투영된 바닥면적 1 ㎡당 12 L를 곱한 양 이상이 되도록 할 것

2.2.1.2.5 콘베이어 벨트 등은 벨트 부분의 바닥면적 1 ㎡당 10 L를 곱한 양 이상이 되도록 할 것

2.2.1.3 펌프의 양정은 다음의 식 (2.2.1.3)에 따라 산출한 수치 이상이 되도록 할 것

$$H = h_1 + h_2 \cdots (2.2.1.3)$$

여기서

H : 펌프의 양정(m)

h_1 : 물분무헤드의 설계압력 환산수두(m)

h_2 : 배관의 마찰손실 수두(m)

(1) 물분무 소화펌프의 선정 및 검토

1) 토출량의 적합성 검토

① 화재안전기술기준의 토출량이 적합한지 확인

② 단위면적당 필요한 방수량(방수밀도)을 확인

③ 소방대상물에 적절하게 적용되었는지 검토

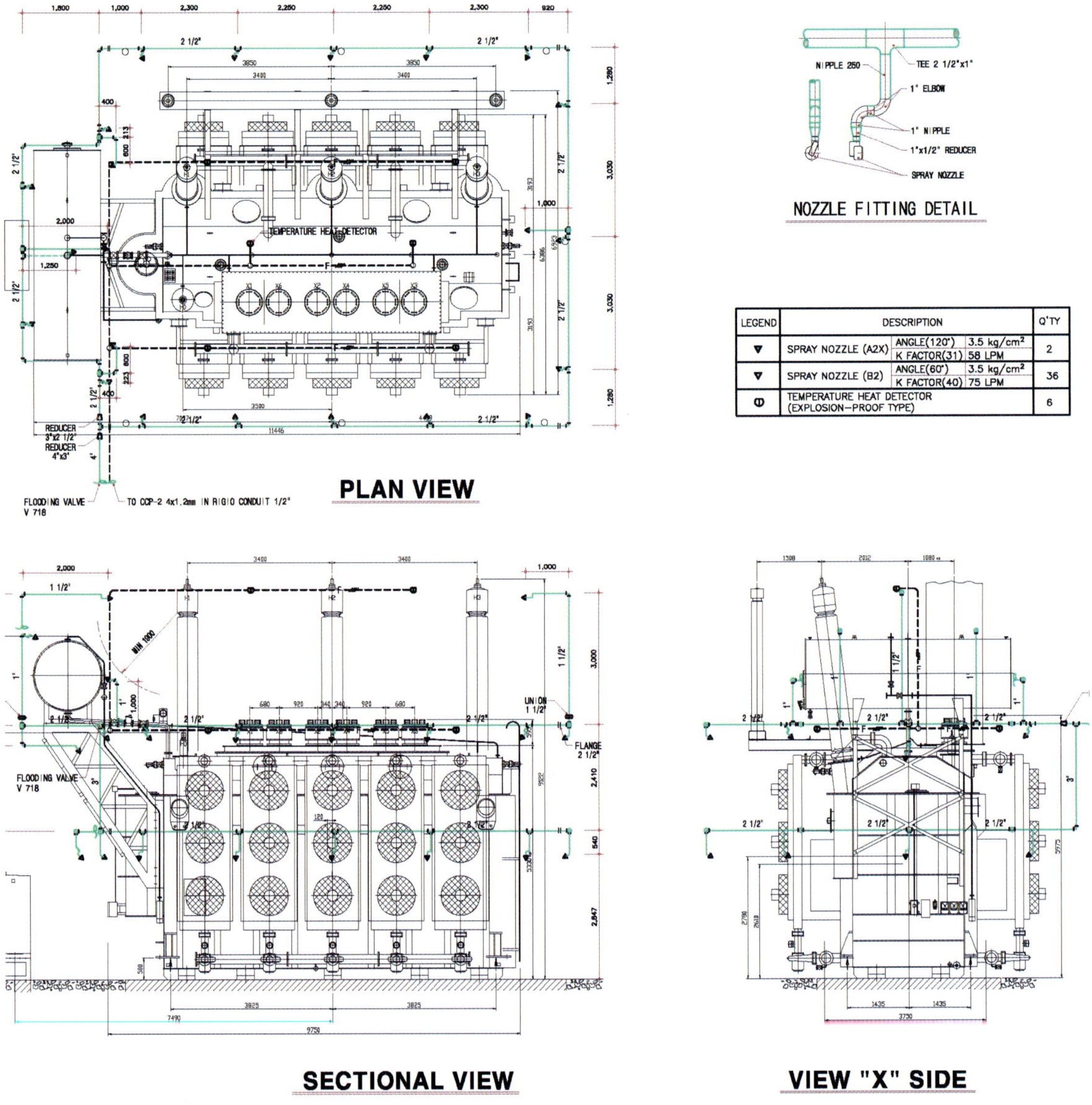

LEGEND	DESCRIPTION			Q'TY
▼	SPRAY NOZZLE (A2X)	ANGLE(120°)	3.5 kg/cm²	2
		K FACTOR(31)	58 LPM	
▼	SPRAY NOZZLE (B2)	ANGLE(60°)	3.5 kg/cm²	36
		K FACTOR(40)	75 LPM	
⊕	TEMPERATURE HEAT DETECTOR (EXPLOSION-PROOF TYPE)			6

그림 1.9.2.1 물분무 소화설비 설계 예

(2) 물분무 헤드의 방수압력 적용 및 확인

1) 제조사 방수압력 적용

- 화재안전기술기준에는 물분무 헤드에 대한 방수규정이 없어, 제조사의 헤드 방수압력을 적용

2) 표준방사압의 검토

① 「소화설비용헤드의 성능인증 및 제품검사의 기술기준」에 따르면, 물분무 헤드의 표준방사압은 0.35 MPa

② 물분무 헤드당 방수압력이 0.35 MPa (3.5 kg/cm^2)로 적용되었는지 검토

3) 특별한 헤드의 경우

- 대량판매 목적이 아닌 실수요자의 필요에 의해 설치하는 헤드는 별도의 규격이나 사양에 따라 성능시험을 받아 사용할 수 있으며, 이 경우, 설계서에서 헤드당 방수압력과 유량을 확인

<< System Specification >>

Kind of fire system	Water spray system	Unit
Default Pipe material	KSD 3507	
C factor for pipe	120	
Area of system operation	177.3	m^2
Amount of nozzle	38	EA
Default pressure of nozzle	3.5	kg/cm^2
Default flow of nozzle	75	L/min
Actual density	17.67	$L/min/cm^2$
Actual area per nozzle	4.67	m^2
Total flow late	3133.12	L/min
Begin pressure	4.86	kg/cm^2

(3) 소화펌프의 양정 선정 및 수리계산

1) 배관 마찰손실 계산

- 각 헤드에서 규정된 방수압력과 토출량이 나오도록 배관 마찰손실을 계산

2) 펌프의 토출량과 양정 확정

- 계산 결과를 바탕으로 펌프의 토출량과 양정을 결정

3) 수리계산 방법

- 물분무소화설비의 헤드는 개방형이므로 수리계산을 사용하여 계산

4) Hardy Cross 방법의 적용 확인

- 물분무 헤드가 대상물 주변을 방호할 목적으로 설계된 경우, Hardy Cross 방법으로 계산되었는지 확인·검토

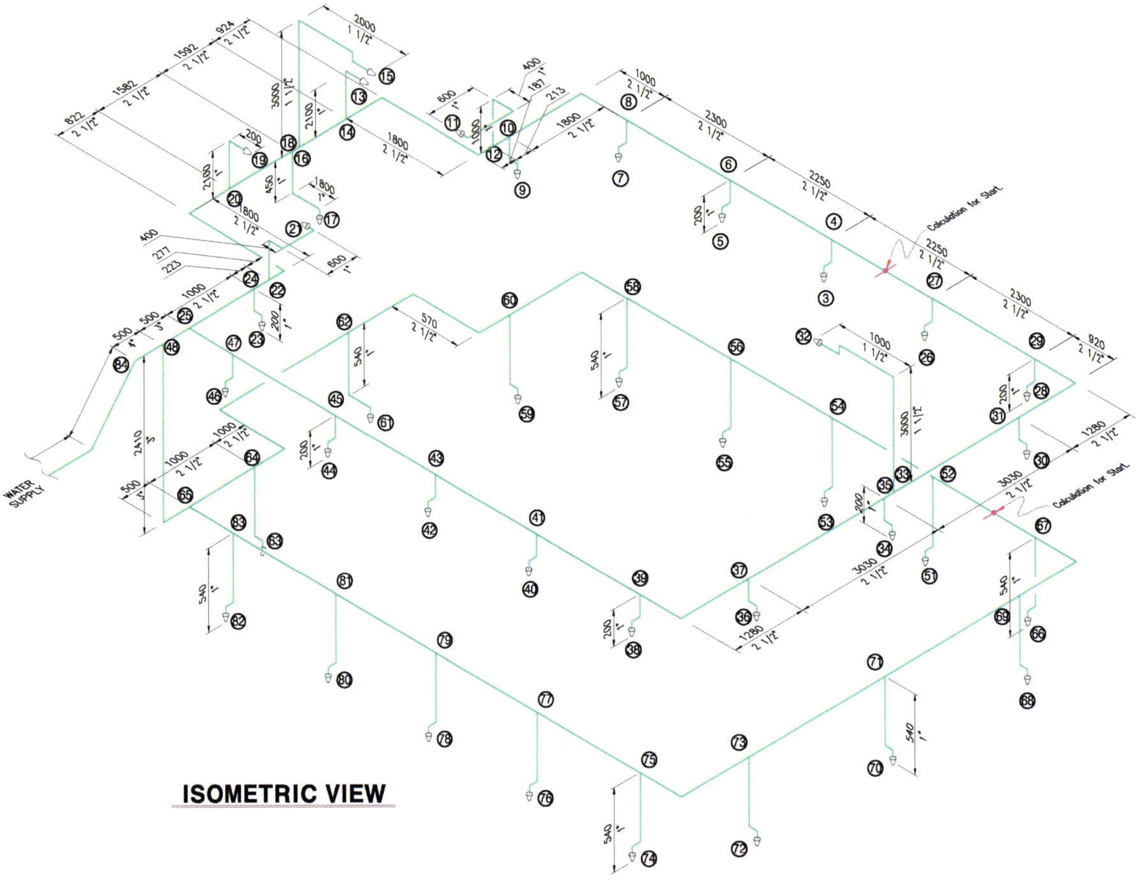

그림 1.9.2.2 물분무 소화설비의 Loop type Isometric

1.9.3 물분무소화설비 기동장치의 설치

- 수동식기동장치 및 자동식기동장치 확인

관련기준

물분무소화설비의 화재안전기술기준(NFTC 104)

2.5.1 물분무소화설비의 수동식기동장치는 다음의 기준에 따라 설치해야 한다.

2.5.1.1 직접조작 또는 원격조작에 따라 각각의 가압송수장치 및 수동식 개방밸브 또는 가압송수장치 및 자동개방밸브를 개방할 수 있도록 설치할 것

2.5.1.2 기동장치의 가까운 곳의 보기 쉬운 곳에 "기동장치"라고 표시한 표지를 할 것

2.5.2 자동식기동장치는 화재감지기의 작동 또는 폐쇄형스프링클러헤드의 개방과 연동하여 경보를 발하고, 가압송수장치 및 자동개방밸브를 기동할 수 있는 것으로 해야 한다. 다만, 자동화재탐지설비의 수신기가 설치되어 있고, 수신기가 설치되어 있는 장소에 상시 사람이 근무하고 있으며, 화재 시 물분무소화설비를 즉시 작동시킬 수 있는 경우에는 그렇지 않다.

(1) 물분무 소화설비의 작동 방식

1) 개방형 헤드 설치 및 일제개방밸브 기동
   ① 물분무소화설비는 개방형 헤드를 설치
   ② 감지기의 감지신호나 기동용 폐쇄형 스프링클러 헤드의 개방으로 일제개방밸브를 기동시켜 소화수를 공급
2) 전기적 방식의 일제개방밸브 작동
   ① 감지기를 설치하여 전기적인 방식으로 일제개방밸브의 솔레노이드밸브를 작동
   ② 밸브가 개방되면 밸브 1차측 배관의 압력이 떨어짐
   ③ 가압송수장치가 자동으로 기동하여 소화수를 공급

(2) 직접 조작과 원격 조작의 정의

1) 직접 조작 : 밸브 자체를 손으로 개폐 조작하는 것을 의미
2) 원격 조작
   ① 전동 밸브와 조작 버튼을 설치하여 버튼을 눌러 원격 조작하는 것을 의미
   ② 일반적으로 일제개방밸브의 솔레노이드밸브를 작동시키기 위한 수동 누름버튼을 말함

(3) 수동식 기동장치의 필요성과 설치 위치

1) 수동식 기동장치의 필요성

① 자동기동이 실패한 경우 수동으로 작동시키기 위해 필요

② 화재 발견 후 발견자가 즉시 작동시키기 위해 필요

2) 수동기동장치(조작함)의 설치 위치

① 재실자가 화재를 발견한 후 피난하는 과정에서 조작할 수 있도록 피난구 근처에 설치

② 각 방호구역마다 설치

(4) 자동개방밸브와 수동기동장치

1) 자동개방밸브의 기능

- 화재감지기 또는 폐쇄형 스프링클러헤드의 개방에 따라 자동으로 개방되는 밸브

2) 수동기동장치의 설치

- 수동으로 밸브를 개방할 수 있도록 밸브 주위에 수동기동장치를 설치

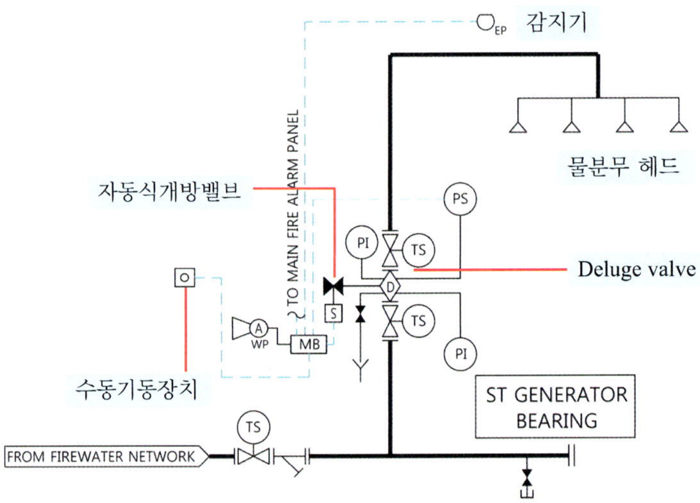

그림 1.9.3.1 물분무설비 계통도 (수동기동장치 확인)

1.9.4 물분무헤드의 선정

• 물분무헤드의 표준방수압력, 방수량 및 분사각도 확인

(1) 설계자가 제시해야 할 물분무 헤드의 사양

1) 물분무헤드의 표준방수량과 표준방수압 등이 화재안전기술기준에 규정되어 있지 않음
2) 설계자는 방호대상물에 대해 화재를 진압하기 위한 헤드의 종류, 표준 방수압, 방수량, 분사각도, K값 등 필요한 자료를 제시
3) 표 1.9.4.1은 국내 P사의 제품 카탈로그 상의 물분무 헤드 성능 제시

표 1.9.4.1 물분무헤드의 살수성능 (P사 제품 카탈로그 인용)

모델번호	살수형태	노즐각	접속부나사	노즐 K값	3.5kgf/cm²시의 유량(L/min)
FSNS 50	Full Cone	120° 140°	PT 3/4" PT 3/4"	– –	50 50
FSNS 100	Full Cone	120°	PT 3/4"	–	100
FSNA	Full Cone	90° 120°	PT 1/2" PT 1/2"	21 21	40 40
FSNAX	Full Cone	90° 120°	PT 1/2" PT 1/2"	27 27	50 50
FSNB	Full Cone	90° 120°	PT 1/2" PT 1/2"	37 37	70 70
FSNC	Full Cone	90° 120°	PT 1/2" PT 1/2"	53 53	100 100
FSND	Full Cone	90° 120°	PT 1/2" PT 1/2"	70 70	130 130
FSNE	Full Cone	140°	PT 3/4"	91	170
FSNI 70	Full Cone	90°	PT 1/2", PT 1"	–	70
FSNI 100	Full Cone	90°	PT 1"	–	100
FSNI 130	Full Cone	90°	PT 1"	–	130

FSNS Series

FSNA-E Series

FSNI Series

(2) 물분무 헤드의 표준방사압 및 유량 검토

1) 성능인증 및 제품검사 기준 적용
   - 국내에서는 「소화설비용헤드의 성능인증 및 제품검사의 기술기준」에 따라 물분무 헤드의 표준방사압을 0.35 MPa (3.5 kg/cm^2)로 시험

2) 표 1.9.4.2와 같이 소방산업기술원에서 물분무 헤드의 살수성능 참조

3) 헤드의 유량 및 방수압 검토

표 1.9.4.2 물분무 헤드의 살수성능(소화설비용헤드의 성능인증 및 제품검사의 기술기준 제7조)

표준방수압력 (MPa)	분사각도(°)	방수량 (L/min)	유효사정거리 (m)
0.35	30 이상 60 미만	30 40 50	4 4 4
	60 이상 90 미만	30 40 50 60 75	2 3 4 4 4
	90 이상 110 미만	30 40 50 60 70	2 2 3 3 4
	110 이상 140 미만	30 60	2 2

(3) 설계도면과 계산서의 일치성 및 K값 활용

1) 설계도면에서 물분무 헤드의 표준방수량과 표준방수압은 계산서의 헤드 성능과 일치 확인
2) 방호구역의 방수량을 토출할 수 있는 헤드의 성능 이상이 확보 확인
3) 제조업체에서 제공되는 헤드별 K값은 수리계산 시 기초자료로 활용

(4) 물분무 헤드의 사양 및 배치 검토

1) 물분무 헤드는 제조사별로 유효사정거리, 분사각도, 살수유효반경 등 형식에 따라 사양이 다름
2) 물분무 헤드는 스프링클러와 같이 헤드의 수평거리나 헤드 간 거리에 대한 규정 확인
3) 화재를 효과적으로 소화하는 데 필요한 헤드 수량을 적절하게 배치
4) 설계자가 선정한 헤드에 대해, 제조사의 헤드 특성을 고려하여 그림 1.9.4.1과 같이 헤드의 소요 개수 및 배치 방법을 검토

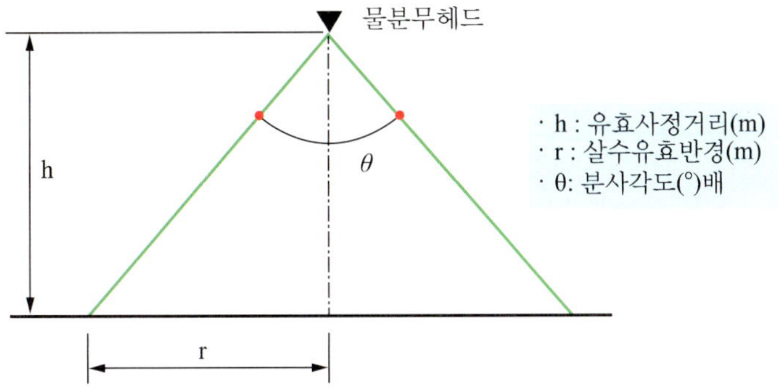

그림 1.9.4.1 물분무헤드의 살수성능

(5) 설계 적용 헤드의 규정 만족 여부 확인

1) 「소화설비용헤드의 성능인증 및 제품검사의 기술기준」에 따르면, 표준방사압 0.35 MPa일 때 분사각도, 표준방수량, 유효사정거리 규정
2) 설계 적용된 물분무헤드의 사양 검토
3) 해당 제조사의 카탈로그를 확인하여 제품 사용 가능 여부를 검토
4) 계산 예시
   - ☞ 변압기의 표면적(A) : 178 m^2
   - ☞ 면적당 토출량(살수밀도) : 10 L/min
   - ☞ 펌프의 필요 최소 토출량 : 178 × 10 = 1,780 L/min

(6) 헤드의 선정 및 수리계산 고려사항

1) 성능시험 통과 헤드 선정
2) 헤드의 사양 및 총수량 결정
   ① 표 1.9.4.1에서 구경 15A, 노즐각 120°, K값 53, 유량 100 L/min인 헤드를 선택
   ② 필요한 헤드 수량 :

   ☞ $\dfrac{1,780\ \text{L/min}}{100\ \text{L/min/헤드}} = 17.8 \rightarrow 18\ \text{개}$

3) 실제 수리계산 시 유의사항
   ① 실제 수리계산을 수행할 경우, 배관 마찰로 인한 압력 손실로 인해 헤드당 유량 증가
   ② 이에 따라 실제 필요한 펌프 도출량이 증가하므로 이를 고려해야 함

1.10 포소화설비

1.10.1 대상물 및 화재특성에 따른 포소화약제 적용

- 적용된 포소화설비의 약제종류 확인

관련기준

포소화설비의 화재안전기술기준(NFTC 105)

2.9 포헤드 및 고정포방출구

2.9.1 포헤드(포워터스프링클러헤드 · 포헤드를 말한다. 이하 같다) 및 고정포방출구는 포의 팽창비율에 따라 다음 표 2.9.1에 따른 것으로 해야 한다.

표 2.9.1 팽창비율에 따른 포 및 포방출구의 종류

팽창비율에 따른 포의 종류	포방출구의 종류
팽창비가 20 이하인 것(저발포)	포헤드, 압축공기포헤드
팽창비가 80 이상 1,000 미만인 것(고발포)	고발포용 고정포방출구

2.9.3 차고 · 주차장에 설치하는 호스릴포소화설비 또는 포소화전설비는 다음의 기준에 따라야 한다.

2.9.3.2 저발포의 포소화약제를 사용할 수 있는 것으로 할 것

위험물안전관리에 관한 세부기준 제133조 (포소화설비의 기준)

5. 포소화설비에 이용하는 포소화약제는 Ⅲ형의 방출구를 이용하는 것은 불화단백포소화약제 또는 수성막포소화약제로 하고, 그 밖의 것은 단백포소화약제(불화단백포소화약제를 포함한다. 이하 같다) 또는 수성막포소화약제로 할 것. 이 경우에 수용성 위험물에 사용하는 것은 수용성액체용포소화약제로 해야 한다.

(1) 포약제의 주요 조건 및 약제 검토

1) 포약제의 중요 조건 : 내열성, 발포성, 유동성, 내유성, 점착성 등

2) 약제 검토 시 표 1.10.1.1 기계포의 5가지 포소화약제 비교

표 1.10.1.1 기계포 소화약제의 종류별 특성

구 분	단백포	불화단백포	합성 계면활성제포	수성막포	알콜포형포
주 성 분	동식물성 단백질의 가수분해생성물 + 제1철염	단백포 +불소계 계면활성제	계면활성제 +기포안정제	불소계계면활성제 +안정제	단밸질가수분해물 지방산금속염합성, 불소계 계면활성
내 열 성	↑	↑(수성막보다)	↓	↓	
내 유 성	↓	↑(단백포보다)	↓	↑	↑
유 동 성	↓	↑(단백포보다)	↑(단백포보다)	↑	
소화속도	느리다	빠르다	빠르다	빠르다	
저장기간	짧다	길다 (단백포보다)	길다 (단백포보다)	길다	짧다
사용농도	3, 6%	3, 6%	3, 6%	3, 6%	6%
용 도	·내열성이 우수하므로 탱크화재에 적합 ·석유류탱크, 석유화학플랜트	·내유성이 우수하므로 표면하 주입식에 적합 ·대형유류탱크 화재	·고발포에 적합 ·내열성, 내유성이 떨어지므로 대규모 석유탱크화재에 부적합	·항공기화재 ·표면하주입식에 사용 ·내열성이 떨어지므로 탱크화재에 부적합 ·고발포로 사용못함 ·Ring Fire 예상	·수용성위험물에 적합

표 1.10.1.2 수성막포의 물성(S사의 경우)

분류	3% 수성막포	6% 수성막포
외관	투명 담황색	투명 담황색
pH	7.5	7.5
포배율	6배 이상	6배 이상
표면장력	20 dyne 이상	20 dyne 이상
25% 환원시간	3분 이상	3분 이상
침전물	없음	없음
유동점	−15도 이하	−15도 이하

(2) 포약제의 팽창비 및 확인 방법

1) 팽창비 = 발포된 포의 체적 ÷ 포 수용액의 체적
2) 팽창비에 따른 약세 구분
   ① 저발포약제 : 팽창비 20 이하
   ② 고발포약제 : 팽창비 80 이상 1000 미만
3) 약제 선택 기준
   ① 자연발포 시 : 저발포약제 사용
   ② 강제발포 시 : 고발포약제 사용
4) 팽창비와 환원시간이 설계도서에 언급이 없을 경우, 포약제 카탈로그를 확인하여 검토

(3) 포약제 종류 및 사용농도 일치 여부 확인

1) 도면과 계산서 등 설계도서에서 포약제의 종류, 사용농도 등 일치 여부 확인
2) 포소화설비의 필요 수원량과 약제량의 적정 여부 검토

(4) 탱크 직경에 따른 포약제 적용 방식 확인

1) 표면하방식(Ⅲ형 방출구) 적용 조건
   - 탱크 직경이 60 m 초과할 경우 표면하방식(Ⅲ형 방출구) 사용
2) 표면하방식 적용 약제 확인
   ① 불화단백포
   ② 수성막포소화약제
3) 기타 방식에서 사용하는 약제 : 단백포, 불화단백포, 수성막포

1.10.2 포소화설비의 대상 및 방식에 따른 수원량 산정

- 화재안전기술기준과 위험물 안전관리법에 의한 기준 검토

관련기준

포소화설비의 화재안전기술기준(NFTC 105)

2.2.1 포소화설비의 수원은 그 저수량이 특정소방대상물에 따라 다음의 기준에 적합하도록 해야 한다.

2.2.1.1 「화재의 예방 및 안전관리에 관한 법률 시행령」 별표 2의 특수가연물을 저장 · 취급하는 공장 또는 창고: 포워터스프링클러설비 또는 포헤드설비의 경우에는 포워터스프링클러헤드 또는 포헤드(이하 "포헤드"라 한다)가 가장 많이 설치된 층의 포헤드(바닥면적이 200 ㎡를 초과한 층은 바닥면적 200 ㎡ 이내에 설치된 포헤드를 말한다)에서 동시에 표준방사량으로 10분간 방사할 수 있는 양 이상으로, 고정포방출설비의 경우에는 고정포방출구가 가장 많이 설치된 방호구역 안의 고정포방출구에서 표준방사량으로 10분간 방사할 수 있는 양 이상으로 한다. 이 경우 하나의 공장 또는 창고에 포워터스프링클러설비 · 포헤드설비 또는 고정포방출설비가 함께 설치된 때에는 각 설비별로 산출된 저수량 중 최대의 것을 그 특정소방대상물에 설치해야 할 수원의 양으로 한다.

2.2.1.2 차고 또는 주차장: 호스릴포소화설비 또는 포소화전설비의 경우에는 방수구가 가장 많은 층의 설치개수(호스릴포방수구 또는 포소화전방수구가 5개 이상 설치된 경우에는 5개)에 6 ㎥를 곱한 양 이상으로, 포워터스프링클러설비 · 포헤드설비 또는 고정포방출설비의 경우에는 2.2.1.1의 기준을 준용한다. 이 경우 하나의 차고 또는 주차장에 호스릴포소화설비 · 포소화전설비 · 포워터스프링클러설비 · 포헤드설비 또는 고정포방출설비가 함께 설치된 때에는 각 설비별로 산출된 저수량 중 최대의 것을 그 차고 또는 주차장에 설치해야 할 수원의 양으로 한다.

2.2.1.3 항공기격납고: 포워터스프링클러설비 · 포헤드설비 또는 고정포방출설비의 경우에는 포헤드 또는 고정포방출구가 가장 많이 설치된 항공기격납고의 포헤드 또는 고정포방출구에서 동시에 표준방사량으로 10분간 방

사할 수 있는 양 이상으로 하되, 호스릴포소화설비를 함께 설치한 경우에는 호스릴포방수구가 가장 많이 설치된 격납고의 호스릴방수구수(호스릴포방수구가 5개 이상 설치된 경우에는 5개)에 6 ㎥를 곱한 양을 합한 양 이상으로 해야 한다.

2.2.1.4 압축공기포소화설비를 설치하는 경우 방수량은 설계 사양에 따라 방호구역에 최소 10분간 방사할 수 있어야 한다.

2.2.1.5 압축공기포소화설비의 설계방출밀도(L/min·㎡)는 설계사양에 따라 정해야 하며 일반가연물, 탄화수소류는 1.63 L/min·㎡ 이상, 특수가연물, 알코올류와 케톤류는 2.3 L/min·㎡ 이상으로 해야 한다.

위험물안전관리에 관한 세부기준 제133조 (포소화설비의 기준)

3. 수원의 수량은 다음 각 목에 정한 양의 포수용액을 만들기 위하여 필요한 양 이상이 되도록 할 것

가. 포방출구방식의 것은 (1) 및 (2)에 정한 양의 합계량

(1) 고정식포방출구는 제1호가목(1)(다)의 표의 위험물의 구분 및 포방출구의 종류에 따라 정한 포수용액량에 당해 탱크의 액표면적을 곱한 양

(2) 보조포소화전은 제1호가목(2)(나)에 정한 방사량으로 20분간 방사할 수 있는 양

나. 포헤드방식의 것은 헤드의 가장 많이 설치된 방사구역의 모든 헤드를 동시에 사용할 경우에 제1호나목(2)에 정한 방사량으로 10분간 방사할 수 있는 양

다. 포모니터노즐방식의 것은 제1호다목(3)에 정한 방사량으로 30분간 방사할 수 있는 양

라. 이동식포소화설비는 4개(호스접속구가 4개 미만인 경우에는 그 개수)의 노즐을 동시에 사용할 경우에 각 노즐선단의 방사압력은 0.35 MPa 이상이고 방사량은 옥내에 설치한 것은 200 L/min 이상, 옥외에 설치한 것은 400 L/min 이상으로 30분간 방사할 수 있는 양

마. 가목 내지 라목에 정한 포수용액의 양 외에 배관 내를 채우기 위하여 필요한 포수용액의 양

(1) 포수원량의 검토 기준

1) 화재안전기술기준과 위험물안전관리에 관한 세부기준에 따라 포수원량 검토

2) 화재안전기술기준(NFTC 105) 2.2.1의 수원량 규정

① 수원의 양은 「표준방사량으로 해당 시간만큼 방출하는 양 이상」

② 수원의 양은 농도와 관계없이 100%의 수원량을 요구

3) 위험물안전관리 세부기준의 수원량 규정

① 수원의 양은 「포 수용액을 만들기 위하여 필요한 양 이상」

② 순수한 수원량이 아닌 포 수용액으로 수원 + 포약제량의 양

③ 원액 농도에 따른 수원량으로 원액이 3%인 경우 :

☞ 필요한 수원 : 97%의 물

☞ 포 수용액 : 100% (물 97% + 포약제 3%)

4) 두 기준에 의해 산출된 포 수용액의 양의 차이는 가연물 및 화재 성상에 의한 것이므로 설계도서 검토 시 이러한 차이를 고려

5) 수원의 양을 100%로 보고 포 수용액의 양을 100%로 결정해도 큰 문제가 없으며, 이는 수원의 양에 안전율을 적용하여 필요한 수원량 이상을 확보할 수 있기 때문

(2) 표준방사량

1) 표준방사향의 정의

① 표준방사량은 포헤드에 대한 방출량을 법적으로 규정한 내용이 아님

② 제조사별로 포헤드의 방사압력에 따른 방출량(L/min)을 의미

2) 방사압력에 따라 방사량이 달라질 수 있으므로, 제조사의 포헤드 사양서 확인

3) 포헤드의 최소방사량

① 표 1.10.2.1에서 포헤드의 구경에 따라 :

☞ 표준방사압력 0.3 MPa (3 kg/cm^2)일 때

☞ 최소방사량이 35 L/min 또는 85 L/min

② 사용된 포헤드의 최소방사량과 포헤드 수에 따라 수원량 산출

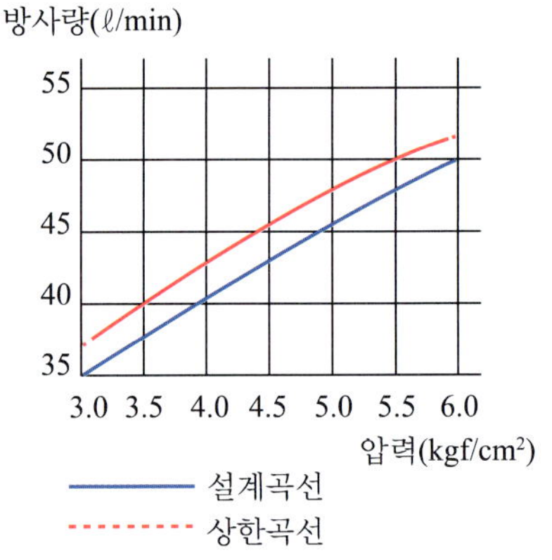

그림 1.10.2.1 포헤드의 표준방사량

표 1.10.2.1 포헤드의 사양 (P사의 경우)

모델번호	FH 520	FH 550
부착나사호칭	15A (PT1/2")	20A (PT3/4")
방사량	35 L/min	85 L/min
표준방사압력	3 kgf/cm^2	3 kgf/cm^2
중량	8 kg/상자	12.5 kg/상자
단위포장수량	50개	50개

(3) 포헤드 수원량의 적용 기준

1) 특수가연물 저장, 취급 공장 및 창고

- 바닥면적 200 m^2 이내에 설치된 포헤드 수 중 최대인 것을 적용

2) 항공기 격납고

- 가장 많이 설치된 격납고의 포헤드 수와 호스릴 포방수구(최대 5개)의 합계
- 포헤드 수원량 예시 :

☞ 도면의 총 포헤드 수량 파악, 표 1.10.2.1의 방사량 확인 (15A, 35 L/min)

☞ 호스릴포의 경우 설치된 경우에만 검토

☞ $Q = [N_1 \times Q_s \times 10] =$ 64개 × 35 L/min × 10분 = 22,400 L

☞ 포수원량은 22.4 m^3 이상 확보

3) 위험물제조소 등

- 위험물 시설의 방사구역 내 포헤드 수

표 1.10.2.2 포소화설비 수원산정 기준

근거	소방대상물	방 식	수원의 양 Q(L)	비 고
화재 안전 기준	특수가연물 저장, 취급하는 공장, 창고	포헤드, 고정포방출구	Q=N×Qs×10	-N : 바닥면적 200㎡ 이내 포헤드수 -Qs : 표준방사량
	차고 · 주차장	Hose reel, 포소화전	Q=N×6,000	-N : 최대방수구수(최대5개) -6,000 : 300 lpm×20분
		포헤드, 고정포방출구	Q=N×Qs×10	-N : 바닥면적 200㎡ 이내 포헤드수 -Qs : 표준방사량
	항공기격납고	포헤드, 고정포방출구	Q=[N1×Qs×10] +[N2×6,000]	-N1 : 가장많이설치된 포헤드수 -N2 : 호스릴포방수구(최대5개) -Qs : 표준방사량
위험물 안전 관리에 관한 세부 기준	위험물제조소 등	고정포방출구	Q=[A×Q1×T] +[N×8,000]	-A : 탱크액표면적(㎡) -Q1 : 방출률(L/㎡ · min) -T : 방출시간(분) -N : 보조포소화전(최대3개) -8,000 : 400 lpm×20분
		포헤드	Q=N×Qs×10	-N : 방사구역내 포헤드수 -Qs : 표준방사량
		옥내 포소화전	Q=N×6,000	-N : 호스접속구수(최대4개) -6,000 : 200 lpm×30분
		옥외 포소화전	Q=N×12,000	-N : 호스접속구수(최대4개) -12,000 : 400 lpm×30분
		포모니터	Q=N×57,000	-N : 모니터 노즐의 수 -57,000 : 1900 lpm×30분

(4) 위험물 탱크의 수원량 검토(고정포 방출구 방식)

1) 포소화설비의 조건 (그림 1.10.2.2 참조)

① 탱크 종류 : FRT(Floating Roof Tank) / 탱크 직경 : 30 m

② 보조포소화전 : 5개소

③ 포원액 농도 : 6%

④ 굽도리판과 탱크 이격거리 : 1.2 m

⑤ 송액관 내경 : 76 mm

⑥ 최장거리 : 100 m

2) 위험물안전관리에 관한 세부기준의 고정포 방출구 방식에 따라 수원량 검토

3) 고정포 방출구방식의 수원의 양 :

$Q = [A \times Q_1 \times T] + [N \times 8{,}000] + 75\text{ mm}$ 이상 송액관

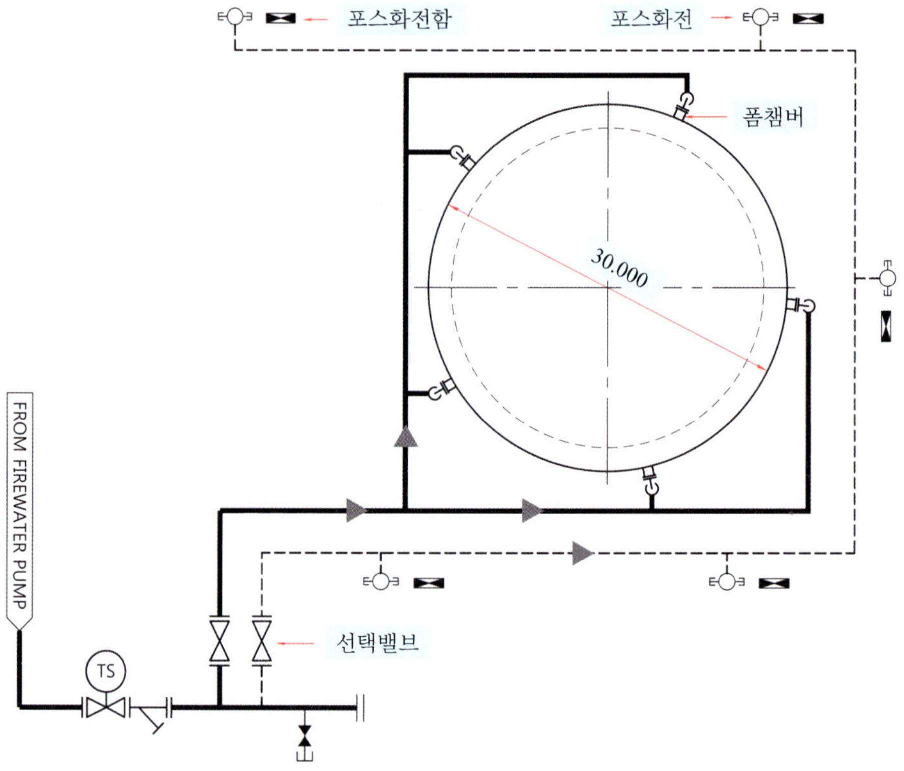

그림 1.10.2.2 위험물탱크(FRT)의 포소화설비 설치 평면도

4) 탱크의 액표면적(A) 계산 : $A = \frac{\pi}{4} \times D^2$

① FRT는 부상식 지붕이 있기 때문에 액표면적 계산 시 환상부분의 면적을 계산

② 환상부분 면적 : 굽도리판과 부상식 지붕과의 이격거리 부분의 면적(이격거리 1.2 m)

③ FRT의 액표면적 : $A = \frac{\pi}{4}(30^2 - 27.6^2) = 108.52\ \mathrm{m}^2$

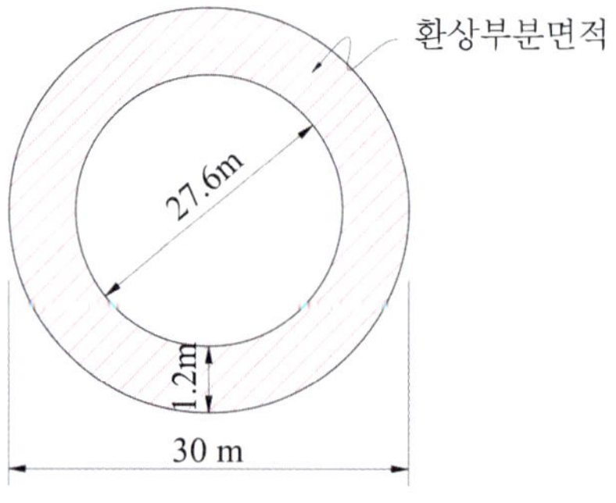

5) 휘발유의 방출율 및 시간 : 위험물안전관리에 관한 세부기준 참조

① 휘발유는 비수용성 위험물(4류 위험물 인화점 21℃ 미만)

② 방출율(Q_1) : 8 L/m^2 · min (특형 기준)

③ 방출 시간(T) : 30분

6) 필요한 수원의 양 :

- $Q = 108.52\ \text{m}^2 \times 8\ \text{L/m}^2 \cdot \text{min} \times 30\ \text{min} = 26{,}044.8\ \text{L}$

7) 위험물 안전관리법에서는 수원의 양을 포 수용액을 만들기 위하여 필요한 양 이상으로 규정하므로 수원의 양은 포원액의 양을 제외

☞ 원액 6%일 경우 필요한 수원은 94%이므로
$26{,}044.8\ \text{L} \times 0.94 = 24{,}482.1\ \text{L}$ ①

☞ 보조포소화전은 최대 3개만 적용하므로
$Q = 3 \times 8{,}000 = 24{,}000\ \text{L} \times 0.94 = 22{,}560\ \text{L}$ ②

☞ 배관 내를 채우기 위하여 필요한 포수용액의 양은 설치된 송액관 내경이 76 mm이므로

$$Q_3 = \left[\frac{\pi}{4} \times (0.076\ \text{m})^2 \times 100\ \text{m}\right] \times 0.94 \times 1{,}000 = 426.2\ \text{L} \quad ③$$

☞ 고정포방출구 방식의 필요한 수원의 양은
① + ② + ③ = $24{,}482.1 + 22{,}560 + 426.2 = 47{,}468.3 = 47.5\ \text{m}^3$

(5) 배관 충전량의 적용 기준 및 검토

1) 화재안전기술기준의 규정

① 송액관 기준에서 포약제량만 배관 충전량에 반영

② 수원에 대해서는 배관 충전량에 대한 별도 기준이 없음

③ 배관의 약제 충전량을 적용하면 배관의 수원도 충전량으로 적용하는 것이 원칙이나, 화재안전기술기준에 근거가 없으므로 배관 수원의 충전량은 대부분 적용하지 않음

2) 위험물안전관리 세부기준의 적용

① 위험물안전관리 세부기준에서는 배관의 구경에 상관없이 충전량을 반영하도록 규정

② 필요한 포수용액의 양 외에 배관 내를 채우기 위하여 필요한 포수용액의 양을 합산하도록 함

1.10.3 포소화약제의 저장량

- 화재안전기술기준과 위험물안전관리에 관한 세부기준에 의한 약제량 검토

관련기준

포소화설비의 화재안전기술기준(NFTC 105)

2.5.2 포 소화약제의 저장량은 다음의 기준에 따른다.

2.5.2.1 고정포방출구 방식은 다음의 양을 합한 양 이상으로 할 것

2.5.2.1.1 고정포방출구에서 방출하기 위하여 필요한 양

$$Q = A \times Q_1 \times T \times S \qquad (2.5.2.1.1)$$

여기서 Q : 포 소화약제의 양(L)
A : 저장탱크의 액표면적(㎡)
Q_1: 단위 포소화수용액의 양 (L/㎡ · min)
T : 방출시간(min)
S : 포 소화약제의 사용농도(%)

2.5.2.1.2 보조 소화전에서 방출하기 위하여 필요한 양

$$Q = N \times S \times 8{,}000\ L \qquad (2.5.2.1.2)$$

여기서 Q : 포 소화약제의 양(L)
N : 호스 접결구 개수(3개 이상인 경우는 3개)
S : 포 소화약제의 사용농도(%)

2.5.2.1.3 가장 먼 탱크까지의 송액관(내경 75 ㎜ 이하의 송액관을 제외한다)에 충전하기 위하여 필요한 양

$$Q = V \times S \times 1{,}000\ L/m^3 \qquad (2.5.2.1.3)$$

여기서 Q : 포 소화약제의 양(L)
V : 송액관 내부의 체적(㎥)
S : 포 소화약제의 사용농도(%)

2.5.2.2 옥내포소화전방식 또는 호스릴방식에 있어서는 다음의 식에 따라 산출한 양 이상으로 할 것. 다만, 바닥면적이 200 ㎡ 미만인 건축물에 있어서는 75 %로 할 수 있다.

$$Q = N \times S \times 6{,}000\ L \qquad (2.5.2.2)$$

여기서 Q : 포 소화약제의 양(L)
N : 호스 접결구 개수(5개 이상인 경우는 5개)
S : 포 소화약제의 사용농도(%)

2.5.2.3 포헤드방식 및 압축공기포소화설비에 있어서는 하나의 방사구역 안에 설치된 포헤드를 동시에 개방하여 표준방사량으로 10분간 방사할 수 있는 양 이상으로 할 것

위험물안전관리에 관한 세부기준 제133조 (포소화설비의 기준)

4. 포소화약제의 저장량은 제3호에 정한 포수용액량에 각 포소화약제의 적정희석용량농도를 곱하여 얻은 양 이상이 되도록 할 것

(1) 포소화설비 약제량의 검토 기준

1) 포소화설비 약제량은 화재안전기술기준과 위험물안전관리에 관한 세부기준의 두 가지로 적용을 검토
2) 약제량 검토는 수원량 산출 근거에 약제 농도를 곱하여 산출
3) 약제 저장량 검토 요소 : 위험물의 종류, 방출구의 종류, 약제의 농도

(2) 고정포 방출구 방식

1) 화재안전기술기준의 고정포 방출구 방식은 위험물탱크에 대한 약제량 산출식으로 위험물안전관리에 관한 세부기준의 규정으로 검토
2) 포소화설비 예시 : 그림 1.10.3.1 위험물탱크(CRT)의 포소화설비 계통도
   ① 포원액탱크 용량 : 500 L

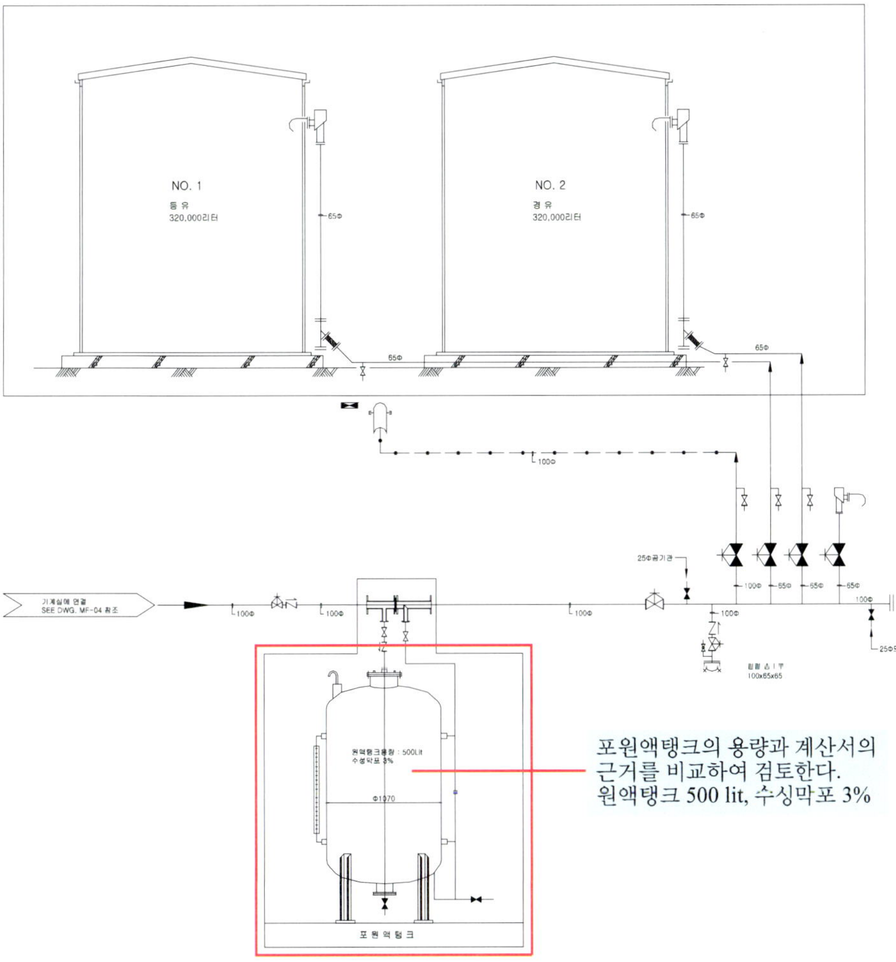

그림 1.10.3.1 위험물탱크(CRT)의 포소화설비 계통도

표 1.10.3.1 비수용성 위험물의 방출구에 따른 포수용액량 및 방출율(위험물안전관리에 관한 세부기준)

포방출구의 종류 / 4류 위험물의 구분	Ⅰ형		Ⅱ형		특형		Ⅲ형		Ⅳ형	
	포 수용액량 (L/m^2)	방출율 ($L/m^2 \cdot min$)	포 수용액량 (L/m^2)	방출율 ($L/m^2 \cdot min$)	포수 용액량 (L/m^2)	방출율 ($L/m^2 \cdot min$)	포 수용액량 (L/m^2)	방출율 ($L/m^2 \cdot min$)	포 수용액량 (L/m^2)	방출율 ($L/m^2 \cdot min$)
인화점 21℃ 미만 (아세톤, 휘발유)	120	4	220	4	240	8	220	4	220	4
인화점 21~70℃ (등유, 경유)	80	4	120	4	160	8	120	4	120	4
인화점 70℃ 이상 (중유, 기계유)	60	4	100	4	120	8	100	4	100	4

② 약제 농도 : 3%로 선정

③ 위험물의 성상 및 방출구 형태 확인

☞ 고정포 방출구 방식의 약제 계산식은 비수용성과 수용성 위험물로 구분

☞ 먼저 위험물의 성상과 방출구 형태를 확인

④ 표 1.10.3.1을 참고하여 단위 포 방출율 검토

3) 포소화약제 저장량 산출 예시

① 경유 저장 탱크의 경우

☞ 표 1.10.3.1에서 경유를 저장하는 위험물탱크

☞ Ⅱ형 방출구일 때

② 포 방출율 : 4 $L/m^2 \cdot min$ 적용

③ 화재안전기술기준에서는 송액관이 75 mm 이하인 경우 약제량 산정에서 제외

4) 위험물안전관리법에 따른 검토 및 판단

① 위험물안전관리법의 규정에 따르면 송액관의 구경에 상관없이 약제량을 산출

② 위험물탱크의 적용 기준은 위험물안전관리법의 규정에 따름

③ 따라서 화재안전기술기준상의 송액관 제외 조항은 무의미하며, 도면 검토 시 기능적인 부분을 고려하여 송액관의 약제량을 포함하여 산정하는 것이 합리적임

예시-저장량 산출 계산식

1. 포소화약제 저장량

1) 보조포소화전에서 필요한 양 (Q1)

Q1 = N x S x 400 L/min x 20분 = 1 x 0.03 x 400 L/min x 20분 = 240 litter

여기서, N : 호오스 접결구수(3개 이상의 경우는 3개)

S : 포소화약제 사용농도(3%)

2) 고정포방출구에서 필요한 양 (Q2)

Q2 = A x q x T x S = 58.08 x 4 x 30 x 0.03 = 209.1 litter

여기서, A : 탱크의 액 표면적(㎡)
q : 단위 포소화수용액의 양(L/min/㎡)
T : 방출시간(분)
S : 포소화약제의 사용농도(3%)

3) 포소화설비 배관의 송액관에 충전하기 위하여 필요한 양(Q3)
단, 내경 75 mm 이하의 송액관에는 제외함.

4) 저장탱크 용량 (Q)
Q = 240 + 209.1 = 449.1 x 10%(안전율) = 494.01 ≒ 500 litter

2. 포소화약제 저장탱크 선정

1) 탱크형식 : 횡형 원통형
2) 탱크용량 : 500 litter x 1기
3) 포소화약제 : 수성막포 (AFFF 3%)

1.10.4 포소화약제 저장탱크의 설치장소

- 포원액탱크의 저장장소의 방화구획 여부 검토

관련기준

포소화설비의 화재안전기술기준(NFTC 105)

2.5.1 포 소화약제의 저장탱크(용기를 포함한다. 이하 같다)는 다음의 기준에 따라 설치하고, 2.6에 따른 혼합장치와 배관 등으로 연결해야 한다.
2.5.1.1 화재 등의 재해로 인한 피해를 받을 우려가 없는 장소에 설치할 것
2.5.1.2 기온의 변동으로 포의 발생에 장애를 주지 않는 장소에 설치할 것. 다만, 기온의 변동에 영향을 받지 않는 포 소화약제의 경우에는 그렇지 않다.
2.5.1.3 포 소화약제가 변질될 우려가 없고 점검에 편리한 장소에 설치할 것
2.5.1.4 가압송수장치 또는 포 소화약제 혼합장치의 기동에 따라 압력이 가해지는 것 또는 상시 가압된 상태로 사용되는 것은 압력계를 설치할 것
2.5.1.5 포 소화약제 저장량의 확인이 쉽도록 액면계 또는 계량봉 등을 설치할 것
2.5.1.6 가압식이 아닌 저장탱크는 글라스게이지를 설치하여 액량을 측정할 수 있는 구조로 할 것

(1) 포소화약제 저장탱크의 설치 및 관리

1) 포소화약제 저장탱크는 항상 사용 가능한 상태 유지
2) 혼합장치와 배관 등으로 연결되어 있어야 함

3) 저장탱크의 설치 장소

① 저장탱크는 화재로 인한 피해를 받지 않는 장소에 설치

② 방화구획을 해야 하는 규정은 없지만, 화재로부터 보호되는 장소로서 실 구획은 방화구획을 의미하며, 구획된 실의 문은 방화문으로 설치

(2) 포소화약제 저장장소의 동파 대비

1) 냉한용 약제의 적용

- 항공기 격납고 등 포소화약제 저장장소가 난방되지 않는 장소인 경우 냉한용 포소화약제 사용

2) 동파 방지 대책 필요성

- 소화수조와 펌프 1차측에는 항상 물이 있으므로, 동파에 대한 적절한 대책 필요

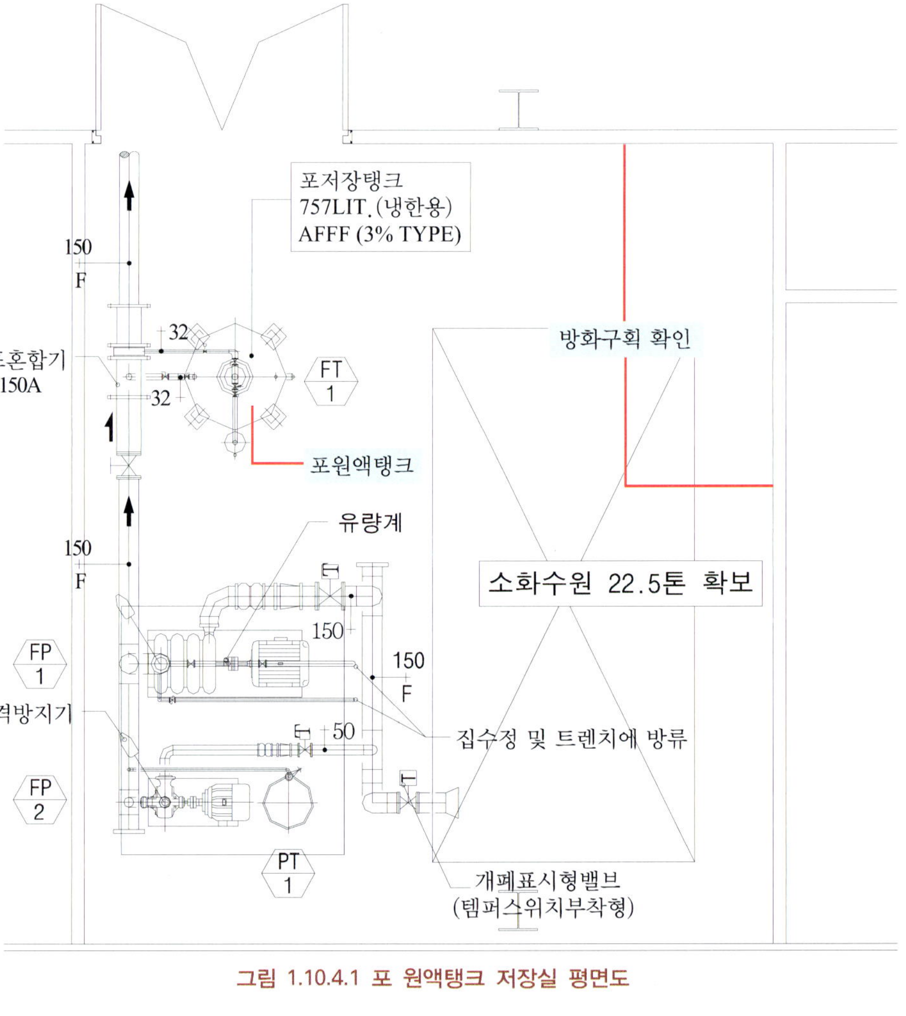

그림 1.10.4.1 포 원액탱크 저장실 평면도

1.10.5 포소화펌프의 유량 및 양정 계산

- Hazen & Williams 식에 의한 마찰손실 검토

관련기준

포소화설비의 화재안전기술기준(NFTC 105)

2.3.1.4 펌프의 토출량은 포헤드 · 고정포방출구 또는 이동식 포노즐의 설계압력 또는 노즐의 방사압력의 허용범위 안에서 포수용액을 방출 또는 방사할 수 있는 양 이상이 되도록 할 것

2.3.1.5 펌프는 전용으로 할 것. 다만, 다른 소화설비와 겸용하는 경우 각각의 소화설비의 성능에 지장이 없을 때에는 그렇지 않다.

2.3.1.6 펌프의 양정은 다음의 식 (2.3.1.6)에 따라 산출한 수치 이상이 되도록 할 것

$H = h_1 + h_2 + h_3 + h_4$ ⋯ (2.3.1.6)

여기에서

H : 펌프의 양정(m)

h_1 : 방출구의 설계압력 환산수두 또는 노즐 선단의 방사압력 환산수두(m)

h_2 : 배관의 마찰손실수두(m)

h_3 : 낙차(m)

h_4 : 소방용 호스의 마찰손실수두(m)

위험물안전관리에 관한 세부기준 제133조 (포소화설비의 기준)

7. 가압송수장치는 다음 각 목에 정한 것에 의하여 설치할 것

가. 고가수조를 이용하는 가압송수장치는 다음에 정한 것에 의할 것

(1) 가압송수장치의 낙차(수조의 하단으로부터 포방출구까지의 수직거리를 말한다. 이하 이 호에서 같다)는 다음 식에 의하여 구한 수치 이상으로 할 것

$H = h_1 + h_2 + h_3$

H : 필요한 낙차(m)

h_1 : 고정식포방출구의 설계압력 환산수두 또는 이동식포소화설비 노즐방사압력 환산수두(m)

h_2 : 배관의 마찰손실수두(m)

h_3 : 이동식포소화설비의 소방용 호스의 마찰손실수두(m)

나. 압력수조를 이용하는 가압송수장치는 다음에 정한 것에 의할 것

(1) 가압송수장치의 압력수조의 압력은 다음 식에 의하여 구한 수치 이상으로 할 것

$P = p_1 + p_2 + p_3 + p_4$

P : 필요한 압력(MPa)

p_1 : 고정식포방출구의 설계압력 또는 이동식포소화설비 노즐방사압력(MPa)

p_2 : 배관의 마찰손실수두압(MPa)

p_3 : 낙차의 환산수두압(MPa)

p_4 : 이동식포소화설비의 소방용 호스의 마찰손실수두압(MPa)

다. 펌프를 이용하는 가압송수장치는 다음에 정한 것에 의할 것

(1) 펌프의 토출량은 고정식포방출구의 설계압력 또는 노즐의 방사압력의 허용범위로 포수 용액을 방출 또는 방사하는 것이 가능한 양으로 할 것

(2) 펌프의 전양정은 다음 식에 의하여 구한 수치 이상으로 할 것

$H = h_1 + h_2 + h_3 + h_4$

H : 펌프의 전양정(m)

h_1 : 고정식포방출구의 설계압력환산수두 또는 이동식포소화설비 노즐선단의 방사압력 환산수두(m)

h_2 : 배관의 마찰손실수두(m)

h_3 : 낙차(m)

h_4 : 이동식포소화설비의 소방용호스의 마찰손실수두(m)

(3) 펌프의 토출량이 정격토출량의 150%인 경우에는 전양정은 정격전양정의 65% 이상일 것

라. 가압송수장치는 직접조작에 의해서만 정지되도록 할 것

마. 소방용호스 및 배관의 마찰손실계산은 Hazen & Williams 공식에 의할 것

바. 가압송수장치에는 포방출구의 방출압력 또는 노즐선단의 방사압력이 당해 포방출구 또는 노즐의 성능범위의 상한치를 초과하지 않도록 조치를 할 것

(1) 포소화펌프 검토 및 마찰손실수두 계산

1) 포소화펌프는 수계소화설비 펌프와 동일

2) 마찰손실수두 계산 시 유의점

- 포의 농도가 3% 또는 6%인 저농도의 경우, 혼합기 이후는 포수용액(포약제＋물)으로 물보다 점성이 높지만, 마찰손실 계산 시 물과 유사하므로 Hazen-Williams 식을 적용해도 무방

3) Hazen-Williams 공식

$$P = 6.174 \times 10^5 \times \frac{Q^{1.85}}{C^{1.85} \times d^{4.87}} \times L$$

여기서, P (kgf/cm^2) : 마찰손실에 의한 손실압력

Q (L/min) : 유량

C (상수) : 관의 마찰손실 계수(조도계수), 습식의 경우 120

d (mm) : 관의 내경

L (m) : 배관의 길이

4) 포소화전 및 호스릴포의 마찰손실 계산

① 포소화전이나 호스릴포의 호스 및 배관 마찰손실은 일반적으로 옥내소화전 호스 마찰손실 값을 참조

② 하지만 포소화설비는 유량이 상이하므로 위험물안전관리법 규정에 따라 Hazen-Williams 공식을 이용하여 마찰손실값을 산출

③ 호스 마찰손실값의 국내 자료가 없으므로, C 값 135를 적용한 표 1.10.5.1의 계산된 자료(FMRC)를 활용할 수 있음

표 1.10.5.1 호스의 마찰손실 시험값 (FMRC : Factory Mutual Research & Corporation)

관 경	노즐	유량	최대마찰손실
1 1/2" (40mm)	7/8" (20mm)	100gpm (380L/min)	18psi (1.25kg/㎠)
2" (50mm)	1" (25mm)	155gpm (585L/min)	10psi (0.7kg/㎠)
2 1/2 "(65mm)	1 1/8" (30mm)	250gpm (945L/min)	8psi (0.55kg/㎠)
3" (80mm)	1 1/8" (30mm)	400gpm (1515L/min)	8psi (0.55kg/㎠)

(2) 포소화설비 계산서 예시

1) 그림 1.10.5.1은 포소화설비 계산서로 옥내소화전설비, 스프링클러설비, 포소화전설비의 겸용 펌프 계산서 (위험물 저장소의 경우 포소화설비는 별도로 함이 합리적)
2) 소화펌프 용량은 세 가지 소화설비 용량의 합으로 선정
3) 노즐 선단의 방수압은 포소화전 방사압력인 3.5 kgf/cm^2 (0.35 MPa)
4) 구간별 마찰손실수두 계산
   ① 관경과 유량에 따른 배관 마찰손실수두는 Hazen-Williams 공식으로 계산
   ② 부속류는 미터당 마찰손실을 고려한 자료 활용
5) 배관 마찰손실, 호스 마찰손실, 방사압력, 낙차를 고려한 총 마찰손실에 안전율 1.2를 곱하여 최종 펌프 양정을 산출
6) 산출된 펌프 양정을 펌프 동력 계산식에 적용하여 동력을 산출 후 펌프 카탈로그를 확인하여 최종 펌프 동력을 결정

(3) 릴리프 밸브 선정 및 포소화약제 저장량 계산

1) 릴리프 밸브의 개방 압력 선정
   ① 릴리프 밸브는 체절압력 전에 개방
   ② 체절압력 예상치를 고려하여 선정
      ☞ 예시 : 79 m (양정) × 1.3 (체절압력) = 103 m
2) 체절압력 결정 원칙
   - 원칙적으로 실제 설치할 펌프의 성능시험곡선을 확인하여 체절압력을 결정
3) 포소화약제 저장량 계산 및 탱크 용량 선정
   ① 포소화약제 저장량 계산
      ☞ 사용농도 (예: 3%)
      ☞ 포소화전 최대 수량
      ☞ 소화전당 방사량 : 300 L/min
      ☞ 사용 시간 : 20분
   ② 계산된 결과로 저장탱크 용량을 선정

③ 마찰손실 계산서 예시에서는 360 L를 선정

④ 약제 종류 및 동파 대비

- 수성막포(AFFF) 3% 사용
- 동파를 고려하여 한냉용 약제로 결정

1 법정소화용량	최대 옥내소화전 설치 수량	2 개
	최대 포소화전 설치 수량	2 개
	기준 스프링클러 수량	20 개
	개당 옥내소화전 토출량	130 L/Min
	개당 포소화전 토출량	300 L/Min
	개당 스프링클러 토출량	80 L/Min
	총 토 출 량	2,460 L/Min
	법정 수원 확보량	2,460 L/Min x 20 Min = 49,200 Lit = 50 M^3
2 펌프의 총양정	a. 실 양 정 (H_1)	26 M
	b. 노즐 선단에서의 방수압 (H_2)	포소화전 방사압력 (3.5 Kg/cm^2) 35 M
	c. 배관의 마찰 손실 수두 (H_3)	

구간별 마찰손실을 검토한다.

구 간	관 경 (mm)	유 량 (LPM)	길 이 (M)	배관마찰 손실수두 (M)	총배관마찰 손실수두 (M)
	65	300	1	0.038	0.04
	80	300	24.2	0.017	0.42
	100	600	38.3	0.017	0.67
	150	2460	9.4	0.035	0.33
	합 계				1.46

d. 배관의 부속류 마찰 손실 수두 (H_4)

배관 부속류	구 간	관 경 (mm)	유 량 (LPM)	수량	길 이 (M)	배관마찰 손실수두 (M)	총배관마찰 손실수두 (M)
앵글밸브		65	300	1	11	0.038	0.43
엘 보		65	300	1	1.1	0.038	0.04
엘 보		80	300	3	3.1	0.017	0.16
엘 보		100	600	4	1.7	0.017	0.12
분 티		150	2460	1	7	0.017	0.12
게이트 밸브		100	860	3	0.7	0.034	0.07
첵크 밸브		100	860	1	8.7	0.034	0.29
엘 보		100	860	5	1.7	0.034	0.29
포 혼 합 기		100	600	1	8.7	0.017	0.15
게이트 밸브		150	2460	1	1	0.017	0.02
스트레이너		150	2460	1	13	0.017	0.22
분 티		150	2460	2	7	0.034	0.47
합 계							2.39

그림 1.10.5.1 옥내소화전, 포소화전, 스프링클러설비 용량계산서의 마찰손실 계산서(계속)

e. 호스의 마찰 손실 수두 (H_5)

배관 부속류	구 간	관 경 (mm)	유 량 (LPM)	수량	길이 (M)	배관마찰 손실수두 (M)	총배관마찰 손실수두 (M)
호스마찰손실 검토		65	300	2	15	0.04	1.20
합	계						**1.20**

f. 펌프의 총양정

H = H1 + H2 + H3 + H4 + H5

= 26 + 35 + 1.5 + 2.4 + 1.2 = 66.0 M

= 66.0 M x 1.2 = **79** M (Safety Factor)

3 펌프의 용량 산정

3.1 주 펌프의 동력 계산

$$P = \frac{0.163 \times Q \times H}{E} \times K$$

$$= \frac{0.163 \times 2.46 \times 79}{0.6} \times 1.1$$

= **58.3** Kw = **78.1** Hp

P : 전동기 동력(Kw)
Q : 토출량(M^3/Min)
H : 총양정(M)
E : 효 율
K : 1.1

3.2 보조 펌프의 동력 계산

$$P = \frac{0.163 \times Q \times H}{E} \times K$$

$$= \frac{0.163 \times 0.06 \times 79}{0.4} \times 1.1$$

= **2.1** Kw = **2.8** Hp

3.3 옥내외 포소화전 소화 펌프의 선정

종 류	형 식	토출측 관 경	흡입측 관 경	토출량 (LPM)	양 정 (M)	동 력 (HP)	단 수 (S)	수 량 (NOS)	비 고
주 펌 프	다단보류트	125	150	2,460	79	100	2	1	
충압 펌프	웨스코	40	40	60	79	5	-	1	

4 기타부속장치용량산정

4.1 유량 측정 장치 선정

1)펌프의 유량 x 1.75 = 2,460 LPM x 1.75 = 4,305 LPM 이상

2)유량계 범위 : **900 ~ 4,500** LPM

3)유량계 Size **100** mm

4.2 릴리이프 밸브 선정 (25 mm)

- Setting Point펌프 양정의 130%에서 개방.

79 M x 1.3 = 103 M → 10.3 Kg/cm^{2}의 압력으로 설정

4.3 포소화약제 저장량 및 저장탱크 선정

1) 옥내포 소화전 토출량

Q = N x S x 6000Lit. (N:호스 접결구수, S: 포소화약제 사용농도, AFFF, 3% Type)

= 2 x 0.03 x 6000Lit. = 360Lit.

2) 총 포소화약제량

360 Lit.= 100 gal. 사용

3) 포소화약제 탱크 선정

- 포 소화약제 : **수성막포(AFFF), 3%, 한냉용**

- 포 소화약제 저장탱크 형식 : **횡형(Vertical Type), 용량 : 100gal**

그림 1.10.5.1 마찰손실 계산서

1.10.6 포 혼합장치의 방식 및 규격

- 포 혼합기(proportioner)의 혼합비율 및 구경 검토

관련기준

포소화설비의 화재안전기술기준(NFTC 105)

2.6.1 포 소화약제의 혼합장치는 포 소화약제의 사용농도에 적합한 수용액으로 혼합할 수 있도록 다음 어느 하나에 해당하는 방식에 따르되, 법 제40조에 따라 제품검사에 합격한 것으로 설치해야 한다.

(1) 펌프 프로포셔너방식
(2) 프레셔 프로포셔너방식
(3) 라인 프로포셔너방식
(4) 프레셔 사이드 프로포셔너방식
(5) 압축공기포 믹싱챔버방식

(1) 포혼합장치 (Proportioner)의 기능 및 구성

1) 포혼합장치의 역할 및 종류

① 포혼합장치는 포소화설비에서 물과 포약제를 혼합하여 일정한 비율로 포수용액을 만들어 주는 장치로 3%, 6% 등으로 혼합 비율에 따라 구분

② 혼합장치의 구성은 Venturi 관이나 오리피스(Orifice)를 이용

2) 도면상 혼합방식 및 사양 확인

① 도면 상에서 포 혼합방식을 확인

② 혼합장치의 사용 가능한 포소화약제, 혼합 비율, 사용 압력, 유량 범위가 표기되었는지 검토

③ 그림 1.10.6.1은 Pressure Proportioner 타입의 계통도

(2) 포혼합장치의 사양 및 설계 검토

1) 제조사 카탈로그를 통한 사양 확인

① 표 1.10.6.1은 포혼합장치의 사양에 대한 제조사의 카탈로그

② 설계자가 어떤 혼합장치를 적용하여 설계하였는지 확인

2) 규격에 따른 설계유량 및 적절한 관경 선정 검토

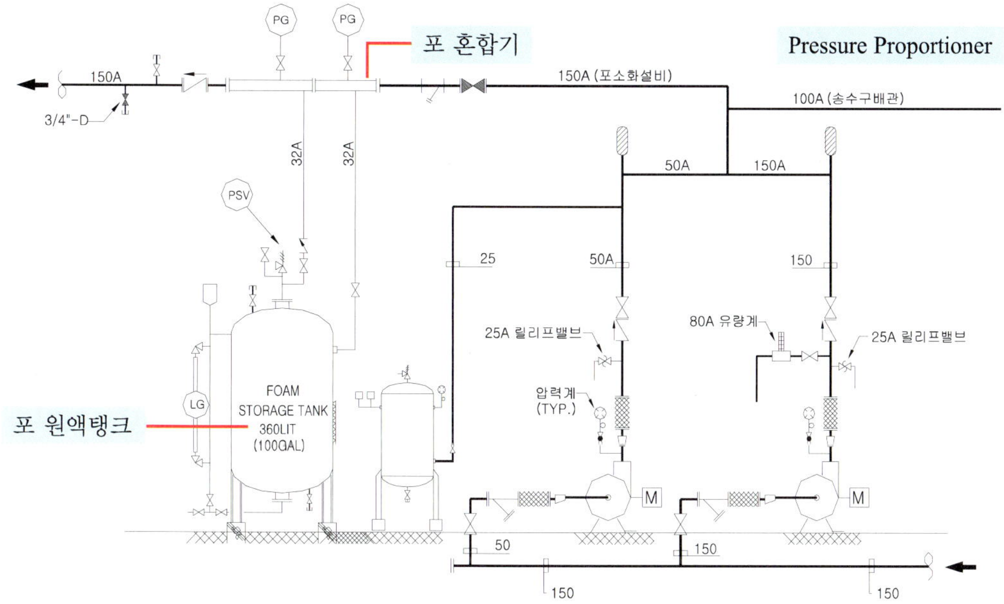

그림 1.10.6.1 Pressure Proportioner type의 포소화설비 계통도

표 1.10.6.1 포혼합장치의 사양 (P사)

모델번호	FFP
최고사용압력	14 kgf/cm^2
내압시험압력	20 kgf/cm^2
혼합비	3%, 6%
규격	50, 65, 80, 100, 125, 150A
후렌지규격	KSB 1513 10K
도장색	적색

규격	A형 (L/min)	B형 (L/min)
50	70~350	30~250
65	100~650	50~400
80	200~1,000	100~550
100	300~1,600	150~800
125	500~1,800	250~1,200
150	500~2,400	300~1,800

1.10.7 포헤드의 설치 수량

- 대상물에 설치된 포 헤드 간격 확인

관련기준

포소화설비의 화재안전기술기준(NFTC 105)

2.9.2.1 포워터스프링클러헤드는 특정소방대상물의 천장 또는 반자에 설치하되, 바닥면적 8 ㎡마다 1개 이상으로 하여 해당 방호대상물의 화재를 유효하게 소화할 수 있도록 할 것

2.9.2.2 포헤드는 특정소방대상물의 천장 또는 반자에 설치하되, 바닥면적 9 ㎡마다 1개 이상으로 하여 해당 방호대상물의 화재를 유효하게 소화할 수 있도록 할 것

2.9.2.3 포헤드는 특정소방대상물별로 그에 사용되는 포 소화약제에 따라 1분당 방사량이 다음 표 2.9.2.3에 따른 양 이상이 되는 것으로 할 것

표 2.9.2.3 소방대상물 및 포소화약제의 종류에 따른 포헤드의 방사량(L/min/㎡)

소방대상물	포 소화약제의 종류	바닥면적 1 m^2당 방사량
차고·주차장 및 항공기격납고	단백포 소화약제 합성계면활성제포 소화약제 수성막포 소화약제	6.5 L 이상 8.0 L 이상 3.7 L 이상
「화재의 예방 및 안전관리에 관한 법률 시행령」 별표 2의 특수가연물을 저장·취급하는 소방대상물	단백포 소화약제 합성계면활성제포 소화약제 수성막포 소화약제	6.5 L 이상 6.5 L 이상 6.5 L 이상

표 2.9.2.4 포헤드와 보의 하단 수직거리 및 수평거리

포헤드와 보의 하단의 수직거리	포헤드와 보의 수평거리
0m	0.75m 미만
0.1m 미만	0.75m 이상 1m 미만
0.1m 이상 0.15m 미만	1m 이상 1.5m 미만
0.15m 이상 0.30m 미만	1.5m 이상

2.9.2.5 포헤드 상호간에는 다음의 기준에 따른 거리를 두도록 할 것

2.9.2.5.1 정방형으로 배치한 경우에는 다음의 식 (2.9.2.5.1)에 따라 산정한 수치 이하가 되도록 할 것

$$S = 2 \times r \times \cos 45^\circ \qquad (2.9.2.5.1)$$

여기서, S : 포헤드 상호간의 거리(m), r : 유효반경(2.1m)

2.9.2.5.2 장방형으로 배치한 경우에는 그 대각선의 길이가 다음의 식 (2.9.2.5.2)에 따라 산정한 수치 이하가 되도록 할 것

$$pt = 2 \times r \qquad (2.9.2.5.2)$$

여기서, pt : 대각선의 길이(m), r : 유효반경(2.1 m)

2.9.2.6 포헤드와 벽 방호구역의 경계선과는 2.9.2.5에 따른 거리의 2분의 1 이하의 거리를 둘 것

위험물안전관리에 관한 세부기준 제133조 (포소화설비의 기준)

1. 고정식의 포소화설비의 포방출구 등은 다음 각목에 정한 것에 의하여 설치할 것
   나. 포헤드방식의 포헤드는 (1) 내지 (3)에 정한 것에 의하여 설치할 것
      (1) 포헤드는 방호대상물의 모든 표면이 포헤드의 유효사정 내에 있도록 설치할 것
      (2) 방호대상물의 표면적(건축물의 경우에는 바닥면적. 이하 같다) 9㎡당 1개 이상의 헤드를, 방호대상물의 표면적 1㎡당의 방사량이 6.5 L/min 이상의 비율로 계산한 양의 포수용액을 표준방사량으로 방사할 수 있도록 설치할 것
      (3) 방사구역은 100㎡ 이상(방호대상물의 표면적이 100㎡ 미만인 경우에는 당해 표면적)으로 할 것

(1) 포헤드 설치수량 검토

1) 소요수량 비교
   ① 바닥면적당 헤드 소요수량 : 9 m^2당 1개
   ② 포헤드의 수평거리 배치 기준 : 수평거리 2.1 m 이하로 배치할 경우의 헤드 수량
   ③ 두 가지 방법으로 계산한 헤드 소요수량을 비교하여 더 많은 소요수량으로 설치

2) 포헤드 간격 계산 및 기준
   ① 정방형 배치 시 간격 계산 : $S = 2r \cdot \cos 45°$
      ☞ S : 포헤드 상호간의 거리(m)
      r : 유효반경 (2.1 m)
   ② 헤드간격은 $S = 2 \times 2.1 \times \cos 45° \approx 3$ m
   ③ 설계 검토 (유효 반경 2.1m 기준)
      ☞ 헤드 간의 간격은 최대 3 m 이하
      ☞ 헤드 간의 대각선 거리는 4.2 m 이하

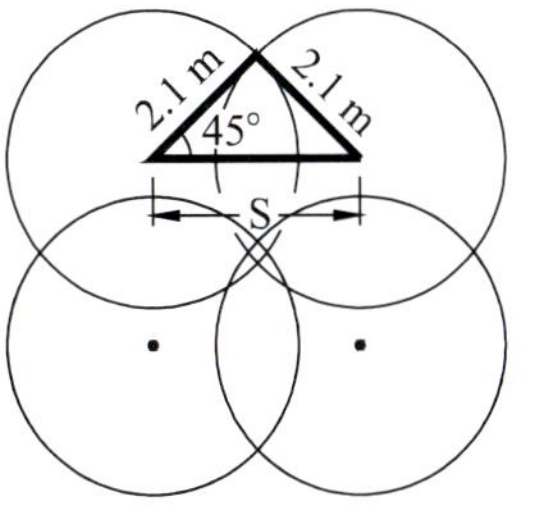

3) 격납고 포헤드 설계 예시 (그림 1.10.7.1)
   - 격납고에 적용된 포헤드 방식 설계 예시로 헤드 설치수량 검토 내용은 다음과 같음

예시-포헤드 설치수량 계산

1. 최소 소요헤드 수량
   1) 바닥면적 460㎡ ÷ 9㎡ = 51.1 → 52개
   2) 헤드간격 3m 이하
      가로 21.4 ÷ 3 = 7.1 → 8개 / 세로 21.5 ÷ 3 = 7.2 → 8개
      따라서 8개 × 8개 = 64개
      따라서 포헤드의 수량은 64개로 결정
2. 최소 표준방사량 : 항공기격납고, 수성막포 3.7 lpm/㎡
   1) 바닥면적 460㎡ × 3.7 lpm/㎡ = 1,702 lpm
      이때 1,702 lpm은 포 수용액의 양으로 1,702 lpm ÷ 64개 = 26.6 lpm/헤드1개
   2) 선정된 포헤드 표준방사량 35 lpm으로 최소 표준방사량 이상이므로 설계 적정

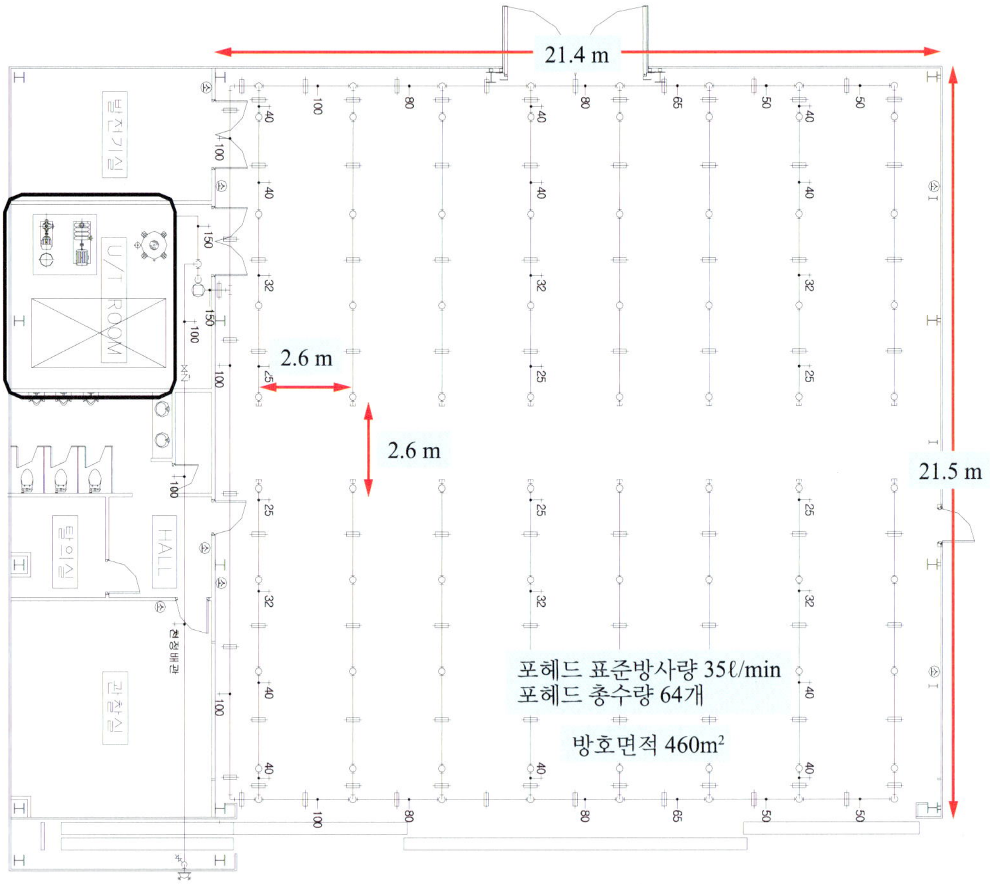

그림 1.10.7.1 포헤드 방식의 설계 예(격납고의 경우)

1.10.8 위험물탱크의 종류에 따른 고정식 방출구 설치

- 위험물탱크 종류에 따른 고정포 방출구의 적용 검토

관련기준

위험물안전관리에 관한 세부기준 제133조 (포소화설비의 기준)

1. 고정식의 포소화설비의 포방출구 등은 다음 각 목에 정한 것에 의하여 설치할 것

가. 고정식 포방출구방식은 탱크에서 저장 또는 취급하는 위험물의 화재를 유효하게 소화할 수 있도록 포방출구, 당해 소화설비에 부속하는 보조포소화전 및 연결송액구를 다음에 정한 것에 의하여 설치할 것

(1) 포방출구는 다음에 정한 것에 의할 것

(가) 포방출구는 다음의 구분에 의할 것

1) I형 : 고정지붕구조의 탱크에 상부포주입법(고정포방출구를 탱크옆판의 상부에 설치하여 액표면상에 포를 방출하는 방법을 말한다. 이하 같다)을 이용하는 것으로서 방출된 포가 액면 아래로 몰입되거나 액면을 뒤섞지 않고 액면상을 덮을 수 있는 통계단 또는 미끄럼판 등의 설비 및 탱크내의 위험물증기가 외부로 역류되는 것을 저지할 수 있는 구조·기구를 갖는 포방출구

2) II형 : 고정지붕구조 또는 부상덮개부착고정지붕구조(옥외저장탱크의 액상에 금속제의 플로팅, 팬 등의 덮개를 부착한 고정지붕구조의 것을 말한다. 이하 같다)의 탱크에 상부포주입법을 이용하는 것으로서 방출된 포가 탱크옆판의 내면을 따라 흘러내려 가면서 액면 아래로 몰입되거나 액면을 뒤섞지 않고 액면상을 덮을 수 있는 반사판 및 탱크내의 위험물증기가 외부로 역류되는 것을 저지할 수 있는 구조·기구를 갖는 포방출구

3) 특형 : 부상지붕구조의 탱크에 상부포주입법을 이용하는 것으로서 부상지붕의 부상 부분상에 높이 0.9m 이상의 금속제의 칸막이(방출된 포의 유출을 막을 수 있고 충분한 배수능력을 갖는 배수구를 설치한 것에 한한다)를 탱크옆판의 내측로부터 1.2m 이상 이격하여 설치하고 탱크옆판과 칸막이에 의하여 형성된 환상부분(이하 "환상부분"이라 한다)에 포를 주입하는 것이 가능한 구조의 반사판을 갖는 포방출구

4) III형 : 고정지붕구조의 탱크에 저부포주입법(탱크의 액면하에 설치된 포방출구로부터 포를 탱크 내에 주입하는 방법을 말한다)을 이용하는 것으로서 송포관(발포기 또는 포발생기에 의하여 발생된 포를 보내는 배관을 말한다. 당해 배관으로 탱크내의 위험물이 역류되는 것을 저지할 수 있는 구조·기구를 갖는 것에 한한다. 이하 같다)으로부터 포를 방출하는 포방출구

5) IV형 : 고정지붕구조의 탱크에 저부포주입법을 이용하는 것으로서 평상시에는 탱크의 액면하의 저부에 설치된 격납통(포를 보내는 것에 의하여 용이하게 이탈되는 캡을 갖는 것을 포함한다)에 수납되어 있는 특수호스 등이 송포관의 말단에 접속되어 있다가 포를 보내는 것에 의하여 특수호스 등이 전개되어 그 선단이 액면까지 도달한 후 포를 방출하는 포방출구

(나) 포방출구는 다음 표에 의하여 탱크의 직경, 구조 및 포방출구의 종류에 따른 수 이상의 개수를 탱크옆판의 외주에 균등한 간격으로 설치 할 것

<table>
<tr><th rowspan="3">탱크의 구조 및 포방출구의 종류
탱크직경</th><th colspan="4">포방출구의 개수</th></tr>
<tr><th colspan="2">고정지붕구조</th><th>부상덮개부착 고정지붕구조</th><th>부상지붕구조</th></tr>
<tr><th>Ⅰ형 또는 Ⅱ형</th><th>Ⅲ형 또는 Ⅳ형</th><th>Ⅱ형</th><th>특형</th></tr>
<tr><td>13m 미만</td><td rowspan="4">2</td><td rowspan="3">1</td><td>2</td><td>2</td></tr>
<tr><td>13m 이상 19m 미만</td><td>3</td><td>3</td></tr>
<tr><td>19m 이상 24m 미만</td><td>4</td><td>4</td></tr>
<tr><td>24m 이상 35m 미만</td><td>2</td><td>5</td><td>5</td></tr>
<tr><td>35m 이상 42m 미만</td><td>3</td><td>3</td><td>6</td><td>6</td></tr>
<tr><td>42m 이상 46m 미만</td><td>4</td><td>4</td><td>7</td><td>7</td></tr>
<tr><td>46m 이상 53m 미만</td><td>6</td><td>6</td><td>8</td><td>8</td></tr>
<tr><td>53m 이상 60m 미만</td><td>8</td><td>8</td><td>10</td><td rowspan="2">10</td></tr>
<tr><td>60m 이상 67m 미만</td><td rowspan="9">왼쪽란에 해당하는 직경의 탱크에는 Ⅰ형 또는 Ⅱ형의 포방출구를 8개 설치하는 것 외에, 오른쪽란에 표시한 직경에 따른 포방출구의 수에서 8을 뺀 수의 Ⅲ형 또는 Ⅳ형의 포방출구를 폭 30m의 환상부분을 제외한 중심부의 액표면에 방출할 수 있도록 추가로 설치할 것</td><td>10</td><td rowspan="9"></td></tr>
<tr><td>67m 이상 73m 미만</td><td>12</td><td rowspan="2">12</td></tr>
<tr><td>73m 이상 79m 미만</td><td>14</td></tr>
<tr><td>79m 이상 85m 미만</td><td>16</td><td rowspan="2">14</td></tr>
<tr><td>85m 이상 90m 미만</td><td>18</td></tr>
<tr><td>90m 이상 95m 미만</td><td>20</td><td rowspan="2">16</td></tr>
<tr><td>95m 이상 99m 미만</td><td>22</td></tr>
<tr><td>99m 이상</td><td>24</td><td>18</td></tr>
</table>

(주) Ⅲ형의 포방출구를 이용하는 것은 온도 20℃의 물 100g에 용해되는 양이 1g 미만인 위험물(이하 "비수용성"이라 한다) 이면서 저장온도가 50℃ 이하 또는 동점도(動粘度)가 100cSt 이하인 위험물을 저장 또는 취급하는 탱크에 한하여 설치 가능하다.

(다) 포방출구는 다음 표의 위험물의 구분 및 포방출구의 종류에 따라 정한 액표면적 1㎡당 필요한 포수용액양에 당해 탱크의 액표면적(특형의 포방출구를 설치하는 경우는 환상부분의 면적으로 한다. 이하 같다)을 곱하여 얻은 양을 동표의 위험물의 구분 및 포방출구의 종류에 따라 정한 방출율(액표면적1㎡당 매분당의 포수용액의 방출량) 이상으로 (나)의 표에서 정한 개수[고정지붕구조의 탱크 중 탱크직경이 24m 미만인 것은 당해 포방출구(Ⅲ형 및 Ⅳ형은 제외)의 개수에서 1을 뺀 개수]에 유효하게 방출할 수 있도록 설치할 것

포방출구의 종류 / 위험물의 구분	Ⅰ형		Ⅱ형		특형		Ⅲ형		Ⅳ형	
	포 수용액량 (L/m^2)	방출율 ($L/m^2 \cdot min$)	포 수용액량 (L/m^2)	방출율 ($L/m^2 \cdot min$)	포 수용액량 (L/m^2)	방출율 ($L/m^2 \cdot min$)	포 수용액량 (L/m^2)	방출율 ($L/m^2 \cdot min$)	포 수용액량 (L/m^2)	방출율 ($L/m^2 \cdot min$)
제4류위험물 중 인화점이 21℃ 미만인 것	120	4	220	4	240	8	220	4	220	4
제4류위험물 중 인화점이 21℃ 이상 70℃ 미만인 것	80	4	120	4	160	8	120	4	120	4
제4류위험물 중 인화점이 70℃ 이상인 것	60	4	100	4	120	8	100	4	100	4

(라) 제4류 위험물 중 비수용성 외의 것에 대해서는 (다)의 표에 불구하고 [표 1]에서 정한 포수용액양 및 방출율에 [표 2]의 세부구분란의 품목에 따라 정한 계수를 각각 곱한 수치 이상으로 할 것

[표 1]

I형		II형		특형		III형		IV형	
포수용액량 (L/m^3)	방출율 (L/m^2·min)	포수용액량 (L/m^2)	방출율 (L/m^2·min)	포수용액량 (L/m^2)	방출율 (L/m^2·min)	포수용액량 (L/m^2)	방출율 (L/m^2·min)	포수용액량 (L/m^2)	방출율 (L/m^2·min)
160	8	240	8	–	–	–	–	240	8

[표 2]

위험물의 구분		계 수
종 류	세부 구분	
알콜류	메틸알콜, 3-메틸2-부틸알콜, 에틸알콜, 아릴알콜, 1-펜틸알콜, 2-펜틸알콜, t-펜틸알콜, 이소펜틸알콜, 1-헥실알콜, 사이클로헥사놀, 훌후릴 알콜, 벤질알콜, 프로필렌글리콜, 에틸렌글리콜, 디에틸렌 글리콜, 디프로필렌 글리콜, 글리세린	1.0
	2-프로필알콜, 1-프로필알콜, 이소부틸알콜, 1-부틸알콜, 2-부틸알콜	1.25
	t-부틸 알콜	2.0
에테르류	디이소프로필에텔, 에틸렌글리콜에틸에텔, 에틸렌글리콜메틸에텔, 디에틸렌글리콜에틸에텔, 디에틸렌글리콜메틸에텔	1.25
	1-4디옥산	1.5
	디에틸에텔, 아세톤알데히드디에틸아세탈, 에틸프로필에텔, 테트라히드로푸란, 이소부틸비닐에텔, 에틸부틸에텔, 에틸비닐에텔	2.0
에스테르류	초산에틸, 개미산에틸, 개미산메틸, 초산메틸, 초산비닐, 개미산프로필, 아크릴산메틸, 아크릴산에틸, 메타크릴산메틸, 메타크릴산에틸, 초산프로필, 개미산부틸, 에틸렌글리콜모노에틸에텔아세톤, 에틸렌글리콜모노메틸에텔아세톤	1.0
케톤류	아세톤, 메틸에틸케톤, 메틸이소부틸케톤, 아세틸아세톤, 사이클로헥사논	1.0
알데히드류	아크릴알데히드(아크로레인), 크로톤알데히드, 파라알데히드	1.25
	아세트알데히드	2.0
니트릴류	아크릴로니트릴, 아세트니트릴, 브틸로니트릴	1.25
유기산	초산, 무수초산, 아크릴산, 프로피온산, 개미산	1.25
아민류	에틸렌디아민, 사이클로헥실아민, 아니린, 에타놀아민, 디에타놀아민, 트리에타놀아민	1.0
	에틸아민, 프로필아민, 아릴아민, 디에틸아민, 부틸아민, 이소부틸아민, 트리에틸아민, 펜틸아민, t-부틸아민	1.25
	이소프로필아민	2.0
그 밖의 비수용성 외의 것	프로필렌옥사이드, 그 밖의 것	2.0

(2) 보조포소화전은 (가) 내지 (다)에 정한 것에 의할 것

(가) 방유제 외측의 소화활동상 유효한 위치에 설치하되 각각의 보조포소화전 상호간의 보행거리가 75m 이하가 되도록 설치할 것

(나) 보조포소화전은 3개(호스접속구가 3개 미만인 경우에는 그 개수)의 노즐을 동시에 사용할 경우에 각각의 노즐선단의 방사압력이 0.35 MPa 이상이고 방사량이 400 L/min 이상의 성능이 되도록 설치할 것

(다) 보조포소화전은 옥외소화전설비의 옥외소화전기준의 예에 준하여 설치할 것

(3) 연결송액구는 다음 식에 의하여 구해진 수 이상을 스프링클러설비의 송수구 기준의 예에 의하여 설치할 것

$$N = \frac{Aq}{C}$$

N : 연결송액구의 설치수

A : 탱크의 최대수평단면적 (m^2)

q : 제1호가목(1)(다)에서 정한 탱크의 액표면적 1㎡당 방사해야 할 포수용액의 방출율(L/min)
C : 연결송액구 1구당의 표준송액량 (800L/min)

나. 포헤드방식의 포헤드는 (1) 내지 (3)에 정한 것에 의하여 설치할 것
(1) 포헤드는 방호대상물의 모든 표면이 포헤드의 유효사정 내에 있도록 설치할 것
(2) 방호대상물의 표면적(건축물의 경우에는 바닥면적. 이하 같다) 9㎡당 1개 이상의 헤드를, 방호대상물의 표면적 1㎡당의 방사량이 6.5 L/min 이상의 비율로 계산한 양의 포수용액을 표준방사량으로 방사할 수 있도록 설치할 것
(3) 방사구역은 100㎡ 이상(방호대상물의 표면적이 100㎡ 미만인 경우에는 당해 표면적)으로 할 것

다. 포모니터노즐(위치가 고정된 노즐의 방사각도를 수동 또는 자동으로 조준하여 포를 방사하는 설비를 말한다. 이하 같다)방식의 포모니터노즐은 (1) 내지 (3)에 정한 것에 의하여 설치할 것
(1) 포모니터노즐은 옥외저장탱크 또는 이송취급소의 펌프설비 등이 안벽, 부두, 해상구조물, 그밖의 이와 유사한 장소에 설치되어 있는 경우에 당해 장소의 끝선(해면과 접하는 선)으로부터 수평거리 15m 이내의 해면 및 주입구 등 위험물취급설비의 모든 부분이 수평방사거리 내에 있도록 설치할 것. 이 경우에 그 설치개수가 1개인 경우에는 2개로 할 것
(2) 포모니터노즐은 소화활동상 지장이 없는 위치에서 기동 및 조작이 가능하도록 고정하여 설치할 것
(3) 포모니터노즐은 모든 노즐을 동시에 사용할 경우에 각 노즐선단의 방사량이 1900 L/min 이상이고 수평방사거리가 30m 이상이 되도록 설치할 것

(1) 위험물탱크의 종류 및 고정포 방출구 적용

1) 위험물탱크의 종류
① Cone Roof Tank (CRT) : 고정지붕구조 탱크
② Floating Roof Tank (FRT) : 부상지붕구조 탱크

2) 고정포 방출구의 적용
- 위험물탱크의 종류에 따라 적합한 고정포 방출구를 적용

I 형 포 방출구 CRT에 설치하는 방출구로서 통이나 Tube 등을 통해 약제를 공급하여 유면을 덮어 소화한다.	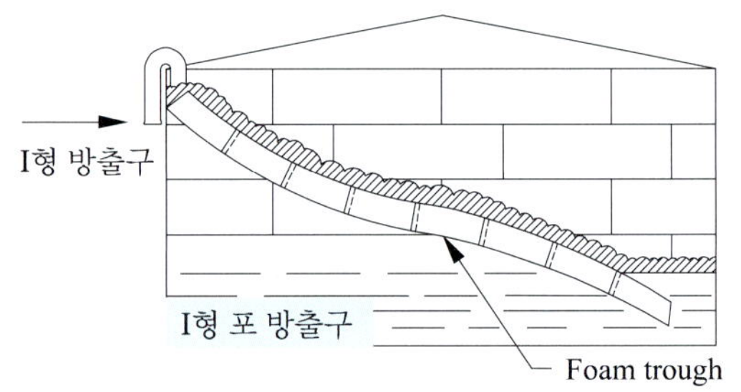
III형 포 방출구 탱크 직경 60 m 이상은 표면하 또는 반표면하 방식으로 설치를 해야 하는데 III형은 CRT에서 탱크하부에 포를 주입하는 표면하주입식이다.	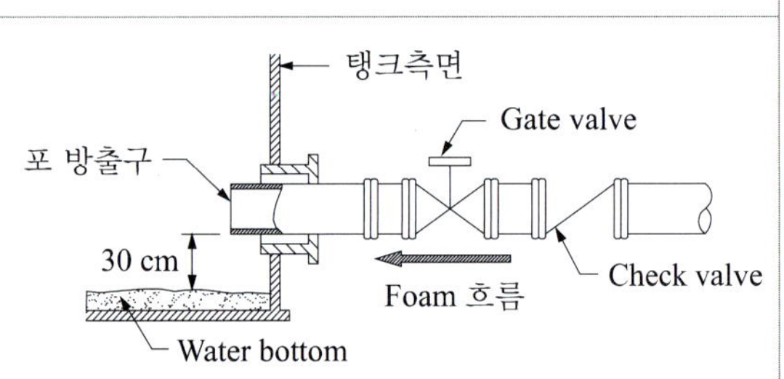

II형 포 방출구

보통 CRT에 설치하는 방출구로서 반사판(deflector)을 부착하여 방출된 포가 반사판에서 탱크 벽면의 내면을 따라 흘러 들어가 유면을 덮어 소화한다. II형 포 방출구용 폼챔버는 탱크 외벽에 부착 시 지진 등으로 인하여 배관의 균열이 생길 경우를 대비하여 배관을 후렉시블로 연결한다.

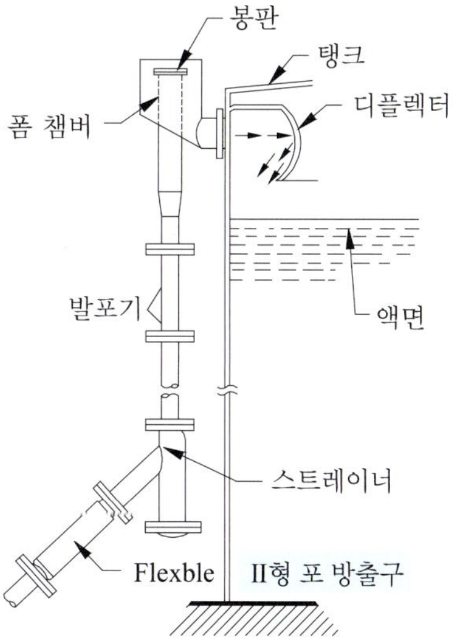

특형 포 방출구

FRT에 설치하는 포 방출구로서 부상 지붕위에서 탱크 내측으로 1.2 m 떨어진 곳에 높이 0.9 m 이상의 금속제 굽도리판을 설치하고 탱크 내측 양쪽 사이의 환상부위에 포를 방출하는 방식의 방출구이다.

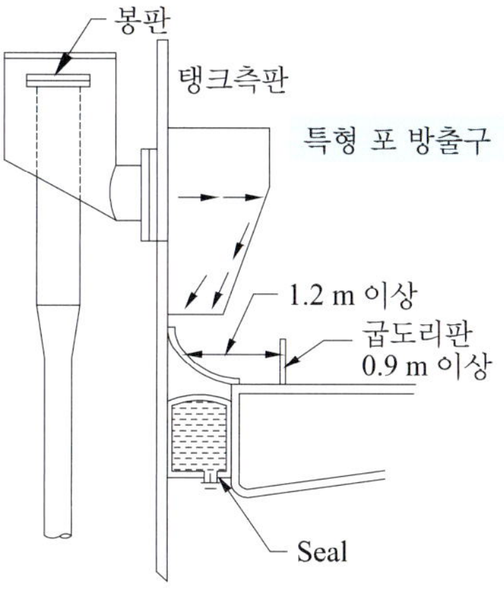

IV형 포 방출구

CRT에서 탱크하부로 포를 주입하는 III형과 유사하지만 호스가 설치되어 있어 화재 시 배관에 연결된 호스가 액체표면에 떠올라 포가 방출되는 방식이다.

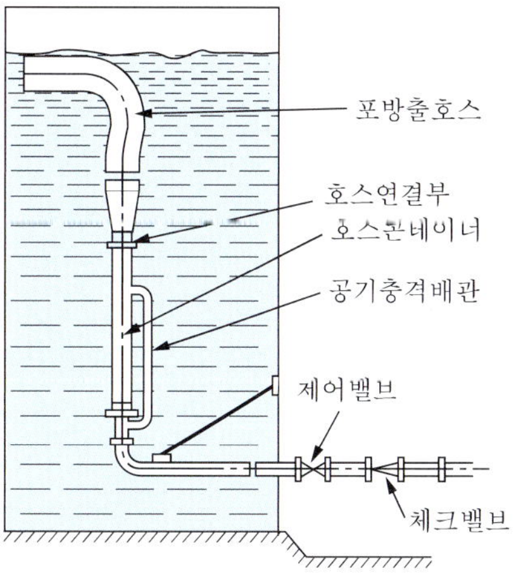

(2) 폼 제너레이터 설치 위치

1) 표면하주입방식의 설치 위치
   - 폼 제너레이터(Foam Generator)는 탱크와 배관의 접속부 직근에 설치

2) 설치 위치의 이유
   ① 탱크 내부의 압력을 이기고 포를 밀어 넣기 위함
   ② 탱크로부터 멀리 설치되면 충분한 송수압력 형성에 문제가 발생할 수 있음

(3) 고정포 방출구의 검토 및 설치 수량

1) 탱크 직경과 종류에 따른 방출구 수량 검토
   - 고정포 방출구의 수량은 탱크 직경과 탱크의 종류에 따라 검토

2) FRT (부상지붕구조)의 경우 (그림 1.10.8.1)
   - 탱크 직경이 30 m일 때,
     ☞ 위험물안전관리에 관한 세부기준 제133조에 따라, 특형 포방출구를 사용하면
     ☞ 방출구는 5개 설치

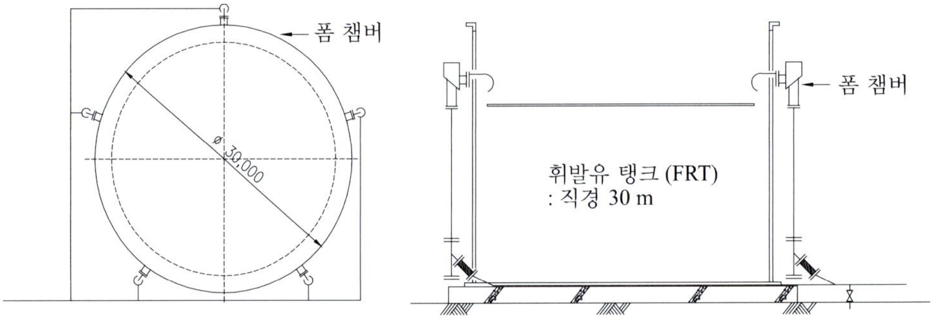

그림 1.10.8.1 위험물탱크(FRT)의 고정포방출구 설치 예

1.11 옥외소화전설비 및 상수도소화전

1.11.1 옥외소화전 배관 방식

• 루프배관방식의 설계 검토

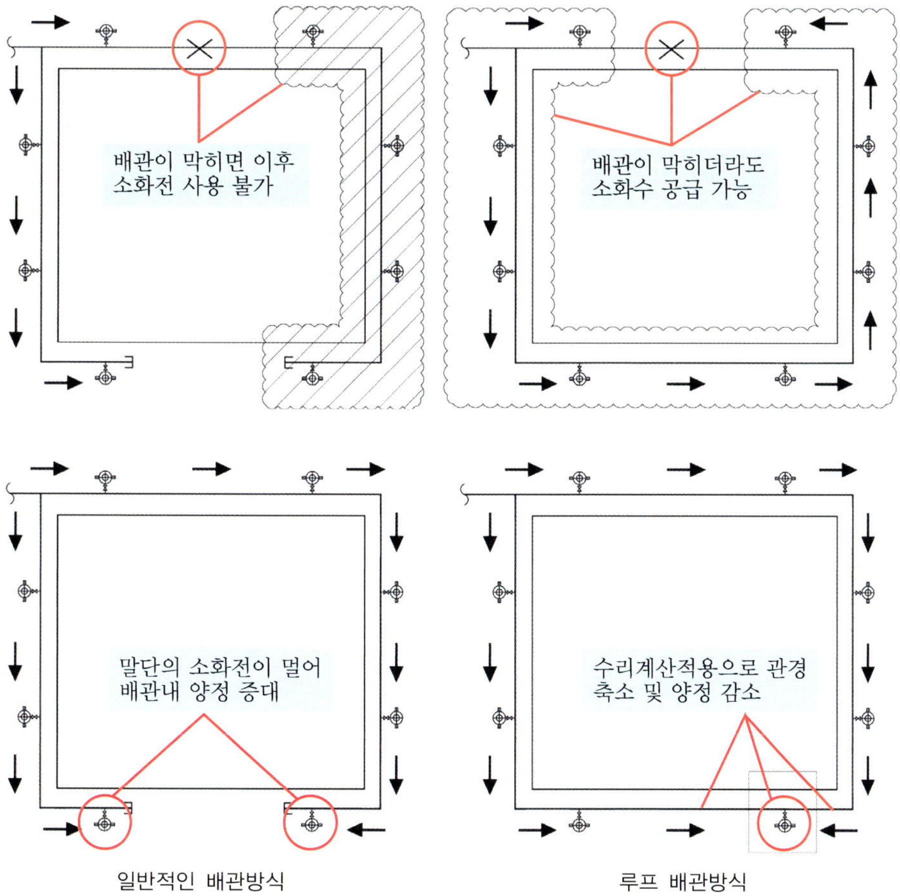

그림 1.11.1.1 옥외소화전 배관방식 비교

(1) 옥외소화전 배관 설계 시 루프(Loop) 배관 방식 적용

1) 루프 배관 방식은 한쪽 배관 파손 시에도 지속적인 소화수 공급 가능
2) 수리계산 방식에 의한 배관 구경 최적화
3) 말단압력 감소로 시스템 신뢰도 향상
4) 원가 절감 및 유지관리 효율성으로 적극 권장

1.11.2 옥외소화전 방수압력 초과 시 감압장치 설치

- 방수압력이 0.7 MPa 초과되는 부분에 감압밸브 설치 여부 확인

관련기준

옥외소화전설비의 화재안전기술기준(NFTC 109)

2.2.1.3 특정소방대상물에 설치된 옥외소화전(2개 이상 설치된 경우에는 2개의 옥외소화전)을 동시에 사용할 경우 각 옥외소화전의 노즐선단에서의 방수압력이 0.25 MPa 이상이고, 방수량이 350 L/min 이상이 되는 성능의 것으로 할 것. 다만, 하나의 옥외소화전을 사용하는 노즐선단에서의 방수압력이 0.7 MPa을 초과할 경우에는 호스접결구의 인입측에 감압장치를 설치해야 한다.

1) 옥외소화전설비의 감압방법

1) 소화펌프의 체절압력(사용압력)을 고려하여 0.7 MPa 초과하는 부분 확인
2) 옥내소화전 감압장치(40A), 옥외소화전 감압장치(65A)로 소화전 호스접결구 인입측에 설치
3) 오리피스형 감압장치의 감압압력 확인 필요

1.11.3 상수도소화전의 제수변 설치

- 상수도소화전용 차단밸브 반영 여부 확인

1) 차단밸브의 설치

1) 목적
   - 상수도 소화전 또는 옥외소화전의 경우 파손 등에 의한 교체 및 보수 시 소화수의 공급을 차단하기 위하여 설치

2) 종류

- 제수변과 개폐표시가 가능한 Post Indicator Valve (P.I.V)

그림 1.11.3.1 제수변

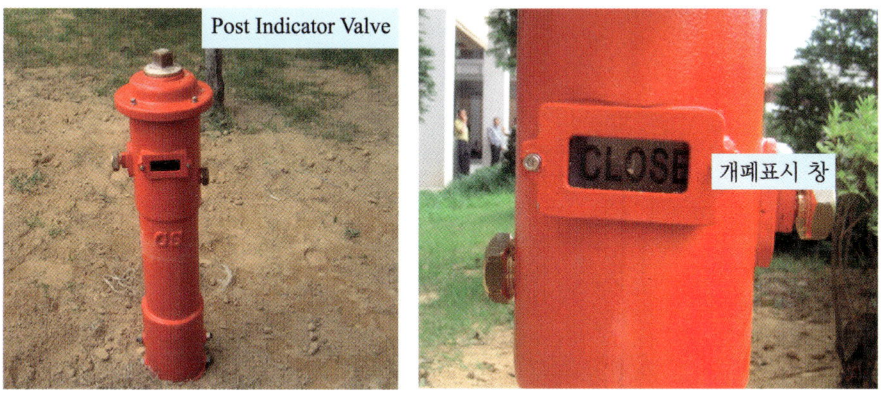

그림 1.11.3.2 Post Indicator Valve

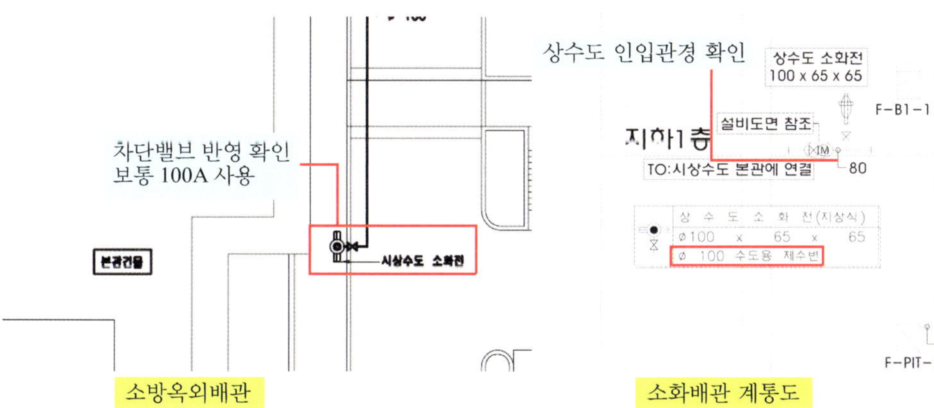

그림 1.11.3.3 제수변의 반영 확인

1.11.4 상수도소화전의 위치

- 건축물의 각 부분에서 상수도소화전의 수평거리는 140 m 이내 확인

관련기준

상수도소화용수설비의 화재안전기술기준(NFTC 401)

2.1.1 상수도소화용수설비는 「수도법」에 따른 기준 외에 다음의 기준에 따라 설치해야 한다.

2.1.1.1 호칭지름 75 ㎜ 이상의 수도배관에 호칭지름 100 ㎜ 이상의 소화전을 접속할 것

2.1.1.2 소화전은 소방자동차 등의 진입이 쉬운 도로변 또는 공지에 설치할 것

2.1.1.3 소화전은 특정소방대상물의 수평투영면의 각 부분으로부터 140 m 이하가 되도록 설치할 것

2.1.1.4 지상식 소화전의 호스접결구는 지면으로부터 높이가 0.5 m 이상 1 m 이하가 되도록 설치할 것

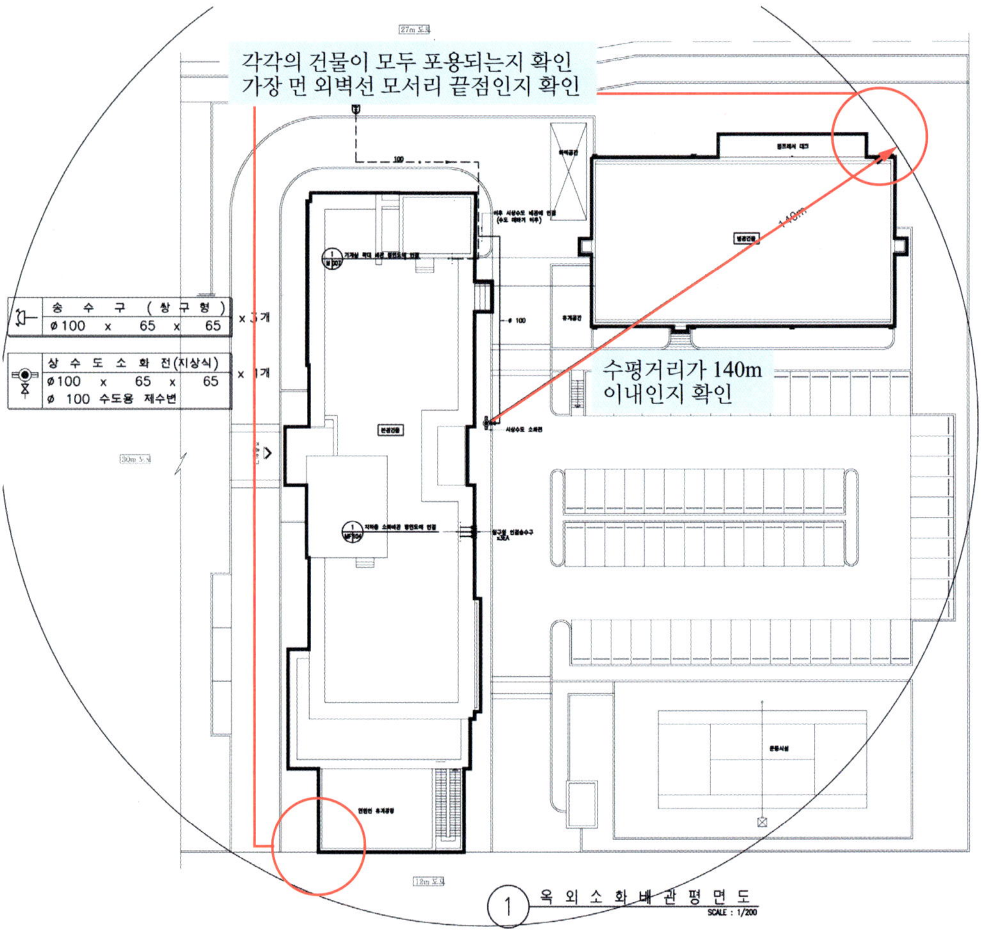

그림 1.11.4.1 상수도 소화전의 포용반경 확인

(1) 상수도소화전의 배치 기준

1) 건축물의 각 부분에서 상수도소화전(소화용수)까지의 수평거리는 140 m 이내
2) 소방자동차의 접근 또는 진출입이 용이한 장소 : 도로 인접 화단 등
3) 적용 범위
   - 상수도소화전은 건축물별로 설치하는 것이 아니며, 동일 대지 내 전체 건축물을 대상으로 수평거리 140 m 이내의 범위로 적용

(2) 수평투영면적과 거리 검토

1) 수평투영면적의 정의
   - 건축물을 수평으로 투영하였을 때 바닥에 생기는 그림자 영역
2) 거리 측정 방법
   ① 건물 외벽선 중 가장 튀어나온 부분을 바닥에 수평 투영
   ② 그 그림자의 바닥면 모서리 끝점에서 상수도소화전까지의 직선거리를 측정하여 140 m 이내인지 검토

(3) 상수도소화전 배관 및 도면 확인

1) 대상물 내로 인입되는 수도배관의 구경이 75 mm 이상인지 확인
2) 상수도 인입공사는 건축설비공사(또는 토목공사)에 포함되므로 소방옥외평면도와 설비옥외평면도(상수도 관련)의 일치 여부를 확인

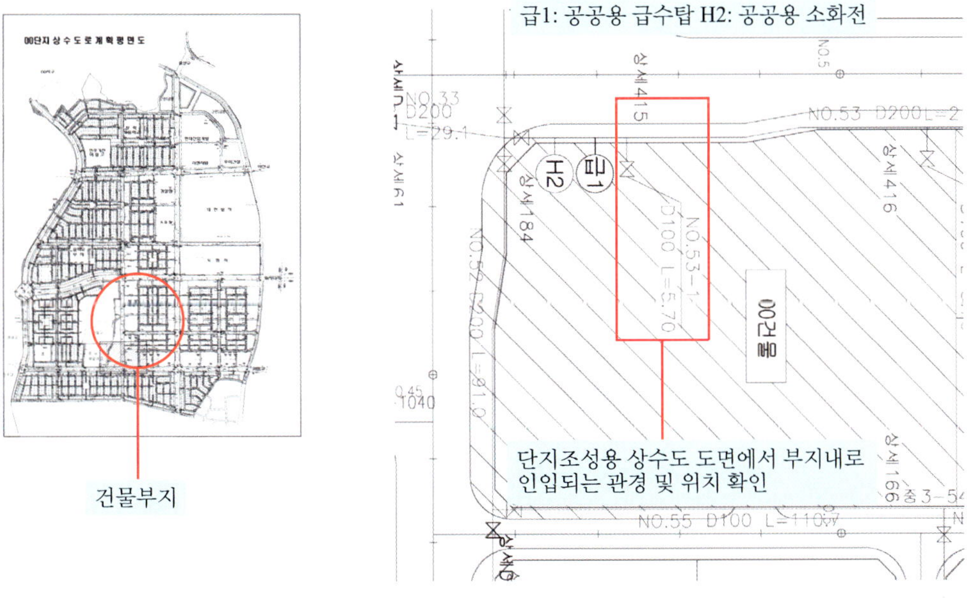

그림 1.11.4.2 상수도 도로계획 평면도의 상수도 인입 배관 검토

3) 사업단지조성공사와 함께 이루어질 경우, 단지조성 공사의 상수도 도면을 입수하여 인입부분의 관경 및 분기 위치를 확인

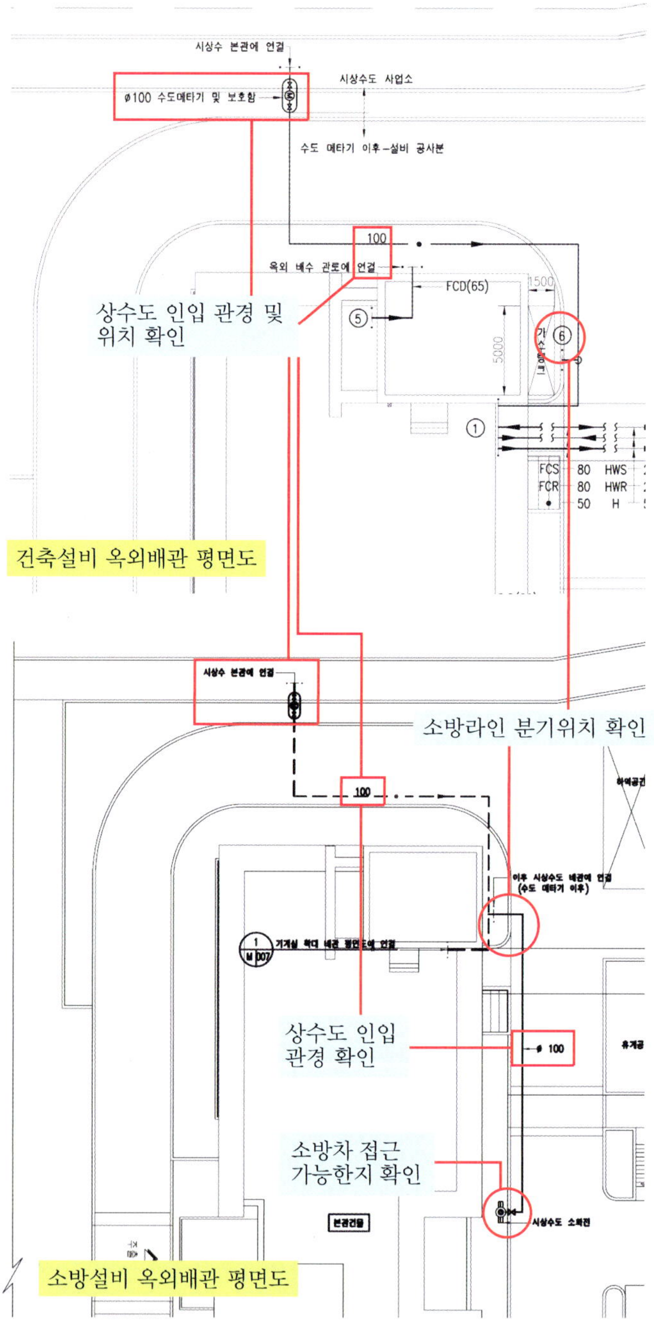

그림 1.11.4.3 설비도면과 소방도면의 비교 확인

1.12 거실 제연설비

1.12.1 거실 제연구역의 구획과 면적

- 하나의 제연구역은 1,000 m^2 이내, 직경 60 m 원내 포함 여부 확인

관련기준

제연설비의 화재안전기술기준(NFTC 501)

2.1.1 제연설비의 설치장소는 다음의 기준에 따른 제연구역으로 구획해야 한다.

2.1.1.1 하나의 제연구역의 면적은 1,000㎡ 이내로 할 것

2.1.1.2 거실과 통로(복도를 포함한다. 이하 같다)는 각각 제연구획 할 것

2.1.1.3 통로상의 제연구역은 보행중심선의 길이가 60m를 초과하지 않을 것

2.1.1.4 하나의 제연구역은 직경 60m 원내에 들어갈 수 있을 것

2.1.1.5 하나의 제연구역은 2 이상의 층에 미치지 않도록 할 것. 다만, 층의 구분이 불분명한 부분은 그 부분을 다른 부분과 별도로 제연구획 해야 한다.

(1) 제연구역의 면적 및 거리 기준

1) 연기의 이동 특성

① 화재 시 연기가 화재구역을 벗어나 이동하면서 연기층의 온도가 점차 하락함

② 온도 하락으로 연기는 부력을 잃고 아래로 하강하여 피난하는 거주자들에게 위협이 됨

2) 제연구역의 크기 제한 필요성

① 제연구역을 너무 크게 설정하면 연기층의 부력이 약해져 배연 효율이 감소함

② 따라서 적절한 배연 효율을 위해 제연구역의 면적과 거리에 대한 기준을 규정함

3) 면적 기준

- 제연구역의 면적은 1,000 ㎡를 초과해서는 안 됨

4) 거리 기준

① 제연구역 직경 거리는 60 m를 초과해서는 안 됨

② 통로에서의 거리 규정은 보행거리를 기준으로 검토

☞ 복도가 구부러진 경우, 구부러진 복도를 따라 보행거리로 60 m를 초과하지 않는지 확인함

③ 통로가 아닌 부분의 거리 규정은 직경 60 m인 원에 제연구역이 내접하는지 검토

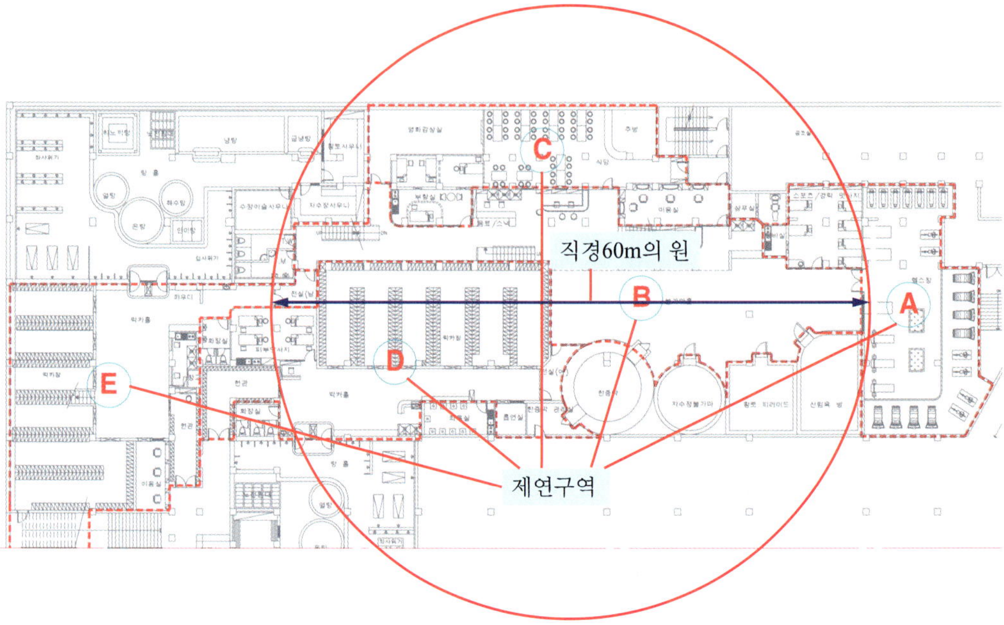

그림 1.12.1.1 제연구역의 검토 평면

(2) NFPA 기준과 국내 기준의 비교

1) NFPA 204의 규정

- 연기가 부력만으로 자연 배출되기 위한 제연구역의 가로·세로 길이는 층고의 최대 8배를 초과하지 않아야 함

2) 국내 기준과의 비교

① 국내 면적 기준 1,000 ㎡를 정사각형으로 가정 시 층고는 약 4 m에 해당됨

☞ 31.62 m × 31.62 m = 999.82 ㎡ → 31.62 ÷ 8(배) = 3.95 m

② 직경 60 m (60 m는 대각선 길이로 정사각형 한변의 길이는 약 40 m)의 해당 층고는 약 5 m 임

☞ 40 m ÷ 8(배) = 5 m

③ 따라서 국내 기준은 층고 4~5 m 이상인 공간에 적용 가능한 제연구역 범위임

3) 강제배연방식 적용

① 국내에서는 강제배연방식을 채택하여 층고가 낮은 공간에도 적용 가능함

② 단, 송풍기의 내열한계와 송풍량의 제한으로 중기 화재 이후에는 강제배연방식 적용이 실제로 어려움

(3) 제연구역 설정 원칙

1) 층별 제연구역 분리 : 층과 층은 별도의 제연구역으로 분리하는 것이 원칙임

2) 층의 구분이 모호한 경우

① 층의 구분이 모호하면 그 부분 전체를 별도의 제연구역으로 설정해야 함

② 예 : 극장이나 공연장 등 상하층이 개방된 경우

☞ 천장이 있는 1층

☞ 바닥이 있는 2층

☞ 1층과 2층의 개방된 부분

☞ 각각을 별도의 제연구역으로 설정함

3) 제연구역 설정과 배연의 관계 : 제연구역으로 설정하였다고 반드시 해당 제연구역에서 배연해야 하는 것은 아님

(4) 특수 사례에서의 제연경계벽 설치 여부

1) 대형 아트리움의 사례(그림 1.12.1.2 참조)

- C 구역이 대형 아트리움인 경우

☞ 겨울철 연돌 효과로 인해 제연구역 B 화재 시 연기를 제연구역 C로 완전히 유입시키지 않고 배연하기 어려움

☞ 피난 방향을 고려하면 제연구역 C에서 배연하는 것이 더 효과적일 수 있음

2) 이러한 경우 B와 C 구역 사이에 제연경계벽을 설치하지 않아도 됨

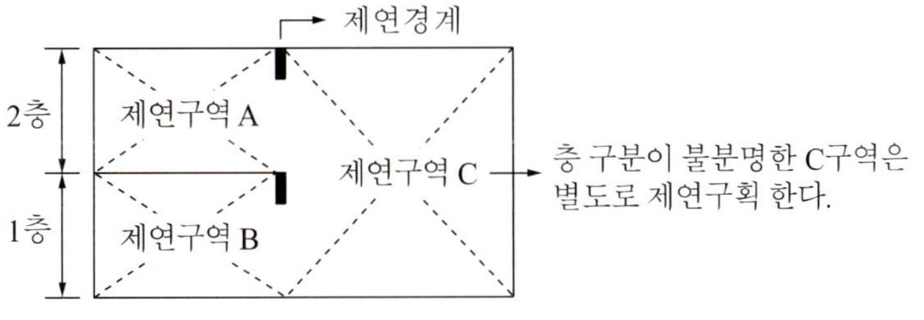

그림 1.12.1.2 여러 개의 층이 있는 경우 제연구역의 선정 예

(5) 제연설비 설계 시 고려사항

1) 종합적 판단의 필요성

① 거실제연설비는 제연경계벽 또는 구획 벽체에 따라 적합한 배연방식에 차이가 발생할 수 있음

② 다양한 조건을 종합적으로 판단하여 기본 원칙을 기반으로 하되, 융통성 있는 판단이 필요함

2) 제연설비의 민감성 : 제연설비는 소화설비와 달리 작은 요소에도 성능에 큰 영향을 받음

1.12.2 거실과 통로는 각각 제연구획

• 거실과 통로는 별도 구역으로 구분 확인

(1) 거실과 통로의 제연구역 분리 원칙

1) 화재위험도의 차이
   ① 거실과 통로는 화재위험도가 서로 다른 공간이므로 동일한 제연구역으로 설정해서는 안됨
   ② 거실은 건물 내에서 발화 가능성이 가장 높고 위험한 공간
2) 안전구역의 단계적 설정
   ① 첫 번째 안전구역 : 통로
      ☞ 발화 장소인 거실에서 벗어나기 위한 첫 번째 피난 공간
   ② 두 번째 안전구역 : 계단실 부속실
   ③ 세 번째 안전구역 : 계단실

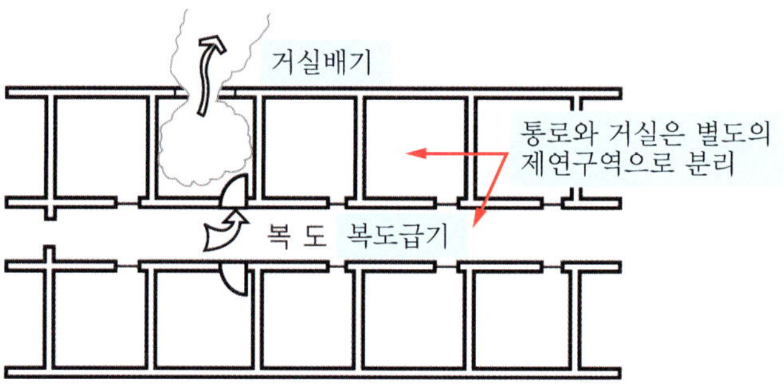

그림 1.12.2.1 거실과 통로는 각각 제연구획

(2) 제연계획에서의 우선순위 및 중요성

1) 발화 장소의 제연구역 설정
   ① 제연계획에서 첫 번째 제연구역은 발화 장소인 거실
   ② 화재실에서의 연기 배출을 계획하여 통로의 연기 오염을 방지하고 연기 유입을 지연
2) 연기 배출의 목적
   ① 화재실의 거주자가 통로로 대피할 수 있는 시간을 확보하는 것이 주요 목적
   ② 이를 통해 피난 경로의 안전성을 확보
3) 거실과 통로의 제연구역 구분 필요성
   ① 거실(화재실)과 통로를 동일한 제연구역으로 설정할 경우 연기가 통로로 유출될 우려가 있음
   ② 이는 통로상의 피난자를 위험하게 됨

4) 적절한 제연구역의 효과

① 제연구역을 적절히 구분함으로써 피난자의 안전을 확보

② 연기 확산을 효과적으로 통제하여 안전한 대피를 지원

1.12.3 통로의 공기유입

- 공기유입이 통로에서 거실로 유입되는지 확인

(1) 화재 시 거실과 복도의 피난 및 연기 유입 방지 조치

1) 벽체로 구획된 거실의 피난 경로

- 화재 발생 시 출입구를 통해 피난

2) 연기의 복도 유입 방지 필요성

① 연기가 복도로 쉽게 유입되지 않도록 조치 필요

② 복도에서 거실로 자연스러운 기류 흐름을 형성하여 원활한 피난을 지원

(2) 거실이 배출구역인 경우의 공기 유입 방식

1) 유입공기용 급기구 설치

① 통로에 유입되는 공기를 제연구역의 유입공기로 사용하는 경우

☞ 출입구나 벽체에 유입공기용 급기구를 설치

② 출입구가 방화문이거나 벽체가 방화구획 벽인 경우

☞ 벽체에만 방화댐퍼 기능을 가진 급기구를 설치

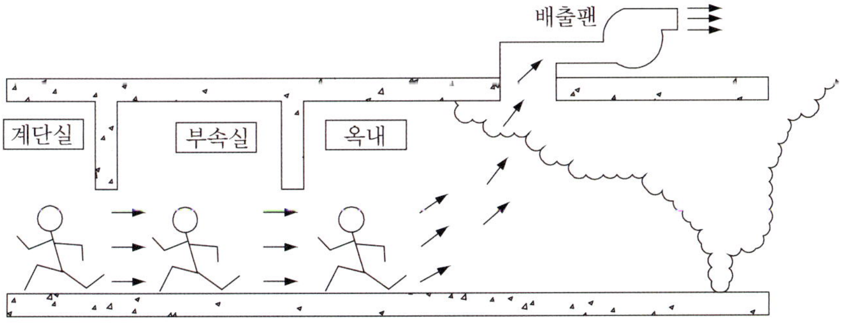

그림 1.12.3.1 피난 시 유입공기의 안정적인 기류 흐름

2) 제연구역 내 유입공기구 설치 시 고려사항

① 제연구역 내 유입공기의 자연유입 방식

☞ 통로에 유입된 공기가 제연구역으로 유입될 수 있도록 자연유입방식 채택

② 강제유입 방식 적용 시 고려사항

☞ 화재실을 부압으로 유지하여 통로에 유입된 공기가 화재실 내부로 유입되도록 고려

③ 거실 내 급배기를 하더라도 통로에는 별도로 공기가 유입되도록 계획

3) 통로의 공기 유입 방식

① 통로에 공기 유입 방식

☞ 송풍기를 통한 강제유입 방식과 자연유입 방식 모두 가능

② 강제유입 방식 적용 시 주의사항

☞ 거실과 통로 사이의 큰 압력차로 인해 피난에 지장이 없도록 계획

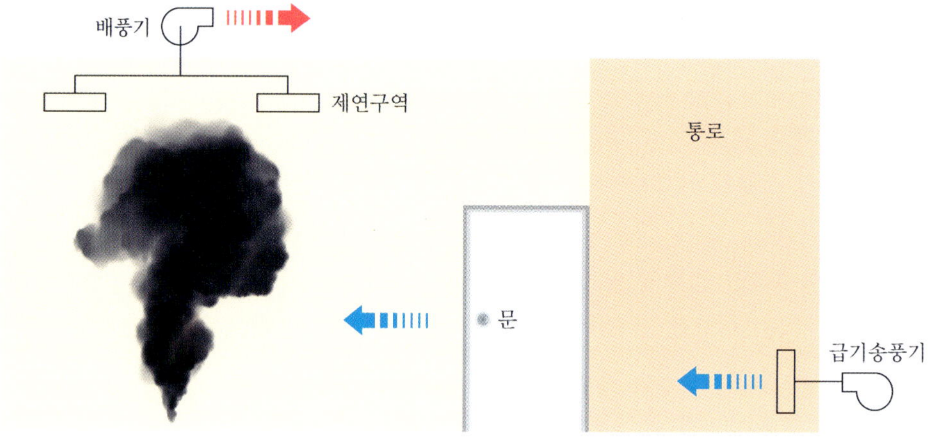

그림 1.12.3.2 통로의 동시 공기 유입방식

1.12.4 제연구역의 배출량 산정

- 제연설비의 화재안전기술기준의 배출량 확인

(1) 제연구역별 배출량 기준

1) 국내 기준의 배출량 : 제연구역별 배출량은 표 1.12.4.1에 따름

2) 통로를 제연구역으로 하는 경우 또는 거실의 면적이 50 ㎡ 이하로서 통로 배출방식으로 대신하는 경우는 화재안전기술기준의 배출량 기준 참조

표 1.12.4.1 거실제연설비 제연구역의 배출량

구 분			배 출 량	
거실	400㎡ 미만		바닥면적 1㎡당 1㎥/min 이상으로 하되, 예상제연구역에 대한 최소 배출량은 5,000㎥/hr 이상으로 할 것	
	400㎡ 이상	직경 40m 이하	수직거리	배출량
			2 m 이하	40000 CMH 이상
			2 m 초과 2.5 m 이하	45000 CMH 이상
			2.5 m 초과 3 m 이하	50000 CMH 이상
			3 m 초과	60000 CMH 이상
		직경 40m 초과	수직거리	배출량
			2 m 이하	45000 CMH 이상
			2 m 초과 2.5 m 이하	50000 CMH 이상
			2.5 m 초과 3 m 이하	55000 CMH 이상
			3 m 초과	65000 CMH 이상

(2) 연기발생량의 직접 계산 적용

1) 수직거리 기준 적용이 어려운 경우

① 아트리움 등 대공간과 같이 수직거리 기준 적용이 어려운 경우

② 화재안전기술기준에 규정되어 있지 않은 경우

☞ NFPA 기준을 준용하여 연기발생량을 직접 계산하여 적용

2) 연기발생량의 계산식 사용

$$m = 0.071\,Q_c^{0.33}(Z - Z_o)^{1.67} + 0.0018\,Q_c$$

여기서, Z_o = 가상 점열원의 위치(m) : 실무 적용시 가상 점열원의 위치 미고려

$$Z_o = 0.083\,Q^{0.4} - 1.02\,D$$

Q_c = 대류열방출율(kW) : 정확히 모를 경우에는 총열방출율의 70%로 입력

Q = 총열방출율(kW) : 일반적인 설계에서는 5000 kW 기준

Z = 바닥에서 연기층 하부까지의 높이(m)

연기발생량 계산결과인 질량유량을 체적유량으로 변환

$$V(\mathrm{m^3/s}) = \frac{m}{\rho_s}$$

여기서, ρ_s(연기밀도) = 353/(273 + T_s(연기층온도))

$T_s = T_s + Q_c/(C_s m)$

T_a = 주위온도(℃)

T_s = 연기온도(℃)

C_s = 연기비열(kJ/kg·K) : 정확하지 않은 경우에는 1로 계산

3) 국내 기준의 배출량 검토

① 연기층 높이 2 m 기준 배출량

☞ 배출량은 40,000 ~ 45,000 CMH (11~13 $\mathrm{m^3/s}$) 범위

② 제연경계벽 높이에 따른 배출량 증가

☞ 제연경계벽 높이가 최대 3 m를 초과할 경우

☞ 배출량은 60,000 ~ 65,000 CMH (17~18 $\mathrm{m^3/s}$) 정도로 규정

③ 배출량 기준의 화재 규모 추정

☞ 이러한 국내 기준은 약 3,700 kW ~ 5,000 kW의 화재를 가정한 것으로 추정

④ 화재 초기 상황을 고려하면, 이 배출량 기준은 적절한 수준으로 판단됨

(3) 연기발생량 계산 예

1) 설계 조건

- 화재크기(총열방출율) Q = 6,250 kW
- 연기층 높이 Z = 2 m로 가정, 가상점열원은 미고려

$$m = 0.071\,Q_c^{0.33} Z^{1.67} + 0.0018\,Q_c$$

$$m = 0.071 \times (5000 \times 0.7)^{0.33} \times (2)^{1.67} + 0.0018 \times (5000 \times 0.7) = 9.6\ \mathrm{kg/s}$$

체적유량으로 변경하면

$V(\mathrm{m^3/s}) = m/\rho_s$

$V(\mathrm{m^3/s}) = 9.6/\rho_s$

연기밀도를 구하기 위해 평균 연기온도를 계산하면,

$$T_s = T_s + Q_c/(C_s m)$$

$$T_s = T_a + Q_c/(C_s m) = 20 + (5000 \times 0.7)/(1 \times 9.6) = 385℃$$

연기밀도는,

$$\rho_s(\text{연기밀도}) = 353/(273 + T_s(\text{연기층온도}))$$

$$\rho_s = 353/(273 + 385) = 0.54\ \mathrm{kg/m^3}$$

따라서 송풍기를 선정하기 위한 체적유량은,

$$V(\mathrm{m^3/s}) = 9.6/0.54 = 17.8\,\mathrm{m^3/s} = 64000\ \mathrm{CMH}$$

1.12.5 공연장 규모에 따른 객석 제연설비 적용

- 무대부와 객석을 포함한 바닥면적이 1000 m^2 초과할 경우는 무대부는 물론 객석에도 별도의 제연설비를 설치하고, 1000 m^2 이하는 무대부만 제연설비를 적용

(1) 무대부 바닥면적과 제연설비 설치 기준

1) 무대부 바닥면적이 200 m^2 이상인 경우 제연설비 설치
2) 법적으로 무대부만 제연설비 설치 범위
3) 실제로 연기제어는 객석 부분도 포함되어야 함

(2) 소규모 대상에서의 제연설비 설치 고려사항

1) 소규모 극장이나 건물 내 부속 강당 등
   - 객석 부분까지 별도의 제연설비를 설치하는 것은 비효율적일 수 있음
2) 면적 기준에 따른 설치 확대
   - 일정 면적을 초과할 경우에만 객석 부분까지 제연설비 설치를 확대하는 것이 바람직함

(3) 무대부와 객석의 바닥면적 합계에 따른 제연구역 설정

1) 바닥면적 합계가 1,000 ㎡ 이하인 경우

- 하나의 제연구역으로 설정 가능하며, 객석 부분의 제연을 무대부 제연만으로 갈음

2) 바닥면적 합계가 1,000 ㎡를 초과하는 경우

- 객석 부분을 별도의 제연구역으로 설정해야 연기제어에 따른 피난경로 확보 가능

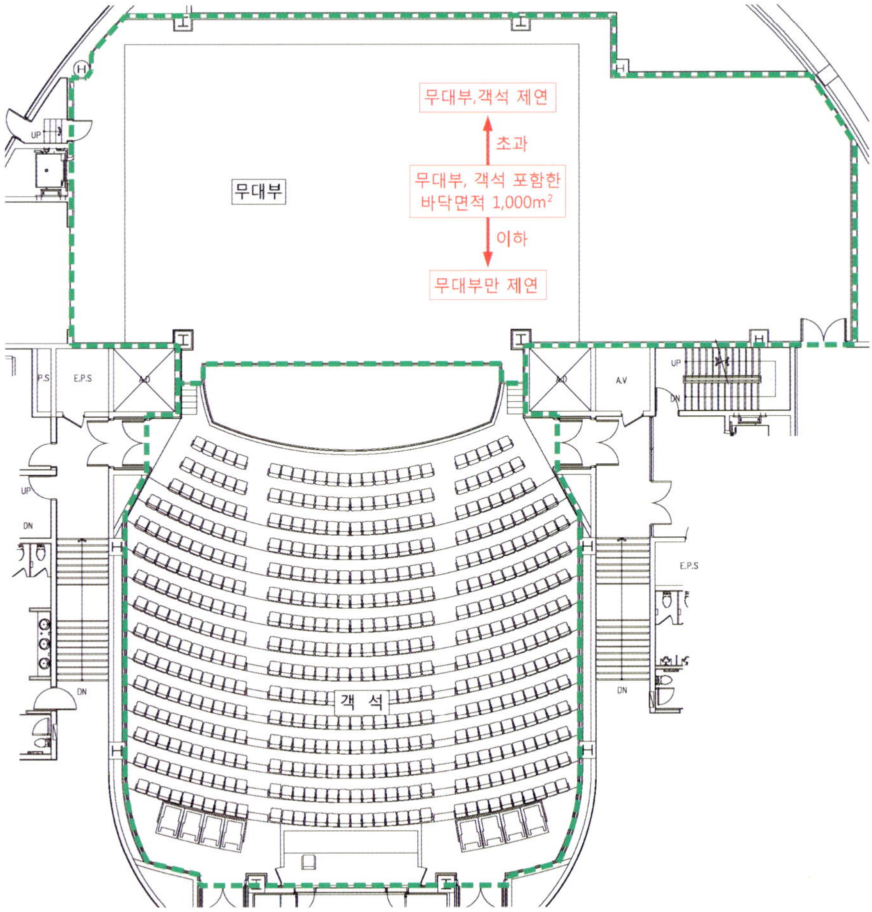

그림 1.12.5.1 무대부 제연설비 구역설정

1.12.6 거실제연설비의 공조 겸용

- 일반 공조모드에서 화재모드로 변경되는 모터댐퍼의 설치위치 및 작동순서 확인

(1) 거실 제연설비의 공조겸용방식 설계

1) 공조겸용방식으로 설계되는 이유
   ① 대부분의 거실 제연설비는 공조겸용방식으로 설계하는데,
   ② 전용 덕트를 설치할 천장 내부 공간 확보의 어려움이 주요 요인이며, 겸용 시 공사비 절감의 이점이 있음

2) 겸용방식의 운전 방식
   ① 평상시 공조 모드로 운전
   ② 화재시 화재 모드로 변경 운전되도록 설계
   ③ 덕트에 설치된 제연 절환용 댐퍼의 개폐 상태를 제연구역별로 설정하여 제연 모드로 운전

(2) 공조겸용방식의 문제점과 고려사항

1) 댐퍼의 정확한 작동 및 덕트 누설 최소화 필요성
   ① 제연 모드 변경 시 댐퍼의 정확한 작동 보장
   ② 덕트 및 댐퍼에서의 누설 최소화

2) 공조 시스템의 문제점
   ① 시퀀스가 복잡하고 유지관리가 어려워 정상적인 작동 신뢰성이 낮음
   ② 공조 시스템은 T.A.B(Testing, Adjusting, Balancing)로 조정되며, 화재 시 정확한 설계 용량의 배출 확인이 어려움
   ③ 건물 내부의 구획 변경, 칸막이 이동 등으로 공조 시스템이 변경될 때 제연구역도 함께 고려하여 조정 필요

3) T.A.B 시 고려사항
   ① 공조를 위한 T.A.B 시 화재 시 제연 모드에 영향이 없도록 검토
   ② 주 덕트의 댐퍼를 공조 T.A.B를 위해 개구율 조절 시
      ☞ 화재 시 댐퍼가 자동으로 완전 개방되도록 하거나
      ☞ 제연용 바이패스 덕트를 설치

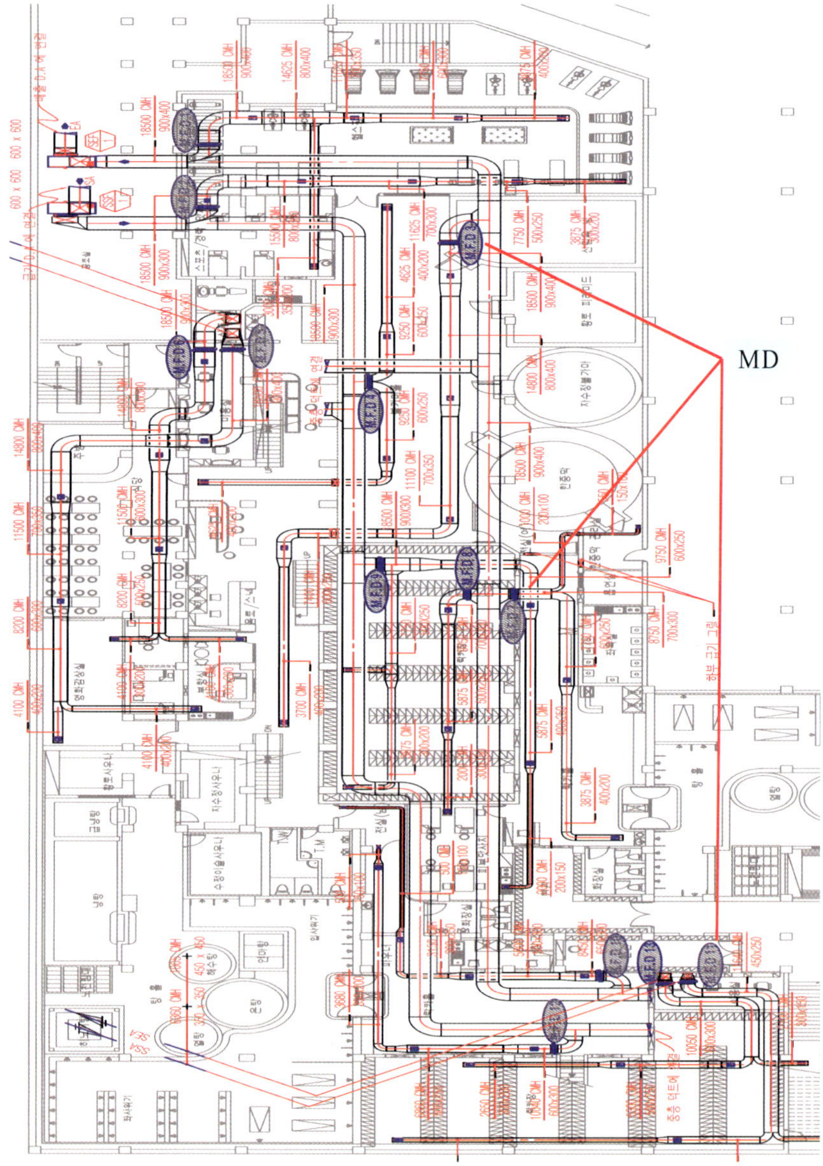

화재시 댐퍼(MD) 작동 순서			
화재구역	개방	폐쇄	비고
A구역	① ②	③~⑰	1. 평상시 모든 댐퍼는 폐쇄임 2. 급기, 배출팬은 제연구역 화재시 모두 작동함 SEF-1, SSF-1
B구역	③ ④	①, ②, ⑤~⑰	
C구역	⑤ ⑥	①~④. ⑦~⑰	
D구역	⑦ ⑧ ⑨	①~⑥, ⑩~⑰	
E구역	⑩ ⑪ ⑫ ⑬	①~⑨, ⑭~⑰	

그림 1.12.6.1 공조겸용 제연설비 평면도

1.12.7 제연경계벽의 구조 및 위치

- 고정식 및 가동식 여부 확인
- 제연경계의 폭 0.6 m 이상, 수직거리에 따른 배출량이 적정한지 확인

관련기준

제연설비의 화재안전기술기준(NFTC 501)

2.1.2 제연구역의 구획은 보 · 제연경계벽(이하 "제연경계"라 한다) 및 벽(화재 시 자동으로 구획되는 가동벽 · 방화셔터 · 방화문을 포함한다. 이하 같다)으로 하되, 다음의 기준에 적합해야 한다.

2.1.2.1 재질은 내화재료, 불연재료 또는 제연경계벽으로 성능을 인정받은 것으로서 화재 시 쉽게 변형 · 파괴되지 아니하고 연기가 누설되지 않는 기밀성 있는 재료로 할 것

2.1.2.2 제연경계는 제연경계의 폭이 0.6 m 이상이고, 수직거리는 2 m 이내이어야 한다. 다만, 구조상 불가피한 경우는 2 m를 초과할 수 있다.

2.1.2.3 제연경계벽은 배연 시 기류에 따라 그 하단이 쉽게 흔들리지 않고, 가동식의 경우에는 급속히 하강하여 인명에 위해를 주지 않는 구조일 것

(1) 제연경계벽의 폭과 수직거리 규정 및 설계 확인

1) 제연경계벽 폭 및 수직거리 규정

① 폭은 최소 0.6 m 이상

② 바닥으로부터 제연경계벽 하단까지의 수직거리는 최소 2 m 이내

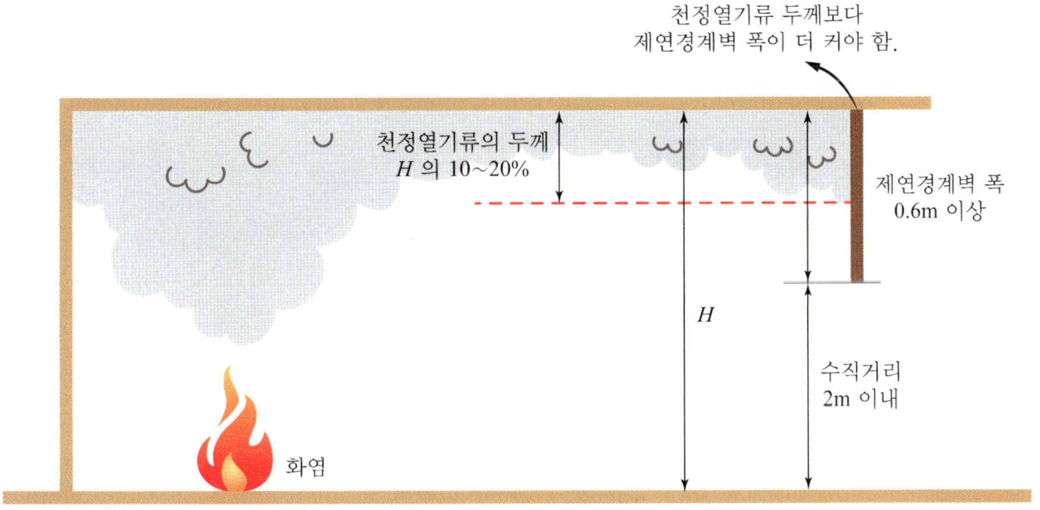

그림 1.12.7.1 제연경계벽의 폭과 수직거리

2) 설계 도면의 일반적인 문제점

① 대부분의 도면에서 제연경계벽 폭이 자세히 설계되어 있지 않고, 주기사항 등으로 표기되는 경우가 많음

② 폭 0.6 m 규정만 만족하고, 수직거리 2 m 규정은 구조상 불가피한 경우로 적용하기 어려움

3) 수직거리 증가의 장점

- 수직거리가 커질수록 배출량을 증가시켜야 하며, 연기층 높이를 더 높게 유지할 수 있어 피난에 도움이 될 수 있음

(2) 제연경계벽의 위치와 열기류 두께 고려

1) 제연경계벽의 하단 위치의 중요성

- 연기층 높이 설정과 관계없이, 제연경계벽이 바닥 가까이 내려올수록 안정적인 배출에 도움

2) 열기류 두께 대비 제연경계벽 깊이

① 제연경계벽은 화재 시 형성되는 천장 열기류의 기본 두께보다 더 커야 함

② 열기류 두께는 일반적으로 층고의 10~20%로 제연경계벽 깊이는 최소 층고의 20% 이상 확보 권장 (층고 3 m × 0.2 = 0.6 m)

3) 제연경계벽 깊이가 연기 발생량에 미치는 영향

① 제연경계벽의 깊이는 연기 발생량을 결정

② 연기의 단위 시간당 발생량은 화원으로부터 높을수록 증가

4) 하단 높이에 따른 배연량 변화

① 제연경계벽의 하단은 연기층 높이와 동일

② 제연경계벽 하단을 높게 설정하려면 더 많은 배연량이 필요

③ 반대로, 제연경계벽을 깊게 할수록 연기 발생 기준 높이가 낮아져 배연량을 줄일 수 있음

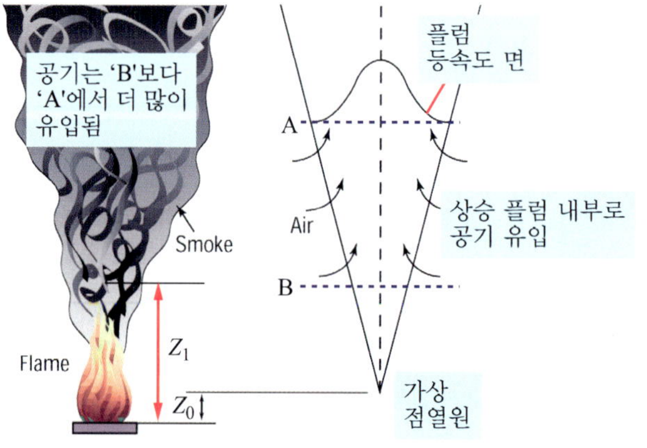

그림 1.12.7.2 화재로부터 플럼 및 연기발생 모델

(3) 제연경계벽의 종류별 설계 및 확인 사항

1) 고정식 제연경계벽

① 가장 바람직한 방식으로, 재질이 내화재료 또는 불연재료인지 확인

② 고정방법 등에 대한 상세도 검토

2) 가동식 제연경계벽

① 특수한 실내 마감 계획에 따라 불가피하게 적용되는 경우가 있으며, 화재 시 가동 방법 및 작동 확인 필요

② 화재 시 작동하여 인근 시설 및 사람에게 위해가 없는 구조인지 검토

③ 방화셔터와의 비교

☞ 방화셔터는 중기 화재 이후 연소 가연물의 낙하 등 충격까지 견디도록 요구

☞ 제연경계벽은 화재 초기 배연에 의한 기류 정도만 견딜 수 있으면 충분

④ 가동식 제연경계벽의 하강 속도 규정은 없으나, 인명 피해가 있으면 안됨

☞ 적정 하강 속도 범위 : 방화셔터의 기준을 준용, 분당 2~6 m의 하강 속도 적절

(4) 제연경계벽 공사의 자재 승인 및 검수 절차

1) 건축 공사로서의 제연경계벽 공사

- 제연경계벽 공사는 일반적으로 건축 공사에 포함

2) 자재의 타당성 확인 요청

- 자재의 적합성 여부를 건축 시공사 및 건축감리원에게 자재 승인 및 검수 시 확인하도록 요청

1.12.8 공동 예상제연구역의 배출량

- 벽으로 구획된 제연구역의 경우 각각의 제연구역 풍량을 합한 것으로 산정, 공기유입구는 공동제연구역과 인접한 통로 등에 설치하여, 가장 큰 제연구역을 기준으로 풍량 산정
- 각각의 제연구역의 최소 풍량은 5000 CMH 이상 산정
- 벽으로 구획된 공동 예상제연구역의 면적이나 직경의 길이는 별도로 규제하지 않으나, 각각의 제연구역은 1,000 ㎡ 이하이고 직경 60 m 이내로 계획
- 제연경계벽으로 구획된 제연구역의 경우에는 공동제연구역 규정 미적용

관련기준

제연설비의 화재안전기술기준(NFTC 501)

2.3.4 배출은 각 예상제연구역별로 2.3.1부터 2.3.3에 따른 배출량 이상을 배출하되, 2 이상의 예상제연구역이 설치된 특정소방대상물에서 배출을 각 예상제연구역별로 구분하지 아니하고 공동예상제연구역을 동시에 배출하고자 할 때의 배출량은 다음의 기준에 따라야 한다. 다만, 거실과 통로는 공동예상제연구역으로 할 수 없다.

2.3.4.1 공동예상제연구역 안에 설치된 예상제연구역이 각각 벽으로 구획된 경우(제연구역의 구획 중 출입구만을 제연경계로 구획한 경우를 포함한다)에는 각 예상제연구역의 배출량을 합한 것 이상으로 할 것. 다만, 예상제연구역의 바닥면적이 400 ㎡ 미만인 경우 배출량은 바닥면적 1 ㎡ 당 1 ㎥/min 이상으로 하고 공동예상구역 전체배출량은 5,000 ㎥/hr 이상으로 할 것

2.3.4.2 공동예상제연구역 안에 설치된 예상제연구역이 각각 제연경계로 구획된 경우(예상제연구역의 구획 중 일부가 제연경계로 구획된 경우를 포함하나, 출입구 부분만을 제연경계로 구획한 경우를 제외한다)에 배출량은 각 예상제연구역의 배출량 중 최대의 것으로 할 것. 이 경우 공동제연예상구역이 거실일 때에는 그 바닥면적이 1,000 ㎡ 이하이며, 직경 40 m 원 안에 들어가야 하고, 공동제연예상구역이 통로일 때에는 보행중심선의 길이를 40 m 이하로 해야 한다.

(1) 벽으로 구획된 공동제연구역의 설계

1) 각 제연구역의 독립적 배연 필요성

① 벽으로 구획된 공동제연구역은 각각의 제연구역이 독립적으로 배연

② 따라서 화재 발생 시 해당 제연구역의 배연량 만족

2) 유입공기량 산정 기준

① 유입공기량은 공동제연구역과 인접한 통로 등에 공급

② 각 제연구역 중 가장 큰 풍량을 기준으로 유입공기량을 산정하면, 모든 제연구역의 요구를 만족할 수 있음

③ 이는 공동제연구역과 인접한 공간에 공기가 유입되므로, 유입공기가 제연구역 내부를 가압할 수 없음

☞ 유입공기량은 해당 제연구역의 배출량만큼만 제연구역으로 유입되기 때문

3) 공동제연구역 기준의 적용 배제

① 벽으로 구획된 공동제연구역은 각각 독립된 제연구역이므로,

☞ 공동제연구역의 면적 및 직경 기준을 적용하지 않음

② 단, 각각의 제연구역은 면적과 직경 기준을 만족해야 함

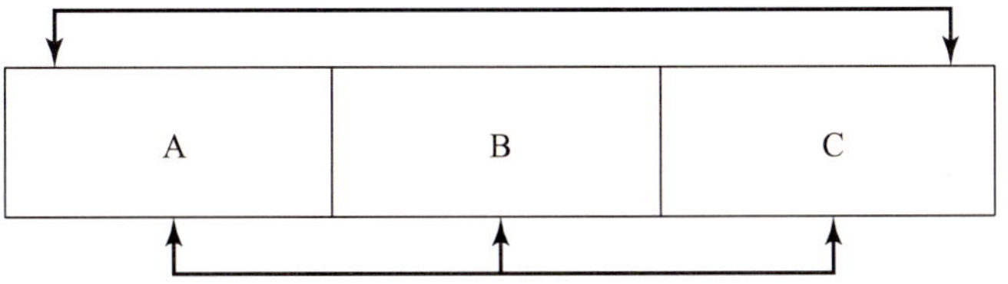

그림 1.12.8.1 벽으로 구획된 공동제연구역의 전체 면적과 직경의 길이

(2) 제연경계로 구획된 공동제연구역의 설계

1) 하나의 제연구역으로의 설계 권장

① 제연경계로 구획된 공동제연구역은 각 제연구역이 개방된 형태

② 따라서 처음부터 하나의 제연구역으로 설계하는 것이 바람직

2) 공동예상제연구역의 배출량 기준

① 제연경계로 구획된 경우, 각 제연구역 중 가장 큰 배출량을 공동예상제연구역의 배출량으로 선정

② 이는 연기가 제연경계벽을 넘어가더라도 인접한 제연구역에서 배출되기 때문

(3) 여러 개의 제연공간이 존재하는 경우의 배출량

1) 전체 배출량의 산정 방법

① 하나의 제연구역 내에 벽으로 구획된 여러 개의 제연공간이 있을 경우,

☞ 전체 제연구역의 배출 풍량은 각 제연구역의 배출량을 모두 합한 양 이상

② 이는 어떤 공간에서 화재가 발생하더라도 충분한 배연이 가능하도록 하기 위함

2) 각 제연구역의 최소 배출량 기준

- 각 제연구역의 최소 배출량은 5,000 m^3/h 이상

3) 연기 발생량과 공간 크기의 무관성

① 화재 시 발생하는 연기의 양과 공간의 크기는 상관이 없음

② 작은 공간이라도 가연물의 양, 연소 형태, 환기 조건 등에 따라 발생하는 연기의 양이 큰 공간보다 더 많을 수 있음

(4) 성능위주설계에서의 연기발생량 계산

1) 연기발생량의 직접 계산 필요성

- 화재 크기, 공간의 구조, 연기층의 높이를 결정하여 직접 연기발생량을 계산하여 설계에 적용할 필요가 있음

2) 연기발생량 계산식의 적용

- 기존의 힝클리 공식은 실무에 적용하기에는 너무 오래된 개념이므로 생략
- 제연설계의 기본 실험식인 Zukoski와 Heskestad 이론 참조

■ Zukoski 이론

[연기 발생량]

현재 아트리움 등과 같은 대공간에서의 연기발생량을 계산하는 기본식의 토대가 된 이론으로서 Zukoski가 제안한 초기의 실험식은 다음과 같다.

$$m = C_m \left(\frac{\rho_a^2 g}{C_p T_a} \right)^{0.33} Q_c^{0.33} (Z - Z_o)^{1.67} \quad \text{(식 1.12.8.1)}$$

여기서, ρ_a = 주위공기의 밀도, kg/m^3

T_a = 주위온도, K

C_p = 공기의 비열, kJ/kg K

Q_c = 대류열방출률, kW

Z = 바닥에서 연기층 하부까지의 높이, m

Z_o = 가상 점열원의 위치, m

C_m = 시험정수로서 흐트러짐이 없는 공간에서는 0.21, 흐트러짐이 많으면 값이 커진다.

가상 점열원의 위치 Z_o는 가상 점열원의 위치로 다음과 같이 계산한다.

$$Z_o = 0.083\,Q^{0.4} - 1.02\,D$$

여기서, D = 화원의 직경, m

Q = 총열방출률, kW

식의 $\left(\frac{\rho_a^2 g}{C_p T_a} \right)^{0.33}$ 을 일반적인 주위환경 값으로 전제하면 다음과 같이 간단한 계산식이 된다.

$$m = 0.071\,Q_c^{0.33} (Z - Z_o)^{1.67} \quad \text{(식 1.12.8.2)}$$

식 (1.12.8.2)는 영국의 BRE(Building Research Establishment)에서 청결층의 높이가 화재크기의 제곱근의 10배보다 큰 경우 즉, $Z > 10\sqrt{A_f}$ 인 경우에만 연기의 발생량을 계산할 수 있는 식으로 한정하고 있다.

[연기층의 강하시간 계산]

공간 내부에서 질량보존식을 통하여 다음과 같이 표현할 수 있다.

$$\frac{d}{dt}(\rho V) = \sum_j m_j \qquad \text{(식 1.12.8.3)}$$

여기서, ρ = 공간 내부의 가스 밀도

V = 공간 내부의 가스 체적

$\sum_j m_j$ = 이웃한 j실과의 개구부에 대한 유입과 유출의 총합

천장이 높은 경우에는 화재플럼의 상승과정에서 주변의 공기를 말아 넣기 때문에 연기의 온도 상승이 작다. 따라서 화재초기의 상황에서 연기의 유동분석은 연기층의 온도가 일정하다고 유추할 수 있다. 이때 연기층의 질량보존식은 다음과 같이 변화될 수 있다.

$$\frac{d}{dt}(\rho_s V_s) = m_p \qquad \text{(식 1.12.8.4)}$$

여기서, m_p = 플럼의 질량유량, kg/s

ρ_s = 연기의 밀도, kg/m^3

V_s = 연기층의 체적, m^3

그러므로

$$-\rho_s A \frac{dZ}{dt} = m_p \qquad \text{(식 1.12.8.5)}$$

여기서, A = 바닥면적, m^2

Z = 연기층의 높이, m

t = 시간, sec

화재실의 내부온도의 변화가 정온이라면, 식 (1.12.8.1)을 사용하여,

$$m = 0.21\left(\frac{\rho_a^2 g}{C_p T_a}\right)^{0.33} Q_c^{0.33}(Z - Z_o)^{1.67} \qquad \text{(식 1.12.8.6)}$$

$$\text{가상점열원} \quad Z_o = 0.083\,Q^{0.4} - 1.02D \tag{식 1.12.8.7}$$

따라서 연기층의 높이 Z는,

$$\frac{dZ}{(Z-Z_o)^{1.67}} = -kA^{-1}Q_c^{0.33}dt \tag{식 1.12.8.8}$$

여기서, $k = 0.21\left(\frac{\rho_a^2 g}{C_p T_a}\right)^{0.33}\frac{1}{\rho_s}$

만일 Q_c가 시간에 따라 변하지 않고 일정하다면 다음과 같이 나타낼 수 있다.

$$Z = \frac{1}{\left(\frac{2}{3}\frac{k}{A}Q_c^{0.33}t + \frac{1}{(H-Z_o)^{0.67}}\right)^{1.5}} + Z_o \tag{식 1.12.8.9}$$

여기서, H = 공간의 높이, m

그리고 연기층의 높이 Z까지 하강하는데 걸리는 시간 t는 다음과 같이 구할 수 있다.

$$t = \frac{\left(\frac{1}{Z-Z_o}\right)^{0.67} - \left(\frac{1}{H-Z_o}\right)^{0.67}}{\frac{2}{3}\frac{k}{A}Q_c^{0.33}} \tag{식 1.12.8.10}$$

연기층의 평균온도 T_p은 다음 식으로 계산할 수 있다.

$$T_p = T_a + Q_c/(C_p\,m) \tag{식 1.12.8.11}$$

예를 들어, 바닥면적 720 m^2, 실내온도 20℃ (293K), Q_c = 1,300 kW, 화원의 직경 1.95 m, 천장높이 26.3 m의 공간에서 연기층이 13 m까지 강하하는 시간을 구할 경우, 우선 가상 점열원의 위치를 식 (1.12.8.7)에 의해 계산하면,

$$Z_o = 0.083 \times 1{,}300^{0.4} - 1.02 \times 1.95 = -0.53\ \text{m}$$

연기의 발생량은 식 (1.12.8.6)을 이용하여 계산할 수 있다.

$$m = 0.21\left(\frac{(353/293)^2 \times 9.8}{1 \times 293}\right)^{0.33} 1{,}300^{0.33}(13+0.53)^{1.67} = 63.9\ \text{kg/s}$$

다음 이 높이에서 플럼의 평균온도는 식 (1.12.8.11)을 이용하여,

$T_p = 293 + 1{,}300/(1 \times 63.9) = 313.3$ K (40.3℃) 이며,

연기의 밀도 $\rho_s = 353/313 = 1.13\ \mathrm{kg/m^3}$ 이다. k를 계산하면,

$$k = 0.21\left(\frac{1.2^2 \times 9.8}{1 \times 293}\right)^{0.33} \frac{1}{1.13} = 0.068$$

연기층 강하시간 t는 계산식 (1.12.8.10)에 의해 다음과 같다.

$$t = \frac{\left(\dfrac{1}{13 + 0.53}\right)^{0.67} - \left(\dfrac{1}{26.3 + 0.53}\right)^{0.67}}{\dfrac{2}{3} \times \dfrac{0.068}{720} \times 1{,}300^{0.33}} = 95.7\ \mathrm{s}$$

■ Heskestad 이론

Zukoski 이론을 발전시켜 보다 정밀하게 연기의 발생량을 계산할 수 있는 식을 제시하였으며, NFPA 92B 몰, 아트리움 및 대규모 공간의 연기관리설비기준과 NFPA 204 연기 및 열 벤팅 기준에서 연기의 발생량을 계산하는 공식적인 계산식이며 다음과 같다.

$$m_p = 0.071\,Q_c^{0.33}(Z - Z_o)^{1.67} + 0.0018\,Q_c \qquad \text{(식 1.12.8.12)}$$

몰 또는 아트리움과 같은 대공간의 경우에는 화원의 크기에 비하여 층고가 매우 높기 때문에 가상점열원 Z_o을 무시하고 계산하여도 무방하다. NFPA 92B의 연기발생량 계산식에서는 가상점열원의 위치를 고려하지 않았으며, NFPA 204의 경우에는 적용대상공간이 몰이나 아트리움에 비하여 상대적으로 층고가 낮은 공간이므로, 가상점열원의 위치를 고려하고 있다.

1.12.9 제연구역 내 급기풍량

- 제연구역의 공기유입량은 배출량보다 적게 산정되었는지 확인

관련기준

제연설비의 화재안전기술기준(NFTC 501)

2.5.7 예상제연구역에 대한 공기유입량은 2.3.1부터 2.3.4까지에 따른 배출량의 배출에 지장이 없는 양으로 해야 한다.

(1) 공기유입량과 배출량의 산정

1) 공기유입량의 규정 개정

① 개정 전 "배출량과 같거나 그 이상으로 할 것"으로 규정

② 제연방식에 따라 화재실 내부가 가압되어 바깥으로 연기가 유출될 위험이 있어 개정됨

2) 벽으로 구획된 제연구역의 인접 통로 급기 방식

- 공기유입량을 배출량과 같거나 크게 하는 이유

☞ 제연구역이 벽으로 구획되고 인접 통로에서 급기하는 방식에서는 공기유입량을 배출량과 같거나 더 크게 하면 통로를 제연구역보다 약간 높은 압력으로 유지할 수 있어 배연 효율에 유리

3) 제연구역 내 강제급기 방식의 공기유입량 산정

① 공기유입이 강제급기 방식, 제연구역 내에 공기유입구가 설치되거나 제연경계로 구획된 제연방식의 경우에는 ☞ 배출량의 70~80%를 공기유입량으로 산정

② 공기유입구 외 누설 틈새나 개구부의 크기에 따라 더 작은 용량으로 산정이 가능

(2) 화재 시 급기량이 배출량과 같거나 클 경우의 문제점

1) 급기 공기와 배출 연기의 밀도 차이

① 화재 시 고온의 연기를 배출하게 되는데, 급기량과 배출량이 동일할 경우

☞ 급기 공기의 밀도가 배출 연기의 밀도보다 큼

② 이는 배출량보다 더 많은 공기를 주입하는 결과를 초래함

2) 화재실의 가압 및 연기 유출 문제

- 이러한 현상은 화재실을 가압하는 결과를 가져와 연기가 화재실로부터 외부로 유출되는 문제를 발생시킴

3) 가압 효과 발생 이유

- 제연구역 내로 들어오는 공기량이 더 많아질 것으로 예상되나, 배출량보다 더 많이 들어올 수는 없음 ☞ 결과적으로 제연구역이 가압되는 현상만 발생하게 됨

(3) 배출량과 급기량이 동일한 경우의 질량유량 계산 예시

1) 가정 조건

- 배출량과 급기량을 각각 40,000 CMH로 동일하게 산정
  - ☞ 제연구역 내 직접 강제 급·배기 방식을 채택한 제연구역에서
  - ☞ 화재가 발생하여 시스템이 정상적으로 운전된다고 가정
  - ☞ 배출한 연기층의 평균 온도는 150℃, 유입 공기의 온도는 20℃

2) 실제 질량유량의 계산

- 배출과 급기의 실제 질량유량은 다음과 같이 계산(구체적인 계산 과정은 생략)

40000 CMH = 11.1 m^3/s
연기층의 밀도 = 353/(273+150) = 0.83 kg/m^3
유입공기의 밀도 = 353/(273+20) = 1.2 kg/m^3
따라서, 배출 질량유량은 11.1 × 0.83 = 9.2 kg/s
유입공기 질량유량은 11.1 × 1.2 = 13.3 kg/s

3) 따라서 유입공기량은 배출 질량유량 9.2 kg/s보다 작은 값으로 산정

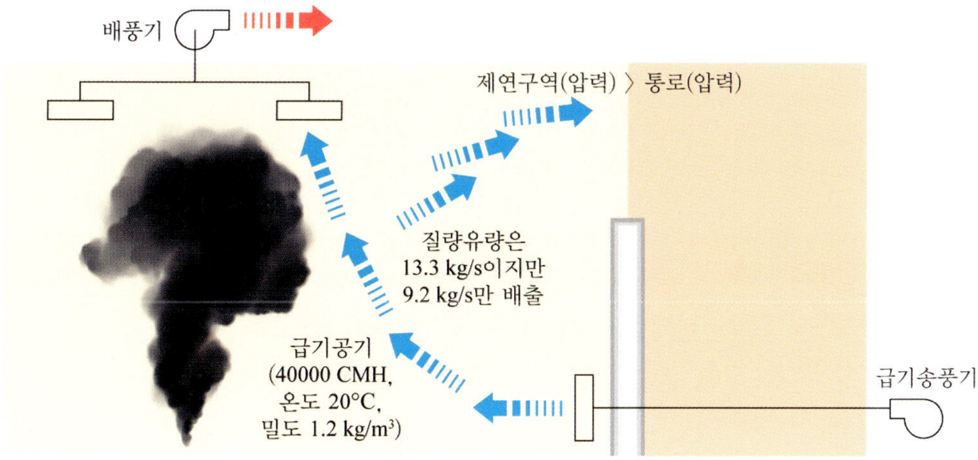

그림 1.12.9.1 급기량과 배출량이 동일한 경우 발생 현상

(4) 배연의 원칙과 급기량 산정 시 주의 사항

1) 화재실 압력을 낮추는 배연의 효과

- 배연의 원칙은 화재실의 압력을 비화재실보다 낮춤으로써 연기의 유출을 방지

2) 급기량 산정의 신중한 접근 필요성

- 제연구역 내 직접 강제급기 방식을 대부분 채택하고 있는 국내의 경우
  - ☞ 급기량 산정에 매우 신중하게 접근

1.12.10 공기유입구 높이 및 배출구와의 이격거리

- 400 m^2 이상의 거실에서 공기유입의 높이가 1.5 m 이하 여부 확인
- 400 m^2 미만의 거실에서 공기유입구와 배출구간의 직선거리 5 m 이상 또는 구획된 실의 장변의 2분의 1 이상 여부 확인

관련기준

제연설비의 화재안전기술기준(NFTC 501)

2.5.2 예상제연구역에 설치되는 공기유입구는 다음의 기준에 적합해야 한다.

2.5.2.1 바닥면적 400 ㎡ 미만의 거실인 예상제연구역(제연경계에 따른 구획을 제외한다. 다만, 거실과 통로와의 구획은 그렇지 않다)에 대해서는 공기유입구와 배출구간의 직선거리는 5 m 이상 또는 구획된 실의 장변의 2분의 1 이상으로 할 것. 다만, 공연장 · 집회장 · 위락시설의 용도로 사용되는 부분의 바닥면적이 200 ㎡를 초과하는 경우의 공기유입구는 2.5.2.2의 기준에 따른다.

2.5.2.2 바닥면적이 400 ㎡ 이상의 거실인 예상제연구역(제연경계에 따른 구획을 제외한다. 다만, 거실과 통로와의 구획은 그렇지 않다)에 대해서는 바닥으로부터 1.5 m 이하의 높이에 설치하고 그 주변은 공기의 유입에 장애가 없도록 할 것

2.5.2.3 2.5.2.1과 2.5.2.2에 해당하는 것 외의 예상제연구역(통로인 예상제연구역을 포함한다)에 대한 유입구는 다음의 기준에 따를 것. 다만, 제연경계로 인접하는 구역의 유입공기가 당해 예상제연구역으로 유입되게 한 때에는 그렇지 않다.

2.5.2.3.1 유입구를 벽에 설치할 경우에는 2.5.2.2의 기준에 따를 것

2.5.2.3.2 유입구를 벽 외의 장소에 설치할 경우에는 유입구 상단이 천장 또는 반자와 바닥 사이의 중간 아랫부분보다 낮게 되도록 하고, 수직거리가 가장 짧은 제연경계 하단보다 낮게 되도록 설치할 것

(1) 공기유입구과 배출구의 위치

1) 공기유입구의 위치 : 바닥에 가까운 곳에 설치할수록 배연 효율 향상
2) 공기유입 방향 : 유입 방향이 바닥을 향할수록 배연 효율 향상
3) 공기유입구와 배출구의 거리 및 영향
   ① 공기유입구가 배출구와 너무 가까이 위치할 경우
      ☞ 유입 공기가 배출구로 직접 배출 우려
   ② 연기층의 교란 및 냉각
      ☞ 유입 공기가 연기층을 교란하거나 냉각시켜 배연 효율을 저하시킬 수 있음

(2) 연기층 교란 시 발생하는 문제점

1) 공기 혼합량 증가
   - 교란으로 인해 공기 혼합량이 증가하여 연기 발생량 증가

2) 연기층 높이 불안정

- 연기층이 일정한 높이를 유지하지 못하고 부분적으로 하강

3) 화재실 전체로 연기의 확산 위험

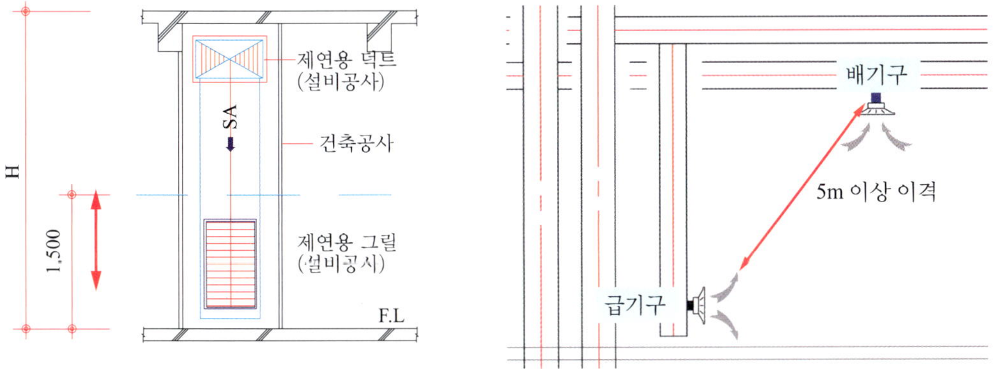

그림 1.12.10.1 공기유입구 및 배출구와의 이격

1.12.11 덕트 강판의 두께

- 풍도 단면의 긴변 또는 직경의 크기에 따른 강판 두께 확인

관련기준

제연설비의 화재안전기술기준(NFTC 501)

2.6.1 배출기는 다음의 기준에 따라 설치해야 한다.

2.6.1.1 배출기의 배출 능력은 2.3.1부터 2.3.4까지의 배출량 이상이 되도록 할 것

2.6.1.2 배출기와 배출풍도의 접속부분에 사용하는 캔버스는 내열성(석면재료는 제외한다)이 있는 것으로 할 것

2.6.1.3 배출기의 전동기부분과 배풍기 부분은 분리하여 설치해야 하며, 배풍기 부분은 유효한 내열처리를 할 것

2.6.2 배출풍도는 다음의 기준에 따라야 한다.

2.6.2.1 배출풍도는 아연도금강판 또는 이와 동등 이상의 내식성 · 내열성이 있는 것으로 하며, 「건축법 시행령」 제2조제10호에 따른 불연재료(석면재료를 제외한다)인 단열재로 풍도 외부에 유효한 단열 처리를 하고, 강판의 두께는 배출풍도의 크기에 따라 다음 표 2.6.2.1에 따른 기준 이상으로 할 것

표 2.6.2.1 배출풍도의 크기에 따른 강판의 두께

풍도단면의 긴 변 또는 직경의 크기	450mm이하	450mm초과 750mm이하	750mm 초과 1,500mm이하	1,500mm초과 2,250mm이하	2,250mm초과
강판두께	0.5mm	0.6mm	0.8mm	1.0mm	1.2mm

2.6.2.2 배출기의 흡입측 풍도안의 풍속은 15 m/s 이하로 하고 배출측 풍속은 20 m/s 이하로 할 것

(1) 풍도 강판 두께의 확인

1) 비틀림, 떨림, 팽창 및 수축 방지
   ① 제연설비 풍도의 크기가 커짐에 따라 풍도의 비틀림, 떨림, 팽창 및 수축 등이 발생 가능
   ② 이러한 현상을 방지하기 위해 풍도의 강판 두께가 화재안전기술기준에 적합한지 확인
2) 강판 두께의 확인 방법
   ① 대부분 설계도면에는 강판 두께 미표기, 덕트 장변을 확인하여 두께 결정
   ② 시방서, 내역서 등을 확인하여 강판 두께 확인

1.12.12 급기구의 크기 및 풍속(5 m/s)

- 급기구(유입구)의 풍속 5 m/s 이하 여부 확인

관련기준

제연설비의 화재안전기술기준(NFTC 501)

2.5.5 예상제연구역에 공기가 유입되는 순간의 풍속은 5 m/s 이하가 되도록 하고, 2.5.2부터 2.5.4까지의 유입구의 구조는 유입공기를 상향으로 분출하지 않도록 설치해야 한다. 다만, 유입구가 바닥에 설치되는 경우에는 상향으로 분출이 가능하며 이때의 풍속은 1 m/s 이하가 되도록 해야 한다.

(1) 화재플럼으로 유입되는 공기 풍속의 적정 범위

1) 유입공기 풍속의 기준
   - 화재플럼으로 직접 유입되는 공기 풍속은 1 m/s 이하가 적합
2) 화재플럼의 특성
   - 화재플럼은 곧바로 위로 상승하며, 그 모양이 원추형으로 높이 올라갈수록 넓어짐
3) 유입공기 풍속이 큰 경우의 문제점
   ① 유입공기의 풍속이 너무 빠르면 화재플럼이 흐트러져 낮은 높이에서도 연기 발생량이 증가
   ② 플럼의 냉각으로 상승 부력을 잃어 배연 효율이 급격히 저하
4) 공기유입구 설계의 중요성
   - 배연 시 유입 공기가 화재플럼으로 빠르게 유입되지 않도록 공기유입구의 설계가 매우 중요하며, 유입구의 면적과 위치에 따라 결정

(2) 유입공기의 의미와 국내 기준의 한계

1) 유입공기는 상승하는 화재플럼 직근에 접근하는 공기의 풍속을 의미
2) 국내 기준에서의 유입구 풍속 허용치
   ① 국내 기준에서는 공기 유입구 풍속을 최대 5 m/s까지 허용
   ② 이는 유입구 직근에서 화재가 발생하지 않거나 장애물이 없다는 것을 전제로 함
   ③ 5 m/s의 유입구 풍속이 화재 발생 지점의 상승 플럼으로 급기 되었을 때 어떤 영향을 미치는지 판단이 어려움

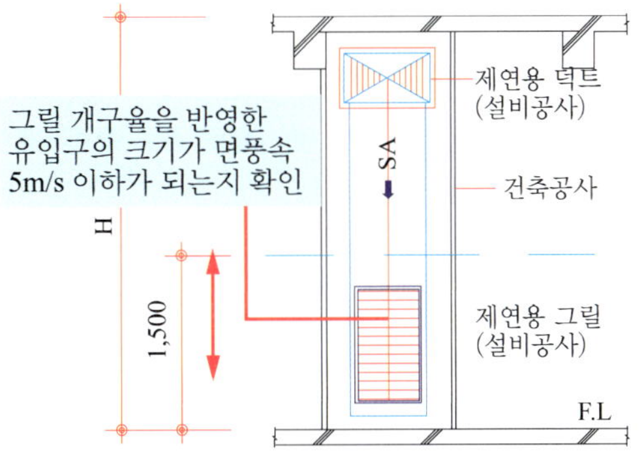

그림 1.12.12.1 제연설비 유입구의 확인

(3) 설계 시 고려 사항 및 권장 사항

1) 공기유입구 주변의 장애물 관리
   ① 설계 시 공기유입구 근처에 장애물(특히 가연물)이 없도록 배치
   ② 이는 화재 시 급격한 연소 확대와 다량의 연기 발생을 최소화하기 위함
2) 공기유입구의 크기 조정
   - 공기유입구를 최대한 크게 설계하여 유입 풍속을 더 낮출 수 있음
3) 유입풍속 저감을 위한 검토 필요

1.12.13 외기취입용 흡입구와 옥외 연기 배출구의 이격

- 외기취입구와 배출구의 이격거리 5 m 이상 확보 여부 확인

관련기준

제연설비의 화재안전기술기준(NFTC 501)

2.7.1 유입풍도는 아연도금강판 또는 이와 동등 이상의 내식성 · 내열성이 있는 것으로 하며, 풍도 안의 풍속은 20 m/s 이하로 하고 풍도의 강판 두께는 2.6.2.1에 따라 설치해야 한다.

2.7.2 옥외에 면하는 배출구 및 공기유입구는 비 또는 눈 등이 들어가지 아니하도록 하고, 배출된 연기가 공기유입구로 순환유입 되지 않도록 해야 한다.

(1) 외부 연기배출구와 공기유입구의 최소 이격거리 확보

1) 연기의 재유입 방지
   - 배출된 연기가 공기유입구를 통해 제연구역으로 다시 유입되지 않도록 함

2) 최소 이격거리 확보
   - 외부 연기배출구와 공기유입구 간의 최소 이격거리 확보

3) 이격거리 기준 및 적용 방안

   ① 이격거리에 대한 명확한 기준이 없음

   ② 특별피난계단의 계단실 및 부속실 제연설비의 화재안전기술기준 준용

   ☞ 최소 이격거리 제시 : 배출구와 공기유입구는 최소 5 m 이상 이격

(2) 배출구와 급기구의 설치 방법

1) 배출구는 급기구보다 최소 1m 이상 높게 설치

2) 배출구와 급기구를 동일 벽면이 아닌 다른 벽면에 위치하도록 계획

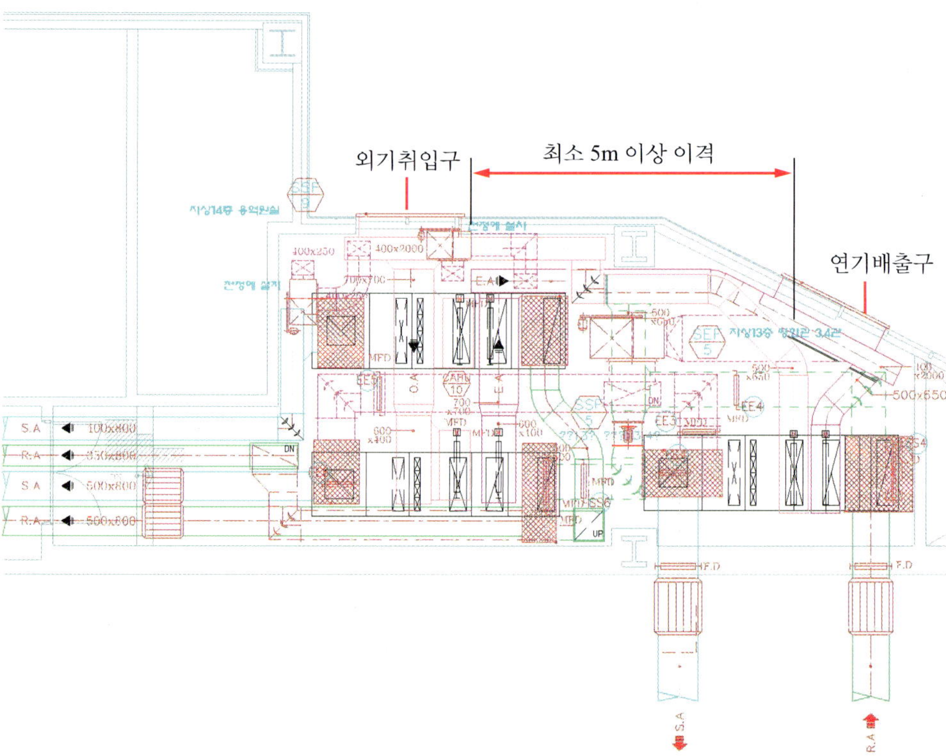

그림 1.12.13.1 제연설비 급기, 배출구의 이격거리

1.12.14 제연구역의 수동 기동장치 설치

• 예상제연구역 내에 설치된 발신기의 누름버튼과 제연설비 작동의 연동금지

관련기준

제연설비의 화재안전기술기준(NFTC 501)

2.9.2 제연설비의 작동은 해당 제연구역에 설치된 화재감지기와 연동되어야 하며, 예상제연구역(또는 인접장소) 마다 설치된 수동기동장치 및 제어반에서 수동으로 기동이 가능하도록 해야 한다.

(1) 수동기동장치와 발신기 누름버튼의 연동에 대한 주의사항

1) 수동기동장치와 발신기 누름버튼의 분리
   - 수동기동장치는 일반적으로 소화전함 상부에 설치된 발신기 누름버튼과 연동금지
2) 연동을 하지 않는 이유
   - 화재 시 비상경보용으로 설치된 발신기는 화재 발생 제연구역과 상관없이 누를 수 있기 때문에 이로 인해 잘못된 제연 모드로 시스템이 운전될 수 있음
3) 잘못된 제연 모드 운전 시 발생하는 문제점
   - 최악의 결과로 비화재지역에서 배기가 이루어지고 화재지역에 공기가 급기되는 상황이 발생할 수 있음
     ☞ 이는 화재를 확산시키고 제연 효율을 저하시킬 위험성 있음

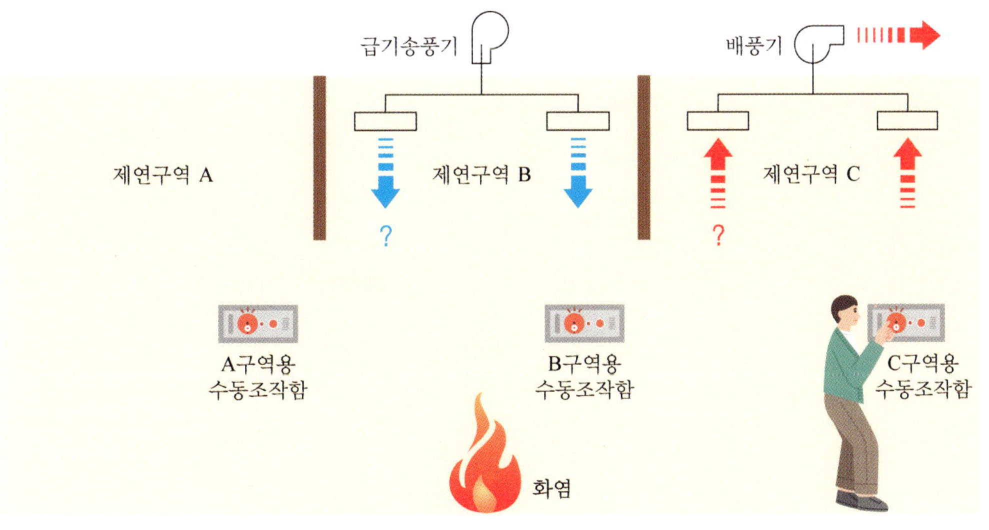

그림 1.12.14.1 제연설비 수동스위치의 임의 작동 금지

1.12.15 화재시 제연모드 변경 금지

- 도면의 주기 또는 시방서에 제연설비 운전 중 제연모드가 변경되지 않도록 표기 확인

(1) 초기 화재감지 신호에 따른 제연설비 작동 우선순위

1) 화재감지기 신호가 가장 먼저 수신된 제연구역을 우선적으로 작동
2) 제연모드 유지 제어
   - 다른 제연구역의 화재감지기가 이후에 작동하더라도 제연모드가 변경되지 않도록 수신기 또는 별도의 제어반을 통해 제어될 수 있어야 함
3) 연기의 인접 제연구역 유입 가능성

   ① 화재 시 연기 배출이 이루어지더라도 연기를 완벽하게 화재구역 내에 가두기는 어려움

   ☞ 그 결과 인접한 제연구역으로 일부 연기가 흘러 들어갈 수 있음

   ② 인접 제연구역 감지기 작동 시 위험성

   ☞ 이때 인접 제연구역의 화재감지기가 작동하면 제연모드가 변경될 수 있음

   ☞ 제연모드 변경으로 화재지역은 급기, 인접지역은 배기로 전환되어 연기 확산 등 큰 문제가 발생할 수 있음

(2) 제연설비 제어반의 기능 및 설계 고려사항

1) 제연모드 변경 방지 기능
   - 제연설비 제어반은 제연모드로 운전 중 다른 감지신호에 의해 제연모드가 변경되지 않도록 제어
2) 해당 기능은 도면 명시 및 시방서에 표기
3) 로컬 수동스위치 신호에도 동일하게 적용

그림 1.12.15.1 제연모드 운전 시 다른 제연모드 변경 금지

1.12.16 풍량 및 풍속에 따른 덕트 및 그릴 규격

- 덕트 흡입측 풍속 15 m/s 이하, 덕트 배출측 풍속 20 m/s 이하 여부 확인
- 배출구 풍속 15 m/s, 공기유입구 풍속 5 m/s 이하가 되는지 인접 덕트의 크기 및 구조 확인, 그릴의 개구율 반영여부 검토

관련기준

제연설비의 화재안전기술기준(NFTC 501)

2.5.5 예상제연구역에 공기가 유입되는 순간의 풍속은 5 m/s 이하가 되도록 하고, 2.5.2부터 2.5.4까지의 유입구의 구조는 유입공기를 상향으로 분출하지 않도록 설치해야 한다. 다만, 유입구가 바닥에 설치되는 경우에는 상향으로 분출이 가능하며 이때의 풍속은 1 m/s 이하가 되도록 해야 한다.

2.6.2.2 배출기의 흡입측 풍도안의 풍속은 15 m/s 이하로 하고 배출측 풍속은 20 m/s 이하로 할 것

2.7.1 유입풍도는 아연도금강판 또는 이와 동등 이상의 내식성 · 내열성이 있는 것으로 하며, 풍도 안의 풍속은 20 m/s 이하로 하고 풍도의 강판 두께는 2.6.2.1에 따라 설치해야 한다.

(1) 제연덕트의 풍속 및 설계 고려사항

1) 덕트 내부 풍속 기준과 영향
   ① 덕트 내부의 풍속 기준은 송풍기의 정압과 덕트 크기를 결정
   ② 제연덕트는 고속덕트 기준에 따라 설계되므로 덕트 내부의 풍속이 빠름
2) 정압 손실 및 풍량 차이 발생
   ① 덕트 내 빠른 풍속으로 인해 구간별 정압 손실이 커짐
   ② 그 결과 각 배연구에서 풍량 차이 발생
3) T.A.B 조정의 필요성
   - 준공 이후 반드시 T.A.B(Testing, Adjusting, Balancing)를 통해 풍량 조정 필요

(2) 배출구 및 급기구의 유입풍속 기준

1) 화재안전기술기준의 적용
   ① 배출구와 급기구의 유입풍속은 공조설비용 덕트의 기준이 아닌 화재안전기술기준으로 적용
   ② 배출 덕트 : 풍속 15 m/s 이하, 배출구 15 m/s 이하(개구율 고려)
   ③ 급기 덕트 : 풍속 20 m/s 이하, 급기구 5 m/s 이하(개구율 고려)
   ④ 성능위주설계 가이드라인 : 기준풍속의 80%로 적용
2) 배출구 설계 시 유의사항
   ① 배출구의 경우 별도의 면적 기준이 없어 풍도 내 풍속에 따라 선정
   ② 배출구를 통과하는 풍속이 매우 빠를 경우 Plug-holing 발생 가능성 확인

(3) Plug-holing 현상과 영향

1) Plug-holing의 정의

- 하나의 배출구를 통해 지나치게 많은 체적 유량이 배출될 때, 연기층의 가운데가 뚫리면서 연기 아래쪽의 신선한 공기가 배출구를 통해 빠져나가는 현상

2) Plug-holing 발생 시 문제점

- 배연 효율이 급격하게 떨어짐

3) Plug-holing 방지를 위한 최대 유속 계산

- Plug-holing이 발생하지 않는 배출구 통과 최대 유속은 다음과 같이 계산

$$V_{max} = 4.16\gamma\, d^{5/2}\sqrt{\frac{T_s - T_o}{T_o}}$$

여기서, V_{max} = 연기층의 온도 T_s에서 플러그 홀링 없는 최대 체적유량, m^3/s

γ = 배출구 위치계수

d = 가장 낮은 배출구 아래의 연기층 두께, m

T_s = 연기층의 절대온도, K

T_o = 주위의 절대온도, K

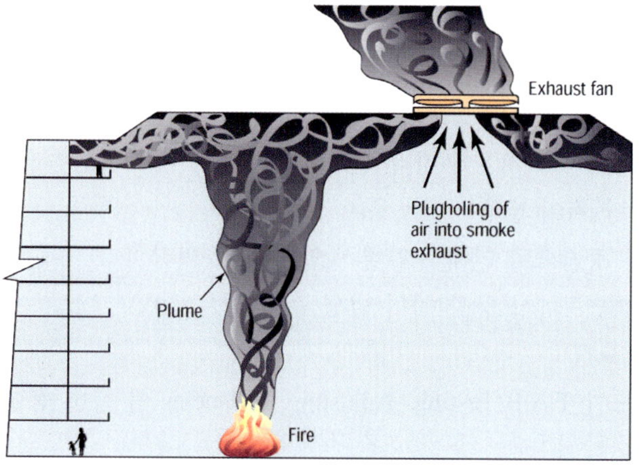

그림 1.12.16.1 배출구의 배출한계를 초과함에 따라 예상되는 플러그 홀링의 발생 모델

(4) 배출구 설계 기준

1) 연기층 두께는 배출구 하단에서 연기층 하단까지의 거리

2) 배출구의 위치에 따라(γ) 값이 달라짐

① 천장 중앙에 배출구 직경의 2배 이상 벽체로부터 떨어져 설치된 경우

☞ γ = 1.0 (②번)

② 벽체에 인접하거나 벽으로부터 배출구 직경의 2배 미만으로 떨어져 설치된 경우

☞ γ = 0.5 (①, ③번)

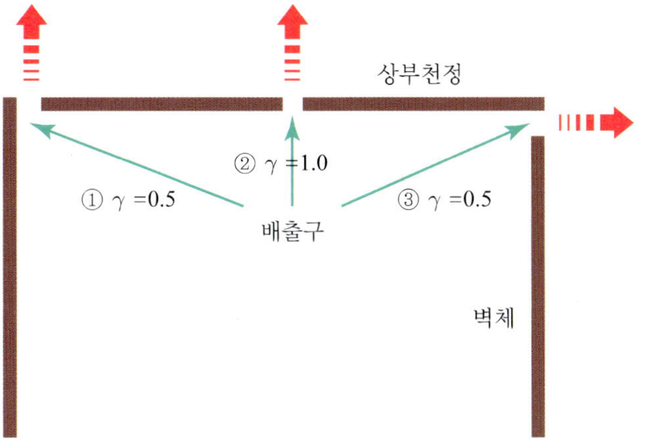

그림 1.12.16.2 배출구의 배출한계를 초과함에 따라 예상되는 플러그 홀링의 발생 모델

3) 배출구 직경 제한

- 배출구 직경(D_i)는 배출구 아래의 연기층 두께(d)의 절반보다 작아야 함
  - ☞ 수식으로 표현하면 $\dfrac{d}{D_i} > 2$
  - ☞ 이는 배출 시 발생하는 소음이 화재 경보를 방해하지 않도록 하기 위한 기준

4) 사각형 배출구의 등가 직경(D_i) 계산

- 배출구 형태가 원형이 아닌 사각형인 경우 다음 방정식을 사용

$$D_i = \frac{2ab}{a+b}$$

여기서, a, b = 배출구 한 변의 길이, m

(5) Plug-holing 방지를 위한 배출구 간 이격거리

1) 배출구 간 최소 이격거리의 필요성

- Plug-holing을 방지하기 위해 여러 개의 배출구를 설치할 경우 배출구 간의 최소 이격거리 확보

2) 최소 이격거리 계산식

- 배출구 간의 최소 이격거리는 다음과 같이 계산

$$S_{\min} = 0.9\sqrt{V_e}$$

여기서, $S_{\min}$ = 배출구 가장자리 사이의 최소이격거리, m

V_e = 배출구 하나의 배출유량, m^3/s

(6) Plug-holing 방지를 위한 설계 시 고려사항

1) 배출구 수 및 크기 조절
   - Plug-holing을 방지하기 위해 배출구의 수를 늘리고 각 배출구의 크기를 적절하게 설계
2) 배출구 위치 선정
   - 배출구는 가능한 천장 중앙부에 설치하고 벽체로부터 충분히 이격하여 (γ) 값을 최대화
3) 연기층 두께 유지
   - 배출구 설치 높이와 연기층 두께를 고려하여 배출구 직경을 제한
4) 배출 유량의 균일화
   - 각 배출구의 배출 유량이 균일하도록 설계하여 배연 효율을 극대화

1.12.17 방화구획 관통 덕트 내 방화댐퍼 설치

- 방화구획 관통부의 방화댐퍼(F.D : Fire Damper) 설치 여부 확인

(1) 거실제연설비의 작동

1) 화재진압활동 중 지속 작동 필요성
   ① 화재진압활동을 돕기 위한 연기 배출설비이므로, 화재 초기와 중기화재에서도 제연설비의 작동이 중단되지 않아야 함
   ② 현장에 출동한 화재진압대원이 활동하는 동안에도 계속 작동

2) 비상전원 용량의 한계
   ① 화재안전기술기준에서 제연설비의 비상전원 용량은 20분으로 규정
   ② 이는 중기화재 이후 거실제연설비의 가동을 지속할 수 없는 시간이므로, 현재의 거실제연설비를 소화활동설비로 보기에는 무리가 있음

3) 배출량과 제연설비의 한계
   ① 스프링클러 헤드 미작동 시 배출량 증가
      ☞ 스프링클러 헤드가 작동하지 않을 경우, 현재의 화재안전기술기준에 규정된 배출량보다 훨씬 더 많은 연기가 발생
      ☞ 따라서 기준 배출량 이상의 배연량 필요
   ② 중기 화재이후 많은 연기 발생으로 소화활동설비로의 효용성 부족

(2) 제연방식 선택 및 덕트 내화성 문제

1) 중기화재 이후 장시간 운전 필요성

- 거실제연설비의 작동은 중기화재 이후에도 장시간 운전 보장

2) 배출량을 고려한 배연방식 선택

- 배출량을 고려할 때 강제배연방식은 불가능하며, 자연배출방식(Venting system)이 효율적인 연기배출 방식임

3) 덕트의 내화시간 요구 및 적용 문제

① 덕트는 방화구획을 관통하더라도 설비의 지속적인 작동을 보장해야 하므로 덕트 자체에 일정 시간의 내화시간 필요

② 그러나 국내에는 이러한 규정이 없어 적용하기가 어려움

4) 방화댐퍼(F.D) 작동온도 및 설치 문제

① 방화댐퍼 작동온도 설정

☞ 거실제연설비는 화재 초기에 너무 일찍 작동이 중지되어서는 안 되지만, 덕트를 통해 고온의 열기류로 인한 연소 확대 우려가 있음

☞ 따라서 방화구획 관통 부분의 방화댐퍼 작동온도는 일반적으로 사용하는 72℃보다는 높고 280℃보다는 낮은 범위로 설치하는 것이 권장

② 개정된 건축법상 방화댐퍼 설치의 문제

☞ 개정된 방화댐퍼 규정에서는 연기와 불꽃에 의해 모터로 작동하는 것만 사용 가능

☞ 단, 건축법상 주방 등은 온도감지방식의 댐퍼 사용 가능

③ 제연설비 배출덕트의 방화댐퍼 적용 한계

☞ 연기를 배출하는 제연설비의 방화댐퍼가 연기를 감지하면 댐퍼를 폐쇄하는 문제가 발생

☞ 법 규정과 별개로 제연설비의 배출덕트에는 열에 의해 작동하는 방화댐퍼 외에는 대안이 없음

☞ 따라서, 열에 의해 작동하는 방화댐퍼를 설치해야 하며, 이 경우 중온도 이상에서 작동하는 방식을 선택해야 함

1.12.18 M.D (Motor Damper) 설치 부분의 점검구 확인

- 공조겸용 제연설비는 M.D가 화재 시 정확히 운전모드로 작동을 확인하기 위해, 도면에 점검구 반영 여부 확인

(1) 공조겸용 제연설비의 운전 모드 전환과 M.D의 중요성

1) 운전 모드 전환 방식
   ① 평상시에는 공조 모드로 운전
   ② 화재 시에는 M.D(Motor Damper)의 작동으로 급기는 배출로, 배출은 급기로 모드가 변경되기도 함
2) M.D의 정확한 작동 중요성
   ① M.D의 정확한 작동은 매우 중요
   ② 설치 후 시운전을 통해 다음을 점검하고 수정 및 보완
      ☞ 정상적으로 작동하는지 여부
      ☞ 개폐 상태가 적정한지 여부
      ☞ 역방향으로 작동하지 않는지 여부
3) M.D의 개폐 상태 확인을 위한 점검구 필요성
   - 시험을 위해 M.D의 개폐 상태를 확인할 수 있는 점검구 필요

(2) 제어반 신호와 실제 M.D 상태 간의 오차 가능성

1) 제어반 신호와 현장 M.D 상태 불일치 문제
   ① 제어반에는 "열림" 신호가 들어왔지만, 실제 현장의 M.D는 "열리지 않은" 경우가 발생할 수 있음
   ② M.D의 확인 신호를 받는 시스템 방식에 따라 오작동 가능성이 존재
2) 기동 신호 기반 확인 방식의 문제점
   ① 실제로 댐퍼가 열리지 않았음에도 불구하고, 기동 신호가 M.D에 도달했다는 것을 감지하여 댐퍼가 열렸다고 제어반에 확인 신호를 보내는 방식을 많이 사용
   ② 이로 인해 실제 상태와 제어반 표시가 일치하지 않는 문제가 발생할 수 있음

(3) M.D의 개폐 확인 신호 수신 방식 개선 방안

1) 기계식 리미트 스위치 등 접점 방식 사용 권장

① 댐퍼가 실제로 열림 또는 닫힘 모드일 때만 확인 신호가 전달되도록, 기계식 리미트 스위치 같은 접점 방식으로 확인 신호를 받도록 함

② 이는 M.D의 실제 상태를 정확하게 반영할 수 있어 오작동을 방지할 수 있음

2) M.D의 개폐 상태 육안 확인을 위한 지시장치 필요성

① 점검구를 통해 개폐 상태를 육안으로 확인할 수 있도록, 개폐 표시기와 같은 지시장치가 설치된 방식의 제품으로 설치

② 이를 통해 현장에서 M.D의 상태를 직접 확인할 수 있어 안전성을 높일 수 있음

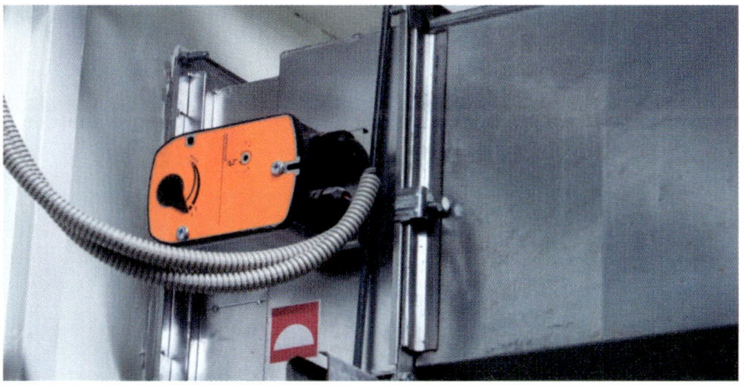

그림 1.12.18.1 개폐 상태를 확인할 수 있는 모터댐퍼 예

1.13 차압 제연설비

1.13.1 제연방식의 선정

- 피난층 계단실이 구획되어 않은 경우 계단실 가압 여부 확인
- 지하층의 특별피난계단이 부속실이 없는 지상층의 일반계단 또는 피난계단과 연결된 경우, 계단실과 부속실 동시 가압과 지하층 부속실만 가압 여부 확인

관련기준

특별피난계단의 계단실 및 부속실 제연설비의 화재안전기술기준(NFTC 501A)

2.2.1 제연구역은 다음의 어느 하나에 따라야 한다.

2.2.1.1 계단실 및 그 부속실을 동시에 제연하는 것

2.2.1.2 부속실을 단독으로 제연하는 것

2.2.1.3 계단실을 단독으로 제연하는 것

(1) 부속실 단독 가압 방식의 한계

1) 국내의 적용 현황 : 대부분의 설계에서 특별피난계단의 부속실만 단독으로 가압하는 방식을 적용
2) 부속실 단독 가압 방식의 문제점
   ① 설계 부실과 시공 후 성능 부실을 야기하여 제연설비의 정상적인 작동을 기대하기 어려움
   ② 설계가 까다롭고, 화재 시 계단실로 유입된 연기가 희석되지 않아 위험한 상황이 발생할 수 있음
3) 부속실 단독 가압 방식을 지양하고 계단실 가압 방식 또는 부속실과 계단실 동시 가압 방식을 권장

(2) 지하층과 지상층 계단 연결 시 가압 설계

1) 연결된 계단 구조의 문제
   ① 지하층은 특별피난계단이고, 이어진 지상계단은 일반계단 또는 피난계단인 경우

② 이 경우 지상층 계단실이 가압되어 있지 않으므로 지상층에서 화재 발생 시 연기가 계단실로 유입 가능

2) 동시 가압의 필요성 : 계단실과 부속실을 동시에 가압하는 시스템 적용 필요

3) 일부 주장과 반박

① 지상층 계단이 특별피난계단이 아니므로 제연에서 제외 가능하다고 주장

② 유입된 연기가 부력으로 인해 아래로 이동하지 않을 것이라는 주장

③ 그러나 연기가 반드시 위로만 상승한다고 보장할 수 없음

☞ 여름철 역연돌 효과로 하강기류 발생 가능

☞ 바람의 영향, 수직 관통부의 존재, 건물 내부 환기 요소 등이 건물 전체의 압력 분포에 영향을 미침

(3) 차압 제연의 기본 개념

1) 압력 차이에 의한 연기 제어

① 최종 안전구역의 압력이 가장 높고, 그 다음으로 안전 구획 순으로 압력이 낮아짐.

② 기류의 흐름이 최종 안전구역(피난계단실)에서 옥내로 흘러 계단실로의 연기 유입을 막는 개념

2) 연기 희석의 장점 : 계단실로 소량의 연기가 유입되어도 곧바로 외부로 빠져나가 희석됨

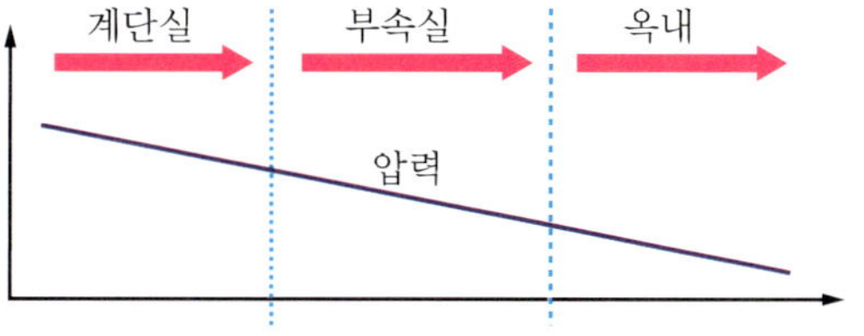

그림 1.13.1.1 차압제연의 기본개념

(4) 국내 부속실 단독 가압 방식의 문제점

1) 압력 배치의 불리함

① 부속실의 압력이 계단실보다 높아, 부속실로 유입된 연기가 계단실로 유출

② 계단실이 가압되지 않아 계단실 내부에 연기가 축적

2) 피난 불가능 상황 초래 위험 : 작은 양의 연기라도 장시간 유입되면 피난이 불가능한 상황을 초래할 수 있음

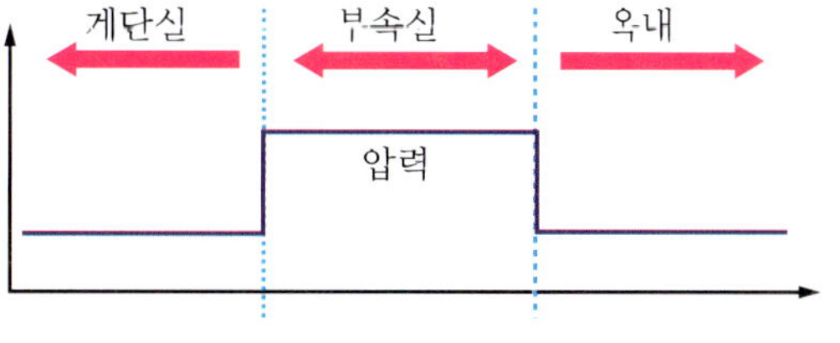

그림 1.13.1.2 부속실 단독가압방식의 건물 내 기류흐름

(5) 계단실 단독 가압 방식

1) 개요

① 차압 제연 설비의 가장 기본적이고 보편적인 방식

② 계단실을 가압하여 기류가 자연스럽게 계단실 → 부속실(있는 경우) → 옥내로 흐름

2) 장점

① 피난 방향으로 신선한 공기가 유입되어 가장 바람직한 방법

② 계단실 내부의 압력이 가장 높아 연기의 유입이 어려움

③ 피난 중 문이 열린 상태에서도 계단실의 압력을 항시 높게 유지할 수 있음

④ 계단실로의 기류로 인해 계단실 문의 폐쇄가 어려워지는 문제점이 없음

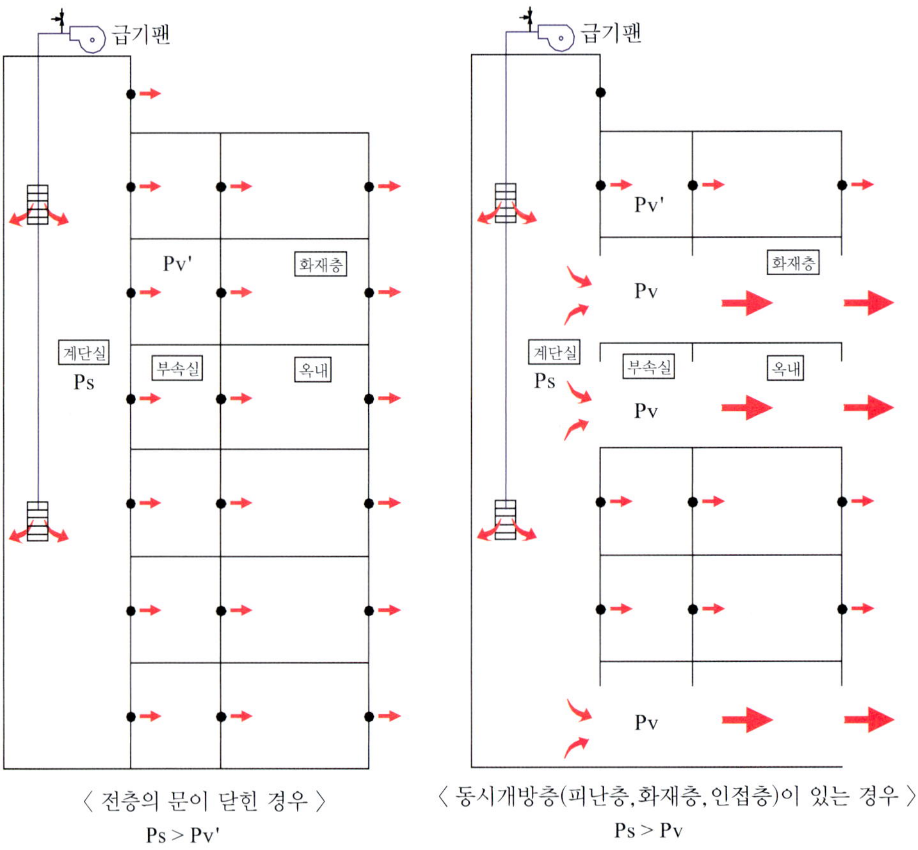

그림 1.13.1.3 계단실 가압 시 건물 내 기류 분포

(6) 계단실 및 부속실 동시 가압 방식

1) 필요성

- 부속실이 설치된 피난계단실의 경우 두 공간을 동시에 가압하는 것이 가장 안정적으로 연기의 유입을 효과적으로 차단할 수 있음

2) 단일 덕트 시스템

① 부속실에 별도의 입상덕트 없이, 계단실 급기댐퍼로부터 일부 공기를 계단실과 부속실 사이의 댐퍼를 통해 부속실에 공급

② 댐퍼는 Back Draft Damper와 방화댐퍼 기능을 모두 만족

③ 평상시에는 닫혀 있으며, 계단실이 가압되면 압력 차이에 의해 자동으로 열림

④ 장점 : 시스템이 단순하고, 계단실의 급기에 따라 부속실도 가압

3) 다중 덕트 시스템

① 부속실 가압을 위해 별도의 입상덕트를 설치

② 장점 : 계단실 급기가 중단되어도 부속실의 최소 압력 유지 가능

③ 단점 :

☞ 입상덕트를 2개 설치해야 하므로 시스템 구성이 복잡

☞ 풍량 밸런스 맞추기 어려움

☞ 경우에 따라 계단실 압력이 부속실보다 낮아질 우려가 있음

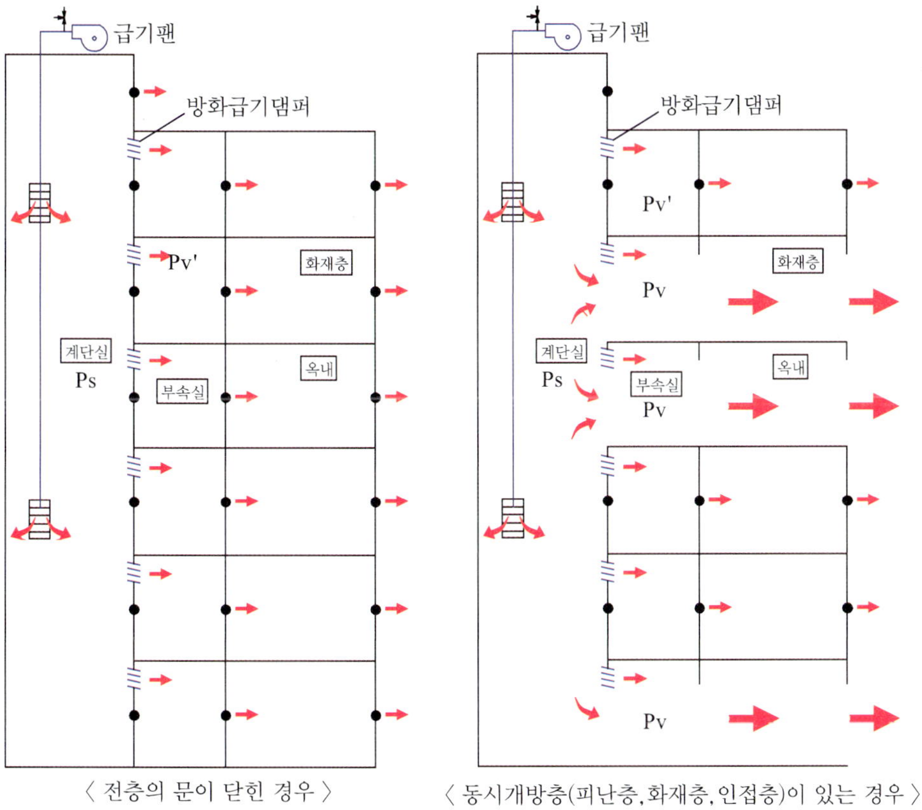

〈 전층의 문이 닫힌 경우 〉

Ps > Pv'

〈 동시개방층(피난층, 화재층, 인접층)이 있는 경우 〉

Ps > Pv

그림 1.13.1.4 계단실과 부속실 동시가압 방식의 건물 내 기류분포(단일덕트 시스템)

4) 기류 흐름 패턴

① 단일 덕트 시스템과 다중 덕트 시스템 모두 동일한 기류 흐름을 보임

② 문이 열린 층에서는 계단실에서 부속실을 지나 옥내로 기류가 흐름

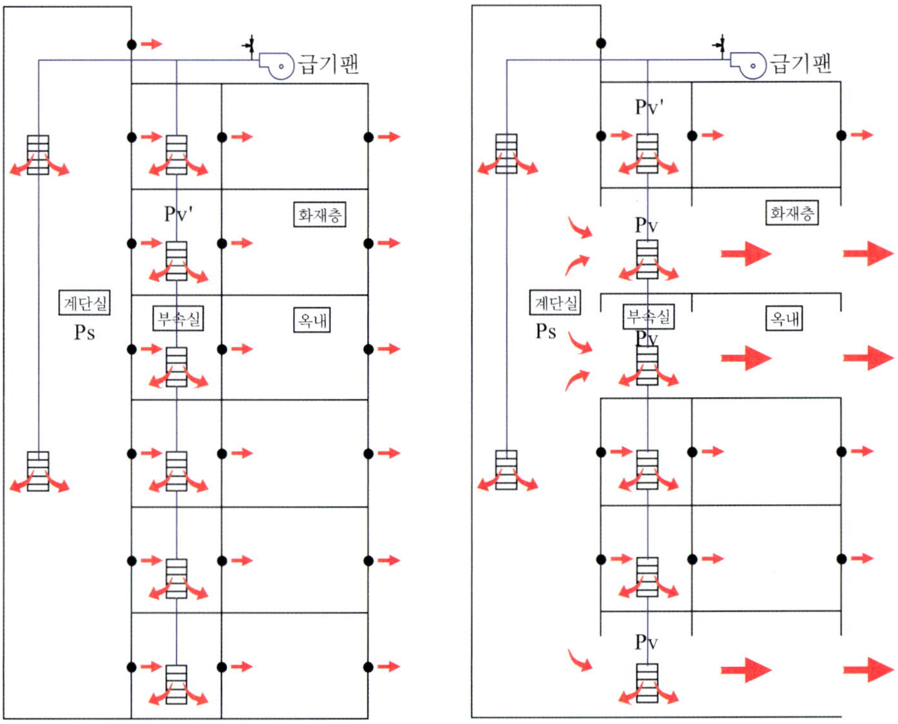

〈 전층의 문이 닫힌 경우 〉 Ps > Pv'

〈 동시개방층(피난층, 화재층, 인접층)이 있는 경우 〉 Ps > Pv

그림 1.13.1.5 계단실과 부속실 동시가압 방식의 건물 내 기류분포(다중덕트 시스템)

(7) 권장 사항

1) 부속실 단독 가압 방식의 지양

- 설계 및 성능상의 문제점으로 인해 부속실 단독 가압 방식 지양

2) 계단실 가압 또는 동시 가압 방식의 채택

- 피난 안전성 향상을 위해 계단실 가압 방식 또는 계단실 및 부속실 동시 가압 방식을 채택하는 것이 바람직

3) 설계 시 고려 사항

① 건물 구조와 화재 시 기류 흐름을 분석하여 적절한 가압 방식을 선택

② 압력 차이와 기류 방향을 고려한 시스템 설계가 필요

1.13.2 설계 최소차압

• 최소 차압이 스프링클러 설치 유무와 상관없이 40 Pa 이상 적용 여부 확인

관련기준

특별피난계단의 계단실 및 부속실 제연설비의 화재안전기술기준(NFTC 501A)

2.3.1 〈2.1.1.1〉의 기준에 따라 제연구역과 옥내와의 사이에 유지해야 하는 최소차압은 40 Pa(옥내에 스프링클러 설비가 설치된 경우에는 12.5 Pa) 이상으로 해야 한다.

(1) 차압 제연설비

1) 압력 차이에 따른 공기 유동

- 경계를 사이에 두고 양쪽의 압력에 차이가 있으면 압력이 높은 쪽에서 낮은 쪽으로 공기가 유동

2) 차압 제연의 원리

① 공기의 유동을 이용하여 연기의 이동이나 누설을 제어하는 방법이 차압 제연

② 피난로 등의 안전 공간 내부 압력을 높게 유지하여 연기가 안전공간 내부로 유입되지 않도록 함

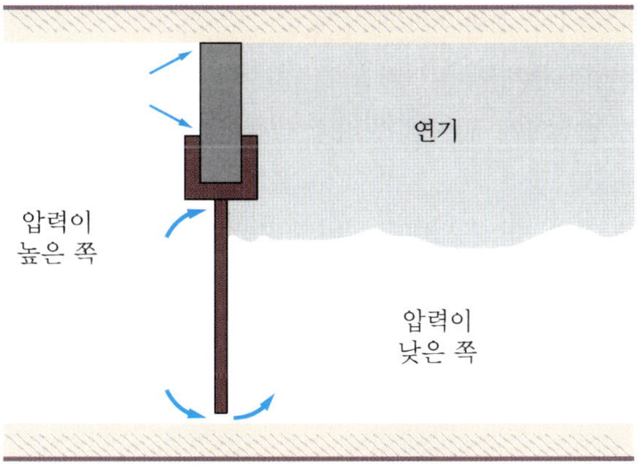

그림 1.13.2.1 차압 제연에 의한 방연

3) 차압 제연의 효과와 한계

① 연기 침입 차단 효과

☞ 열린 문이나 창문, 환기구 등의 개구부뿐만 아니라, 벽체의 균열, 덕트 주변 틈새 등

의식하지 못하는 미세 경로를 통한 연기 침입도 막을 수 있음

② 과압 발생 시 단점

☞ 과압이 발생하면 피난 시 문을 여는 데 장애가 발생할 수 있음

4) 차압 제연의 실무 적용의 어려움

① 기준 설정의 복잡성

☞ 압력 차이를 이용한 연기 차단의 기본 개념은 단순하지만, 이를 실무에 적용하기 위한 기준을 만드는 것은 매우 어렵고 복잡함

② 기술적 능력 및 연구 필요성

☞ 성능을 구현하는 기술 능력이 전제되어야 하며, 차압 형성에 영향을 미치는 다양한 여건과 변수에 대한 연구가 필요

(2) 설계 기준 차압

1) 설계 기준 차압의 설정 원칙

① 설계 기준 차압은 제연 설비의 근간을 이루는 핵심

② 자연적·인위적 압력 차이 극복 필요

☞ 설계 기준 차압은 건물 내 발생할 수 있는 자연적 또는 인위적인 압력 차이를 극복할 수 있는 크기로 고려

③ 안정적 유지 고려

☞ 어떠한 환경에서도 안정적으로 설계 기준 차압을 유지할 수 있도록 설계

2) 건물 내 기존 압력 차이와 제연 설비에의 영향

① 평상시 압력 차이의 존재

☞ 건물 내에는 평상시에도 여러 원인에 의해 압력 차이가 존재

② 차압 형성에 유불리 영향

☞ 이미 형성된 압력 차이는 제연 설비의 차압 형성에 유리하거나 불리하게 작용할 수 있음

3) 연돌 효과가 차압 형성에 미치는 영향

① 압력 차이 없는 경우의 예시

☞ 건물 내 압력 차이가 없을 때, 설계 기준 차압 12.5 Pa로 계단실을 가압하면 계단실 전체가 옥내보다 12.5 Pa 높게 유지

② 연돌 효과 발생 시의 문제점

☞ 겨울철 연돌 효과로 압력 차이가 12.5 Pa를 초과하면, 일부 저층부에서는 계단실 압력이 옥내보다 낮아져 가압 효과가 상실

☞ 이로 인해 연기가 계단실로 유입

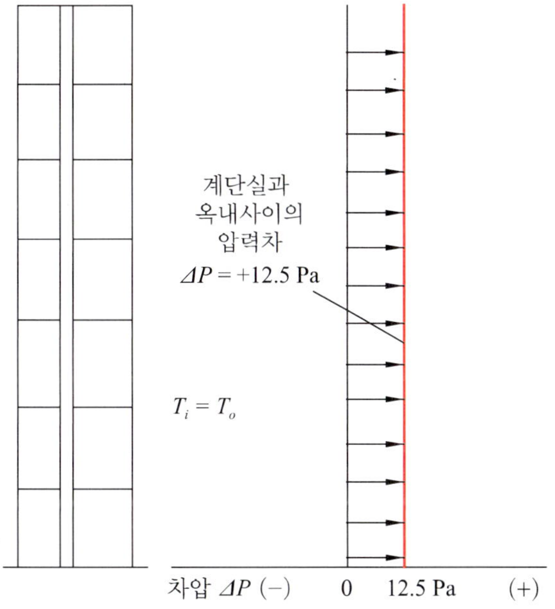

그림 1.13.2.2 연돌효과가 없는 상태에서 계단실 가압

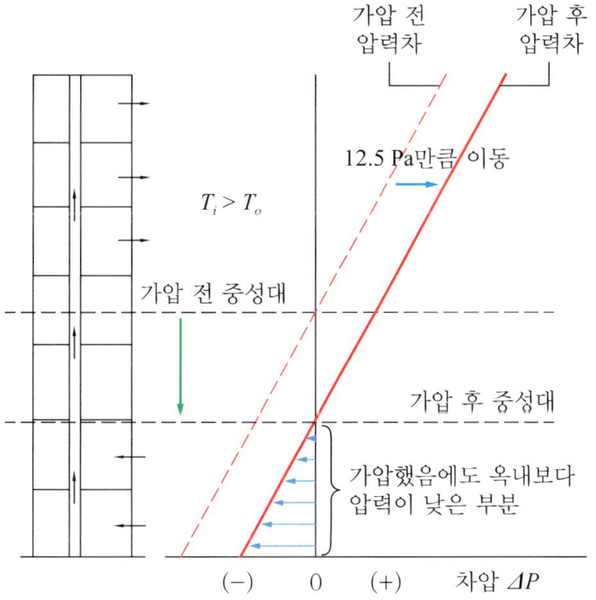

그림 1.13.2.3 겨울철 연돌효과 발생 시 계단실 가압 전후

(3) 국내외 설계 기준 차압

1) 영국 기준
   - 1964년 영국 실험에서 연기 침입을 막기 위한 차압은 약 5 Pa로도 충분한 것으로 나타났으나, 그럼에도 불구하고 영국의 설계 기준 차압은 30 Pa 이상을 요구
2) 미국 NFPA 92A 기준
   - 스프링클러 설치 시 12.5Pa 이상, 미설치 시 25 Pa 이상을 요구
3) 국내 화재안전 규정
   - 스프링클러 설치 시 NFPA 92A의 12.5 Pa, 미설치 시 개정 전 BS5588 Part4의 40 Pa을 준용
4) 외국 기준 도입 시 주의사항

   ① 배경 상황과 조건의 이해 필요

   ☞ 외국 기준 도입시 기준의 배경이 되는 상황과 조건의 정확한 이해 필요

   ② 설계의 적절성 확보

   ☞ 이해가 미흡하면 시스템 설계가 제대로 이루어지지 않음
5) NFPA 92A의 차압 기준과 한계

   ① 부력만 고려한 기준

   ☞ 연돌 효과나 바람의 영향은 고려하지 않고, 화재실의 부력만 고려한 기준

   ② 일률적 적용의 문제점

   ☞ 다른 조건을 고려하지 않고 일률적으로 차압을 적용하는 것은 취지에 어긋남

   ③ 국내 기준의 문제점

   ☞ 국내 기준의 12.5 Pa 차압 기준이 잘못 적용되고 있으며, 연돌 효과에 의해 압력 차를 상실하기 쉬운 작은 차압으로 제연에 실패할 가능성이 높음
6) 유럽 통합 표준 EN12101-13의 설계 기준 차압

   ① 건물 내 압력 차이에 영향을 미치는 화재실의 부력, 연돌 효과, 바람의 영향 등을 고려하여 설계 기준 차압을 30 Pa로 규정

   ② 최소 압력 차이 유지 의의

   ☞ 평상시 영향이 없을 때 제연 구역과 옥내 사이의 압력 차가 30Pa이면, 영향으로 압력 차가 줄어들어도 연기 침입을 막기 위한 최소 압력 차 유지 가능
7) 합리적인 대안 제시
   - EN12101-13 기준 준용 권장

     ☞ 스프링클러 설치와 상관없이 30 Pa로 규정한 EN12101-13의 기준을 준용하는 것이 합리적 대안

1.13.3 설계 방연풍속

• 부속실 등 제연구역의 종류에 따라 0.5 m/s, 0.7 m/s 이상 여부 확인

관련기준

특별피난계단의 계단실 및 부속실 제연설비의 화재안전기술기준(NFTC 501A)

2.7.1 방연풍속은 제연구역의 선정방식에 따라 다음 표 2.7.1의 기준에 적합해야 한다.

표 2.7.1 제연구역에 따른 방연풍속

제연구역		방연풍속
계단실 및 그 부속실을 동시에 제연하는 것 또는 계단실만 단독으로 제연하는 것		0.5m/s 이상
부속실만 단독으로 제연하는 것	부속실 또는 승강장이 면하는 옥내가 거실인 경우	0.7m/s 이상
	부속실이 면하는 옥내가 복도로서 그 구조가 방화구조(내화시간이 30분 이상인 구조를 포함)인 것	0.5m/s 이상

(1) 차압 제연설비의 차압과 방연풍속

1) 차압 제연 설비의 작동 원리

① 연기가 제연 구역으로 유입되는 것을 방지하기 위해 제연 경계 양쪽에 압력 차이(차압)를 조성

② 이 차압은 화재실의 고온 가스의 역동성, 겨울철 연돌 효과, 바람의 영향 등을 고려하여 연기 침입을 막기 위한 차압보다 커야 함

2) 피난 문 개방 시의 공기 유동

① 제연 경계의 피난 문이 개방되거나 개구부가 발생하면 압력 차이에 따른 공기 유동이 발생

② 예를 들어, 문 양쪽의 차압이 50 Pa이고 유속이 6~7 m/s인 경우 큰 개구부에서 이러한 풍속으로 공기가 유출되면 제한된 급기 용량으로는 감당할 수 없음

③ 또한, 과도한 급기는 화재를 확산시켜 화재 규모를 키우는 악영향을 초래할 수 있음

④ 따라서 연기가 피난 경로로 역류하는 것을 막기 위한 최소 풍속만을 유지해야 함

3) 방연풍속

① 연기의 이동을 바람으로 막는 것으로 일정한 속도 이상의 기류를 연기가 유입되는 공간으로 공급하여 연기 유입을 차단

② 터널과 같이 좁고 긴 공간이나 공간의 출입구 등에서 쉽게 적용할 수 있음

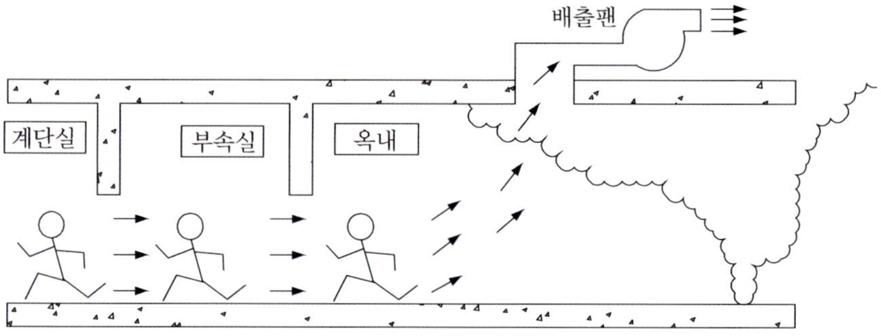

그림 1.13.3.1 방연풍속의 개념

(2) 방연풍속

1) 화재 단계에 따른 방연 풍속의 필요성

① 화재 초기

☞ 화재실 온도가 높지 않고 연기 축적이 적음

☞ 피난 문이 잠시 열릴 경우 낮은 풍속으로도 연기 침입을 막을 수 있음

② 화재 성장기

☞ 화재실 온도가 높아져 연기의 부력이 증가

☞ 실내 공기 팽창으로 압력이 높아져, 더 큰 역기류(높은 풍속)가 필요

2) 국제 표준에 따른 방연 풍속 기준 변화

① EN 12101-6의 이전 기준

☞ 피난 문이 잠시 열릴 경우 필요한 방연 풍속은 0.75 m/s 이상 요구

☞ 소방대가 사용하는 화재 진압 전용 샤프트의 출입구는 상시 열려 있는 것으로 가정하여 2 m/s 이상의 방연 풍속 요구

② EN 12101-13의 개정된 기준

☞ 작은 규모의 건물을 제외한 대부분의 건물에서 2 m/s 이상의 방연 풍속 요구

☞ 피난 중에도 연기 유입을 완전히 차단하겠다는 의지가 반영된 것으로 판단

3) 실험 결과와 국내 방연 풍속 기준의 한계

① 실험 결과

☞ 연기 침입을 완전히 차단하기 위한 풍속은 최소 2.5 m/s 이상 필요

② 국내 방연 풍속 기준의 문제점

☞ 국내 기준은 0.5~0.7 m/s로, 이 풍속으로는 연기 침입 차단 어려움

☞ 높은 방연 풍속을 요구하지 않는 이유는
피난 시 일시적으로 열리는 짧은 기간 동안 연기 유입량이 적음
문이 닫히면 누설 틈새를 통해 연기가 빠져나가 소멸되기 때문

(3) 방연풍속 계산

1) 미국 IBC(International Building Code)의 방연풍속 계산식

$$v = 2\sqrt{\frac{h(T_f - T_o)}{T_f}} \qquad \text{(식 1.13.3.1)}$$

여기서, v = 방연풍속(m/s)

h = 개구부 또는 통로의 높이(m)

T_f = 연기온도(K)

T_o = 주위온도(K)

2) 방연풍속 계산

- 연기온도(T_f)가 900℃ (1,173 K)
- 주위온도(T_o)가 20℃ (293 K)
- 개구부 높이(h) 2.1 m일 경우
- 연기의 역류를 막기 위한 방연풍속을 계산하면,

$$v = 2\sqrt{\frac{2.1(1173 - 293)}{1173}} = 2.51 \text{ m/s}$$

- 방연풍속이 약 2.5 m/s 정도이면 대부분의 중기화재 이후에도 연기 역류를 막을 수 있는 임계 풍속으로 판단됨

3) 차압과 방연 풍속의 관계

① 차압에 의한 연기 유입 방지 원리와 방연 풍속은 동일한 개념

② 차압은 작은 틈새를 통해 일정한 속도로 공기를 빠져나가게 하여 연기 역류 방지

③ 차압에 따른 풍속 계산

☞ 차압 10 Pa일 때 누설 틈새를 통한 공기 속도

$$v = \sqrt{\frac{2 \times \Delta P}{\rho}}$$

여기시, ΔF – 압력 차이(10 Pa)

ρ = 공기 밀도(1.2 kg/m^3)

$$\therefore\ v = \sqrt{\frac{2 \times 10}{1.2}} = 4.08 \text{ m/s}$$

④ 차압 10 Pa는 누설 틈새를 통해 약 4 m/s의 풍속을 형성, 연기의 역류를 방지

⑤ 이는 실제 연기 유입을 막을 수 있는 압력 차가 약 5 Pa 정도면 충분하다는 실험 결과와도 일치

4) 국제 기준과 연관성

- EN 12101-6에서는 문이 열렸을 때 계단실의 최소 차압을 10 Pa 이상 요구

(4) 방연 풍속 유지를 위한 공기 배출구의 필요성

1) 공기 배출구의 중요성

① 방연 풍속이 유지되기 위해서는 공기가 빠져나갈 수 있는 통로(배출구)가 필요

② 배출구가 없는 경우 급기를 통해 옥내로 공기 유입이 불가능

2) 구조상의 문제

- 그림 1.13.3.2와 같은 구조에서는 배출구가 없어 방연 풍속 형성이 어려움

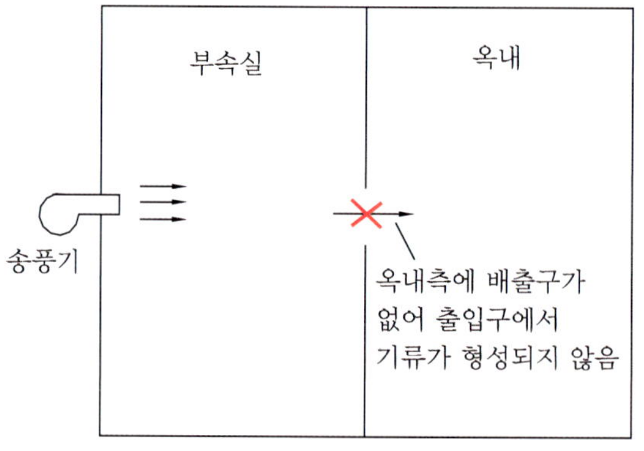

그림 1.13.3.2 배출구가 없는 상태에서의 급기

3) 아파트의 방연 풍속 적용 및 기준

① 국내 아파트에서 유입 공기 배출구가 없으며 방연 풍속 구현에 문제 발생

② EN 12101-6의 아파트 규정

☞ 세대에서 계단실로 이르는 통로가 3개소 이상 방화문으로 구획된 경우 방연 풍속을 요구하지 않음.

☞ EN 12101-13에서는 해당 규정도 삭제

③ 기준의 취지

☞ 아파트는 거주 인원이 적어 피난 시간이 짧음

☞ 피난 중 피난구가 열리는 시간이 짧아 연기 유입이 지속적으로 이루어지지 않음.

☞ 계단실과 주거 공간 사이의 모든 문이 동시에 개방될 확률이 낮아, 연기가 계단실로 누설될 가능성이 매우 낮음

4) 방연 풍속 및 차압의 적절한 유지 필요성

① 화재 단계와 건물 구조에 따라 적절한 방연 풍속과 차압을 유지하여 연기 유입을 방지

② 설계 시 고려사항

☞ 공기 배출구의 확보 등 시스템 설계 시 방연 풍속의 형성 조건을 충분히 고려

☞ 국제 기준 및 실험 결과를 참고하여 적절한 풍속 및 차압을 설정

1.13.4 부속실과 비상용 승강장의 구분

- 특별피난계단 부속실과 비상용승강기 승강장 겸용 여부 검토

관련기준

건축물의 설비기준 등에 관한 규칙 제10조 (비상용승강기의 승강장 및 승강로의 구조)

법 제64조제2항에 따른 비상용승강기의 승강장 및 승강로의 구조는 다음 각 호의 기준에 적합하여야 한다.

2. 비상용승강기 승강장의 구조

가. 승강장의 창문 · 출입구 기타 개구부를 제외한 부분은 당해 건축물의 다른 부분과 내화구조의 바닥 및 벽으로 구획할 것. 다만, 공동주택의 경우에는 승강장과 특별피난계단(「건축물의 피난 · 방화구조 등의 기준에 관한 규칙」 제9조의 규정에 의한 특별피난계단을 말한다. 이하 같다)의 부속실과의 겸용부분을 특별피난계단의 계단실과 별도로 구획하는 때에는 승강장을 특별피난계단의 부속실과 겸용할 수 있다.

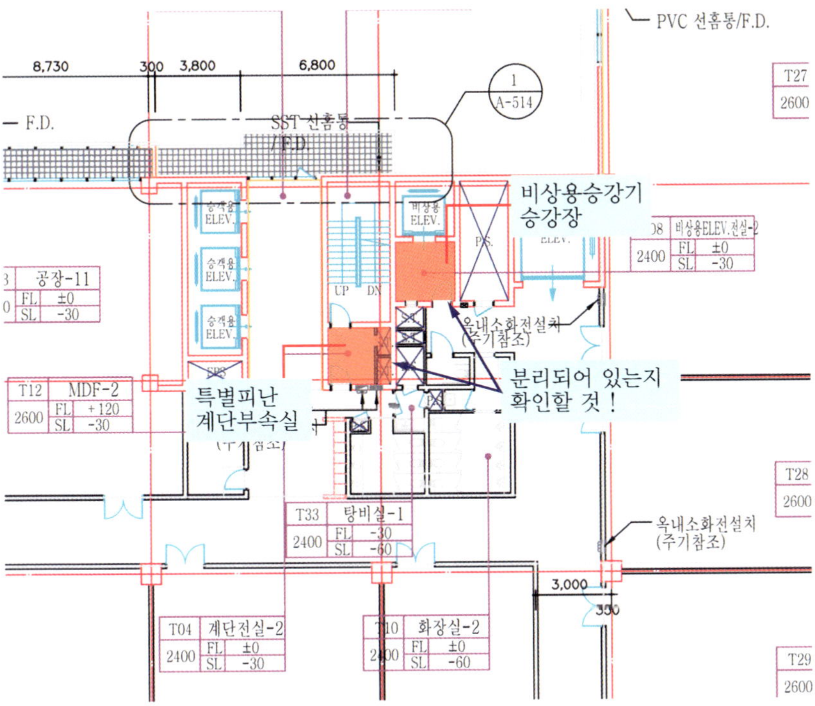

그림 1.13.4.1 특별피난계단 부속실 및 비상용승강기 승강장 분리

(1) 특별피난계단 및 비상용승강기의 부속실 설치 규정

1) 부속실 설치 의무

- 특별피난계단과 비상용승강기는 별도의 부속실을 각각 설치하도록 규정

2) 부속실 설치 목적

① 화재 시 안전공간(특별피난계단실, 비상용승강기의 승강로)을 화열이나 연기에 직접 노출되지 않도록 하기 위함

② 완충공간(부속실)을 설치하여 보다 높은 안전을 보장

(2) 비상용승강기 승강장과 특별피난계단 부속실의 겸용 금지

1) 겸용 금지 규정

- 비상용승강기의 승강장과 특별피난계단 부속실을 겸용하지 않도록 규정

2) 겸용 금지 이유

① 사용 목적의 차이

☞ 비상용승강기 : 소화활동설비로서 소방대가 화재진압을 위해 사용

☞ 특별피난계단 : 빌딩 내 거주자들이 화재 시 피난에 이용하는 공간

② 동선 겹침에 따른 혼잡 우려

☞ 겸용 시 소방대와 피난자의 동선이 겹쳐 혼잡이 발생할 우려가 있음

③ 따라서, 각각 전용 설치 요구

3) 공동주택의 예외 조항

- 공간 제약 등으로 인해, 공동주택에서는 특별피난계단의 부속실과 비상용승강기의 승강장 겸용을 허용

1.13.5 수직풍도 면적과 제연덕트의 크기

- 건축도면에 표기된 제연설비용 수직풍도의 바닥면적이 제연설비 도면의 수직 덕트 크기보다 가로 및 세로 각각 10 cm 이상 더 큰지 확인

(1) 설치 공간 확보를 위한 풍도와 덕트 크기 검토

1) 풍도의 일반적인 위치

- 풍도는 대체로 부속실 내부의 벽체와 맞닿은 위치에 설치(그림 1.13.5.1 참조)

2) 덕트 시공의 어려움

- 덕트 크기와 풍도 크기가 동일할 경우, 덕트 시공이 어려워 설치가 불가능
- 특히, 벽체와 맞닿은 부위의 덕트 연결부 작업이 불가능

3) 문제 해결을 위한 풍도 크기 조정

- 풍도의 바닥 면적을 실제 제연 덕트 크기보다 가로 및 세로 각각 10 cm 정도 더 크게 설치하여 덕트 시공 공간을 확보

4) 작업 공간 부족 시 발생하는 문제점

① 부실 시공의 우려

☞ 벽체와 덕트 사이에 여유 공간이 없으면 작업이 곤란하거나 불가능하여 부실 시공 우려

② 연결부 누설 발생 가능성

☞ 덕트와 덕트 사이의 연결부를 밀실하게 처리해야 하나, 작업 공간 부족으로 연결부가 부실하게 처리될 수 있음

☞ 이로 인해 연결 부위에서 급기 공기의 누설이 발생하여 제연 실패로 이어질 수 있음

5) 덕트 설치 공간 부족 시 대책 방안

① 제연 설계풍량의 검토로 총 풍량 조정 (TAB 및 설계사 협조)

② 풍도(S.T) 크기 조정 및 위치 이동 (건축 및 시공사 협조)

③ 덕트 가능한 시공 공간 검토 (시공사 협조)

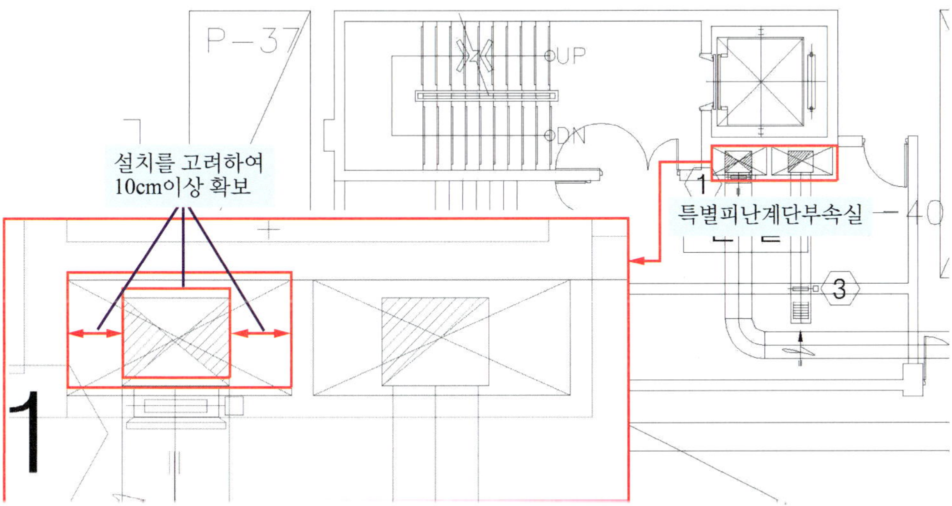

그림 1.13.5.1 급기가압 제연설비 부속실 풍도면적 검토

1.13.6 수직풍도의 내화구조 및 급기와 배출풍도의 분리

- 제연 수직풍도의 내화구조 검토
- 급기풍도와 배출풍도 사이가 내화성능을 가지는 벽체로 구획 여부 확인

관련기준

특별피난계단의 계단실 및 부속실 제연설비의 화재안전기술기준(NFTC 501A)

2.11.1 수직풍도에 따른 배출은 다음의 기준에 적합해야 한다.

2.11.1.1 수직풍도는 내화구조로 하되 「건축물의 피난 · 방화 구조 등의 기준에 관한 규칙」 제3조제1호 또는 제2호의 기준 이상의 성능으로 할 것

2.11.1.2 수직풍도의 내부면은 두께 0.5 ㎜ 이상의 아연도금강판 또는 동등 이상의 내식성 · 내열성이 있는 것으로 마감하되, 접합부에 대하여는 통기성이 없도록 조치할 것

2.15.1 급기풍도(이하 "풍도"라 한다)의 설치는 다음의 기준에 적합해야 한다.

2.15.1.1 수직풍도는 2.11.1.1 및 2.11.1.2의 기준을 준용할 것

건축물의 피난 · 방화구조 등의 기준에 관한 규칙 제3조 (내화구조)

1. 벽의 경우에는 다음 각 목의 어느 하나에 해당하는 것
   가. 철근콘크리트조 또는 철골철근콘크리트조로서 두께가 10센티미터 이상인 것
   나. 골구를 철골조로 하고 그 양면을 두께 4센티미터 이상의 철망모르타르(그 바름바탕을 불연재료로 한 것으로 한정한다. 이하 이 조에서 같다) 또는 두께 5센티미터 이상의 콘크리트블록 · 벽돌 또는 석재로 덮은 것
   다. 철재로 보강된 콘크리트블록조 · 벽돌조 또는 석조로서 철재에 덮은 콘크리트블록 등의 두께가 5센티미터 이상인 것
   라. 벽돌조로서 두께가 19센티미터 이상인 것
   마. 고온 · 고압의 증기로 양생된 경량기포 콘크리트패널 또는 경량기포 콘크리트블록조로서 두께가 10센티미터 이상인 것
2. 외벽 중 비내력벽인 경우에는 제1호에도 불구하고 다음 각 목의 어느 하나에 해당하는 것
   가. 철근콘크리트조 또는 철골철근콘크리트조로서 두께가 7센티미터 이상인 것
   나. 골구를 철골조로 하고 그 양면을 두께 3센티미터 이상의 철망모르타르 또는 두께 4센티미터 이상의 콘크리트블록 · 벽돌 또는 석재로 덮은 것
   다. 철재로 보강된 콘크리트블록조 · 벽돌조 또는 석조로서 철재에 덮은 콘크리트블록 등의 두께가 4센티미터 이상인 것
   라. 무근콘크리트조 · 콘크리트블록조 · 벽돌조 또는 석조로서 그 두께가 7센티미터 이상인 것

(1) 수직 풍도의 내화 구조

1) 내화 구조 설치 규정

① 수직 풍도는 내화 구조로 설치하도록 규정

② '건축물의 피난·방화구조 등의 기준에 관한 규칙'(건축물 방화구조 규칙)에 따라 벽 또는 비내력벽 기준으로 설치할 수 있음

2) 비내력벽의 기준

- 비내력벽은 외벽 기준이지만, 최소한의 방화구획을 구성할 수 있는 벽체 기준

3) 급기와 배출 풍도의 설계 구조

① 급기 풍도와 배출 풍도는 내화 구조로 설치

② 내화 구조의 풍도 안에 덕트를 추가로 설치하는 구조로 설계

4) 내화 구조가 아닌 경우의 문제점

① 덕트의 내화 등급 부족

☞ 급기와 배출 덕트가 내화 구조의 풍도로 보호되지 않을 경우, 덕트 자체는 내화 등급이 아니므로 위험성 증가

② 화재 시 연소 확대 우려

☞ 화재가 커질 경우 덕트의 변형과 파손으로 인해 연소 확대의 요인

③ 배출 덕트의 고온 노출 위험성

☞ 중기 화재 이후 배출 덕트는 장시간 고온에 노출

☞ 만약 노출된 급기 덕트와 인접하여 설치된다면, 급기 덕트가 뜨거운 열기류에 노출되어 매우 위험할 수 있음

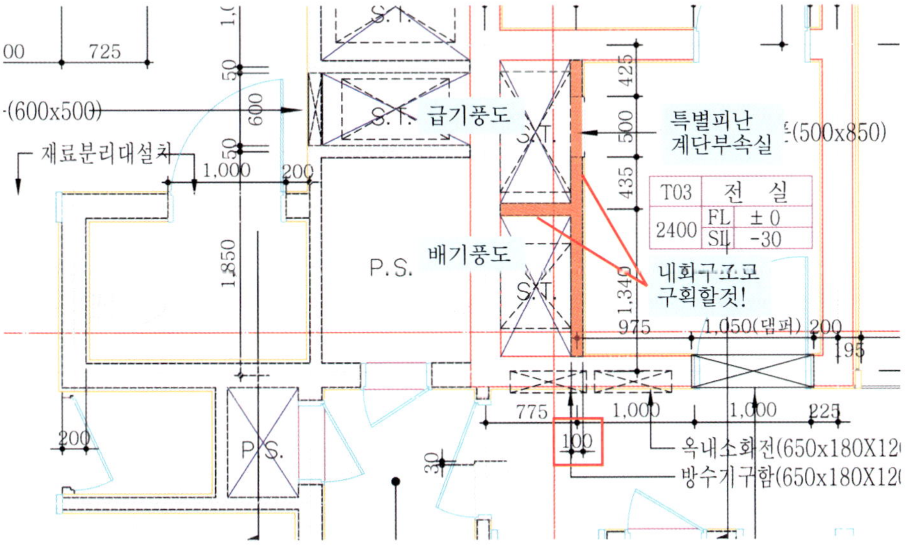

그림 1.13.6.1 특별피난계단 부속실의 구조

(2) 기술 지침의 기준 소개

- '차압을 이용하는 제연설비에 대한 기술지침(안)'에서 급기 풍도와 배출 풍도에 대한 기준 제시

참고 – 급기풍도 및 배출풍도 기준 [차압을 이용하는 제연설비에 대한 기술지침(안)]

4.2.4 급기풍도

풍도에서의 누설량은 제연 송풍기의 체절운전압력에서 설계풍량의 5% 이하이어야 한다. 제연시스템의 설치 후 현장에서 반드시 누설시험을 실시하고 성능시험표에 가동성능과 함께 누설성능도 표기하여야 한다. 급기풍도가 다른 방화구획 공간을 지날 때에는 급기풍도가 그 공간의 화재로부터 보호되도록 비내력벽 기준 1시간 이상의 내화성능을 가져야 한다. 그 외의 경우에는 급기풍도를 굳이 단열할 필요가 없다. 급기풍도의 중간에는 방화댐퍼를 설치하지 말아야 한다. 급기풍도를 강판제 덕트로 하는 경우, 그 두께는 내부 유속에 따라 건설교통부 제정 건축기계설비표준시방서의 기준을 따른다.

4.4.4 배출전용 수직풍도

4.4.4.1 일반사항 : 옥내배출전용의 수직풍도는 배출기능상 가장 좋은 시설이며 배연기능을 겸할 수도 있다. 그러나 배연창이나 주방, 화장실 등의 상시 배출용 풍도가 있는 경우에는 전용수직풍도의 기능이 무력화될 수 있다. 상시 배출용 풍도에 방화댐퍼가 있더라도 화재초기 제연이 필요한 시점에서는 작동하지 않으며, 또한 배연창은 그 면적이 대개 배출풍도보다 훨씬 크기 때문이다. 그러므로 배연창이나 상시배출용 풍도가 있는 경우 그 기능들을 신중히 고려하여 배출전용 수직풍도의 타당성을 검토하여야 한다.

4.4.4.2 배출전용 수직풍도의 구비조건 : 배출전용 수직풍도는 방화구획의 성능을 갖추어야 하며, 강판제 덕트나 시멘트 모르터로 마감된 철근콘크리트 등 누설방지구조를 갖추어야 한다. 옥내에 면하는 배출구는 옥내의 화재감지 신호에 의해 화재층에서만 열려야하고, 초기 기동신호 이외의 추가신호에 의해 다른 층에서 열리는 일이 없어야 한다.

배출용 송풍기를 이용하지 않고 부력에만 의존하는 방식의 경우 배출구와 수직풍도 내부의 유속은 초속 2미터 이내로 되도록 하여야 하며, 수직풍도의 길이가 100미터를 넘는 경우에는 마찰손실이 커짐을 고려하여 초속 1.5미터 이내로 되도록 하여야 한다. 기계식 배출방식인 경우에는 배출구와 풍도 내부 유속을 초속 10미터 이하로 하여야 한다.

옥내배출구는 평상시 닫혔다가 화재 시에만 열리도록 하여야하고, 그 닫힘기구는 배출풍도를 지나는 고온가스에 의해 손상되지 않도록 방화성능을 가져야하나, 옥내배출구로부터 배출말단까지 모든 경로에는 화재 시 개방기능에 역행하는 방화댐퍼를 설치하여서는 아니 된다. 수직풍도에서 배출되는 연기가 건물 옥상에 머무르지 않도록 수직풍도 말단 부분의 위치와 구조를 고려하여야 한다.

4.4.4.3 배출/환기용 수직풍도와 배출전용 수직풍도의 겸용 : 배출/환기용 수직풍도가 배출전용 수직풍도에 필요한 조건을 구비하면 배출용 수직풍도로 겸용할 수 있다. 이러한 겸용 시설은 화재발생시 화재층 이외의 모든 층에서 옥내 배출구를 자동으로 닫아야 한다. 이 닫힘기구는 위에 기술한 배출전용 수직풍도의 배출구 요구조건을 갖춰야 한다.

1.13.7 특별피난계단의 설치규정

- 특별피난계단부속실과 옥내 사이의 벽체에 창문 설치 불가
- 특별피난계단부속실과 외기 사이의 창문이 1 m^2 이하의 망입유리로 된 붙박이창이 아닌 경우에는 건축물의 다른 부분에 설치하는 창문 등으로부터 2 m 이상 이격

관련기준

건축물의 피난 · 방화구조 등의 기준에 관한 규칙 제9조 (피난계단 및 특별피난계단의 구조)

3, 특별피난계단의 구조

가. 건축물의 내부와 계단실은 노대를 통하여 연결하거나 외부를 향하여 열 수 있는 면적 1제곱미터 이상인 창문(바닥으로부터 1미터 이상의 높이에 설치한 것에 한한다) 또는 「건축물의 설비기준 등에 관한 규칙」 제14조의 규정에 적합한 구조의 배연설비가 있는 면적 3제곱미터 이상인 부속실을 통하여 연결할 것

나. 계단실 · 노대 및 부속실(「건축물의 설비기준 등에 관한 규칙」 제10조제2호 가목의 규정에 의하여 비상용승강기의 승강장을 겸용하는 부속실을 포함한다)은 창문 등을 제외하고는 내화구조의 벽으로 각각 구획할 것

다. 계단실 및 부속실의 실내에 접하는 부분(바닥 및 반자 등 실내에 면한 모든 부분을 말한다)의 마감(마감을 위한 바탕을 포함한다)은 불연재료로 할 것

라. 계단실에는 예비전원에 의한 조명설비를 할 것

마. 계단실 · 노대 또는 부속실에 설치하는 건축물의 바깥쪽에 접하는 창문 등(망이 들어 있는 유리의 붙박이창으로서 그 면적이 각각 1제곱미터이하인 것을 제외한다)은 계단실 · 노대 또는 부속실외의 당해 건축물의 다른 부분에 설치하는 창문 등으로부터 2미터 이상의 거리를 두고 설치할 것

바. 계단실에는 노대 또는 부속실에 접하는 부분 외에는 건축물의 내부와 접하는 창문 등을 설치하지 아니할 것

사. 계단실의 노대 또는 부속실에 접하는 창문 등(출입구를 제외한다)은 망이 들어 있는 유리의 붙박이창으로서 그 면적을 각각 1제곱미터 이하로 할 것

아. 노대 및 부속실에는 계단실외의 건축물의 내부와 접하는 창문 등(출입구를 제외한다)을 설치하지 아니할 것

자. 건축물의 내부에서 노대 또는 부속실로 통하는 출입구에는 제26조에 따른 갑종방화문을 설치하고, 노대 또는 부속실로부터 계단실로 통하는 출입구에는 제26조에 따른 갑종방화문 또는 을종방화문을 설치할 것. 이 경우 갑종방화문 또는 을종방화문은 언제나 닫힌 상태를 유지하거나 화재로 인한 연기, 온도, 불꽃 등을 가장 신속하게 감지하여 자동적으로 닫히는 구조로 하여야 한다.

차. 계단은 내화구조로 하되, 피난층 또는 지상까지 직접 연결되도록 할 것

카. 출입구의 유효너비는 0.9미터 이상으로 하고 피난의 방향으로 열 수 있을 것

(1) 급기가압 제연설비 설치 대상 및 설계 확인

1) 설치 대상

- 급기가압 제연설비는 특별피난계단, 특별피난계단 부속실, 비상용승강기 및 피난용승강기 승강장에 설치하도록 규정

2) 계단의 유형

① 직통계단 : 지하 1층부터 지상 4층까지 해당

② 피난계단 : 지하 2층부터 지상 10층까지 해당(그림 1.13.7.2 참조)

③ 특별피난계단 : 지하 3층 이상 및 지상 11층 이상인 층에 해당(그림 1.13.7.3 참조)

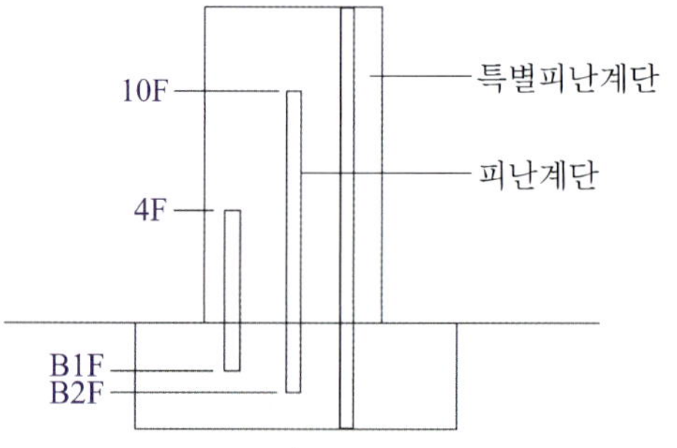

그림 1.13.7.1 계단별 유형

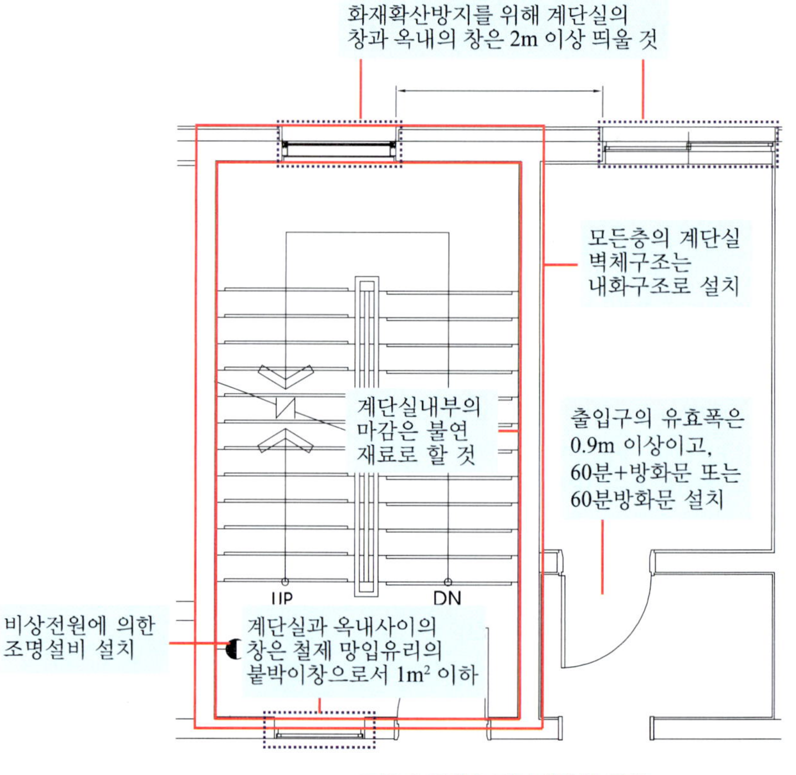

그림 1.13.7.2 피난계단의 구조

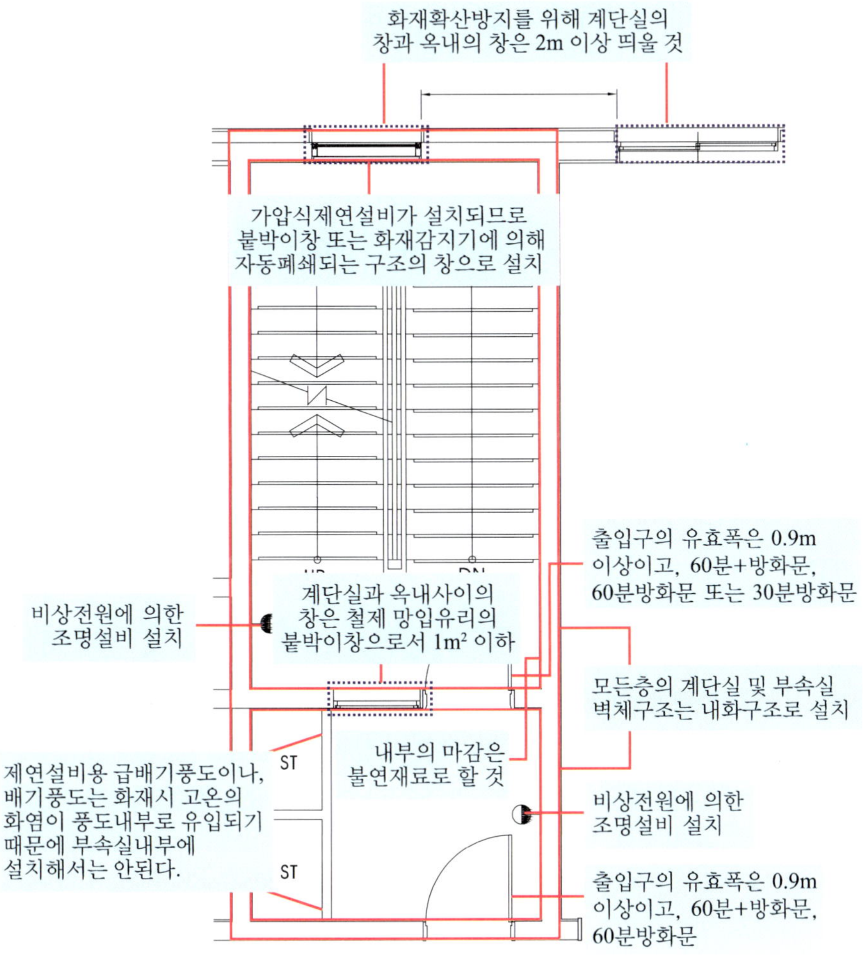

그림 1.13.7.3 특별피난계단 구조(배연설비가 있는 부속실 경우)

3) 설계 확인 필요

① 급기가압 제연설비가 설치된 계단실 및 부속실이 건축법의 특별피난계단실 규정에 적합하게 설계되었는지 확인

② 제연설비의 성능에 지장을 주지 않는 구주인지 파악

(2) 특별피난계단 부속실의 방호 성능 및 창문 설치 규정

1) 방호 성능 요구

- 특별피난계단 부속실은 계단실과 마찬가지로 화재로부터 방호될 수 있는 성능을 요구

2) 창문 설치 금지

- 부속실과 옥내 사이에는 창문을 설치하지 않도록 규정
  - ☞ 창문 설치 시 화염에 의한 파괴나 창을 통한 열전달을 방지하기 위함

(3) 피난계단 및 특별피난계단(부속실 경유)의 주요 검토 사항

1) 적용 대상

① 피난계단 : 지하 2층부터 지상 10층까지의 건물

② 특별피난계단 : 지하 3층 이상 또는 지상 11층 이상의 건물

2) 보행 거리 제한

- 거실의 각 부분에서 계단실까지의 보행 거리는 30 m (내화구조의 경우 50 m) 초과 금지

3) 부속실 설치 의무

- 특별피난계단의 경우 반드시 부속실 설치

4) 부속실과 옥내 사이 창문 설치 금지

- 특별피난계단 부속실과 옥내 사이에 창 설치 금지

5) 계단실 및 부속실의 창문 설치 조건

① 특별피난계단은 소방법에 따른 계단실 제연설비 설치 대상

② 계단실과 부속실에 창문을 설치할 경우, 붙박이창 또는 화재감지기에 의해 자동으로 폐쇄되는 구조의 창으로 설치

6) 배출풍도의 설치 위치

① 부속실 내부의 제연설비용 급배기 풍도 중 배출풍도는 화재 시 고온의 화염이 유입되므로, 안전구획인 부속실 내부에 설치하는 것은 바람직하지 않음

② 배출풍도는 별도의 공간으로 분리하여 설치하는 것이 화재 안전 측면에서 합리적

7) 부속실 내 창문 설치 제한

① 부속실 내부에는 어떠한 형태로든 '개방'되는 창문 설치 금지

② 1 m^2 이하의 망입유리로 된 붙박이창만 설치 가능

③ 제연설비 작동 시 부속실을 가압하면, 창문이 열려 있다면 가압 효과가 사라져 제연 효과를 기대할 수 없음

8) 옥외와 연결된 창문 설치 조건

① 옥외와 연결된 창이 설치되어 있다면, 창은 1 m^2 이하의 망입유리로 된 붙박이창으로 제한

② 더 큰 창 또는 망입유리가 아닌 창을 부속실 외벽에 설치할 경우, 건물의 다른 부분에 설치된 창문으로부터 2 m 이상 이격되었는지 확인

1.13.8 아파트의 경우 1층 계단실과 옥내 사이 방화구획

• 아파트의 경우 1층 계단실의 방화구획 여부 확인

관련기준

건축법 시행령 제46조 (방화구획의 설치)

① 법 제49조제2항 본문에 따라 주요구조부가 내화구조 또는 불연재료로 된 건축물로서 연면적이 1천 제곱미터를 넘는 것은 국토교통부령으로 정하는 기준에 따라 다음 각 호의 구조물로 구획(이하 "방화구획"이라 한다)을 해야 한다. 다만, 「원자력안전법」 제2조제8호 및 제10호에 따른 원자로 및 관계시설은 같은 법에서 정하는 바에 따른다.

1. 내화구조로 된 바닥 및 벽
2. 제64조제1항제1호 · 제2호에 따른 방화문 또는 자동방화셔터(국토교통부령으로 정하는 기준에 적합한 것을 말한다. 이하 같다)

② 다음 각 호에 해당하는 건축물의 부분에는 제1항을 적용하지 않거나 그 사용에 지장이 없는 범위에서 제1항을 완화하여 적용할 수 있다.

1. 문화 및 집회시설(동 · 식물원은 제외한다), 종교시설, 운동시설 또는 장례시설의 용도로 쓰는 거실로서 시선 및 활동공간의 확보를 위하여 불가피한 부분
2. 물품의 제조 · 가공 및 운반 등(보관은 제외한다)에 필요한 고정식 대형 기기(器機) 또는 설비의 설치를 위하여 불가피한 부분. 다만, 지하층인 경우에는 지하층의 외벽 한쪽 면(지하층의 바닥면에서 지상층 바닥 아래면까지의 외벽 면적 중 4분의 1 이상이 되는 면을 말한다) 전체가 건물 밖으로 개방되어 보행과 자동차의 진입 · 출입이 가능한 경우로 한정한다.
3. 계단실 · 복도 또는 승강기의 승강장 및 승강로로서 그 건축물의 다른 부분과 방화구획으로 구획된 부분. 다만, 해당 부분에 위치하는 설비배관 등이 바닥을 관통하는 부분은 제외한다.
4. 건축물의 최상층 또는 피난층으로서 대규모 회의장 · 강당 · 스카이라운지 · 로비 또는 피난안전구역 등의 용도로 쓰는 부분으로서 그 용도로 사용하기 위하여 불가피한 부분
5. 복층형 공동주택의 세대별 층간 바닥 부분
6. 주요구조부가 내화구조 또는 불연재료로 된 주차장
7. 단독주택, 동물 및 식물 관련 시설 또는 국방 · 군사시설(집회, 체육, 창고 등의 용도로 사용되는 시설만 해당한다)로 쓰는 건축물
8. 건축물의 1층과 2층의 일부를 동일한 용도로 사용하며 그 건축물의 다른 부분과 방화구획으로 구획된 부분(바닥면적의 합계가 500제곱미터 이하인 경우로 한정한다)

(1) 오래된 아파트의 계단실 구획 문제

1) 오래된 아파트에서는 1층 계단실을 별도로 구획하지 않고 시공된 경우가 많음

2) 계단실 미구획 시 문제점

① 계단실이 구획되지 않았다는 것은 단순히 문이 없는 것이 아니라, 계단실 자체가 별도의 공간으로 분리되지 않았다는 의미

② 계단실이 구획되지 않으면 1층 화재 시 연기가 바로 계단실로 유입되어 오염되므로 피난

이 불가능해짐

③ 이러한 구조는 계단실을 가압할 수 없는 문제가 발생하여 제연설비의 설계를 곤란하거나 불가능하게 함

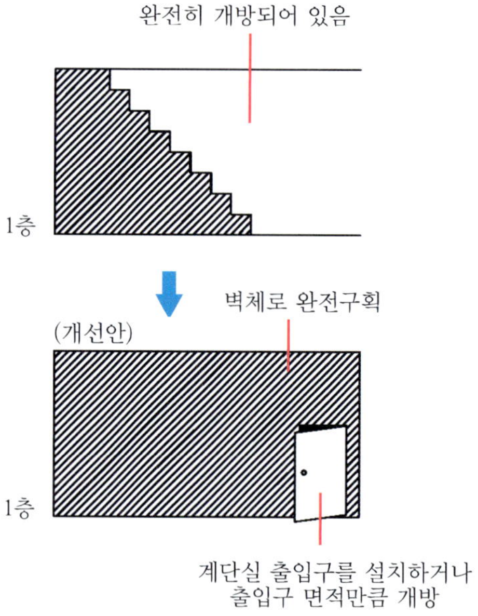

그림 1.13.8.1 아파트 1층 계단실의 구획 개선안

(2) 부속실만 단독으로 가압하는 방식의 문제점

1) 계단실 가압의 어려움으로 인해 부속실만 단독으로 가압하는 방식이 도입되어 현재까지 적용하고 있음
2) 부속실 단독 가압 시 발생하는 문제
   ① 압력이 낮은 계단실로 연기를 밀어내어 계단실이 오염
   ② 계단실로 유입된 연기는 부속실의 압력이 높아 옥내로 빠져나가기 어려워, 오염된 계단실에서 장시간 피난해야 하는 위험한 상황이 발생
   ③ 계단실이 비가압되어 피난 후 부속실의 압력이 높아지면, 계단실 문이 잘 닫히지 않는 문제가 발생
   ④ 부속실만 단독으로 가압하는 경우 풍량 밸런스 조절이 매우 복잡하고 어려움

(3) 안정적인 제연설비를 위한 계단실 구획 및 가압 방안

1) 안정적이고 신뢰성 높은 제연설비를 위해 1층의 계단실은 반드시 별도로 구획
2) 계단실 가압의 지양
3) 현행 건축법에서도 계단실은 별도의 방화구획 대상으로 규정
   - 따라서 1층에서도 계단실은 옥내와 별도로 구획되는 것이 타당

1.13.9 제연용 송풍기의 설치장소

- 실내에 제연용 송풍기가 설치된다면 다른 구역과 방화구획 확인

관련기준

특별피난계단의 계단실 및 부속실 제연설비의 화재안전기술기준(NFTC 501A)

2.16.1.4 송풍기는 인접 장소의 화재로부터 영향을 받지 않고 접근 및 점검이 용이한 장소에 설치할 것

(1) 제연팬의 설치 위치 및 화재 영향 고려

1) 설치 위치의 일반적인 사례
   - 제연팬은 주로 옥상이나 건물의 지하에 설치

2) 화재 영향에 따른 설치 위치 고려사항
   ① 옥상에 설치된 경우, 건물 화재로부터 직접적인 영향을 덜 받음
   ☞ 단, 옥상 설치 시 급기 송풍기는 연기 등 오염된 공기를 취입하지 않는 위치를 고려(배기구 등으로부터 수평거리 5 m 이상, 수직거리 1 m 이상 낮은 위치)
   ② 지하층 등 건물 내에 설치된 경우, 화재의 영향을 받을 우려가 있음
   ③ 따라서 건물 내 다른 공간과 별도로 방화구획을 하는 것이 바람직

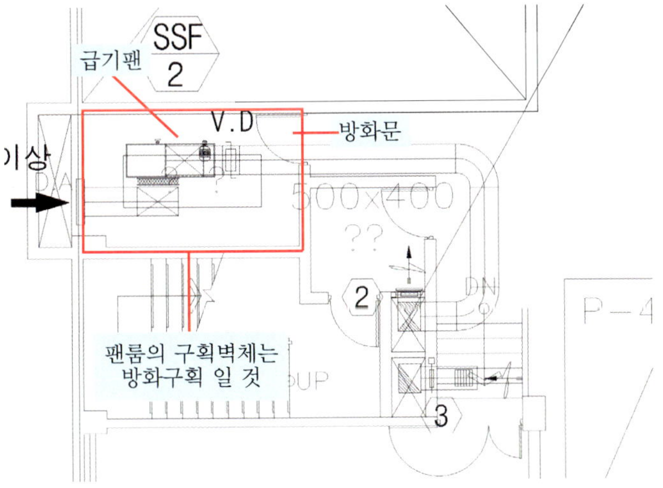

그림 1.13.9.1 제연팬 설치장소의 구조(지하 급기팬 전용)

(2) 지하 설치 시 방화구획의 필요성

1) 지하주차장 내 팬룸 설치 시 방화구획
   ① 지하주차장 내 팬룸을 설치할 경우, 팬룸과 주차장은 서로 방화구획
   ② 이는 주차장 화재로부터 팬룸이 영향을 받지 않도록 하기 위함
2) 방화구획 미실시 시 위험성
   ① 방화구획이 되어 있지 않다면, 주차장 화재 시 고온의 열기류와 유독가스가 팬룸으로 유입될 수 있음
   ② 이로 인해 송풍기 흡입측으로 연기와 가스가 들어와, 계단실과 부속실로 연기를 이송시킬 위험이 높아짐

(3) 급기팬과 배출팬의 분리 설치 필요성

1) 동일 팬룸 설치의 지양
   - 그림 1.13.9.2와 같이 급기팬과 배출팬을 동일한 팬룸에 설치하는 것은 지양
2) 분리 설치의 이유
   ① 배출팬은 중기 화재 이후에도 덕트 내부에 고온의 열기류가 이송되거나 체류될 수 있어, 덕트와 팬이 소손될 가능성이 높음
   ② 따라서, 동일 공간에 설치된 급기팬에 영향을 미칠 수 있으므로, 급기팬과 배출팬을 분리하여 서로 다른 장소에 설치하는 것이 바람직

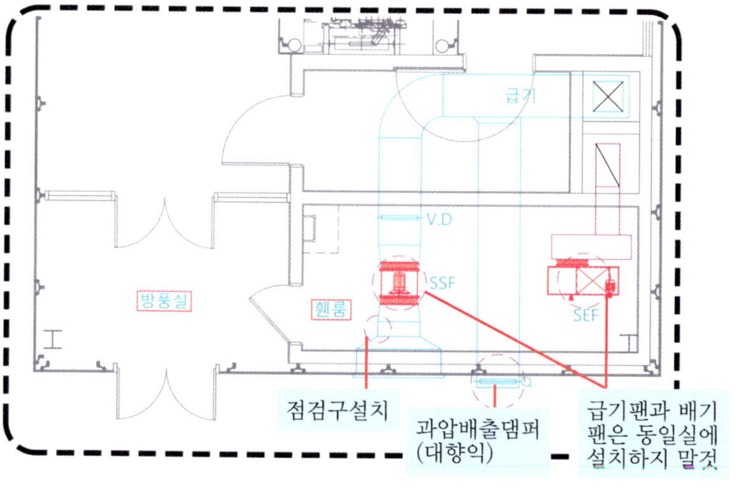

그림 1.13.9.2 제연팬 설치장소의 구조(옥상 팬룸)

(4) NFPA의 송풍기와 덕트의 내화 규정

1) 내화성능 요구사항
   - NFPA에서는 송풍기와 덕트의 설치에 대해 NFPA 참고 내용 중 한 가지 조건을 만족하도록 요구
2) 스프링클러 방호 시 예외
   - 계단실을 포함한 건물 전체가 스프링클러로 방호되는 경우, 내화성능 1시간 미만도 허용 가능
3) 계단실 스프링클러 설치 전제
   - 이 예외는 계단실까지 스프링클러가 설치된 경우를 전제로 함

참고 - NFPA에서 규정하고 있는 송풍기와 덕트의 내화규정

- **불연구조의 밀폐된 덕트로서 계단실에 직접 연결되는 건물 외부 위치**

  덕트가 건물내부를 관통하지 않기 때문에 내화성능이 요구되지 않고 송풍기실도 건물과 분리되어 있어 화재로부터 소손의 우려가 없다.

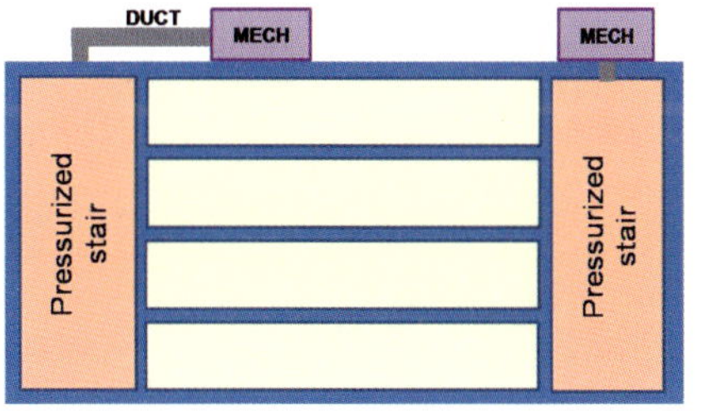

그림 1.13.9.3 계단실에 직접 연결되는 건물 외부 위치한 경우

- **급기와 배기가 외부로 직접 연결되어 있거나 또는 내화성능 2시간의 밀폐된 덕트에 의해서 연결되는 계단실 내부 위치**

  송풍기실이 계단실과 직접 접해 있고 송풍기의 흡입 덕트만 건물내부를 관통하는 구조이다. 따라서 건물내부를 관통하는 덕트의 내화성능은 2시간이 요구된다.

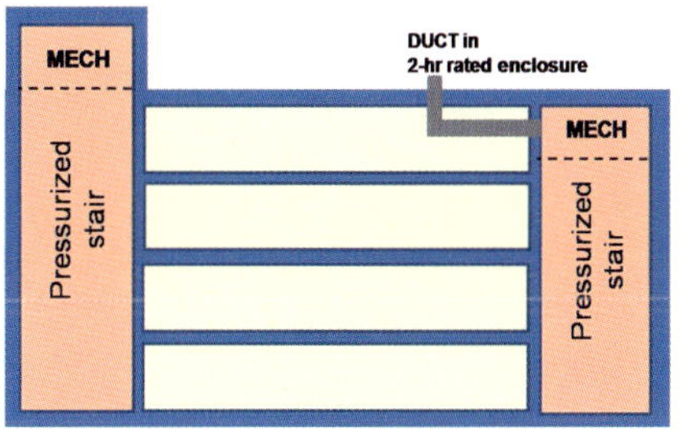

그림 1.13.9.4 내화성능 2시간의 덕트로 계단실 내부에 위치한 경우

- **다른 기계장치를 포함한 건물의 기타 부분으로부터 내화성능 2시간 구조에 의해서 구획된 경우의 건물 내 위치**

  송풍기실이 다른 부분과 완전히 방화구획된 실에 분리되어 설치된 경우이다. 방화구획벽체의 내화성능은 2시간이 요구된다.

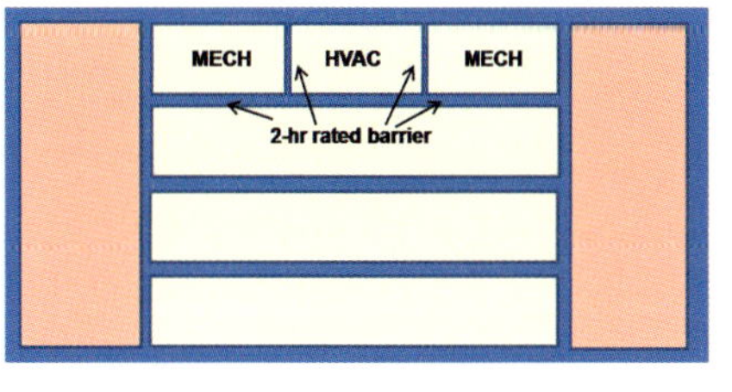

그림 1.13.9.5 내화성능 2시간 구조로 구획된 실내에 위치한 경우

1.13.10 급기 송풍기의 풍량조절댐퍼 설치

- 급기 송풍기에 풍량조절댐퍼가 설치되어 있는지 확인

관련기준

특별피난계단의 계단실 및 부속실 제연설비의 화재안전기술기준(NFTC 501A)

2.16.1 급기송풍기의 설치는 다음의 기준에 적합해야 한다.

2.16.1.2 송풍기에는 풍량조절장치를 설치하여 풍량조절을 할 수 있도록 할 것

2.16.1.3 송풍기에는 풍량을 실측할 수 있는 유효한 조치를 할 것

(1) 급기송풍기의 풍량조절댐퍼 설치 목적

1) 시운전검사를 통해 제연성능에 가장 적정한 운전용량으로 시스템 풍량을 조절하기 위해 설치

2) 설계 시 계산된 용량이 현장에서 적정하게 운전될 수 있도록 T.A.B 과정에서 풍량조절댐퍼를 이용하여 풍량을 조정

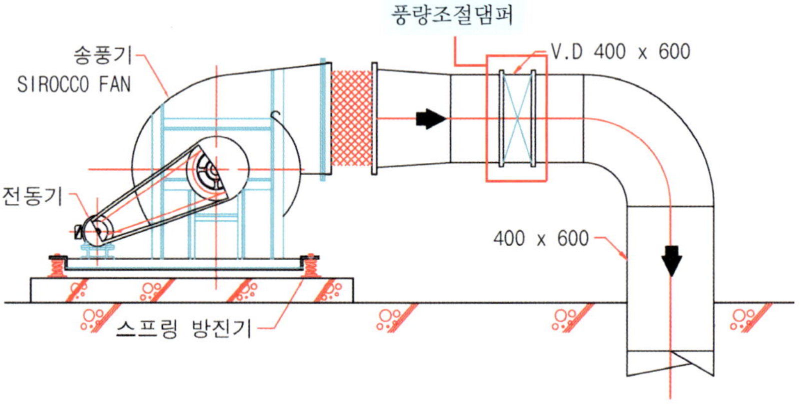

그림 1.13.10.1 풍량조절댐퍼의 설치

(2) 풍량조절댐퍼 설치 시 유의사항

1) 풍량조절댐퍼는 가능한 송풍기 흡입측에 설치한다.

① 배출측에 설치하면 풍량조절이 어렵고 소음과 진동이 심해지며 송풍기 효율이 급격히 저하되는 문제가 발생

② 단, 흡입측 댐퍼를 과도하게 조이면 서징(Surging)이 발생할 수 있음

2) 송풍기 배출측에 볼륨조절댐퍼(V.D)를 설치해야 할 경우

- 송풍기 출구로부터 충분히 이격시켜 와류 등의 영향을 최소화

3) 댐퍼의 날개 설치 방식

① 풍량조절이 용이한 대향익으로 설치

② 평행익 댐퍼의 경우 날개가 한쪽 방향으로만 움직여 풍량조절이 어려움

③ 와류와 벤츄리 효과로 정압손실이 커져 경우에 따라 풍량 부족으로 이어질 수 있음

그림 1.13.10.2 흡입측 풍량조절댐퍼(송풍기 공장)

1.13.11 옥외 외기 취입구의 연기 재유입 방지

- 옥상에 외기 취입구를 설치할 경우 건물 외곽선에서 5 m 이상 이격 확인
- 급기팬의 외기취입구가 건물 외곽 및 타설비 배출구로부터 수평거리 5 m, 수직으로 1 m 아래에 위치하는지 확인

관련기준

특별피난계단의 계단실 및 부속실 제연설비의 화재안전기술기준(NFTC 501A)

2.17.1 외기취입구(이하 "취입구"라 한다)는 다음의 기준에 적합해야 한다.

2.17.1.1 외기를 옥외로부터 취입하는 경우 취입구는 연기 또는 공해물질 등으로 오염된 공기를 취입하지 않는 위치에 설치해야 하며, 배기구 등(유입공기, 주방의 조리대의 배출공기 또는 화장실의 배출공기 등을 배출하는 배기구를 말한다)으로부터 수평거리 5 m 이상, 수직거리 1 m 이상 낮은 위치에 설치할 것

2.17.1.2 취입구를 옥상에 설치하는 경우에는 옥상의 외곽면으로부터 수평거리 5 m 이상, 외곽면의 상단으로부터 하부로 수직거리 1 m 이하의 위치에 설치할 것

2.17.1.3 취입구는 빗물과 이물질이 유입하지 않는 구조로 할 것

2.17.1.4 취입구는 취입공기가 옥외의 바람의 속도와 방향에 따라 영향을 받지 않는 구조로 할 것

(1) 화재 시 제연용 급기팬 외기취입구의 설치 고려사항

1) 연기 유입 방지
   ① 화재 시 건물 위로 상승하는 연기가 급기팬의 흡입구로 유입되지 않도록 건물 외곽으로부터 충분히 이격
   ② 건물 외곽면보다 아래에 설치하여 연기 유입을 방지
   ③ 다른 배기구(주방 배기구, 화장실 배기구, 제연 배기구 등)보다 1 m 아래쪽에 위치시켜 오염된 공기의 역유입을 방지
2) 옥상 설치의 문제점 및 대안
   ① 옥상은 높은 위치로 인해 기류 이동이나 화재 시 연기 이동이 예측 범위를 벗어날 가능성이 높음
   ② 외기취입구로 연기가 역유입될 우려가 있으므로 가능하면 제연 급기팬은 지상(지면) 또는 지하에 설치하는 것이 좋음
3) 아파트 옥상 설치 시 이격거리 확인
   ① 아파트의 경우 옥상 면적이 협소하여 법적 수평 이격거리 5 m를 만족하기 어려운 경우가 많음
   ② 옥상에 제연 급기팬을 설치할 경우 도서 검토 시 이격거리 기준의 만족 여부를 확인
4) 건축법 시행령에 따른 난간 설치와 이격거리 보완
   ① 대부분의 건축물은 건축법 시행령 제40조에 따라 옥상 외곽면의 높이를 1.2 m로 설치(난간 개념)
      ☞ 건축법 시행령 제40조(옥상광장 등의 설치) 제1항 : 옥상광장 또는 2층 이상인 층에

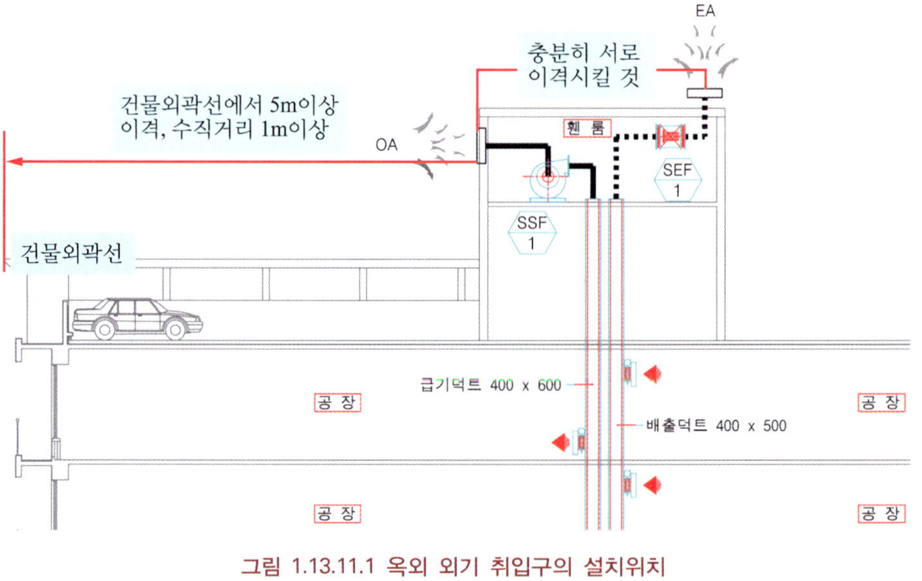

그림 1.13.11.1 옥외 외기 취입구의 설치위치

있는 노대나 그 밖에 이와 비슷한 것의 주위에는 높이 1.2 m 이상의 난간을 설치. 다만, 그 노대 등에 출입할 수 없는 구조인 경우에는 제외

② 건축법의 규정만 준수하여 설계 반영하므로 건축도면을 검토하여 수직 이격거리 기준(건물 외곽선으로부터 1 m 이하에 설치)을 만족하도록 조치를 요구

③ 타 설비 배출구(주방배기구, 화장실배기구 등)로부터 수직 1 m 이하에 급기 송풍기의 외기취입구가 배치되었는지 확인

(2) 외기취입구의 설계 및 설치 시 유의사항

1) 빗물 등 이물질 유입 방지

① 외기취입구는 빗물이 유입되지 않도록 그릴 날개의 각도를 기류가 아래에서 위쪽으로 유입되는 구조로 설계

② 대부분의 그릴이 하방 45°로 꺾인 구조로 설치되므로 자재 승인, 검수 또는 시공 확인 단계에서 최종 확인

2) 바람의 영향 방지

① 외기취입구는 바람의 영향을 받지 않도록 설치

② 송풍기는 옥상에 노출하여 설치 금지

☞ 옥상에 노출 설치 시 송풍기의 흡입구에 바람이 직접적으로 영향을 미쳐 송풍기 성능이 변화하고 제연 성능의 저하로 이어질 수 있음

(3) 바람의 영향을 최소화하는 외기취입구 설치 방법

1) 팬룸 설치 방법

- 팬룸을 구획하고 외기취입구를 팬룸의 인접 벽체에 2개소 이상 설치

2) 외기취입챔버 설치 방법

- 팬룸 없이 설치할 경우, 팬의 흡입측에 별도의 덕트를 연결하고 외기취입챔버를 설치하여 바람의 영향을 방지

1.13.12 차압측정공의 설치

- 제연구역의 출입구에 차압측정공 반영 여부 검토

관련기준

특별피난계단의 계단실 및 부속실 제연설비의 화재안전기술기준(NFTC 501A)

2.22.2.1 제연구역의 모든 출입문 등의 크기와 열리는 방향이 설계 시와 동일한지 여부를 확인하고, 동일하지 아니한 경우 급기량과 보충량 등을 다시 산출하여 조정가능여부 또는 재설계 · 개수의 여부를 결정할 것

2.22.2.3 제연구역의 출입문 및 복도와 거실(옥내가 복도와 거실로 되어 있는 경우에 한한다) 사이의 출입문마다 제연설비가 작동하고 있지 아니한 상태에서 그 폐쇄력을 측정할 것

2.22.2.4 층별로 화재감지기(수동기동장치를 포함한다)를 동작시켜 제연설비가 작동하는지 여부를 확인할 것. 다만, 둘 이상의 특정소방대상물이 지하에 설치된 주차장으로 연결되어 있는 경우에는 특정소방대상물의 화재감지기 및 주차장에서 하나의 특정소방대상물의 제연구역으로 들어가는 입구에 설치된 제연용 연기감지기의 작동에 따라 해당 특정소방대상물의 수직풍도에 연결된 모든 제연구역의 댐퍼가 개방되도록 하거나 해당 특정소방대상물을 포함한 둘 이상의 특정소방대상물의 모든 제연구역의 댐퍼가 개방되도록 하고 비상전원을 작동시켜 급기 및 배기용 송풍기의 성능이 정상인지 확인할 것.

2.22.2.5 〈2.22.2.4〉의 기준에 따라 제연설비가 작동하는 경우 다음의 기준에 따른 시험 등을 실시할 것

2.22.2.5.1 부속실과 면하는 옥내 및 계단실의 출입문을 동시에 개방할 경우, 유입공기의 풍속이 2.7의 규정에 따른 방연풍속에 적합한지 여부를 확인하고, 적합하지 아니한 경우에는 급기구의 개구율과 송풍기의 풍량조절댐퍼 등을 조정하여 적합하게 할 것. 이 경우 유입공기의 풍속은 출입문의 개방에 따른 개구부를 대칭적으로 균등 분할하는 10 이상의 지점에서 측정하는 풍속의 평균치로 할 것

2.22.2.5.2 〈2.22.2.5.1〉에 따른 시험 등의 과정에서 출입문을 개방하지 않은 제연구역의 실제 차압이 2.3.3의 기준에 적합한지 여부를 출입문 등에 차압측정공을 설치하고 이를 통하여 차압측정기구로 실측하여 확인 · 조정할 것

2.22.2.5.3 제연구역의 출입문이 모두 닫혀 있는 상태에서 제연설비를 가동시킨 후 출입문의 개방에 필요한 힘을 측정하여 2.3.2의 규정에 따른 개방력에 적합한지 여부를 확인하고, 적합하지 아니한 경우에는 급기구의 개구율 조정 및 플랩댐퍼(설치하는 경우에 한한다)와 풍량조절용댐퍼 등의 조정에 따라 적합하도록 조치할 것. 이 때 제연구역의 출입문과 면하는 옥내에 거실제연설비가 설치된 경우에는 이 기준에 따른 제연설비와 해당 거실제연설비를 동시에 작동시킨 상태에서 출입문의 개방력을 측정할 것.

2.22.2.5.4 〈2.22.2.5.1〉에 따른 시험 등의 과정에서 부속실의 개방된 출입문이 자동으로 완전히 닫히는지 여부를 확인하고, 닫힌 상태를 유지할 수 있도록 조정할 것

(1) 차압측정공의 설치 필요성

1) 제연설비 성능검사 시 차압측정공 설치

- 완공 후 제연설비의 성능검사 중 출입문이 닫힌 상태에서의 차압을 측정하기 위해 차압측정공을 제연구역의 출입문에 설치하도록 규정

2) 차압측정공의 필요 이유

① 차압측정기로 차압을 측정하려면, 차압감지관이 제연구역과 옥내 사이를 관통

② 문이 닫힌 상태에서는 차압감지관이 관통할 수 없으므로, 별도의 차압측정을 위한 구멍을 방화문에 설치

③ 이를 통해 차압측정이 정확하게 이루어질 수 있도록 설계에 반영

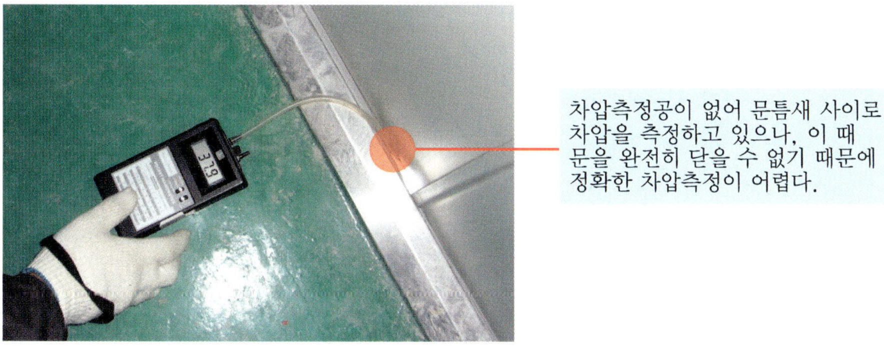

그림 1.13.12.1 차압측정공이 없는 구역의 차압측정

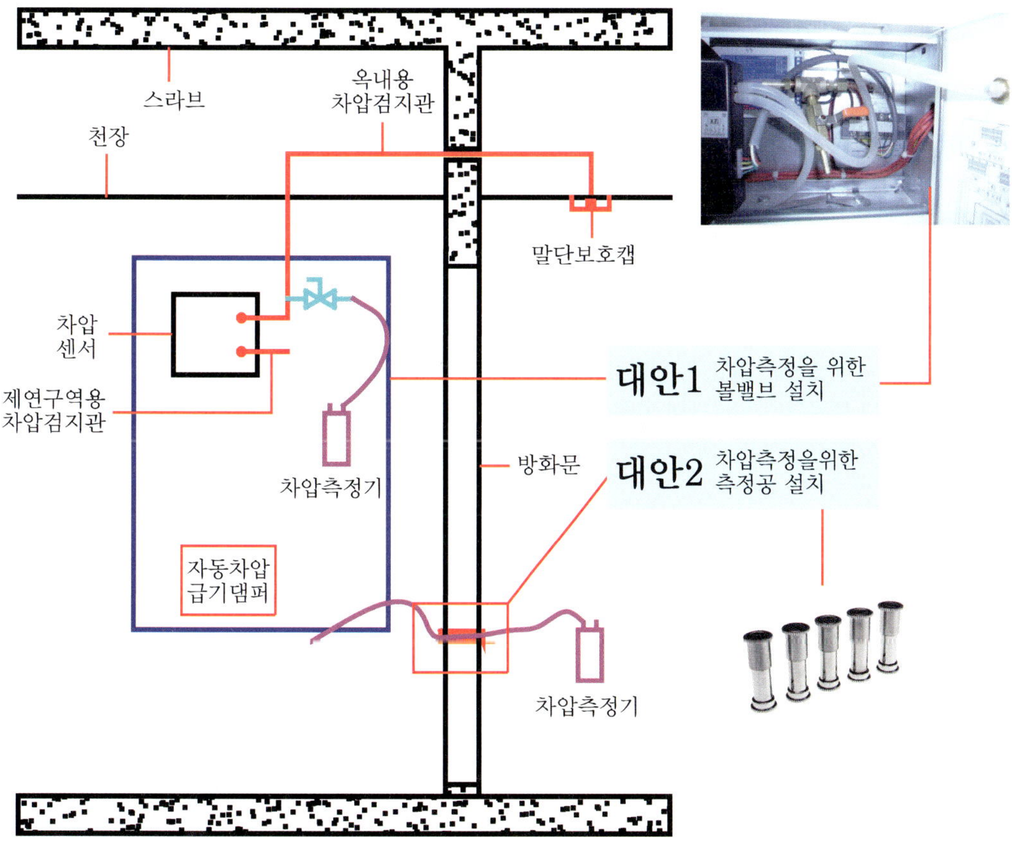

그림 1.13.12.2 차압제연설비 측정기구 위치*

* 방호과-914(11.02.25) "제연설비 차압감지관 및 차압측정공에 대한 회신"에 의해 대안1은 설치가 불가하다.

(2) 댐퍼 부착 차압표시계의 한계 및 성능시험 방법

1) 차압표시계의 한계
   ① 댐퍼에 부착된 차압표시계는 교정 대상이 아니므로 경년변화에 따른 오차율이 보정되지 않음
   ② 차압측정기의 성능만큼 정밀도가 뛰어나지 않아, 성능을 시험하는 계측용으로는 부적합
2) 성능시험 시 측정기 사용의 필요성
   ① 시험 시에는 반드시 측정기를 통해 측정한 값을 기준으로 적합성 여부를 판단
   ② 댐퍼의 차압 측정값을 제어반에서 직접 확인할 수 있는 기능을 설치하는 경우도 있으나, 성능시험은 현장에서 직접 측정해야 함

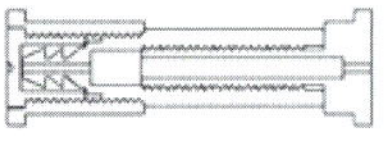

그림 1.13.12.3 차압측정공의 예

1.13.13 급기구와 배기구 위치

- 유입공기 배출구는 제연구역 출입구로부터 멀리 떨어져 설치되었는지 확인
- 급기구는 와류의 영향을 최소화할 수 있도록 제연구역 출입구로부터 멀리 떨어진 벽이나 천장에 설치되어 있는지 확인

관련기준

특별피난계단의 계단실 및 부속실 제연설비의 화재안전기술기준(NFTC 501A)

2.10.1 유입공기는 화재 층의 제연구역과 면하는 옥내로부터 옥외로 배출되도록 해야 한다. 다만, 직통계단식 공동주택의 경우에는 그렇지 않다.

2.14.1 제연구역에 설치하는 급기구는 다음의 기준에 적합해야 한다.

2.14.1.1 급기용 수직풍도와 직접 면하는 벽체 또는 천장(당해 수직풍도와 천장급기구 사이의 풍도를 포함한다)에 고정하되, 급기되는 기류 흐름이 출입문으로 인하여 차단되거나 방해받지 않도록 옥내와 면하는 출입문으로부터 가능한 먼 위치에 설치할 것

2.14.1.2 계단실과 그 부속실을 동시에 제연하거나 또는 계단실만을 제연하는 경우 급기구는 계단실 매 3개 층 이하의 높이마다 설치할 것. 다만, 계단실의 높이가 31 m 이하로서 계단실만을 제연하는 경우에는 하나의 계단실에 하나의 급기구만을 설치할 수 있다.

(1) 급기구 설치 시 고려사항

1) 출입문과의 간섭 방지

① 급기구는 출입문을 열고 닫을 때 출입문에 가리지 않는 위치에 설치

② 급기구에서 공급되는 기류가 출입문의 여닫음 기능에 영향을 주지 않아야 함

2) 방화성능 필요성

- 급기구가 계단실 등 최종 안전구역에 설치될 경우 방화성능이 필요 없음

(2) 급기구 설치 높이 및 공간 고려사항

1) 배연설비용 급기구의 설치 높이

- 배연설비를 위해 옥내에 설치하는 급기구는 연기층 하단의 예상 위치보다 아래에 설치

2) 피난경로 가압용 급기구의 설치

- 피난경로의 가압을 위한 제연 급기구는 연기층과 관계가 없음

3) 좁은 공간에서의 급기구 설치 시 유의사항

- 부속실 등 좁은 공간에 급기구를 설치할 경우 급기 시 와류 발생 등으로 균일한 방연풍속에 좋지 않은 영향을 줄 수 있으므로 이를 고려

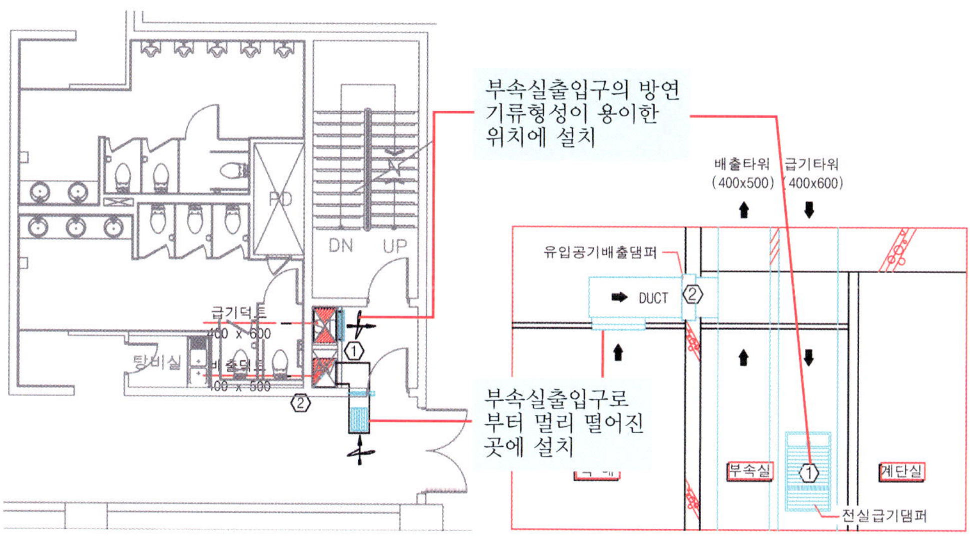

그림 1.13.13.1 부속실의 급기구 및 유입공기 배출구 위치

(3) 계단실 가압용 급기구의 수직 높이에 따른 압력 편차 고려

1) NFPA 92A의 규정

① 계단실 높이 30 m 이하인 경우

☞ 연돌 효과나 계단실 유동 손실의 영향이 크지 않으므로, 그림 1.13.13.2와 같이 단일

주입 방식으로 시스템 구성 가능

② 계단실 높이 30 m를 초과하는 경우

☞ 공학적 분석을 통해 급기구 배치 위치를 고려하거나, 그림 1.13.13.3과 같이 다중 주입 방식으로 시스템을 구성

2) EN(European Standard) 규정

① 단일 주입 방식의 한계를 높이 11m로 규정

② 다중 주입 방식의 급기 지점은 3개 층을 초과하지 않도록 요구

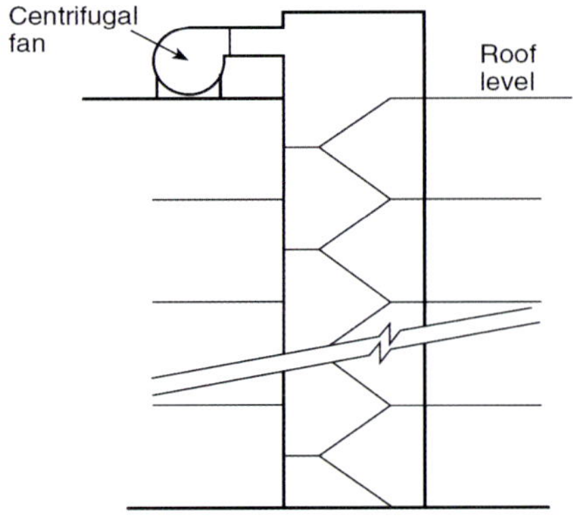

그림 1.13.13.2 계단실 상부에서의 단일 주입방식

(4) 단일 주입 방식의 실험 결과 및 고려사항

1) 실험 결과

- 10층 건물에서 실시한 단일 주입 방식의 실험 결과, 계단실 하부에서 급기하는 경우 압력 분포가 가장 고른 것으로 보고

  ☞ 참고문헌: George T. Tamura, Smoke Movement & Control in High-rise Buildings, 1994.

2) 계단실 하부 급기 시 문제점

- 계단실 하부에 인접한 피난구가 개방될 경우, 많은 양의 급기가 피난구로 빠져나가 주입구로부터 멀리 떨어진 곳의 압력차를 조성하기 어려울 수 있음

3) 대안 설계의 필요성

- 계단실 하부에서의 단일 주입 방식을 적용할 경우, 이러한 영향에 대한 분석과 새로운 대안 설계가 필요

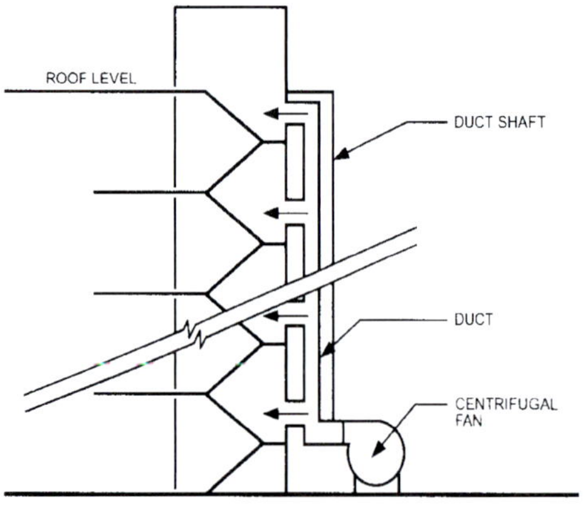

그림 1.13.13.3 계단실 하부에서의 다중 주입방식

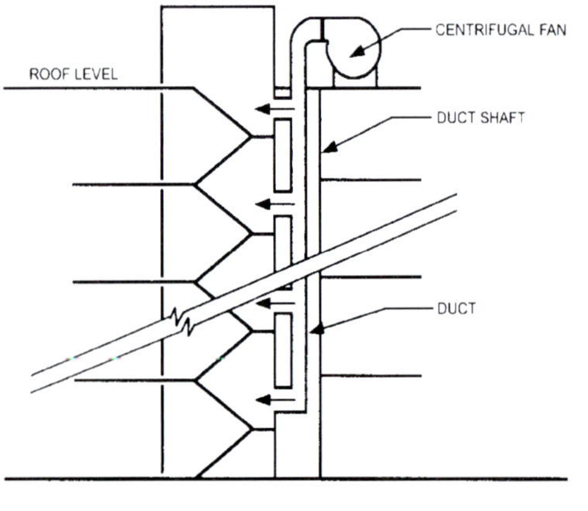

그림 1.13.13.4 계단실 상부에서의 다중 주입방식

1.13.14 자동차압급기댐퍼의 차압감지관

- 차압감지관이 제연구역과 옥내 사이의 차압을 측정하는 구조인지 확인

(1) 차압감지관의 위치 설정 관련 논란

1) 제연구역과 동일한 높이의 대기압을 측정하도록 한 사례
   - 차압감지관을 제연구역과 동일한 높이의 대기압을 측정하도록 설치하여 논란이 발생한 사례가 있었음

2) 내기압과 옥내압력의 차이
   - 옥내 압력과 대기 압력이 동일하다고 볼 수 없기 때문에, 이러한 설치 방법은 잘못된 것임

(2) 연돌효과와 차압감지관 설치 위치

1) 겨울철 연돌효과의 영향
   - 겨울철 연돌효과 발생 시 건물 내 압력은 같은 높이의 대기압과 동일하지 않음

2) 자동차압댐퍼의 검지관 위치
   - 자동차압댐퍼를 설치할 경우, 검지관의 위치는 반드시 제연구역과 인접한 옥내에 설치

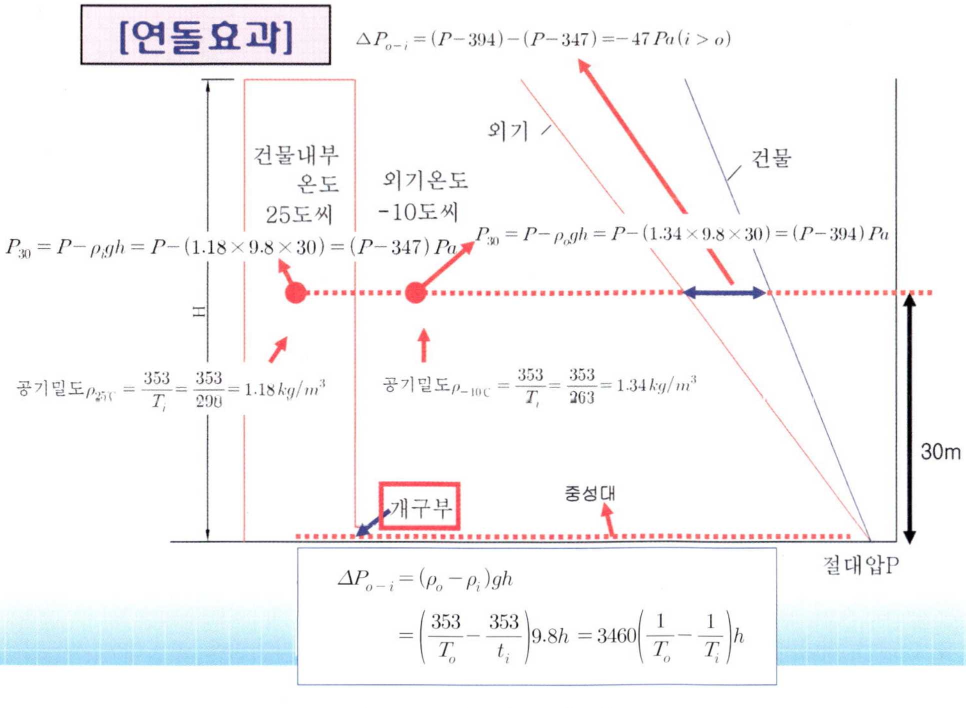

그림 1.13.14.1 연돌효과 이론

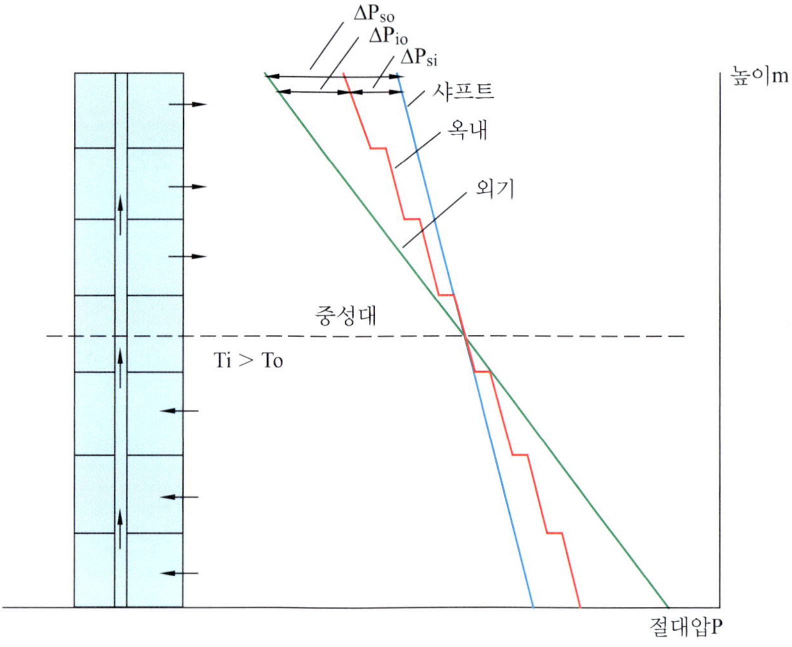

그림 1.13.14.2 실제 건물 내에서 전형적인 연돌효과 ($T_i > T_o$)

3) 차압감지관이 대기를 측정하도록 설치된 경우의 문제점

① 제연구역과 옥내 사이의 차압이 기준치 미달임에도 불구하고 정상으로 측정될 수 있음

② 이로 인해 급기댐퍼가 개방되지 않아 연기가 제연구역을 오염시킬 수 있음

③ 주로 겨울철 중성대 상부에 위치한 제연구역에서 이러한 일이 발생할 수 있음

(3) 부속실 단독 가압방식에서의 차압감지관 설치

1) 차압감지관의 설치 위치

- 차압감지관은 부속실과 인접한 복도나 거실에 설치

2) 아파트의 경우

① 부속실과 아파트 현관이 동일한 장소인 경우가 많아, 부속실과 인접한 공간이 아파트 세대가 됨

② 이 경우 차압감지관은 부속실과 세대 사이의 압력을 측정할 수 있도록 설치

(4) 인접 세대에 차압감지관 설치 관련 고려사항

1) 인접 세대 전체에 차압감지관 연결 여부

- 인접한 세대가 독립적으로 구획되어 있어 모든 세대에 차압감지관을 연결해야 하는가에 대한 의문이 생길 수 있으나, 인접한 한 세대에만 설치해도 무방함

2) 비화재실에 설치된 차압감지관의 영향

① 화재실이 아닌 비화재실에 설치된 차압감지관으로 댐퍼가 작동하더라도, 비화재실과 제연구역 사이의 압력차는 설계 압력차를 유지

② 이때 화재실의 압력이 상승하더라도 설계 압력차는 이미 화재실의 부력 등을 고려한 기준이므로, 화재실의 압력이 제연구역보다 높아져 연기가 제연구역으로 유입될 우려는 없음

(5) 계단실 단독 가압방식에서의 차압감지관 설치

1) 차압감지관의 설치 위치

- 계단실 단독 가압방식의 경우, 차압감지관은 계단실과 옥내 사이에 설치

2) 계단부속실이 있는 경우

- 계단부속실이 있는 경우에도 차압감지관은 계단실과 옥내 사이에 설치

3) 옥내의 범위

- 여기서 옥내는 계단실 또는 계단부속실과 직접 면한 공간을 의미

1.13.15 출입문 개방힘 110 N 이하

- 설계기준차압이 출입문의 개방에 필요한 힘 110 N을 초과하는지 확인

관련기준

특별피난계단의 계단실 및 부속실 제연설비의 화재안전기술기준(NFTC 501A)

2.3.1 〈2.1.1.1〉의 기준에 따라 제연구역과 옥내와의 사이에 유지해야 하는 최소차압은 40 Pa(옥내에 스프링클러설비가 설치된 경우에는 12.5 Pa) 이상으로 해야 한다.

2.3.2 제연설비가 가동되었을 경우 출입문의 개방에 필요한 힘은 110 N 이하로 해야 한다.

2.3.3 〈2.1.1.2〉의 기준에 따라 출입문이 일시적으로 개방되는 경우 개방되지 않은 제연구역과 옥내와의 차압은 2.3.1의 기준에도 불구하고 2.3.1의 기준에 따른 차압의 70 % 이상이어야 한다.

2.3.4 계단실과 부속실을 동시에 제연하는 경우 부속실의 기압은 계단실과 같게 하거나 계단실의 기압보다 낮게 할 경우에는 부속실과 계단실의 압력 차이는 5 Pa 이하가 되도록 해야 한다.

(1) 제연구역과 옥내 사이의 압력차 및 최대 허용 압력차

1) 설계기준 차압 이상 유지 및 최대 허용 압력차 준수

① 제연구역과 옥내 사이의 압력차는 설계기준 차압 이상

② 동시에 최대 허용 압력차 초과 금지

2) 과압으로 인한 출입구 개방 문제

① 지나치게 과압이 걸릴 경우, 옥내에서 제연구역 사이의 출입구에 힘이 집중되어 문을 열기가 어려움

② 문 개방에 필요한 힘이 110 N을 초과할 경우, 어린이 또는 노약자의 피난에 지장을 초래할 수 있어 최대 압력차를 제한

3) 국가별 최대 문 개방력 기준 비교

① 대한민국 : 110 N

② 미국 : 130 N

③ 싱가포르 : 110 N

④ 영국 : 100 N

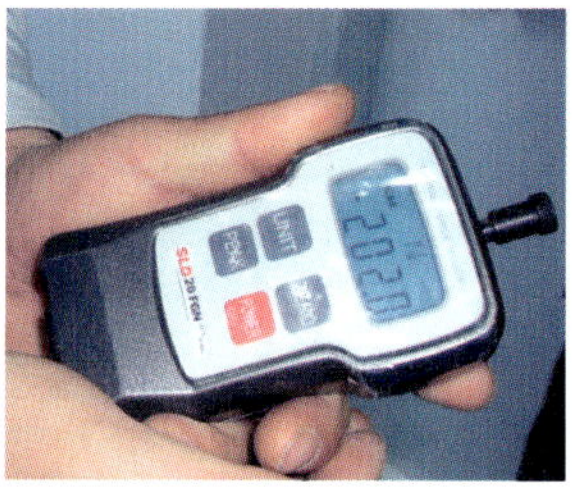

그림 1.13.15.1 폐쇄력 측정기

(2) 출입구 개방에 필요한 힘 계산

1) 문을 여는 데 필요한 힘(F)을 계산하는 식

$$F = F_{dc} + \frac{WA\Delta P}{2(W-d)} \quad \text{(식 1.13.15.1)}$$

여기서, F = 문 개방에 필요한 총 힘(N)

F_{dc} = 도어클로저의 저항(N)

W = 문의 폭(m)

A = 문의 면적(m^2)

ΔP = 차압(Pa)

d = 문의 끝부분에서 문 손잡이까지의 거리(m)

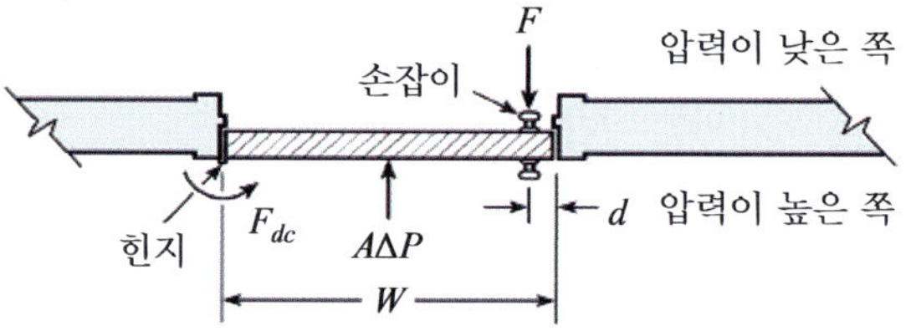

그림 1.13.15.2 계산식(1.13.15.1)을 위한 출입구의 상세

2) 도어클로저의 저항력

① 도어클로저 저항력의 범위

☞ 도어클로저의 저항력(F_{dc})은 일반적으로 7~100 N 범위

☞ 문의 개방력을 측정할 때 차압과 함께 반드시 고려

② 설계 검토 시 기준 저항력

☞ 설계도서 검토 시 도어클로저의 저항력을 20 N으로 가정

☞ 20 N은 약 2 kg의 물건을 들어 올리는 힘과 유사

3) 도어클로저 폐쇄력의 조정 및 안전 고려사항

① 완공검사 시 조정 필요성

☞ 완공검사의 제연 운전 시 계단실 문이 닫히지 않아 도어클로저 폐쇄력을 조정하는 경우가 많음

☞ 현장에서 실측 후 최종 확인

② 폐쇄력 조정 시 주의사항

☞ 폐쇄력이 너무 강하면 평상시 문 개방에 지장을 주어 어린이나 노약자의 안전사고 위험이 증가

☞ 폐쇄력 조정은 신중하게 이루어져야 함

(3) 차압에 따른 문의 개방력 예시

1) 예시 조건

① 문의 높이 : 2.1 m

② 문의 폭(W) : 0.8 m

③ 차압(ΔP) : 50 Pa

④ d (손잡이까지 거리) : 75 mm (0.075 m)

⑤ 도어클로저 저항력(F_{dc}) : 20 N

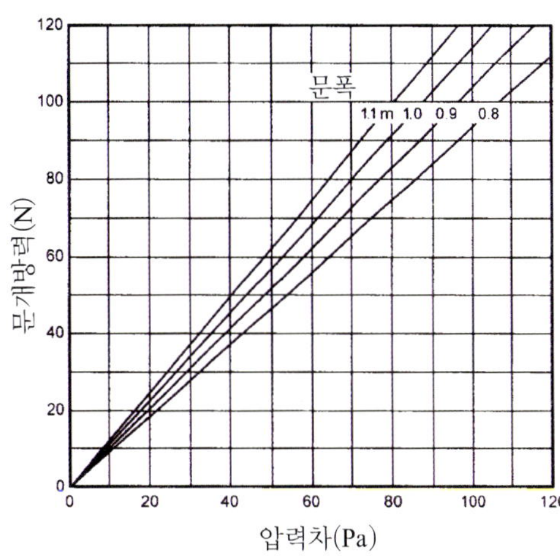

그림 1.13.15.3 차압에 대한 문의 개방력의 관계

2) 문의 면적(A) 계산

- A = 높이 × 폭

  = 2.1 m × 0.8 m = 1.68 m^2

3) 문 개방에 필요한 힘(F) 계산

① 힘 계산식 적용 :

$$F = F_{dc} + \frac{WA\Delta P}{2(W-d)}$$

② 예시 조건으로 계산했을 때 그림 1.13.15.3에서 문 개방에 필요한 힘은 약 47 N

③ 도어클로저의 저항력 20 N일 때,

47 N + 20 N = 67 N으로 최대 허용값 110 N을 초과하지 않음

4) 국내 도어클로저 규격

- KS 기준 도어클로저 규격 : 표 1.13.15.1 참조

표 1.13.15.1 KSF4505 도어클로저 (단위 N·m)

호칭	열리는 힘*	닫히는 힘**	시험도어의 질량
1호	22 이하	7 이상	25 kg
2호	32 이하	10 이상	40 kg
3호	60 이하	17 이상	60 kg
4호	80 이하	27 이상	80 kg
5호	100 이하	37 이상	100 kg

용어는 'KSF2806 플로어 힌지 및 도어클로저의 여닫기 시험 방법'을 따름
* 열리는힘 : 완전히 닫힌 문을 여는데 필요한 힘(문이 열림각도 5도를 통과할 때의 힘)
**닫히는힘 : 문이 닫힐 때의 도어클로저 힘(열림각도 20도에서부터 닫히기 시작하여 열림각도 5도를 통과할 때의 힘)

1.13.16 제연 배기덕트의 방화구획 관통부 조치

- 배출구와 배기덕트가 연결된 부속실 벽체 관통 부위에는, 화재초기에 방화댐퍼의 작동으로 시스템이 정지되지 않도록 고온용 방화댐퍼가 설치 되어 있는지를 확인

(1) 급기가압제연설비의 설치 목적 및 작동 시간 요구사항

1) 설치 목적
   ① 거주자의 안전한 피난로 확보
   ② 출동 소방대원의 안전한 접근로 확보
2) 작동 시간 요구사항
   ① 거주자의 피난 완료 시간과 소방대원의 진입 및 활동 시간 동안 정상적으로 작동
   ② 중기 화재 이후에도 제연 시스템의 작동이 보장
   ③ 일반 건물 : 20분 이상 작동 요구
   ④ 초고층 빌딩 : 60분 이상 작동 요구

(2) 외국의 제연덕트 내화 기준

1) NFPA (미국 방화협회) 기준
   - 급기 및 배기용 제연덕트의 내화시간을 2시간 이상 요구
2) EN (유럽 규격) 기준
   - 덕트 상의 어느 부분에도 방화댐퍼를 설치해서는 안 된다고 요구

3) 목적

- 장시간 중기 화재 이후에도 기능을 발휘할 수 있도록 덕트 자체의 내화 성능 요구

(3) 국내의 제연덕트 내화 규정 및 문제점

1) 덕트의 내화 규정이 없으므로, 방화구획 관통 부위에 방화댐퍼를 설치

2) 방화댐퍼 설치 시 고려사항

① 화재 초기에 댐퍼가 작동하여 배기 덕트가 폐쇄되지 않도록, 고온용 방화댐퍼를 설치

② 기계식 휴즈를 사용하는 방화댐퍼는 사용 불가하므로, 고온용 열감지기를 설치

3) 온도 등급

① 온도 등급은 규정되어 있지 않으나, 일반 가연물의 최소 착화온도인 280℃를 적용해 왔음

② 외국의 경우 150℃~200℃를 기준으로 제시

4) 급배기 덕트의 내화 요구사항

① 방화구획된 급배기 풍도에 설치되는 덕트는 내화시간을 요구하지 않음

② 그러나 송풍기로부터 수직풍도까지 연결된 수평덕트는 내화성능 필요

5) 급기덕트의 방화댐퍼 설치

① 지하주차장을 가로질러 급기풍도에 연결되는 급기덕트의 경우, 부속실 방화벽 관통 부위에 방화댐퍼를 설치

② 급기덕트는 뜨거운 열이 제연구역으로 급기되지 않도록, 약 72℃에서 작동하는 방화댐퍼를 설치

(4) 개정된 방화댐퍼 규정 및 문제점

1) 개정된 방화댐퍼 규정 내용

① 연기와 불꽃에 의해 모터로 작동하는 것만 사용 가능하도록 규정

② 열에 의한 방식과 기계식 방식은 사용할 수 없음

2) 제연설비 배출덕트의 문제점

① 제연설비의 방화댐퍼가 연기를 감지하여 폐쇄되면 문제 발생.

② 법 규정과 별개로, 제연설비 배출덕트에는 열에 의해 작동하는 방화댐퍼 외에 대안이 없음

③ 따라서 기존의 방화댐퍼를 설치할 수밖에 없음

3) 급기덕트의 방화댐퍼 설치

① 급기덕트에는 연기 감지형 방화댐퍼 설치가 가능

② 단, 불꽃 감지형은 바람직하지 않음

1.13.17 급기댐퍼와 배출댐퍼의 누기율

- 댐퍼의 누설등급이 설계도서에 표기되어 있는지 확인

(1) 급기댐퍼의 누기율과 과압 문제

1) 높은 누기율로 인한 과압 발생
   - 급기댐퍼의 누기율이 클 경우, 댐퍼가 완전히 폐쇄된 상태에서도 다량의 누기로 인해 제연구역 내 과압 발생 가능

2) 과압 해소를 위한 다양한 방법 적용
   - 과압을 해소하기 위한 다양한 방법 적용
     - ☞ 가변 회전수 송풍기 시스템
     - ☞ 시스템 과압 배출댐퍼 설치 등

3) 엔지니어링 측면에서 누설등급의 선정 필요

(2) 배출댐퍼의 누기율 영향

1) 배출댐퍼의 누기율 영향이 더 큼
   - 배출댐퍼는 급기댐퍼에 비해 누기율의 영향이 더 큼

2) 비화재층에서의 문제점
   - 댐퍼가 개방되지 않는 비화재층의 경우, 누기율이 크면 화재층의 배출량이 감소되어 방연풍속을 유지하기 어려워짐

(3) 댐퍼 누기율 고려의 중요성

1) 제연설비 설계 시 누기율 고려 필수
   - 어떤 경우든 제연설비의 설계에 있어 댐퍼의 누기율을 고려하지 않고 설계할 수 없음

2) 설계도서에 누기율 등급 명기 필요

표 1.13.17.1 UL555S 댐퍼누기등급

Classification	Leakage [$m^3/min/m^2$]			
	250 Pa	1,000 Pa	2,000 Pa	3,000 Pa
I	1.23	2.45	3.38	4.29
II	3.06	6.12	8.57	10.72
III	12.25	24.49	34.29	42.86
IV	18.37	36.73	51.43	64.29

3) 국내 누기율 등급 부재 및 UL555S 적용 권장

① 국내 현황

☞ 국내에는 누기율 등급은 없고 시험기준만 있음

☞ 시험댐퍼의 면적이 규정되지 않아 기준으로 제시하기 어려운 점이 있음

② UL555S 누설등급 적용 권장

1.13.18 최초 화재층 운전모드의 변경 금지

- 해당층 화재시 제연모드 운전시 다른층 화재감지기, 수동조작에 의해 제연모드가 변경되지 않도록 반영된 것 확인

(1) 제연설비의 운전 모드 유지 및 제어 사항

1) 초기 화재 감지 후 운전 모드 유지

① 제연설비가 최초 화재감지기에 의해 운전된 후, 다른 층의 화재감지기 신호가 들어와도 최초의 제연 운전 모드가 변경되어서는 안 됨

② 예시 : 3층에서 화재가 발생하여 제연설비가 운전 중인 상태에서 4층의 화재감지기 신호가 들어와도 4층 배출댐퍼를 개방해서는 안 됨

☞ 이유 : 단일 화재 가정 원칙에 따라 제연설비는 1개 층의 제연만을 목적으로 설계되므로, 여러 층의 부하를 감당할 수 없음

2) 해당 층 외 수동기동장치 작동 시 제어

- 해당 층 이외의 수동기동장치를 작동한 경우에도, 다른 층의 배출댐퍼가 작동하지 않도록 제어

3) 도서 및 시방서의 명시 여부 확인

1.14 피난기구 및 인명구조기구

1.14.1 완강기의 설치

- 피난기구를 설치하는 개구부가 서로 동일 수직선상이 아닌 위치인지 검토

관련기준

피난기구의 화재안전기술기준(NFTC 301)

2.1.3.2 피난기구를 설치하는 개구부는 서로 동일직선상이 아닌 위치에 있을 것. 다만, 피난교 · 피난용트랩 · 간이완강기 · 아파트에 설치되는 피난기구(다수인피난장비는 제외한다) 기타 피난 상 지장이 없는 것에 있어서는 그렇지 않다.

(1) 피난기구 설치 위치 확인

1) 동일 직선상 설치 방지
   ① 구조대, 완강기 등은 각 층에서 동일 직선상이 아닌 위치에 설치되었는지 확인
   ② 이는 피난기구를 동시에 사용할 때 사고 발생을 방지하기 위함
2) 동일 직선상에 설치 가능한 피난기구
   ① 피난교
   ② 피난용 트랩
   ③ 간이완강기
   ④ 아파트에 설치되는 피난기구(하향식피난구)
   ⑤ 기타 피난에 지장이 없는 피난기구

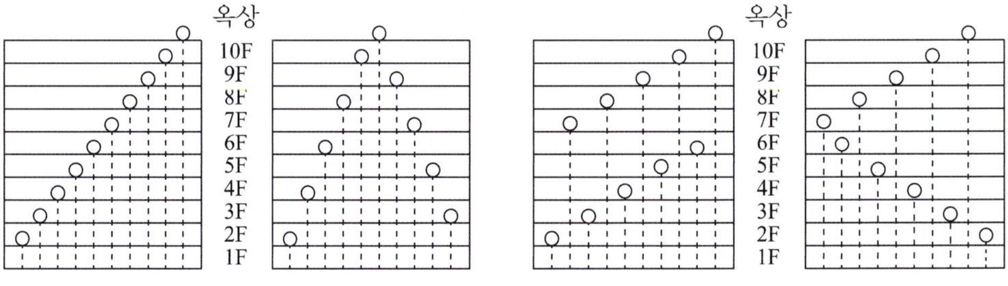

그림 1.14.1.1 완강기 설치 위치

1.14.2 피난기구 설치 장소의 유효공지 확보

- 완강기, 구조대, 공기안전매트 등 피난기구 전개가 가능한 공간이 피난층(지상)에 확보 여부 확인
- 건축 옥외배치도 및 조경도면 등을 참조하여 공지확보 검토

(1) 완강기 피난 시 지상 장애물 회피

1) 피난층(지상)의 조경수 및 옥외 구조물 확인

(2) 구조대 및 공기안전매트 설치 공간 확보

1) 구조대 및 공기안전매트는 평상시 수납 상태에서 필요 시 전개 및 이동하여 설치할 수 있는 공간을 확보
2) 건축도면의 옥외 부분 및 조경 도면 등을 확인하여 피난로 상의 옥외 지상 부분의 구조 파악
3) 피난기구 설치 가능 여부 및 장애 요소 확인

1.14.3 피난기구 이용 가능한 건축구조 확인

- 피난기구 설치장소의 부착면적, 조작공간, 강하공간 및 피난공지에 대하여 간섭 및 장애여부를 건축도면(입면도, 창호도, 상세도 등) 등과 비교하여 검토 · 확인

관련기준

피난기구의 화재안전기술기준(NFTC 301)

2.1.3.1 피난기구는 계단 · 피난구 기타 피난시설로부터 적당한 거리에 있는 안전한 구조로 된 피난 또는 소화 활동상 유효한 개구부(가로 0.5 m 이상 세로 1 m 이상인 것을 말한다. 이 경우 개구부 하단이 바닥에서 1.2 m 이상이면 발판 등을 설치해야 하고, 밀폐된 창문은 쉽게 파괴할 수 있는 파괴장치를 비치해야 한다)에 고정하여 설치하거나 필요한 때에 신속하고 유효하게 설치할 수 있는 상태에 둘 것

(1) 피난기구 이용 가능한 개구부 설치 여부 확인

1) 개구부 크기 기준 : 가로 0.5 m 이상, 세로 1 m 이상, 개구부 하단 높이는 바닥에서 1.2 m 이내
2) 안전시설 난간 높이 최소 1.2 m 이상 고려 시 발판 설치 필요
3) 밀폐된 창문을 파괴할 수 있는 파괴장치를 비치

(2) 완강기 및 공기안전매트 설치 시 확인 사항

1) 건축물 벽면 구조 확인
   - 탈출하는 해당 층에서 지면층까지 건축물 벽면에 튀어나온 부분이 없는지 확인 필요

1.14.4 인명구조기구의 설치

- 소방대상물의 용도 및 장소별 인명구조기구 설치여부 확인

관련기준

인명구조기구의 화재안전기술기준(NFTC 302)

2.1.1.1 특정소방대상물의 용도 및 장소별로 설치해야 할 인명구조기구는 표 2.1.1.1에 따라 설치할 것

표 2.1.1.1 특정소방대상물의 용도 및 장소별로 설치해야 할 인명구조기구

특정소방대상물	인명구조기구	설치 수량
1. 지하층을 포함하는 층수가 7층 이상인 관광호텔 및 5층 이상인 병원	방열복 또는 방화복(안전모, 보호장갑 및 안전화를 포함), 공기호흡기, 인공소생기	각 2개 이상 비치할 것. 다만, 병원의 경우에는 인공소생기를 설치하지 않을 수 있다.
2. 문화 및 집회시설 중 수용인원 100명 이상의 영화상영관 3. 판매시설 중 대규모 점포 4. 운수시설 중 지하역사 5. 지하가 중 지하상가	공기호흡기	층마다 2개 이상 비치할 것. 다만, 각 층마다 갖추어 두어야 할 공기호흡기 중 일부를 직원이 상주하는 인근 사무실에 갖추어 둘 수 있다.
6. 물분무등 소화설비 중 이산화탄소 소화설비를 설치해야 하는 특정소방대상물	공기호흡기	이산화탄소소화설비가 설치된 장소의 출입구 외부 인근에 1개 이상 비치할 것

(1) 인명구조기구의 정의 및 설치 대상

1) 인명구조기구의 종류
   ① 방열복
   ② 방화복(안전모, 보호장갑 및 안전화 포함)
   ③ 공기호흡기
   ④ 인공소생기
2) 인명구조기구 설치 대상 시설
   ① 지하층 포함 7층 이상인 관광호텔
   ② 5층 이상인 병원
3) 특정 시설에서의 공기호흡기 설치
   ① 수용인원 100명 이상인 영화상영관
   ② 대규모 점포
   ③ 지하역사
   ④ 지하상가
4) 이산화탄소 소화설비 설치 장소의 공기호흡기 설치

1.15 자동화재탐지설비

1.15.1 경계구역의 설정

- 경계구역 면적 600 m^2 이하 여부 확인
- 하나의 경계구역 설정 시 바닥면적 한 변의 길이 적합여부 확인

관련기준

자동화재탐지설비 및 시각경보장치의 화재안전기술기준(NFTC 203)

2.1.1 자동화재탐지설비의 경계구역은 다음의 기준에 따라 설정해야 한다. 다만, 감지기의 형식승인 시 감지거리, 감지면적 등에 대한 성능을 별도로 인정받은 경우에는 그 성능인정범위를 경계구역으로 할 수 있다.

2.1.1.1 하나의 경계구역이 2 이상의 건축물에 미치지 않도록 할 것

2.1.1.2 하나의 경계구역이 2 이상의 층에 미치지 않도록 할 것. 다만, 500 ㎡ 이하의 범위 안에서는 2개의 층을 하나의 경계구역으로 할 수 있다.

2.1.1.3 하나의 경계구역의 면적은 600 ㎡ 이하로 하고 한 변의 길이는 50 m 이하로 할 것. 다만, 해당 특정소방대상물의 주된 출입구에서 그 내부 전체가 보이는 것에 있어서는 한 변의 길이가 50 m의 범위 내에서 1,000 ㎡ 이하로 할 수 있다.

(1) 경계구역의 정의와 중요성

1) 경계구역의 정의 : 화재 시 관리자가 쉽게 화재 지역을 파악할 수 있도록 일정 면적으로 제한한 하나의 구역
2) 경계구역 범위 설정의 중요성
   - 경계구역이 너무 넓게 설정되면 화재 장소 파악 및 신속한 화재 진입에 어려움이 있음

(2) 경계구역 설정 시 유의사항

1) 경계구역 경계선 설정
   ① 복도, 통로, 방화벽 등을 경계로 하여 구역 설정
   ② 각 경계구역마다 경계선 및 번호 또는 명칭 부여
2) 경계구역 면적 산출 방법
   ① 감지기 설치가 면제된 장소도 포함하여 경계구역의 면적을 산출

② 세면장 등 실제로 경계할 필요가 없는 장소도 면적 산출 시 포함

③ 개방된 부분 및 별도의 경계구역으로 설정하는 계단, 경사로, 엘리베이터 샤프트 등의 면적은 제외

3) 아날로그식(주소형) 감지기의 경계구역 설정

- 감지기별로 주소가 있으므로 600 ㎡ 이하인 경계구역을 설정할 필요가 없음

(3) 층별 및 면적별 경계구역 검토 방법

1) 2개 층 이상 개방된 경우

- 최하층 바닥면적을 기준으로 경계구역을 설정

2) 경계구역 설정 시 주의사항

① 1, 2층이 개방된 상태에서 2층을 경계구역으로 설정하면 안 됨

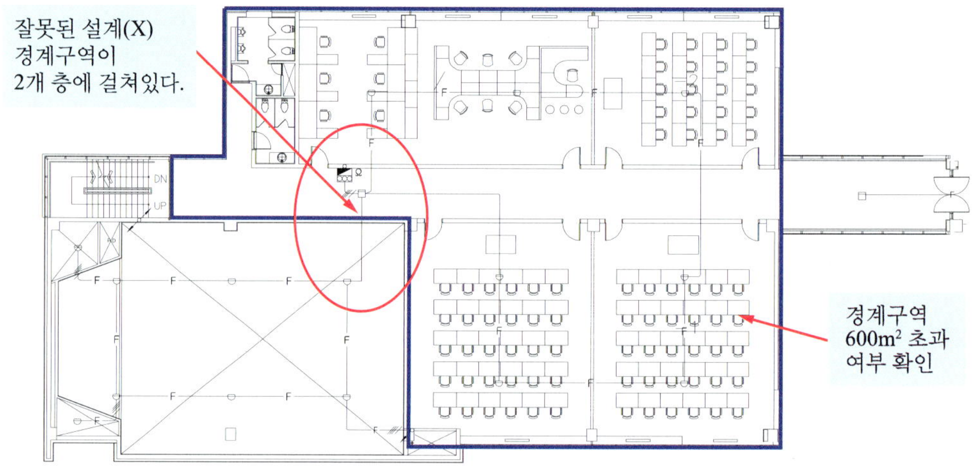

그림 1.15.1.1 자동화재탐지설비 경계구역 검토 사례(1)

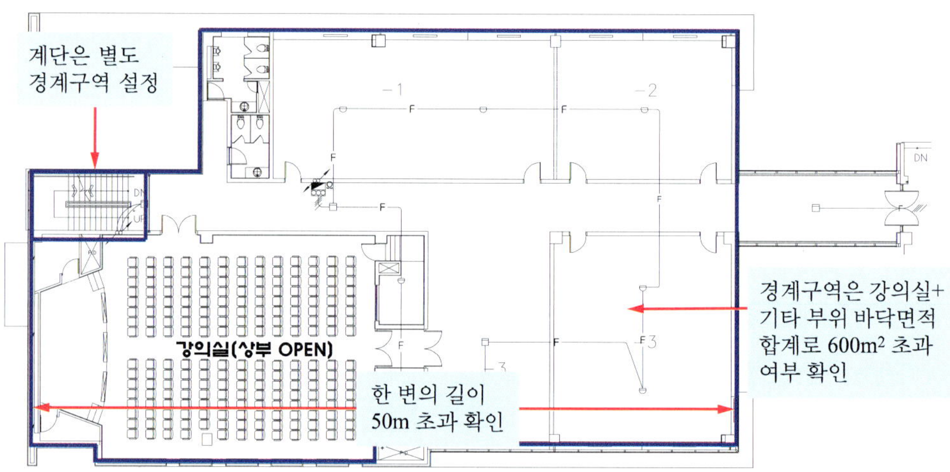

그림 1.15.1.2 자동화재탐지설비 경계구역 검토 사례(2)

② 1층에서 화재 발생 시, 화재 경보음이 2, 3층에 울려 불필요한 피난으로 혼잡을 초래할 수 있음

3) 개방부의 바닥층 포함 원칙

- 건축 바닥면적 산정 시 개방부를 가장 아래층 바닥면적에 포함하는 것처럼, 경계구역도 바닥층으로 설정

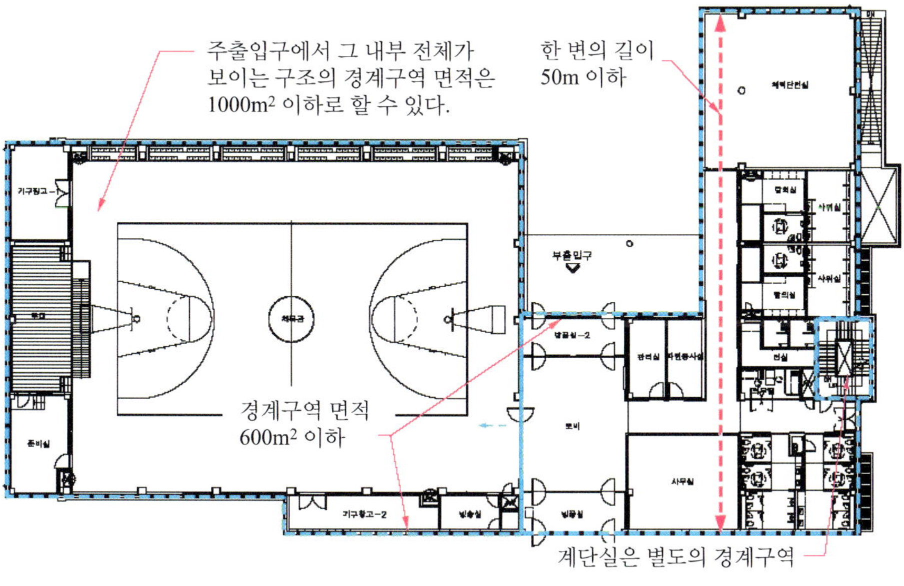

그림 1.15.1.3 자동화재탐지설비의 경계구역 설정

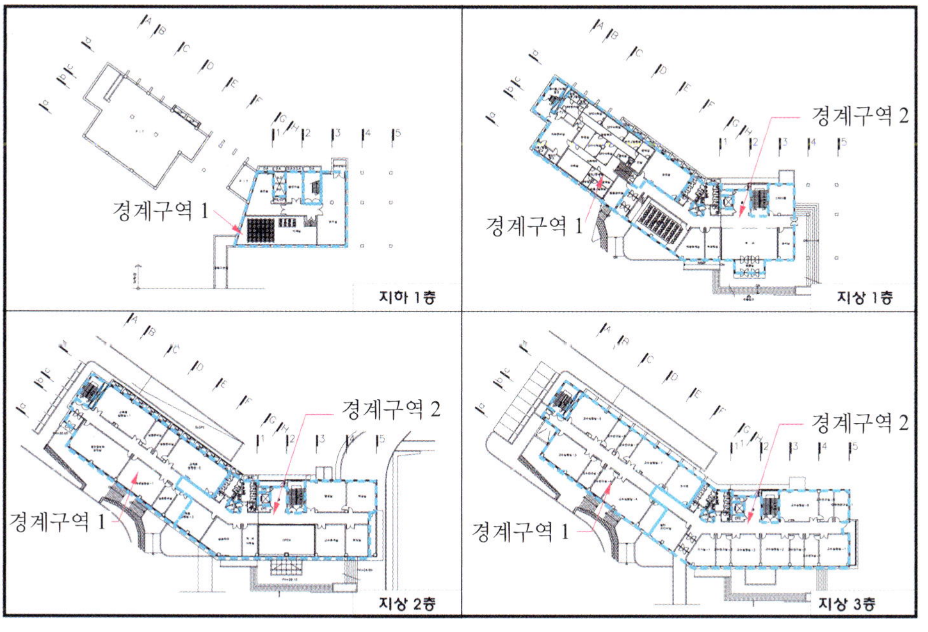

그림 1.15.1.4 경계구역 일람도 예시

1.15.2 계단 등의 경계구역 설정

- 계단 등 수직 경계구역의 별도 설정여부 확인

관련기준

자동화재탐지설비 및 시각경보장치의 화재안전기술기준(NFTC 203)

2.1.2 계단(직통계단 외의 것에 있어서는 떨어져 있는 상하 계단의 상호 간의 수평거리가 5 m 이하로서 서로 간에 구획되지 아니한 것에 한한다. 이하 같다) · 경사로(에스컬레이터경사로 포함) · 엘리베이터 승강로(권상기실이 있는 경우에는 권상기실) · 린넨슈트 · 파이프 피트 및 덕트 기타 이와 유사한 부분에 대하여는 별도로 경계구역을 설정하되, 하나의 경계구역은 높이 45 m 이하(계단 및 경사로에 한한다)로 하고, 지하층의 계단 및 경사로(지하층의 층수가 한 개 층일 경우는 제외한다)는 별도로 하나의 경계구역으로 해야 한다.

(1) 계단실 높이 확인 및 감지기 배치 검토

1) 계단실 높이 확인
   - 건축 도면의 종단면도 및 횡단면도를 참고하여 계단실의 높이가 45 m를 초과하는지 확인

2) 경계구역 분할 및 감지기 배치
   ① 계단실 높이가 45 m를 초과할 경우, 경계구역을 분할
   ② 각 감지기 간의 높이가 15 m 미만이 되도록 감지기 배치를 검토

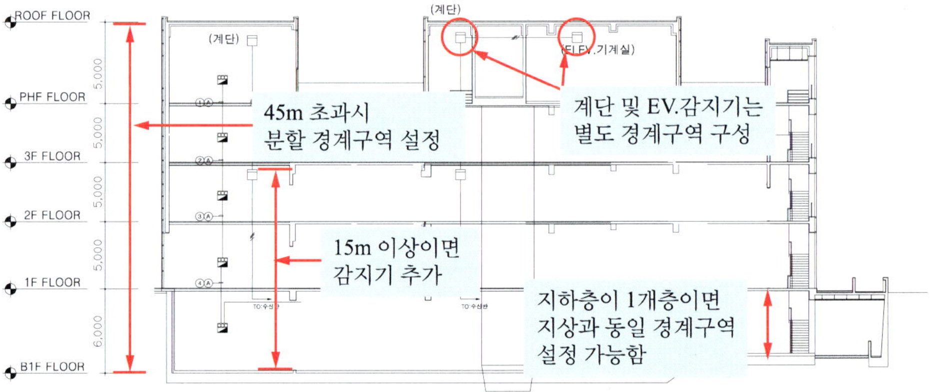

그림 1.15.2.1 건축물 높이에 따른 감지기 경계구역 설정

(2) 지하층 경계구역 설정

1) 지하층이 별도의 경계구역으로 설정되었는지 확인
2) 지하층이 하나의 층인 경우, 지상층과 동일한 경계구역으로 설정할 수 있음

3) 감지기 추가 설치 검토

① 지상층에 설치된 감지기가 지하층을 포함하여 높이 15 m를 초과하는지 확인

② 15 m를 초과할 경우, 감지기 추가 설치

(3) 엘리베이터 샤프트 및 권상기실 경계구역 설정

1) 엘리베이터 샤프트 및 권상기실은 별도의 경계구역으로 설정
2) 권상기실이 샤프트 상부에 있는 경우, 권상기실(기계실) 상부에만 감지기를 설치
3) 권상기실 하부의 샤프트 상부에는 감지기를 설치하지 않음

(4) 감지기 설치 관련 유의사항

1) 과거에는 권상기실 하부의 샤프트 상부에 감지기를 설치하였으나, 고장 시 수리 또는 교체의 어려움으로 설치하지 않는 것이 일반적임
2) 권상기실이 없거나 하부에 있는 경우, 엘리베이터 샤프트 상부에 감지기를 설치

(5) 파이프 샤프트(PS), EPS 등의 경계구역 설정

1) 층별 구획된 경우, 별도의 경계구역으로 설정하지 않음
2) A.D의 경우

① 층간 구획이 되어 있지 않고 바닥면적이 5 ㎡ 이상이면 상부에 감지기를 설치

② 별도 경계구역으로 설정되었는지 확인

1.15.3 외기에 면한 상시 개방된 부분의 경계구역

- 건축물 구조상 외기에 면한 개방된 부분의 경계구역 설정 검토

관련기준

자동화재탐지설비 및 시각경보장치의 화재안전기술기준(NFTC 203)

2.1.3 외기에 면하여 상시 개방된 부분이 있는 차고 · 주차장 · 창고 등에 있어서는 외기에 면하는 각 부분으로부터 5 m 미만의 범위 안에 있는 부분은 경계구역의 면적에 산입하지 않는다.

(1) 개방된 부위의 경계구역 면적 산정 및 감지기 배치

1) 개방된 부위 5 m 제외

- 개방된 부위 끝선(또는 처마 끝선)으로부터 5 m까지는 외기의 영향으로 감지기 적응성이 떨어지므로 설치를 제외

2) 경계구역 면적 산정

- 5 m를 제외한 나머지 바닥면적을 계산하여 경계구역을 설정

3) 적응성 있는 감지기 배치

① 경계구역 내에 적응성 있는 감지기를 균등 배치

② 예시 : 필로티 주차장

☞ 건축물 내의 필로티 주차장은 일반적으로 건축 바닥면적에 포함되지 않으나, 화재 시 건축물에 직접적인 영향을 미치므로 경계구역을 설정하고 화재감지기를 설치

(2) 하역장의 경계구역 설정 및 감지기 설치

1) 하역장의 특성

① 하역장은 개방되어 있어 감지기 설계가 누락되는 경우가 많음

② 건축 바닥면적에 포함되며 차량이 주차되는 공간

2) 경계구역 설정 및 감지기 설치

- 하역장을 경계구역으로 설정하고 화재감지기를 설치

3) 준비작동식 스프링클러 설비 적용 시 확인 사항

- 하역장의 소방시설이 준비작동식 스프링클러 설비로 설계된 경우, 화재감지기가 교차회로로 적합하게 구성되었는지 확인

(3) 골프연습장 타석의 경계구역 설정 및 감지기 설치

1) 경계구역 설정 확인

- 타석의 개방된 5 m를 제외한 나머지 부분에 대한 경계구역 설정 여부 확인

2) 경계구역 내에 화재감지기 설치 여부 확인

그림 1.15.3.1 지상 1층 필로티 주차장 경계구역 산정

1.15.4 소화설비 방호구역의 경계구역

- 스프링클러설비(준비작동식, 일제개방밸브)와 물분무등 소화설비 방호구역이 자동화재탐지설비 경계구역과의 동일 설정여부 확인

관련기준

자동화재탐지설비 및 시각경보장치의 화재안전기술기준(NFTC 203)

2.1.4 스프링클러설비 · 물분무등소화설비 또는 제연설비의 화재감지장치로서 화재감지기를 설치한 경우의 경계구역은 해당 소화설비의 방호구역 또는 제연구역과 동일하게 설정할 수 있다.

(1) 화재감지기의 경계구역과 방호구역 동일 설정 확인

1) 대상 설비 : 준비작동식 및 일제개방식 스프링클러설비, 물분무등 소화설비, 제연설비 등
2) 화재감지기의 경계구역이 방호구역과 동일하게 설정되었는지 확인

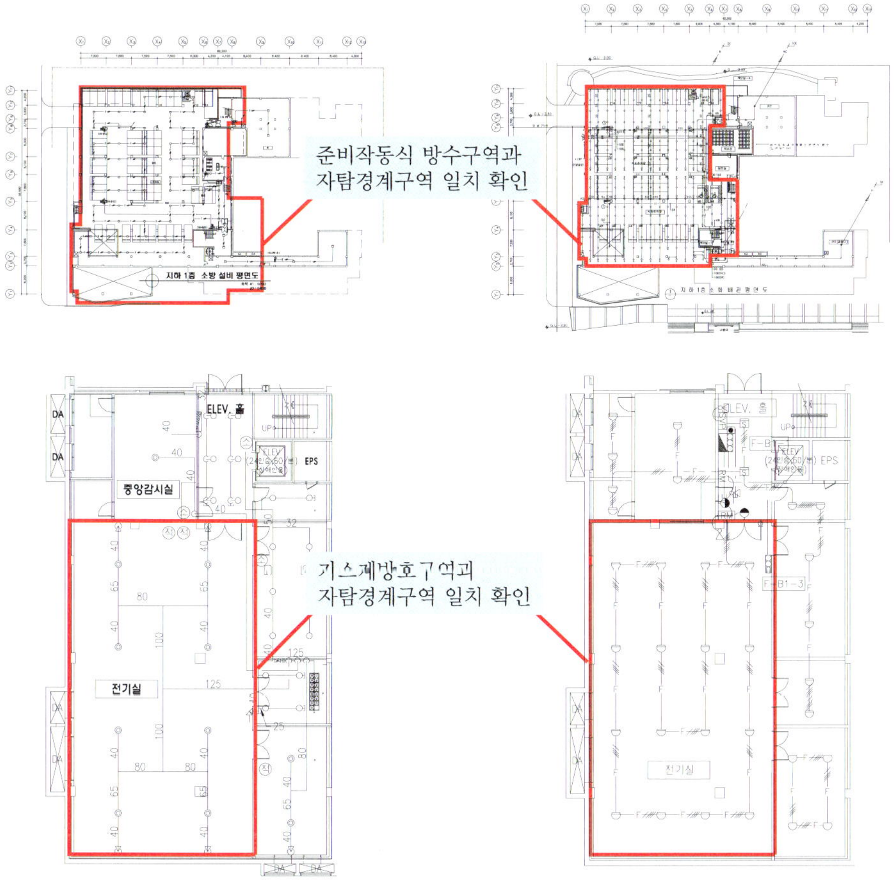

그림 1.15.4.1 소화설비구역과 자동화재탐지설비 경계구역의 일치여부 확인 예(1)

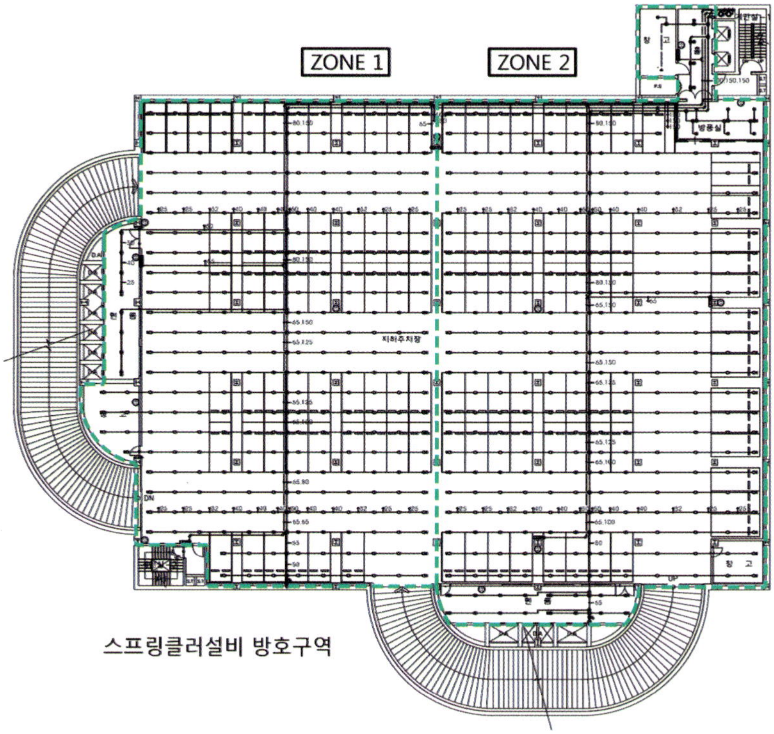

스프링클러설비 방호구역

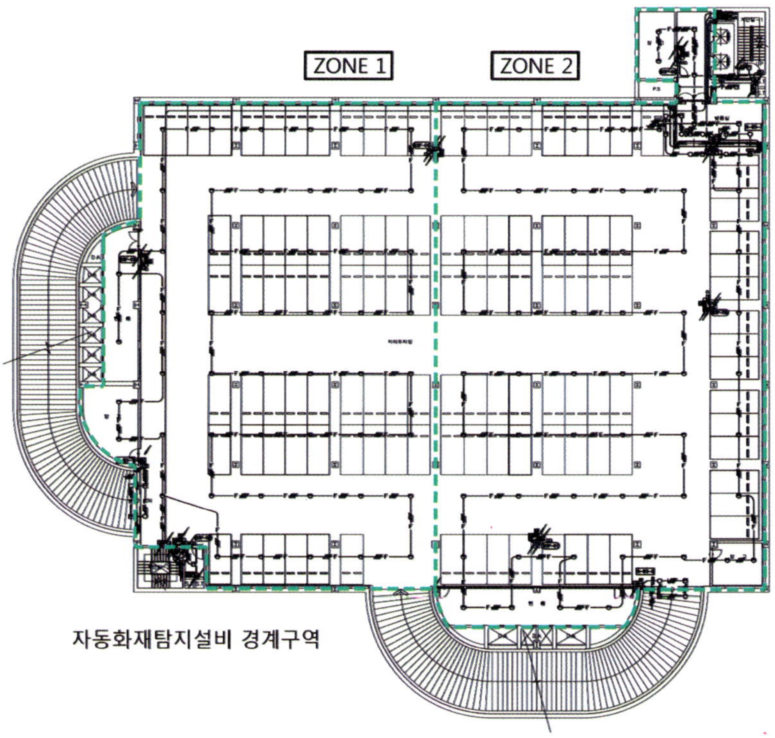

자동화재탐지설비 경계구역

그림 1.15.4.2 소화설비구역과 자동화재탐지설비 경계구역의 일치여부 확인 예(2)

1.15.5 감지기의 설치

- 종류별 화재감지기가 담당할 수 있는 면적에 따라 감지기 수량 확인
- 실별 용도, 특성에 따른 화재감지기 적응성 검토
- 건축 실 높이에 따른 적용 감지기 검토

관련기준

자동화재탐지설비 및 시각경보장치의 화재안전기술기준(NFTC 203)

2.4.1 자동화재탐지설비의 감지기는 부착 높이에 따라 다음 표 2.4.1에 따른 감지기를 설치해야 한다.

표 2.4.1 부착 높이에 따른 감지기의 종류

부착높이	감지기의 종류
4m 미만	차동식 (스포트형, 분포형), 보상식 스포트형 정온식 (스포트형, 감지선형) 이온화식 또는 광전식 (스포트형, 분리형, 공기흡입형) 열복합형, 연기복합형, 열연기복합형, 불꽃감지기
4m 이상 8m 미만	차동식 (스포트형, 분포형), 보상식 스포트형 정온식 (스포트형, 감지선형) 특종 또는 1종 이온화식 1종 또는 2종 광전식(스포트형, 분리형, 공기흡입형) 1종 또는 2종 열복합형, 연기복합형, 열연기복합형, 불꽃감지기
8m 이상 15m 미만	차동식 분포형, 이온화식 1종 또는 2종 광전식(스포트형, 분리형, 공기흡입형) 1종 또는 2종, 연기복합형, 불꽃감지기
15m 이상 20m 미만	이온화식 1종, 광전식(스포트형, 분리형, 공기흡입형) 1종 연기복합형, 불꽃감지기
20m 이상	불꽃감지기, 광전식(분리형, 공기흡입형)중 아날로그방식

비고 1. 감지기별 부착높이 등에 대하여 별도로 형식승인 받은 경우에는 그 성능 인정 범위 내에서 사용할 수 있다
2. 부착높이 20m 이상에 설치되는 광전식중 아날로그방식의 감지기는 공칭감지농도 하한값이 감광율 5 %/m 미만인 것으로 한다.

2.4.3.5 차동식스포트형 · 보상식스포트형 및 정온식스포트형 감지기는 그 부착 높이 및 특정소방대상물에 따라 다음 표 2.4.3.5에 따른 바닥면적마다 1개 이상을 설치할 것

표 2.4.3.5 부착 높이 및 특정소방대상물의 구분에 따른 차동식 · 보상식 · 정온식 스포트형감지기의 종류

부착 높이 및 특정소방대상물의 구분		감지기의 종류 (단위 m^2)						
		차동식 스포트형		보상식 스포트형		정온식 스포트형		
		1종	2종	1종	2종	특종	1종	2종
4m 미만	주요구조부가 내화구조로 된 특정소방대상물 또는 그 부분	90	70	90	70	70	60	20
	기타 구조의 특정소방대상물 또는 그 부분	50	40	50	40	40	30	15
4m 이상 8m 미만	주요구조부가 내화구조로 된 특정소방대상물 또는 그 부분	45	35	45	35	35	30	–
	기타 구조의 특정소방대상물 또는 그 부분	30	25	30	25	25	15	–

2.4.3.10.1 연기감지기의 부착 높이에 따라 다음 표 2.4.3.10.1에 따른 바닥면적마다 1개 이상으로 할 것

표 2.4.3.10.1 부착 높이에 따른 연기감지기의 종류

부착 높이	감지기의 종류 (단위 m^2)	
	1종 및 2종	3종
4m 미만	150	50
4m 이상 20m 미만	75	–

(1) 감지기 설치 높이에 따른 감지기 종류 선택

1) 부착 높이 4 m 이하인 지역
   - 열, 연기, 불꽃 등 모든 감지기 사용 가능

2) 부착 높이 4 m 초과하는 높은 천장
   - 감지기까지의 열 전달이 늦어지므로 가급적 연기식 또는 불꽃감지기 설치

3) 부착 높이 8 m 이상인 장소
   ① 차동식 스포트형은 설치가 불가
   ② 차동식 분포형 또는 설치 가능한 감지기 반영 여부 검토

4) 부착 높이 15~20 m 미만인 장소
   ① 이온화식 1종 연기감지기는 국내업체에서 생산되지 않으므로 설계변경 필요
   ② 변경 가능한 감지기 : 불꽃감지기, 광전식분리형, 공기흡입형 감지기

5) 감지기 설치장소별 적응 감지기 확인
   - 표 1.15.5.1를 참고하여 적절한 감지기 선택

6) 동일한 종류의 감지기라도 1종, 2종 등 종별에 따라 부착 높이 및 감지 면적이 다르며, 생산되지 않는 감지기 종류가 있으므로 주의하여 검토

(2) 건축물 층고 확인 및 감지기 설계 시 유의사항

1) 층고의 부위별 차이 확인
   - 건축물의 층고는 동일한 층이라도 부위별로 다를 수 있으므로 건축평면도와 횡/종 단면도를 확인

2) 상부가 개방된 부분의 층고 확인

3) 감지기 부착높이는 바닥 마감선부터 텍스 천장 하부까지 측정

4) 텍스가 없는 경우에는 바닥 마감선부터 상층 바닥 슬래브 하부까지 측정

(3) 국내 생산되는 일반 감지기 종류 및 확인 사항

1) 국내 생산 감지기 종류
   ① 차동식 스포트형(2종)
   ② 차동식 분포형(2종)
   ③ 연기식(이온화식, 광전식-2종)
   ④ 정온식 스포트형(특종, 1종)
   ⑤ 정온식 감지선형(1종)
   ⑥ 정온식 방폭형(특종)
2) 설계에 반영된 감지기가 실제로 생산되는 감지기 여부 확인

표 1.15.5.1 설치장소별 적응성 화재감지기

적응성 감지기		설치 장소	비 고
연기 감지기	광전식 스포트형(2종)	·P.S, E.P.S 등 사프트 ·전기실, UPS 실 ·공용화장실, 복도, 계단실 ·기계실 없는 승강로 상부(15m) 단, 기능상 꼭 필요한 경우만 설치 ·거주공간(아파트세대, 숙박시설, 숙소, 사무실 등)	·샤프트 면적 및 체적 불문 ·화장실 내 흡연 등으로 인한 신속한 조기감지
	공기흡입형	·클린룸 ·전산센터 ·설치조건, 요구사항에 따라 설치 (지하주차장 등)	·조기 감지
	광전식분리형	·천장 높이 15m 이하의 로비	
	광전식분리형 아날로그	·천장 높이 15m 초과하는 로비	
열 감지기	차동식 스포트형(2종)	·옥상 물탱크실 ·외기 노출부분	
	정온식 스포트형(특종)	·발전기실 ·공조실, 휀룸, 방풍실 ·지하주차장	·발전기 기동 시 먼지 등으로 인한 연기감지기 오동작 우려 ·방풍실은 급격한 온도변화가 예상되는 장소
	정온식 감지선형(70℃)	·PIT ·지하주차장 ·지하 물탱크실	·출입이 가능한 PIT
불꽃 감지기	UV/IR	·천장 높이 8m 이상의 체육관 ·공장건물의 높은 작업공간	·높은 층고

1.15.6 부착높이 15m 초과 부분의 감지기 설치

- 부착 높이 15 m 초과되는 실의 적응성 감지기 여부 확인
- 15 m 부위 감지기 설치 시 유지관리 측면에서 검토

관련기준

자동화재탐지설비 및 시각경보장치의 화재안전기술기준(NFTC 203)

2.4.1 자동화재탐지설비의 감지기는 부착 높이에 따라 다음 표 2.4.1에 따른 감지기를 설치해야 한다. 다만, 지하층 · 무창층 등으로서 환기가 잘되지 아니하거나 실내면적이 40 ㎡ 미만인 장소, 감지기의 부착면과 실내 바닥과의 거리가 2.3 m 이하인 곳으로서 일시적으로 발생한 열 · 연기 또는 먼지 등으로 인하여 화재신호를 발신할 우려가 있는 장소(2.2.2 본문에 따른 수신기를 설치한 장소를 제외한다)에는 다음의 기준에서 정한 감지기 중 적응성이 있는 감지기를 설치해야 한다.

(1) 불꽃감지기 (2) 정온식감지선형감지기 (3) 분포형감지기 (4) 복합형감지기
(5) 광전식분리형감지기 (6) 아날로그방식의 감지기 (7) 다신호방식의 감지기 (8) 축적방식의 감지기

부착높이	감지기의 종류
15m 이상 20m 미만	이온화식 1종, 광전식(스포트형, 분리형, 공기흡입형) 1종, 연기복합형, 불꽃감지기
20m 이상	불꽃감지기, 광전식(분리형, 공기흡입형)중 아날로그방식

(1) 특수형 감지기 종류 및 설치

1) 부착 높이 15 m 이상에서에 설치 가능한 특수 감지기
   ① 불꽃감지기
   ② 공기흡입형 감지기
   ③ 광전식 분리형 감지기
2) 특수형 감지기는 제조사마다 차이가 있으므로 제조사의 시방 확인

(2) 불꽃감지기

1) 개요 및 동작원리
   ① 사용 장소 : 대형 돔식 경기장, 대규모 공항 대합실, 아트리움 건물 등
   ② 동작 원리 : 광전효과를 이용하여 특정 파장의 방사에너지를 전기에너지로 변환하여 검출
2) 설치기준(NFTC 203 2.4.3.13)
   ① 감지기는 공칭 감시거리와 공칭 시야각을 기준으로 감시구역을 모두 포용할 수 있도록 설치(업체 카탈로그의 기술자료 필수 검토)
   ② 화재를 유효하게 감지할 수 있는 모서리 또는 벽 등에 설치
   ③ 천장에 설치하는 경우 바닥을 향하여 설치
   ④ 수분 발생 우려가 있는 장소에는 방수형으로 설치

3) 설치 시 유의사항

① 설치 위치 : 불꽃을 직접 감지할 수 있는 위치에 설치

☞ 벽이나 보 등으로 구획된 부분이 있어도 화재 발생 부분을 감시할 수 있어야 함

② 감시거리와 시야각 :

☞ 감지 가능한 범위는 시야각과 감시거리로 제한되므로 예상 출화점으로부터 감시거리 이내, 시야각 범위 내에 설치

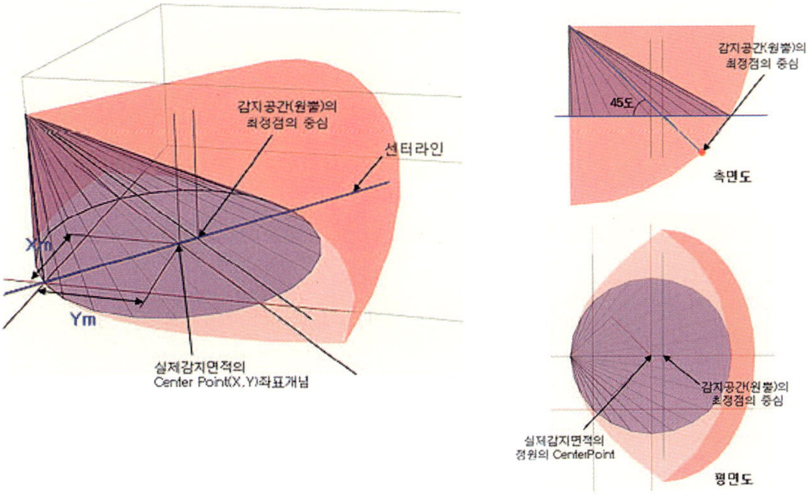

그림 1.15.6.1 불꽃감지기 설치기준

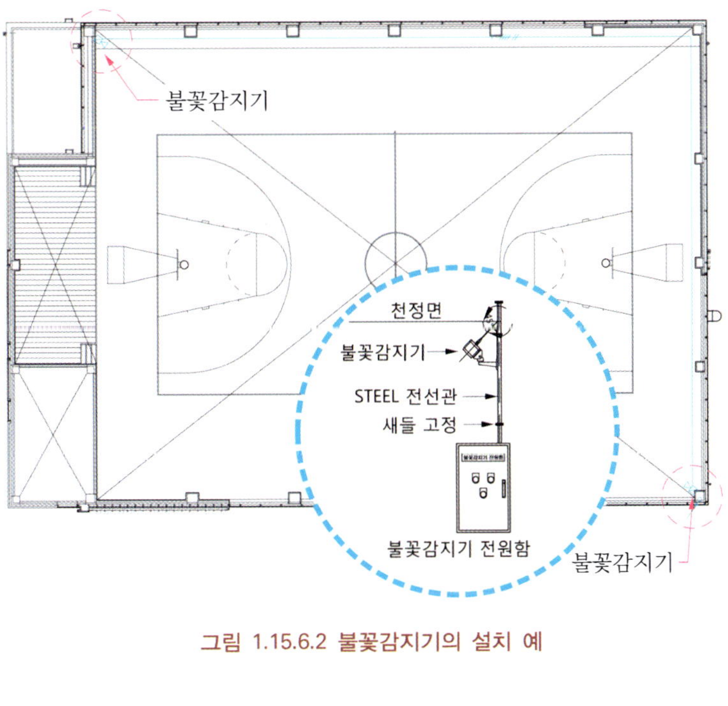

그림 1.15.6.2 불꽃감지기의 설치 예

(3) 공기흡입형 감지기(Air Sampling Detector)

1) 개요 및 정의

① 재래식 연기감지기의 한계 : 공기유속이 빠르거나 연기가 희석되는 곳에서는 응답 지연 발생

③ 적용 필요성 : Clean Room, 무향실, 컴퓨터실, 대규모 공간 등에서 연소 초기의 열분해 시 생성되는 초미립자를 감시하여 화재 조기감지

④ 특징 : 연소 초기의 초미립자를 흡입배관을 통해 감지구로 흡입하여 분석, 화재 경보

⑤ 재래식 연기감지기보다 빠른 응답특성을 가지며, 공기표본 추출형 감지기라고도 함

2) 구성

① 경계구역 조절장치 : 공기표본 채취

② 필터 : 분진 및 큰 입자 제거

③ Cloud Chamber(습도 챔버) : 공기표본 유입

④ 팽창실 : 압력을 낮추어 팽창시킴

⑤ 광전자 검지기 : 연기 미립자 검지

⑥ 진공펌프 : 공기표본 흡입

3) 작동원리

① 공기표본 유입 및 채취 : 표본 추출망을 통해 공기표본을 유입하여 채취

② 여과 과정 : 필터를 거쳐 분진 및 큰 입자를 제거하고 습도 챔버로 유입

③ 응축 및 검지

☞ 진공펌프에 의해 압력이 낮아진 팽창실을 지나면서 연기 입자가 수증기와 응축하여 연

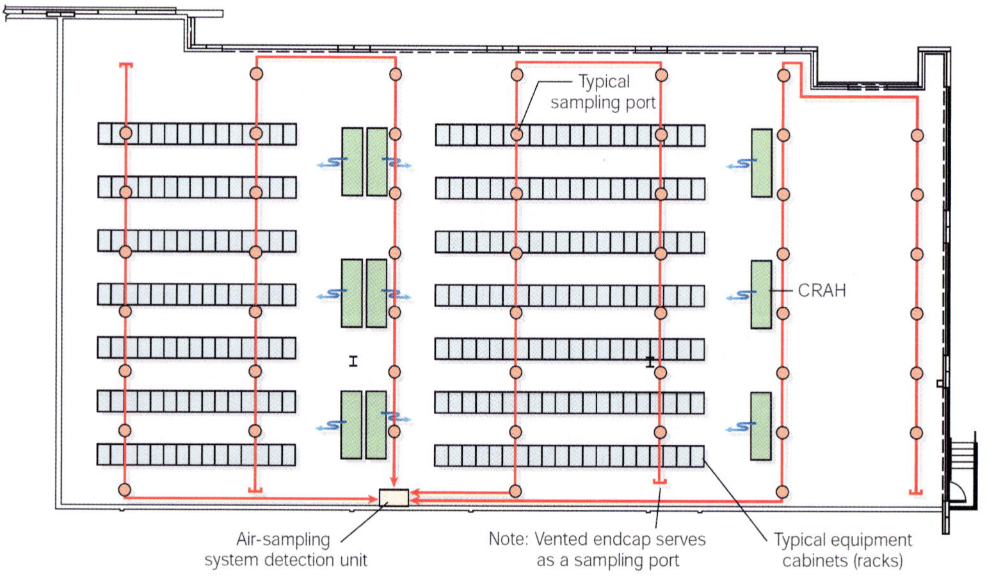

그림 1.15.6.3 공기흡입형 감지기 설치 평면도

무 형태로 변함
☞ 광전자 검지기로 연무를 측정하여 신호를 증폭하고 연기 농도를 산출
☞ 한계 경보기로 주의, 행동, 화재 표시
④ 화재 신호 발신
☞ 흡기기가 공기를 계속 유입하며, 새로운 추출공기의 유입을 모니터로 감시
☞ 이상 발생 시 화재신호를 발신

(4) 광전식 분리형 감지기

1) 개요 : 광전식 스포트형 감지기의 송광부와 수광부를 분리하여 광범위한 연기 누적을 감지하는 감지기
2) 원리 및 구조
① 송광부와 수광부를 5~100 m 거리에 두고 천장 또는 벽면에 마주 보게 설치
② 송광부에서 수광부로 빛을 발사하며, 연기가 광로를 방해하면 수광부의 광량이 감소하여 감지기가 작동
③ 송광부 : 발광다이오드로 변조 펄스신호를 렌즈로 집광하여 방사
④ 수광부 : 수신한 신호광을 렌즈로 집광하여 광량을 전기량으로 변환
3) 설치기준(NFTC 203 2.4.3.15)
① 수광면이 햇빛을 직접 받지 않도록 설치

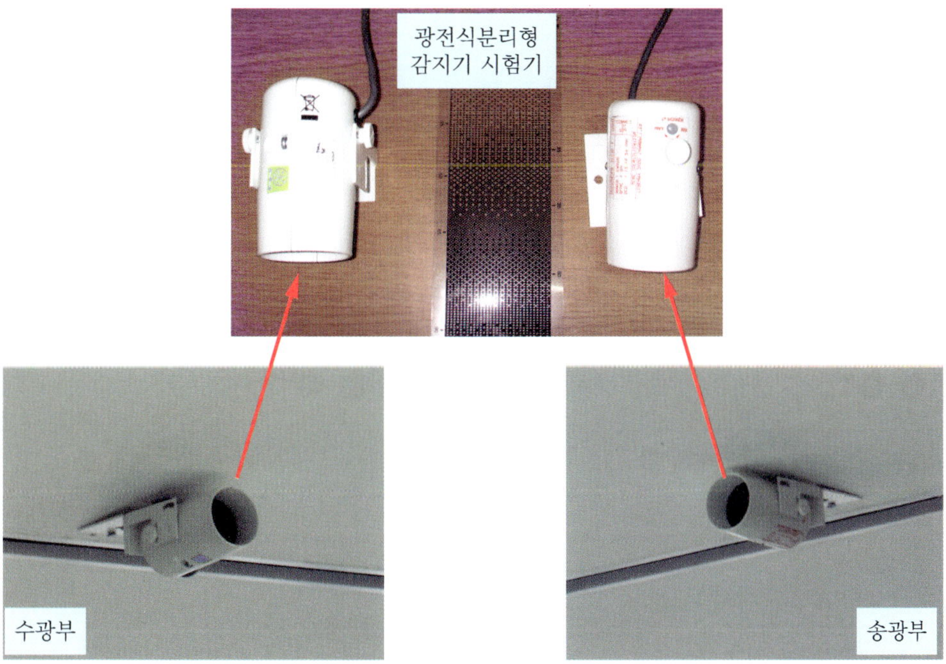

그림 1.15.6.4 광전식 분리형 감지기

② 광축은 벽으로부터 0.6 m 이상 이격하여 설치
③ 송광부와 수광부는 뒷벽으로부터 1 m 이내에 설치
④ 광축 높이는 천장 높이의 80% 이상
⑤ 광축의 길이는 공칭 감시거리 범위 이내

(5) 15m 이상 부위 감지기 설치 후 유지관리 검토

1) 유지관리 문제점

① 높이 8~20m 부위에 스포트형 화재감지기가 설치된 경우 유지관리 어려움
② 층고가 높아 일반 사다리로는 감지기 교체 및 회로 점검 불가능
③ 리프트 카를 대여하여 유지관리 시 비용과 불편 발생

2) 해결 방안

- 감지기 자체를 오르내릴 수 있도록 릴을 설치할 수 있으나, 초기 비용을 고려해야 함

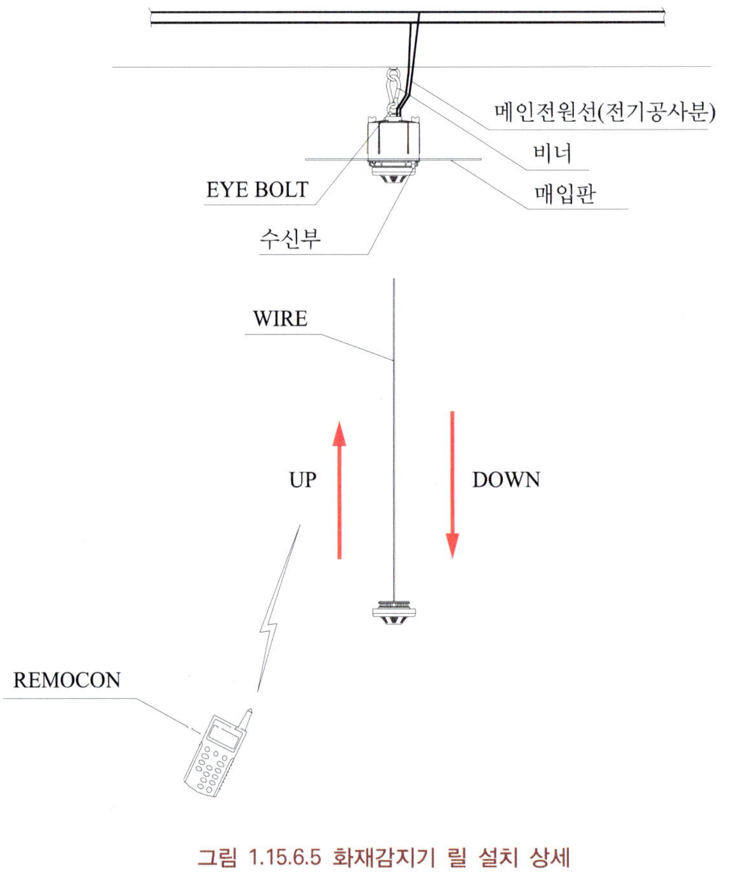

그림 1.15.6.5 화재감지기 릴 설치 상세

1.15.7 정온식 감지선형 1회로의 최대길이

- 정온식 감지선형 1회로의 최대길이 1,000 m 초과 금지

(1) 정온식 감지선형 감지기

1) 개요

① 정온식 감지기는 열에 의해 주위 온도가 특정 온도(공칭 작동온도)에 도달하면 이를 감지하는 감지기

② 정온식 감지선형 감지기는 넓은 구역을 감지할 수 있는 분포형 감지기

2) 작동 방식

- 화재 시 열에 의해 가용 절연물이 용융되어 절연물 내부에 접점이 형성되고, 이를 통해 화재를 감지

3) 특징

① 일국소의 열 효과를 감지하여 작동

② 재사용이 불가능한 감지기

③ 습기, 먼지, 부식 등 설치 환경이 불량한 장소에도 설치 가능

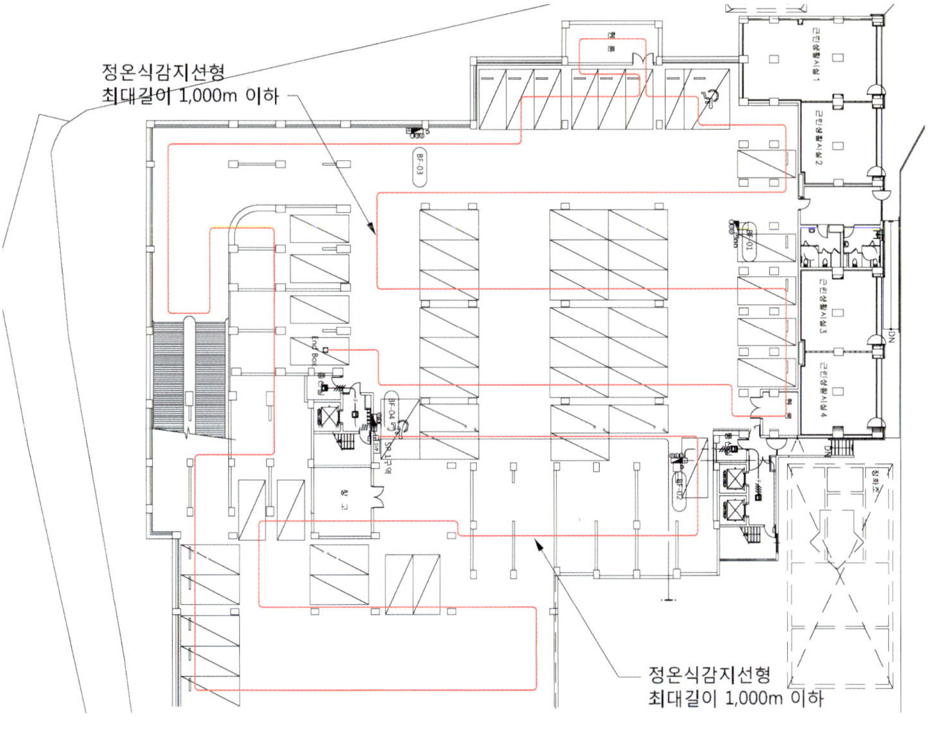

그림 1.15.7.1 정온식 감지선형 감지기의 최대설치 길이

4) 설치 기준

① 정온식 감지선형 감지기 1회로의 최대 길이는 1,000 m 이하로 설치

② 기타 사항은 제작사의 자재 시방을 준용

1.15.8 EPS, TPS 등의 감지기 회로 구성

• EPS, TPS 등의 감지기 회로는 해당층 회로로 구성

(1) 수직관통 부위의 방화구획 및 샤프트 처리

1) 수직관통 부위는 건축법상 방화구획으로 구성

2) P.S 및 E.P.S 등은 샤프트 내부에서 층간 방화구획을 하지 않고 샤프트 점검문을 방화문으로 설치하여 수직샤프트를 통째로 하나의 방화구획으로 설정하기도 함

3) 화재 수직 확대 방지를 위해 수직 샤프트 내부를 층간 방화구획 권장

(2) 샤프트 내부의 감지기 설치 기준

1) 감지기 면제 기준

• 2개층마다 방화구획된 것. 수평단면적이 5 m² 이하인 경우에는 감지기 제외 가능

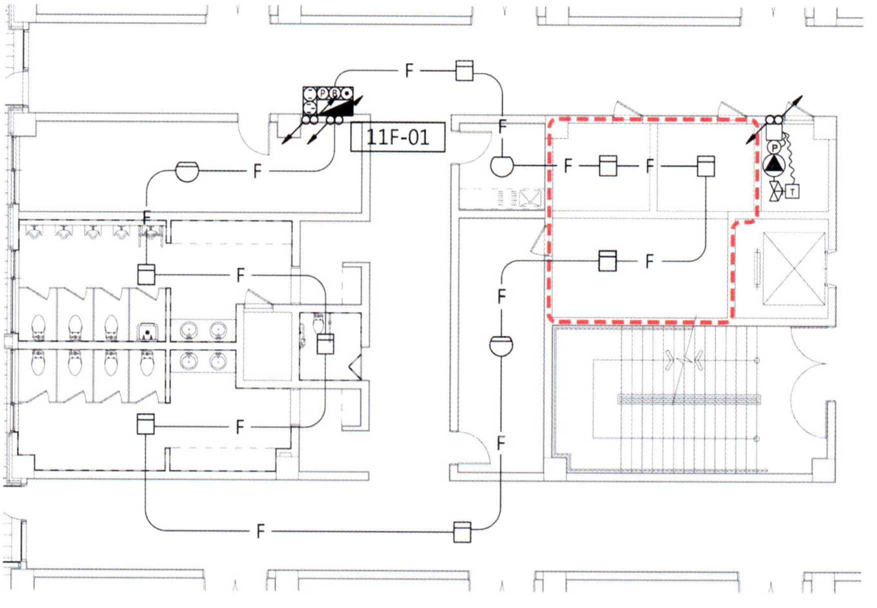

그림 1.15.8.1 샤프트의 경계구역 설정

2) 샤프트 내부의 감지기 설치 필요 여부

- 샤프트 내부를 층별 방화구획(관통부의 틈새충진)한 경우라도 수평단면적이 5 ㎡보다 클 때는 감지기를 설치

3) 그림 1.15.8.1은 샤프트를 해당 층 회로로 구성한 경우

1.15.9 P형 수신기 회로수

- P형 수신기의 회로 내역 상 각종 소방시설이 적합하게 반영되었는지 검토

(1) 화재수신기의 종류 및 기능

1) 화재수신기의 기능

- 방호대상물의 임의 구역 내 감지기 또는 발신기로부터 발하여진 신호를 수신하여 화재 발생 장소를 표시하고 음향장치를 작동

2) 화재수신기의 종류

- P형, R형, M형이 있으나, M형은 국내에서 생산되지 않음

(2) P형 수신기의 회로 누락 방지

1) 회로 누락 시 문제점

① 수신기 가격이 적정하게 반영되지 않음

② 수신기 제작 시에도 회로가 누락되는 경우가 발생

2) 검토 시기

① 도서 검토 단계

② 수신기 제작 승인서 검토 단계

③ 각 소방시설의 회로 내용이 누락되지 않았는지 확인

(3) P형 수신기의 회로 검토 사항 (예시)

1) 자동화재탐지설비 : 경계구역당 1회로

2) 준비작동식 스프링클러설비

① 방호구역당 교차회로 감지기 2회로

② 압력스위치(기동확인) 1회로

③ 탬퍼스위치 1회로

3) 알람밸브·건식 스프링클러설비

① 밸브 1개소당 압력스위치(기동확인) 1회로

② 탬퍼스위치 1회로

4) 가스계 소화설비

① 방호구역당 교차회로 감지기 2회로

② 압력스위치(방출확인) 1회로

5) 방화셔터

① 방화셔터 1개소당 교차회로 감지기 2회로

② 셔터 작동확인 2회로 (2단 강하)

6) 도어릴리즈(매입문)

① 전용감지기 사용 시 1회로

② 작동확인 : 외문 1회로, 양개 도어인 경우 2회로

7) 소화펌프

① 펌프 1대당 압력스위치 1회로

② 소화펌프 기동 및 정지 기능 : 해당 대수 만큼 내장

8) 소화수조

① 수조 1개당 저수위 감시 1회로

② 2조식인 경우 1 또는 2회로 중 선택

9) 제연설비

① 제연팬 기동 및 정지 기능 : 해당 대수 만큼 내장

② 급기 팬과 유입공기 배출 팬으로 구분

③ 급기 댐퍼, 배기 댐퍼 : 개폐 감시 및 원격 조작 기능

10) 자가발전기 기능 : 상용전원 및 비상전원의 공급 확인 기능

11) 예비 회로 고려 : 증축을 대비하여 적정한 예비 회로를 고려

(4) 수신기의 설계 및 관리 방안

1) 회로수에 따른 수신기 유형

① 회로 수 합계가 50회로 이하 : 벽부형 수신기

② 회로 수가 50회로를 초과 : 자립형 수신기

2) 50회로 수 초과 시 문제점 : 결선 작업 어려움, 관리상 문제 발생

3) 해결 방안

- 수신기 설치 장소의 가까운 벽면 등에 별도의 단자함을 설치
  - ☞ 각 배선을 집합시켜 정리한 후 수신기로 연결
  - ☞ 향후 시운전 및 유지 관리 단계에서 유용

4) 수신기 표기 방법

- 도면에 “P형 1급 (자립형 또는 벽부형) ○○회로용”으로 표기
  - ☞ 수신기의 종류, 설치 형태, 회로 수 명기

1.15.10 중계기의 설치 위치

- 각 소방시설의 중계기 위치가 적절한지 검토
- 중계기 입출력 포인트를 확인

관련기준

자동화재탐지설비 및 시각경보장치의 화재안전기술기준(NFTC 203)

2.3.1 자동화재탐지설비의 중계기는 다음의 기준에 따라 설치해야 한다.

2.3.1.1 수신기에서 직접 감지기회로의 도통시험을 하지 않는 것에 있어서는 수신기와 감지기 사이에 설치할 것

2.3.1.2 조작 및 점검에 편리하고 화재 및 침수 등의 재해로 인한 피해를 받을 우려가 없는 장소에 설치할 것

2.3.1.3 수신기에 따라 감시되지 않는 배선을 통하여 전력을 공급받는 것에 있어서는 전원입력측의 배선에 과전류차단기를 설치하고 해당 전원의 정전이 즉시 수신기에 표시되는 것으로 하며, 상용전원 및 예비전원의 시험을 할 수 있도록 할 것

(1) R형 시스템의 특징과 장점

1) 연결 방식

① 소방용 기기장치(발신기, 감지기, 알람밸브, 댐퍼 등)와 중계기까지는 실선으로 연결

② 중계기와 수신반 사이는 신호선 2가닥을 연결하여 다중전송방식으로 정보를 송수신

2) 통신 전선의 효율성

- 한 쌍의 통신전선으로 동시에 많은 정보를 송신할 수 있어 전선수 감소

3) P형 대비 R형의 장점

① P형은 경계구역마다 추가 배선이 필요하지만, R형은 수십 또는 수백 회로를 한 쌍의 전선으로 통신하므로 경제성과 시공성에서 우수

② R형은 초기 투자비가 많이 들지만, 대규모 건물에 주로 적용

(2) P형과 R형 시스템의 경제성 비교

1) 경제성 분기점

- 연면적 약 30,000 m^2를 기준으로 P형과 R형의 경제성이 갈린다는 경험적 판단

2) 현장 여건, 경제성, 유지관리 측면을 종합적으로 검토하여 시스템 결정

(3) R형 시스템의 확장성 및 유리한 점

1) 증축 시의 장점

- R형 시스템은 증축이나 소방시설 추가 시 인근 중계기의 통신선에 연결하면 감시 및 제어가 가능

2) 추가 공사에 대한 유리함

- P형 시스템은 수신기까지 실선으로 직접 시공해야 하므로, 향후 추가 공사가 예상되는 경우 R형이 보다 유리

(4) 중계기 채널당 접속 수량 검토

1) 도면 검토 시 하나의 채널당 중계기 접속 수량이 적절한지 확인
2) 시스템마다 중계기 수용 능력에 차이가 있으므로 주의
3) 동방전자 HI-MAX 기준 (통상적인 R형 시스템)
   ① 하나의 채널당 수용 가능한 입출력 포인트는 126개
   ② 입출력 2/2 기준으로 중계기 약 63개를 수용
4) 제조회사별 차이점
   ① 8비트 컴퓨터 시절에 개발되어 16진법의 배수에 해당하므로, 제조회사에 따라 회로구성이 증가될 수 있음
   ② 시공자가 사용하려는 제조업체의 사양을 미리 참고하는 것이 필요함

(5) 자동화재탐지설비 계통도의 중계기 표기 확인

1) 계통도상에 중계기의 입출력 포인트 및 개수가 표기되어 있는지 확인
2) 시스템 검토, 중계기 개수 파악, 내역서 검토 등에 필요하며, 중계기 표현이 누락된 경우 설계사에 도면 수정 요청
3) 대단위 아파트의 경우 중계기 입출력 포인트 산정이 잘못되면 중계기 개수에 차이가 나서 공사비 증감이 발생

(6) 중계기의 입출력 기준 및 예시

1) 입력과 출력의 정의
   ① 수신기가 받아들이는 정보는 입력
   ② 제어를 위해 내보내는 신호는 출력
2) 입력 포인트 예시

입력포인트	출력포인트
· 감지기 작동 · 알람밸브 압력스위치 작동 · 제연댐퍼 기동 확인 · 제연팬 기동 확인 · 방화셔터 감지기 작동 및 셔터 작동 확인 · 도어릴리즈 작동 확인 · 가스구역 감지기 작동 및 가스 압력스위치 작동	· 경종 작동 · 스프링클러(알람, 프리액션밸브 등) 전자싸이렌 작동 · 제연댐퍼 기동 · 방화셔터 기동 · 도어릴리즈 기동 · 소화가스설비 솔레노이드 기동

표 1.15.10.1 R형 중계기 입출력 회로수 산정기준(예시)

<table>
<tr><th>설비명</th><th>기기명</th><th>회로명</th><th>입출력
구분</th><th>입출
력수</th><th>비 고</th></tr>
<tr><td rowspan="3">자탐
설비</td><td>PIT, 계단감지기</td><td>감지기회로</td><td>입력</td><td>1</td><td>회로별로 입력 산정</td></tr>
<tr><td rowspan="2">발신기 SET</td><td>감지기회로</td><td>입력</td><td>1</td><td>발신기 수량과 동일. 단, 별도회로로 구성된 감지기는 입력 1회로씩 추가</td></tr>
<tr><td>지구경종</td><td>출력</td><td>1</td><td>발신기세트당 출력 1로 산정함</td></tr>
<tr><td rowspan="16">소화
설비</td><td rowspan="3">알람밸브</td><td>기동확인</td><td>입력</td><td>1</td><td>알람밸브 수량과 동일</td></tr>
<tr><td>싸이렌</td><td>출력</td><td>1</td><td>알람밸브 수량과 동일</td></tr>
<tr><td>탬퍼스위치</td><td>입력</td><td>1</td><td>알람밸브 수량과 동일</td></tr>
<tr><td rowspan="5">프리액션밸브
(S.V.P)</td><td>감지기회로</td><td>입력</td><td>2</td><td>교차회로이므로 입력2</td></tr>
<tr><td>밸브개방</td><td>입력</td><td>1</td><td>프리액션밸브와 동일</td></tr>
<tr><td>탬퍼스위치</td><td>입력</td><td>1</td><td>1,2차측 탬퍼스위치</td></tr>
<tr><td>싸이렌</td><td>출력</td><td>1</td><td>프리액션밸브와 동일</td></tr>
<tr><td>솔레노이드</td><td>출력</td><td>1</td><td>프리액션밸브와 동일</td></tr>
<tr><td rowspan="4">소화가스설비</td><td>감지기회로</td><td>입력</td><td>2</td><td>교차회로이므로 입력2</td></tr>
<tr><td>가스방출</td><td>입력</td><td>1</td><td>방호구역당 입력1</td></tr>
<tr><td>솔레노이드</td><td>출력</td><td>1</td><td>방호구역당 출력1</td></tr>
<tr><td>싸이렌</td><td>출력</td><td>1</td><td>방호구역당 출력1</td></tr>
<tr><td>소방용 물탱크</td><td>저수위감시</td><td>입력</td><td>1</td><td>저수위당 입력1</td></tr>
<tr><td rowspan="3">소화펌프
(중계기사용)</td><td>압력탱크</td><td>입력</td><td>1</td><td>소화펌프당 입력1</td></tr>
<tr><td>소화펌프기동</td><td>출력</td><td>1</td><td>소화펌프당 입력1</td></tr>
<tr><td>탬퍼스위치</td><td>입력</td><td>2</td><td>1,2차측 탬퍼스위치</td></tr>
<tr><td rowspan="4">소화
활동
설비</td><td rowspan="4">제연설비</td><td>감지기회로</td><td>입력</td><td>1</td><td>전용감지기 설계 시 해당</td></tr>
<tr><td>급기 작동</td><td>출력</td><td>1</td><td>전실댐퍼 수량 동일</td></tr>
<tr><td>급기 확인</td><td>입력</td><td>1</td><td>전실댐퍼 수량 동일</td></tr>
<tr><td>유입공기 배출 확인</td><td>입력</td><td>1</td><td>전실댐퍼 수량 동일</td></tr>
<tr><td rowspan="6">기타
설비</td><td rowspan="3">방화셔터설비</td><td>감지기회로</td><td>입력</td><td>2</td><td>교차회로이므로 입력2</td></tr>
<tr><td>작동확인</td><td>입력</td><td>2</td><td>1차, 2차 기동</td></tr>
<tr><td>셔터 기동</td><td>출력</td><td>1</td><td>방화셔터 수량 동일</td></tr>
<tr><td rowspan="3">매립방화문</td><td>감지기회로</td><td>입력</td><td>1</td><td>감지기 설치 시 해당</td></tr>
<tr><td>작동 확인</td><td>입력</td><td>1</td><td>양개문인 경우 입력2</td></tr>
<tr><td>기동</td><td>출력</td><td>1</td><td>양개문인 경우에도 출력1</td></tr>
</table>

(7) 소방시설별 중계기 설치 위치 검토 사항

1) 자동화재탐지설비
   - 발신기세트(단독용, 옥내소화전 상단) 내부에 설치
2) 급기 및 유입공기 배출 제연댐퍼
   - 급기 그릴 상부 내부 또는 발신기세트 내부에 설치
3) 알람밸브 및 건식밸브
   - 중계기 전용 박스 내 또는 근처의 발신기세트 내부에 설치
4) 준비작동식밸브(프리액션밸브)
   - 슈퍼비죠리 패널 내 또는 별도 전용 중계기용 박스에 설치
5) 가스 수동조작함 (이산화탄소, 할로겐화합물 등)
   ① 전용 가스제어반이 설치된 경우 제어반 내부에 설치
   ② 복합수신반으로 가스제어반을 대체하는 경우
      ☞ 가스수동조작함 옆면에 별도 전용 중계기함을 설치
6) 거실제연설비
   ① SMD(Smoke Motor Damper) 개수가 많은 경우
      ☞ EPS 실 내부에 전용 중계기 수납용 박스를 제작하여 설치
   ② SMD 개수가 적은 경우
      ☞ 거실제연 수동조작함에 별도 중계기 수용함을 설치
7) 소화펌프용 탬퍼스위치 등
   - 자동화재탐지설비 발신기세트 내부에 수용 또는 별도 전용 중계기 수용함에 설치
8) 방화셔터설비
   ① 방화셔터 연동제어기 내에 중계기 설치
   ② 일반적으로 별도 중계기함을 설치하여 수용 또는 인근 발신기세트 내에 설치
9) 도어릴리즈설비
   - 포켓도어(매립 방화문)는 벽체에 묻히므로 문 뒤 벽체에 설치하는 것은 관리상 문제가 있으므로, 별도의 전용함 내에 설치
10) 배연창설비
   - 배연창 연동제어기 내에 설치

1.15.11 회로당 감지기 최대 설치개수

- 회로당 감지기 설치 개수의 초과 여부를 확인

(1) 수신기의 회로당 정격전류 소비용량 제한

1) 정격전류 초과 시 문제점

① 수신기는 회로당 정격전류 소비용량이 정해져 있으며, 정격전류를 초과할 경우 퓨즈 단선, 부품 소손, 이상 현상 등의 우려가 있음

② 따라서 감지기 접속 시 수량에 제한이 필요

2) 감지기 종류에 따른 전력 소비 특성

① 기계식 감지기(공기팽창 또는 바이메탈 이용) : 단순 스위치 역할로 전력 소비가 없음

② 열식 반도체형 감지기 : 연기식 감지기와 마찬가지로 전력을 소비하므로, 화재수신반의 1 회로당 전력 소비를 고려하여 설치 개수를 조정하고 회로를 분할

3) 회로당 감지기 접속 제한 수량 예시

- 예 : 신화전자(주) 수신기의 경우
  - ☞ 회로당 감시전류 : 1 mA 이하
  - ☞ 단말기기 소비용량 : 감시전류 DC 24V/35μA
  - ☞ 회로당 접속 제한 수량 : (1 mA ÷ 35μA ≈ 20)개

4) 전력 소비에 따른 회로 분할 필요성

① 오동작 및 시스템 손상 방지

☞ 회로 분할 없이 한 회로에 많은 감지기를 설치하면 오동작을 유발하고, 시스템 손상을 초래하여 소방시설의 목적을 달성하지 못함

② 감지기 수량 조정 및 회로 분할

☞ 준비작동식 스프링클러설비의 기동용 감지기는 경계구역이 3,000 ㎡까지 설정되어 많은 감지기가 설계

☞ 회로당 접속 제한 수량 초과 여부를 검토하고, 수동조작함을 여러 개 설치하여 동일 회로이면서 감지기 수량을 구분하는 구성이 필요

(2) 교차회로 방식

1) 교차회로 방식의 원리

① 감지기가 화재를 감지하는 기능은 송배선 방식의 자동화재탐지설비와 동일

② 한 개 회로의 감지기가 작동했을 때는 연동되는 소화설비가 작동되지 않고, 경보설비만 작

동하도록 함

③ 두 개 이상의 회로에서 감지기가 각각 하나씩 작동되어야 화재수신반에서 소화설비를 작동시키는 기동출력을 내보냄

④ 한 개 회로만의 감지에 의한 방식보다 오동작 확률을 감소시킬 수 있음. 단, 두 개 이상의 감지기가 작동되어야 하므로, 소화설비 작동의 지연시간 발생

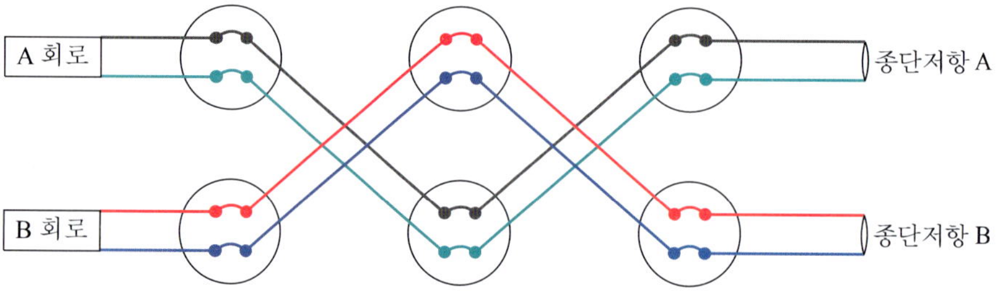

그림 1.15.11.1 교차회로의 구성

2) 교차회로의 설치 방법

① 동일 방호구역에 두 개의 회로 구성

- 그림 1.15.11.1과 같이 동일 방호구역에 두 개의 회로를 구성
- 스프링클러설비의 화재안전기술기준(NFTC 103) 2.6.1.2에 따르면, 교차회로 방식의 화재감지기 한 개가 담당하는 바닥면적은 자동화재탐지설비용 감지기의 감지 바닥면적으로 설치
- 따라서 교차회로 방식의 화재감지기 수량은 자동화재탐지설비용 감지기보다 2배 이상 설치

② 감지특성이 다른 감지기로 구성

- 교차회로를 구성하는 감지기는 감지특성이 서로 다른 것으로 구성
- 예 : 열식+연기식, 차동식+정온식 등
- 감시면적은 자동화재탐지설비 및 시각경보장치의 화재안전기술기준(NFTC 203) 표 2.4.3.5의 기준 면적 중 작은 면적 기준

③ 특수 장소의 감지기 구성

- 주차장에서 교차회로가 채택된 경우, 차동식 감지기만으로 두 개의 회로를 구성하는 이유는 먼지, 배기가스 등으로 인한 연기식 감지기의 오동작으로 유지관리가 어렵기 때문이지만, 이러한 장소에는 차동식 2종+정온식 특종으로 구성하는 것이 합리적이라 판단됨
- 설계자, 감리자, 시공자는 교차회로를 구성해야 하는 장소의 특성에 따라 감지기 종류를 적합하게 적용해야 함

1.15.12 감지기 설치 제외

- 화재감지기 면제 가능한 장소 외에 누락된 감지기 확인
- 설비 기동용 화재감지기의 누락 여부 확인

관련기준

자동화재탐지설비 및 시각경보장치의 화재안전기술기준(NFTC 203)

2.4.5 다음의 장소에는 감지기를 설치하지 않을 수 있다.

2.4.5.1 천장 또는 반자의 높이가 20 m 이상인 장소. 다만, 2.4.1 단서의 감지기로서 부착 높이에 따라 적응성이 있는 장소는 제외한다.

2.4.5.2 헛간 등 외부와 기류가 통하는 장소로서 감지기에 따라 화재 발생을 유효하게 감지할 수 없는 장소

2.4.5.3 부식성가스가 체류하고 있는 장소

2.4.5.4 고온도 및 저온도로서 감지기의 기능이 정지되기 쉽거나 감지기의 유지관리가 어려운 장소

2.4.5.5 목욕실 · 욕조나 샤워시설이 있는 화장실 · 기타 이와 유사한 장소

2.4.5.6 파이프덕트 등 그 밖의 이와 비슷한 것으로서 2개 층마다 방화구획된 것이나 수평단면적이 5㎡ 이하인 것

2.4.5.7 먼지 · 가루 또는 수증기가 다량으로 체류하는 장소 또는 주방 등 평상시 연기가 발생하는 장소(연기감지기에 한한다)

2.4.5.8 프레스공장 · 주조공장 등 화재 발생의 위험이 적은 장소로서 감지기의 유지관리가 어려운 장소

(1) 자동화재탐지설비의 감지기 설치 확인 사항

1) 감지기 설치 누락 여부 확인
   ① 감지기 면제 장소 이외의 곳에 감지기가 누락되었는지 확인
   ② 스프링클러설비용, 가스소화설비용, 제연설비용, 방화설비용 등 기타 소화 및 방재설비의 기동용 화재감지기 설치가 누락된 곳이 없는지 확인

(2) 감지기 설치 제외 대상 확인 사항

1) 천장 높이 20 m 이상의 부분
   - 일반 감지기로 감지가 어려운 천장 높이 20 m 이상인 부분은 감지기 설치가 면제
   - 다만, 특수형 감지기로 감지가 가능할 경우 감지기 설치 고려
2) 공동구
   - 높이 2 m, 폭 1.8 m, 길이 50 m에 해당되지 않는 경우 감지기 면제 가능
3) 건축물 피로티 주차장 : 개방된 부분 5 m까지는 감지기 면제 가능
4) PD (Pipe Duct)
   - 2개 층마다 방화구획되어 있거나 수평 단면적이 5 ㎡ 미만이면 감지기 면제 가능

5) A.D (Air Duct)

- 상부가 개방되어 있고 면적이 5 ㎡ 미만이면 감지기 면제 가능

6) 방풍실

- 외기와 실내의 완충공간으로 면제하기도 하지만, 방화로 인한 화재 발생을 고려할 때, 방풍실의 감지기는 적응성을 고려하여 설치 검토

7) EPS/TPS 실

- 층별로 방화구획되고, 수평 단면적이 5 ㎡ 미만이면 감지기 면제 가능
- 단, EPS 실의 화재로 케이블이 소손되는 사례가 발생하므로, 연기감지기 설치 권장

8) 화장실

- 일반적인 대중 화장실에는 연기식 감지기 설치

9) 옥상 물탱크실 등

- 감지기 면제 규정에 없는 장소이므로 법적으로 설치

10) 아파트 발코니 부분

- 발코니 부분이 유리로 마감될 경우 구획된 하나의 실로 보기 때문에 감지기 설치

1.15.13 시각경보기의 설치장소

- 시각경보기 설치 대상 건축물 여부와 설치위치 검토

관련기준

자동화재탐지설비 및 시각경보장치의 화재안전기술기준(NFTC 203)

2.5.1.2 층수가 11층(공동주택의 경우에는 16층) 이상의 특정소방대상물은 다음의 기준에 따라 경보를 발할 수 있도록 할 것

2.5.1.2.1 2층 이상의 층에서 발화한 때에는 발화층 및 그 직상 4개 층에 경보를 발할 것

2.5.1.2.2 1층에서 발화한 때에는 발화층 · 그 직상 4개 층 및 지하층에 경보를 발할 것

2.5.1.2.3 지하층에서 발화한 때에는 발화층 · 그 직상층 및 기타의 지하층에 경보를 발할 것

2.5.2 청각장애인용 시각경보장치는 소방청장이 정하여 고시한 「시각경보장치의 성능인증 및 제품검사의 기술기준」에 적합한 것으로서 다음의 기준에 따라 설치해야 한다.

2.5.2.1 복도 · 통로 · 청각장애인용 객실 및 공용으로 사용하는 거실(로비, 회의실, 강의실, 식당, 휴게실, 오락실, 대기실, 체력단련실, 접객실, 안내실, 전시실, 기타 이와 유사한 장소를 말한다)에 설치하며, 각 부분으로부터 유효하게 경보를 발할 수 있는 위치에 설치할 것

2.5.2.2 공연장 · 집회장 · 관람장 또는 이와 유사한 장소에 설치하는 경우에는 시선이 집중되는 무대부 부분 등에 설치할 것

2.5.2.3 설치 높이는 바닥으로부터 2 m 이상 2.5 m 이하의 장소에 설치할 것. 다만, 천장의 높이가 2 m 이하인 경우에는 천장으로부터 0.15 m 이내의 장소에 설치해야 한다.

(1) 시각경보장치의 설치 대상

1) 소방시설 설치 및 관리에 관한 법률 시행령 [별표 4]에 따른 설치 대상물

- 자동화재탐지설비를 설치해야 하는 대상물 중 다음의 시설
  - ☞ 근린생활시설, 문화 및 집회시설, 종교시설, 판매시설, 운수시설, 의료시설, 노유자 시설
  - ☞ 운동시설, 업무시설, 숙박시설, 위락시설, 창고시설 중 물류터미널, 발전시설, 장례시설
  - ☞ 교육연구시설 중 도서관, 방송통신시설 중 방송국
  - ☞ 지하상가

(2) 시각경보기장치의 중요성 및 설치 확인 사항

1) 시각경보장치의 역할

① 음향을 들을 수 없는 청각장애인에게 음향경보 대신 점멸 형태의 시각경보로 화재 발생을 알림

② 피난군중에 청각장애인이 있거나 주위 소음이 커서 음향경보를 듣기 어려운 상황에서 효과적

2) 설치 확인 사항

① 건축 허가 동의서의 건축물 주 용도를 확인하여 시각경보기 설치 대상인지 검토

② 해당 장소에 시각경보기가 빠짐없이 설치되었는지 확인

3) 동조기 설치의 필요성

① 대공간이나 복도에 시각경보기가 여러 개 설치된 경우 동조기를 설치하여 일정하게 점멸되도록 함

② 점멸 주기와 시간이 서로 다른 경우 사방에서 섬광이 발생하여 피난자가 시각적 혼돈으로 어지러움을 느낄 수 있음

(3) 청각장애인용 시각경보기 관련 법규

1) 국내 법규

- 장애인, 노인, 임산부 등의 편의 증진 보장에 관한 법률 시행령 [별표 2]

2) 해외 법규

① NFPA 72 (National Fire Alarm Code) : 미국 경보설비 코드

② ADA (Americans with Disabilities Act) : 미국 장애인법

3) 설치 기준 참고 사항

① 화재안전기술기준에는 "각 부분으로부터 유효하게 경보를 발할 수 있는 위치에 설치할 것"으로만 규정

② NFPA 72 기준을 참고하여 충분히 검토해야 함

(4) NFPA 72 기준 일부

1) 시각경보장치의 설치 규격

① 장치의 크기, 형태, 광도, 수량 결정

☞ 피난군중이 피난로의 어느 방향에서 보아도 잘 보일 수 있도록 결정해야 함

② 배광곡선 기준

☞ 배광곡선(Light distribution curve) : 광원의 중심을 지나는 평면상에서 광도 분포를 나타내는 극좌표 곡선으로 광원의 중심을 통과하는 측광면에서 서로 다른 각도에서 램프의 광도 값을 측정

☞ UL 1971에 적합하거나 동등 이상의 배광곡선을 가진 장치여야 함

2) 시각경보장치의 설치 위치 및 배치 방법

① 벽에 설치하는 경우

☞ 바닥으로부터 2.03 m 이상, 2.43 m 이하의 위치에 설치

② 실내에 설치하는 경우

☞ 방의 크기(가로×세로)에 따른 설치 수량 결정

- 작은 실은 1개 설치
- 서로 마주보는 벽에 2개 설치
- 네면의 벽에 각각 한 개씩 총 4개 설치 등

☞ 설치 위치는 긴 벽의 중간에 설치

☞ 장치의 광도 결정

- 정사각형 방에서 중간에 설치되지 않았거나 직사각형 방에 설치된 경우
- 장치 설치 위치로부터 가장 먼 벽까지의 거리에 따라 광도 결정

☞ 천장 높이 기준 : 천장의 높이가 9.15 m를 초과하는 경우 천장에 현수식으로 설치하거나 벽에 설치해야 함

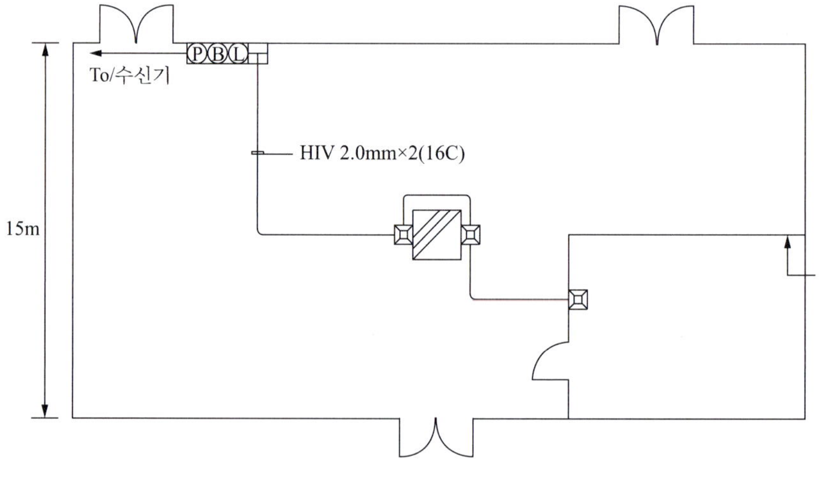

그림 1.15.13.1 시각경보기 거실 설치 예

③ 복도에 설치하는 경우

☞ 광도 기준 : 복도에 설치되는 시각경보장치는 15 cd 이상

☞ 설치 위치

- 복도의 끝에서 4.57 m 이내에 설치
- 복도 중간에서 시각경보장치 간의 간격은 30.4 m 이내

☞ 장애물이 있는 경우

- 시야를 가리는 장애물이 있으면 해당 부분의 복도를 별도의 복도로 간주하여 설치해야 함

☞ 여러 장치가 시야에 들어오는 경우

- 각 장치는 16.76 m 이상 간격을 유지하거나 동기화된 주기로 작동하도록 해야 함

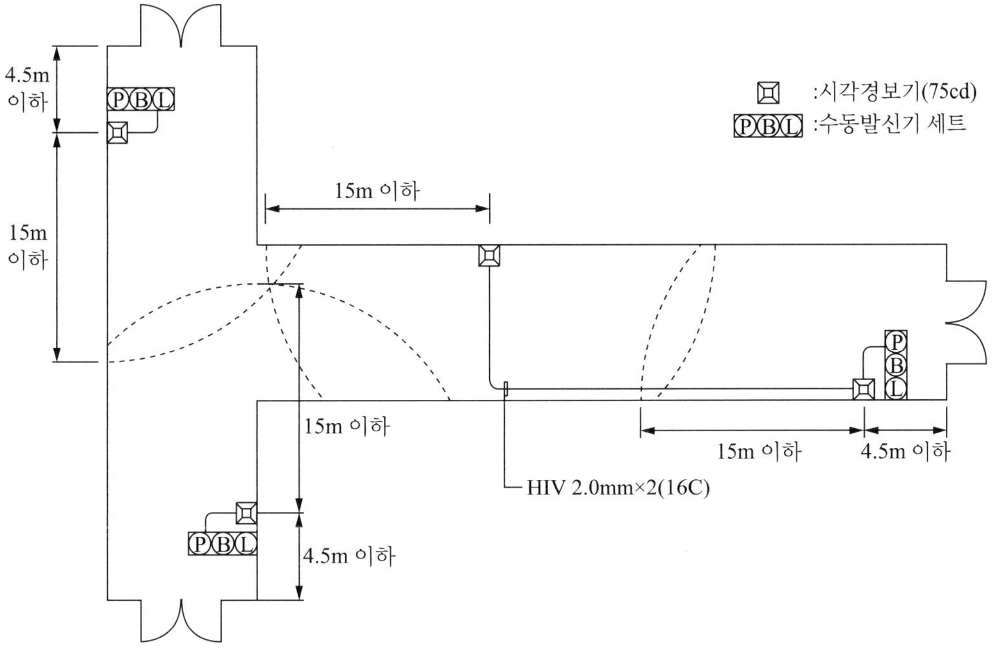

그림 1.15.13.2 시각경보기 복도 설치 예

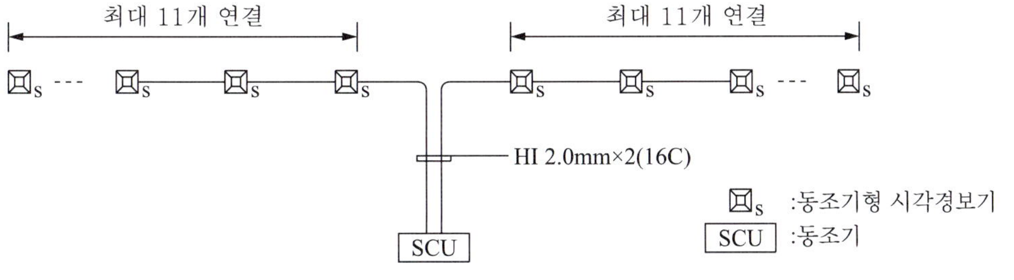

그림 1.15.13.3 동조기 설치 계통도

1.15.14 시각경보기의 전원

- 시각경보기 전원이 별도로 확보되었는지 검토

관련기준

자동화재탐지설비 및 시각경보장치의 화재안전기술기준(NFTC 203)

2.5.2.4 시각경보장치의 광원은 전용의 축전지설비 또는 전기저장장치(외부 전기에너지를 저장해 두었다가 필요한 때 전기를 공급하는 장치)에 의하여 점등되도록 할 것. 다만, 시각경보기에 작동전원을 공급할 수 있도록 형식승인을 얻은 수신기를 설치한 경우에는 그렇지 않다.

(1) 시각경보장치의 전류 소비와 전원부 설계

1) 시각경보장치의 전류 소비 특성
   ① 섬광이 발할 때마다 순간적으로 많은 전류를 소비
   ② 수신기 내부에 설치된 전원만으로는 시각경보장치를 작동시키기에 전류가 부족할 수 있음
   ③ 시각경보기 하나의 소비전류는 업체마다 다르나 대략 80 mA~150 mA 정도
2) 시각경보기 보조전원의 최대 용량 계산
   ① 직상 4개층 발화 방식
      ☞ 시각경보기 소비전류 × (지상 1층 + 지상 2~5층 + 지하 전층)의 시각경보기 개수
   ② 전층경보 방식
      ☞ 시각경보기 소비전류 × 해당 건축물 전층의 시각경보기 개수
3) 전원부 설계 시 고려 사항
   ① 시각경보장치의 전류용량을 포함하는 전원부를 내장하여 형식승인을 받은 수신기는 별도의 전원부가 필요 없음
   ② 그러나 현장 여건에 따라 시각경보기 설치 개수가 달라질 수 있으므로 소비전류의 변동 발생 가능
   ③ 수신기의 형식승인 시 시각경보장치 전원을 내장하여 승인받지 않으므로 별도의 전원반을 설치하는 것이 일반적
4) 시각경보기 전원라인 설계 확인 사항
   ① 시각경보기 전원이 별도로 설계된 경우
      ☞ 시각경보기의 전원라인도 별도로 2가닥 추가 설계되었는지 확인
   ② 직상발화 방식 건축물의 경우
      ☞ 별도 시각경보기 전원라인을 구성하면 전선수가 층별로 1가닥씩 늘어나 공사비가 증가

☞ 이를 해결하기 위해 그림 1.15.14.1 및 그림 1.15.14.2와 같이 전원라인을 2선으로 하고, 지구경종 출력 접점에 의한 릴레이 동작으로 시각경보기를 작동하도록 구성

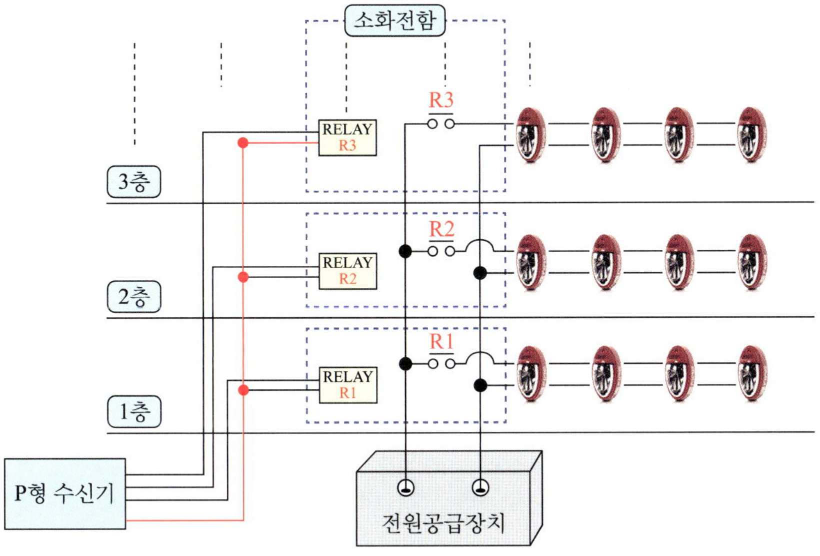

그림 1.15.14.1 시각경보기 별도 전원 사용(P형 직상발화)

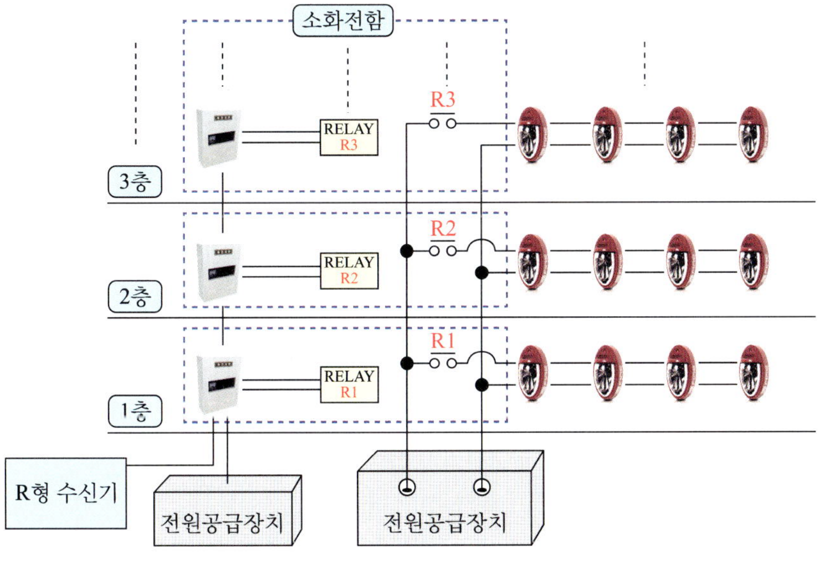

그림 1.15.14.2 시각경보기 별도 전원 사용(R형)

1.15.15 발신기의 수평거리와 보행거리

- 별도로 구획된 실로서 보행거리 40 m 이상일 경우 발신기 추가 검토

관련기준

자동화재탐지설비 및 시각경보장치의 화재안전기술기준(NFTC 203)

2.6.1 자동화재탐지설비의 발신기는 다음의 기준에 따라 설치해야 한다.

2.6.1.1 조작이 쉬운 장소에 설치하고, 스위치는 바닥으로부터 0.8 m 이상 1.5 m 이하의 높이에 설치할 것

2.6.1.2 특정소방대상물의 층마다 설치하되, 해당 층의 각 부분으로부터 하나의 발신기까지의 수평거리가 25 m 이하가 되도록 할 것. 다만, 복도 또는 별도로 구획된 실로서 보행거리가 40 m 이상일 경우에는 추가로 설치해야 한다.

2.6.1.3 〈2.6.1.2〉에도 불구하고 〈2.6.1.2〉의 기준을 초과하는 경우로서 기둥 또는 벽이 설치되지 아니한 대형공간의 경우 발신기는 설치대상 장소의 가장 가까운 장소의 벽 또는 기둥 등에 설치할 것

2.6.2 발신기의 위치를 표시하는 표시등은 함의 상부에 설치하되, 그 불빛은 부착면으로부터 15° 이상의 범위 안에서 부착지점으로부터 10 m 이내의 어느 곳에서도 쉽게 식별할 수 있는 적색등으로 해야 한다.

(1) 발신기세트의 구성 및 설치 위치 확인

1) 발신기세트의 구성
   - 누름스위치, 위치표시등, 전화, 경종으로 구성되어 있으며, 화재 시 수동으로 발신하는 장치
2) 발신기세트의 설치 위치
   ① 옥내소화전함이 설치된 경우 : 발신기세트를 소화전함 상단에 설치
   ② 옥내소화전설비가 설치되지 않은 경우 : 단독형 발신기세트를 설치
3) 설치 위치의 확인 및 검토
   ① 옥내소화전함과 발신기세트의 위치가 동일한지 기계 및 전기도면을 확인하여 검토
   ② 옥내소화전설비의 방수구가 면제되는 냉장실, 냉동실, 발전소, 전기실 또는 변전소 등에 발신기세트가 누락되지 않았는지 주의

(2) 발신기세트 추가 설치 사례 및 수평거리 검토

1) 수평거리 초과에 따른 발신기세트 추가 설치 필요
   ① 옥내소화전 방수구가 면제되어 방수구의 위치가 건축물 각 부분으로부터 수평거리 25 m를 초과하는 경우, 발신기세트를 추가로 설치
   ② 예시 : 그림 1.15.15.1의 전기실
2) 여러 개의 실 또는 구획된 실의 경우
   - 여러 실이 복도 또는 통로로 연결되었거나 별도로 구획된 실인 경우, 보행거리가 40 m를

초과할 수 있으므로 발신기세트의 추가 설치 검토

3) 지하주차장 램프 부위의 수평거리 확인

- 지하주차장 램프 부위는 바닥면적에 포함되므로, 발신기세트의 수평거리가 램프 각 부분으로부터 25 m 이내인지 확인

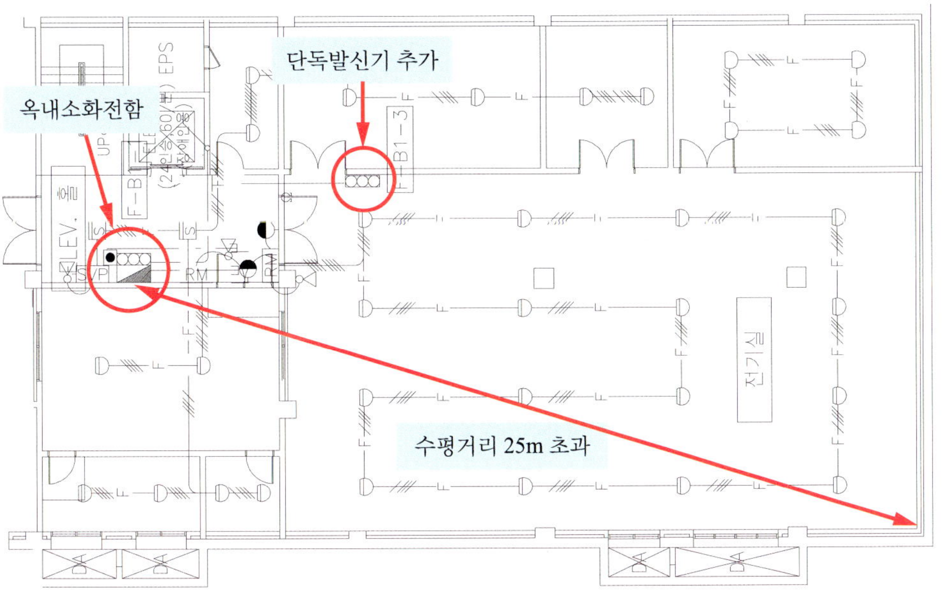

그림 1.15.15.1 발신기 수평거리 초과의 경우

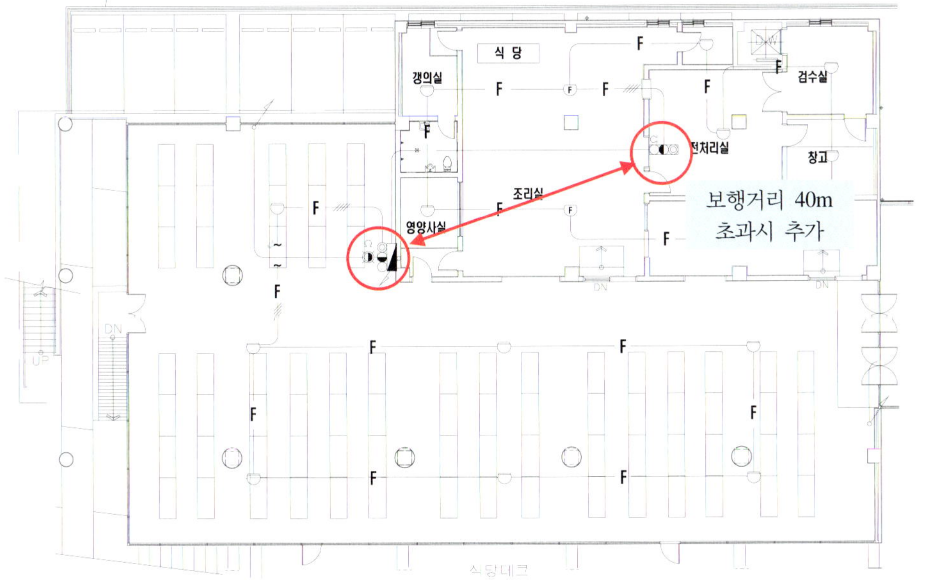

그림 1.15.15.2 발신기 보행거리 초과의 경우

1.15.16 전선관의 굵기

- 전선관의 규격이 KEC 232.2(KS C IEC 60364-5-52)규정에 적정한지 검토

관련기준

KEC 232.2 배선설비 공사의 종류

적용범위 : 이 규정은 배선설비의 선정 및 설치에 대하여 적용한다.

[공사방법의 준용]

1. KS C IEC 60364-5-52(전기기기의 선정 및 시공 - 배선설비) "부속서 A(설치방법)"
2. KEC 규정 : 배관 단면적의 1/3(33%) 이하(허용전류를 감안한 최대 전선 단면적)

(1) 한국전기설비규정(Korea Electro-technical Code, KEC)의 목적

1) 목적

① 전기설비기술기준 고시(이하 "기술기준")에서 정하는 전기설비의 안전성능과 기술적 요구사항을 구체적으로 정하는 것

② 여기서 전기설비란 "발전 · 송전 · 변전 · 배전 또는 전기사용을 위하여 설치하는 기계 · 기구 · 댐 · 수로 · 저수지 · 전선로 · 보안통신선로 및 그 밖의 설비"를 의미

(2) 전선관의 규격 표시 및 검토 사항

1) 전선관의 규격 표시 위치 확인

- 자동화재탐지설비의 간선계통도나 평면도의 NOTE 또는 주기사항에 전선관의 규격 표시

2) 전선관 규격 선정의 적정성 검토

① KEC 232.2 및 시방서를 근거로 하여 전선관 규격 선정 적정 여부 검토

② 전선 규격 기준 참고

☞ 다음의 표 1.15.16.1~1.15.16.5는 "L"사의 전선 기준에 의거한 값

표 1.15.16.1 전선(피복절연물 포함)의 단면적

전선의 굵기(mm^2)		단면적 (mm^2)
단선	연선	
1.5		9
2.5		12
4.0		16
	1.5	9
	2.5	13
	4.0	17
	6.0	22

표 1.15.16.2 절연 전선을 금속관 내에 넣을 경우의 보정계수

전선 종류		후강전선관 (STEEL)	경질비닐 전선관 (HI-PVC)
전선의 굵기(mm^2)		보정계수	보정계수
단선	연선		
1.5, 2.5, 4.0		2.0	
	6.0, 10.0	1.2	1.2
	16 이상	1.0	1.0

표 1.15.16.3 후강전선관 및 경질비닐전선관의 내단면적의 33%

후강전선관(STEEL)		경질비닐전선관(HI-PVC)	
전선관의 규격 (mm^2)	내단면적의 33% (mm^2)	전선관의 규격(mm)	내단면적의 33% (mm^2)
16	67	16	81
22	120	22	121
28	201	28	196
36	342	36	307
42	460	42	401

표 1.15.16.4 HFIX 최대 본수 전선관 선정표(33%) – 후강전선관 기준

전선의 규격 (mm^2)		후강전선관(STEEL)				
단선	연선	16C	22C	28C	36C	42C
1.5		4	7	12	21	27
2.5		3	5	9	15	20
4.0		2	4	6	11	15
	1.5	4	7	12	21	27
	2.5	2	5	8	14	19
	4.0	2	3	8	10	14
	6.0	2	4	7	13	18

표 1.15.16.5 HFIX 최대 본수 전선관 선정표(33%) – 경질비닐전선관 기준

전선의 규격 (mm^2)		경질비닐전선관(HI-PVC)				
단선	연선	16C	22C	28C	36C	42C
1.5		5	7	12	19	25
2.5		3	5	8	13	18
4.0		2	4	6	10	13
	1.5	5	7	12	19	25
	2.5	3	5	8	12	16
	4.0	2	3	6	9	12
	6.0	3	4	7	12	15

예시–KEC 232.2(KS C IEC 60364-5-52)에 의한 관의 규격 선정

2.5 mm^2 7본을 넣을 수 있는 전선관의 규격을 구하면?

1. 표 1.15.16.1 로부터 전선의 단면적 합계를 구한다.
   2.5 mm^2 7본 → 13 mm^2 × 7 = 91 mm^2
2. 산출한 전선의 단면적의 합계에 표 1.15.16.2의 보정계수(절연전선을 금속관에 넣을 때의 입선이 원활하게 하기 위한 계수)를 곱하여 단면적을 구한다.
   91 mm^2 × 2 = 182 mm^2
3. 표 1.15.16.3에서 182 mm^2 내단면적의 33%가 되는 규격은 28 mm 이상의 후강전선관이 된다. 이것이 구하고자 하는 최소 규격의 후강전선관이 된다.

1.15.17 전선관의 재질과 공사방법

- 전선관의 굵기가 36 mm 이상인 경우 노출 설계 반영 확인
- 전선관의 노출은 후강전선관(Steel)으로 설계되었는지 확인
- 최상층은 노출 전선관으로 설계되었는지 확인

관련기준

KEC 232.10[전선관 시스템]

금속관배선을 하는 경우에는 건축물의 강도를 감소시키지 아니하도록 시공 상 주의를 해야 한다.

[1] 조영재에 과대한 구멍 또는 틈을 내지 말 것

[2] 지나치게 굵은 금속관을 사용하지 말 것

[3] 콘크리트 스라브내에 매입하는 경우의 금속관 바깥지름은 스라브 두께의 1/3 이내로 하는 것이 바람직하다.

표 1-1 후강전선관 및 경질비닐전선관의 치수(단위 : mm)

후강전선관(STEEL)			경질비닐전선관(HI-PVC)		
전선관 규격(mm)	바깥지름	두께	전선관 규격(mm)	바깥지름	두께
16	21	2.3	16	22	2.0
22	26.5	2.3	22	26	2.0
28	33.3	2.5	28	34	3.0
36	41.9	2.5	36	42	3.5
42	47.8	2.5	42	48	4.0

자동화재탐지설비 및 시각경보장치의 화재안전기술기준(NFTC 203)

2.8.1 배선은 「전기사업법」 제67조에 따른 「전기설비기술기준」에서 정한 것 외에 다음의 기준에 따라 설치해야 한다.

2.8.1.1 전원회로의 배선은 「옥내소화전설비의 화재안전기술기준(NFTC 102)」 2.7.2의 표 2.7.2(1)에 따른 내화배선에 따르고, 그 밖의 배선(감지기 상호간 또는 감지기로부터 수신기에 이르는 감지기회로의 배선을 제외한다)은 「옥내소화전설비의 화재안전기술기준(NFTC 102)」 2.7.2의 표 2.7.2(1) 또는 표 2.7.2(2)에 따른 내화배선 또는 내열배선에 따를 것

2.8.1.2 감지기 상호간 또는 감지기로부터 수신기에 이르는 감지기회로의 배선은 다음의 기준에 따라 설치할 것

2.8.1.2.1 아날로그식, 다신호식 감지기나 R형수신기용으로 사용되는 것은 전자파 방해를 받지 않는 실드선 등을 사용해야 하며, 광케이블의 경우에는 전자파 방해를 받지 아니하고 내열성능이 있는 경우 사용할 것. 다만, 전자파 방해를 받지 않는 방식의 경우에는 그렇지 않다.

2.8.1.2.2 2.8.1.2.1 외의 일반배선을 사용할 때는 「옥내소화전설비의 화재안전기술기준(NFTC 102)」 2.7.2의 표 2.7.2(1) 또는 표 2.7.2(2)에 따른 내화배선 또는 내열배선으로 사용할 것

(1) 소방 전선관의 종류 및 적용 확인

1) 주로 사용하는 전선관 종류

① 난연 CD관(노출배관 금지)

② 경질비닐전선관(HI-PVC)

③ 후강전선관(STEEL)

2) 전선관 종류의 적합성 확인

- 공사에 적용되는 전선관 종류가 시방서 및 화재안전기술기준에서 요구하는 조건을 모두 충족하는지 확인

(2) 전선관 종류별 특징 및 주의사항

1) 난연 CD관(노출배관 금지)

① 콘크리트 매입용으로 감지기, 유도등 및 스피커 등 가지배선의 전선관으로 사용

② 쉽게 구부러져 시공성이 뛰어나고 인건비가 적게 드는 장점

③ 적은 충격에 약해 찌그러지거나 쉽게 파손되는 단점이 있으므로 콘크리트 타설 시 특히 주의가 필요

2) 경질비닐전선관(HI-PVC)

① 아파트의 주요 간선 전선관 및 일반 건축물의 콘크리트 매입 전선관에 사용

② CD관보다 구부리기가 어려워 시공성이 떨어지지만, 후강전선관보다 시공성이 뛰어나고 인건비가 적음

③ CD관보다 강도가 우수하나 후강전선관보다 쉽게 파손되므로 콘크리트 타설 시 주의

3) CD관과 HI-PVC관의 공통 주의사항

① 재질적 특성으로 인해 접속부나 박스 연결 부위가 아님에도 전선관의 관로가 콘크리트 타설 시 충격으로 파손 가능

② 파손되면 추후 전선 입선이 불가하거나 어려움이 발생하므로 콘크리트 타설 시 관리가 필요

(3) 노출전선관의 사용 기준 및 설계 검토

1) 소방 노출전선관의 사용 규정

- 옥내소화전설비의 화재안전기술기준(NFTC 102) 표 2.7.2에 의거하여 소방의 노출전선관은 후강전선관을 사용

2) 전선관 선택의 적절성 확인

① 발주자에 따라 매립 전선관도 모두 강제 전선관으로 시공할 것을 요구하기도 함

② 시방서 등을 검토하여 전선관 선택이 적절하게 반영되어 있는지 확인

(4) 전선관 규격에 따른 시공 방식 및 검토

1) 전선관 규격과 매립 시공 기준
   ① 전선관 규격이 콘크리트 두께의 1/3 이상을 초과하는 경우 검토
   ② 일반적으로 전선관 규격이 28 mm이면 매립으로 시공하고, 시방서에 따라 36 mm까지 매립을 허용하는 경우도 있음
2) 노출 시공 여부 검토
   ① 전선관 규격이 큰 경우 노출로 시공하도록 설계되었는지 검토
   ② 굵은 전선관은 건축물의 강도를 감소시킬 우려가 있으므로 주의
   ③ 바닥 콘크리트 두께는 건축물의 용도에 따라 다르므로 건축 단면상세도를 참조할 것

(5) 일반적인 노출 전선관의 적용 부분 및 주의사항

1) 설계 변경이 예상되는 용도나 부위
   ① 설계 단계부터 노출로 반영하는 것이 경제적이며 시공적 측면에서 유리
   ② 예시 : 판매시설의 경우 매장 배치 결정이 늦거나 변경되는 경우가 많아 매립 전선관으로 시공하면 기존의 매립한 전선관을 사용하기 어려울 수 있음
2) 위치 변경 가능성이 높은 설비
   ① 소방용 동력제어반이나 건축물의 배연창 등은 현장 여건에 따라 위치가 변경될 가능성이 높음
   ② 최초 설계 단계부터 노출 전선관으로 설계하는 것이 바람직
3) 건축물의 최상층 결로 방지
   ① 건축물의 최상층은 결로 방지 차원에서 노출 전선관으로 설계되었는지 확인
   ② 관공서 건축물의 최상층은 노출 전선관을 적용하는 곳이 있으므로 시방서를 확인하여 발주자와 협의
   ③ 겨울철 외부 온도와 실내 온도 차이로 결로가 발생하면 배관을 통해 흘러내린 물로 천장재가 손상되거나 전선의 합선이 발생할 수 있기 때문

1.15.18 동력제어반과 소화펌프 간 내화배선 설치

- 전기설비 도면을 통하여 내화배선 적용 확인

관련기준

옥내소화전설비의 화재안전기술기준(NFTC 102)

2.7.1 옥내소화전설비의 배선은 「전기사업법」 제67조에 따른 「전기설비기술기준」에서 정한 것 외에 다음의 기준에 따라 설치해야 한다.

2.7.1.1 비상전원을 설치한 경우에는 비상전원으로부터 동력제어반 및 가압송수장치에 이르는 전원회로의 배선은 내화배선으로 할 것. 다만, 자가발전설비와 동력제어반이 동일한 실에 설치된 경우에는 자가발전기로부터 그 제어반에 이르는 전원회로의 배선은 그렇지 않다.

(1) 전기 동력간선도 및 소방 간선계통도의 일치 여부 확인

1) 전기 동력간선도와 소방 간선계통도가 서로 일치하는지 확인
2) 배선 및 전선수 확인
   ① 동력제어반과 펌프 간의 배선이 내화배선으로 적용되었는지 확인
   ② 동력제어반과 펌프 간의 전선수를 확인

(2) 동력제어반과 펌프간의 배선 전선수

1) Y-△ 기동방식 : 6가닥(동력) + 1가닥(접지)
2) 직입 기동방식 : 3가닥(동력) + 1가닥(접지)
3) 소프트스타터 기동방식 : 3가닥(동력) + 1가닥(접지)

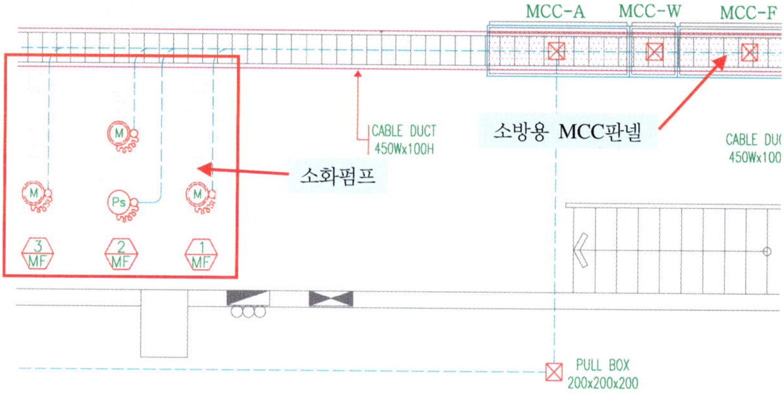

MCC-F : FR-8 8-1C/150°, E-38°(104C)

펌프동력선이 내화배선인지 확인

장비번호	장비명칭	용량(KW)	전선규격	비고
	옥내소화전펌프	55	70C(FR-8,6-1C/38°, E-22°)	
	옥내소화전보조펌프	11	54C(FR-8, 2-3C/8°, E-55 °)	
	스프링쿨러펌프	75	82C(FR-8,6-1C/60°, E-38°)	
	스프링쿨러펌프	75	82C(FR-8,6-1C/60°, E-38°)	
	스프링쿨러펌프	75	82C(FR-8,6-1C/60°, E-38°)	예 비
	스프링쿨러펌프	75	82C(FR-8,6-1C/60°, E-38°)	예 비
	스프링쿨러버조펌프	11	42C(FR-8, 2-3C/8°, E-55 °)	

그림 1.15.18.1 소방동력 간선도

예시-전선규격의 의미

70C(FR-8, 6 – 1C / 38$^{\square}$, E-22$^{\square}$)

1. 70C : 전선관의 굵기 70 mm, 전선관의 종류도 도면에 표기하면 좋다. 예) ST 70 : 강제전선관 70 mm
2. FR-8 : 내화케이블(전선의 종류)
3. 6-1C / 38$^{\square}$: 전선의 굵기(공칭 단면적)는 38 mm^{2}인 1심 전선을 6본 입선
   6-1C는 1C x 6으로도 표현(여기서 C는 Core)
4. E-22$^{\square}$: 접지선의 단면적 22 mm^2

※ $^{\square}$ 는 sq(Square)로도 표현하였으나 근래에 mm^2 단위로 통일됨

참고: Core / Pair / Traid

① 1 Core : 단심(한 가닥)의 케이블
② 1 Pair : 한 쌍(두 가닥이 들어간 또는 두 가닥이 꼬아진)의 케이블
③ 1 Traid : 한 쌍(세 가닥이 들어간 또는 세 가닥이 꼬아진)의 케이블

1.15.19 감시제어반의 설치장소

- 감시제어반 설치 시 방화구획 여부, 피난층 또는 1층 설치, 특별피난계단 출입구에서 보행거리 5 m 이내에 설치되었는지 확인
- 환기 가능 여부 및 비상조명등 설치와 다른 부분과 방화구획 확인

관련기준

옥내소화전설비의 화재안전기술기준(NFTC 102)

2.6.3.1 화재 및 침수 등의 재해로 인한 피해를 받을 우려가 없는 곳에 설치할 것

2.6.3.3 감시제어반은 다음의 기준에 따른 전용실 안에 설치할 것. 다만, 2.6.1의 단서에 따른 각 기준의 어느 하나에 해당하는 경우와 공장, 발전소 등에서 설비를 집중 제어 · 운전할 목적으로 설치하는 중앙제어실 내에 감시제어반을 설치하는 경우에는 그렇지 않다.

2.6.3.3.1 다른 부분과 방화구획을 할 것. 이 경우 전용실의 벽에는 기계실 또는 전기실 등의 감시를 위하여 두께 7 ㎜ 이상의 망입유리(두께 16.3 ㎜ 이상의 접합유리 또는 두께 28 ㎜ 이상의 복층유리를 포함한다)로 된 4 ㎡ 미만의 붙박이창을 설치할 수 있다.

2.6.3.3.2 피난층 또는 지하 1층에 설치할 것. 다만, 다음의 어느 하나에 해당하는 경우에는 지상 2층에 설치하거나 지하 1층 외의 지하층에 설치할 수 있다.

(1) 「건축법 시행령」 제35조에 따라 특별피난계단이 설치되고 그 계단(부속실을 포함한다) 출입구로부터 보행거리 5 m 이내에 전용실의 출입구가 있는 경우

(2) 아파트의 관리동(관리동이 없는 경우에는 경비실)에 설치하는 경우

2.6.3.3.3 비상조명등 및 급 · 배기설비를 설치할 것

자동화재탐지설비 및 시각경보장치의 화재안전기술기준(NFTC 203)

2.2.3.1 수위실 등 상시 사람이 근무하는 장소에 설치할 것. 다만, 사람이 상시 근무하는 장소가 없는 경우에는 관계인이 쉽게 접근할 수 있고 관리가 용이한 장소에 설치할 수 있다.

2.2.3.2 수신기가 설치된 장소에는 경계구역 일람도를 비치할 것. 다만, 모든 수신기와 연결되어 각 수신기의 상황을 감시하고 제어할 수 있는 수신기(이하 "주수신기"라 한다)를 설치하는 경우에는 주수신기를 제외한 기타 수신기는 그렇지 않다.

감시제어반과 자동화재탐지설비의 수신기는 모두 화재 감지 및 대응과 관련된 장비이지만, 감시제어반은 특정 소방설비의 상태를 감시하고 제어하는 역할, 자동화재탐지설비의 수신기는 화재를 감지하고 경보하는 역할을 수행한다고 볼 수 있다.

(1) 감시제어반 (Supervisory Control Panel)

1) 주요 기능

① 특정 설비(예: 배연설비, 방화셔터, 소화설비 등)의 작동 상태를 감시 및 제어

② 감시 대상의 정상 상태, 고장, 작동 여부 등을 표시

③ 제어 기능이 포함되어 있어 수동 또는 자동으로 특정 설비를 작동 가능

2) 설치 및 사용 대상

① 옥내소화전, 스프링클러설비 등 소화설비가 설치된 대상물

② 감시제어반은 다음의 일정 규모 이상일 경우 전용실에 설치

☞ 7층 이상으로서 연면적 2,000 ㎡ 이상

☞ 지하층의 바닥면적 합계가 3,000 ㎡ 이상

③ 감시제어반의 전용실 설치 기준 : 방재실

☞ 다른 부분과 방화구획된 장소. 망입유리로 된 4 ㎡ 미만의 붙박이창 설치 가능

☞ 피난층 또는 지하 1층에 설치

☞ 비상조명등 및 급·배기설비를 설치

④ 감시제어반의 전용실 설치 규모가 아닌 경우 화재 및 침수 등의 재해로 인한 피해를 받을 우려가 없는 곳에 설치 가능

⑤ 배연설비, 방화문, 소화펌프, 가스계 소화설비 등 화재 안전 관련 부가 설비의 감시 및 제어

3) 출력 기능

① 화재 감지 신호 입력 시 관련 설비를 자동 제어

② 필요 시 경보장치와 연동 가능

(2) 자동화재탐지설비의 수신기(Fire Alarm Control Panel, FACP)

1) 주요 기능

① 건물 내 감지기(연기·열 감지기 등)에서 발생한 신호를 수신하여 화재를 탐지 및 경보

② 화재 신호를 받아 경보음을 울리고, 필요 시 소방시설을 작동시키는 연동 기능

2) 설치 및 사용 대상

① 모든 자동화재탐지설비 설치 대상물

☞ 수위실 등 상시 사람이 근무하는 장소에 설치하고 상시 근무하는 장소가 없는 경우 관계인이 쉽게 접근할 수 있고 관리가 용이한 장소에 설치

② 건물 내 화재 감지 및 경보 목적

3) 출력 기능

① 화재 발생 시 경보 발령(싸이렌, 비상방송, 시각경보기 등)

② 연동 대상 설비(스프링클러, 제연설비, 방화셔터 등)에 화재 신호 전달

표 1.15.19.1 감시제어반과 수신기의 차이점

항 목	감시제어반	자동화재탐지설비 수신기
기 능	특정 설비 감시 및 제어	화재 감지 및 경보
감시 대상	배연설비, 방화셔터, 소화설비 등	감지기(연기 · 열 감지기)
주요 역할	설비 상태 감시 및 자동 · 수동 제어	화재 발생 시 경보 및 소방설비 연동
연동 방식	특정 설비 작동 및 감시	화재 감지 후 경보 및 자동제어 시스템 연동

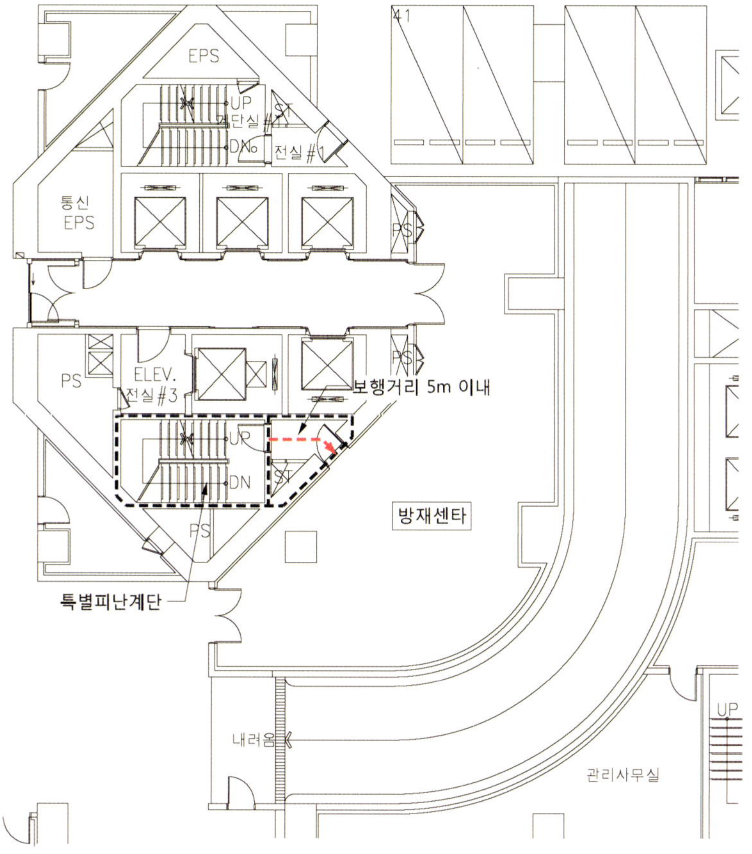

그림 1.15.19.1 방재실의 설치

1.16 비상방송설비

1.16.1 확성기(스피커) 설치위치

- 각 부분으로부터 확성기까지의 수평거리가 25 m 이하 여부 검토
- 구획된 부분에 유효하게 경보를 발할 수 있도록 설치여부 확인

관련기준

비상방송설비의 화재안전기술기준(NFTC 202)

2.1.1 비상방송설비는 다음의 기준에 따라 설치해야 한다. 이 경우 엘리베이터 내부에는 별도의 음향장치를 설치할 수 있다.

2.1.1.1 확성기의 음성입력은 3 W(실내에 설치하는 것에 있어서는 1 W) 이상일 것

2.1.1.2 확성기는 각 층마다 설치하되, 그 층의 각 부분으로부터 하나의 확성기까지의 수평거리가 25 m 이하가 되도록 하고, 해당 층의 각 부분에 유효하게 경보를 발할 수 있도록 설치할 것

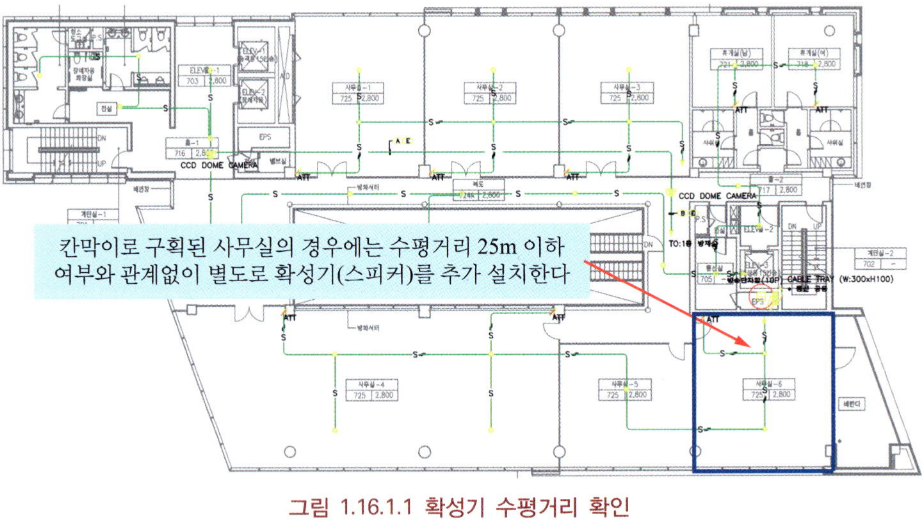

그림 1.16.1.1 확성기 수평거리 확인

(1) 방송 확성기 설치 확인 및 기준

1) 층별 설치 여부 및 수평거리 확인
   ① 각 층마다 방송 확성기(스피커) 설치 여부 확인
   ② 확성기가 층별로 수평거리 25 m 이내에 설치되어 있는지 확인
2) 구획된 공간의 확성기 추가 설치
   ① 사무실(거실) 등이 벽 등으로 구획되어 있을 경우, 별도로 확성기를 설치
   ② 각 실의 모든 부분에 유효하게 위험을 알릴 수 있도록 설치 여부 확인
3) 확성기 음성입력 기준
   - 실내의 경우, 확성기의 음성입력은 1 W 이상

1.16.2 비상방송 경보방식

- 11층(공동주택 16층) 이상의 경우 경보방식 확인

관련기준

비상방송설비의 화재안전기술기준(NFTC 202)

2.1.1.7 층수가 11층(공동주택의 경우에는 16층) 이상의 특정소방대상물은 다음의 기준에 따라 경보를 발할 수 있도록 해야 한다.

2.1.1.7.1 2층 이상의 층에서 발화한 때에는 발화층 및 그 직상 4개층에 경보를 발할 것

2.1.1.7.2 1층에서 발화한 때에는 발화층 · 그 직상 4개층 및 지하층에 경보를 발할 것

2.1.1.7.3 지하층에서 발화한 때에는 발화층 · 그 직상층 및 기타의 지하층에 경보를 발할 것

(1) 층별 화재 경보 방식 규정

1) 11층 이상의 건물(공동주택의 경우 16층 이상)
   - 구분경보 적용 : 발화층 및 직상 4개층에 우선경보를 실시
2) 11층 미만의 건물
   - 전층 경보 적용 : 모든 층에 동시에 경보를 실시

(2) 경보 방식에 따른 피난 효율성

1) 대규모 건물에서 전층 경보의 문제점
   - 일시에 많은 사람들이 피난을 시작하여 오히려 혼란을 초래할 수 있음

2) 구분경보의 필요성

- 대규모 건물에서는 구분경보를 통해 순차적인 대피를 유도하여 피난 혼란을 줄임

3) 소규모 건물에서 전층 경보의 효과

- 전체 피난을 유도하여 신속한 대피를 가능하게 함

(3) 구분경보 시 피난 우선순위

1) 발화층 : 피난의 '0'순위로 가장 먼저 피난

2) 직상층 : 화염이 상부로 전파되므로 피난의 '1'순위로 우선경보 대상

(4) 지하층의 경보 방식 특성

1) 지하층의 피난 문제점

- 발화층이 지하 중간층인 경우, 발화층 이하 지하층은 발화층을 경유하여 피난해야 하므로 피난 시작이 늦어지면 피난이 불가능해질 수 있음

2) 지하층의 경보구역 설정

- 지하층은 항상 지하 전층을 하나의 단일 경보구역으로 설정하여 피난 개시 시간을 단축해야 함

표 1.16.2.1 11층 이상의 경우 발화층, 직상층의 비상방송 경보방식

발 화 층	경보가 되는 층
2층 이상의 층	발화층 + 직상 4개층
1층	1층(직상층) + 직상 4개층 + 지하층
지하층	발화층 + 직상 4개층 + 기타 지하층

1.16.3 비상방송설비의 배선

- 단선에 대비한 회로 구성여부 확인

관련기준

비상방송설비의 화재안전기술기준(NFTC 202)

2.2.1.1 화재로 인하여 하나의 층의 확성기 또는 배선이 단락 또는 단선되어도 다른 층의 화재 통보에 지장이 없도록 할 것

(1) 비상방송설비 배선 결선 방식 확인

1) 화재 장소의 확성기 또는 배선이 파손 시에도 다른 확성기로 화재 경보 방송을 할 수 있는 결선 방식인지 확인
2) 결선 방식 및 적용 방법
   ① 직렬 결선 방식 (송배선식 방법)
      ☞ 감지기의 결선과 같은 직렬 결선 방식은 비상방송 배선에 적용하지 않음
      ☞ 이유 : 하나의 감지기가 단선되면 이후의 감지기는 작동 불능 상태가 됨
   ② 병렬 결선 방식
      ☞ 전기설비의 등기구 결선 방식인 병렬 결선 방법을 확성기의 결선에 사용
      ☞ 장점 : 하나의 전등(확성기)이 단선되어도 다른 전등(확성기)은 정상 작동

(2) 단락 시 간선 및 앰프 구성 확인

1) 단락 회로의 영향 최소화
   ① 비상방송의 전선이 단락되었을 때에는 단락된 회로의 기능만 정지되도록 간선 및 앰프 구성
   ② 즉, 단락된 층의 경보는 정지되어도 나머지 다른 층의 경보에는 영향이 없어야 함
2) 설계도서 검토 및 수정 요청
   - 이러한 부분이 비상방송앰프 및 간선 설계에 반영되어 있지 않다면 다른 층의 화재통보에 지장이 없도록 설계도서의 수정을 요청

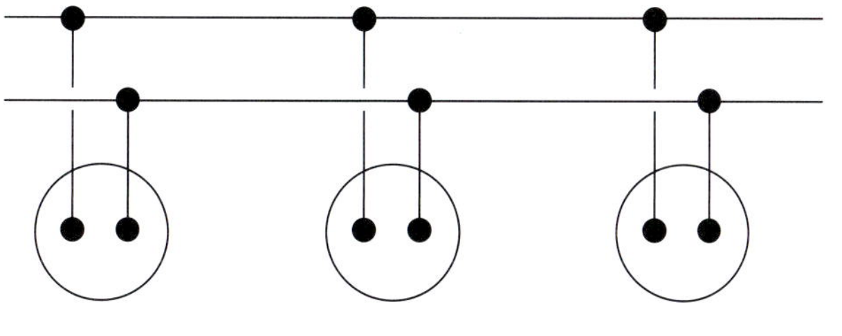

그림 1.16.3.1 확성기의 병렬결선

1.17 유도등

1.17.1 건물의 용도별, 층별 유도등의 규격

- 유도등 크기가 건축물의 용도별, 층별로 적합한지 검토

관련기준

유도등 및 유도표지의 화재안전기술기준(NFTC 303)

표 2.1.1 설치장소별 유도등 및 유도표지의 종류

설치 장소	유도등 및 유도표지의 종류
1. 공연장·집회장(종교집회장 포함)·관람장·운동시설	• 대형피난구유도등 • 통로유도등 • 객석유도등
2. 유흥주점영업시설(「식품위생법 시행령」 제21조 제8호라목의 유흥주점영업 중 손님이 춤을 출 수 있는 무대가 설치된 카바레, 나이트클럽 또는 그 밖에 이와 비슷한 영업시설만 해당한다)	
3. 위락시설·판매시설·운수시설. 「관광진흥법」 제3조제1항2호에 따른 관광숙박업·의료시설·장례식장·방송통신시설·전시장·지하상가·지하철역사	• 대형피난유도등 • 통로유도등
4. 숙박시설(제3호의 관광숙박업 외의 것을 말한다)·오피스텔	• 중형피난구유도등 • 통로유도등
5. 제1호부터 제3호까지 외의 건축물로서 지하층, 무창층 또는 층수가 11층 이상인 특정소방대상물	
6. 제1호부터 제5호까지 외의 건축물로서 근린생활시설·노유자시설·업무시설·발전시설·종교시설(집회장 용도로 사용하는 부분 제외)·교육연구시설·수련시설, 공장·창고시설·교정 및 군사시설(국방.군사시설 제외)· 자동차정비공장· 운전학원 및 정비학원·다중이용업소·복합건축물	• 소형피난유도등 • 통로유도등
7. 그 밖의 것	• 피난구유도표지 • 통로유도표지

[비고] 1. 소방서장은 특정소방대상물의 위치. 구조 및 설비의 상황을 판단하여 대형피난유도등을 설치해야 할 장소에 중형피난구유도등 또는 소형피난구유도등을, 중형피난구유도등을 설치해야 할 장소에 소형피난구유도등을 설치하게 할 수 있다.
2. 복합건축물의 경우, 주택의 세대 내에는 유도등을 설치하지 않을 수 있다.

(1) 유도등의 정의 및 용도 확인

1) 유도등의 정의

① 화재 시 피난을 유도하기 위한 안내용 전등

② 정상 상태에서는 상용전원에 의해 점등

③ 상용전원이 정전되는 경우 비상전원으로 자동 전환되어 점등

2) 주용도 및 층별 용도 확인

① 건축허가 동의서 또는 설치계획서 검토

☞ 건축허가 동의서 또는 설치계획서를 확인하여 건축물의 주용도 및 층별 용도를 파악

② 적합한 유도등 규격 적용 여부 확인

☞ 건축물의 주용도와 층별 용도를 복합적으로 검토하여 각 용도에 적합한 규격의 유도등이 적용되어 있는지 확인

☞ 학교는 교육연구시설로 분류되어 소형유도등 적용

☞ 학교 내 체육관은 운동시설로 분류되어 대형유도등 적용

(2) 객석유도등 적용 대상 및 검토

1) 객석유도등 적용 대상 건축물

① 무도 유흥 음식점(카바레, 나이트클럽 등)

② 관람집회 및 운동시설 중 의자가 고정식인 경우

2) 객석유도등 설치 면제 가능한 조건

① 주간에만 사용하는 장소로서 채광이 충분한 객석

② 거실 등의 각 부분으로부터 하나의 거실 출입구에 이르는 보행거리가 20 m 이하인 객석의 통로로서 그 통로에 통로유도등이 설치된 경우

(3) 지하층 및 11층 이상 층의 유도등 적용

1) 유도등 규격 확인

- 지하층과 11층 이상 층은 모든 용도에 관계없이 중형유도등 이상으로 적용되어 있는지 검토

2) 관할 소방서와의 협의 필요성

① 화재안전기술기준에 따르면, 허가 동의 시 관할 소방서와 협의하여 다음과 같이 유도등의 규격을 변경하여 설치할 수 있음

☞ 대형피난구유도등을 설치해야 할 장소에 중형 또는 소형피난구유도등을 설치

☞ 중형피난구유도등을 설치해야 할 장소에 소형피난구유도등을 설치

② 주의사항:

☞ 과거의 질의회신 등을 근거로 자의적으로 해석하여 완화 적용하지 말 것

☞ 반드시 관할 소방서 담당 공무원과 협의 후 적용

(4) 의료시설 등에서의 유도등 설계 적용

1) 공간 특성에 따른 유도등 규격 조정

① 의료시설의 경우 대형유도등이 적용 대상

② 작은 실까지 모두 대형유도등을 설치하는 것은 비경제적이며, 대형유도등의 크기로 인해 시공이 어려울 수 있음

2) 일반적인 설계 적용 방법

- 공간의 특성에 따라 적정한 중형유도등 또는 소형유도등으로 설계 적용하는 것이 합리적

3) 주요 피난 통로

- 주요 피난 통로는 대형유도등으로 설치

1.17.2 피난구유도등 설치 출입문 상단의 공간

- 출입문 상단의 공간 확인 후 피난구 유도등 설치 검토

(1) 피난구유도등 설치

1) 일반적 설치 위치

- 피난구유도등은 일반적으로 출입문 상단에 설치

2) 건축 구조상 설치 위치 변경

- 출입문 상단과 천장 사이의 공간이 충분하지 않아 문틀 위에 설치 공간을 확보할 수 없는 등 건축물 구조상 불가피한 경우
  - ☞ 피난구유도등을 출입구 옆의 벽면 설치 검토

3) 초기 설계 계획 시 고려사항

① 건축계획 중 천장 높이 확인

② 유도등의 종류별로 설치 가능 여부를 검토

③ 검토 결과에 따라 적절한 설치 위치를 설계 반영

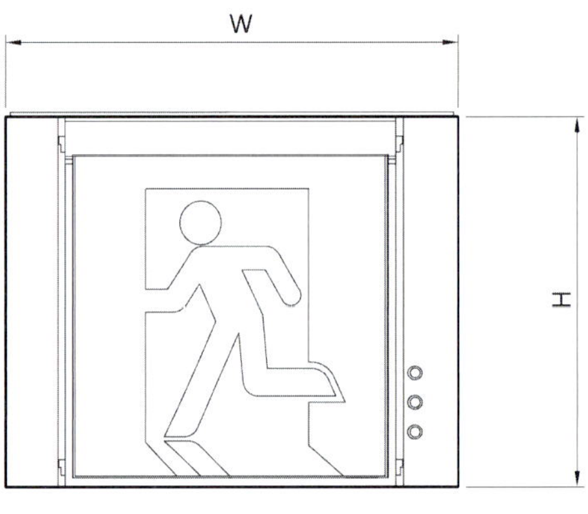

소 형	180W x 132H x 42D
중 형	280W x 240H x 42D
대 형	330W x 290H x 42D

그림 1.17.2.1 피난구유도등 벽부형의 종별에 따른 크기(예시)

1.17.3 피난구유도등의 설치 제외

- 피난구유도등의 누락여부 검토

관련기준

유도등 및 유도표지의 화재안전기술기준(NFTC 303)

2.2.1 피난구유도등은 다음의 장소에 설치해야 한다.

2.2.1.1 옥내로부터 직접 지상으로 통하는 출입구 및 그 부속실의 출입구

2.2.1.2 직통계단 · 직통계단의 계단실 및 그 부속실의 출입구

2.2.1.3 2.2.1.1과 2.2.1.2에 따른 출입구에 이르는 복도 또는 통로로 통하는 출입구

2.2.1.4 안전구획된 거실로 통하는 출입구

2.8.1 다음의 어느 하나에 해당하는 경우에는 피난구유도등을 설치하지 않을 수 있다.

2.8.1.1 바닥면적이 1,000 ㎡ 미만인 층으로서 옥내로부터 직접 지상으로 통하는 출입구(외부의 식별이 용이한 경우에 한한다)

2.8.1.2 대각선 길이가 15 m 이내인 구획된 실의 출입구

2.8.1.3 거실 각 부분으로부터 하나의 출입구에 이르는 보행거리가 20 m 이하이고 비상조명등과 유도표지가 설치된 거실의 출입구

2.8.1.4 출입구가 3개소 이상 있는 거실로서 그 거실 각 부분으로부터 하나의 출입구에 이르는 보행거리가 30 m 이하인 경우에는 주된 출입구 2개소 외의 출입구(유도표지가 부착된 출입구를 말한다). 다만, 공연장 · 집회장 · 관람장 · 전시장 · 판매시설 · 운수시설 · 숙박시설 · 노유자시설 · 의료시설 · 장례식장의 경우에는 그렇지 않다.

(1) 유도등 설치 시 고려사항

1) 법적 규정 및 실제 피난 고려

① 유도등은 피난을 유도하기 위한 시설로서, 법적 규정이 최소한으로 되어 있어 설치 수량이 부족할 수 있음

② 주관적으로 피난유도등의 설치를 판단할 수 있으므로, 실제 피난을 고려하여 유도등 설치 검토 필요

(2) 피난구 유도등 설치 위치

1) 직통 계단 및 특별 피난 계단

- 피난구 유도등은 직통 계단 출입구, 특별 피난 계단 출입구 및 그 부속실의 상부에 설치

2) 넓은 거실의 유도등 설치

① 판매시설 등 넓은 거실에 피난구 유도등을 출입문에만 설치하는 것은 피난 유도에 부족함

② 거실통로유도등을 설치하여 피난구로의 피난을 효과적으로 유도

3) 거실통로유도등 설치 위치 결정

① 거실 통로의 인테리어 평면이 확정되지 않은 경우, 설계자, 발주자 또는 관할서의 주관적인 판단으로 임의의 장소에 20 m를 기준으로 설치되는 경우가 있음

② 인테리어 평면이나 거실의 배치 계획이 확정되면, 거실에서 피난 유도가 효율적으로 이루어질 수 있는 위치에 설치하도록 함

(3) 구획된 실의 피난구 유도등 설치

1) 피난구 유도등 제외 가능 조건

- 대각선 길이가 15 m 이내인 구획된 실의 출입구는 실의 크기가 작아 출입구 확인이 상대적으로 쉬우므로 피난구 유도등을 제외 가능

2) 유도등 면제 조건 및 일반적 설치

- 거실 각 부분으로부터 쉽게 도달할 수 있는 출입구이며, 보행거리가 20 m 이하이고 비상조명등과 유도표지가 설치된 거실은 유도등 면제 조건에 해당
  - ☞ 그러나 보행거리가 명확하지 않고 유도표지도 설치해야 하므로, 피난구 유도등을 설치하는 것이 일반적임

(4) 피난층 방풍실 출입문 유도등 설치

1) 각 출입문에 유도등 설치 권장

① 피난층의 방풍실 출입문이 2개 이상일 때, 설계자의 주관적 판단에 의해 출입문 사이에 유도등 1개만 설치하는 경우가 있음

② 그러나 각 방풍실 출입문마다 피난구유도등을 설치하여 피난자가 양쪽의 출입문을 모두 이용할 수 있도록 하는 것을 권장

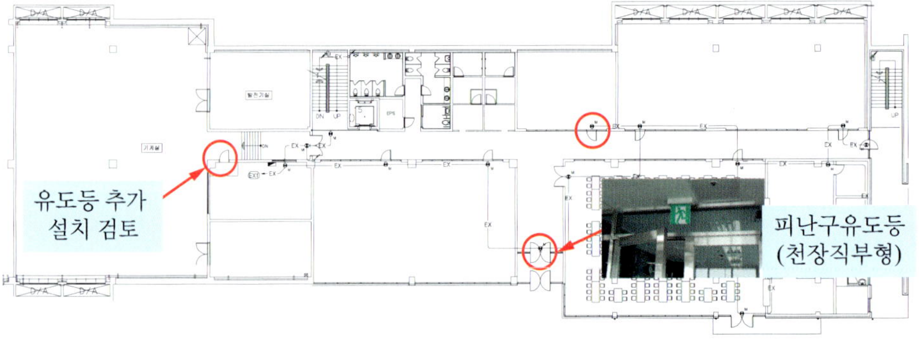

그림 1.17.3.1 피난구 유도등의 설치위치 검토

(5) 기계실의 유도등 설치 개선

1) 유도등 시야 확보 문제

- 기계실의 피난구유도등을 문 상단에 설치했지만, 문의 크기가 크거나 장비에 가려 재실자가 유도등을 쉽게 볼 수 없는 경우가 많음

2) 거실통로유도등 추가 설치

- 유도등이 쉽게 보이는 위치에 거실통로유도등을 추가 설치하여 피난을 원활히 유도하는 것이 바람직

1.17.4 통로유도등의 설치

- 거실통로유도등, 복도통로유도등, 계단통로유도등의 누락 여부 검토

관련기준

유도등 및 유도표지의 화재안전기술기준(NFTC 303)

2.3.1 통로유도등은 특정소방대상물의 각 거실과 그로부터 지상에 이르는 복도 또는 계단의 통로에 다음의 기준에 따라 설치해야 한다.

2.3.1.1 복도통로유도등은 다음의 기준에 따라 설치할 것

2.3.1.1.1 복도에 설치하되 2.2.1.1 또는 2.2.1.2에 따라 피난구유도등이 설치된 출입구의 맞은편 복도에는 입체형으로 설치하거나, 바닥에 설치할 것

2.3.1.1.2 구부러진 모퉁이 및 2.3.1.1.1에 따라 설치된 통로유도등을 기점으로 보행거리 20 m마다 설치할 것

2.3.1.1.3 바닥으로부터 높이 1 m 이하의 위치에 설치할 것. 다만, 지하층 또는 무창층의 용도가 도매시장 · 소매시장 · 여객자동차터미널 · 지하역사 또는 지하상가인 경우에는 복도 · 통로 중앙부분의 바닥에 설치해야 한다.

2.3.1.1.4 바닥에 설치하는 통로유도등은 하중에 따라 파괴되지 않는 강도의 것으로 할 것

2.3.1.2 거실통로유도등은 다음의 기준에 따라 설치할 것

2.3.1.2.1 거실의 통로에 설치할 것. 다만, 거실의 통로가 벽체 등으로 구획된 경우에는 복도통로유도등을 설치할 것

2.3.1.2.2 구부러진 모퉁이 및 보행거리 20 m마다 설치할 것

2.3.1.2.3 바닥으로부터 높이 1.5 m 이상의 위치에 설치할 것. 다만, 거실통로에 기둥이 설치된 경우에는 기둥 부분의 바닥으로부터 높이 1.5 m 이하의 위치에 설치할 수 있다.

2.3.1.3 계단통로유도등은 다음의 기준에 따라 설치할 것

2.3.1.3.1 각층의 경사로 참 또는 계단참마다(1개 층에 경사로 참 또는 계단참이 2 이상 있는 경우에는 2개의 계단참마다)설치할 것

2.3.1.3.2 바닥으로부터 높이 1 m 이하의 위치에 설치할 것

2.3.1.4 통행에 지장이 없도록 설치할 것

2.3.1.5 주위에 이와 유사한 등화광고물 · 게시물 등을 설치하지 않을 것

2.8.2 다음의 어느 하나에 해당하는 경우에는 통로유도등을 설치하지 않을 수 있다.
2.8.2.1 구부러지지 아니한 복도 또는 통로로서 길이가 30 m 미만인 복도 또는 통로
2.8.2.2 〈2.8.2.1〉에 해당하지 않는 복도 또는 통로로서 보행거리가 20 m 미만이고 그 복도 또는 통로와 연결된 출입구 또는 그 부속실의 출입구에 피난구유도등이 설치된 복도 또는 통로

(1) 통로유도등의 종류 및 설치 위치

1) 통로유도등의 분류

- 소방대상물의 각 거실에서 지상에 이르는 복도 또는 계단의 통로에 설치하는 유도등으로 분류
  - ☞ 복도통로유도등
  - ☞ 거실통로유도등
  - ☞ 계단통로유도등

(2) 복도통로유도등의 설치 기준 및 검토 사항

1) 설치 위치 및 간격 확인

① 복도 끝 부분에서 보행거리 10 m 이내마다 설치되었는지 확인

② 유도등 간의 거리는 보행거리 20 m 이내로 설계되었는지 검토

2) 모퉁이 설치 여부 확인

- 구부러진 모퉁이마다 유도등이 설계되었는지 검토

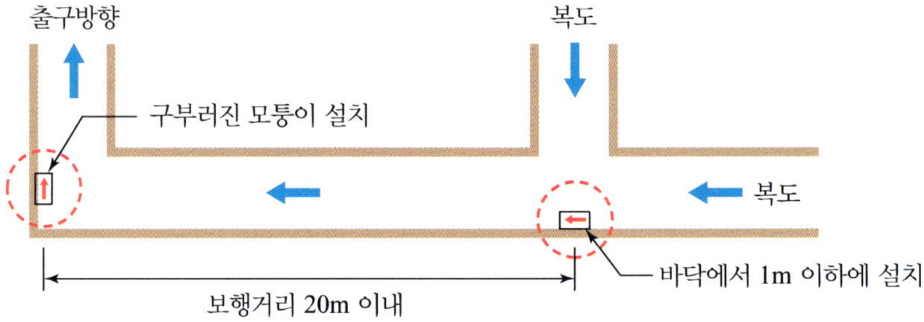

그림 1.17.4.1 복도 통로유도등의 설치 기준

(3) 피난구유도등의 식별성 개선 방안

1) 피난구유도등의 식별 어려움

- 출입문 상단에 설치하기 때문에 복도에서 유도등 식별이 어려울 수 있다.

2) 식별성 개선

① 출입구 인근 천장에 피난구유도등의 면과 수직으로 유도등을 추가 설치하거나 입체형 유도등으로 설치

② 복도통로유도등도 피난구유도등이 설치된 출입구 맞은편 복도에 입체형으로 설치하거나 바닥에 유도등을 설치

③ 피난 시 연기로 인해 시야가 가려질 경우 아래쪽으로 피난로를 확인하기 위함

(4) 통로유도등의 제외 가능 여부 및 권장사항

1) 통로유도등 제외 가능 조건

① 구부러지지 않은 복도

② 길이 30 m 미만의 복도 또는 통로

③ 보행거리 20 m 미만의 복도 등과 연결된 피난출구 부분

2) 유도등 추가 설치의 필요성

- 화재 발생 시 인지능력 저하로 판단력이 떨어질 수 있으므로, 유도등을 제외하기보다 추가하여 피난로의 시인성을 높이는 방안이 더 적절함

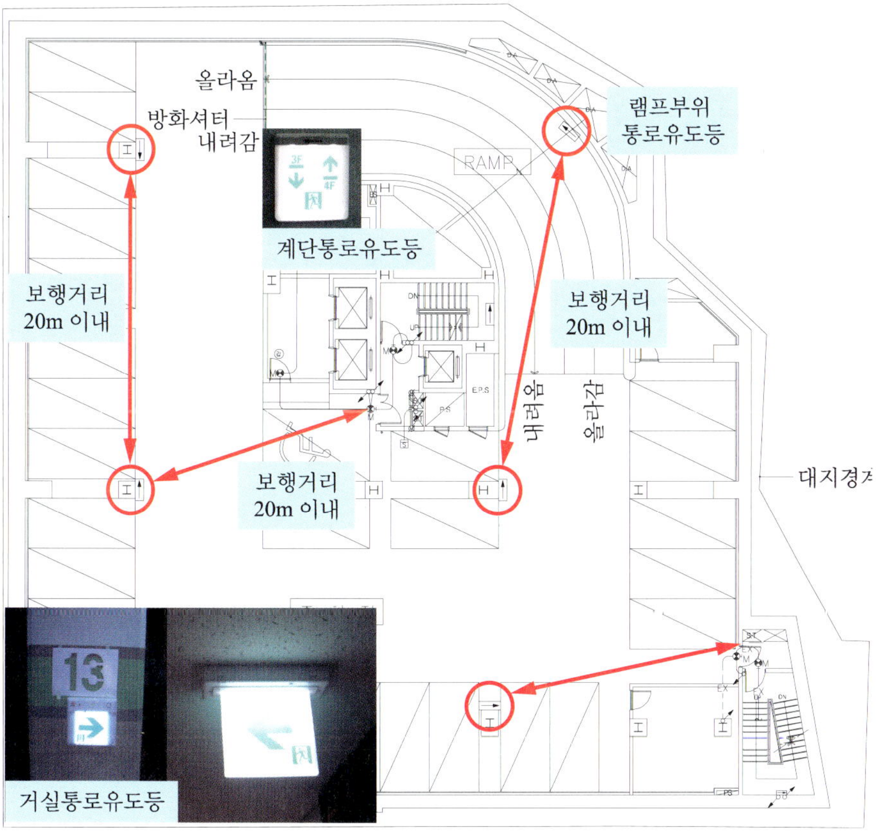

그림 1.17.4.2 거실 통로유도등 설치 평면도

(5) 거실통로유도등의 설치 및 설계 검토

1) 설치 대상 : 거실이 넓은 경우, 판매시설 및 주차장 등이 해당

2) 설계 검토 사항

① 피난계단 및 피난램프 등이 피난 방향으로 설정되어 거실로부터 쉽게 피난 가능하도록 피난 동선이 계획되었는지 확인

② 보행거리 20 m 이내로 설계되었는지 검토

(6) 계단통로유도등의 설치 기준 및 주의 사항

1) 설치 위치

① 계단참마다 설치

② 계단참이 3개소인 경우 2개소만 설치하여도 가능

2) 주의 사항

- 기계실, 전기실의 설치층에 해당되는 계단은 층고가 높아 계단참이 2개소인 경우가 있으나, 한 개소를 누락 설계하는 경우가 많으므로 주의하여 검토

3) 주차장 램프 부위 확인

- 주차장 램프(ramp) 부위도 화재 시 피난통로로 사용되므로, 보행거리 20 m 이내마다 복도통로유도등이 설계되었는지 확인

(7) 복도 유도표지 설치 기준 및 아파트 유도등 설계

1) 복도 유도표지 설치 기준

① 보행거리 15 m 이내로 설치

② 보행거리 20 m로 착각하여 설계하는 경우가 있으므로 주의

2) 아파트 유도등 설계

① 소형 피난구 유도등 설치. 단 세대 내에는 유도등 제외

② 주차장부분은 중형 피난구유도등 설치

③ 옥상 출입문(비상문자동개폐장치 설치)에는 대형 피난구유도등 설치

1.17.5 장애인 관련법에 따른 유도등 설치

- 장애인 관련법에 따라 시각, 청각 장애인 유도 안내설비 설치

(1) 장애인 관련 시설의 시각 및 청각 유도 · 안내설비 설치

1) 설치 근거 법령
   ① 소방법 이외의 법령에 따라 설치
   ② 관련 법령 :
      ☞ 「장애인 · 노인 · 임산부 등의 편의증진 보장에 관한 법률 시행령」 [별표 2] 대상시설별 편의시설의 종류 및 설치기준
2) 시각 및 청각 유도 · 안내설비 설치 의무
   - 장애인 관련 시설은 해당 법령에 따라 시각 · 청각 장애인 유도 · 안내설비를 설치
3) 시각 · 청각 · 유도등 일체형 제품의 구성 및 작동
   ① 제품 구성 : 전원선 2가닥 + 신호선 2가닥
   ② 작동 방식 : 수신기의 화재 신호에 따라 작동하도록 구성
4) 시야 사각 발생 부위의 추가 설치 고려
   - 시야의 사각이 발생하는 부분에는 시각경보기 등의 추가 설치를 고려

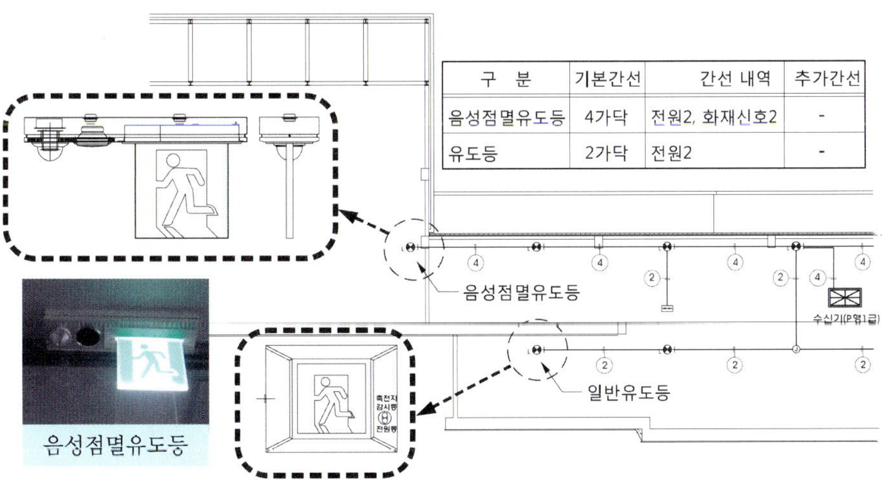

구 분	기본간선	간선 내역	추가간선
음성점멸유도등	4가닥	전원2, 화재신호2	-
유도등	2가닥	전원2	-

그림 1.17.5.1 유도등의 설치

1.18 비상조명등

1.18.1 비상조명등의 설치

- 비상시 피난을 유도할 수 있는 최적위치 및 설치장소에 설계여부 확인
- 비상조명등 제외 장소 확인

관련기준

비상조명등의 화재안전기술기준(NFTC 304)

2.1.1.1 특정소방대상물의 각 거실과 그로부터 지상에 이르는 복도·계단 및 그 밖의 통로에 설치할 것

2.1.1.2 조도는 비상조명등이 설치된 장소의 각 부분의 바닥에서 1 ℓx 이상이 되도록 할 것

2.1.1.4.4 비상전원을 실내에 설치하는 때에는 그 실내에 비상조명등을 설치할 것

2.2.1 다음의 어느 하나에 해당하는 경우에는 비상조명등을 설치하지 않을 수 있다.

2.2.1.1 거실의 각 부분으로부터 하나의 출입구에 이르는 보행거리가 15 m 이내인 부분

2.2.1.2 의원 · 경기장 · 공동주택 · 의료시설 · 학교의 거실

2.2.2 지상 1층 또는 피난층으로서 복도나 통로 또는 창문 등의 개구부를 통하여 피난이 용이한 경우 숙박시설로서 복도에 비상조명등을 설치한 경우에는 휴대용비상조명등을 설치하지 않을 수 있다.

(1) 비상조명등의 설치 및 검토 사항

1) 설치 대상 및 위치 결정

① 비상조명등은 소방대상물의 각 거실과 그로부터 지상에 이르는 복도, 계단 및 기타 통로에 설치

② 비상 시 피난을 유도할 수 있도록 최적의 위치와 설치 장소를 결정

2) 설치면제 및 설치제외 사항 확인

- 비상조명등의 설치면제 및 설치제외에 관한 사항을 명확히 파악하여 설계도서를 검토하고 확인해야 함

(2) 비상조명등 설치면제 및 설치제외 장소

1) 면제 기준

- '소방시설 설치 및 관리에 관한 법률 시행령 [별표 5 제15호]'에 따라, 피난구유도등 또는 통로유도등을 화재안전기술기준에 적합하게 설치한 경우, 그 유도등의 유효범위 안의 부분에는 비상조명등 설치가 면제

2) 유효범위의 정의

- 유효범위란 비상조명등의 조도가 바닥에서 1 lx 이상이 되는 부분

3) 설치제외 기준

① 거실의 각 부분으로부터 하나의 출입구까지의 보행거리가 15 m 이내인 부분

② 의원, 경기장, 공동주택, 의료시설, 학교의 거실 등은 비상조명등 설치 제외 가능

1.18.2 비상전원 전용회로 구성

- 정전 시 상용전원에서 비상전원으로 자동 전환되는 구조인지 확인

관련기준

비상조명등의 화재안전기술기준(NFTC 304)

2.1.1.4 예비전원을 내장하지 않은 비상조명등의 비상전원은 자가발전설비, 축전지설비 또는 전기저장장치(외부 전기에너지를 저장해 두었다가 필요한 때 전기를 공급하는 장치)를 다음의 기준에 따라 설치해야 한다.

(1) 비상조명등 전원의 구조 및 기능

1) 자동 전환 기능

① 정전 시 : 상용전원에서 비상전원으로 자동 전환

② 정전 복귀 시 : 비상전원에서 상용전원으로 자동 전환

2) 축전지의 자동 충전 및 작동

① 상용전원에 의해 켜지는 광원을 원격 조작으로 차단하더라도, 축전지는 상용전원에 의해 자동 충전되는 구조

② 상용전원이 정전되는 경우, 즉시 비상전원에 의해 광원이 켜지는 구조

3) 비상전원 상태 감시 장치

- 비상전원의 상태를 감시할 수 있는 장치가 있어야 함

1.18.3 예비전원 내장형 비상조명등의 축전지 용량

• 비상조명등의 유효용량 확인

관련기준

비상조명등의 화재안전기술기준(NFTC 304)

2.1.1.3 예비전원을 내장하는 비상조명등에는 평상시 점등 여부를 확인할 수 있는 점검스위치를 설치하고 해당 조명등을 유효하게 작동시킬 수 있는 용량의 축전지와 예비전원 충전장치를 내장할 것

2.1.1.5 〈2.1.1.3〉과 〈2.1.1.4〉에 따른 예비전원과 비상전원은 비상조명등을 20분 이상 유효하게 작동시킬 수 있는 용량으로 할 것. 다만, 다음의 특정소방대상물의 경우에는 그 부분에서 피난층에 이르는 부분의 비상조명등을 60분 이상 유효하게 작동시킬 수 있는 용량으로 해야 한다.

2.1.1.5.1 지하층을 제외한 층수가 11층 이상의 층

2.1.1.5.2 지하층 또는 무창층으로서 용도가 도매시장 · 소매시장 · 여객자동차터미널 · 지하역사 또는 지하상가

(1) 예비전원 내장형 비상조명등의 필요성

1) 예비전원 내장형 비상조명등의 작동 방식
   ① 평상시 : 상용전원(AC 전원)에 연결된 소등 상태
   ② 정전 또는 단전 시 : 상용전원이 화재 등으로 차단될 경우, 비상조명등에 내장된 예비전원(DC 전원)으로 즉시 전환
   ③ 유효 작동 시간
      ☞ 일반 경우 : 20분 이상 비상조명등 작동
      ☞ 11층 이상의 층, 지하층 또는 무창층으로서 용도가 도매시장、소매시장、여객자동차터미널、지하역사 또는 지하상가 : 60분 이상

2) 비내장형 비상조명등의 문제점
   • 예비전원 내장형이 아닌 비상전원(자가발전설비)에 연결된 방식은 다음과 같은 문제가 있음
      ☞ 상용전원 차단 후 비상전원 투입까지 시간이 많이 소요
      ☞ A.T.S 절체 시간 및 비상발전기 정상 작동 시간이 필요
      ☞ 이로 인해 초기 피난에 지장을 초래할 우려가 있음

3) 예비전원 내장형 비상조명등의 설치 권장
   • 가능하면 예비전원 내장형 비상조명등을 설치하는 것이 바람직
      ☞ 초기 피난 시 신속한 비상조명 제공으로 안전성을 높일 수 있음

1.18.4 휴대용 비상조명등 설치

- 숙박시설 및 다중이용업소 적용여부 확인
- 건축법에 의한 아파트 대피공간에 설치 확인

관련기준

비상조명등의 화재안전기술기준(NFTC 304)

2.1.2.1.1 숙박시설 또는 다중이용업소에는 객실 또는 영업장 안의 구획된 실마다 잘 보이는 곳(외부에 설치시 출입문 손잡이로부터 1 m 이내 부분)에 1개 이상 설치

2.1.2.1.2 「유통산업발전법」 제2조제3호에 따른 대규모점포(지하상가 및 지하역사는 제외한다)와 영화상영관에는 보행거리 50 m 이내마다 3개 이상 설치

2.1.2.1.3 지하상가 및 지하역사에는 보행거리 25 m 이내마다 3개 이상 설치

(1) 휴대용비상조명등의 설치 및 검토 사항

1) 적용 대상 시설 : 숙박시설, 다중이용업소, 백화점, 영화상영관, 지하상가, 지하역사

2) 설계 시 고려 사항

- 표 1.18.4.1에 따른 설치 및 수량 기준 참조

표 1.18.4.1 휴대용비상조명등 설치 및 수량 기준

특정 소방대상물	보행거리 기준	설치수량
① 숙박시설 및 다중이용업소	구획된 실마다 잘 보이는 곳	1개 이상
② 백화점·대형점·쇼핑센타 및 영화상영관	보행거리 50 m 이내	3개 이상
③ 지하상가 및 지하역사	보행거리 25 m 이내	3개 이상

(2) 대피공간의 조명설비 설치 기준 및 도면 확인

1) 대피공간의 정전에 대비한 조명설비

① 휴대용 손전등 비치

② 비상전원이 연결된 조명설비 설치

2) 설계 및 도면 확인 사항

- 전기도면에 휴대용비상조명등 또는 비상조명등이 설치되었는지 확인

1.19 비상콘센트설비

1.19.1 비상콘센트의 전원회로 구성

- 단상 설치 확인

관련기준

비상콘센트설비의 화재안전기술기준(NFTC 504)

2.1.2 비상콘센트설비의 전원회로(비상콘센트에 전력을 공급하는 회로를 말한다)는 다음의 기준에 따라 설치해야 한다.

2.1.2.1 비상콘센트설비의 전원회로는 단상교류 220 V인 것으로서, 그 공급용량은 1.5 kVA 이상인 것으로 할 것

2.1.2.2 전원회로는 각층에 2 이상이 되도록 설치할 것. 다만, 설치해야 할 층의 비상콘센트가 1개인 때에는 하나의 회로로 할 수 있다.

(1) 비상콘센트설비의 전원회로 규격 및 변경 사항

1) 전원회로의 전압 및 용량
   ① 전압 : 단상 교류 전압 220 V
   ② 공급용량 : 1.5 kVA 이상
2) 단상 사용 및 3상 폐지 배경
   - 소방대의 장비는 대부분 단상으로 2013년도에 3상을 폐지

(2) 전원회로의 설치 기준 및 예외 사항

1) 화재안전기술기준에 따른 설치 요구사항
   - 전원회로는 각 층마다 2 이상이 되도록 설치
2) 비상콘센트 1개인 경우의 회로 구성
   - 비상콘센트가 1개인 경우는 하나의 회로로 구성

(3) 비상콘센트 계통도 및 배선 설명

1) 매립 간선 Ⓗ의 설치

① 그림 1.19.1.1의 비상콘센트 계통도에서 매립 간선 Ⓗ는 HFIX 6.0mm^2 × 2 단상으로 설치

② E-6.0의 접지선을 의미함

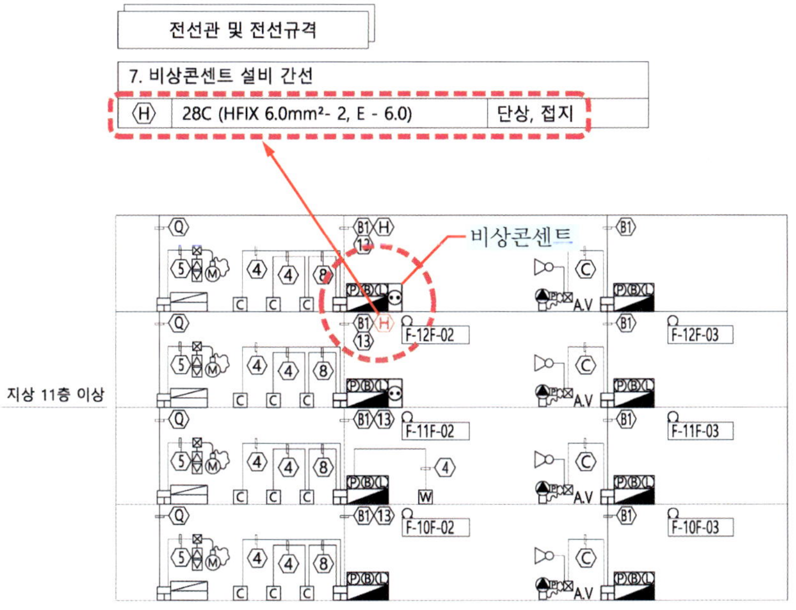

그림 1.19.1.1 비상콘센트 입상 전원 확인

1.19.2 비상콘센트 10개 이하 설치

- 하나의 회로에 연결된 비상콘센트 수량 확인

관련기준

비상콘센트설비의 화재안전기술기준(NFTC 504)

2.1.2.8 하나의 전용회로에 설치하는 비상콘센트는 10개 이하로 할 것. 이 경우 전선의 용량은 각 비상콘센트(비상콘센트가 3개 이상인 경우에는 3개)의 공급용량을 합한 용량 이상의 것으로 해야 한다.

(1) 비상콘센트설비의 설치 기준 및 대상

1) 설치 목적 및 필요성

- 비상콘센트설비는 외부에서 직접 전원 공급이 어려운 지상 11층 이상 또는 지하층 등에서 소화활동용 진압장비 사용 시 필요한 전원을 건물 내에서 직접 공급받기 위해 설치

2) 설치 대상 및 설치 위치

① 지상 11층 이상인 건축물의 11층 이상의 층에 설치

② 지하층이 3층 이상인 건축물의 지하 전층에 설치

(2) 지하 3층/지상 29층 건물의 설치 예시

1) 설치 계획

① 지하층(지하 1층~지하 3층) : 전층에 비상콘센트를 설치

② 지상층(1층~29층) : 지상 11층부터 29층까지 비상콘센트를 설치

그림 1.19.2.1 비상콘센트 입상 계통도

2) 전용회로 구성 시 확인 사항

- 하나의 전용회로에 연결되는 비상콘센트는 각 회로마다 10개 이하인지 확인

3) 회로별 비상콘센트 배치 예시

① 지하층 : 1회로에 3개의 비상콘센트를 연결(지하 1층~지하 3층)

② 지상 11층~20층 : 1회로에 10개의 비상콘센트를 연결

③ 지상 21층~29층 : 1회로에 9개의 비상콘센트를 연결

4) 설치 시 유의사항

- 각 회로에 연결된 비상콘센트는 10개 이하로 설치

1.19.3 비상콘센트의 설치위치

- 비상콘센트가 계단 출입구 또는 부속실 출입구로부터 5 m 이내 설치 여부 확인

관련기준

비상콘센트설비의 화재안전기술기준(NFTC 504)

2.1.5.2 비상콘센트의 배치는 바닥면적이 1,000 m² 미만인 층은 계단의 출입구(계단의 부속실을 포함하며 계단이 2 이상 있는 경우에는 그중 1개의 계단을 말한다)로부터 5 m 이내에, 바닥면적 1,000 m² 이상인 층은 각 계단의 출입구 또는 계단부속실의 출입구(계단의 부속실을 포함하며 계단이 3 이상 있는 층의 경우에는 그중 2개의 계단을 말한다)로부터 5 m 이내에 설치하되, 그 비상콘센트로부터 그 층의 각 부분까지의 거리가 다음의 기준을 초과하는 경우에는 그 기준 이하가 되도록 비상콘센트를 추가하여 설치할 것

2.1.5.2.1 지하상가 또는 지하층의 바닥면적의 합계가 3,000 m² 이상인 것은 수평거리 25 m

2.1.5.2.2 〈2.1.5.2.1〉에 해당하지 아니하는 것은 수평거리 50 m

(1) 비상콘센트의 설치 기준 및 확인 사항

1) 설치 목적 및 위치

① 비상콘센트는 소화활동설비의 하나로, 화재 시 소방대가 건물 내부에서 진입하여 사용하는 설비

② 소방대가 소방장비를 용이하게 사용할 수 있도록, 접근이 쉬운 계단에서 5 m 이내에 설치하도록 규정

2) 설치 방식 및 기준

① 대부분의 비상콘센트는 옥내소화전 및 연결송수관설비와 겸용으로 사용

② 따라서 연결송수관설비의 설치기준과 동일하게 설치

3) 설비 위치 확인 사항

① 소방기계 분야에서 옥내소화전 및 연결송수관 방수구 겸용설비의 위치를 결정

② 소방전기 분야에서는 소방기계 도면에 배치된 방수구 겸용 옥내소화전의 위치와 일치하는지 확인

4) 비상콘센트 설치 수량 및 위치 기준

① 아파트 또는 바닥면적이 1,000 m^2 미만인 층 :

☞ 계단의 출입구(계단 부속실 포함)에서 5 m 이내에 설치

☞ 계단이 2개 이상 있는 경우, 그 중 1개의 계단에 설치

② 바닥면적이 1,000 m^2 이상인 층(아파트 제외) :

☞ 계단의 출입구(계단 부속실 포함)에서 5 m 이내에 설치

☞ 계단이 3개 이상 있는 층의 경우, 그 중 2개의 계단에 설치되었는지 확인

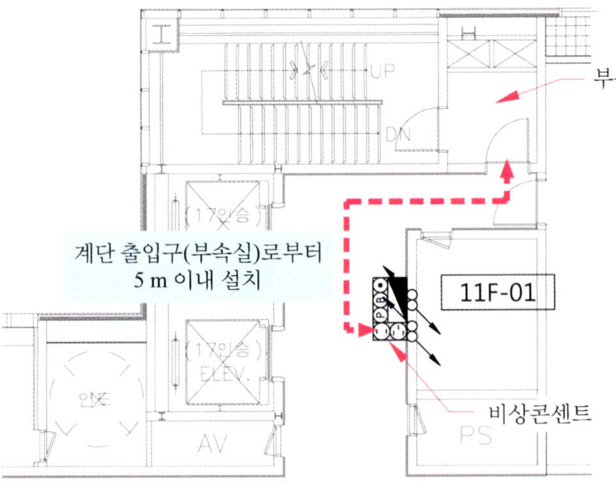

그림 1.19.3.1 비상콘센트의 설치위치

1.20 무선통신보조설비

1.20.1 무선통신보조설비 방식

- 누설동축케이블 및 안테나 방식 검토

관련기준

무선통신보조설비의 화재안전기술기준(NFTC 505)

2.2.1.2 누설동축케이블과 이에 접속하는 안테나 또는 동축케이블과 이에 접속하는 안테나로 구성할 것

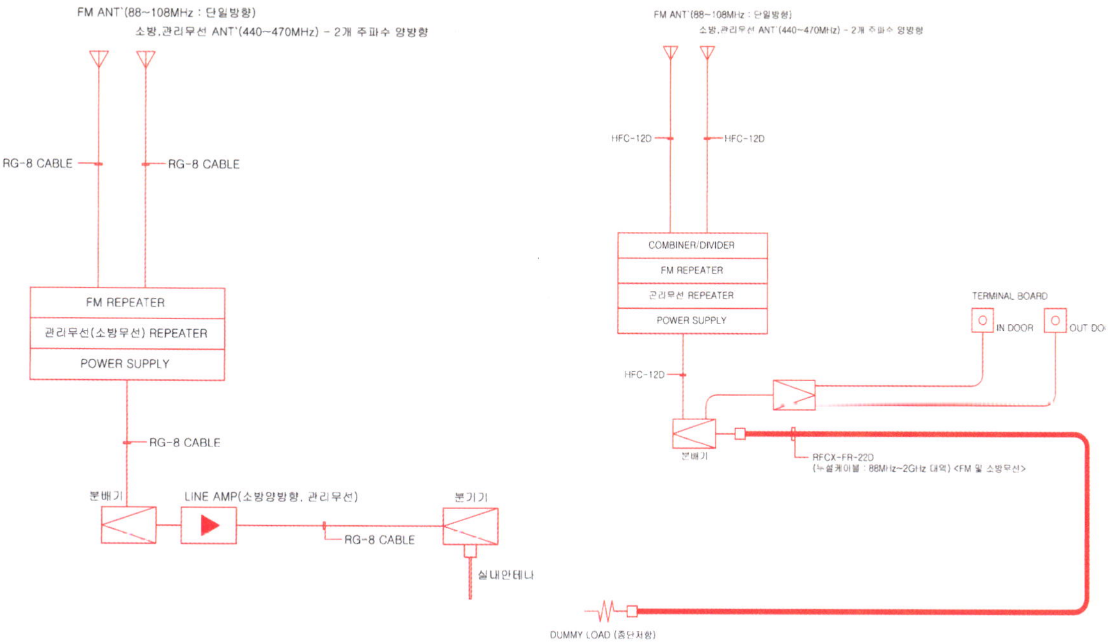

[안테나방식] [누설동축케이블방식]

그림 1.20.1.1 안테나방식과 동축케이블방식의 비교

(1) 누설동축케이블 방식

1) 구성 및 적합한 장소

① 구성 : 동축케이블과 누설동축케이블의 조합

② 적합 장소

☞ 터널

☞ 지하철역

☞ 폭이 좁고 긴 지하가

☞ 지하주차장 등

2) 특징

① 전파 방사 특성 : 전파를 균일하고 광범위하게 방사

② 유지 보수 용이성 : 케이블이 외부에 노출되어 있어 유지 보수가 용이함

③ 설치 반경 : 보통 15~20 m 범위로 설치

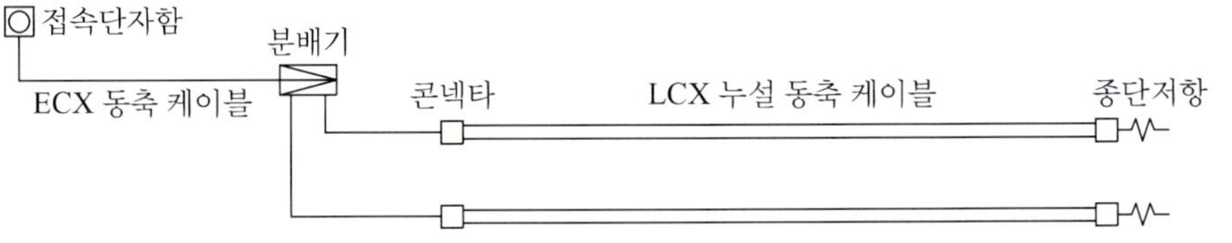

그림 1.20.1.2 누설동축케이블방식(예시)

(2) 안테나 방식

1) 구성 방식

① 동축케이블과 안테나의 조합 방식

② 안테나와 무선중계기의 조합 방식

2) 설치 방식 및 적용 사례

① 안테나 + 동축케이블 방식 : 무선통신보조설비 방식으로 설치

② 무선중계기 사용 시 : 16층 이상의 무선통신보조설비 설치 장소에 소방용 안테나를 주로 설치

3) 특징

① 전파 강도 저하 문제 : 케이블 말단에서 전파 강도가 떨어져 통화의 어려움 발생 가능

② 경제성 : 누설동축케이블 방식보다 경제적

③ 화재 영향 및 미관 유지 : 케이블을 반자 내 은폐할 수 있어 화재 시 영향이 적고, 미관을 해치지 않음

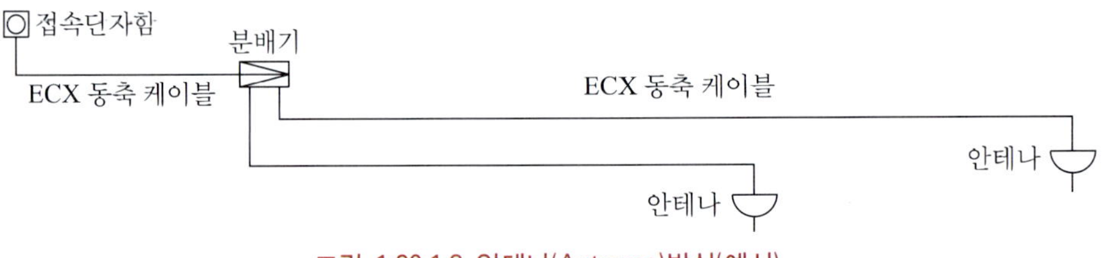

그림 1.20.1.3 안테나(Antenna)방식(예시)

1.20.2 옥외 안테나의 설치위치

- 지상에서 유효하게 소화활동을 할 수 있는 장소인지 검토

관련기준

무선통신보조설비의 화재안전기술기준(NFTC 505)

2.3.1 옥외안테나는 다음의 기준에 따라 설치해야 한다.

2.3.1.1 건축물, 지하가, 터널 또는 공동구의 출입구(「건축법 시행령」 제39조에 따른 출구 또는 이와 유사한 출입구를 말한다) 및 출입구 인근에서 통신이 가능한 장소에 설치할 것

2.3.1.2 다른 용도로 사용되는 안테나로 인한 통신장애가 발생하지 않도록 설치할 것

2.3.1.3 옥외안테나는 견고하게 파손의 우려가 없는 곳에 설치하고 그 가까운 곳의 보기 쉬운 곳에 "무선통신보조설비 안테나"라는 표시와 함께 통신 가능거리를 표시한 표지를 설치할 것

2.3.1.4 수신기가 설치된 장소 등 사람이 상시 근무하는 장소에는 옥외안테나의 위치가 모두 표시된 옥외안테나 위치표시도를 비치할 것

(1) 안테나 방식의 옥외안테나 설치 및 요구 사항

1) 설치 위치

① 옥외안테나는 건물의 출입구 인근 등 통신이 가능한 장소에 설치

② 다른 용도의 안테나와 통신 장애가 발생하지 않도록 설치

2) 통신 가능 거리 표시

- 안테나의 통신 가능 거리를 표시

3) 위치표시도 비치

- 수신기 설치 장소에 옥외안테나의 위치가 모두 표시된 위치표시도를 비치

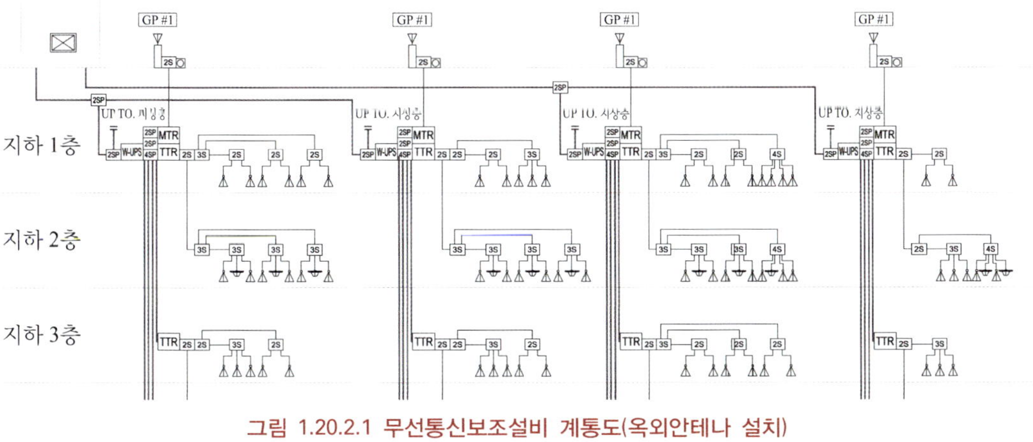

그림 1.20.2.1 무선통신보조설비 계통도(옥외안테나 설치)

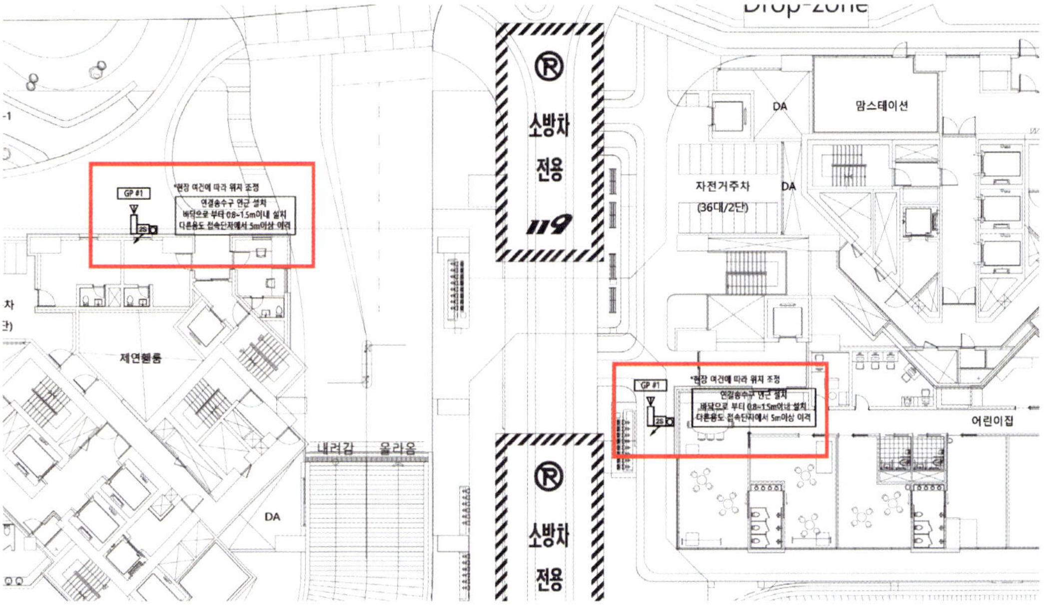

그림 1.20.2.2 무선통신보조설비 옥외안테나 설치위치

1.20.3 무선통신보조설비의 케이블 고정방법

- 고정가대와의 간격은 2~3 m로 설치되어 있는지 확인

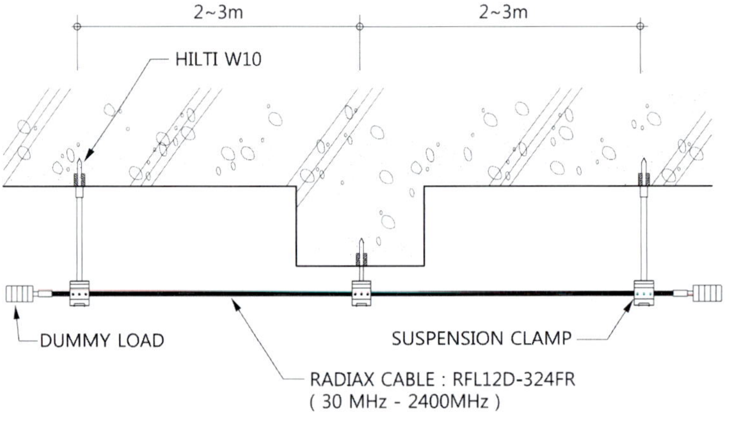

그림 1.20.3.1 무선통신케이블의 고정 방법

1.21 비상전원

1.21.1 비상전원의 종류 및 용량

- 발전기용량 산정 시 비상전원 용량 확보의 각 경우 검토
- 전용의 정전용 및 소방용 발전기 별도 설치 여부
- 합산 부하 비상전원 용량 발전기 설치 여부
- 소방전원 우선 보존형 발전기 설치 여부

관련기준

옥내소화전설비의 화재안전기술기준(NFTC 102)

2.5.1 옥내소화전설비에는 그 특정소방대상물의 수전방식에 따라 다음의 기준에 따른 상용전원회로의 배선을 설치해야 한다. 다만, 가압수조방식으로서 모든 기능이 20분 이상 유효하게 지속될 수 있는 경우에는 그렇지 않다.

2.5.1.1 저압수전인 경우에는 인입개폐기의 직후에서 분기하여 전용배선으로 해야 하며, 전용의 전선관에 보호되도록 할 것

2.5.1.2 특별고압수전 또는 고압수전일 경우에는 전력용 변압기 2차측의 주차단기 1차측에서 분기하여 전용배선으로 하되, 상용전원의 상시공급에 지장이 없을 경우에는 주차단기 2차측에서 분기하여 전용배선으로 할 것. 다만, 가압송수장치의 정격입력전압이 수전전압과 같은 경우에는 2.5.1.1의 기준에 따른다.

2.5.2 다음의 어느 하나에 해당하는 특정소방대상물의 옥내소화전설비에는 비상전원을 설치해야 한다. 다만, 2 이상의 변전소(「전기사업법」 제67조에 따른 변전소를 말한다. 이하 같다)에서 전력을 동시에 공급받을 수 있거나 하나의 변전소로부터 전력의 공급이 중단되는 때에는 자동으로 다른 변전소로부터 전원을 공급받을 수 있도록 상용전원을 설치한 경우와 가압수조방식에는 비상전원을 설치하지 않을 수 있다.

2.5.3 〈2.5.2〉에 따른 비상전원은 자가발전설비, 축전지설비(내연기관에 따른 펌프를 사용하는 경우에는 내연기관의 기동 및 제어용 축전지를 말한다) 또는 전기저장장치(외부 전기에너지를 저장해 두었다가 필요한 때 전기를 공급하는 장치)로서 다음의 기준에 따라 설치해야 한다.

2.5.3.2 옥내소화전설비를 유효하게 20분 이상 작동할 수 있어야 할 것

스프링클러설비의 화재안전기술기준(NFTC 103)

2.9.3 〈2.9.2〉에 따른 비상전원 중 자가발전설비, 축전지설비 또는 전기저장장치는 다음의 기준에 따라 설치하고, 비상전원수전설비는 「소방시설용 비상전원수전설비의 화재안전기술기준(NFTC 602)」에 따라 설치해야 한다.

2.9.3.2 스프링클러설비를 유효하게 20분 이상 작동할 수 있어야 할 것

간이스프링클러설비의 화재안전기술기준(NFTC 103A)

2.9.1 간이스프링클러설비에는 다음의 기준에 적합한 비상전원 또는 「소방시설용 비상전원수전설비의 화재안전기술기준(NFTC 602」의 규정에 따른 비상전원수전설비를 설치해야 한다. 다만, 무전원으로 작동되는 간이스프링클러설비의 경우에는 모든 기능이 10분[영 별표 4 제1호마목2)가) 또는 6)과 8)에 해당하는 경우에는 20분] 이상 유효하게 지속될 수 있는 구조를 갖추어야 한다.

2.9.1.1 간이스프링클러설비를 유효하게 10분[영 별표 4 제1호마목2)가) 또는 6)과 8)에 해당하는 경우에는 20분] 이상 작동할 수 있도록 할 것

물분무소화설비의 화재안전기술기준(NFTC 104)

2.9.2 물분무소화설비에는 자가발전설비, 축전지설비(내연기관에 따른 펌프를 설치한 경우에는 내연기관의 기동 및 제어용축전지를 말한다. 이하 같다) 또는 전기저장장치(외부 전기에너지를 저장해 두었다가 필요한 때 전기를 공급하는 장치. 이하 같다)에 따른 비상전원을 다음의 기준에 따라 설치해야 한다. 다만, 2 이상의 변전소(「전기사업법」 제67조에 따른 변전소를 말한다. 이하 같다)에서 전력을 동시에 공급받을 수 있거나 하나의 변전소로부터 전력의 공급이 중단되는 때에는 자동으로 다른 변전소로부터 전원을 공급받을 수 있도록 상용전원을 설치한 경우와 가압수조방식에는 비상전원을 설치하지 않을 수 있다.

2.9.2.2 물분무소화설비를 유효하게 20분 이상 작동할 수 있어야 할 것

포소화설비의 화재안전기술기준(NFTC 105)

2.10.3 〈2.10.2〉에 따른 비상전원 중 자가발전설비, 축전지설비 또는 전기저장장치는 다음 각 기준에 따라 설치하고, 비상전원수전설비는 「소방시설용 비상전원수전설비의 화재안전기술기준(NFTC 602)」에 따라 설치해야 한다.

2.10.3.2 포소화설비를 유효하게 20분 이상 작동할 수 있어야 할 것

이산화탄소소화설비의 화재안전기술기준(NFTC 106)

2.12.1 이산화탄소소화설비(호스릴이산화탄소소화설비를 제외한다)에는 자가발전설비, 축전지설비(제어반에 내장하는 경우를 포함한다. 이하 같다) 또는 전기저장장치(외부 전기에너지를 저장해 두었다가 필요한 때 전기를 공급하는 장치. 이하 같다)에 따른 비상전원을 다음의 기준에 따라 설치해야 한다. 다만, 2 이상의 변전소(「전기사업법」 제67조에 따른 변전소를 말한다. 이하 같다)에서 전력을 동시에 공급받을 수 있거나 하나의 변전소로부터 전력의 공급이 중단되는 때에는 자동으로 다른 변전소로부터 전력을 공급받을 수 있도록 상용전원을 설치한 경우에는 비상전원을 설치하지 않을 수 있다.

2.12.1.2 이산화탄소소화설비를 유효하게 20분 이상 작동할 수 있어야 할 것

할로겐화합물 및 불활성기체소화설비의 화재안전기술기준(NFTC 107A)

2.13.1 할로겐화합물 및 불활성기체소화설비에는 자가발전설비, 축전지설비(제어반에 내장하는 경우를 포함한다. 이하 같다) 또는 전기저장장치(외부 전기에너지를 저장해 두었다가 필요한 때 전기를 공급하는 장치. 이하 같다)에 따른 비상전원을 다음의 기준에 따라 설치해야 한다. 다만, 2 이상의 변전소(「전기사업법」 제67조에 따른 변전소를 말한다. 이하 같다)에서 전력을 동시에 공급받을 수 있거나 하나의 변전소로부터 전력의 공급이 중단되는 때에는 자동으로 다른 변전소로부터 전력을 공급받을 수 있도록 상용전원을 설치한 경우에는 비상전원을 설치하지 않을 수 있다.

2.13.1.2 할로겐화합물 및 불활성기체소화설비를 유효하게 20분 이상 작동할 수 있어야 할 것

분말소화설비의 화재안전기술기준(NFTC 108)

2.12.1 분말소화설비에는 자가발전설비, 축전지설비(제어반에 내장하는 경우를 포함한다. 이하 같다) 또는 전기저장장치(외부 전기에너지를 저장해 두었다가 필요한 때 전기를 공급하는 장치. 이하 같다)에 따른 비상전원을 다음의 기준에 따라 설치해야 한다. 다만, 2 이상의 변전소(「전기사업법」 제67조 및 「전기설비기술기준」 제3조제1항제2호에 따른 변전소를 말한다. 이하 같다)에서 전력을 동시에 공급받을 수 있거나 하나의 변전소로부터 전력의 공급이 중단되는 때에는 자동으로 다른 변전소로부터 전력을 공급받을 수 있도록 상용전원을 설치한 경우에는 비상전원을 설치하지 않을 수 있다.

2.12.1.2 분말소화설비를 유효하게 20분 이상 작동할 수 있어야 할 것

옥외소화전설비의 화재안전기술기준(NFTC 109)

2.5.1 옥외소화전설비에는 그 특정소방대상물의 수전방식에 따라 다음의 기준에 따른 상용전원회로의 배선을 설치해야 한다. 다만, 가압수조방식으로서 모든 기능이 20분 이상 유효하게 지속될 수 있는 경우에는 그렇지 않다.

2.5.1.1 저압수전인 경우에는 인입개폐기의 직후에서 분기하여 전용배선으로 해야 하며, 전용의 전선관에 보호되도록 할 것

2.5.1.2 특별고압수전 또는 고압수전일 경우에는 전력용 변압기 2차 측의 주차단기 1차 측에서 분기하여 전용배선으로 하되, 상용전원의 상시공급에 지장이 없을 경우에는 주차단기 2차 측에서 분기하여 전용배선으로 할 것. 다만, 가압송수장치의 정격입력전압이 수전전압과 같은 경우에는 2.5.1.1의 기준에 따른다.

자동화재탐지설비 및 시각경보장치의 화재안전기술기준(NFTC 203)

2.7.1.1 상용전원은 전기가 정상적으로 공급되는 축전지설비, 전기저장장치(외부 전기에너지를 저장해 두었다가 필요한 때 전기를 공급하는 장치) 또는 교류전압의 옥내 간선으로 하고, 전원까지의 배선은 전용으로 할 것

2.7.2 자동화재탐지설비에는 그 설비에 대한 감시상태를 60분간 지속한 후 유효하게 10분 이상 경보할 수 있는 비상전원으로서 축전지설비(수신기에 내장하는 경우를 포함한다) 또는 전기저장장치(외부 전기에너지를 저장해 두었다가 필요한 때 전기를 공급하는 장치)를 설치해야 한다. 다만, 상용전원이 축전지설비인 경우 또는 건전지를 주전원으로 사용하는 무선식 설비인 경우에는 그렇지 않다

비상경보설비 및 단독경보형감지기의 화재안전기술기준(NFTC 201)

2.1.6.1 상용전원은 전기가 정상적으로 공급되는 축전지설비, 전기저장장치(외부 전기에너지를 저장해 두었다가 필요한 때 전기를 공급하는 장치) 또는 교류전압의 옥내간선으로 하고, 전원까지의 배선은 전용으로 할 것

2.1.7 비상벨설비 또는 자동식사이렌설비에는 그 설비에 대한 감시상태를 60분간 지속한 후 유효하게 10분 이상 경보할 수 있는 비상전원으로서 축전지설비(수신기에 내장하는 경우를 포함한다) 또는 전기저장장치(외부 전기에너지를 저장해 두었다가 필요한 때 전기를 공급하는 장치)를 설치해야 한다. 다만, 상용전원이 축전지설비인 경우 또는 건전지를 주전원으로 사용하는 무선식 설비인 경우에는 그렇지 않다.

비상방송설비의 화재안전기술기준(NFTC 202)

2.3.1.1 상용전원은 전기가 정상적으로 공급되는 축전지설비, 전기저장장치(외부 전기에너지를 저장해 두었다가 필요한 때 전기를 공급하는 장치) 또는 교류전압의 옥내간선으로 하고, 전원까지의 배선은 전용으로 할 것

2.3.2 비상방송설비에는 그 설비에 대한 감시상태를 60분간 지속한 후 유효하게 10분 이상 경보할 수 있는 비상전원으로서 축전지설비(수신기에 내장하는 경우를 포함한다) 또는 전기저장장치(외부 전기에너지를 저장해 두었다가 필요한 때 전기를 공급하는 장치)를 설치해야 한다.

비상조명등의 화재안전기술기준(NFTC 304)

2.1.1.3 예비전원을 내장하는 비상조명등에는 평상시 점등 여부를 확인할 수 있는 점검스위치를 설치하고 해당

조명등을 유효하게 작동시킬 수 있는 용량의 축전지와 예비전원 충전장치를 내장할 것

2.1.1.4 예비전원을 내장하지 않은 비상조명등의 비상전원은 자가발전설비, 축전지설비 또는 전기저장장치(외부 전기에너지를 저장해 두었다가 필요한 때 전기를 공급하는 장치)를 다음의 기준에 따라 설치해야 한다.

2.1.1.5 〈2.1.1.3〉과 〈2.1.1.4〉에 따른 예비전원과 비상전원은 비상조명등을 20분 이상 유효하게 작동시킬 수 있는 용량으로 할 것. 다만, 다음의 특정소방대상물의 경우에는 그 부분에서 피난층에 이르는 부분의 비상조명등을 60분 이상 유효하게 작동시킬 수 있는 용량으로 해야 한다.

2.1.1.5.1 지하층을 제외한 층수가 11층 이상의 층

2.1.1.5.2 지하층 또는 무창층으로서 용도가 도매시장 · 소매시장 · 여객자동차터미널 · 지하역사 또는 지하상가

유도등 및 유도표지의 화재안전기술기준(NFTC 303)

2.7.2 비상전원은 다음의 기준에 적합하게 설치해야 한다.

2.7.2.1 축전지로 할 것

2.7.2.2 유도등을 20분 이상 유효하게 작동시킬 수 있는 용량으로 할 것. 다만, 다음의 특정소방대상물의 경우에는 그 부분에서 피난층에 이르는 부분의 유도등을 60분 이상 유효하게 작동시킬 수 있는 용량으로 해야 한다.

2.7.2.2.1 지하층을 제외한 층수가 11층 이상의 층

2.7.2.2.2 지하층 또는 무창층으로서 용도가 도매시장 · 소매시장 · 여객자동차터미널 · 지하역사 또는 지하상가

제연설비의 화재안전기술기준(NFTC 501) & 특별피난계단의 계단실 및 부속실 제연설비의 화재안전기술기준(NFTC 501A)

2.9.1 비상전원은 자가발전설비, 축전지설비 또는 전기저장장치(외부 전기에너지를 저장해 두었다가 필요한 때 전기를 공급하는 장치)로서 다음의 기준에 따라 설치해야 한다. 다만, 2 이상의 변전소(「전기사업법」 제67조 및 「전기설비기술기준」 제3조제2호에 따른 변전소를 말한다)에서 전력을 동시에 공급받을 수 있거나 하나의 변전소로부터 전력의 공급이 중단되는 때에는 자동으로 다른 변전소로부터 전원을 공급받을 수 있도록 상용전원을 설치한 경우에는 그렇지 않다.

2.9.1.2 제연설비를 유효하게 20분 이상 작동할 수 있도록 할 것

연결송수관설비의 화재안전기술기준(NFTC 502)

2.6.2 비상전원은 자가발전설비, 축전지설비(내연기관에 따른 펌프를 사용하는 경우에는 내연기관의 기동 및 제어용 축전지를 말한다. 이하 같다) 또는 전기저장장치(외부 전기에너지를 저장해 두었다가 필요한 때 전기를 공급하는 장치. 이하 같다)로서 다음의 기준에 따라 설치해야 한다.

2.6.2.2 연결송수관설비를 유효하게 20분 이상 작동할 수 있어야 할 것

비상콘센트설비의 화재안전기술기준(NFTC 504)

2.1.1.2 지하층을 제외한 층수가 7층 이상으로서 연면적이 2,000 ㎡ 이상이거나 지하층의 바닥면적의 합계가 3,000 ㎡ 이상인 특정소방대상물의 비상콘센트설비에는 자가발전설비, 비상전원수전설비, 축전지설비 또는 전기저장장치(외부 전기에너지를 저장해 두었다가 필요한 때 전기를 공급하는 장치를 말한다)를 비상전원으로 설치할 것. 다만, 2 이상의 변전소에서 전력을 동시에 공급받을 수 있거나 하나의 변전소로부터 전력의 공급이 중단되는 때에는 자동으로 다른 변전소로부터 전력을 공급받을 수 있도록 상용전원을 설치한 경우에는 비상전원을 설치하지 않을 수 있다.

2.1.1.3 〈2.1.1.2〉에 따른 비상전원 중 자가발전설비, 축전지설비 또는 전기저장장치는 다음 기준에 따라 설치하고, 비상전원수전설비는 「소방시설용 비상전원수전설비의 화재안전기술기준(NFTC 602)」에 따라 설치할 것

2.1.1.3.2 비상콘센트설비를 유효하게 20분 이상 작동시킬 수 있는 용량으로 할 것

무선통신보조설비의 화재안전기술기준(NFTC 505)

2.5.1.3 증폭기에는 비상전원이 부착된 것으로 하고 해당 비상전원 용량은 무선통신보조설비를 유효하게 30분 이상 작동시킬 수 있는 것으로 할 것

고층건축물의 화재안전기술기준(NFTC 604)

2.1.7 비상전원은 자가발전설비, 축전지설비(내연기관에 따른 펌프를 사용하는 경우에는 내연기관의 기동 및 제어용 축전지를 말한다) 또는 전기저장장치(외부 전기에너지를 저장해 두었다가 필요한 때 전기를 공급하는 장치. 이하 같다)로서 옥내소화전설비를 유효하게 40분(50층 이상인 건축물의 경우에는 60분) 이상 작동할 수 있어야 한다.

2.2.9 비상전원은 자가발전설비, 축전지설비(내연기관에 따른 펌프를 사용하는 경우에는 내연기관의 기동 및 제어용 축전지를 말한다) 또는 전기저장장치로서 스프링클러설비를 유효하게 40분 이상 작동할 수 있을 것. 다만, 50층 이상인 건축물의 경우에는 60분 이상 작동할 수 있어야 한다.

2.3.2 비상방송설비에는 그 설비에 대한 감시상태를 60분간 지속한 후 유효하게 30분 이상 경보할 수 있는 비상전원으로서 축전지설비(수신기에 내장하는 경우를 포함한다) 또는 전기저장장치를 설치해야 한다.

2.4.4 자동화재탐지설비에는 그 설비에 대한 감시상태를 60분간 지속한 후 유효하게 30분 이상 경보할 수 있는 비상전원으로서 축전지설비(수신기에 내장하는 경우를 포함한다) 또는 전기저장장치(외부 전기에너지를 저장해 두었다가 필요한 때 전기를 공급하는 장치)를 설치해야 한다. 다만, 상용전원이 축전지설비인 경우에는 그렇지 않다.

2.5.1 특별피난계단의 계단실 및 부속실 제연설비는 「특별피난계단의 계단실 및 부속실 제연설비의 화재안전기술기준(NFTC 501A)」 에 따라 설치하되, 비상전원은 자가발전설비, 축전지설비, 전기저장장치로 하고 제연설비를 유효하게 40분 이상 작동할 수 있도록 해야 한다. 다만, 50층 이상인 건축물의 경우에는 60분 이상 작동할 수 있어야 한다.

2.7.3 연결송수관설비의 비상전원은 자가발전설비, 축전지설비(내연기관에 따른 펌프를 사용하는 경우에는 내연기관의 기동 및 제어용 축전지를 말한다), 전기저장장치로서 연결송수관설비를 유효하게 40분 이상 작동할 수 있어야 할 것. 다만, 50층 이상인 건축물의 경우에는 60분 이상 작동할 수 있어야 한다.

창고시설의 화재안전기술기준(NFTC 609)

2.2.3 비상전원은 자가발전설비, 축전지설비(내연기관에 따른 펌프를 사용하는 경우에는 내연기관의 기동 및 제어용 축전지를 말한다) 또는 전기저장장치(외부 전기에너지를 저장해 두었다가 필요한 때 전기를 공급하는 장치)로서 옥내소화전설비를 유효하게 40분 이상 작동할 수 있어야 한다.

2.3.7 비상전원은 자가발전설비, 축전지설비(내연기관에 따른 펌프를 사용하는 경우에는 내연기관의 기동 및 제어용 축전지를 말한다) 또는 전기저장장치(외부 전기에너지를 저장해 두었다가 필요한 때 전기를 공급하는 장치를 말한다. 이하 같다)로서 스프링클러설비를 유효하게 20분(랙식 창고의 경우 60분을 말한다) 이상 작동할 수 있어야 한다.

2.5.5 자동화재탐지설비에는 그 설비에 대한 감시상태를 60분간 지속한 후 유효하게 30분 이상 경보할 수 있는 비상전원으로서 축전지설비 또는 전기저장장치를 설치해야 한다. 다만, 상용전원이 축전지설비인 경우에는 그렇지 않다.

2.6.2.3 화재 시 점등되며 비상전원 30분 이상을 확보할 것(유도등)

표 1.21.1.1 비상전원의 설치대상 및 종류

소방시설의 종류	비상전원 설치대상	상용전원	비상전원			용량
		2 이상 변전소 전력공급	자가발전설비	축전지 전기저장장치	비상전원 수전설비	
옥내소화전 설비	· 층수가 7층 이상으로서 연면적 2,000㎡ 이상 · 지하층 바닥면적 합계가 3,000㎡ 이상	○	○	○	×	~29층 :20분 30~49층 :40분 50층이상 :60분
스프링클러 설비	· 스프링클러설비가 설치된 소방대상물	○	○	○	×	~29층 :20분 30~49층 :40분 50층이상 :60분
	· 차고·주차장으로서 스프링클러설비가 설치된 부분의 바닥면적이 1,000㎡ 미만	○	○	○	○	20분
간이스프링 클러설비	· 간이스프링클러설비가 설치된 소방대상물	×	○	○	○	10분(근생 20분)
물분무소화 설비	· 물분무 소화설비가 설치된 소방대상물	○	○	○	×	20분
포소화설비	· 포소화설비가 설치된 소방대상물	○	○	○	×	20분
	· 호스릴포설비, 포소화전만 설치한 주차장 · 폼헤드가 설치된 바닥면적 1,000㎡ 미만	○	○	○	○	
이산화탄소 소화설비	· 이산화탄소 소화설비가 설치된 소방대상물	×	○	○	×	20분
할로겐화합물 소화설비	· 할로겐화합물 소화설비가 설치된 소방대상물	×	○	○	×	20분
분말소화설비	· 분말소화설비가 설치된 소방대상물	×	○	○	×	20분
옥외소화전 설비	· 옥외소화전설비가 설치된 소방대상물 · 비상전원 규정 없음	○	×	×	×	가압수조 20분
자동화재탐지 설비	· 자동화재탐지설비가 설치된 소방대상물	×	×	○	×	60분감시,10분경보 60분감시,30분경보 (30층 이상)
비상경보설비	· 비상경보설비가 설치된 소방대상물	×	×	○	×	60분감시,10분경보
비상방송설비	· 비상방송설비가 설치된 소방대상물	×	×	○	×	60분감시,10분경보 60분감시,30분경보 (30층 이상)
비상조명등	· 비상조명등이 설치된 소방대상물	×	○	○	×	20분
	· 11층 이상, 지하층·무창층 도매시장, 터미널, 지하역사, 지하상가					60분
유도등	· 유도등이 설치된 소방대상물	×	×	○	×	20분
	· 11층 이상, 지하층·무창층 도매시장, 터미널, 지하역사, 지하상가	×	×	○	×	60분
제연설비	· 제연설비가 설치된 소방대상물	○	○	○	×	20분
부속실제연 설비	· 부속실 제연설비가 설치된 소방대상물	○	○	○	×	~29층 :20분 30~49층 :40분 50층이상 :60분
연결송수관 설비	· 방수구 높이 70m 이상은 가압펌프 설치	×	○	○	×	~29층 :20분 30~49층 :40분 50층이상 :60분
비상콘센트 설비	· 층수가 7층 이상으로서 연면적 2,000㎡ 이상 · 지하층 바닥면적 합계가 3,000㎡ 이상	○	○	○	○	20분
무선통신보조 설비	· 증폭기 설치할 경우	×	×	○	×	30분
창고시설	· 옥내소화전설비	×	○	○	×	40분
	· 스프링클러설비					20분(랙식 60분)
	· 자동화재탐지설비, 비상방송설비					60분감시,30분경보
	· 유도등					30분

※ 2 이상 변전소 전원공급을 적용하더라도 비상발전기가 면제되지 않는 설비가 있으므로 유의한다.

(1) 비상전원 용량 산정 시 정전 부하와 화재 부하의 동시 고려

1) 문제점 인식

① 단순 정전 시에는 소방시설이 작동하지 않아 큰 문제가 발생하지 않음

② 화재로 인한 정전 시에는 단순 정전 부하에 화재 부하가 가중되어 안정적인 전력 공급이 어려움

③ 이는 소방시설의 작동에 문제를 일으킬 수 있음

2) 조치 사항

① 비상전원 용량 산정 시 단순 정전 부하와 화재 부하를 함께 고려해야 함

② 소방시설용 비상전원 부하의 수용률이 100%인지 확인해야 함

(2) 화재안전기술기준에 따른 소방시설별 비상전원 유지 시간

1) 20분 이상 유지해야 하는 설비(30층 미만 건축물)

① 옥내소화전설비

② 스프링클러설비, 화재조기진압용 스프링클러설비

③ 간이스프링클러설비(근린생활시설). 단, 일반 대상은 10분

④ 물분무 소화설비, 포소화설비, 분말소화설비

⑤ 이산화탄소소화설비, 할로겐화합물 및 불활성기체 소화설비

⑥ 비상조명등, 유도등

⑦ 제연설비

⑧ 특별피난계단의 계단실 및 부속실 제연설비

⑨ 연결송수관설비

⑩ 비상콘센트설비

2) 30분 이상 유지해야 하는 설비

- 무선통신보조설비(증폭기 설치의 경우)

3) 60분간 감시상태 지속 설비

① 30층 미만 : 감시상태 지속 후 10분 이상 경보

② 30층 이상 : 감시상태 지속 후 30분 이상 경보

③ 해당 설비 : 자동화재탐지설비, 비상방송설비. 단, 비상경보설비는 10분 이상

4) 30층 이상 고층건축물

① 30층~49층 : 40분 이상

② 50층 이상 : 60분 이상

③ 해당 설비 : 옥내소화전설비, 스프링클러설비, 특별피난계단의 계단실 및 부속실 제연설비, 연결송수관설비

5) 창고시설

① 옥내소화전설비 : 40분 이상

② 스프링클러설비 : 20분. 단, 랙식 창고는 60분 이상

③ 자동화재탐지설비, 비상방송설비 : 감시상태 60분 지속 후 30분 이상 경보

④ 유도등 : 30분 이상

(3) 비상전원으로 자가발전설비 설치 시 비상전원 용량 확보 방식 (소방청 운영지침, 2010.10.01)

1) 방식 1 : 소방용 및 정전용 부하 기준으로 별도 설치

① 설치 내용

☞ 정전부하 용량을 만족하는 전용의 정전용 발전기 설치

☞ 전용의 소방용 발전기를 별도 설치

② 필요 사항

☞ 설치 대수 증가로 인한 평면적 및 충분한 공간 확보 필요

☞ 병렬 운전 시에도 동일한 구분 조건으로 설치

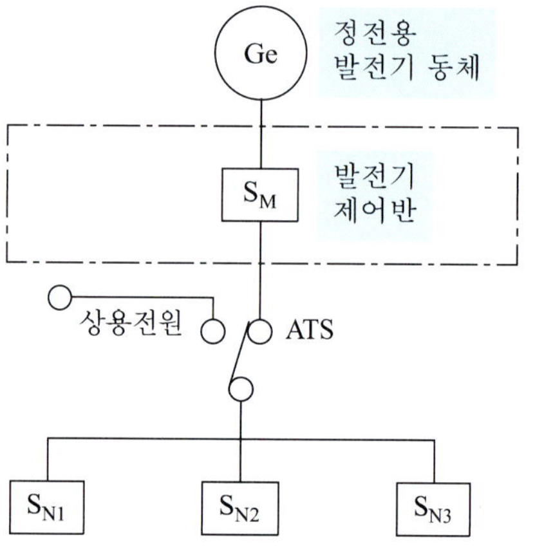

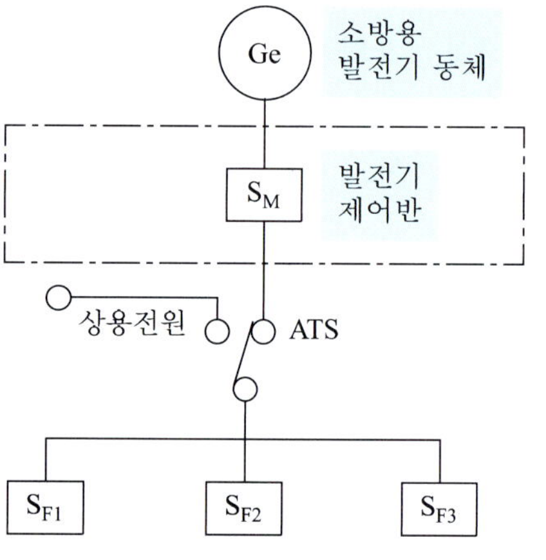

Ge : 자가발전기 동체
S_M : 주전원 전력차단기
ATS : 자동전력변환스위치

S_{N1}, S_{N2}, S_{N3} : 정전용 분기 전력차단기
S_{F1}, S_{F2}, S_{F3} : 소방용 분기 전력차단기

2) 방식 2 : 소방용과 정전용 부하를 합산하여 겸용 설치

① 설치 내용

☞ 모든 부하를 만족하는 합산 용량의 정전 및 소방 겸용 발전기 설치

② 필요 사항

☞ 발전기 크기 증대로 인한 충분한 설치 공간 확보 필요

☞ 병렬 운전 시에도 동일한 구분 조건으로 설치

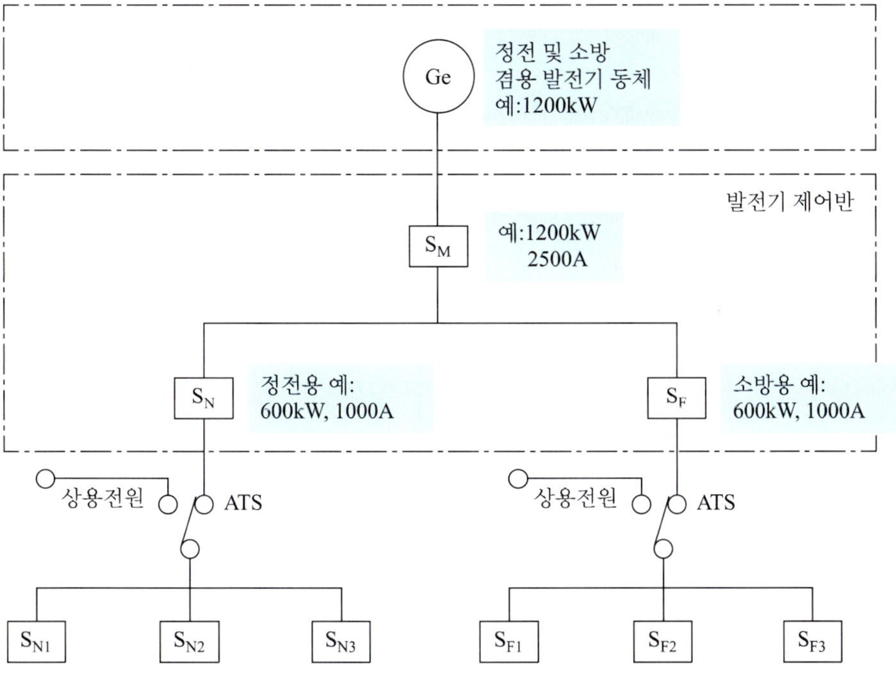

Ge : 자가발전기 동체
S_M : 주전원 전력차단기
ATS : 자동전력변환스위치

S_F : 소방용 전력차단기
S_N : 정전용 전력차단기
S_{N1}, S_{N2}, S_{N3} : 정전용 분기 전력차단기
S_{F1}, S_{F2}, S_{F3} : 소방용 분기 전력차단기

3) 방식 3 : 소방용 전원 우선 보존형 발전기 설치

① 설치 내용

☞ 소방용과 정전용 부하 중 더 큰 부하를 만족하는 발전기 설치

☞ 소방전원 우선 보존형 제어기를 구비한 발전기 설치

☞ 정격 부하를 초과하면 단수 또는 복수개의 정전용 차단기 제어 기능 보유

☞ 해당 성능을 한국전기전자시험연구원(또는 동등 이상 기관)에서 인증 받은 제품이어야 함

② 기존 발전기 개선 시

☞ 발전기가 정격 부하를 초과하면 정전용 차단기를 차단하는 제어기로 교체.

☞ 과부하 시험기로 작동 여부를 확인

③ 운용 조건 및 확인 사항

☞ 상용전원 차단 시 정전용 및 소방용 부하에 전원 공급이 동시에 자동으로 이루어져야 함

☞ 화재로 인해 소방 부하가 증가하여 발전기가 과부하에 도달하기 전에 정전용 부하를 자동 제어하여 소방용 전원을 연속적으로 공급해야 함

☞ 정전 부하 차단 기능이 있는지 확인

☞ 병렬 운전 시에도 동일한 구분 조건으로 설치

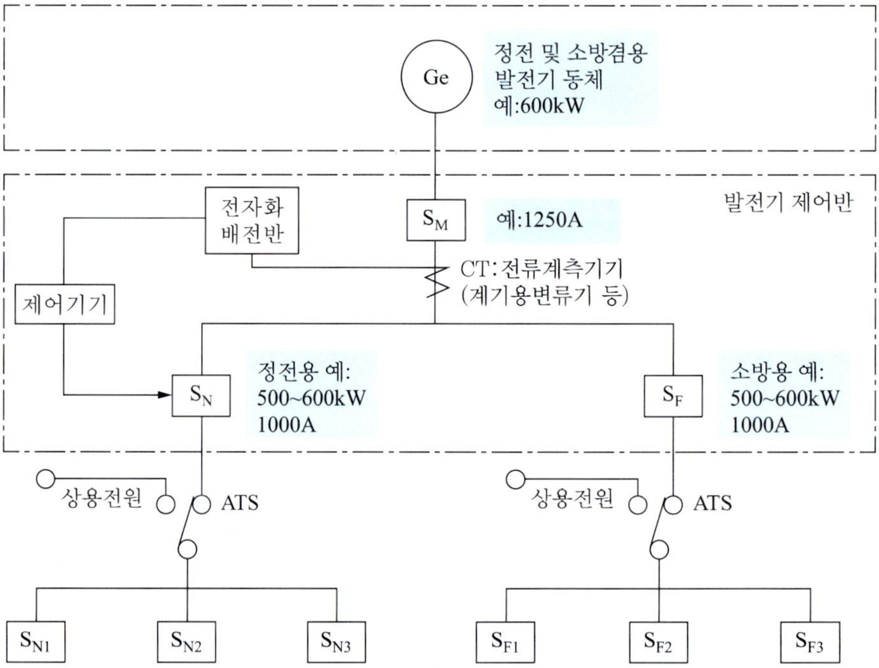

Ge : 자가발전기 동체	S_F : 소방용 전력차단기
S_M : 주전원 전력차단기	S_N : 정전용 전력차단기
ATS : 자동전력변환스위치	S_{N1}, S_{N2}, S_{N3} : 정전용 분기 전력차단기
CT : 계기용 변류기	S_{F1}, S_{F2}, S_{F3} : 소방용 분기 전력차단기

※ S_F 또는 S_N은 생략하고 구성될 수도 있음. 이 경우 발전기에는 단자대에 단수 또는 복수개의 제어용 출력 단자를 제공하여, 현지에서 정전용 분기차단기(S_{N1}, S_{N2}, S_{N3})와 결선하여 일괄 또는 단계 제어되도록 결선하게 할 것

1.21.2 예비전원 내장에 따른 비상조명등의 비상전원

- 도면 및 시방서에서 비상조명등 사양의 예비전원 내장형 여부 확인

관련기준

비상조명등의 화재안전기술기준(NFTC 304)

2.1.1.3 예비전원을 내장하는 비상조명등에는 평상시 점등 여부를 확인할 수 있는 점검스위치를 설치하고 해당 조명등을 유효하게 작동시킬 수 있는 용량의 축전지와 예비전원 충전장치를 내장할 것

2.1.1.4 예비전원을 내장하지 않은 비상조명등의 비상전원은 자가발전설비, 축전지설비 또는 전기저장장치(외부 전기에너지를 저장해 두었다가 필요한 때 전기를 공급하는 장치)를 다음의 기준에 따라 설치해야 한다.

(1) 예비전원 내장형 비상조명등의 특징 및 발전기 용량 계산

1) 예비전원 내장형 비상조명등의 작동 방식

① 평상시 : 상용전원(AC 전원)에 연결되어 충전되면서 소등 상태를 유지

② 상용전원 차단 시 : 화재 등으로 인해 정전 또는 단전되면 내장된 예비전원(DC 전원)으로 자동 전환되어 점등

③ 예비전원 용량

☞ 일반적으로 20분 이상 작동

☞ 지하층, 도매시장 등에서는 60분 이상 작동

2) 발전기 용량 계산 시 고려 사항

- 예비전원이 내장된 비상조명등은 자체적으로 필요한 비상 전원을 보유하므로 발전기 용량 계산에서 제외

(2) 예비전원 미내장형 비상조명등의 발전기 용량 산출 및 우려 사항

1) 예비전원 미내장형 비상조명등의

① 예비전원이 내장되어 있지 않은 비상조명등은 화재 시 비상발전기에 의해 점등

② 그림 1.21.2.1과 같이 비상발전기에 직접 연결됨

2) 발전기 용량 산출 시 고려 사항

- 이러한 비상조명등은 비상발전기 용량 산출 시 소방용 비상조명등 용량으로 합산

3) 우려 사항

① 자가발전설비에 연결된 비상등은 상용전원 정전 후 비상전원 투입까지 시간 지연 발생 가능

☞ ATS 절체시간 및 비상발전기 정상 작동 시간 포함

☞ 전원 투입까지 소요 시간 기준 : 일반 건물 45초 이내, 병원 15초 이내

② 이로 인해 초기 피난에 지장을 초래할 우려가 있음

		75.98
관리사무소 전등전열		7.41
전기실 전등전열	2HP	2.08
전기실휀용		27.00
비상콘센트		31.25
제연휀		6.42
소방비상등 ← 화재시 비상발전기에 의해 점등되는 비상조명등		15.00
경관 조명(조경용SP)		13.75
수경벽천설비		

구 분	종 류	기	등수/기	W	KVA	등수	계(KVA)
	M301	54	1	150	0.17	54	9.00
	M301	9	2	150	0.17	18	3.00
	G982	1	1	50	0.06	1	0.06
	M308	13	1	150	0.19	13	2.49
	G931	25	1	23	0.02	25	0.58
	G984	19	1	100	0.10	19	1.90
	G986	8	1	50	0.06	8	0.51
	TYPE-A	1	1	5	0.01	1	0.01
	TYPE-B	7	1	10	0.01	7	0.07
	TYPE-C	3	1	300	0.38	3	1.15
소 계		129				149	18.76
공용부분 전등전열 합계	(아파트+복지관+비상콘센트+보안등+제연휀+소방비상등+수경시설)						605.78

그림 1.21.2.1 일반전기 용량계산서

(3) 예비전원 내장형 비상조명등 설치 권장

1) 설치 권장 이유

① 비상전원 투입까지의 시간 지연으로 인한 피난 지장 우려를 해소하기 위함

② 예비전원 내장형 비상조명등은 상용전원 차단 시 즉시 점등되어 안전한 초기 피난을 지원

2) 예비전원 내장형 비상조명등의 설치 권장

1.21.3 비상전원의 내화배선

- 내화배선의 매립 또는 노출일 때 적합여부 확인

관련기준

소방시설용 비상전원수전설비의 화재안전기술기준(NFTC 602)

2.1.1 인입선은 특정소방대상물에 화재가 발생할 경우에도 화재로 인한 손상을 받지 않도록 설치해야 한다.

2.1.2 인입구 배선은 「옥내소화전설비의 화재안전기술기준(NFTC 102)」 2.7.2의 표 2.7.2(1)에 따른 내화배선으로 해야 한다.

옥내소화전설비의 화재안전기술기준(NFTC 102)

표 2.7.2 배선에 사용되는 전선의 종류 및 공사방법

(1) 내화배선

사용전선의 종류	공사방법
1. 450/750V 저독성 난연 가교 폴리올레핀 절연 전선 2. 0.6/1KV 가교 폴리에틸렌 절연 저독성 난연 폴리올레핀 시스 전력 케이블 3. 6/10kV 가교 폴리에틸렌 절연 저독성 난연 폴리올레핀 시스 전력용 케이블 4. 가교 폴리에틸렌 절연 비닐시스 트레이용 난연 전력 케이블 5. 0.6/1kV EP 고무절연 클로로프렌 시스 케이블 6. 300/500V 내열성 실리콘 고무 절연전선(180℃) 7. 내열성 에틸렌-비닐 아세테이트 고무 절연 케이블 8. 버스덕트(Bus Duct) 9. 기타 「전기용품 및 생활용품 안전관리법」 및 「전기설비기술기준」에 따라 동등 이상의 내화성능이 있다고 주무부장관이 인정하는 것	금속관·2종 금속제 가요전선관 또는 합성 수지관에 수납하여 내화구조로 된 벽 또는 바닥 등에 벽 또는 바닥의 표면으로부터 25mm 이상의 깊이로 매설해야 한다. 다만 다음 각목의 기준에 적합하게 설치하는 경우에는 그렇지 않다. 가. 배선을 내화성능을 갖는 배선전용실 또는 배선용 샤프트·피트·덕트 등에 설치하는 경우 나. 배선전용실 또는 배선용 샤프트·피트·덕트 등에 다른 설비의 배선이 있는 경우에는 이로부터 15cm 이상 떨어지게 하거나 소화설비의 배선과 이웃하는 다른 설비의 배선 사이에 배선지름(배선의 지름이 다른 경우에는 가장 큰 것을 기준으로 한다)의 1.5배 이상의 높이의 불연성 격벽을 설치하는 경우
내화전선	케이블공사의 방법에 따라 설치해야 한다.

[비고] 내화전선의 내화성능은 KS C IEC 60331-1과 2(온도 830℃ / 가열시간 120분) 표준 이상을 충족하고 난연성능 확보를 위해 KS C IEC 30332-3-24 성능 이상을 충족할 것

(1) 내화배선공사

1) 수전설비 및 소방시설에 공급되는 전원의 배선은 화재로부터 보호될 수 있는 내화배선공사 방법에 따름

2) 내화전선 등을 사용하는 경우 : 케이블 공사방법에 따름

3) 450/750V 저독성 난연 가교 폴리올레핀 절연전선 등을 사용하는 경우 : 내화배선 공사방법에 따름

① 매설하는 경우	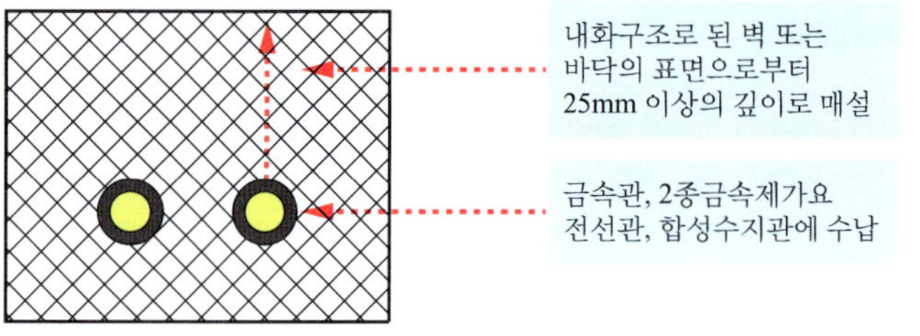
② 배선전용실에 전용으로 설치하는 경우	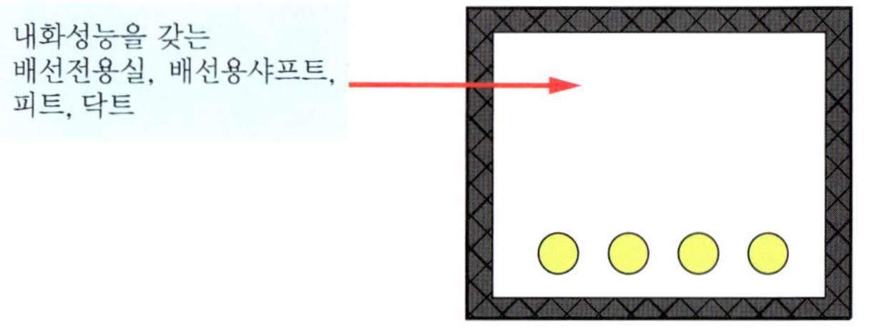
③ 다른 설비의 배선과 배선전용실 등을 공동으로 사용할 때	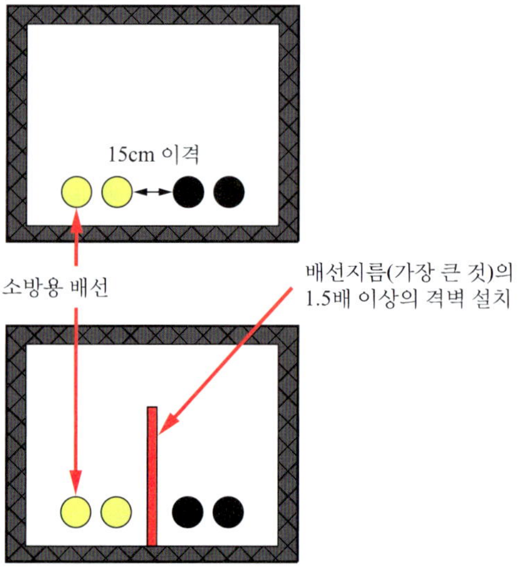

4) 내화배선과 내열배선과의 차이점

- 내열배선의 경우 매설공사를 하지 않고 금속관, 금속제가요전선관, 금속덕트 등의 공사를 할 수 있음

구 분	내화배선	내열배선
규 정	금속관·2종금속제가요전선관 또는 합성수지관에 수납하여 내화구조로 된 벽 또는 바닥 등에 벽 또는 바닥으로부터 25mm 이상의 깊이로 매설해야 한다.	금속관·금속제가요전선관·금속덕트 또는 케이블(불연성덕트에 설치하는 경우에 한한다)공사방법에 의한다.
매설여부	매설해야 한다.	매설하지 않아도 된다.

(2) 자동화재탐지설비의 배선

구분	배선
내화배선	전원회로의 배선
내화 또는 내열배선	감지기 상호간, 감지기로부터 수신기에 이르는 배선

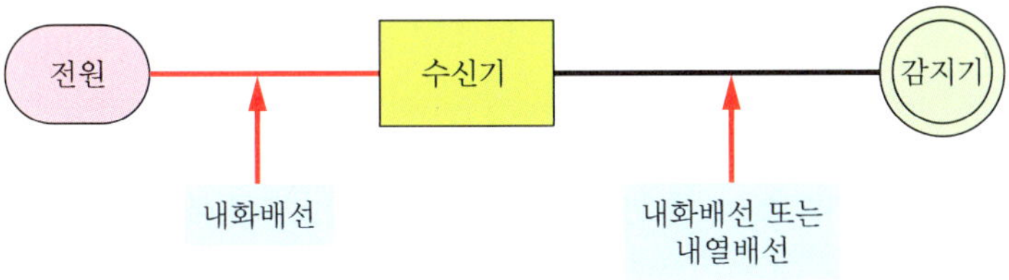

(3) 옥내소화전 및 스프링클러설비의 배선

배선	구분
내화배선	○ 비상전원으로부터 동력제어반 및 가압송수장치에 이르는 전원회로의 배선 ※ 예외 : 자가발전설비와 동력제어반이 동일한 실에 경우에는 자가발전기로부터 그 제어반에 이르는 전원회로의 배선
내화 또는 내열배선	○ 상용전원으로부터 동력제어반에 이르는 배선 ○ 그 밖의 옥내소화전설비의 감시·조작 또는 표시등 회로의 배선 ※ 예외 : 감시제어반 또는 동력제어반 안의 감시·조작 또는 표시등 회로의 배선

구간	배선용도	배선규격	중계기수	구간	배선용도	배선규격	중계기수
ⓐ	소방동력 제어	CCV 1.5mm² x12Cx1		ⓕ	화재감시(아파트,전기실)	CCV-AMS 1.5mm² x3P CCV 1.5mm² x3C	127~189개 이하
ⓑ	발전기 비상운전	FR-8 2.5mm² x2Cx1(전원) FR-8 2.5mm² x4Cx1(제어)		ⓖ	화재감시(아파트,전기실)	CCV-AMS 1.5mm² x4P CCV 1.5mm² x3C	190~252개 이하
ⓒ	정전, 복전신호	CCV 2.5mm² x2Cx1		ⓗ	비상경보세트	CCV-AMS 1.5mm² x4Px1	
ⓓ	화재감시(아파트,전기실)	CCV-AMS 1.5mm² x1P CCV 1.5mm² x3C	63개 이하	ⓘ	템퍼스위치	CCV 1.5mm² x4Cx1	2회로 추가
ⓔ	화재감시(아파트,전기실)	CCV-AMS 1.5mm² x2P CCV 1.5mm² x3C	64~126개 이하				

1. 수신반 회로수 산정은 옥내도면을 참조한다.
2. 계통구성은 현장여건에 따라 설계변경하고 회로수별 배선 규격은 표준상세도를 참조한다.
3. 각 동 회로수는 옥내도면을 참조한다.
4. 템퍼 스위치 2회로 추가 (108동)

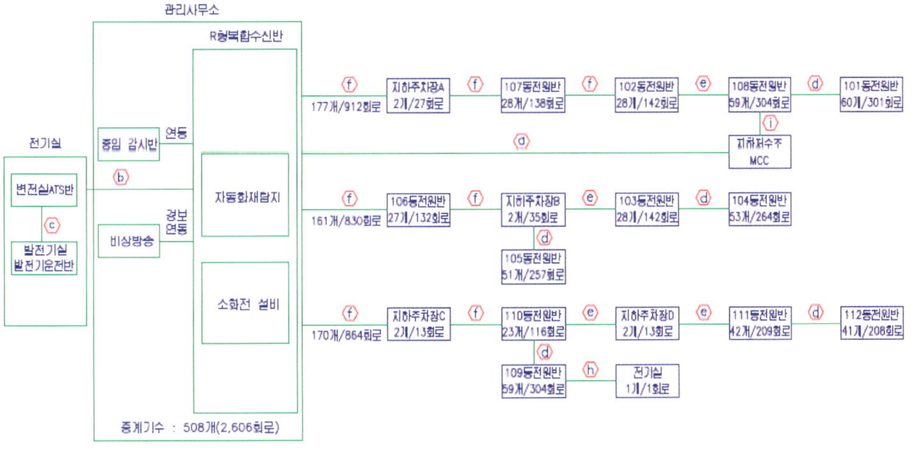

그림 1.21.3.1 소방전기 간선계통도의 배선규격 확인

1.21.4 소방시설에 따른 비상전원 수전설비

- 비상전원 수전설비를 인정하는 소방시설 및 설치기준 확인

관련기준

스프링클러설비의 화재안전기술기준(NFTC 103)

2.9.2 스프링클러설비에는 자가발전설비, 축전지설비(내연기관에 따른 펌프를 설치한 경우에는 내연기관의 기동 및 제어용축전지를 말한다. 이하 같다) 또는 전기저장장치(외부 전기에너지를 저장해 두었다가 필요한 때 전기를 공급하는 장치. 이하 같다)에 따른 비상전원을 설치해야 한다. 다만, 차고 · 주차장으로서 스프링클러설비가 설치된 부분의 바닥면적(「포소화설비의 화재안전기술기준(NFTC 105)」의 2.10.2.2에 따른 차고 · 주차장의 바닥면적을 포함한다)의 합계가 1,000 ㎡ 미만인 경우에는 비상전원수전설비로 설치할 수 있으며, 2 이상의 변전소(「전기사업법」 제67조에 따른 변전소를 말한다. 이하 같다)에서 전력을 동시에 공급받을 수 있거나 하나의 변전소로부터 전력의 공급이 중단되는 때에는 자동으로 다른 변전소로부터 전력을 공급받을 수 있도록 상용전원을 설치한 경우와 가압수조방식에는 비상전원을 설치하지 않을 수 있다.

간이스프링클러설비의 화재안전기술기준(NFTC 103A)

2.9.1 간이스프링클러설비에는 다음의 기준에 적합한 비상전원 또는 「소방시설용 비상전원수전설비의 화재안전기술기준(NFTC 602」의 규정에 따른 비상전원수전설비를 설치해야 한다. 다만, 무전원으로 작동되는 간이스프링클러설비의 경우에는 모든 기능이 10분[영 별표 4 제1호마목2)가) 또는 6)과 8)에 해당하는 경우에는 20분] 이상 유효하게 지속될 수 있는 구조를 갖추어야 한다.

2.9.1.1 간이스프링클러설비를 유효하게 10분[영 별표 4 제1호마목2)가) 또는 6)과 8)에 해당하는 경우에는 20분] 이상 작동할 수 있도록 할 것

포소화설비의 화재안전기술기준(NFTC 105)

2.10.2 포소화설비에는 자가발전설비, 축전지설비(내연기관에 따른 펌프를 설치한 경우에는 내연기관의 기동 및 제어용축전지를 말한다. 이하 같다) 또는 전기저장장치(외부 전기에너지를 저장해 두었다가 필요한 때 전기를 공급하는 장치. 이하 같다)에 따른 비상전원을 설치하되, 다음 각 기준의 어느 하나에 해당하는 경우에는 비상전원수전설비로 설치할 수 있다. 다만, 2 이상의 변전소(「전기사업법」 제67조에 따른 변전소를 말한다. 이하 같다)로부터 동시에 전력을 공급받을 수 있거나 하나의 변전소로부터 전력의 공급이 중단되는 때에는 자동으로 다른 변전소로부터 전력을 공급받을 수 있도록 상용전원을 설치한 경우와 가압수조방식에는 비상전원을 설치하지 않을 수 있다.

2.10.2.1 2.1.1.2단서에 따라 호스릴포소화설비 또는 포소화전만을 설치한 차고 · 주차장

2.10.2.2 포헤드설비 또는 고정포방출설비가 설치된 부분의 바닥면적(스프링클러설비가 설치된 차고 · 주차장의 바닥면적을 포함한다)의 합계가 1,000 ㎡ 미만인 것

비상콘센트설비의 화재안전기술기준(NFTC 504)

2.1.1.2 지하층을 제외한 층수가 7층 이상으로서 연면적이 2,000 ㎡ 이상이거나 지하층의 바닥면적의 합계가 3,000 ㎡ 이상인 특정소방대상물의 비상콘센트설비에는 자가발전설비, 비상전원수전설비, 축전지설비 또는 전기저장장치(외부 전기에너지를 저장해 두었다가 필요한 때 전기를 공급하는 장치를 말한다)를 비상전원으로 설치할 것. 다만, 2 이상의 변전소에서 전력을 동시에 공급받을 수 있거나 하나의 변전소로부터 전력의 공급이 중단되는 때에는 자동으로 다른 변전소로부터 전력을 공급받을 수 있도록 상용전원을 설치한 경우에는

비상전원을 설치하지 않을 수 있다.
2.1.1.3 2.1.1.2에 따른 비상전원 중 자가발전설비, 축전지설비 또는 전기저장장치는 다음 기준에 따라 설치하고, 비상전원수전설비는 「소방시설용 비상전원수전설비의 화재안전기술기준(NFTC 602)」에 따라 설치할 것
2.1.1.3.2 비상콘센트설비를 유효하게 20분 이상 작동시킬 수 있는 용량으로 할 것

(1) 비상전원의 정의 및 종류

1) 비상전원의 역할
   - 상용전원(한전 전원)이 정전 또는 단선되었을 때 소방시설에 전기 공급하는 시설

2) 화재안전기술기준(NFTC)에서의 비상전원 종류
   ① 자가발전설비(비상발전기)
   ② 축전지설비 또는 전기저장장치
   ③ 비상전원 수전설비

3) 비상전원 수전설비의 문제점
   - 정전 시 전원 공급이 중단되므로, 실제로는 전원의 정전 시를 대비한 비상전원설비가 아닌 상용전원으로 보는 것이 타당

그림 1.21.4.1 자가발전설비(비상발전기)

그림 1.21.4.2 축전지설비

(2) 비상전원 수전설비의 한계 및 부적합성

1) 전원 공급 가능 조건
   - 건물 내 소규모 과부하나 단락 등으로 2차 차단기만 차단되고, 전력용 차단기 1차가 차단되지 않았을 경우에만 소방시설에 전원 공급이 가능

2) 전원 공급 불가 상황
   - 건물의 인입라인(한전라인)이나 건물 내 큰 부하의 단락사고 등으로 1차 차단기가 차단되었을 때는 소방시설에 전원이 공급되지 않아 소방용 비상전원으로는 부적합

(3) 비상전원 수전설비를 비상전원으로 인정한 이유와 적용 범위

1) 인정 이유

- 소규모 건축물에서 자가발전설비 또는 축전지설비를 설치할 경우 공사비 상승으로 인한 경제적 부담을 경감하기 위함

2) 적용 범위의 제한

① 비상전원 수전설비는 모든 소방시설에 적용되지 않음.

② 적용 대상

☞ 스프링클러설비(차고, 주차장의 바닥면적 합계가 1,000 m^2 미만인 경우)

☞ 간이스프링클러설비

☞ 포소화설비

☞ 비상콘센트설비

1.21.5 상용 전원회로의 분기회로 위치

- 화재 등의 사고로 일반 전원이 차단되더라도 소방시설에 공급되는 전원이 차단되지 않도록 분기되어 있는지 확인
- 전기도면의 수변전 계통도상에서 비상전원 분기회로 확인

관련기준

옥내소화전설비의 화재안전기술기준(NFTC 102)

2.5.1 옥내소화전설비에는 그 특정소방대상물의 수전방식에 따라 다음의 기준에 따른 상용전원회로의 배선을 설치해야 한다. 다만, 가압수조방식으로서 모든 기능이 20분 이상 유효하게 지속될 수 있는 경우에는 그렇지 않다.

2.5.1.1 저압수전인 경우에는 인입개폐기의 직후에서 분기하여 전용배선으로 해야 하며, 전용의 전선관에 보호되도록 할 것

2.5.1.2 특별고압수전 또는 고압수전일 경우에는 전력용 변압기 2차측의 주차단기 1차측에서 분기하여 전용배선으로 하되, 상용전원의 상시공급에 지장이 없을 경우에는 주차단기 2차측에서 분기하여 전용배선으로 할 것. 다만, 가압송수장치의 정격입력전압이 수전전압과 같은 경우에는 2.5.1.1의 기준에 따른다.

표 1.21.5.1 전압의 분류 (KEC : Korea Electro technical Code)

구 분	저 압	고 압	특고압
직 류	1500 V 이하	저압 기준을 초과 7000 V 이하	7000 V 초과
교 류	1000 V 이하		

(1) 소방시설 전원 공급 시 고려 사항

1) 전원 분기의 중요성

- 화재 등 사고로 일반 전원이 차단되더라도, 소방시설에 공급되는 전원은 영향을 받지 않도록 별도로 분기해야 소방시설이 정상 작동 가능

2) 잘못된 전원 분기 방식의 문제점 (그림 1.21.5.1 참조)

- 소방시설의 전원 라인이 일반 분전함에서 분기된 경우 :
  - ☞ 지상 2층에 화재 발생 시 전선의 열손실 등으로 과전류 흐름 발생
  - ☞ 해당 구역의 분기 과전류개폐기 작동으로 전원 차단
  - ☞ 결과적으로 소방시설에 전원 공급이 중단되어 작동 불능 상태가 됨

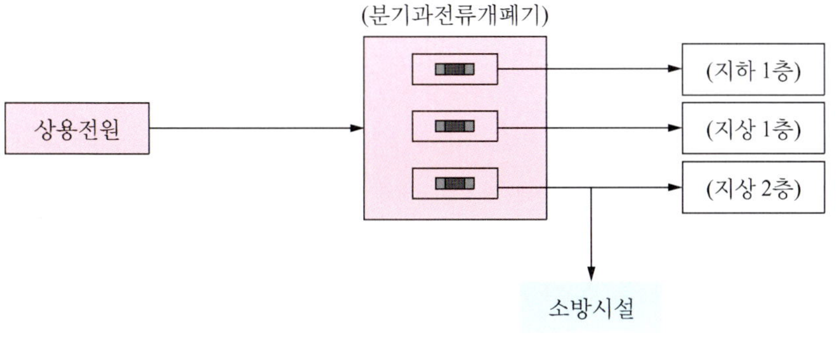

그림 1.21.5.1 소방시설 전원라인의 잘못된 분기방식

3) 올바른 전원 분기 방식 (그림 1.21.5.2 참조)

① 소방시설의 전원은 메인 전원 공급 부분에서 별도로 분기되어야 함

② 이를 통해 화재 등의 사고 시에도 소방시설에 전원이 정상 공급 가능

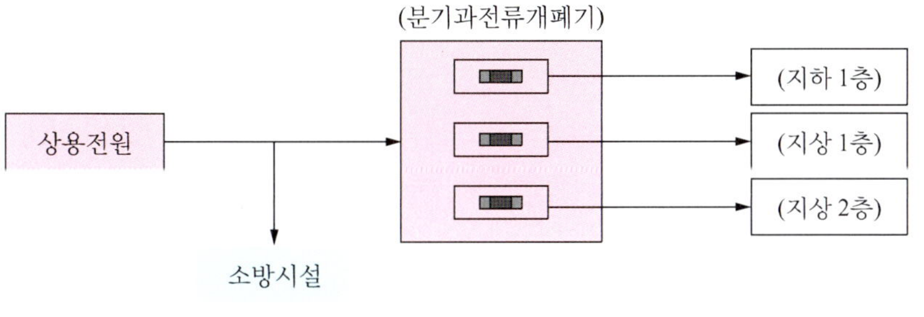

그림 1.21.5.2 소방시설 전원라인의 올바른 분기방식

(2) 수전 전압에 따른 상용전원회로 배선 설치 기준 상세

1) 저압수전인 경우

- 분기 위치 : 인입개폐기의 직후에서 분기하여 전용배선

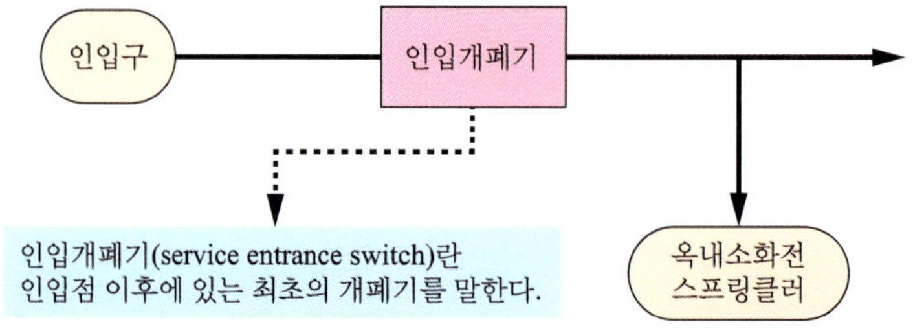

2) 특별고압수전 또는 고압수전인 경우

① 주 분기 위치 : 전력용 변압기 2차측의 주차단기 1차측에서 분기하여 전용배선

② 예외 분기 위치 :

☞ 상용전원회로의 배선 기능에 지장이 없을 경우, 주차단기 2차측에서 분기하여 전용배선

③ 예외 적용 :

☞ 가압송수장치의 정격입력전압이 수전전압과 같은 경우에는 저압수전 기준에 따름

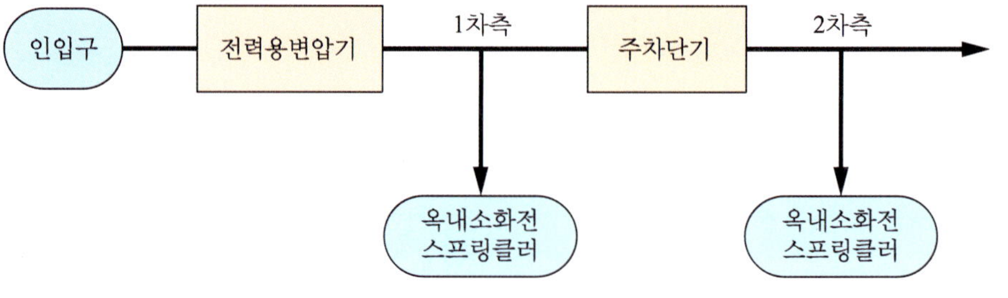

3) 특별고압수전 및 고압수전의 분기 방식 허용 이유

- 특별고압수전 또는 고압수전설비의 구성 방식과 차단기 용량 등이 저압수전에 비해 소방시설 전원 공급에 문제가 없다고 판단되어, 주차단기 2차측에서도 분기할 수 있도록 허용

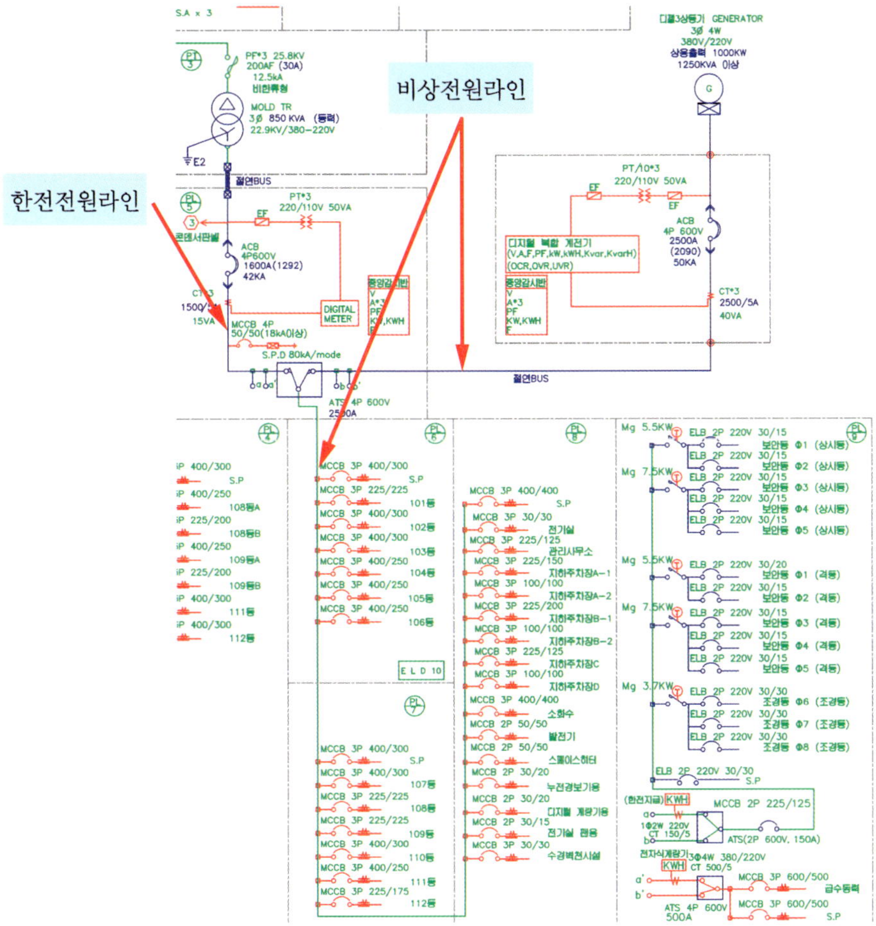

그림 1.21.5.3 비상전원라인의 분기

1.21.6 감시제어반에서 상용 및 비상전원의 공급여부 확인

- 제어반에서 상용전원 및 비상전원 전환표시등 유무 확인
- 상용전원의 전력공급 중단 시 비상전원 전력공급 자동 및 수동 전환 기능유무 확인

관련기준

옥내소화전설비의 화재안전기술기준(NFTC 102)

2.6.2 감시제어반의 기능은 다음의 기준에 적합해야 한다.

2.6.2.3 비상전원을 설치한 경우에는 상용전원 및 비상전원의 공급여부를 확인할 수 있어야 할 것

(1) 수신기의 비상전원 설비 및 전환표시등의 중요성

1) 수신기 내부 축전지의 내장 이유

① 상용전원 차단 시 : 비상전원설비(자가발전기 등)로부터 정격전류를 투입받기 전까지 수신기의 기능이 정상 동작하도록 하기 위함

② 이를 위해 수신기 내부에 축전지를 내장

2) 축전지 용량의 한계 및 상용전원 공급중단 표시의 필요성

① 축전지 용량 한계

☞ 감시 : 60분

☞ 경보 : 10분

② 상용전원 공급 중단 표시가 필요

☞ 관리자가 축전지 사용 시간을 파악하고 적절히 대처할 수 있음

3) 상용-비상전원 전환표시등의 필요성

- 비상전원 투입 시 :

☞ 전환표시등이 없으면 관리자가 비상전원 사용 여부를 인지하지 못함

☞ 비상전원 공급시간 한계를 초과하여 축전지가 소모될 때까지 방치될 수 있음

☞ 결과적으로 수신기 전원 차단 및 단전(정전) 상태에 대한 조치 지연이 발생

4) 전환표시등 설치 확인의 필요성

① 제어반의 기능 중 상용전원 및 비상전원 전환표시등 설치 유무를 확인

② 설계도서 및 화재수신반 제작승인서의 검토 단계에서 확인

③ 이를 통해 비상전원 상태를 인지하고 적절한 조치를 취할 수 있음

02

CHAPTER

자재승인 및 검수

2.1 자재승인 검토 개요

(1) 자재의 구분과 감리원의 검토 의무

1) 자재의 구분
   ① 사급자재 : 시공자가 현장에 공급하는 자재
   ② 관급자재 : 발주자가 별도의 자재공급업체를 선정하여 그 공급업체가 자재를 공급하는 형태
2) 감리원의 검토 의무 : 사급자재와 관급자재 검토
3) 일반감리와 상주감리 구분없이 자재승인 업무는 동일하게 수행

(2) 감리원의 자재승인 절차

1) 자재 관련 자료 제출 및 검토
   - 현장에 투입된 감리원은 사업주체(발주자 및 건축주)를 대신하여, 시공자가 사용하고자 하는 자재에 대한 관련 자료를 제출받아 적정 여부를 검토
2) 자재승인서류의 구성
   ① 자재의 특성 및 성능을 증명하는 시험성적서
   ② 세부 상세도면 등 관련 자료 첨부
3) 자료 검토 및 추가 자료 요청
   ① 제출된 자료를 토대로 설계도서 및 시방서 등에의 적합 여부를 검토
   ② 자재의 특성 및 성능을 명확히 알 수 없는 경우, 추가 자료 제출을 요구하여 자재의 성능과 품질을 확인

(3) 소방 관련 자재의 철저한 검토 필요성

1) 형식승인 대상 자재
   - 소방용 기계, 기구 등은 한국소방산업기술원의 형식승인 대상 자재에 해당
     ☞ 관련 법령 : 소방시설설치유지 및 안전관리에 관한 법률 시행령 제6조.
2) 성능확인 대상 자재
   - 방염 및 방화구획 관련 제품 등은 성능확인 대상 자재에 해당
3) 검토 사항
   ① 성능인증 여부
   ② 시험성적서 등 관련 자료에 대한 철저한 검토

(4) 자재승인 업무의 중요성과 품질관리

1) 공정 진행의 시작점으로서의 자재승인업무
2) 자재선정 오류의 영향
   - 자재선정이 잘못될 경우 품질관리를 할 수 없으며, 부실시공의 원인
3) 시방서 및 설계도면과의 일치성 확인
4) 자재선정 시 확인 사항
   ① 한국소방산업기술원에서 인정하는 제품과 KS 제품을 구분하여 관리
   ② 카탈로그, 형식승인서, 시험성적서 등을 통해 다음을 확인
      ☞ 규격
      ☞ 적정 용량
      ☞ 보편적인 사용 여부
5) 그림 2.1.1 자재승인서류 검토의견서 참조

검 토 의 견 서	
현 장 명	○○○ 복합시설 신축공사
자 재 명	유수검지장치
자재규격	- 알람밸브(플랜지형, 그루브형) : 150A - 프리액션밸브(플랜지형, 그루브형) : 80, 150A
검토일시	

NO	주요검토항목			납품업체별 현황		감리의견 및 결격사유	비고
	구분	주요항목	기준 및 검토사항	(주)우당기술산업	(주)파라텍		
1	검토 자료	도면	도면과 일치여부	○	○		
2		시방서	시방서 일치여부	○	○		
3		내역서	내역서 사양확인	-	-		
4	제출 서류	사업자등록증	첨부유무	○	○		
5		공장등록증	첨부유무	○	○		
6		국세 지방세 완납증명	첨부유무	○	○		
7		제품설명서 및 기술자료	적정성 여부	○	○		
8		납품실적 증명서	첨부유무	○	○		
9		KS 또는 동등 이상 성능확인	적정성 여부	○	○	KFI형식 승인	
10		공인시험기관 시험성적서	적정성 여부	-	-		
11		제작도면	해당여부	-	-		
12		견본제출	해당여부	-	-		
13	중점 관리항목	공장검수대상	해당여부	-	-		
14		제작자재대상	해당여부	-	-		

종합의견	- KFI형식 승인, 기타 제출서류 이상 없음 - 자재 입고시, 생산제품 검사 결과통보서 첨부
검 토 자	

그림 2.1.1 자재승인서류 검토의견서

2.2 소방자재의 성능시험 · 형식승인 · KFI 인증 자재

2.2.1 소방용 기계 · 기구의 성능시험

(1) 소방용 기계 · 기구의 성능인증

1) 성능인증의 근거 및 절차
   ① 근거 법령 : 「소방시설 설치 및 관리에 관한 법률」 제40조
   ② 인증 주체 : 소방청장
   ③ 인증 요청 : 제조자 또는 수입자 등의 요청에 의해 실시
   ④ 대상 및 방법 규정 : 행정안전부령으로 정함
2) 성능인증의 실시 조건
   ① 신청인의 요청 시에만 실시
   ② 형식의 중요성 미반영 : 「소방용품의 품질관리 등에 관한 규칙」에 정하는 방법에 따라 성능을 갖추면 그 형식은 중요하지 않음
3) 성능인증 대상 자재
   - 소방청장이 고시한 품목 : 성능인증을 받아야 하는 대상 자재는 표 2.2.1.1과 표 2.2.1.2에 나타냄

(2) 성능인증 제품을 사용해야 하는 경우

1) 화재안전성능 및 기술기준에서 사용하도록 규정한 경우
   - NFPC & NFTC에서 성능인증 제품 사용을 요구할 때
2) 시방서 또는 입찰안내서에서 사용을 명시한 경우
   - 설계 시방서 또는 입찰 안내서에 성능인증 제품의 사용이 반드시 필요하다고 명시된 경우
3) 성능위주설계 심의의견에 따른 경우
   - 성능위주설계 심의의견에서 성능인증 제품 사용을 요구할 때
4) 사전재난영향성검토협의 의견에 따른 경우
   - 사전재난영향성검토협의 의견에서 성능인증 제품의 사용을 요구할 때

5) 건축물의 품질 향상을 위해 사용하는 경우

- 기타 건축물의 품질 향상을 목적으로 성능인증 제품을 사용하고자 하는 경우

표 2.2.1.1 성능인증 대상 소방용품(소방용품의 품질관리 등에 관한 규칙 [별표7])

연번	성능인증 소방용품	연번	성능인증 소방용품
	성능인증 대상		성능인증 대상
1	축광표지	11	소방용밸브(개폐표시형 밸브, 릴리프 밸브, 푸트밸브)
2	예비전원	12	소방용 스트레이너
3	비상콘센트설비	13	소방용 압력스위치
4	표시등	14	소방용 합성수지배관
5	소화전함	15	비상경보설비의 축전지
6	스프링클러설비 신축배관	16	자동화재속보설비의 속보기
7	소방용 전선(내화전선 및 내열전선)	17	소화설비용 헤드(물분무헤드, 분말헤드, 포헤드, 살수헤드)
8	탐지부	18	방수구
9	지시압력계	19	소화기가압용 가스용기
10	공기안전매트	20	소방용흡수관

표 2.2.1.2 성능인증의 대상이 되는 소방용품의 품목에 관한 고시

연번	성능인증 소방용품	연번	성능인증 소방용품
	성능인증 대상		성능인증 대상
1	분기배관	18	플랩댐퍼
2	포소화약제혼합장치	19	비상문자동개폐장치
3	가스계소화설비 설계프로그램	20	가스계소화설비용 수동식 기동장치
4	시각경보장치	21	휴대용비상조명등
5	자동차압급기댐퍼	22	소방전원공급장치
6	자동폐쇄장치	23	호스릴이산화탄소 소화장치
7	가압수조식 가압송수장치	24	과압배출구
8	피난유도선	25	흔들림 방지 버팀대
9	방염제품	26	소방용 수격흡수기
10	다수인피난장비	27	소방용 행가
11	캐비닛형 간이스프링클러설비	28	간이형수신기
12	승강식피난기	29	방화포
13	미분무헤드	30	간이소화장치
14	방열복	31	유량측정장치
15	상업용 주방자동소화장치	32	배출댐퍼
16	압축공기 포헤드	33	송수구
17	압축공기 포혼합장치		

2.2.2 소방용품의 형식승인

(1) 소방용품의 형식승인 대상 및 의무

1) 형식승인의 의무

① 법적 근거 : 「소방시설 설치 및 관리에 관한 법률」 제37조.

② 대상 : 형식승인 대상 소방용품을 제조하거나 수입하려는 경우

③ 의무 사항 : 소방청장의 형식승인을 반드시 받아야 함

④ 형식승인 대상 소방용품 목록 : 표 2.2.2.1에 제시됨

2) 형식승인의 기준

- 소방청장이 고시하는 기준에 따라 기구의 형상, 구조, 재질, 성능 등을 확보

3) 형식승인을 받지 않은 제품의 사용 및 처벌

① 형식승인을 받지 않거나, 형상 등을 임의로 변경한 제품은 사용 금지

② 형식승인을 받지 않았거나, 형상을 임의로 변경하거나, 제품검사를 받지 않은 제품을 판매, 진열, 또는 소방시설 공사에 사용하는 경우 :

☞ 3년 이하의 징역 또는 3천만 원 이하의 벌금

③ 관리의 중요성 : 소방용품을 현장에 사용하고자 할 때는 자재승인 및 자재검수를 통해 철저히 관리

(2) 소방기기의 형식승인과 품질관리 절차

1) 소방기기의 중요성 및 형식검정

① 소방기기 : 국민의 생명과 재산을 화재로부터 보호하는 중요 기기

② 품질 확보 : 개별 제품의 품질을 확보하기 위해 국가에서 한국소방산업기술원에 업무를 위탁하여 형식검정을 받도록 함

2) 형식승인의 절차 및 검사 내용

① 형식승인 목적 : 소방기기의 모델을 결정하는 검사

② 검사 내용

☞ 형식시험 : 신청된 소방기기의 형상, 구조, 재질, 성분 및 성능이 소방청 고시 기준에 적합한지 여부를 검사.

☞ 시험시설심사 : 시험자가 보유한 시험시설의 적합 여부를 확인

③ 승인 절차

☞ 적합한 경우에 형식승인번호를 부여하고 형식을 승인

표 2.2.2.1 소방용품의 형식승인 대상

연번	품 목		
1	소화기구	소화기	
2		간이소화용구 : 에어로졸식, 투척용, 소공간용 소화용구(소화약제 외의 것을 이용한 간이소화용구는 제외)	
3		자동확산소화기	
4		자동소화장치	1) 주거용 주방자동소화장치
5			2) 상업용 주방자동소화장치
6			3) 캐비닛형 자동소화장치
7			4) 가스자동소화장치
8			5) 분말자동소화장치
9			6) 고체에어로졸자동소화장치
10	소화설비	소화전	
11		관창	
12		소방호스	
13		스프링클러헤드	
14		기동용 수압개폐장치	
15		유수제어밸브	
16		가스관선택밸브	
17	경보설비	누전경보기	
18		가스누설경보기	
19		발신기	
20		수신기	
21		중계기	
22		감지기	
23		경종	
24	피난구조설비	피난사다리, 구조대, 완강기(지지대 포함) 및 간이완강기	
25		공기호흡기(충전기 포함)	
26		피난구유도등, 통로유도등, 객석유도등 및 예비전원 내장 비상조명등	
27	소화용 제품	소화약제	
28		방염제(방염액, 방염도료 및 방염성물질)	

(3) 형식승인 대상 품목의 검사 종류 및 내용

1) 검사 종류

- 생산제품검사와 품질제품검사로 구분하여 검사 시행

2) 생산제품검사

① 시기 : 생산된 소방용품이 출고되기 전에 실시

② 검사 내용 : 생산된 소방용품의 형상 등이 형식승인기준 또는 성능인증기준(이하 "기술기준")에 맞는지 검사

3) 품질제품검사

① 검사 내용

☞ 공정심사 : 소방용품 제조 과정 등의 품질관리체계를 검사

☞ 정밀검사 : 생산된 소방용품의 형상 등이 기술기준에 맞는지 검사

② 검사 주기 : 일정한 주기를 정하여 검사를 시행

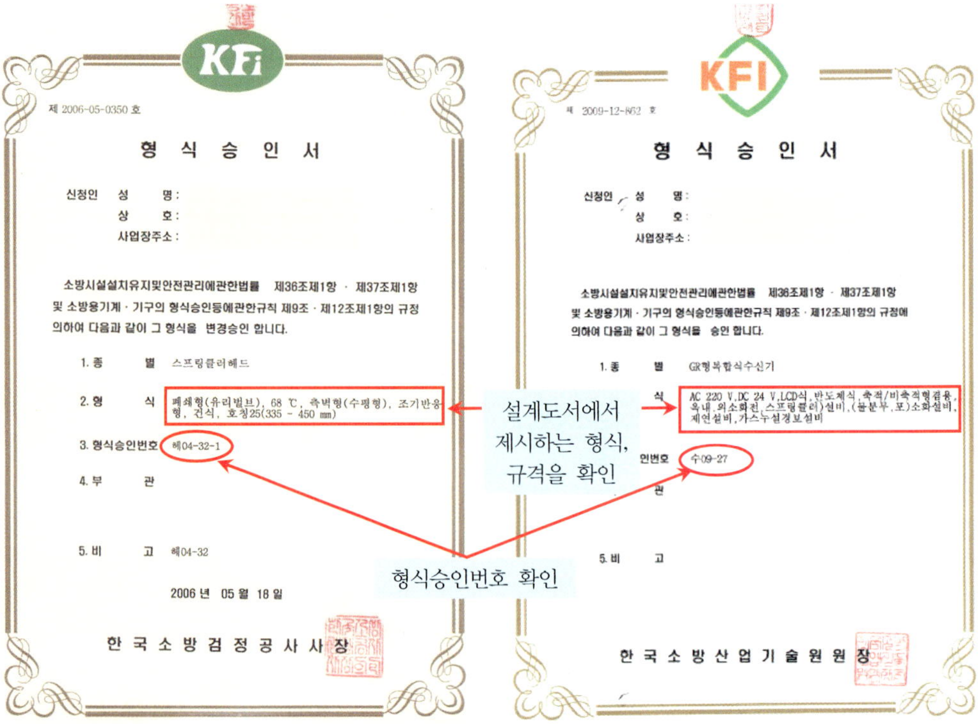

그림 2.2.2.1 형식승인서

2.2.3 KFI 인증

관련기준

- **KFI 인증 등에 관한 규칙(한국소방산업기술원)**

제2조 (용어의 정의)

이 규칙에서 사용되는 용어의 정의는 다음 각 호와 같다.

1. "KFI인증"이라 함은 기술원장이 정하는 KFI인증대상에 대하여 제품 또는 설비 등(이하 "제품 등"이라 한다)의 견품에 대한 성능과 시험시설을 심사하여 인증하는 것을 말한다.
2. "시험시설심사"라 함은 KFI인증을 받고자 하는 신청인이 갖추고 있는 시험시설이 이 규칙에서 정하는 시험시설기준에 적합한지 여부를 심사하는 것을 말한다.
3. "KFI 인증시험"(이하 "인증시험"이라 한다)이라 함은 KFI 인증대상의 제출견품(이하 "견품"이라 한다)에 대하여 그 성능 · 형상 · 구조 및 재질(이하 "형상 등"이라 한다)이 기술원장이 정하는 KFI인증기준(이하 "인증기준"이라 한다)중 KFI인증을 위한 기준에 적합한가의 여부를 시험하는 것을 말한다.
4. "KFI인증제품검사" (이하 "제품검사"라 한다)라 함은 제품출고 전에 개개의 성능 등이 이미 KFI인증된 견품의 성능 등과 동일한가의 여부를 검사하는 것을 말한다.

제3조 (KFI 인증의 대상)

KFI인증의 대상은 화재의 예방, 구조 · 구급 및 안전장비 등 공공의 안전을 위하여 필요하다고 인정되어 기술원장이 정하는품목으로 별표 1과 같다. 다만, 하나의 소방제품에 별표 1에서 정하는 두가지 이상의 KFI인증대상이 결합되는 경우 하나의 KFI인증을 할 수 있다.

제4조 (검사, 시험방법 등)

① 인증시험 및 제품검사에 관한 제반검사와 시험 방법 등은 인증기준에 의한다. 다만, 인증기준에서 정하여지지 아니한 경우에는 형식승인 및 제품검사의 기술기준, 성능인증 및 제품검사의 기술기준, 한국산업규격 및 국제적으로 공인된 시험방법을 준용한다.

② 인증시험 및 제품검사를 신청한 제품등의 부속부품이 국제적으로 공인된 규격(KS, UL, FM, JIS 등)에 합격한 것일 경우에는 인증기준에서 정한 규격에 적합여부를 서류심사로서 갈음할 수 있으며 당해 부품에 대한 시험의 일부 또는 전부를 생략할 수 있다.

③ KFI인증을 얻은 후 생산된 제품은 제3조의 규정에 의한 KFI인증대상별 인증기준에서 정하는 바에 따라 제품검사를 실시한다. 다만, "미분무소화설비 설계도서" 및 "소화기의 소형리튬이온전지화재 소화성능"의 경우 제품검사를 실시하지 아니한다.

④ 제1항에도 불구하고 소방제품의 형상 등이 인증기준에서 정하고 있는 방법이 아닌 새로운 기술이 적용된 제품의 경우에는 관련 전문가의 심의를 거쳐 인증기준과 다른 기준으로 KFI인증 및 제품검사를 할 수 있다.

(1) KFI 인증 제도의 근거와 목적

1) KFI 인증 제도의 근거

- 소방산업의 진흥에 관한 법률 제14조 제3항 제12호 및 한국소방산업기술원의 정관에 따라 기준을 정하고 있음

2) KFI 인증 제도의 목적

- 화재 및 재난으로부터 국민의 생명과 재산을 보호하기 위해 화재예방, 구조, 구급 등에 사용되는 제품 중 소방법령에서 정하는 소방용 기계·기구 이외의 제품 등에 대하여 성능을

인증하는 것

(2) KFI 인증 제품의 사용 및 대상

1) KFI 인증 제품의 사용 기준

① 소방용품 이외의 제품 등에 대하여 성능을 인증한 것으로, 반드시 사용하도록 하는 기준은 없음

② 소방제품의 품질 향상을 위해 자발적으로 사용 가능

2) KFI 인증 제품의 대상 : 표 2.2.3.1 참고

표 2.2.3.1 KFI 인증의 대상 (KFI 인증 등에 관한 규칙 [별표 1])

KFI인정 대상	
1. 인증시험과 제품검사를 실시하는 품목	
2) 방화복	46) 소방용 수격흡수기
4) 방화신발	47) 영상음향차단장치
5) 방화장갑	49) 미분무건
6) 휴대용비상조명등	51) 과압배출구
8) 실내장식물의불연 · 준불연재료	52) 소방자동차용 합성수지탱크
9) 아크경보기	53) 이산화탄소호스릴소화장치
10) 가스계소화설비용수동식기동장치	54) 소방전원공급장치
12) 방수총	55) 소방용 체크밸브
13) 소화설비 배관이음쇠	56) 흔들림방지버팀대
14) 비상대피용자급식호흡기구	57) 소방용 전자음향경보장치
15) 피난밧줄	58) 가스계소화설비용 신축관
16) 미끄럼대	59) 지진분리장치
17) 소방용행가	60) 내진스토퍼
18) 방화두건	61) 소방용릴호스드럼
20) 인명구조매트	62) 연결용고압호스
22) 구급차	63) 가스계소화설비 용기밸브 개방장치
23) 배연차	64) 캐비닛형 간이 호스릴 포소화장치
24) 조명배연차	65) 합성수지라이닝 강관
25) 소방자동차 경광등	66) 소방용 안전헬멧
26) 소방자동차 차체작업등	67) 소형사다리차
27) 소방용 사이렌	68) 방화헬멧
28) 휴대용탐조등	69) 스프링클러헤드 설치부속품
29) LED연기투시랜턴	70) 구조용 윈치
31) 난연바닥마감재	71) 산불진화차
32) 압축공기포소화장치	72) 패키지형 압축공기포소화장치
38) 무인방수차	74) 소화약제 방출표시등
39) 소방자동차용 소방펌프	75) 소방자동차
40) 이동용 소방펌프	76) 압력검지장치
41) 결합금속구	77) 화재보조표시장치
42) 소방용방화복 세탁기	78) 스프링클러설비용 수동식 기동상지
43) 소방용 감압밸브	79) 설비용소방펌프
44) 소방용 화학보호복	80) 라이트라인
45) 차량용소화기 고정장치	
2. 인증시험만 실시하는 품목	
1) 미분무소화설비 설계도서	2) 소화기의 소형리튬이온전지화재 소화성능

2.3 자재승인

2.3.1 자재승인 목적

(1) 자재승인의 목적 및 중요성

1) 목적 : 제품의 성능과 기능이 설계도서에서 정한 기준에 적합한 품질을 확보하기 위함.
2) 부적합한 자재 사용의 위험성
   - 소방시설이 성능과 품질을 확보하지 못하면 :
     - ☞ 화재 대응이 불가능하거나 불필요한 설비가 될 수 있음
     - ☞ 불법 자재 사용으로 법적 책임이 발생할 수 있음
3) 자재선정의 우선순위
4) 자재선정 오류의 영향
   - 자재선정이 잘못되면 :
     - ☞ 감리와 시공을 잘해도 기능을 다하지 못함
     - ☞ 적합한 자재의 검토 및 승인은 소방시설 구현의 첫걸음임

2.3.2 자재승인 절차

(1) 지재승인 절치

1) 자재승인 절차 : 그림 2.3.2.1
2) 모든 자재를 한 번에 승인 요청하기에는 무리가 있으므로, 사전에 승인받을 자재를 선정
3) 공정 진행에 따라 자재 반입 일정을 고려하여 승인 일정을 작성하고 감리원에게 제출
4) 감리원은 제출된 일정을 기준으로 현장 공정 진행에 문제가 발생되지 않도록 자재승인을 관리
5) 시공사는 현장에서 자재를 사용하기 최소 1개월 전까지 자재승인서를 제출하여 승인을 받아야 함
6) 제작승인 자재의 경우 반입 일정을 고려하여 자재승인을 받아야 함

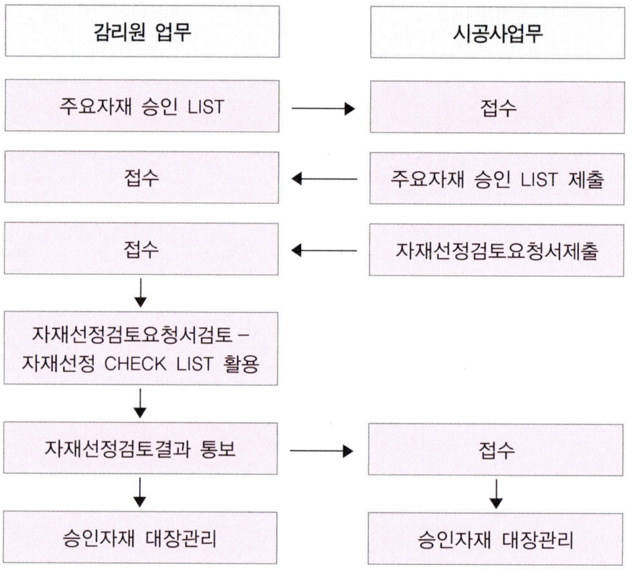

그림 2.3.2.1 자재승인 절차

(2) 자재승인서류 구성

1) 카탈로그 및 시험성적서 등 자재의 특성, 성능을 확인할 수 있는 자료를 첨부
2) 카탈로그 등 자료는 실제 필요한 품목 및 해당 규격에 라인마킹 등으로 표시하여 제출

(3) 감리원의 승인서류 검토

1) 감리원은 시공사가 제출한 승인서류를 체크리스트를 활용하여 시방서, 설계도서 등을 기준으로 첨부자료를 검토
2) 검토 결과 문제가 없을 경우 승인 통보
3) 제출 자료의 보완이 필요한 경우 보완 요청

(4) 자재승인서에 첨부되는 자료(해당 품목별로 다를 수 있음)

1) KS 허가증 사본(KS 해당 제품) 또는 소방용 기계기구의 형식승인서 및 성능인증서, KFI 인증서(소방용 기계기구)
2) 공장등록증
3) 카탈로그
4) 시험성적서 및 시험성과 대비표
5) 국세 완납증명서, 지방세 완납증명서
6) 제품설명서 및 기술자료
7) 납품실적 및 견품
8) 시방서 및 설계도서에서 요구하는 규격 등의 명시
9) 기타 자료

2.3.3 승인대상 자재의 선정

(1) 자재승인을 받아야 할 자재

1) 자재승인 대상 : 소방공사에 사용되는 주요 자재인 소방용 기계·기구, 배관류, 밸브류 및 장비류(소화펌프, FAN류 등)
2) 자재승인을 받아야 할 대상은 설계도서(설계도면, 시방서, 내역서, 발주자 요구서 등)에서 명시하는 모든 주요 자재

(2) 승인대상 자재

1) 소방법에서 요구하는 성능인증 자재 : 표 2.2.1.1의 성능시험 대상 소방용 기계·기구 자재
2) 형식승인을 받아야 하는 자재 : 표 2.2.2.1 및 표 2.2.2.2의 자재
3) KFI 인증 대상 자재 : 표 2.2.3.1의 자재
4) 소화펌프, 제연설비에 사용되는 FAN류
5) 배관류, 밸브류, 배선류 및 배관부속류 등

(3) 건축방재 관련 자재의 검토 필요성

1) 건축방재 자재의 검토는 건축공종 업무이지만, 실제로는 방화 자재에 대한 검토가 미흡한 실정
2) 화재와 관련있는 건축방재 관련 자재에 대한 검토 필요
3) 건축방재에 해당하는 자재
   ① 방화셔터
   ② 방화문
   ③ 내장재료
   ④ 방염재료
   ⑤ 내화충전재료(커튼월 층간 충전재 포함)
   ⑥ 내화구조재 등

(4) 자재승인 시 주의사항

1) 형식승인 및 성능인증 자재 우선 적용
2) 형식승인 및 성능인증 자재가 없을 경우 KS 자재 사용
3) 시방서 및 설계도면에 명시된 성능 중 가장 우수한 제품 적용
4) 인허가 사항에서 요구한 자재 우선 적용
5) 발주자가 추가로 계약서류 등에서 요구하는 성능 확인

6) 시험성적서 만료기간 확인
7) 시방서 및 설계도면에서 요구하는 사항을 임의로 수정하지 않을 것
8) 시방서 등에서 요구하는 사항이 과하거나 부적합한 경우 반드시 설계자의 의견을 확인할 것
9) 자재승인 지연으로 인한 공정 지연이 발생하지 않도록 신속한 의사결정

2.3.4 승인대상 자재에 대한 검토

(1) 자재선정 검토요청서 작성 및 제출

1) 시공자는 사용하고자 하는 자재에 대하여 [그림 2.3.4.1] 자재선정 검토요청서를 작성하여 제출
2) 대상 자재는 2개 업체 이상 복수로 제출
3) 승인되지 않은 자재가 현장에 반입되거나 사용되지 않도록, 필요한 자재는 사전에 승인을 득한 후 사용

(2) 감리원의 자재선정 검토

1) 감리원은 시공자로부터 제출된 자재선정 검토요청서의 검토 의무
2) 제출된 자재가 설계도면, 시방서, 내역서 등에서 요구하는 성능과 구조에 적합한 자재인지 확인
3) KS 제품, 한국소방산업기술원의 형식승인, 성능인증 및 KFI 인증 여부 등을 확인
   ① KFI 인증제품의 인증시험 및 설계심사 등 해당 사항에 대하여 검토
   ② 소화가스설비의 경우 성능시험기준에 합격한 제품 여부와 설계심사에 해당하는 KFI 인정 여부 확인
4) 성능시험이 필요한 자재는 성능시험 조건 일치 여부와 해당 규격 확인
5) 기타 자재의 검토 사항
   ① 배관, 밸브 및 부속 등에 대해서는 규격, 사용압력, 재질 등 시험성적서 검토
   ② 소화펌프, FAN, 수신기 등에 대해서는 계산서, 도면 및 시방서 등에서 요구하는 사항의 반영 여부와 특기사항(예: 소화펌프는 고효율펌프 사용 등) 확인
   ③ 제조사가 제시하는 기준과 조건 등이 당해 현장에 적합한지 검토
6) 장비의 승인 절차
   ① 장비의 승인은 다음과 같은 이유로 업체 승인 후 제작승인을 추가로 제출받아 검토
      ☞ FAN 및 펌프 : 토출 및 흡입방향이 현장 설치 조건에 따라 달라질 수 있음
      ☞ 수신기 : 연동관계 및 각종 기능이 현장별로 다르게 적용될 수 있음
   ② 제조업체의 공통적인 형식은 모든 제품에 일률적으로 적용하지만, 현장별로 특수하게 반영되어야 할 사항에 대해서 추가적으로 반영

7) 추가 검토

- 자재승인에 필요한 항목 외에 추가 검토 : 현장 사용 목적에 따른 호환성, 보편성, 기능성, 경제성 및 효율성 등

자재선정 검토요청서			
문 서 번 호	○○(자재)-11-001	공 사 명	스프링클러설비공사
수 신	책임감리원	공 종	□건축 □기계 □토목 □기타
품 명	스프링클러헤드	규 격	상향식, 하향식
제조회사명	○○산업	K S 여 부	□KS □비KS
시공자의견			
첨 부	□KS허가증사본 □CATALOGE □공장등록증 □시험성적서 및 시험성과대비표 □국세지방세완납증명 □제품설명서 및 기술자료 □납품실적 □견본 □기타		
특 기 사 항	하향식 드라이펜던트헤드의 규격은 현장상황에 따라 제작 반영예정임.		
상기 자재에 대한 검토를 요청하오니 결과를 통보하여 주시기 바랍니다. 년 월 일		담 당 자 (인) 현장대리인 (인)	

- 해당공종에 표기
- KS 여부를 확인한다.
- 각 품목별 첨부자료를 CHECK 한다.
- 자재에 대한 특기사항이 있을 경우 표시

자재선정 검토결과 통보서			
문 서 번 호	○○(자승)-11-001	수 신	현장대리인
검 토 의 견	형식승인서 및 시험성적서 등을 검토한 결과 당 현장 사용에 적합.		
판 정	적합□ 조건부적합□ 부적합□		
특 기 사 항	1. 공장방문 후 검토결과를 통보할 경우 해당공장방문 검사 Check List 첨부 2 자체시험 및 외부 의뢰시험을 실시하는 경우 시험 결과치 기록 또는 시험성적서 첨부		
상기 요청에 대한 결과를 통보합니다. 년 월 일		담당감리원 (인) 책임감리원 (인)	

- 검토 후 적합성, 보완사항, 문제점 등을 명시한다.
- 검토내용에 대한 판정

그림 2.3.4.1 자재선정 검토요청서 양식

(3) 자재 선택의 중요성

1) 자재승인서류 검토 시 KS, 형식승인 및 성능인증에 적합한 것으로 확인된 자재라도 모두 같은 것으로 판단하여 승인하는 것이 일반적 상황
2) 그러나 각각의 자재마다 기능은 같을 수 있지만 형식, 구조, 강도, 인지도 및 하자 발생률 등이 각기 다르기 때문에 신중한 선택 필요
3) 하자 또는 기기 고장 등의 적극적인 대응이 가능한 업체 선택 필요
4) 시공 후 장애 및 고장 발생으로 제조사의 교환 또는 A/S 대응이 적극적인 업체 선정 필요

사용자재 승인 검토체크리스트				
공사명		검 토 일 자		
공　종		위치 및 부위		
세부공종		도 면 번 호		
검토항목		결과 ○△×	문제점	감리의견
1. 설계도소(시방서, 설계도면, 내역서) 및 시공계획서 확인여부 2. 관련 첨부 서류 확인여부 (1) 사업자등록서 (2) 국세, 지방세 완납증명 (3) 제품설명서 및 기술자료 (4) 납품실적증명 (5) 공장등록증 (6) KS표시허가증 및 동등이상의 성능 (7) 공인기관시험성과표 (8) 시험성과 대비표 (9) 견본 3. 준공후 관리를 감안하여 최소한 공구단위별로 단일 품목을 사용 여부 4. 자재사용승인 대상품목 해당 여부 (1) 주요기능성 자재(부자재 제외) - 구조, 방수, 단열, 결로, 주요설비자재 (2) 마감자재와 건축물표면 등에 노출되는 자재 (3) 각공종별 시방에 승인을 받도록 명시된 자재 (4) 지구별로 제작도면의 작성이 필요한 자재 (5) 기타 감독이 지정하는 자재 5. 기타 감리단이 필요하다고 생각되는 자재승인 여건 확인여부			각 항목별로 제출된 자료를 토대로 검토한다. - 규격 및 시험성적서 - 시방서 등에서 요구한 자재 이러한 내용으로 검토하여 각 항목별로 적합성을 표기하며, 부적합 사항 등에 대하여 의견을 명기한다.	
보조감리원	(서명)	책임감리원		(서명)
검토결과조치사항				

그림 2.3.4.2 사용자재 승인 검토체크리스트

(4) 자재 선정 시 공장방문 검사(필요한 경우)

1) 공사 착수 초기에 공장방문 검사 대상 자재(시방서 명기 및 주요 제품 등)를 시공자와 협의하여 사전 계획 수립
2) 공장 방문 전에 검사항목에 대한 점검 체크리스트를 작성하고 이에 따라 검사를 실시하여 '적합' 여부 판정
3) 공장 방문 시 감리원은 공장에서 직접 시험을 실시하거나 무작위 추출한 제품을 시공자 및 공급원 입회하에 채취하고 봉인하여 공인 검사기관에 의뢰시험을 할 수도 있음

(5) 자재승인 관리대장의 활용

1) 승인된 주요 자재를 제조사, 접수일자, 승인일자 및 KS 여부 등을 표기하고 이를 체계적으로 관리
2) 자재반입 검사 시 반입된 자재가 승인된 회사의 제품 여부, 규격의 적정 여부 등을 쉽게 확인하고 관리
3) 주요 자재 사용승인 현황을 쉽게 확인함으로써 미승인되거나 보완자료를 요청하는 등의 사항을 관리하는 기준으로도 사용

자재승인 관리대장 공사명 :							
공종	품명	제조회사	접수일자	승인일자	KS여부	검토결과	비고

그림 2.3.4.3 자재승인 관리대장

주요자재 사용승인현황						
번호	품명	규격	승인허가일	공급업체	제조업체	KS여부

그림 2.3.4.4 주요자재 사용승인 현황

2.4 자재검수

2.4.1 자재검수 목적

(1) 현장 자재 공급 및 승인 관리

1) 복수 자재승인 및 동일 제조업체 사용 원칙

① 현장에 공급되는 자재는 하나의 품목에 대해 복수 이상으로 자재승인

② 이렇게 승인된 자재는 현장에 반입하여 사용이 가능하지만, 특별한 사유가 없는 한 동일한 제조업체의 자재를 사용

③ 승인받은 자재를 제조사에 관계없이 복합적으로 중복 반입하여 사용하면, 하자 원인 규명이 어렵거나 유지관리 및 호환성에 문제가 발생할 수 있음

2) 공급업체 변경 시 관리

- 자재를 공급하는 업체가 부도 또는 생산 중단 등으로 자재를 공급할 수 없는 사유가 발생하여 정상적인 자재 공급이 되지 않아 공정을 진행할 수 없는 경우에 한하여, 공급업체를 변경하여 현장에 반입할 수 있도록 관리

2.4.2 자재검수 절차

(1) 자재검수 절차

1) 자재검수 요청

- 시공사는 현장에 도착한 사용 자재에 대해 감리단에 자재검수 요청

2) 감리원의 검수 절차

① 감리원은 차량에서 자재를 하차하기 전에 다음 사항을 확인

☞ 승인된 제조사 여부

☞ 시험성적서 첨부 여부 및 시험성적서와의 일치 여부

☞ 외관 손상 및 파손 여부

☞ 반입 수량 확인

☞ 소방용 기계기구의 경우 검정필증 부착 여부 및 KFI 인증 여부

② 확인 후 적부 판정

3) 적합한 자재 처리

① 현장 반입에 적합한 경우 반입을 허용

② 자재검수 요청서에 검수 결과의 적합함을 시공사에 통보

③ 자재검수대장 관리 등 관련 서류를 정리 및 관리

4) 부적합한 자재 처리

- 해당 요건에 부적합한 자재는 즉시 현장에서 빈출

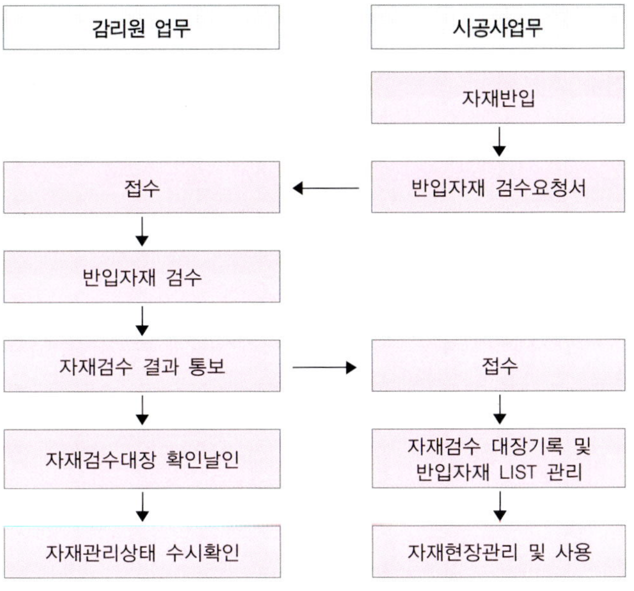

그림 2.4.2.1 자재검수 절차

(2) 일반감리의 자재검수 문제점 및 해결 방안

1) 일반감리의 자재검수 어려움

① 상주감리의 경우 위 절차에 따라 업무 처리가 가능하나, 일반감리의 경우 자재 검수일마다 현장 방문하여 검수하는 것이 불가능

② 주 1회 감리원이 현장을 방문하는 날에 자재를 반입하는 것도 불가능

2) 해결 방안

① 사전에 시공사에게 자재 반입 시 주의사항 등을 지도

② 현장 방문 시 위의 절차에 따라 반입된 자재를 확인하여 검수

3) 일반감리 현장의 업무 수행 문제

① 일반감리 현장은 주 1회 정도 방문하여 감리업무를 수행하므로, 자재검수뿐만 아니라 모든 감리업무의 원활한 수행이 곤란

② 이러한 문제를 해결하기 위해서는 감리원의 현장 배치 기준 및 업무 조정 필요

4) 현장 자재관리의 중요성

① 현장에서 사용되는 자재의 적합 여부를 소방청, 소방본부 및 관할 소방서 등에서 수시로 점검

② 일반감리현장에서도 자재관리에 주의가 필요

2.4.3 자재검수

(1) 현장반입자재 검수

1) 시공사의 자재 반입 및 검수 요청

① 시공사는 자재승인이 완료된 자재를 현장 공정 진행에 따라 반입

② 반입된 자재에 대한 자재검수 요청서를 감리단에 제출

2) 감리원의 자재 검수

① 감리원은 시공사로부터 제출된 자재검수 요청서를 가지고 반입된 자재를 검수

② 자재가 차량에 상차된 상태에서 다음 사항 확인

☞ 승인된 자재와 일치 여부

☞ 성능 및 외관 손상 여부

☞ 자재검수 요청서상의 수량과 반입 수량의 일치 여부

3) 검수 합격 자재의 사용 및 관리

① 검수에 합격된 자재를 반입하여 사용

② 반입된 자재는 미사용 자재와 잉여 자재로 구분하여 관리

③ 오염 및 파손을 방지하기 위해 보호 또는 보양 조치 실시

4) 주요자재검사 수불부 작성 및 관리

① 시공사는 자재검수 결과통보를 받으면 주요자재검사 수불부를 작성하여 관리

② 이를 통해 각 품목별 설계량, 반입량, 누계량 등을 쉽게 관리 용이

③ 현장에 사용된 자재 및 재고 수량까지 관리가 가능

5) 반입자재의 기성검사 및 기성금 지급 관리

① 주요자재검사 수불부를 통해 반입자재와 기성청구 내역의 자재 수량을 비교·검토

② 이를 통해 합당한 기성금 지급 관리에 유용

6) 부적합자재의 관리

- 부적합자재의 경우, 부적합 사유 등을 기록 관리하여 자재 이력관리에 활용

7) 감리원과 시공사의 역할

① 감리원은 자재 반입 시 입회하여 검수

② 시공사는 반입된 자재의 보관 관리 철저

자재검수요청서 시공사 작성제출

문서번호 :
수　　신 : ○○감리단 책임감리원
다음과 같은 반입자재에 대하여 검수를 요청합니다. 검수 후 승인하여 주시기 바랍니다.

번호	자재명	규격	공급사	수량			감리원 확인	비고
				기입고량	금회수량	총누계량		

반입된 자재의 품목, 규격 수량 등 표시

감리원 확인

첨부서류 ㅁ공급업체 송장사본 ㅁ재재검수체크리스트 ㅁ검수사진 ㅁ시험성적서 ㅁ기타

첨부된 자료체크

200　년　　월　　일
관리담당자 :　　　(인)
현장대리인 :　　　(인)

검수결과통보서 감리단 작성통보

문서번호 :
수　　신 : ○○신축공사 현장대리인
반입자재 검수요청에 대한 검수결과를 다음과 같이 통보합니다.

검 수 자	(인)	검수일자	2000 .　.　.
검수결과	ㅁ합격　ㅁ조건부합격　ㅁ불합격 검수의견 주의사항 등 특기사항 기록하여 통보(불합격의 경우 불합격 사유 등)		

합격여부 체크

200　년　　월　　일
책임관리원 :　　　(인)

그림 2.4.3.1 자재검수요청서 및 검수결과통보서

주요자재 검사 및 수불부 시공자가 작성 관리하는 서류임

품명: ____ 각각의 품목을 기록하고 품목별로 관리한다.

설계량	단위	규격	반입일	반입량	합격량	불합격		출고일	출고량	잔량	검수자	서명
					금회/누계	불합격량	사유					

규격별로 반입일자별로 이력을 관리한다.

현장 내에서 사용하기 위해 출고된 이력을 관리한다. – 반출자 및 확인자가 각각 서명 후 필요한 수량을 반출하여 사용한다.

※ 작성요령
1. 상단은 반입검수자가 하단은 출고검수자가 기재합니다.
2. 현장 반입 후 작업장 반출시 까지는 감리원의 감독 하에 관리합니다.
(매 출고시마다 감리원이 확인하여 반출량 및 잔량을 확인하여야 합니다.)

그림 2.4.3.2 주요자재 검사 및 수불부

그림 2.4.3.3 주요자재 검수

(2) 공장검수

1) 공장검수를 필요로 하는 자재

- 주문 제작되는 소방자재 중 공장검수가 필요한 자재
  - ☞ 펌프
  - ☞ 팬(FAN)
  - ☞ 수신기(필요 시)
  - ☞ 기타 공장검수를 필요로 하는 자재

2) 제작승인서의 작성 및 제출

① 장비의 용량, 규격, 재질, 성능 등을 바탕으로 현장 사항 및 제조사의 여건을 고려하여 제작승인서를 작성

② 작성된 제작승인서를 감리단에 제출하고, 감리원의 승인을 받은 후 제작

3) 공장검수의 시행 시기

① 일반적으로 공장검수는 제작 50% 완료 시, 70%~80% 완료 시, 100% 완료 시에 단계별로 시행

② 소방 장비는 복잡한 사항이 많지 않아 100% 제작 완료 시 공장검수를 시행

③ 장비제작승인서 제출 시 철저한 검토가 필요하며, 특히 FAN의 경우 현장 설치 위치에 따른 흡입구 방향과 토출구 방향을 정확히 확인

4) 공장검수 과정의 점검 방법

① 그림 2.4.3.4~5와 같이 Check List를 활용하여 점검내용 및 성능시험 내용을 순서대로 점검

② 이를 통해 점검 과정에서 누락되거나 확인해야 할 사항이 제외되는 것을 방지

③ 성능 시험도 정확한 기준을 설정하여 적합하게 실시

<table>
<tr><td colspan="11">소화펌프 공장검수 CHECK LIST
(DCHK-○○○)</td></tr>
<tr><td>항목</td><td colspan="2">번호</td><td colspan="8">소화펌프 공장검수 - DWG ○○○
Check-Lists for Fire Protection System</td></tr>
<tr><td colspan="3">현장명</td><td colspan="8"></td></tr>
<tr><td colspan="3">업체명</td><td colspan="8"></td></tr>
<tr><td colspan="3">검사일자</td><td colspan="8"></td></tr>
<tr><td colspan="3">참석자</td><td colspan="8"></td></tr>
<tr><td colspan="11">펌프현황</td></tr>
<tr><td rowspan="3">설계
현황</td><td colspan="2">펌프명(용도)</td><td colspan="3"></td><td colspan="2">펌프형식</td><td colspan="3"></td></tr>
<tr><td colspan="2">토출량(lpm)</td><td colspan="3"></td><td colspan="2">전양정(m)</td><td colspan="3"></td></tr>
<tr><td colspan="2">회전수</td><td colspan="3"></td><td colspan="2">동력(kW/hp)</td><td colspan="3"></td></tr>
<tr><td colspan="11">성능 TEST CHECK 사항</td></tr>
<tr><td rowspan="6">성능
검수</td><td colspan="2" rowspan="2">구분</td><td colspan="5">측정치</td><td colspan="3" rowspan="2">측정기준</td></tr>
<tr><td>토출량
(lpm)</td><td>토출압력
(kgf/cm^2)</td><td>축동력</td><td>효율</td><td>결과</td></tr>
<tr><td colspan="2">체절운전</td><td></td><td></td><td></td><td></td><td></td><td colspan="3">정격토출압력의 140% 이내</td></tr>
<tr><td colspan="2">정격운전</td><td></td><td></td><td></td><td></td><td></td><td colspan="3">100% 정격 운전시 토출압력 및 토출량</td></tr>
<tr><td colspan="2">부하운전</td><td></td><td></td><td></td><td></td><td></td><td colspan="3">150% 토출량에서 정격토출압력 66% 이상</td></tr>
<tr><td colspan="10">정격부하운전(20분간 운전)시 발생되는 문제점</td></tr>
<tr><td colspan="11">외관 점검내용 및 특기사항</td></tr>
<tr><td rowspan="2">동력/
엔진</td><td colspan="2">제조자</td><td colspan="2"></td><td>형식</td><td colspan="2"></td><td></td><td>치수 및 재질</td><td></td></tr>
<tr><td colspan="2">제조일자</td><td colspan="2"></td><td>rpm</td><td colspan="2"></td><td></td><td></td><td></td></tr>
<tr><td rowspan="4">엔진
성능
시험</td><td>NO</td><td>구분</td><td colspan="2">점검내용</td><td>기준</td><td>측정치</td><td>결과</td><td rowspan="4">20분
운전후</td><td>측정치</td><td>결과</td></tr>
<tr><td>1</td><td rowspan="3">트립
테스트</td><td colspan="2">LOW OIL PRESSURE</td><td>kg/cm^2</td><td></td><td></td><td></td><td></td></tr>
<tr><td>2</td><td colspan="2">과속도</td><td>rpm</td><td></td><td></td><td></td><td></td></tr>
<tr><td>3</td><td colspan="2">엔진과열(냉각수 온도상승)</td><td>℃</td><td></td><td></td><td></td><td></td></tr>
<tr><td rowspan="2">특기
사항</td><td>4</td><td colspan="9"></td></tr>
<tr><td>5</td><td colspan="9"></td></tr>
</table>

그림 2.4.3.4 소화펌프 공장검수 Check List

<table>
<tr><th colspan="7">제연 FAN 공장검수 CHECK LIST</th></tr>
<tr><td>항목</td><td colspan="2">번호</td><td colspan="4">제연 FAN 공장검수 - DWG ○○○
Check-Lists for Fire Protection System</td></tr>
<tr><td colspan="3">현장명</td><td colspan="4"></td></tr>
<tr><td colspan="3">업체명</td><td colspan="4"></td></tr>
<tr><td colspan="3">검사일자</td><td colspan="4"></td></tr>
<tr><td colspan="3">참석자</td><td colspan="4"></td></tr>
<tr><td colspan="7">제연 FAN 현황</td></tr>
<tr><td rowspan="3">설계
현황</td><td colspan="2">용도</td><td colspan="2"></td><td>형식</td><td></td></tr>
<tr><td colspan="2">풍량(CMM)</td><td colspan="2"></td><td>정압(mmAq)</td><td></td></tr>
<tr><td colspan="2">회전수</td><td colspan="2"></td><td>동력(kW/hp)</td><td></td></tr>
<tr><td colspan="7">성능 TEST CHECK 사항</td></tr>
<tr><td rowspan="6">성능
검수</td><td rowspan="2">구분</td><td colspan="4">측정치</td><td rowspan="2">측정기준</td></tr>
<tr><td>풍량(CMM)</td><td>정압(mmAq)</td><td>축동력</td><td>효율</td></tr>
<tr><td></td><td></td><td></td><td></td><td></td><td></td></tr>
<tr><td></td><td></td><td></td><td></td><td></td><td></td></tr>
<tr><td></td><td></td><td></td><td></td><td></td><td></td></tr>
<tr><td colspan="6"></td></tr>
<tr><td colspan="7">외관 점검내용 및 특기사항</td></tr>
<tr><td rowspan="2">동력</td><td>1</td><td>제조자</td><td></td><td>형식</td><td colspan="2"></td></tr>
<tr><td>2</td><td>제조일자</td><td></td><td>치수 및 재질</td><td colspan="2"></td></tr>
<tr><td rowspan="2">특기
사항</td><td>3</td><td colspan="5"></td></tr>
<tr><td>4</td><td colspan="5"></td></tr>
</table>

그림 2.4.3.5 FAN 공장검수 Check List

5) 공장방문 검사결과 보고서 작성 및 제출

① 공장 방문 이후, 그림 2.4.3.6~7과 같이 공장방문 검사결과 보고서를 작성·제출

② 보고서에는 다음 내용을 상세히 작성하여 발주자에게 보고

- ☞ 공장검수 일자
- ☞ 참석자
- ☞ 성능 시험 결과
- ☞ 성능 시험 과정 사진
- ☞ 공장 방문 경과 등

6) 제작된 장비의 현장 반입 및 재검수

① 공장 방문 결과 제작된 장비에 문제가 없는 경우 현장에 반입

② 반입 시, 반입자재 검수 절차에 따라 재차 확인

7) 반입 장비의 보관 관리

① 반입된 장비는 즉시 설치되는 경우도 있지만, 현장에 장기간 보관하는 경우도 있음

② 장기간 보관 시, 장비의 오염, 부식 및 파손을 방지하기 위해 보양·보호 조치를 철저히 하여 관리

공장방문 검사결과 보고서			
공사명			
제 목	소방펌프 제작 공장 검수		
회사명			
공장명			
장 소	김해시 진영읍		
방문일자	2011년 1월 25일		
주요검검내용	〈펌프〉 - 엔진펌프(예비펌프) 제작완료 상태 확인 - 스프링클러용 주펌프 성능 TEST (정격운전 / 체절운전)		
특기하상	〈제작 현황〉 1. 펌프류 6대		
확 인	점검자	소속	성명
	확인자	소속	성명
첨 부	공장 검수 사진		

공장방문 후 공장방문보고서 작성 보관 또는 발주처에 제출

그림 2.4.3.6 공장방문 검사결과보고서

사 진 대 지

장 비 명	소방용 예비펌프(엔진펌프)
내 용	제작 완료

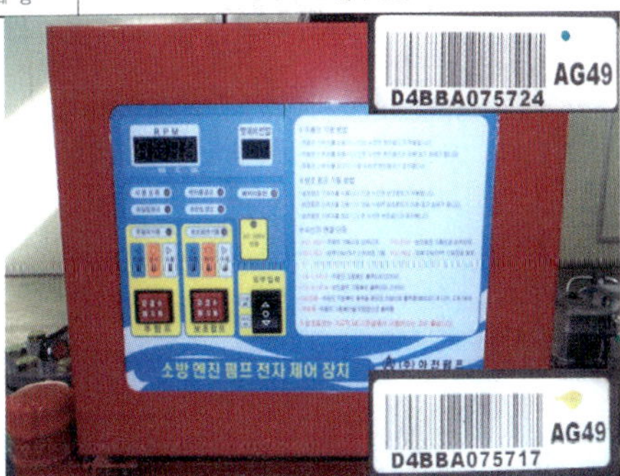

장 비 명	소방용 예비펌프(엔진펌프)
내 용	판넬 및 제품시리얼번호

엔진펌프 외관점검진행 사진

사 진 대 지

장 비 명	스프링클러 주펌프(다단볼류트)
내 용	성능 TEST(1760LPM - 68M)

장 비 명	스프링클러 주펌프(다단볼류트)
내 용	성능 TEST(1760LPM - 68M)-유량 및 양정 측정

소화펌프 성능시험 진행사진

그림 2.4.3.7 공장방문 검사결과 보고서 사진대지

2.5 방화자재 시험성적서 검토

(1) 건축 방화 자재의 시험 및 승인 관리

1) 자재의 성능시험 및 시험체 구성

① 건축 방화에 사용되는 자재는 구조 및 성능 기준에 따라 성능시험 실시

② 시험체의 구조 및 재료는 제조사(시험 의뢰자)가 결정

2) 시험성적서 제출 및 준수

① 현장에 자재를 반입하기 전에 시험성적서를 제출

② 구조 및 재료는 시험성적서에 명기된 대로 제작·납품

3) 구성 재료 및 제조업체 변경 불가

- 시험성적서에 명기된 구성 재료를 다른 재질로 변경하거나, 임의로 업체를 변경하는 것은 불가능

4) 시공사의 인지 및 관리 지도

- 자재승인서 검토 시, 동일 규격, 동일 구성품, 동일 제조업체의 제품을 사용해야 함을 시공사가 인지하도록 지도·관리

5) 공장검수 및 법규적 개선 필요성

① 시험성적서상의 구성 재료 및 업체를 변경하는 경우가 있을 수 있고, 일부 구성 재료는 육안 확인이 곤란하므로 공장검수를 통해 확인이 필요

② 각 구성 제품에 제작사의 제품 번호를 표시하는 등 법규적 개선이 필요함

(2) 시험성적서 확인 사항

1) 건축 방화자재

① 방화문, 방화셔터, 승강기 방화문, 방화유리문 등

② 방화구획 관통부 자재 : 방화실란트, 커튼월 충진 시스템 등

2) 성능시험 결과 확인

- 국토해양부 고시에 따른 시험 기준에 의해 성능시험을 수행한 결과, 성능이 확보되었는지 확인

3) 현장 반입 자재의 일치 여부 확인

- 자재 승인 완료 후 제작·설치 시, 시험성적서에서 제시한 시험체와 동일한 규격, 구성품, 제조업체의 자재를 현장에 반입하여 시공하는지 확인

(3) 시험성적서 상세 확인 사항

1) 「건축법 시행령」 제63조에 따른 성능 시험기관의 적정성 확인
2) 시험체의 규격이 설계도서의 규격을 포함하는지 확인
3) 의뢰자와 납품·제작업체의 일치 여부 확인
4) 원본대조필은 의뢰자와 제작·납품자가 일치해야 하며, 원본대조필에 특이사항(현장명 기재, 적색 직인이 아닌 경우 무효 등)이 있는지 주의하여 확인
5) 시험성적서의 용도 및 시험 방법이 의뢰자 자체 시험이 아닌 국토교통부 고시에 의한 것인지 확인
6) 시험결과의 성능기준 만족 여부 확인
7) 결과에 따른 종합의견에 특이사항 확인
8) 시험성적서의 발급일과 유효기간이 현장 반입·설치 조건과 일치하는지 확인
9) 시험성적서의 발행 번호 및 페이지 일치 여부 및 페이지 누락 여부 확인
10) 시험체의 구성 및 재질 확인
    ① 시험체의 구성 및 재질에 표기된 자재 외의 것을 사용할 우려는 없는지 확인
    ② 시험체의 상세도에 표현된 형상으로 시공이 가능한지 확인
    ③ 틈새 충진용 난연 가스켓, 불연 가스켓 또는 방화 실리콘 등의 재질이 일치하는지 확인

(4) 방화 자재 시공 시 중점 확인 사항

1) 방화문
   - 시험성적서와 시공 상태의 일치 여부 확인
2) 방화셔터
   - 시험성적서와 시공 상태의 일치 여부 확인
3) 방화구획 관통부
   - 내화 충신재의 성능 인성 여부 및 방화댐퍼의 적법성 여부 확인
4) 방화구획 벽체
   - 내화 성능 시간 및 공법의 일치 여부 확인
5) 방화댐퍼
   - 시험성적서와 자재의 규격, 시험 기준의 적정성, 시공 상태 등의 일치 여부 확인

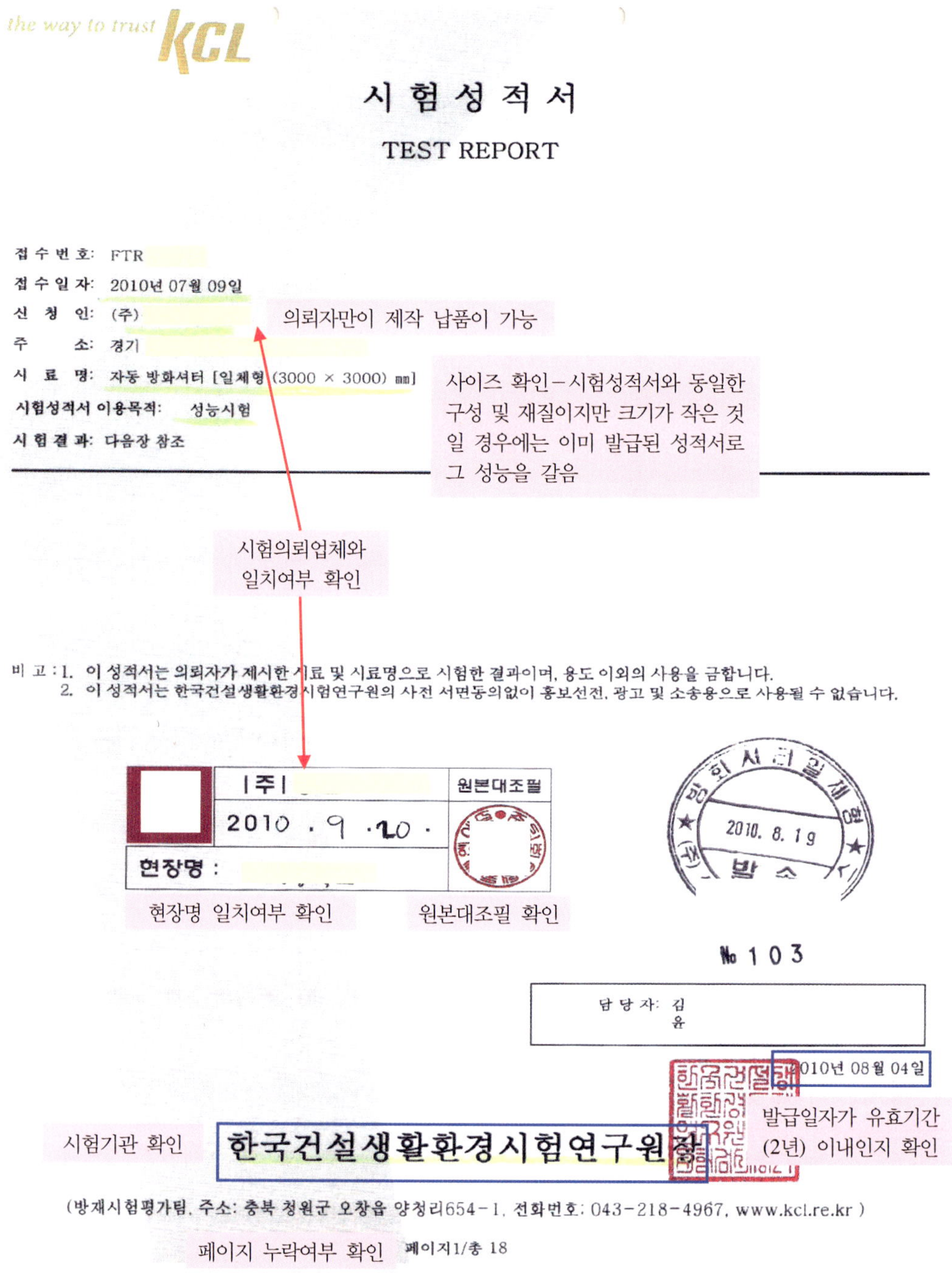

the way to trust KCL

시 험 성 적 서

TEST REPORT

접 수 번 호: FTR

접 수 일 자: 2010년 07월 09일

신 청 인: (주)

주 소: 경기

시 료 명: 자동 방화셔터 [일체형 (3000 × 3000) ㎜]

시험성적서 이용목적: 성능시험

시 험 결 과: 다음장 참조

비 고 : 1. 이 성적서는 의뢰자가 제시한 시료 및 시료명으로 시험한 결과이며, 용도 이외의 사용을 금합니다.
2. 이 성적서는 한국건설생활환경시험연구원의 사전 서면동의없이 홍보선전, 광고 및 소송용으로 사용될 수 없습니다.

(주)	원본대조필
2010 . 9 . 20 .	
현장명 :	

2010. 8. 19 발 소

№ 103

담 당 자: 김 윤

2010년 08월 04일

한국건설생활환경시험연구원장

(방재시험평가팀, 주소: 충북 청원군 오창읍 양청리654-1, 전화번호: 043-218-4967, www.kcl.re.kr)

페이지1/총 18

그림 2.5.1 방화셔터 시험성적서 (1)

the way to trust KCL

시 험 성 적 서

TEST REPORT

방화셔터 시험결과 확인–
시험항목의 성능기준 이상이
되는 것을 확인한다.

갑지와
동일여부 확인

접수번호 : FTR

접수일자 : 2010년 07월 09일

시 료 명 : 자동 방화셔터 [일체형 (3000 × 3000) ㎜]

성능기준 확인

시 험 결 과

시험항목		시험결과: 시험체 A	시험결과: 시험체 B	성능기준	시험방법
차염성 (비차열 60 min)	6 ㎜ 균열게이지	관통 후, 50 ㎜ 수평이동	관통되지 않음	시험체를 관통한 경우, 150㎜ 이상 수평 이동 되지 않을 것	KS F 2268-1 : 2006
	25 ㎜ 균열게이지	관통되지 않음	관통되지 않음	관통되지 않을 것	
	화염 발생 유무	화염발생 없음	화염발생 없음	10초 이상 지속되는 화염 발생이 없을 것	
피난 출입문을 여는데 필요한 힘	문을 열 때	이상 없음	이상 없음	133N 이하	KS F 2237 : 1999
	완전 개방한 때	이상 없음	이상 없음	67N 이하	
개폐성능	평균 속도 (m/min) 열릴 때	4.8	5.1	2.5 ~ 6.5 (m/min)	KS F 4510 : 2005
	평균 속도 (m/min) 닫힐 때	5.2	5.3		
	상부끝 / 하부끝 자동정지	이상없음	이상없음	상하부 끝에서 자동정지할 것	
	셔터 강하 중 임의정지	이상없음	이상없음	임의의 위치에서 정지할 것	
차연성	공기 누설량 [25 Pa (㎥/min · ㎡)]	0.35	0.34	0.9 이하	KS F 2846 : 2008

※ 국토해양부 고시 제2009-863호 제5조 ①항 셔터의 성능 기준에 적합함

※ 시험체의 구성 및 재질 : 다음 페이지 표 참조

의뢰자 자체시험이 아닌
국토해양부 고시임을 확인

|주| | 원본대조필
2010 . 9 . 20 .
현장명 :

2010. 8. 19

№ 103

원본대조필이 갑지와
동일여부 확인

(방재시험평가팀, 주소: 충북 청원군 오창읍 양청리 654-1, 전화번호 : 043-218-4967, www.kcl.re.kr)

페이지 누락여부 확인 페이지2/총 18

그림 2.5.2 방화셔터 시험성적서 (2)

the way to trust KCL

시 험 성 적 서

TEST REPORT

갑지와 동일여부 확인

시험체의 재질, 제조업체 확인 : 시험체와 현장 시공되는 재료는 일치해야 함

접수번호 : FTR

접수일자 : 2010년 07월 09일

시 료 명 : 자동 방화셔터 [일체형 (3000 × 3000) ㎜]

■ 시험체의 구성 및 재질

구성		재질	모델명	제조업체
케이스	전동 개폐기	320 kgf, 이단 강하용	HY-300	㈜협영
	감기샤프트	100 ㎜, 흑관	-	미주제강㈜
	케이스	E.G.I ST'L 1.6 ㎜	-	POSCO
	케이스 내부 보강재	E.G.I ST'L 1.6 ㎜	-	POSCO
		ST'L PIPE 50 × 30, 1.4 ㎜	-	POSCO
	연기 차단재	Ceramic Fiber 0.51 ㎜	-	거성 화이바 글라스
셔터 커튼	슬랫 (Slat)	E.G.I ST'L 1.6 ㎜	-	POSCO
	싸이드 미미	E.G.I ST'L 1.6 ㎜	하나플러스	㈜성진엠엔에스
	하단 마감재	SUS 1.2 ㎜	STS 304	비엔지스틸㈜
피난 출입구	슬랫 (Slat)	E.G.I ST'L 1.6 ㎜	-	POSCO
	피난 출입구 힌지	ST'L 72 ㎜ (주조)	하나플러스 (HP-B)	㈜성진엠엔에스
	원형 자석	실린더타입 (φ 10 × 2)	훼라이트 자석	서원 MNC
	중간미미	ST'L 12 ㎜	하나플러스	㈜성진엠엔에스
	상, 하단 차단부재	E.G.I ST'L 1.6 ㎜	-	POSCO
가이드 레일		SUS 1.5 ㎜	STS 304	비엔지스틸㈜
		Ceramic Fiber 0.51 ㎜	-	거성 화이바 글라스

난연 가스켓 재질 확인

가이드레일 재질이 스틸 인지 스테인리스스틸 인지 확인

(방재시험평가팀, 주소: 충북 청원군 오창읍 양청리 654-1

㈜ 원본대조필

페이지 누락여부 확인

페이지3/총 18

원본대조필이 갑지와 동일여부 확인

그림 2.5.3 방화셔터 시험성적서 (3)

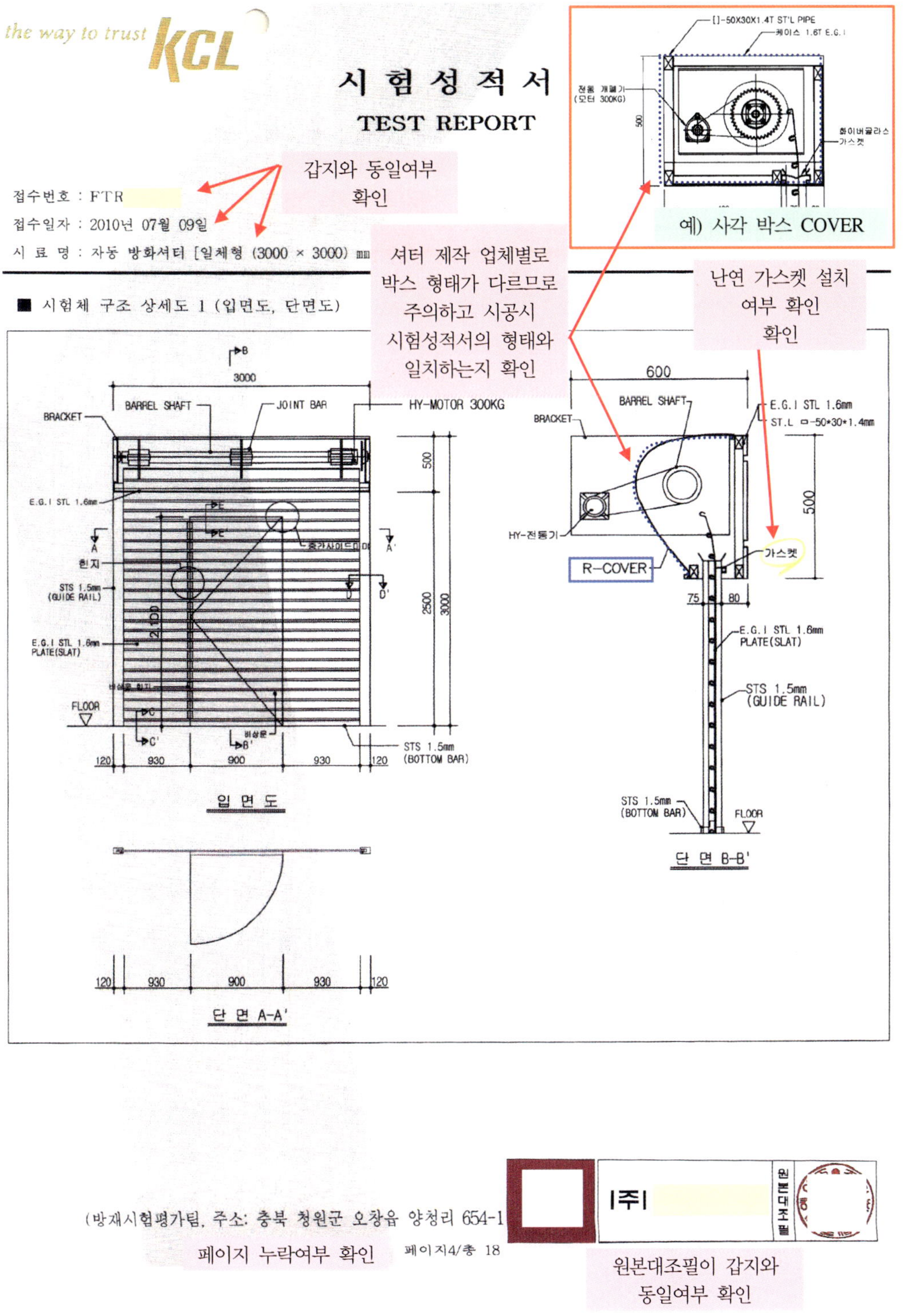

the way to trust KCL

시 험 성 적 서
TEST REPORT

접수번호 : FTR

접수일자 : 2010년 07월 09일

시 료 명 : 자동 방화셔터 [일체형 (3000 × 3000) ㎜

■ 시험체 구조 상세도 1 (입면도, 단면도)

(방재시험평가팀, 주소: 충북 청원군 오창읍 양청리 654-1

페이지4/총 18

|주|

원본대조필

그림 2.5.4 방화셔터 시험성적서 (4)

the way to trust KCL

시 험 성 적 서

TEST REPORT

갑지와 동일여부 확인

접수번호 : FTR

접수일자 : 2010년 07월 09일

시 료 명 : 자동 방화셔터 [일체형 (3000 × 3000) ㎜]

■ 시험체 구조 상세도 2 (단면 C-C′, D-D′, E-E′)

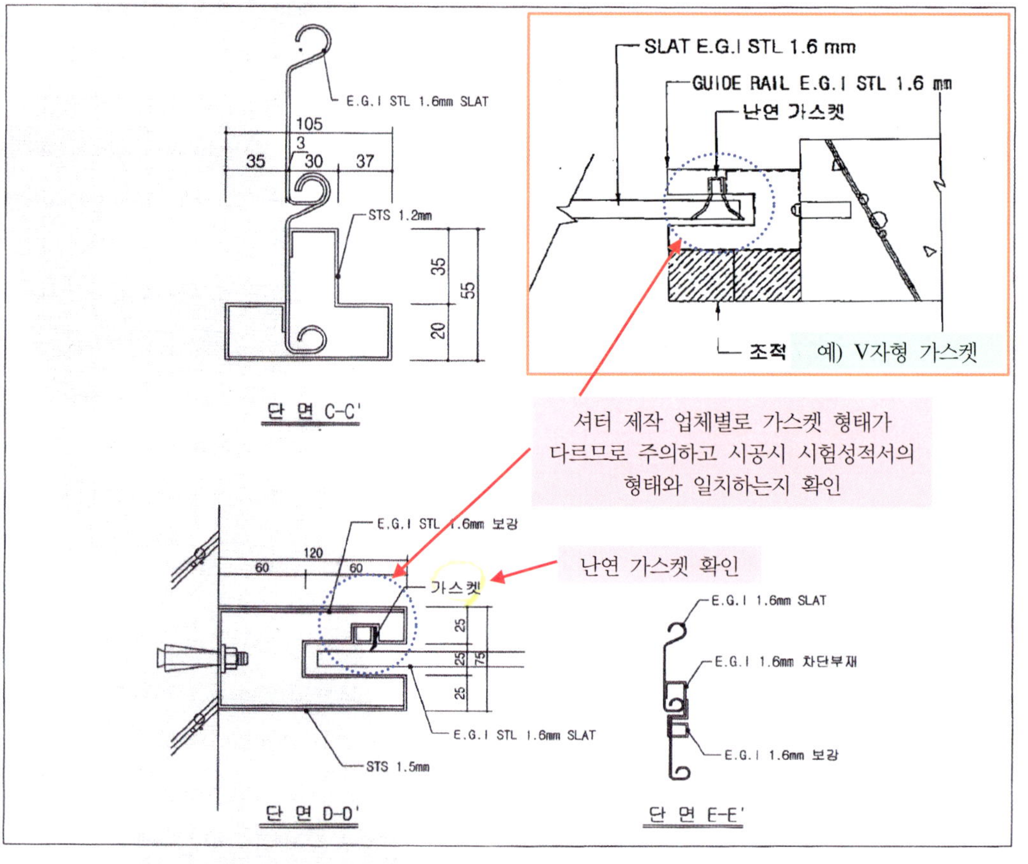

(방재시험평가팀, 주소: 충북 청원군 오창읍 양청리 654-1

페이지 누락여부 확인　　페이지5/총 18

|주|　　원본대조필

원본대조필이 갑지와 동일여부 확인

그림 2.5.5 방화셔터 시험성적서 (5)

KICM 한국건자재시험연구원

시험 기관 확인

시 험 성 적 서

TEST REPORT

접 수 번 호: 　　성적서 번호 확인

접 수 일 자: 2010년 05월 03일

신 청 인: 　　의뢰자만이 제작납품이 가능

주 소:

시 료 명: 철제 방화문 [JS-200 편개 (1000 × 2225)㎜]　양개 또는 편개 모델 및 규격 확인

시험성적서 이용목적: 성능시험

시 험 결 과: 다음장 참조

원본대조필 의뢰업체 일치여부 확인

비 고 : 1. 이 성적서는 의뢰자가 제시한 시료 및 시료명으로 시험한 결과이며, 용도 이외의 사용을 금합니다.
2. 이 성적서는 한국건자재시험연구원의 사전 서면동의없이 홍보선전, 광고 및 소송용으로 사용될 수 없습니다.

현장명 일치확인

2011. 02. 09

담 당 자: 김동익(043-218-4968)
윤준수(043-218-4968)

2010년 05월 28일

발급일자 및 유효기간 확인

한 국 건 자 재 시 험 연 구 원 장

(안전환경평가센터, 주소: 충북 청원군 오창읍 양청리654-1, 전화번호: 043-218-4967, www.kicm.re.kr)

페이지 확인　페이지1/총 13

그림 2.5.6 방화문 시험성적서 (1)

KICM 한국건자재시험연구원

시 험 성 적 서

TEST REPORT

접수번호 :

접수일자 : 2010년 05월 03일

시 료 명 : 철재 방화문 [편개 (1000 × 2225) ㎜]

성적서 갑지와 일치여부 확인

시험 규격 확인

시험 결과 확인

시 험 결 과

시험 · 검사항목		시험 · 검사결과		성능기준	시험 · 검사방법
		시험체 A	시험체 B		
차염성 (비차열 60 min)	6 ㎜ 균열게이지	관통되지 않음	관통되지 않음	시험체를 관통한 경우, 150㎜ 이상 수평 이동 되지 않을 것	KS F 2268-1 : 2006
	25 ㎜ 균열게이지	관통되지 않음	관통되지 않음	관통되지 않을 것	
	화염 발생 유무	발생되지 않음	발생되지 않음	10초 이상 지속되는 화염 발생이 없을 것	
차연성	공기 누설량 [25 Pa (㎥/min · ㎡)]	0.54	0.49	0.9 이하	KS F 2846 : 2008
개폐력	여는 힘 (개폐하중 50 N)	이상없음		문이 원활하	KS F 3109 : 2009
	닫는 힘 (개폐하중 50 N)	이상없음			
개폐 반복성	개폐 수 (100000회)	이상없음		개폐에 이상이 없고 사용상 지장이 없을 것	
비틀림 강도	40등급 (재하하중 400 N)	이상없음			
연직 하중강도	75등급 (재하하중 750 N)	잔류변위 2.7 ㎜ 이상없음		잔류 변위 3㎜ 이하 개폐에 이상이 없고 사용상 지장이 없을 것	
내충격성	모래주머니 50등급 (낙하높이 50 ㎝)	이상없음		해로운 변형이 없고, 개폐에 지장이 없을 것	

원본대조필 의뢰업체 일치 여부 확인

※ 국토해양부 고시 제2009-863호 제5조 ②항 방화문의 성능 기준에 적합함.

※ 국토해양부 고시 제2009-863호에 의하여 도어클로저 설치를 생략함. (성적서 대체)

※ 시험체의 구성 및 재질 : 다음 페이지 표 참조

2011 . 02 . 03

현장명 일치확인

의뢰자 자체시험이 아닌 국토해양부 고시임을 확인

(안전환경평가센터, 주소: 충북 청원군 오창읍 양청리 654-1, 전화번호 : 043-218-4967, www.kicm.re.kr)

페이지 확인

페이지2/총 13

그림 2.5.7 방화문 시험성적서 (2)

한국건자재시험연구원

시 험 성 적 서

TEST REPORT

수번호 :

수일자 : 2010년 05월 03일

시료명 : 철재 방화문 [편개 (1000 × 2225) mm]

성적서 갑지와 일치여부 확인

■ 시험체 구조 상세도 1 (정면도, 수평·수직 단면도)

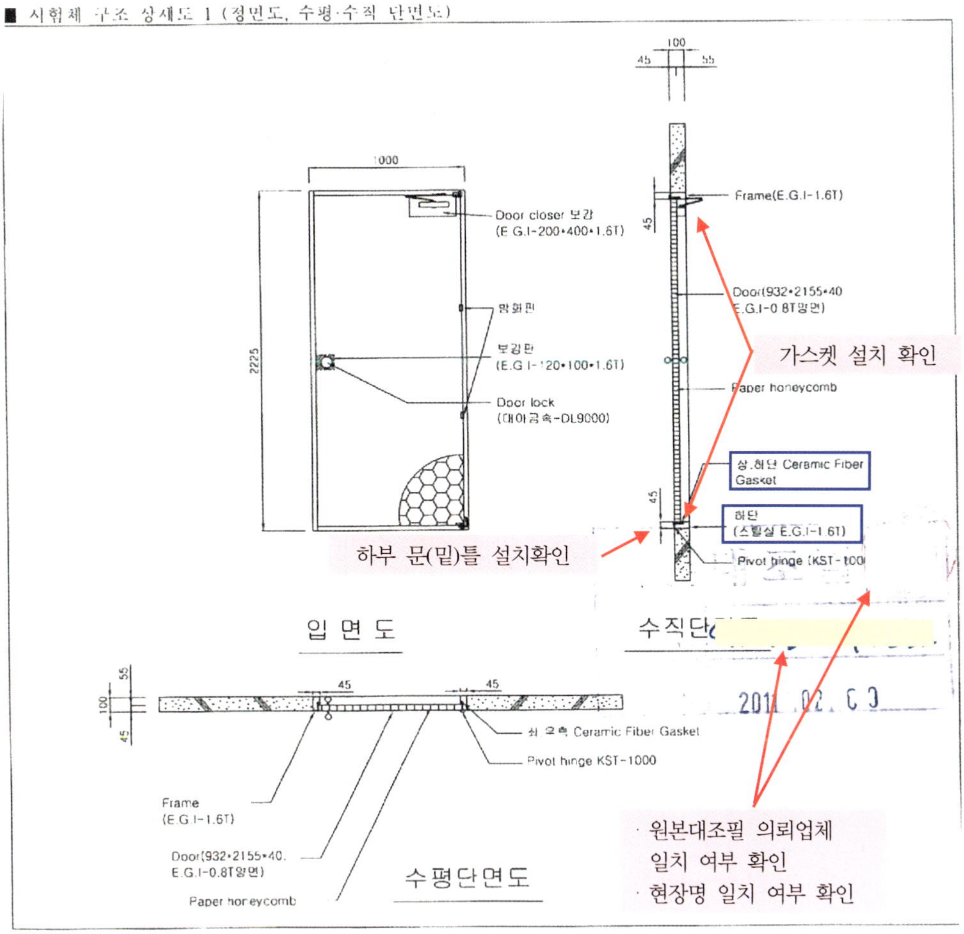

(인건환경평가센터, 주소: 충북 청원군 오창읍 양청리 654-1, 전화번호 : 043-218-4967, www.kicm.re.kr)

페이지 확인 페이지4/총 13

그림 2.5.8 방화문 시험성적서 (3)

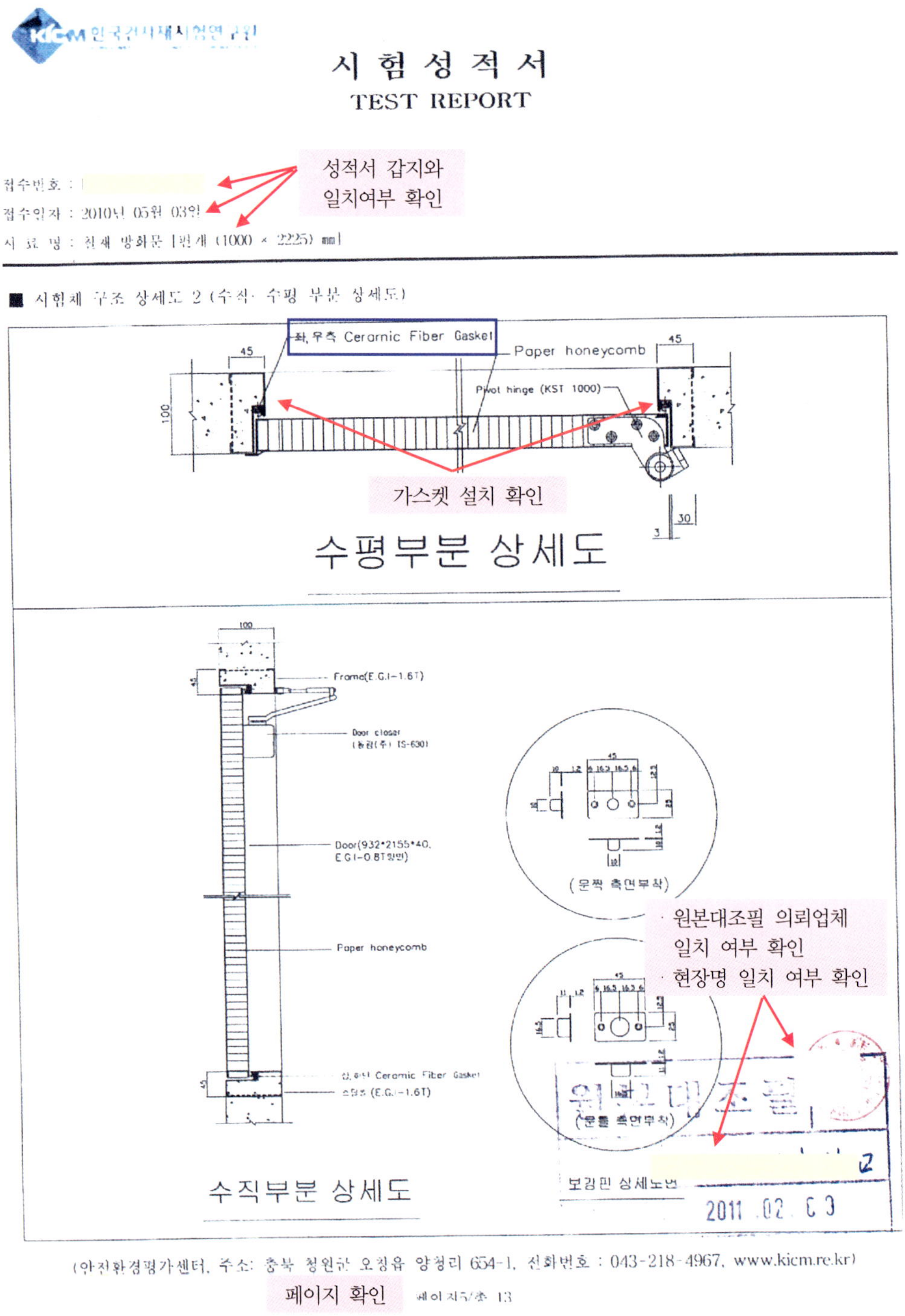

그림 2.5.9 방화문 시험성적서(4)

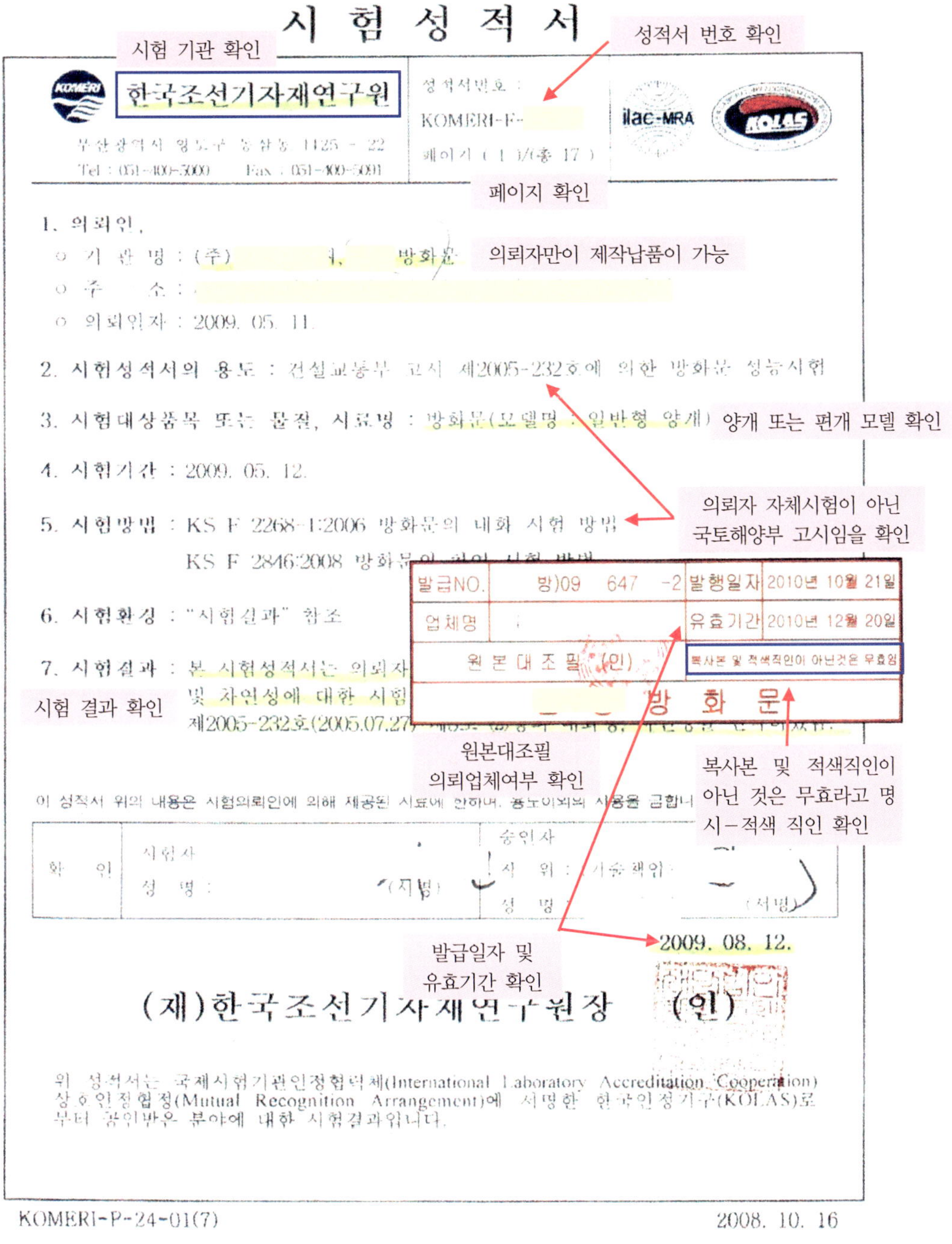

시 험 성 적 서

한국조선기자재연구원

부산광역시 영도구 동삼동 1125 - 22
Tel : 051-400-5000 Fax : 051-400-5091

성적서번호 :
KOMERI-F-
페이지 (1)/(총 17)

1. 의뢰인,
   - 기 관 명 : (주) 방화문
   - 주 소 :
   - 의뢰일자 : 2009. 05. 11.
2. 시험성적서의 용도 : 건설교통부 고시 제2005-232호에 의한 방화문 성능시험
3. 시험대상품목 또는 물질, 시료명 : 방화문(모델명 : 일반형 양개)
4. 시험기간 : 2009. 05. 12.
5. 시험방법 : KS F 2268-1:2006 방화문의 내화 시험 방법
   KS F 2846:2008 방화문의 차연 시험 방법
6. 시험환경 : "시험결과" 참조
7. 시험결과 : 본 시험성적서는 의뢰자 … 및 차연성에 대한 시험 … 제2005-232호(2005.07.27) …

발급NO.	방)09 647 -2	발행일자	2010년 10월 21일
업체명		유효기간	2010년 12월 20일
원 본 대 조 필 (인)		복사본 및 적색직인이 아닌것은 무효임	
방 화 문			

이 성적서 위의 내용은 시험의뢰인에 의해 제공된 시료에 한하며, 용도이외의 사용을 금합니다.

확 인	시험자 성 명 : (서명)	승인자 직 위 : 기술책임자 성 명 : (서명)

2009. 08. 12.

(재)한국조선기자재연구원장 (인)

위 성적서는 국제시험기관인정협력체(International Laboratory Accreditation Cooperation) 상호인정협정(Mutual Recognition Arrangement)에 서명한 한국인정기구(KOLAS)로부터 공인받은 분야에 대한 시험결과입니다.

KOMERI-P-24-01(7) 2008. 10. 16

그림 2.5.10 방화문 시험성적서 (5)

별지 제3호갑

시 험 성 적 서

시험기관 확인

한 국 화 재 보 험 협 회 부 설
방 재 시 험 연 구 원

성적서 번호 확인

성적서번호 : 2009- (수탁 제 2009-)
페이지(총 17)

페이지 확인

우) 469-881 경기도 여주군 가남면 심석리 69-1 TEL 031-887-6600 FAX 031-887-6620

1. 의뢰인
   - o 업체(기관)명 : 엘리베이터(유) 대표자
   - o 주 소 :
   - o 접수일자 : 2009. 8. 25
2. 시험품목 : 승강기문(S type)
3. 시험일자 : 2009. 9. 1
4. 시험용도 : 성능시험
5. 시험방법 : 국토해양부고시 제2009-287호(KS F 2268-1 : 2006)
6. 시험결과 : 하단에 표기(발급일 2009. 9. 15로부터 2년간 유효)

의뢰자만이 제작 납품이 가능

의뢰자 자체시험이 아닌 국토해양부 고시임을 확인

발급일자 및 유효기간 확인

시 험 항 목	시 험 결 과		비 고
	시험체 A	시험체 B	
내화시험(비차열 1시간)	적 합	적 합	세부내용 : '시험내용' 참조

시험 결과 확인

* 이 성적서의 내용은 시험 의뢰인에 의해 제공된 시료에 한하며, 용도 이외의 사용을 금합니다.

확 인	시 험 자 성 명 : (서 명)	승인자(기술책임자) 성 명 : (서 명)

2009 년 9 월 일

한 국 화 재 보 험 협 회 부 설
방 재 시 험 연 구 원 장

의뢰자의 원본대조필 여부 확인

※ 위 성적서는 광고, 소송 및 기타 법적요건 용할 수 없습니다.

원본대조필

그림 2.5.11 승강기 방화문 시험성적서 (1)

[수탁 제2009-(호] 성적서 번호 갑지와 일치여부 확인

시 험 내 용

1. 개 요

이 시험은 비차열성 승강기문에 대하여 국토해양부고시 제2009-287호(자동방화셔터 및 방화문의 기준)의 시험방법에 따라 내화시험(비차열 1시간)을 실시하여 승강기문의 내화성능을 측정함.

2. 시 험 체

시험체의 TYPE이 갑지와 동일한지 확인

가. 시험체의 구성 및 재질

이 시험체는 엘리베이터(유)에서 제작·설치한 것으로서 시험체의 구성 및 재질은 다음과 같음.

(1) 시 험 체 명 : 승강기문 (S type)

① Door 크 기 : 너비 578 ㎜ × 높이 2 217 ㎜ × 두께 1.2 ㎜ × 2매

② 유효 개구부 : 너비 1 100 ㎜ × 높이 2 200 ㎜

③ 주 위 벽 체 : 경량기포 콘크리트 (ALC, 두께 150 ㎜)

시험체 사이즈 확인

(2) 구 조 : 붙임 1 시험체 도면 참조

(3) 수 량 : 2개 (시험체 A, B)

나. 시험체 제작 : 2009. 8. 31 (시험체 A)
2009. 9. 1 (시험체 B)

3. 내 화 시 험(KS F 2268-1 : 2006)

가. 시 험 방 법

(1) 시험체를 시험체틀에 각각 설치하여 승강기문의 정상 개폐 여부를 확인후 가열면적이 3 m × 3 m인 수직가열로에 고정시킴.

페이지 누락 여부확인 2/17

원본대조필

원본대조필 확인

그림 2.5.12 승강기 방화문 시험성적서 (2)

[수탁 제2009- 호]

성적서 번호 갑지와 일치여부 확인

(2) 시험체 A, B 모두 승강장에 면하는 쪽면이 가열로 쪽으로 향하도록 하고 가열로내에 설치한 열전대 9개에서 측정된 온도의 평균값이 KS F 2257-1 : 2005의 시험방법에서 규정한 표준 가열온도곡선에 맞도록 하여 1시간 동안 가열함.

(3) 가열 중 가열로내 압력은 시험체 하단면에서 위로 500 mm 높이에서 압력이 0(Zero) Pa이 되도록 하고 시험체 상단에서의 압력이 20 Pa 이하가 되도록 조정함.

(4) 가열 중 10초 이상 지속되는 시험체 이면에서의 화염발생, 균열게이지(ø 6 mm, ø 25 mm)의 관통여부 등 시험체의 차염성을 측정함.

나. 시 험 결 과

(1) 시험실시일 : 2009. 9. 1 (시험체 A, B 동일)

(2) 가열 중 시험체에 대한 가열온도는 붙임 2-가-1), 2) 및 2-나-1), 2) 와 같음.

(3) 차 열 성 : 이 시험체는 비차열성 승강기문으로 차열성은 측정하지 않음.

(4) 비차열성 : 시험종료시까지 시험체의 비차열성 시험결과는 표 1과 같음.

비차열성 측정결과

<표 1> 비차열성 시험결과

구 분	성 능 기 준	시 험 결 과	
		시험체A	시험체B
균열게이지 적 용	시험체에 6 mm 균열게이지가 시험체를 관통하여 150 mm 이동하거나, 25 mm 균열게이지가 시험체를 관통하여 가열로 내부로 삽입될 수 있는 개구부가 발생하지 않을 것	개구부 발생 없음	개구부 발생 없음
이 면 의 화염발생	시험체 이면에서 10초 이상 지속되는 화염이 발생하지 않을 것	화염발생 없음	화염발생 없음

원본대조필 확인

원본대조필

페이지 누락 여부확인 3/17

FPD03-03C(0)

210×297mm

그림 2.5.13 승강기 방화문 시험성적서 (3)

[수탁 제2009-(호] 성적서 번호 갑지와 일치여부 확인

(5) 관 찰 사 항

<시험체 A>

가열 7분 경과시 시험체 이면이 변색되기 시작하였으며, 8분 경과시 시험체 이면에서 연기가 발생되기 시작하였으나, 그 외 별다른 변화는 없었음.
(붙임 2-가-3) 시험사진 참조)

<시험체 B>

가열 5분 경과시 시험체 이면이 변색되기 시작하였으며, 6분 경과시 시험체 이면에서 연기가 발생되기 시작하였으나, 그 외 별다른 변화는 없었음.
(붙임 2-나-3) 시험사진 참조)

4. 시 험 결 과

엘리베이터(유)에서 의뢰한 승강기문 시험체 2개(A, B)에 대한 시험결과는 표 2와 같음.

<표 2> 시험결과

시 험 항 목	시 험 결 과	
	시험체 A	시험체 B
내화시험(비차열 1시간)	적　합	적　합

시험결과확인

원부대조필 확인

원본대조필

페이지 누락 여부확인　4/17

FRD03-03C(0)　210×297㎜

그림 2.5.14 승강기 방화문 시험성적서 (4)

[수탁 제2009- 호]

성적서 번호 갑지와 일치여부 확인

1. 시 험 체 도 면

가. 시험체의 재료 및 구성

시험체의 재료 및 구성 규격 확인

(단위 : ㎜)

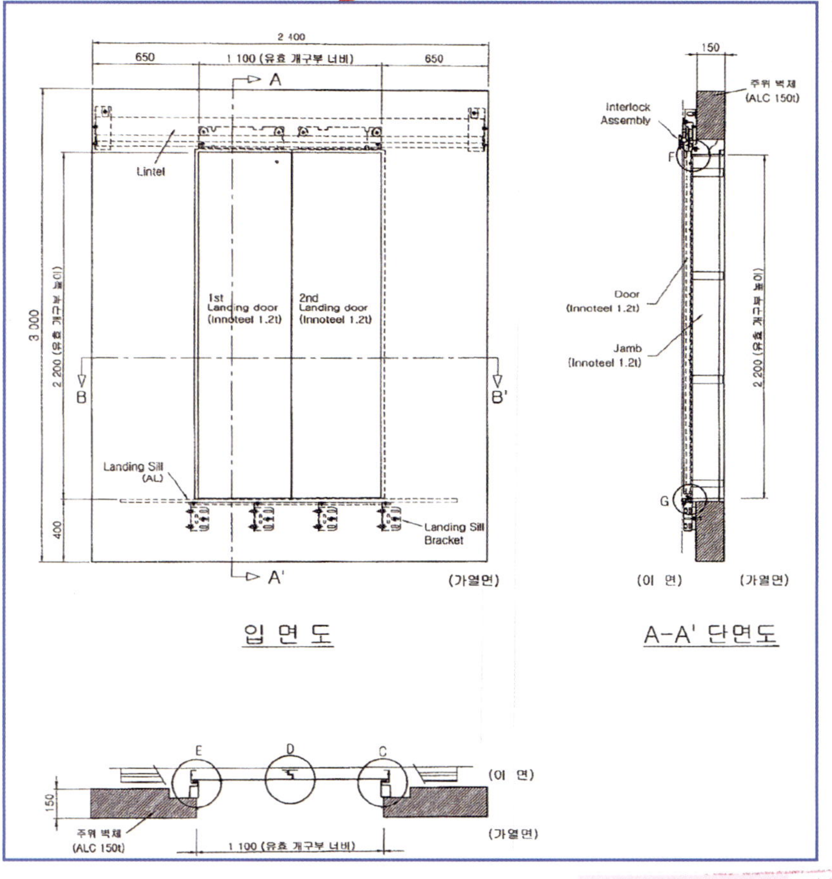

B-B' 단면도

원본대조필 확인

원본대조필

페이지 누락 여부확인 6/17

210×297㎜

그림 2.5.15 승강기 방화문 시험성적서 (5)

시 험 성 적 서
TEST REPORT

한국건자재시험연구원 시험기관 확인

성적서 번호 확인

접 수 번 호 : R(
접 수 일 자 : 2009 년 10 월 28 일
신 청 인 : 의뢰자만이 제작납품이 가능
주 소 :
시 료 명 : 방화유리창 (2000 × 2410) ㎜ 시험 규격 확인

시험 결과 확인

시 험 결 과

시험 · 검사항목		시험 · 검사결과	시험 · 검사방법
차염성 (비차열 60 min)	6 ㎜ 균열게이지	관통되지 않음	KS F 2845 : 2008
	25 ㎜ 균열게이지	관통되지 않음	
	화염 발생 유무	화염발생 없음	

※ 시험체의 구성 : 다음 페이지 표 참조
※ 시험성적서 이용목적 : 성능시험용

비 고 : 1. 이 성적서는 의뢰자가 제시한 시료 및 시료명으로 시험한 결과이며, 용도 이외의 사용을 금합니다.
2. 이 성적서는 한국건자재시험연구원의 사전 서면동의없이 홍보·선전, 광고 및 소송용으로 사용될 수 없습니다.

담 당 자 : 원)
검)

발급일자 및 유효기간 확인 2009년 11월 25일

한 국 건 자 재 시 험 연 구 원 장

안전환경평가센터, 주소: 137-707 서울 서초구 서초3동 1465-4, 전화번호: 031-389-9100, www.kicm.re.kr

페이지 확인 1 - 6

원본대조필

원본대조필 의뢰업체여부 확인

그림 2.5.16 방화 유리창 시험성적서 (1)

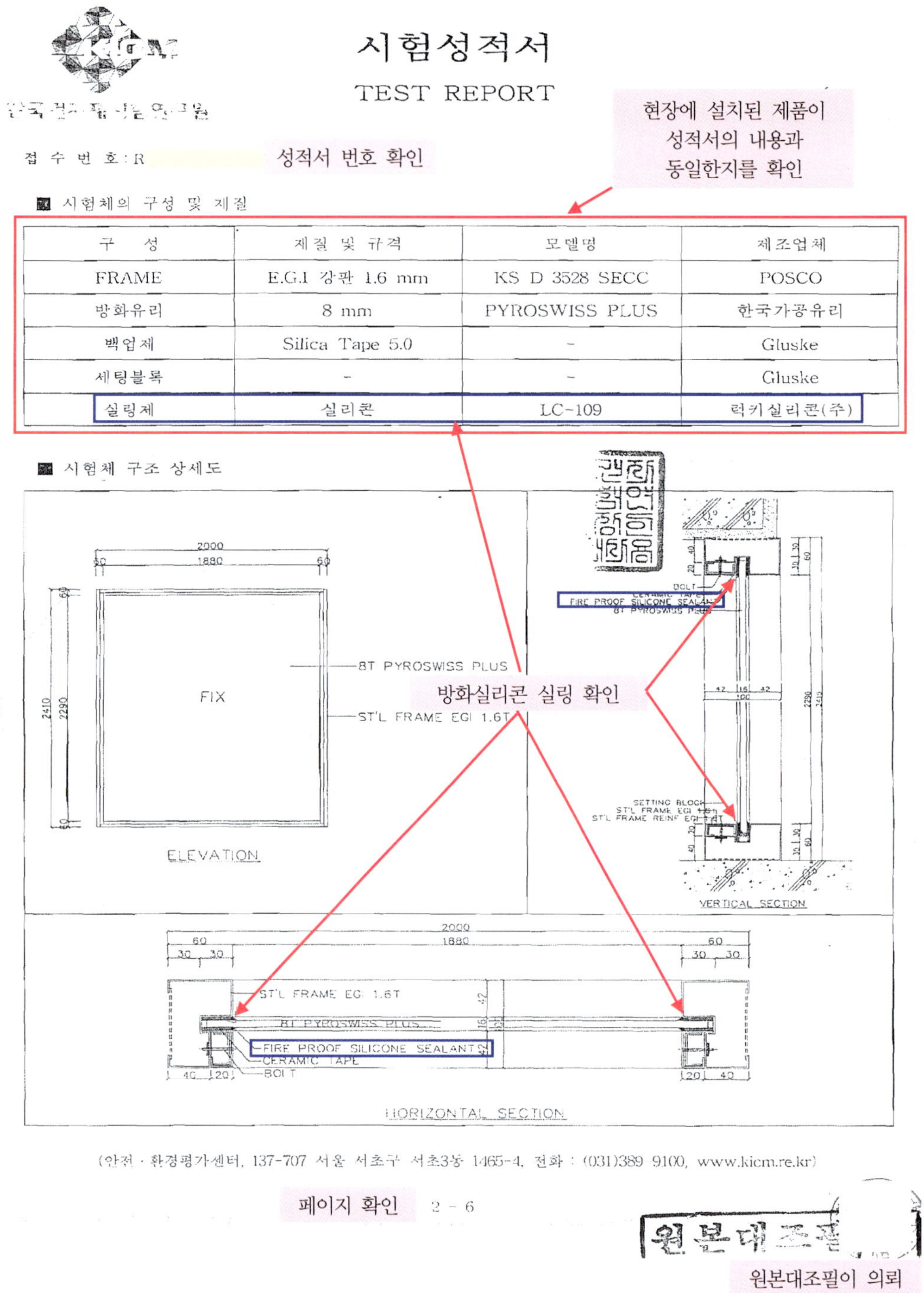

시험성적서

TEST REPORT

접 수 번 호 : R

■ 시험체의 구성 및 재질

구 성	재질 및 규격	모델명	제조업체
FRAME	E.G.I 강판 1.6 mm	KS D 3528 SECC	POSCO
방화유리	8 mm	PYROSWISS PLUS	한국가공유리
백업제	Silica Tape 5.0	-	Gluske
세팅블록	-	-	Gluske
실링제	실리콘	LC-109	럭키실리콘(주)

■ 시험체 구조 상세도

(안전 · 환경평가센터, 137-707 서울 서초구 서초3동 1465-4, 전화 : (031)389 9100, www.kicm.re.kr)

2 - 6

원본대조필

그림 2.5.17 방화 유리창 시험성적서 (2)

별지 제3호갑

시 험 성 적 서

시험 기관 확인

FILK 한 국 화 재 보 험 협 회 부 설
방 재 시 험 연 구 원

성적서 번호 확인

성적서번호 : 20○-
페이지(총 27)

우) 469-881 경기도 여주군 가남면 심석리 69-1 TEL 031-887-6600 FAX 031-887-6620

1. 의뢰인
   - ○ 업체(기관)명 : (주) 대표자
   - ○ 주 소 : 충청
   - ○ 접수일자 : 2010. 12. 21
2. 시험품목 : 벽체 Cable/Pipe 관통부 충전구조
3. 시험일자 : 2010. 12. 21 / 22
4. 시험용도 : 내화구조 인정 시험
5. 시험방법 : 국토해양부고시 제2010-331호
6. 시험결과 : 하단에 표기(발급일 2011. 1. 27로부터 3년간 유효)

의뢰자만이 제작납품이 가능

의뢰자 자체시험이 아닌 국토해양부 고시임을 확인

발급일자 및 유효기간 확인

시험항목	구조등급	시험결과								비 고
		시스템 1		시스템 2		시스템 3		시스템 4		
		A	B	A	B	A	B	A	B	
내화시험 (2시간 가열)	A-2	89분	95분	120분	120분	120분	120분	120분	120분	세부내용 '시험내용' 참조
		불합격		합 격		합 격		합 격		

시험결과 및 등급 확인
-합격된 시공방법으로 시공

* 이 성적서의 내용은 ... 시료에 한하며, 용도 이외의 사용을 금합니다.

확 인	시 험 자 성 명 :	승인자(기술책임자) 성 명 :

2011 년 1 월 27 일

한 국 화 재 보 험 협 회 부 설
방 재 시 험 연 구 원 장

원본대조필이 의뢰업체여부 확인

※ 위 성적서는 광고, 소송 및 기타 ... 등 이 시험용도 이외로 사용할 수 없습니다.

페이지 확인 1/27

원본대조필

그림 2.5.18 관통부 충전재 시험성적서

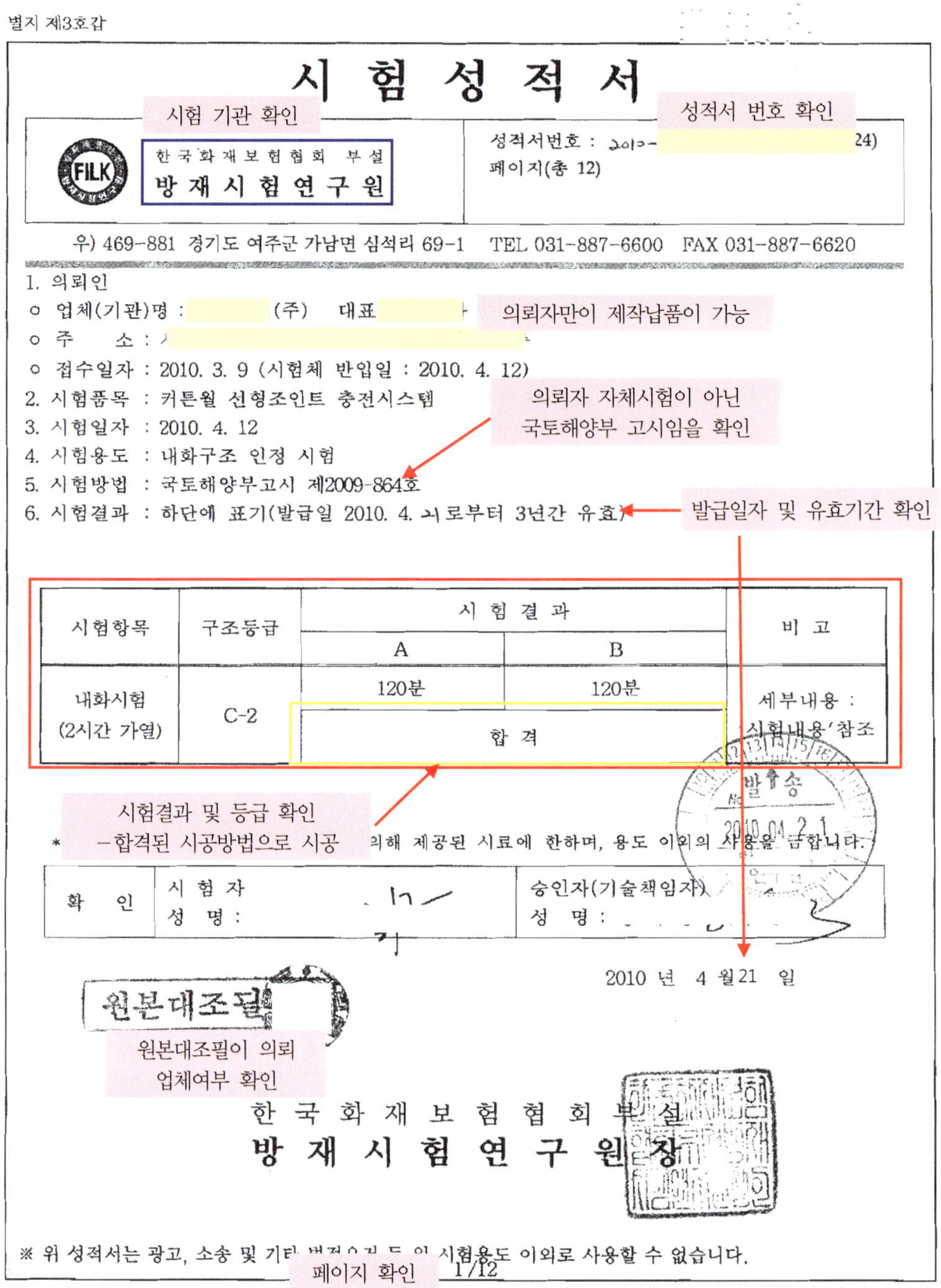

별지 제3호갑

시 험 성 적 서

한국화재보험협회 부설 방재시험연구원

성적서번호 : 2010-[illegible]24)
페이지(총 12)

우) 469-881 경기도 여주군 가남면 삼석리 69-1 TEL 031-887-6600 FAX 031-887-6620

1. 의뢰인
   - 업체(기관)명 : [illegible] (주) 대표 [illegible]
   - 주 소 : [illegible]
   - 접수일자 : 2010. 3. 9 (시험체 반입일 : 2010. 4. 12)
2. 시험품목 : 커튼월 선형조인트 충전시스템
3. 시험일자 : 2010. 4. 12
4. 시험용도 : 내화구조 인정 시험
5. 시험방법 : 국토해양부고시 제2009-864호
6. 시험결과 : 하단에 표기(발급일 2010. 4. 21로부터 3년간 유효)

시험항목	구조등급	시 험 결 과		비 고
		A	B	
내화시험 (2시간 가열)	C-2	120분	120분	세부내용 : '시험내용' 참조
		합 격		

* [illegible] 의해 제공된 시료에 한하며, 용도 이외의 사용을 금합니다.

확 인	시 험 자 성 명 :	승인자(기술책임자) 성 명 :

2010 년 4 월21 일

원본대조필

한 국 화 재 보 험 협 회 부 설
방 재 시 험 연 구 원 장

※ 위 성적서는 광고, 소송 및 기타 [illegible] 시험용도 이외로 사용할 수 없습니다.
1/12

FPD03-03A(1) 210×297㎜

그림 2.5.19 커튼월 충전 시스템 시험성적서

03

CHAPTER

검측업무

3.1 검측업무 개요

(1) 검측업무*

1) 사전적 정의
- 검사하고 측정하는 일

2) 검측 시기
- 시공자가 시공계획서에 의한 공정 단계별 작업을 완료하고 검측요청서를 제출한 때

3) 검측 부위
- 각 시공단계 세부 공종별로 시공자가 시공을 완료하거나 시공 중인 부위나 부분

4) 검측 주요 확인 사항

① 설계도서(도면, 시공상세도, 시방서) 일치 여부

② 승인된 자재 사용 여부

③ 사업계획 승인 조건 만족 여부

④ 발주처(사업주체)와 별도로 협의한 내용 충족 여부 등 품질상태

(2) 검측 체크리스트 작성†

1) 작성자
- 감리원(건설사업관리기술인)

2) 검측 체크리스트 작성

① 체계적이고 객관성 있는 현장 확인과 승인

② 부주의, 착오, 미확인에 의한 실수를 사전 예방하여 충실한 현장 확인 업무 유도

③ 검측작업의 표준화로 작업원들에게 작업의 기준 및 주안점을 정확히 주지시켜 품질 향상을 도모

---

* 검측업무와 관련된 체크 항목은 화재안전성능기준(NFPC) 및 기술기준(NFTC)를 기준으로 하였고 동기준에 제시되지 않는 부분은 KS기준, 표준시방서(국토교통부) 및 LH 전문시방서(LHCS)를 참고함.
- LHCS는 국가건설기준센터 www.kcsc.re.kr에서 열람 및 다운로드가 가능함.

† 건설공사 사업관리방식 검토기준 및 업무수행지침(국토교통부 고시 제2024-207호, 2024.04.23 일부개정) 제56조(시공성과 확인 및 검측업무) 제10항

④ 객관적이고 명확한 검측결과를 시공자에게 제시하여 현장에서의 불필요한 시비를 방지하는 등의 효율적인 검측을 도모

⑤ 위 각 항을 유지할 수 있도록 체크리스트 작성

(3) 검측 업무 수행*

1) 수행자 : 감리원(건설사업관리기술인)

2) 검측 업무 수행 기본방향

① 현장에서의 시공확인을 위한 검측은 해당 공사의 규모와 현장조건을 감안한 『검측업무지침』을 현장별로 작성·수립하여 발주청의 승인을 득한 후 이를 근거로 검측업무를 수행. 다만, 「검측업무지침」은 검측하여야 할 세부공종, 검측절차, 검측시기 또는 검측빈도, 검측체크리스트 등의 내용을 포함

② 수립된 검측업무지침은 모든 시공관련자에게 배포하여 주지시켜야 하고, 보다 확실한 이행을 위한 교육 실시

③ 현장에서의 검측은 체크리스트를 사용하여 수행하고, 그 결과를 검측체크리스트에 기록한 후 시공자에게 통보하여 후속 공정의 승인여부와 지적사항을 명확히 전달

④ 검측체크리스트에는 검사항목에 대한 시공기준 또는 합격기준을 기재하여 검측결과의 합격 여부를 합리적으로 신속히 판정

⑤ 단계적인 검측으로는 현장 확인이 곤란한 콘크리트 생산, 타설과 같은 공종의 시공중 건설사업관리기술인의 계속적인 입회 확인 하에 시행

⑥ 시공자가 검측요청서를 제출할 때 공사참여자 실명부가 첨부 되었는지를 확인

⑦ 시공자가 요청한 검측일에 건설사업관리기술인 사정으로 검측을 못할 경우 공정추진에 지장이 없도록 요청한 날 이전 또는 이후 검측을 하여야 하며 이때 발생하는 건설사업관리대가는 건설사업관리용역사업자 부담

* 건설공사 사업관리방식 검토기준 및 업무수행지침(국토교통부 고시 제2024-207호, 2024.04.23 일부개정) 제56조(시공성과 확인 및 검측업무) 제11항

(4) 검측 절차

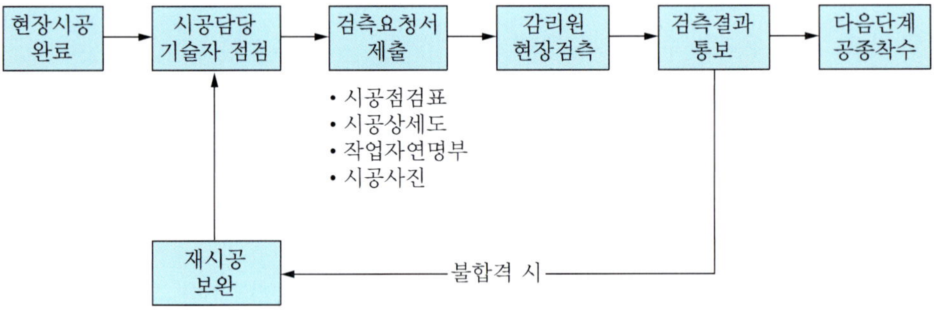

그림 3.1.1 검측 절차

(5) 검측업무 참고 지침 · 절차서

1) 국토교통부에서 고시한 건설공사 사업관리방식 검토기준 및 업무수행지침[*]

2) 소방청 및 한국소방시설협회에서 발간한 소방공사 감리업무절차서[†]

관련기준

소방공사 감리업무절차서(2022년 1분기 개정)

3.5 검측업무

3.5.1 검측 일반사항

3.5.1.1 감리원은 품질확보를 위해 시공완료 후 검측보다는 시공과정을 단계별로 확인 관리하는 것을 원칙으로 한다.

3.5.1.2 감리원은 소방시설공사가 설계도서 및 시방서 등에 일치되게 시공되는가를 현장에서 수시로 확인하여야 한다.

3.5.1.3 감리원은 다음의 시공사항을 확인하여야 한다.

① 공사 목적물을 제조, 조립, 설치하는 시공과정에서 가시설공사와 영구시설물 공사의 모든 작업단계의 시공 상태를 확인하여야 한다.

② 시공확인을 하여야 할 구체적인 사항은 해당 공사의 설계도면, 시방서 및 관계규정에 따른 시공 상태를 확인하여야 한다.

③ 지하에서 행하여지는 공사나 외부에서 확인하기 곤란한 시공에는 반드시 직접 검측하여 시공당시 상세한 경과기록 및 사진촬영 등의 방법으로 그 시공 내용을 명확히 입증할 수 있는 자료를 작성하여 비치하고, 발주자 등의 요구가 있을 때에는 이를 제시하여야 한다.

---

* 건설공사 사업관리방식 검토기준 및 업무수행지침(국토교통부 고시 제2024-207호, 2024.04.23 일부개정) 제56조(시공성과 확인 및 검측업무)

† 소방공사 감리업무절차서 3.5검측업무(소방시설협회, 2022년 1분기 개정, 2022.02.22. 등록). 단, 해당 절차서에는 “본 ‘소방공사감리 업무절차서‘는 개정시점(’21.11.09)을 기준으로 제작하였으며, 소방시설공사 감리 실무 능력 배양 및 품질확보 등을 위한 표준적인 참고 자료로서, 법적 구속력이 없음을 알려드립니다.”라고 안내되어 있음에 유의

3.5.1.4. 감리원은 하나의 공정이 완료되면 검측을 실시하고 다음단계의 시공을 하도록 관리하여야 한다. 추후 그 시공 상태를 확인할 수 없는 경우에는 반드시 입회·확인하여 기록관리 하여야 하며, 감리원의 품질·확인서명이 있는 부분에 한하여 기성으로 인정할 수 있다.

3.5.1.5 감리원은 부실공사 행위 등이 없도록 현장 입회확인을 철저히 하고, 이러한 행위가 발견될 경우에는 해당 공종의 재시공 등의 강력한 제재 조치를 취하여야 하며, 감리보고서에 수록하여야 한다.

3.5.1.6 감리원은 해당 공사의 시방서 및 관계규정에 따른 시험, 측정기구 및 방법, 감리원의 기술적 판단에 따라 확인하고 평가함을 원칙으로 하며, 3.5.2(검측업무)에서 정한 검측업무 절차에 따라 수행하여야 한다.

3.5.1.7 감리원은 시공확인을 위하여 X-Ray 촬영 등의 특수한 방법이 필요한 경우에는 시공자가 외부 전문기관에 확인을 의뢰할 수 있도록 하여야 한다.

3.5.2 검측업무

3.5.2.1 감리원은 현장 확인 및 검측 체크리스트를 다음 절차에 따라서 작성하여야 한다.

① 검측 대상 작업에 대한 검측 착안사항을 발췌하여 체크리스트 작성
② 시공자 시공계획서로부터 제시된 내용을 발췌하여 체크리스트에 추가
③ 시공계획서 검토 및 승인 시 검토 제시한 안전시설 등 포함
④ 기타 현장 작업 중에 확인된 특별한 사항 포함

3.5.2.2 감리원은 공정 중 하나의 단계 작업이 완료되면 시공자로부터 검측요청서를 제출 받아 그 시공 상태를 확인하는 것을 원칙으로 하고, 공사의 효율적인 추진을 위하여 가능한 시공과정에서 수시 입회·확인하도록 하여야 한다.

3.5.2.3 감리원은 다음 각 호의 검측업무 수행 기본방향에 따라 검측업무를 수행하여야 한다.

① 현장에서의 시공확인을 위한 검측은 해당 공사의 규모와 현장조건을 감안한 검측업무지침을 현장별로 작성·수립하고 이를 근거로 검측업무를 수행하여야 한다.
② 수립된 검측업무지침은 검측하여야 할 세부공종, 검측절차, 검측시기 또는 검측빈도, 검측체크리스트 등의 내용을 모든 시공관련자에게 배포하여 주지시켜야 한다.
③ 현장에서의 검측은 체크리스트를 사용하여 수행하고, 그 결과를 검측체크리스트에 기록한 후 시공자에게 통보하여 후속공정의 승인여부와 지적사항을 명확히 전달하여야 한다.
④ 검측체크리스트에는 검사항목에 대한 시공기준 또는 합격기준을 기재하여 검측결과의 합격 여부를 합리적으로 신속히 판정하여야 한다.
⑤ 단계적인 검측으로는 현장 확인이 곤란한 매설과 같은 공종의 시공 중 감리원의 계속적인 입회 확인 하에 시행하여야 한다.
⑥ 시공자가 검측요청서를 제출할 때 별지 제22호서식의 공사 참여자 실명부가 첨부되었는지를 확인하여야 한다.

3.5.2.4 감리원은 다음 각 호의 검측절차에 따라 검측업무를 수행하여야 한다.

① 별지 제21호서식의 검측 체크리스트에 따른 검측은 1차적으로 시공자의 담당기술자가 점검하여 합격된 것으로 확인한 후, 그 확인한 검측체크리스트를 첨부하여 검측요청서를 감리원에게 제출하면 감리원은 1차 점검내용을 검토한 후, 현장확인 검측을 실시하고, 그 결과를 서면으로 통보하여야 한다.
② 검측결과 불합격인 경우는 그 불합격된 내용을 시공자가 명확히 이해할 수 있도록 통보하고 보완시공 후 재검측을 받도록 조치한 후 감리보고서에 반드시 기록하여야 한다.

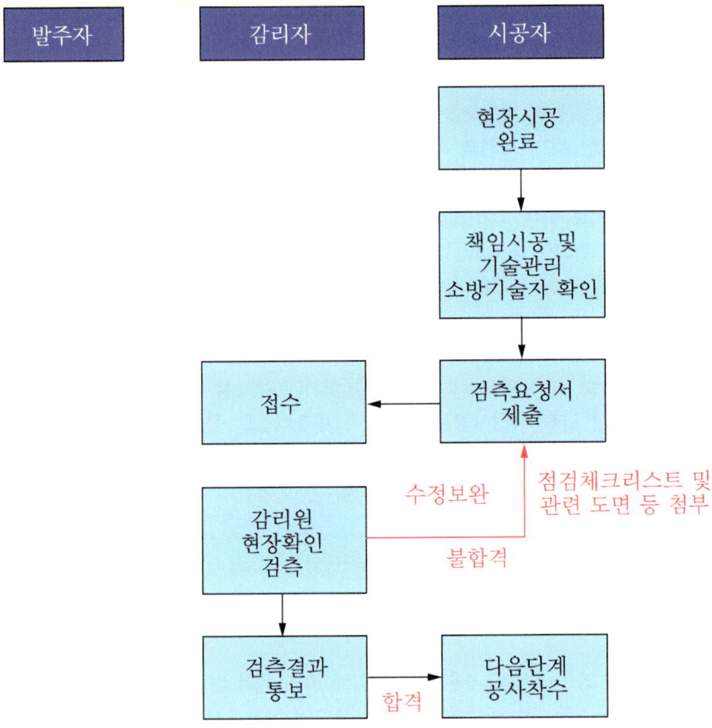

3.5.2.5 감리원은 검측할 검사항목(Check Point)을 설계도면, 시방서, 관계법령, 이 절차서 등의 관계규정 내용을 기준하여 구체적인 내용으로 작성하며 공사 목적물을 소정의 규격과 품질로 완성하는데 필수적인 사항을 포함하여 점검 항목을 결정하여야 한다.

3.5.2.6 현장 검측사항

연번	항목		검측 내용	검측결과
1	현장 검측	검측부위 계획	검측대상 선정 – 검측부분도면, 검측요청서 준비	
2		샘플시공	공정 진행 전에 샘플시공을 하여 문제점을 찾아내고 수정보완 –향후 본 작업이 진행될 때 불필요한 재시공 방지로 품질 확보	
3		수시점검	시공과정에서 수시로 현장을 점검하여 부적합사항 최소화	
4		검측서류 제출	각 검측대상 작업이 완료될 때 제출	
5		검측	도면과 일치여부 확인, 체크리스트에 의한 점검, 타 공종과의 간섭사항 확인, 매립배관의 경우 Box 위치 등 확인	
6		결과통보	적합한 시공이 이루어진 경우 승인통보, 부적합사항 발견시 수정 후 재검측 통보	

3.2 슬리브 설치공사

3.2.1 슬리브 재질 확인

- 슬리브 재질 확인
- 방화구획 관통 부분의 PVC재질은 난연재질인지 확인

관련기준

건축기계설비공사 표준시방서(국토교통부, 2016) 04010 난방, 위생 및 소화설비배관공사

(2. 재료) 2.2 배관부속품

2.2.19 슬리브

(1) 슬리브 지름은 원칙적으로 관의 바깥지름(보온된 것은 보온피복 바깥지름)보다 40mm 정도 큰 규격으로 한다.

(2) 슬리브용 재료는 다음 표에 의한다.

구 분	슬리브 재질	비 고
기둥, 벽, 바닥 등의 부분	KS D 3507(배관용 탄소강관) KS D 3506(용융 아연도금 강판 및 강대) KS M 3404(일반용 경질 염화비닐관) KS D 3688(냉간압연 스테인리스 강판 및 강대) 합성수지	지름 200mm 이하: 0.5mm 두께 지름 200mm 이하: 0.6mm 두께
수밀을 요구하지 않는 지하 부분	KS M 3404(일반용 경질 염화비닐관)	
수밀을 요구하는 부분	KS D 3507(배관용 탄소강관) 흑강관에 두께 4.5mm, 날개폭 50mm 이상의 강판을 용접한 것.	

LH 전문시방서(LH공사, 2020.12.09. 제정) LHCS 31 20 15 05 배관설비공사 공통사항

3. 시공

3.3 슬리브, 행거, 지지철물

(2) 배관은 직접 방수 바닥이나 벽을 관통해서는 안되고 턱 붙이 슬리브를 설치하여 누수가 되지 않도록 하고 슬리브와 배관 사이의 여유공간은 최소 6mm 이상 되어야 한다.

(3) 방화구획과 세대간 경계벽을 관통하여 구조체 사이에 틈이 생긴 경우에는 내화충전구조를 설계서에 따라 설치하여야 한다.

(1) 슬리브 재질

1) 슬리브(Sleeve) 설치 목적

① 배관의 교체 및 수리가 용이

② 배관의 신축팽창에 대응이 수월

2) 슬리브 작업

① 콘크리트 구조물에 관통하는 배관 등을 후 설치할 때 파쇄나 천공하지 않고 바로 설치하기 위해 콘크리트 타설 전에 콘크리트가 채워지지 않도록 미리 배관과 유사한 재료를 설치

② 배관과 동일 재료로 정확한 위치에 설치하여 사용

☞ 일반적으로 소화배관은 강관을 사용하므로 같은 재질인 강관 또는 강판 사용

☞ 구조체 접촉으로 인한 전기 부식 방지를 위하여 다른 종류의 배관재를 사용하는 경우도 있음

3) 층간, 세대 간 경계벽 또는 방화구획 관통 부위 재질

① 강관 또는 강판 사용

② PVC 재질 슬리브 사용 시 난연성 재질 확인

☞ 난연 재질이 아닌 PVC 재질 슬리브가 시공된 경우 PVC 슬리브를 완전히 제거

4) 슬리브 틈새

- 슬리브가 층간, 세대간 경계벽 또는 방화구획을 관통하여 구조체 사이에 틈이 생긴 경우

☞ 방화폼 등 내화충전구조*로 밀실하게 충전하여 틈새를 통한 화재의 확산을 방지

그림 3.2.1.1 슬리브 재질 확인

* 건축물의 피난·방화구조 등의 기준에 관한 규칙[국토교통부령 제1384호, 2024. 8. 26., 일부개정] 제14조(방화구획의 설치기준) ②항

2. 다음 각 목에 해당하는 경우 그 부분을 별표 1 제1호에 따른 내화시간(내화채움성능이 인정된 구조로 메워지는 구성 부재에 적용되는 내화시간을 말한다) 이상 견딜 수 있는 내화채움성능이 인정된 구조로 메울 것

가. 급수관·배전관 또는 그 밖의 관이나 전선 등이 방화구획을 관통하여 관통부가 생기는 경우

나. 방화구획의 벽과 벽, 벽과 바닥, 바닥과 바닥 사이에 접합부가 생기는 경우

다. 방화구획과 외벽 사이에 접합부가 생기는 경우

라. 방화구획에 그 밖의 틈이 생기는 경우

3.2.2 슬리브 위치 및 규격 확인

- 슬리브 크기 및 바닥 마감선을 고려한 슬리브 높이 확인
- 상하층의 슬리브 축심이 한쪽으로 치우치지 않도록 설치 확인
- 습식배관의 경우 보온재 두께 반영 슬리브 크기 확인
- 이물질 유입 방지 조치 확인

관련기준

건축기계설비공사 표준시방서(국토교통부, 2016) 04010 난방, 위생 및 소화설비배관공사

3\. 시공 / 3.6 벽, 바닥 및 지붕의 관통

3.6.1 슬리브 : 벽, 바닥 등을 관통하는 배관에는 관통부에 박스 또는 슬리브를 매설한다. 슬리브는 일반강관 또는 동등 이상의 강도와 내식성을 가진 것으로 한다. 박스 또는 슬리브를 매설하고자 할 때에는 콘크리트를 타설할 때에 이동이나 변형이 없도록 박스, 슬리브의 모양 그리고 치수에 적합하도록 충분히 보강한다. 방수층, 물로 씻을 필요가 있는 바닥, 보, 내진벽 또는 외벽 등을 관통하는 부분은 각각 그곳에 알맞는 슬리브를 사용한다.

(1) 방수층의 관통부 : 방수층에 잘 밀착하는 구조로 하며, 원칙적으로 지수판이 붙은 슬리브로 한다.

(2) 물 세척이 요구되는 바닥 관통부 : 슬리브는 강관을 사용하고, 위쪽을 마감면으로부터 30mm 이상 올린다.

(3) 기둥, 내진벽 및 외벽 관통부 : 구조체의 강도에 지장이 없는 모양과 치수로 한다.

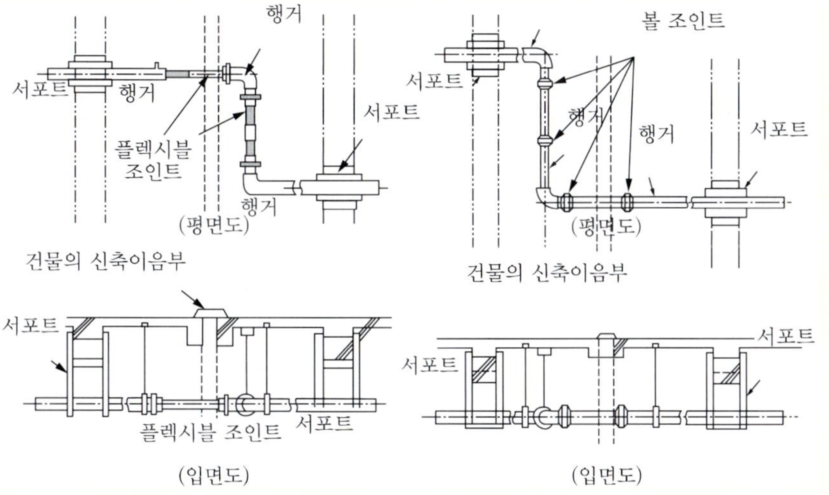

그림 1 플렉시블 조인트를 사용하는 경우　　그림 2 볼 조인트를 사용하는 경우

LH 전문시방서(LH공사, 2020.12.09. 제정) LHCS 31 20 15 05 배관설비공사 공통사항

3\. 시공 / 3.3 슬리브, 행거, 지지철물

(1) 관의 신축에 대한 배관파손 및 건물손상 방지를 위하여 설치하는 슬리브는 배관시공에 적절한 위치에 설치하여야 하며, 특히 관통 슬리브는 배관시공 완료 후 배관주위의 누수 및 소음 등이 전달되지 않도록 적절한 조치를 취하여야 한다. 바닥관통 입상관 슬리브는 건축 마감선으로부터 50mm 이상 노출시켜야 한다. (파이프 닉트(PD)내 제외)

(2) 배관은 직접 방수 바닥이나 벽을 관통해서는 안되고 턱 붙이 슬리브를 설치하여 누수가 되지 않도록 하고 슬리브와 배관 사이의 여유공간은 최소 6mm 이상 되어야 한다.

(3) 방화구획과 세대 간 경계벽을 관통하여 구조체 사이에 틈이 생긴 경우에는 내화충전구조를 설계서에 따라 설치하여야 한다.

(1) 슬리브 설치 위치

1) 벽, 바닥, 지붕 등을 관통하는 배관에는 관통부에 박스 또는 슬리브를 매설

2) 방수층의 관통부

3) 물 세척이 요구되는 바닥 관통부

4) 기둥, 내진벽 및 외벽 관통부

(2) 슬리브 규격

1) 슬리브 길이

① 바닥을 수직으로 관통하는 슬리브 길이가 충분치 않아 콘크리트나 바닥 마감에 묻히는 것을 방지하기 위하여 여유 있는 길이로 시공

② 콘크리트 타설 두께보다 일정 높이만큼 여유 있게 올려서 설치

③ 바닥 마감재 및 바닥 마감선도 고려하여 길이 결정

2) 부위별 슬리브 길이* 예시

① 벽체 = 최종 마감 두께

② 일반 바닥 = 상부 마감면 + 50 mm 이상 길게

③ 노출 바닥(복도, 발코니 등) = 상부 마감면 + 마감 후 노출 50 mm + 바닥 마감구배 30 mm

표 3.2.2.1 시방서별 바닥 방수용 슬리브 비교

구분	바닥 슬리브		비고
	건축기계설비 표준 시방서	LH 전문시방서	
구조	지수판이 붙은 슬리브	턱 붙이 슬리브	플랜지형
길이	위쪽의 마감면 + 30 mm	건축 마감선 + 50 mm	

3) 슬리브 크기

① 관통 배관의 배관관경보다 2단계 이상의 배관 관경으로 설치

② 보온을 요하는 습식배관은 배관 관경에 보온재 두께의 2배를 더한 값 이상의 배관 관경으로 설치

③ 바닥·벽체의 슬리브 누락, 길이 또는 크기가 짧거나 작으면 배관 설치과정에서 바닥·벽

* 슬리브 길이는 건축기계설비 표준 시방서와 LH 전문시방서 중에 현장에 맞게 선택하여 적용한다. 다만, 본서에서는 보다 보수적인 LH 전문시방서를 기준으로 하였다.

체를 훼손하는 경우가 발생하므로 주의

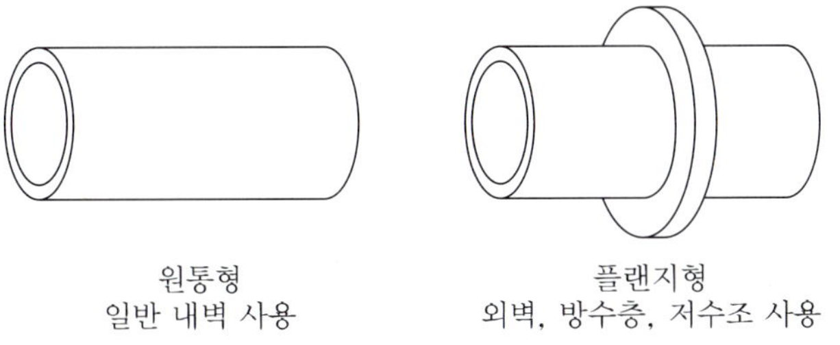

그림 3.2.2.1 슬리브 종류 및 용도

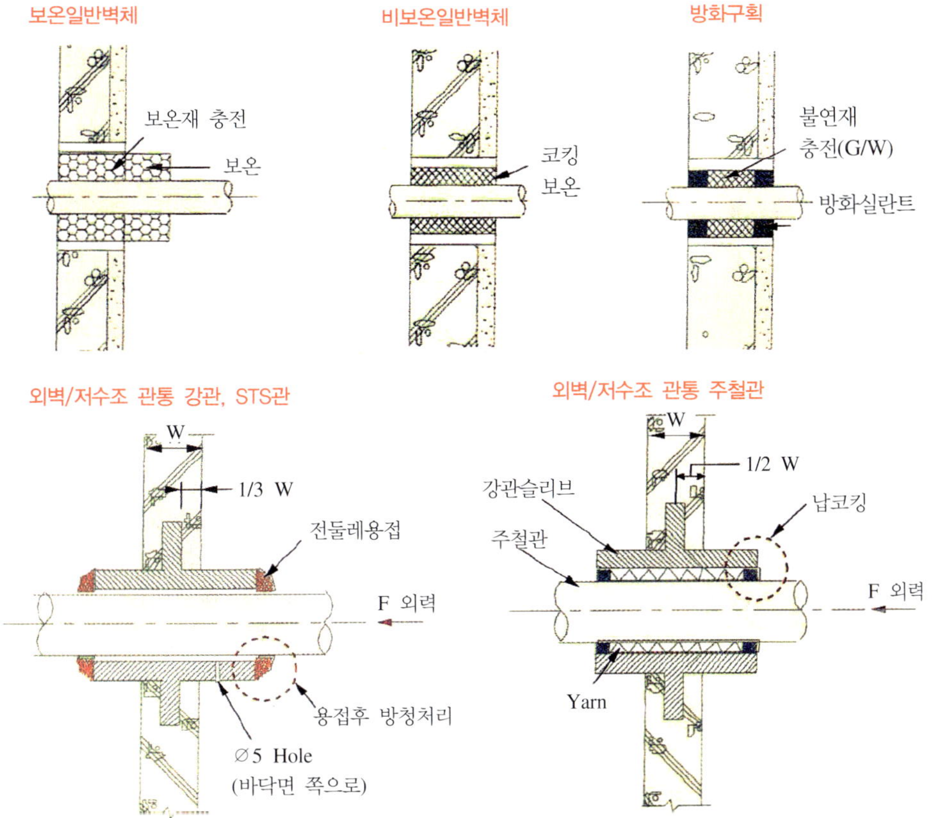

그림 3.2.2.2 슬리브별 시공상세도

(3) 입상 슬리브 설치

1) 각층 바닥에서 슬리브의 설치 위치 및 기준선은 보중심선이 기준
2) 입상하는 수직관통 슬리브는 무게추 등을 이용하여 입상 배관의 중심축이 틀어지지 않게 수직이 되도록 설치

3) 만일 중심축이 틀어지게 될 경우 배관 설치시 슬리브와 배관이 맞닿는 부분이 어긋나 배관이 틀어지거나 심할 경우에는 배관의 설치가 곤란한 정도로 오작이 발생하므로 수직이 되도록 주의하여 설치

표 3.2.2.2 입상 슬리브 참고용 상세도 (LH 공사)

구분	사용부위
입상 슬리브	* 슬리브 노출부위의 파손우려가 있는 입상 관통부분에 사용 – 수계, 가스계 등 소화배관의 입상 관통 부분

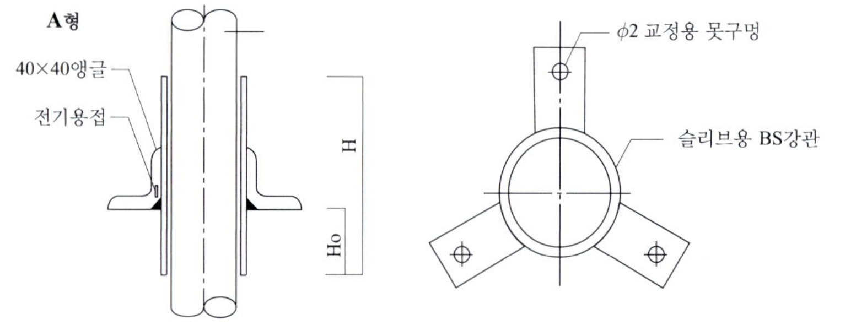

배관 관경	15	20	25	32	40	50	65	80	100	125
슬리브 배관 관경	25	32	40	50	65	80	100	125	150	200

주의 : 1. 슬리브와 파이프 사이에는 얀을 채우고 콤파운드로 기밀하게 마감
2. H_0의 높이는 25~30mm로 설치하여 바닥(천정)면이 미려하게 시공
3. 보온을 요하는 슬리브의 관경은 배관경 + (보온재두께×2) 이상

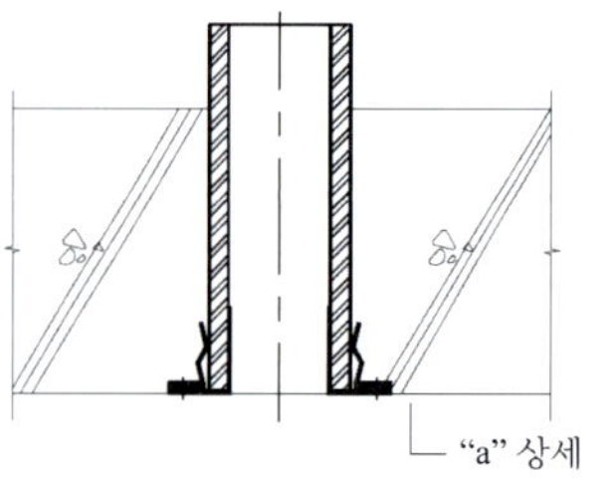

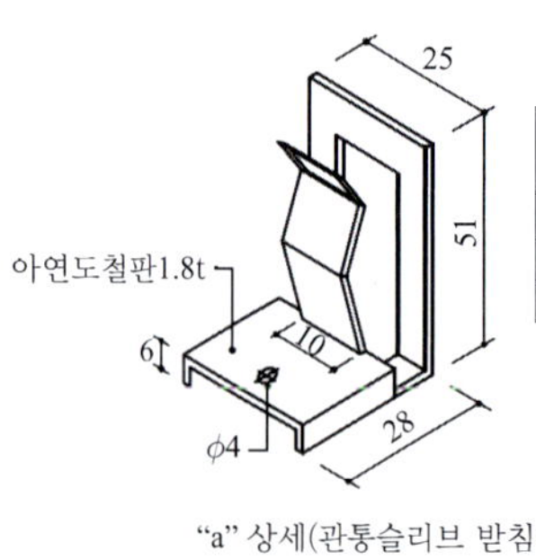

슬리브 규격	받침대 설치갯수
50 이하	2개
65~100	3개
125이상	4개

"a" 상세(관통슬리브 받침대)

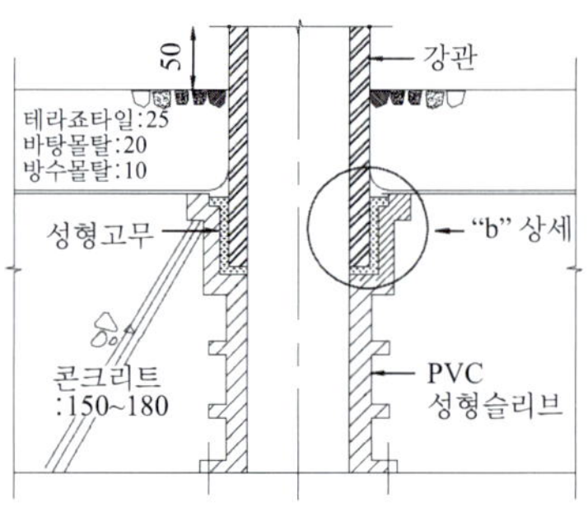

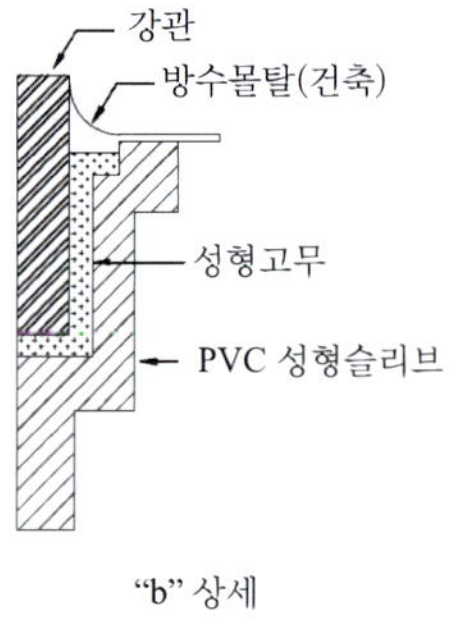

"b" 상세

표 3.2.2.3 벽체관통배관 설치 참고용 상세도(LH 공사)

구분	재질	용도	비고
배관 지수판 부착형	동관	• 지하저수조 사용 ① 지하저수저와 펌프실 사이 벽체 ② 펌프실의 시수인입 벽체 ③ 옥외 상수도소화전 배관 인입부위 벽체 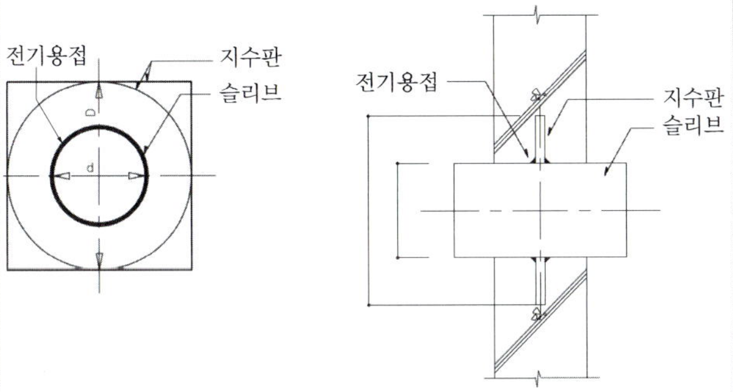 	※ 콘크리트 벽체 중 물의 침투가 우려되는 부위에 사용 ※ 슬리브 규격 • 지수판 크기 D ≧ d+100mm d : 관통배관 지름 • 지수판 두께 동판 : 동관두께 이상 강판 : 3mm 이상 • 무양 : 원형 또는 사각형 • 슬리브 길이 : 시방서 참조
슬리브 지수판 부착형 (일반형)	백강관	• 집수정배관 • 동 지하 오·배수 토출관 • 동지하 간벽 오·배수 주철관 • 내부 벽체중 Con'c 구체 관통부위 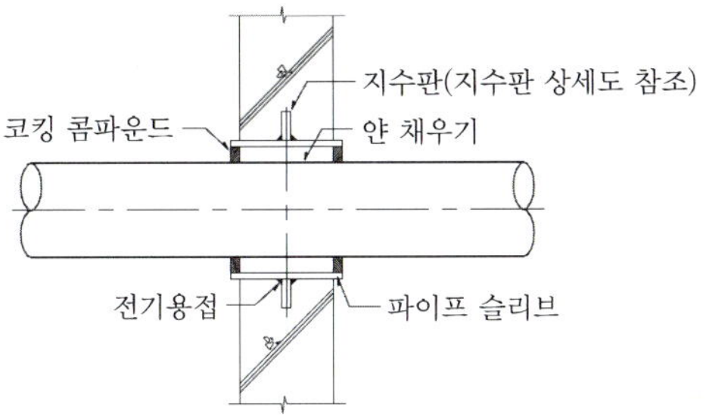 	※ 콘크리트 벽체 중 물의 침투가 우려되지 않는 부위에 사용
원통형 슬리브	백강관	• 일반벽체 • 방화구획 관통 벽체 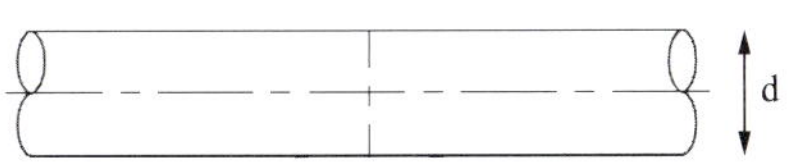 	

4) 강관 등 슬리브 설치 작업시 주의 사항

① 슬리브는 관의 축에 직각으로 절단

② 절단면은 다듬질 실시로 덧살을 제거하고 용접기로 절단 작업 금지

③ 강관 및 동관 슬리브에 지수판 부착시 관과 지수판의 접촉부분 둘레 전체를 양면 용접

④ 지수판의 크기는 배관경보다 100 mm 이상 크게 하고, 지수판의 두께는 해당 설계도면에 의할 것 (지수판 직경 ≥ 배관경 + 100 mm)

⑤ 강관 슬리브의 고정용 철물(고정구) 및 지수판 용접부위의 슬래그 및 발생된 녹은 콘크리트와 밀실한 접착이 되지 않아 누수의 원인이 되므로 완전히 제거 후 사용

그림 3.2.2.3 바닥 관통 슬리브 설치

그림 3.2.2.4 슬리브 설치 불량 사례

⑥ 슬리브 내면은 설치 후 녹 발생 등을 방지하기 위하여 용접에 의하여 발생된 탄화물을 제거하고, 흑관의 경우 내면 전체, 백관의 경우 절단 부분에 방청 도장 실시
⑦ 슬리브의 고정을 위하여 부착하는 고정용 철물은 형틀 제거 후 노출이 되지 않도록 제작(고정용으로 사용된 못은 형틀 제거 후 후속 공종의 안전을 위하여 즉시 제거하고 못 절단면은 녹 발생으로 건축물이 오염되지 않도록 방청 도장 실시)
⑧ 콘크리트에 매설되는 슬리브는 기름 등에 오염되면 콘크리트와 슬리브 접촉부분에 접착력이 떨어져 틈이 발생되어 누수 우려가 있으므로 슬리브의 외면의 기름 등 오염물을 완전 제거 후 사용
⑨ 슬리브에 직접 용접된 배관은 진동이나 유동에 의해 슬리브와 구조체에 틈새가 생기지 않도록 유의
⑩ 큰 구경의 슬리브 설치로 인하여 철근 절단 시 반드시 건축 공정과 협의하여 보양 조치 필요

3.2.3 옥외매립 연결부위 지수판 관통 슬리브 설치 확인

- 건물 외부로 나가는 배관의 지수판 관통 슬리브 사용
- 지수판 관통슬리브 용접·절단부분 방청도색 처리

관련기준

건축기계설비공사 표준시방서(국토교통부, 2016) 04010 난방, 위생 및 소화설비배관공사

3. 시공

3.6 벽, 바닥 및 지붕의 관통

3.6.1 슬리브 : 벽, 바닥 등을 관통하는 배관에는 관통부에 박스 또는 슬리브를 매설한다. 슬리브는 일반강관 또는 동등 이상의 강도와 내식성을 가진 것으로 한다. 박스 또는 슬리브를 매설하고자 할 때에는 콘크리트를 타설할 때에 이동이나 변형이 없도록 박스, 슬리브의 모양 그리고 치수에 적합하도록 충분히 보강한다. 방수층, 물로 씻을 필요가 있는 바닥, 보, 내진벽 또는 외벽 등을 관통하는 부분은 각각 그곳에 알맞는 슬리브를 사용한다.

(1) 방수층의 관통부 : 방수층에 잘 밀착하는 구조로 하며, 원칙적으로 지수판이 붙은 슬리브로 한다.

(2) 물 세척이 요구되는 바닥 관통부 : 슬리브는 강관을 사용하고, 위쪽을 마감면으로부터 30mm 이상 올린다.

(3) 기둥, 내진벽 및 외벽 관통부 : 구조체의 강도에 지장이 없는 모양과 치수로 한다.

3.6.2 관 관통부위의 틈새 : 노출부분, 소음방지가 필요한 부위 및 건축법, 소방법에 의한 방화 구획 등은 법규에 적합한 불연 재료로 채워 넣는다. 관의 신축을 고려할 경우에는 공사시방서에 의한다.

3.6.3 외벽 및 지붕 등의 관통 : 지하수 및 우수 등의 침투를 방지하기 위해서 콜타르, 아스팔트, 콤파운드, 납 또는 기타 수밀성이 있는 재료로 막는다.

3.6.4 관좌금 : 보온하지 않은 배관이 천장, 바닥 및 벽을 관통하는 경우에 보이는 부분에는 관좌금을 설치한다.

(1) 지수판 슬리브

1) 용도

① 재질이 서로 다른 슬리브와 콘크리트는 시간의 경과나 주변 진동 등에 의해 필연적으로 재료분리 현상이 발생되며, 이 현상으로 인해 방수층이 파괴되고 이 틈을 통하여 외부의 물이 건물 내부로 침투하거나 슬리브를 타고 흐르는 모세관 현상에 의한 침수 및 누수 방지

② 건축구조물에 물이 스며드는 것을 막아 배관, 건축물 및 구조물의 수명 연장

③ 콘크리트 지하구조물의 방수성능을 향상

④ 누수 보수 비용을 절감 및 후속 공정의 지연을 최소화

2) 제작 및 설치 특징

① 슬리브 중간쯤에 금속 원판의 원형 날개(플랜지)를 달아 물의 침투를 방지

② 외벽 관통시 건물 내측에서 1/3 또는 중간지점에 50 mm 이상의 플랜지를 용접하여 설치

③ 플랜지를 부착한 슬리브의 용접 부분 및 강관 절단 부위에 방청 도장하여 녹 발생 등 부식을 방지

④ 외벽 콘크리트 관통 슬리브에 관통배관 설치 후 관통부 틈새 및 주변에 외벽 방수를 실시하여 완전한 방수처리

(2) 설치 위치

1) 건물 외벽을 관통하는 배관

- 지하층 벽체 관통 슬리브가 설치 위치가 바깥 쪽 지면(Ground Level)보다 높더라도 여름 장마철, 우기 또는 홍수 등으로 인한 침수 등으로 벽면 안쪽으로 물이 스며들 수 있으므로 가급적 옥외 관통 부분에는 지수판 슬리브 설치

2) 옹벽이나 아파트 공동구의 분리된 구조체 콘크리트 조인트 부분

그림 3.2.3.1 건물 외벽 관통 부위 슬리브 설치

3.2.4 슬리브 고정 및 철근보강 등 마감 상태 확인

- 슬리브 견고한 고정 상태 확인
- 하중으로 인한 처짐 방지 보양 여부 확인
- 슬리브로 인한 철근의 이상 여부 확인

관련기준

건축기계설비공사 표준시방서(국토교통부, 2016) 04010 난방, 위생 및 소화설비배관공사

3\. 시공

3.1 공통사항

3.1.1 배관 준비

(1) 위치의 결정 : 시공에 앞서 전 배관에 대하여 다른 배관과의 병렬 및 교차의 최소간격, 필요한 기울기의 위치, 장래의 보수 및 배관교체 등 관련사항들을 고려한 후, 배관 위치를 정확히 결정한다.

(2) 배관 피트, 거푸집 및 슬리브의 고정 : 콘크리트의 바닥 및 벽 등에 매설할 배관 또는 관통하는 관에 대해서는 콘크리트 타설 전에 충분히 강도가 있는 거푸집 또는 슬리브 등을 소정의 위치에 설치한다.

LH 전문시방서(LH공사, 2020.12.09. 제정) LHCS 14 20 11 05 철근전문

3\. 시공

3.4 정착 및 이음

3.4.9 매입부품의 설치 및 보강

(1) 전기, 설비공사와 관련하여 매입되는 기구, 박스, 파이프, 슬리브 등(이하 슬리브 등이라 한다)의 위치와 보강은 설계도에 의하고 설계도에 명기되어 있지 않거나 변경 설치하는 경우는 다음 사항의 내용에 따르되, 슬리브 등의 매입자재는 콘크리트에 유해하지 않아야 하며, 슬리브 등과 주변 철근과의 간격은 이 기준 3.4.8을 따른다.

(2) 슬리브 등이 구조상 중요한 부재를 관통하는 경우에는 부재의 구조강도를 확보할 수 있도록 해야 한다.

(3) 보를 관통하는 경우는 다음 사항을 따라야 한다.

① 슬리브 등의 외경은 보높이의 1/3 이하로 하고, 관통위치는 보의 높이 및 길이의 중앙에 오도록 하되, 관통부분이 2개소 이상인 경우는 그림 3.4-1과 같이 슬리브 간의 중심간격이 슬리브 외경의 3배 이상 되도록 이격시킨다.

② 보강근은 그림 3.4-2와 같이 배근하되 보강 스터럽을 추가 시공하여야 하며, 이와 같이 할 수 없는 경우에는 별도의 보강계획을 세워 구조안전을 확인한 후 시공하여야 한다.

(4) 슬래브, 벽을 관통하는 경우 다음 사항을 따라야 한다.

① 관통외경은 슬래브 또는 벽두께의 1/3 이하이어야 하며, 그 이상인 경우는 별도의 보강계획을 세워 보강하여야 한다.

(5) 기둥을 관통하는 경우 다음 사항을 따라야 한다.

① 기둥을 횡으로 관통하는 경우는 보를 관통하는 경우와 같이 한다.

② 기둥을 수직으로 관통하는 경우는 그림 3.4-3과 같이 하되, 그 매입되는 부품의 총 단면적이 기둥 단면적의 4% 미만이어야 한다. 이때 관통부분이 2개 이상일 경우 그 중심 간격은 관통직경의 3배 이상이 되도록 하고, 매입 부품의 기둥 외곽과의 이격거리는 매입부품 직경의 1.5배 이상 되도록 한다. 이와 같은 사항을 따를 수 없는 경우에는 단면결손에 대하여 구조안전 확인을 하여야 한다.

그림 3.4-1 슬리브가 보를 관통하는 경우의 슬리브 위치

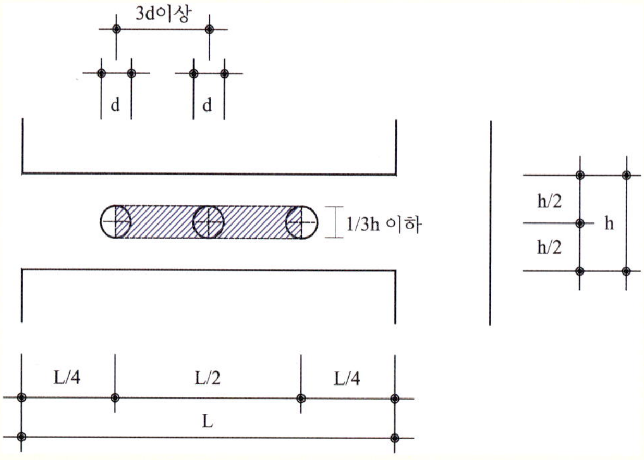

그림 3.4-2 슬리브가 보를 관통하는 경우의 보강

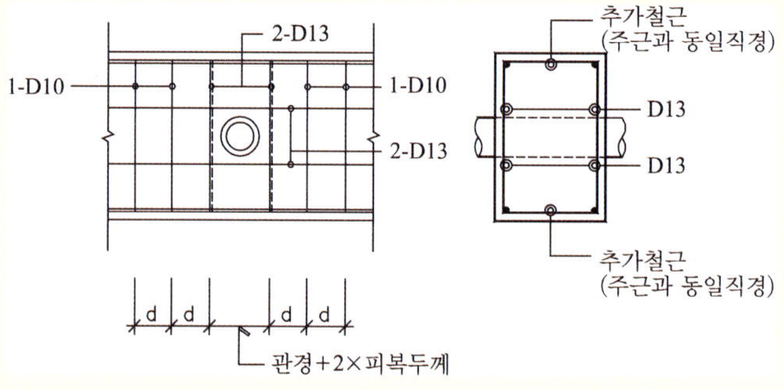

그림 3.4-3 슬리브가 기둥을 관통하는 경우의 슬리브 위치

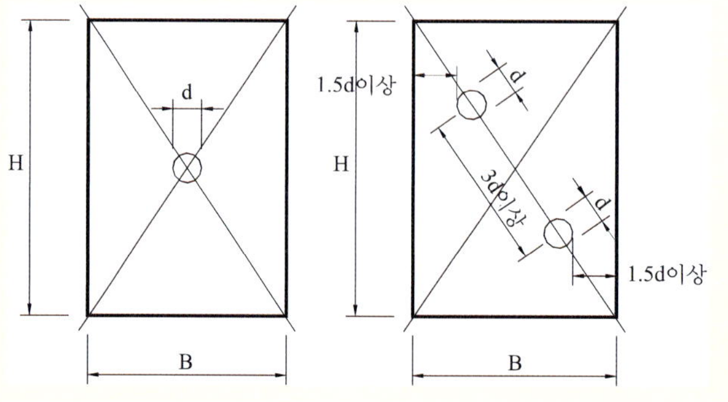

(1) 슬리브 고정

1) 상판 거푸집이 완성된 직후 철근 배근 작업과 동시에 실시
2) 삼발이형태의 고정부를 상판 거푸집에 못으로 고정 후 결속선으로 견고하게 보강
   - 철근 작업, 각종 급수·급탕 및 전선관 매립 배관 설치를 위한 작업자의 통행 중 또는 콘크리트 타설을 위한 진동 다짐 작업 중에 못이 빠지거나 못 구멍이 헐거워짐으로 인한 슬리브의 수직·수평의 틀어짐 방지를 위하여 결속선으로 보강

(2) 고정 후 확인 사항

1) 슬리브 크기가 커서 철근을 절단하거나 휘어서 배근 간격이 많이 이격되는 경우
   - 구조적인 문제가 발생할 수 있으므로 슬리브 주위를 점검하여 슬리브 주위 철근의 이상 여부를 확인

2) 슬리브 주위 철근의 과도한 변형 및 절단 등이 발생하는 경우
   - 건축 공종과 협의하여 보강 조치

3) PVC 재질 슬리브의 경우
   - 형틀 제거 시 파손이 빈번하므로 주의

그림 3.2.4.1 철근작업 후 슬리브 시공 예

3.2.5 다른 공사와 간섭 확인

- 물배관 금지장소로부터 이격거리 1m 이상 유지 확인
- 슬리브 설치 주변의 전선관매립 등 간섭 부분 확인

관련기준

건축기계설비공사 표준시방서(국토교통부, 2016) 04010 난방, 위생 및 소화설비배관공사

(3. 시공) 3.7 전기설비로부터의 이격

(1) 하기 장소에서는 특별한 언급이 없는 한 물배관을 할 수 없다.
   1) 전기실 및 배전구 2) 전산실 및 통신기기실 3) 승강기 기계실

(2) 하기 장소의 상부 또는 1m 이내에서는 특별한 언급이 없는 한 물배관을 할 수 없다.
   1) 변압기 2) 변전실 3) 배전반 4) 각종 설비 제어 센터 또는 제어반 5) 예비전원실

(3) 위의 장소 또는 장비로부터 이격거리 이내에 물배관이 불가피할 경우는 관계자의 허가를 받아 물받이설비를 설치하거나 물배관에 외부케이싱 또는 2중배관설비 등의 설비를 하여 배수구에 유도하여야 한다.

LH 전문시방서(LH공사, 2020.12.09. 제정) LHCS 31 65 10 05 배관
3. 시공
3.1.3 슬래브 매입배관
(8) 모든 배관은 건축의 우수드레인, 기계의 화장실 배수구 등과 최대한 이격시켜야 한다.

(1) 다른 공정 간섭 확인

1) 다른 공정 간섭 확인 목적

- 슬리브는 건물 구조체가 완성된 이후에 배관 등을 설치하기 위한 것으로 관통 배관 등의 작업 시 다른 공종과의 간섭이 최소화될 수 있도록 사전에 검토하여 원활한 공사 진행을 도모

2) 확인 사항

① 다른 공종에 의하여 배관을 이설하여야 하는 경우가 발생하지 않도록 슬리브 위치 선택 시 신중

② 다른 공종에 의한 이설 및 입상배관의 상하 일치가 초기 계획과 변경된 부분이 있는지 확인

③ 슬리브 위치가 물배관이 금지된 장소로부터 1 m 이상이 이격되었는지 확인

④ 전선관 등의 매립위치는 부득이한 경우를 제외하고 슬리브로부터 100 mm* 이상의 간격을 유지

⑤ 현장에서 작성된 시공도를 확인하고 캐드(CAD)상으로도 타 공종의 도면을 체크하여 간섭 및 중첩에 의한 오작으로 재시공 부분이 없도록 사전 검토

그림 3.2.5.1 슬리브 시공 후 다른 공정 간섭 확인

* 슬리브와 전선관의 이격거리에 대하여 LH 전문시방서에도 "최대한 이격"이라고만 명시되어있고 이격거리에 대한 정확한 거리 기준을 찾을 수 없어 본서의 이격거리 "100 mm 이상"은 공사감독 핸드북(전기), 대한주택공사(2005) p.118의 내용을 반영하였다. 부득이한 경우 최소 100 mm 이상을 이격시키고 재시공 등의 콘크리트 파쇄 시 100 mm 이상을 파쇄할 수 있으므로 여유 200 mm를 추가하여 300 mm를 이격하는 것이 실무적으로 바람직하다.

3.2.6 슬리브 검측 체크리스트 서식

<table>
<tr><th colspan="8">검측 서식 3.2 슬리브, 인서트 설치 공사</th></tr>
<tr><td>공종 CODE NO.</td><td>01 소방기계</td><td colspan="4">위치 및 부위</td><td colspan="2"></td></tr>
<tr><td>공종(세부공종)</td><td>001 슬리브, 인서트 설치 공사</td><td colspan="4">공 사 량</td><td colspan="2"></td></tr>
<tr><td rowspan="3">검 사 항 목</td><td rowspan="3">검사 기준
(시방서 또는 도면)</td><td colspan="4">검사 결과</td><td rowspan="3" colspan="2">조 치
사 항</td></tr>
<tr><td colspan="2">1차</td><td colspan="2">2차</td></tr>
<tr><td>합격</td><td>불합격</td><td>합격</td><td>불합격</td></tr>
<tr><td>1. 슬리브의 재료는 적합한가?</td><td></td><td></td><td></td><td></td><td></td><td colspan="2"></td></tr>
<tr><td>2. 슬리브는 건축 바닥선을 확인하여 정확한 위치 및 규격으로 설치되었는가?</td><td></td><td></td><td></td><td></td><td></td><td colspan="2"></td></tr>
<tr><td>3. 옥외매립 연결부위는 지수판 관통슬리브를 사용하여 설치하였는가?</td><td></td><td></td><td></td><td></td><td></td><td colspan="2"></td></tr>
<tr><td>4. 슬리브는 위치변동이 없도록 견고히 고정되고 설치 후 철근보강 등 마감처리 상태는 양호한가?</td><td></td><td></td><td></td><td></td><td></td><td colspan="2"></td></tr>
<tr><td>5. 타 공정(전기, 기계 및 통신)과 관련사항은 없는가?</td><td></td><td></td><td></td><td></td><td></td><td colspan="2"></td></tr>
<tr><td>6. Insert의 위치 및 Size는 도면대로인가?</td><td></td><td></td><td></td><td></td><td></td><td colspan="2"></td></tr>
<tr><td>7. Insert의 고정은 잘 되어 있는가?</td><td></td><td></td><td></td><td></td><td></td><td colspan="2"></td></tr>
<tr><td>8. Insert Plate의 위치 및 Size는 도면대로인가?</td><td></td><td></td><td></td><td></td><td></td><td colspan="2"></td></tr>
<tr><td>9. Insert Plate의 고정은 잘 되어 있는가?</td><td></td><td></td><td></td><td></td><td></td><td colspan="2"></td></tr>
<tr><td>10. 공사별로 식별이 용이하도록 구분되어 있는가?</td><td></td><td></td><td></td><td></td><td></td><td colspan="2"></td></tr>
</table>

<table>
<tr><td colspan="2">작 업 자 점 검</td><td colspan="2">시 공 자 점 검</td><td colspan="2">감 리 원 검 측</td></tr>
<tr><td>점 검</td><td>재 점 검</td><td>점 검</td><td>재 점 검</td><td>검 측</td><td>재 검 측</td></tr>
<tr><td>(인)</td><td>(인)</td><td>(인)</td><td>(인)</td><td>(인)</td><td>(인)</td></tr>
</table>

3.3 수계배관 설치공사

3.3.1 배관의 용접 및 마감상태 확인

- 용접 전 개선가공 및 외관 용접 비드 상태 확인
- 용접 슬래그 제거 후 방청 도장(2회 이상) 여부

관련기준

건축기계설비공사 표준시방서(국토교통부, 2016) 04010 난방, 위생 및 소화설비배관공사

3. 시공 [3.1 공통사항]

3.1.2 관의 절단 및 절단부의 처리

(1) 관의 절단

1) 관의 배관 길이를 정확하게 잰 후 축선에 직각이 되도록 절단하고 절단시 관지름이 축소되거나 도금 또는 도복장재의 칠이 벗겨질 수 있는 절단기기 및 공구류 등은 사용하지 않는다.

2) 배수 및 통기용 연관의 지관 등 주관과 일정한 각도를 가지고 접합하는 관 끝은 절단 각도에 주의해서 절단한다.

(2) 절단부위의 처리 : 모든 관의 절단부위는 줄 및 리이머 등을 사용하여 매끈하게 축선과 직각으로 평면이 되도록 다듬질한다.

3.3 관의 용접 접합 [3.3.1 강관]

용접은 건축시방서 강재공사에 준하는 것 이외에 다음 사항에 따른다.

(1) 홈 내기 가공

1) 홈 내기 가공은 원칙적으로 기계가공으로 한다. 단, 부득이하여 자동 또는 수동의 열절단 가공 시에는 반드시 그라인더로 마무리 면가공을 한다. 홈 내기면은 평탄하게 마무리하고 홈 내기면에 부착되어 있는 찌꺼기를 완전히 제거한다.

2) 접합부분의 홈 내기 치수는 다음 표에 따른다.

홈내기 형상	t [mm]	@[도]	a [mm]	b [mm]	배관용 탄소강관의 관지름(A)
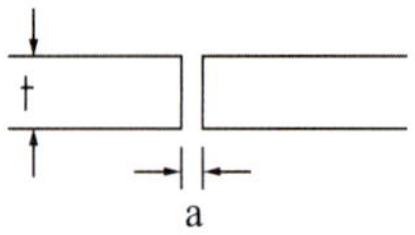	2.8~4.5	–	0~2	–	125 이하

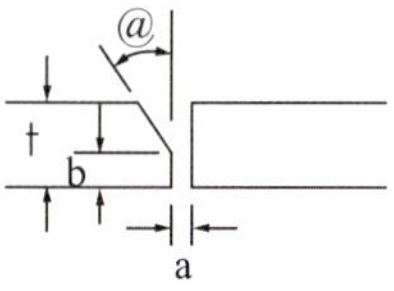	5.0	45	0~2	2.0	150
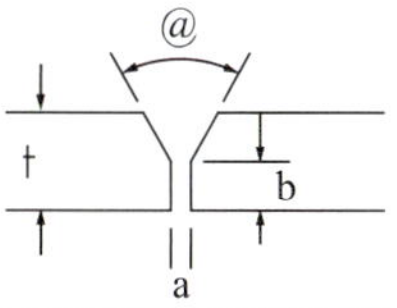	5.8~7.9	70	0~2	2.0	200 이상

(2) 용접시공

1) 맞대기 용접 : ㄷ자형의 가용접물을 3~4개소 가용접하거나 클램프를 사용하여 관을 회전시키면서 하향으로 용접한다. 관을 회전시킬 수 없는 경우에는 밑에서 위로 용접한다. 용접부의 원주상에 가용접이 된 경우에는 가용접 위치에 도달하면 그라인더 등으로 가용접을 완전히 깍아낸 후 본 용접을 행한다.

2) 밀어넣기 용접 : 배관하기 전에 관의 한 방향에 나사없는 소켓을 용접한 후 다른 관을 소정의 깊이까지 밀어넣고 용접한다.

3) 플랜지 용접 : 플랜지 면이 관에 직각이 되도록 맞추고 볼트 구멍을 일치시켜서 3~4개소 가용접한 후 본 용접을 한다. 관지름 65A 이하는 단면 용접하고 관지름 80A 이상은 양면 용접한다.

4) 웰도렛(Weldolets) : 65mm 이상 규격에서 현장에서 주관보다 가지관이 3단계 혹은 그 이상으로 작은 경우에 국제규격품(ISO 또는 ASME)을 사용할 수 있다.

(3) 용접부의 검사

용접부는 외관검사를 행한다. 외관검사 이외의 검사가 필요할 경우는 KS B 0845(강용접부의 방사선 투과 시험방법) 및 KS B 0816(침투탐상 시험방법 및 지시모양의 분류)에 따른다.

(1) 배관의 용접

1) 대부분 맞대기 용접(압력배관용 강관 중 SOCKET WELDING 부속, FLANGE와 배관의 용접은 제외)으로 실시
2) 배관이 맞대지는 부위의 형태에 따라서 I형 또는 V형의 개선 형태를 많이 사용
3) 배관의 I형 맞대기 이음의 경우
   - 배관 구경이 굵어짐에 따라 배관의 살 두께가 두꺼워지므로 용입 부족의 결함이 발생하여 배관의 수명이 짧아지는 경우가 발생

(2) 개선 가공

1) 개선 깊이
   ① 건축기계실비공사 표준상세도의 홈내기 형상 표를 참고
   ② 완성품인 용접부속 또는 배관 끝부분은 V형으로 가공되어 있으므로 이 가공 깊이를 배관 개선의 기준 깊이로 적용
2) 개선 가공
   ① 기계가공을 원칙

② 부득이하게 배관을 현장에서 커터기로 절단하는 경우

☞ 내부를 리이머 등으로 마무리하고 절단면은 그라인더로 개선가공 처리하여 용접 시 용입이 유리하도록 함

(3) 용접 검사 방법

1) 용접 작업 전 검사

① 용접하기 전 단면의 형상과 용접부재의 직선도 및 청소상태를 점검

② 틈새 모양, 구속법, 모아 대기법, 용접자세, 개방된 공간의 경우 기상(온도, 풍속 등)상태를 파악

2) 용접 작업 중 검사

① 재료와 장비로 인한 결함을 용접 중에 검사

② 용접봉, 운봉, 적절한 전류 선택에 따른 용입 상태, 표면 형상 및 ROOT 상태를 정확히 파악

3) 외관 검사(육안 검사)

① 용접부의 구조적 손상을 입히지 않은 상태에서 용접부 표면을 「LHCS 31 20 15 10 강관 및 관이음쇠 표 3.7-1 용접결함」의 결함에 해당 여부를 육안으로 검사

② 외관 검사로 용접 결합의 70~80% 까지 분석이 가능

4) 절단 검사

① 구조상 주요 부위를 절단하여 검사하는 것

② 육안 검사나 비파괴 검사로도 확실한 결과 분석이 어려운 부위는 절단하고 절단된 부분의 용접상태나 결함을 확인하고 수정

5) 비파괴 검사(3.4.1장 참고)

(4) 용접 후 외관검사

1) 외관검사 확인 사항

① 용접부 높이가 모재면보다 낮은 부분은 없는지 확인

② 용접면의 비드(bead) 표면이 균일한지 확인

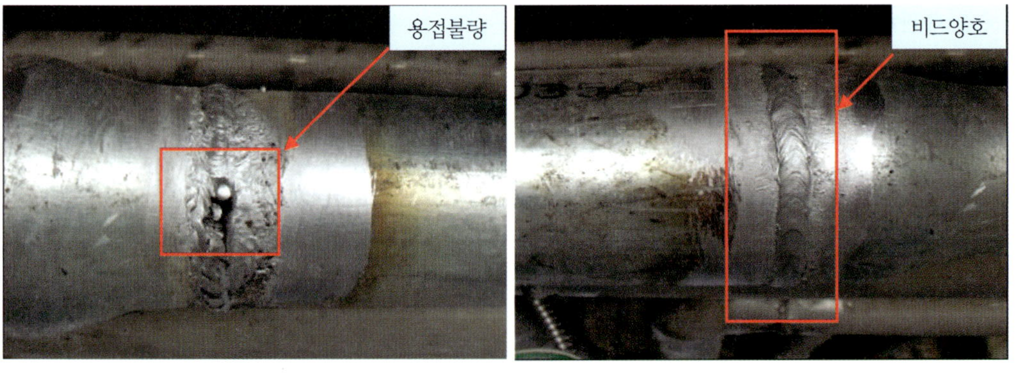

그림 3.3.1.1 배관 용접상태 확인

③ Under Cut (용접선 가장자리에 모재(母材)가 패여서 홈과 같은 골이 있는 상태)이 있는지 확인

④ Over Lap (융착금속이 모재에 융합되지 않고 겹친 부분)이 1.5 mm 이하인지 확인

⑤ 용접 폭이 일정한지 확인

2) 용접 후 마감처리

① 용접 슬래그를 치핑망치 및 와이어 브러시를 사용하여 깨끗하게 청소

② KS규격에 적합한 방청페인트(2종 또는 5종)를 사용하여 용접면에 2회 이상 도장

③ 용접 중 열에 의한 영향으로 아연도금이 변질된 곳까지 방청 도장

④ 용접 작업 중 실수로 스파크나 용접 불똥이 튄 곳도 방청 도장

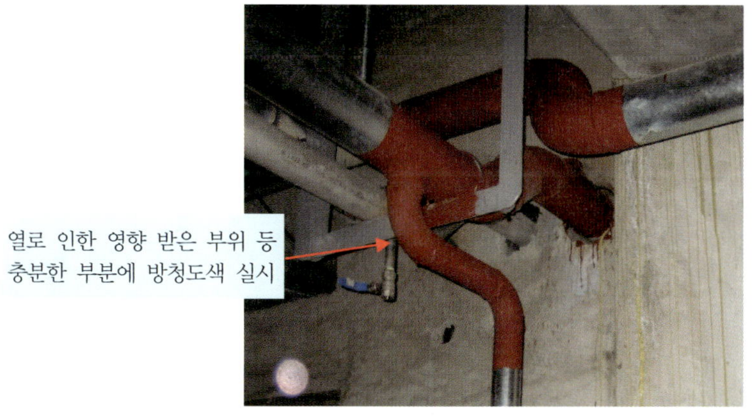

그림 3.3.1.2 배관의 방청도장

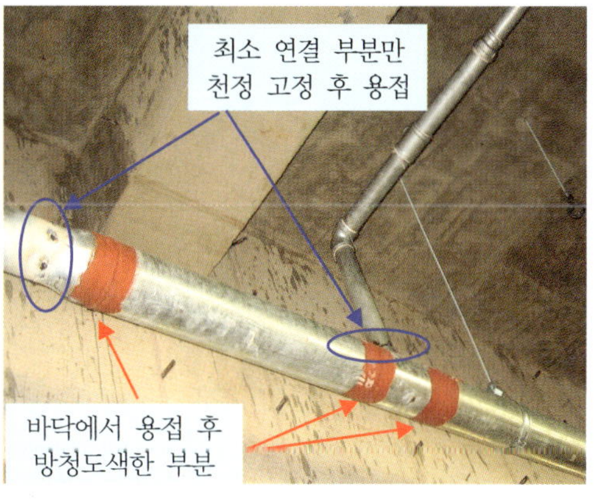

그림 3.3.1.3 바닥에서의 용접

(3) 용접 작업 시 주의 사항

1) 가능한 많은 용접부위를 작업장 바닥에서 완료한 후 최소한의 연결 부위만 천정에 매단 상태에서 용접

2) 용접 작업 시 배관을 미리 천정 등에 걸어 공중에 매달린 상태로 용접시 제대로 된 용접 품질을 기대하기 어렵고 고소 작업에 따른 안전사고 위험 우려

관련기준

LH 전문시방서(LH공사, 2020.12.09. 제정) LHCS 31 20 15 10 강관및관이음쇠

3.7 용접결함

(1) 용접부에는 다음과 같은 결함이 없어야 한다.

표 3.7-1 용접 결함

항목	결함 한도(mm)		약도	적요
	기준치	최대치		
비드크기 불량	2.0이하	미세한 결함이 없을 것	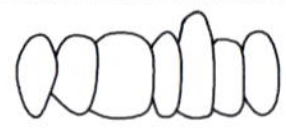	요철을 포함한 비드(Bead) 눈의 불량
비드폭 불량	2.5 이하			비드(Bead)가 좌우로 여분이 나오는 것
언더컷	틈새깊이 0.5 이하, 1개길이 12 이하, 합계길이 총용접 길이의 8% 이하	틈새깊이 1.0 이하, 1개길이 25 이하, 합계길이 총용접 길이의 8% 이하	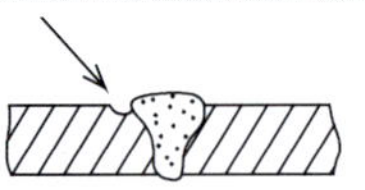	용접 끝단에서의 모재와의 틈
오버랩	1.5 이하	-	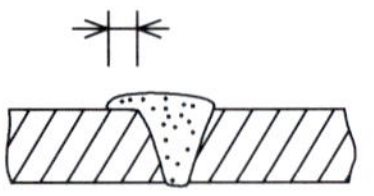	끝단에서 모재 또는 용착금속에 겹치어 있는 것
용접금속이 녹아들어감	2.0 이하	미세한 결함이 없을 것	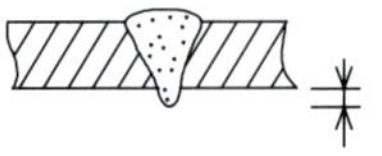	내측에 흘러처짐
관단면의 어긋남	1.5 이하		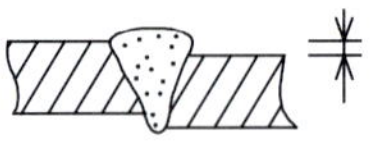	관외경 편심량을 측정할 것
비드의 편심	2.5 이하			비드(Bead)의 중심선이 구부러진 것
용접덧살	t12 이하: 2.0 이하 t13 이상 25 이하 : 2.5 이하 t26 이상 50 이하 : 3.0 이하 t51 이상: 4.0 이하	과도한 용접덧살이 없을 것	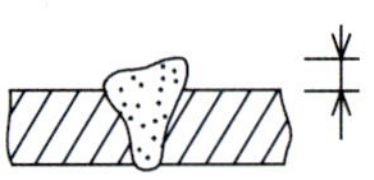	표면의 비드(Bead)의 올려진 것 (좌그림 참조)
용입 부족	깊이 0.5 이하, 1개길이 12 이하 합계길이 총용접 길이의 4% 이하	깊이 0.5 이하, 1개길이 25 이하, 합계길이 총용접 길이의4%이하	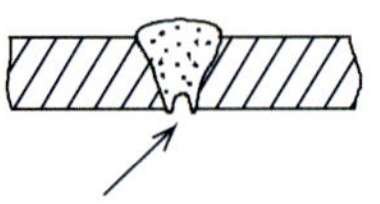	내면까지 용접이 되지 않은 것
각도(판용접 후 긱도)	5° (11mm)	8° (18mm)	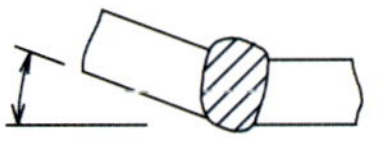	용접전에 반대쪽을 붙일 것
크랙	있어서는 안됨	있어서는 안됨	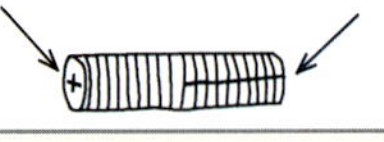	용착금속부, 열영향 모재와의 접합

3.3.2 배관 행거 설치위치, 간격 및 고정 상태 확인

- 배관의 지지 및 이탈 방지 여부 확인
- 가지관의 행거의 간격은 헤드설치지점 사이 또는 3.5m 이내 확인
- 교차배관의 행거의 간격은 가지배관 사이 또는 4.5m 이내 확인
- 수평주행배관은 4.5m 이내 확인
- 환봉의 규격은 적합 확인

관련기준

건축기계설비공사 표준시방서(국토교통부, 2016) 04010 난방, 위생 및 소화설비배관공사

3. 시공

3.1 공통사항

3.1.1 배관 준비

(3) 지지철물의 고정

1) 천장 및 벽에 고정하는 인서트 및 지지 철물은 건축공사의 진행에 따라 지체없이 소정의 위치에 정확하게 부착되도록 한다.

2) 벽체 매립관에는 충격이나 이상진동 등이 전달되어 배관 및 벽에 손상을 주지 않도록 시공한다.

3.4 지지 및 고정

(1) 층간 변위 및 수평 방향의 응력을 검토하고, 필요할 때에는 좌굴 응력에 대해서도 검토한다. 지지구간 내에서 관의 중간이 처지거나 진동이 발생하지 않도록 행거 또는 지지 철물을 써서 적절한 간격으로 지지 고정한다. 지지 간격은 다음 표에 따른다. 동관 및 스테인리스강관의 밴드, 지지 철물류는 관과 직접 닿지 않도록 관과의 사이에 적절한 절연재를 사용한다.

배관	적요			간격
수직관	주철관	직관		1개에 1개소
		이형관	2개 3개	어느쪽이든 1개소 중앙부에 1개소
	강 관			각 층에 1개소 이상
	연관, 경질 염화비닐관, 동관 및 스테인리스관			
수평배관	주철관	직관		1개에 1개소
		이형관		1개에 1개소
	강관	관지름 20mm 이하 관지름 25~40mm 관지름 50~80mm 관지름 100~150mm 관지름 200mm 이상		1.8m 이내 2.0m 이내 3.0m 이내 4.0m 이내 5.0m 이내
	연관 (길이 0.5m 초과시)	배관이 변형될 염려가 있는 곳에는 두께 0.4mm 이상의 아연도 철판으로 반원형 받침대를 만들어 1.5m 이내마다 지지한다.		
	동관	관지름 20mm 이하 관지름 25~40mm 관지름 50mm 관지름 65~100mm 관지름 125mm 이상		1.0m 이내 1.5m 이내 2.0m 이내 2.5m 이내 3.0m 이내

	경질염화비닐관	관지름 15mm 이하 관지름 20~40mm 관지름 50mm 관지름 65~125mm 관지름 150mm 이상	0.75m 이내 1.0m 이내 1.2m 이내 1.5m 이내 2.0m 이내
	스테인리스관	관지름 20mm 이하 관지름 25~40mm 관지름 50mm 관지름 65~100mm 관지름 125mm 이상	1.0m 이내 1.5m 이내 2.0m 이내 2.5m 이내 3.0m 이내

(2) 수직관의 하단부는 관의 총중량에 의하여 하단부 곡관의 처짐 또는 곡관의 자중에 의하여 수직관의 하단이 이완되어 밑으로 내려가지 않도록 지지철물 및 콘크리트의 받침대로 고정한다.

LH 전문시방서(LH공사, 2020.12.09. 제정) LHCS 31 20 15 05 배관설비공사공통사항

2. 자재

2.6 강재류

(1) 강재 : KS D 3503 SS 275 및 KS D 3515 SWS400에 적합한 제품으로 한다.

(2) 메탈라스 : KS F 4552에 의한 #300에 적합한 제품으로 한다.

(3) 행거용 환봉 (또는 아연도금 전산볼트, 철심 삽입형 합성수지제 지지봉 등) 및 U볼트 지름

① 관경 100 이하 : 9mm

② 관경 125 이상 : 12mm

③ 관경 175 이상 : 15mm

④ 합성수지제 지지봉 : 9mm (철심 + 합성수지 외피)

(4) U밴드 지름, 폭

① 관경 40mm 이하 : 1.6mm(t)이상 × 25mm(w)이상

② 관경 65mm 이하 : 2mm(t)이상 × 25mm(w)이상

③ 관경 100mm 이하 : 2.3mm(t)이상 × 25mm(w)이상

④ 관경 150mm 이하 : 2.3mm(t)이상 × 25mm(w)이상

⑤ 관경 200mm 이하 : 3mm(t)이상 × 30mm(w)이상

(5) 파이프 행거 : KS B 1527 표준에 적합한 제품 또는 합성수지제 또는 단축행거를 적용한다.

(6) 합성수지제 파이프행거 및 철심 삽입형 합성수지제 지지봉은 인장하중 1000N 이상 이어야 하며, 화장실 천장 오배수 배관에만 적용한다.

(7) 단축행거는 KS B 1527에서 정하는 하중검사를 충족하여야 하며, 설치 공간 등의 제약으로 KS규격의 파이프 행거 적용이 불가한 경우에만 적용한다.

(8) 절연 행거, 절연 U형 볼트 및 절연 U형 밴드의 절연재는 고무(E.P.D.M.) 또는 동등 이상의 성능을 가진 재질로서 두께 3mm 이상(절연 U형 볼트 및 절연 U형 밴드는 바닥 절연판 포함)으로 한다.

LH 전문시방서(LH공사, 2020.12.09. 제정) LHCS 31 20 15 05 배관설비공사공통사항

3. 시공

3.3 슬리브, 행거, 지지철물

(5) 행거, 관지지 및 고정철물의 설치작업을 하기 전에 인서트 및 인서트 플레이트 등 정착물의 위치가 부적당한 것은 수정하여야 한다.

(6) 급탕 및 난방배관의 지지금구류 접촉부위에는 에너지 손실을 방지하기 위하여 단열재를 시공하여야 한다.

(7) 배관 지지금구류는 관의 신축, 진동의 전달을 막을 필요가 있을 때는 방진재를 사용하고 바닥 및 천장배관의

경우 관의 휨이 없도록 받침대 또는 행거를 설치하며 타 공종의 작업으로 인한 배관 손상을 방지하여야 한다.

(8) 배관의 지지가대는 조립식(또는 용접식)으로 제작 설치하며 조립식의 경우 천장 상부면은 조립식 인서트플레이트, 바닥 및 벽은 셋트앵커(M10이상)를 사용하여 고정해야 한다. : 상세도 참조

(9) 배관의 지지간격

표 3.3-1 배관의 지지간격

구 분	관		지지 간격	비 고
	재 질	호칭경		
수직관	강관, 스테인리스관, 동관 및 P.V.C관		각 층에 1개소 이상	
수평관	강관	20mm 이하	1.8m 이내	
		25~40mm	2.0m 이내	
		50~80mm	3.0m 이내	
		100~150mm	4.0m 이내	
		200mm 이상	5.0m 이내	
	동관 스테인리스관	20mm 이하	1.0m 이내	
		25~40mm	1.5m 이내	
		50mm	2.0m 이내	
		65~100mm	2.5m 이내	
		125mm	3.0m 이내	
	주철관	직 관	1본에 1개소	1본당 1.5m 이상일 경우는 1.5m마다 지지
	P.V.C관		1.5m 이내	

(10) 관의 신축 및 진동 하중 등에 견딜 수 있도록 입상관 및 횡주관에는 파이프 앵커, 파이프 가이드, 파이프 행거 및 파이프 클램프 등의 지지금구류를 설치하여야 하고, 설계도면을 준수하여 제작 설치한다.

(11) 보일러실, 중간기계실 및 펌프실의 각종 기기류에 배관을 연결할 때에는 기기축에 배관하중이 걸리지 않도록 지지금구류를 설치하여야 한다.

(12) 주철관과 동관의 연결부위는 벽체 고정클램프를 설치하여 공동가대 위에 지지한다.

(13) 지지금구의 절연은 절연금구 또는 배관에 방식테이프 처리를 한 후 일반용 금구류를 사용할 수 있으며, U형 볼트의 체결 시에 방식재료를 접촉면 크기의 이상으로 설치하며, 배관의 방식처리가 가능토록 하여 동관에서의 전이현상이 발생하지 않도록 한다.

(14) 배관지지 및 고정철물의 용접공사는 LHCS 31 20 15 10 의 해당 항목에 따른다.

(15) 펌프실로부터 각동으로 분기되는 급수주관이 불가피하게 동을 관통하는 경우, 관통부 및 배관 지지대는 방진처리토록 한다. 관통부의 배관은 유리면 보온재(80kgf/m^3) 또는 동등이상의 성능을 확보할 수 있는 방진패드 등으로 처리한다. 이때 유리면 보온재의 두께는 LHCS 31 20 05 05에서 규정하는 표준 보온두께에 따른다.

(16) 조립식 패널은 배관의 온도 변화, 내압에 의한 축방향의 힘이 작용하는 부분에 그 힘에 견딜 수 있는 앵커가대 및 앵커슈를 사용하여 고정한다. : 상세도 참조

(17) 조립식가대의 절단부위는 광명단 1회 방청노장을 하고 노출 모서리 부위는 합성수지제품 등의 내구성 캡으로 마감하여야 한다.

(1) 슬리브, 행거, 지지철물

1) 지지 목적

① 배관의 안전성 유지

- ☞ 배관에서 발생되는 배관의 자중, 열팽창에 의한 변형, 유체의 진동, 지진 및 기타 외부 충격 등으로부터 배관을 지지 및 보호
- ☞ 수격작용에 의한 관의 진동이나 충격에 견딜 수 있도록 견고히 설치
- ☞ 일정간격으로 배관을 지지하여 배관의 탈락이나 낙하를 방지

② 배관의 고정 및 조정

- ☞ 배관 시공에 있어서 배관 경로를 바닥으로부터 일정 높이에 설치
- ☞ 용도에 적합한 구배(경사)를 쉽게 조정하기 위해 설치

2) 화재안전기술기준의 지지철물 간격

① 가지배관 : 헤드 설치점 사이 마다, 3.5 m 이내 마다 1개소 이상 설치

② 교차배관 : 가지배관 사이 마다, 4.5m 이내 마다 1개소 이상 설치

③ 수평주행배관 : 4.5 m 이내 마다 1개소 이상 설치

3) 기타 추가 지지철물 고려 사항

① 수직 입상관은 각 층에 1개소 이상 설치

② 굴곡이 심한 부위 또는 분기 부위에도 추가로 배관의 지지를 고려 설치

③ 배관 내부 유체가 충만하여 흐르는 때의 무게를 가정하여 적정한 지지 간격으로 설치

④ 건식배관에서 다량의 물이 회전하며 배관 내의 공기를 밀어내면서 이동할 때 발생되는 배관의 진동을 잡아주기 위하여 건물의 주 보(Main Girder) 3개 정도마다 1개소 정도의 지지 철물을 고정 앵커로 설치가 바람직 함

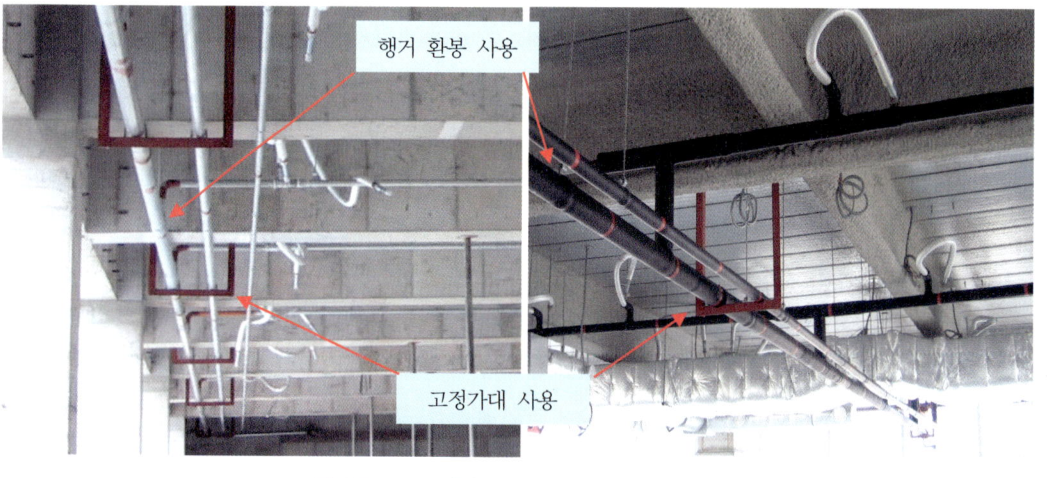

그림 3.3.2.1 고정가대와 행거환봉의 병행 설치

그림 3.3.2.2 말단과 굴곡부위 고정가대 설치

(2) 지지 철물 규격 및 설치

1) 행거용 환봉 및 U볼트 지름
   ① 관경 100 A 이하 : 9 mm
   ② 관경 125 A 이상 : 12 mm
   ③ 관경 175 A 이상 : 15 mm
   ④ 합성수지제 지지봉 : 9 mm (철심 + 합성수지 외피)
2) 설치 확인 사항
   ① 인서트 및 인서트플레이트의 설치 위치가 실제 배관의 지지 위치와 일치하도록 설치
      ☞ 일치하지 않을 경우, 행거용 환봉이 구부러지거나 매립 설치된 인서트 및 인서트 플레이트를 사용하지 못하게 되어 추가 인서트 등 설치를 위한 드릴 타공으로 구조체에 손상을 주게 되므로 유의
   ② 검측시 인서트 등의 위치 및 규격이 승인된 시공상세도와 일치하는지 여부 확인
      ☞ 적절한 지지 철물의 간격 및 위치를 확보하여 시공 오류 예방

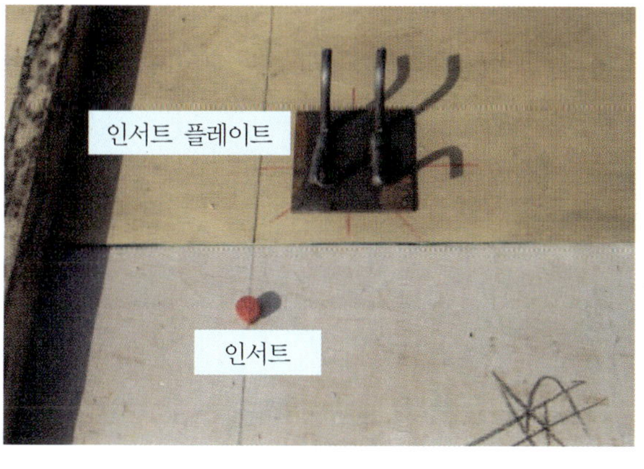

그림 3.3.2.3 인서트 및 인서트 플레이트

3.3.3 배관의 관경 확인

- 규약배관에 의한 경우 규정에 의한 배관 관경 확인
- 수리계산에 의한 경우 수리계산서에 의한 배관 관경 확인

(1) 배관 관경

1) 배관 관경 기준
   ① 규약배관 방식의 화재안전기술기준 관경표
   ② 또는 수리계산 방식의 수리계산서 배관 관경
2) 확인 사항
   ① 배관 관경 기준에 따른 설계도서를 기준으로 검토하여 설계도면의 오류를 수정
   ② 현장 실정 등을 반영하여 작성·승인된 시공상세도와 설치된 소화 배관을 비교 확인
3) 배관 구경 변경
   - 현장 여건상 배관 경로(Route)가 변경되거나 헤드 등의 배열 변경 등으로 원 설계도서의 변경이 발생시
     ☞ 규약배관 방식 : 경미한 경우 감리원의 승인 하에 변경
     ☞ 수리계산 방식 : 반드시 설계자(발주자 포함)와 협의하여 변경

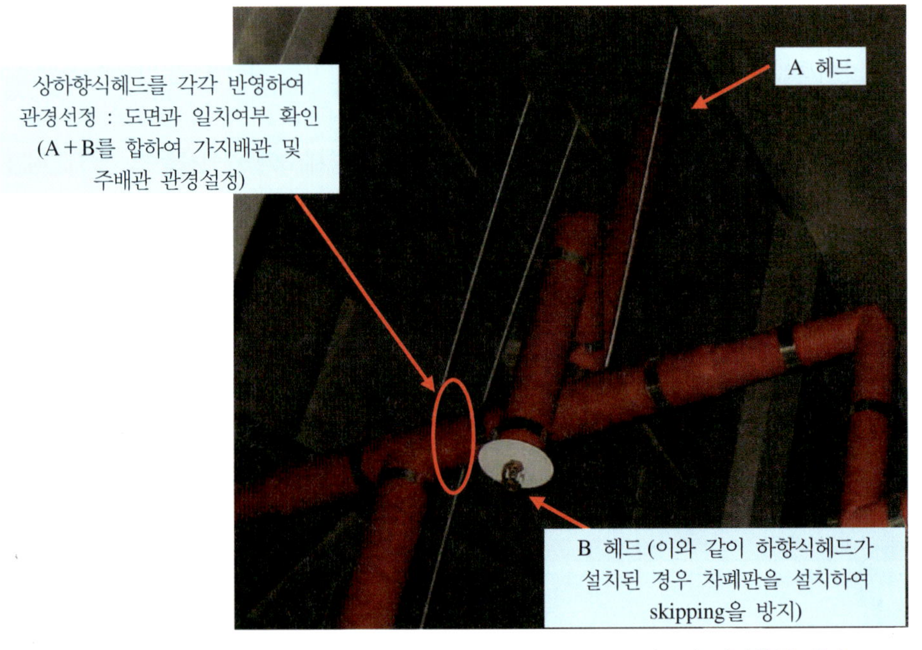

그림 3.3.3.1 반자가 없는 구조의 스프링클러 상하향식 배관

그림 3.3.3.2 반자가 있는 구조의 스프링클러 상하향식 배관

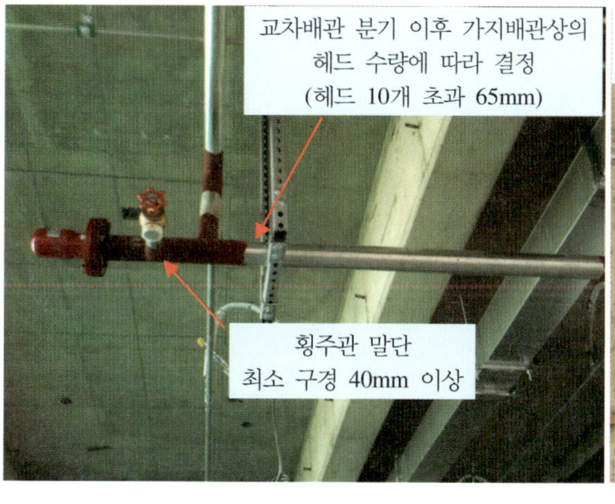

그림 3.3.3.3 배관 구경의 현장 확인

3.3.4 배관 굴곡부위의 배수처리 조치

- 배관 굴곡부위(Up & Down)의 배수 처리 여부 확인
- 교차배관 말단의 청소용 앵글밸브 하부 분기 여부 확인

(1) 배관의 배수

1) 배수 목적

① 배관의 수평 레벨이 다르면 내부의 이물질은 자연 법칙인 중력에 의하여 낮은 부위로 모이게 됨

② 건식 배관은 실제 상황 또는 오동작 상황에서 2차측으로 넘어간 소화수가 완전히 배수되지 않아 동절기에 동파가 발생될 우려가 있음

③ 강관의 경우 배관 내부에 물이 가득 찬 경우보다 일부분만 찬 경우가 부식이 더 빨리 진행된다는 것이 여러 가지 실험에 의하여 입증 됨

2) 배수 밸브 설치

① 각 수평 관로나 굴곡 부위에서 물이 고일 수 있는 낮은 부위에 배수용 밸브 설치

② 사람이 수시로 점검·확인이 가능한 곳은 수동식으로 설치

③ 사람이 점검·확인이 곤란한 경우 자동배수밸브(Auto Drip Valve)를 설치

그림 3.3.4.1 건식밸브 1차측 배수처리

3) 배수 유도

① 배수 처리 위치 하부에 물건의 적치 또는 차량의 주차 등으로 인하여 배수가 용이하지 않은 경우

☞ 수손 피해를 방지하기 위하여 배수밸브에 배관을 연장하여 트렌치 또는 집수정으로 배수 유도를 고려

② 스프링클러 교차배관 말단의 청소용 앵글밸브의 측면 분기하는 경우

☞ 용접 티끌 등 배관 내 찌꺼기에 의하여 완전히 배수가 되지 않는 등 잔류수가 남는 것을 방지하기 위하여 앵글밸브를 교차배관 하부(그림 3.3.4.2 우측)에 분기하여 원활한 배수를 유도

☞ 청소구는 교차배관 끝에 구경 40 mm의 옥내소화전 방수구로 설치(파손방지용 마감캡 체결)하여 소방호스와 연결이 가능하게 하거나 개폐밸브를 설치하고 고정배수 배관을 연장하여 배수를 유도.

그림 3.3.4.2 스프링클러 배관의 배수처리

③ 건식(준비작동식 포함) 스프링클러 설비에서 상하향식 헤드를 설치하는 경우

☞ 하향식헤드에 드라이팬던트가 아닌 일반헤드를 설치시는 볼밸브(그림 3.3.4.3의 우측)를 설치하여 배수처리

④ 건식 스프링클러 설비의 하향식 드라이펜던트의 시공 시

☞ 드라이펜던트 헤드가 짧아 배관 연결재(Nipple 등)를 연결(그림 3.3.4.4의 좌측)하여 시공하는 경우 배관 연결재 부분에 잔류수가 남아 동파 또는 동결의 우려가 있으므로 잔류수가 최소화(그림 3.3.4.4의 우측)될 수 있는 구조로 설치.

☞ NFPA 13*에 보면 회향식 배관은 건식 하향형 스프링클러헤드가 사용되는 경우 필요

하지 않다고 되어 있으므로 드라이펜던트헤드는 잔류수를 최소화하기 위하여 가지배관에서 가급적 하부분기 또는 측면 분기*하여 시공하고 천정마감선과 높이를 맞추기 어려운 경우에만 회향식 배관으로 시공

그림 3.3.4.3 건식 시스템에서의 상하향식 헤드 설치

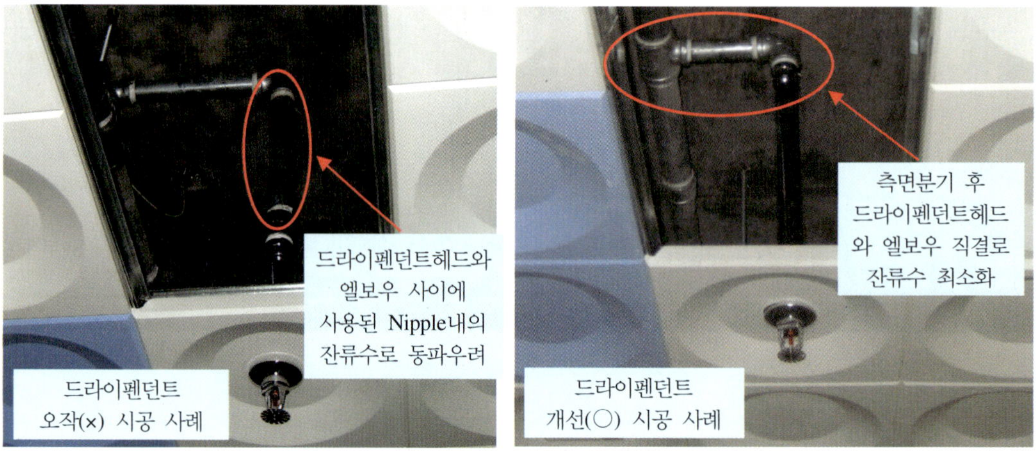

그림 3.3.4.4 드라이펜던트 설치

* 자동식스프링클러설비핸드북 p.302 (한국화재보험협회, 2004년 2월 간)

* 하부 및 측면분기의 경우 스프링클러설비의 화재안전기술기준 제 8조(배관) 제⑩항 제3호 단서 규정에 만족하여야 한다. (단서규정) 다만, 소화설비용 수원의 수질이 「먹는물관리법」 제5조에 따라 먹는물의 수질기준에 적합하고 덮개가 있는 저수조로부터 물을 공급받는 경우에는 가지배관의 측면 또는 하부에서 분기할 수 있다.

3.3.5 밸브류의 규격 및 설치 위치 확인

- 밸브류의 설치 위치에 따른 규격 확인
- 유수검지장치 등 전·후 밸브의 설치 순서 확인
- 사용에 편리한 유효한 공간 확보 여부 확인

(1) 밸브의 확인

1) 밸브 규격 및 설치 순서

① 소화설비에는 각종 밸브들이 시스템 구성요소에 따라 다양하게 설치

② 각종 밸브는 토출 유량과 양정에 따라 달리 적용

☞ 토출유량이 크거나 작은 경우에는 그에 적합한 밸브를 설치

③ 각종 유수검지장치 등을 중심으로 전·후 부분의 밸브 설치 순서 확인

알람밸브 및 1차측 제어밸브 :
검측 시 밸브 규격이 도면과 일치 여부 확인

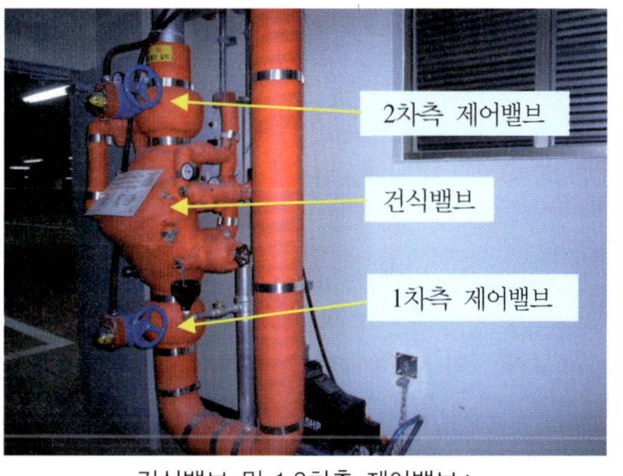

건식밸브 및 1,2차측 제어밸브 :
검측 시 밸브 규격이 도면과 일치 여부 확인

그림 3.3.5.1 유수검지장치 등 밸브 주변의 규격 및 위치 확인

2) 밸브 설치 위치

① 화재 등 재난 상황에서 즉시 대처가 가능한 위치에 밸브를 설치

② 안전성과 유지관리의 용이성 등을 고려한 위치에 설치

③ 밸브의 개폐 등 조작에 지장이 없는 유효한 주위 공간을 고려하여 설치

④ 설계도서 검토 시 설계도서(도면, 시방서, 내역서 및 계산서)를 참조하여 밸브의 규격, 위치 및 주위 공간의 적합성을 사전에 검토하고 시공 상세도면을 작성하여 시공에 반영

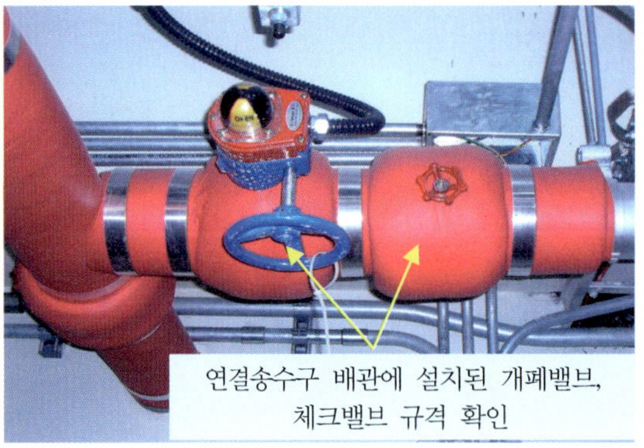

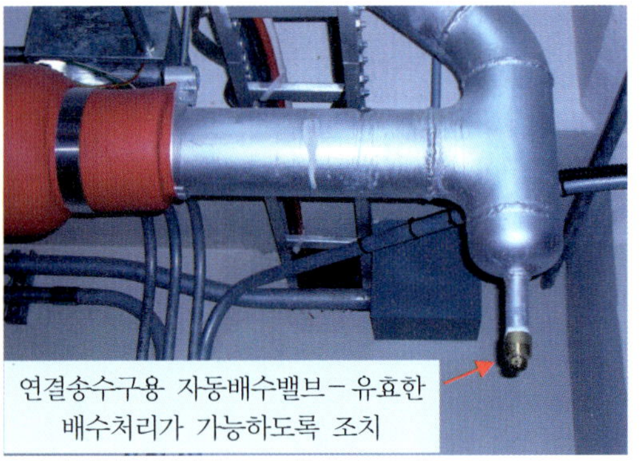

그림 3.3.5.2 연결송수구 주변의 밸브류 규격 및 위치 확인

3.3.6 옥내소화전 내함 설치 높이 및 위치 확인

- 설치위치의 도면과 일치여부 및 반경 준수 확인
- 발신기의 누름스위치 기준으로 1.5m 이하 확인
- 문 및 앵글밸브 개방에 편리한 위치 확인
- Con'c 타설에 대비한 보양조치 확인

(1) 소화전 내함

1) 소화전함 설치 위치 사용자 고려사항

① 화재 등의 위급상황에서 얼마나 신속하게 사용할 수 있는가?

② 사용자가 피난구를 등지고 있어 위급 시 쉽게 피난할 수 있는 위치인가?

③ 건축물의 벽 구조에 적합한가?

④ 문 개폐방향과 방수구의 위치는 오른손잡이*가 유리하게 되었는가?

2) 소화전함 설치 높이 기준

- 설치 높이는 바닥에서 발신기의 조작스위치(버튼)를 기준으로 측정

* 왼손잡이 고쳐야 하나? 절대 NO! (강미희, 보경문화사, 2004년 4월 간)
한국 : 오른손잡이 88%, 왼손잡이 4%, 양손잡이 8%
미국 : 오른손잡이 88%(이 중 18% 양손잡이), 왼손잡이 12%(Lord 초등학생 대상 조사)
위의 자료처럼 오른손잡이 비율이 상대적으로 높으므로 옥내소화전함 문 개폐방향 및 방수구의 위치를 오른손잡이에 유리하게 고려한다.

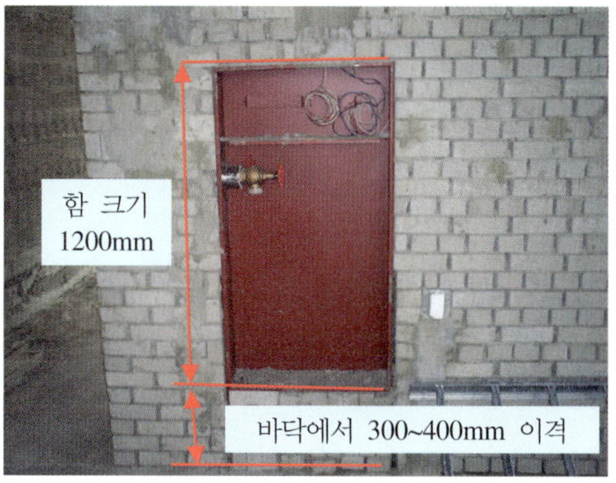

함의 높이 기준은 발신기 누름스위치 높이를 기준으로 1,500 mm 이하로 한다.

함을 벽체에 매립한 경우-철근 "ㅅ"자 보양

콘크리트 타설시 함의 손상방지를 위한 보양

옥내소화전 노출함 설치 사례(주차장)

그림 3.3.6.1 옥내소화전 설치사례

3) 소화전함 설치

- 바닥에서 300~400 mm 높이에 소화전함의 하단이 위치하도록 설치
  - ☞ 소화전함의 길이(H) 1,200 mm을 고려하면 소화전함의 상단의 높이가 1,500~1,600 mm 정도
  - ☞ 이 높이는 발신기의 조작스위치에서 요구하는 800~1,500 mm 이하의 높이 및 방수구의 높이 1,500 mm를 만족

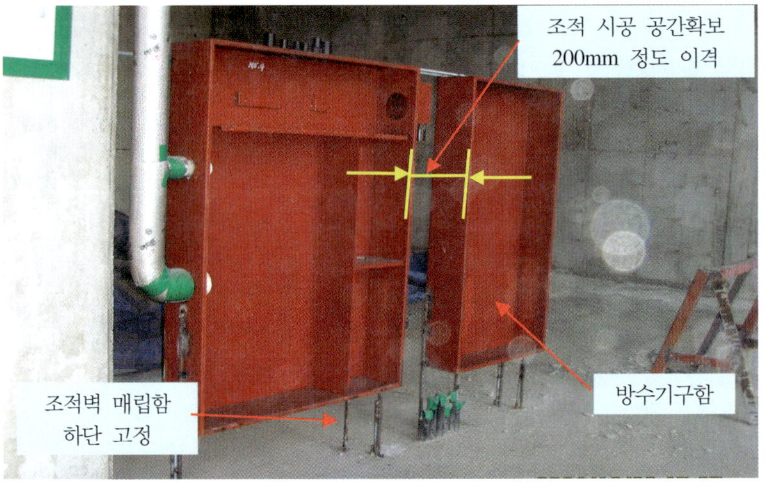

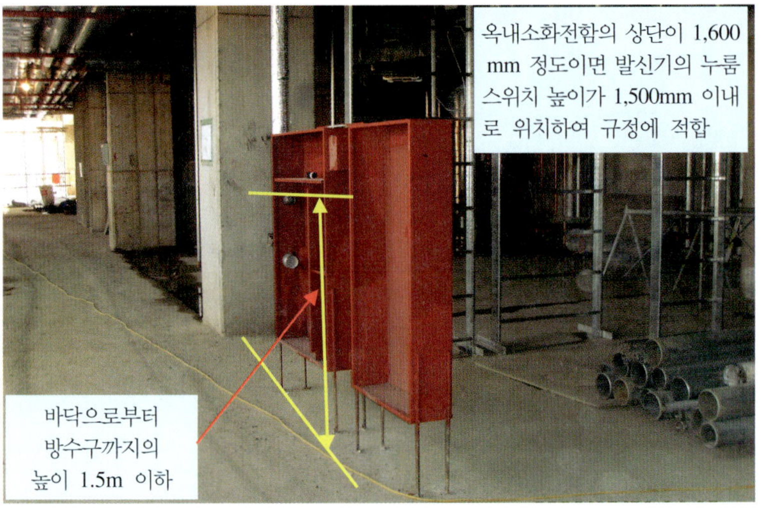

그림 3.3.6.2 조적벽체에 매립되는 소화전함 설치

(2) 소화전함 설치시 고려사항

1) 실제 현장 여건 확인
   ① 도면의 마감치수만 보고 설치하여 발신기의 높이가 높아지는 오작 발생을 방지하기 위하여 실제 현장 여건을 확인하고 설치
   ② 조적벽체에 시공하는 경우 내진받침대를 사용하여 설치
   ③ 소화전함 하단에 양수기함 등을 겸용 설치하는 경우도 함의 규격과 건축 마감 등을 모두 확인하고 실제 현장을 실측하여 제작 의뢰하고 설치
2) 건축 공종과 협의
   - 벽체매립으로 철근 등을 절단하여 설치하는 경우 건축공정과 반드시 협의.
     ☞ 철근으로 "ㅅ"자 또는 "◇꼴" 등으로 보양 배근

3) 벽체 매립 배관의 설치

① 소화전에 연결되어 벽속에 매립하는 배관은 5~10T로 보온재(유리솜 불가)를 시공하여 결로 방지 조치

② 소화전함을 벽체에 매립하는 경우 미장부분의 크랙방지를 위하여 함 뒷면에 와이어 메시(Wire Mesh) 처리된 함을 설치

③ 콘크리트 타설시 콘크리트 하중에 의한 내함의 변형 및 손상 방지를 위하여 함 내부에 각목 등으로 보양 조치

그림 3.3.6.3 함 후면의 와이어 메시

4) 거푸집을 해체 후 관리

- 거푸집 해체 후 내부 공사가 진행되어 옥내소화전함 문을 붙이기 전까지는 소요기간의 내함 관리.
  - ☞ 간선 입선 및 앵글 방수구를 체결한 후에 함의 내면을 청소하고 방청 도색 후
  - ☞ 내함의 오염 및 스크래치 등 파손 방지를 위하여 보호커버로 보양하여 관리

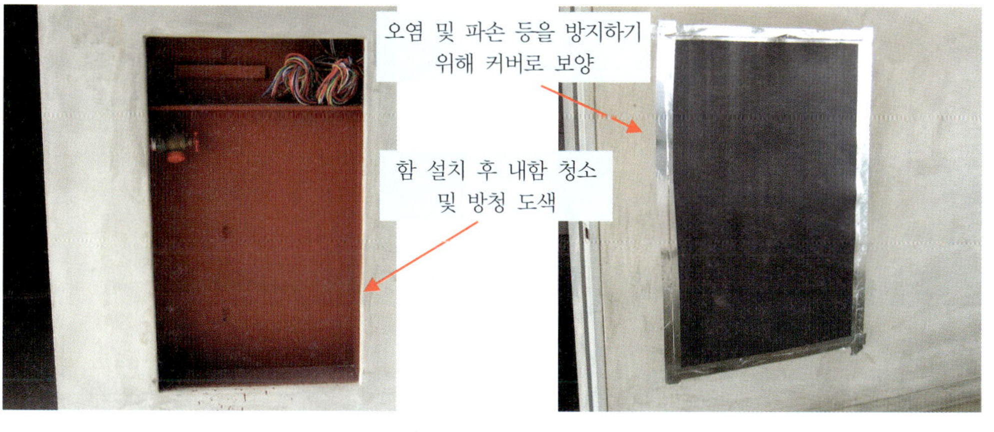

그림 3.3.6.4 내함 청소·방청 도색 및 보양

3.3.7 앵글밸브, 유수검지장치 등의 설치 및 고정 확인

- 청소용 앵글밸브 설치 및 고정 상태 확인
- 유수검지 장치 등 주요 밸브류의 고정 상태 확인

(1) 주요 밸브 등의 고정

1) 배관의 지지

① 대표적인 배관의 지지 방법은 행거와 지지물(서포트)

☞ 행거(hanger)는 위에서 배관의 무게를 지탱하며 지지 부재의 대부분이 인장력을 받음.

☞ 서포트(support)는 배관의 하부에서 무게를 감당하고 지지부재는 압축력을 받음.

② 배관 가대

☞ 배관을 지지하는 서포트를 고정하기 위하여 건축물과 단단하게 고정해 주는 구조물

☞ 용접식*(직접 제작) 또는 조립식(기성품) 가대를 사용

2) 배관 가대의 설치

① 횡주관 말단의 앵글밸브의 고정시 가대 설치

☞ 행거로 고정할 경우 펌프의 기동 및 정지시 급격한 충격에 의한 변위 제어(지지)를 위하여 가대로 고정

② 유수검지장치 및 감압변의 고정시 가대 설치

☞ 수류 충격에 의한 변위 및 밸브의 증량에 의한 하중을 제어하기 위하여 하부에 가대를 사용하여 견고히 고정

그림 3.3.7.1 각종 밸브류의 가대 설치

* 용접으로 직접 제작한 가대는 현장 제작시 용접 불꽃에 의한 화재 발생에 주의하고 용접 이후에는 녹 발생을 방지를 위한 방청 등 후처리를 하여야 한다.

3.3.8 시험밸브의 배수처리 확인

- 반사판 및 프레임을 제거한 개방형 헤드와 체결 확인
- 시험밸브의 배수가 원활한 위치인지 확인
- 사이트글라스 사용시 적정 구경의 오리피스인지 확인

(1) 시험밸브

1) 시험밸브 설치 대상

① 습식 스프링클러 설비(알람밸브, 패들형 알람밸브)

② 건식 스프링클러 설비(건식밸브)

③ 부압식 스프링클러 설비

2) 설치 제외

- 준비작동식유수검지장치나 일제개방밸브에는 설치하지 않음

3) 설치 목적

- 경보발령 확인 및 소화펌프 자동기동 여부 확인

(2) 시험밸브 설치

1) 시험밸브함 설치 기준

① 습식스프링클러설비 및 부압식스프링클러설비에 유수검지장치 2차측 배관에 연결하여 설치

② 건식스프링클러설비인 경우 유수검지장치에서 가장 먼 거리에 위치한 가지배관의 끝으로부터 연결하여 설치

③ 유수검지장치 2차측 설비의 내용역이 2,840 L를 초과하는 건식스프링클러설비의 경우 시험장치 개폐밸브를 완전 개방 후 1분 이내에 물이 방사되어야 함

④ 시험장치 배관의 구경은 25 mm 이상으로 하고, 그 끝에 개폐밸브 및 개방형헤드 또는 스프링클러헤드와 동등한 방수성능을 가진 오리피스를 설치

☞ 이 경우 개방형헤드는 반사판 및 프레임을 제거한 오리피스만으로 설치 가능

⑤ 시험배관의 끝에는 물받이 통 및 배수관을 설치하여 시험 중 방사된 물이 바닥에 흘러내리지 아니하도록 설치

☞ 다만, 목욕실 · 화장실 또는 그 밖의 곳으로서 배수처리가 쉬운 장소에 시험배관을 설치한 경우에는 그러지 아니함

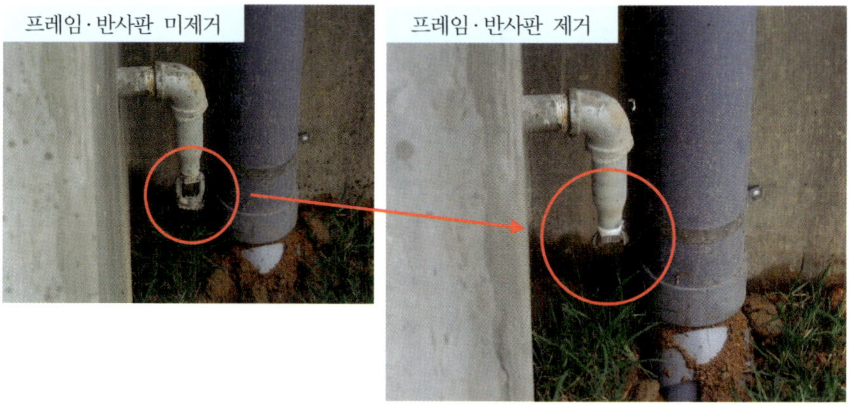

그림 3.3.8.1 시험배관용 개방형 헤드(오리피스)

그림 3.3.8.2 물받이용 깔때기를 설치한 시험밸브함

2) 시험밸브함 내부 구조

① 개폐밸브 25 mm, 압력계, 반사판 및 프레임을 제거한 오리피스, 물받이 통 또는 드레인 배관에 연결된 구조

② 벽체 매립 가능 여부에 따라 매립형 또는 노출형으로 구분

3) 용도별 시험밸브함 설치 위치

① 업무시설 : 화장실 벽체에 매립 설치하여 바닥에 방류

☞ 화장실에서 시험시 배출된 물이 방수량을 충분히 처리할 수 있는 배수능력이 되지 않아 화장실 바닥에 물이 넘칠 수 있으므로 주의 필요

② 공동주택 : 세대내 발코니 벽체에 매립 설치하여 발코니 바닥에 방류

☞ 준공 후 세대를 방문하여 세대 내에 설치된 시험밸브를 사용하여 시험하여야 하는데 부재 중인 경우에는 시험이 불가

☞ 다행히 세대에 들어가서 시험을 한다고 해도 방사된 물이 비산하거나 배수가 원활히 안되면 수손 등 피해가 발생하므로 곧바로 배수가 될 수 있는 위치에 설치 필요

③ 주차장 : 시험밸브함을 벽면에 노출로 설치하여 바닥 트렌치에 방류

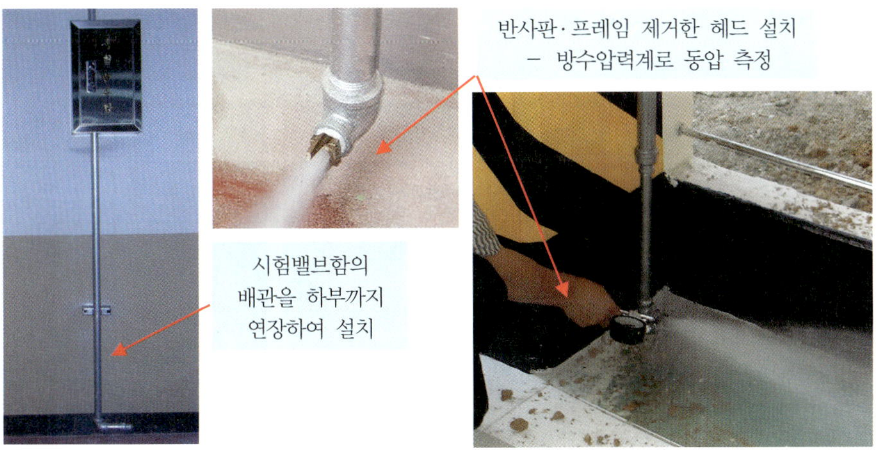

그림 3.3.8.3 주차장 시험밸브함 노출 시공

(3) 시험밸브의 배수

1) 시험장치의 작동을 위한 배수 조치 확인

① 배수가 쉬운 장소에 설치 확인.

☞ 목욕실이나 화장실 또는 배수처리가 쉬운 장소에 설치

② 시험중 방사된 물이 바닥에 흘러내리지 않도록 조치 확인.

☞ 목욕실이나 화장실 또는 배수구 근처에 설치할 수 없는 경우 시험배관 끝에 **물받이 통*** 및 배수관을 설치

* 화장실이나 목욕실 또는 배수구 근처에 설치할 수 없는 경우에는 시험배관 끝에 물받이 통을 설치하면 되는데 물받이 통의 크기나 용량에 대한 별도의 규정이 없다. 다만, 헤드 하나가 1분에 80 L를 배출하는 것을 고려하여 여유를 두면 최소 약 100 L 이상 용량의 통이 적정하나 소화수가 쏟아지는 압력에 의한 비산이 심하여 가급적 배수가 가능한 장소로 배수처리를 유도함이 권장된다.

2) 시험장치 배수 유도

① 시험장치를 유수검지장치실로 유도하여 유수검지장치에 설치된 배수배관에 연결하여 배수관리

☞ 건축물의 준공 후 유지관리를 위한 정기적인 시험이 언제든 가능

☞ 유수검지장치의 배수배관에 시험장치를 연결하면 시험 시 배수가 바로 가능

☞ 시험장치 설치 시부터 배수가 용이한 상태

☞ 수손 피해가 발생할 우려가 없음

② 사이트글라스 설치

☞ 시험 시 방수상태가 육안으로 확인이 가능

☞ 사이트글라스 사용 시 헤드의 구경과 동일한 오리피스가 사용되었는지 확인

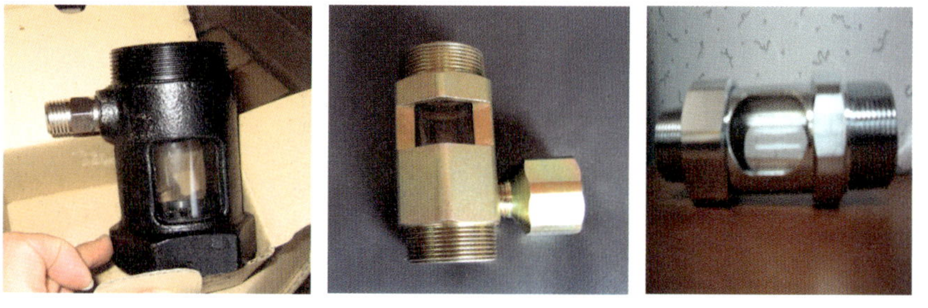

그림 3.3.8.4 여러 종류의 사이트글라스

그림 3.3.8.5 알람밸브실에 사이트글라스 설치

3.3.9 스프링클러헤드 주위의 살수장애 확인

- 반사판과 행거와의 거리는 최소 8 cm 이상 확보
- 벽과 스프링클러헤드간의 공간은 10 cm 이상 확보
- 헤드 반경 60 cm 이내에 살수 장애 여부 확인
- 3배법칙 적용시 장애물의 직경은 20 cm 미만인지 확인
- 감열지장으로 차폐판 적용이 필요한지 확인

(1) 살수 장애

1) 살수 장애물

- 행거, 벽, 보, 기둥, 덕트, 트레이, 조명기구, 배관 또는 기타 장애물

2) 스프링클러헤드 살수 장애 개념*

① 스프링클러설비는 화재가 발생한 가연물 표면에 직접 물을 분사하여 화재를 진압하고 주변 2차 가연물을 적셔주어 화재확산을 제한하는 화재 제어 기능을 수행한다.

② 스프링클러설비가 이러한 기능을 수행하기 위해서는 소화에 필요한 물이 특정한 패턴을 형성하도록 분사되고, 일정한 양의 물이 화재표면에 전달됨으로써 가능해진다.

③ 여기서 전자를 살수패턴이라 하며 후자를 방사밀도라 한다.

④ 스프링클러헤드 주변의 장애물은 스프링클러헤드에서 방수되는 물을 화재표면이 아닌 다른 곳으로 다시 반사시키거나 물방울 크기를 작게 변경시킴으로써 화재 진압에 필요한 실제방수밀도인 ADD가 필요방사밀도인 RDD보다 작게 되어 화재 제어나 진압에 실패할 수 있다.

⑤ 어떤 물체 혹은 구조체가 스프링클러헤드로부터 방사된 물의 살수패턴이 제대로 형성되지 못하도록 방해하거나 방사밀도를 감소시킬 때 스프링클러헤드가 살수장애에 있다고 정의할 수 있다.

3) 살수 장애 방지 확인

① 스프링클러헤드가 살수장애에 빠지면 스프링클러의 소화성능 저하를 가져오게 하는 중요한 결함으로 작용하므로 스프링클러헤드 주변에 장애물이 존재하지 않도록 시공되었는지 확인

② 주변에 살수 장애물이 부득이하게 존재한다면 스프링클러헤드로부터 방사된 물이 장애물로부터 방해를 받지 않도록 조치되었는지 확인

* Great American Insurance Group, 2006

4) 살수 장애 기준

① 상향식헤드와 행거 사이는 8 cm 이상의 간격을 둘 것

② 스프링클러헤드 주변 60 cm 이내에 장애물이 없을 것

③ 벽과 스프링클러헤드간의 공간은 10 cm 이상일 것

④ 스프링클러헤드는 천장 · 반자 · 천장과 반자 사이 · 덕트 · 선반 기타 이와 유사한 부분(폭이 1.2 m를 초과하는 것에 한한다)에 설치해야 한다. 다만, 폭이 9 m 이하인 실내에 있어서는 측벽에 설치할 수 있다.

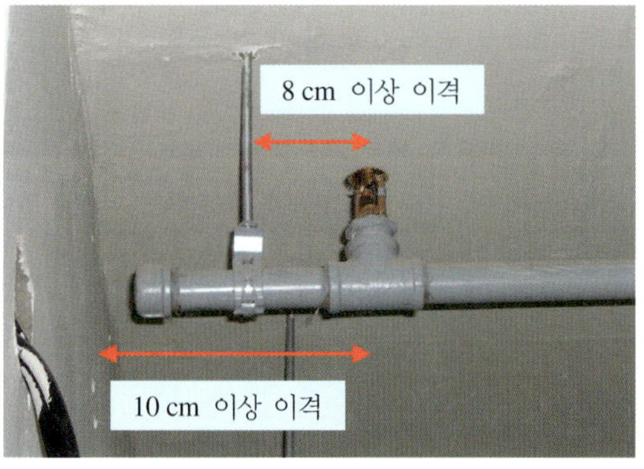

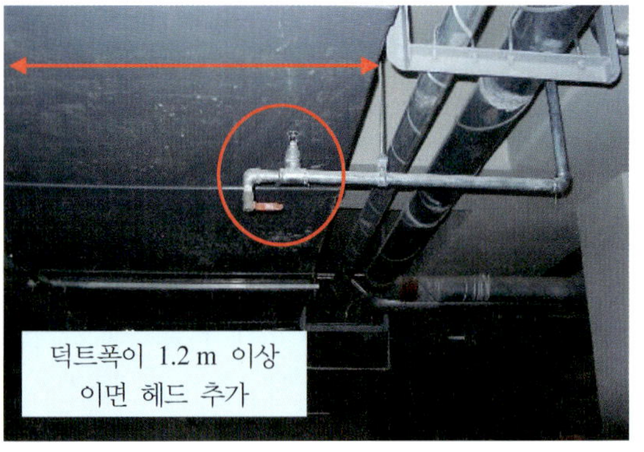

그림 3.3.9.1 헤드설치 사례(1)

그림 3.3.9.2 헤드설치 사례(2)

⑤ 배관 · 행가 및 조명기구 등 살수를 방해하는 것이 있는 경우 스프링클러헤드와 장애물과의 이격거리를 장애물 폭의 3배 이상 확보할 것

☞ 스프링클러헤드와 장애물과 이격거리가 장애물 폭의 3배 이내인 경우 살수에 방해가

되므로 헤드를 추가 설치한다. 단, 폭의 3배 이상 확보의 규정(3배 법칙, three-times rule*)은 살수를 방해하는 장애물의 폭이 20 cm 미만인 경우만 제한적으로 적용

❍ 예시-3배 법칙

1. 일반적인 살수장애를 피하기 위하여 A는 60cm 이상 확보
2. 단, 3배 이상 확보 거리 적용이 가능한 경우(이 경우 A는 60cm 미만이 가능)
   가. 장애물 폭(D)의 최대치는 20cm 미만 일 것
   나. 만약 15cm 폭의 전등이 있는 경우 3배 이상 확보 규정 적용
   15cm × 3배 = 45cm 이상 이격

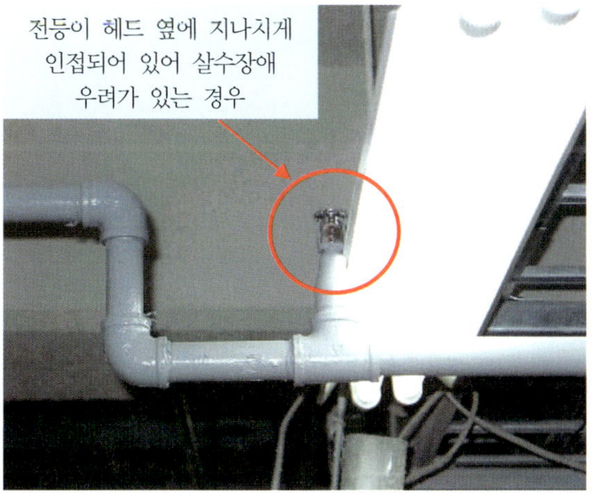

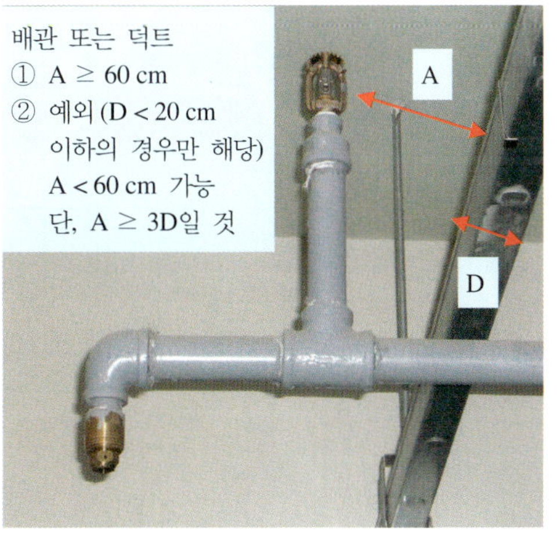

그림 3.3.9.3 헤드설치 사례(3)

⑥ 상부에 설치된 헤드의 방출수에 의해 감열부에 영향을 받을 우려가 있는 헤드에는 방출수를 차단할 수 있는 유효한 차폐판을 설치할 것

☞ 상부 또는 인접한 헤드에서 방수되는 물이 하부에 설치된 헤드에 직접 방수되지 않게 아래 헤드 위에 갓을 올려 감열부가 냉각되는 것을 방지하여 헤드가 열에 의해 정상적으로 개방하도록 헤드를 보호.

☞ 크기가 너무 작은 차폐판(그림 3.3.9.5)은 바로 위 헤드에서 비로 낙하하는 소화수의 차폐는 가능하지만 상부에 비스듬히 경사진 인접 헤드에서 살수된 완만하게 살수되는

---

* NFPA #13 2019 Edition
10.2.7.2.1.3* Minimum Distance from Obstructions.
Unless the requirements of 10.2.7.2.1.4 through 10.2.7.2.1.9 are met, sprinklers shall be positioned away from obstructions a minimum distance of three times the maximum dimension of the obstruction (e.g., structural members, pipe, columns, and fixtures) in accordance with Figure 10.2.7.2.1.3(a) and Figure 10.2.7.2.1.3(b).
(A) The maximum clear distance required shall be 24 in.(600 mm).
(B) The maximum clear distance shall not be applied to obstructions in the vertical orientation (e.g., columns).

소화수에 대하여는 완전한 차폐를 기대하기 어려우므로 30 cm 이상 크기의 차폐판(그림 3.3.9.6)을 설치.

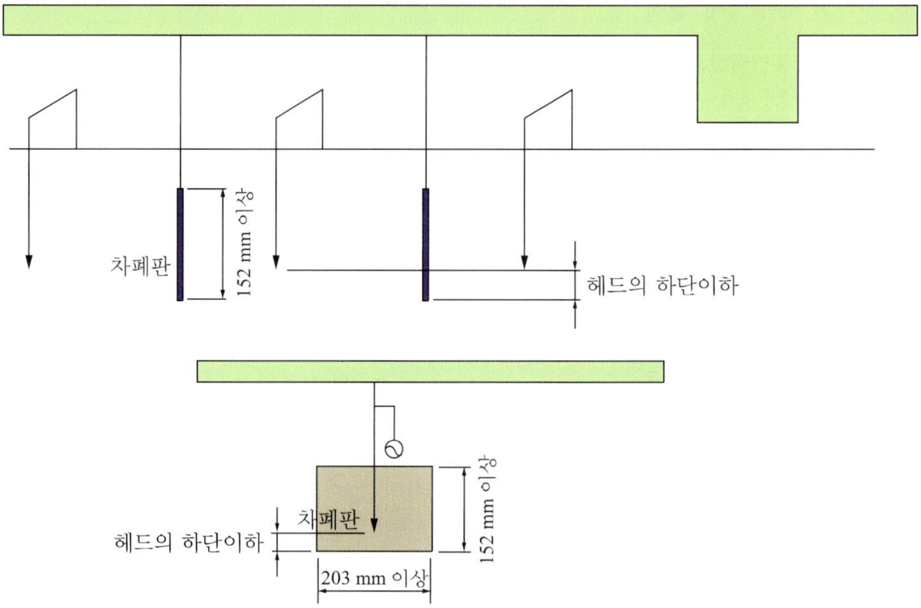

그림 3.3.9.4 인접 헤드의 Skipping 방지용 차폐판

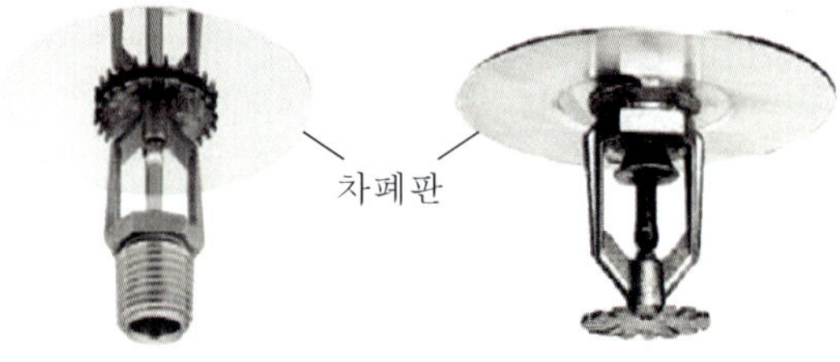

그림 3.3.9.5 크기가 작은 차폐판 예

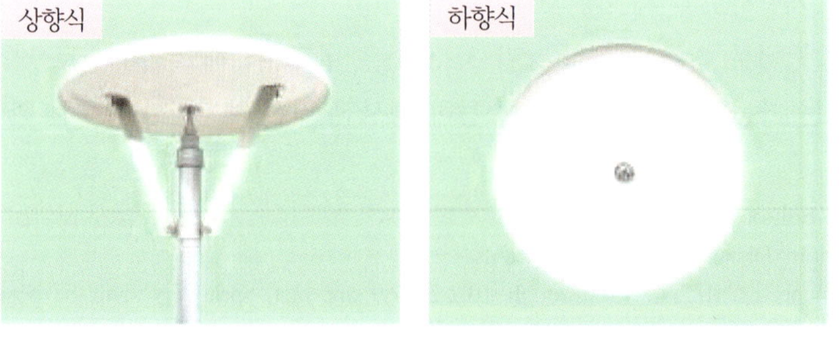

그림 3.3.9.6 30 cm 이상 크기의 차폐판 예

☞ 재질에 대한 기준은 없지만 PVC 재질의 차폐판은 화재 시 소손, 용융 또는 변형되어 차폐성능을 발휘하지 못하거나 헤드의 방수를 방해할 우려가 있으므로 철재 재질 차폐판 사용

그림 3.3.9.7 PVC 재질의 차폐판

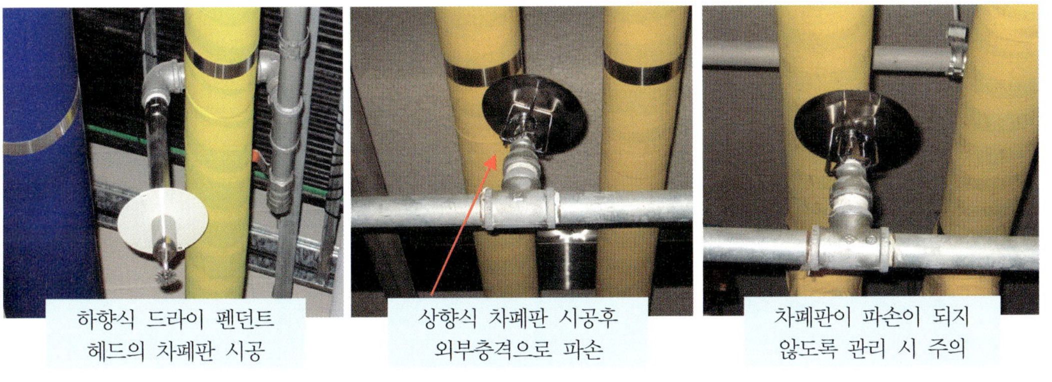

그림 3.3.9.8 Steel 재질의 차폐판

3.3.10 천장 또는 반자와 헤드간의 거리 및 보와 헤드간의 거리 확인

- 헤드의 설치 위치에 따른 보와의 거리 확인
- 헤드의 천정면으로부터의 부착높이(수직거리) 적정 확인

(1) 효과적인 헤드 반사판과 천장 또는 반자와의 거리

1) 장애가 없는 천장

- 천장 제트 흐름(Ceiling Jet Flow)을 활용한 감열
  - ☞ 연소하고 있는 연료의 직상부로 상승한 고온의 연소생성물이 천장 표면에 부딪혀 천장면을 따라 수평으로 굴절되며 확산되는 가스 흐름
  - ☞ 연기는 일반적으로 0.5~1 m/sec, 수직으로는 2~3 m/sec 속도로 이동
  - ☞ 최고온도와 최소속도는 천장에서 화원까지 거리의 1% 범위 내에서 발생
  - ☞ 천장 제트 흐름의 두께는 천장에서 화원까지 높이의 5~12%
  - ☞ 이러한 고온의 연소생성물의 두께 범위 내에 헤드가 위치해야 스프링클러헤드 감열 및 헤드 개방에 유리
  - ☞ 일반적으로 사무실로 사용하는 건물의 천장높이가 3 m 이내이므로 화재안전기술기준에서 스프링클러헤드의 설치높이를 천정면에서 30 cm (5~12% ⇒ 10%) 이내로 제한

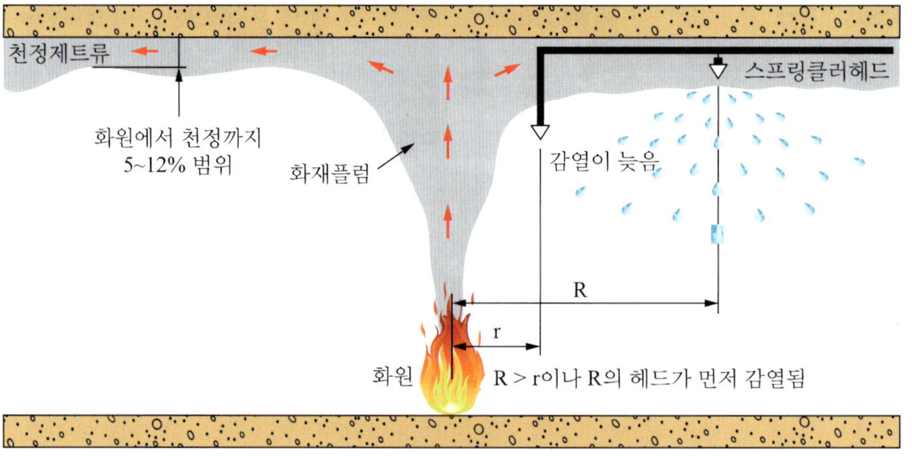

그림 3.3.10.1 천정제트류에 따른 헤드 설치조건

2) 장애가 있는 노출된 천장

- 보의 깊이와 폭에 따라 화재안전기술기준과 소방청 고시를 참고.

(2) 스프링클러 헤드 설치 기준

1) 장애가 없는 천장

- 배관·행가 스프링클러헤드와 그 부착면(상향식헤드의 경우에는 그 헤드의 직상부의 천장·반자 또는 이와 비슷한 것을 말한다. 이하 같다)과의 거리는 30 cm 이하로 할 것

2) 장애가 있는 천장

① 보의 깊이가 55 cm 이하인 경우(그림 3.3.10.2)

☞ 위 규정에 불구하고 소방대상물의 보와 가장 가까운 스프링클러 헤드는 표 3.3.10.1에 따라 설치

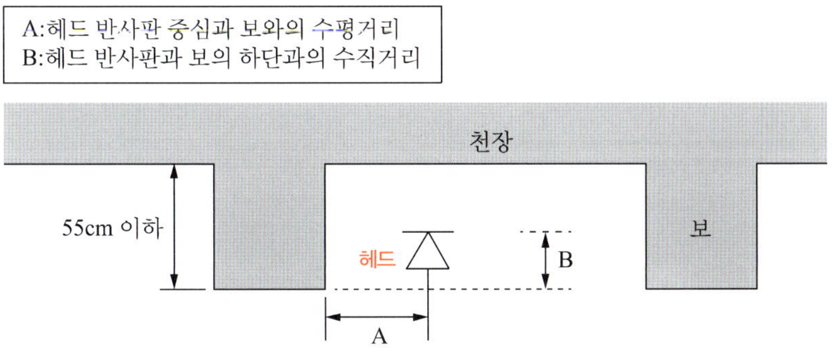

그림 3.3.10.2 보의 깊이 55cm 이하인 경우 헤드설치

표 3.3.10.1 스프링클러설비의 화재안전기술기준 [표 2.7.8]

스프링클러헤드의 반사판 중심과 보와의 수평거리 A	스프링클러헤드의 반사판 높이와 보의 하단 높이의 수직거리 B
(1) 0.75 m 미만	보의 하단보다 낮을 것
(2) 0.75 m 이상 1 m 미만	0.1 m 미만일 것
(3) 1 m 이상 1.5 m 미만	0.15 m 미만일 것
(4) 1.5 m 이상	0.3 m 미만일 것

❍ 예시-보의 깊이가 55 cm 이하인 경우 현장 적용

설치 기준	현장 적용 예시 (단열스프레이 등 마감 두께 여유 고려요함)
(1) A가 0.75M 이하인 경우 B는 보의 하단보다 낮게 설치	헤드는 보의 하단 3 cm 거리 즉 천정면에서 58~60 cm 이내 설치
(2) A가 0.75M 이상 1M 미만 B는 10 cm 미만	헤드는 천정면으로부터 45~55 cm 이내 설치
(3) A가 1M 이상 1.5M 미만 B는 15 cm 미만	헤드는 천정면으로부터 40~45 cm 이내 설치
(4) A가 1.5M 이상 B는 30 cm 미만	헤드는 천정면으로부터 25~40 cm 이내 설치

② 보의 깊이가 55 cm 초과, 보의 폭이 1.2 m 이하인 경우(그림 3.3.10.3)

☞ 보의 양쪽 헤드간 거리(S)는 헤드상호간 거리의 1/2 이하가 되는 위치에 헤드를 설치하고. 천장으로부터 헤드반사판과의 수직거리는 55 cm 이내가 되도록 설치

☞ 수직거리 55 cm 이내로 설치하는 이유는 헤드를 천장에서 멀리 이격하여 설치하여 발생하는 헤드 감열(개방)의 지연보다 보의 폭만큼 국한된 살수 장애가 발생하더라도 헤드를 천장면에 가깝게 설치하여 빠르게 헤드를 감열시켜 개방하는 것이 초기 소화에 유리하기 때문

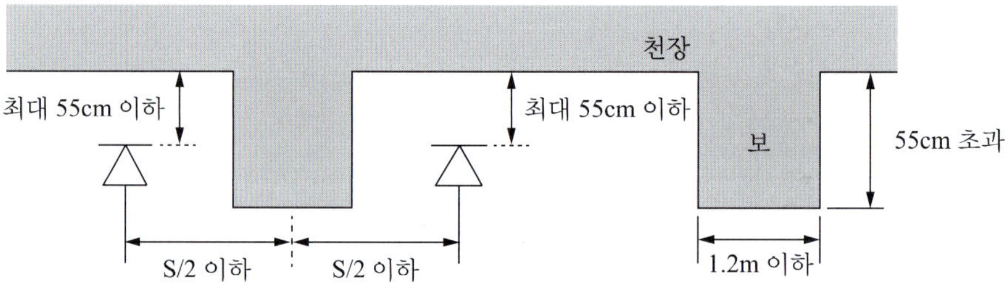

그림 3.3.10.3 보깊이 55cm 초과, 보 폭이 1.2m 이하인 경우 헤드 설치

❍ 예시-보의 깊이가 55 cm 초과, 보의 폭인 1.2 m 이하인 경우 현장 적용

설치 기준	현장 적용 예시 (단열스프레이 등 마감 두께 여유 추가요함)	
보의 양쪽 헤드간 거리(S)는 헤드상호간 거리의 1/2 이하가 되는 위치에 헤드를 설치하고. 천장으로부터 헤드반사판과의 수직거리는 55 cm 이내가 되도록 설치	보와 이격거리	보에 근접한 헤드 최소 보에서 15 cm 이상 이격 및 최대 보에서 S/2 이내 이격
	천정면과 높이 (수직거리)	헤드는 천정면으로부터 3~55 cm 이내 설치

③ 보의 깊이가 55 cm 초과, 보의 폭이 1.2 m 초과인 경우(그림 3.3.10.4)

☞ 스프링클러헤드를 보 밑에 설치하고 보 밑에 설치된 헤드를 기준으로 보 양쪽에 설치하는 헤드간격은 헤드상호간의 거리(S) 이하가 되도록 설치하고 보 밑에 설치하는 헤드의 수직거리는 보 밑과 헤드반사판과의 수직거리를 30 cm 이내, 보 양쪽에 설치하는 헤드는 천장과 헤드반사판과의 수직거리를 55 cm 이내에 설치하여야 하고 이 경우 헤드배치기준을 보의 중심을 기준하여 양쪽으로 헤드간의 거리(S) 이하가 되도록 헤드를 설치

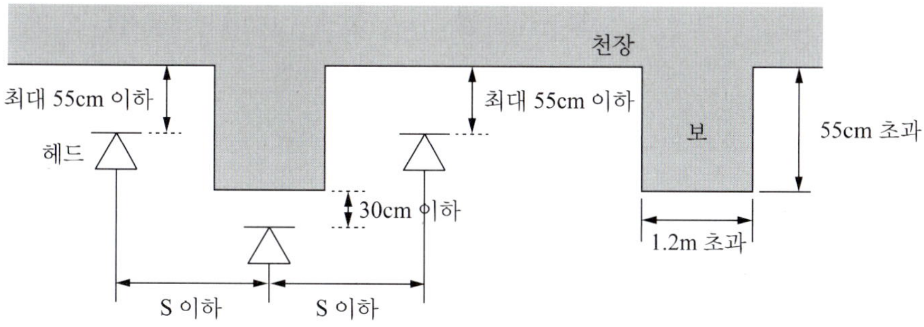

그림 3.3.10.4 보 깊이가 55cm 초과, 보 폭이 1.2m 초과인 경우 헤드 설치

❍ 예시-보의 깊이가 55 cm 초과, 보의 폭인 1.2 m 초과인 경우 현장 적용

<table>
<tr><th>설치 기준</th><th colspan="2">현장 적용 예시
(단열스프레이 등 마감 두께 여유 추가요함)</th></tr>
<tr><td>보 밑에 헤드가 설치될 경우 조치
(권장사항)</td><td colspan="2">살수반경을 조정하여 보 밑에 헤드가 오지 않도록 하고 헤드는 천정면으로부터 3~30 cm 이내로 설치</td></tr>
<tr><td>보 밑에 설치하는 헤드의 수직거리는 보 밑과 헤드반사판과의 수직거리를 30 cm 이내</td><td colspan="2">살수반경 조정이 곤란하여 보 밑에 헤드를 설치하는 경우 보로부터 3~30 cm 이하</td></tr>
<tr><td rowspan="2">보 양쪽에 설치하는 헤드는 천장과 헤드반사판과의 수직거리를 55 cm 이내에 설치 및 보 양쪽으로 헤드간의 거리(S) 이하가 되도록 헤드를 설치</td><td>보와 이격거리</td><td>보에 근접한 헤드
최대 보에서 S/2 이내 이격</td></tr>
<tr><td>천정면과 높이
(수직거리)</td><td>헤드는 천정면으로부터 3~55 cm
이내 설치</td></tr>
</table>

3) 소방청 지침

① 「화재예방과-7482(2019.10.17)호 스프링클러설비의 화재안전기술기준 적용지침 수정알림」

☞ (적용지침) 단서조항*에도 불구하고 **'천장 면에서 보의 하단까지의 길이에 관계없이 보의 중심으로부터** 스프링클러헤드까지의 거리가 **스프링클러헤드 상호간 거리의 2분의 1 이하'** 가 되는 경우에는 **'스프링클러헤드와 그 부착 면과의 거리를 30 cm 이하'** 로 할 수 있다.

② 적용 지침에 따라 보와 스프링클러헤드간 거리 조건(헤드 상호간 거리의 1/2 이하 등)에 따라 천장 면에서 30 cm 이내로 설치 가능

☞ 화재안전기술기준의 천장면에서 55 cm (18%) 이하로 헤드를 설치하는 것은 감열보다 보로 인한 살수 장애를 우선 고려한 것

* 다만, 천장 면에서 보의 하단까지의 길이가 55 cm를 초과하고 보의 하단 측면 끝부분으로부터 스프링클러헤드까지의 거리가 스프링클러헤드 상호간 거리의 2분의 1 이하가 되는 경우에는 스프링클러헤드와 그 부착 면과의 거리를 55 cm 이하로 할 수 있다.

소 방 청

수신 수신자 참조
(경유)
제목 스프링클러설비의 화재안전기준 적용 지침 수정알림

「1. 주차장 등 보와 가까운 스프링클러헤드 적용기준 개정 요청 관련, 전문가회의 결과를 반영하여 「스프링클러설비의 화재안전기준」 제10조제8항 적용지침을 다음과 같이 알리오니 업무에 참조하시기 바랍니다.

2. 현행 화재안전기준
- (스프링클러설비의 화재안전기준 제10조제8항) 제7항제2호에도 불구하고 특정소방대상물의 보와 가장 가까운 스프링클러 헤드는 다음 표의 기준에 따라 설치하여야 한다. **다만, 천장 면에서 보의 하단까지의 길이가 55㎝를 초과하고 보의 하단 측면 끝부분으로부터 스프링클러헤드까지의 거리가 스프링클러헤드 상호간 거리의 2분의 1 이하가 되는 경우에는 스프링클러헤드와 그 부착 면과의 거리를 55㎝ 이하로 할 수 있다.**

3. 업무처리 지침
- (적용지침) 단서 조항에도 불구하고 '**천장 면에서 보의 하단까지의 길이에 관계없이 보의 중심으로부터** 스프링클러헤드까지의 거리가 **스프링클러헤드 상호간 거리의 2분의 1 이하**'가 되는 경우에는 '**스프링클러헤드와 그 부착 면과의 거리를 30㎝ 이하**'로 할 수 있다.

※ 적용지침은 **보의 폭이 1.2m 이하인 경우**에 적용하며 적용례는 붙임 **그림 1**과 같고, **보의 폭이 1.2m를 초과**하는 경우는 붙임 **그림 2**와 같이 적용

붙임 : 적용 지침 설명자료 1부. 끝.

소 방 청 장

수신자 중앙소방학교장,국립소방연구원장,서울특별시장(예방과장),부산광역시장(재난예방담당관),대구광역시장(예방안전과장),인천광역시장(예방안전과장),광주광역시장(방호예방과장),대전광역시장(예방안전과장),세종특별자치시장(대응예방과장),경기도지사(재난예방과장),북부소방재난본부장(예방대응과장),강원도지사(예방안전과장),충청북도지사(대응예방과장),충청남도지사(화재대책과장),전라북도지사(방호예방과장),전라남도지사(대응예방과장),경상북도지사(대응예방과장),경상남도지사(예방안전과장),제주특별자치도 소방안전본부장(예방대응과장),창원소방본부장(대응예방과장),울산광역시장(예방안전과장)

소방위 박원정 안전기준계장 정홍영 화재예방과 전결 2019. 10. 17. 과장 이윤근

협조자

시행 화재예방과-7482 (2019. 10. 17.) 접수

우 30129 세종특별자치시 정부2청사로 13(나성동) / www.nfa.go.kr

전화번호 044-205-7457 팩스번호 044-205-8915 / pwj0117@korea.kr / 대국민 공개

☞ 실제 보 근처에서 화재가 발생시 화재에서 가까운 헤드(천장면에서 55 cm 이하 설치)보다 더 멀리 떨어진 곳의 헤드(천장면에서 30 cm 이하 설치)가 천장 제트 흐름(Ceiling Jet Flow)에 의해 먼저 개방되고

☞ 이 헤드로부터 방사된 물이 주위를 냉각시켜서 화재와 가까운 헤드는 작동 중지 또는 작동 불능이 되어 초기진화 불가능 할 수 있으므로

☞ 적용지침에서 천장 제트 흐름의 두께가 천장고 3 m를 기준으로 15 cm ~ 36 cm (5%~12%) 이내에 형성되므로 스프링클러헤드의 응답 지연을 방지하기 위해 헤드 설치 높이를 천장면에서 30 cm (10%) 이내에 설치하도록 한 것

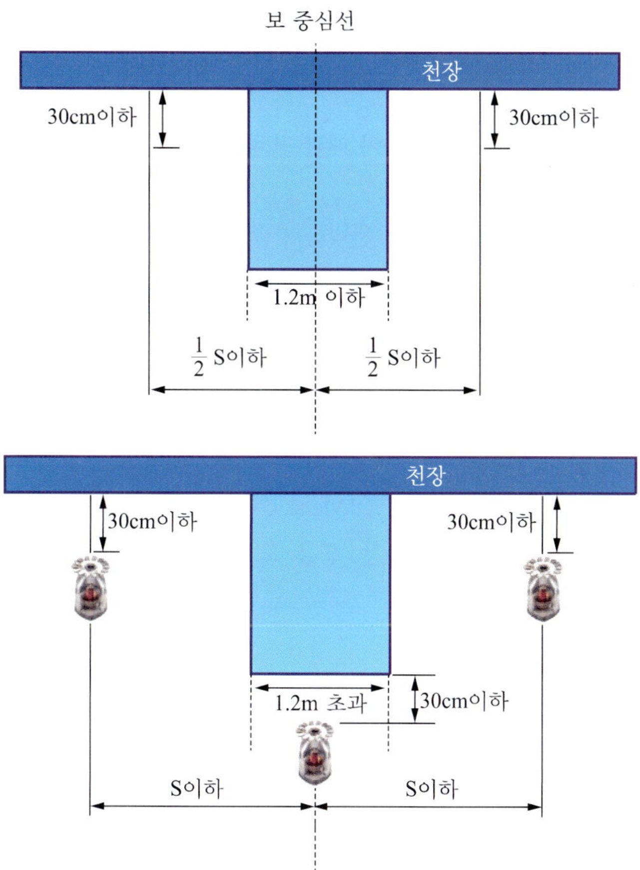

※ S : 스프링클러헤드 상호간 거리
(내화구조로 정사각형 헤드 배치 시 4.6 × cos 45 ≒ 3.25 m)

3.3.11 지중 매설배관의 방식조치 확인

- 지중 매설 배관의 종류 적합 확인
- 부식 방식조치방법 도면과 일치 확인

(1) 지중 매설 배관

1) 방식 종류

① 방식 피복

☞ 매설된 배관에 피복이 완벽하게 처리되어 있으면 이론적으로는 부식이 전행되지 않음

② 전기 방식

☞ 외부에서 일정한 전원을 인가하여 배관 자체의 전위를 (－)로 유지하여 매설배관의 부식을 억제

☞ 전기 방식은 피복 상태가 100% 완벽하지 않다는 전제하에 피복이 불량한 부분이 부식되는 것을 방지하기 위한 2차 보호설비

2) 방식 피복 종류

① 아스팔트계열, 폴리에틸렌(Polyethylene, PE)계열, 비 투멘계열의 물질

② 부식 우려가 큰 경우 사용하는 피복 배관

☞ 내열, 내식성 및 기계정 강도가 우수

☞ 압출식 PE 피복강관 (PLP : polyethylene coated line pipe), PE 테이프 피복강관, 분말에폭시 정전 피복강관 (FBE), 상수도용 도복장 강관(내면 도장)

3) 전기 방식 종류

- 희생양극법, 외부전원법, 배류법

(2) 지중 매설 배관 확인 사항

1) 자재의 확인

① 자재 선정 단계

☞ 지중 매설용 배관 자재 재질(방식)이 설계도서와 일치하는지 확인

☞ 배관의 강도 및 내식성이 현장 여건에 맞는지 확인

② 자재 입고 단계

☞ 승인 자재와 입고 자재의 일치 여부 확인

☞ 자재는 작업 중 부족하지 않도록 적정량(내역서 수량 이상) 확보 확인

③ 자재 관리 단계

☞ 배관의 성능을 보장할 수 있도록 제조사의 권고 방식에 맞게 보관하는지 확인

2) 소화 배관에 주로 사용하는 방식 조치 예시

① 일반 강관에 아스팔트 콜타르 피복

② 에폭시 등의 도료를 도복장한 수도용 도복장 강관(KS D 3565)

③ 일반강관에 P.E를 피복한 폴리에틸렌 피복강관(KS D 3589)

④ 덕타일 주철관(KS D 4311)

⑤ 스테인레스관

⑥ 전기방식법

☞ 소화배관의 경우 내식성 있는 배관을 사용하는 수준으로 방식

☞ 추가적인 방식처리 방법이 필요한 경우에는 전기방식법 사용

그림 3.3.11.1 옥외 매립배관 시공 상태

그림 3.3.11.2 P.E 매립배관 시공

3.3.12 지중 매설배관의 동결심도 확인

- 지역별 동결심도 적합 확인
- 동결심도에 여유율 30 cm 이상 반영 확인

(1) 매설배관

1) 매설 작업

① 측량

☞ 설계도면과 시공도면에 의거 기준점 측량 표시

② 터파기

☞ 관의 구배 및 용접, 융착, 슬리브 링크 씰(Link-seal) 끼움 등 작업 공간을 고려 ⇨ 배관의 매설 깊이 보다 30 cm 이상 터파기

☞ 터파기 시 직각으로 파면 토사가 무너져 내리게 되므로 배관 작업시 안전사고를 방지하기 위하여 자연상태에서 토사가 흘러내리지 않을 만큼(휴식각)보다 크게 경사지게 터파기

③ 모래 포설 및 평탄화

☞ 관저면에 고운 모래를 배관 바닥 레벨까지 채워 돌이나 암반 등에 의한 배관 손상 방지

☞ 배관 바닥 레벨에 맞도록 측량 및 조정하고 구배(소화 및 급수 배관은 수평 구배, 기타 배관은 1/100 구배) 확인

④ 배관 설치

☞ 배관의 규격, 길이, 위치 및 높이 등이 시공도면과 일치하도록 설치

⑤ 수압시험

☞ 1.4 MPa의 압력 도달 후 2시간 이상 후에 검사 실시

⑥ 관통 배관 방수처리

☞ 건축 구조물과 접하는 배관 슬리브는 누수가 발생하지 않도록 마감 철저 확인

⑦ 되메우기

☞ 배관 이음부 용접, 융착 작업 및 수압시험이 끝난 후에 되메우기 실시

☞ 돌이나 암반 등 충격에 의한 배관 손상 방지를 위하여 고운 모래로 관의 주위를 덮은 후 되메우기 실시

☞ 되메우기 후 다짐

(2) 동결심도

1) 동결심도[*] 정의

① 지표면에서 동결선[†]까지의 구간으로 땅이 얼 수 있는 깊이

② 흙 속의 물이 어는 동결층과 미동결층의 경계가 되는 곳까지의 지반 깊이

2) 동결심도의 중요성

- 배관의 파손 및 누수 방지
  - ☞ 지표안 땅속은 항상 수분이 있기 때문에 겨울철 땅속의 얼면 부피가 팽창하여 배관을 들어 올리고 녹으면 다시 부피가 줄어들면서 배관이 내려앉으면서 배관에 영향을 주어 배관이나 접속부위 등에 파손 또는 누수 발생 가능
  - ☞ 이런 이유로 매설 배관은 지반의 동결깊이보다 깊게 설치

3) 지중 소화 배관의 매설 깊이

- 옥회소화전 및 상수도소화전의 지중 배관의 매설 깊이는 지역별 동결심도(표 3.3.12.1)에 여유율(최소 30cm)을 더하여 더 깊게 매설
  - ☞ 같은 지역이라도 유독 더 추운 곳이 있고 토질의 구성에 따라 잘 어는 성질의 흙이 있을 수 있으므로 여유율을 고려

표 3.3.12.1 지역별 동결심도 (단위 : cm)

지 역		서울	부산	대구	인천	광주	대전
동결심도	최소	81	32	55	77	52	74
	최고	99	36	66	94	61	91

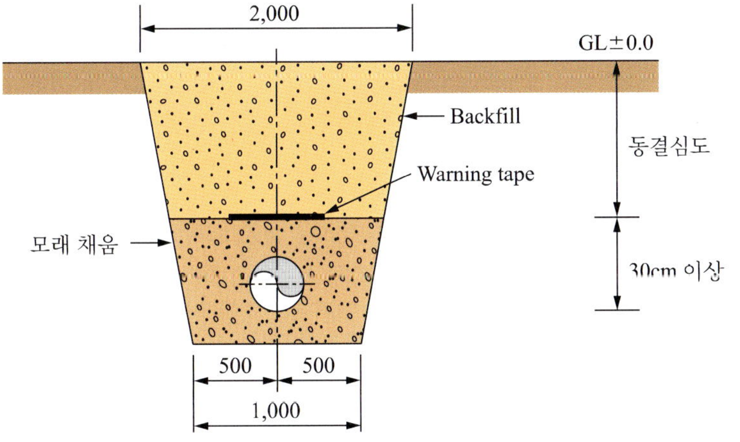

그림 3.3.12.1 옥외소화매립 단면 상세도

* 동결심도 결정기관은 국토해양부 도로조사단에서 수행하고 우리나라 22개의 측후소와 농업기상관측 분실 70개소의 기상자료에 의한 동결지수도 및 동결지수표를 이용하여 동결지수를 산정한다.

† 흙속 온도가 0℃가 되는 지점을 선으로 표시한 것.

3.3.13 배관의 수압시험 방법 및 누수 확인

- 수압시험전 배관 연결상태 및 개방된 부분 마감처리 확인
- 배관 전체에 이물질 제거상태 확인

(1) 수압 시험

1) 수압시험

① 관로 시공 후 시공의 안전여부를 최종적으로 확인할 목적으로 행하는 시험.

② 배관 전체에 대하여 시공 접합부 및 시공 관로에 대한 누수 확인.

2) 설비별 시험 방법

① 습식 수계 소화설비 : 수압시험

② 건식 스프링클러설비 : 수압시험 및 기압시험

③ 가스계 소화설비 : 기압시험(시방서에 따라서는 비파괴 시험 등 실시)

(2) 수압 시험 전 준비

1) 배관 재질 확인

- 배관 재질에 따라 사용압력이 달라 시험압력도 변경되므로 확인

2) 시험 구간 확인

- 수압 시험 실시 구간의 밸브차단 및 마감(캡, 플러그, 플랜지 마감)상태를 확인하고 연결 · 접속부 또는 밸브 개방 등에 의한 수손 피해 방지

3) 수압 시험시 안전 조치 확인

- 시험 구간의 정리 정돈 또는 필요에 따라 출입 통제하여 안전사고 예방

4) 배관 청소 상태 확인

- 배관 내 남아있는 용접 찌꺼기, 각목 또는 장갑 등으로 인한 밸브 디스크 또는 패킹의 손상 방지 및 배관 폐색 방지

5) 압력계 확인

- 압력계의 검정 여부, 압력 범위 및 설치 위치 등 확인

(3) 국내 수압시험

1) 소방시설 자체점검 사항 등에 관한 고시 성능시험조사표 수압시험 기준

① 수압시험 대상

☞ 가압송수장치 및 부속장치(밸브류 · 배관 · 배관부속류 · 압력챔버)의 접속상태에서의 수압시험(접속상태에서 실시)

☞ 옥외 연결송수구 및 연결배관의 수압시험
☞ 입상배관 및 가지배관의 수압시험

② 수압시험의 방법

☞ 수압시험은 1.4 MPa의 압력으로 2시간 이상 시험하고자 하는 장치의 가장 낮은 부분에서 가압
☞ 이 경우 상용수압이 1.05 MPa 이상인 부분에 있어서의 압력은 그 상용수압에 0.35 MPa을 더한 값으로 가압
☞ 배관과 배관·배관부속류·밸브류·각종장치 및 기구의 접속부분에서 누수현상이 없을 것

그림 3.3.13.1 수압시험

(4) NFPA 13 수압시험 기준

1) 수압시험 대상 : 습식, 건식, 준비작동식 및 일제살수식

2) 정압시험

③ 설비작동압력을 받을 우려가 있는 모든 내부배관과 부속장치는 200 psi (13.8 bar, 1.4 MPa)로 정압시험을 실시해야 하며, 2시간 동안 손실 없이 압력을 유지해야 함

☞ 손실 판단 기준 : 계기압력의 강하 및 육안으로 누수 여부 확인

④ 정상작동압력을 150 psi (10.4 bar, 1.03 MPa) 초과할 우려가 있는 설비 부분은 정상작동압력보다 50 psi (3.5 bar, 0.35 MPa) 초과하는 압력으로 시험해야 함

⑤ 날씨가 추워 물로 시험할 수 없는 경우, 임시 공기시험을 실시할 수 있음

⑥ 기존 설비에 추가 또는 설계변경 시, 새 설비는 정상작동압력보다 50 psi (3.5 bar) 초과하는 압력으로 2시간 동안 별도 시험해야 함

⑦ 위치 변경된 배수구 등 독립시험이 불가능한 변경 부분은 정상작동압력을 초과하는 시험이 필요 없음

⑧ 시험압력 측정은 설비의 낮은 위치 또는 시험 중인 부분에 위치한 계기에서 눈금을 읽어야 함

3) 첨가제

- 규산염나트륨 또는 그 유도체, 염수, 기타 부식성 화학첨가제는 설비의 정압시험 또는 누설

차단용으로 사용 금지

4) 옥외연결송수구 및 유입배관의 체크밸브 배관

- 설비와 동일한 방법으로 정압시험을 실시해야 함

5) 일제살수식 설비의 정압시험

- 시험 후 관부속품에 플러그를 설치하고, 개방형 스프링클러 헤드로 교체하거나 폐쇄형 스프링클러 헤드의 작동 부품을 제거해야 함

6) 모든 지하배관의 정압시험

① NFPA 24 기준에 따라 정압시험을 실시해야 함

② 허용 누설량은 NFPA 24에 명시된 한계 이내여야 하며, 시험성적서에 기록해야 함

7) 배관 청소 및 시험 후 물 처리

- 배관 청소나 시험에 사용된 물의 적절한 처리를 위한 시설을 마련해야 함

8) 시험 블랭크(Test Blank)

① 존재 유무를 확실히 표시하기 위해 돌출 부분에 색칠해야 함

② 시험 블랭크는 번호를 매겨야 하며, 설치계약자는 작업 종료 후 철거를 확인하는 기록 방법을 확보해야 함

9) 차압식 밸브

- 정압시험 시, 차압식 밸브의 클래퍼는 밸브 손방지를 위해 클래퍼 시트에서 떼어 놓아야 함

10) 건식 및 이중 인터록 설비의 수압시험

① 설비 최대압력 10.3 bar 이하

☞ 200 psi (13.8 bar)에서 2시간 동안 시험

② 설비 최대압력 150 psi (10.3 bar) 초과 시

☞ 13.8 bar + 3.4 bar의 압력으로 2시간 동안 시험

③ 공기시험

☞ 표준 정압시험에 추가하여, 누설시험은 40 psi (2.8 bar)에서 24시간 동안 실시해야 함

☞ 압력손실이 24시간 동안 1.5 psi (0.1 bar)를 초과하는 누설은 보수해야 함

- 배관 내에 물을 채우고 다시 시험
- 동결 위험 시 : 공기압(연결부 비눗물 시험) 또는 압축공기에 향수를 첨가하여 누수확인

☞ 설비가 32°F (0℃) 미만의 온도에서 작동 가능한 공간에 설치된 경우, 그 공간의 최저 온도에서 누설시험을 실시해야 함

(5) 국내와 NFPA 수압시험 비교

1) NFPA에서는 수압시험 및 기압시험 기준이 있음

- 건식밸브와 이중 인터록 설비에 대하여 수압시험 및 공기시험을 실시

2) 국내기준은 수압시험 기준은 있으나 기압시험 기준은 없음.

- 별다른 국내 세부 기준이 없는 경우 NFPA의 규정을 준용하여 실시를 권장

표 3.3.13.1 국내와 NFPA 수압시험 기준

구 분	국내 수압시험	NFPA 13 수압시험
시험 대상	○ 가압송수장치 및 부속장치(밸브류 · 배관 · 부속류 · 압력챔버 접속상태에서 실시 ○ 옥외 연결송수구 및 연결배관 ○ 입상배관 및 가지배관	○ 습식, 건식, 준비작동식, 일제살수식
시험 방법	○ 1.4 MPa의 압력으로 2시간 이상 시험 장치의 가장 낮은 부분에서 가압 ○ 상용수압 1.05 MPa 이상인 부분 : 상용수압 + 0.35 MPa 가압 ○ 배관 · 부속류 · 밸브류 · 각종 장치 및 기구 접속 부분 누수 현상이 없어야 함	○ 최소 200psi(1.4MPa) 또는 작동 압력 150 psi (1.03MPa)초과 시 [(작동압력 + 50psi(0.35MPa)] 중 선택 ○ 2시간 동안 압력 유지 ○ 손실은 계기압력의 강하와 육안으로 누수를 판단

참고-내압시험 및 기밀시험*

[관련 규정]

- 고압가스안전관리법 제16조(검사 등)
- 같은법 시행규칙 제28조(중간검사 및 완성검사)
- 2101-15 고압가스 특정제조시설 검사업무 처리지침(통합) 제7조 (중간검사 처리 방법) [별표2] 고압가스 특정제조시설 중간검사 방법 및 판정기준 [2024.12.19. 부분개정] / 한국가스안전공사
- KGS FP111 2025 고압가스 특정제조의 시설 · 기술 · 검사 · 감리 · 정밀안전검진 기준 4.2.1.5 내압 및 기밀시험 방법 [개정 산업통상자원부공고 제2025-026호, 2025.01.16.]
- KOSHA GUIDE D-54-2022 화학설비의 압력시험에 관한 기술지침(2022.12.) 한국산업안전보건공단

[용어의 정의]

1. **내압시험** : 내압 시험(Pressure Test, 압력시험)은 물, 오일 또는 기체를 사용하여 시험압력으로 가압한 후 재료의 변화량에 따른 유무로 그 재질의 내압에 의한 강도 및 경도를 측정하는 시험으로 압력용기, 배관, 보일러 등이 사용 중의 압력에 충분히 견딜 수 있는지 여부를 알기 위한 목적으로 실시하는 시험.
   ⇨ 원칙적으로 수압시험으로 실시한다. 다만, 부득이한 이유로 물을 채우는 것이 부적당한 경우에는 공기 또는 위험성이 없는 기체의 압력(기압시험)으로 할 수 있다.
   가. 수압시험 : 물에 의한 내압시험(Hydrostatic Test)
   나. 기압시험 : 공기 · 질소 등 (위험성이 없는 기체)에 의한 내압시험(Pneumatic Test)
2. **기밀시험** : 공기 또는 위험성이 없는 기체의 압력으로 실시하며 용기, 밸브 또는 배관계 등 시험체가 요구하는 기밀성능을 시험하는 검사(Leak Test, 누설시험)로 누출의 존재, 누출분분 또는 누출량을 검출하기 위해 실시하는 시험.

[시험 압력 및 시간]

1. 내압시험
   가. 수압시험 : 상용압력의 **1.5배**(정수두 포함) 이상의 압력. 5내지 20분간 유지하여 용접이음매, 노즐, 플랜지 등에 누설, 비틀림, 변경 등이 있는지 확인.
   나. 기압시험 : 상용압력의 **1.25배** 이상의 압력. 상용압력의 50%가지 승압하고, 그 후에 상용압력의 10%씩 단계적으로 승압하여 기압시험 압력에 도달하였을 때 이상이 없으면 합격.
2. 기밀시험 : **상용압력** 이상 또는 0.7 MPa를 초과하는 경우 **0.7 MPa 압력 이상**으로 실시. 아래 기밀 유지 시간 이상을 유지하고 처음과 마지막 시험의 측정 압력차가 압력측정기구 허용오차 안에 있는 것을 확인. 처음과 마지막 시험의 온도차가 있는 경우에는 압력차를 보정

압력측정기구	용적	기밀유지시간
압력계 또는 자기압력기록계	1 ㎥ 미만	48분
	1 ㎥ 이상 10㎥ 미만	480분
	10 ㎥ 이상	48 x V분 (다만, 2,880분을 초과한 경우에는 2,880분으로 할 수 있다)

[비고] V는 피시험부분의 용적(단위 :㎥)이다

(6) 가스계 소화설비 기압시험

1) 각 구역별 배관의 적정 연결 확인
2) 배관 내 개방된 부분(노즐 연결부위, 선택밸브 연결부위 등)은 1.3배 이상의 기압을 견딜 수 있도록 마감처리
3) 압력계는 배관 말단부위에 1개와 인입부위에 1개를 설치하고 압력을 측정(온도변화에 의한 압력차는 인정 가능)
4) 배관에 기압시험을 하기 전 배관 전체에 이물질 제거를 위한 적절한 처리
5) 기압시험을 실시하는 작업장 내에는 안전요원을 배치하고 "기압시험중" 이라는 안전표지 설치
6) 검수는 배관에 가압이 완료된 직후 1차 검수와 30분 후 2차 검수를 하여 2회 검수
7) 선택밸브 1차측 배관은 수압시험을 실시하고 사용압력의 1.5배로 가압

❍ 예시 – INERGEN 수압시험 압력

1. 사용압력 11.5 MPa
2. 시험압력 11.5 MPa × 1.5 = 17.25 MPa

8) 최대 눈금이 시험 압력이 1.5배 이상 3배 이하의 압력계를 사용
9) 수압(기압)시험의 범위는 저장용기 후단에서 선택밸브 전단까지
   - 가스계 소화설비의 정수압 시험은 3.4.1장의 KS B ISO 14520-1 2007 가스계 소화설비를 참고

(7) 시험 후 관리

1) 수압시험 : 배관 속에 시험시 주입된 시험 유체를 배수하고 건조한 공기 또는 질소를 주입하여 시험 유체를 완전히 제거
2) 기압시험 : 서서히 감압하여 배관내 음압(진공) 발생 방지
3) 기록관리
   - 시험 완료 후 수압측정 사진대지 및 수압일지(기록부)를 제출받아 관리.
     ☞ 시험 일자, 시험 대상구간, 시험 유체, 설정 압력, 시험 결과(1차, 2차), 시공자, 감리원 등

* 내압시험 중 기압시험과 기밀시험은 실시하는 목적과 방법이 다름에도 용어를 혼동 또는 혼용하여 사용하는 경우가 많아 참고자료를 추가하였다.

3.3.14 수계 배관공사 검측 체크리스트 서식

검측 서식 3.3 수계 배관공사 및 수압시험

공종 CODE NO.	01 소방기계	위치 및 부위	
공종(세부공종)	002 수계 배관공사 및 수압시험	공 사 량	

검 사 항 목	검사 기준 (시방서 또는 도면)	검사 결과				조 치 사 항
		1차		2차		
		합격	불합격	합격	불합격	
1. 배관의 용접상태와 마감처리는 적절하게 하였는가?						
2. 파이프 행거의 설치위치, 간격 및 고정 상태는 적합한가?						
3. 배관의 구경이 도면과 상이한 곳은 없는가?						
4. 배관의 굴곡부위에 대한 배수처리는 적절한가?						
5. 취부되는 밸브류의 규격 및 설치위치는 도면과 일치하는가?						
6. 소화전 내함의 설치높이는 규정에 적합한가?	발신기누름 버튼기준 0.8~1.5m					
7. 앵글밸브, 유수검지장치 등의 설치 및 고정방법의 처리는 적절한가?						
8. 시험밸브함의 밸브, 압력계 및 개방형헤드의 설치상태와 배수처리는 적절한가?						
9. 헤드 주위에 살수장애는 없는가?						
10. 천장 또는 반자와 헤드간의 거리 및 보와 헤드간의 거리는 적합하게 설치되어 있는가?						
11. 매립배관의 방식조치는 적절하게 되어 있는가?						
12. 매립배관의 동결심도는 적절한가?						
13. 수압시험의 방법을 준수하였으며 누수부위는 없는가?						

작 업 자 점 검		시 공 자 점 검		감 리 원 검 측	
점 검	재 점 검	점 검	재 점 검	검 측	재 검 측
(인)	(인)	(인)	(인)	(인)	(인)

검측 서식 3.3.1 수압시험일지

공종 CODE NO.	소방기계	위치 및 부위	
공종(세부공종)	수압시험일지	공 사 량	

검 사 항 목	검사 기준 (시방서 또는 도면)	검사 결과				조 치 사 항
		1차		2차		
		합격	불합격	합격	불합격	
1. 수압인가 압력	1.4MPa 이상					
2. 수압인가 시간	2시간 이상					
3. 1차 측정 압력 : (　　　)MPa						
4. 1차 측정 시간 (20 년 월 일 시 분)						
5. 2차 측정 압력 : (　　　)MPa						
6. 2차 측정 시간 (20 년 월 일 시 분)						
7. 누수 및 누기 압력 : (　　　)MPa	압력저하가 없을 것					

* 관련 근거: 소방청 고시 2017-1호 별지 제 3호서식 부터 별지제 3호의 33호 서식

작 업 자 점 검		시 공 자 점 검		감 리 원 검 측	
점 검	재 점 검	점 검	재 점 검	검 측	재 검 측
(인)	(인)	(인)	(인)	(인)	(인)

검측 서식 3.3.2 스프링클러헤드 설치상태 체크리스트

스프링클러헤드 설치상태 체크리스트

구분				번호									
점검항목				열									
행가	이격		8cm 이상										
	가지배관		헤드 사이 or 3.5m 이하										
	교차배관		가지 사이 or 4.5m 이하										
	수평주행배관		4.5m 이하										
살수 장애	배관,행가,조명		60cm or 3D 이상										
	벽		10cm 이상										
부착면	C.H기준		30cm 이하										
보깊이 55cm 이하	보와 이격 0.75m 미만		58~60c 이내										
	보와 이격 1m 미만		45~55cm 이내										
	보와 이격 1.5m 미만		40~45cm 이내										
	보와 이격 1.5m 이상		25~40cm 이내										
보깊이 55cm 초과	보와 이격		S/2이하										
	보폭1.2m 이하	헤드간 s/2 이하	3~55cm 이내										
		기타	3~30cm 이내										
	보폭1.2m 이상	보 밑	3~30cm 이내										
		보 사이	3~55cm 이내										
감열 지장	하부 헤드		차폐판										
결 과													
비 고													

작업자 점검		시공자점검		감리원검측	
점 검	재점검	점 검	재점검	검 측	재검측
(인)	(인)	(인)	(인)	(인)	(인)

3.4 가스계배관 설치공사

3.4.1 배관의 용접상태 및 마감처리 확인

- 배관 재질 구분 사용 확인
- 용접 전 개선 가공 및 외관 용접 비드 상태 확인
- 용접 슬래그 제거 후 방청 도장(2회 이상) 여부 확인

(1) 슬리브 재질

1) 슬리브(Sleeve) 설치 목적
   ① 배관의 교체 및 수리가 용이
   ② 배관의 신축팽창에 대응이 수월

2) 슬리브 작업
   ① 콘크리트 구조물에 관통하는 배관 등을 후 설치할 때 파쇄나 천공하지 않고 바로 설치하기 위해 콘크리트 타설 전에 콘크리트가 채워지지 않도록 미리 배관과 유사한 재료를 설치
   ② 배관과 동일 재료로 정확한 위치에 설치하여 사용
      ☞ 일반적으로 소화배관은 강관을 사용하므로 같은 재질인 강관 또는 강판 사용
      ☞ 구조체 접촉으로 인한 전기 부식 방지를 위하여 다른 종류의 배관재를 사용하는 경우도 있음

3) 층간, 세대 간 경계벽 또는 방화구획 관통 부위 재질
   ① 강관 또는 강판 사용
   ② PVC 재질 슬리브 사용 시 난연성 재질 확인
      ☞ 난연 재질이 아닌 PVC 재질 슬리브가 시공된 경우 PVC 슬리브를 완전히 제거

4) 슬리브 틈새
   - 슬리브가 층간, 세대간 경계벽 또는 방화구획을 관통하여 구조체 사이에 틈이 생긴 경우
      ☞ 방화폼

(1) 가스계 소화설비 배관 재질

1) 이산화탄소소화설비

① 강관을 사용하는 경우

☞ 압력배관용탄소강관(KS D 3562)중 스케줄 80(저압식은 스케쥴 40) 이상 또는 이와 동등 이상의 강도를 가진 것으로 아연도금 등으로 방식처리된 것

☞ 다만, 배관의 호칭구경이 20 mm 이하인 경우에는 스케줄 40 이상 사용 가능

② 동관을 사용하는 경우

☞ 이음이 없는 동 및 동합금관(KS D 5301) 중 고압식은 16.5 MPa 이상, 저압식은 3.75 MPa 이상의 압력에 견딜 수 있는 것

2) 할로겐화합물 및 불활성기체소화설비

① 강관을 사용하는 경우

☞ 압력배관용탄소강관(KS D 3562) 또는 이와 동등 이상의 강도를 가진 것으로 아연도금 등으로 방식처리 된 것

② 동관을 사용하는 경우

☞ 이음이 없는 동 및 동합금관(KS D 5301)

3) 분말소화설비

① 강관을 사용하는 경우

☞ 아연도금에 따른 배관용탄소강관(KS D 3507) 이와 동등 이상의 강도·내식성 및 내열성을 가진 것

☞ 다만, 축압식분말소화설비에 사용하는 것 중 20℃에서 압력이 2.5 MPa 이상 4.2 MPa 이하인 것은 압력배관용탄소강관(KS D 3562) 중 이음이 없는 스케줄 40 이상의 것 또는 이와 동등 이상의 강도를 가진 것으로서 아연도금으로 방식 처리된 것

② 동관을 사용하는 경우

☞ 배관은 고정압력 또는 최고사용압력의 1.5배 이상의 압력에 견딜 수 있는 것

그림 3.4.1.1 배관재 아연도금상태 확인

(2) 배관 재질

1) 배관 재질

① 강관

☞ 가스계 소화설비별로 배관 스케쥴 적정 확인(Sch 40, Sch 80)

☞ 아연도금 등으로 방식처리(백관) 되었는지 확인

② 동관 : 가스계 소화설비별로 규격에 적정한지 확인

③ 스케쥴 배관에 접속되는 소켓 등 부속은 단조 부속인지 확인

2) 용접 전 자재 구분

- 가스계 소화배관 설치 시 Sch 40과 Sch 80의 배관 및 부속을 선택밸브 1차측과 2차측에 구별되어 사용됨

☞ 용접 전에 자재가 혼동되어 쓰이지 않도록 규격별 구분하여 관리

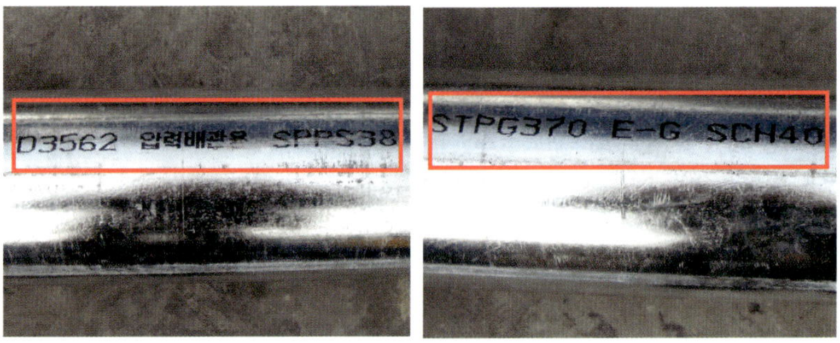

그림 3.4.1.2 배관재의 Sch 번호 확인

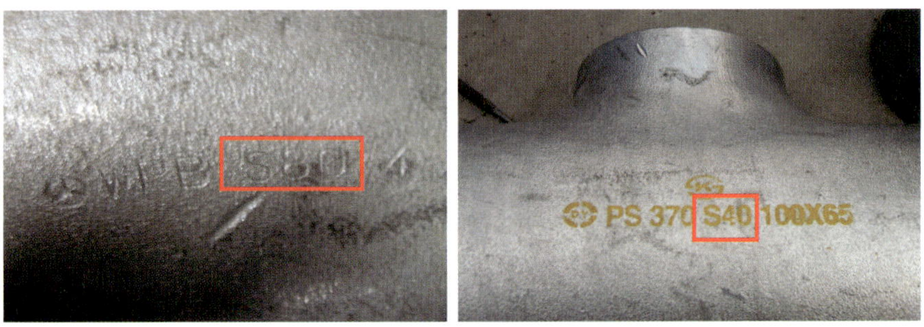

그림 3.4.1.3 배관 부속재의 Sch 확인

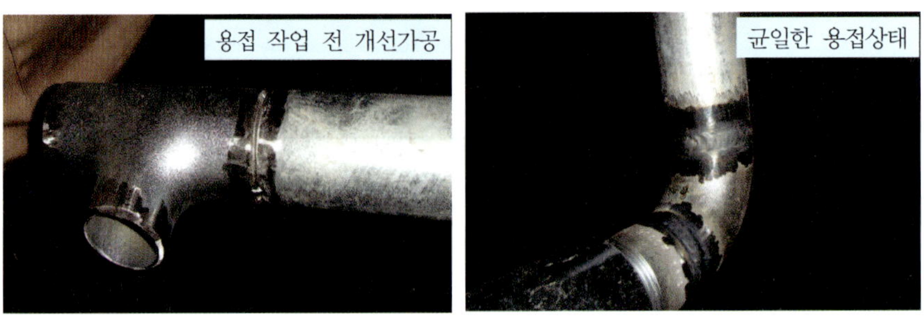

그림 3.4.1.4 배관의 용접상태 확인

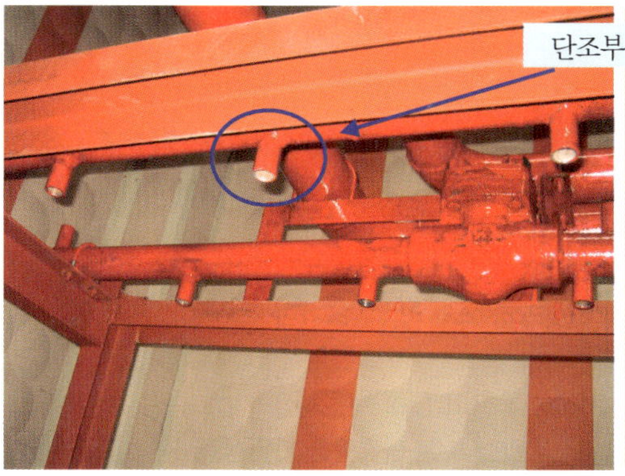

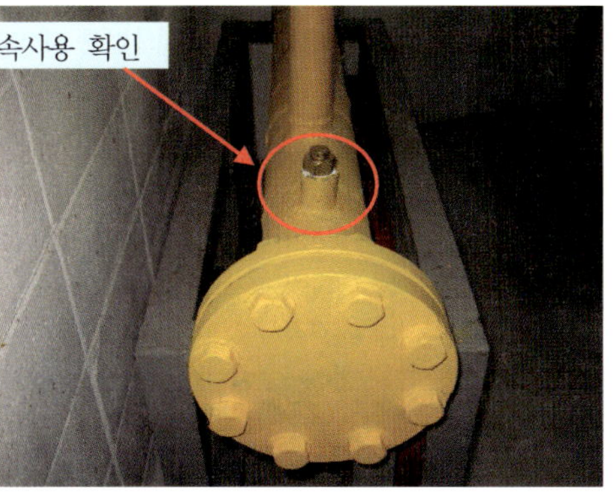

그림 3.4.1.5 소켓등에 단조부속 사용

(3) 용접 상태

1) 용접 품질관리

① 용접으로 접합한 후 용접 상태의 분석 및 판단이 요구

☞ 용접 검사 및 방법 등은 3.3.1장 참고

② 비파괴 검사 등의 용접검사

☞ 시방서 및 내역서의 품질관리비 항목 중 시험비용(비파괴검사 등)이 있을 경우에 한하여 실시

☞ 가스배관의 검사에 대한 관련 기준 : KS기준과 고압가스안전관리법*

관련기준

KSB ISO 14520-1 2007(가스계소화설비-물리적특성 및 설비의 설계-일반요건)

8.2.3.12 전체배관이 저장용기와 방출노즐 사이에 방향전환 관부속이 한 개 이하가 아니고, 모든 배관이 물리적으로 조임점검이 이루어지지 않을 경우 다음과 같은 시험을 수행해야 한다.

a) 모든 끝이 개방된 배관은 3bar에서 10min 동안 폐쇄된 상태에서 기체로 기밀시험이 수행되어야 한다. 10min 후 압력강하가 시험압력의 20%를 넘지 않아야 한다.

b) 모든 폐쇄단면배관과 감압장치의 1차측은 2min 동안 최고사용압력의 최소한 1.5배까지 수압을 가하는 시험이 수행되어야 한다. 2min 동안 누설이 없어야 한다. 시험이 완료되면 배관을 청소하여 습기를 제거해야 한다. 정수압시험은 적용되는 제조업체의 공장에서 수행할 것을 권장한다.

(경고) 기체로 실시하는 기밀시험은 배관이 파열될 경우 해당 시역에 있는 사람에게 상해를 입힐 가능성이 있다. 기밀시험을 수행하기 전에 방호구역의 사람들은 피난시키고, 시험 당사자에 대한 적절한 보호장구를 갖추어야 한다.

8.2.3.13 질소 또는 다른 대체물질을 사용하여 흐름이 지속적이고 배관과 노즐이 이상이 없는지를 확인하는 시험을 실시한다.

* 이 법에 의해 규정되는 부분은 소방감리 업무 범위에 해당 되지 않고 고압가스 안전 관리법에 따른 별도 부분이나 가스소화설비 약제 저장량에 따라 고압가스 저장소 허가신청 및 가스안전관리자 선임 등의 절차가 필요하므로 관련 조항을 참고한다.

고압가스안전관리법 [시행 2021.12.16.] [법률 제18269호, 2021.6.15., 일부개정]

제16조 (검사 등)

① 제4조에 따른 허가를 받거나 신고를 한 자 또는 제5조의3에 따른 등록을 한 자가 고압가스의 제조 · 저장 · 판매 또는 수입시설의 설치공사나 변경공사를 할 때에는 산업통상자원부령으로 정하는 바에 따라 그 공사의 공정별(工程別)로 허가관청이나 신고관청의 중간검사를 받아야 한다.

② 고압가스제조자 중 대통령령으로 정하는 종류와 규모 이상의 고압가스제조자가 제1항에 따른 고압가스 제조시설의 설치공사나 변경공사를 할 때에 제조소 경계 밖의 지하에 고압가스배관의 설치공사나 변경공사를 하는 경우에는 허가관청이나 신고관청의 감리(監理)를 받아야 한다.

③ 사업자 등이 고압가스의 제조 · 저장 · 판매 · 수입의 시설이나 용기 등의 제조시설의 설치공사 또는 변경공사를 완공한 때에는 그 시설을 사용하기 전에 허가관청 · 신고관청 또는 등록관청의 완성검사를 받고 합격한 후에 이를 사용하여야 한다. 다만, 제2항에 따라 감리를 받은 시설은 완성검사를 갈음하여 감리적합판정을 받아야 한다.

④ 허가관청 · 신고관청 또는 등록관청은 제2항과 제3항에도 불구하고 다음 각 호의 어느 하나에 해당하는 경우에는 사용방법과 기간을 정하여 해당 시설을 임시로 사용하게 할 수 있다. 이 경우 고압가스의 제조 · 저장 또는 판매시설은 정하여진 기간 이내로 제한하여 그 사용방법에 따라 사용하여야 한다.

1. 제2항과 제3항에 따른 감리나 완성검사를 한 결과, 산업통상자원부령으로 정하는 경미한 사항이 미비된 경우
2. 고압가스 제조시설의 설치공사 중 설치가 완료되어 사용이 가능한 일부 시설에 대한 완성검사(이하 "부분완성검사"라 한다)에 합격한 경우 또는 부분완성검사를 한 결과, 제1호의 산업통상자원부령으로 정하는 경미한 사항이 미비된 경우

⑤ 제2항에 따른 고압가스제조자는 지하 배관의 설치공사나 변경공사를 완공하면 산업통상자원부령으로 정하는 바에 따라 그 시공기록과 완공도면(전산보조기억장치에 입력되어 있으면 그 입력된 자료로 할 수 있다)을 작성 · 보존하여야 한다.

⑥ 제1항부터 제3항까지의 규정에 따른 중간검사 · 감리 및 완성검사의 기준과 그 밖에 감리와 검사에 필요한 사항은 산업통상자원부령으로 정한다.

고압가스안전관리법 시행령 [시행 2023.12.12.] [대통령령 제33913호, 2023.12.12., 타법개정]

제2조 (고압가스의 종류 및 범위)

「고압가스 안전관리법」(이하 "법"이라 한다) 제2조에 따라 법의 적용을 받는 고압가스의 종류 및 범위는 다음 각 호와 같다. 다만, 별표 1에 정하는 고압가스는 제외한다.

1. 상용(常用)의 온도에서 압력(게이지압력을 말한다. 이하 같다)이 1메가파스칼 이상이 되는 압축가스로서 실제로 그 압력이 1메가파스칼 이상이 되는 것 또는 섭씨 35도의 온도에서 압력이 1메가파스칼 이상이 되는 압축가스(아세틸렌가스는 제외한다)
2. 섭씨 15도의 온도에서 압력이 0파스칼을 초과하는 아세틸렌가스
3. 상용의 온도에서 압력이 0.2메가파스칼 이상이 되는 액화가스로서 실제로 그 압력이 0.2메가파스칼 이상이 되는 것 또는 압력이 0.2메가파스칼이 되는 경우의 온도가 섭씨 35도 이하인 액화가스
4. 섭씨 35도의 온도에서 압력이 0파스칼을 초과하는 액화가스 중 액화시안화수소 · 액화브롬화메탄 및 액화산화에틸렌가스

고압가스안전관리법 시행규칙 [시행 2024.11.14.] [산업통상자원부령 제582호, 2024.11.14., 일부개정]

제2조 (정의)

① 이 규칙에서 사용하는 용어의 뜻은 다음과 같다.

6. "저장능력"이란 저장설비에 저장할 수 있는 고압가스의 양으로서 별표 1에 따라 산정된 것을 말한다.

②「고압가스 안전관리법」(이하 "법"이라 한다) 제3조제1호에서 "산업통상자원부령으로 정하는 일정량"이란 다

음 각 호에 따른 저장능력을 말한다.

1. 액화가스의 경우에는 5톤. 다만, 독성가스인 액화가스의 경우에는 1톤(허용농도가 100만분의 1 미만인 독성가스인 경우에는 100킬로그램)을 말한다.
2. 압축가스의 경우에는 500세제곱미터. 다만, 독성가스인 압축가스의 경우에는 100세제곱미터(허용농도가 100만분의 1 미만인 독성가스인 경우에는 10세제곱미터)를 말한다.

제8조 (고압가스제조 등의 시설기준과 기술기준 등)

① ① 법 제4조제6항에 따른 고압가스의 제조 · 저장 · 판매의 시설기준과 기술기준, 법 제5조의3제2항에 따른 고압가스 수입업의 시설기준과 기술기준, 법 제5조의4제2항에 따른 고압가스 운반차량의 시설기준과 기술기준은 다음 각 호와 같다.

1. 고압가스제조(특정제조 · 일반제조 또는 용기 및 차량에 고정된 탱크 충전)의 시설기준과 기술기준 : 별표 4
2. 수소연료 충전의 시설기준과 기술기준 : 별표 5
3. 고압가스 냉동제조의 시설기준과 기술기준 : 별표 7
4. 고압가스저장의 시설기준과 기술기준 : 별표 8
5. 고압가스판매 및 고압가스 수입업의 시설기준과 기술기준 : 별표 9
6. 고압가스 운반차량의 시설기준과 기술기준 : 별표 9의2

② 영 제5조의3제2항제2호에서 "산업통상자원부령으로 정하는 시설기준과 기술기준"이란 별표 9를 말한다.

③ 영 제5조의4제2항제2호에서 "산업통상자원부령으로 정하는 기준"이란 별표 9의2 제1호의 시설기준을 말한다.

[별표 1] 저장능력 산정기준(제2조제1항제6호 관련)

2. 저장탱크 및 용기가 다음 각 목에 해당하는 경우에는 제1호에 따라 산정한 각각의 저장능력을 합산한다. 다만, 액화가스와 압축가스가 섞여 있는 경우에는 액화가스 10 kg을 압축가스 1㎥로 본다.
   가. 저장탱크 및 용기가 배관으로 연결된 경우
   나. 가목의 경우를 제외한 경우로서 저장탱크 및 용기 사이의 중심거리가 30m 이하인 경우 또는 같은 구축물에 설치되어 있는 경우. 다만, 소화설비용 저장탱크 및 용기는 제외한다.

제28조 (중간검사 및 완성검사)

① 법 제16조제1항에 따른 중간검사의 신청은 별지 제20호서식에 따르고, 법 제16조제3항에 따른 완성검사의 신청은 별지 제21호서식에 따른다.

② 법 제16조제1항에 따라 중간검사를 받아야 하는 공정은 다음 각 호와 같다.

1. 가스설비 또는 배관의 설치가 완료되어 기밀시험 또는 내압시험을 할 수 있는 상태의 공정
2. 저장탱크를 지하에 매설하기 직전의 공정
3. 배관을 지하에 설치하는 경우 한국가스안전공사가 지정하는 부분을 매몰하기 직전의 공정
4. 한국가스안전공사가 지정하는 부분의 비파괴시험을 하는 공정
5. 방호벽 또는 저장탱크의 기초설치 공정
6. 내진설계(내진설계) 대상 설비의 기초설치 공정

③ 법 제16조제3항에 따라 완성검사를 받아야 하는 시설의 변경공사는 다음 각 호와 같다.

1. 제4조에 따른 변경허가 · 변경신고 · 변경등록의 대상이 되는 변경공사
2. 제4조에 따른 변경허가 · 변경신고 · 변경등록의 대상에서 제외되는 변경공사 중 다음 각 목의 어느 하나에 해당하는 공사
   가. 배관의 안지름 크기의 변경(처리능력이 변경되는 경우만을 말한다)
   나. 배관 설치장소의 변경(변경하려는 부분의 배관의 총길이가 300미터 이상인 경우만을 말한다)
   다. 특정고압가스용 실린더캐비닛의 교체설치 · 설치(저장능력의 증가가 없는 경우만 해당한다) 또는 철거

④ 법 제16조제1항 및 제3항에 따른 중간검사 또는 완성검사의 검사대상시설별 검사기준은 다음 각 호와 같다.

1. 고압가스 제조시설(특정제조 · 일반제조 · 용기 및 차량에 고정된 탱크 충전시설을 말한다)의 중간검사 또는 완성검사 기준 : 별표 4
2. 수소연료 충전시설의 중간검사 또는 완성검사 기준 : 별표 5
3. 고압가스 냉동제조시설의 중간검사 또는 완성검사 기준 : 별표 7
4. 고압가스 저장시설의 중간검사 또는 완성검사 기준 : 별표 8
5. 고압가스 판매시설 및 고압가스 수입시설의 중간검사 또는 완성검사 기준 : 별표 9
6. 용기 제조시설의 완성검사 기준 : 별표 10
7. 용기부속품 제조시설의 완성검사 기준 : 별표 10의2
8. 냉동기 제조시설의 완성검사 기준 : 별표 11
9. 특정설비 제조시설의 완성검사 기준 : 별표 12

⑤ 법 제16조제3항에 따른 완성검사에 합격한 자에 대하여는 별지 제22호서식의 완성검사증명서를 발급하여야 한다.

2) 용접부위 검사의 종류

① 기압시험 : 선택밸브 2차측 실시

기압시험용 공기압축기

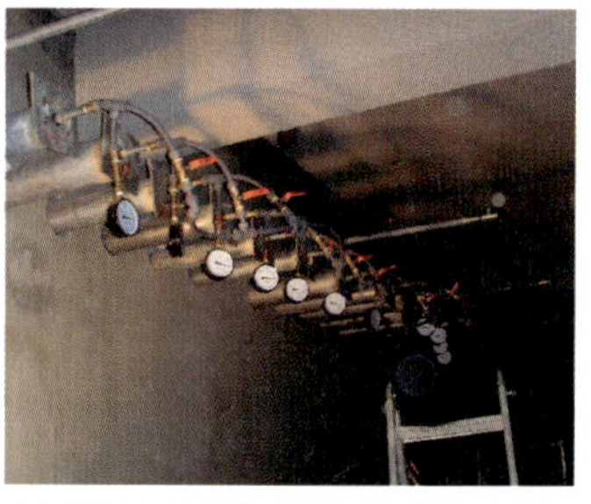

선택밸브 2차측 배관 압력계 설치

압력계 3 bar로 측정시 0.45 (0.3×1.5) MPa 이상 사용

그림 3.4.1.6 선택밸브 2차측 기밀시험

② 수압 시험 : 선택밸브 1차측 실시

수압시험용 수압기

집합관에 연결

압력계(500kg/cm^2용 게이지)

그림 3.4.1.7 선택밸브 1차측 수압시험

③ 비파괴 검사(Non-Destructive Testing)

- ☞ 재료나 제품의 원형과 기능을 전혀 변화시키지 않고 재료에 물리적 에너지(햇빛, 열, 방사선, 음파, 전기와 전기에너지) 등을 적용하여 조직의 이상이나 결함의 존재로 인해 적용된 에너지의 성질 및 특성 등이 변화하는 것을 적당한 변환자를 이용하여 이들 성질의 변화량을 측정함으로써 조직의 이상 여부나 결함의 정도를 알아내는 모든 검사를 말함
- ☞ 종류로는 RT(방사선투과검사), UT(초음파탐상검사), MT(자분탐상검사), PT(액체침투탐상검사), LT(누설검사), ET(와전류탐상검사), VT(육안검사)가 있음
- ☞ 가스계 소화배관의 비파괴 검사는 검사 결과가 촬영 필름으로 명확하게 남는 RT(방사선투과검사)를 주로 실시

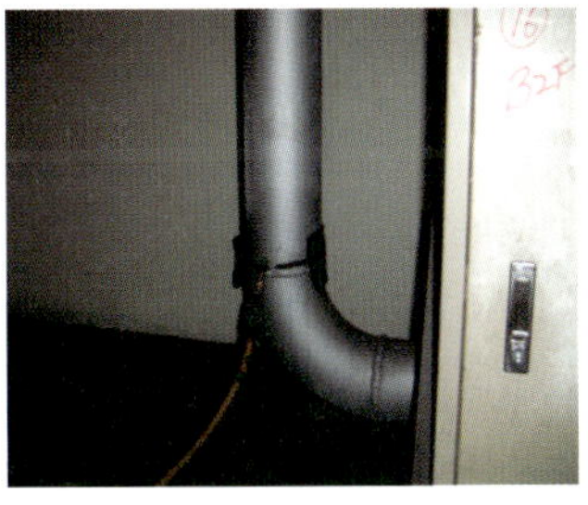

RT검사(필름부착)

RT검사(촬영)

UT검사

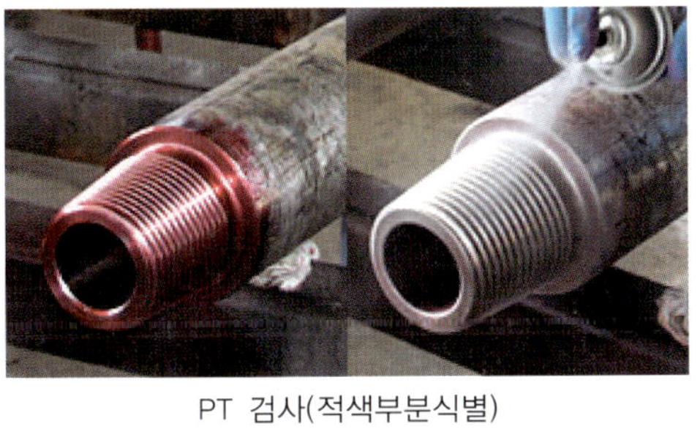

PT 검사(적색부분식별)

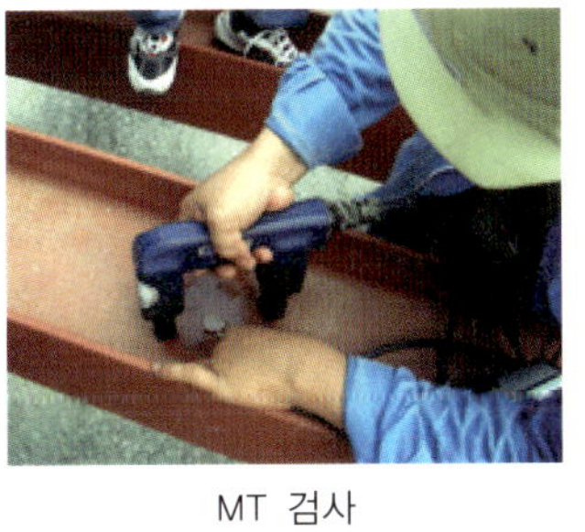

MT 검사

그림 3.4.1.8 각종 비파괴 검사*

3) 방사선 투과 검사(Radiographic Testing)

① 기본 원리

- ☞ 방사선을 이용하여 재료 내부의 결함을 탐지하는 비파괴검사 방법
- ☞ 방사선(X선 또는 γ선)이 금속을 잘 투과하는 성질을 이용
- ☞ 필름이나 디지털 검출기에 투영된 이미지를 통해 내부 결함을 시각적으로 확인 가능

* 비파괴 검사시 한국비파괴검사협회(http://www.kandt.or.kr)에 검사기관으로 등록된 업체에 의뢰하고 검사 성적서를 발급받아야 한다.

② 검출 대상

- ☞ 용접부, 주조품 등의 대부분 재료의 내외부 결함 검출

③ 특징

- ☞ 촬영 필름 등 영구적인 기록 보관 가능
- ☞ 표면 결함 및 내부 결함 검출 가능
- ☞ 금속, 합금, 비금속 등 다양한 재료에 적용 가능
- ☞ 방사선 안전관리 요구

④ 검사자

- ☞ 승인된 자격자의 검사로 시행

⑤ 검사 절차

- ☞ 검사 준비 : 검사대상 표면 청소 및 오염 제거, 검사 영역 정의
- ☞ 방사선 장비 설치 : 방사선 발생장치, 방사선원 및 필름 등 배치
- ☞ 방사선 조사 : 대상물에 방사선 방출
- ☞ 이미지 획득 : 필름이나 디지털 검출기로 이미지 데이터 수집
- ☞ 결과 판독 : 검사 기준과 비교하여 결함 위치, 크기 및 형태 분석 후 기록관리
- ☞ 안전 관리* : 주변 환경과 작업자의 피폭을 방지하기 위해 방사선 차폐 조치, 출입을 제한하는 장치 및 출입구 외부에 표지 부착 등 안전 조치 실시

* 「방사선 안전관리 등의 기술기준에 관한 규칙[시행 2023.9.25.] [원자력안전위원회규칙 제50호, 2023.9.25., 일부개정] 제4절 방사선투과검사 작업의 안전관리 제55조~제58조의2(작업장 방사선안전관리자)」를 참고하였다.

3.4.2 배관 시험 전 밀폐 확인

- 수압 및 기압 시험을 위한 배관 밀폐 조치

(1) 배관 밀폐

1) 수압(기압) 시험 전 배관 준비

① 배관 내부의 이물질을 제거 및 유입 방지 조치 확인

② 시험하고자 하는 대상 부위의 밀폐 확인

③ 플랜지, 밸브 및 기타 모든 개방된 부분을 차단 확인

☞ 개방 부분은 철판으로 용접하여 폐쇄

☞ 노즐 설치 부분은 플러그를 이용하여 폐쇄

그림 3.4.2.1 수압 또는 기압 시험을 위한 배관 밀폐

3.4.3 가스계 소화배관의 고정 확인

- 각 층마다 1개소 이상 고정 여부
- 배관 구경별로 고정 간격 적합 여부
- 행거 및 지지대의 고정 상태 확인
- 벽체 관통부 슬리브 설치 여부

(1) 배관의 지지 및 고정

1) 지지철물 고려 사항
   ① 층간 변위 및 수평 방향의 응력
   ② 필요할 때는 좌굴 응력 검토
   ③ 지지 구간 내 소화 배관의 하중을 고려 관의 중간이 처지거나 진동 발생 방지
   ④ 가스계 소화약제 방출 시 방출압력에 의한 배관의 탈락을 방지
   ⑤ 수평 배관은 제조사 및 설계사에서 제시한 시방서대로 지지 되었는지 확인
   ⑥ 동관 및 스테인리스강관의 밴드, 지지 철물류는 관과 직접 닿지 않도록 관과의 사이에 적절한 절연재 사용
2) 수직관 : 수직 입상관은 각 층에 1개소 이상 설치
   - 수직관의 하단부는 관의 총중량과 유속에 의하여 하단부 곡관의 처짐 또는 곡관의 자중에 의하여 수직관의 하단이 이완되어 밑으로 내려가지 않도록 지지철물 및 콘크리트의 받침대로 고정
3) 동관 : 지지철물은 절연용 행거 등을 사용
4) 배관 지지 간격 : 본서 3.3.2장을 참고
5) 벽체 관통부 고정 : 소화약제의 방사로 벽체 매립관에 충격이나 이상 진동 등이 전달되지 않도록 슬리브 설치

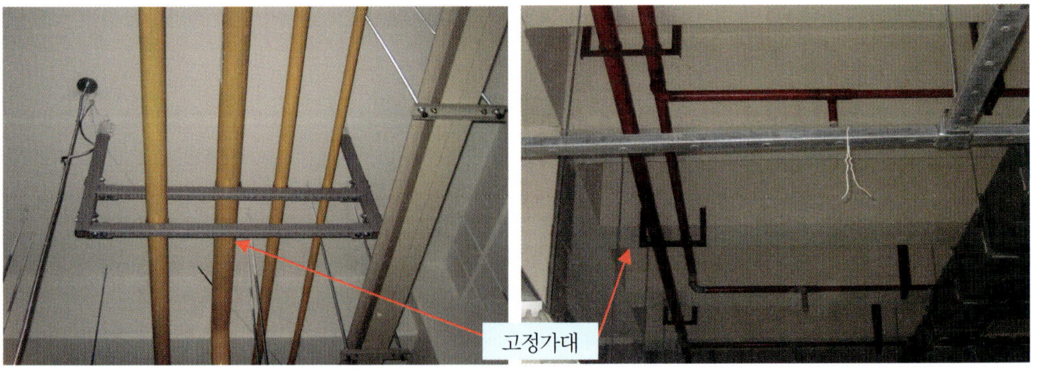

그림 3.4.3.1 고정가대 설치

3.4.4 노즐의 오리피스 분구면적 확인

- 계산서 및 Isometric의 노즐의 분구면적 확인
- 계산서와 설치 노즐의 분구면적(오리피스구경) 일치 확인

(1) 분사 헤드

1) 분사 헤드 오리피스 구경 설치 기준

① 분사헤드는 부식방지조치와 오리피스의 크기, 제조일자, 제조업체 표시

② 분사헤드의 개수는 방호구역에 소화약제의 방출 시간이 충족되도록 설치

③ 분사헤드의 방출률 및 방출압력은 제조업체에서 정한 값으로 선정

④ 분사헤드의 오리피스 면적은 분사헤드가 연결되는 배관구경 면적의 70% 이하

2) 분사 헤드의 설치

① 전역방출방식

☞ 소화약제가 방호구역 전역에 균일하고 신속하게 확산하도록 방출

② 국소방출방식

☞ 소화약제 방출에 따라 가연물이 비산하지 않는 장소에 설치할 것

(2) 분구 면적

1) 노즐의 분구 면적

① 노즐의 분구면적은 방출율 및 방출압력을 결정하는 중요 요소

② 설계 프로그램에 의하여 노즐 제조업자가 정밀 생산한 제품을 설치

2) 오리피스 확인

① Isometric과 설계프로그램 계산서의 노즐 번호 일치 여부 확인 후

☞ 실제 설치된 노즐과 확인

② 노즐에는 제조업체, 노즐 번호, 제조일자 및 분구 면적이 표기되었는지 확인

③ 분구 면적은 설계 프로그램에서 계산된 면적인지 확인

④ 노즐 안쪽에 각인된 숫자는 노즐 안쪽의 오리피스 직경임.

⑤ 직경의 크기는 자재반입 시 확인

☞ 버니어캘리퍼스(Vernier Caliper)를 이용하여 오리피스의 직경을 측정하고 노즐에 표기된 분구면적과 일치하는지 확인

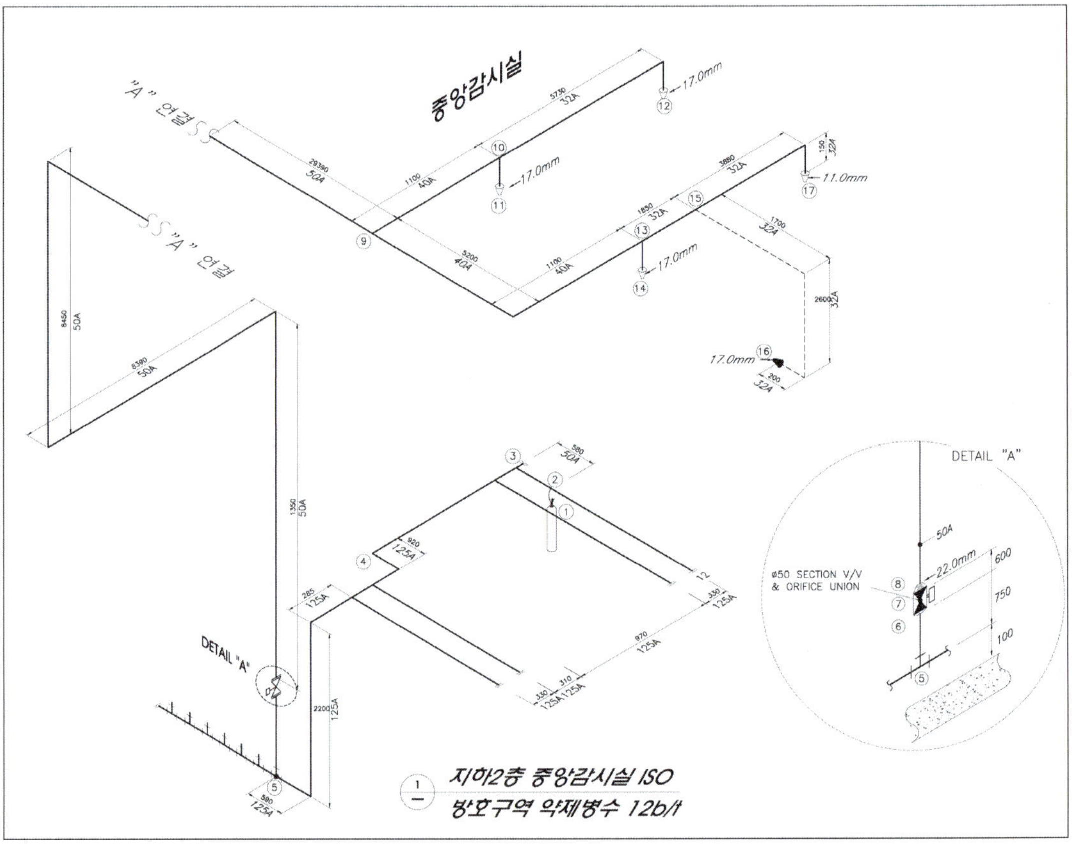

그림 3.4.4.1 소화가스구역의 ISO

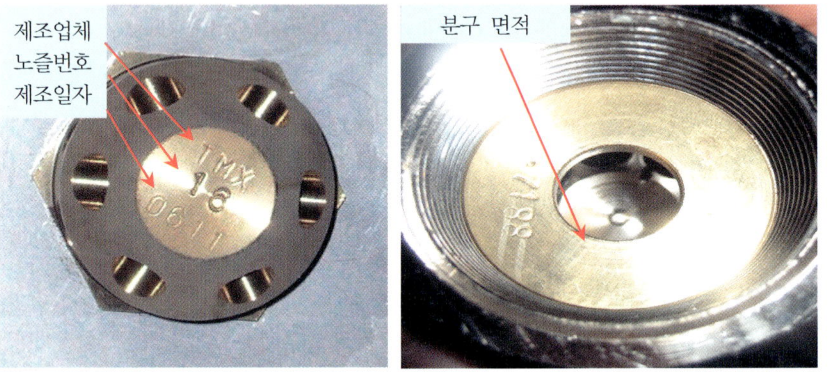

그림 3.4.4.2 노즐의 규격 확인

3.4.5 방호구역별 선택밸브와 작동 저장용기 수량 확인

- 구역별 약제량에 맞게 선택밸브 구분 설치 확인
- 동관의 연결이 해당 구역과 일치 확인
- 체크밸브의 방향 적정 확인
- 니들 밸브의 핀 상태 확인

(1) 선택 밸브

1) 신댁벨브 설치 기준

① 방호구역 또는 방호대상물마다 설치

② 각 선택밸브에는 해당 방호구역 또는 방호대상물을 표시

2) 선택밸브 방호구역 확인

① 소화가스 약제량 계산서의 방호구역별 저장용기 수량을 확인

② 확대 도면 또는 흐름도의 구역별 선택밸브와 동관 연결을 확인

③ 선택밸브나 동관 연결 등이 도면상의 위치와 일치하는지 현장 시공상태 확인

④ 니들 밸브를 분리한 후 선택밸브의 동관에 가스 또는 압축공기를 주입하여 해당 구역 실린더 니들 밸브의 실제 개방 여부도 확인이 가능

그림 3.4.5.1 저장용기 주위 동관의 연결 상태 확인

(2) 조작 동관

1) 동관 시공 상태 확인

① 접속 부위 시공

☞ 동관 확관기(Tube Expander)를 사용하여 끝부분을 확관한 후 접속 시공

☞ 너무 넓게도 적지도 않게 확관하여 단단히 접속

☞ 연결되는 부위가 평행되지 않거나 과도한 확관은 연결 시 파손될 수 있으므로 주의

② 접속 부위 확인

☞ 육안 확인과 함께 양손으로 힘껏 잡아 당겨서 체결 상태 확인

☞ 기동 또는 약제 가스압에 의한 탈락으로 작동 및 소화 실패를 방지

2) 니들 밸브

- 니들 밸브 핀 상태 정상여부 확인

☞ 니들밸브 핀이 구부러져 있거나 파손되어 저장용기 개방 실패를 방지

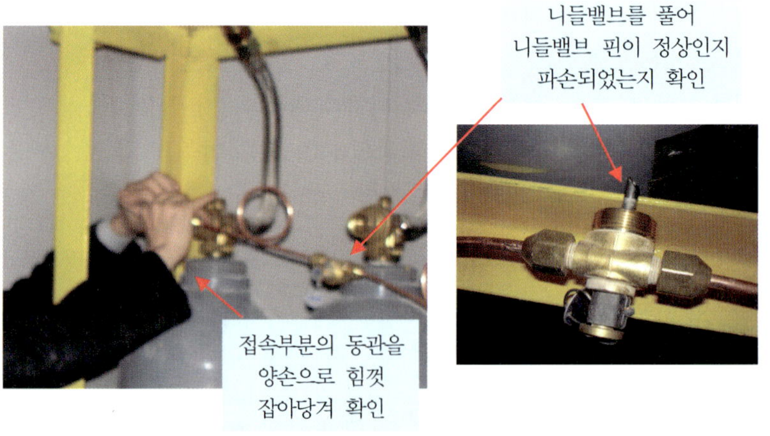

그림 3.4.5.2 접속부분 등 확인

3.4.6 선택밸브 등 고정 및 공간 확보

- 선택밸브 등 각종 기기의 고정이 견고한지 확인
- 저장용기실의 작업 및 보수공간 확보 확인
- 저장용기의 고정이 견고한지 확인

관련기준

이산화탄소소화설비의 화재안전기술기준(NFTC 106)

2.5 배관 등

2.5.1 이산화탄소소화설비의 배관은 다음의 기준에 따라 설치해야 한다.

2.5.1.1 배관은 전용으로 할 것

2.5.1.2 강관을 사용하는 경우의 배관은 압력배관용탄소강관(KS D 3562) 중 스케줄 80(저압식은 스케줄 40) 이상의 것 또는 이와 동등 이상의 강도를 가진 것으로 아연도금 등으로 방식 처리된 것을 사용할 것. 다만, 배관의 호칭구경이 20 ㎜ 이하인 경우에는 스케줄 40 이상인 것을 사용할 수 있다.

2.5.1.3 동관을 사용하는 경우의 배관은 이음이 없는 동 및 동합금관(KS D 5301)으로서 고압식은 16.5 MPa 이상, 저압식은 3.75 MPa 이상의 압력에 견딜 수 있는 것을 사용할 것

2.5.1.4 고압식의 1차측(개폐밸브 또는 선택밸브 이전) 배관부속의 최소사용설계압력은 9.5 MPa로 하고, 고압식의 2차측과 저압식의 배관부속의 최소사용설계압력은 4.5 MPa로 할 것 〈개정 2024.8.1.〉

할로겐화합물 및 불활성기체소화설비의 화재안전기술기준(NFTC 107A)

2.7 배관

2.7.1 할로겐화합물 및 불활성기체소화설비의 배관은 다음의 기준에 따라 설치해야 한다.

2.7.1.1 배관은 전용으로 할 것

2.7.1.2 배관 · 배관부속 및 밸브류는 저장용기의 방출 내압을 견딜 수 있어야 하며, 다음의 기준에 적합할 것. 이 경우 설계내압은 표 2.3.2.1(1) 및 표 2.3.2.1(2)에서 정한 최소사용 설계압력 이상으로 해야 한다.

2.7.1.2.1 강관을 사용하는 경우의 배관은 압력배관용탄소강관(KS D 3562) 또는 이와 동등 이상의 강도를 가진 것으로서 아연도금 등에 따라 방식처리 된 것을 사용할 것

표 2.3.2.1(1) 할로겐화합물 소화약제 저장용기의 충전밀도·충전압력 및 배관의 최소사용설계압력〈개정 2023.8.9〉

(가) 소화약제 / (나) 항목	(다) HFC-227ea				(라) FC-3-1-10	(마) HCFC BLEND A	
최대충전밀도(kg/m^3)	1,265	1,201.4	1,153.3	1,153.3	1,281.4	900.2	900.2
21℃ 충전압력(kPa)	303**	1,034*	2,482*	4,137*	2,482*	4,137*	2,482*
최소사용 설계압력(kPa)	2,868	1,379	2,868	5,654	2,482	4,689	2,979

(바) 소화약제 / (사) 항목	(아) HFC-23					(가, 나, 자) HCFC-124	
최대충전밀도(kg/m^3)	865	768.9	720.8	640.7	480.6	1,185.4	1,185.4
21℃ 충전압력(kPa)	4,198**	4,198**	4,198**	4,198**	4,198**	1,655*	2,482*
최소사용 설계압력(kPa)	12,038	9,453	8,605	7,626	6,392	1,951	3,199

(차) 소화약제 / (카) 항목	(다, 라, 타) HFC-125		(마, 바, 파) HFC-236fa			(사, 아, 하) FK-5-1-12					
최대충전밀도(kg/m^3)	865	897	1,185.4	1,201.4	1,185.4	1,441.7	1,441.7	1,441.7	1,201	1,441.7	1,121
21℃ 충전압력(kPa)	2,482*	4,137*	1,655*	2,482*	4,137*	1,034*	1,344*	2,482*	3,447*	4,206*	6,000*
최소사용 설계압력(kPa)	3,392	5,764	1,931	3,310	6,068	1,034	1,344	2,482	3,447	4,206	6,000

[비고] 1. * 표시는 질소로 축압한 경우를 표시한다.
2. ** 표시는 질소로 축압하지 않은 경우를 표시한다.
3. 소화약제 방출을 위해 별도의 용기로 질소를 공급하는 경우 배관의 최소사용설계압력을 충전된 질소압력에 따른다. 다만, 다음 각 목에 해당하는 경우에는 조정된 질소의 공급압력을 최소사용설계압력으로 적용할 수 있다.
가. 질소의 공급압력을 조정하기 위한 감압장치를 설치할 것
나. 폐쇄할 우려가 있는 배관 구간에는 배관의 최대허용압력 이하에서 작동하는 안전장치를 설치할 것

표 2.3.2.1(2) 불활성기체 소화약제 저장용기의 충전밀도·충전압력 및 배관의 최소사용설계압력〈개정2023.8.9〉

(자, 거) 소화약제 / (차, 너) 항목		(카, 타, 더) IG-01			(파, 하, 러) IG-541			(거, 너, 머) IG-55			(더, 러, 버) IG-100		
21℃ 충전압력(kPa)		16,341	20,436	31,097	14,997	19,996	31,125	15,320	20,423	30,634	16,575	22,312	28,000
최소사용 설계압력(kPa)	1차	16,341	20,436	31,097	14,997	19,996	31,125	15,320	20,423	30,634	16,575	22,312	28,000
	2차	비고 2 참조											

[비고] 1. 1차 측과 2차 측은 감압장치를 기준으로 한다.
2. 2차 측의 최소사용설계압력은 제조사의 설계프로그램에 의한 압력 값에 따른다.
3. 저장용기에 소화약제가 21℃ 충전압력보다 낮은 압력으로 충전되어 있는 경우에는 실제 저장용기에 충전되어있는 압력값을 1차측 최소사용설계압력으로 적용할 수 있다.

2.7.1.3 배관부속 및 밸브류는 강관 또는 동관과 동등 이상의 강도 및 내식성이 있는 것으로 할 것

2.7.2 배관과 배관, 배관과 배관 부속 및 밸브류의 접속은 나사접합, 용접접합, 압축접합 또는 플랜지접합 등의 방법을 사용해야 한다.

(1) 저장용기실

1) 지지 및 고정 부위
   ① 선택밸브
   ② 기동용기함
   ③ 저장 용기
   ④ 집합 배관 및 각종 배관
   ⑤ 접속 부속
2) 지지 및 고정 가대 강도 고려 사항
   ① 소화가스의 방출시 충격 및 흔들림 방지 고려
   ② 집합관과 분기배관의 관하중을 고려
   ③ 가스계 소화설비의 약제 저상압력(30~300 bar)의 고압을 고려
3) 배관 및 부속류의 강도 기준
   ① 이산화탄소소화설비
      ☞ 고압식의 1차측(개폐밸브 또는 선택밸브 이전) 배관부속의 최소사용설계압력은 9.5 MPa
      ☞ 고압식의 2차측과 저압식의 배관부속의 최소사용설계압력은 4.5 MPa

② 할로겐화합물 및 불활성기체소화설비

☞ 배관·배관부속 및 밸브류는 저장용기의 방출 내압을 견딜 수 있어야 하며, 다음의 기준에 적합할 것. 이 경우 설계내압은 표 2.3.2.1(1) 및 표 2.3.2.1(2)에서 정한 최소사용설계압력 이상

4) 그 외 탈락 또는 파손 방지를 위한 고려 사항

① 방출시 집합관 과압 방지를 위한 안전장치(이산화탄소 소화설비)

☞ 안전밸브 또는 파열판

② 연결(접속)부나 배관 부속류의 적정 강도 확보

③ 나사산 방식의 접합 체결 철저

☞ 나사산 풀림을 방지하여 탈락 및 누출 방지

④ 플랜지 방식 사용 : 20 kg/cm^2의 내압을 가진 20K 플랜지 사용*

5) 일반적인 현장 고정 방법

- 앵글 50mm × 50mm × 6 t 이상의 고정가대나 브라켓을 제작설치하고 U-볼트 등으로 고정

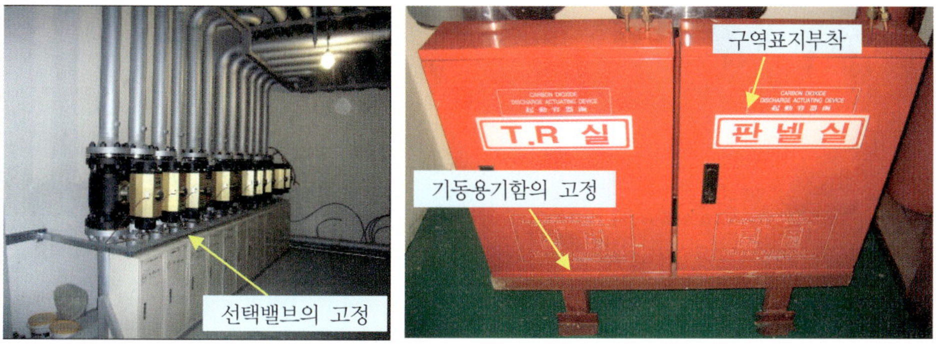

그림 3.4.6.1 저장용기실의 고정가대

그림 3.4.6.2 저장용기 고정가대

* 오사용 방지를 위해 5K, 10K, 20K 등 각각 볼트간 거리(C)가 다르고 혼용하여 사용시 볼트 체결이 비틀어지면서 접속 체결이 불가하며 육안으로 쉽게 구분이 가능함.

그림 3.4.6.3 고정가대 지지 미비로 인한 오작 사례

(2) 공간 확보

1) 점검 공간 확보 확인

① 국내 기준 없음

② 유지보수를 위하여 충분한 점검·작업 공간을 확보

그림 3.4.6.4 저장용기실의 작업공간 확보

참고-Door Fan Test

[목적]

1. 가스계 소화설비는 냉각효과가 낮은 단점을 가지고 있어 소화약제의 설계농도 유지시간이 보장 되어야 하며 심부화재는 더욱 방호구역이 완전히 밀폐가 되어야 설계농도 유지시간을 확보할 수 있다. 설계농도 유지시간의 확보 여부를 측정하는 방법이 Door Fan Test 이다.

[시험절차]

1. 설계도서 검토 : 건물구조(체적, 높이), 방호대상물(체적, 높이), 소화시설(약제종류, 농도, 설계농도 유지시간 등)

2. 기초 자료 측정 : 방호공간의 압력, 온도, 풍향, 풍속

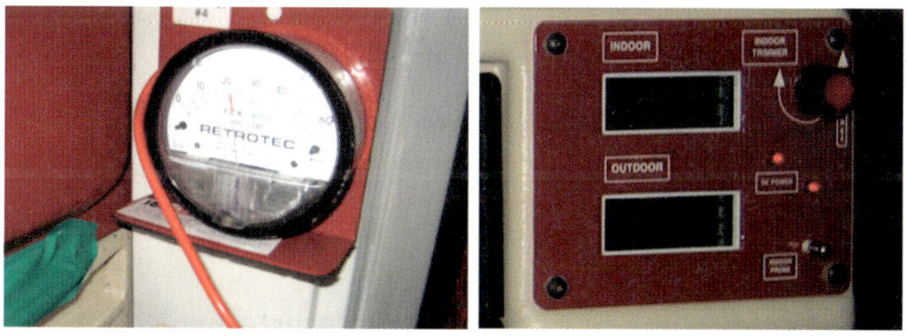

그림 1 평상시 방호공간 압력 및 온도 측정

3. Door Fan 설치

1) 문 둘레 누출부위 Sealing 및 개구부 등 폐쇄
2) Door Fan 장착

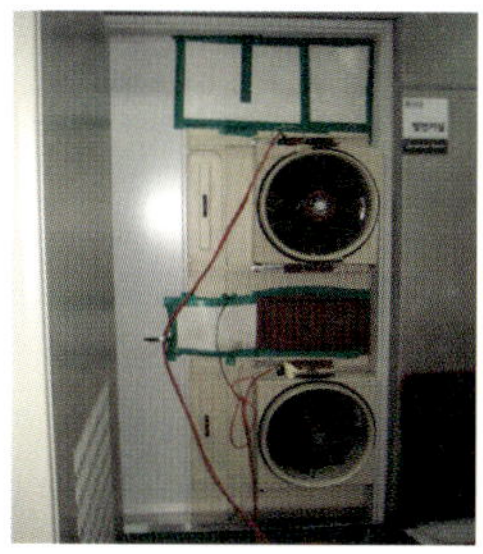

그림 2 Door Fan 설치

4. 가압 및 감압

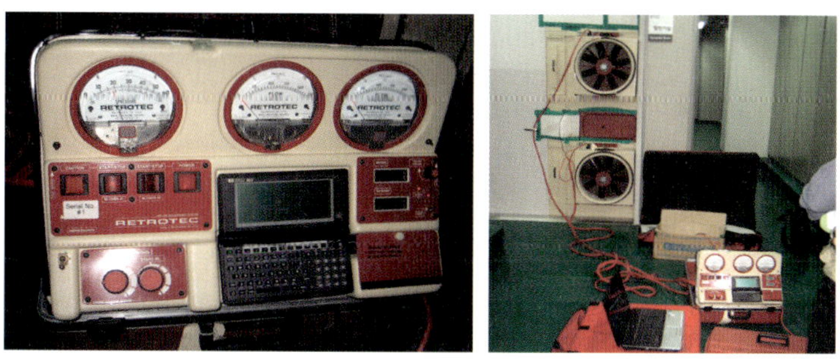

그림 3 방호공간 가압 및 감압

5. 실험결과 분석

1) 실험 측정치 입력
2) 프로그램 계산

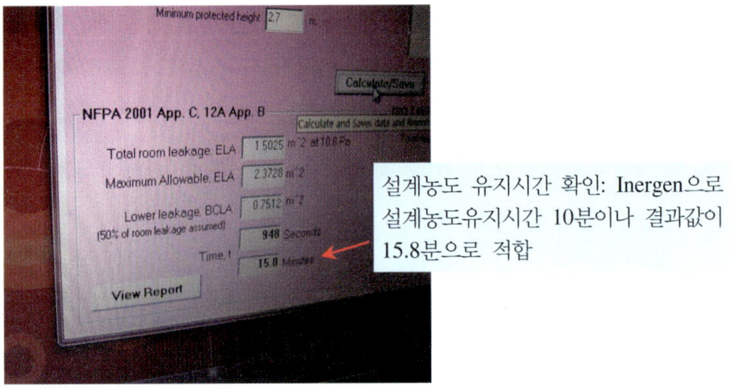

그림 4 프로그램 계산 값 확인

6. 신뢰도 검증(보정실험)

- 증가된 등가누출면적과 실제 개구부 면적의 차이 = 증가된 등가누출면적 − 개구부 면적
- 오차% = (증가된 등가누출면적과 실제 개구부 면적의 차이 ÷ Calibration용 개구부 면적) x 100
- NFPA 12 에서 인정하는 오차범위는 ±15% 이므로 오차범위 이내 여부 확인

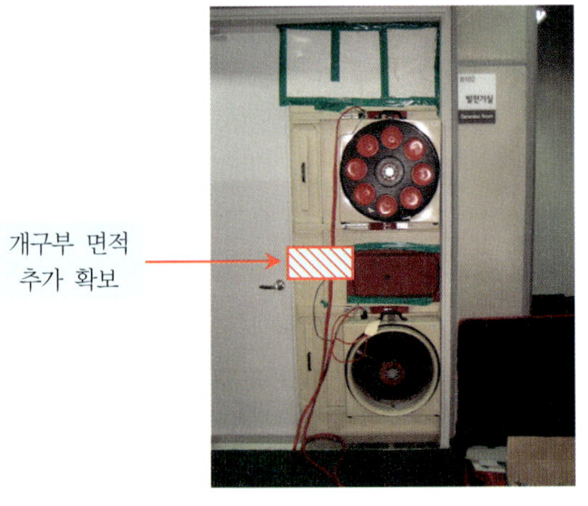

그림 5 보정실험

7. 조치

실험 결과 값이 설계농도 유지시간을 만족하지 못하면 방호구역내 기밀 상태를 보완하고 재실험 실시

3.4.7 가스계 배관공사 검측 체크리스트 서식

<table>
<tr><td colspan="8">검측 서식 3.4 가스계 배관공사</td></tr>
<tr><td colspan="2">공종 CODE NO.</td><td colspan="2">01 소방기계</td><td colspan="2">위치 및 부위</td><td colspan="2"></td></tr>
<tr><td colspan="2">공종(세부공종)</td><td colspan="2">002 가스계 배관공사</td><td colspan="2">공 사 량</td><td colspan="2"></td></tr>
<tr><td rowspan="3" colspan="2">검 사 항 목</td><td rowspan="3">검사 기준
(시방서 또는
도면)</td><td colspan="4">검사 결과</td><td rowspan="3">조 치
사 항</td></tr>
<tr><td colspan="2">1차</td><td colspan="2">2차</td></tr>
<tr><td>합격</td><td>불합격</td><td>합격</td><td>불합격</td></tr>
<tr><td colspan="2">1. 배관의 용접상태와 마감처리는 적절하게 하였는가?</td><td></td><td></td><td></td><td></td><td></td><td></td></tr>
<tr><td colspan="2">2. 배관 내 이물질 투입방지를 위한 보양조치는 되어있는가?</td><td></td><td></td><td></td><td></td><td></td><td></td></tr>
<tr><td colspan="2">3. 파이프 지지대의 설치위치와 간격 및 고정상태는 적합한가?</td><td></td><td></td><td></td><td></td><td></td><td></td></tr>
<tr><td colspan="2">4. 노즐의 오리피스 분구면적은 계산서와 일치하는가?</td><td></td><td></td><td></td><td></td><td></td><td></td></tr>
<tr><td colspan="2">5. 각 구역별 선택밸브와 작동 저장용기 수량은 일치하는가?</td><td></td><td></td><td></td><td></td><td></td><td></td></tr>
<tr><td colspan="2">6. 선택밸브의 설치 및 고정가대 처리는 적절하게 설치되어 있는가?</td><td></td><td></td><td></td><td></td><td></td><td></td></tr>
<tr><td colspan="2"></td><td></td><td></td><td></td><td></td><td></td><td></td></tr>
<tr><td colspan="2"></td><td></td><td></td><td></td><td></td><td></td><td></td></tr>
<tr><td colspan="2"></td><td></td><td></td><td></td><td></td><td></td><td></td></tr>
<tr><td colspan="2"></td><td></td><td></td><td></td><td></td><td></td><td></td></tr>
</table>

<table>
<tr><td colspan="2">작 업 자 점 검</td><td colspan="2">시 공 자 점 검</td><td colspan="2">감 리 원 검 측</td></tr>
<tr><td>점 검</td><td>재 점 검</td><td>점 검</td><td>재 점 검</td><td>검 측</td><td>재 검 측</td></tr>
<tr><td>(인)</td><td>(인)</td><td>(인)</td><td>(인)</td><td>(인)</td><td>(인)</td></tr>
</table>

3.5 장비 설치공사

3.5.1 소화펌프의 사양과 규격 확인

- 펌프 명판과 설계도면의 펌프 사양 일치 확인
- 펌프와 전동기 사양의 일치여부 확인
- 공장검수시의 품번과 일치여부 확인

(1) 펌프의 사양

1) 표시 확인

- 제조업체별 표시하는 방법이 상이하므로 업체별 표시 방법을 확인

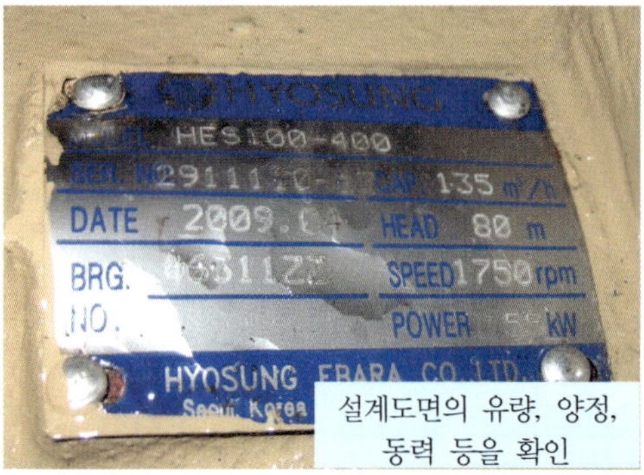

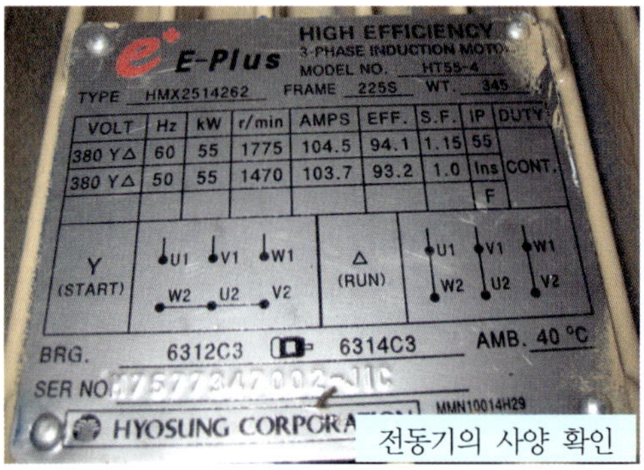

그림 3.5.1.1 펌프 사양의 확인

2) 펌프 종류 확인

① 다단펌프 ➡ 소화펌프로 주로 사용

② 단단펌프

3) 펌프 형식 확인

① 양흡입

② 단흡입 ➡ 소화펌프로 주로 사용

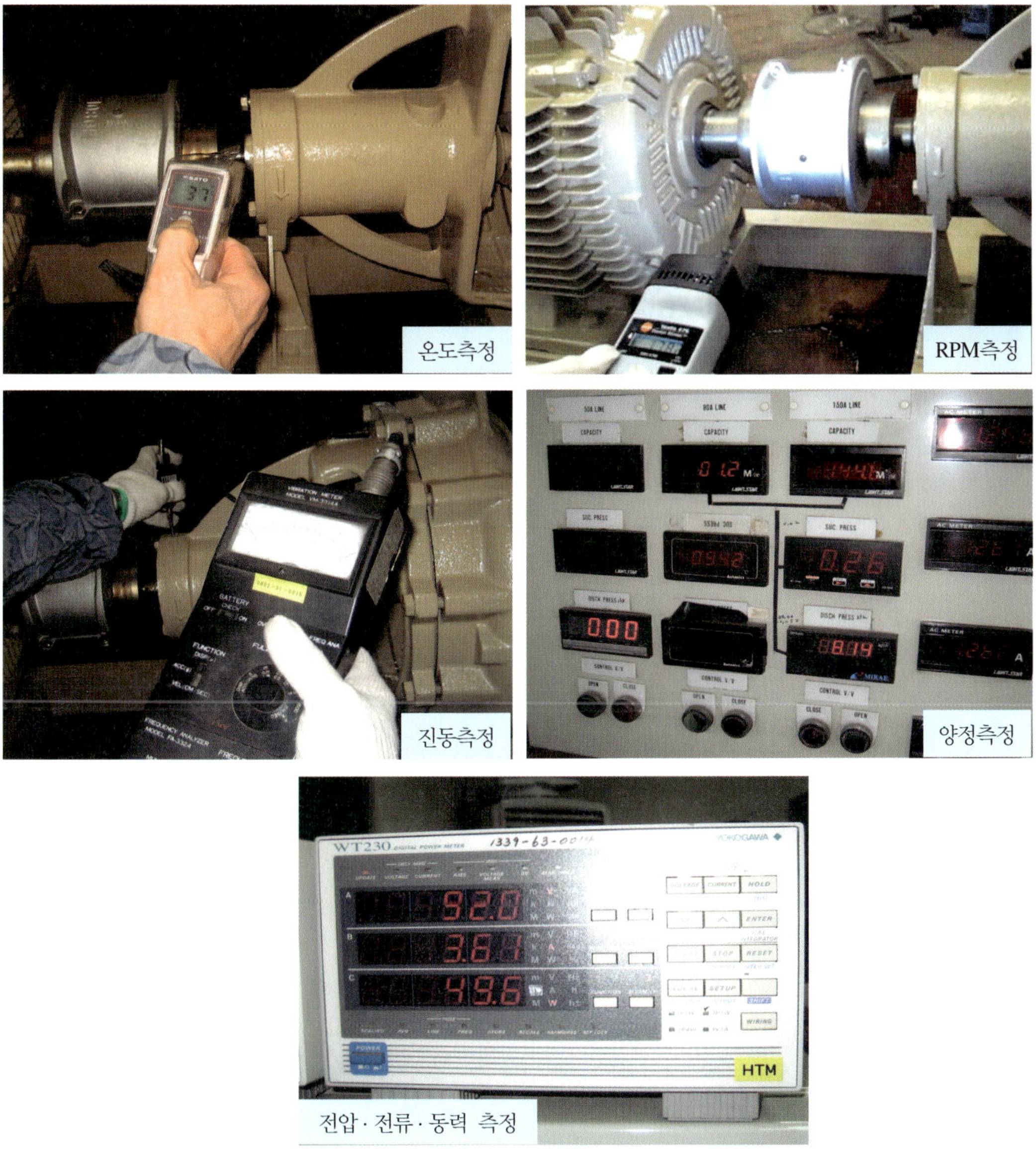

온도측정 / RPM측정 / 진동측정 / 양정측정 / 전압·전류·동력 측정

그림 3.5.1.2 펌프 공장검수

4) 사양 확인

① 설계도서의 펌프 사양(유량, 양정, 동력 등)과 반입된 펌프의 규격 일치 확인

② 펌프 케이싱 커버에 붙어있는 명판을 확인

③ 펌프 명판과 전동기 명판의 동력 일치 확인

5) 공장 검수

① 공장 검수 시 확인

☞ 축심 온도(3개소 이상), RPM, 진동, 양정, 전압, 전류 및 동력을 측정하여 확인

☞ 기타 펌프의 특이사항(고효율 여부, 패킹의 종류, 임펠라 재질) 등을 확인

☞ 검수한 펌프의 제품 번호(SER NO) 및 명판을 사진 촬령 등으로 기록 관리

② 현장 반입 시 확인

☞ 현장 반입시 공장에서 검수한 펌프와 일치하는지 제품번호 및 사진 등 기록과 대조 확인

3.5.2 MCC 판넬 부하용량 확인

- 소방용 펌프 및 FAN 용량과 일치 여부 확인
- 콘덴서 용량 일치 여부 확인
- 소방용 자기유지회로 적용 여부 확인
- 소방제어용 전선 단면적 확인
- 소방용 릴레이 및 단자대 확인
- 판넬 최하단 스페이스 처리 확인
- 적색 도색 여부 확인
- 설치 및 조작 공간 확보 확인

(1) 동력설비

1) 동력설비

① 보일러실, 펌프실, 오수정화조 및 소방시설 등에 전력을 공급하기 위한 시설

② 소방과 관계된 동력 전기공사 종류로는 수배전반(저압반-ATS), 비상용 발전기 및 동력제어반(MCC) 등

2) 전기분야 공사 한계

① 일반 전기 공사

☞ 전력을 공급하는 배관·배선, MCC (Motor Control Center) 설치 등 공사

☞ MCC 및 비상 판넬에서 장비까지의 전원용 배관·배선 및 결선

② 소방 전기 공사
  ☞ 소방용 전동기, 펌프 및 제연팬 설치와 배관 배선 등 공사
  ☞ P.S 또는 수신반에서 MCC까지 제어용 배관·배선 및 결선

3) 공사 한계 조정
① 공사한계가 도면, 시방서 및 내역서에 불분명한 경우
  ☞ 장비 설치 시 배관, 배선 및 결선의 공사 범위를 두고 업체 간에 마찰 우려
② 착공 초기 도서 검토 단계에서 전기 및 소방 시공사와 공사 범위 조정
  ☞ 합의 조정이 어려운 경우 발주처 등 입회하여 조정

(2) MCC 판넬

1) 시공 확인
① 공사 주체 : 전기 시공사 또는 판넬 관급 업체
② 소방 공사 및 감리 확인 사항
  ☞ 소방과 관계된 제어, 확인 및 기동 관련 부분만 참고
  ☞ 현장 도면과 시방서를 기준으로 확인

2) 도서 검토 확인 및 타 공정 협의 사항
① 장비 일람표 확인
  ☞ 소방도면의 장비일람표를 확인
  ☞ 전기도면과 모터용량, 전압 및 상수(1Ø 또는 3Ø)를 확인
② 동력제어반 상부
  ☞ 동력제어반 상부에는 기계배관 설치를 지양
  ☞ 부득이한 경우에 동력제어반의 설치 높이(일반적 기초(200) + 동력제어반 높이(2,350) +상부 배관 공간(300) = 2,850 mm) 이상의 높이에 설치
  ☞ 동력 제어반 상부에 밸브나 배관 접속이 되지 않도록 할 것.
③ 동력제어반 설치 위치
  ☞ 반입 반출이 용이하고, 조작 및 유지보수에 지장이 없도록
  ☞ 전면 1.5 m 및 후면 0.8 m 이상의 공간을 확보
① 노출 배관
  ☞ 기계실의 전력 및 약전 노출배관은 기계설비 배관 상부에 설치
② 장비 반입 시기
  ☞ 기계 장비 및 배관공사가 거의 완료되는 시기 및 수배전반의 장비반입시기에 동력제어반이 반입되도록 공정을 관리
  ☞ 장비반입 시 이용되는 출입문 및 장비반입구의 시건 장치 설치
  ☞ 소방성능검사 및 각 공정의 시운전에 지장을 주지 않도록 반입시기 결정

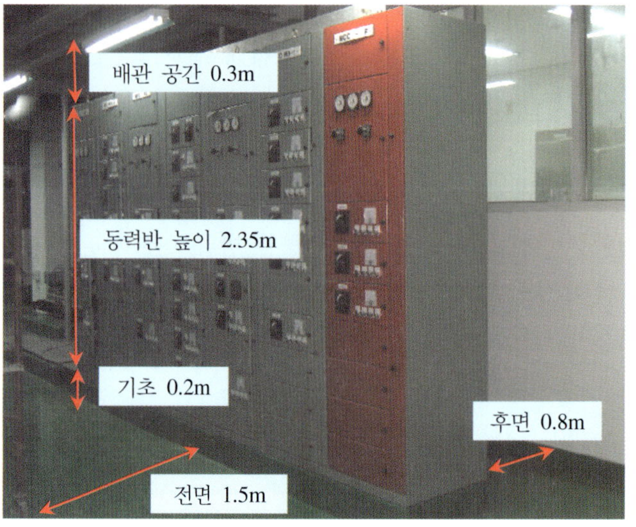

그림 3.5.2.1 MCC 설치공간 확인

3) 자재관리(제작도면 검토 및 승인)

① 동력제어반

- 옥내조립식 자립폐쇄형 또는 유닛 일체형
- 제작도면 검토 시 MCB, MG S/W, OCR(전자식), 유닛 내 전선 계기류 및 소방용 제어접점 등 적정규격의 자재를 선정

② 납품 자격

- 품질보증체제 인증을 획득한 업체
- 또는 산업표준화법에 의한 단체 표준 품질인증을 획득한 업체

③ 도면 및 시방서 확인

- 설계도면, 표준 상세설계도, 시방서 및 설계지침서 확인

④ 외형도

- 동력제어반의 전원 및 부하배선의 인입, 인출 구조
- 펌프 등 장비 전원선 : 하부
- 소방신호용 제어선 : 상부(상부구조일 경우 풀박스 설치)

⑤ 유닛의 침수를 대비

- 상단부터 배열하고 하단은 스페이스 처리

그림 3.5.2.2 MCC 판넬 하단 스페이스 처리상태 확인

③ 동력제어반 단자반

☞ 전·후면 개방식

☞ 전면은 제어회로 단자대, 후면은 전원 및 부하 단자대를 설치

④ 동력제어반 함 도장

☞ 함 내의 내·외면은 인산염 피막처리 후 정전분체도장 여부 확인

⑤ 결선도 및 회로도

☞ 전동기 용량을 장비 일람표와 비교

☞ 콘덴서 용량은 내선규정, 시방서, 설계지침서와 확인

☞ 유닛 내부전원 및 부하전선 규격은 전동기 전선규격 이상인지 확인

☞ 시퀀스 회로가 완벽하지 않아 시운전시 회로를 수정하는 경우가 있으므로 소화펌프 회로를 확인

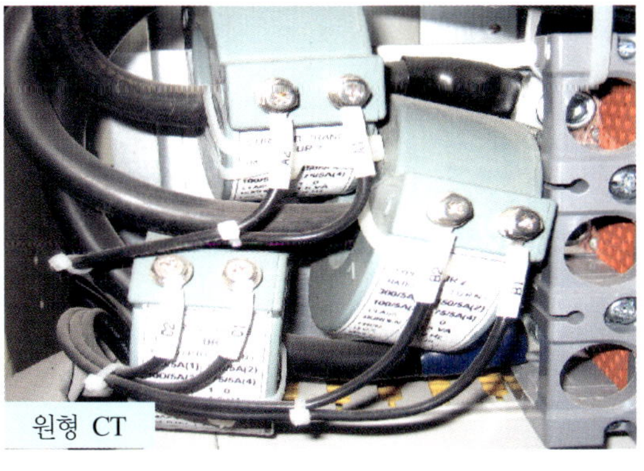

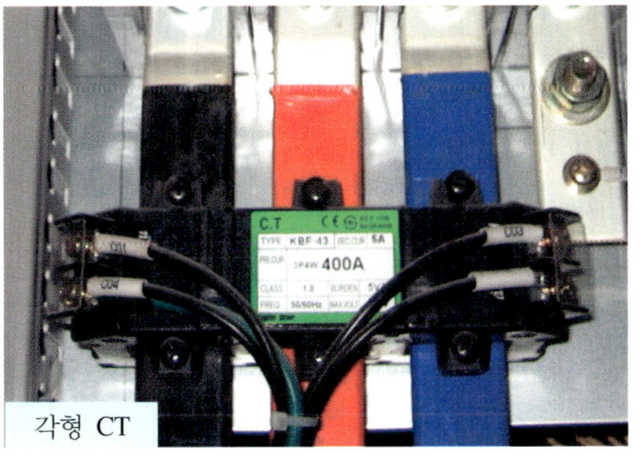

그림 3.5.2.3 계기용 변류기(CT) 규격 확인

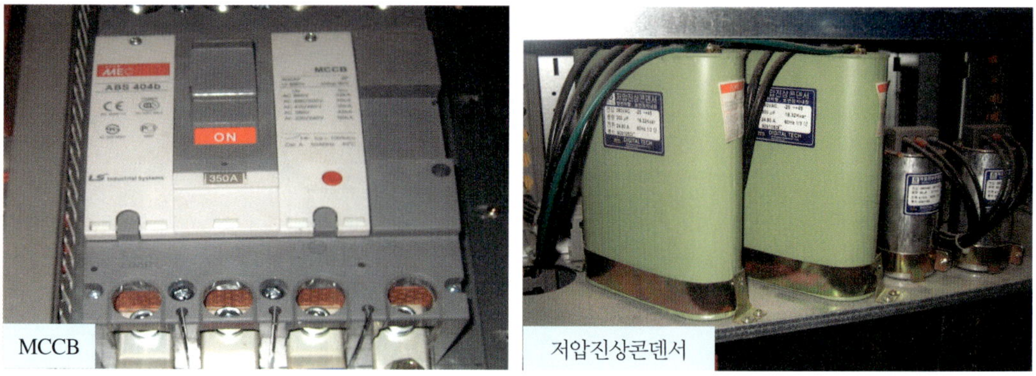

그림 3.5.2.4 MCCB 및 콘덴서 규격 확인

⑥ 소화펌프 등 장비관련

☞ 소화펌프용 조작전원 공급용 단상 TR 용량 확인

☞ 소화펌프 와 압력탱크의 압력스위치는 수신반과 연동되므로 회로도 확인

- 소화펌프 기동 및 정지 제어 연동 여부
- 자기유지회로 반영 여부(주펌프 기동 후 압력탱크 P.S의 정지압에서 주펌프가 자동정지 되지 않도록 자기유지회로 반영 여부 확인)

☞ 소방설비와 연동을 위하여 동력제어반의 스페이스 유닛에 릴레이 및 연동용 케이블을 연결할 수 있는 단자대 설치 여부 확인

☞ 소방용 유닛은 전면이 적색 도색인지 확인

그림 3.5.2.5 소방용 릴레이 및 단자대

4) 장비 반입

① 동력제어반은 위의 타 공정과 협의된 시기에 맞추어 반입

② 반입 시 검사

- 함체규격(철판 두께 포함), 적색도장 상태 및 외관손상 여부
- 계기류의 오차계기 및 작동상태
- MG S/W, MCB, OCR, 조작전선, 램프 S/W, 배선규격
- 콘덴서의 규격, 접지의 조임 상태, 모선 등과의 이격거리, 격리판 설치 등
- 동력제어반 유닛의 문짝이 MCB의 핸들 및 개폐핸들에 이상 없이 개폐되는지 유닛마다 확인
- 동력제어반 설치 후 시운전 전까지 비닐 등으로 보양 조치

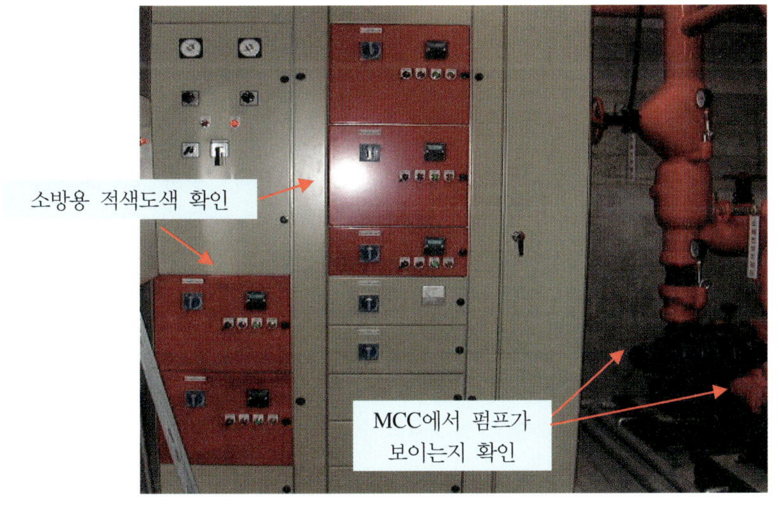

그림 3.5.2.6 MCC와 펌프 위치 확인

5) 시공 상태 검사

① 기초 및 공간 확보상태 확인하여 전면 및 후면이 조작 및 유지보수에 적정한지 확인

② 펌프 등 장비에서 동력제어반 전면이 잘 보이는 위치인지 확인

③ 모터와 연결부위는 진동이 있으므로 가요전선관 사용 확인

④ 단자는 압착단자를 사용하여 볼트, 스프링와셔, 너트 결선 확인

⑤ 소방용 배선은 내열 및 내화배선인지 확인

⑥ 소방 제어용 배선의 단면적은 2 mm^2 이상 인지 확인

⑦ 전원 배선은 내선규정(전동기 부설기기 선정)의 전선 단면적 이상인지 확인

3.5.3 소화펌프의 배수 처리 확인

- 릴리프 배관의 트렌치 유도 확인
- 성능시험배관의 집수정 직접 유입 확인
- 릴리프 작동시 육안 확인 배관 설치 확인

(1) 가압송수장치의 배수

1) 배수 관련 기준

① 쉽게 접근할 수 있고 점검하기에 충분한 공간이 있는 장소로서 화재 및 침수 등의 재해로 인한 피해를 받을 우려가 없는 곳에 설치할 것

② 펌프의 성능은 체절운전 시 정격토출압력의 140%를 초과하지 않고, 정격토출량의 150%로 운전 시 정격토출압력의 65% 이상이 되어야 하며, 펌프의 성능을 시험할 수 있는 성능시험배관을 설치할 것

③ 가압송수장치에는 체절운전 시 수온의 상승을 방지하기 위한 순환배관을 설치할 것.

2) 배수 조치

① 소방 펌프실 내의 성능시험배관 및 안전밸브 등에는 토출된 소화수를 안전하게 배수할 수 있도록 드레인 조치 확인

② 성능시험배관 배수배관은 트렌치 방류 보다는 집수정까지 연장하여 방류

☞ 충분이 연장되지 않은 경우 성능시험시 배수된 물이 트렌치에 역류 또는 잔류하여 시험에 지장 초래

③ 순환배관 릴리프밸브 개방시 배수량은 소량이므로 트렌치까지 유도하여 배수

☞ 순환배관 배수는 릴리브밸브 개방시 유수를 육안으로 가능한 구조로 설치

☞ 육안 확인이 불가능하면 밸브 세팅시 또는 펌프의 체절 운전중 체절압 미만에서 릴리프밸브 개방시 즉각적인 유수 확인이 곤란

그림 3.5.3.1 릴리프밸브 유수확인이 가능한 여러 가지 구조

그림 3.5.3.2 트렌치 및 집수정으로 배수 유도

3.5.4 소화수량 확보 확인

- 저수조 및 고가수조의 유효수량 확보 확인
- 저수조 내부 치수 육안 확인
- 저수조의 크기는 총 보유수량에 여유율 반영 여부 확인

관련기준

옥내소화전설비의 화재안전기술기준(NFTC 102)

2.1.1 옥내소화전설비의 수원은 그 저수량이 옥내소화전의 설치개수가 가장 많은 층의 설치개수(2개 이상 설치된 경우에는 2개)에 2.6 ㎥(호스릴옥내소화전설비를 포함한다)를 곱한 양 이상이 되도록 해야 한다.

2.1.2 옥내소화전설비의 수원은 2.1.1에 따라 계산하여 나온 유효수량 외에 유효수량의 3분의 1 이상을 옥상(옥내소화전설비가 설치된 건축물의 주된 옥상을 말한다.

2.1.4 옥내소화전설비의 수원을 수조로 설치하는 경우에는 소화설비의 전용수조로 해야 한다. 다만, 다음의 어느 하나에 해당하는 경우에는 그렇지 않다.

2.1.4.1 옥내소화전설비용 펌프의 풋밸브 또는 흡수배관의 흡수구(수직회전축펌프의 흡수구를 포함한다. 이하 같다)를 다른 설비(소화용 설비 외의 것을 말한다. 이하 같다)의 풋밸브 또는 흡수구보다 낮은 위치에 설치한 때

2.1.4.2 〈2.2.2〉에 따른 고가수조로부터 옥내소화전설비의 수직배관에 물을 공급하는 급수구를 다른 설비의 급수구보다 낮은 위치에 설치한 때

2.1.5 〈2.1.1〉 및 〈2.1.2〉에 따른 저수량을 산정함에 있어서 다른 설비와 겸용하여 옥내소화전설비용 수조를 설치하는 경우에는 옥내소화전설비의 풋밸브·흡수구 또는 수직배관의 급수구와 다른 설비의 풋밸브·흡수구 또는 수직배관의 급수구와의 사이의 수량을 그 유효수량으로 한다.

2.9 수원 및 가압송수장치의 펌프 등의 겸용

2.9.1 옥내소화전설비의 수원을 스프링클러설비 · 간이스프링클러설비 · 화재조기진압용 스프링클러설비 · 물분무소화설비 · 포소화설비 및 옥외소화전설비의 수원과 겸용하여 설치하는 경우의 저수량은 각 소화설비에 필요한 저수량을 합한 양 이상이 되도록 해야 한다. 다만, 이들 소화설비 중 고정식 소화설비(펌프 · 배관과 소화수 또는 소화약제를 최종 방출하는 방출구가 고정된 설비를 말한다. 이하 같다)가 2 이상 설치되어 있고, 그 소화설비가 설치된 부분이 방화벽과 방화문으로 구획되어 있는 경우에는 각 고정식 소화설비에 필요한 저수량 중 최대의 것 이상으로 할 수 있다.

스프링클러설비의 화재안전기술기준(NFTC 103)

2.1.1 스프링클러설비의 수원은 그 저수량이 다음의 기준에 적합하도록 해야 한다. 다만, 수리계산에 의하는 경우에는 〈2.2.1.10〉 및 〈2.2.1.11〉에 따라 산출된 가압송수장치의 1분당 송수량에 20을 곱한 양 이상이 되도록 해야 한다.

2.1.1.1 폐쇄형스프링클러헤드를 사용하는 경우에는 다음 표 2.1.1.1 스프링클러설비 설치장소별 스프링클러헤드의 기준개수[스프링클러헤드의 설치개수가 가장 많은 층(아파트의 경우에는 설치개수가 가장 많은 세대)에 설치된 스프링클러헤드의 개수가 기준개수보다 적은 경우에는 그 설치개수를 말한다. 이하 같다]에 1.6 ㎥를 곱한 양 이상이 되도록 할 것.

2.1.1.2 개방형스프링클러헤드를 사용하는 스프링클러설비의 수원은 최대 방수구역에 설치된 스프링클러헤드의 개수가 30개 이하일 경우에는 설치헤드수에 1.6 ㎥를 곱한 양 이상으로 하고, 30개를 초과하는 경우에는 수

리계산에 따를 것

표 2.1.1.1 스프링클러설비의 설치장소별 스프링클러헤드의 기준개수

스프링클러설비 설치장소			기준개수
지하층을 제외한 층수가 10층 이하인 특정소방대상물	공장	특수가연물을 저장·취급하는 것	30
		그 밖의 것	20
	근린생활시설·판매시설·운수시설 또는 복합건축물	판매시설 또는 복합건축물 (판매시설이 설치되는 복합건축물을 말한다)	30
		그 밖의 것	20
	그 밖의 것	헤드의 부착높이가 8m 이상인 것	20
		헤드의 부착높이가 8m 미만인 것	10
지하층을 제외한 층수가 11층 이상인 특정소방대상물·지하가 또는 지하역사			30

비고 : 하나의 소방대상물이 2 이상의 "스프링클러헤드의 기준개수"란에 해당하는 때에는 기준개수가 많은 난을 기준으로 한다. 다만, 각 기준개수에 해당하는 수원을 별도로 설치하는 경우에는 그렇지 않다.

2.1.2 스프링클러설비의 수원은 ⟨2.1.1⟩에 따라 산출된 유효수량 외에 유효수량의 3분의 1 이상을 옥상(스프링클러설비가 설치된 건축물의 주된 옥상을 말한다. 이하 같다)에 설치해야 한다.

2.1.5 ⟨2.1.1⟩ 및 ⟨2.1.2⟩에 따른 저수량을 산정함에 있어서 다른 설비와 겸용하여 스프링클러설비용 수조를 설치하는 경우에는 스프링클러설비의 풋밸브·흡수구 또는 수직배관의 급수구와 다른 설비의 풋밸브·흡수구 또는 수직배관의 급수구와의 사이의 수량을 그 유효수량으로 한다.

간이스프링클러설비의 화재안전기술기준(NFTC 103A)

2.1.1 간이스프링클러설비의 수원은 다음의 기준과 같다.

2.1.1.1 상수도직결형의 경우에는 수돗물

2.1.1.2 수조("캐비닛형"을 포함한다)를 사용하고자 하는 경우에는 적어도 1개 이상의 자동급수장치를 갖추어야 하며, 2개의 간이헤드에서 최소 10분[영 별표 4 제1호마목2)가) 또는 6)과 8)에 해당하는 경우에는 5개의 간이헤드에서 최소 20분] 이상 방수할 수 있는 양 이상을 수조에 확보할 것

2.1.2 간이스프링클러설비의 수원을 수조로 설치하는 경우에는 소화설비의 전용수조로 해야 한다. 다만, 다음의 어느 하나에 해당하는 경우에는 그렇지 않다.

2.1.2.1 간이스프링클러설비용 펌프의 풋밸브 또는 흡수배관의 흡수구(수직회전축펌프의 흡수구를 포함한다. 이하 같다)를 다른 설비(소화용 설비 외의 것을 말한다. 이하 같다)의 풋밸브 또는 흡수구보다 낮은 위치에 설치한 때

2.1.2.2 ⟨2.2.3⟩에 따른 고가수조로부터 소화설비의 수직배관에 물을 공급하는 급수구를 다른 설비의 급수구보다 낮은 위치에 설치한 때

2.1.3 ⟨2.1.1.2⟩에 따른 저수량을 산정함에 있어서 다른 설비와 겸용하여 간이스프링클러설비용 수조를 설치하는 경우에는 간이스프링클러설비의 풋밸브·흡수구 또는 수직배관의 급수구와 다른 설비의 풋밸브·흡수구 또는 수직배관의 급수구와의 사이의 수량을 그 유효수량으로 한다.

화재조기진압용 스프링클러설비의 화재안전기술기준(NFTC 103B)

2.2.1 화재조기진압용 스프링클러설비의 수원은 수리학적으로 가장 먼 가지배관 3개에 각각 4개의 스프링클러헤드가 동시에 개방되었을 때 헤드선단의 압력이 표 2.2.1에 따른 값 이상으로 60분간 방수할 수 있는 양 이상으로 계산식은 식 (2.2.1)과 같다.

$$Q = 12 \times 60 \times K\sqrt{10p}$$

여기서 Q : 수원의 양(L), K : 상수[L/min/(MPa)$^{1/2}$], p : 헤드선단의 압력(MPa)

표 2.2.1 화재조기진압용 스프링클러헤드의 최소방사압력(MPa)

최대층고 (m)	최대저장높이 (m)	화재조기진압용 스프링클러헤드의 최소방사압력 (MPa)				
		K=360 하향식 (방수량 LPM)	K=320 하향식 (방수량 LPM)	K=240 하향식 (방수량 LPM)	K=240 상향식 (방수량 LPM)	K=200 하향식 (방수량 LPM)
13.7	12.2	0.28 (602.4)	0.28 (535.5)	–	–	–
13.7	10.7	0.28 (602.4)	0.28 (535.5)	–	–	–
12.2	10.7	0.17 (469.4)	0.28 (535.5)	0.36 (455.4)	0.36 (455.4)	0.52 (456.0)
10.7	9.1	0.14 (426.0)	0.24 (495.7)	0.36 (455.4)	0.36 (455.4)	0.52 (456.0)
9.1	7.6	0.10 (360.0)	0.17 (417.2)	0.24 (371.8)	0.24 (371.8)	0.34 (368.8)

2.2.4 화재조기진압용 스프링클러설비의 수원을 수조로 설치하는 경우에는 소화설비의 전용수조로 해야 한다. 다만, 다음의 어느 하나에 해당하는 경우에는 그렇지 않다.

2.2.4.1 화재조기진압용 스프링클러설비용 펌프의 풋밸브 또는 흡수배관의 흡수구(수직회전축펌프의 흡수구를 포함한다. 이하 같다)를 다른 설비(소화용 설비 외의 것을 말한다. 이하 같다)의 풋밸브 또는 흡수구보다 낮은 위치에 설치한 때

2.2.4.2 2.3.2에 따른 고가수조로부터 화재조기진압용 스프링클러설비의 수직배관에 물을 공급하는 급수구를 다른 설비의 급수구보다 낮은 위치에 설치한 때

2.2.5 2.2.1 및 2.2.2에 따른 저수량을 산정함에 있어서 다른 설비와 겸용하여 화재조기진압용 스프링클러설비용 수조를 설치하는 경우에는 화재조기진압용 스프링클러설비의 풋밸브·흡수구 또는 수직배관의 급수구와 다른 설비의 풋밸브·흡수구 또는 수직배관의 급수구와의 사이의 수량을 그 유효수량으로 한다.

물분무소화설비의 화재안전기술기준(NFTC 104)

2.1.1 물분무소화설비의 수원은 그 저수량이 다음의 기준에 적합하도록 해야 한다.

2.1.1.1 「화재의 예방 및 안전관리에 관한 법률 시행령」 별표 2의 특수가연물을 저장 또는 취급하는 특정소방대상물 또는 그 부분에 있어서 그 바닥면적(최대 방수구역의 바닥면적을 기준으로 하며, 50 ㎡ 이하인 경우에는 50 ㎡) 1 ㎡에 대하여 10 L/min로 20분간 방수할 수 있는 양 이상으로 할 것

2.1.1.2 차고 또는 주차장은 그 바닥면적(최대 방수구역의 바닥면적을 기준으로 하며, 50 ㎡ 이하인 경우에는 50 ㎡) 1 ㎡에 대하여 20 L/min로 20분간 방수할 수 있는 양 이상으로 할 것

2.1.1.3 절연유 봉입 변압기는 바닥 부분을 제외한 표면적을 합한 면적 1 ㎡에 대하여 10 L/min로 20분간 방수할 수 있는 양 이상으로 할 것

2.1.1.4 케이블트레이, 케이블덕트 등은 투영된 바닥면적 1 ㎡에 대하여 12 L/min로 20분간 방수할 수 있는 양 이상으로 할 것

2.1.1.5 콘베이어 벨트 등은 벨트 부분의 바닥면적 1 ㎡에 대하여 10 L/min로 20분간 방수할 수 있는 양 이상으로 할 것

2.1.2 물분무소화설비의 수원을 수조로 설치하는 경우에는 소화설비의 전용수조로 해야 한다. 다만, 다음의 어느 하나에 해당하는 경우에는 그렇지 않다.

2.1.2.1 물분무소화설비용 펌프의 풋밸브 또는 흡수배관의 흡수구(수직회전축펌프의 흡수구를 포함한다. 이하 같다)를 다른 설비(소화용 설비 외의 것을 말한다. 이하 같다)의 풋밸브 또는 흡수구보다 낮은 위치에 설치한 때

2.1.2.2 〈2.2.2〉에 따른 고가수조로부터 물분무소화설비의 수직배관에 물을 공급하는 급수구를 다른 설비의 급수구보다 낮은 위치에 설치한 때

2.1.3 〈2.1.1〉에 따른 저수량을 산정함에 있어서 다른 설비와 겸용하여 물분무소화설비용 수조를 설치하는 경우에는 물분무소화설비의 풋밸브·흡수구 또는 수직배관의 급수구와 다른 설비의 풋밸브·흡수구 또는 수직배관의 급수구와의 사이의 수량을 그 유효수량으로 한다.

미분무소화설비의 화재안전기술기준(NFTC 104A)

2.3.1 미분무소화설비에 사용되는 소화용수는 「먹는물관리법」 제5조에 적합하고, 저수조 등에 충수할 경우 필터 또는 스트레이너를 통해야 하며, 사용되는 물에는 입자·용해고체 또는 염분이 없어야 한다.

2.3.2 배관의 연결부(용접부 제외) 또는 주배관의 유입측에는 필터 또는 스트레이너를 설치해야 하고, 사용되는 스트레이너에는 청소구가 있어야 하며, 검사·유지관리 및 보수 시에 배치 위치를 변경하지 않아야 한다. 다만, 노즐이 막힐 우려가 없는 경우에는 설치하지 않을 수 있다.

2.3.3 사용되는 필터 또는 스트레이너의 메쉬는 헤드 오리피스 지름의 80% 이하가 되어야 한다.

2.3.4 수원의 양은 다음의 식 (2.3.4)를 이용하여 계산한 양 이상으로 해야 한다.

$$Q = N \times D \times T \times S + V \qquad (2.3.4)$$

여기서, Q : 수원의 양(m^3)

N : 방호구역(방수구역) 내 헤드의 개수

D : 설계유량(m^3/min)

T : 설계방수시간(min)

S : 안전율(1.2 이상)

V : 배관의 총체적(m^3)

2.3.5 첨가제의 양은 설계방수시간 내에 충분히 사용될 수 있는 양 이상으로 산정한다. 이 경우 첨가제가 소화약제인 경우 소방청장이 정하여 고시한 「소화약제의 형식승인 및 제품검사의 기술기준」에 적합한 것으로 사용해야 한다

포소화설비의 화재안전기술기준(NFTC 105)

2.2.1 포소화설비의 수원은 그 저수량이 특정소방대상물에 따라 다음의 기준에 적합하도록 해야 한다.

2.2.1.1 「화재의 예방 및 안전관리에 관한 법률 시행령」 별표 2의 특수가연물을 저장·취급하는 공장 또는 창고: 포워터스프링클러설비 또는 포헤드설비의 경우에는 포워터스프링클러헤드 또는 포헤드(이하 "포헤드"라 한다)가 가장 많이 설치된 층의 포헤드(바닥면적이 200 ㎡를 초과한 층은 바닥면적 200 ㎡ 이내에 설치된 포헤드를 말한다)에서 동시에 표준방사량으로 10분간 방사할 수 있는 양 이상으로, 고정포방출설비의 경우에는 고정포방출구가 가장 많이 설치된 방호구역 안의 고정포방출구에서 표준방사량으로 10분간 방사할 수 있는 양 이상으로 한다. 이 경우 하나의 공장 또는 창고에 포워터스프링클러설비·포헤드설비 또는 고정포방출설비가 함께 설치된 때에는 각 설비별로 산출된 저수량 중 최대의 것을 그 특정소방대상물에 설치해야 할 수원의 양으로 한다.

2.2.1.2 차고 또는 주차장: 호스릴포소화설비 또는 포소화전설비의 경우에는 방수구가 가장 많은 층의 설치개수(호스릴포방수구 또는 포소화전방수구가 5개 이상 설치된 경우에는 5개)에 6 ㎥를 곱한 양 이상으로, 포워터스프링클러설비·포헤드설비 또는 고정포방출설비의 경우에는 2.2.1.1의 기준을 준용한다. 이 경우 하나의 차고 또는 주차장에 호스릴포소화설비·포소화전설비·포워터스프링클러설비·포헤드설비 또는 고정포방출설비가 함께 설치된 때에는 각 설비별로 산출된 저수량 중 최대의 것을 그 차고 또는 주차장에 설치해야 할 수원의 양으로 한다.

2.2.1.3 항공기격납고: 포워터스프링클러설비·포헤드설비 또는 고정포방출설비의 경우에는 포헤드 또는 고정포방출구가 가장 많이 설치된 항공기격납고의 포헤드 또는 고정포방출구에서 동시에 표준방사량으로 10분간 방사할 수 있는 양 이상으로 하되, 호스릴포소화설비를 함께 설치한 경우에는 호스릴포방수구가 가장 많이 설

치된 격납고의 호스릴방수구수(호스릴포방수구가 5개 이상 설치된 경우에는 5개)에 6 ㎥를 곱한 양을 합한 양 이상으로 해야 한다.

2.2.1.4 압축공기포소화설비를 설치하는 경우 방수량은 설계 사양에 따라 방호구역에 최소 10분간 방사할 수 있어야 한다.

2.2.1.5 압축공기포소화설비의 설계방출밀도(L/min·㎡)는 설계사양에 따라 정해야 하며 일반가연물, 탄화수소류는 1.63 L/min·㎡ 이상, 특수가연물, 알코올류와 케톤류는 2.3 L/min·㎡ 이상으로 해야 한다.

2.2.2 포소화설비의 수원을 수조로 설치하는 경우에는 소화설비의 전용수조로 해야 한다. 다만, 다음의 어느 하나에 해당하는 경우에는 그렇지 않다.

2.2.2.1 포소화설비용 펌프의 풋밸브 또는 흡수배관의 흡수구(수직회전축펌프의 흡수구를 포함한다. 이하 같다)를 다른 설비(소화용 설비 외의 것을 말한다. 이하 같다)의 풋밸브 또는 흡수구보다 낮은 위치에 설치한 때

2.2.2.2 〈2.3.2〉에 따른 고가수조로부터 포소화설비의 수직배관에 물을 공급하는 급수구를 다른 설비의 급수구보다 낮은 위치에 설치한 때

2.2.3 〈2.2.1〉에 따른 저수량을 산정함에 있어서 다른 설비와 겸용하여 포소화설비용 수조를 설치하는 경우에는 포소화설비의 풋밸브·흡수구 또는 수직배관의 급수구와 다른 설비의 풋밸브·흡수구 또는 수직배관의 급수구와의 사이의 수량을 그 유효수량으로 한다.

옥외소화전설비의 화재안전기술기준(NFTC 109)

2.1.1 옥외소화전설비의 수원은 그 저수량이 옥외소화전의 설치개수(옥외소화전이 2개 이상 설치된 경우에는 2개)에 7 ㎥를 곱한 양 이상이 되도록 해야 한다.

2.1.2 옥외소화전설비의 수원을 수조로 설치하는 경우에는 소화설비의 전용수조로 해야 한다. 다만, 다음의 어느 하나에 해당하는 경우에는 그렇지 않다.

2.1.2.1 옥외소화전설비용 펌프의 풋밸브 또는 흡수배관의 흡수구(수직회전축펌프의 흡수구를 포함한다. 이하 같다)를 다른 설비(소화용 설비 외의 것을 말한다. 이하 같다)의 풋밸브 또는 흡수구보다 낮은 위치에 설치한 때

2.1.2.2 〈2.2.2〉에 따른 고가수조로부터 옥외소화전설비의 수직배관에 물을 공급하는 급수구를 다른 설비의 급수구보다 낮은 위치에 설치한 때

2.1.3 〈2.1.1〉에 따른 저수량을 산정함에 있어서 다른 설비와 겸용하여 옥외소화전설비용 수조를 설치하는 경우에는 옥외소화전설비의 풋밸브·흡수구 또는 수직배관의 급수구와 다른 설비의 풋밸브·흡수구 또는 수직배관의 급수구와의 사이의 수량을 그 유효수량으로 한다.

(1) 소화수량

1) 수원의 종류

① 주수원(1차 수원) : 고가수조 또는 지하수조

② 보조수원(2차 수원) : 옥상수조

2) 수원의 설치

① 주수원(저수량)

☞ 해당 소화설비에서 동시에 사용(개방)되는 방사기구(노즐, 헤드 등)의 기준개수 × 방수량 × 방사시간

② 보조수원(예비수원)

☞ 옥상수조에는 유효수량의 1/3 이상을 저장

(2) 수원 겸용시 설치 기준

1) 2 이상의 수계소화설비가 설치된 경우의 수원 산정
   ① 원칙 : 각 소화설비에 필요한 저수량을 합한 양 이상
   ② 예외 : 각 고정식 소화설비에 필요한 저수량 중 최대의 것 이상 가능
      ☞ 이들 소화설비 중 고정식 소화설비(펌프·배관과 소화수 또는 소화약제를 최종 방출하는 방출구가 고정된 설비를 말함)가 2 이상 설치되어 있고, 그 소화설비가 설치된 부분이 방화벽과 방화문으로 구획되어 있는 경우
2) 일반 급수설비와 수조를 겸용할 경우 유효수량 산정
   ① 원칙 : 소화설비의 수원을 수조로 설치하는 경우에는 전용수조로 설치
   ② 예외 : 다만 다음 어느 하나에 해당 할 경우 겸용이 가능
      ☞ 수조가 펌프보다 낮은 경우 지하수조에 소화펌프의 풋밸브 또는 흡수배관의 흡수구를 다른 설비(소화용 설비 외의 것)의 풋밸브 또는 흡수구보다 낮은 위치에 설치한 때
      ☞ 수조가 펌프보다 높은 경우 고가수조에 소화설비의 수직배관에 물을 공급하는 급수구를 다른 설비의 급수구보다 낮은 위치에 설치한 때
      ☞ 다른 설비와 겸용하여 소화설비용 수조를 설치하는 경우에는 해당 소화설비의 풋밸브·흡수구 또는 수직배관의 급수구와 다른 설비의 풋밸브·흡수구 또는 수직배관의 급수구와의 사이의 수량을 그 유효수량으로 함

(3) 유효수량 확인

1) 다른 설비와 겸용
   ① 정압식 수조 (수조가 펌프보다 높거나 같은 경우)
      ☞ 수소화설비의 입상배관 급수구와 타 설비의 입상배관 급수구와의 사이의 수량
   ② 부압식 수조 (수조가 펌프보다 낮을 경우)
      ☞ 소화설비의 후드밸브·흡수구(수직회전축펌프의 흡수구를 포함)와 타 설비의 후드밸브·흡수구 사이의 수량
2) 확인 사항
   ① 도면(계산서)의 수량과 실측된 수량의 일치여부를 확인
   ② 수조표지에 기입된 수량을 확인
      ☞ 수조표지 수량을 기입하지 않거나 오기하는 경우가 있으므로 확인
   ③ 저수조 내부 확인
      ☞ 수조 내부에서 급수구를 상하로 연장하면 유효높이가 다르게 되므로 확인
      ☞ 수조의 내부 치수(내폭)와 외부치수(외폭)와 대비 확인
   ④ 수조의 여유율 확인
      ☞ 수조는 총 보유수량(설비수량 + 소화수량)보다 15~20% 여유 있는 크기(size)인지 확인

예시-소화수조 선정

소화수량이 13 ㎥일 때 소방 전용 수조의 크기 값

- 13 × (1.15~1.2) = 15~16 ㎥ 적용

☞ 급수용 볼탭 밸브 및 오버플로우관 등을 수조 상부 여부 공간 설치할 수 있도록 일정 값의 여유율 확인

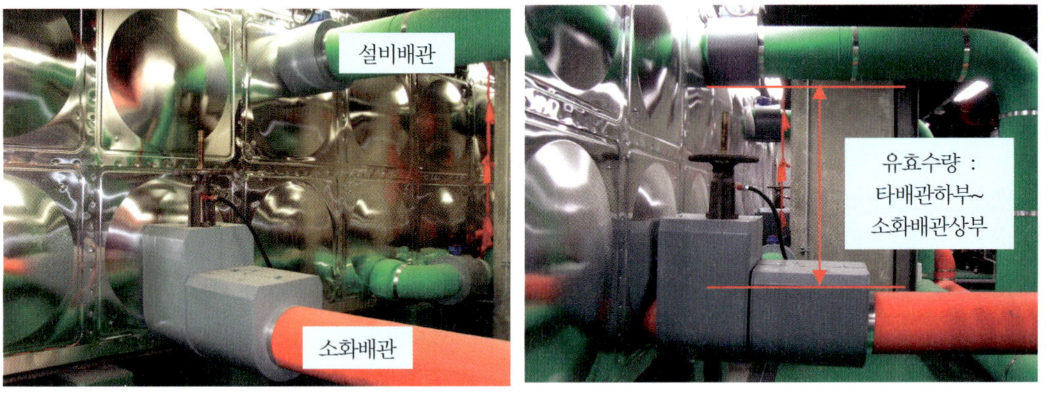

그림 3.5.4.1 소화설비 수원의 유효수량 확보 확인

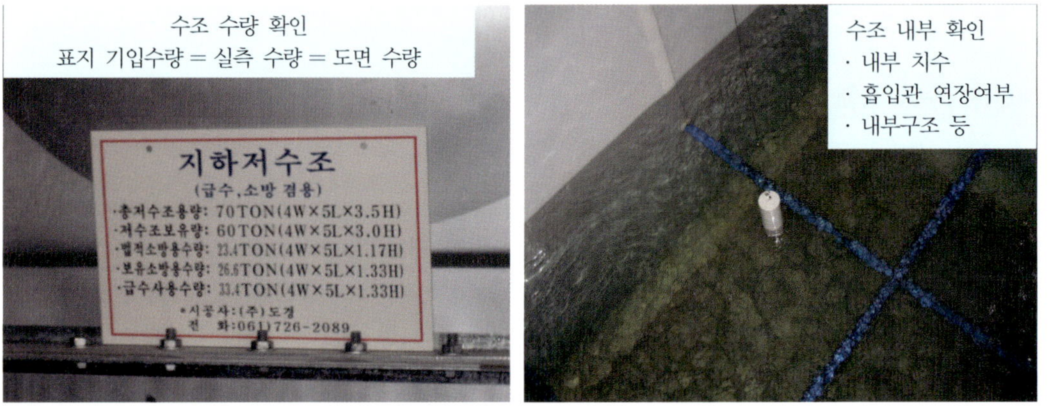

그림 3.5.4.2 수조 용량 확인

3) 공동주택 지하저수조 용량

- 공동주택의 지하조수조 용량 참고

참고-공동주택의 지하저수조 용량

- 시군 지역 : 1㎥/호 x 세대수 + 소화수량
- 특별시, 광역시, 수도권 : 1.5㎥/호 x 세대수 + 소화수량

※ 수조의 크기는 위의 값에 15~20% 여유율 반영

3.5.5 성능시험배관의 구성 확인

- 토출측 개폐밸브 이전에서 분기 확인
- 배관, 밸브 및 유량계의 구경은 동일한지 확인
- 유량계 전·후단 직관부 길이는 규정 이상 확보되었는지 확인

(1) 성능시험배관

1) 설치 목적

① 정기적으로 펌프의 성능을 시험하여 펌프 성능 이상 여부를 검사하기 위한 배관

② 펌프의 토출압과 토출량의 적정 여부를 시험

③ 펌프의 성능곡선과 펌프의 특성 적정 여부를 검토

2) 성능시험배관의 설치

① 설치 위치

☞ 펌프와 펌프 토출측 개폐밸브 이전에서 분기하여 설치

② 관경

☞ 배관은 정격토출압력의 65% 이하에서 정격토출량의 175% 이상을 토출할 수 있는 크기 이상

☞ 성능시험배관, 성능시험밸브 및 유량조절밸브의 관경은 유수의 안정을 위하여 유량계와 동일한 규격으로 설치

그림 3.5.5.1 성능시험배관 및 주위 밸브

(2) 성능시험배관 설치 확인

1) 밸브와 유량계 간격

① 유량계의 상류측은 성능시험배관 관경의 8배(8D) 이상, 하류측은 5배(5D) 이상 간격을 두고 설치

② 단, 유량계 제조사에서 별도로 제시하는 기준이 있다면 제조사 기준 적용

2) 충분한 직관부를 형성

① 펌프 토출측에서 분기 후 밸브를 통과할 때 발생할 수 있는 불규칙한 흐름을 안정화하고, 정확성을 보장하기 위해 충분한 길이의 직관부 확보가 중요

② 소화펌프의 성능을 정확하게 평가하기 위해서는 물의 흐름이 안정적이고 규칙적으로 유지될 수 있도록 적절한 직관부를 설치해야 함

3) 유량계용 밸브

- 유량측정장치를 기준
  - ☞ 전단 직관부 : 개폐밸브(일반 게이트 또는 버터플라이밸브) 설치
  - ☞ 후단 직관부 : 유량조절밸브(글로브밸브)를 설치

4) 성능시험 배관은 각 펌프마다 전용으로 설치가 원칙

5) 성능시험 배관의 겸용 설치

① 주펌프의 병렬설치를 위하여 **동일한 용량***의 펌프를 2대로 분리한 경우

② 동일한 용량의 주펌프와 예비펌프 설치한 경우

③ 하나의 성능시험배관을 겸용(그림 3.5.5.2)으로 설치 시

- ☞ 유량계 1차측 성능시험밸브는 펌프별로 각각 설치
- ☞ 유량계 및 유량조절밸브는 겸용으로 1개를 설치

그림 3.5.5.2 성능시험배관을 겸용으로 사용

* 동일한 용량이 아닐 경우 유량의 편차가 심하여 정확한 유량 측정이 곤란하다.

3.5.6 유량계 측정(눈금) 범위 확인

- 유량계 눈금범위 상한 : 정격토출유량의 175% 이상에 근접
- 유량계 눈금범위 하한 : 정격토출유량 이하에 근접

(1) 유량측정장치

1) 유량계 설치 위치 : 성능시험배관의 직관부

2) 유량계 규격

① 배관은 정격토출압력의 65% 이하에서 정격토출량의 175% 이상을 토출할 수 있는 크기 이상

② 정격부하 운전에서 경격토출량의 100% 측정

예시-유량계 선정

소화펌프 정격 토출량이 260 L/min 인 경우,

- 유량계 눈금범위 하한이 260 L/min 이하에 근접하고,
- 상한이 445 L/min (260 L/min × 1.75) 이상에 근접한 유량계를 선정

③ 상한치가 너무 큰 경우 측정오차가 많이 발생하므로 정격유량×175% 이상에 근접한 규격이 가장 적합

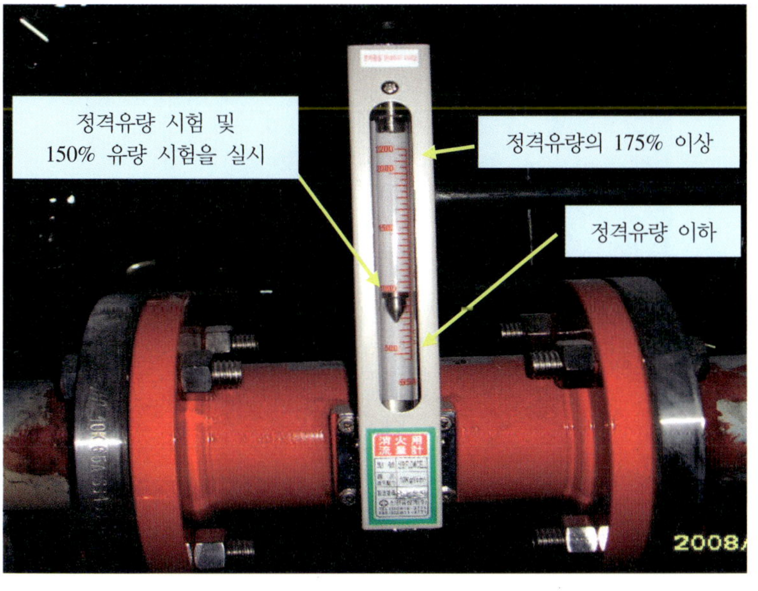

그림 3.5.6.1 소방용 유량계 규격

3.5.7 가압송수장치 작업 및 보수공간 확보

- 펌프 보수 공간 및 반출 공간 확보 확인
- 밸브류의 조작이 편리한지 확인

(1) 가압송수장치

1) 소화펌프는 쉽게 접근할 수 있고 점검하기에 충분한 공간을 확보

2) 설치 확인

① 펌프 설치 장소의 작업조건을 면밀히 검토

☞ 부적당한 작업조건이 있을 때 조건에 부합하도록 즉시 시정

☞ 제조사의 설치지침서에 따라 펌프를 설치

② 펌프의 운전 및 보수를 위한 작업 공간을 확보

☞ 추후 관리상 문제가 없도록 설치 초기에 여유 공간 확보를 검토

③ 펌프 2차측에 설치되는 밸브의 설치 위치가 높아 핸들 조작이 불편한 경우

☞ 밸브 조작에 편리하도록 밸브 설치 높이를 고려하여 사다리나 조작용 발판 등을 설치

그림 3.5.7.1 펌프의 조작공간 확보 및 조작용 발판 설치

3) 펌프 설치 시 주의

① 펌프 제조업자의 기술자 입회하에 설치 작업 진행

② 수평형은 기초대가 휘거나 처지지 않도록 주의

③ 기초 윗면에 수평으로 고정

④ 기초 볼트는 균등하게 체결

⑤ 펌프와 전동기의 연결주축은 정확하게 직선이 되도록 설치

⑥ 윤활유를 급유한 후 펌프운전을 실시

4) 펌프 주위 배관 등 설치 주위

① 펌프에 밸브 및 관을 부착할 경우

☞ 그 하중이 직접 펌프에 걸리지 않도록 충분히 지지된 상태에서 작업

② 펌프의 흡입측 배관

☞ 진동을 흡수할 수 있도록 8 mm 두께의 방진 고무패드로 배관을 감싼 후 지지대에 고정

3.5.8 이종금속간 접속부 절연 확인

- 이종금속간의 이음(동과 철판 등) 부위 확인
- 이종금속 연결시 후렌지, 패킹 및 절연볼트의 재질 확인

관련기준

수도법 시행규칙[시행 2025.1.24.] [환경부령 제1152호, 2025.1.24., 일부개정]

제9조의2(저수조의 설치기준) 법 제18조제3항 본문에 따른 저수조의 설치기준은 별표 3의2와 같다.

[별표 3의 2] 저수조 설치기준(제9조의2 관련)

9. 저수조 및 저수조에 설치하는 사다리, 버팀대, 물과 접촉하는 접합부속 등의 재질은 섬유보강플라스틱·스테인리스스틸·콘크리트 등의 내식성(耐蝕性) 재료를 사용하여야 하며, 콘크리트 저수조는 수질에 영향을 미치지 않는 재질로 마감할 것

(1) 이종금속간 부식

1) 이종금속 접촉 부식
   - 국부부식 중의 하나로 접촉부식 또는 갈바닉부식(galvanic corrosion)이라고 함
2) 부식 메커니즘
   - 두 종류의 이종금속을 용액 속에 담가 두면 전위차가 존재하여 전자의 이동으로 부식이 진행되는 현상.
     - ☞ 전위가 낮은 쪽이 양극(anode, 활성)이 되어 부식 속도가 심화
     - ☞ 전위가 높은 쪽이 음극(cathode, 비활성)이 되어 부식 속도가 감소(음극방식 부식방지 방법으로 사용)
3) 이종금속의 부식 속도 심화 원인
   - ① 전위차
     - ☞ 두 금속 사이의 전위차가 클수록
     - ☞ 양극영역에 비해 음극영역이 클수록
     - ☞ 두 금속의 인접도가 멀수록
     - ☞ 물의 전기 전도차 클수록
   - ② 거리효과 : 거리가 짧으면 부식이 심화
   - ③ 면적효과
     - ☞ 부식성이 약한 금속(음극)의 면적이 작고 부식성이 강한 금속(양극)의 면적이 크면 부식을 지연, 양극 면적에서 전류밀도가 높을수록 부식 심화
     - ☞ 소양극－대음극 : 부식 심화 → 구리판(비활성)에 박힌 철못(활성)

☞ 소음극－대양극 : 부식 지연 → 철판(활성)에 박힌 구리못(비활성)

④ 온도

☞ 온도는 갈바닉 부식의 속도를 변화시키거나 부식 전위열의 서열에 영향

4) 부식 전위열

① 이종금속재료를 상호 접촉시켰을 때 어느 금속재료가 양극이 되어 부식될지 결정하는 순서

② 부식 전위와 순서로 사용 금속 및 합금을 나열한 것

예시－부식 전위열

CORRODED END (Anodic of less noble) 고전위, 음극적, 활성방향, 부식 쉽다
K
Ca
Na
Mg
Al
Zn
Fe
Ni
Sn
Pb
H
Cu
Hg
Ag
At
Au
저전위, 양극적, 비활성방향, 부식 어렵다 PROTECTED END (Catnodic or more noble)

(2) 이종금속 접촉부식 부위와 방지

1) 소화 배관 등에서 부식 발생 부위

① 급수관으로 동관과 아연도금관의 접속부

② 스테인리스강과 아연도금관의 접속부

③ 지중 매설 배관의 청동 주물 피팅의 스테인레스스틸배관과 접속부

④ 옥상탱크 강관 접합시 스테인레스스틸 체크밸브와 접속부

2) 부식 방지 조치

① 절연 : 두 금속 재료를 절연하거나 사이에 절연물질을 사용

② 도장 : 전해액과 금속접촉을 방지하기 위해 도장

③ 내식성 재료 : 내식성 연결 자재 사용

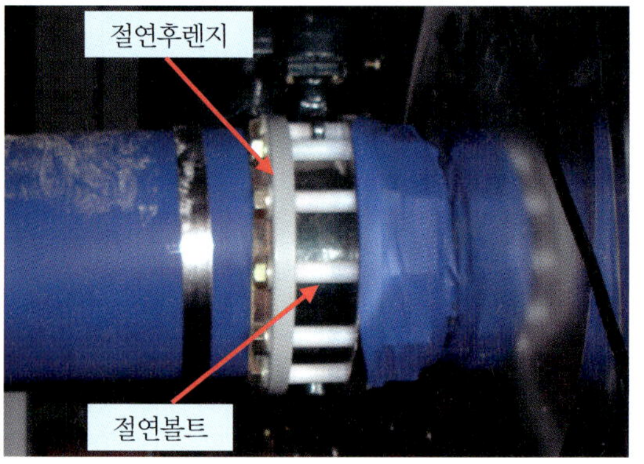

그림 3.5.8.1 수조의 절연 연결

표 3.5.8.1 이종금속의 접촉에 의한 부식 정도

접촉 / 피접촉	금, 은	동, 황동	니켈	주강 주철	카드뮴	아연	스테인 리스강	크롬	알루미늄
금, 은	–	A	A	A	A	A	A	A	A
동, 황동	C	–	B	A	A	A	B	B	A
니켈	C	A	–	A	A	A	B	B	A
주강주철	C	C	C	–	A	A	C	C	B
카드뮴	C	C	C	C	–	A	C	C	B
아연	C	C	C	C	B	–	C	C	C
스테인리스강	A	A	A	A	A	A	–	A	A
크롬	A	A	A	A	A	A	A	–	A
알루미늄	D	D	C	B	A	A	B	B	–

A : 접촉금구에 의한 피접촉 금구의 부식이 증가하지 않는 것
B : 접촉금구에 의한 피접촉 금구의 부식이 약간 증가하는 것
C : 접촉금구에 의한 피접촉 금구의 부식이 심하게 증가하는 것
D : 조합을 금하여야 할 것

3) 절연 시공

① 스테인레스관을 지지하는 고정가대

☞ 절연을 위한 고무패드위에 배관을 올린 후 절연 U볼트 등으로 체결후 고정

② 세대 내의 배관으로 동관을 사용하는 경우

☞ 동관과 강관은 절연부속으로 접속하고 동관의 지지에도 절연 행거를 사용

③ 수조의 접합 부속은 내식성 재질을 사용(수도법 시행규칙 제9조의2)

☞ 수조의 OUTLET 접속 부분은 스테인리스 재질을 사용

④ 수조 OUTLET이 스테인리스 재질이고 소방 배관이 아연도금 강관인 경우 부식 방지

☞ 접속 부위에 절연후렌지 사용

☞ 절연 후렌지 연결용 볼트도 절연 볼트 사용

3.5.9 펌프 흡입·토출 배관 및 밸브 설치 확인

- 흡입측 밸브 설치순서의 적합여부 확인
- 토출측 밸브의 설치순서의 적합여부 확인
- 흡입측 개폐밸브는 버터플라이밸브가 아닌지 확인
- 부압식 수조일 경우 흡입측 레듀서는 편심 레듀서 여부 확인

(1) 가압송수장치 주위 배관 설치 순서

1) 수조의 위치가 펌프보다 낮은 경우(흡입식 수조)

① 흡입측 : 수조 – 게이트밸브 – 스트레이너 – 연성계 또는 진공계 – 후렉시블 – 펌프

② 토출측 : 펌프 – 후렉시블 – 성능시험배관/릴리프배관/물올림배관/압력계 – 체크밸브 – 게이트밸브 – 입상배관 – 수격방지기

2) 수조의 위치가 펌프보다 높은 경우(정압식 수조)

① 흡입측 : 수조 – 게이트밸브 – 스트레이너 – 후렉시블 – 펌프

② 토출측 : 펌프 – 후렉시블 – 성능시험배관/릴리프배관/압력계 – 체크밸브 – 게이트밸브 – 입상배관 – 수격방지기

수조의 위치가 펌프보다 낮은 경우	흡입측	수조 – 게이트밸브 – 스트레이너 – 연성계 또는 진공계 – 후렉시블 – 펌프
	토출측	펌프 – 후렉시블 – 성능시험배관/릴리프배관/물올림배관/압력계 – 체크밸브 – 게이트밸브 – 입상배관 – 수격방지기
수조의 위치가 펌프보다 높은 경우	흡입측	수조 – 게이트밸브 – 스트레이너 – 후렉시블 – 펌프
	토출측	펌프 – 후렉시블 – 성능시험배관/릴리프배관/압력계 – 체크밸브 – 게이트밸브 – 입상배관 – 수격방지기

(2) 설치 주의 사항

1) 수조 흡입측 배관의 편심 레듀서

- 흡입측 배관의 구경이 축소되는 배관은 편심 레듀서 설치
  - ☞ 편심 레듀시는 상부가 평평*하게 설치
  - ☞ 기포 발생에 따른 공기 고임을 최소화하여 캐비테이션을 방지

* 증기 배관은 물용 배관과 달리 아래쪽이 평평하게 설치하여야 증기가 잠적되지 않는다.

2) 흡입측 배관의 버터플라이 밸브 설치 금지

① 버터플라이 밸브

☞ 밸브 몸체 중심에 원판형 디스크가 관로와 직각한 축을 회전축으로 하여 0 ~ 90° 까지 디스크가 회전하며 유량을 조절하고 관로를 개폐하는 구조

☞ 원판디스크의 형상에서 나비형 밸브라 칭함

☞ 볼밸브와 같은 방식의 회전 동작형 밸브

② 설치 금지 목적

☞ 개방되더라도 디스크가 배관 가운데 존재하여 유체의 저항이 발생

☞ 마찰 손실도 높으며 디스크에 수류가 부딪혀 와류 및 기포가 발생

☞ 유수가 불안정하여 캐비테이션을 발생 가능

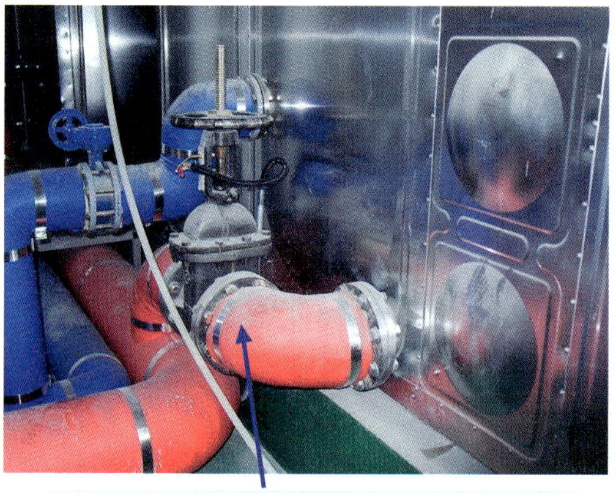

펌프흡입측 물탱크에 설치되는 개폐밸브(버터플라이 밸브 설치금지)

펌프주위배관 – 개폐밸브 및 체크밸브, 성능시험배관 등 도면과 일치여부 확인

그림 3.5.9.1 수조 및 펌프 주변의 밸브류 규격 및 위치 확인

3) 토출측 배관 HOLE 가공 및 용접 작업 주의

① 토출 배관에 압력계, 릴리프배관 및 순환배관 등을 설치할 경우

☞ 펌프에 배관을 결합한 후 Hole 및 용접작업 시 티끌 등이 펌프 내부로 떨어져 임펠라 파손 가능

② 바닥에서 Hole 및 용접작업을 완료하고 펌프와 배관을 설치

4) 펌프 2차측 압력계는 펌프와 최대한 가깝게 설치

① 펌프와 압력계 설치 높이의 차이 최소화하여야 정확한 토출압력을 측정

② 압력계는 토출 배관에 설치하면 높이차가 발생하므로

☞ 펌프 몸체 DISUCTION CASING 부분(마감볼트로 체결되어 있음)에 바로 설치하는 것을 권장(그림 3.5.9.2)

그림 3.5.9.2 압력계의 펌프 몸체 설치

5) 방진형 후렉시블 커넥터의 사용 고려
   ① Bellows 또는 Rubber 타입의 후렉시블 커넥터는 구경에 비례하여 밸브 길이도 증가하여 보통 35~40 cm를 차지
   ② 방진형 후렉시블 커넥터는 밸브 길이가 20~25 cm 정도
      ☞ 방진형 후렉시블을 사용하면 높이를 기존 타입보다 20 cm 정도 낮아지므로
      ☞ 토출측 밸브의 점검 및 작동 사용에 유리

Rubber Type　　Bellows Type　　방진형 Flexible

그림 3.5.9.3 후렉시블 콘넥터

(3) 펌프 주위의 공간이 협소한 경우

1) 흡입측 및 토출측에 일체형 밸브 적용 고려
   ① 펌프 주위의 공간 확보가 곤란하거나
   ② 밸브의 설치높이가 높아 조작이 곤란한 제한적인 경우에 한하여 고려
2) 일체형 밸브
   ① 흡입측 : 개폐표시형밸브와 스트레이너가 일체형으로 된 지에스(G·S)밸브
   ② 토출측 : 개폐표시형밸브와 체크밸브가 일체형으로 된 쓰리원(3·1)체크밸브 또는 지씨(G·C) 밸브

③ 일체형 밸브의 장점

☞ 공량(작업량) 감소

☞ 배관 단순화

☞ 공간적인 이익

☞ 밸브의 설치 높이를 낮추는 장점

④ 소방용으로 사용시 주의

☞ 템퍼스위치가 부착된 일체형밸브를 사용

☞ 3 in 1, G-C 밸브는 체크밸브의 기능을 가지고 있으므로 시트에 이물질이 끼지 않도록 충분히 배관 청소를 한 후에 사용

☞ 일체형 밸브는 스트레이너 기능 또는 체크밸브 기능의 고장 시 배관에 차 있는 물을 모두 배수하여야 하는 단점으로 사용에 있어 신중한 검토가 필요

그림 3.5.9.4 펌프 흡입측 배관 설치순서 확인

그림 3.5.9.5 펌프 토출측 배관 설치순서 확인

3.6 보온 공사

3.6.1 배관 보온재의 규격 확인

- 보온재의 재질과 두께가 시방서와 일치여부 확인
- 배관보온재 표면의 색상이 적색인지 확인

관련기준

옥내소화전설비의 화재안전기술기준(NFTC 102)

2.3.9 배관은 동결방지조치를 하거나 동결의 우려가 없는 장소에 설치해야 한다. 다만, 보온재를 사용할 경우에는 난연재료 성능 이상의 것으로 해야 한다.

2.3.11 배관은 다른 설비의 배관과 쉽게 구분이 될 수 있는 위치에 설치하거나, 그 배관표면 또는 배관 보온재표면의 색상은 「한국산업표준(배관계의 식별 표시, KS A 0503)」 또는 적색으로 식별이 가능하도록 소방용설비의 배관임을 표시해야 한다.

배관계의 식별 표시 KS A 0503:2020 [2020.12.31. 개정]

1. 적용범위 : 이 표준은 공장·광산·학교·극장·선박·차량·항공 보안시설 기타에 있어서 배관계에 설치한 밸브의 잘못된 조작을 방지하는 등의 안전을 도모하거나 배관계 취급의 적정화를 도모하는 것을 목적으로 배관에 식별 표시를 하는 경우의 일반적 사항에 대하여 규정한다.
3. 용어와 정의 : 이 표준의 목적을 위하여 다음의 용어와 정의를 적용한다.

   3.4.2 소화 표시(fire hydrant indication) : 관내의 물질을 소화에 사용할 수 있다는 것을 나타내는 표시

4.3.2 소화 표시 : 소화 표시는 다음에 따른다.

4.3.2.1 표시 방법 : 빨간색의 양쪽에 흰색 테두리를 붙인다.

4.3.2.2 표시 장소 : 4.1.1에 의한 식별색이 표시되어 있는 곳의 부근으로 한다[그림 8 a), b) 참조]. 또한 관내의 물질이 소화전용일 경우에는 4.1에 의한 표시를 생략하고, 소화 표시만으로 하여도 좋다[그림 8 c) 참조].

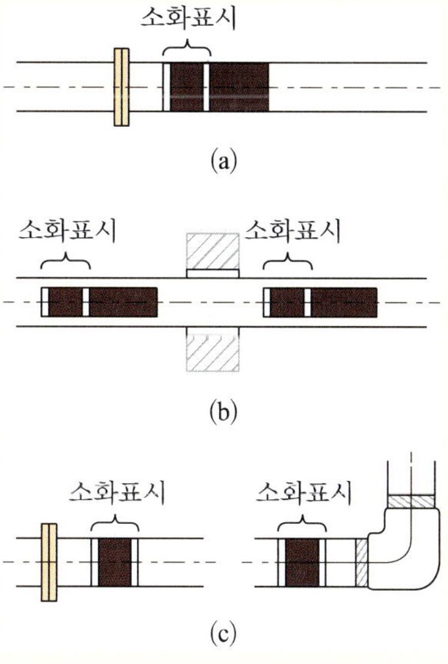

그림 8 소화 표시의 보기(물인 경우)

(1) 배관 보온

1) 배관 보온 목적

① 겨울철 급격한 기온 하강에 따른 배관의 동파를 방지

② 배관 파손에 의한 수손 피해를 방지

③ 화재 발생 시 동파에 의한 소화수 공급이 안되어 더 큰 화재 피해를 방지

2) 배관 보온 방법

① 소화 배관을 보온재로 감싸는 방법

② 소화 배관을 열선으로 감는 방법

(2) 배관 보온재 규격

1) 보온재 규격 확인

① 건축법상 난연재료[*] 이상의 성능인지 확인

☞ 재료별 KS시험방법[†]에 따라 시험하여 일정성능(예시 : 산소지수 시험≥28, 수평연소성 시험 HF-1)을 확보

② 보온재 종류 다양하고 재질에 따라 보온성능에 차이

☞ 재질마다 보온 두께에도 차이

③ 보온재의 재질과 두께가 시방서에 맞는지 확인

2) 보온재 종류

① 섬유질 보온재 : 암면(KS F 4701), 유리면(KS L 9102), 석면 등

② 분말질 보온재 : 규산칼슘보온재(KS L 9101), 규조토보온재 등

③ 발포질 보온재 : 거품유리, 경질우레탄폼(KS M 3809), 폴리스틸렌폼(KS M 3808), 폴리에틸렌폼(KS M 3862) 등

④ 기타 보온재 : 공기층보온재, 반사형 보온재, 발수성펄라이트보온재(KS L 4714)등

표 3.6.1.1 종별 보온 두께

종별	관경 (A)	15 ~ 80	100 이상
	보온두께 (mm)	25 [19]	40 [25]
1	보온재	암면보온통, 보온대 1호	
2		유리면보온통, 보온판 24K	
3		발포폴리스틸렌보온통(KS M 3808) 3호	
4		고무발포보온재(KARSE B 0043)에 규정된 보온판 및 보온통	

주: [ ]안의 치수는 고무발포보온재에 한한다.[†]

* 건축법의 난연재료 등급과는 다르고 별도 시험성적서로 확인

† KSCS 31 20 05 : 2021 보온공사 2.1.3 보온 재료의 화재안전 성능

(3) 소화배관의 보온

1) 다른 설비와 구별
   ① 다른 설비의 배관과 구분이 될 수 있는 위치에 설치
   ② 그 배관 표면 또는 배관 보온재 표면의 색상
      ☞ 한국산업표준(배관계의 식별표시, KS A 0503)
      ☞ 또는 적색으로 식별이 가능하도록 표시
2) 발포폴리에틸렌 보온재(수평연소성 시험 통과 제품)
   - 적색 매직테이프 또는 포리마테이프로 하여 색상 구분이 용이
3) 고무발포 보온재(산소수지성 시험 통과 제품)
   ① 제품 특성상 색상 구분 방법에 제한
   ② 검은색 제품 위에 적색 포리마테이프나 매직테이프로 감싸는 경우
      ☞ 보온재와 테이프의 표면 열전달율이 달라 보온재와 테이프 사이에 결로 발생
   ③ 적색의 고무발포 보온재를 사용하는 경우
      ☞ 칼라제품의 표면 열전달율 : 7~8 $W/m^2 \cdot K$
      ☞ 검은색제품의 표면 열전달율 : 9~10 $W/m^2 \cdot K$
      ☞ 카본블랙[*] 대신에 색소(Pigment)를 혼합 시 열전도율이 약 20~30% 정도 하락
      ☞ 난연 성능 저하
      ☞ 칼라제품의 빠른 탈색으로 초기 의도한 칼라와 미관 기대 불가
4) 검은색 고무발포보온재를 사용하는 경우의 배관 식별
   - 국외에서는 배관식별 방법
      ☞ 적당한 간격(보통 2 m)으로 색상 띠 테이프(소화배관 : 적색)를 이용 표시
      ☞ 국내도 이를 준용하여 적용하는 것이 합리적
      ☞ KS A 0503:2020 4.3.2 소화 표시 방법 적용

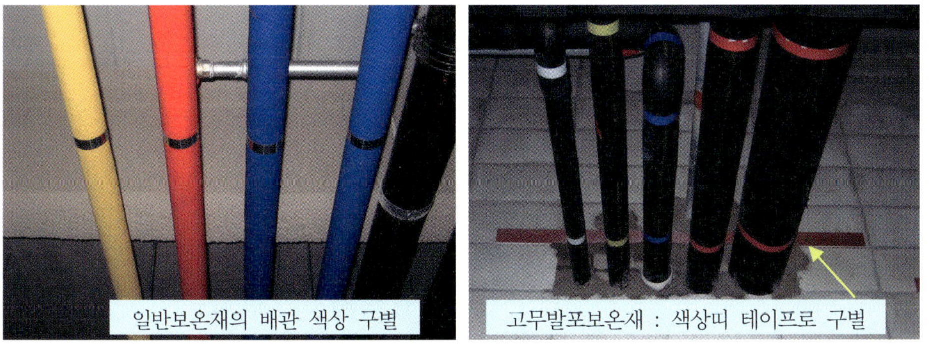

일반보온재의 배관 색상 구별 고무발포보온재 : 색상띠 테이프로 구별

그림 3.6.1.1 배관 보온재의 색상 구별

ǂ 대한설비공학회 2008 동계학술발표대회 논문집 p. 429~433

* 고무발포보온재의 카본블랙 성분의 기능 ① 재료의 인장력을 강화시켜 독립기포의 수증기 차단막(Cell-Wall)을 보강 ② 표면 열전달율을 높여 단열두께를 감소

3.6.2 배관 보온재 누락 여부 및 배관 고정 확인

- 보온재와 배관의 밀착 여부 확인
- 알루미늄 밴드 처리는 일정간격 유지 확인
- 보온구간에 누락된 부분이 없는지 확인
- 케이싱 밸브 보온은 유지보수 가능여부 확인

(1) 배관 보온재 시공

1) 보온재 작업 시기
   ① 배관에 누수가 없고
   ② 배관 외부 청소 및 방청 조치가 완료된 이후
   ③ 보온작업 진행
2) 보온재 시공 확인
   ① 배관규격이 서로 다른 접속 부분의 마감부분
   ② 밸브 보온 부분
   ③ 밸브와 배관과의 연결부분
   ④ 보온재 두께 – 도면과의 일치 상태 확인
   ⑤ 보온재 재질 – 승인자재 사용 여부 확인
   ⑥ 고무발포 보온재의 경우 보온재 접합부분의 마감상태

그림 3.6.2.1 배관 보온재 설치

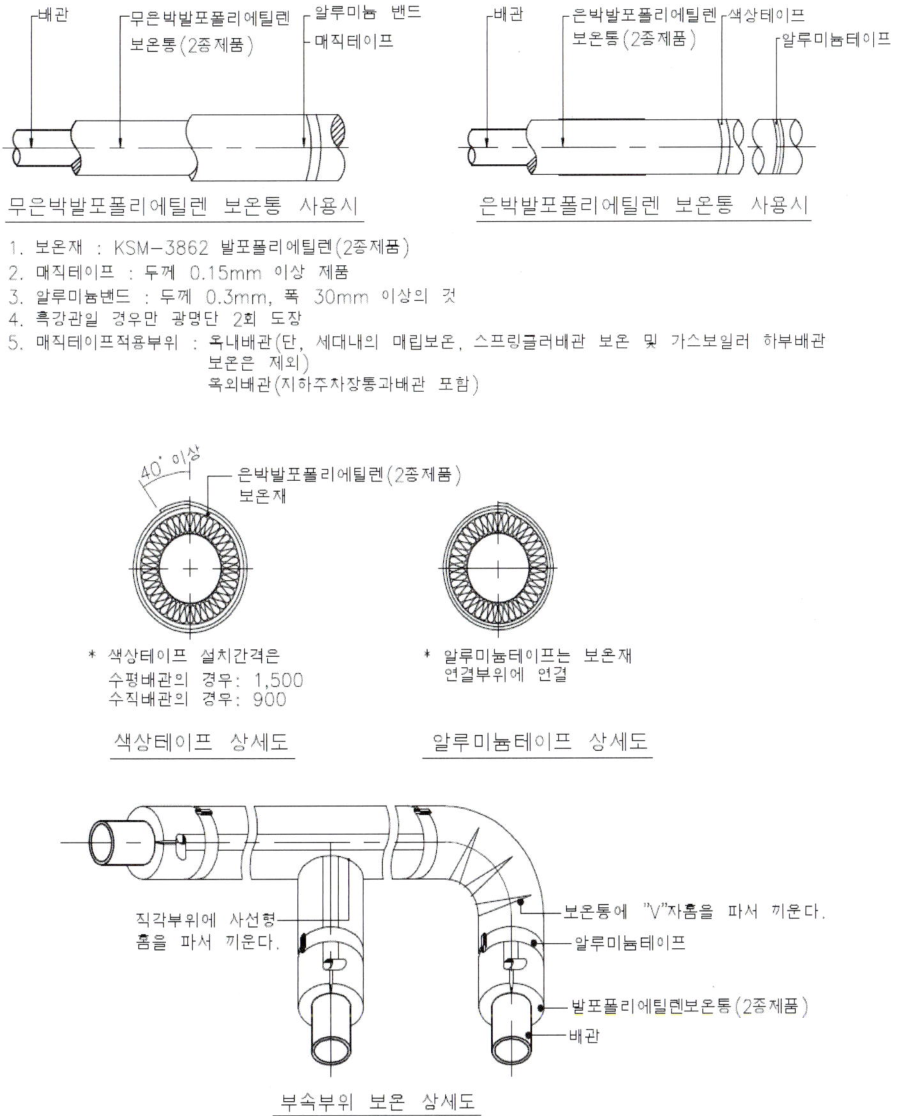

그림 3.6.2.2 보온재 설치 상세도*

(2) 각종 밸브류

1) 각종 밸브 등 보온

① 유수검지장치, 일제개방밸브 펌프 주위밸브, 개폐표시형 밸브 및 수계 감압밸브 등에 보온

② 밸브는 연결 볼트 체결이 헐거워져 누수가 자주 발생

☞ 유지관리 차원에서 수시로 탈부착이 가능한 구조로 설치를 권장

* 도면 출처 : LH공사 표준상세도

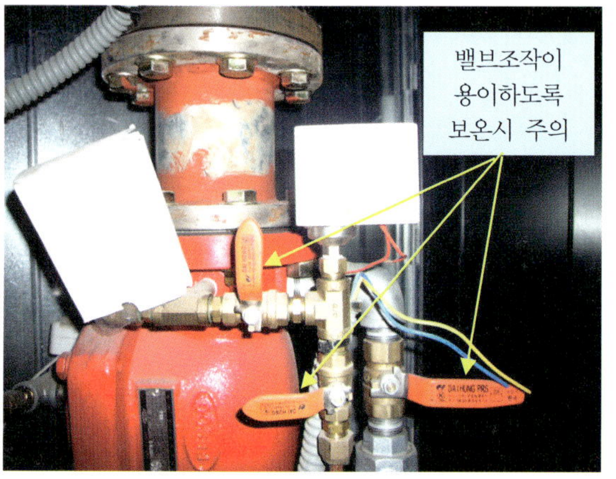

그림 3.6.2.3 밸브보온 시 주의사항

③ 탈부착이 가능한 PVC 또는 함석을 이용한 케이싱 구조

☞ 유사시 제거 후 재설치가 가능

☞ 유지관리 비용절감에도 효과

☞ 외관이 미려, 깨끗한 관리 가능

④ 케이싱 접속 부분도 차후 수리 및 교체가 가능하도록 밴드 등으로 고정.

⑤ 배관과 밸브의 연결부분에 대한 마감상태 확인

⑥ 케이싱 보온시 보온재 재질 및 규격이 도서(시방서 및 상세도면)와 일치 확인

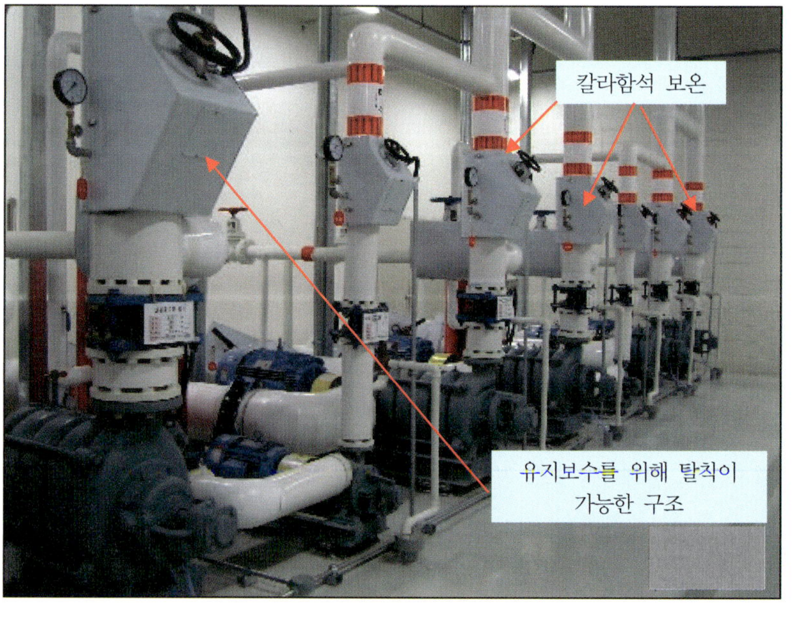

그림 3.6.2.4 펌프 주위 밸브의 보온상태

3.6.3 습식 배관의 동파방지 확인

- 보온 마감 전에 열선 포설 방식(단일선, 2중선, 나선형 등) 적정여부 확인
- 열선이 겹쳐지지 않았나 확인
- 열선의 말단의 End Kit 마감 상태 확인
- 센서의 노출 장소는 열선의 포설부분과 동일 기후 조건인지 확인
- 센서 방식 또는 타이머 방식 등 작동방식 적합여부 확인

(1) 열선

1) 열선 시공 부위
   ① 동절기 기온의 급강하로 인한 동파를 방지
   ② 수계소화설비의 습식배관이 부득이하게 외기에 노출되는 경우
   ③ 보온재＋열선시공(Heating Cable)을 병행 시공
3) 열선이 주로 시공되는 장소
   ① 외기에 면한 수계소화설비 배관
   ② 옥상 등 노출된 수조에서 옥내로 연결되는 수계소화설비 배관
   ③ 지하 또는 오픈된 주차장 통과배관 : 옥내소화전 배관, 스프링클러 건식시스템 1차측 배관 및 건식(OR 준비작동식) 밸브
   ④ 세대 또는 캐노피 등 습식 스프링클러 배관 중 외기와 면하는 천정배관 등
4) 열선의 작동 방식
   ① 타이머 방식
   ② 센서에 의한 자동온도조절 방식
5) 자동온도조절 방식
   ① 자동온도조절기의 작동 및 정지온도 기능을 사전에 확인
   ② 센서의 설치장소
      ☞ 열선이 포설된 배관과 비슷한 온도에서 작동할 수 있도록
      ☞ 센서는 배관의 설치장소와 동등한 기후 조건인 장소에 설치
   ③ 전원라인의 전용 여부 확인 명판 확인
      ☞ 열선에 전원을 공급하는 전원은 전용으로 함
      ☞ 명판(○○소화배관 동파방지 열선스위치)을 부착
      ☞ 주의 사항을 명기
   ④ 절전 관리
      ☞ 하절기 단전(OFF)
      ☞ 동절기 전력공급(ON)

그림 3.6.3.1 밸브 열선설치 및 자동온도조절기 설치

6) 열선 포설

① 시방서 및 시공 상세도에서 요구하는 방식으로 포설(단일선, 2중선, 나선형)

② 열선이 겹치면 발열로 인하여 화재발생 가능성이

☞ 가급적 열선이 겹치지 않도록 포설

③ 열선 선로의 말단은 물이 들어가지 않도록 수축튜브 등 End Kit로 마감

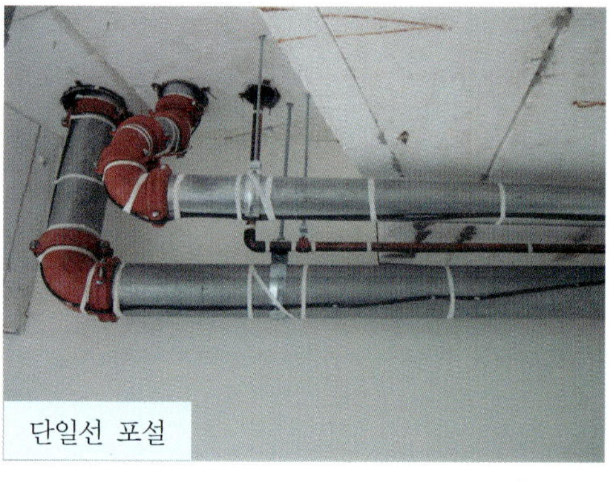

그림 3.6.3.2 열선의 포설

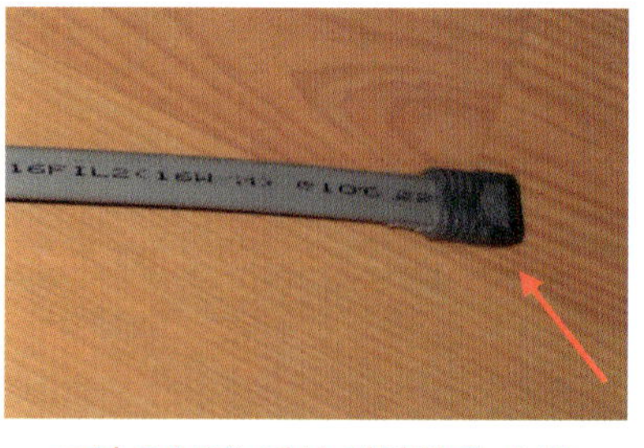

그림 3.6.3.3 열선 말단의 End kit

7) 동파방지 열선 시운전
   ① 열선 및 제어반의 시공 완료 상태를 확인하고
   ② 이상이 없을 시 열선 위에 보온재 시공
   ③ 보완재 시공 후 전원을 투입하여 시운전 실시
8) 시운전 확인사항
   ① 열선 제어반의 자동온도조절기 작동 기능 확인
   ② 열선 전원분전반(전기판넬)의 차단기 작동 및 용량 확인
   ③ 열선 전원분전반(전기판넬) 내 "열선용" 명판 확인
   ④ 열선 제어반의 주의사항 표지 부착 확인

3.6.4 매립부분의 배관 보온 확인

- 옥내소화전 등 벽체에 매립되는 배관 보온상태 확인
- 보온재와 배관과의 밀착상태 확인
- 매립보온재의 두께 적정여부 확인

그림 3.6.4.1 옥내소화전함 매립시 보온재 시공확인

(1) 매립 배관의 보온

1) 소화 배관의 매립

- 소화 배관이 부득이하게 콘크리트 또는 조적 벽체 매립되는 경우의 보온
  - ☞ 내부 벽체의 배관은 온도차에 의한 결로 발생을 방지
  - ☞ 외기에 면하는 벽체는 반드시 동파 방지
  - ☞ 또한 벽면과 직접 접촉하여 발생하는 부식으로 인한 누수 등 하자 발생 방지

2) 소화 배관의 특성

① 소화배관은 순환되는 유체가 아닌 정지된 유체로 평상시 결로 발생하지 않음

② 옥내소화전 방수시험 등을 장시간 행할 경우 결로가 발생 가능

③ 벽체에 매립되는 배관은 결로 방지용 보온

- ☞ 벽체 매립 내함 검측 시 매립 배관의 보온 상태도 확인.

3) 벽체 매립 보온재 시공 주의

- 견고히 밀착시키고 결속선으로 단단히 고정
  - ☞ 콘크리트 타설 중 보온재가 찢김 등 파손 방지
  - ☞ 매립 보온재의 두께가 너무 두꺼우면 벽체 내력에 지장 초래하거나
  - ☞ 또는 콘크리트 균열 또는 탈락 등이 발생하므로 적합한 규격으로 시공

3.6.5 보온공사 검측 체크리스트 서식

검측 서식 3.6 보온공사

공종 CODE NO.	01 소방기계	위치 및 부위	
공종(세부공종)	005 보온 공사	공 사 량	

검 사 항 목	검사 기준 (시방서 또는 도면)	검사 결과				조 치 사 항
		1차		2차		
		합격	불합격	합격	불합격	
1. 보온재의 재질과 두께는 적절한가?						
2. 보온이 누락된 부위는 없으며 배관에 단단하게 고정되어 있는가?						
3. 직접외기에 노출된 부위는 열선 등으로 처리되어 있는가?						
4. 매립부분의 보온은 적절히 되어 있는가?						

작 업 자 점 검		시 공 자 점 검		감 리 원 검 측	
점 검	재 점 검	점 검	재 점 검	검 측	재 검 측
(인)	(인)	(인)	(인)	(인)	(인)

3.7 덕트 공사

3.7.1 덕트의 규격 확인

- 덕트의 치수는 계산서와 도면이 상호 일치 확인
- 자재승인 및 자재 현장 입고 시 치수 확인
- 장단비(4 : 1) 이내 인지 확인
- 접속플랜지의 간격은 양호한지 확인

관련기준

건축기계설비공사 표준시방서(국토교통부, 2016) 05010 덕트설비공사

3. 시공

3.1 일반사항 : 공기조화 및 환기용 덕트는 내부의 공기압력에 대해서 변형이 적고 또 공기의 저항 및 누설이 적으며 기류에 의한 발생하는 소음이 적은 구조로서 다음과 같은 조건을 만족시키도록 해야 한다.

3.1.1 덕트 만곡부의 구조 : 덕트 만곡부의 내측반경은 원칙적으로 장방형 덕트의 경우는 반경방향 덕트폭의 1/2 이상, 원형덕트는 직경의 1/2 이상으로 한다.

3.1.2 덕트 단면변형의 구조 : 덕트의 단면을 변형시킬 때에는 급격한 변형을 피하고 점차적인 확대 또는 축소형으로 하며 확대할 때는 경사각도를 15도, 축소할 때는 30도의 범위 이내로 한다.

3.1.3 다습한 곳의 덕트구조 : 주방, 욕실 등 다습한 장소에 사용하는 배기덕트 등의 이음매는 외면에서 납땜하거나 밀봉을 한다.

3.1.4 덕트의 관통부처리 : 덕트와 슬리브 사이의 간격은 2.5cm 이내로 한다. 덕트슬리브와 고정철판은 두께 0.9mm 강판재를 사용한다. 방화구획 이외의 벽면을 관통하는 덕트의 틈새는 암면 이외의 불연재로 메운다.

3.1.5 방화구획의 관통부처리 : 방화구획의 관통부에는 방화댐퍼를 부착한다. 방화구획부(벽체)에 방화댐퍼가 설치되지 않는 경우에는 방화구획과 댐퍼 사이의 덕트는 1.6mm 이상의 강판제로 한다.

3.5 제연덕트의 제작 및 설치 : 제연덕트는 2.2의 재료를 사용하며 아연도금철판제 또는 보통강판제로 한다. 제연덕트는 목재외의 가연물로부터 150mm 이상 떨어져 설치한다.

3.5.1 아연도금철판제 제연덕트 : 판두께 및 보강은 3.2의 저압덕트에 준하며 장방형 덕트의 이음매와 밀봉등급은 3.2.1(5)에 의한다. 덕트의 접속은 3.2.1(4)에 의하며 배연기와의 접속은 원칙적으로 강판이음으로 한다.

3.5.2 보통철판제 제연덕트 : 1.6mm 이상의 철판을 사용하는 장방형 또는 원형덕트의 이음매는 용접하여 접속한다. 이때 접속플랜지의 최대간격은 3600mm, 보강시에는 최대간격 1800mm로 한다. 연결플랜지와 보강형태의 설치는 용접하여 부착시킨다. 또 배연기와의 접속에는 강판이음을 원칙으로 한다.

건축기계설비공사 표준시방서(국토교통부, 2016) 10080 덕트설비공사

2. 기기 및 재료

2.4 제연풍도

제연풍도는 제연 중에 변형, 탈락되지 않는 견고한 것으로 하여야 하고 유해가스, 유해물질 등을 발생시키지 않는 불연재료로 제작하여야 한다.

(1) 풍도본체는 아연도금강판 또는 이와 동등 이상의 내식성, 내열성이 있는 것으로 하며, 내열성(석면재료를 제외한다)의 단열재로 유효한 단열처리를 하고, 강판의 두께는 배출풍도의 크기에 따라 다음 표에 의한 기준 이상으로 하여야 한다.

풍도단면의 긴변 또는 직경의 크기(mm)	450 이하	450 초과 750 이하	750 초과 1500 이하	1500 초과 2250 이하	2250 초과
강판두께(mm)	0.5 이상	0.6 이상	0.8 이상	1.0 이상	1.2 이상

(2) 풍도 부속품은 다음과 같이 하여야 한다.

1) 강재 : KS D 3503(일반구조용 압연강재)으로 하여야 한다.

2) 리벳은 동리벳 및 동등이상으로 하여야 한다.

3) 볼트 및 너트 : KS B 1002(육각볼트) 및 KS B 1012(육각너트)를 사용하여야 한다.

4) 플랜지 패킹 : 불연재로 기밀이 유지되도록 하여야 한다.

5) 플랙시블 조인트는 내화성능이 있는 재료로 하여야 한다.

(1) 제연 덕트 규격

1) 규격 확인 시기

① 설계도서 검토 시 확인

☞ 설계도서 검토 단계에서 덕트 크기의 적정 여부를 검토

② 자재 검수시 확인

☞ 현장 시공 후 설치된 덕트의 자재 규격 확인이 곤란

☞ 자재 검수시 설계도서 규격과 일치된 자재인지 확인

표 3.7.1.1 풍도 장변 또는 직경에 따른 두께 및 함석번호

함석 번호	함석 두께	저압덕트*	
		장방향 덕트장변(mm)	스파이럴 지름(mm)
#26	0.5 mm	450 이하	450 이하
#24	0.6 mm	450 초과 ~ 750 이하	450 초과 ~ 750 이하
#22	0.8 mm	750 초과 ~ 1,500 이하	750 초과 ~ 1,000 이하
#20	1.0 mm	1,500 초과 ~ 2,250 이하	1,000 초과
#18	1.2 mm	2,250 초과	-

2) 덕트 규격 확인

① 자재 검수 시 설계도면 및 내역서를 기준

☞ 장변, 단변, 길이 및 두께가 덕트에 부착된 스티커의 제품 번호, 규격 등의 일치 확인.

☞ 불합격한 자재는 즉시 반출 조치하고 반출 여부를 확인

② 사각 덕트 장단비(Aspect Ratio) 확인

☞ 4 : 1을 넘지 않는지 확인

③ 덕트 만곡부의 내측 반경 확인

☞ 원칙적으로 장방형 덕트의 경우는 반경방향 덕트 폭의 1/2 이상인지 확인

☞ 원형덕트는 직경의 1/2 이상인지 확인

④ 덕트의 단면 변형

☞ 급격한 변형을 피하고 점차적인 확대 또는 축소되게 설치.

☞ 확대할 때는 경사 각도를 15도, 축소할 때는 30도의 범위 이내로 설치

그림 3.7.1.1 덕트 자재반입 검사

* 건축기계설비공사 표준시방서(국토교통부, 2016) 05010 덕트설비공사

3. 시공; 3.2 덕트의 제작 및 설치 3.2.1 아연도금 철판제 및 알루미늄 아연합금도금 강판제 덕트 (1) 덕트의 호칭과 압력범위 ☞ 저압덕트 기준이 내부정압이 ±500 Pa 이내이고, 풍속이 15m/s 이하이므로 소방용 제연덕트도 저압덕트에 해당된다.

3.7.2 덕트 이음부위의 기밀 패킹 확인

- 덕트의 이음부위 기밀여부 확인 (T.A.B 시 누설여부 확인)
- 이음부위에 사용되는 패킹재의 내열성능 확인

관련기준

건축기계설비공사 표준시방서(국토교통부, 2016) 05010 덕트설비공사

3. 시공

3.2 덕트의 제작 및 설치

3.2.1 아연도금철판제 및 알루미늄 아연합금도금 강판제 덕트

(3) 덕트의 이음매

1) 장방형덕트 : 덕트 모서리의 이음매는 1개소 이상으로 하며 피츠버그 또는 보턴 펀치 스냅 혹은 더블 코너이음으로 한다.

2) 스파이럴 덕트 : 접음의 폭은 4.8mm 이상으로 하고, 그 피치는 다음 표에 의한다.

덕트의 안지름 치수[mm]	이음피치[mm]
100 이하	100 이하
100 초과 1,000 이하	150 이하

(5) 장방형덕트의 밀봉

덕트의 밀봉은 내부정압의 압력과 사용하는 이음매에 따라 필요한 등급의 밀봉을 한다.

1) 덕트의 밀봉등급과 밀봉이 필요한 장소는 다음 표와 같다.

등급	밀봉의 필요장소
N 밀봉	① 덕트접합플랜집의 덕트굽힘 네모퉁이부 ② 코너장착물과 플랜지부
A 밀봉	① 종방향의 이음부
B 밀봉	① 덕트의 접합부
C 밀봉	① 덕트이음부 전체 ② 덕트관통부 (볼트, 리벳 등 모두 포함)

주: ① 밀봉이 필요한 장소의 밀봉요령은 그림 3.5와 같다.
② 스파이럴덕트의 록 이음(lock seam)은 밀봉조건으로부터 제외한다.

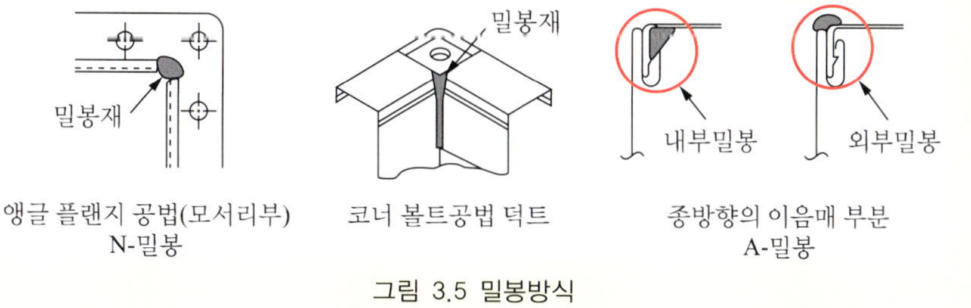

그림 3.5 밀봉방식

2) 용도 및 덕트압력구분에 의한 이음과 밀봉등급의 조합은 다음 표와 같다.

용도	저압 덕트	고압 1 덕트	고압 2 덕트
일반용	① 보턴펀치이음은 N 밀봉	① 보턴펀치이음은 N+A 밀봉 ② 피츠버그 이음은 N 밀봉	① 보턴펀치이음은 N-A 밀봉 ② 피츠버그이음은 N 밀봉 ③ 정압 1,000Pa를 넘는 공판덕트에서 보턴펀치 이음은 N+A+B 밀봉 피츠버그이음은 N+B 밀봉
배연용	적 용 외	① 보턴펀치이음은 N 밀봉	일반용의 이음과 밀봉등급의 조합과 같음

주 ① 고압 1덕트 및 고압 2덕트의 덕트부분기 접속부의 밀봉을 한다. 밀봉요령을 그림 3.6에 표시하고 있다.
② 챔버 및 케이싱의 모퉁이부분 등 누설의 염려가 있는 장소는 밀봉을 한다.
③ 고압 2덕트에서 상용압력 ±1,500Pa를 초과하는 피츠버그이음에 A밀봉을 하는 경우 및 앵글플랜지 공법덕트 · 슬라이드 온 플랜지 공법 덕트에 B밀봉을 하는 경우에는 공사시방에 의한다.
④ 클린룸 등 특수용도의 밀봉등급 및 C밀봉을 하는 경우에는 공사 시방서에 의한다.

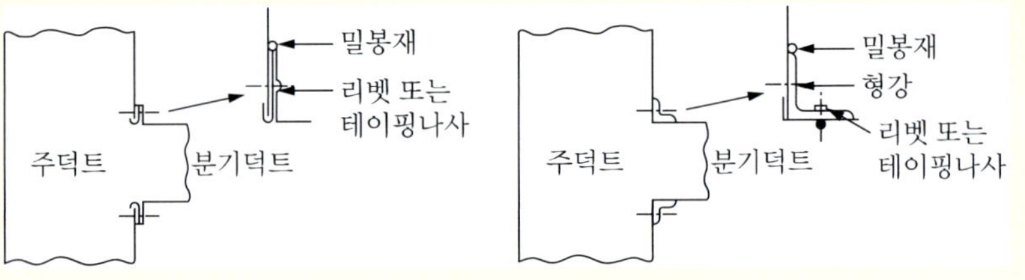

그림 3.6 고압덕트 접속부의 밀봉

건축기계설비공사 표준시방서(국토해양부, 2016) 10080 제연설비공사

(2. 기기 및 재료) 2.4 제연풍도

(2) 풍도 부속품은 다음과 같이 하여야 한다.

1) 강재 : KS D 3503(일반구조용 압연강재)으로 하여야 한다.
2) 리벳은 동리벳 및 동등이상으로 하여야 한다.
3) 볼트 및 너트 : KS B 1002(육각볼트) 및 KS B 1012(육각너트)를 사용하여야 한다.
4) 플랜지 패킹 : 불연재로 기밀이 유지되도록 하여야 한다.
5) 플랙시블 조인트는 내화성능이 있는 재료로 하여야 한다.

(3. 시공) 3.2 제연풍도

(1) 제연 개시시에 급격한 온도상승 또는 진동 등에 의하여 풍도의 변형, 파손, 탈락 등이 생기지 않도록 보강, 지지를 충분히 하여야 한다.
(2) 제연 풍도는 가연물로부터 0.6m 이상 떨어지게 시공하는 외에 전선, 전선관 등에 접촉하지 않도록 충분히 주의하여야 한다.
(3) 수평 풍도가 방화구획을 관통하는 벽 및 바닥 부분은 강판제 등의 불연성 슬리브를 설치하며 풍도와의 틈새에는 내화성능이 있는 모르타르 등으로 충진하여 기밀이 유지되도록 한다.
(4) 풍도가 방화구획을 관통할 때는 방화시에 쉽게 탈락되지 않게 하고 보존, 점검이 간단한 구조의 퓨즈 온도 280℃를 사용한 방화댐퍼를 견고히 설치하고, 점검구를 설치하여 날개 개폐 및 동작상태를 확인할 수 있도록 하여야 한다.
(5) 풍도의 행거 및 지지철물 : 05010.3.2.1의 (7)에 따른다.
(6) 풍도의 이음은 제연시의 급격한 온도상승에 의해 변형되거나 진동에 의해 이음에서 누설이 없도록 하여야 한다.

(7) 풍도가 열팽창에 의해 변형, 탈락, 파손되지 않도록 하여야 한다.
(8) 제연풍도와 제연팬과의 접합부분은 내열성능 및 기밀성능이 있는 내화성 재료로 접합하여야 한다.

(1) 덕트의 접속*

1) 패킹(Packing)

① 패킹 : 배관 또는 덕트 등의 이음매 또는 틈새 따위에 물이나 공기가 새지 않도록 끼워 넣는 것

② 패킹 재료

☞ 고무, 가죽, 삼실부스러기, 석면, 구리 또는 납 등

☞ 제연덕트의 패킹은 불연재를 사용

2) 패킹의 사용

① 유체 및 기체가 배관 또는 덕트를 통하여 이송하는 관로

☞ 이들 관로를 제작 또는 운반 등의 이유로 매체로부터 사용 장소까지 하나의 것으로 만드는 것은 불가능

☞ 이를 여러 조각으로 나누고 이 조각을 연결하여 하나로 조립

② 이 조각의 조립 과정에서 연결부위에 이음 틈새가 발생

☞ 이음 틈새의 틈을 막기 위하여 패킹을 사용

3) 덕트의 제작

① 덕트는 평평한 철판 또는 코일을 사용하여 각형 또는 원형으로 조립하여 제작

② 사각 덕트의 이음은 덕트 모서리(각)의 이음매는 1개소 이상

☞ 피츠버그 또는 보턴 펀치 스냅 혹은 더블 코너 이음 처리

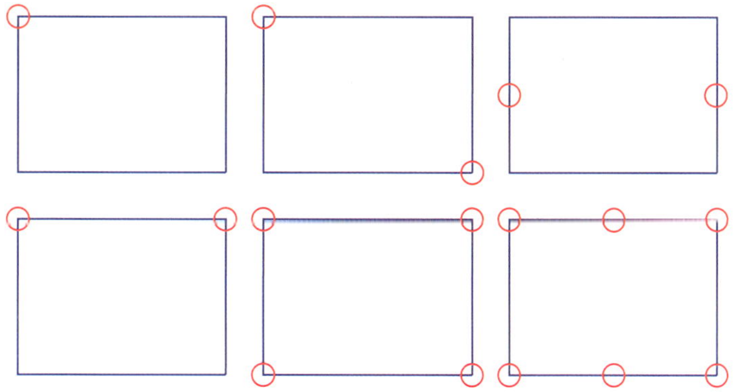

그림 3.7.2.1 각형 덕트의 이음 위치

* 실(Seal)은 밀봉장치를 총칭하고, 정지된 부분에 사용하는 것은 가스켓(Gasket),상대적으로 운동하는 부분의 밀봉에 사용되는 것을 패킹(Packing)으로 구분하기도 한다.

③ 횡방향이나 평판의 이음*

☞ 스탠딩 이음 또는 그루브 이음(Grooved seam)을 사용

④ 덕트의 검사

☞ 육안검사 시 이음이 정밀도가 떨어진다고 판명되면 즉시 현장에서 반출 조치

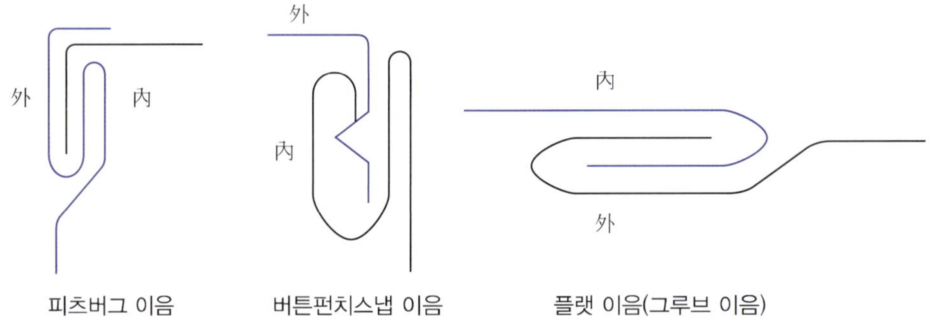

그림 3.7.2.2 덕트 철판의 이음(seam)

4) 난연 또는 내열 코킹재 틈새 보완

- T.A.B 테스트 시 덕트 몸체에서 누기가 발생하는 경우

☞ 접속 또는 이음 부위에 난연 또는 내열 코킹재를 사용하여 보완

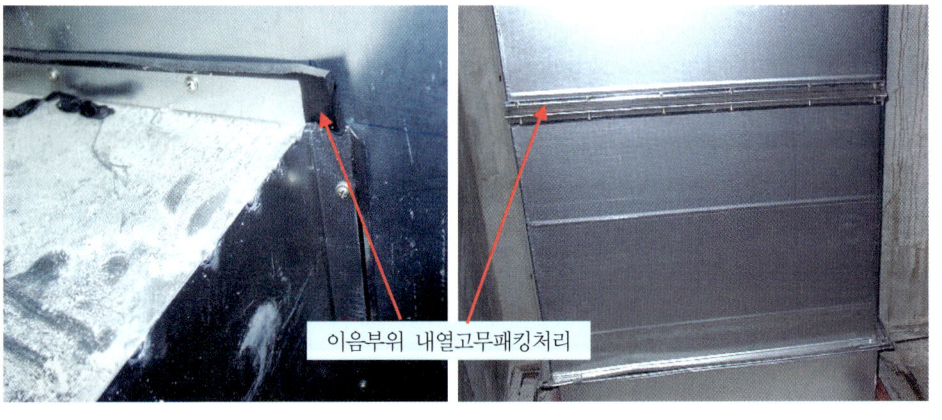

그림 3.7.2.3 덕트 이음부의 시공상태 확인

5) 덕트의 시험 및 검사 방법

- 건축기계설비공사 표준시방서 및 한국설비기술협회 규격 KARSE BOO16 공조용덕트 누기 시험방법기준을 적용

* 횡방향 및 평판의 이음은 표준시방서에 요구되어 있지 않으므로 제조회사의 기준에 따른다

관련기준

건축기계설비공사 표준시방서(국토해양부, 2016) 03020 덕트설비공사

3.7 시험 및 검사

3.7.1 공기조화 및 환기용덕트의 시험 및 검사

공기조화 및 환기용덕트와 관련 부속품의 시험 및 검사는 해당 KS표준 또는 단체표준을 따른다.

(1) 토출구, 흡입구 등의 크기 및 위치

(2) 그릴의 크기, 위치 및 방수, 방충망 등의 구조

(3) 덕트의 재료, 설치상태

(4) 댐퍼류의 구조, 설치위치 및 작동상태

3.7.2 배연덕트의 시험 및 검사

덕트 및 부속품은 KS F 2815(배연 설비의 검사표준)에 준하며 다음과 같은 시험, 검사를 실시한다.

(1) 덕트의 재료, 위치 및 설치상태

(2) 배연구의 크기, 위치 및 개방상태

(3) 수동개방장치의 위치, 조작방법 및 표시위치

(4) 방화댐퍼의 구조, 설치위치 및 작동상태

(5) 배연출구의 크기 및 위치

3.7.3 공기조화 및 환기용덕트의 누기 시험

공기조화 및 환기용 덕트는 제작하여 설치한 후 송풍기 가압방법으로 덕트 내부에 압력을 형성하여 기밀 상태를 시험한다.

(1) 시험장치는 송풍기, 풍량측정기구 및 압력측정기구로 구성하여 시험압력과 누기량을 정확하게 측정한다.

(2) 풍량측정기구는 오리피스, 노즐 또는 이와 유사한 성능을 갖는 것으로 한다.

(3) 측정장비의 정확도는 지시풍량의 ±7.5% 이내이고, 시험중인 덕트내의 정압은 계기판에 표시된 정압에서 ±5% 이내이어야 한다.

(4) 측정장비는 현장 사용일 전, 1년 이내에 검교정한 성적서, 차트나 그래프가 첨부되어야 한다.

(5) 덕트 기밀시험의 대상은 주덕트와 분기덕트로 하고 각종 덕트기구의 연결을 플렉시블덕트로 연결하는 경우는 플렉시블덕트 연결구까지로 한다. 누기 시험의 범위는 덕트 전체 길이의 20%로 하며 무작위로 대상을 선정한다. 1차 시험 후 누기기준에 불합격한 경우에는 2배수의 길이로, 2차 시험 후 불합격한 경우에는 전체를 대상으로 시험한다.

(6) 시험 압력은 시방서상에 명기하며, 그러지 않은 경우는 송풍기 토출 압력과 덕트 말단압력의 평균값으로 하되, 최소 250 Pa 이상으로 하고 변풍량 시스템일 때는 500 Pa 이상으로 시험한다.

(7) 허용누기량은 누기율에 의한 기준과 누기등급에 의한 기준을 동시에 만족 시키도록 한다.

1) 누기율에 의한 기준

적용대상	누기율
비공조공간환기	5% 초과 10% 미만
각층 공조방식의 정풍량덕트, 제연덕트	5% 이하
변풍량덕트, 주방배기, 정화조배기, 화장실배기덕트	3% 이하
특수용도실 덕트(수술실, 청정실 등)	1% 이하

2) 누기등급별 허용누기량

시험압력(Pa)	덕트 표면적당 최대허용 누리량(L/s · m^2)			
	A급	B급	C급	D급이하
100	0.40	0.20		
200	0.63	0.31		
300	0.82	0.41		
400	0.98	0.48		
500	1.14	0.57		
600		0.64	0.32	
700		0.71	0.35	
800		0.77	0.39	
900		0.83	0.42	
1,000		0.89	0.45	
1,300			0.53	0.26
1,800			0.65	0.33
2,300				0.38
권장적용압력 (기외정압기준)	500 Pa 이하	750 Pa 이하	1,500 Pa 이하	1,501 Pa 이상

(8) 시험보고서에는 현장명, 시스템위치, 시스템구분, 시험덕트의 구분 관련도면 번호, 시험압력기준, 허용누기량 기준, 시스템덕트 총면적, 시험덕트의 표면적, 시스템누기율 또는 누기등급, 누기량, 표면적당 기준누기량, 풍량측정기구의 종류, 실제시험압력 및 측정누기량을 기록하며, 합격여부, 시험결과에 관한 참고사항 등을 평가란에 기입하여 덕트의 제작, 설치시에 참고하도록 한다.

(9) 덕트 누기시험에 관한 기타 세부내용은 한국설비기술협회 표준 "SPS-KARSE B 0016-178 공조용덕트 누기 시험방법"에 따른다.

3.7.3 송풍기와 배출덕트 접속부분 캔버스의 내열성능 확인

- 배출덕트와 팬 연결부위 캔버스 재질 확인
- 배출 전동기(Motor)와 배풍기(FAN) 분리 여부 확인
- 전동기 보호커버는 충분한 크기 인지 확인

관련기준

건축기계설비공사 표준시방서(국토해양부, 2016) 10080 제연설비공사

2. 기기 및 재료

2.6 제연팬

2.6.1 배출기의 구조 : 배출기는 전동기와 배풍기 부분을 분리하여 설치하여야 하며, 배열기류에 노출되는 배출용 송풍기 및 그 부품들은 250℃의 온도에서 1시간 유효한 내화성능을 가져야 한다.

2.6.2 날개 및 케이싱

(1) 날개 및 케이싱은 강판제 또는 이와 동등 이상의 내식성, 내열성이 있는 것으로 하여야 한다.

(2) 날개와 몸체와의 접합은 전용접으로 하여야 한다.

2.6.3 부식방지 및 점검구 : 부식방지를 위하여 충분한 방청도장을 한 후 지정색으로 내열성 마감도장을 하고 날개의 점검 등 케이싱 내부를 점검할 수 있도록 점검구를 설치하여야 한다.

2.6.4 부속품 : 제연팬의 부속품에는 벨트, 벨트 덮개, 풀리 및 전동기 등을 구비하여야 한다.

3. 시공

3.4 제연팬의 설치 : 제연팬은 화재시에 성능을 충분히 발휘할 수 있도록 하고 제연팬의 흡입측, 토출측 연결풍도에는 내열성(석면재료는 제외한다) 재질의 캔버스를 설치하여야 하고 기타사항은 다음에 따른다.

3.4.1 설치위치 : 제연팬의 위치는 유지관리가 용이한 곳에 설치하여야 하며, 은폐시에는 보존, 점검을 위한 점검구를 구비하여야 한다.

3.4.2 송풍기실 공간 및 구조

(1) 원심형의 경우는 보존, 점검을 위하여 제연팬의 주위에 0.6 m 이상의 공간을 두어야 한다.

(2) 풍도 접속형의 축류형 제연팬을 사용하는 경우는 V-벨트의 교체 및 수리, 보존, 점검을 위한 공간을 확보하여야 한다.

3.4.3 설치 고정 : 방진장치를 제외하고 기타사항은 03015.3.2에 따른다.

(1) 배출기 및 배출덕트

1) 배출팬과 전동기의 연결

① 거실제연 또는 부속실제연 모두 열과 각종의 연소생성물을 가진 연기를 외부로 배출.

② 배출팬 작동 시 고온의 열이 흡입 덕트를 통하여 유입하고 배출팬을 거쳐 배출

③ 전동기(모터)가 배출팬에 직결되어 구동되면 이 열이 그대로 전동기에 전달되어 손상 발생

④ 이를 방지하기 위하여 전동기와 FAN을 분리하고 V 벨트로 연결하여 구동

2) 빗물 보호 커버의 설치

① 빗물에 의한 전동기 모터의 부식 방지를 위해 설치

② 배출팬에서 복사된 고온의 열을 차단하는 방열의 목적

③ 전동기의 하부까지 충분히 덮을 수 있는 크기로 설치

3) 배출팬과 배출덕트 접속시 캔버스 설치

① 캔버스를 설치하여 날개 회전에 의한 팬의 덕트로의 진동 전달을 줄임

② 내열성능 캔버스 설치

☞ 내열성능 캔버스가 아닌 경우, 배출용 팬에 의해 연기를 배출하는 과정에서 고온의 열에 의하여 팬과 연결된 덕트의 캔버스가 손상되어 탈락 우려

☞ 장비의 자재승인 시 내열성능의 여부를 판별

☞ 추가적으로 별도의 주의사항을 기재하여 승인 조치

☞ 반입 검수 및 설치 검사 단계에서 반드시 확인

그림 3.7.3.1 팬·전동기·접속캔버스 설치 확인

3.7.4 차압감지관의 설치 상태 확인

- 옥내에 설치되는 차압감지관의 위치가 제연구역 인근 여부 확인
- 차압감지관의 말단부위에 보호캡 설치 확인
- 출입문 등에 차압측정공 설치여부

(1) 차압감지관

1) 설치대상

- 자동차압댐퍼를 사용한다면 차압을 검지하기 위해 제연구역 내외부에 차압감지관을 설치

2) 설치 주의

① 말단의 차압감지관의 구멍이 막히게 되면 압력측정이 불가능

☞ 화재 시 자동차압댐퍼가 작동할 수 없기 때문에 시공에 주의

② 파손의 방지

☞ 대부분의 차압감지관 관경은 6 mm로 매우 작음

☞ 작업시 과도한 구부리거나 꺾으면 배관이 파손되거나 폐색우려 높음

③ 보호용 캡 설치

☞ 아이들의 장난 또는 이물질 등에 의해 말단 감지구멍이 막히기 쉬우므로 보호용 캡을 설치하여 이를 방지

④ 보호용 캡의 구멍 단면적

☞ 경년변화에 의해 자연적으로 구멍이 좁아지거나 폐색되는 것을 방지

☞ 차압감지관의 관경 면적보다 보호용 캡에 뚫린 구멍 면적의 합이 크도록

☞ 캡에 많은 개수의 구멍이 뚫린 것을 설치

3) 차압감지관 설치

① 측정 원리

☞ 제연구역 내외부의 압력차의 측정은 자동차압댐퍼내부의 압력센서의 설치높이에서의 제연구역 내외부의 압력차를 측정

☞ 차압 동관 말단의 설치 높이와 아무런 관련이 없음

② 설치 위치

☞ 제연구역 외부에 설치되는 차압감지관의 말단부위는 천정이나 벽체의 높은 위치에 설치

☞ 사람의 손이 잘 닿지 않도록 설치하는 것이 작동 및 관리에 유리

4) 설치 확인

① 차압측정공이 실내의 출입문 등에 설치되어 있는지 여부를 확인

☞ 제연구역의 출입문을 개방하지 않은 상태에서 제연구역의 정확한 차압을 측정을 목적으로 설치

☞ 출입문에 차압측정공을 설치(그림 3.7.4.2의 좌측)여부 확인

② 옥내로 연결되는 차압감지관에 티 분기(그림 3.7.4.2의 우측) 사용 금지

☞ 티 분기하여 차압감지용 밸브를 설치하는 방법은 시공성이 좋고 공동주택의 사생활 보호 효과로 인하여 대안으로 사용되었으나

☞ 질의회신*에 의하여 사용 금지되었으니 유의

③ 공동주택 이외 용도 건물

☞ 차압측정공을 계단 전실과 복도 사이의 출입문에 설치

④ 공동주택

☞ 세대 출입문에 설치

☞ 하나의 부속실에 면한 세대가 2세대 이상 여러 세대가 있는 구조의 공동주택의 경우 여러 세대 중 한 세대만 압력감지관을 설치† 하여도 가능

☞ 준공 후 차압측정공이 설치된 세대에서 사생활 보호 측면에서 민원을 제기할 소지가 있음에 유의

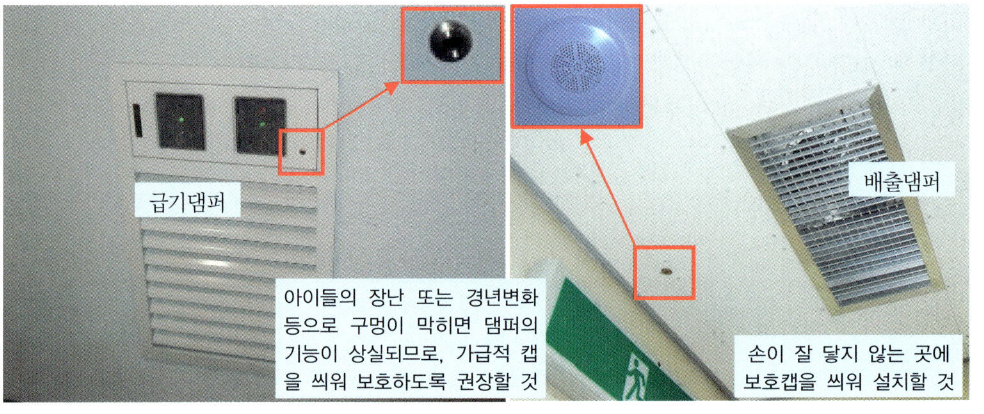

그림 3.7.4.1 차압감지장치 설치

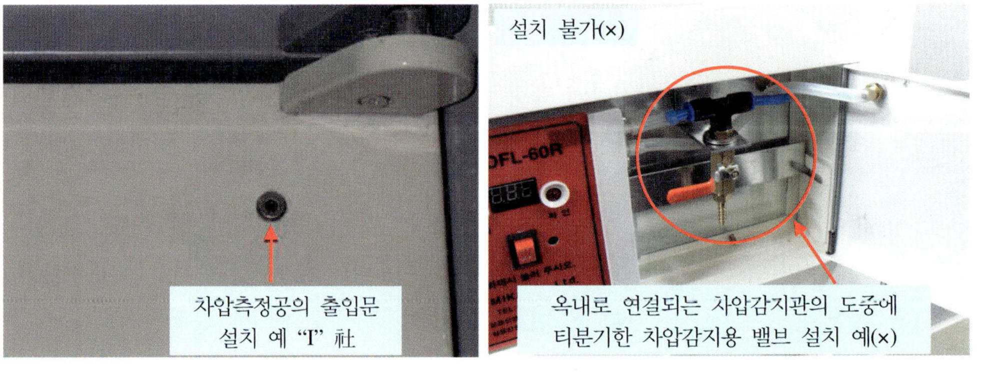

그림 3.7.4.2 차압측정공 설치

---

* 방호과-914(11.02.25) "제연설비 차압감지관 및 차압측정공에 대한 회신"

† 질의회신 예방과-138(2004.01.12.) 자동차압과압조러형 급기탬퍼의 설치기준에 관한 질의 회신

3.7.5 급기 및 배출댐퍼의 벽체 고정 확인

- 댐퍼 주위에 틈새가 벌어진 곳은 없는지 확인
- 댐퍼를 잡아당길 때 고정부위가 벌어지거나 빠지지 않는지 확인

관련기준

건축기계설비공사 표준시방서(국토해양부, 2016) 10080 제연설비공사

3. 시공

3.1 제연그릴 및 댐퍼

(1) 제연그릴은 기밀이 유지되도록 접속하고 제연댐퍼의 작동부가 개방시에 주변에 닿지 않도록 하고 점검구는 작동부가 보이는 위치에 설치하여야 한다. 또한 제연구 및 수동개방장치의 취급시 충격 및 손상 등을 주지 않도록 충분히 유의하고 수동개방장치의 설치에 대하여는 다음 사항에 주의하여야 한다.

1) 장치의 손잡이 위치는 출입구의 부근 또는 피난 주통로에 보기 쉽고 작동이 쉬운 장소에 설치하고 그 조작방법을 명시하여야 한다.

2) 수동개방장치의 손잡이를 벽에 설치하는 경우는 바닥에서 0.8~1.5m 높이의 위치에, 천장으로부터 매달아 내리는 경우는 바닥에서 약 1.8m 높이로 설치하여야 한다.

3) 손잡이 조작은 단일조작으로 용이하게 될 수 있어야 하고, 시운전 검사 후 환원도 간단히 될 수 있도록 설치하여야 한다.

4) 수동개방장치와 제연 댐퍼에 연결하는 와이어 등의 거리는 가능한 한 짧아야 하고 굴곡부는 적으며, 굴곡이 있는 경우에는 곡율반경을 크게 하고 와이어 등의 마찰이 적게 되도록 시공하여야 한다.

3.2 제연풍도

(1) 제연 개시시에 급격한 온도상승 또는 진동 등에 의하여 풍도의 변형, 파손, 탈락 등이 생기지 않도록 보강, 지지를 충분히 하여야 한다.

(2) 제연 풍도는 가연물로부터 0.6m 이상 떨어지게 시공하는 외에 전선, 전선관 등에 접촉하지 않도록 충분히 주의하여야 한다.

(3) 수평 풍도가 방화구획을 관통하는 벽 및 바닥 부분은 강판제 등의 불연성 슬리브를 설치하며 풍도와의 틈새에는 내화성능이 있는 모르타르 등으로 충진하여 기밀이 유지되도록 한다.

(4) 풍도가 방화구획을 관통할 때는 방화시에 쉽게 탈락되지 않게 하고 보존, 점검이 간단한 구조의 퓨즈 온도 280℃를 사용한 방화댐퍼를 견고히 설치하고, 점검구를 설치하여 날개 개폐 및 동작상태를 확인할 수 있도록 하여야 한다.

(5) 풍도의 행거 및 지지철물 : 05010.3.2.1의 (7)에 따른다.

(6) 풍도의 이음은 제연시의 급격한 온도상승에 의해 변형되거나 진동에 의해 이음에서 누설이 없도록 하여야 한다.

(7) 풍도가 열팽창에 의해 변형, 탈락, 파손되지 않도록 하여야 한다.

(8) 제연풍도와 제연팬과의 접합부분은 내열성능 및 기밀성능이 있는 내화성 재료로 접합하여야 한다.

건축기계설비공사 표준시방서(국토해양부, 2016) 05010 덕트설비공사

3. 시공

3.2 덕트의 제작 및 설치

3.2.1 아연도금 철판제 및 알루미늄 아연합금도금 강판제 덕트

(7) 덕트의 행거 및 지지 : 행거 및 입상덕트의 지지체에 방진재를 부착하는 경우에는 전문시방서에 의한다.

1) 장방형덕트의 행거 및 지지는 다음 표에 의한다.

<table>
<tr><th rowspan="2">덕트의 장변(mm)</th><th colspan="2">행거</th><th>지지체</th><th colspan="2">행거 최대 간격(mm)</th></tr>
<tr><th>형강치수
(mm)</th><th>봉강지름
(mm)</th><th>형강치수
(mm)</th><th>앵글공법,
슬라이드공법</th><th>공판공법</th></tr>
<tr><td>750 이하</td><td>25 x 25 x 3</td><td rowspan="4">9</td><td>25 x 25 x 3</td><td rowspan="4">3,680</td><td rowspan="3">3,000</td></tr>
<tr><td>750 초과 1,500 이하</td><td>30 x 30 x 3</td><td>30 x 30 x 3</td></tr>
<tr><td>1,500 초과 2,200 이하</td><td>40 x 40 x 3</td><td>40 x 40 x 3</td></tr>
<tr><td>2,200 초과</td><td>40 x 40 x 5</td><td>40 x 40 x 5</td><td>–</td></tr>
</table>

주: ① 지름 9mm의 봉강으로는 축지름 8.1mm 이상이기 때문에 두께 7.7mm의 너트를 사용하여도 좋다
② 행거 및 지지물의 설치예를 그림 3.7에 표시한다.
③ 수평방향의 주덕트에는 형강 진동방지 지지를 12m 이하의 간격으로 설치한다. 또, 관통장소 등 진동방지가 가능한 장소에는 진동방지가 된 것으로 간주한다.
④ 주기계실 내에 설치하는 덕트(앵글공법, 슬라이드공법, 공판공법)의 장변이 450mm 이하인 경우의 덕트의 행거 간격은 2,000mm 이내로 한다.
⑤ 주기계실 내에 설치하는 앵글공법, 슬라이드공법의 덕트의 장변이 450mm를 넘는 경우의 행거 간격은 2500mm 이내로 한다.
⑥ ④~⑤의 경우에서도 덕트상변의 면과 구조슬래브하면과의 공간이 750mm 미만의 경우에는 표의 값으로 하여도 무방하다.

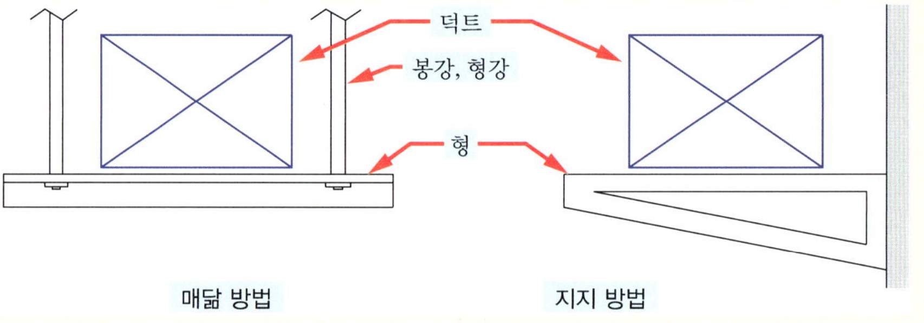

그림 3.7 행거 및 지지물의 설치

2) 스파이럴덕트의 행거 및 지지는 다음 표에 의한다.

<table>
<tr><th rowspan="2">호칭 치수
(mm)</th><th colspan="2">행 거</th><th>지지체</th><th rowspan="2">최대간격 (mm)</th></tr>
<tr><th>평강치수 (mm)</th><th>봉강 (직경) (mm)</th><th>형강치수 (mm)</th></tr>
<tr><td>1,250 이하</td><td>25×3</td><td>9</td><td>25×25×3</td><td>3,000</td></tr>
</table>

주: ① 직경 9mm의 봉강으로는 (7) 1)의 주 ①과 같게 한다.
② 호칭치수 300mm 이하의 경우 행거는 두께 0.9mm 이상의 아연철판을 띠 모양으로 가공한 것을 사용해도 무방하다.
③ 횡방향의 덕트에 설치하는 형강 진동방지 지지는 7의 (1) 주 ③과 같게 한다.

(1) 댐퍼의 고정 및 지지

1) 댐퍼 고정 불량

① 급기댐퍼 또는 배기댐퍼의 부착이 견고하지 않을 경우

☞ 누설이 많아지게 되어 시스템의 올바른 성능이 구현 불가

② 부속실 제연설비에서 급기댐퍼의 경우 누설이 많아지게 될 경우

☞ 자동차압조절이 원활하게 이루어지지 않고

☞ 다른 층 제연구역의 차압에도 좋지 않은 영향을 주며

☞ 심한 경우, 제연팬의 운전과 동시에 댐퍼의 그릴이 풍압에 의해 탈락 될 수 있으므로 견고히 고정

③ 거실제연설비에서 댐퍼 누설이 많은 경우

☞ 설계 배연량과 급기량의 부족을 초래하여

☞ 화재 시 충분한 배연성능을 발휘하지 못하는 원인이 되거나

☞ 타 구역으로 연기를 누설·확산 시키는 원인이 됨

2) 댐퍼의 시공

① 댐퍼의 부착은 슬리브 설치 시점부터 견고하게 시공

② 슬리브와 덕트의 연결부위의 패킹이 정확하고 밀실하게 부착하여 시공

③ 이후 댐퍼의 부착도 견고하고 밀실하게 설치 · 시공

그림 3.7.5.1 덕트 시공 시 주의사항

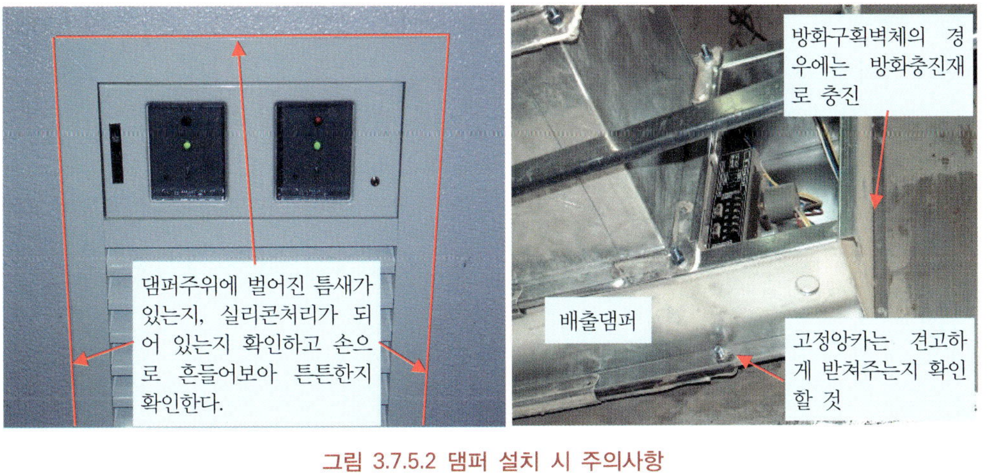

그림 3.7.5.2 댐퍼 설치 시 주의사항

④ 덕트가 댐퍼를 지지하지 못하는 경우

☞ 보강대 등을 설치하여 댐퍼를 지지하여 설치

⑤ 행거 및 지지 철물

☞ 덕트의 처짐으로 발생되는 누기를 방지하기 위해 적정 간격을 유지

☞ 적정 강도의 부재를 사용

☞ 덕트의 행가 및 지지 간격은 관련기준의 표를 참고

3.7.6 옥외 외기취입구와 배기구 이격 확인

- 외기취입구와 외곽선·타 설비 배기구와의 이격거리 5 m 이상 확인
- 외기취입구 상단이 옥상 난간의 상단으로부터 1 m 이하 확인
- 외기취입구 상단이 타설비 배기구보다 1 m 아래에 위치 설치 확인

관련기준

건축기계설비공사 표준시방서(국토해양부, 2016) 10080 제연설비공사

3. 시공

3.5 제연루버

루버는 건물의 입지조건을 고려하여 제연이 피난 또는 소화활동에 방해가 되지 않도록 하고 공기조화 환기설비의 취입구나 창 등을 통하여 건물 내로 재유입되지 않아야 하며, 특히 연소의 위험이 있는 부분은 피하여 설치하고 다음 사항에 유의하여야 한다.

(1) 외벽에 설치하는 경우에는 우수 등이 유입되지 않도록 하여야 하며 제연시 탈락하지 않도록 설치하여야 한다.

(2) 인접하는 건물을 고려하여 연소를 일으키지 않는 위치에 설치하여야 한다.

(1) 옥상 외곽면과 외기취입구 이격

1) 연기 유입 방지 목적

① 화재 시 발생하는 연기는 건물의 외곽선을 따라 상승

② 옥상에 설치된 제연 급기팬의 외기취입구로 연기가 유입되지 않도록

☞ 옥상 외곽면과 외기취입구를 충분히 이격

☞ 다른 설비 등의 용도로 옥상에 설치된 다른 설비의 배기구로부터도 연기가 유입되지 않도록 충분히 이격

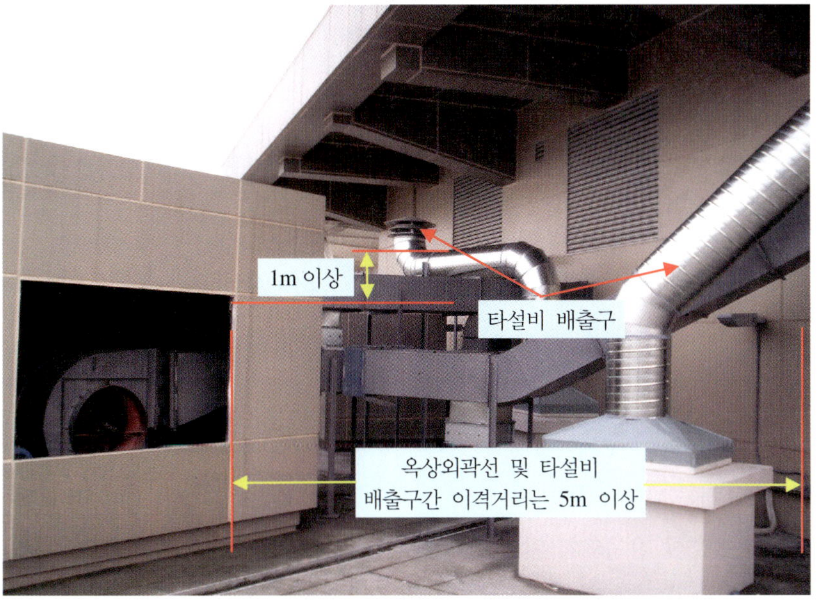

그림 3.7.6.1 옥상 외기 취입구 보완시공 사례

2) 설치 기준

① 옥상외곽선 및 타설비 배출구와의 이격거리는 5 m 이상

② 옥상 외곽면의 상단*과 타 설비 배기구의 상단으로부터 아래로 1 m 이상 이격

3) 설치 기준을 만족하지 못하는 경우 시공

① 설계 및 허가동의 과정에서 옥상의 구조가 기준을 만족하지 못하는 경우

☞ 제연 급기팬을 옥상이 아닌 지상에 설치하는 근본적인 조치가 필요

☞ 기준에 미흡한 도면으로 건물의 착공이 진행되는 경우가 많음

② 착공 후 현장에서 발견되는 경우

☞ 제연팬의 설치 위치를 옥상에서 지상으로 변경하는 것은 현실적으로 불가능

☞ 인접 타설비 배기구를 꺾어 이격시키는 대안(그림 3.7.6.1)을 검토

☞ 발주자, 설계자 및 허가권자와 협의하여 승인을 득한 후 시공

* 일반 건축물에서 옥상 외기면을 핸드레일 높이 1.2 m 이상 세우지 않으므로 옥상외곽면의 상단 아래로 1 m 이하로 이격하라는 이 기준은 현실적으로 불가능하고 1 m 이하로 이격했을 시 얼마나 더 효과적인지에 대한 공학적 근거도 없으므로 시급히 개정되어야 하는 부분이다.

☞ NFPA의 규정을 보면 "92A-8 방화장벽 및 미압을 이용한 제연설비기준 제5장 제연설비 및 적용 5.3.2 (공기 공원의 위치) 5.3.2.2 공기 유입구는 화재 시 건물로부터 연기를 배기시키는 건물의 모든 배기구, 배연샤프트의 배출구와 지붕 배연구 및 열 배출구 엘리베이터 승강로의 환기구 및 건물의 기타 개구부와 구획되어야 한다."로 되어 있을 뿐 거리에 대한 구체적 기준은 없다.

3.7.7 외기 취입구의 이물질 유입방지 조치 확인

- 하방으로 꺾여 있는지 확인
- 메쉬망이 설치되어 있는지 확인

(1) 외기 취입구

1) 외기 취입구 구조

① 취입구에 비 또는 눈 등 이물질이 유입되지 않도록 하고

② 바람의 영향을 받지 않는 구조

2) 취입구의 설치

① 취입구는 빗물이 유입되지 않도록 하방으로 꺾어 설치

② 메시(Mesh)를 설치하여 조류나 곤충의 덕트 내부 침입을 방지

그림 3.7.7.1 외기취입구의 이물질 유입방지

3.7.8 송풍기 토출측의 풍량조절댐퍼와 풍량측정공 확인

- 급기송풍기 배출측에 풍량 조절댐퍼 설치 확인
- 급기송풍기 배출측 풍도에 풍량측정공(보호캡 포함) 설치 확인

관련기준

건축기계설비공사 표준시방서(국토해양부, 2016) 05010 덕트설비공사

(3. 시공) 3.6 덕트용 부속품의 설치

3.6.4 풍량조절 댐퍼의 설치 : 기밀이 유지되고 조정이 쉽게 이루어질 수 있도록 설치한다. 천정이나 샤프트 내에 댐퍼를 설치하는 경우에는 점검구를 설치하여 점검이 가능하도록 한다.

3.6.12 풍량측정구의 설치 : 풍량측정구의 설치는 다음 표에 의하며, 설치위치는 전문시방서에 의한다.

부착변의 치수(mm)	300 이하	300 초과 700 이하	700 초과
부착 갯수	1	2	3

(1) 풍량조절 댐퍼

1) 설치기준

① 풍량조절 댐퍼

☞ 송풍기(또는 공기조화기) 토출측에 설치하여 유입풍도로 공급되는 공기의 유량을 조절하는 장치

☞ 공기조화설비와 겸용으로 설치되는 경우 풍량조절댐퍼는 각 설비별 기능에 따른 작동시 각각의 풍량을 충족하는 개구율로 자동 조절될 수 있는 기능

② 풍량측정공

☞ 제연구역의 공기유입량 및 유입풍속, 배출량은 모든 유입구 및 배출구에서 측정할 것

그림 3.7.8.1 송풍기 배출측의 풍량조절댐퍼

2) 설치 목적

- 송풍기 기동·운전시 풍량 측정공으로 풍량을 측정하여 과도한 풍량 발생시
  ☞ 풍량조절 댐퍼로 개도를 조정하여 풍량을 기준에 맞추기 위하여 설치

3) 풍량 측정공의 설치 개수

① 시방서에 의하고 부착 개수를 설치

② 별도 명기 없으면 표준시방서에 따라 설치

③ 풍량 측정 후 보호캡 등으로 마감조치

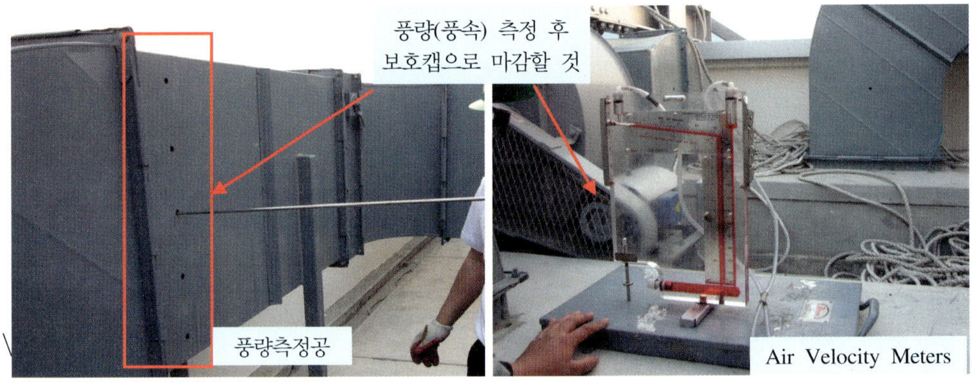

그림 3.7.8.2 풍량 등을 실측할 수 있는 측정공 설치

3.7.9 수직풍도 이외 급기덕트의 불연재료 단열처리 확인

- 수평풍도의 불연재료 단열재의 규격이 적합한지 확인

관련기준

건축기계설비공사 표준시방서(국토해양부, 2016) 10080 제연설비공사

2.5 제연풍도의 단열재 : 01030*.2.4 (5)의 제연덕트 보온재 및 보온두께를 적용하며, 배출풍도만 보온을 적용한다.

(3. 시공) 3.3 제연풍도의 단열

(1) 제연풍도는 01020.2.4 (5)에 준하는 난연성능을 확보한 단열재를 사용하여야 하며 가열재로부터 제연풍도 마감면까지 거리는 0.3 m 이상 떨어지게 시공하여야 한다.

(2) 단열 시공순서는 풍도보온공사 시방에 따른다.

건축기계설비공사 표준시방서(국토해양부, 2016) 01020 보온공사

2.4 덕트의 보온두께

(5) 제연 덕트 보온재 및 보온두께는 다음 표에 따른다.

종별	보 온 재	보온두께(mm)
1	유리면 보온판 2호 24k, 32k, 40k	25
2	유리면 보온대 2호 24k, 32k, 40k	25
3	미네랄울 보온판 1호, 2호	25
4	미네랄울 보온대 1호	25
5	미네랄울 펠트	25
6	고무발포 보온관 1종	13

(1) 제연덕트의 단열

1) 설치 기준

① 거실제연설비

☞ 배출풍도는 불연재료(석면재료 제외)인 단열재로 풍도 외부에 유효한 단열 처리

② 특별피난계단의 계단실 및 부속실 제연설비

☞ 급기풍도는 불연재료(석면재료 제외)인 단열재로 풍도 외부에 유효한 단열 처리

☞ 다만, 방화구획이 되는 전용실에 급기송풍기와 연결되는 풍도는 단열 제외

2) 제연 급·배기 수직 풍도 : 내화구조

3) 급기 풍도중 수직이 아닌 부분

- 수직 풍도에서 급기 송풍기까지 연결되는 수평 풍도

☞ 불연재료(석면재료 제외)인 단열재로 유효한 단열 처리

☞ 제연 덕트의 보온재 및 보온두께에 대한 규격은 국가화재안전기술기준에 제시되어 있지 않으므로 건축기계설비공사 표준시방서 01020보온공사의 기준 적용

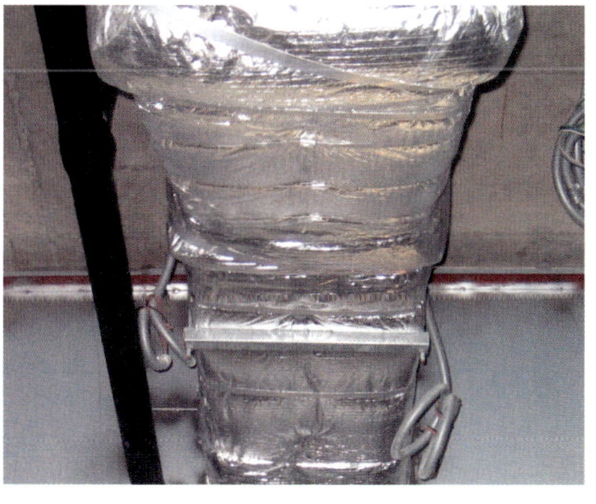

그림 3.7.9.1 수평덕트의 단열 보온(유리면+은박)

* 01020 보온공사 인데 01030로 오기된 것으로 보인다.

3.7.10 덕트 공사 검측 체크리스트 서식

검측 서식 3.7 덕트 공사

공종 CODE NO.	01 소방기계	위치 및 부위	
공종(세부공종)	006 덕트 공사	공 사 량	

검 사 항 목	검사 기준 (시방서 또는 도면)	검사 결과				조 치 사 항
		1차		2차		
		합격	불합격	합격	불합격	
1. 덕트의 치수는 도면과 일치하는가?						
2. 덕트의 이음부위는 패킹으로 밀폐 접속되어 있는가?						
3. 배출덕트와 팬의 연결부위에 설치되는 캔버스는 내열성능이 있는가?						
4. 차압감지관의 설치 위치, 상태는 적절한가?						
5. 급기 및 배출댐퍼는 벽체 등에 견고하게 설치되어 있는가?						
6. 옥외 급기 취입구와 배기구가 근접하여 연기 또는 화염이 급기 취입구로 유입될 가능성은 없는가?						
7. 외기 취입구의 이물질 유입방지 조치는 적합한가?						
8. 송풍기 배출측에 풍량조절댐퍼 및 풍량측정공이 설치되었는가?						
9. 수직풍도 이외의 급기풍도는 내열성의 단열재로 처리가 되었는가						

작 업 자 점 검		시 공 자 점 검		감 리 원 검 측	
점 검	재 점 검	점 검	재 점 검	검 측	재 검 측
(인)	(인)	(인)	(인)	(인)	(인)

3.8 전선관 공사

3.8.1 전선관 규격 확인

- 사용 자재가 도면, 시방과 일치 여부 확인
- 자재승인 및 검수된 자재인지 확인

관련기준

건축전기설비공사 표준시방서(국토해양부, 2016) 제5장 옥내배선공사

(2. 자재) 2.1 일반 품질수준

2.1.1 옥내에 시설하는 저압전선은 다음 (1), (2)에 해당하는 경우에만 나전선을 사용한다.

(1) 애자사용공사에 의하여 노출장소에 다음과 같은 전선을 시설하는 경우

① 전선의 피복절연물이 부식하는 장소에 시설하는 전선

② 전기로의 주변에서 열로 인한 영향을 받는 장소에 시설하는 전기로용 전선

③ 취급자 이외의 사람이 출입할 수 없도록 설비한 장소에 시설하는 전선

(2) 버스덕트공사의 전선 또는 트롤리선을 시설하는 경우

2.1.2 배선에 사용하는 절연전선, 케이블 및 캡타이어 케이블은 시설 장소에 적합한 피복을 갖는 것으로 한다.

2.1.3 옥내배선에 사용되는 전선은 전기설비기술기준에서 규정한 저압옥내배선의 사용 전선에 의하며, 고압옥내배선용은 전기설비기술기준에서 규정한 고압옥내배선 등의 시설, 특별고압은 전기설비기술기준에서 규정한 특별고압 옥내전기설비의 시설에 의하여 선정한다.

2.1.4 도면에 표시된 각종 전선의 규격은 필요한 최소의 규격이므로 도면에 표시된 규격의 것보다 작은 규격의 전선을 사용할 수 없다. 전선의 종류도 도면에 명기된 종류 또는 그와 동등 이상의 양호한 특성을 갖고 있는 전선을 사용한다.

LH 전문시방서(LH공사, 2020.12.09. 제정) LHCS 31 65 10 65 배관

(2. 자재 2.3 합성수지전선관 및 박스) 2.3.4 색상

(1) 내충격성 경질비닐전선관 및 부속품의 색상은 검정색으로 한다.

(2) 합성수지제 가요전선관(CD관)의 색상은 흑색, 청색, 적색, 황색, 녹색, 회색으로 하되, 필요시 제조업체 색상에 따라 사용할 수 있다.

(3) 합성수지제 가요전선관(CD관)의 색상은 현장여건에 따라 공종별로 조정하여 적용 할 수 있다.

(3. 시공) 3.1.1 공사구분

(1) 건물 내의 모든 배관은 설계도서에 별도 명기한 경우를 제외하고 슬래브에 매입하여 시공하여야 한다.

(2) 배관용 박스를 슬래브에 매입하는 경우에는 콘크리트 박스를 사용하고, 벽체에 매입 하는 경우에는 아웃렛 박스나 스위치박스를 사용한다.

(1) 전선관 배관 공사

1) 배관 공사 전 검토

① 공사 시기 검토

☞ 전선관 공사는 건축의 거푸집, 철근배근 및 콘크리트 타설을 고려

☞ 일정 기간 내에 진행하고 완료할 수 있도록 시기 검토

② 시공 전 건축·기계·전기·통신 도면을 교차 검토

☞ 시공도면을 작성토록 하고 확인하여 재시공 방지

2) 설치 확인

① 시공 자재 확인

☞ 시공도면을 기준으로 검측을 실시

☞ 사용된 전선관 및 박스가 승인된 자재인지 확인

☞ 자재 입고 시 검수 된 자재인지 확인

② 전선관 종류 및 규격 확인

☞ 표 3.8.1.1~표 3.8.1.3에 의함

☞ 특별히 사용되는 전선관은 해당 업체 카탈로그를 참조

표 3.8.1.1 금속관(후강전선관)의 규격 및 치수 (단위 : mm)

종 류	굵기 (관의 호칭)	바깥지름	두께	해당 규격
후강전선관	16	21.0	2.3	KS C 8401
	22	26.5	2.3	
	28	33.3	2.5	
	36	41.9	2.5	
	42	47.8	2.5	

표 3.8.1.2 경질비닐관(HI-PVC)의 규격 및 치수 (단위 : mm)

종 류	굵기 (관의 호칭)	바깥지름	두께	해당 규격
경질비닐관	16	22.0	2.0	KS C 8431
	22	26.0	2.0	
	28	34.0	3.0	
	36	42.0	3.5	
	42	48.0	4.0	

표 3.8.1.3 합성수지제 가요 관(CD관)의 규격 및 치수 (단위 : mm)

종 류	굵기 (관의 호칭)	바깥지름	안지름	해당 규격
CD관	16	21.0	16.0	KS C 8454
	22	27.5	22.0	
	28	34.0	28.0	
	36	42.0	36.0	
	42	48.0	42.0	

③ 전선관 매립 시공

☞ 설계도서에 "노출 배관" 등으로 별도로 명기한 경우를 제외하고는 슬래브에 매립하여 시공

그림 3.8.1.1 슬래브의 HI-PVC 전선관 매립 시공

그림 3.8.1.2 슬래브의 CD 전선관 매립 시공

3) 전선관의 종류 구별

① 배관 시공 전 배관의 종류별(CD관, HI-PVC관 또는 금속관) 적용 범위 숙지

☞ 도면과 시방서의 내용을 기준으로 구별하여 숙지

☞ 시공 오류 발생 방지

② CD관 사용 시 색상 구별

☞ 각 공정별로 구분이 용이하게 색상을 지정하여 사용하도록 시방서에 명기하였는지 확인

☞ 자재검수 및 전선관 배관 시 색상을 확인하여 시공

☞ 예) 전열(적), 전등(청), 방송(회), 전화(녹), TV(황), 소방(흑)

3.8.2 직선 배관 시공 및 배관·박스 피복 확인

- 전선관 굴곡 개소가 3개소 이내 여부 확인
- 배관길이가 30 m 초과 시 풀박스가 설치되어 있는지 확인
- 전선관과 박스 피복 및 방청 상태 확인
- 벽체 매립 배관에 수평 배관은 없는지 확인
- 전선관의 이물질 유입방지 조치 확인

관련기준

건축전기설비공사 표준시방서(국토해양부, 2016) 제5장 옥내배선공사

3. 시공

3.1 일반 시설조건

3.1.7 금속제의 부식(녹)방지

(1) 모든 금속제 배선통로 및 그 부속 중 시공과정에서 도금 또는 부식방지 마감이 손상을 입은 경우에는 현장에서 재도장하여 부식을 방지한다. 용접부위, 구멍 뚫기 또는 나사를 냄으로서 금속체가 노출되는 부위의 경우도 같다. 부식방지용 도장의 성능은 원래의 도금 정도등과 같거나 그 이상이 되도록 한다.

(2) 마감색은 손상을 입지 아니한 곳과 같아야 하며, 만약 부분도장으로 색채가 차이가 나서 미관상 문제가 발생할 때에는 시공자 부담으로 전체를 재 도장한다. 손상부위의 재 도장은 손상을 입은 직후에 시행한다.

(3) 도금 등이 손상되지 아니한 금속제라 할지라도 수분 등 부식성 가스가 상존하는 장소에 노출되는 금속제는 환경조건에 따른 부식을 방지하기 위하여 녹막이 도장 2회, 마감 도장 2회를 하여 마감하여야 하며, 대지 또는 습한 바닥에 매설되는 것은 설치 전에 아스팔트 컴파운드(부식방지용)를 도장한 후 설치한다.

(4) 녹막이 도장은 시행 전 감리원에게 서면 보고하여야 하며, 시행 후에 검사를 받아 합격하여야 한다.

3.1.8 건축물에 대한 주의사항

(1) 전선관 등을 건축물에 설치할 때에는 건축물의 구조적 강도를 감소시키지 않도록 주의하여야 하며, 건축물의 마감과 미관을 해치지 않도록 주의한다.

(2) 건축물에 과대한 구멍(슬래브를 포함)이나 틈을 내지 말 것.

(3) 지나치게 굵은 관이 건축물을 관통되지 아니하도록 할 것.

(4) 전선관 등을 콘크리트 슬래브내에 설치할 때에는 관의 바깥지름이 슬래브 두께의 1/3 이내가 되도록 하여야 하며, 불가피한 경우에는 구조적 결함이 없도록 충분히 검토하여 감리원의 사전 승인을 얻은 후 시공한다.

(5) 2개 이상의 전선관을 콘크리트 구조 부재속에 설치한 경우에는 서로의 간격을 25 mm 이상으로 한다.

(6) 전선관은 방수층을 통과하지 않도록 시설하며, 부득이한 경우는 방수처리를 철저히 한다.

3.2 금속관공사

3.2.1 전선

(1) 금속관내에서는 전선에 접속점이 없도록 한다.

(2) 교류회로에서는 1 회로의 전선 전부를 동일관내에 넣는 것을 원칙으로 한다.

3.2.2 배관

(1) 금속관은 직접 지중에 매입하여 배관하여서는 안된다. 다만, 공사상 부득이하여 후강전선관을 사용하고, 이것에 방수, 부식방지조치를 하거나 콘크리트로 감싸는 등의 방호장치를 하는 경우에는 지중에 매입할 수 있다.

(2) 금속관 및 그 부속품은 녹이나 부식이 발생할 우려가 있는 부분에는 방청도료를 칠하여 보호한다.

(3) 금속관에는 배관 후 전선을 인입할 때까지 관내에 습기 및 먼지 등이 침입하지 않도록 적당한 예방조치를 하고 또한 전선인입 직전에 적당한 방법으로 청소를 한다.

3.2.4 관의 굴곡

(1) 금속관을 구부릴 때 금속관의 단면이 심하게 변형되지 않도록 구부려야 하며, 그 안쪽의 반지름은 관경의 6배 이상으로 한다.

(2) 아웃렛박스 사이 또는 전선인입구를 가지는 기구 사이의 금속관에는 3개소를 초과하는 직각 또는 직각에 가까운 굴곡개소를 만들지 않는다. 굴곡개소가 많은 경우 또는 관의 길이가 30m를 초과하는 경우에는 풀박스를 설치한다.

(3) 유니버설 엘보(Universal elbow), 티, 크로스 등은 건축구조물에 은폐시켜서는 안된다. 다만, 그 부분을 점검할 수 있는 경우는 예외로 한다. 티, 크로스 등은 덮개가 있는 것으로 한다.

3.3 합성수지관공사

3.3.1 전선 : 합성수지관 내에서는 전선에 접속점이 없도록 한다.

3.3.2 배관

(1) 합성수지관공사는 햇빛에 노출되는 곳, 중량물의 압력 또는 현저한 기계적 충격을 받을 우려가 없도록 시설하여야 한다. 다만, 적당한 방호장치를 시설한 경우에는 예외로 한다.

(2) 합성수지관의 끝부분은 매끈하게 하여 전선의 피복이 손상될 우려가 없는 것으로 한다.

(3) 합성수지관공사의 배관 및 박스는 다음에 의하여 시설한다.

① 합성수지관을 노출로 설치하는 경우에는 주위의 온도변화에 의한 신축 재해 방지를 위하여 25~30 m마다 신축장치를 설치한다.

② 콘크리트 내에 집중 배관하여 건물의 강도를 감소시키지 않도록 하고, 3개 이상의 배관이 한대 묶여서 동일방향으로 배관되는 일이 없어야 하며, 가능한 한 25 mm 이상을 서로 이격하여 배관한다.

③ 벽 내 매입박스 등은 콘크리트 타설시에 손상되지 않도록 충분한 강도가 있는 것을 사용한다.

④ 콘크리트 내에 매설하는 배관은 가능한 철근을 따라가면서 배관하고 벽 내에서는 가능한 한 수직배관으로 하며 수평배관을 피하도록 한다.

LH 전문시방서(LH공사, 2020.12.09. 제정) LHCS 31 65 10 65 배관

3. 시공

3.1 공통사항

3.1.1 공사구분

(1) 건물 내의 모든 배관은 설계도서에 별도 명기한 경우를 제외하고 슬래브에 매입하여 시공하여야 한다.

(2) 배관용 박스를 슬래브에 매입하는 경우에는 콘크리트 박스를 사용하고, 벽체에 매입 하는 경우에는 아웃렛박스나 스위치박스를 사용한다.

3.1.2 온도가 높은 것으로부터의 보호

(1) 저압옥내배선은 난방용 배관과 같은 열을 발산하는 장치에서 이격하여 설치한다.

3.1.3 슬래브 매입배관

(1) 슬래브에 매입하는 전선관의 규격은 28㎜까지로 하며, 부득이한 경우에는 36㎜까지 하되, 구조적 결함이 없도록 충분히 검토하여 감독자의 사전승인을 얻은 후 시공한다.

(2) 슬래브 배관은 콘크리트 타설시 배관탈락이나 물의 침투가 없도록 배관 상호간 또는 박스와 접속개소는 접착제를 사용하고 바인드선으로 견고하게 고정하여야 하며, 전선관 양끝은 콘크리트 등의 불순물과 우천 시 빗물 등이 유입하지 못하도록 잘 막아놓아야 한다.

(3) 슬래브 배관시에는 상 · 하부 철근사이에 전선관을 고정시켜야 한다.

(4) 슬래브에 박스를 고정하는 경우에는 박스에서 300㎜ 이내에서 결속선으로 고정한다.

(5) 콘크리트 구조물 내에 전선관을 집중 배관하여 건물의 강도를 감소시키지 않아야 한다.

(6) 전선관을 수평으로 배열할 경우에는 30㎜ 이상의 이격거리를 주어야 한다.

(7) 엘리베이터 샤프트(SHAFT)옹벽을 따라 입상되는 각종 배관은 승강기 작업시 앵커볼트가 배관을 관통하지 않도록 외벽측에 고정하여야 한다.
(8) 모든 배관은 건축의 우수드레인, 기계의 화장실 배수구 등과 최대한 이격시켜야 한다.
(9) 철근 배근 후 풀박스에 전선관을 연결하기 위해 절곡할 경우 배근된 철근을 철저히 보완하여 건물구조체에 이상이 없도록 하여야 한다.
3.1.4 노출배관
(1) 이중천정내 노출은폐 시공시 금속관은 2m(합성수지관은 1.5m) 이내마다 새들로 고정하고, 천정재가 경량철골일 때에는 바인드선으로 고정한다.
(2) 노출되는 입상간선 배관은 2m마다 U찬넬에 클램프 등으로 견고하게 고정하여야 한다.
(3) 피트내 노출행거 배관은 급수 또는 난방관과 중복되는 일이 없도록 하여야 한다.
(4) 노출되는 배관은 건축물의 마감과 미관을 해치지 않도록 시공하여야 한다.
(5) 전선관은 방수층을 통과하지 않도록 시설하며, 부득이한 경우에는 방수처리를 철저히 하여야 한다.
3.1.5 배관의 굴곡
(1) 전선관의 구부림은 관내경의 6배 이상의 곡률반경을 유지하며 90° 이하로 굴곡하여야 하고, 90° 굴곡배관은 28㎜부터 노멀밴드를 사용하여야 한다.
(2) 전선관은 3개소를 초과하는 직각 또는 직각에 가까운 굴곡개소를 만들어서는 아니된다.
(3) 배관의 길이가 30m를 초과하는 경우에는 풀박스를 설치하여야 한다.
(4) 통신배관의 경우 배관 1 구간에 있어서 굴곡개소는 3 개소 이내이어야 하며, 그 굴곡 각도의 합계가 180도 이내이어야 한다. 다만, 옥내 전화선(한조로 된 선로)을 수용하는 경우에는 굴곡개소를 5개소 이내로 하고 그 굴곡각도의 합계는 270도 이내로 한다.

3.4 합성수지제 가요전선관(CD관) 공사

3.4.1 배관
(6) 관의 곡률 반경
① 관의 곡률 반경은 관내경의 6배 이상을 표준으로 하여야 한다. 다만, 22mm 이하로 건축상 지장을 주지 않을 경우에는 관내의 단면에 현저한 변경이 없는 경우까지 작게 할 수 있다.
(8) 벽내 횡으로 하는 배관
① 콘크리트 타설과 진동시 자재의 손상 가능성을 줄이기 위해 벽내 횡배관은 가능한 최소화 하여야 한다.
② 벽내 횡으로 하는 배관은 콘크리트 타설시의 중량에 따라 충격을 받기 쉬우므로 보조철근을 사용하여 철근에서 떨어지지 않고 잇닿도록 배관하며 결속선으로 견고하게 결속하여야 한다.

(1) 전선관

1) 직선 배관
① 전선 입선 시 장애가 발생되지 않도록 전선관은 직선 배관
② 굴곡 개소를 최소화하고 굴곡부분의 단면적 감소를 방지
③ 상부근과 하부근 사이에 균일한 일정 높이로 시공
④ 불규칙한 파도타기식 배관 금지
☞ 배관내의 물이 잘 빠지지 않고 입선의 어려움 발생.
⑤ 직각 또는 직각에 가까운 굴곡 개소는 3개 이내
⑥ 배관의 길이가 30 m 초과하는 경우에는 풀 박스를 설치
☞ 입선 시 문제가 없도록 설치

⑦ **배관의 굴곡 요구사항***의 적용

☞ 현장 시방서를 확인하고 공통사항에 명기되어 있다면

☞ 배관재질에 관계없이 굴곡 요구사항을 만족하도록 시공

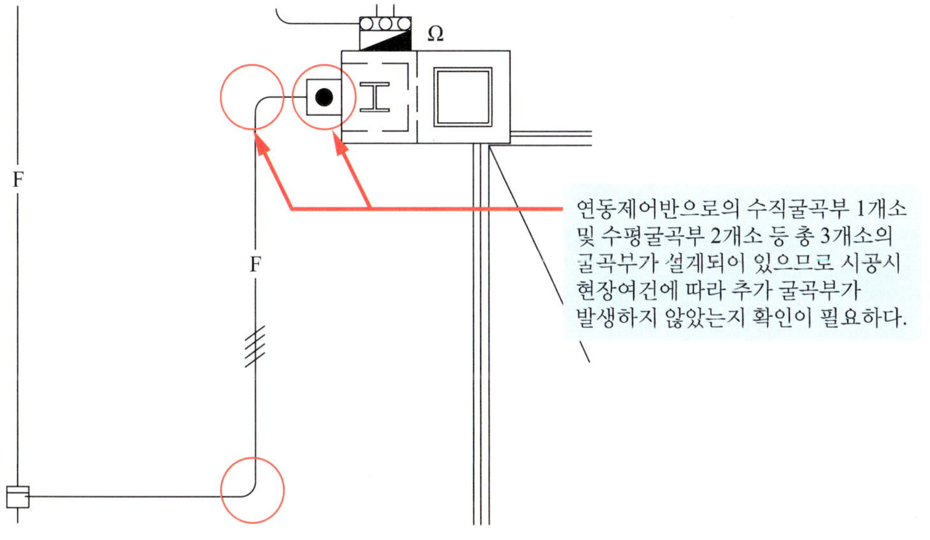

그림 3.8.2.1 전선관의 굴곡 확인

2) 슬래브 옹벽 입상 배관

① 이물질 유입 방지 조치

☞ 이물질이 유입되지 않도록 테이프 등으로 마감조치

그림 3.8.2.2 이물질 유입 방지 조치

* 배관의 굴곡에 대하여 국토해양부 건축전기설비공사 표준시방서에서는 금속관에 한하여 적용하고 있으나 주택건설공사 전문시방서에서는 공통사항으로 배관 재질 전체에 대하여 굴곡에 대한 요구사항을 적용하고 있고 합성수지제 가요전선관(CD관)에도 적용하고 있다.

② 벽체 매립 전선관의 횡으로 하는 배관 설치 최소화

☞ 벽체 배관을 벽을 끼고 횡(수평)으로 시공하면

☞ 콘크리트 타설시 진동 다짐 작업으로 탈락 우려로 설치를 최소화

③ 건축물의 강도를 감소 방지를 위한 매립 가능한 전선관 굵기*

☞ 바깥지름이 슬래브 두께의 1/3 이내로 한정

④ 금속관 및 그 부속품은 녹이나 부식이 발생할 우려가 있는 부분의 부식 방지

☞ 나사내기 등 기타 원인으로 금속관, 그 부속품의 도금 및 도료가 벗겨진 경우

☞ 녹 방지를 위해 방청도료 도색

그림 3.8.2.3 벽체 배관

* 주택건설공사 전문시방서에는 "슬래브에 매입하는 전선관의 규격은 28 mm까지로 하며, 부득이한 경우에는 36 mm까지 할 수 있다"고 규정되어 있다.

3.8.3 전선관 상호간 및 박스간 접속 부속 확인

- 전선관 상호 접속부위에 커플링 사용여부 확인
- 합성수지제 전선관과 박스 접속부위에 커넥터 사용여부 확인
- 금속관과 박스의 접속부위에 로크너트 및 부싱 사용여부 확인

관련기준

건축전기설비공사 표준시방서(국토해양부, 2016) 제5장 옥내배선공사

3. 시공

3.2 금속관 공사

3.2.3 관 및 부속품의 연결과 지지

(1) 금속관 상호 및 금속관과 박스 그 밖의 이에 유사한 것과의 접속은 견고하게 또한 전기적으로 완전하게 접속한다.

(2) 금속관 상호는 같은 재질의 커플링으로 접속하여, 이 경우 전선 상호간을 전기적, 기계적으로 확실하게 접속하기 위하여 전선관 접속 수나사부분이 전체의 4분의 1 이상이 외부로 노출되지 않아야 한다.

(3) 금속관공사에 사용하는 금속관, 박스 기타 이와 유사한 것은 적당한 방법으로 건축구조물 등에 확실하게 지지해야 한다.

3.2.5 아웃렛박스류의 설치

(1) 조명기구, 콘센트, 점멸기 등의 부착위치에는 설치장소에 적합한 아우트렛박스, 콘크리트 박스, 스위치 박스 등을 설치한다.

(2) 박스는 충분한 용적을 가지는 것을 선정하여야 하며, 박스내의 모든 전선을 수용하는데 충분한 공간이 있어야 하고, 박스커버를 덮는데 무리가 없는 크기의 것으로 한다.

(3) 아웃렛박스에는 조명기구의 플랜지 등으로 감싸는 경우를 제외하고는 덮개를 부착하고 나사 등으로 견고히 고정한다. 다만, 콘크리트에 매입하는 경우는 콘크리트박스를 사용한다.

(4) 박스는 설치하기 전에 건축물의 마감방법, 마감재료 등을 충분히 이해하여 벽 마감면 으로부터 너무 깊이 묻히지 않도록 주의하여야 하며, 매설깊이는 건축 마감면 으로부터 2~3 mm 정도가 되도록 시공한다.

(5) 박스에 이미 뚫어진 불필요한 구멍은 적당한 방법으로 메워야 한다.

3.2.6 풀박스 및 접속함의 부착

(1) 박스는 건축구조물에 은폐시키지 않는다. 다만, 그 부분을 점검할 수 있는 경우는 예외로 한다.

(2) 전선의 교체나 접속을 쉽게 할 수 있도록 주위에 충분한 여유가 있는 장소에 설치한다.

(3) 박스 안에 물기가 스며들 우려가 없도록 한다.

(4) 전선관의 길이가 30 m를 초과하는 경우에는 풀박스를 설치한다.

(5) 박스의 설치로 인하여 철근 배근위치가 변경 또는 구부러질 경우에는 철근을 보강한다.

3.2.8 콘크리트매입 배관시의 주의사항

(1) 콘크리트 내에 매입되는 배관은 0.8 mm 이상의 결속선으로 철근 등에 고정하여 콘크리트 타설시 움직이지 않도록 한다.

(2) 전선관은 상부와 하부 철근 중간에 위치하도록(슬래브중간) 설치하여야 하며, 전선관 설치시 철근과 철근을 결속한 결속선을 함부로 끊어 버리거나 철근 받침을 제거해서는 안된다. 제거된 결속선이나 받침은 즉시 원상 복구한다.

(3) 전선관 연결부위 등으로 콘크리트가 새어 들어가지 않도록 충분한 조처를 취하며 전선관 양끝은 콘크리

트 등의 불순물과 우천 시 빗물 등이 유입하지 못하도록 공사 시 플러그 등으로 잘 막아 놓아야 한다. 이 플러그 등은 배관의 연장 등이 필요한 경우 일시적으로 제거할 수 있으나 즉시 재설치하며 필요한 설치 직전 또는 배선공사를 시작하기 직전에 완전 철거한다.

(4) 배선의 설치는 배관을 완전히 청소한 후 시행한다.

(5) 철근 배근 후 풀박스에 전선관을 연결하기 위해 절곡할 경우 배근된 철근을 철저히 보호하여야 한다.

3.3 합성수지관공사

3.3.3 관 및 부속품의 연결과 지지

(1) 합성수지관 상호 또는 합성수지관과 기타 부속품과의 연결이나 지지는 견고하게, 그리고 건축구조물에 확실하게 지지한다.

(2) 합성수지관을 새들 등으로 지지하는 경우에는 그 지지점간의 거리를 1.5 m 이하로 하고, 또한 그 지지점은 관의 끝부분, 관과 박스와의 접속점 및 관상호 접속점에서 가까운 곳에 시설한다. 가까운 곳이라 함은 0.3 m 정도가 바람직하다.

(3) 합성수지관 상호 및 관과 박스와는 접속시에 삽입하는 깊이를 관 바깥지름의 1.2배 (접착제를 사용할 경우에는 0.8배)이상으로 하고, 또한 삽입접속으로 견고하게 접속한다.

(4) 다음의 관은 직접 접속하지 않는다.

① 합성수지제 가요전선관 상호

② 경질비닐전선관과 합성수지제 가요전선관

(5) 합성수지제 가요전선관을 박스 또는 풀박스 안으로 인입할 경우에는 물이 박스 또는 풀박스 안으로 새어 들어가지 않도록 한다.

3.3.4 아웃렛박스류의 설치

(1) 조명기구, 콘센트, 점멸기 등의 부착위치에는 아웃렛박스 또는 이에 해당하는 것을 사용한다.

(2) 박스는 충분한 용량을 가지는 것을 선정한다.

(3) 아웃렛박스에는 조명기구의 플랜지 등에 직접 접속되는 경우를 제외하고는 덮개를 부착한다.

3.3.5 풀박스 및 접속함의 부착

풀박스 및 접속함의 부착은 3.2(금속관공사)의 해당 규정에 따라 시설한다.

LH 전문시방서(LH공사, 2020.12.09. 제정) LHCS 31 65 10 65 배관

3. 시공

3.2 금속관공사

(1) 전선관과 박스의 접속은 로크너트로 고정하고 전기적 · 기계적으로 완전하게 시공하여야 하며, 전선피복을 손상치 않도록 절단한 끝을 리이머 등으로 다듬고 금속제 붓싱을 취부하여야 한다.

(2) 전선관이 노출되어 부식이 발생될 수 있는 부분에는 방청도료를 칠하고 원색과 같은 색상으로 재 도장하여야 한다.

(3) 금속관은 직접 지중에 매입하여 배관하여서는 아니 된다.

(4) 금속관에는 배관 후 전선을 인입할 때까지 관내에 습기 및 먼지나 오물 등이 침입하지 않도록 적당한 예방조치를 하여야 한다.

(5) 동 지하 배수펌프 배관은 조인트박스 상부로 노출 시공하여야 한다.

3.3 합성수지관공사

3.3.1 배관

(1) 경질비닐 전선관공사는 열적 영향을 받을 우려가 있거나 기계적 충격에 의한 외상을 받기 쉬운 장소를 피하여야 한다.

3.3.2 전선관 및 부속류 접속

(1) 경질비닐전선관 상호간의 접속은 커플링을 사용하여야 하며, 전선관 상호 및 부속품과 접속은 접착제를 사용하여 이탈방지 및 방수가 되도록 하여야 한다.

3.4 합성수지제 가요전선관(CD관) 공사

3.4.3 전선관 및 부속류 접속

(1) 합성수지제 가요전선관(CD관)과 박스 연결 시에는 KS C 8456에 의한 커넥터를 사용 하여야 한다.

(2) 합성수지제 가요전선관(CD관) 상호 연결 시에는 KS C 8456에 의한 커플링을 사용하여야 한다.

(3) 합성수지제 가요전선관(CD관)과 내충격성 경질비닐전선관(HI-PVC관)의 연결 시에는 KS C 8456에 의한 콤비네이션 커플링을 사용하여야 한다.

(4) 합성수지제 가요전선관(CD관)과 커넥터, 커플링 등 부속품과의 접속은 아래와 같이 하여야 한다.

① CD관을 축에 직각으로 절단한다.

② 커넥터 및 커플링의 넛트를 2~3mm 정도 풀어 놓는다.

③ 넛트 속으로 CD관을 밀어 넣는다.

④ 넛트의 풀어진 상태를 조여준다.

(5) 부속품의 삽입은 완전히 하여 콘크리트 물 등이 침투되지 않도록 하여야 한다.

(6) 전선관 및 부속류의 접속면이 물 또는 기름, 먼지 등으로 더렵혀진 경우에는 걸레 등으로 접속면을 잘 닦아주어야 한다.

(1) 전선관의 접속

1) 금속 전선관 접속

① 금속관 매립 공사의 전선관 상호간은 커플링(Coupling)을 사용

② 전선관과 박스 간은 로크너트(Lock nut) 및 부싱(Bushing)으로 접속

☞ 전선피복을 손상치 않도록 배관 절단한 끝을 리이머(Reamer) 등으로 다듬고 금속제 부싱을 체결

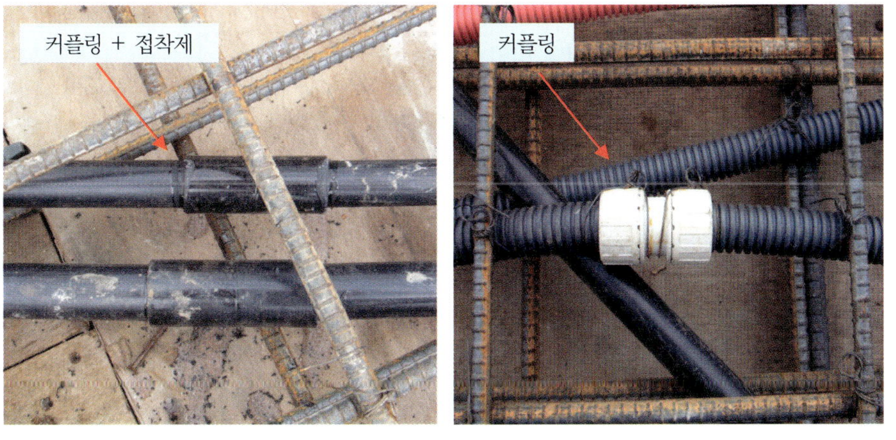

그림 3.8.3.1 전선관의 접속

2) 경질비닐 전선관 접속

① 경질비닐전선관 상호간의 접속은 커플링을 사용

② 경질비닐 전선관과 박스는 커넥터로 연결

③ 전선관과 이탈 방지 및 방수

☞ 전선관과 상호간 및 커넥터와 전선관의 접속은 접착제를 사용

3) 합성수지제 가요전선관(CD)관 접속

① 상호간의 접속은 커플링을 사용

② 박스와 연결 시 커넥터를 사용

그림 3.8.3.2 전선관과 박스의 접속

3.8.4 누락된 박스 및 전선관 확인

- 설치된 박스의 도면과 일치여부 확인
- 포설된 전선관의 도면과 일치여부 확인

관련기준

LH 전문시방서(LH공사, 2020.12.09. 제정) LHCS 31 65 10 65 배관

(3. 시공 3.1 공통사항) 3.1.6 배관용 박스

(1) 배관용 박스의 설치높이는 설계도면에 따른다.

(2) 배관용 박스는 전선관 입출방향 및 수량에 따라 다음과 같이 사용하여야 한다.

① 슬라브 매입 전선관 1개 연결 : 인서트부 감지기박스(단, 말단 전등용 박스에 한함)

② 슬래브 매입 전선관 4개 이하 연결 : 콘크리트 8각

③ 슬래브 매입 전선관 5개 이상 연결 : 콘크리트 4각

④ 슬래브 매입 전선관 2개 동일방향 연결 : 콘크리트 4각

⑤ 벽체 매입 : 아웃렛4각(말단용은 스위치 1개용)

⑥ 벽체 매입 전선관 동일방향 3개 연결 : 스위치 2개용(CSW2S)

⑦ 전기콘센트2구이하·통신인출구·TV직렬단자의 벽체매입 동일방향 전열용 전선관 2개 이하 연결 : 스위치 박스 3개용 (CSW3)

⑧ 전기콘센트2구이하·통신인출구·TV직렬단자의 벽체매입 동일방향 전열용 전선관 3개 연결 : 스위치 박스 4개용(CSW4)

⑨ 전기콘센트3구이상·통신인출구·TV직렬단자의 벽체매입 동일방향 전열용 전선관 3개이하 연결 : 스위치 박스 4개용(CSW4)
⑩ 전기콘센트2구이상·통신인출구·TV직렬단자·음향단자의 벽체매입 동일방향 전열용 전선관 4개이하 연결: 스위치 박스 5개용(CSW5)
⑪ 박스 철커버는 건축 마감면에 일치시켜야 한다.

(1) 전선관 및 복스

1) 시공 누락 방지

- 콘크리트 타설 전 현장을 면밀히 확인하여 누락된 배관 등이 없는지 확인
  - ☞ 슬래브 내 배관 누락 시 콘크리트 타설 후 노출 시공으로 공사비 상승
  - ☞ 노출 시공으로 미관에 영향

2) 배관용 박스의 전선관 입출방향 및 수량

① 천정 슬래브 매입 전선관 4개까지 입출시 : 콘크리트 8각 사용
② 천정 슬래브 매입 전선관 5개 이상 입출시 : 콘크리트 4각 사용
③ 천정 슬래브 매입 전선관 2개 동일방향 입출시 : 콘크리트 4각 사용

그림 3.8.4.1 전선관 및 박스 확인

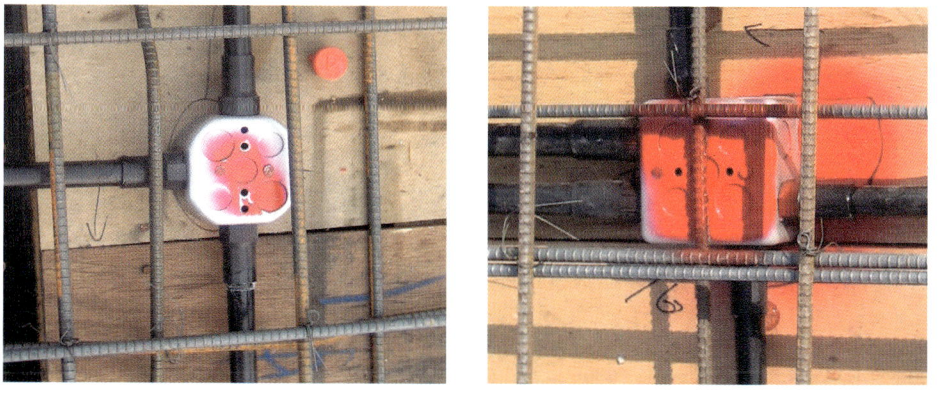

그림 3.8.4.2 전선관 입출 개수에 따른 박스 확인

3.8.5 박스 및 배관의 결속·보강

- 전선관 1 m마다 결속 여부
- 커플링 양쪽 30 cm 이내 결속 여부
- 박스에 연결되는 전선관의 30 cm 이내 결속 여부
- 굴곡부 양쪽 30 cm 이내 결속 여부
- 벽체 내 박스함의 변형 방지를 위한 각목 등 보강 여부

관련기준

LH 전문시방서(LH공사, 2020.12.09. 제정) LHCS 31 65 10 65 배관

3.2 금속관공사

(1) 전선관과 박스의 접속은 로크너트로 고정하고 전기적 · 기계적으로 완전하게 시공하여야 하며, 전선피복을 손상치 않도록 절단한 끝을 리이머 등으로 다듬고 금속제 붓싱을 취부하여야 한다.

(2) 전선관이 노출되어 부식이 발생될 수 있는 부분에는 방청도료를 칠하고 원색과 같은 색상으로 재 도장하여야 한다.

(3) 금속관은 직접 지중에 매입하여 배관하여서는 아니 된다.

(4) 금속관에는 배관 후 전선을 인입할 때까지 관내에 습기 및 먼지나 오물 등이 침입하지 않도록 적당한 예방조치를 하여야 한다.

(5) 동 지하 배수펌프 배관은 조인트박스 상부로 노출 시공하여야 한다.

3.3 합성수지관공사

3.3.1 배관

(1) 경질비닐 전선관공사는 열적 영향을 받을 우려가 있거나 기계적 충격에 의한 외상을 받기 쉬운 장소를 피하여야 한다.

3.3.2 전선관 및 부속류 접속

(1) 경질비닐전선관 상호간의 접속은 커플링을 사용하여야 하며, 전선관 상호 및 부속품과 접속은 접착제를 사용하여 이탈방지 및 방수가 되도록 하여야 한다.

3.4 합성수지제 가요전선관(CD관) 공사

3.4.1 배관

(1) LHCS 14 20 11 05 철근절의 매입(埋入)부품의 설치 및 보강을 준용하여야 한다.

(2) 합성수지제 가요전선관(CD관)은 과도한 처짐이 있을 경우 피복두께 부족, 하부콘크리트 채움 부실로 공극이 발생하는 등의 문제점이 있으므로 과도한 처짐이 발생 되지 않도록 결속선으로 철근 하부근의 상부에 견고하게 결속하여야 한다.

(3) 합성수지제 가요전선관(CD관) 공사는 열적 영향을 받을 우려가 있거나 기계적 충격에 의한 외상을 받기 쉬운 장소를 피하여야 한다.

(4) 합성수지제 가요전선관(CD관)은 전용의 금속제관 또는 덕트에 수납하여 시설하는 경우 외에는 직접 콘크리트에 매입하여 시설하여야 한다. (다만, 난연성 배관으로서 중량물의 압력 또는 기계적 충격을 받지 않는 옥내 은폐장소에는 노출배관으로 시설할 수 있고, 옥외 지중용으로 사용하는 CD-P관의 경우는 직접 매입하여 시공할 수 있다.)

(5) 관의 절단

① 커터(CUTTER) 또는 전공용 나이프로 관측에 대하여 직각으로 절단하여야 한다.

(6) 관의 곡률 반경

① 관의 곡률 반경은 관내경의 6배 이상을 표준으로 하여야 한다. 다만, 22mm 이하로 건축상 지장을 주지 않을 경우에는 관내의 단면에 현저한 변경이 없는 경우까지 작게 할 수 있다.

(7) 집중배관

① 분전반 등으로 향하는 입상(입하) 부분이나 슬래브 위를 평행으로 집중 배관시에는 건물의 강도를 감소시키지 않도록 하여야 한다. 또한 콘크리트가 배관주위에 잘 타설되도록 관 상호 간격을 30mm 이상 떼어주어야 한다.

(8) 벽내 횡으로 하는 배관

① 콘크리트 타설과 진동시 자재의 손상 가능성을 줄이기 위해 벽내 횡배관은 가능한 최소화 하여야 한다.

② 벽내 횡으로 하는 배관은 콘크리트 타설시의 중량에 따라 충격을 받기 쉬우므로 보조철근을 사용하여 철근에서 떨어지지 않고 잇닿도록 배관하며 결속선으로 견고하게 결속하여야 한다.

(9) 배관의 지지간격

① 콘크리트 타설시에 관이 위로 뜨는 것을 방지하기 위하여 일중근 슬래브는 0.5m이내 마다, 이중근 슬래브는 1m 이내 마다 지지결속을 하여야 한다. 또한, 박스의 가까운 곳이나, 접속부 및 굴곡부에는 배관이 움직이지 않도록 0.3m 이내로 충분히 지지 결속을 하여야 한다.

(10) 교차배관

① 배관 교차부분은 밟거나 하중에 의한 관의 찌그러짐이 발생 할 우려가 있으므로 철근의 복근부위를 피하여 교차 배관하여야 한다.

② 교차되는 전선관은 보행등으로 인한 압축의 영향 등을 받을 수 있으므로 무게가 부분적으로 비껴지도록 교차 배관하여야 하며 교차시 교차각은 가능한 한 90° 를 유지할 수 있도록 조치하여야 한다.

(11) 이중근내의 교차배관

① 이중근에서 상부, 하부 철근이 교차되는 곳은 철근에 의하여 압축받는 것을 방지 하기 위하여 교차철근에서 떨어지게 배관 하여야 한다.

(12) 슬래브에서 옹벽으로 인입(입상, 입하)하는 경우 벽체 중앙으로 배관되도록 (중앙배관이 되도록) 결속선으로 슬래브측과 옹벽측 철근에 견고하게 결속하여야 한다. 특히 노말부분은 지나치게 휘어지지 않도록 하고 완전한 지지 결속이 이루어지도록 하여야 한다.

(13) 결속선 재질

① 결속선은 0.9~1.2mm 바인드선을 사용하여야 한다.

3.4.2 배관공사시 주의사항

(1) 중량물의 압력 또는 현저한 기계적 충격을 받지 않도록 시설하여야 한다.

(2) 슬래브 강도를 저하시키는 집중배관은 하지 않아야 한다.

(3) 관을 구부릴 경우, 관을 심하게 변형시키지 않아야 한다.

(4) 철근 용접 시 불꽃으로 배관재를 변형 및 손상으로 인한 하자 발생 우려가 있으므로 철근작업 완료 후에 배관하여야 한다.

(5) 옹벽 내 매입박스에 다수의 배관재가 접속될 경우 콘크리트 타설시 박스와 배관이 분리되고 묶음배관으로 콘크리트 충진 불량이 없도록 배관 시 관과의 상호 이격거리를 30mm이상 유지하며 배관에 장력이 가해지지 않도록 여유있게 배관하여야 한다.

(6) 슬래브 콘크리트가 완료된 부위에서 작업자가 불을 피울 경우 배관재의 변형이 올 수 있으므로 이를 금지하여야 한다.

(7) 슬래브 배관 후 콘크리트 타설 시 배관재가 바이브레이타에 접촉될 경우 손상 및 변형의 우려가 있으므로 지지 및 결속을 충분히 하여야 하며 특히 횡 배관의 경우 보조 철근을 사용 지지 및 결속을 하여야 한다.

(8) 콘크리트 타설 시 박스 주위나 집중배관 부분은 콘크리트를 먼저 타설하여 전선관을 보호함이 바람직하다.

(1) 매립 전선관의 지지 및 보강

1) 전선관과 박스의 지지

① 콘크리트 타설시 탈락이나 파손이 발생을 방지

☞ 결속선으로 철근에 견고히 고정

② 전선관 또는 박스가 콘크리트 부력에 의하여 위로 뜨는 것을 방지

☞ 상부철근에 결속지지

③ 지하층 또는 최상층 천장 슬래브에 보온재가 시공되는 경우

☞ 박스 설치 위치에 있는 보온재를 매립박스 크기만큼만 제거

☞ 박스를 보강철물에 고정한 후 거푸집에 고정

☞ 보온 층이 파손되어 단열 효과가 감소되지 않도록 유의하여 시공

그림 3.8.5.1 매립 박스 및 접속부분의 고정

2) 전선관의 접속

① 슬래브 매립 전선관은 가급적 중간에 커플링을 사용하여 접속하는 것을 피하고

☞ 벽체에서 커플링을 접속하여 연결

② 슬래브에서 중간 접속하는 경우

☞ 커플링과 전선관을 결속 지지하고

☞ 커플링 전·후 30 cm 부분에도 결속 지지

③ 벽체 박스에 연결되는 전선관의 경우

☞ 시공 전 충분히 전선관의 길이를 파악하여

☞ 중간 접속하지 않고 박스에 직접 접속

④ 벽체의 횡(수평)으로 설치하는 전선관

☞ 진동다짐 시 탈락 될 수 있으므로 피하고

☞ 부득이한 경우에는 보조 철근을 사용하여 철근에서 이탈되지 않도록 배관하고 견고히 결속 지지

3) 배관용 박스와 전선관의 고정 및 결속

① 슬래브에 매입하는 경우에는 콘크리트 박스를 사용

② 벽체에 매입하는 경우에는 아웃렛 박스나 스위치박스를 사용

③ 박스에서 300 mm 이내에 결속선으로 지지 고정

④ 전선관의 굴곡부 및 커넥터 접속부에는 300 mm 이내에 결속 지지 고정

⑤ 벽체에 전선관이 밀집되는 것을 방지하기 위하여 30 mm* 정도의 간격을 유지

⑥ 슬래브에 전선관을 집중하여 수평으로 배열할 경우에는 30 mm 이상의 이격거리를 확보

⑦ 슬래브 내 지지결속 간격은 일중근은 0.5 m 이내, 이중근은 1.0 m 이내

⑧ 슬래브 내 경질비닐 전선관은 콘크리트 타설시 전선관 탈락이나 물의 침투가 없도록 전선관 상호간 또는 박스와 접속개소에 접착제를 사용하고 결속선으로 견고하게 고정

* 콘크리트 자갈의 허용 직경이 최대 25 mm이며 여기에 여유 5 mm를 반영한 것이다. 전선관 간격 최소 30 mm를 확보하여야 콘크리트내의 골재(자갈) 등이 전선관 사이에 들어 갈 수 있다.

3.8.6 전선관과 기타 배관의 이격 확인

- 설비 등 배관과 전선관 이격거리는 최소 10cm 이상 확보 여부

관련기준

건축기계설비공사 표준시방서(국토교통부, 2016) 04010 난방, 위생 및 소화설비배관공사

(3. 시공) 3.7 전기설비로부터의 이격

(1) 하기 장소에서는 특별한 언급이 없는 한 물배관을 할 수 없다.
 1) 전기실 및 배전구 2) 전산실 및 통신기기실 3) 승강기 기계실

(2) 하기 장소의 상부 또는 1m 이내에서는 특별한 언급이 없는 한 물배관을 할 수 없다.
 1) 변압기 2) 변전실 3) 배전반 4) 각종 설비 제어 센터 또는 제어반 5) 예비전원실

(3) 위의 장소 또는 장비로부터 이격거리 이내에 물배관이 불가피할 경우는 관계자의 허가를 받아 물받이설비를 설치하거나 물배관에 외부케이싱 또는 2중배관설비 등의 설비를 하여 배수구에 유도하여야 한다.

LH 전문시방서(LH공사, 2020.12.09. 제정) LHCS 31 65 10 05 배관

3. 시공

3.1 공통사항

3.1.2 온도가 높은 것으로부터의 보호

(1) 저압옥내배선은 난방용 배관과 같은 열을 발산하는 장치에서 이격하여 설치한다.

3.1.3 슬래브 매입배관

(6) 전선관을 수평으로 배열할 경우에는 30㎜ 이상의 이격거리를 주어야 한다.

(8) 모든 배관은 건축의 우수드레인, 기계의 화장실 배수구 등과 최대한 이격시켜야 한다.

3.4.2 배관공사시 주의사항

(5) 옹벽 내 매입박스에 다수의 배관재가 접속될 경우 콘크리트 타설시 박스와 배관이 분리되고 묶음배관으로 콘크리트 충진 불량이 없도록 배관 시 관과의 상호 이격거리를 30mm이상 유지하며 배관에 장력이 가해지지 않도록 여유있게 배관하여야 한다.

(1) 전선관 보호

1) 매립 전선관의 이격

① 매립 전선관은 건축 우수드레인, 화장실 배수구 등과 최대한 이격
 ☞ 이격에 대한 규정은 없으나 실무적으로 최소 10 cm 정도 이격을 권장

② 유지 관리를 위한 이격
 ☞ 철근콘크리트구조 건물 내용연한이 40~50년 이상
 ☞ 각종 설비를 위한 배관 내용연한이 10~15년 정도
 ☞ 건축물 내 수선 및 교체 시 매립 전선관의 손상 예방을 위해 이격

③ 공사 중 파손 방지를 위한 이격
 ☞ 슬리브 등은 작업 중 파손 또는 설치 위치 착오로 인한 보완 시공시

☞ 해당 슬리브를 파쇄 후 재 작업하는 경우

☞ 구멍 파쇄 작업 등에 의해 전선관의 훼손 방지를 위해 이격

④ 누전 방지를 위한 이격

☞ 우수 및 설비 배관의 누수나 결로에 의한 습기 및 물의 침투가 발생

☞ 인접한 전선관에 누전 방지를 위해 이격

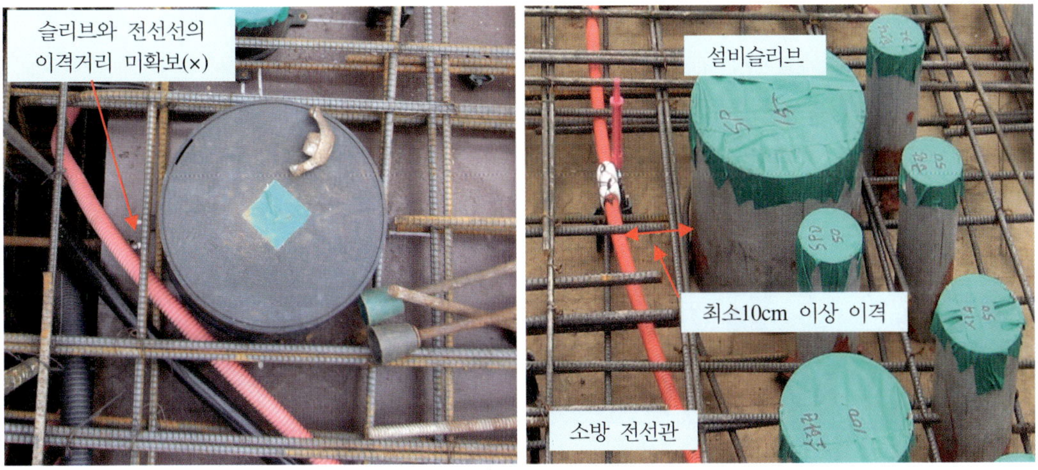

그림 3.8.6.1 전선관의 이격거리 확보

3.8.7 전선관로의 포설 상태 확인

- 승인된 시공상세도와 실제 시공된 전선관로의 일치상태 확인
- 박스와 박스 사이의 전선관로 일치상태를 확인

(1) 전선관로

1) 전선관로 설치

① 설계도면

☞ 시공단계에서 시공의 기준이 되며

☞ 공사 완료 후에는 보수 및 유지관리의 기준이 되는 중요한 서류

② 설치 기준

☞ 시공상세도 및 설계도면을 기준으로 설치 및 확인

③ 승인된 설계 도서를 기반으로 시공
- ☞ 현장 여건을 반영하여 작성·승인 된 시공 상세도와 일치하게 시공

④ 전선관로를 임의 변경하여 시공 시 문제점
- ☞ 도면과 달라 전선 입선시에도 어려움이 있을 수 있고
- ☞ 매립된 전선관이 콘크리트 타설시 파손으로 막히는 문제가 발생하면
- ☞ 패색된 전선관의 위치를 도면을 기준으로 찾기 곤란하여
- ☞ 보완시공이 어렵고 경우에 따라서 감지기 회로 구성에도 문제 발생

⑤ 합성수지제 가요전선관(합성CD관)
- ☞ 자재의 특성상 도면과 전선관로의 일치상태를 확보하여 시공하기 곤란
- ☞ 시공 후 검측시 최종 시공위치를 확인하여 준공도면에 반영
- ☞ 준공도면은 미관보다는 시공상태의 정확한 표현이 보다 중요한 요소

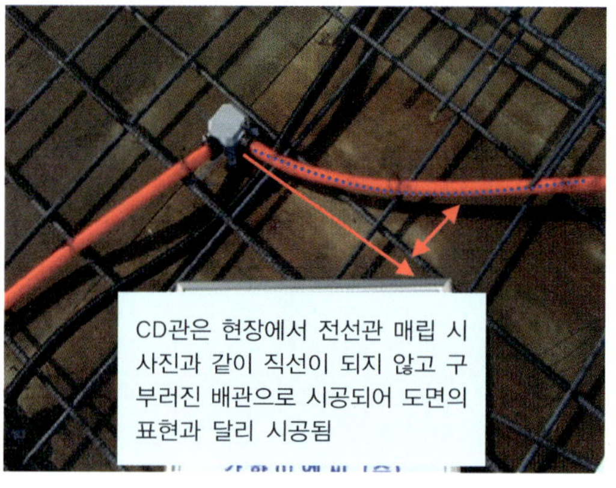

그림 3.8.7.1 CD관의 매립 시공

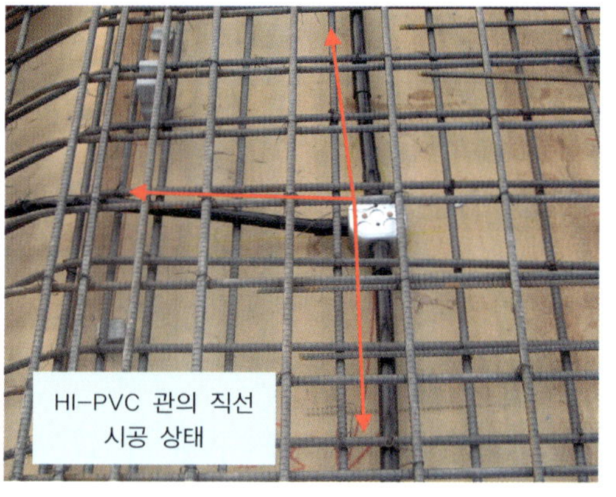

그림 3.8.7.2 HI-PVC관의 매립 시공

(2) 매립 박스

1) 매립된 박스와 박스 사이의 전선관

① 설계도면에 시각적인 효과 등을 고려하여 90°로 꺾인 상태로 표현

② 실제 공사는 시공비 고려 구부러지게 최단거리로 시공하여 문제 발생

③ 최대한 시공상세도와 전선관이 일치되게 직선 시공

2) 시공상세도 승인 시부터 검측기준을 시공자에게 주지
- 시공상세도와 전선관이 일치되게 시공

3.8.8 전선관 공사 검측 체크리스트 서식

검측 서식 3.8 전선관 공사

공종 CODE NO.	02 소방전기	위치 및 부위	
공종(세부공종)	001 전선관 공사	공 사 량	

검 사 항 목	검사 기준 (시방서 또는 도면)	검사 결과				조 치 사 항
		1차		2차		
		합격	불합격	합격	불합격	
1. 사용된 자재의 규격과 치수는 도면과 시방에 일치하는가?						
2. 직선배관 여부 및 배관, 박스 피복은 양호한가?						
3. 전선관 상호간, 박스 간 접속 시 적합한 부속재를 사용했는가?						
4. 누락된 박스 및 전선관은 없는가?						
5. 각종 박스 및 배관의 결속과 보강을 하였는가?						
6. 전선관, 기타관의 이격거리는 양호한가?						
7. 전선관로가 변경된 부분은 없는가?						

작 업 자 점 검		시 공 자 점 검		감 리 원 검 측	
점 검	재 점 검	점 검	재 점 검	검 측	재 검 측
(인)	(인)	(인)	(인)	(인)	(인)

04 CHAPTER

완공검사

4.1 완공검사

(1) 완공검사의 정의

1) "완공 검사"란 공사계약문서에 나타난 시공단계와 재료에 대한 완성품 및 품질을 확보하기 위해 시공자의 확인검사에 근거하여 공사감독자 또는 감리원이 완성품, 품질, 규격, 수량 등의 적정성을 확인하는 것
2) 이 경우 시공자가 시행한 시공결과 중 대표가 되는 부분을 추출하여 검사를 실시할 수 있으며, 합격판정은 공사감독자 또는 감리원이 함

(2) 감리원의 완공검사 준비 사항

1) 감리원은 해당 공사 완료 후 완공검사 전에 다음의 사항을 준비
   ① 소방시설 준공도서
   ② 감리 업무일지 등 감리기록
   ③ 지급자재 수불부
   ④ 감리원의 준공검사원에 대한 검토의견서
   ⑤ 그 밖에 발주청이 요구한 사항
   ⑥ 필요시 : 건설공사 사업관리방식 검토기준 및 업무수행지침(국토교통부 고시)
      ☞ 국가, 지방자치단체 등 공기업 등의 위탁사업의 경우 건설기술 진흥법에 따라 본 업무수행지침을 참고
      ☞ 제103조(기성 · 준공검사 및 재시공)
      ☞ 제104조(준공검사 등의 절차)

(3) 검사 불합격 부분에 대한 조치

1) 감리원은 검사에 합격되지 않는 부분이 있을 때에는 감리용역사업자 대표자에게 지체 없이 그 내용을 보고
2) 감리용역사업자 대표자의 지시에 따라 즉시 시공자로 하여금 보완시공 또는 재시공하게 하고, 감리용역사업자 대표자는 해당 공사의 검사자에게 재검사 실시 요청

(4) 준공도면의 검토 및 제출

1) 감리원은 시공자가 작성·제출한 준공도면이 실제 시공된 대로 작성되었는지 여부를 검토·확인하여 발주자에게 제출
2) 준공도면은 계약에서 정한 방법으로 작성하여야 하며, 모든 준공도면에는 설계자의 확인·서명 필요

4.1.1 현장 시공상태와 최종 완공도면의 일치

- 공사 중 변경된 내용의 반영 여부 확인
- 소방시설 현장설치와 완공도면의 일치 여부 확인
- 화재안전기술기준 등에 규정에 타당한지 확인

(1) 최종 완공도면 작성 및 준비

1) 완공검사 전, 시공자는 사전에 최종 완공도면을 완료하도록 준비
2) 완공도면은 공사 중 변경내용이 반영되었는지 확인
3) 최종 완공도면이 작성되지 않으면 현장에서 완공검사 진행이 어려우므로, 시공사는 최소 2개월 전에 완공도면을 작성하여 감리원에게 제출

(2) 현장 시공 상태와 완공도면의 일치 확인

1) 완공검사의 시작 : 현장 시공 상태와 최종 완공도면의 일치 여부를 육안으로 확인
2) 소방시설의 현장 설치 위치와 완공도면의 위치가 서로 다르면 보완조치 이행 등으로 검사 일정이 지연될 수 있으므로, 시공자는 완공도면을 꼼꼼히 작성

(3) 변경 내용의 반영 및 신고

1) 시공자는 당초 계약도면(사업승인용 등 발주처에서 제공한 최초 도면, 이하 "계약도면")과 변경내용을 파악하여 기구 등의 규격, 수량 및 위치 등을 최종 완공도면에 반영
2) 변경 내용이 관할 소방서의 변경신고 의무 사항일 경우, 완공검사 실시 전에 착공변경 신고를 하여 소방시설의 완공 및 건축물 준공이 지연되지 않도록 함

4.1.2 건축 최종도면과 소방도면의 일치

- 건축 최종도면과 소방도면의 건축 평면도 일치 확인
- 공사 중 변경된 시설의 소방도면 반영 여부 확인

(1) 계약도면과 변경 내용의 검토 및 정리

1) 당초 계약도면과 변경된 내용을 파악하여 기구 위치 및 수량의 변경 등을 검토하고 정리
2) 완공검사 후 관할 소방서에 당초 소방시설에 대한 변경된 증감내용과 사유를 제출해야 하므로, 도면 검토 시 변경내용 정리 필요

(2) 건축 변경사항의 소방도면 반영

1) 공사 중 건축의 실명, 실 구획, 출입문 등 변경이 있을 경우 최종 완공도면 확인
2) 소방도면에 변경사항을 반영하여 변경도면에 맞게 소방시설의 변경 진행
3) 소방기계 분야의 옥내소화전, 유수검지장치, 펌프, 송풍기 등의 위치 변경에 따른 소방전기 기구 위치 및 방호구역 변경이 도면에 반영되었는지 검토
4) 현장 설치위치와 소방도면의 장비 및 기구 위치는 완공검사 시 외관점검 필수

4.1.3 방화구획 관통부의 내화채움구조 확인

- 방화구획의 구조를 확인
- 방화구획 관통부에 사용된 제품의 시험성적서 확인

(1) 방화구획의 중요성

1) 방화구획은 화재 시 연소 확대를 방지하여 재산 피해를 경감하고, 피난 및 소화 활동 시 안전을 확보하기 위한 중요한 요소
2) 방화구획은 화재의 확산 방지와 피난 안전 확보에 직접적인 영향을 미치며, 작은 틈새로도 연기와 화염의 확산 경로가 될 수 있음

(2) 방화구획 관통부의 처리 방법

1) 방화구획을 관통하는 요소 : 배관, 덕트, 전선관, 케이블 트레이 등
2) 관통부의 틈새는 적합한 내화 성능을 가진 마감재로 밀폐하여 방화구획의 성능을 유지
3) 현행 건축법 시행령 제46조 및 건축물의 피난·방화구조 등의 기준에 관한 규칙 제14조에 따라, 방화구획 관통부는 내화채움성능이 인정된 내화채움구조로 시공
4) 내화채움구조에는 내화성능시험을 통과한 방화밀폐재(예: 내화성 실란트, 방화패드, 방화몰탈 등) 사용

그림 4.1.3.1 틈새 마감처리가 잘된 경우

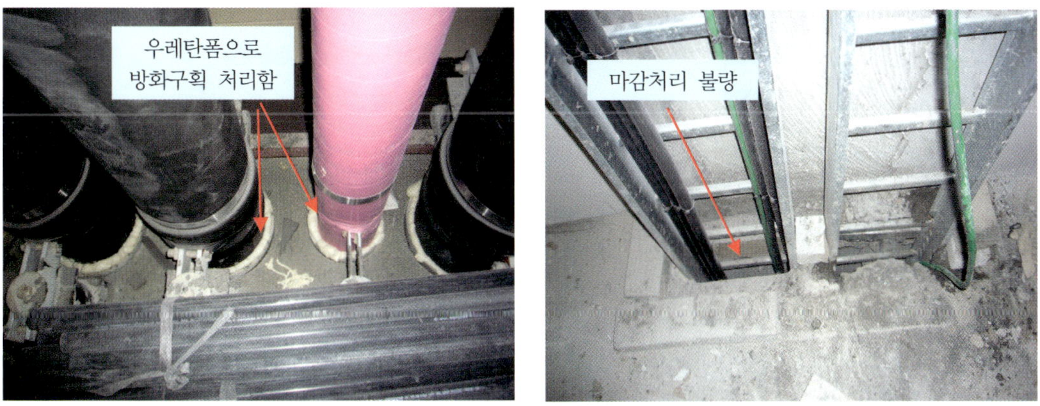

그림 4.1.3.2 틈새 마감처리 불량

4.1.4 덕트의 방화구획 관통부 방화댐퍼 설치 확인

- 방화구획도와 기계설비 도면의 수평 및 수직 덕트 관통부 확인
- 방화댐퍼 누락 및 설치위치, 설치상태 등 적합성 확인

(1) 방화댐퍼(F.D)의 설치

1) 덕트가 방화구획을 관통할 때 해당 관통 부위에 방화댐퍼(F.D) 설치

2) F.D의 설치 위치와 방법

① 방화구획은 수직 부분과 수평 부분으로 구성

② F.D는 벽체 또는 바닥을 관통하는 덕트에 설치하며, 벽체 또는 바닥과 밀착되게 설치

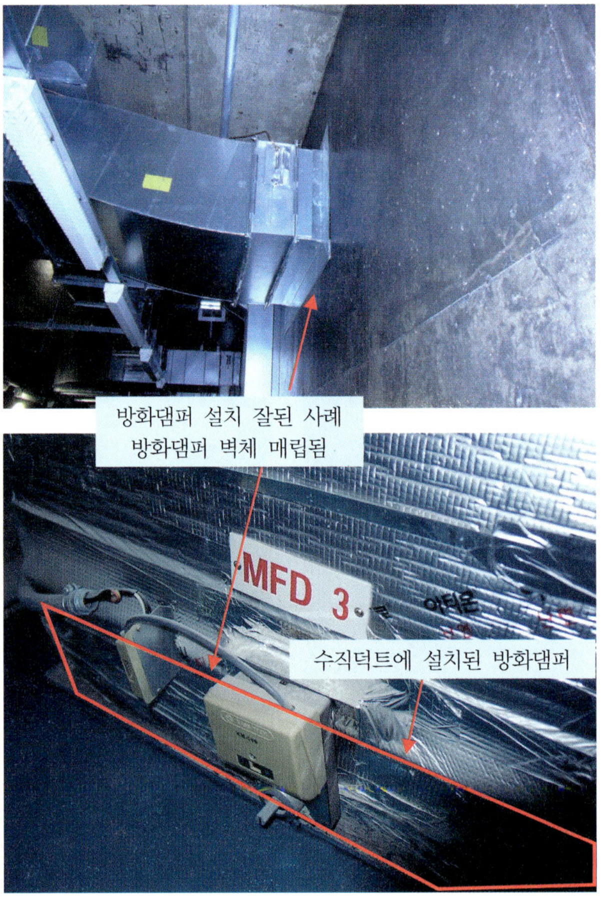

그림 4.1.4.1 방화댐퍼 설치 잘된 사례

3) F.D 설치 문제점

① 완공검사 시 F.D가 벽체나 바닥에서 이격되어 설치된 경우 많아 화재 시 열에 의해 댐퍼 탈락 우려

② 덕트의 철판 두께는 최대 1.2 mm에 불과하여 열에 녹아떨어지면 화재 확산의 위험이 있음

(2) F.D의 설치 방법 및 점검

1) F.D는 설비 샤프트 방화구획을 관통하는 공조덕트, 제연덕트, 환기덕트 등에 설치
2) F.D는 연기 또는 불꽃을 감지하여 자동으로 닫히는 구조로 설치
3) F.D의 기준은 KS F 2822(방화댐퍼의 방연시험방법), KS F 2840(방화댐퍼의 내화시험방법)을 따르며, KS 인증을 받은 제품을 사용하였는지 확인
4) F.D는 화재 시 일정 시간 동안 효과적으로 화재를 차단하고 연기의 이동을 최소화, 따라서 F.D는 반드시 벽체 또는 바닥과 밀착하여 설치
5) 공조설비 및 환기설비 등에 사용하는 F.D는 연기감지기 등에 의해 작동되는 방식을 사용
6) 제연설비에는 연기감지기를 설치할 수 없으므로 중온 또는 고온용 퓨즈를 사용한 F.D 설치를 검토
7) F.D를 설치한 장소에는 댐퍼의 작동 확인 및 유지보수를 위한 점검구를 반드시 설치

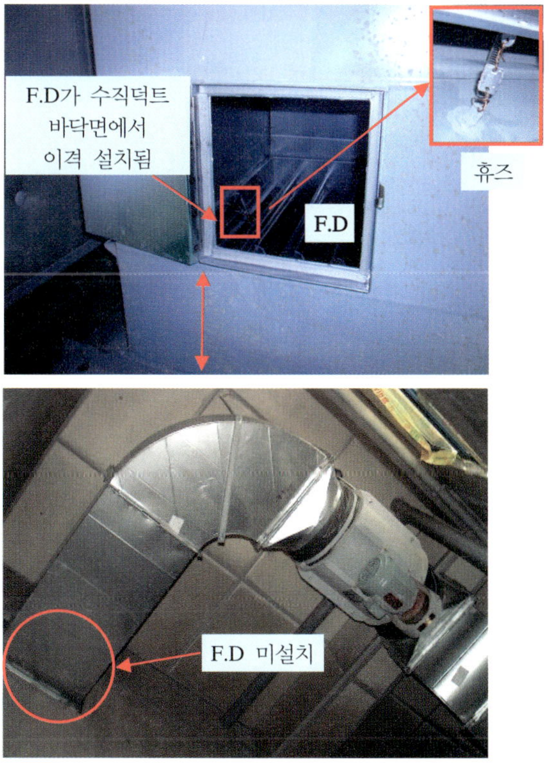

그림 4.1.4.2 방화댐퍼 잘못 설치된 사례

4.1.5 방화문의 설치 확인

- 방화구획도의 방화문 설치 위치별 규격 확인
- 방화문 시험성적서 확인

(1) 방화문의 종류 및 설치

1) 방화문의 구분 : 60분 방화문과 30분 방화문으로 구분
2) 방화문의 성능
   ① 60분 방화문 : 비차열 1시간 성능 적용
   ② 30분 방화문 : 비차열 30분 이상 60분 미만 성능 적용
3) 방화문의 설치 장소
   ① 60분 방화문 : 방화구획의 모든 장소에 사용 가능
   ② 30분 방화문 : 아래의 장소에 설치 가능
      ☞ 피난계단의 계단실
      ☞ 특별피난계단의 계단실 출입구
      ☞ 방화벽의 개구부
4) 방화문은 방화문 시험성적서에서 제시하는 구조에 따라 설치
5) 유리방화문 설치 시 주의사항
   ① 유리방화문을 설치하는 경우, 방화문의 상부 또는 측면으로부터 50 cm 범위를 포함하여 성능시험
   ② 유리방화문 설치 벽체를 전부 방화유리로 구성하여 벽면을 만드는 것은 잘못된 방식으로 반드시 시험성적서의 확인 필요

(2) 방화구획 벽체의 구조

1) 내화구조 필요성 : 방화구획이 필요한 부분의 벽면 구조는 내화구조로 구성
2) 내화구조의 요건
   - 차열성, 차염성, 하중지지력(내력벽 또는 기둥) 유지
3) 방화유리의 제한
   - 방화유리는 차열성이 없으므로 방화구획의 벽체로 사용할 수 없음

(3) 방화문의 개폐 방향 및 피난 고려

1) 방화문은 방화구획의 벽에 개구부를 설치하여 피난로를 구성하므로 피난을 우선 고려

2) 개폐 방향

① 피난 방향으로 밀어서 열리도록 설치

② 법 규정에 따르면, 피난계단이나 특별피난계단에 설치하는 방화문은 피난 방향으로 열리도록 명시됨

(4) 매립방화문의 감지기 설치 및 작동 확인

1) 매립방화문의 경우, 전용 감지기를 설치하거나 자동화재탐지설비와 연동하여 기능 유지
2) 전용 감지기 또는 자동화재탐지설비의 작동시험을 통해 정상 작동을 확인

(5) 양개 방화문의 확인

1) 양개 방화문의 경우, 순차폐쇄장치(Fire Door Coordinator) 설치
2) 각 방화문마다 작동 확인 회로를 구성하여 수신반에서 개폐 여부를 확인
3) 양개 방화문은 규격이 커서 작동 시 완전히 밀폐되지 않을 수 있으므로, 작동 완료 후 밀폐 상태를 확인

그림 4.1.5.1 방화문의 설치 사례

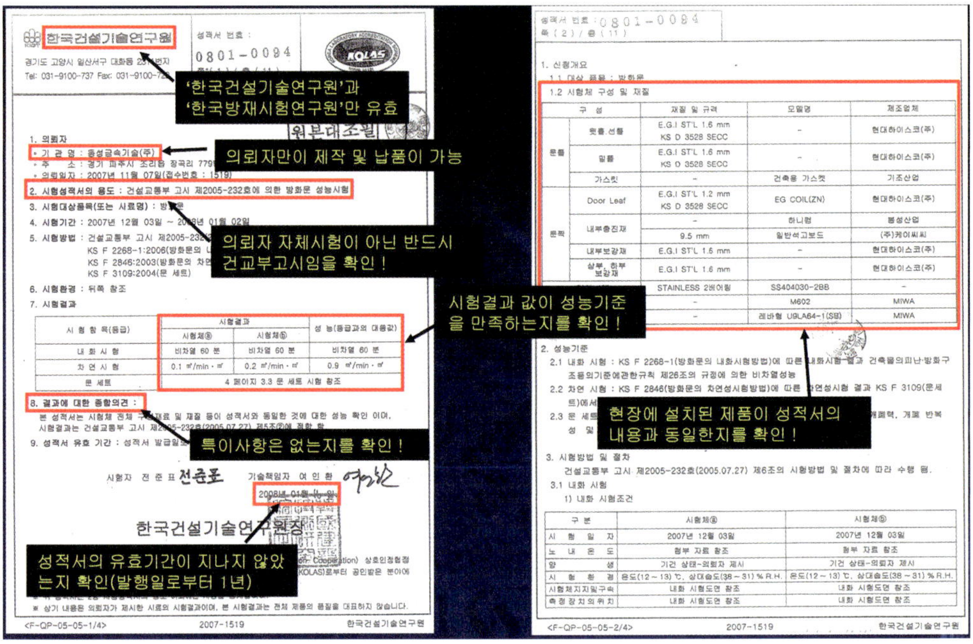

그림 4.1.5.2 방화문 시험성적서 확인 사항

(6) 방화문의 자동 폐쇄 확인 및 상시폐쇄식 방화문의 유지

1) 방화문의 자동 폐쇄 확인
- 방화문은 화염뿐만 아니라 연기 전파의 경로가 될 수 있으므로, 사용 후 자동으로 닫히는지 확인

2) 상시폐쇄식 방화문의 관리
- 도어 스토퍼(Door stopper) 등을 부착하여 문을 개방한 상태로 사용하는 경우가 있으나, 이러한 설치를 금지하여 출입 시를 제외하고 항상 폐쇄된 상태를 유지

4.1.6 방화셔터의 설치 확인

- 방화셔터의 설치 상태 확인(비상구 크기, 피난방향, 점검구, 유도표지설치, 비상구 주위 형광 페인트 마감, 가스켓 설치 등)
- 방화셔터의 성능시험성적서와 현장 설치의 일치 여부 확인

(1) 일체형 방화셔터의 설치 금지 및 경과 규정

1) 일체형 방화셔터 설치 금지

   ① 국토교통부고시 제2020-44호(2020.1.30.)의 개정으로 일체형 방화셔터의 설치 금지

   ② 일체형 방화셔터는 셔터의 일부에 출입구가 설치된 형태로, 재실자의 피난로 인지 지연 및 처짐으로 인한 비상문 개폐 불리 등 안전을 담보하기 어려워 설치를 금지

2) 경과 조치

   ① 해당 개정 규정은 공포 후 2년이 경과한 날(2022.02.01)부터 시행

   ② 공포 이전에 건축허가된 건물이나 기존에 설치된 셔터의 유지관리에는 기존 규정을 적용하며, 이 내용을 참고

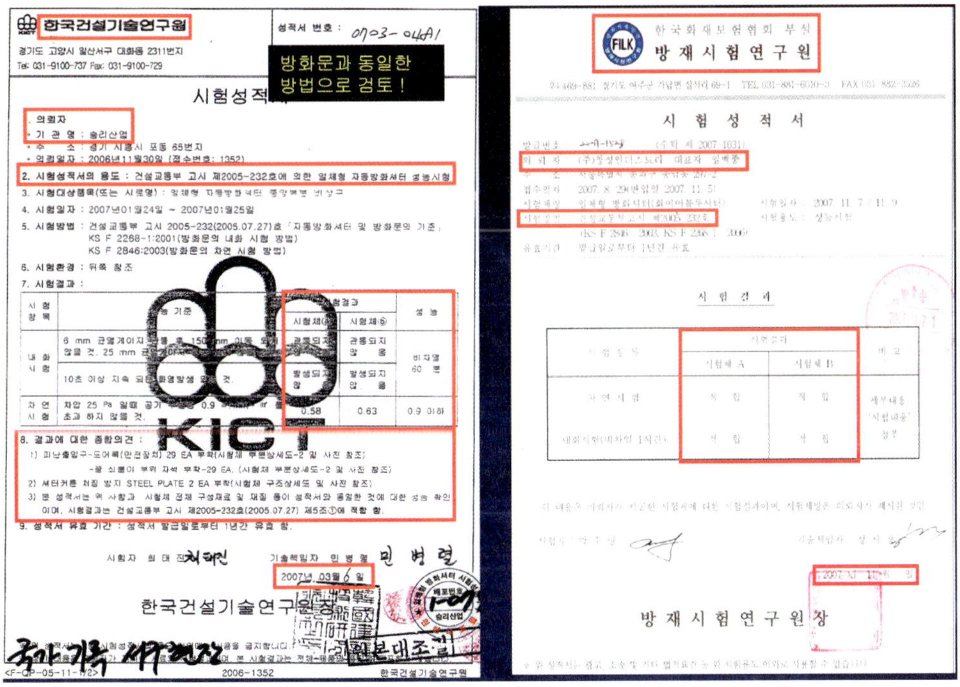

그림 4.1.6.1 방화셔터 시험성적서 확인 사항

(2) 방화셔터 설치 확인

1) 방화셔터 시험성적서와 첨부된 시방서를 정확히 숙지
2) 방화셔터는 부득이한 경우에만 설치
   ① 피난 시 비상구의 개폐가 용이하지 않을 수 있음
   ② 셔터 폐쇄 시 타 구획과의 단절성이 강하여 피난에 정신적인 장애를 유발할 수 있음
3) 방화셔터 주변의 가연물 적재 금지
   - 방화셔터는 차열성이 없어 화재 구역 이면의 주변에 가연물이 있으면 전도·복사에 의한 화재 전파 우려가 있음
4) 방화셔터 설치 상태의 외관 점검 사항
   ① 가이드레일에 방화가스켓 설치 여부 확인
   ② 셔터 박스 설치 여부 확인
      ☞ 셔터 박스 상부의 내화구조 확인
   ③ 셔터 박스와 셔터 슬랫 사이에 방화가스켓 설치 여부 확인
   ④ 피난구의 규격 확인 : 피난구의 크기가 가로 0.9 m, 세로 2 m 이상 확인
   ⑤ 피난구의 열리는 방향 확인 : 피난 방향을 향하여 열리는지 확인
   ⑥ 피난구의 식별 가능성 확인
      ☞ 피난구의 색상을 다른 부분과 달리하여 쉽게 식별이 가능한지 확인
      ☞ 형광물질을 사용하여 화재 시 어두운 환경에서도 쉽게 구분 가능한지 확인

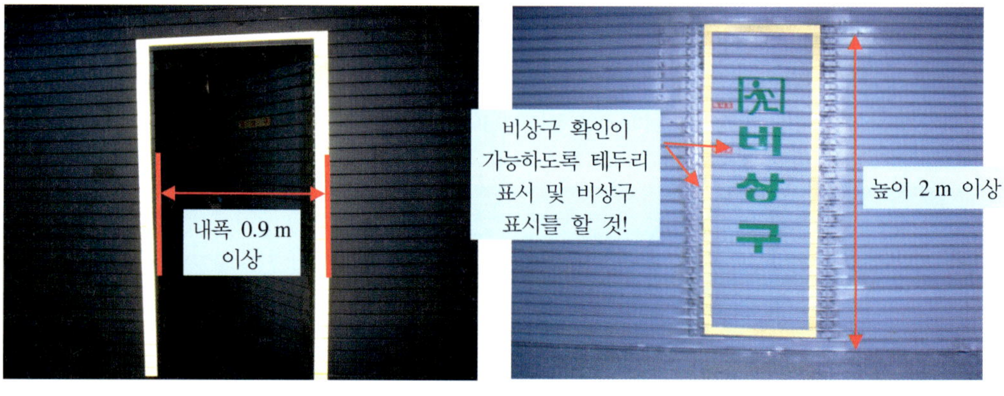

그림 4.1.6.2 일체형 방화셔터 출입문

(3) 방화셔터의 승인된 제품 사용 및 설치 관리

1) 성능 인정 업체의 제품 사용
2) 제작 및 설치 절차 준수
   - 승인된 업체는 현장에서 실측하여 도면을 작성하고, 공장에서 제작한 후 현장에 반입하여 조립·설치

3) 실제 설치 제품의 일치 확인

① 시험성적서로 승인된 제품과 실제 설치된 방화셔터가 일치하는지 확인

② 슬랫 재질, 가스켓, 모터 등 자재가 시험성적서에 제시된 내용과 동일한지 확인

③ 승인된 업체가 아닌 다른 업체에서 설치하는 것을 방지

4) 자재 선정부터 설치까지 철저한 관리

- 자재 선정, 현장 반입, 설치까지 명확하게 지도·확인하여 부적합한 제품이 설치되지 않도록 함

(4) 방화셔터의 품질 관리 및 점검 절차

1) 시험성적서 및 제작 과정의 검토

- 시험성적서의 검토와 함께 공장검수 등을 통해 제작 과정과 반입 절차를 중간 점검

그림 4.1.6.3 방화셔터 현장 TEST

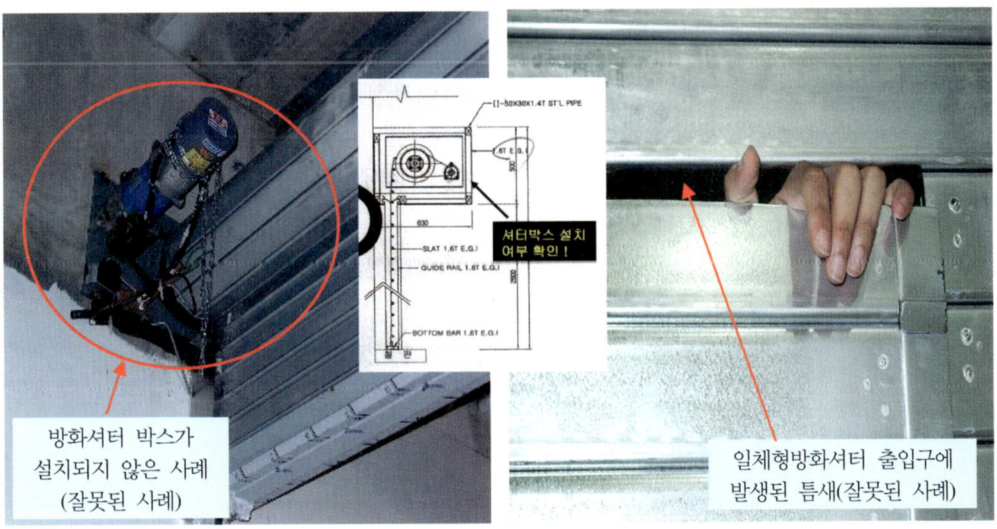

그림 4.1.6.4 방화셔터 설치 불량 사례 (1)

2) 현장 설치 방화셔터의 품질 관리

3) 완공검사 이전 단계에서의 확인 필요성

- 완공검사 시 이러한 사항을 지적하여 수정하기에는 한계가 있으므로, 완공검사 이전에 모든 확인 절차를 충분히 이행 필요

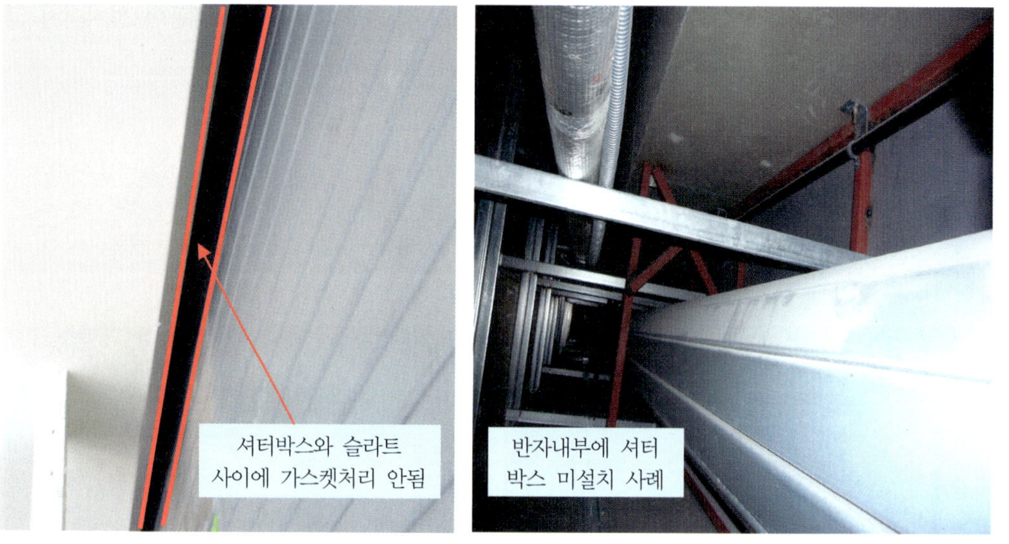

그림 4.1.6.5 방화셔터 설치 불량 사례 (2)

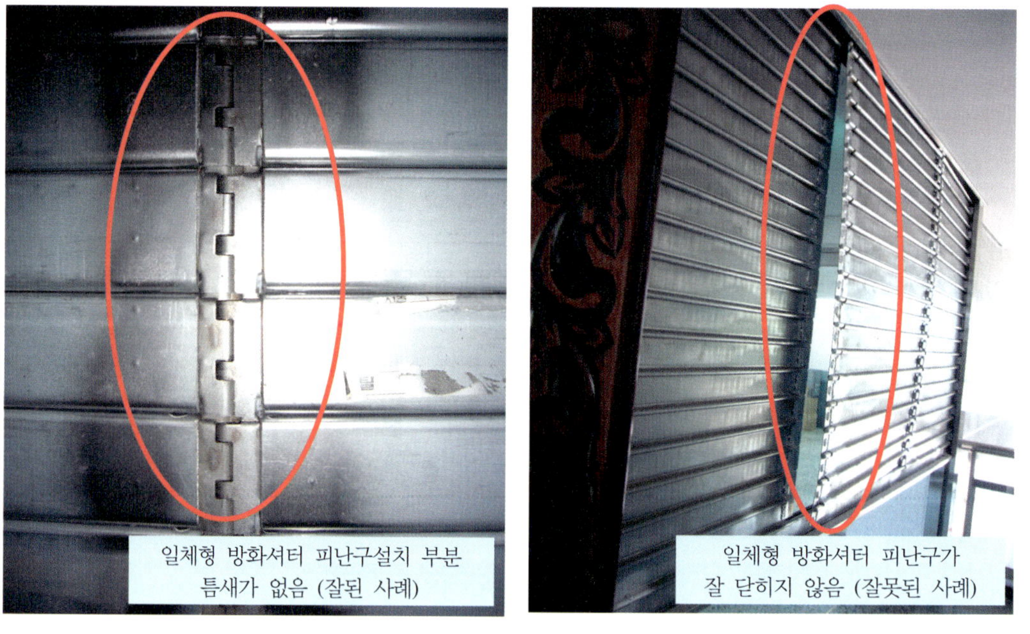

그림 4.1.6.6 일체형 방화셔터 틈새 확인

4.1.7 수신기 전원배선의 전용여부 확인

- 수신기 전원 분전반 설치위치 및 수신기 전용 개폐기의 설치 유무 확인
- 수신기와 분전반 사이 배관의 노출 유무 확인

(1) 수신기 전원 입력부 배선의 내화 및 내열 요구사항

1) 상용전원 및 비상전원 입력부 배선
   - 화재 시에도 일정 시간까지 그 기능을 유지해야 하므로 내화배선(FR-8) 요구
2) 기타 배선 : 내열 배선 또는 내화 배선

(2) 내열 및 내화배선 확인

1) 내열 배선과 내화 배선은 전선 자체의 재질은 동일
2) 시공 방법에 따라 내열 배선과 내화 배선으로 구분
3) 내화배선 적용의 어려움과 대처 방안
   ① 완공검사 시 수신기 전원에 요구되는 내화배선 방법 적용 어려움
      ☞ 대표적인 이유 : 수신기 위치 변경
      ☞ 수신기의 위치가 변경되면 도면과 현장 시공을 내화배선 방식에 따라 변경해야 하지만, 대부분 기존 도면대로 시공
   ② 확인 사항
      ☞ 분전반 개폐기에서 수신기 사이의 배선 방법 적합 여부를 확인
      ☞ 배선의 전용 여부를 반드시 확인

(3) 분전반과 수신기 사이의 배관 배선 상태 확인 방법

1) 배관 배선 상태 육안 확인
   - 분전반에 설치된 개폐기부터 수신기까지의 배관 배선 상태
2) 배선 형태별 확인 사항
   ① 벽체 또는 바닥에 매립된 경우
      ☞ 진선관이 일반 배선으로 입선되었는지 확인
   ② 노출 시공된 경우
      ☞ 케이블 트레이 등에 내화 케이블을 사용하여 포설하였는지 확인
      ☞ 금속제 덕트(1.6t 이상) 사용 확인

(4) 수신기와 분전반 사이의 배선 전용성 및 전원 전환 확인

1) 배선의 전용성 확인
   - 수신기에서 분전반까지의 배선 전용 여부
2) 전원 차단 및 예비전원 전환 확인
   ① 분전반의 스위치를 OFF 시킨 후 수신기의 교류 전원이 OFF 되는지 확인
   ② 동시에 예비전원으로 전환되는지를 확인

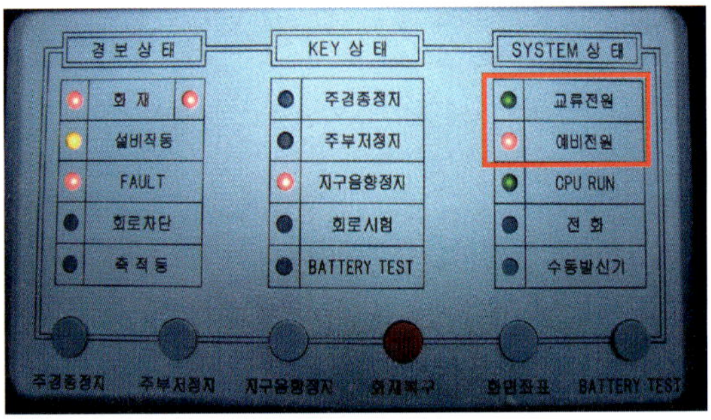

그림 4.1.7.1 수신기의 상태 표시 창

4.1.8 P형 및 GP형 수신기 공통선의 접속 회로수 확인

- 공통선 1선에 연결된 회로수 확인
- 전체 회로수 확인

(1) 수신기 회로에서의 공통선 사용

1) 수신기에 접속되는 회로에 공통선의 사용 자제가 필요. 단, 법적 규제사항이 없음
2) 소방시설에 사용되는 모든 회선은 단일 회선으로 구성, 어느 하나의 배선이 손상되더라도 화재의 입력 및 통보에 장애가 없어야 함
3) 국내 공통선 사용의 완화 적용
   - 국내에서는 경제성을 고려하여 자동화재탐지설비의 경계구역 회로에 대해 하나의 공통선에 7개 회로 이내로 구성할 수 있도록 완화하여 적용하고 있음

(2) 공통선 사용의 위험성

1) 완공검사 시 공통선 시험을 해보면, 7회로를 초과하여 1개의 공통선만 사용하는 경우 발견

2) 공통선 하나가 잘못되면 그 회로에 연결된 모든 회로가 불통이 되거나 수신기의 고장까지 확대될 수 있음
3) 정확한 화재 신호 전달 실패
4) 인명 및 재산 피해 증가 우려
5) P형 수신기에서의 공통선의 명확한 분리 필요

(3) 공통선 시험 방법

1) 수신기 단자에서 공통선 분리
2) 회로 선택 스위치 조작 및 확인
   - 회로 선택 스위치를 돌려가며 단선이 발생하는 회로 수 확인 시험

그림 4.1.8.1 수신기 내부 단자대의 설치 모습

4.1.9 ■ 탬퍼스위치 전선관의 마감상태 확인

- 탬퍼스위치 부착 밸브 확인
- 탬퍼스위치 제어 전선 연결 상태 확인

(1) 탬퍼스위치의 설치 목적 및 대상 밸브

1) 탬퍼스위치의 기능
   - 소방용 밸브의 개폐 여부를 수신반에서 확인 가능

2) 탬퍼스위치 부착 대상 밸브
   ① 소화용 급수배관의 급수를 차단하면 안 되는 밸브에 설치
      ☞ 개폐표시형 밸브 : OS&Y 밸브, 버터플라이 밸브
      ☞ 펌프 흡입측 밸브 : 반드시 OS&Y 밸브를 사용
   ② 탬퍼스위치 부착 대상 밸브
      ☞ 펌프 주위 배관의 개폐밸브

그림 4.1.9.1 탬퍼스위치 설치 상태

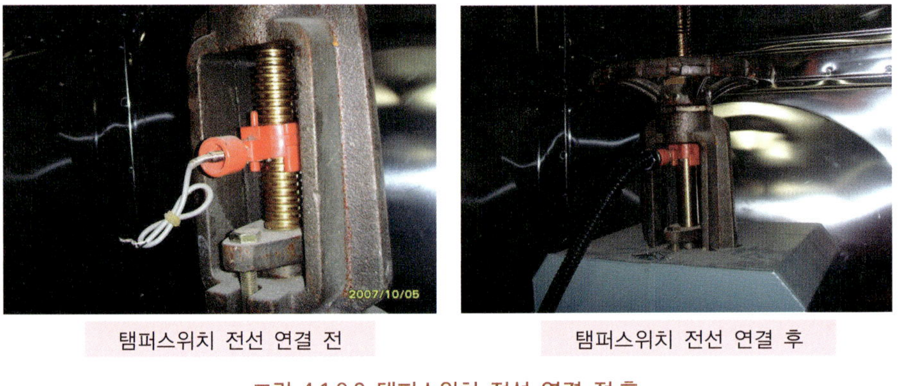

그림 4.1.9.2 탬퍼스위치 전선 연결 전,후

그림 4.1.9.3 버터플라이밸브 탬퍼스위치 부착 상태

☞ 송수구 개폐밸브

☞ 유수검지장치의 1차 및 2차측 제어밸브 등 거의 모든 소방용 차단밸브에 설치

(2) 탬퍼스위치 부착 밸브 설치 시 고려 사항

1) 개폐표시형 밸브에 탬퍼스위치 부착

2) 전선관 연결 방법 검토

- 자재 선정 시 탬퍼스위치의 전선관이 밸브에 어떻게 연결되는지 검토 필요

3) 탬퍼스위치 전선관의 견고성 확보

- 전선관이 견고하지 않을 경우

☞ 별도의 탬퍼스위치 박스를 사용하여 전선관 보호 검토

4.1.10 저수위 경보장치의 현장시험

- 저수위 경보장치의 작동상태 현장 확인 여부

(1) 수원의 급수 조절 및 저수위 경보장치

1) 급수 조절 방법 : 볼탑(Ball Tap)을 설치하여 수위를 조절

2) 저수위 경보장치의 기능

- 수위가 내려가는데 급수가 되지 않을 경우, 규정 수위의 하단까지 내려가기 전에 경보를 울리도록 설치

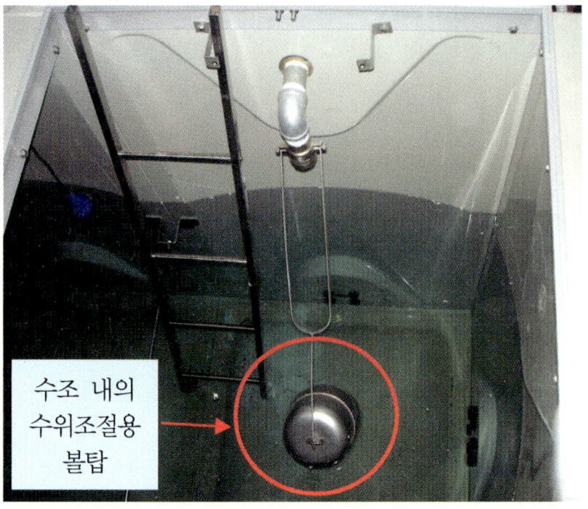

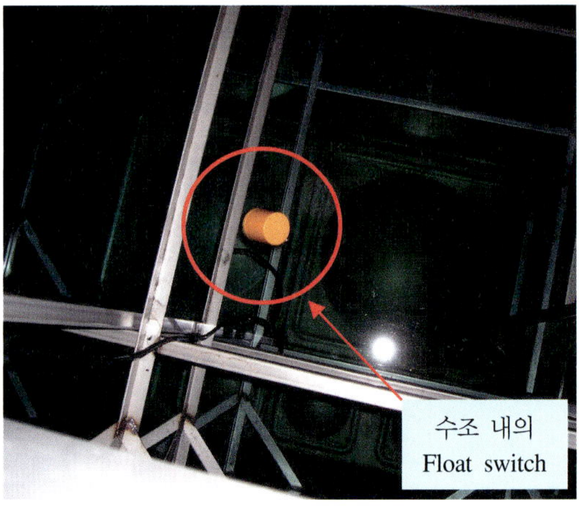

그림 4.1.10.1 저수위 경보기 설치

(2) 수조 내 플로트(Float) 스위치 설치 및 접점 테스트

1) 플로트 스위치 설치 시 고려 사항

① 플로트는 충격 또는 물의 흐름에 흔들리지 않도록 규정 수위를 고려하여 설치

② 플로트의 A, B 접점 연결 확인

☞ High, Low 레벨에서 플로트의 A, B 접점이 On/Off 접속과 어떻게 연결되었는지 확인

☞ 수조의 저수위 경보장치의 접점과 연결하여 수신반에서 확인이 가능하도록 구성

2) 현장에서 접점 테스트 및 경보 작동 확인

① A, B 접점 테스트

☞ 현장에서 A, B 접점을 테스트하여 실제 경보가 울리는지 확인

② 접점 신호 확인

☞ 접점 신호를 확인하여 수신반에서 정확하게 경보가 작동하는지 확인

그림 4.1.10.2 수조상단 스위치

4.1.11 릴리프밸브 배수의 육안 확인

- 체절압력에서 릴리프밸브의 작동여부 확인
- 릴리프밸브 배수의 육안 확인 가능 여부

(1) 펌프의 체절압력 시 수온 상승 방지 및 캐비테이션 예방

1) 체절압력에서의 캐비테이션 위험

① 펌프의 체절압력에서 수온이 상승하면 펌프의 이상현상(캐비테이션) 발생 가능

② 수온 상승 방지 방법

☞ 체절압력 바로 전에 소화수를 방류시켜 수온의 상승을 방지

☞ 소화펌프 토출에 릴리프밸브 설치

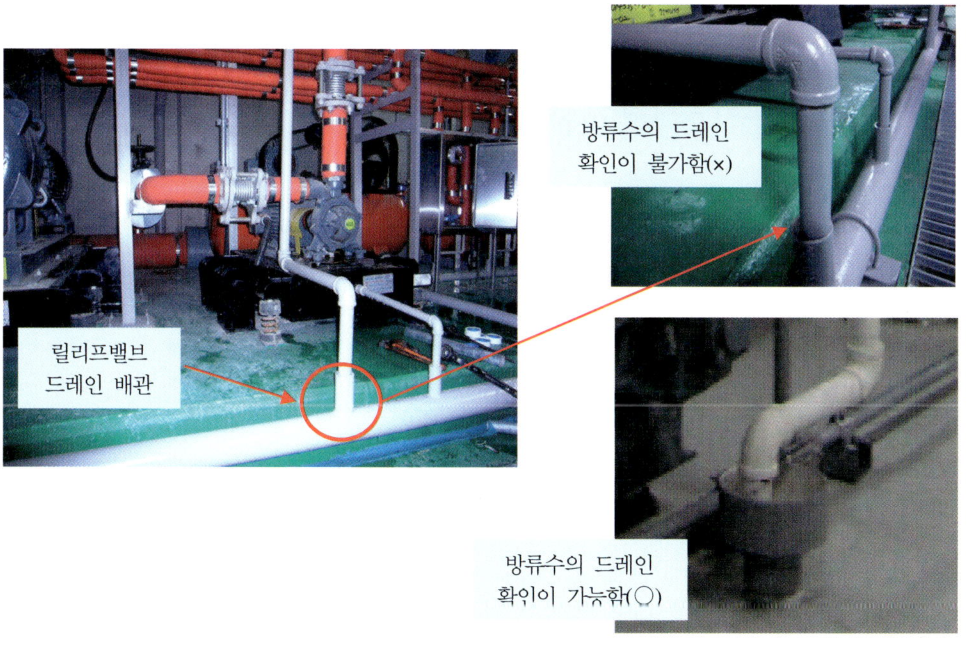

그림 4.1.11.1 릴리프밸브의 배수배관

(2) 릴리프 밸브의 설치

1) 릴리프 밸브의 방류수는 배관을 연결하여 방류
2) 보통 펌프 주변의 트렌치 또는 집수정으로 유도하여 배수
3) 방류수 배출의 육안 확인
   ① 시간이 지나면서 방류수 배출 후 밸브 닫힘이 복귀되지 않아 지속적인 누수 현상이 발생할 수 있음
   ② 릴리프 밸브 측의 방류수 배출은 육안으로 확인이 가능한 구조로 설치
4) 누수 확인을 위한 시공 방법
   ① 릴리프 밸브와 드레인 배관이 계속 연결되어 있는 경우에는 누수 확인이 불가능
   ② 육안 확인을 위한 조치 사항
      ☞ 배출되는 부분을 외부로 노출 시공
      ☞ 사이트 글라스 설치
      ☞ 투명 호스 등으로 연결하여 육안 확인

4.1.12 자동소화장치의 방출구 위치 확인

- 방출구의 위치는 성능시험을 받은 위치의 일치 여부 확인
- 렌지후드에 설치된 방출구의 소화장애 여부
- 방출구의 유지관리 여부

(1) 주거용 주방자동소화장치 소화약제 방출구의 확인

1) 소화약제 방출구의 위치를 잘못 설치하는 경우, 자동소화장치의 기능을 수행 못함
2) 방사 위치가 부적절하여 화점이 아닌 다른 방향으로 약제가 방사되면 소화를 하지 못하는 경우가 발생할 수 있음
3) 소화약제 방출구의 적절한 설치 위치
   ① 가스레인지의 중앙에 설치하거나,
   ② 성능시험을 통해 그 위치가 인정된 범위에 설치

(2) 소화약제 방출구와 가스레인지 간의 거리 및 설치 방법

1) 방출구와 가스레인지 간의 거리 : 일반적으로 약 60 cm로 설치
2) 방출구에서 소화약제를 방사하는 데 장애가 되는 요소 제거

3) 방출구의 유지보수 용이성 확보
   ① 소화약제 방출구는 레인지 후드 환기구의 청소 부분과 분리하여 설치
   ② 방출구의 유지보수가 가능하도록 설치

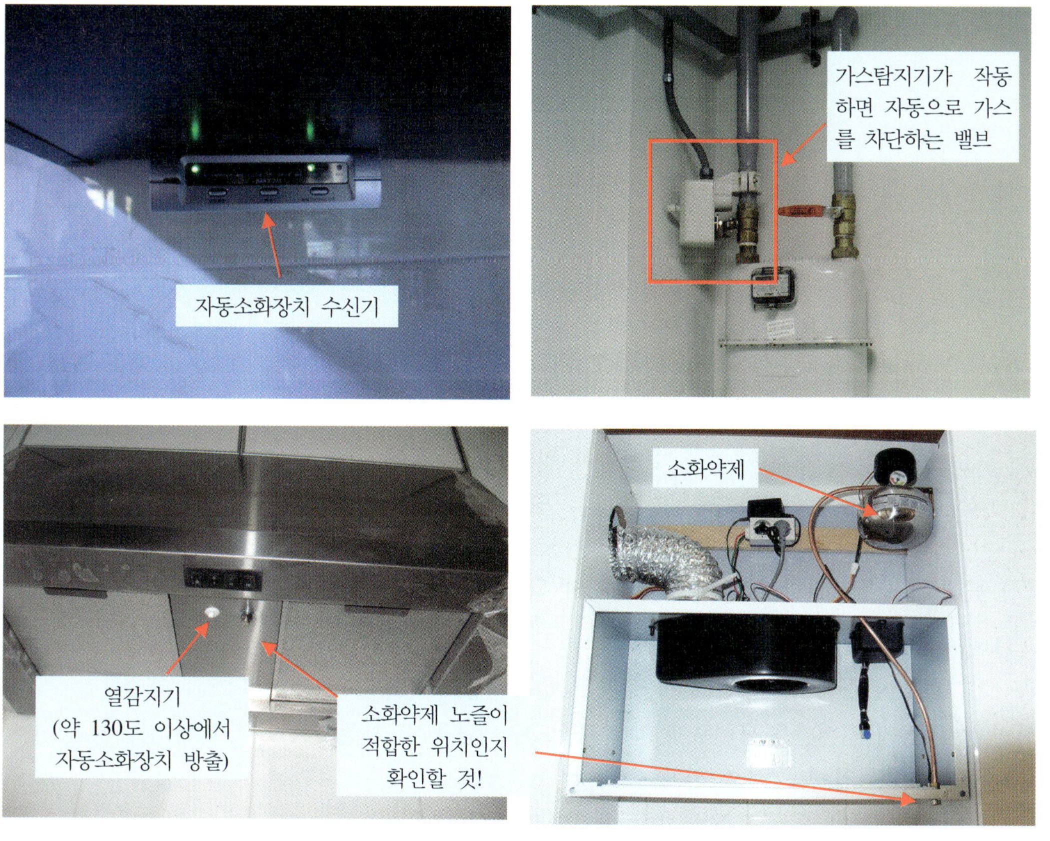

그림 4.1.12.1 자동소화장치 설치 사례

4.1.13 소화전함의 원활한 개방 확인

- 소화전함이 용이하게 열릴 수 있는 상태인지 확인
- 소방호스는 적절하게 비치되었는지 확인

(1) 옥내소화전함 주변의 장애물 설치 금지 및 설치 시 고려 사항

1) 장애물 설치 시 문제점
   ① 소화전함의 개폐 곤란
   ② 호스 반출 및 소화작업 장애 발생
   ③ 소화전함의 위치 파악이 어려움
2) 옥내소화전 설치 시 주의 사항
   ① 장애물을 설치하지 않도록 주의
   ② 소화전함의 개폐 및 호스의 반출이 원활하도록 설치
   ③ 반출된 호스가 원활하게 전개될 수 있는 공간 확보

(2) 옥내소화전의 위치 선정 기준 및 피난 고려

1) 신속한 소화가 가능한 장소에 설치
   ① 화재 초기에 관리자 또는 거주자가 신속하게 소화할 수 있는 장소에 설치
   ② 사용자의 피난을 용이하게 할 수 있도록 피난구 부근 등 피난을 고려한 장소에 설치
2) 현행 화재안전기술기준의 한계
   ① 소화전함의 설치 장소에 대한 명확한 기준이 없음
   ② 방수구의 수평거리가 25 m를 초과하지 않도록 만 규정
3) 도면 검토 단계에서의 반영 필요성
   ① 완공 단계에서는 소화전 위치 이동조치가 불가능하므로
   ② 공사 초기 도면 검토 단계에서 파악하여 반영하도록 권장

(3) 소방호스의 호스걸이 사용 시 문제점 및 개선 방안

1) 호스걸이 사용 시 발생하는 문제점
   ① 호스가 호스걸이 빗장에 걸려 반출이 어려워질 수 있음
   ② 호스의 점착 방지를 위한 호스걸이가 오히려 장애 요소가 될 수 있음
2) 소방호스 설치 방법
   ① 호스걸이 사용으로 인한 호스 손상 사례
      ☞ 오랜 시간 호스가 과도하게 꺾여 있을 경우 꺾인 부위의 호스 재질이 경화되어 부스러

지는 문제 발생

② 호스를 호스걸이에 설치할 때 빗장과 빗장 사이에 호스의 접힌 부분이 들어가도록 설치하여 문제점 해소

③ 권장되는 호스 보관 방법

☞ 가능한 호스걸이를 사용하지 않고 말아서 보관

☞ 이는 그림 4.1.13.2와 같이 호스를 말아서 보관함으로써 호스의 손상 방지

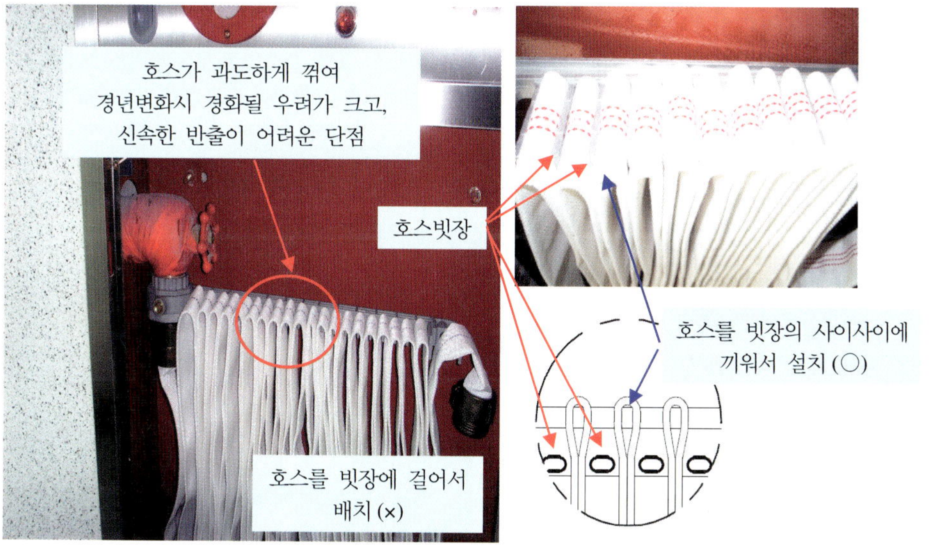

그림 4.1.13.1 호스걸이 설치

그림 4.1.13.2 옥내소화전함 권장 호스설치 예

4.1.14 옥내소화전 사용압력 0.7 MPa 초과 시 대책

- 옥내소화전 사용압력 0.7 MPa 초과 시 감압변 설치 여부 확인
- 스프링클러설비 등과 겸용 설치하는 경우 감압범위 적정성 확인

(1) 옥내소화전설비의 감압방법

1) 감압 방법의 종류
   ① 감압오리피스를 사용하는 방법
   ② 수계용 감압밸브를 사용하는 방법 등
2) 감압오리피스(감압변)의 특징
   ① 소규모의 감압을 요구하는 옥내소화전설비에 가장 많이 사용됨
   ② 가장 단순하게 사용되는 방법으로 가격이 저렴하고 설치가 간편함
3) 수계 감압설비와의 복합 사용
   ① 스프링클러설비와 급수 배관을 겸용으로 사용하는 경우
   ② 수계 감압설비와 복합으로 사용하는 경우

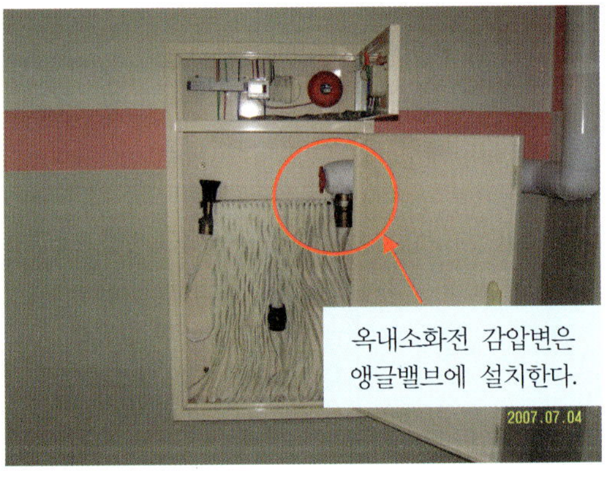

그림 4.1.14.1 오리피스방식의 옥내소화전 감압변 및 설치상태

(2) 옥내소화전설비에서의 감압밸브 사용 목적 및 압력 유지 방법

1) 감압밸브 사용 목적
   - 소방호스 노즐에서 방수압을 0.7 MPa 이하로 유지하여 소화작업을 수행하는 자의 안전을 보장하기 위함
2) 옥내소화전설비의 방수압력 기준 : 0.17~0.7 MPa 이내로 유지

3) 감압이 필요한 압력 공급 방법

① 가압송수장치를 사용하는 경우

② 고가수조를 사용하는 경우

4) 가압송수장치 사용 시 감압 방법의 선택

① 옥내소화전 전용일 경우

☞ 고층건축물이 아니라면 체절양정이 높지 않음

☞ 감압오리피스를 사용하는 경우가 많음

② 스프링클러설비와 겸용 사용하는 경우

☞ 토출압력이 매우 높아 옥내소화전에 고압이 발생될 우려가 높음

☞ 이 경우 감압오리피스로 고압을 감당할 수 없음

그림 4.1.14.2 감압밸브의 설치

(3) 스프링클러와 겸용 사용하는 경우의 감압 대책

1) 감압오리피스 설치 위치의 문제점

- 감압오리피스는 방수구 후단에 설치되므로 밸브의 허용압력이 문제됨

2) 감압 대책

① 1차적으로 수계감압밸브를 사용하여 감압

② 이후 일부 층에 감압오리피스를 설치하여 2차 감압 실시

(4) 옥상수조(고가수조) 사용 시 감압 필요성

1) 옥상수조의 방식 : 주로 고층 건축물에서 사용되는 자연낙차 방식

2) 감압오리피스 설치 필요성

- 옥내소화전설비에서 0.7MPa를 초과하는 부분에는 감압오리피스를 설치

(5) 감압시스템의 결정 및 설치 시 고려 사항

1) 감압시스템의 결정

① 건축물의 특성과 시스템 방식에 따라 결정

② 설계 검토 단계에서 결정

2) 완공 검사 시 확인 사항 : 감압시스템의 결과 판단

3) 감압밸브 설치 시 고려 사항

① 도면과 일치되게 설치

② 밸브의 유지관리 문제, 압력 범위 초과 설정 등을 확인

4.1.15 송수구의 설치 위치 확인

- 송수구의 설치 높이는 바닥으로부터 0.5~1m 이하 확인
- 낙하물로 인한 위험 요소가 없는지 확인
- 송수구 위치가 조경 등으로 인한 장애요소 확인

(1) 송수구의 설치 높이 및 위치

1) 송수구 설치 목적
   - 소방 급수차에서 수원을 공급하기 위해 조립 설치되는 연결부
2) 설치 높이 기준
   - 소방대원의 조작이 쉽도록 5~1.0m 이내의 높이에 설치

그림 4.1.15.1 옥외 연결송수구의 설치높이

(2) 송수구 설치 장소의 안전성 확보

1) 위험 요소가 없는 안전한 장소에 설치
   - 건축물 상층에서 낙하하는 유리 파편 등 위험 요소가 없는 장소
2) 조경시설 등에 의한 장애 방지
3) 소방차 급수펌프에서 송수구까지의 접근이 용이한 위치인지 확인

그림 4.1.15.2 낙하물 우려가 있는 장소에 옥외 연결송수구 설치 예

4.1.16 소화전의 방수시험

- 소방호스가 방수구 및 직사형 관창 연결 확인

(1) 옥내소화전설비의 방수시험 실시 방법

1) 방수시험 실시 층
   - 최상층과 최하층에서 방수시험 실시
2) 최상층에서의 방수시험
   - 해당 건축물의 최상층에 설치된 최대 설치수량(최대 2개 또는 5개)을 모두 개방하여 시험
     → 방수압력이 0.17 MPa 이상 확보 확인
3) 최하층에서의 방수시험
   - 1개의 방수구를 개방하여 시험 → 기준 방수압력(0.17~0.7 MPa) 확인

그림 4.1.16.1 방수압력 측정

(2) 방수시험 시 고려 사항

1) 최상층에서의 방수
   - 최상층은 지상이므로 옥상 또는 옥외에 직접 방수 가능
2) 최하층에서의 방수
   ① 최하층은 지하인 경우가 많아 배수 처리의 문제 발생
   ② 방수시험을 위해 방수할 수 있는 장소와 공간을 확보
   ③ 방수되는 물이 원활하게 배수되도록 조치
3) 2차 수손 피해 방지
   ① 방수시험 및 소화작업으로 인한 주수 시 미흡한 배수로 인해 2차 수손 피해 발생 우려
   ② 법적 사항은 아니지만, 지하층에 배수가 가능한 구조나 설비를 반영 권장

(3) 완공검사 시 소방호스와 관창 비치의 중요성

1) 소화전 호스 비치 누락 사례

① 옥내소화전설비의 함 내에 소방호스와 관창을 비치하지 않은 상태로 완공검사를 신청하는 경우가 있음

② 이는 시건장치 미설치 및 인수인계 미비로 인한 분실 우려로 인해 입고 및 보관만 하고 건물 내에 배치하지 않는 경우가 많음

2) 완공검사의 원칙

① 완공검사는 모든 소방시설을 즉시 사용할 수 있도록 모든 조치가 완료된 상태에서 시행

② 완공 후 시스템의 원활한 작동과 사용이 가능하도록 준비

3) 소방시설 비치 누락의 문제점

- 소방시설물의 분실 등을 고려하여 일부 소방시설을 비치하지 않는 것은 화재에 신속한 대응을 어렵게 만듦

4) 해결 방안

① 완공검사 이전 단계에서 연관 공정 및 시설물 인수·인계 관계자와 협의

② 완공검사 시 소화기구류(소화기, 관창, 호스 등)를 배치할 수 있도록 조치

그림 4.1.16.2 방수시험(직사형 관창 사용)

4.1.17 스프링클러헤드의 차폐판 확인

- 헤드간의 간격 1.8 m 이내 설치 시 차폐판 고려
- 개방공간(기계실 등)의 상하향식 헤드 설치 시 차폐판 설치 확인

(1) 헤드 간 배치 간격이 1.8m 이내인 경우의 차폐판 설치

1) 헤드 감열 지연 우려
   - 헤드로부터 방수된 물의 일부가 인접한 헤드를 적셔 감열 지연 우려

2) 조치 사항
   - 헤드와 헤드 사이에 차폐판 설치는 국내 규정 상 의무사항이 아니나, NFPA 기준에는 헤드 간격이 가까운 경우 의무적으로 설치 필요함

(2) 노출 천장에서의 하향식 헤드에 대한 차폐판 설치

1) 상부의 상향식 헤드에서 방수된 물이 하향식 헤드에 영향

2) 조치 사항
   - 상부 헤드 개방시 영향을 받기 때문에 반드시 차폐판 설치

그림 4.1.17.1 여러 종류의 차폐판

4.1.18 배관 굴곡 부위의 배수처리 확인

- 배관의 굴곡(Up, down) 부위가 배수처리 가능한지 확인

(1) 배관 내 잔류수의 문제점 및 방지 대책

1) 배관 내 구조상 잔류수로 인한 문제점
   ① 침전물의 축적으로 배관 막힘, 부식 우려
   ② 건식설비의 물고임 부분에 동파 예상
2) 방지 대책
   - 배관 내 잔류수의 배출이 용이하도록 굴곡부분에 배수밸브 설치

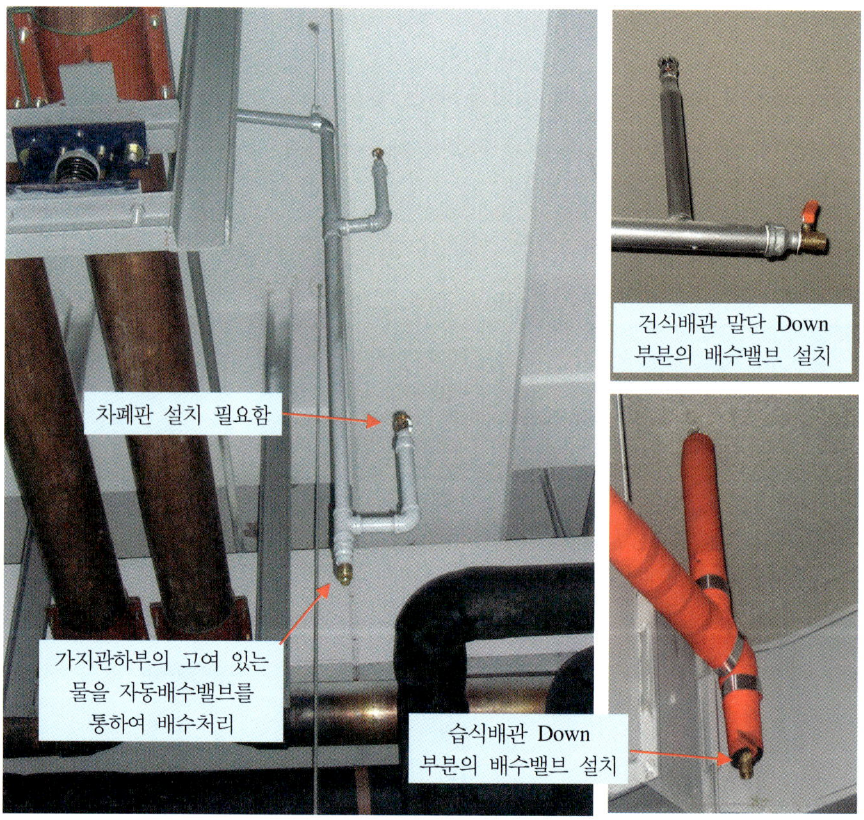

그림 4.1.18.1 가지배관의 배수 밸브 설치

(2) 배수밸브의 설치 방법 및 수손 피해 방지

1) 배수밸브 종류 : 자동배수밸브, 볼밸브

2) 배수 시 수손 우려가 있는 부위에 대한 조치
   ① 볼밸브 2차측에 별도로 배수배관 설치
   ② 배수배관을 수손 피해가 없는 집수정, 트렌치 또는 양동이를 쉽게 받칠 수 있는 벽면 하부까지 연장 설치
   ③ 이를 통해 방류 시 수손 피해 없이 배수할 수 있도록 조치함

그림 4.1.18.2 밸브 분기관 배수처리 예

4.1.19 노출 보 구조의 스프링클러헤드 설치상태 확인

- 보 구조를 확인하여 헤드와 보의 이격거리 등 확인

(1) 천장 마감이 없는 공간에서 스프링클러 헤드 설치 시 고려 사항

1) 설치 대상 공간
   ① 주차장 등 천장에 마감이 없는 공간
   ② 보와 가장 가까운 스프링클러 헤드
2) 설치 시 고려 사항
   ① 살수 장애가 발생할 수 있는지 확인
   ② 헤드의 감열부 집열에 불리한지 검토

(2) 화재안전기술기준(NFTC 103)에 따른 헤드 설치 기준

1) 보의 하단까지의 길이에 따른 구분 :
   ① 길이 55 cm 미만인 경우
   ② 길이 55 cm 초과인 경우
2) 각 경우에 따른 헤드 설치 위치 규정

(3) 소방청의 스프링클러설비 화재안전기술기준 적용 지침

1) 헤드 설치 위치 기준
   ① 보의 깊이와 거리에 관계없이 적용
   ② 천장면에서 30 cm 이내로 헤드 설치

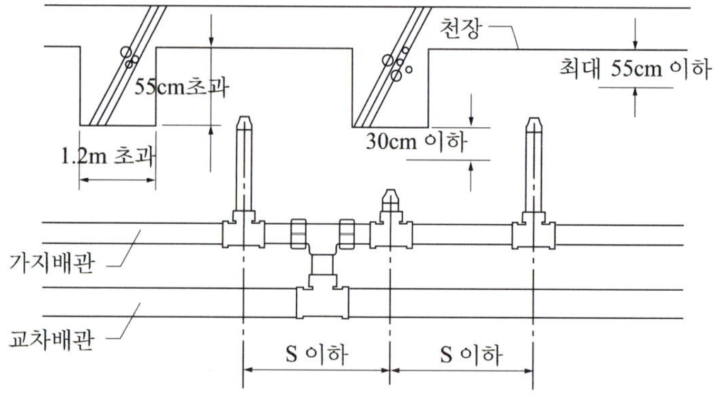

그림 4.1.19.1 보 폭이 1.2 m 초과하는 경우 헤드 배치(보 깊이 55 cm 초과)

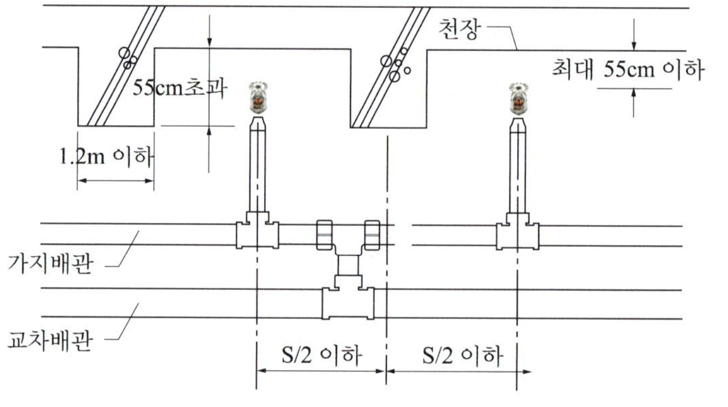

그림 4.1.19.2 보 폭이 1.2 m 이하인 경우 헤드 배치(보 깊이 55 cm 초과)

4.1.20 소화가스구역의 개구부 폐쇄장치 확인

- 개구부 위치 파악 및 폐쇄장치(P.R.D 포함)의 적합 시공여부 확인

(1) P.R.D(Piston Releaser Damper)의 확인 사항

1) 동관 연결 상태 확인
2) 댐퍼 위치 확인
   - 각각의 댐퍼 위치가 설계도서의 위치와 시공 위치가 정확하게 일치하는지 확인

(2) 수동복구함의 설치 확인

1) 위치 적합성 확인

- 출입구 인근 거실 바깥에 유지관리 등이 용이한 위치에 정확하게 설치 확인

그림 4.1.20.1 덕트의 P.R.D 설치 사례

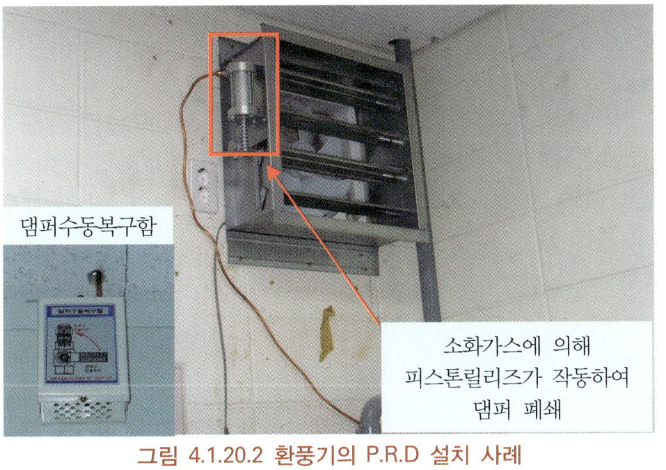

그림 4.1.20.2 환풍기의 P.R.D 설치 사례

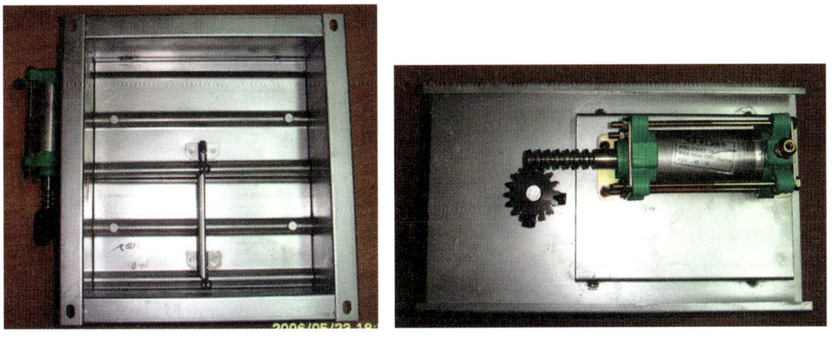

그림 4.1.20.3 P.R.D 상세

4.1.21 소화가스구역의 과압배출구 확인

- 과압배출구의 면적 및 설치상태 확인

(1) 과압배출구의 설치 시 위치 선정 요령

1) 약제 누설 방지를 위한 위치 선정
   ① 과압배출구는 천장 또는 벽체의 상부 부근에 설치
   ② 초기 가스 방사 시, 약제가 방사압에 의해 하부로 분사되므로 하부에 과압배출구가 있으면 약제가 누설될 수 있음
2) 방출노즐 인근 설치 지양
   ① 방출노즐 인근에 과압배출구 설치는 가급적 피함
   ② 방사된 약제가 바로 인접한 과압배출구를 통해 누설되는 것을 방지
3) 인접실 배출 방식 확인
   - 인접실 배출 방식을 사용할 경우, 인접실의 체적이 충분한지 확인

(2) 과압배출구의 작동 압력 및 설치 구조

1) 작동 압력 기준 : 제조사 제공 압력 기준
2) 압력 저하 시 자동 닫힘 구조 확인

그림 4.1.21.1 과압배출구의 설치 사례

4.1.22 소화가스 방출 시 공조설비 정지 확인

- 공조설비 정지 여부 확인

(1) 공조용 팬의 정지 구성

1) 약제 농도에 영향을 미치는 공조용 팬의 정지 필요성
   - 가스약제 방출 시 방호구역의 약제 농도에 영향을 미칠 수 있는 공조용 팬 등은 화재감지 신호와 함께 정지되도록 구성
2) 공조설비와 소방설비의 연동 확인
   ① 이는 공조설비와 소방설비가 서로 연동되어야 하는 부분.
   ② 화재 신호에 의해 공조용 팬이 정지되도록 시스템이 구성되어 있는지 확인

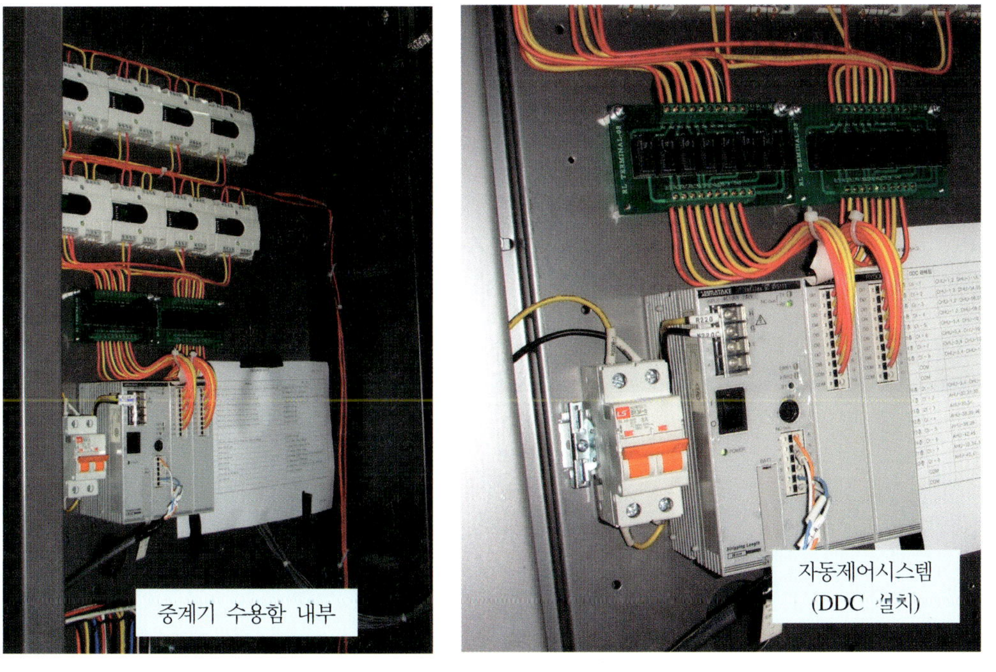

그림 4.1.22.1 공조기 제어를 위한 DDC 설치

4.1.23 감지기 종별 및 설치수량 확인

- 도면과 현장의 감지기 일치 여부 확인

(1) 감지기 설치 현장 확인 사항

1) 감지기 설치 개수 확인
   ① 감지기의 종별 설치 높이 및 설치 면적에 따라 설치 개수가 다름
   ② 제출된 완공 도면과 현장이 일치하는지 확인
2) 소방 완공 시 주의 사항
   ① 설계 검토 및 검측 시점에 이미 검토된 사항임
   ② 완공 시 돌발적인 실용도의 변경이나 불분명한 사항이 있을 수 있으므로 유의하여 확인

그림 4.1.23.1 감지기 시험

4.1.24 감지기의 종단저항 처리 확인

- 감지기의 종단저항 처리 상태 확인

(1) 화재감지선로의 도통 감시를 위한 종단저항 설치

1) 종단저항 설치 목적
   ① 화재감지선로가 정상적으로 도통되고 있는지를 감시하기 위해 종단저항 설치
   ② 감지선로가 단선되면 화재 시 감지기가 작동해도 화재 감지를 할 수 없음
2) 수신기 종류에 따른 단선 확인 방법
   ① P형 화재수신기
      ☞ 감지선로의 단선 유무를 도통시험스위치를 통해 확인
   ② R형 화재수신기
      ☞ 단선 발생 시 즉시 수신기에 자동으로 표시

(2) 종단저항의 올바른 연결 방법 및 유의사항

1) 전선 연결 기준
   - 종단저항에는 각각 하나의 전선만 연결

그림 4.1.24.1 단자대에서 종단저항 처리(잘된 예)

2) 잘못된 연결 사례 및 문제점

① 잘못된 연결 사례

☞ 그림 4.1.24.2와 같이 종단저항에 각각 2선씩 연결된 경우가 있음

② 문제점

☞ 이는 송배선 방식을 위반한 것으로 볼 수 있음

☞ 특정 감지기를 별도로 분기한 잘못된 경우

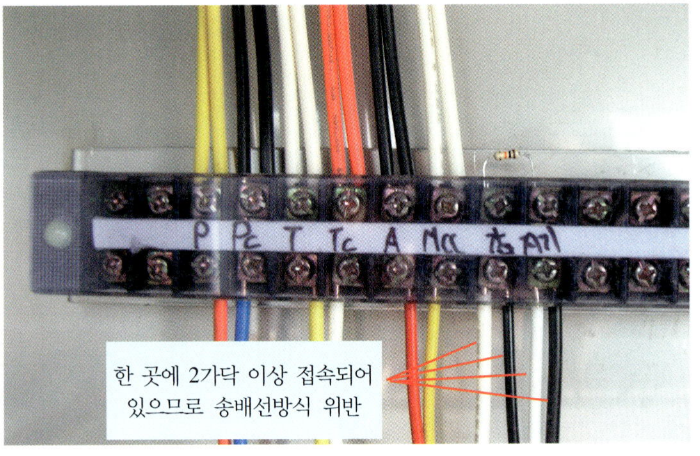

그림 4.1.24.2 단자대에서 종단저항 처리(불량 예)

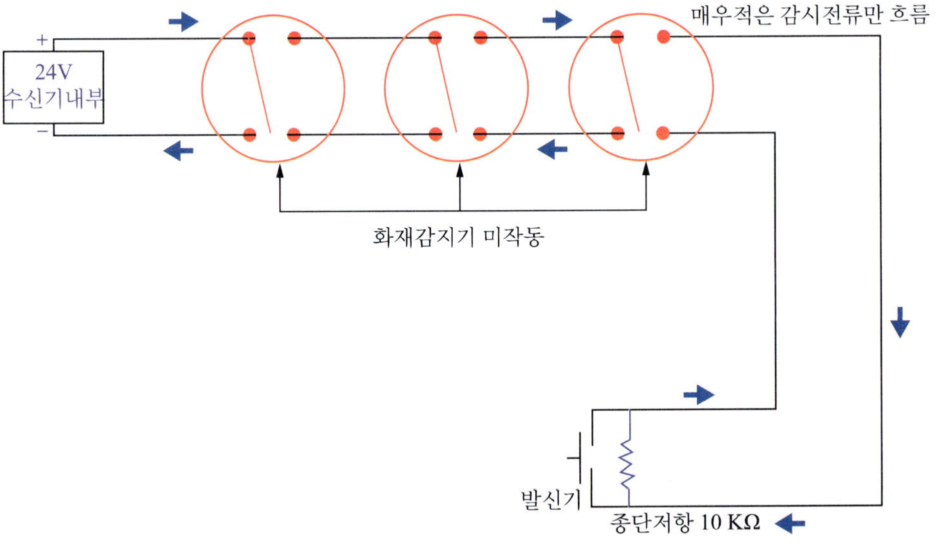

그림 4.1.24.3 감지기 작동 전 회로감시 상태

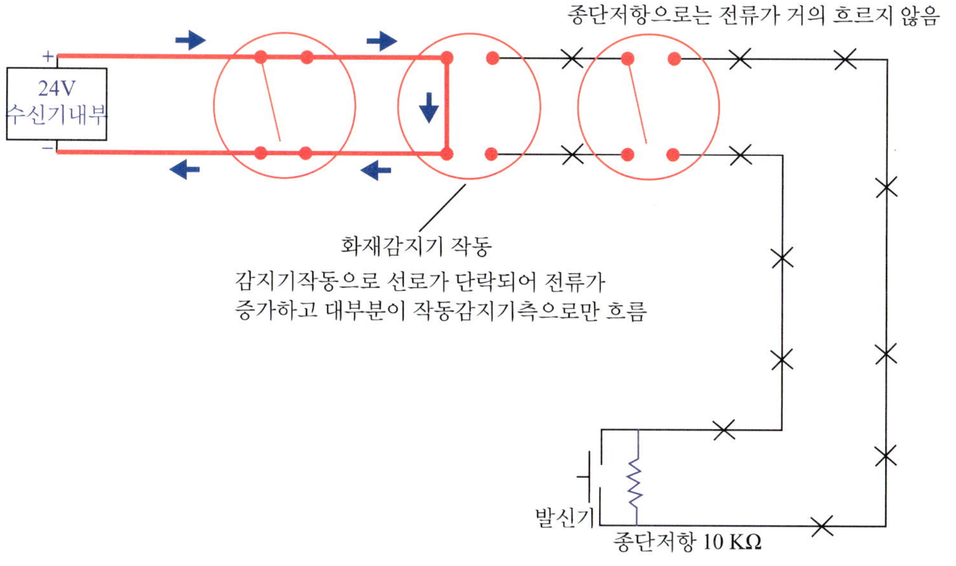

그림 4.1.24.4 감지기 작동 후 회로감시 상태

(3) P형 수신기와 발신기의 결선도 관련 사항

1) 그림 4.1.24.5 : P형 수신기와 발신기의 결선도
2) 종단저항의 처리 방식
   - 종단저항은 감지기의 종단에서 연결된 감지선로를 단자대 내부에서 처리한 모습

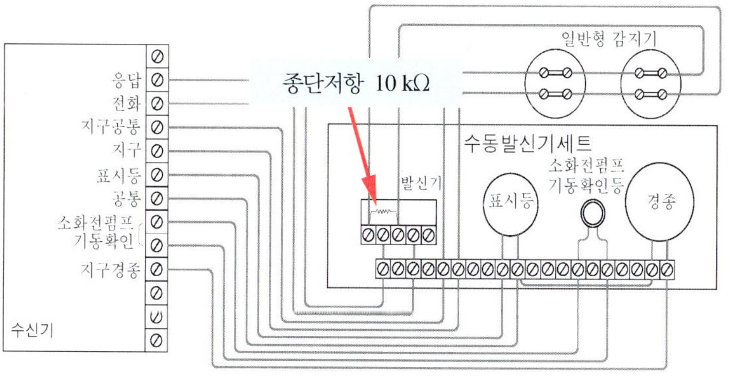

그림 4.1.24.5 P형수신기와 발신기 결선도

4.1.25 공기유입구와 감지기의 이격거리 확인

- 감지기와 공기유입구와의 이격거리는 1.5 m 이상 이격 확인

(1) 화재감지기 설치 위치에 따른 감지 지연 문제

1) 공기유입구 인근 설치 시 문제점
   ① 화재감지기가 공기유입구 인근에 설치되면, 화재 시 발생한 열기류(열감지기)와 연기(연기감지기)가 공기유입구의 기류로 인해 분산 또는 차단됨
   ② 이로 인해 화재감지의 지연 현상이 발생함

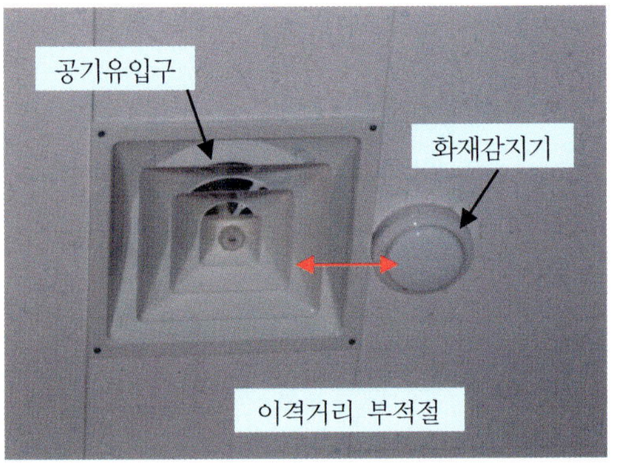

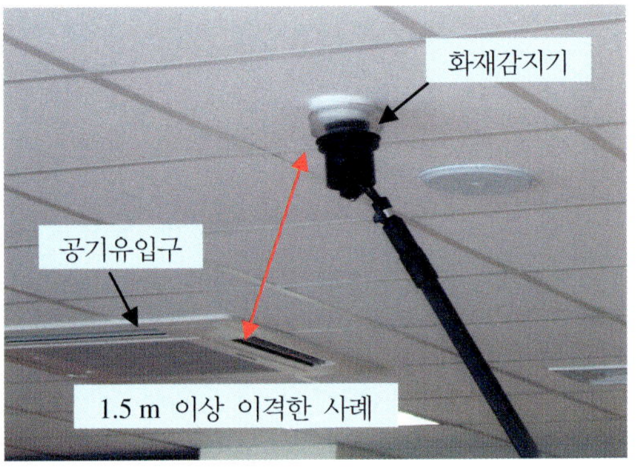

그림 4.1.25.1 감지기와 공기유입구 이격 설치

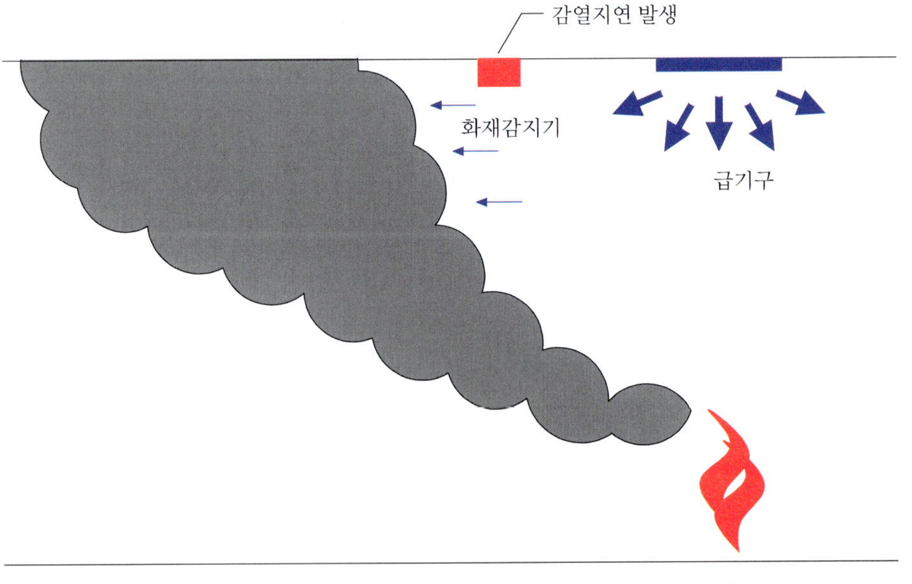

그림 4.1.25.2 공기유입구의 기류영향으로 감지기의 감지지연 현상

(2) 차동식스포트형감지기의 감도시험 기준(표 4.1.25.1)

1) 시험 방법

① 온도상승율을 계단상승으로 설정함

② 실온보다 K℃ 높은 온도에서 풍속 V cm/s의 수직기류에 감지기를 투입함

③ N초 이내에 작동하도록 규정되어 있음

표 4.1.25.1 차동식감지기의 감도시험표

<table>
<tr><th rowspan="3">종 별</th><th colspan="5">작동 시험</th></tr>
<tr><th colspan="3">계단 상승</th><th colspan="2">직선 상승</th></tr>
<tr><th>K</th><th>V</th><th>N</th><th>T</th><th>M</th></tr>
<tr><td>1 송</td><td>20</td><td>70</td><td rowspan="2">30</td><td>10</td><td rowspan="2">4.5</td></tr>
<tr><td>2 종</td><td>30</td><td>85</td><td>15</td></tr>
</table>

(3) 정온식감지기의 감도시험 기준(표 4.1.25.2)

1) 시험 방법

① 공칭작동온도의 125% 온도에서 풍속 1 m/s의 수직기류에 감지기를 투입함

② 종별에 따라 표에서 정하는 시간 이내에 작동하도록 규정됨

표 4.1.25.2 정온식감지기의 감도시험표

<table>
<tr><th rowspan="2">종별</th><th colspan="2">실온</th></tr>
<tr><th>섭씨 0도</th><th>섭씨 0도 이외</th></tr>
<tr><td>특종</td><td>40초 이하</td><td rowspan="3">실온 θ_r(도)일 때의 작동시간 t(초)는 다음 식에 의하여 산출한다.
$$t = \frac{t_o \log_{10}\left(1+\frac{\theta-\theta_r}{\delta}\right)}{\log_{10}\left(1+\frac{\theta}{\delta}\right)}$$
여기서, t_o : 실온이 섭씨 0도인 경우의 작동시간(초)
θ : 공칭작동온도(도)
δ : 공칭작동온도와 작동시험온도와의 차</td></tr>
<tr><td>1종</td><td>40초 초과
120초 이하</td></tr>
<tr><td>2종</td><td>120초 초과
300초 이하</td></tr>
</table>

(4) 열감지기 설치 시 고려사항

1) 차동식열감지기의 경우 : 온도상승율 중요

2) 정온식열감지기의 경우 : 지속적인 고온 열기류에의 노출 중요

3) 공통 사항

- 화재 시 발생하는 열기류가 외부적인 방해 없이 감지기에 신속히 전달되도록 설치

(5) 연기감지기 설치 시 고려사항

1) 기류의 영향 : 연기감지기는 열감지기보다 기류의 영향을 더 많이 받음
2) 설치 위치
   ① 급기 디퓨저로부터 충분히 이격하여 설치함
   ② 배기 디퓨저에는 가깝게 설치함

4.1.26 발신기의 조작스위치, 시각경보기의 설치 높이 확인

- 발신기의 조작스위치는 바닥으로부터 0.8 m 이상 1.5 m 이하
- 시각경보장치 설치높이는 바닥으로부터 2.0 m 이상 2.5 m 이하에 설치하고 다만, 천장의 높이가 2.0 m 이하인 경우에는 천장으로부터 0.15 m 이내에 설치 확인

(1) 발신기 세트 및 소화전함 설치 시 높이 기준 준수

1) 현장 제작 소화전함 설치 시 주의사항
   ① 주차장 등에서 기성품 소화전함 대신 현장 여건에 맞게 제작된 소화전함을 발신기 세트와 함께 설치할 경우
   ② 형태 변형에 따라 소화전함의 높낮이가 변동될 수 있음
   ③ 이로 인해 발신기 세트의 설치 높이가 화재안전기술기준에서 정한 높이를 초과할 수 있으므로 주의가 필요함
2) 발신기 세트 높이의 화재안전기술기준 준수 확인
   ① 발신기 세트의 설치 높이가 기준에 적합한지 확인해야 함
   ② 설치 시 화재안전기술기준에 명시된 높이를 초과하지 않도록 설계 및 시공 단계에서 확인 필요

(2) 시각경보장치 설치 높이 기준 확인

1) 과거 설치 높이 기준 부재
   ① 시각경보장치 도입 초기에는 설치 높이 기준이 없었음
   ② 이로 인해 발신기 세트 부위에 부착하여도 문제가 되지 않았음
2) 현재 화재안전기술기준 적용 필요
   ① 현재는 화재안전기술기준에 시각경보장치의 설치 높이 기준이 명확하게 마련됨
   ② 따라서 시각경보장치의 부착 높이가 기준에 적합한지 확인해야 함

3) 설치 높이 적합성 확인 절차

① 설치 전후로 시각경보장치의 높이를 측정하여 기준 준수 여부를 확인해야 함

② 부착 높이의 적합성을 지속적으로 검토하여 화재 안전에 만전을 기해야 함

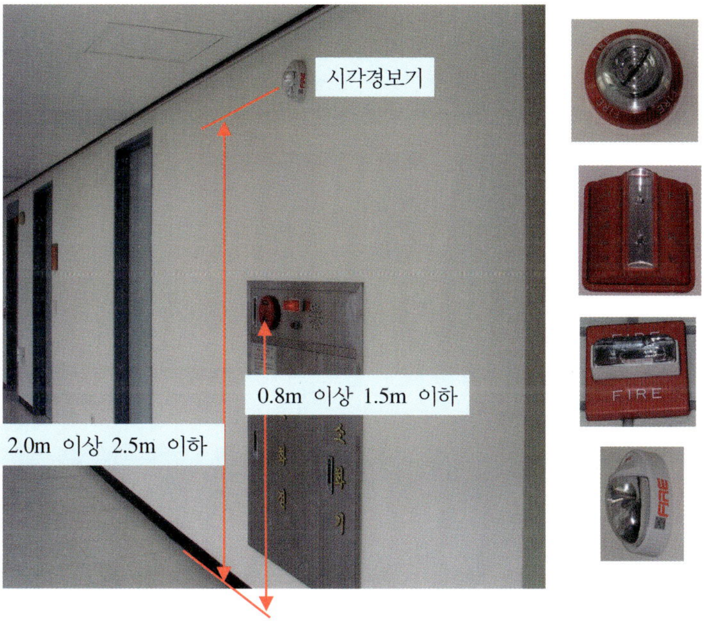

그림 4.1.26.1 발신기 및 시각경보기 설치

4.1.27 단자함 시공 상태 확인

- 색상 구분 및 배선 정리 상태 확인
- 선로의 명칭 표지 상태 확인
- 감전 방지용 단자 커버 설치 상태 확인
- 단자대 볼트 조임 상태 확인

(1) 단자대의 시공 상태 확인

1) 단자대 정리 상태

- 발신기 함 내부 또는 간선용 박스 내부의 단자대의 정리 상태를 확인

2) 전선 명칭 표기 및 선로 일치 여부

① 전선의 명칭 표기 상태를 확인

② 전선 명칭이 실제 선로와 일치하는지 확인

3) 1차측 간선과 2차측 선로의 정리 상태 확인

4) 전선 색상 구분 상태 확인

5) 단자대 전선 조임 상태 확인

6) 단자 커버 부착 상태

- 감전 방지 등을 위한 단자 커버의 부착 상태를 전반적으로 확인

그림 4.1.27.1 단자함 시공 상태

4.1.28 스피커 규격 및 설치위치 확인

- 각 층마다 수평거리 25 m 이하 설치 확인
- 엘리베이터 내부에는 별도의 음향장치 설치여부 검토
- 자동화재탐지설비와 연동여부 확인

(1) 확성기(스피커)의 음성입력 기준 및 설치 형태

1) 음성입력 기준

① 확성기의 음성입력은 실외 설치 시 3W 이상, 실내 설치 시 1W 이상

② 음성입력을 규정한 이유 : 방송은 발신기와 같이 출력 음량으로는 규정하기 곤란하기 때문

2) 스피커 설치 형태별 종류

① 실내 설치 (사무실 등)

☞ 천장 매립형으로 콘(Cone, 원추)형 스피커를 설치

② 실외 및 지하주차장 설치

☞ 반자가 없으므로 노출 설치

☞ 일반적으로 벽부형 또는 혼(Horn)형 스피커를 설치

그림 4.1.28.1 천장형, 벽부형, 혼형 스피커

(2) 스피커의 성능 및 연동 설치 기준

1) 스피커의 성능 기준

- 정격전압의 80% 전압에서 음향을 발할 수 있어야 함

2) 자동화재탐지설비와의 연동

- 자동화재탐지설비의 작동과 연동하여 작동할 수 있도록 설치해야 함

(3) 음향장치 설치 기준

1) 각 층마다 스피커 설치

2) 스피커 간 수평거리 기준 : 그림 4.1.28.2 참조

- 해당 층의 각 부분으로부터 하나의 확성기까지의 수평거리 25 m 이하

3) 해당 층의 각 부분에 유효하게 경보 발신

4) 엘리베이터 내부 별도의 음향장치 설치

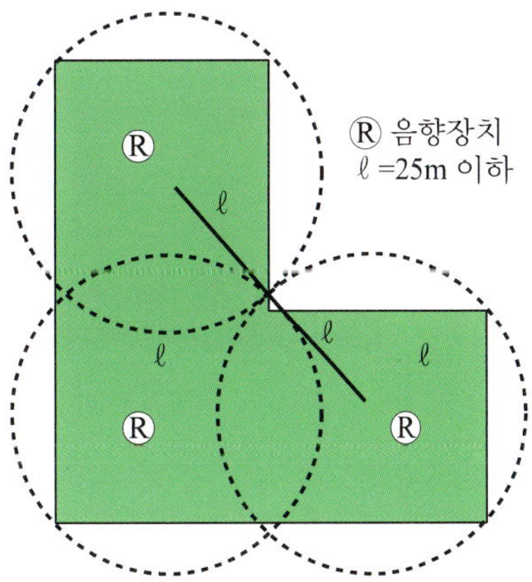

그림 4.1.28.2 음향장치 수평거리

4.1.29 유도등의 설치높이 확인

- 각 유도등별 설치높이가 규정에 적합한지 확인

(1) 유도등 설치 장소 및 피난 방향 확인

1) 유도등이 설치된 장소가 도면과 일치하는지 확인
2) 피난 방향과 출입문의 개폐 방향이 일치하는지 확인
3) 화살표의 지시 방향이 피난 방향을 지시하고 있는지 확인

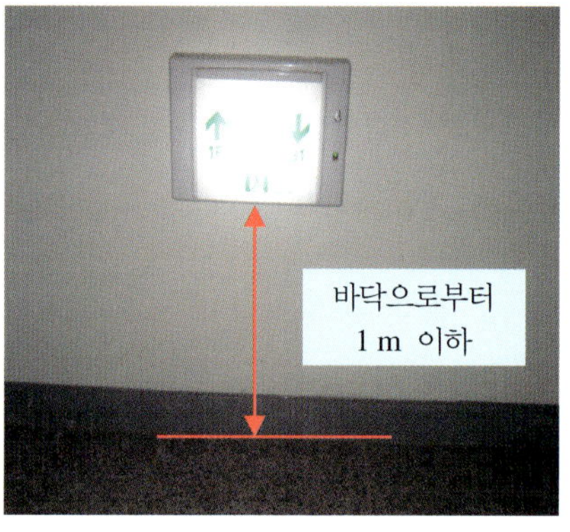

계단통로유도등

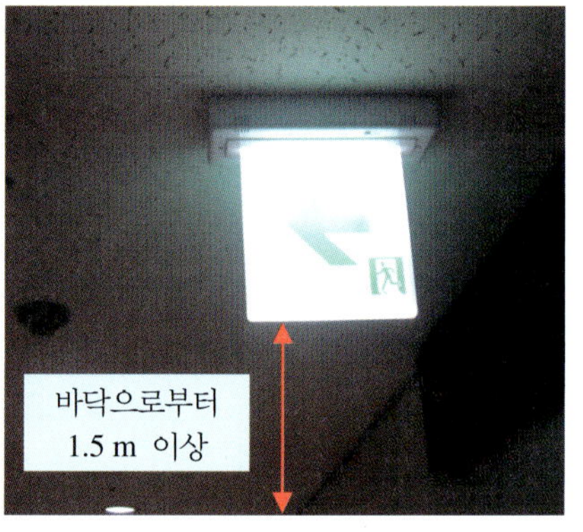

거실통로유도등

복도통로유도등

피난구유도등

그림 4.1.29.1 유도등의 설치 높이

(2) 유도등 종류별 설치 높이 기준

1) 피난구 유도등 : 피난구 바닥으로부터 높이 1.5 m 이상인 곳에 설치
2) 복도 통로유도등 : 바닥으로부터 높이 1 m 이하의 위치에 설치

3) 거실 통로유도등 : 바닥으로부터 높이 1.5 m 이상인 곳에 설치

- 단, 거실 통로에 기둥이 있는 경우 기둥 부분의 바닥으로부터 높이 1.5 m 이하인 곳에 설치

4) 계단 통로유도등 : 바닥으로부터 높이 1 m 이하의 위치에 설치

(3) 복도 통로유도등 및 유도표지 설치 확인

1) 복도 통로유도등 설치 기준 : 그림 4.1.29.2 참조

- 구부러진 모퉁이 및 보행거리 20 m마다 설치 확인

2) 유도표지 설치 기준 검토 : 그림 4.1.29.3 참조

① 피난구 유도표지는 출입구 상단에 설치되었는지 확인

② 통로유도표지는 바닥에서 높이 1.0 m 이하의 위치에 설치되었는지 확인

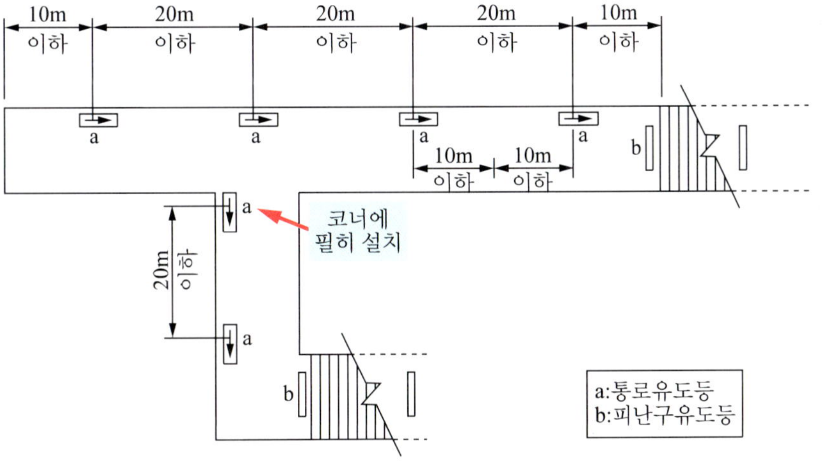

그림 4.1.29.2 통로유도등의 설치 위치

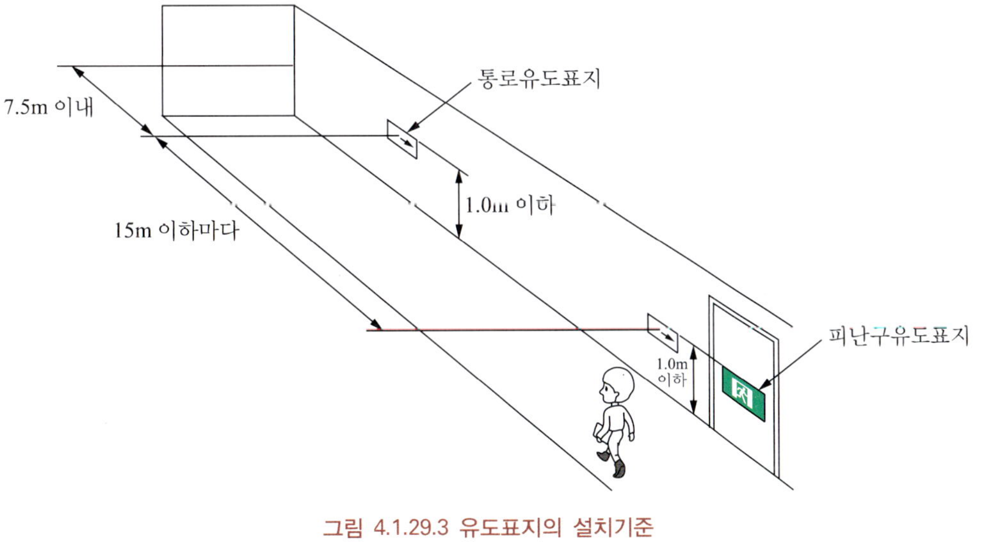

그림 4.1.29.3 유도표지의 설치기준

4.1.30 완강기 지지대의 고정 확인

- 지지대 부착 부위 구조가 견고한지 확인
- 지지대(고리)가 개구부로 전개 가능 여부 확인
- 피난기구 표지 및 설명서 부착 상태 확인

(1) 피난기구의 견고한 부착 여부 확인

1) 구조상 견고한 부분에 부착 여부
   - 소방대상물의 기둥, 바닥, 보 등의 견고한 구조 부분에 볼트 조임, 매립 또는 용접 등의 방법으로 견고하게 부착되었는지 확인

2) 부착 위치의 우선순위
   ① 부착할 곳의 우선순위는 건물의 구조체로서 가장 견고한 기둥이 우선
   ② 다음으로 벽체, 바닥 순으로 부착

3) 천정형 설치 가능
   - 미관상 바닥 설치가 곤란한 경우에는 천정형 설치도 가능

그림 4.1.30.1 완강기의 부착 상태

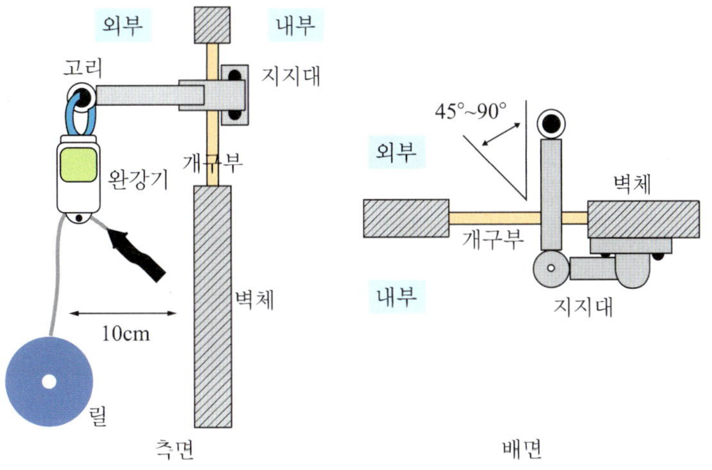

그림 4.1.30.2 완강기의 전개

(2) 지지대 고리 및 완강기 설치 상태 확인

1) 고리의 개구부 외부 전개 여부
   - 지지대 끝부분 고리에 완강기 후크가 연결되므로, 고리가 개구부(창) 밖으로 전개되는지 확인
2) 외벽면과 완강기 릴 간의 간격 확인
   - 완강기로 벽면을 타고 내려갈 때 간섭이 없도록 외벽면과 완강기 릴(줄) 사이에 약 10 cm 정도의 공간이 확보되는지 확인
3) 지지대 고리의 전개 각도 확인
   - 지지대 고리가 개구부 외부로 45°~90° 사이로 전개가 가능하게 시공되었는지 확인

(3) 피난기구 표지 및 사용설명서 비치 여부 확인

1) 피난기구 표지 부착 여부
   - 피난기구의 설치 위치를 알릴 수 있도록 피난기구 표지가 부착되었는지 확인
2) 사용설명서 비치 또는 부착 여부
   - 피난기구의 사용설명서가 비치 또는 부착되었는지 확인

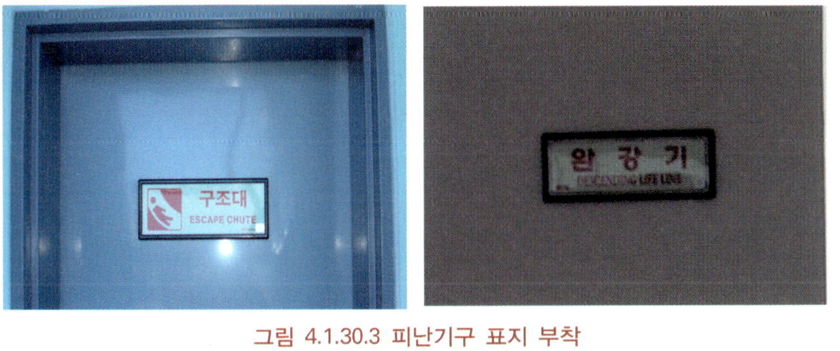

그림 4.1.30.3 피난기구 표지 부착

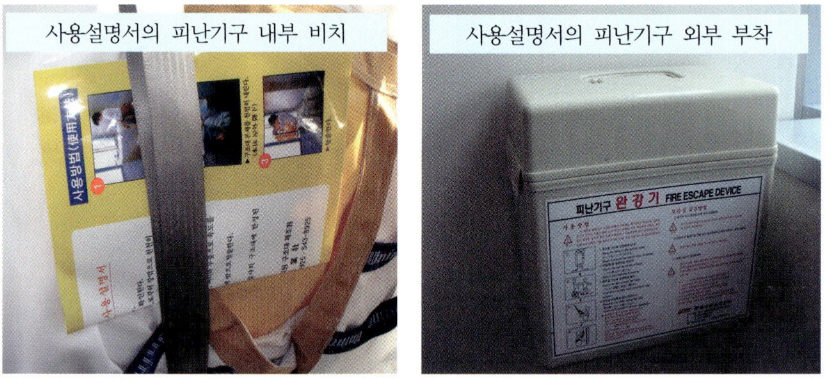

그림 4.1.30.4 피난기구 사용설명서

4.1.31 피난 개구부의 확보 확인

- 피난 개구부의 크기가 가로 0.5 m 이상, 세로 1 m 이상 확인
- 피난 개구부의 하단 높이 1.2 m 이내 확인
- 피난 개구부의 하단 높이 1.2 m 이상인 경우 발판 설치 여부 확인
- 개구부 창호의 개방이 불가능한 경우 파괴용 망치 비치 여부 확인
- 피난에 지장 없는 공지 확보 여부 확인

(1) 피난기구 사용을 위한 개구부의 크기 및 상태 확인

1) NFTC 301 규정에 따른 개구부 기준

① 피난기구는 계단 · 피난구, 기타 피난시설로부터 적당한 거리에 있는 안전한 구조로 된 유효한 개구부에 고정하거나 필요한 때에 신속하고 유효하게 설치할 수 있는 상태에 둘 것

② 유효한 개구부의 크기

☞ 가로 0.5 m 이상, 세로 1 m 이상인 것

☞ 개구부 하단이 바닥에서 1.2 m 이상이면 발판 등을 설치해야 함

☞ 밀폐된 창문은 쉽게 파괴할 수 있는 파괴장치를 비치해야 함

2) 상기 규정에 따라 피난기구의 설치 및 개구부의 적합성 확인

(2) 개구부의 크기 및 재질 확인

1) 개구부 크기 기준

- 바닥에서 1.2 m 이내에 가로 0.5 m 이상, 세로 1.0 m 이상 열 수 있는 창문 설치

2) 재질 기준

- 창문을 열 수 있거나 쉽게 파괴할 수 있는 재질로 구성

3) 유효한 개구부의 개념

- 창문 등의 개구부 크기는 프레임을 제외한 순수한 크기인 유효한 개구부

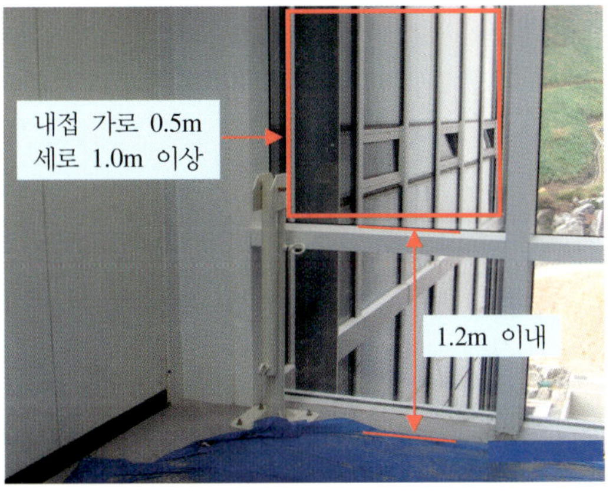

그림 4.1.31.1 피난 개구부의 확보 상태

(3) 외부 소방 활동 공간 확보

1) 소방차 접근 및 전개 공간 확보

- 개구부가 면한 건물 쪽에는 피난 또는 소화활동을 위하여 사다리를 펼칠 수 있도록 소방차가 정차하여 아웃트리거(전도방지대 또는 안전지지대)를 전개할 수 있는 공지가 확보되어야 함

그림 4.1.31.2 밀폐 개구부의 파괴망치 비치

그림 4.1.31.3 피난 공지 확보

4.1.32 피난구 도어클로저의 폐쇄력 확인

- 제연설비 작동 시 자동폐쇄장치의 완전 폐쇄 여부 확인
- 자동폐쇄장치의 폐쇄력 (110 N 이하) 및 개방력 확인

(1) 도어클로저의 폐쇄력 확인 및 조치 사항

1) 도어클로저 폐쇄력의 충분성 확인
   ① 부속실 단독 가압방식에서 도어클로저의 자동 폐쇄력이 부족할 경우, 제연구역과 계단실 사이의 방화문이 완전히 폐쇄되지 못해 계단실 내로 연기 침투
   ② 제연설비의 차압에 대해 도어클로저의 폐쇄력이 충분한지 확인
2) 재실자의 피난 장애 요인 검토
   ① 도어클로저의 폐쇄력이 재실자가 미는 힘(110 N 이하)보다 너무 큰 경우, 재실자(노약자, 병자 등 재해약자)가 문을 열고 피난하는 데 장애가 될 수 있음
   ② 이를 해결하기 위해 폐쇄력은 유지하되 열리는 힘이 부드러운 폐쇄력 보조장치 개발
      ☞ 닫힘 폐쇄력 : 40~80 N
      ☞ 열림 개방력 : 15~25 N

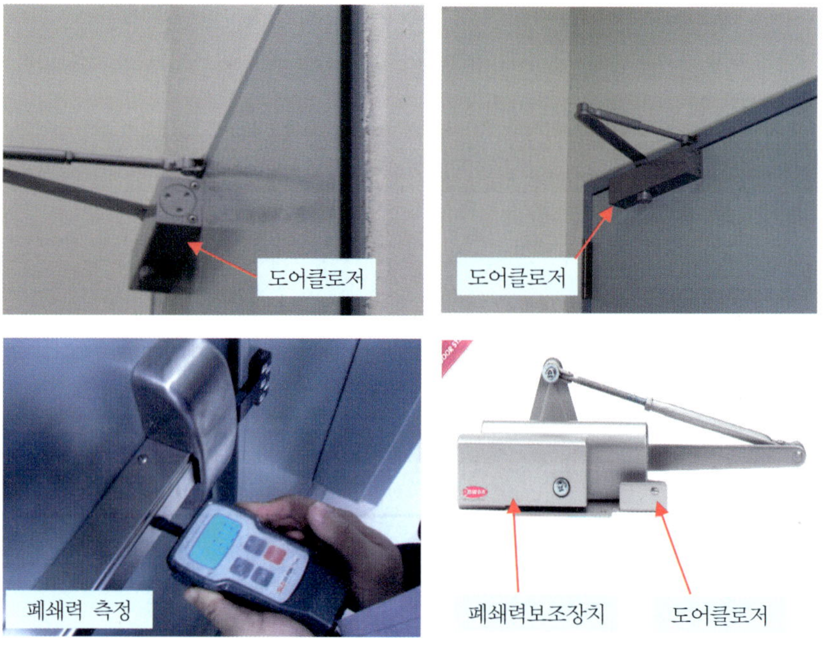

그림 4.1.32.1 도어클로저 설치

3) 출입문 개방 상태의 문제점

① 평상시 사용이 불편하여 출입문 하부에 Door Stopper(말굽 또는 쇄기목)를 사용하여 출입문을 개방 상태로 두는 경우가 있음

② 이는 화재 시 제연설비를 무용지물로 만드는 요인

4) 성능시험 시 확인 사항

① 출입문의 폐쇄력 및 완전 폐쇄 여부를 확인하여 피난에 장애가 없도록 함

② 이를 통해 재실자의 안전한 피난을 보장

4.1.33 거실제연설비 댐퍼 스케줄 확인

- 도면의 댐퍼스케줄에 제연팬의 기동 및 댐퍼의 개방 및 폐쇄상태를 각 제연구역별로 확인

지상 1층 제연댐퍼 스케줄

댐퍼번호 구역	2F 1-5	2F 1-6	2F 1-7	2F 1-8	2F 1-9	2F 1-10	1F 1	1F 2	1F 3	1F 4	
평상시	NO	NO	NO	NO	NO	NO	NO	NO	NO	NO	
A구역-화재시	O	NO	NO	NO	O	C	C	C	NO	NO	SEF-24 배기편, SSF-20 급기팬 가동, 나머지 장비 정지(B구역급기)
B구역-화재시	NO	O	O	C	NO	NO	NO	NO	C	C	SEF-24 배기편, SSF-20 급기팬 가동, 나머지 장비 정지(A구역급기)

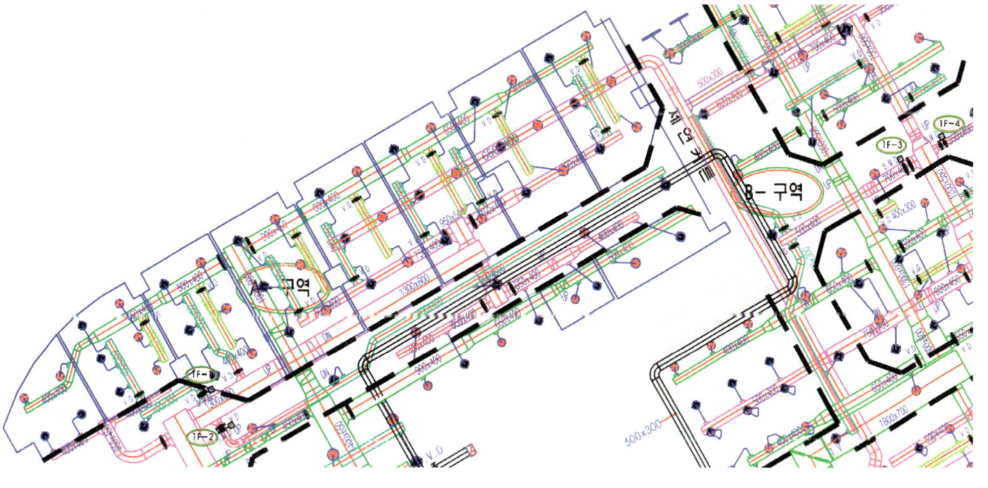

그림 4.1.33.1 거실 제연설비 평면도

(1) 화재 수신반 입출력표 확인

1) 감지기 입력신호의 적정성 확인
   ① 완공검사 전에 화재 수신반의 입출력표 확인
   ② 각 제연구역의 자동화재탐지설비 감지기 및 제연기동용 감지기의 작동 입력신호의 적정성 확인
2) 급·배기팬 및 모터댐퍼 출력신호의 적정성 확인
   - 해당 제연구역의 급기팬, 배기팬, 모터댐퍼(M.D)의 기동 출력신호의 적정성 확인

(2) 현장 작동 확인

1) 감지기 작동에 따른 제연설비 작동 확인
   ① 각 제연구역의 자동화재탐지설비 감지기 및 제연기동용 감지기 작동
   ② 해당 제연구역을 담당하는 제연 급기팬 및 배기팬이 정상적으로 작동 여부 확인
   ③ 모터댐퍼(M.D)의 개방 및 폐쇄가 댐퍼 스케줄표대로 정확히 작동하는지 확인
2) 화재 수신반과 실제 작동의 일치 여부 확인
   ① 화재 수신반에서 제연팬의 기동 상태 및 제연댐퍼의 개방 및 폐쇄 상태 확인
   ② 실제 제연팬 및 제연댐퍼의 작동과 화재 수신반 표시가 일치하는지 확인

4.1.34 칼받이 접지극의 접지 처리 확인

- 칼받이 접지극에 접지 처리 여부 확인

(1) 콘센트 접지극 설치로 소방관 감전 재해 방지

1) 감전 위험성
   ① 화재 진압 후 소화전 등의 방수로 인해 바닥에 물 고임
   ② 바닥의 고인 물로 인해 소방관이 감전될 위험이 있음
2) 콘센트 접지극 설치 필요성
   ① 감전 재해를 방지하기 위해 콘센트에 접지극을 설치
   ② 접지극의 접지공사는 제3종 접지에 해당
   ③ 접지저항은 100 Ω 이하로 유지

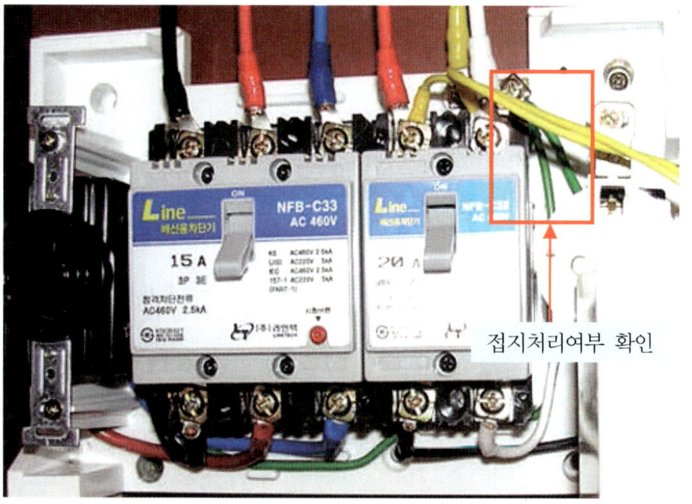

그림 4.1.34.1 비상콘센트의 접지

(2) 소방시설에서 접지를 해야 할 부위

1) 수신기와 전원과의 접속 부위
2) 감시제어반 및 동력제어반 설치 장소
   - 침수 및 진동, 화재의 영향이 적은 곳에 설치
3) 비상방송설비의 앰프 설치 부위
4) 유도등의 전원부 : 비상전원 연결 여부 고려
5) 제연설비의 송풍기 설치 장소
6) 비상발전기의 전원 연결 부위
   - 전용 패널 및 비상 라인을 통한 인입 부분을 포함
7) 비상전원 수전설비의 설치 장소

(3) R형 수신기의 접지 적용

1) 낙뢰 피해 방지를 위한 접지 검토
   - R형 수신기는 낙뢰에 의한 피해 방지를 위해 대지와의 접지를 검토하여 현장에 적용

4.1.35 무반사종단저항 및 안테나 설치 확인

- 케이블 말단에 무반사 종단저항 설치 확인
- 안테나 방식은 안테나 설치 확인

(1) 무반사 종단저항 설치로 전자파 반사 방지

1) 전자파 반사로 인한 교신 방해
   - 누설동축케이블로 전송되는 전자파는 케이블 끝에서 반사되어 교신을 방해
2) 무반사 종단저항 설치 필요성
   - 송신부로 되돌아오는 전자파의 반사를 방지하기 위해 케이블의 끝부분에 무반사 종단저항을 설치

(2) 안테나 설치 여부 확인

1) 안테나 방식을 사용하는 경우, 안테나의 설치 여부를 확인

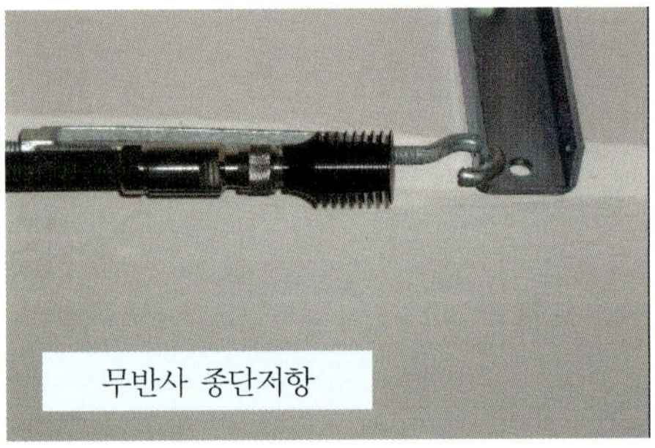

그림 4.1.35.1 무반사 종단저항 및 안테나

4.1.36 옥외안테나 설치 확인

- 옥외안테나 설치 위치 및 장소 확인

(1) 단자잭 제외 표지 부착으로 소방활동 지원

1) 표지 부착 필요성

① 공중선(안테나) 방식은 단자함 및 단자잭이 제외되므로,

② 단자잭이 제외되었음을 알리는 표지를 부착하여 소방활동에 지장이 없도록 함

(2) 표지 설치 장소

① 옥외 안테나 설치 장소 주변

② 연결 송수구 설치 장소 주변

③ 방재실 내의 무선통신기기

(3) 통신 채널 설정 및 안내

1) 공중선(안테나) 방식의 통신 제한

- 공중선(안테나) 방식은 소방본부용 교신 채널과 통신이 되지 않으므로, Spare 채널(1 : 1 통신 채널)을 사용

2) 채널 정보의 현장 반영

- 1 : 1 통신 채널 및 본부용 채널은 각 소방서마다 다르므로, 관할 소방서에 문의하여 안내 표지판 제작 시 반영

3) 무전기 채널 통일 및 통화 테스트

① 지상에서 무전기 상호 간 채널을 Spare 채널로 통일

② 지상과 지하 간 상호 무전 통화 테스트를 실시

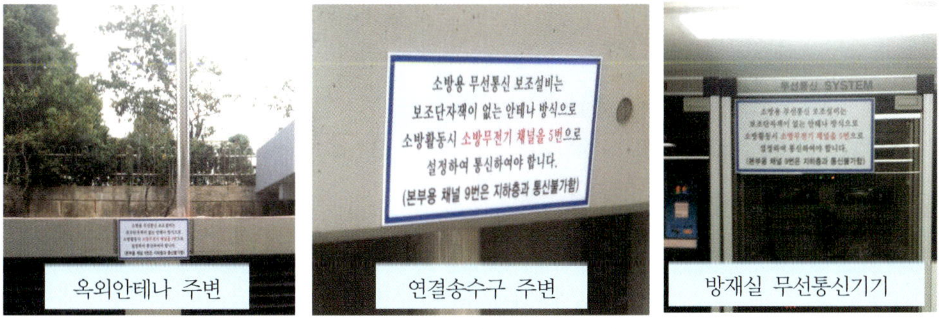

그림 4.1.36.1 공중선(안테나)방식의 표지

예시-공중선(안테나)방식 표지

소방용 무선통신보조설비는 보조단자잭이 없는 안테나 방식으로, 소방활동시 소방무전기 채널을 ○○번으로 설정하여 통신하여야 합니다. (본부용 채널 XX번은 지하층과 통신 불가함)

비고) 여기서, ○○번은 Spare 채널(1 : 1 통신채널), xx번은 본부용 교신 채널이다.

4.1.37 누설동축케이블의 고정상태 확인

- 누설동축케이블은 4 m 이내마다 견고하게 고정되었는지 확인

(1) 누설동축케이블의 견고한 고정 방안

1) 피복 소실로 인한 본체 낙하 방지
   ① 화재로 인해 누설동축케이블의 피복이 소실될 수 있음
   ② 케이블 본체(내부 도체 및 외부 도체의 신호용 슬롯)가 떨어지지 않도록 고정
2) 4 m 이내마다 지지 금구로 고정
   ① 4 m 이내마다 금속재 또는 자기재 등의 지지 금구를 사용
   ② 누설동축케이블을 벽, 천장 또는 기둥 등에 견고하게 고정

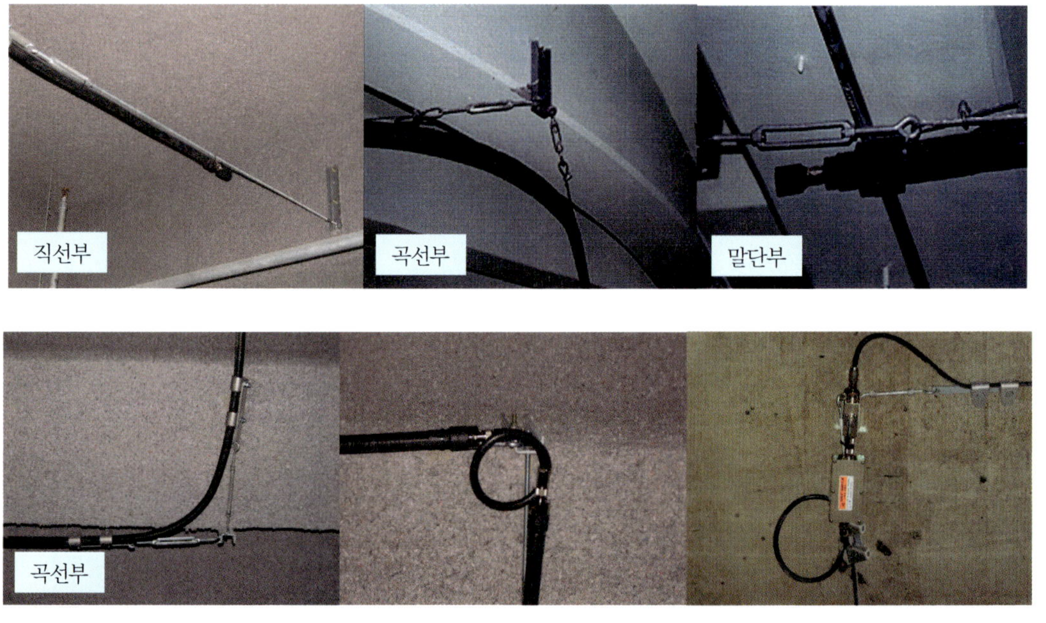

그림 4.1.37.1 누설동축케이블의 직선 및 곡선별 고정

4.1.38 누설동축케이블의 벽 또는 보 등에서 이격거리 확인

- 누설동축케이블이 벽, 기둥 또는 보로부터 1 m 이상 이격 설치 확인

(1) 누설동축케이블 포설 시 허밍 방지 대책

1) 벽, 기둥 또는 보로부터의 거리 유지
   - 벽, 기둥 또는 보로부터 1 m 이내의 부분에 케이블을 포설하는 경우, 경년변화에 따라 허밍(반사파에 의한 잡음) 발생 가능
2) 폭이 좁은 장소에서의 포설 방법
   - 터널 등 폭이 좁은 장소에서는 케이블을 중앙 부분으로 지나도록 포설
3) 주차장 등 공간에서의 포설 방법
   - 주차장 등의 경우, 벽 또는 기둥으로부터 1 m 이상의 간격을 유지하여 케이블을 포설

그림 4.1.38.1 보와 너무 가까이 포설한 누설동축케이블

4.1.39 상수도소화전 주위공간 확보 확인

- 소방자동차 등의 진입이 쉬운 도로변 또는 공지에 설치 여부 확인

(1) 소방차량용 소화수 공급 설비 확인 사항

1) 소화전 설치 기준
   - 호칭지름 75 mm 이상의 수도배관에 100 mm 이상의 소화전을 설치

2) 설치 위치 조건
   ① 소방자동차 등의 진입이 용이한 장소에 설치
   ② 조경 등 장애물로 인한 사용 불편이 없도록 설치
   ③ 눈에 잘 보이는 도로변 또는 공지에 설치되어 있는지 확인
   ④ 완공 도면과 위치가 일치하는지 확인(수평 투영면 각 부분에서 140 m 이하)

그림 4.1.39.1 상수도소화전의 설치

그림 4.1.39.2 보호가대를 설치한 상수도소화전

4.1.40 각종 표지판 설치 및 위치 확인

- 소방시설별 표지 부착 상태 확인

(1) 소화시설별 표지 부착 확인 및 디자인 조율

1) 표지 부착 완료 여부 확인
   - 화재안전기술기준을 참고하여 각 소방시설별 표지 부착 마무리 확인
2) 건물 CI 디자인과의 협의
   ① 건축공정에서 건물의 CI(Corporate Identity) 디자인이 계획되어 있는 경우
      ☞ 표지판의 종류 및 개수를 협의하여 건물의 통일성을 유지
   ② CI 계획이 없는 경우
      ☞ 글씨 크기 및 표지판 사이즈를 일정하게 제작하여 건축물의 미관을 향상

(2) 소방시설 각종 표지판 부착 위치 및 내용

1) 소화용수 표지판 : 소방기본법 시행규칙 별표 2 참고
2) 소화펌프 표지판 : 주펌프, 예비펌프, 충압펌프에 부착
3) 압력챔버의 압력스위치 표지 : 주펌프-1, 2, 예비펌프-1, 2, 충압펌프에 부착
4) 송수구 압력범위 표지판
   - 송수압력범위 : ____ MPa ~ ____ MPa 표시
5) 소화기 표지판 또는 소화기 받침대 배치
   - 소화기 위치를 쉽게 식별할 수 있도록 표지판 또는 받침대 설치
6) 저수조 표지판
   - 총보유량 : ____ m^3
   - 소화용수 : 옥내소화전 ____ m^3, 스프링클러 ____ m^3
7) 유수검지장치 등 밸브실 표지판
   - 유수검지장치실, 일제개방밸브실 등 출입문 상단 또는 문짝에 부착
8) 유수검지장치 등 사용설명서
   - 장치의 올바른 사용을 위한 설명서를 장비 인근에 부착
9) 옥내소화전 커버 사용설명서 : 국문·영문 혼용으로 작성하여 부착
10) 피난기구 사용설명서 및 위치 표지판
   - 피난기구의 사용 방법과 위치를 알리는 표지판 부착

11) 제연 급·배기팬 표지

- 급기팬 및 배기팬 : 계단-1, -2 등으로 제연구역을 표기

12) 소화가스 용기실 표지판

① 소화약제 저장 용기실 표지 부착

② 선택밸브에 담당 방호구역 및 용기 개수 표시

③ 소화약제 가스 사용설명서 부착

④ 방호구역별 동관을 색깔별로 구분

13) 소화가스 제어반 취급설명서 및 경계일람도

- 제어반의 사용 방법과 경계구역을 알리는 일람도 부착

14) 발신기세트 내 단자대 명칭 표식 : 한글로 명칭 표식을 부착

15) 발신기세트 외부 발신기 번호 표식 : 도면과 일치된 발신기 번호를 표기

16) 수신기 경계일람도

- 최종 자동화재탐지설비 계통도를 코팅하여 부착

17) 수신기 동력제어반 단자대 전원 표식 : 수신기 전원임을 명확히 표기

18) 소화펌프 동력제어반 표식

- 주펌프-1, 2 / 예비펌프-1, 2 / 충압펌프 등을 구분하여 표기

19) 제연팬 동력제어반 표식

- 급기팬 및 배기팬 : 계단-1, -2 등으로 표식을 부착

20) 계단통로유도등 설치 : 층별 표시형으로 설치

21) 비상콘센트 표지 : 발신기세트에 내장형인 경우 표지를 부착

22) 비상방송 앰프 층별 표식

- 각 층에 해당하는 비상방송 앰프에 표식을 부착

4.2 성능시운전 검사

(1) 성능시운전의 정의 및 사전 준비 필요성

1) 성능시운전의 정의
- 설계도서에 따라 소방시설의 설치가 완료되면, 시공한 소방시설의 적정성 및 정상 작동 여부를 확인하기 위해 감리원과 시공자 등이 합동으로 소방시설과 그 연관시설을 확인(시험)하는 절차

2) 사전 준비 필요성
- 시운전은 많은 시간이 소요되므로, 사전에 시운전 항목을 정하고, 항목별 시운전 절차, 운전시간 단축 방안, 시운전 설비별 이동 동선 등을 계획하여 효율적인 시운전 관리를 위한 사전 준비 필요

(2) 시운전 순서 및 계획 수립

1) 시운전 순서 결정
- 현장 여건에 맞추어 감리원과 시공자가 상호 협의하여 시운전 순서를 결정

2) 시운전 계획 수립
- 완공도면을 기준으로 시운전 계획을 수립

3) 시운전 이행 순서
① 시운전 순서에 따라 해당 설비별로 시운전을 실시
② 개별 실시한 시운전 및 점검에서 문제가 없는지 확인
③ 연동시험을 실시하여 주된 설비가 작동할 때 연관 설비가 동시에 또는 시퀀스에 따라 작동되는지 확인
④ 검사가 완료되면 다음 시운전 항목의 설비로 이동

(3) 시운전에 필요한 장비 구성 및 협의

1) 필요 장비 구성
- 소방시설업 면허 또는 점검 장비 중 해당 설비별로 다음과 같이 구성
  ☞ 방수압력 측정계(옥내소화전 설비)
  ☞ 열감지기 및 연기감지기 시험기(자동화재탐지설비 및 각종 자동식 소화설비 감지기 등)

☞ 풍속풍압계, 폐쇄력 측정기, 차압계(제연설비)

☞ 완공도면

2) 추가 장비 협의 : 그 외 추가로 필요한 장비는 사전에 시공자와 협의하여 결정

(4) 완공검사 등의 세부 기준 참고

1) 건설공사 사업관리방식 검토 기준 및 업무수행지침

2) 소방공사 감리업무절차서

관련기준

건설공사 사업관리방식 검토기준 및 업무수행지침 [국토교통부 고시]

제104조(준공검사 등의 절차) ① 건설사업관리기술자는 해당 공사완료 후 준공검사전 사전 시운전 등이 필요하면 시공자로 하여금 다음 각 호의 사항이 포함된 시운전을 위한 계획을 수립하여 시운전 30일 전까지 제출토록 하고 이를 검토하여 발주청에 제출하여야 한다.

1. 시운전 일정　　2. 시운전 항목 및 종류
3. 시운전 절차　　4. 시험장비 확보 및 보정
5. 설비 기구 사용계획　　6. 운전요원 및 검사요원 선임계획

② 건설사업관리기술자는 시공자로부터 시운전계획서를 제출 받아 검토·확정하여 시운전 20일 전까지 발주청 및 시공자에게 통보하여야 한다.

③ 건설사업관리기술자는 시공자로 하여금 다음 각 호와 같이 시운전 절차를 준비하도록 하여야 하며 시운전에 입회하여야 한다.

1. 기기점검　　2. 예비운전
3. 시운전　　4. 성능보장운전
5. 검수　　6. 운전인도

④ 건설사업관리기술자는 시운전 완료 후에 다음 각 호의 성과품을 시공자로부터 제출 받아 검토 후 발주청에 인계하여야 한다.

1. 운전개시, 가동절차 및 방법　　2. 점검항목 점검표
3. 운전지침　　4. 기기류 단독 시운전 방법검토 및 계획서
5. 실가동 다이어그램(Diagram)　　6. 시험 구분, 방법, 사용매체 검토 및 계획서
7. 시험성적서　　8. 성능시험성적서 (성능시험 보고서)

소방공사감리 업무절차서 [소방청, 한국소방시설협회]

5.2 완공검사 등의 절차

5.2.1 소방시설 성능시험

5.2.1.1 감리원은 당해 공사를 완료한 후에 완공검사 전 소방시설의 성능시험이 필요한 부분에 대하여는 시공자에게 성능시험 계획서를 성능시험 30일 전까지 제출받아 이를 검토하여야 한다.

5.2.1.2 성능시험 계획서에는 아래의 사항이 포함되어야 하며, 「소방시설의 자체점검사항에 관한 고시」의 별지 [서식4] 부터 [서식4의34] 까지의 소방시설 성능시험조사표에 따라 실시하여야 한다.

① 성능시험 일정　　② 성능시험 항목 및 종류
③ 성능시험 절차　　④ 성능시험장비 확보 및 보정
⑤ 성능시험에 필요한 기계 · 기구 사용계획(필요시)
⑥ 성능시험 운전요원 및 검사요원 선임계획

5.2.1.3 감리원은 시공자로부터 제출받은 성능시험 계획서를 확정한 후, 성능시험 20일전까지 발주자 및 시공자에게 통보하여야 한다.

5.2.1.4 감리원은 시공자에게 다음 각 호에 따른 「소방시설의 자체점검사항에 관한 고시」 별지의 서식을 준비하도록 하여야 하며 성능시험에 입회하여야 한다.

① 각 종 기기점검 결과표

② 공사업자가 실시한 예비 성능시험 결과표

③ [서식 4] 부터 [서식 4의34] 까지의 소방시설 성능시험 조사표

④ [서식 5] 소방시설 외관점검표

⑤ [서식 6] 소방시설 자체점검 기록부

5.2.1.5 소방시설의 성능시험 흐름도

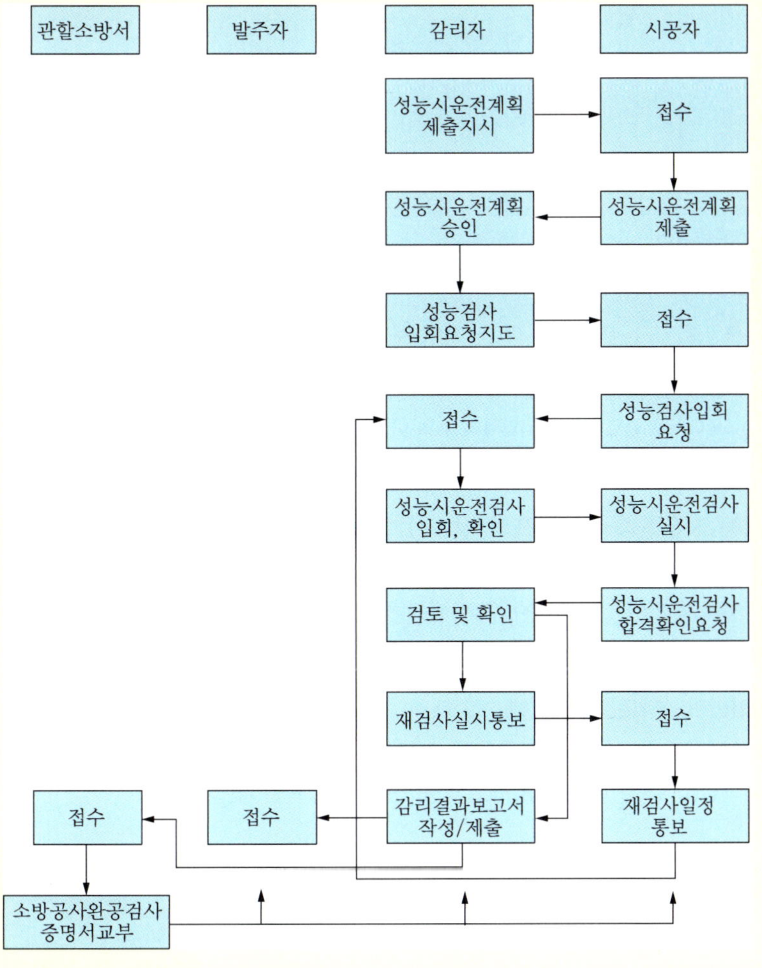

5.2.1.6 시공자는 성능시험을 완료한 후 감리원의 승인을 받아 다음 각 호에 따른 서류를 작성하여 발주자 또는 시설물 유지관리팀에게 인계하여야 한다.

① 소방시설의 성능시험 준비, 성능시험 절차 및 방법

② 소방시설의 유지관리 지침서

③ 각 종 기기류 단독 시험적 운전 방법 검토 및 계획서

④ 소방시설 성능시험 조사표

4.2.1 소화펌프 성능시운전 검사

- 화재수신반에서 펌프 주위 밸브 개폐신호 표시상태 확인
- 릴리프밸브의 작동
- 감압장치의 작동 (설치한 경우)
- 제어반에서 펌프의 원격기동 확인
- 제어반에서 펌프의 운전, 정지 표시등 확인

위치	펌프명	제조사 정격용량		시운전결과 토출압력			자동운전 설정값		결과	비고
		양정 (m)	유량 (L/min)	체절 압력 (MPa)	정격 유량시 (MPa)	150% 유량시 (MPa)	기동 (MPa)	정지 (MPa)		
지하1층 기계실	스프링클러 주펌프1	100	2400	1.25	1.05	0.72	0.85	1.30	적합	
지하1층 기계실	충압펌프	95	60	해당무	해당무	해당무	0.90	1.35	적합	

※ 체절압력은 정격압력의 1.4배를 초과해서는 안 된다.

※ 정격유량의 1.5배에서 토출압력은 정격압력의 65% 이상이어야 한다.

소화펌프의 성능 시운전검사는 펌프의 성능이 설계도서에 명시된 용량 이상이 되는지를 현장에서 시운전을 통하여 검사하는 방법이다.

STEP 1. 인원 배치 및 제어반에서 운전상태 확인

- 펌프 제어반이 설치된 방재실에 1인 배치
- 펌프의 운전상태 및 수동과 자동운전 여부 확인
- 펌프실에 1인을 추가 배치하여 펌프의 운전상태를 확인 및 기록

STEP 2. 펌프시험을 위한 수신기 상태 세팅

- 화재수신기에서 경보 해제
- 각종 설비의 연동정지로 전환 및 소화펌프 수동 전환

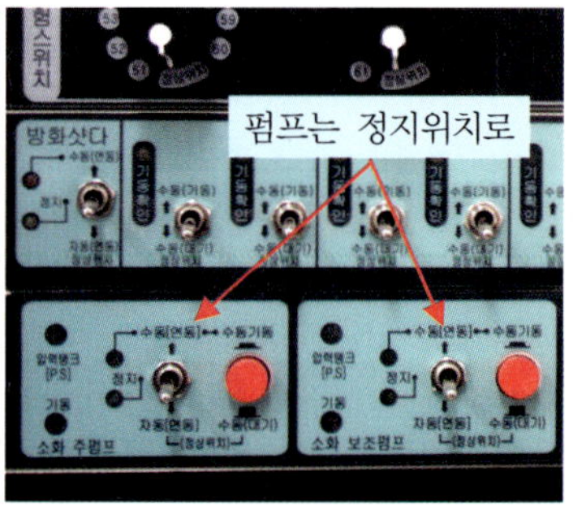

그림 4.2.1.1 펌프의 수동 전환

STEP 3. MCC 수동전환

- 펌프실의 MCC 상태에 이상이 없는지 육안으로 우선 확인한 후
- MCC에서 모든 소화 펌프를 수동으로 전환

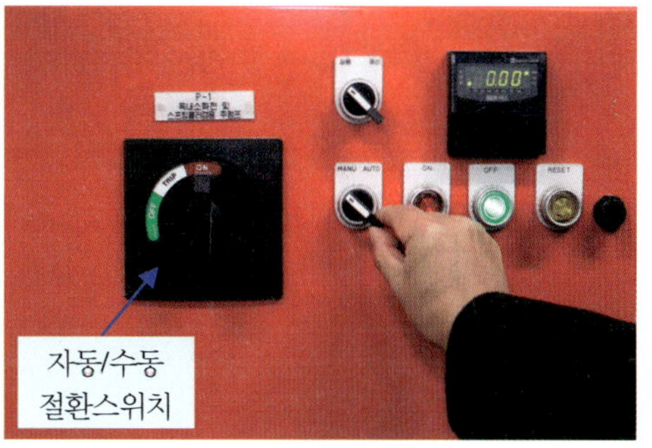

그림 4.2.1.2 MCC 수동 전환

STEP 4. 개폐밸브 탬퍼스위치(T/S) 검사

- 소화수조 출구 밸브, 소화펌프 흡입밸브를 잠근 후
- 밸브의 개폐신호(탬퍼스위치 점등)가 수신되는지 방재실에서 확인 후
- 다시 개방하여 탬퍼스위치 점등램프가 꺼지는지 확인
- 다음은 펌프의 성능시험을 위해 토출측 밸브를 폐쇄하고 이때에도 밸브의 개폐신호가 들어오는지 확인

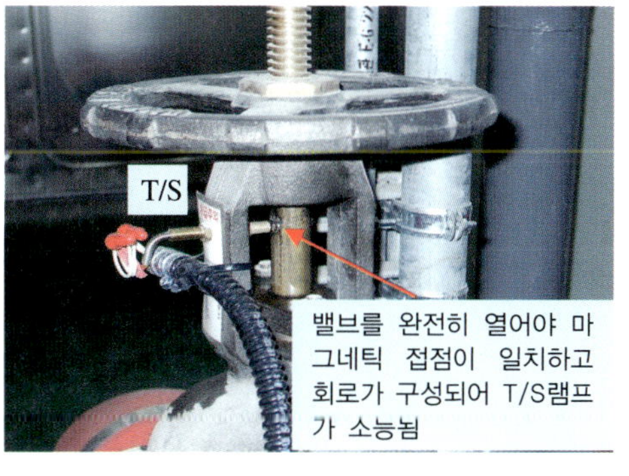

그림 4.2.1.3 탬퍼스위치 확인

STEP 5. MCC 수동기동

- 소화펌프를 MCC에서 수동으로 기동

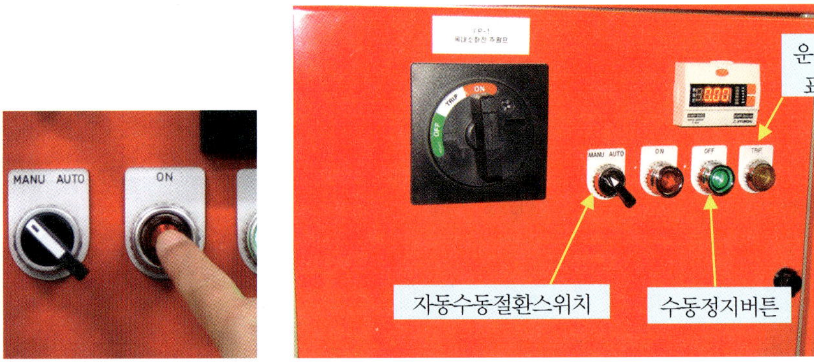

그림 4.2.1.4 MCC 수동 기동

STEP 6. 소화펌프 체절운전 검사

- 소화펌프의 정격 유량 및 양정을 확인
- 펌프가 운전된 후 약 2~3분 뒤에 펌프의 체절압력을 읽고 성능기록양식에 기입
- 펌프의 체절압력은 정격압력의 1.4배 이하인지 확인
- 정상적으로 제작된 소화펌프의 체절압력은 통상적으로 1.2~1.3배 정도

STEP 7. 릴리프밸브 작동 검사

- 체절운전 상태에서 릴리프밸브의 개방여부를 확인
- 개방이 되지 않으면 릴리프밸브 상부의 캡을 제거한 후 조절 나사를 반시계방향으로 조금씩 돌려 물이 흘러나오도록 조정
- 물의 양은 시각적으로 보아 적당한 양이 흐르도록 유수량[*]을 조정. 이때 약 30분 이상 운전하면서 펌프의 케이싱 또는 베어링 부위 등을 손으로 만져[†] 뜨거워지지 않는지를 확인
- 릴리프밸브를 통한 유수의 온도가 미지근한 정도면 양호한 상태

릴리프밸브를 열어 배수가 되도록 확인한다.

그림 4.2.1.5 릴리프 밸브 개방

* 국내의 릴리프밸브 규격은 펌프 토출량과 무관하게 20 mm 이상을 요구하지만, NFPA에서의 순환릴리프 밸브는 펌프토출량 따라 2,500 gpm 이하일 경우 20 mm 이상, 2,500~5,000 gpm 이하일 경우 25 mm 이상을 설치한다. 릴리프밸브 유수량은 국내 기준이 없으므로 일본에서 채택하고 있는 순환배관의 순환수량을 참고한다. 순환 배관에 의한 방식은 펌프 가동시 펌프 토출량의 3~4%(최대 40 L/min)가 오리피스를 통해 배출되도록 한 것으로 수조와 펌프의 레벨차가 없는 국내에서는 사용되지 않고 있다. 일본의 순환배관의 순환수량은 다음 식으로 산정한 수치 이상이어야 한다.

$$Q = \frac{L_s \times C}{60\Delta t}$$

Q : 순환수량 (L/min), L_s : 펌프체절운전시 출력 (kW),
C : 860 kcal (1 kWh당 물의 발열량), Δt : 30℃ (펌프내부의 수온상승한도)

† 손으로 온도를 체크할 때 펌프가 회전하고 있으므로 안전사고에 주의한다. 따라서 몇 만원이면 구매가 가능한 비접촉식 적외선 온도계의 사용을 권장한다. 비접촉식 적외선 온도계 사용 시 위 순환수량식 펌프내부의 수온상승한도 30℃를 최대값으로 양호 여부를 판단한다.

STEP 8. 소화펌프 정격운전 검사

- 성능시험 전 방류수의 배수상태를 먼저 확인 (집수정 또는 배수배관 등)
- 성능시험밸브의 전단부 밸브를 완전히 개방한 후 후단부 밸브를 서서히 개방하기 시작하면 성능시험배관을 통하여 물이 방출되기 시작
- 밸브 조작자는 유량계를 보면서 정격유량이 흐를 때까지 밸브를 개방
- 정격유량이 흐를 때 펌프의 토출압력을 정격압력을 지시하는지를 확인하고 양식에 기록
  이때, MCC 앞의 검사요원은 Y-△ 방식인 경우 Y상에서 △상으로 변경된 상태의 전압이 몇 A인지를 확인하여 양식에 기록

그림 4.2.1.6 유량 및 양정 검사

STEP 9. 소화펌프 정격유량의 1.5배 검사

- 성능시험배관의 후단부 밸브를 조금씩 더 개방하면서 유량계의 눈금이 정격유량의 1.5배를 가리킬 때까지 조정하고, 이때 펌프의 토출압력을 읽어 양식에 기록
- 펌프의 토출압력은 정격압력의 65% 이상인지 확인한 후 적정여부를 판정
- 확인이 끝나면 성능시험배관의 전단부 밸브를 천천히 잠그고 방수를 중지시킨 다음 MCC에서 펌프를 수동으로 정지

STEP 10. 소화펌프 자동기동 검사

- 폐쇄되었던 펌프의 토출측 밸브를 천천히 개방
- 배관 내의 압력은 펌프의 체절압력 가까이 상승되어 있을 것이며, 개방이 되어도 배관 내의 압력은 감소하지 않음
- 다음으로 MCC반의 펌프 스위치를 자동위치로 전환
- 압력챔버로 이동하여 펌프와 연결된 배관의 볼밸브를 폐쇄한 후

- 압력챔버의 하부 드레인 밸브를 서서히 개방하면 압력챔버 내의 압력이 감소하기 시작하며, 이 때 압력스위치의 접점이 붙으면서 펌프가 기동
- 펌프가 기동하는 압력을 양식에 기입
- 압력탱크와 연결된 각 펌프 전체를 실시

STEP 11. 소화펌프 수동정지 검사

- 압력챔버와 펌프 사이 연결된 배관의 볼밸브를 서서히 개방하면 압력챔버의 압력이 펌프의 토출압력과 같아지게 됨
- 이 때 펌프가 정지하지 않아야 하며, 만일 정지하게 되면 성능기준에 불합격한 것으로 판정
- 확인 후 압력스위치를 리셋시켜 펌프를 정지시킴.

STEP 12. 제어반에서 소화펌프 작동 검사

- 화재수신기에 내장된 펌프의 제어반에서 펌프를 자동모드로 전환한 후
- 기동스위치를 작동시켜 펌프가 운전되는지를 확인
- 이 때 현장에서 직접기동이 되는지를 무전기를 통하여 서로 연락을 주고받아 확인하고
- 수신기에서도 펌프의 기동램프가 점등되는지를 확인

참고-펌프의 시험성적서 검토

개요

시험성적서는 제조회사가 펌프 출고 전 자체 시운전검사의 결과를 기록한 것으로, 이를테면 제품이 정확하게 요구한 기준대로 만들어 졌다는 것을 증명하는 서류로, 소화펌프의 성능검사를 시행하기 이전에 시험성적서상의 결과가 설계에서 요구하는 기준을 충족하는지 그리고 법적기준을 만족하는가를 검토하는 것이 먼저 선행되어야 할 일이다. 다음은 표 1의 소화펌프 시험성적서를 예로 검토한 방법이다.

검토 절차

1. 시험성적서의 상단에는 380V, 3상, 60Hz, 극수 4P, 1750 rpm 으로 기본적인 정보가 기입되어 있다. 극수와 관련하여 2극인 경우에는 교류가 1회전하면 자속도 1회전한다. 그러므로 주파수가 f Hz인 교류에 의하여 생기는 자계의 회전속도는 $N_s = f\,(\mathrm{rps})$이다. 4극인 경우에는 교류가 1회전하면 자속은 1/2 회전한다. 일반적으로 P극의 기계에서 회전자계는 교류 1싸이클마다 $2/P$ 회전하므로 그 회전속도 N_s는 다음과 같이 된다.

$$N_s = \frac{120}{P} \times f\,(\mathrm{rpm})$$

여기서, N_s = 동기속도(synchronous speed)

일반적으로 보통 4극이 많이 사용되므로 회전수를 계산하면, $N_s = 120/4 \times 60 = 1,800\,\mathrm{rpm}$이 된다.
그런데 정격출력 부근에서의 전동기의 회전수는 대용량 전동기의 경우 슬립(s)이 약 0.025 ~ 0.05 정도이므로 1,800 x 0.05 = 90 rpm , 1,800 x 0.025 = 45 rpm이므로, 회전수(N)은 1,710 ~ 1,755 rpm 정도가 된다. 극수가 만일 2P일 경우에는 회전수가 1,750 rpm의 2배인 3,500 rpm이 될 것이다. 수입펌프 중에는 2P용 전동기를 사용한 펌프가 실제로 자주 사용되고 있다.

표 1 소화펌프의 시험성적서

전동기	제조자	형식	출력①	상	주파수	전압	전류②	극수	회전수
	(주)효성	TEFC	11 KW	3 상	60 Hz	380 V	23.2 A	4 극	1750 rpm

측정순위	펌프회전수	토출량③	양정					이론	전동기				축동력⑭	효율⑮
			토출④	흡입⑤	측점고차⑥	속도수두차⑦	전양정⑧	동력⑨	전압⑩	전류⑪	입력⑫	효율⑬		
No.	rpm	게기지시치 (m^3/min)	m	m	m	m	m	kW	V	A	KVA	%	kW	%
1	1750	0.000	57.9	1.09	0.5	0.00	59.5	0.000	380	15.81	8.64	87.0	7.52	0.00
2	1750	0.486	49.5	1.36	0.5	0.17	51.5	4.080	380	17.57	9.60	87.0	8.35	48.86
3	1750	0.657	43.0	1.70	0.5	0.31	45.5	4.873	380	18.30	10.00	87.0	8.70	56.01
4	1750	0.723	40.0	2.21	0.5	0.38	43.1	5.079	380	18.48	10.10	87.0	8.79	57.78
5	1750	0.841	34.8	2.65	0.5	0.51	38.5	5.278	380	18.76	10.25	87.0	8.92	59.17
6	1750	1.034	26.1	3.04	0.5	0.78	30.4	5.124	380	19.42	10.61	87.0	9.23	55.51
7	1750	1.150	19.5	3.50	0.5	0.96	24.5	4.593	380	19.62	10.72	87.0	9.33	49.23

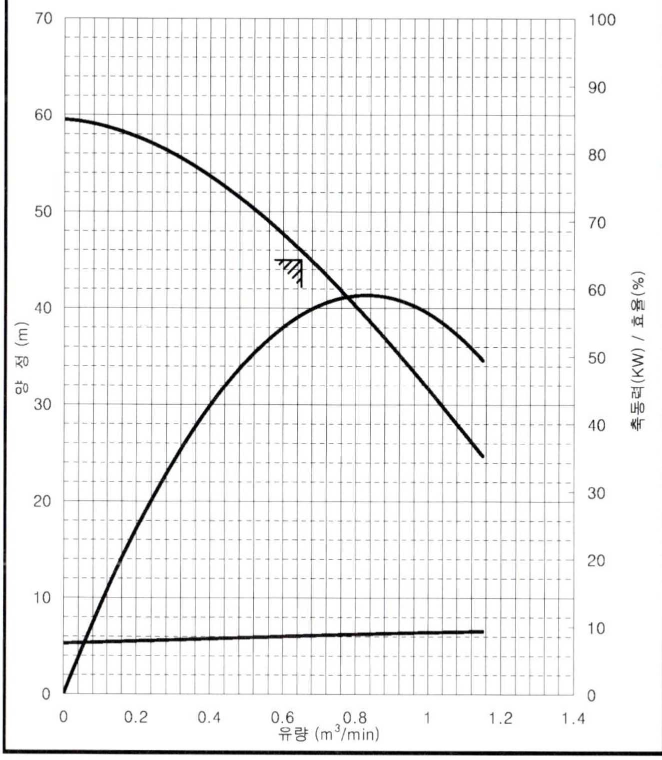

날씨	
실온	
시험수온	℃
축수온도 상승	℃
절연저항 측정치	MΩ
항번	P - 1
PUMP TYPE	DMT 65/3
유량	0.65 m^3/min
양정	45 m
시험일	2006.
시험자	C.J. WON 인

2. 출력①은 전동기의 정격출력을 뜻하는 것으로 전동기의 입력에서 전동기 효율⑬을 곱한 값이다. 전동기의 입력을 구하는 계산식은 다음과 같다.

$$P = \sqrt{3}\, VI \times P.F$$

여기서, P = 전동기 입력[kW], V = 전압[V], I = 전류[A], $P.F$ = 역률(Power Factor)

전동기의 출력은, $P = \sqrt{3}\,VI \times P.F \times \eta$

여기서, η = 전동기 효율 [%]

예시된 시험성적서의 경우를 계산하면 다음과 같다.

전동기출력 $P = \sqrt{3} \times 380 \times 23.2 \times 0.83 \times 0.87 = 11{,}000\ \mathrm{W} = 11\ \mathrm{kW}$ 가 되는 것을 확인할 수 있다. 전동기 역률은 표에 없을 경우, 펌프 제조사에 문의하면 알 수 있으며 여기에서 전동기 역률은 0.83이다.

3. 전류② 23.2 A는 전동기의 정격전류를 뜻하는 것으로 정격전류보다 큰 값으로 장시간 운전될 경우에는 과전류로 인하여 전동기가 소손될 수 있기 때문에, 소화펌프의 성능검사 중 전동기의 정격전류 이상 흐르지 않는지를 상시 확인하여야 한다.

4. 토출양정④은 토출측 압력게이지의 값을 읽어 환산하여 계산한다. 성적서상에서 49.5 m로 표기된 것은 토출측 압력이 49.5/10 = 4.95 kgf/cm^{2}를 가리켰다는 것이다.

5. 흡입양정⑤은 펌프의 토출측 압력게이지의 값을 읽어 환산하여 계산한다. 예를 들어 연성계에서 100 mmHg를 가리켰다면, $10\,\mathrm{m} \times \dfrac{100\,\mathrm{mmHg}}{760\,\mathrm{mmHg}} = 1.3\mathrm{m}$가 된다. 만일 연성계가 kgf/cm^{2}의 단위로 되어 있을 경우에는 100 mmHg는 0.13 kgf/cm^{2}을 가리킬 것이다. 이는 펌프보다 낮은 위치의 수면에서 흡입하는 조건으로, 만일 대기압보다 높을 경우에는 (−)값이 된다.

6. 측정고차⑥는 토출측 압력게이지와 흡입측 압력게이지의 수직높이를 뜻한다. 예제의 시험성적서상에서는 측정고차가 0.5 m로 되어 있다. 즉, 흡입과 토출측의 게이지간의 수직거리가 0.5 m라는 의미이다.

7. 속도수두차⑦는 흡입측과 토출측의 속도수두차를 말한다. 대부분이 토출측의 배관구경이 흡입측보다 작기 때문에 토출측 속도수두에 흡입측 속도수두를 뺀 값으로 계산하면 되며, 배관의 구경이 같을 경우에는 속도수두차가 0이 된다. 마찬가지로 체절운전 시에는 토출량이 없기 때문에 "0"이며, 이후 토출량이 증가할수록 속도수두도 커진다. 계산식은 앞에서 언급한 것과 같이 $\dfrac{v^2}{20g}$으로 계산하거나, $2.3\dfrac{Q^2}{d^4}$으로 계산한다.

8. 전양정⑧은 토출양정④ + 흡입양정⑤ +측정고차⑥ + 속도수두차⑦를 모두 합한 값이다.
표 5.2.1.1 시험성적서에서 토출량③ 0.841 ㎥/min을 예로 들어 계산하면, 다음과 같다.

토출양정34.8 + 흡입양정2.65 +측정고차0.5 + 속도수두차0.51 = 전양정 = 38.5 m

9. 동력⑨는 양수하는데 필요한 순수한 이론동력인 수동력을 의미한다. 수동력은 $0.163QH$ 로 구할 수 있으므로, 상기 예에서 $0.163 \times 0.841 \times 38.5 = 5.278\ \mathrm{kW}$ 가 된다.

10. 축동력⑭는 수동력에 펌프효율⑮를 나눈 값이다. 상기 예에서 $5.278/0.5917 = 8.92\ \mathrm{kW}$가 된다.

11. 전동기란의 전압⑩, 전류⑪, 입력⑫은 제어반에서 읽어서 기록한다. 참고로 입력에 전동기의 효율을 곱한값과 축동력이 동일함을 알 수 있다. 상기 예에서, 전동기 입력 10.25 kW x 전동기효율0.87 = (축동력) 8.92 kW가 성립한다.

4.2.2 옥내소화전 성능시운전 검사

- 펌프 기동 시 기동표시등 점등 확인
- 옥내소화전의 최소 방사압력(0.17 MPa 이상) 확인

해당층	시험기준	시운전결과	결과	비고
	동시개방개수	가장 먼거리 소화전 방수압력(MPa)		
고층부/28층	3	0.19	적합	
저층부/6층	5	0.21	적합	

※ 소화전 방수압력은 0.17 MPa 이상일 것

STEP 1. 인원 배치 및 제어반에서 운전상태 확인

- 펌프 제어반이 설치된 방재실에 1인 배치
- 펌프의 운전상태를 제어 및 확인
- 방수시험이 필요한 층에 1인을 추가 배치하여 방수압력을 측정 및 기록

STEP 2. 화재수신기와 MCC 확인

- 화재수신기와 펌프실의 MCC에서 소화펌프가 자동모드로 되어 있는지 확인
- 평상시 정상상태에 있는지를 확인

STEP 3. 호스 연결 및 직사형 노즐 체결

- 옥내소화전의 기준 개수 만큼 해당 옥내소화전에 호스를 연결
- 방수시험을 할 수 있는 위치까지 호스를 연장하여 전개한 후,
- 가장 멀리 있는 소화전에 연결된 호스의 분사형 노즐을 직사형 노즐로 교체

STEP 4. 옥내소화전 방수압력 검사

- 기준개수의 옥내소화전을 모두 동시에 서서히 개방하여 방수를 시작
- 이후 펌프가 기동하고 물줄기가 안정된 후 가장 말단의 소화전에 연결된 직사형 노즐에서 피토 게이지를 통하여 방수압력을 측정
- 피토게이지는 노즐직경의 절반 정도 띄운 위치에서 방수압력을 측정
- 방수압력은 최소 0.17 MPa 이상 방수량은 130 L/min 이상 확인

그림 4.2.2.1 방수압력 검사

STEP 5. 소화펌프 자동기동 검사

- 방수가 이루어지고 측정하는 동안 소화전함의 펌프기동표시등은 지속적으로 점등되어 있는지 확인. 즉 방수 중 펌프가 정지되어서는 안됨

그림 4.2.2.2 기동표시등 점등

STEP 6. 소화전 밸브 폐쇄 및 소화펌프 수동정지 검사

- 소화전밸브를 잠그고 방재실에 연락하여 펌프를 수동으로 정지 : 자동 정지시스템인 경우 잠시 후 펌프가 자동으로 정지하는지를 확인
- 자동 정지는 옥내소화전 주펌프의 체절압력보다 충압펌프의 정지압력을 높게 설정한 경우에 정상적인 것으로 판단

4.2.3 스프링클러(습식) 성능시운전 검사

- 기타 설비의 연동 확인 (싸이렌, 유도등, 제연설비, 비상방송 등)
- 화재수신반에서 밸브 개폐신호 표시상태 확인
- 건물 규모에 따른 경보방식(전층 또는 화재층 및 직상 4개층 우선경보) 작동 확인

해당층	시험밸브함 게이지 압력 (MPa)	시험밸브함 방수 후 경보 발령까지 경과시간 (1분 이내 일 것)	결과	비고
28층	0.32	45초	합격	
27층	0.36	72초	불합격	

STEP 1. 인원 배치 및 제어반에서 운전상태 확인

- 화재수신기가 설치된 방재실에 1인 배치
- 펌프의 운전상태 및 수동과 자동운전 여부 확인
- 테스트할 알람밸브가 설치된 현장에 1인 배치
- 시험밸브함 설치가 알람밸브 인근이 아닌 경우는 추가 1인 필요

STEP 2. 육안검사

- 알람밸브 본체의 육안검사를 통해 1, 2차측 압력을 확인하고 손상된 곳이 없는지 확인

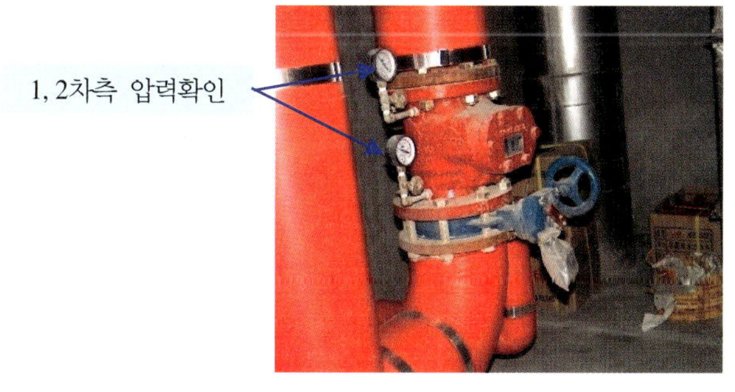

그림 4.2.3.1 알람밸브 1, 2차측 압력 확인

STEP 3. 개폐밸브 탬퍼스위치(T/S) 확인

- 알람밸브 1차측의 개폐밸브를 잠근 후 수신반에 탬퍼스위치 닫힘 표시가 뜨는지를 확인 후 다시 개방. 이때 화재수신기에서 해당지역과 수신기의 표시회로 동일 여부 확인

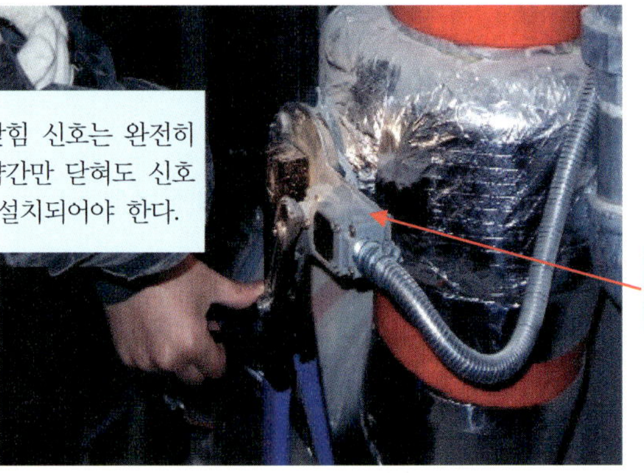

그림 4.2.3.2 탬퍼스위치 작동 확인

STEP 4. 시험밸브함 압력 기록 (말단에 시험밸브함이 설치된 경우)

- 말단 시험밸브함의 압력계 압력을 기록

그림 4.2.3.3 말단 압력 확인

STEP 5. 시험밸브 개방

- 시험밸브함 내의 시험밸브를 재빨리 개방한 후부터 초시계로 시간을 측정

STEP 6. 싸이렌 발령시간 확인

- 경보 싸이렌이 발령되기 시작하는 순간까지의 시간이 5분*을 초과하지 않는지 확인하여 기록
- 화재수신기에서 해당지역의 알람밸브와 화재수신기의 표시회로 동일 여부 확인
- 알람밸브 인근의 시험밸브 확인 시 사이트글라스의 유수 흐름을 확인

그림 4.2.3.4 경보발령 시간 확인

STEP 7. 소화펌프 자동기동 검사

- 배관 내 압력 감소에 따라 소화펌프의 자동기동 확인

STEP 8. 방수압력 유지 확인

- 펌프 기동 후 방수압력이 일정하게 유지되는지 확인, 그때의 방수압력을 측정 기록
- 이 때 펌프가 정지하지 않아야 하며, 만일 정지하게 되면 성능기준에 불합격한 것으로 판정

STEP 9. 시험밸브 폐쇄 및 소화펌프 수동정지 검사

- 시험이 끝난 후에는 시험밸브함의 시험밸브를 천천히 폐쇄하고
- 소화펌프가 자동으로 정지되는지 확인 : 수동정지시스템의 경우 펌프를 수동으로 정지

STEP 10. 화재수신기 복구

- 화재수신기에서 복구스위치를 눌러 화재복구

* 국내의 검정기준에서는 1분 이내에 경보가 발하도록 규정되어 있으며, NFPA 13에서는 5분 이내에 경보가 발하도록 규정하고 있다.

4.2.4 스프링클러(준비작동식) 성능시운전 검사

- 기타 설비의 연동 확인 (싸이렌, 유도등, 제연설비, 비상방송 등)
- 화재수신반에서 밸브 개폐신호 표시상태 확인
- 건물 규모에 따른 경보방식(전층 또는 화재층 및 직상 4개층 우선경보) 작동 확인
- 감지기 A, B 회로 작동에 따른 연동 확인

해당층	1개 회로 감지 시 경보기능	밸브기동시험				결과	비고
		자동	밸브 본체 수동	수동 조작함	제어반 에서		
28층	양호	양호	불량	양호	불량	불합격	

설비의 기능시험은 화재감지기를 작동시켜 밸브의 개방과 화재경보 발령을 확인하고 소화펌프의 자동기동여부를 검사한다. 시험밸브함을 설치하지 않기 때문에 시험은 2차측 개폐밸브를 잠근 후 밸브본체의 드레인을 개방한 후 실시한다.

4.2.4.1 자동 작동 시험

STEP 1. 인원 배치 및 제어반에서 운전상태 확인

- 화재수신기가 설치된 방재실에 1인 배치
- 펌프의 운전상태 및 수동과 자동운전 여부 확인
- 테스트할 프리액션밸브가 설치된 현장에 1인 배치
- 화재감지기 작동 인원 1인 현장 배치

STEP 2. 육안검사

- 프리액션밸브의 개방상태, 연결부의 체결상태, 파손 여부 등에 대한 잘못된 부분이 없는지 확인

STEP 3. 개폐밸브 탬퍼스위치(T/S) 확인

- 프리액션밸브의 1, 2차측 개폐밸브의 탬퍼스위치 작동검사
- 탬퍼스위치의 작동은 밸브가 완전히 개방되었을 때 화재수신반의 닫힘 램프 소등
  이때 화재수신기에서 해당지역과 수신기의 표시회로 동일 여부 확인

STEP 4. 밸브 압력 확인

- 밸브 본체에 부착된 1차측 압력을 읽어 기록하고 2차측 압력은 “0”을 가리키고 있는지 확인

- 만일 2차측의 압력이 "0" 보다 높은 압력을 가리키거나 1차측 수압과 동일 할 경우에는 물이 완전히 배수되지 않은 상태이거나 밸브가 열려있는 경우이므로, 밸브를 다시 셋팅

그림 4.2.4.1 프리액션밸브 1, 2차측 압력 확인

STEP 5. 드레인 밸브 개방

- 2차측 개폐밸브를 잠근 후 드레인 밸브를 개방

STEP 6. A 회로 감지기 작동

- 교차회로 A, B 중 임의의 화재감지기 하나를 선택하여 작동시킨 후 접점 유지
- 화재수신기 표시회로와 현장의 감지기 회로 일치 여부 확인

밸브의 1,2차측 압력을 확인 / 화재감지기 작동시험 / 슈퍼비죠리판넬

그림 4.2.4.2 감지기 작동

STEP 7. 화재경보 및 연동 확인

- 화재경보 발령 유무 확인, 관련 연동설비(비상방송, 유도등, 제연설비 등)가 설치된 경우 작동여부 확인
- 관련 연동설비는 교차회로 중 하나만 작동되어도 작동 되어야 함

STEP 8. B 회로 감지기 작동

- 나머지 화재감지 회로 작동. 이때 먼저 작동시킨 회로의 접점은 계속 유지
- 화재수신기 표시회로와 현장의 감지기 회로 일치 여부 확인

STEP 9. 밸브 개방 확인

- 프리액션밸브 개방 확인
- 밸브가 개방되면 2차측 압력이 올라가고 본체의 드레인 밸브를 통해 소화수가 방출

STEP 10. 밸브 개방 경보 싸이렌 발령 확인

- 밸브 개방 시 경보싸이렌이 발령되는지 확인
- 화재수신 밸브작동 확인등 확인, 현장의 시험 프리액션밸브와 일치 여부 확인

STEP 11. 소화펌프 자동기동 검사

- 배관 내 압력 감소에 따라 소화펌프의 자동기동 확인

STEP 12. 방수압력 유지 및 소화펌프 수동정지 등

- 펌프 기동 후 방수압력이 일정하게 유지되는지 확인 (약 1분 정도 확인)
- 펌프의 정지상태 확인 : 수동정지 시스템의 경우 펌프를 수동으로 정지
- 프리액션밸브 1차측 개폐밸브 폐쇄

STEP 13. 수신반 복구

- 화재수신반에서 복구스위치를 눌러 화재복구

STEP 14. 배수 확인 및 드레인 밸브 폐쇄

- 밸브 본체의 물이 완전 배수 확인 후 드레인 밸브를 폐쇄

STEP 15. 1차측 개폐밸브 개방

- 프리액션밸브 1차측 개폐밸브를 천천히 개방

STEP 16. 압력 세팅

- 2차측 압력게이지의 압력이 "0"을 유지하고 있다면 2차측 개폐밸브도 천천히 개방하여 셋팅 작업을 완료

4.2.4.2 수동 작동 시험

(1) 프리액션밸브 본체에서 수동 작동 시험

자동 작동 시험 절차 중 STEP 6 ~ STEP 8 시험을 본체의 솔레노이드 밸브를 직접 작동시켜 시험

이때 밸브의 수동 작동에 의한 관련설비의 연동 구성 고려

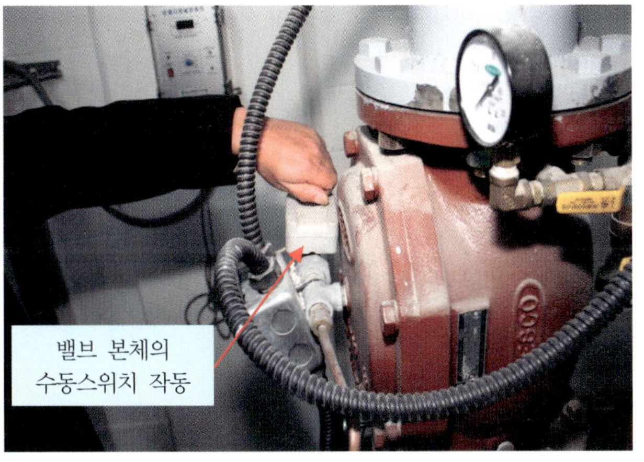

그림 4.2.4.3 수동스위치 작동

(2) 슈퍼비죠리 판넬 또는 수동조작함의 수동 작동 시험

자동 작동 시험 절차 중 STEP 6 ~ STEP 8 시험을 슈퍼비죠리 판넬의 수동조작 스위치를 직접 작동시켜 시험

이때 슈퍼비죠리 판넬의 수동 작동에 의한 관련설비의 연동 구성 고려

참고로 다수의 방수구역이 존재하는 일제개방설비의 경우에는 최초 작동한 시퀀스가 그대로 유지되도록 회로를 구성해야 함

많은 방수구역의 밸브가 동시에 작동하여 방수압력의 부족을 초래할 수 있기 때문

4.2.5 스프링클러(건식) 성능시운전 검사

- 기타 설비의 연동 확인 (싸이렌, 유도등, 제연설비, 비상방송 등)
- 화재수신반에서 밸브 개폐신호 표시상태 확인
- 건물 규모에 따른 경보방식(전층 또는 화재층 및 직상 4개층 우선경보) 작동 확인

해당층	압력설정 현황		밸브기동시험 결과 (시험밸브함 작동 후 1분 이내 일 것)		결과	비고
	1차수압 (MPa)	2차공기압 (MPa)	트립시간/압력 (MPa)	트립 → 방수시간		
28층	0.7	0.25	24초/0.18	39	불합격	

STEP 1. 인원배치

- 화재수신기가 설치된 방재실에 1인 배치
- 펌프의 운전상태 및 수동과 자동운전 여부 확인
- 테스트할 건식밸브가 설치된 현장에 1인 배치
- 시험밸브함이 설치된 곳에 추가 1인 필요

STEP 2. 공기압 확인

- 건식밸브의 1차측 수압과 2차측 공기압을 측정한 후 제조사에서 요구하는 범위에 적절하게 설정되었는지 확인하고 기록

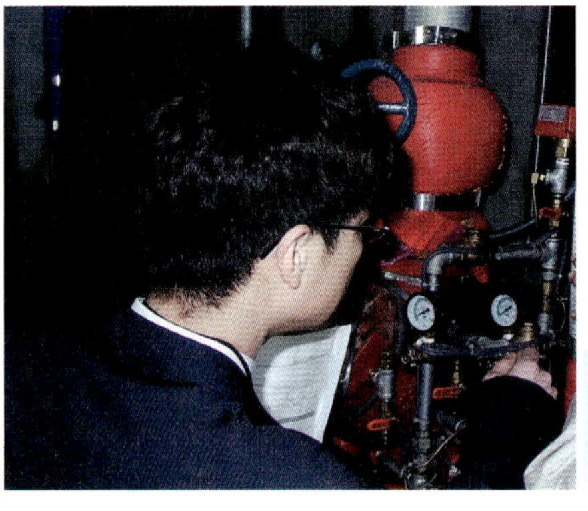

건식밸브의 1,2차측 설정압력 확인 및 검사 모습

그림 4.2.5.1 설정압력 확인

STEP 3. 개폐밸브 탬퍼스위치(T/S) 확인

- 건식밸브 1, 2차측의 개폐밸브를 잠그고 탬퍼스위치 작동 확인을 한 후, 다시 개방

이때 화재수신기에서 해당지역과 수신기의 표시회로 동일 여부 확인

• 탬퍼스위치는 완전히 열었을 경우에 닫힘 표시등이 소등

STEP 4. 시험밸브 개방

• 준비 완료가 된 후, 시험밸브함의 밸브를 신속히 개방

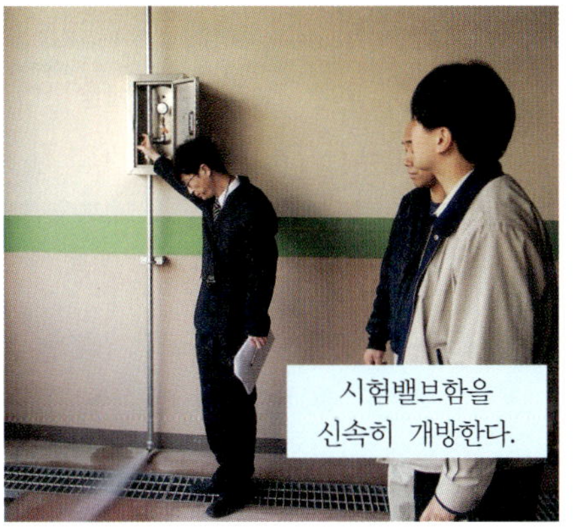

그림 4.2.5.2 시험밸브 개방

STEP 5. 개방압력 및 시간 측정

• 건식밸브의 2차측 압력이 떨어지는 것을 확인하고, 클레퍼가 개방되는 순간의 압력(Trip Point Pressure)과 시간을 기록

• 엑셀레이터가 설치된 건식밸브의 경우에는 30초를 초과해서는 안됨

STEP 6. 방출시간 측정

• 클레퍼가 개방된 후 부터 소화수가 이송되기 시작하고 시험밸브의 방수구를 통하여 소화수가 방출되기까지의 시간을 기록

• 여기에서 소화수 이송시간과 트립 시간을 합한 시간이 1분을 초과해서는 안됨

STEP 7. 소화펌프 자동기동 검사

• 방수압력 기록 및 소화펌프의 기동을 확인

• 시험밸브의 방수구로부터 방수가 시작되기 전에 소화펌프는 구동되며, 소화펌프가 구동되면 클레퍼의 개방으로 떨어졌던 1차측 수압이 다시 올라가게 됨
이때 소화펌프의 운전이 안정되면서 1차측 수압이 고정되었다고 판단될 때 방수압력을 기록 (이때 펌프가 정지되어서는 안 됨)

STEP 8. 연동설비 확인

• 싸이렌, 비상방송, 제연설비, 유도등의 연동을 확인(설치되어 있을 경우만), 화재수신기의 회로와 현장이 일치하는지 확인

• 경보장치인 싸이렌은 반드시 연동
그러나 나머지 설비의 경우 별도의 화재감지기 등에 의해 연동이 가능할 경우에는 반드시 건식

밸브와 연동시키지 않아도 무방하나 Fail Safe의 개념에서 건식밸브와 연동시키는 것을 권장 이는 건식설비뿐만 아니라 습식이나 준비작동식도 마찬가지임

STEP 9. 시험밸브 폐쇄 및 소화펌프 수동정지 검사

- 시험이 끝난 후에는 시험밸브함의 시험밸브를 천천히 폐쇄하고
- 소화펌프가 자동으로 정지되는지 확인 : 수동정지시스템의 경우 펌프를 수동으로 정지

STEP 10. 화재수신기 복구

- 화재수신기에서 복구스위치를 눌러 화재복구
- 화재복구 후 배관 내 배수 및 건식밸브의 복구절차를 진행
- 이상의 검사절차는 성능검사양식에 기록하여 최종 결과를 판단

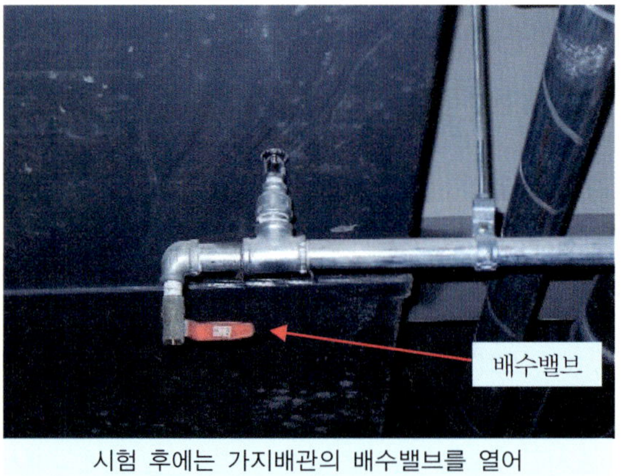

시험 후에는 가지배관의 배수밸브를 열어
배관 내의 물을 모두 배수하여야 한다.

그림 4.2.5.3 시험후 배수

STEP 11. 2차측 배관 소화수 배출 및 경계상태 유지

- 검사가 끝난 후에는 2차측 배관내의 소화수를 모두 배출. 완전히 배수하지 않을 경우에는 잔류수로 인한 동파로 배관이 파손되거나 잔류수가 배관 내 부식의 원인이 될 수 있으므로 주의
- 특히 밸브 본체의 드레인으로 배수가 어려워 배관 상에 배수밸브가 설치된 경우에는 반드시 해당 배수밸브를 열어 배수해야 함
- 이후 건식밸브 제조사의 매뉴얼에 따라 건식밸브를 경계상태로 유지
  이때 공기압축기로부터 배관 내 설정 공기압까지 충전하는 시간은 NFPA 13 규정에 따라 30분을 초과하지 않는지 확인. 지나친 충전시간의 지연은 소화설비를 장시간 휴지상태로 만들기 때문에 충전시간은 가능한 단시간에 이루어질 수 있도록 공기압축기의 용량을 넉넉한 것으로 선정하는 것이 좋음

4.2.6 옥외소화전 성능시운전 검사

- 펌프 기동 시 기동표시등 점등 확인
- 옥외소화전함의 위치 표시등 점등 확인
- 옥외소화전의 최소 방사압력(0.25 MPa 이상) 확인

해당위치	시험기준	시운전결과	결과	비고
	동시개방개수	가장 먼거리 소화전 방수압력 (MPa)		
북쪽 경비실 2개소	2	0.36	적합	

※ 소화전 방수압력은 0.25 MPa 이상일 것.

STEP 1. 인원 배치 및 제어반에서 운전상태 확인

- 펌프 제어반이 설치된 방재실에 1인 배치
- 펌프의 운전상태를 제어 및 확인
- 방수시험이 필요한 위치에 1인을 추가 배치하여 방수압력을 측정 및 기록

STEP 2. 화재수신기와 MCC 확인

- 화재수신기와 펌프실의 MCC에서 소화펌프가 자동모드로 되어 있는지 확인
- 평상시 정상상태에 있는지를 확인

STEP 3. 호스 연결 및 직사형 노즐 체결

- 옥외소화전의 기준 개수만큼 해당 옥외소화전에 호스를 연결
- 방수시험을 할 수 있는 위치까지 호스를 연장하여 전개한 후
- 가장 멀리 있는 소화전에 연결된 호스의 분사형 노즐을 직사형 노즐로 교체

STEP 4. 옥외소화전 방수압력 검사

- 기준개수의 옥외소화전을 모두 동시에 서서히 개방하여 방수를 시작
- 이후 펌프가 기동하고 물줄기가 안정된 후 가장 말단의 소화전에 연결된 직사형 노즐에서 피토게이지를 통하여 방수압력을 측정
- 피토게이지는 노즐직경의 절반 정도 띄운 위치에서 방수압력을 측정
- 방수압력은 최소 0.25 MPa 이상, 방수량은 350 L/min 이상 확인

그림 4.2.6.1 옥외소화전 개방

STEP 5. 소화펌프 자동기동 검사

- 방수가 이루어지고 측정하는 동안 소화전함의 펌프기동표시등은 지속적으로 점등되어 있는지 확인. 즉 방수 중 펌프가 정지되어서는 안됨

STEP 6. 소화전 밸브 폐쇄 및 소화펌프 수동정지 검사

- 소화전밸브를 잠그고 방재실에 연락하여 펌프를 수동으로 정지 : 자동 정지시스템인 경우 잠시 후 펌프가 자동으로 정지하는지를 확인
- 자동 정지는 옥내소화전 주펌프의 체절압력보다 충압펌프의 정지압력을 높게 설정한 경우에 정상적인 것으로 판단

4.2.7 상수도소화전 성능시운전 검사

- 밸브 개방 시 유수량 확인

STEP 1. 인원 배치

- 방수시험이 필요한 층에 1인을 추가 배치하여 방수량 확인

STEP 2. 상수도소화전 방수량 유추

- 소화수조 및 저수조의 화재안전기술기준(NFTC 402) 2.1.4 소화용수설비를 설치해야 할 특정소방대상물에 있어서 유수의 양이 0.8 ㎥/min 이상인 유수를 사용할 수 있는 경우에는 소화수조를

설치하지 않을 수 있다.

- 상기 규정을 준용하여 방수구 구경 65mm, 방수량 800 L/min 일 때 유속은 약 4 m/s이므로 방수량이 적절한지 확인
- 하지만 유량을 측정하기 위한 별도의 장비가 국내에서 없음
  압력계 체결 또는 말단압을 확인하거나 방수상태를 육안 확인하는 정도로 정상 여부 판단

그림 4.2.7.1 상수도 소화전 개방

그림 4.2.7.2는 프랑스의 상수도 소화전 점검 장비*이다. 다량의 물을 쏟아내면서 수압과 동시에 단위시간당 유량을 측정하는 것으로 점검 개소가 많은 시상수도소화전의 점검에 사용한다.

그림 4.2.7.2 상수도 소화전 점검 장비

* 출처(YouTube, France bleu(프랑스 공영방송), 제목 Contrôle des bouches à incendie à Périgueux(페리괴 지역의 소화전 제어), 동영상 url: https://youtu.be/g6C7StId_XU)

4.2.8 차압 제연설비 성능시운전 검사

- 기타 설비의 연동 확인 (싸이렌, 유도등, 제연설비, 비상방송 등)
- 급기댐퍼의 수동스위치 작동 시 전층 댐퍼 개방 및 운전 확인
- 급기댐퍼의 수동스위치 작동 시 해당 급기댐퍼의 제어반 표시 확인
- 제어반에서 수동 기동 확인
- 건물 규모에 따른 경보방식(전층 또는 화재층 및 직상 4개층 우선경보) 작동 확인
- 제연설비 기동 시 공조용 팬 정지 확인
- 제연설비 기동 시 제연구역 내 방화문 동시 작동 및 폐쇄 확인

차압 제연설비 성능검사 (특별피난계단부속실)	
급　　기 : 50 mmAq, 192 CMM (3.2 CMS) 배　　기 : 35 mmAq, 80 CMM (1.3 CMS)	
급기풍도 : (600x600) 0.36 ㎡,	배기풍도 : (400x400) 0.16 ㎡
급기댐퍼 : (300x400) 0.12 ㎡,	배기댐퍼 : (400x400) 0.16 ㎡

위 치	측정차압 (Pa)	문의 개방력 (N)	방연풍속 (m/s)	도어클로저 폐쇄력		비 고
				옥내측	계단실측	
1F	75	100	0.94	34	35	
10F	77	102	0.85	31	35	
20F	81	105	0.8	40	35	

STEP 1. 인원배치

- 화재수신기가 설치된 방재실에 1인 배치
- 각 장치들의 운전상태 확인 및 현장의 지시 이행
- 제연구역 출입구 개방에 필요한 인원 1인
- 측정인원 1인, 측정기록자 1인으로 최소 4명 배치

STEP 2. 급기 송풍기 운전

- 최상층의 화재감지기를 작동시켜 제연설비가 자동 운전되도록 함
- 만일 동절기라면 약 20~30분 정도 급기팬을 운전하여 제연구역의 온도를 외부온도와 유사하게 하여 연돌효과의 영향이 측정결과에 영향을 최소화하도록 함
- 부속실 가압방식의 경우에는 구획이 별도로 되어 있어 20분 정도 필요
- 가압제연구역이 여러 개(특별피난계단 또는 비상용 승강장)가 있을 경우에는 동시에 운전

STEP 3. 최상층 유입공기배출댐퍼 작동확인

- 유입공기 배출댐퍼가 자동으로 작동하는지 확인하고 배출팬이 운전되는지 확인 (배출댐퍼가 없는 아파트는 제외함)
- 배출댐퍼는 화재층만 작동
- 가압제연구역이 여러 개(특별피난계단 또는 비상용 승강장)가 있고 배출댐퍼가 각각 설치되었을 경우에는 모두 작동

STEP 4. 전층의 부속실 출입문이 닫힌 상태에서의 차압 및 개방력 측정

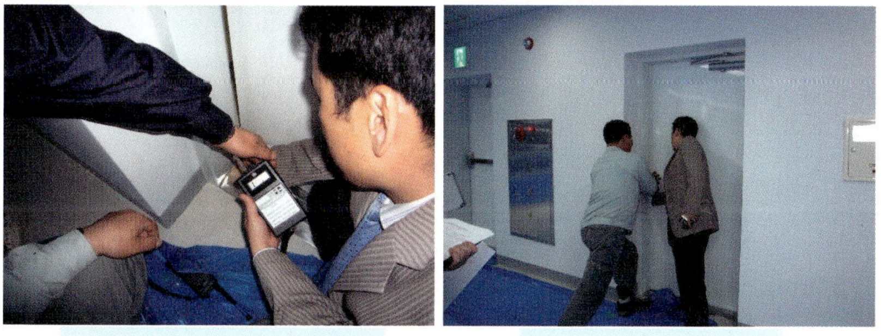

제연구역의 차압측정 모습　　　문 개방력 측정 모습

그림 4.2.8.1 차압 및 개방력 측정

- 20층 건물이라면 1층, 10층, 20층을 측정 (최하층, 중간층, 최고층으로 최소 3개층 이상을 측정하는 것을 권장)
- 차압측정은 차압표시계가 있는 댐퍼를 설치하였더라도 차압 측정공을 통하여 측정
- 차압측정공이 없는 경우, 차압측정호스를 문틈 사이에 끼운 후 최대한 닫은 다음에 측정
  ① 문을 완전히 닫아버리면 호스가 찌그러져 측정이 되지 않으므로 주의
  ② 문틈 사이를 통하여 측정한 차압은 실제차압보다 어느 정도 낮을 것을 예상
- 차압측정호스는 바닥으로부터 1 m 정도 올려서 측정
- 측정차압은 설계기준차압을 만족하여야 하며, 출입문의 개방력은 110 N 이하 확인
- 문의 개방력 측정은 손잡이 위치에서 측정

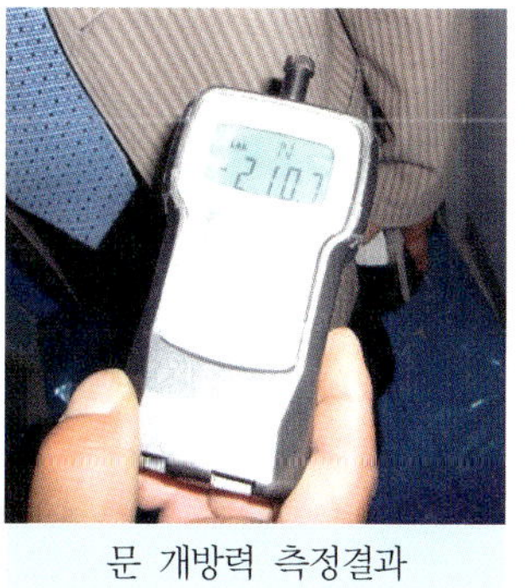

문 개방력 측정결과

그림 4.2.8.2 개방력 측정결과

STEP 5. 문이 열린 부속실이 있는 상태에서 비 개방층 부속실의 차압 측정

- 송풍기와 가장 가까운 층의 배출댐퍼는 계속 열려있는 상태에서,
  부속실의 계단실 문과 옥내측 문을 개방 (동시 개방층이 2개층인 경우에는 위 또는 아래층 부속실 중 한 곳을 선택하여 문을 개방).
- 측정 할 비 개방층은 앞서 전층이 닫힌 상태에서 측정하였던 제연구역(최소 3개층 이상)과 동일
- 비 개방층(닫힌 층)의 차압은 설계기준차압의 70% 이상

STEP 6. 방연풍속 측정

방연풍속 측정 모습

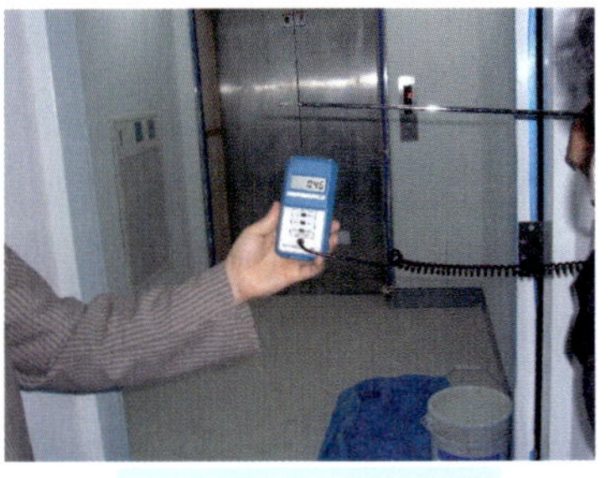

방연풍속 측정 결과

그림 4.2.8.3 방연풍속 측정

- 비개방층의 차압측정이 끝나면, 배출구가 열린 층으로 이동하여 방연풍속을 측정
- 옥내 출입구의 경우, 아파트와 같이 부속실에 면한 세대 출입구가 여러 세대일 때는 한 곳의 세대 출입구만 개방
- 아파트는 유입공기 배출장치가 없기 때문에 방연풍속의 성능구현은 불가능
- 측정위치는 문의 폭 3곳 수직방향 4곳으로 12점 이상
- 방연풍속은 12점 측정치의 평균값이 설계기준값을 만족하는지를 판단
- 옥내 측 피난구를 닫은 후 계단실 문이 완전히 폐쇄되는지도 확인
- 측정 시 반드시 해당구역의 배출구만 작동시키고 나머지 층의 배출구는 폐쇄 상태유지
- 송풍기와 가까운 층을 포함하여 최소 3개층 이상 측정

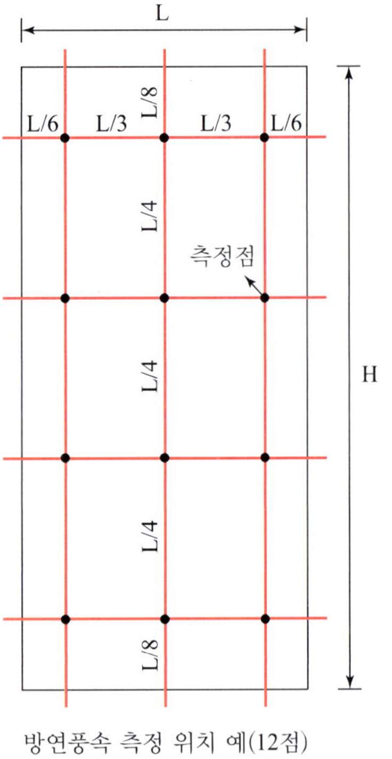

방연풍속 측정 위치 예(12점)

그림 4.2.8.4 12점 측정

STEP 7. 송풍기 정지

- 급기와 배기 송풍기를 정지

STEP 8. 평시 출입문 개방력 측정

- 평상 시 출입문의 개방력을 측정
- 측정하는 문의 개방력은 가압되지 않은 상태인 순수한 도어클로저의 개방력을 측정하기 위한 것

STEP 9. 기록 결과 판단

전층이 닫힌 상태에서 차압부족 원인

- 송풍기 용량과소 설계
- 급기풍도규격미달로 과다 손실
- 송풍기 토출측에서 급기풍도에 이르는 부분에서 손실 과다
- 송풍기의 실제 성능 미달
- 옥내측 방화문의 누설량 과다

전층이 닫힌 상태에서 차압과다 원인

- 과압배출댐퍼의 누락
- 댐퍼가 닫힌 상태에서의 누설량 과다
- 옥내측 방화문의 기밀도가 설계치보다 높음
- 송풍기 용량 과다 설계

방연풍속 부족

- 유입공기 배출구가 없는 아파트에서 측정
- 배출팬의 정압성능 과소 설계
- 충분한 급기댐퍼 누설량에 필요한 풍도 정압 부족 또는 급기댐퍼 규격 과소 설계
- 송풍기의 용량과소 설계
- 급기풍도규격미달로 과다 손실
- 덕트 부속류의 손실 과다

비개방층 차압부족

- 급기댐퍼의 규격 과다로 열린층에서 풍량 과다 누설
- 송풍기의 용량과소 설계
- 급기풍도규격미달로 과다 손실
- 덕트 부속류의 손실 과다

예시 - 1F~20F 건물의 성능검사 절차

1. 급기팬 기동

겨울철에는 급기팬을 운전하는 이유는 연돌효과의 영향을 없앤 상태에서 성능검사를 진행하기 위해서이다.

설계차압이 연돌효과나 바람의 영향 등 외부압력이 작용하지 않는 상태에서 압력차이기 때문에 성능검사 시에는 이러한 영향요소들이 검사에 영향을 미치지 않도록 주의 하여야 한다. 급기팬은 충분한 시간동안 운전하여 연돌효과가 완전히 사라질 때까지 실시한다.

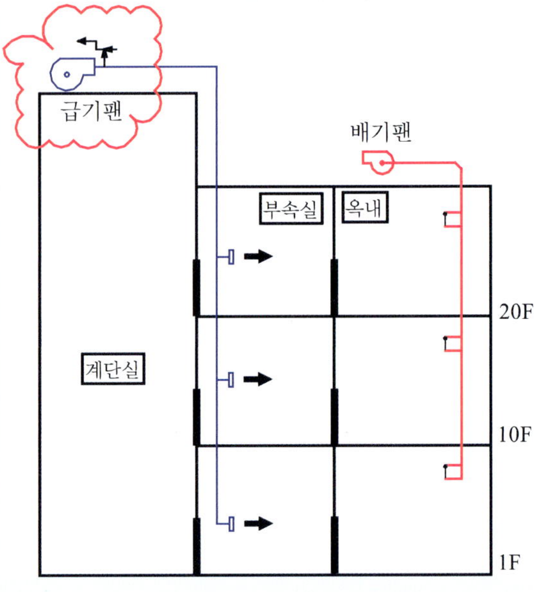

그림 1 급기팬의 충분한 운전

2. 측정대상층의 배출팬 기동

측정하고자하는 층의 화재감지기를 작동시켜 자동으로 배출팬이 운전되도록 하거나 수동으로 배출댐퍼를 작동시키고 배출팬이 운전되도록 한다.

건물 규모에 따라 달리 적용해야 하지만 건물의 모든 층에서 측정을 할 필요는 없으며, 대략적으로 건물의 최상층, 최하층 그리고 중간층 정도에서만 측정하는 것을 원칙으로 하되, 건물의 특수성을 감안하여 측정 층을 추가하도록 한다.

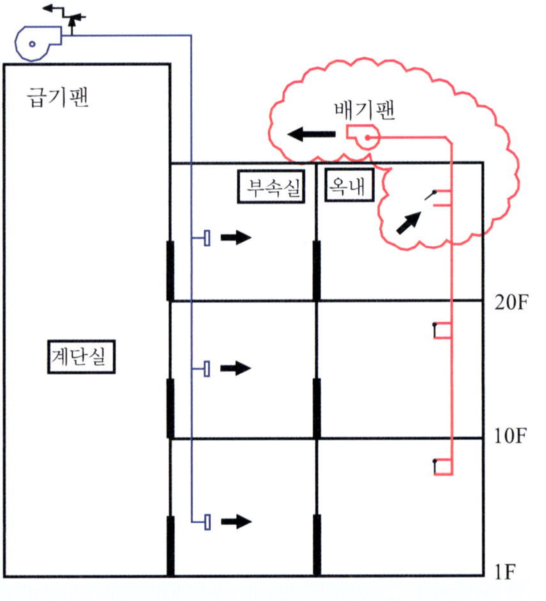

그림 2 측정 대상층의 배출팬 기동

3. 차압 및 문의 개방력 측정

측정하고자하는 층을 20, 10, 1층을 선정하였다면, 각각의 층에 대해 문이 닫힌 상태에서 차압과 문의 개방력을 측정한다. 문의 개방력은 부속실과 옥내 사이의 출입구 개방력을 측정하여 기록한다. 이 때 측정하고자 하는 층의 배출댐퍼는 개방되어야 한다.

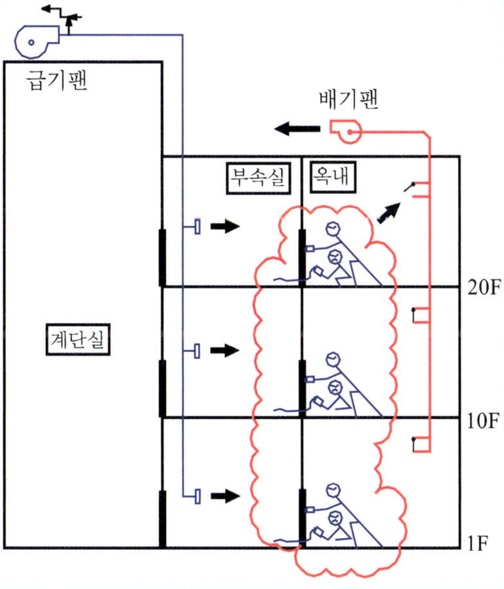

그림 3 차압 및 문의 개방력 측정

차압 제연설비 성능검사 (특별피난계단부속실)						
급 기 : 50 mmAq, 192 CMM (3.2 CMS) 배 기 : 35 mmAq, 80 CMM (1.3 CMS)						
급기풍도 : (600x600) 0.36 m^2			배기풍도 : (400x400) 0.16 m^2			
급기댐퍼 : (300x400) 0.12 m^2			배기댐퍼 : (400x400) 0.16 m^2			
위 치	측정차압 (Pa)	문의 개방력 (N)	방연풍속 (m/s)	도어클로저 폐쇄력		비 고
				옥내측	계단실측	
1F	75	100				
10F	77	102				
20F	81	105				

4. 방연풍속의 측정

측정하고자 하는 층의 배출댐퍼를 작동시키고 옥내 및 계단실과 면한 부속실의 출입구 2개소를 모두 개방하고 방연풍속을 측정한다. 여기에서는 20층, 10층, 1층이 해당된다.

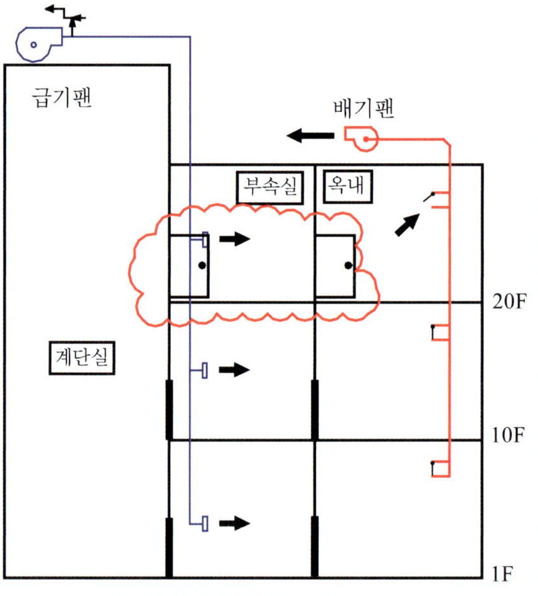

그림 4 방연풍속의 측정

아래의 성능검사 양식에 방연풍속의 검사 결과를 기록한다.

차압 제연설비 성능검사 (특별피난계단부속실)						
급 기 : 50 mmAq, 192 CMM (3.2 CMS) 배 기 : 35 mmAq, 80 CMM (1.3 CMS)						
급기풍도 : (600x600) 0.36 m^2			배기풍도 : (400x400) 0.16 m^2			
급기댐퍼 : (300x400) 0.12 m^2			배기댐퍼 : (400x400) 0.16 m^2			
위 치	측정차압 (Pa)	문의 개방력 (N)	방연풍속 (m/s)	도어클로저 폐쇄력		비 고
				옥내측	계단실측	
1F	75	100	0.94			
10F	77	102	0.85			
20F	81	105	0.8			

5. 도어클로저 폐쇄력 측정

차압, 도어개방력, 방연풍속 측정이 끝나면 급기팬과 배기팬을 정지한 후 가압이 이루어지지 않는 상태에서 도어클로저의 폐쇄력을 측정한다. 이 측정의 목적은 도어클로저가 문의 개방력에 차지하는 부분이 어느 정도인지를 판단하여 추 후 유지관리 측면과 시험결과에 문제점이 있다는 이를 보완하기 위한 중요한 정보로 사용하기 위함이다.

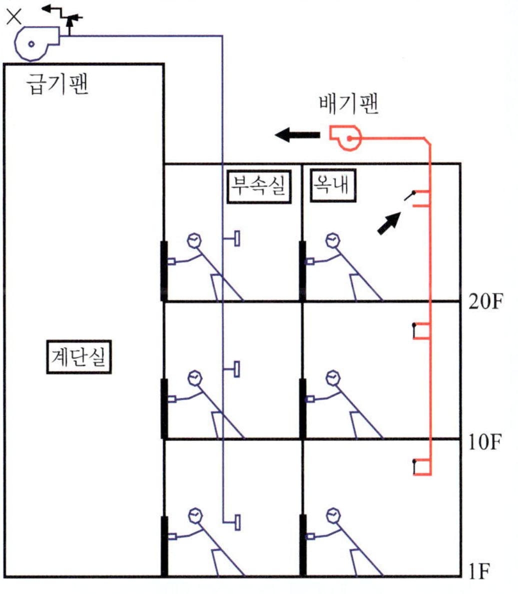

그림 5 폐쇄력 측정

아래의 성능검사 양식에 도어클로저 폐쇄력의 검사 결과를 기록한다.

차압 제연설비 성능검사 (특별피난계단부속실)						
급 기 : 50 mmAq, 192 CMM (3.2 CMS) 배 기 : 35 mmAq, 80 CMM (1.3 CMS)						
급기풍도 : (600x600) 0.36 m^2			배기풍도 : (400x400) 0.16 m^2			
급기댐퍼 : (300x400) 0.12 m^2			배기댐퍼 : (400x400) 0.16 m^2			
위 치	측정차압 (Pa)	문의 개방력 (N)	방연풍속 (m/s)	도어클로저 폐쇄력		비 고
				옥내측	계단실측	
1F	75	100	0.94	34	35	
10F	77	102	0.85	31	35	
20F	81	105	0.8	40	35	

4.2.9 자동화재탐지설비 및 경보설비 성능시운전 검사

- 화재감지기작동 및 발신기 누름버튼 작동 시 비상방송, 유도등의 연동 확인
- 건물 규모에 따른 경보방식(전층 또는 화재층 및 직상 4개층 우선경보) 작동 확인

해당위치	작동시험결과				비고
	화재감지기	발신기 누름버튼	전화	발신기위치 표시등	
1층	양호	양호	불량	양호	

STEP 1. 인원배치

- 경보 및 연동 확인 및 복구 등을 위해 방재실에 1인 배치
- 경보 및 연동에 대한 성능 검사의 기록을 위해 현장에 1인 배치
- 감지기 테스터기로 화재감지기의 작동은 시공자가 수행

STEP 2. 수신기 자동모드

- 화재수신기는 자동모드로 준비

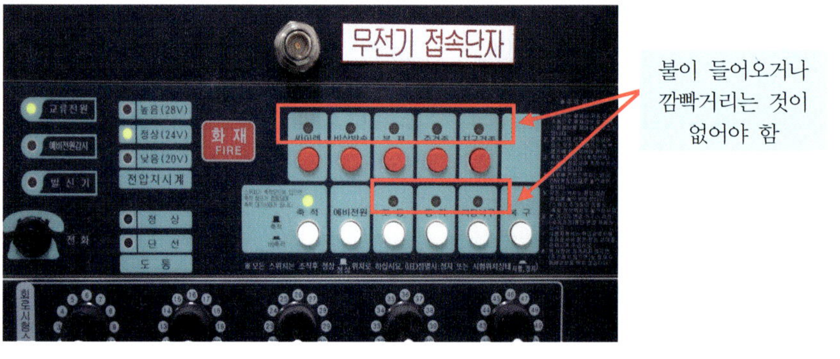

그림 4.2.9.1 수신기 상태 확인

STEP 3. 검사

- 최상층부터 검사를 시작하고 내려오면서 전수검사를 실시
- 감지기를 도면에서 하나하나 체크하면서 빠짐없이 테스터기로 작동
- 감지기가 작동한 후 유도등(3선식인 경우)이 점등되고, 비상방송과 경보(경종 및 시각경보기)가 발령되는지를 확인

- 비상방송 스피커에서 음성이 출력되는지 반드시 확인
  계단실 화재감지기는 현장으로 경보가 발령되지 않아도 무방. 이때 화재수신기 배치자는 화재경보가 발령된 장소를 현장의 검사자에게 알려주고 현장의 검사자는 작동화재감지기와 수신기에 표시되는 위치가 일치하는지를 확인
- 구분경보방식의 경우 화재층과 직상 4개층 우선경보를 확인하며, 전층 경보방식의 경우에는 전층에 경보가 나가는지를 확인. 전층 경보방식의 경우에는 전력소모가 큰 것을 고려하여 경보의 세기나 시각경보기의 점멸상태가 약하지 않은지 확인

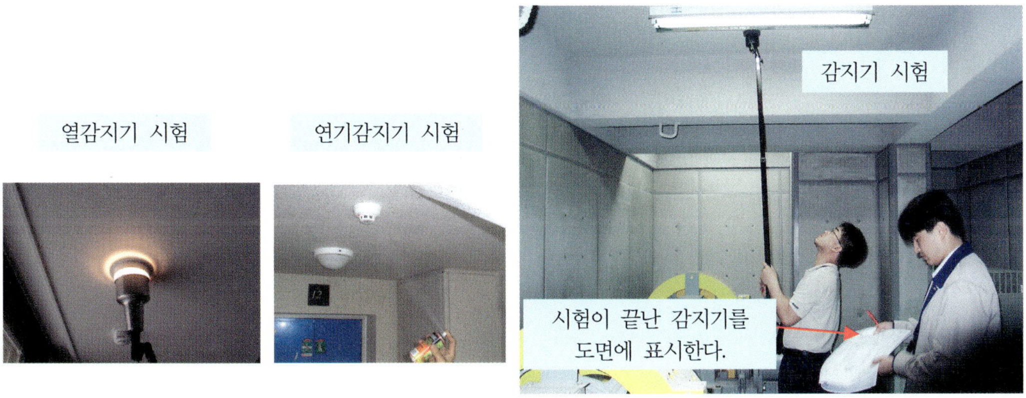

그림 4.2.9.2 감지기 시험

STEP 4. 발신기 시험

- 감지기와는 별도로 발신기의 누름버튼을 눌러 경보시험을 수행. 발신기를 누르기 전에 위치표시등이 제대로 들어와 있는지를 확인한 다음에 발신기를 눌러 시험
- 발신기를 누르게 되면 감지기회로와 동시에 작동하므로 화재수신기에는 해당 화재감지기 경계구역의 작동 표시창과 발신기가 작동 표시창이 동시에 점등되므로 확인하고 발신기 세트의 작동표시 LED가 점등되는지 확인
- 발신기의 작동으로 경보와 유도등이 화재감지기의 작동시와 동일하게 연동되는지 확인

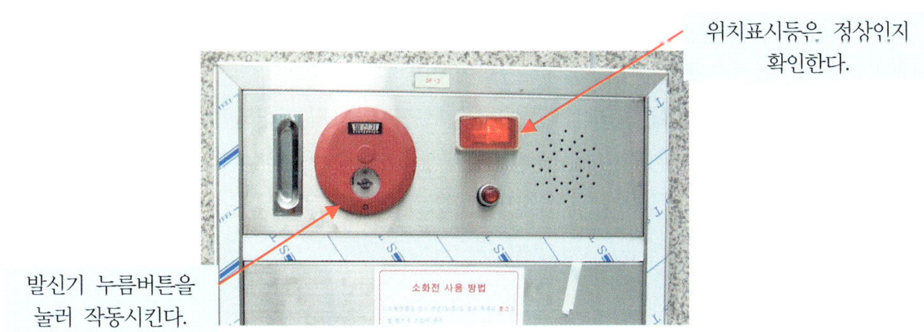

그림 4.2.9.3 발신기 작동 및 표시등 점등 확인

4.2.10 비상발전기 성능시운전 검사

- 상용전원 트립 후 비상전원 투입 시 까지 시간 지연 확인
- 기동 중이던 소화펌프와 제연팬이 비상전원 투입 후 재 기동 확인

비상발전기 설치장소	사용전원 트립시험결과	비상발전기 운전 후 비상전원 투입 결과							비고
	트립 후 비상전원 투입시간	펌프	제연팬	제연 댐퍼	수신기	비상 콘센트	비상 조명등	비상 방송	
지하2층 발전기실	35초	양호	양호	양호	양호	양호	양호	양호	발전기

STEP 1. 검사 일정 사전 고지

- 비상발전기의 성능시험은 상용전원을 차단시켜야 하므로, 성능시험을 하기 전에 미리 건물 내 거주자들에게 시험 시작시간과 소요시간을 충분히 고지하고 양해를 얻은 다음 실시

STEP 2. 펌프 등 기동

- 펌프에서 압력챔버로 연결되는 밸브를 폐쇄한 후 챔버 아래쪽의 배수밸브를 개방하여 펌프를 자동으로 기동. 기동이 되면 배수밸브는 다시 폐쇄
- 제연팬이 설치되어 있다면 화재감지기를 작동시켜 자동으로 팬 운전 확인
- 비상발전기 시운전시 화재수신기에서 경종과 비상방송은 시험기간 동안 잠시 연동을 해제

STEP 3. 비상발전기 기동 및 펌프 재기동 확인

- 정전이 되는 상황을 연출하기 위하여 전기실에서 주차단기를 강제로 내린 후 비상발전기가 구동되고 비상전원이 투입되기까지의 과정 확인
- 이 때 초시계를 이용하여 상용전원의 차단기가 내려진 순간부터 비상전원이 투입되는 순간까지의 시간 지연(일반 45초/병원 10초 이내)을 확인하여 기록
- 주차단기가 내려진 후 소화펌프와 제연팬은 잠시 정지, 다시 비상발전기의 가동으로 비상전원이 투입된 후 자동으로 소화펌프와 제연팬이 재 기동되는 것은 당해 테스트에서 가장 중요한 사항이므로 반드시 확인. 재 기동이 되지 않으면 성능시험은 불합격

STEP 4. 원상태 복구

- 약 10~20여분 정도 비상전원의 투입이 안정적으로 작동하는 것을 확인
- 화재수신기를 비롯하여 비상조명등, 비상방송, 비상콘센트의 전원이 정상적으로 투입되는지 확인 후 시험을 종료
- 종료 후에는 화재수신기 등 모든 장비들의 상태를 정상상태로 전환

그림 4.2.10.1 발전기 시운전

05

CHAPTER

소방공사관리

5.1 국내법규의 체계

5.1.1 법규의 종류

(1) 입법(立法)의 원칙 : 헌법 이념인 정의와 공평의 실현

1) 개인의 지위 존중과 공공 복리의 조화
2) 공무원 권한 행사의 공정성
3) 사회질서의 안정성과 예측 가능성 보장
4) 헌법 및 상위법과의 일치

표 5.1.1.1 법규의 종류와 소관사항

<table>
<tr><th colspan="2">법 규</th><th>소관사항</th></tr>
<tr><td rowspan="4">법령</td><td>헌법</td><td>국가의 근본법으로서 국가의 통치조직과 통치 작용의 원리를 정하고,
국민의 기본권을 보장하는 최고의 법(法)</td></tr>
<tr><td>법률</td><td>1) 헌법에서 법률로 정하도록 한 사항
2) 국민의 권리와 의무에 관한 사항</td></tr>
<tr><td>대통령령</td><td>1) 법률에서 위임한 사항
2) 법률의 집행을 위하여 필요한 사항
3) 국정의 통일적 추진 · 집행을 위한 기본방침에 관한 사항
4) 각 부처에 공통되는 사항
5) 행정기관의 조직에 관한 사항
6) 권한의 위임 · 위탁에 관한 사항</td></tr>
<tr><td>총리령
부 령</td><td>1) 법률 · 대통령령에서 위임한 사항
2) 법률 · 대통령령의 집행을 위하여 필요한 사항
3) 각 부처가 단독으로 업무를 수행할 수 있는 사항
4) 복제 · 서식 등에 관한 사항
5) 절차적 · 기술적 사항</td></tr>
<tr><td rowspan="2">자치법규</td><td>조례</td><td>지방자치단체가 법령의 범위 안에서 그 사무에 관하여 지방자치단체의 대의기관인 지방의회의 의결을 거쳐서 제정하는 본원적 자치법규</td></tr>
<tr><td>규칙</td><td>지방자치단체의 장이 법령 또는 조례가 위임한 범위 내에서 그 권한에 속하는 사무를 수행할 수 있는 사항</td></tr>
<tr><td rowspan="3">행정규칙</td><td>훈령</td><td>상급기관이 하급기관에 대하여 상당한 장기간에 걸쳐 그 권한의 행사를 일반적으로 지시하기 위하여 발하는 명령</td></tr>
<tr><td>예규</td><td>행정사무의 통일을 기하기 위하여 반복적 행정사무의 처리기준을 제시하는 법규문서 외의 문서</td></tr>
<tr><td>고시</td><td>법령이 정하는 바에 따라 일정한 사항을 일반인에게 알리는 문서</td></tr>
</table>

5.1.2 법규(法規)의 구성

(1) 장 · 절 등의 구분

1) 조문 수에 따른 구분

① 법령의 조문 수가 많을 때, 이해를 돕기 위해 성질에 따라 여러 군(群)으로 구분

② 이를 여러 개의 장(章)으로 나눌 수 있으며, 장은 다시 절(節)과 관(款)의 순서로 세분

③ 특히, 조문 수가 매우 많은 경우에는 장(章)의 위에 편(編)을 둘 수 있음

2) 장명 및 절명 부여

- 장 · 절 등을 사용할 경우, 해당 장이나 절의 내용을 대표하는 제목을 붙임
  - ☞ 장명(章名), 절명(節名)

(2) 조 · 항 · 호 · 목

1) 조문형식에 따른 작성

- 행정업무의 운영 및 혁신에 관한 규정 시행규칙 제8조(법규문서 등의 번호) 제1호에 따르면
  - ☞ 법규문서에는 연도구분과 관계없이 누적되어 연속되는 일련번호(누년 일련번호)를 부여

(1) 법령의 본칙(本則)은 원칙적으로 『조』로 구분하며, 조(條)에는 조의 제목을 붙여 "제○조(○○) -------." 형식으로 작성하고, 인용할 때에는 "제1조, 제2조, 제3조" 등으로 인용한다.
(2) 조(條)의 내용을 다시 구분할 필요가 있는 경우에는 조를 『항』으로 세분할 수 있으며, 항(項)은 "① -------." 형식으로 작성하고, 인용할 때에는 "제1항, 제2항, 제3항" 등으로 인용한다.
(3) 항(項)의 내용을 다시 구분할 필요가 있는 경우에는 항을 『호』로 세분할 수 있으며, 호(號)는 "1. -------" 형식으로 작성하고, 인용할 때에는 "제1호, 제2호, 제3호" 등으로 인용한다.
(4) 호(號)의 내용을 다시 구분할 필요가 있는 경우에는 호를 『목』으로 세분할 수 있으며, 목(目)은 "가. -------." 형식으로 작성하고, 인용할 때에는 "가목, 나목, 다목" 등으로 인용한다.
(5) 조문형식으로 열거하는 사항이 문장으로 표시하기 곤란한 때에는 조문 중에서 표(表) · 수식(數式) 또는 그림형식으로 작성할 수 있으며, 별표(別表) · 별지서식 등으로 부칙(附則) 다음 부문에 작성할 수도 있다.

(3) 부칙 작성 사항

1) 부칙에 포함해야 할 내용

- 시행일, 유효기간, 다른 법령의 폐지, 적용례, 경과조치, 다른 법령의 개정

5.1.3 소방법령의 체계

(1) 소방법의 분류

1) 소방 관련 법규

① 소방기본법

② 소방시설공사업법

③ 화재의 예방 및 안전관리에 관한 법률 (약칭 : 화재예방법)

④ 소방시설 설치 및 관리에 관한 법률 (약칭 : 소방시설법)

☞ 행정규칙 : 화재안전성능기준(NFPC), 화재안전기술기준(NFTC)

⑤ 위험물안전관리법 (약칭 : 위험물관리법)

☞ 행정규칙 : 위험물안전관리에 관한 세부기준

⑥ 다중이용업소의 안전관리에 관한 특별법 (약칭 : 다중이용업소법)

⑦ 초고층 및 지하연계 복합건축물 재난관리에 관한 특별법 (약칭 : 초고층재난관리법)

(1) 소방기본법 (법률)	시행령(令) (대통령령) 시행규칙(規則) (행정안전부령)
(2) 소방시설공사업법 (법률)	시행령(令) (대통령령) 시행규칙(規則) (행정안전부령)
(3) 화재의 예방 및 안전관리에 관한 법률 (법률)	시행령(令) (대통령령) 시행규칙(規則) (행정안전부령)
(4) 소방시설 설치 및 관리에 관한 법률 (법률)	시행령(令) (대통령령) 시행규칙(規則) (행정안전부령) 화재안전기술기준(행정규칙-국립소방연구원) 화재안전성능기준(행정규칙-소방청, 소방분석제도과)
(5) 위험물안전관리법 (법률)	시행령(令) (대통령령) 시행규칙(規則) (행정안전부령) 위험물안전관리에 관한 세부기준 (행정규칙-소방청, 위험물안전과)
(6) 다중이용업소의 안전관리에 관한 특별법 (법률)	시행령(令) (대통령령) 시행규칙(規則) (행정안전부령)
(7) 초고층 및 지하연계 복합건축물 재난관리에 관한 특별법 (법률)	시행령(令) (대통령령) 시행규칙(規則) (행정안전부령)

(2) 국가화재안전기술기준 (NFTC : National Fire Technical Code)

1) 화재안전기술기준의 분류방법은 대분류(큰 분야별), 중분류(각 분야별), 소분류(중분류 중에서 유사한 것)로 구분

(보기) NFTC ○ ○○ ○

NFTC	○	○○	○
	↓	↓	↓
	대분류	중분류	소분류

2) 화재안전기술기준(NFTC)의 세부 분류

표 5.1.3.1 국가화재안전기술기준의 세부 분류

소화설비분야			
대분류 1	01		소화기구의 화재안전기술기준
	02		옥내소화전설비의 화재안전기술기준
	03		스프링클러설비의 화재안전기술기준
	03	A	간이스프링클러설비의 화재안전기술기준
	03	B	화재조기진압용스프링클러설비의 화재안전기술기준
	04		물분무소화설비의 화재안전기술기준
	04	A	미분무소화설비의 화재안전기술기준
	05		포소화설비의 화재안전기술기준
	06		이산화탄소소화설비의 화재안전기술기준
	07		할론소화설비의 화재안전기술기준
	07	A	할로겐화합물 및 불활성기체소화설비의 화재안전기술기준
	08		분말소화설비의 화재안전기술기준
	09		옥외소화전설비의 화재안전기술기준

경보설비분야			
대분류 2	01		비상경보설비 및 단독경보형감지기의 화재안전기술기준
	02		비상방송설비의 화재안전기기술준
	03		자동화재탐지설비 및 시각경보장치의 화재안전기술기준
	04		자동화재속보설비의 화재안전기술기준
	05		누전경보기의 화재안전기술기준

피난구조설비분야			
대분류 3	01		피난기구의 화재안전기술기준
	02		인명구조기구의 화재안전기술기준
	03		유도등 및 유도표지의 화재안전기술기준
	04		비상조명등의 화재안전기술기준

소화용수설비분야			
대분류 4	01		상수도소화용수설비의 화재안전기술기준
	02		소화수조 및 저수조의 화재안전기술기준

소화활동설비분야			
대분류 5	01		제연설비의 화재안전기술기준
	01	A	특별피난계단의 계단실 및 부속실 제연설비의 화재안전기술기준
	02		연결송수관설비의 화재안전기술기준
	03		연결살수설비의 화재안전기술기준
	04		비상콘센트설비의 화재안전기술기준
	05		무선통신보조설비의 화재안전기술기준

방재안전시설분야			
대분류 6	02		소방시설용 비상전원수전설비의 화재안전기술기준
	03		도로터널의 화재안전기술기준
	04		고층건축물의 화재안전기술기준
	05		지하구의 화재안전기술기준
	06		건설현장의 화재안전기술기준
	07		전기저장시설의 화재안전기술기준
	08		공동주택의 화재안전기술기준
	09		창고시설의 화재안전기술기준

5.2 공학단위에 관한 규정

5.2.1 기본단위

(1) SI 기본단위의 구성과 발전

1) 국제단위계의 구성

- 1960년 제11차 국제도량형총회(CGPM)에서 국제단위계(SI)는 6개의 기본단위를 기반으로 공식 명칭을 갖게 되었음

2) 7번째 기본단위의 추가

- 1971년, 7번째 기본단위인 몰(mole)이 추가되어 현재의 7개 기본단위가 완성

표 5.2.1.1 기본 단위의 정의(국가표준기본법 시행령 [별표 1])

단위		의미	단위량의 정의	비고
명칭	기호			
미터	m	길이	진공에서의 빛의 속력 c를 m s^{-1} 단위로 나타낼 때 299 792 458이 된다.	MKS 단위계
킬로그램	kg	질량	플랑크 상수 h를 J s 단위로 나타낼 때 6.626 070 15 × 10^{-34}이 된다. 여기서 J s는 kg m^2 s^{-1}과 같은 단위	
초	s	시간	세슘-133 원자의 바닥상태의 전이 주파수(진동수) $\Delta\nu_{Cs}$를 Hz 단위로 나타낼 때 9 192 631 770이 된다. 여기서 Hz는 s^{-1}과 같은 단위	
캘빈	K	온도	볼츠만 상수 κ를 J K^{-1} 단위로 나타낼 때 1.380 649 × 10^{-23}이 된다. 여기서 J K^{-1}은 kg m^2 s^{-2} K^{-1}과 같은 단위	
칸델라	cd	광도	주파수 540 × 10^{12} Hz의 단색광 시감효능 K_{cd}를 lm W^{-1} 단위로 나타낼 때 683이 된다. 여기서 lm W^{-1}은 cd sr W^{-1} 또는 cd sr kg^{-1} m^{-2} s^3 과 같은 단위	
암페어	A	전류	기본 전하 e를 C 단위로 나타낼 때 1.602 176 634 × 10^{-19}이 된다. 여기서 C는 A s와 같은 단위	
몰	mol	물질량	6.022 140 76 × 10^{23}개의 구성요소를 포함. 이 숫자는 아보가드로 상수 N_A를 mol^{-1} 단위로 나타낼 때 정해지는 수치로서 아보가드로 수라고 부른다. 어떤 계의 물질량(기호: n)은 명시된 특정 구성요소들의 수를 나타내는 척도이다. 특정 구성요소들이란 원자, 분자, 이온, 전자, 그 외의 입자 또는 그런 입자들의 특정한 집합체가 될 수 있다.	

3) 현재의 SI 기본단위

- 미터(m), 킬로그램(kg), 초(s), 암페어(A), 켈빈(K), 몰(mol), 칸델라(cd)

표 5.2.1.2 유도단위(국가표준기본법 시행령 [별표 2])

구분 / 유도량	명칭	기호	기본단위와 다른 유도단위로 표시	기본단위로 표시
평면각	라디안	rad		m/m
입체각	스테라디안	sr		m^2/m^2
주파수	헤르츠	Hz		s^{-1}
힘	뉴턴	N		$kg\ m\ s^{-2}$
압력, 응력(변형력)	파스칼	Pa	N/㎡	$kg\ m^{-1}\ s^{-2}$
에너지, 일, 열량	줄	J	N · m	$kg\ m^2\ s^{-2}$
일률, 동력, 전력, 방사선속, 복사선속	와트	W	J/s	$kg\ m^2\ s^{-3}$
전하, 전하량	쿨롬	C		A s
전위차, 전압, 기전력	볼트	V	W/A	$kg\ m^2\ s^{-3}\ A^{-1}$
전기용량, 정전용량	패럿	F	C/V	$kg^{-1}\ m^{-2}\ s^4\ A^2$
전기저항	옴	Ω	V/A	$kg\ m^2\ s^{-3}\ A^{-2}$
컨덕턴스(전기전도율)	지멘스	S	A/V	$kg^{-1}\ m^{-2}\ s^3\ A^2$
자기선속	웨버	Wb	V · s	$kg\ m^2\ s^{-2}\ A^{-1}$
자기선속밀도	테슬라	T	Wb/㎡	$kg\ s^{-2}\ A^{-1}$
인덕턴스(유도계수)	헨리	H	Wb/A	$kg\ m^2\ s^{-2}\ A^{-2}$
섭씨온도	섭씨도	℃		K
광선속	루멘	lm	cd · sr	cd sr
조도(밝기), 광조도, 조명도	럭스	lx	lm/㎡	$cd\ sr\ m^{-2}$
(방사선핵종의) 방사능	베크렐	Bq		s^{-1}
흡수선량, 커마	그레이	Gy	J/kg	$m^2\ s^{-2}$
선량당량, 주변선량당량, 방향선량당량, 개인선량당량	시버트	Sv	J/kg	$m^2\ s^{-2}$
촉매활성도	카탈	kat		$mol\ s^{-1}$

비고

1. 라디안은 평면각을 측정하는 단위이다. 1 라디안은 원에서 원의 반지름과 같은 길이의 원호에 대응하는 중심각이다. 라디안은 위상각(位相角)의 단위로도 사용된다. 주기적 현상에서 2π라디안은 1 주기에 해당한다.
2. 스테라디안은 입체각을 측정하는 단위이다. 1 스테라디안은 구에서 구의 반지름의 제곱과 같은 크기의 구 표면적에 대응하는 중심 입체각이다.
3. 헤르츠와 베크렐은 같은 차원의 단위지만, 헤르츠는 주기적 현상의 단위로 사용되며 베크렐은 방사성 핵종의 방사능의 단위로 사용된다.
4. 섭씨도는 섭씨온도를 나타낼 때 사용된다. 섭씨도와 켈빈의 온도 눈금 간격은 동일하다.

표 5.2.1.3 국제단위계와 함께 사용할 수 있는 유도단위

구 분 / 명 칭	기 호	국제단위계의 단위로 나타낸 값
분	min	1 min = 60 s
시간	h	1 h = 60 min = 3600 s
일	d	1 d = 24 h = 86,400 s
도	°	1° = (π /180) rad
분	′	1′ = (1/60)° = (π /10,800) rad
초	″	1″ = (1/60)′ = (π /648,000) rad
리터	ℓ, L	1 L = 1 dm³ = (10의 -3승) m³
톤	t	1 t = (10의 3승) kg
네퍼	Np	1 Np = 1
벨	B	1 B = (1/2) ln 10 (Np)
전자볼트	eV	1 eV = 1.602 177 33 (49) ×(10의 -19승) J
통일원자질량단위	u	1 u = 1.660 540 2 (10) ×(10의 -27승) kg
천문단위	ua	1 ua = 1.495 978 706 91 (30)×(10의 11승) m
해리		1 해리 = 1852 m
놋트		1 해리 매 시간 = (1852/3600) m/s
아르	a	1 a = 1 dam² = (10의 2승)m²
헥타아르	ha	1 ha = 1 hm² = (10의 4승)m²
바아	bar	1 bar = 0.1 MPa = 100 kPa = 1,000 hPa = (10의 5승)Pa
옹스트롱	Å	1 Å = 0.1 nm = (10의 -10승) m
바안	b	1 b = 100 fm² = (10의 -28승) m²

5.2.2 접두어(接頭語)

표 5.2.2.1 접두어

인자	명칭	기호	인자	명칭	기호
10^{24}	요타 (yotta)	Y	10^{-24}	욕토 (yocto)	y
10^{21}	제타 (zetta)	Z	10^{-21}	젭토 (zepto)	z
10^{18}	엑사 (exa)	E	10^{-18}	아토 (atto)	a
10^{15}	페타 (peta)	P	10^{-15}	펨토 (femto)	f
10^{12}	테라 (tera)	T	10^{-12}	피코 (pico)	p
10^{9}	기가 (giga)	G	10^{-9}	나노 (nano)	n
10^{6}	메가 (mega)	M	10^{-6}	마이크로(micro)	μ
10^{3}	킬로 (kilo)	k	10^{-3}	밀리 (milli)	m
10^{2}	헥토 (hecto)	h	10^{-2}	센티 (centi)	c
10	데카 (deca)	da	10^{-1}	데시 (deci)	d

참고-그리스 문자 읽는 법

그리스 문자	명명	그리스 문자	명명	그리스 문자	명명
α	Alpha	ι	Yotta	σ	Sigma
β	Beta	κ	Kappa	τ	Tau
γ	Gamma	λ	Lamda	υ	Upsilon
δ	Delta	μ	Mu	ϕ	Phi
ε	Epsilon	ξ	Xi	χ	Chi
ζ	Zeta	o	Omicron	ψ	Psi
η	Eta	π	Pi	ω	Omega
θ	Theta	ρ	Rho		

5.3 관련 규정

5.3.1 건축법령의 주요 용어 정리 : 법제처 참고

건축관련 법령의 내용은 최신 건축법, 건축법 시행령, 건축물의 피난·방화구조 등의 기준에 관한 규칙 등을 확인하도록 한다.

(1) 대수선(大修繕)

- 대수선이라 함은 건축물의 기둥, 보, 내력벽, 주계단 등의 구조 또는 외부형태를 수선, 변경 또는 증설하는 것

1) 내력벽을 증설, 해체, 벽면적을 30 m^2 이상 수선 또는 변경
2) 기둥을 증설 또는 해체, 3개 이상 수선 또는 변경
3) 보를 증설 또는 해체, 3개 이상 수선 또는 변경
4) 지붕틀을 증설 또는 해체, 3개 이상 수선 또는 변경
5) 방화벽 또는 방화구획 증설 또는 해체, 수선 또는 변경
6) 주계단, 피난계단, 특별피난계단을 증설 또는 해체, 수선 또는 변경

(2) 개축(改築)

- 기존 건축물의 전부 또는 일부[내력벽·기둥·보·지붕틀 중 셋 이상이 포함되는 경우]를 해체하고 그 대지에 종전과 같은 규모의 범위에서 건축물을 다시 축조하는 것
  ☞ 기존 건물과 동일 규모로 축조 : 건축면적, 연면적, 층수가 기존과 동일

(3) 재축(再築)

- 건축물이 천재지변이나 그 밖의 재해(災害)로 멸실된 경우 그 대지에 종전 규모 이하로 다시 축조하는 것
- 개축과 재축은 종전 규모 이하로 축조한다는 점은 동일하지만, 개축은 자의에 의한 건축 행위, 재축은 자신의 의지와 관계없음

(4) 신축(新築)과 증축(增築)

- 신축 : 건축물이 없는 대지에 새로 건축물을 축조하는 것 (부속건축물만 있는 대지에 새로 주된 건축물을 축조하는 것을 포함하되, 개축 또는 재축하는 것은 제외)
- 증축 : 기존 건축물이 있는 대지에서 건축물의 건축면적, 연면적, 층수 또는 높이를 늘리는 것

(5) 건축면적

- 건축물의 외벽(외벽이 없는 경우에는 외곽 부분의 기둥)의 중심선으로 둘러싸인 부분의 수평투영면적

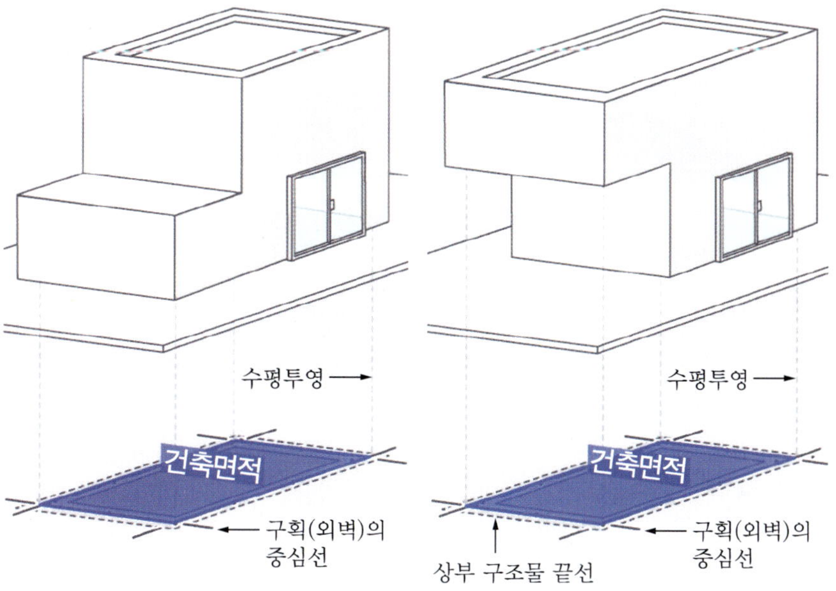

그림 5.3.1.1 건축면적의 판단

- 다음의 경우 건축면적 산입 제외

> 1) 지표면으로부터 1미터 이하에 있는 부분(창고 중 물품을 입출고하기 위하여 차량을 접안시키는 부분의 경우에는 지표면으로부터 1.5미터 이하에 있는 부분)
> 2) 기존의 다중이용업소(2004년 5월 29일 이전의 것만 해당)의 비상구에 연결하여 설치하는 폭 2m 이하의 옥외 피난계단.
> 3) 건축물 지상층에 일반인이나 차량이 통행할 수 있도록 설치한 보행통로나 차량통로
> 4) 지하주차장의 경사로
> 5) 건축물 지하층의 출입구 상부(출입구 너비에 상당하는 규모의 부분)
> 6) 생활폐기물 보관시설(음식물쓰레기, 의류 등의 수거시설)
> 7) 어린이집(2005년 1월 29일 이전에 설치된 것만 해당)의 비상구에 연결하여 설치하는 폭 2m 이하의 영유아용 대피용 미끄럼대 또는 비상계단
> 8) 장애인용 승강기, 장애인용 에스컬레이터, 휠체어리프트 또는 경사로

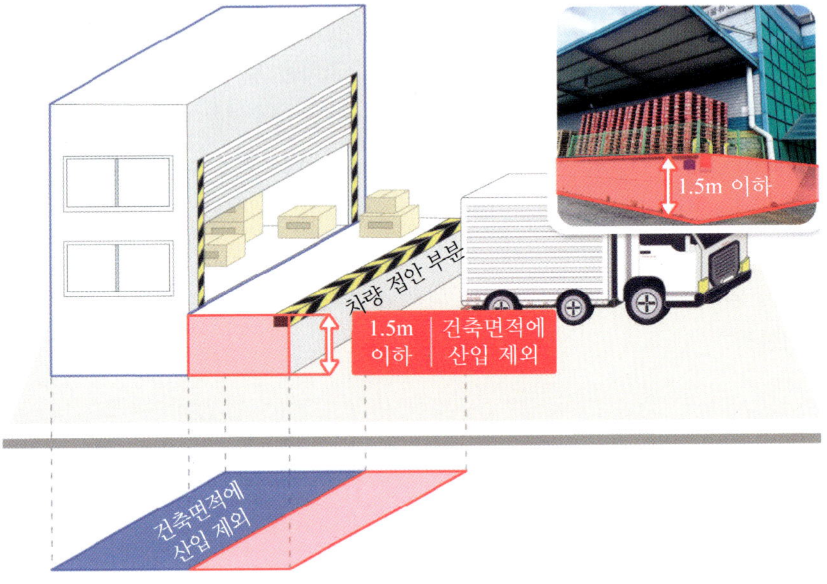

그림 5.3.1.2 건축면적 산입 제외

(6) 바닥면적

- 건축물의 각 층 또는 그 일부로서 벽, 기둥, 그 밖에 이와 비슷한 구획의 중심선으로 둘러싸인 부분의 수평투영면적

1) 벽 · 기둥의 구획이 없는 건축물은 그 지붕 끝부분으로부터 수평거리 1 m를 후퇴한 선으로 둘러싸인 수평투영면적
2) 건축물의 노대 등의 바닥은 난간 등의 설치 여부에 관계없이 노대 등의 면적(외벽의 중심선으로부터 노대 등의 끝부분까지의 면적)에서 노대 등이 접한 가장 긴 외벽에 접한 길이에 1.5m를 곱한 값을 뺀 면적을 바닥면적에 산입
3) 필로티나 그 밖에 이와 비슷한 구조(벽면적의 2분의 1 이상이 그 층의 바닥면에서 위층 바닥 아래면까지 공간으로 된 것만 해당)의 부분은 그 부분이 공중의 통행이나 차량의 통행 또는 주차에 전용되는 경우와 공동주택의 경우에는 바닥면적에 산입 제외
4) 승강기탑(옥상 출입용 승강장 포함), 계단탑, 장식탑, 다락[층고가 1.5 m (경사진 형태의 지붕인 경우에는 1.8 m) 이하인 것만 해당], 건축물의 내부에 설치하는 냉방설비 배기장치 전용 설치공간(각 세대나 실별로 외부 공기에 직접 닿는 곳에 설치하는 경우로서 1㎡ 이하로 한정), 굴뚝, 더스트슈트, 설비덕트, 그 밖에 이와 유사한 것은 바닥면적에 산입 제외
5) 옥상 · 옥외 또는 지하에 설치하는 물탱크, 기름탱크, 냉각탑, 정화조, 도시가스 정압기, 그 밖에 이와 유사한 것의 설치를 위한 구조물은 바닥면적에 산입 제외
6) 공동주택으로서 지상층에 설치한 기계실, 전기실, 어린이놀이터, 조경시설 및 생활폐기물 보관시설의 면적은 바닥면적에 산입 제외
7) 기존의 다중이용업소(2004년 5월 29일 이전의 것만 해당)의 비상구에 연결하여 설치하는 폭 1.5m 이하의 옥외 피난계단은 바닥면적에 산입 제외
8) 장애인용 승강기, 장애인용 에스컬레이터, 휠체어리프트 또는 경사로는 바닥면적에 산입 제외

9) 지하주차장의 경사로(지상층에서 지하 1층으로 내려가는 부분으로 한정한다)는 바닥면적에 산입 제외
10) 대피공간의 바닥면적은 건축물의 각 층 또는 그 일부로서 벽의 내부선으로 둘러싸인 부분의 수평투영면적으로 산정

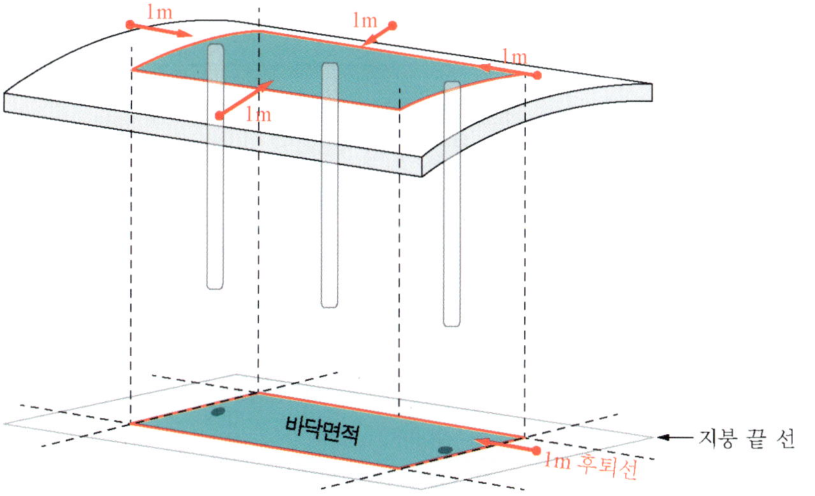

그림 5.3.1.3 벽이 없는 경우 바닥면적 산정

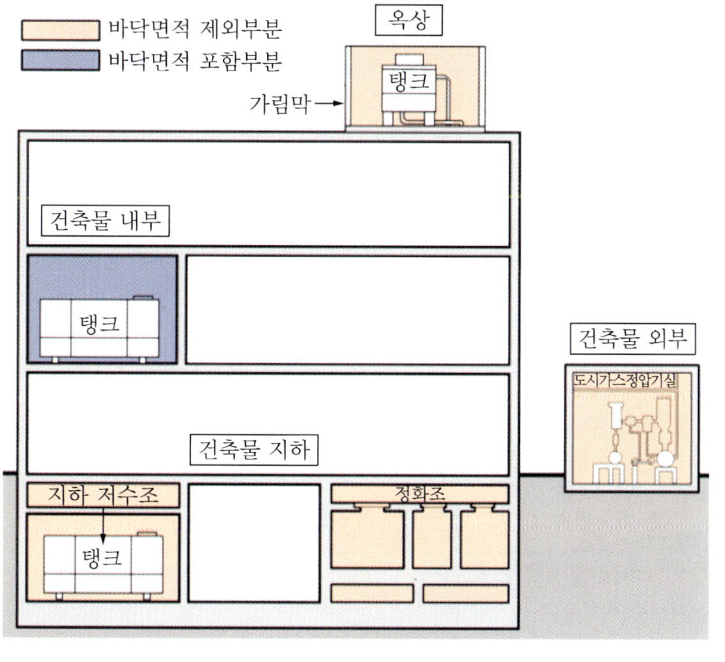

그림 5.3.1.4 옥상 · 옥외, 지하에 설치하는 물탱크 등의 바닥면적 산정

(7) 연면적

- 하나의 건축물 각 층의 바닥면적의 합계. 용적률의 산정 시 다음의 면적은 제외

> 1) 지하층의 면적
> 2) 지상층의 주차용(해당 건축물의 부속용도인 경우만 해당)으로 쓰는 면적
> 3) 초고층 건축물(50층 이상)과 준초고층 건축물에 설치하는 피난안전구역의 면적
> 4) 건축물의 경사지붕 아래에 설치하는 대피공간의 면적

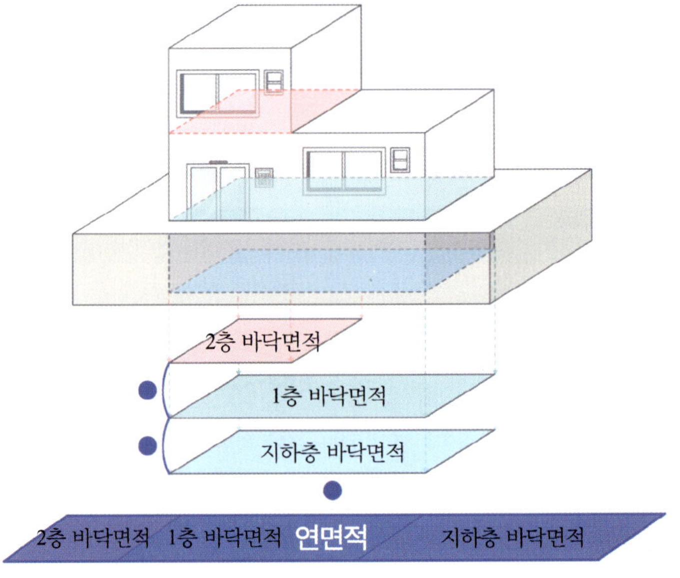

그림 5.3.1.5 연면적의 산정

(8) 용적율

- 대지면적에 대한 연면적(대지에 2 이상의 건축물이 있는 경우에는 이들 연면적의 합계)의 비율

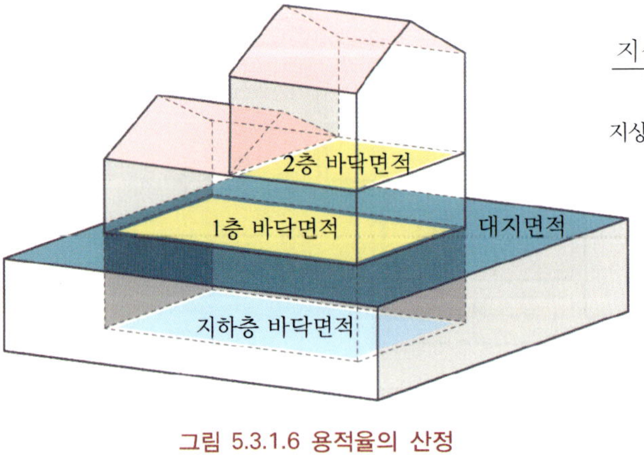

$$\frac{\text{지상층 연면적}}{\text{대지면적}} \times 100 = \text{용적율}(\%)$$

지상층 연면적 : (1층 바닥면적+2층 바닥면적)
대지면적 : (건축대상 필지의 면적)

그림 5.3.1.6 용적율의 산정

(9) 건폐율

- 대지면적에 대한 건축면적(대지에 2 이상의 건축물이 있는 경우에는 이들 건축면적의 합계)의 비율

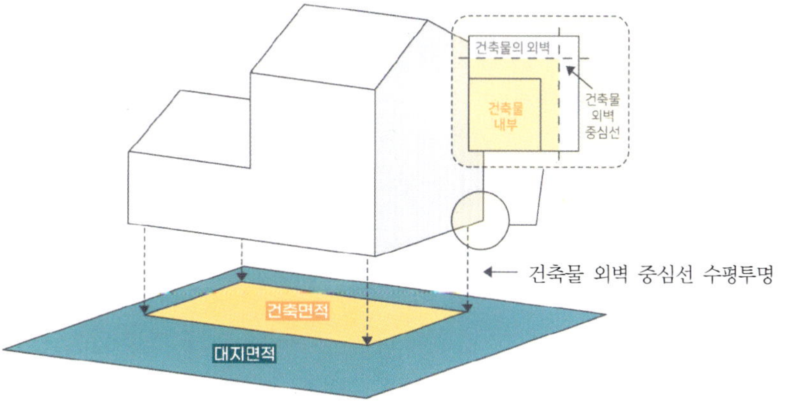

$$\frac{건축면적}{대지면적} \times 100 = 건폐율(\%)$$

그림 5.3.1.7 건폐율의 산정

(10) 건축물의 높이

- 지표면으로부터 그 건축물의 상단까지의 높이
- 건축물의 1층 전체에 필로티(건축물을 사용하기 위한 경비실, 계단실, 승강기실, 그 밖에 이와 비슷한 것을 포함)가 설치되어 있는 경우 필로티의 층고 제외
- 다만, 다음에 해당하는 경우에는 각 규정에 따름

1) 건축물의 높이는 전면도로의 중심선으로부터의 높이로 산정
2) 건축물 높이를 산정할 때 건축물 대지의 지표면과 인접 대지의 지표면 간에 고저차가 있는 경우에는 그 지표면의 평균 수평면을 지표면으로 본다.
3) 건축물의 옥상에 설치되는 승강기탑, 계단탑, 망루, 장식탑, 옥탑 등으로서 그 수평투영면적의 합계가 당해 건축물 건축면적의 1/8(주택법에 의한 사업계획승인 대상인 공동주택 중 세대별 전용면적이 85㎡ 이하인 경우에는 1/6) 이하인 경우로 그 부분의 높이가 12m를 넘는 경우에는 그 넘는 부분에 한하여 당해 건축물의 높이에 산입한다.
4) 지붕마루장식, 굴뚝, 방화벽의 옥상돌출부 기타 이와 유사한 옥상돌출물과 난간벽(그 벽면적의 1/2 이상이 공간으로 되어 있는 것에 한한다)은 당해 건축물의 높이에 산입하지 아니한다.

(11) 층수

1) 층수 산입 제외

- 승강기탑(옥상 출입용 승강장 포함), 계단탑, 망루, 장식탑, 옥탑, 그 밖에 이와 비슷한 건축물의 옥상 부분으로서 그 수평투영면적의 합계가 해당 건축물 건축면적의 8분의 1 이하인 것
- 주택법에 따른 사업계획승인 대상인 공동주택 중 세대별 전용면적이 85 m^2 이하인 경우에는 6분의 1 이하인 것
- 지하층은 건축물의 층수에 산입 제외

2) 층수 산입 조건

- 층의 구분이 명확하지 아니한 건축물은 그 건축물의 높이 4 m마다 하나의 층으로 보고 그 층수를 산정
- 건축물이 부분에 따라 그 층수가 다른 경우에는 그 중 가장 많은 층수를 그 건축물의 층수로 산정

(12) 지하층

- 건축물의 바닥이 지표면 아래에 있는 층으로서 바닥에서 지표면까지 평균높이가 해당 층 높이의 1/2 이상인 것
- 지하층의 지표면은 각 층의 주위가 접하는 각 지표면 부분의 높이를 그 지표면 부분의 수평거리에 따라 가중평균한 높이의 수평면을 지표면으로 산정

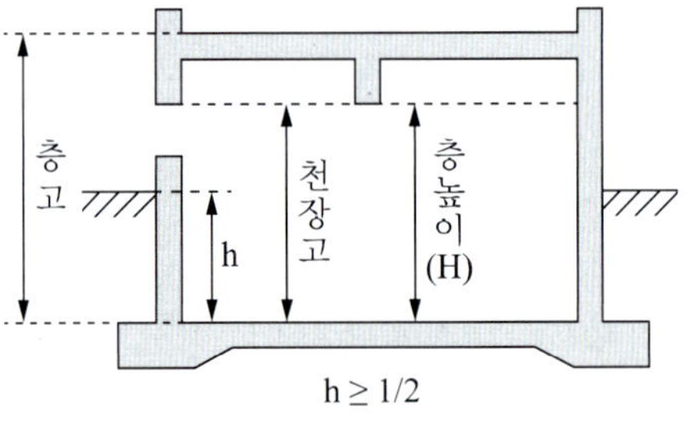

그림 5.3.1.8 지하층의 예시

(13) 주요 구조부

- 내력벽(耐力壁), 기둥, 바닥, 보, 지붕틀 및 주계단(主階段)
- 사이 기둥, 최하층 바닥, 작은 보, 차양, 옥외 계단 기타 이와 유사한 것으로 건축물의 구조상 중요하지 아니한 부분은 제외

5.3.2 인허가 소방동의 및 소방시설공사 업무 흐름

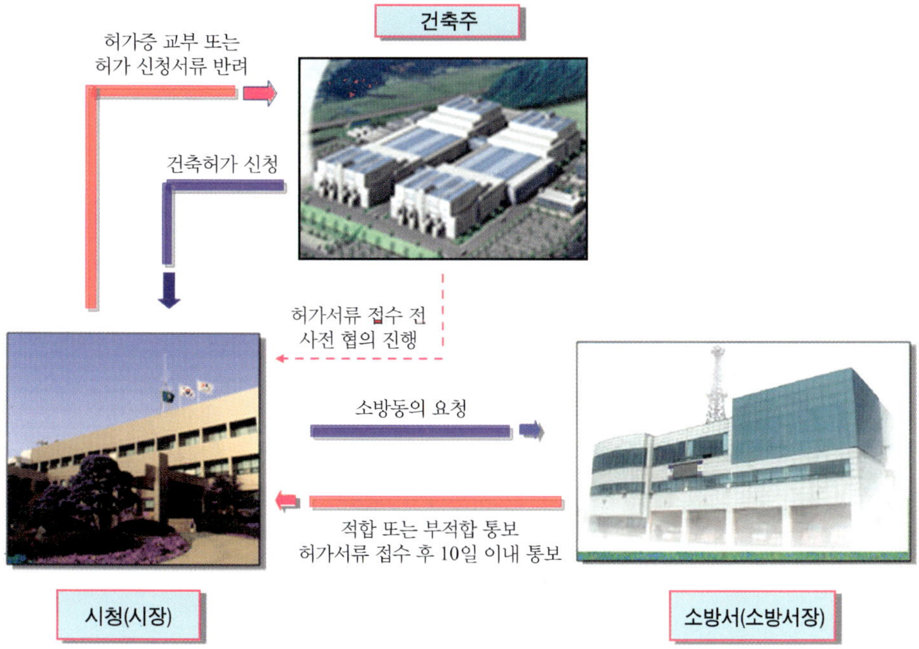

그림 5.3.2.1 건축 인허가 관련 소방동의 업무 흐름

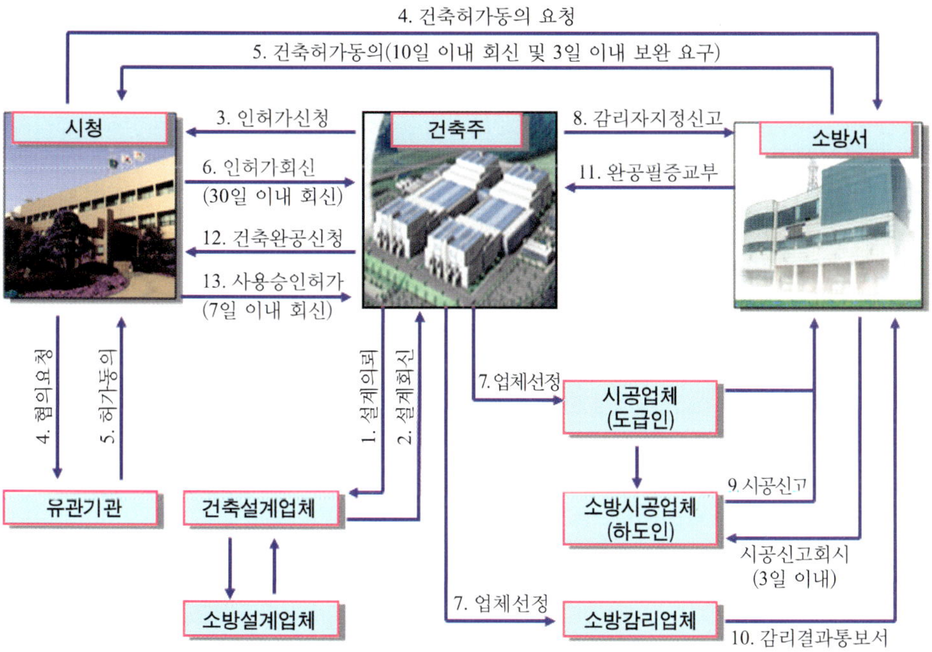

그림 5.3.2.2 소방시설공사 업무 흐름

5.3.3 소방시설업의 정의

관련기준

소방시설공사업법 제2조 (정의)

(1) 소방시설공사업법에서 정하는 소방시설업의 정의

1) 소방시설설계업
   - 소방시설공사에 기본이 되는 공사계획, 설계도면, 설계 설명서, 기술계산서 및 이와 관련된 서류(설계도서)를 작성(설계)하는 영업
2) 소방시설공사업
   - 설계도서에 따라 소방시설을 신설, 증설, 개설, 이전 및 정비(시공)하는 영업
3) 소방공사감리업
   - 소방시설공사에 관한 발주자의 권한을 대행하여 소방시설공사가 설계도서와 관계 법령에 따라 적법하게 시공되는지를 확인하고, 품질·시공 관리에 대한 기술지도(감리)를 하는 영업
4) 방염처리업
   - 소방대상물에 설치하는 방염대상물품에 대하여 방염처리(방염) 하는 영업

5.3.4 소방시설업 등록기준

(1) 소방시설설계업 등록기준

관련기준

소방공사업법 시행령 [별표 1] 소방시설업의 업종별 등록기준 및 영업범위(제2조제1항 관련)

1. 소방시설설계업

업종별 \ 항목		기술인력	영업범위
전문소방시설설계업		가. 주된 기술인력 : 소방기술사 1명 이상 나. 보조기술인력 : 1명 이상	모든 특정소방대상물에 설치되는 소방시설의 설계
일반소방시설	기계분야	가. 주된 기술인력 : 소방기술사 또는 기계분야 소방설비기사 1명 이상 나. 보조기술인력 : 1명 이상	가. 아파트에 설치되는 기계분야 소방시설(제연설비는 제외한다)의 설계 나. 연면적 3만㎡(공장의 경우에는 1만㎡) 미만의 특정소방대상물(제연설비가 설치되는 특정소방대상물은 제외한다)에 설치되는 기계분야 소방시설의 설계 다. 위험물제조소등에 설치되는 기계분야 소방시설의 설계

설계업	전기분야	가. 주된 기술인력 : 소방기술사 또는 전기분야 소방설비기사 1명 이상 나. 보조기술인력 : 1명 이상	가. 아파트에 설치되는 전기분야 소방시설의 설계 나. 연면적 3만㎡(공장의 경우에는 1만㎡) 미만의 특정소방대상물에 설치되는 전기분야 소방시설의 설계 다. 위험물제조소등에 설치되는 전기분야 소방시설의 설계

비고

1. 위 표의 일반 소방시설설계업에서 기계분야 및 전기분야의 대상이 되는 소방시설의 범위는 다음 각 목과 같다.
   가. 기계분야
      1) 소화기구, 자동소화장치, 옥내소화전설비, 스프링클러설비등, 물분무등소화설비, 옥외소화전설비, 피난기구, 인명구조기구, 상수도소화용수설비, 소화수조·저수조, 그 밖의 소화용수설비, 제연설비, 연결송수관설비, 연결살수설비 및 연소방지설비
      2) 기계분야 소방시설에 부설되는 전기시설. 다만, 비상전원, 동력회로, 제어회로, 기계분야 소방시설을 작동하기 위하여 설치하는 화재감지기에 의한 화재감지장치 및 전기신호에 의한 소방시설의 작동장치는 제외한다.
   나. 전기분야
      1) 단독경보형감지기, 비상경보설비, 비상방송설비, 누전경보기, 자동화재탐지설비, 시각경보기, 화재알림설비, 자동화재속보설비, 가스누설경보기, 통합감시시설, 유도등, 비상조명등, 휴대용비상조명등, 비상콘센트설비 및 무선통신보조설비
      2) 기계분야 소방시설에 부설되는 전기시설 중 가목2) 단서의 전기시설
2. 일반 소방시설설계업의 기계분야 및 전기분야를 함께 하는 경우 주된 기술인력은 소방기술사 1명 또는 기계분야 소방설비기사와 전기분야 소방설비기사 자격을 함께 취득한 사람 1명 이상으로 할 수 있다.
3. 소방시설설계업을 하려는 자가 소방시설공사업, 「소방시설 설치 및 관리에 관한 법률」 제29조제1항에 따른 소방시설관리업(이하 "소방시설관리업"이라 한다) 또는 「다중이용업소의 안전관리에 관한 특별법」 제16조에 따른 화재위험평가 대행 업무(이하 "화재위험평가 대행업"이라 한다) 중 어느 하나를 함께 하려는 경우 소방시설공사업, 소방시설관리업 또는 화재위험평가 대행업 기술인력으로 등록된 기술인력은 다음 각 목의 기준에 따라 소방시설설계업 등록 시 갖추어야 하는 해당 자격을 가진 기술인력으로 볼 수 있다.
   가. 전문 소방시설설계업과 소방시설관리업을 함께 하는 경우 : 소방기술사 자격과 소방시설관리사 자격을 함께 취득한 사람
   나. 전문 소방시설설계업과 전문 소방시설공사업을 함께 하는 경우 : 소방기술사 자격을 취득한 사람
   다. 전문 소방시설설계업과 화재위험평가 대행업을 함께 하는 경우 : 소방기술사 자격을 취득한 사람
   라. 일반 소방시설설계업과 소방시설관리업을 함께 하는 경우 다음의 어느 하나에 해당하는 사람
      1) 소방기술사 자격과 소방시설관리사 자격을 함께 취득한 사람
      2) 기계분야 소방설비기사 또는 전기분야 소방설비기사 자격을 취득한 사람 중 소방시설관리사 자격을 취득한 사람
   마. 일반 소방시설설계업과 일반 소방시설공사업을 함께 하는 경우 : 소방기술사 자격을 취득하거나 기계분야 또는 전기분야 소방설비기사 자격을 취득한 사람
   바. 일반 소방시설설계업과 전문 소방시설공사업을 함께 하는 경우 : 소방기술사 자격을 취득하거나 기계분야 및 전기분야 소방설비기사 자격을 함께 취득한 사람
   사. 전문 소방시설설계업과 일반 소방시설공사업을 함께하는 경우 : 소방기술사 자격을 취득한 사람
4. "보조기술인력"이란 다음 각 목의 어느 하나에 해당하는 사람을 말한다.
   가. 소방기술사, 소방설비기사 또는 소방설비산업기사 자격을 취득한 사람
   나. 소방공무원으로 재직한 경력이 3년 이상인 사람으로서 자격수첩을 발급받은 사람
   다. 법 제28조제3항에 따라 행정안전부령으로 정하는 소방기술과 관련된 자격 · 경력 및 학력을 갖춘 사람으로서 자격수첩을 발급받은 사람
5. 위 표 및 제2호에도 불구하고 다음 각 목의 어느 하나에 해당하는 자가 소방시설설계업을 등록하는 경우 「엔지니어링산업 진흥법」, 「건축사법」, 「기술사법」 및 「전력기술관리법」에 따른 신고 또는 등록기준을 충족하는 기술인력을 확보한 경우로서 해당 기술인력이 위 표의 기술인력(주된 기술인력만 해당한다)의 기준을 충족하는 경우에는 위 표의 등록기준을 충족한 것으로 본다.
   가. 「엔지니어링산업 진흥법」 제21조제1항에 따라 엔지니어링사업자 신고를 한 자
   나. 「건축사법」 제23조에 따른 건축사업무신고를 한 자
   다. 「기술사법」 제6조제1항에 따른 기술사사무소 등록을 한 자
   라. 「전력기술관리법」 제14조제1항에 따른 설계업 등록을 한 자
6. 가스계소화설비의 경우에는 해당 설비의 설계프로그램 제조사가 참여하여 설계(변경을 포함한다)할 수 있다.

(2) 소방시설공사업 등록 기준

관련기준

소방공사업법 시행령 [별표 1] 소방시설업의 업종별 등록기준 및 영업범위(제2조제1항 관련)

2. 소방시설공사업

<table>
<tr><th colspan="2">항목
업종별</th><th>기술인력</th><th>자본금
(자산평가액)</th><th>영업범위</th></tr>
<tr><td colspan="2">전문 소방시설 공사업</td><td>가. 주된 기술인력 : 소방기술사 또는 기계분야와 전기분야의 소방설비기사 각 1명(기계분야 및 전기분야의 자격을 함께 취득한 사람 1명) 이상
나. 보조기술인력 : 2명 이상</td><td>가. 법인 : 1억원 이상
나. 개인 : 자산평가액 1억원 이상</td><td>○ 특정소방대상물에 설치되는 기계분야 및 전기분야 소방시설의 공사·개설·이전 및 정비</td></tr>
<tr><td rowspan="2">일반 소방시설 공사업</td><td>기계분야</td><td>가. 주된 기술인력 : 소방기술사 또는 기계분야 소방설비기사 1명 이상
나. 보조기술인력 : 1명 이상</td><td>가. 법인 : 1억원 이상
나. 개인 : 자산평가액 1억원 이상</td><td>가. 연면적 1만m² 미만의 특정소방대상물에 설치되는 기계분야 소방시설의 공사·개설·이전 및 정비
나. 위험물제조소등에 설치되는 기계분야 소방시설의 공사·개설·이전 및 정비</td></tr>
<tr><td>전기분야</td><td>가. 주된 기술인력 : 소방기술사 또는 전기분야 소방설비기사 1명 이상
나. 보조기술인력 : 1명 이상</td><td>가. 법인 : 1억원 이상
나. 개인 : 자산평가액 1억원 이상</td><td>가. 연면적 1만m² 미만의 특정소방대상물에 설치되는 전기분야 소방시설의 공사·개설·이전 및 정비
나. 위험물제조소등에 설치되는 전기분야 소방시설의 공사·개설·이전 및 정비</td></tr>
</table>

비고

1. 위 표의 일반 소방시설공사업에서 기계분야 및 전기분야의 대상이 되는 소방시설의 범위는 이 표 제1호 비고 제1호 각 목과 같다
2. 기계분야 및 전기분야의 일반 소방시설공사업을 함께 하는 경우 주된 기술인력은 소방기술사 1명 또는 기계분야 및 전기분야의 자격을 함께 취득한 소방설비기사 1명으로 할 수 있다.
3. 자본금(자산평가액)은 해당 소방시설공사업의 최근 결산일 현재(새로 등록 한 자는 등록을 위한 기업진단기준일 현재)의 총자산에서 총부채를 뺀 금액을 말하고, 소방시설공사업 외의 다른 업(業)을 함께 하는 경우에는 자본금에서 겸업 비율에 해당하는 금액을 뺀 금액을 말한다.
4. "보조기술인력"이란 소방시설설계업의 등록기준 및 영업범위의 비고란 제4호 각목의 어느 하나에 해당하는 사람을 말한다.
5. 소방시설공사업을 하려는 자가 소방시설설계업 또는 소방시설관리업 중 어느 하나를 함께 하려는 경우 소방시설설계업 또는 소방시설관리업 기술인력으로 등록된 기술인력은 다음 각 목의 기준에 따라 소방시설공사업 등록 시 갖추어야 하는 해당 자격을 가진 기술인력으로 볼 수 있다.
   가. 전문 소방시설공사업과 전문 소방시설설계업을 함께 하는 경우 : 소방기술사 자격을 취득한 사람
   나. 전문 소방시설공사업과 일반 소방시설설계업을 함께 하는 경우 : 소방기술사 자격을 취득하거나 기계분야 및 전기분야 소방설비기사 자격을 함께 취득한 사람
   다. 일반 소방시설공사업과 전문 소방시설설계업을 함께 하는 경우 : 소방기술사 자격을 취득한 사람
   라. 일반 소방시설공사업과 일반 소방시설설계업을 함께 하는 경우 : 소방기술사 자격을 취득하거나 기계분야 또는 전기분야 소방설비기사 자격을 취득한 사람
   마. 전문 소방시설공사업과 소방시설관리업을 함께 하는 경우 : 소방시설관리사와 소방설비기사(기계분야 및 전기분야의 자격을 함께 취득한 사람) 또는 소방기술사 자격을 함께 취득한 사람
   바. 일반 소방시설공사업 기계분야와 소방시설관리업을 함께 하는 경우 : 소방기술사 또는 기계분야 소방설비기사와 소방시설관리사 자격을 함께 취득한 사람

사. 일반 소방시설공사업 전기분야와 소방시설관리업을 함께 하는 경우 : 소방기술사 또는 전기분야 소방설비기사와 소방시설관리사 자격을 함께 취득한 사람

6. "개설"이란 이미 특정소방대상물에 설치된 소방시설등의 전부 또는 일부를 철거하고 새로 설치하는 것을 말한다. 다만, 제8호에 해당하는 경우는 제외한다.
7. "이전"이란 이미 설치된 소방시설 등을 현재 설치된 장소에서 다른 장소로 옮겨 설치하는 것을 말한다.
8. "정비"란 이미 설치된 소방시설 등을 구성하고 있는 기계·기구를 교체하거나 보수하는 것을 말한다.

(3) 소방공사감리업 등록 기준

관련기준

소방공사업법 시행령 [별표 1] 소방시설업의 업종별 등록기준 및 영업범위(제2조제1항 관련)

3. 소방공사감리업

업종별 \ 항목		기술인력	영업범위
전문소방시설감리업		가. 소방기술사 1명 이상 나. 기계분야 및 전기분야의 특급감리원 각 1명(기계분야 및 전기분야의 자격을 함께 가지고 있는 사람이 있는 경우에는 그에 해당하는 사람 1명. 이하 다목부터 마목까지에서 같다) 이상 다. 기계분야 및 전기분야의 고급감리원 이상의 감리원 각 1명 이상 라. 기계분야 및 전기분야의 중급감리원 이상의 감리원 각 1명 이상 마. 기계분야 및 전기분야의 초급감리원 이상의 감리원 각 1명 이상	○ 모든 특정소방대상물에 설치되는 소방시설공사 감리
일반소방시설감리업	기계분야	가. 기계분야 특급감리원 1명 이상 나. 기계분야 고급감리원 또는 중급감리원 이상의 감리원 1명 이상 다. 기계분야 초급감리원 이상의 감리원 1명 이상	가. 연면적 3만㎡(공장의 경우에는 1만㎡) 미만의 특정소방대상물(제연설비가 설치되는 특정소방대상물을 제외한다)에 설치되는 기계분야소방시설의 감리 나. 아파트에 설치되는 기계분야 소방시설(제연설비를 제외한다)의 감리 다. 위험물제조소등에 설치되는 기계분야 소방시설의 감리
	전기분야	가. 전기분야 특급감리원 1인 이상 나. 전기분야 고급감리원 또는 중급감리원 이상의 감리원 1명 이상 다. 전기분야 초급감리원 이상의 감리원 1명 이상	가. 연면적 3만㎡(공장의 경우에는 1만㎡) 미만의 특정소방대상물에 설치되는 전기분야소방시설의 감리 나. 아파트에 설치되는 전기분야 소방시설의 감리 다. 위험물제조소등에 설치되는 전기분야 소방시설의 감리

비고

1. 위 표의 일반소방공사감리업에 있어서 기계분야 및 전기분야의 대상이 되는 소방시설의 범위는 다음 각목과 같다.
   가. 기계분야
      1) 소화기구, 자동소화장치, 옥내소화전설비, 스프링클러설비등, 물분무등소화설비, 옥외소화전설비, 피난기구, 인명구조기구, 상수도소화용수설비, 소화수조·저수조, 그 밖의 소화용수설비, 제연설비, 연결송수관설비, 연결살수설비 및 연소방지설비
      2) 기계분야 소방시설에 부설되는 전기시설. 다만, 비상전원, 동력회로, 제어회로, 기계분야 소방시설을 작동하기

위하여 설치하는 화재감지기에 의한 화재감지장치 및 전기신호에 의한 소방시설의 작동장치는 제외한다.

3) 실내장식물 및 방염대상물품

나. 전기분야

1) 단독경보형감지기, 비상경보설비, 비상방송설비, 누전경보기, 자동화재탐지설비, 시각경보기, 화재알림설비, 자동화재속보설비, 가스누설경보기, 통합감시시설, 유도등, 비상조명등, 휴대용비상조명등, 비상콘센트설비 및 무선통신보조설비

2) 기계분야 소방시설에 부설되는 전기시설 중 가목2) 단서의 전기시설

2. 위 표에서 "특급 감리원", "고급 감리원", "중급 감리원" 및 "초급 감리원"은 행정안전부령으로 정하는 소방기술과 관련된 자격 · 경력 및 학력을 갖춘 사람으로서 소방공사감리원의 기술등급 자격에 따른 경력수첩을 발급받은 사람을 말한다.
3. 일반소방공사감리업의 기계분야 및 전기분야를 함께 하는 경우 기계분야 및 전기분야를 함께 취득한 감리원 각 1명 이상 또는 기계분야 및 전기분야 일반 소방공사감리업의 등록기준 중 각각의 분야에 해당하는 기술인력을 두어야 한다.
4. 소방공사감리업을 하려는 자가 「엔지니어링산업 진흥법」 제21조제1항에 따른 엔지니어링사업, 「건축사법」 제23조에 따른 건축사사무소 운영, 「건설기술 진흥법」 제26조제1항에 따른 건설엔지니어링업, 「전력기술관리법」 제14조제1항에 따른 전력시설물공사감리업, 「기술사법」 제6조제1항에 따른 기술사사무소 운영 또는 화재위험평가 대행업(이하 "엔지니어링사업등"이라 한다) 중 어느 하나를 함께 하려는 경우 엔지니어링사업등의 보유 기술인력으로 신고나 등록된 소방기술사는 전문 소방공사감리업 등록 시 갖추어야 하는 기술인력으로 볼 수 있고, 특급 감리원은 일반 소방공사감리업의 등록 시 갖추어야 하는 기술인력으로 볼 수 있다.
5. 기술인력 등급기준에서 기준등급보다 초과하여 상위등급의 기술인력을 보유하고 있는 경우 기준등급을 보유한 것으로 간주한다.

(4) 방염처리업

관련기준

소방공사업법 시행령 [별표 1] 소방시설업의 업종별 등록기준 및 영업범위(제2조제1항 관련)

4. 방염처리업

항목 / 업종별	실험실	방염처리시설 및 시험기기	영업범위
섬유류 방염업	1개 이상 갖출 것	부표에 따른 섬유류 방염업의 방염처리시설 및 시험기기를 모두 갖추어야 한다.	커튼 · 카펫 등 섬유류를 주된 원료로 하는 방염대상물품을 제조 또는 가공 공정에서 방염처리
합성수지류 방염업		부표에 따른 합성수지류 방염업의 방염처리시설 및 시험기기를 모두 갖추어야 한다.	합성수지류를 주된 원료로 하는 방염대상물품을 제조 또는 가공 공정에서 방염처리
합판 · 목재류 방염업		부표에 따른 합판 · 목재류 방염업의 방염처리시설 및 시험기기를 모두 갖추어야 한다.	합판 또는 목재류를 제조 · 가공 공정 또는 설치 현장에서 방염처리

비고

1. 방염처리업자가 2개 이상의 방염업을 함께 하는 경우 갖춰야 하는 실험실은 1개 이상으로 한다.
2. 방염처리업자가 2개 이상의 방염업을 함께 하는 경우 공통되는 방염처리시설 및 시험기기는 중복하여 갖추지 않을 수 있다.
3. 방염처리업자가 실험실·방염처리시설 및 시험기기에 대하여 임차계약을 체결하고 공증을 받은 경우에는 해당 실험실·방염처리시설 및 시험기기를 갖춘 것으로 본다.

5.3.5 소방시설공사의 착공대상

관련기준

소방시설공사업법 시행령 제4조 (소방시설공사의 착공신고 대상)

(1) 소방공사의 착공신고 대상 및 절차

1) 착공신고 대상

① 모든 소방시설의 신설 공사. 단, 다음 소방시설만을 시공하는 경우는 제외

☞ 소화기구

☞ 단독경보형 감지기, 자동화재속보설비, 누전경보기

☞ 피난기구, 인명구조기구

☞ 유도등, 비상조명등

② 옥내·옥외소화전설비의 증설

③ 스프링클러설비 또는 물분무등소화설비의 방호·방수구역, 자동화재탐지설비의 경계구역, 제연설비의 제연구역, 연결송수관설비의 송수구역, 연결살수설비의 살수구역, 비상콘센트설비의 전용회로, 연소방지설비의 살수구역의 증설

④ 기 설치된 수신반, 소화펌프, 동력제어반, 감시제어반 등을 전부 또는 일부 개설, 이전, 정비하는 공사.

☞ 단, 고장 또는 파손으로 인해 작동시킬 수 없는 긴급 교체, 보수하는 경우는 신고 안할 수 있음

2) 착공신고 절차

① 공사업자는 소방대상물 공사장소의 관할 소방서에 직접 작성하여 제출

② 감리자 지정신고 완료 후 착공신고를 하는 것이 순서

3) 착오 기재 발생과 처리

① 감리자 지정신고서와 착공신고서의 기재사항에 착오기재가 없도록 함

② 관할 소방서는 총괄적인 검토를 위해 감리자 지정신고와 착공신고를 동시에 처리하기도 함

③ 공사업자와 감리자는 제출서류를 비교 검토하여, 착오기재사항(명칭, 주소, 연면적 등)이 있을 경우 수정하여 제출

(2) 착공신고가 필요 없는 공사

1) 대상 공사

① 제연설비 : 소방용 외의 용도와 겸용되는 제연설비를 기계설비·가스공사업자가 공사하는

경우

② 소화용수설비 : 기계설비·가스공사업자 또는 상·하수도설비공사업자가 공사하는 경우

③ 비상방송설비 : 소방용 외의 용도와 겸용되는 비상방송설비를 정보통신공사업자가 공사하는 경우

④ 비상콘센트설비 : 전기공사업자가 공사하는 경우

⑤ 무선통신보조설비 : 소방용 외의 용도와 겸용되는 무선통신보조설비를 정보통신공사업자가 공사하는 경우

2) 착공신고가 불필요한 이유

- 해당 공종의 공사업자는 소방시설공사업자가 아니기 때문에 착공신고를 할 필요가 없음

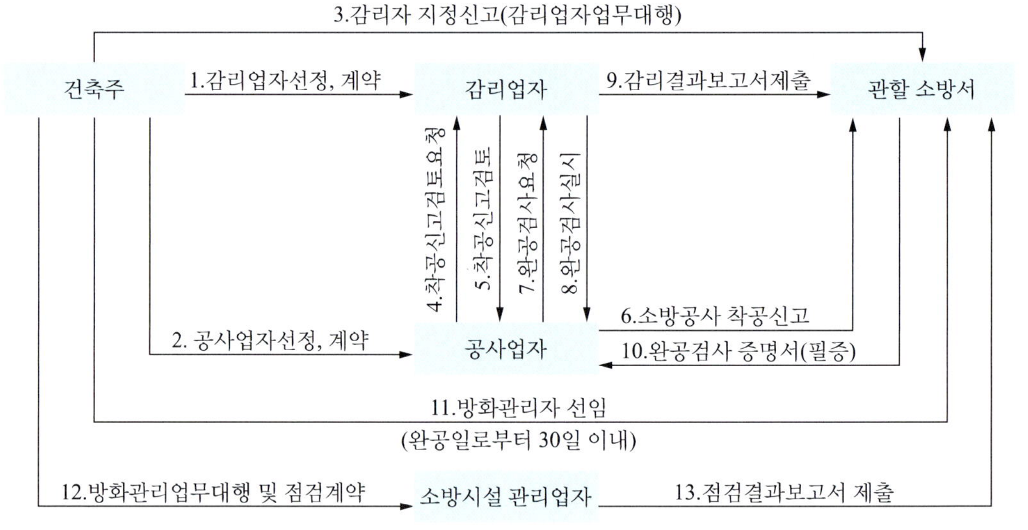

그림 5.3.5.1 소방공사 착공·감리·방화관리 업무 흐름

5.3.6 소방시설공사의 감리대상

관련기준

소방시설공사업법 제17조 (공사감리자의 지정 등)
소방시설공사업법 시행령 제10조 (공사감리자 지정대상 특정소방대상물의 범위)

(1) 소방시설공사 감리자의 지정

1) 감리자 지정 의무
- 특정소방대상물의 관계인은 특정소방대상물에 대해 소방시설을 시공할 때 감리업자를 공사감리자로 지정하여야 함
  - ☞ 자동화재탐지설비, 옥내소화전설비 등 대통령령으로 정하는 소방시설을 시공할 때

2) 공사감리자 지정 및 변경 시 신고 의무
- 관계인은 공사감리자를 지정하거나 변경하였을 때, 관할소방서에 신고

(2) 소방시설공사 감리자 지정대상 소방시설의 범위

1) 감리자 지정이 필요한 소방시설 시공 범위

① 옥내소화전설비를 신설·개설 또는 증설할 때

② 스프링클러설비 등을 신설·개설하거나 방호·방수 구역을 증설할 때
  - ☞ 단, 캐비닛형 간이스프링클러설비 제외

③ 물분무등소화설비를 신설·개설하거나 방호·방수 구역을 증설할 때
  - ☞ 단, 호스릴 방식의 소화설비 제외

④ 옥외소화전설비를 신설·개설 또는 증설할 때

⑤ 자동화재탐지설비를 신설 또는 개설할 때
  - ☞ 화재알림설비를 신설 또는 개설할 때
  - ☞ 비상방송설비를 신설 또는 개설할 때

⑥ 소화용수설비를 신설 또는 개설할 때

⑦ 다음의 소화활동설비를 시공할 때
  - ☞ 제연설비를 신설·개설하거나 제연구역을 증설할 때
  - ☞ 연결송수관설비를 신설 또는 개설할 때
  - ☞ 연결살수설비를 신설·개설하거나 송수구역을 증설할 때
  - ☞ 비상콘센트설비를 신설·개설하거나 전용회로를 증설할 때
  - ☞ 무선통신보조설비를 신설 또는 개설할 때

⑧ 연소방지설비를 신설·개설하거나 살수구역을 증설할 때

5.3.7 소방공사 감리의 종류와 방법 및 배치기준

관련기준

소방시설공사업법 시행령 [별표 3] 소방공사 감리의 종류, 방법 및 대상(제9조 관련)

종류	대 상	방 법
상주 공사 감리	1. 연면적 3만m² 이상의 특정소방대상물(아파트는 제외)에 대한 소방시설의 공사. 2. 지하층을 포함한 층수가 16층 이상으로서 500세대 이상인 아파트에 대한 소방시설의 공사	1. 감리원은 행정안전부령으로 정하는 기간 동안 공사 현장에 상주하여 법 제16조제1항 각 호에 따른 업무를 수행하고 감리일지에 기록해야 한다. 다만, 법 제16조제1항제9호에 따른 업무는 행정안전부령으로 정하는 기간 동안 공사가 이루어지는 경우만 해당한다. 2. 감리원이 행정안전부령으로 정하는 기간 중 부득이한 사유로 1일 이상 현장을 이탈하는 경우에는 감리일지 등에 기록하여 발주청 또는 발주자의 확인을 받아야 한다. 이 경우 감리업자는 감리원의 업무를 대행할 사람을 감리현장에 배치하여 감리업무에 지장이 없도록 해야 한다. 3. 감리업자는 감리원이 행정안전부령으로 정하는 기간 중 법에 따른 교육이나 「민방위기본법」 또는 「예비군법」에 따른 교육을 받는 경우나 「근로기준법」에 따른 유급휴가로 현장을 이탈하게 되는 경우에는 감리업무에 지장이 없도록 감리원의 업무를 대행할 사람을 감리현장에 배치해야 한다. 이 경우 감리원은 새로 배치되는 업무대행자에게 업무 인수 · 인계 등의 필요한 조치를 해야 한다.
일반 공사 감리	○ 상주공사감리에 해당하지 않는 소방시설의 공사	1. 감리원은 공사 현장에 배치되어 법 제16조제1항 각 호에 따른 업무를 수행한다. 다만, 법 제16조제1항제9호에 따른 업무는 행정안전부령으로 정하는 기간 동안 공사가 이루어지는 경우만 해당한다. 2. 감리원은 행정안전부령으로 정하는 기간 중에는 주 1회 이상 공사 현장에 배치되어 제1호의 업무를 수행하고 감리일지에 기록해야 한다. 3. 감리업자는 감리원이 부득이한 사유로 14일 이내의 범위에서 제2호의 업무를 수행할 수 없는 경우에는 업무대행자를 지정하여 그 업무를 수행하게 해야 한다. 4. 제3호에 따라 지정된 업무대행자는 주 2회 이상 공사 현장에 배치되어 제1호의 업무를 수행하며, 그 업무수행 내용을 감리원에게 통보하고 감리일지에 기록해야 한다.

소방시설공사업법 시행령 [별표 4] 소방공사 감리원의 배치기준 및 배치기간(제11조 관련)

1. 소방공사 감리원의 배치기준

감리원의 배치기준		소방시설공사 현장의 기준
책임감리원	보조감리원	
가. 행정안전부령으로 정하는 특급감리원 중 소방기술사	행정안전부령으로 정하는 초급감리원 이상의 소방공사 감리원(기계분야 및 전기분야)	1) 연면적 20만m² 이상인 특정소방대상물의 공사 현장 2) 지하층을 포함한 층수가 40층 이상인 특정소방대상물의 공사 현장
나. 행정안전부령으로 정하는 특급감리원 이상의	행정안전부령으로 정하는 초급감리원 이상의 소방공	1) 연면적 3만m² 이상 20만m² 미만인 특정소방대상물(아파트는 제외한다)의 공사 현장

소방공사 감리원(기계분야 및 전기분야)	사 감리원(기계분야 및 전기분야)	2) 지하층을 포함한 층수가 16층 이상 40층 미만인 특정소방대상물의 공사 현장
다. 행정안전부령으로 정하는 고급감리원 이상의 소방공사 감리원(기계분야 및 전기분야)	행정안전부령으로 정하는 초급감리원 이상의 소방공사 감리원(기계분야 및 전기분야)	1) 물분무등소화설비(호스릴 방식의 소화설비는 제외한다) 또는 제연설비가 설치되는 특정소방대상물의 공사 현장 2) 연면적 3만m² 이상 20만m² 미만인 아파트의 공사 현장
라. 행정안전부령으로 정하는 중급감리원 이상의 소방공사 감리원(기계분야 및 전기분야)		연면적 5천m² 이상 3만m²미만인 특정소방대상물의 공사 현장
마. 행정안전부령으로 정하는 초급감리원 이상의 소방공사 감리원(기계분야 및 전기분야)		1) 연면적 5천m² 미만인 특정소방대상물의 공사 현장 2) 지하구의 공사 현장

비고

가. "책임감리원"이란 해당 공사 전반에 관한 감리업무를 총괄하는 사람을 말한다.

나. "보조감리원"이란 책임감리원을 보좌하고 책임감리원의 지시를 받아 감리업무를 수행하는 사람을 말한다.

다. 소방시설공사 현장의 연면적 합계가 20만m² 이상인 경우에는 20만m²를 초과하는 연면적에 대하여 10만m²(20만m²를 초과하는 연면적이 10만m²에 미달하는 경우에는 10만m²로 본다)마다 보조감리원 1명 이상을 추가로 배치해야 한다.

라. 위 표에도 불구하고 상주 공사감리에 해당하지 않는 소방시설의 공사에는 보조감리원을 배치하지 않을 수 있다.

마. 특정 공사 현장이 2개 이상의 공사 현장 기준에 해당하는 경우에는 해당 공사 현장 기준에 따라 배치해야 하는 감리원을 각각 배치하지 않고 그 중 상위 등급 이상의 감리원을 배치할 수 있다.

2. 소방공사 감리원의 배치기간

가. 감리업자는 제1호의 기준에 따른 소방공사 감리원을 상주 공사감리 및 일반 공사감리로 구분하여 소방시설공사의 착공일부터 소방시설 완공검사증명서 발급일까지의 기간 중 행정안전부령이 정하는 기간동안 배치한다.

나. 감리업자는 가목에도 불구하고 시공관리, 품질 및 안전에 지장이 없는 경우로서 다음의 어느 하나에 해당하여 발주자가 서면으로 승낙하는 경우에는 해당 공사가 중단된 기간 동안 감리원을 공사현장에 배치하지 않을 수 있다.

1) 민원 또는 계절적 요인 등으로 해당 공정의 공사가 일정기간 중단된 경우
2) 예산의 부족 등 발주자(하도급인 경우에는 수급인을 포함한다. 이하 이목에서 같다)의 책임 있는 사유 또는 천재지변 등 불가항력으로 공사가 일정기간 중단된 경우
3) 발주자가 공사의 중단을 요청하는 경우

(1) 소방공사 감리자의 상주 및 일반(비상주) 구분

1) 특정소방대상물의 규모에 따라 상주 또는 일반(비상주) 감리자로 구분하여 적용
2) 발주자와 계약 시 대상 여부를 검토하여 계약자에게 통보

(2) 발주자 요구에 따른 감리자 지정신고

1) 일반공사감리 대상임에도 감리원 상주 계약 시
   - 발주자의 요구로 감리원이 상주하도록 계약하는 경우
2) 발주자와 협의하여 상주공사감리 또는 일반공사감리로 지정 신고할 수 있음

(3) 감리원의 배치 기준

1) 소방시설공사의 착공일부터 소방시설 완공검사증명서 발급일까지의 기간 중
2) 행정안전부령으로 정하는 기간 동안 배치
3) 감리업자는 기준에 따라 소방공사 감리원을 상주 공사감리 및 일반 공사감리로 구분하여 배치

(4) 보조감리원의 추가 배치 기준

1) 연면적 합계가 20만 m² 이상인 현장
   - 20만 m²를 초과하는 연면적에 대하여 보조감리원을 추가 배치
2) 보조감리원 추가 배치 기준
   ① 초과 연면적 10만 m²마다 보조감리원 1명 이상 추가 배치
   ② 단, 초과 연면적이 10만 m²에 미달하는 경우에도 10만 m²로 간주하여 보조감리원 1명 이상을 추가 배치

5.3.8 소방시공 기술자의 배치근거 및 기준

관련기준

소방시설공사업법시행령 제3조 (소방기술자의 배치)
소방시설공사업법 시행령 [별표 2] 소방기술자의 배치기준(제3조 관련)

(1) 소방기술자 배치 의무 및 의미

1) 배치 의무
   - 소방시설 공사업자는 소방시설공사업법 시행령 [별표 2] 기준에 적합한 소방기술자를 공사현장에 배치해야 함
2) 배치의 의미
   - 여기서 소방기술자의 배치란 평상시 계속 상주하는 것이 아니라, 소방시설 공사가 이루어지는 동안의 상주를 말함

(2) 소방기술자 배치 기준 및 등급 확인

1) 현장 규모에 따른 기술자 등급 확인
   - "소방기술자의 배치기준" 표를 참고하여 소방시설공사 현장의 규모에 맞는 소방기술자의 등급을 확인
2) 복수 현장 배치 시 등급 요건
   - 2개 이상의 공사현장에 소방기술자를 배치하는 경우, 배치되는 모든 공사현장의 필요 등급

중 가장 높은 등급의 소방기술자를 배치

(3) 소방기술자의 현장 배치 수 제한

1) 단일 현장 배치 대상

- 소방기술자 1인이 1개의 공사현장에만 배치해야 하는 소방대상물 공사
  - ☞ 아파트를 제외한 연면적 3만 m² 이상인 건축물
  - ☞ 아파트 중 지하층 포함 층수가 16층 이상이고 500세대 이상인 건축물

2) 복수 현장 배치 가능 대상

- 기타의 특정소방대상물(건축물) 공사 시에는 최대 2개의 공사현장에 소방기술자를 배치할 수 있음

(4) 복수 현장 배치 기준 및 예시

1) 연면적 5,000 m² 미만 공사현장 배치 기준

① 동일 소방기술자를 연면적 5,000m² 미만인 공사현장에만 배치하는 경우, 공사현장들의 연면적 합계가 20,000 m² 이하이면 2개 이상의 공사현장에 배치할 수 있음

② 예시

- ☞ 각 공사현장의 연면적이 5,000 m²인 경우
- ☞ 연면적 합계 : 5,000 m² × 4개 = 20,000 m²
- ☞ 따라서 동일 소방기술자를 최대 4개의 공사현장에 배치 가능

2) 연면적 5,000 m² 이상 공사현장과의 복수 배치 기준

① 동일 소방기술자를 연면적 5,000 m² 이상(3만 m² 미만)인 공사현장 2개 이하와 연면적 5,000 m² 미만인 공사현장에 함께 배치하는 경우, 연면적 5,000 m² 미만 공사현장의 연면적 합계가 10,000 m² 이하이면 배치할 수 있음

② 예시

- ☞ 연면적 5,000 m² 이상(3만 m² 미만) 공사현장 2개
- ☞ 연면적 5,000 m²인 공사현장 2개 (합계 10,000 m²)
- ☞ 총 4개의 공사현장에 동일 소방기술자 배치 가능
- ☞ 계산 : 2개 + (10,000 m² ÷ 5,000 m²) = 4개

(5) 주의사항

1) 비고 "마"호의 단서 기준에 해당하는 경우, 소방기술자는 1개 현장에만 배치

- ☞ 연면적 3만 m² 이상의 특정소방대상물(아파트는 제외)
- ☞ 지하층을 포함한 층수가 16층 이상으로서 500세대 이상인 아파트

2) 단서 기준보다 규모가 작은 특정소방대상물(건축물) 공사현장의 경우, 규정된 면적 이내에서 다수의 공사현장에 동일 소방기술자를 배치할 수 있음

5.3.9 소방공사 감리 업무

관련기준

소방시설공사업법 제16조 (감리)

(1) 소방공사 감리업자의 업무 범위

1) 감리업자의 정의 및 의무

① 소방시설 등의 설치계획표의 적법성 검토

② 소방시설 등 설계도서의 적합성(적법성과 기술상의 합리성) 검토

③ 소방시설 등 설계 변경 사항의 적합성 검토

④ 소방용품의 위치 · 규격 및 사용 자재의 적합성 검토

⑤ 공사업자가 한 소방시설 등의 시공이 설계도서와 화재안전기술기준에 맞는지 지도 · 감독

⑥ 완공된 소방시설 등의 성능시험

⑦ 공사업자가 작성한 시공 상세 도면의 적합성 검토

⑧ 피난시설 및 방화시설의 적법성 검토

⑨ 실내장식물의 불연화와 방염 물품의 적법성 검토

(2) 특수 소방대상물에 대한 감리 가능자

1) 감리업자가 아닌 자의 감리 가능 대상

- 용도와 구조에서 특별히 안전성과 보안성이 요구되는 소방대상물로서, 대통령령으로 정하는 장소에서 시공되는 소방시설물에 대한 감리

(3) 소방공사 감리자의 업무 수행 및 검토 대상

1) 소방공사 감리자는 소방시설에 대한 모든 업무를 수행

2) 소방시설 이외에도 건축 피난 · 방화시설 등에 대한 내용도 검토

3) 검토의 범위 및 방법

① 직접 관계가 있는 공종 (예 : 소방시설의 설계, 시공)

☞ 관계 법령에 적합하게 완공되어야 함을 의미

② 간접 공종 (예 : 건축 등)

☞ 부적합한 내용을 관계자에게 서면 등으로 통지하는 것을 포함

4) 피난시설, 방화시설 및 방염 등의 중요성

- 소방시설의 성능을 결정하는 중요한 사항이므로, 직접 관계가 없어도 적극적인 업무 수행이 바람직함

5.3.10 소방공사 감리결과의 통보

관련기준

소방시설공사업법 시행규칙 제19조 (감리결과의 통보 등)

(1) 소방공사 감리결과의 통보 등

1) 감리 완료 후 통보 및 보고 의무

① 감리업자는 소방공사의 감리를 마쳤을 때, 공사가 완료된 날부터 7일 이내에 다음을 수행

☞ 별지 제29호서식의 소방공사감리 결과보고(통보)시에 다음의 서류를 첨부

☞ 특정소방대상물의 관계인, 소방시설공사의 도급인, 특정소방대상물의 공사를 감리한 건축사에게 알리며, 소방본부장 또는 소방서장에게 보고

2) 첨부 서류 목록

① 소방청장이 정하여 고시하는 소방시설 성능시험조사표 1부

② 착공신고 또는 변경신고 후 변경된 설계도서 1부

③ 소방공사 감리일지 1부 (소방본부장 또는 소방서장에게 보고하는 경우에만)

④ 특정소방대상물의 사용승인 신청을 증빙할 수 있는 서류 1부

☞ 「건축법」 제22조에 따른 사용승인

☞ 「주택법」 제49조에 따른 사용검사

☞ 「학교시설사업 촉진법」 제13조에 따른 사용승인

(2) 소방시설 감리결과보고(통보)서 제출 및 보관 : 4부 이상

1) 관할 소방서 보고 1부

2) 건축주(또는 도급인-도급한 경우) 통보 1부(또는 2부)

3) 공사를 감리한 건축사 통보 1부

4) 소방공사 감리자 보관 1부

5.3.11 완공(부분 완공) 검사

관련기준

소방시설공사업법 제14조 (완공검사)
소방시설공사업법 시행령 제5조 (완공검사를 위한 현장확인 대상 특정소방대상물의 범위)
소방시설공사업법 시행규칙 제13조 (소방시설의 완공검사 신청 등)

(1) 소방시설공사 완공 시 완공검사 절차

1) 공사업자의 완공검사 의무
   - 공사업자는 소방시설공사를 완공하면 소방본부장 또는 소방서장의 완공검사를 받아야 함
2) 공사감리자가 지정된 경우 : 공사감리 결과보고서로 완공검사를 갈음
3) 소방서의 특정소방대상물 현장확인
   ① 문화 및 집회시설, 종교시설, 판매시설, 노유자시설, 수련시설, 운동시설, 숙박시설, 창고시설, 지하상가, 다중이용업소
   ② 다음 설비가 설치되는 특정소방대상물
      ☞ 스프링클러설비 등
      ☞ 물분무등소화설비 (호스릴 방식의 소화설비는 제외)
   ③ 연면적 1만 m^2 이상이거나 11층 이상인 특정소방대상물 (아파트는 제외)
   ④ 가연성가스를 제조·저장 또는 취급하는 시설 중 지상에 노출된 가연성가스탱크의 저장용량 합계가 1천 톤 이상인 시설

(2) 공사감리자가 지정된 경우의 완공검사 절차

1) 완공(부분완공)검사 신청서 제출
   - 공사업자는 완공(부분완공)검사 신청서에 감리결과보고서를 첨부하여 관할 소방서에 제출
2) 감리결과보고서 첨부
   - 감리자가 완공(부분완공)검사를 수행한 결과인 감리결과보고서를 첨부
3) 소방시설완공(부분완공)검사 증명서 수령
   - 공사업자는 소방시설완공(부분완공)검사 증명서를 수령

5.3.12 공사의 하자보수

관련기준

소방시설공사업법 제15조 (공사의 하자보수 등)

소방시설공사업법 시행령 제6조 (하자보수 대상 소방시설과 하자보수 보증기간)

(1) 하자보수 의무 및 보증기간

1) 하자보수 의무
   - 공사업자는 소방시설공사 결과 자동화재탐지설비 등 대통령령으로 정하는 소방시설에 하자가 있을 때, 대통령령으로 정하는 기간 동안 그 하자를 보수하여야 함

2) 하자를 보수하여야 하는 소방시설 및 보증기간
   ① 비상경보설비, 비상방송설비, 피난기구, 유도등, 비상조명등, 무선통신보조설비 : 2년
   ② 자동소화장치, 옥내소화전설비, 스프링클러설비등, 물분무등소화설비, 옥외소화전설비, 자동화재탐지설비, 화재알림설비, 소화용수설비, 소화활동설비(무선통신보조설비는 제외) : 3년

(2) 관계인의 통보 의무 및 공사업자의 대응

1) 관계인의 통보 의무
   - 관계인은 하자보수 보증기간에 소방시설의 하자가 발생하였을 때, 공사업자에게 그 사실을 알려야 함

2) 공사업자의 대응 의무
   - 통보를 받은 공사업자는 3일 이내에 하자를 보수하거나, 보수 일정을 기록한 하자보수계획을 관계인에게 서면으로 알려야 함

(3) 관계인의 소방본부장 또는 소방서장에 대한 알림 권한

1) 알림 가능 조건
   - 관계인은 공사업자가 다음 알림 사유에 해당하는 경우, 소방본부장이나 소방서장에게 그 사실을 알릴 수 있음

2) 알림 사유
   ① 하자보수 기간(3일)에 하자보수를 이행하지 아니한 경우
   ② 하자보수 기간에 하자보수계획을 서면으로 알리지 아니한 경우
   ③ 하자보수계획이 불합리하다고 인정되는 경우

5.4 착공 단계 업무

5.4.1 감리계약의 체결

관련기준

소방시설공사업법 제25조 (소방 기술용역의 대가 기준)

소방시설공사의 설계와 감리에 관한 약정을 할 때 그 대가는 「엔지니어링산업 진흥법」 제31조에 따른 엔지니어링사업의 대가 기준 가운데 행정안전부령으로 정하는 방식에 따라 산정한다.

소방시설공사업법 시행규칙 제21조 (소방기술용역의 대가 기준 산정방식)

법 제25조에서 "행정안전부령이 정하는 방식"이란 「엔지니어링산업 진흥법」 제31조제2항에 따라 산업통상자원부장관이 고시한 엔지니어링사업의 대가 기준 중 다음 각 호에 따른 방식을 말한다.

1. 소방시설설계의 대가 : 통신부문에 적용하는 공사비 요율에 따른 방식
2. 소방공사감리의 대가 : 실비정액 가산방식

엔지니어링산업진흥법 제31조 (엔지니어링사업의 대가 기준 등)

① 발주청은 엔지니어링사업자와 엔지니어링사업의 계약을 체결한 때에는 적정한 엔지니어링사업의 대가를 지급하여야 한다.

② 산업통상자원부장관은 제1항에 따른 엔지니어링사업의 대가를 산정하기 위하여 필요한 기준을 정하여 고시하여야 한다. 이 경우 산업통상자원부장관은 기획재정부장관, 국토교통부장관 등 관계 행정기관의 장과 미리 협의하여야 한다.

③ 엔지니어링사업자는 엔지니어링사업을 수행하면서 고의 또는 과실로 해당 발주청 또는 제3자에게 재산상의 손해를 끼친 경우에는 배상하여야 한다.

④ 엔지니어링사업자는 제3항에 따른 손해배상책임을 보장하기 위하여 보험이나 공제에 가입하여야 한다. 이 경우 발주청은 보험이나 공제가입에 따른 비용을 제1항에 따른 엔지니어링사업 대가에 계상(計上)하여야 한다.

⑤ 제4항에 따른 보험 또는 공제의 기간·종류·대상 및 방법 등에 관하여 필요한 사항은 대통령령으로 정한다.

엔지니어링사업대가의 기준 - 산업통상자원부(엔지니어링디자인과)

제2장 실비정액가산방식 제7조~제12조 및 별표 2(통신부문의 요율) 참고*

제3장 공사비요율에 의한 방식 제13조~제20조 및 별표 2(통신부분의 요율) 참고

* 엔지니어링기술자 노임단가는 엔지니어링진흥협회에서 매년 12월 공고한다.

(1) 감리계약서 작성 내용

1) 착공예정일 및 완공예정일
   - 감리업무기간, 감리비 산출 및 착수계 제출일자를 결정하는 사항
2) 건축물의 용도 및 건축개요
   - 감리비 산출 시 감리대상(상주, 일반) 및 감리원 등급 적용의 근거
3) 감리비 산출 및 지급방법
   ① 감리비 산출기준 : 실비정액가산방식
   ② 감리비 지급방법
      ☞ 일시불 또는 분할 지불
      ☞ 분할 지불 시 지불시기 및 지불 금액을 계약서에 반드시 명시
4) 특약조건
   - 계약에서 정하는 감리용역 외의 특약이 있는 경우, 추가 체결 및 소요비용을 감리비 외 별도로 산정
5) 보수조정
   - 인건비 변경 시 물가연동제(E/S)가 가능하도록 연동제 방법을 반드시 명시
6) 자료제공 및 성실의무
   ① '갑'의 대리인으로 감리업무 수행 시 :
      ☞ 시공사로부터 자료제공을 받아야 하므로, 이에 대한 '갑'(발주청)이 '을'(감리자)에게 자료 수집을 위탁한다는 근거를 명시
   ② 자료수집 목록
      ☞ 설계도서 및 공사계획신고서
      ☞ 공사도급계약서 및 현장대리인 인적사항 관련 자료
      ☞ 시공도면 및 공정표
      ☞ 사용자재납품서 및 시험성적표
      ☞ 산재보험가입증명서
      ☞ 기타 공사감리용역 수행에 필요한 자료
7) 업무의 착수시기
   ① 발주청에서 착공일 3일 전에 착공일자 통보토록 계약서에 명기
   ② 감리자는 착공일로부터 감리업무를 착수한다는 내용 명기
8) 현장 확인지도
   - 일반감리의 경우, 감리자가 다음의 내용을 현장 확인지도 후 공사를 진행하기 위하여 계약서에 명기
      ☞ 공사 착공 시
      ☞ 배관 공사 시

☞ 배선 공사 시
☞ 주요 기기 설치 시
☞ 기타 소방 시설물의 규격 및 품질관리상 주요 부분의 시공 시

9) 시공 실시(또는 상세)도면의 작성 요청 등
10) 자재의 검사 등

5.4.2 설계도서 등의 검토

소방책임기술자 및 소방공사책임감리원은 설계도면, 소방시설 설치계획표, 수량산출서, 시방서, 시설별 계산서, 산출내역서, 공사계약서 등의 내용을 완전 숙지하여 적합한 방향의 공법 개선 및 예산절감을 기하도록 하고, 설계도서의 검토는 제1장을 참조한다.

5.4.3 착공계 검토

(1) 착공계 검토 및 현장대리인 확인

1) 착공계 검토
   - 시공사 양식 또는 발주자 요구 양식으로 작성하여 제출된 착공계를 검토
2) 현장대리인과 책임시공기술자 동일 여부 확인
   - 현장대리인과 소방법상 책임시공기술자가 동일한지 검토
3) 현장대리인 및 안전관리자의 상주 명기 의미
   ① 현장대리인 또는 안전관리자가 착공계에 '상주'로 명기되어 있으면, 이는 소방공사업법의 '배치'로서 소방공사가 있는 날 현장 근무를 의미
   ② 따라서, 현장대리인이 아닌 소방책임기술자는 '비상주'도 가능

(2) 감리원이 제출받아야 하는 착공계의 서류

1) 현장기술자 배치신고서 (책임기술자 또는 안전관리담당자)
2) 건설공사 및 소방시설공사 예정공정표 (설계 감리업무의 경우 설계공정)
3) 자재관리 검사계획표
4) 공사도급 계약서 및 내역서 사본 (필요시)
5) 착공 전 사진 (필요시)

6) 소방책임기술자 경력사항 확인서 및 자격증 사본

7) 안전관리 계획서 (필요시)

8) 작업인원 및 장비투입 계획서

9) 공정 추진 계획표 (필요시)

10) 현장 조직표

11) 품질보증계획서 또는 품질시험계획서 (필요시)

12) 기타 발주자가 지정한 사항

(3) 착공계 적합 여부의 검토사항

1) 계약내용의 확인

① 공사기간 : 착수일 ~ 준공일

② 지급조건 및 방법 : 선급금, 기성부분 지급, 준공금, E/S 조건 확인 등

③ 기타 공사계약 문서에서 정한 사항

2) 현장기술자의 적격여부

① 책임기술자 : 소방시설공사업법 제12조 제2항, 동법 시행령 제3조 [별표 2]에 따른 자격 확인

② 안전관리담당자 : 산업안전보건법 제15조, 동법 시행령 제12조에 따른 자격 확인

③ 발주자 특기사항 확인

3) 소방시설공사 예정공정표 검토

① 작업 간 선행, 동시, 완료 등의 연관성이 명시되어 있는지 확인

② 예정공정률이 적정하게 작성되었는지 확인

4) 품질관리시험 계획표 검토

- 공사 예정공정표에 따라 자재의 시험방법과 빈도가 적정하게 반영되었는지 확인

5) 자재수급 계획 검토

- 공사 예정공정표에 따라 자재 수급계획이 적정한지 확인

6) 착공 전 사진 확인

- 전경이 잘 나타나도록 촬영되었는지 확인

7) 작업인원 및 장비투입 계획서 검토

- 공사의 규모, 성격, 특성에 맞는 장비 형식이나 수량이 적절히 선정되었는지 확인

5.4.4 공사 관련자 회의

(1) 착공 초기 공사 관련자 회의

1) 회의 참석자
   ① 발주자
   ② 감리자
   ③ 시공사 (관할 소방서에 소방공사 착공신고서류를 제출한 회사)
2) 주요 회의 내용
   ① 시공 및 설계도서상의 문제점 논의
   ② 공사 진행 전반에 대한 일반적인 사항 협의

5.4.5 하도급 관련 사항

(1) 검토 및 보고 사항 (소방시설공사 하도급 시)

1) 하도급 계약서의 적정성
   ① 하도급계약통지서 : 계약일로부터 30일 이내 제출 여부
   ② 하도급율 : 82% 이상 여부 확인
   ③ 계약보증서 : 연도 및 금액 확인
   ④ 하도급계약서 : 첨부 내용 확인
   ⑤ 근로자 재해보장책임 : 보험기간 및 계약자 확인
2) 하도급 자격의 적정성
   ① 사업자등록증 : [업태] 건설업, [종목] 전문소방시설인지 확인
   ② 소방시설(공사)업 등록증 : 공종, 시공능력 (소방시설공사업법 제4조) 확인
   ③ 착공계 : 계약 연·월·일 확인
   ④ 사용인감계 : 인감 사항 첨부 여부 확인
   ⑤ 등기부등본 : 대표이사 등재 사항 확인
   ⑥ 현장대리인계 : 자격 및 재직 유무 확인
   ⑦ 지방세 납세증명원 : 체납 유무 (필요 시)
   ⑧ 하도급대금직불합의서 : 건설산업기본법 제35조 등 관련 여부 확인
3) 하도급 허용 여부 검토 (소방시설공사업법 시행령 제12조에 의거)
   - 제12조 제1항 각 호의 사업자이면서 소방공사업 면허를 동시에 보유한 경우에만 소방공사를 일회에 한하여 일부 하도급 가능

■ 소방시설공사업법 시행규칙 [별지 제31호서식] <개정 2021. 6. 10.>

소방시설공사등의 하도급통지서

① 특정소방 대 상 물	㉮상호(명칭)		㉯용도 구분
	㉰소재지 (전화번호 :)		
	㉱구 조 지하 층, 지상 층, 연면적 ㎡, 바닥면적 ㎡, 개동		
② 관 계 인	㉮성명(기관 또는 법인명)		
	㉯주소 (전화번호 :)		
③ 원도급자	㉮상호(명칭)	㉯등록번호 (제 호)	㉰대표자
	㉱소재지 (전화번호 :)		
④ 하도급자	㉮상호(명칭)	㉯등록번호 (제 호)	㉰대표자
	㉱소재지 (전화번호 :)		
⑤하 도 급 내 용 (공사의 하도급은 하도급하는 소방시설의 종류를 말합니다.)			
⑥ 책임소방 기 술 자	㉮성명		
	㉯주소		
	㉰자격의 종류 및 구분	㉱자격증 발급 연월일	㉲자격증 번호

「소방시설공사업법」 제21조의3제4항 및 같은 법 시행규칙 제20조제1항에 따라 소방시설공사등을 하도급하려고 통지합니다.

년 월 일

통보인 ⑦ (서명 또는 인)

⑧ 귀하

첨부서류	1. 하도급계약서(안) 1부 2. 예정공정표 1부 3. 하도급내역서 1부 4. 하수급인의 소방시설업 등록증 사본 1부	수수료 없 음

210㎜×297㎜[백상지80g/㎡ 또는 중질지80g/㎡]

그림 5.4.5.1 소방시설공사 등의 하도급통지서

(2) 소방시설공사 하도급 통지서 작성 요령

① 특정소방대상물 : 최종 건축(변경)허가서의 내용과 동일하게 아래 내용을 작성

㉮ 상호(명칭) : 특정소방대상물의 명칭 기록

㉯ 용도 구분 : 건축허가서의 용도 기록(예 : 공동주택 및 부대복리시설)

㉰ 소재지 : 특정소방대상물을 건설하는 장소의 주소 기록

☞ (전화번호 : 발주자와 연락 가능한 전화번호 기록)

㉱ 구조 : 특정소방대상물의 지하 및 지상 층수, 연면적, 바닥면적, 동수 기록

② 관계인 : 발주자에 관한 사항 기록

㉮ 성명(기관 또는 법인명) :

☞ 발주자가 개인의 경우 성명 기록

☞ 법인의 경우 대표자가 공사 완료 전에 변경되는 경우도 있으므로 법인명과 대표자의 직함만 기록하고 대표인 날인(예 : ○○부동산신탁(주) 대표)

㉯ 주소 : 발주자 개인 또는 법인의 주소 기록

☞ (전화번호 : 발주자 또는 공사 담당자와 연락 가능한 전화번호 기록)

③ 원도급자 : 발주자로부터 공사를 도급받은 소방시설공사업법 시행령 제12조 제1항의 업자 관련 내용 기록

④ 하도급자 : 소방시설공사의 일부를 하도급 받은 업자 관련 내용 기록

㉮ 상호(명칭) : 하도급 업자의 회사 명칭 기록

㉯ 등록번호 : 하도급 업자의 소방시설공사업 등록번호 기록

㉰ 대표자 : 하도급 업자의 대표자 성명 기록

㉱ 소재지 : 하도급 업자의 사무실 주소 기록, 연락 전화번호 기록

⑤ 하도급 내용 : 하도급자가 공사하는 소방시설의 명칭 기록

☞ 하도급 제외시설 확인 필요

⑥ 책임소방기술자 : 하도급 업체의 책임소방기술자 관련사항 기록

㉮ 성명 : 책임소방기술자의 성명 기록

㉯ 주소 : 책임소방기술자의 현주소 기록

㉰ 자격의 종류 및 구분 : 책임소방기술자의 경력수첩 등급 기록(소방기계 특급 등)

㉱ 자격증 발급 연월일 : 책임소방기술자 경력수첩의 하부 발급 연원일 기록

㉲ 자격증 번호 : 책임소방기술자 경력수첩의 자격증 발급번호 기록

⑦ 통보인 및 서명 또는 인 : 도급인의 대표자 기록 및 날인

⑧ 발주처의 대표자 기록(예 : ○○부동산신탁(주) 대표 귀하)

☞ 관할 소방서장이 아님. 하도급을 하겠다고 발주처 등에 보고하는 서류임

5.4.6 착공신고 검토

(1) 소방시설공사 착공신고서 작성 및 검토

1) 착공신고서의 제출 및 중요성

① 소방시설공사 착공신고서는 소방시설공사업자가 작성하여 관할 소방서에 직접 제출하는 서류

② 특정소방대상물과 관계인의 주요사항이 사업시행 초기에 착오 전달되어 착공신고서에 잘못 기록되는 사례가 발생할 수 있음

2) 착공신고서의 정확 필요성

① 특정소방대상물과 관계인의 주요사항이 착오 기록되면 착공신고 서류가 반려되어 착공 시기가 지연될 수 있음

② 소방시설 완공(또는 부분완공)검사 증명서의 기재사항과 건축물 준공 신청 서류의 내용이 달라져 서로 다른 건물이 되는 경우 발생 가능

③ 이를 방지하기 위해 소방시설공사업자와 소방공사감리업자는 협력하여 최종적으로 건축허가 동의 된 서류를 입수하고 미리 검토·확인

3) 관계인의 성명란 작성 시 유의사항

① 법인 또는 주택조합 등 단체의 경우, 대표자가 수시로 변경될 수 있으므로 법인 명칭 뒤에 대표, 대표이사 또는 사장 등으로 기록하고 성명을 기록하지 않을 수 있음

☞ 예시 : 한국토지주택공사 사장 (인)

4) 소방공사의 발주 형태에 따른 확인 사항

① 소방공사가 기계분야와 전기분야로 나뉘어 발주(또는 하도급)되는 경우, 각자 해당 소방시설의 종류를 정확히 기록했는지 확인

② 소방공사업법 시행령 제4조(소방시설공사의 착공신고 대상)의 제외에 해당하는 소방시설이 없는지 확인

③ 착공신고서를 작성할 때, 첨부서류의 보완이 필요하거나 서류 검토 시간이 필요한 경우가 있으므로 신고일은 년도와 월까지만 기록한다.

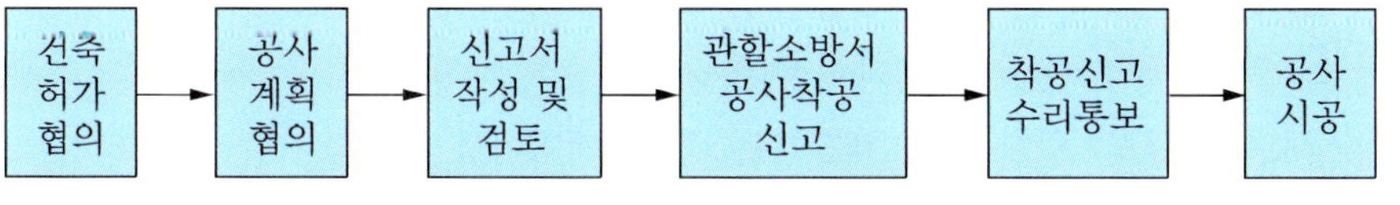

그림 5.4.6.1 착공신고 업무 흐름도

(2) 소방시설공사 착공신고서 구비서류

1) 소방시설공사 착공신고서 [별지 제14호 서식]

2) 공사업자의 소방시설공사업등록증 사본 및 등록수첩

3) 당해 소방시설공사의 책임시공 및 기술관리를 하는 기술인력의 기술등급을 증명하는 서류 사본(소방기술자 경력수첩 사본)

4) 설계도서 : 시방서를 포함하되, 건축허가 동의 시 제출된 설계도서에 변경이 있는 경우

5) 소방시설공사 하도급 통지서 사본(하도급하는 경우에 한함)

6) 소방시설 설치 개요표

(3) 소방시설공사 착공신고서 작성 요령

① 특정소방 대상물 : 최종 건축(변경)허가서를 참조하여 작성

㉲ 연면적 : 둘 이상의 특정소방대상물인 경우 전체 합계 연면적 기록(소방공사감리자 지정 신고서의 연면적과 동일)

㉳ 전체 소방시설 : 특정소방대상물에 설치하는 전체 소방시설의 명칭 기록 작성

☞ 소방시설의 5가지 분류와 그 명칭을 작성할 때, 내용이 길어져 문서가 여러 줄로 늘어나고 일부가 다음 페이지로 넘어가 결재권자가 보기에 불편해질 수 있으므로, 각 시설명에서 '설비'라는 단어를 생략하고, 마지막 시설명 뒤에만 '설비'를 붙이면 문서가 더 간결해짐(예 : 소화기, 옥내소화전, 스프링클러, 자동화재탐지, 시각경보기, … 상수도소화용수설비)]

② 관계인 : 발주처에 관한 사항을 기록 작성

㉰ 도급금액 : 한글 또는 아라비아 숫자로 기록[예 : 일십억원 또는 1,000,000,000원(아라비아 숫자로 기록하는 경우 읽기 쉽도록 천 단위마다 콤마 표시)]

㉱ 도급형태 :

☞ 소방시설공사업법 제21조에 해당하는 경우 "분리도급 [ ]"에 ✔표시

☞ 소방시설공사업법 시행령 제11조의 2 소방시설공사 분리 도급의 예외에 해당하는 경우 "분리도급 예외 [ ]"에 ✔표시

㉲ 지급보증 :

☞ 소방시설공사업법 제21조의4 (공사대금의 지급보증 등)의 제1항에 의한 경우 "공사대금지급보증 [ ]"에 ✔표시

☞ 발주자가 제1항 본문 중 국가, 지방자치단체 또는 대통령령으로 정하는 공공기관인 경우 "공사대금지급보증 예외 [ ]"에 ✔표시

☞ 제2항(소규모 공사 등)에 해당하는 경우 "계약이행 미보증 [ ]"에 ✔표시

③ 소방시설 공사업자 : 소방시설 공사업 등록증의 내용과 아래의 내용을 기록 작성

㉲ 도급구분 :

☞ 소방시설공사업법 제21조 제2항에 의하여 분리도급을 받거나 소방시설공사업법 시행령 제11조의2에 의하여 도급을 받은 경우 "원도급 [ ]"에 ✔표시

☞ 소방시설공사업법 시행령 제12조에 의하여 하도급 받은 경우 "하도급 [ ]"에 ✔표시

■ 소방시설공사업법 시행규칙 [별지 제14호서식] <개정 2024. 1. 4.>

소방시설공사 착공(변경)신고서

※ [ ]에는 해당되는 곳에 √표를 합니다. (앞쪽)

접수번호	접수일	처리기간 2일

① 특정소방대상물	㉮상호(명칭)			㉯용도 구분
	㉰소재지			(전화번호:)
	㉱구조 지하 층, 지상 층, 개동			
	㉲대지면적 ㎡, 연면적 ㎡, 바닥면적 ㎡, 건축면적 ㎡			
	㉳전체 소방시설			
② 관계인	㉮성명(기관 또는 법인명)			(서명 또는 인)
	㉯주소			(전화번호:)
	㉰도급금액		㉱도급형태	분리도급 [ ] 분리도급 예외 [ ]
	㉲지급보증	계약이행미보증 [ ] 공사대금지급보증 [ ] 공사대금지급보증 예외 [ ]		
③ 소방시설공사업자	㉮상호(명칭)	㉯등록번호		㉰대표자
	㉱소재지			(전화번호 :)
	㉲도급구분 원도급 [ ] 하도급 [ ]	㉳착공일		㉴완공예정일
	㉵공사종류 신설 [ ] 증설 [ ] 개설 [ ] 이전 [ ] 정비 [ ] 그 밖의 공사 [ ]			
	㉶시공 소방시설			
④책임시공 및 기술관리 소방기술자	㉮성명	㉯수첩번호		㉰분야/등급

⑤ 변경내용	구분	변경 전		변경 후	
㉮ 시공자[ ]	상호				
	등록번호				
	대표자				
	소재지	(전화번호:)		(전화번호:)	
	정산금액	원	도급금액		원
㉯ 설치되는 소방시설[ ]	종류				
㉰ 책임시공 및 기술관리 소방기술자[ ]	성명	(수첩번호:)		(수첩번호:)	
	분야/등급				
	배치기간	~		~	

「소방시설공사업법」 제13조 및 같은 법 시행규칙 제12조에 따라 소방시설공사 착공(변경) 내용을 신고합니다.

년 월 일

신고인 ⑥ (서명 또는 인)

소방본부장/소방서장 귀하

210㎜×297㎜[백상지80g/㎡ 또는 중질지80g/㎡]

그림 5.4.6.2 소방시설공사 착공(변경)신고서

㉶ 시공 소방시설 :

☞ 전체 소방시설공사를 하는 경우 "**전체소방시설과 동일**" 로 기록

☞ 기계분야, 전기분야로 나누어서 도급(하도급) 받은 경우와 소방시설공사업법 시행령 제4조와 같이 일부 소방시설을 전문 공사업자가 시공하는 경우 "**시공하는 소방시설의 명칭**" 만을 위 ①－㉳ 착안사항의 예와 같이 기록 작성

④ 책임시공 및 기술관리 소방기술자 : 현장에 배치하는 소방기술자의 경력수첩을 참조하여 기록 작성(분야별로 2인이 배치되는 경우 각 칸을 줄 나누기하여 기록)

㉰ 분야/등급 : 배치하는 소방기술자의 분야별 등급 기록(예 : 기계/○급, 전기/○급)

⑤ 변경 내용 :

☞ 소방시설공사업법 제13조 제2항 및 동법 시행규칙 제12조 제2항에 의한 변경이 발생하는 경우에 기록하는 사항이므로

☞ 최초착공신고에서는 빈칸으로 두고 변경이 발생하는 경우 최초착공신고서의 기록내용과 ④까지에 변경 후 내용을 기록하고 해당 [ ]에 ✔표시한 후 필요 내용을 기록 작성

㉮ 시공자 :

☞ 정산금액은 변경 전 시공자에게 공사비를 정산한 금액을 기록

☞ 도급금액은 변경 신고하는 시공자가 수주한 금액을 기록

☞ 이 경우 정산금액과 도급금액의 합계가 최초의 공사금액보다 많아지거나 적어질 수도 있으나 실제 금액을 기록

☞ 이때 ⑥의 신고인은 변경 후 회사 이름, 대표자 성명과 날인

㉯ 설치되는 소방시설 :

☞ 통상적으로 변경되는 경우가 거의 없으나 공사 도중 특정소방대상물의 용도가 변경되거나 소방시설공사업법 시행령 제4조의 일부 소방시설을 전문 공사업자가 시공하는 도중 문제가 발생하거나 하는 등 및 기타 설치하는 소방시설의 변경이 발생하는 경우 변경되는 소방시설의 명칭 기록

☞ 이때 신고서 ③의 ㉶ 시공 소방시설의 란에 변경되는 소방시설의 명칭이 추가 또는 삭제되어 시공 소방시설 명칭 기록

㉰ 소방기술자 :

☞ 변경 전·후 소방기술자 관련 사항을 기록

☞ 공사는 계속 진행되어야 하므로 변경 전과 후의 소방기술자 배치기간이 중첩되거나 연결되도록 기록

☞ ④의 소방기술자는 변경 후의 소방기술자에 대한 사항이 기록

⑥ 신고인 : 소방공사를 시공하는 회사 이름과 대표자 성명을 기록 날인

5.4.7 관할 소방서의 감리자 지정신고 등

(1) 소방감리 지정신고 시 준비 사항

1) 건축주 관련 서류 : 사업자등록증 사본, 전화번호
2) 건축 관련 서류
   ① 건축허가서 (조건부사항 포함)
   ② 건축허가 접수증(있는 경우)
   ③ 면적 개요표, 재료마감표 및 방화구획도
3) 소방도면 : 소방기계 도면, 소방전기 도면
4) 소방시설 계산서
   ① 펌프·수조 용량 계산서
   ② 제연팬 용량 계산서
   ③ 가스계 소화설비 계산서
   ④ 내진설계 계산서
5) 소방시설 시방서 : 소방기계 및 소방전기 시방서
6) 소방시설 설치계획표 : 소방기계 및 소방전기 설치계획표
7) 전기·통신 관련 서류
   ① 비상발전기 부하계산서 및 결선도면
   ② 비상조명등 도면 (소방도면에 있으면 제외) 및 조도계산서
   ③ 비상방송 도면 (소방도면에 있으면 제외)
   ④ MCC 결선도
8) 기계설비 관련 서류
   ① 상수도 인입 도면
   ② 수신기 설치장소 도면 (급·배기 시설 확인용)
9) 공사업체 관련 서류
   ① 착공신고서 및 첨부 서류
   ② 소방시설공사 하도급 통지서 (하도급의 경우)

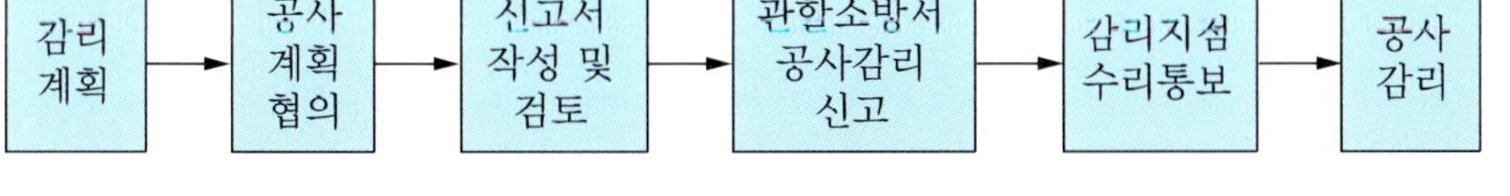

그림 5.4.7.1 소방공사 감리자의 지정신고 업무 흐름도

(2) 소방감리자 지정신고서 작성

1) 소방공사감리자 지정신고서 [별지 제21호 서식]

① 감리지정신고서 작성 및 제출

☞ 감리지정신고서는 소방공사의 발주자가 신고하도록 되어 있으나, 편의상 감리자가 대행

② 첨부 서류

☞ 소방공사 감리업 등록증 사본 1부 및 등록수첩 사본 1부

☞ 해당 소방시설공사를 감리하는 소속 감리원의 감리원 등급을 증명하는 서류 각 1부

☞ 소방시설공사업법 별지 제22호 서식의 소방공사 감리계획서 1부

☞ 소방시설설계 계약서 사본 1부 및 소방공사감리 계약서 사본 1부

2) 소방공사 감리계획서 [별지 제22호 서식]

① 건축개요 및 소방시설 종류 확인

☞ 설계도서, 건축허가서 및 설계 설치계획서를 참조하여 건축물의 용도, 면적, 구조 등의 건축개요와 소방시설의 종류 확인

② 감리진행 공정표 작성

☞ 건축 및 소방공사 공정표를 참조하여 감리원 배치기간 및 공정진행일정에 따라 감리진행 공정표를 시공자와 협의하여 작성

③ 감리원 배치기간 및 공정진행 일정 결정

④ 소방시설 공사업자(또는 하도급업자) 선정 확인

☞ 하도급업자의 선정이 늦어질 경우, 도급업자로 착공신고를 한 후 착공변경신고를 하는 경우도 있음

3) 소방공사 감리원 배치 통보서 [별지 제24호 서식]

① 감리배치통보서 작성 및 제출

☞ 감리배치통보서는 감리업자가 작성하여 제출

② 제출 시기

☞ 감리지정신고서 및 감리계획서에서 정한 감리자를 감리지정신고서 제출과 동시에 관할 소방서에 제출

③ 첨부 서류

☞ 변경된 감리원의 등급을 증명하는 서류 (감리원을 배치하는 경우에 한함)

☞ 소방공사 감리계약서 사본 (감리지정신고서와 별도로 첨부하여야 함)

(3) 소방공사감리자 지정신고서 작성요령

※ 소방시설공사 착공(변경)신고서와 중복되는 부분이 많으므로 해당 작성요령을 참고하여 작성하고 내용이 약간 다른 부분은 아래의 요령으로 작성한다.

① 특정소방대상물, ② 관계인의 각 란은 건축허가서 사본을 참조하여 작성하되 소방시설공사 착공(변경)신고서와 동일하게 기록 작성

① ㉣의 연면적과 연면적 합계는 서식 하단의 작성요령을 참조하여 작성

② ㉯ 생년월일 : 관계인(발주자)이 개인인 경우 생년월일을 기록하고, 법인인 경우 법인등록번호 기록

③ 소방공사 감리업자 : 소방공사 감리업 등록증의 내용을 참조하여 기록 작성

④ 소방공사 감리원

㉰ 감리원 구분 : 감리원의 직책에 따라 책임소방감리원 또는 보조소방감리원으로 각각 구분하여 기록

⑤ 소방공사 감리기간 : 소방감리계약서의 감리기간을 기록

⑥ 감리대상 소방시설 종류 : 해당 특정소방대상물에 설치하는 소방시설 종류의 전체를 기록

☞ 소방시설공사업법 시행령 제4조와 같이 일부 소방시설을 전문 공사업자가 시공하는 경우 착공신고를 하지 않을 뿐 소방감리원이 지도 감독하여 소방시설을 설치하여야 하므로 설치되는 소방시설을 전체 기록함

⑦ 감리구분 : 소방시설공사업법 시행령 제9조 및 별표 3의 구분에 따른 상주감리[ ] 또는 일반감리[ ]에 ✔표시

(4) 소방공사 감리계획서 작성요령

① 특정소방대상물, ② 관계인 : 최종건축(변경)허가서의 내용으로 작성하되, 소방착공(변경) 신고서, 감리지정 신고서의 내용과 동일하게 작성

③ 소방시설의 종류 : 설치하는 소방시설의 명칭을 전부 기록

☞ 소방시설의 5가지 분류와 그 명칭을 작성할 때, 내용이 길어져 문서가 여러 줄로 늘어나고 일부가 다음 페이지로 넘어가 결재권자가 보기에 불편해질 수 있으므로, 각 시설명에서 '설비'라는 단어를 생략하고, 마지막 시설명 뒤에만 '설비'를 붙이면 문서가 더 간결해짐(예 : 소화기, 옥내소화전, 스프링클러, 자동화재탐지, 시각경보기, … 상수도소화용수설비)]

☞ 소방시설공사업법 시행령 4조에 의하여 전문공사업자가 시공하여 착공신고에서 제외된 소방시설도 감리의 대상이므로 누락없이 기록

④ 소방공사 감리업자 : 소방감리업 등록증의 관련 사항을 기록

⑤ 소방시설 공사업자 : 소방공사업 등록증의 관련 사항을 기록하되, 공사업자가 2인 이상인 경우 각 줄을 공사업자의 숫자만큼 나누어서 각각 해당 줄에 순서대로 기록

⑥ 소방시설 공사기간 : 공사기간을 시작하는 날부터 끝나는 날을 기록
감리기간 : 소방공사 감리계약서의 날짜를 기록

⑦ 소방공사 감리원 배치계획

㉮ 상주감리 : 상주감리대상물의 경우 기록

☞ 성명 : 배치되는 감리원 전체의 성명을 각 줄에 기록

☞ 분야/등급 : 감리원의 자격 분야와 등급을 해당하는 성명 옆칸에 기록
(예 : 기계, 전기/특급 또는 기계/특급, 전기/고급 등)

☞ 담당 소방시설 :
책임감리원이 2명 이상인 경우 담당 책임감리원과 보조감리원의 성명 줄에 담당 소방시설 명칭을 기록
책임감리원이 1명인 경우 해당 칸을 합치기 한 후에 소방시설의 명칭을 기록

☞ 배치 기간 : 감리지정신고일부터 계약 완료까지 기록

㉯ 일반감리 : 상주감리와 같은 방식으로 기록하는데 일반적으로 일반감리는 1명

⑧ 현장방문 감리계획 : 일반감리 대상에 해당, 감리원의 성명과 주당 방문회수를 기록

(5) 소방시설 공정 및 감리일정 작성

1) 감리 일정 작성 원칙
- 소방공사의 감리 일정은 책임시공기술자와 책임감리원이 협의하여 작성

2) 감리 일정표 작성 방법
① 각 시설의 감리 일정을 시작과 종료의 형태로 화살표를 사용하여 표시
② 공사 기간을 적절한 칸수로 나누어 기록

3) 전체 공정에 걸쳐 실시되는 시설의 표시
- 전선관 배관 이후 입선 결선 및 감지기 등의 기구 설치, 스리브 설치, 배관, 수압 시험, 보온 작업, 호스 노즐 및 헤드 설치 등 공사 전체에 걸쳐 실시되는 시설은 감리 일정표의 첫 칸부터 마지막 칸까지 표시

4) 공사 마감 단계에서 설치하는 시설의 표시
- 소화기, 상수도 소화용수설비 등 공사 마감 단계에서 설치하거나 배치하는 시설은 감리 일정표의 마지막 2칸을 사용하여 시작과 종료를 표시하고 기록

■ 소방시설공사업법 시행규칙 [별지 제21호서식] <개정 2022. 12. 1.>

소방공사감리자 지정신고서

※ [ ]에는 해당되는 곳에 √표를 합니다. (앞쪽)

접수번호	접수일자	처리기간 2일

① 특정소방대상물	㉮상호(명칭)		㉯주요 용도
	㉰소재지 (전화번호 :)		
	㉱ 구조 지하 층, 지상 층, 연면적 ㎡, 개동, 연면적 합계 ㎡		
② 관계인	㉮성명(기관 또는 법인명)		㉯생년월일 (외국인등록번호)
	㉰주소 (전화번호 :)		
③ 소방공사 감리업자	㉮상호(명칭)	㉯등록번호(제 호)	㉰대표자
	㉱소재지 (전화번호 :)		
④ 소방공사 감리원	㉮ 성 명	㉯ 분 야 / 등 급	㉰ 감 리 원 구 분
⑤ 소방공사 감리기간	년 월 일부터 년 월 일까지		
⑥ 감리대상 소방시설 종 류			⑦감리구분 상주감리[ ] 일반감리[ ]

「소방시설공사업법」 제17조제2항 및 같은 법 시행규칙 제15조제1항에 따라 소방공사 감리자 지정을 신고합니다.

년 월 일

신고인 (서명 또는 인)

소방본부장 또는 소방서장 귀하

첨부서류	1. 소방공사감리업 등록증 사본 1부 및 등록수첩 사본 1부 2. 해당 소방시설공사를 감리하는 소속 감리원의 감리원 등급을 증명하는 서류 각 1부 3. 「소방시설공사업법 시행규칙」 별지 제22호서식의 소방공사감리계획서 1부 4. 소방시설설계 계약서 사본(「소방시설 설치 및 관리에 관한 법률 시행규칙」 제3조제2항에 따라 건축허가등의 동의요구서에 소방시설설계 계약서가 첨부되지 않았거나 첨부된 서류 중 소방시설설계 계약서가 변경된 경우에만 첨부합니다) 1부 및 소방공사감리 계약서 사본 1부	수수료 없 음

작성요령

1. 연면적 : 동일 구역 내에 둘 이상의 특정소방대상물이 있는 경우에는 연면적이 가장 넓거나 층수가 가장 높은 것을 기준으로 적으십시오.
2. 연면적 합계 : 동일 구역 내에 둘 이상의 특정소방대상물이 있는 경우 각각 동의 연면적 합계를 적으십시오.

210㎜×297㎜[백상지 80g/㎡ 또는 중질지 80g/㎡]

그림 5.4.7.2 소방공사 감리자 지정신고서

■ 소방시설공사업법 시행규칙 [별지 제22호서식] <개정 2016.1.27.>

(1쪽)

소방공사 감리계획서

<table>
<tr><td rowspan="3">① 특정소방 대 상 물</td><td>상호(명칭)</td><td colspan="3"></td><td>용도구분</td><td colspan="2"></td></tr>
<tr><td>소 재 지</td><td colspan="6">(전화:)</td></tr>
<tr><td>구 조</td><td colspan="6">지하 층, 지상 층, 연면적 ㎡, 바닥면적 ㎡, 개동</td></tr>
<tr><td rowspan="2">② 관 계 인</td><td>성명(기관 또는 법인명)</td><td colspan="6"></td></tr>
<tr><td>주 소</td><td colspan="6">(전화:)</td></tr>
<tr><td>③ 소방시설의 종 류</td><td colspan="4"></td><td>감 리 구 분</td><td colspan="2">[ ] 상주감리
[ ] 일반감리</td></tr>
<tr><td rowspan="2">④ 소방공사 감리업자</td><td>상호(기관명)</td><td></td><td>등록번호</td><td>제 호</td><td>대표자</td><td colspan="2">(서명 또는 인)</td></tr>
<tr><td>업 종</td><td></td><td>소 재 지</td><td colspan="4">(전화:)</td></tr>
<tr><td rowspan="2">⑤ 소방시설 공사업자</td><td>상호(기관명)</td><td></td><td>등록번호</td><td>제 호</td><td>대표자</td><td colspan="2">(서명 또는 인)</td></tr>
<tr><td>업 종</td><td></td><td>소 재 지</td><td colspan="4">(전화:)</td></tr>
<tr><td colspan="2">⑥ 소방시설 공사기간</td><td colspan="2"></td><td>감리기간</td><td colspan="3"></td></tr>
</table>

<table>
<tr><td rowspan="11">⑦ 소방 공사 감리원 배치 계획</td><td rowspan="11">㉮ 상주 감리</td><td>성 명</td><td>분야/등급</td><td>감리원구분</td><td>담당 소방시설</td><td>배치기간</td></tr>
<tr><td></td><td></td><td></td><td></td><td></td></tr>
<tr><td></td><td></td><td></td><td></td><td></td></tr>
<tr><td></td><td></td><td></td><td></td><td></td></tr>
<tr><td></td><td></td><td></td><td></td><td></td></tr>
<tr><td></td><td></td><td></td><td></td><td></td></tr>
<tr><td></td><td></td><td></td><td></td><td></td></tr>
<tr><td></td><td></td><td></td><td></td><td></td></tr>
<tr><td></td><td></td><td></td><td></td><td></td></tr>
<tr><td></td><td></td><td></td><td></td><td></td></tr>
<tr><td></td><td></td><td></td><td></td><td></td></tr>
</table>

210mm×297mm[백상지(80g/㎡) 또는 중질지(80g/㎡)]

그림 5.4.7.3 소방공사 감리계획서 (1)

소 방 공 사 감리원 배 치 계 획	㉯ 일 반 감 리	성 명	분야/등급	감리원구분	담당 소방시설	배치기간

⑧현장방문 감리계획	감 리 원		현 장 방 문	주 회 이상

기재 요령
감리대상 특정소방대상물 및 소방시설: 동일 구내에 둘 이상의 특정소방대상물이 있는 경우 감리할 특정소방대상물 및 소방시설명을 정확히 적고, 기계분야 소방시설 중 부대전기시설물을 전기분야 소방공사감리업자가 감리하는 경우 해당 시설명 뒤에 "(부대전기시설)"을 표기하여야 합니다.

210mm×297mm[백상지(80g/㎡) 또는 중질지(80g/㎡)]

그림 5.4.7.4 소방공사 감리계획서 (2)

(3쪽)

소방시설의 공정 및 감리일정							
설치대상 소방시설의 종류	공사 및 감리일정						
	연월일	연월일	연월일	연월일	연월일	연월일	연월일
소화기구	. . .	. . .	. . .	. . .	. . .	. . .	. . .
자동소화장치	. . .	. . .	. . .	. . .	. . .	. . .	. . .
옥내소화전설비	. . .	. . .	. . .	. . .	. . .	. . .	. . .
스프링클러설비등	. . .	. . .	. . .	. . .	. . .	. . .	. . .
물분무등소화설비	. . .	. . .	. . .	. . .	. . .	. . .	. . .
옥외소화전설비	. . .	. . .	. . .	. . .	. . .	. . .	. . .
단독경보형감지기	. . .	. . .	. . .	. . .	. . .	. . .	. . .
비상경보설비	. . .	. . .	. . .	. . .	. . .	. . .	. . .
시각경보기	. . .	. . .	. . .	. . .	. . .	. . .	. . .
자동화재탐지설비	. . .	. . .	. . .	. . .	. . .	. . .	. . .
비상방송설비	. . .	. . .	. . .	. . .	. . .	. . .	. . .
자동화재속보설비	. . .	. . .	. . .	. . .	. . .	. . .	. . .
통합감시시설	. . .	. . .	. . .	. . .	. . .	. . .	. . .
누전경보기	. . .	. . .	. . .	. . .	. . .	. . .	. . .
가스누설경보기	. . .	. . .	. . .	. . .	. . .	. . .	. . .
피난기구	. . .	. . .	. . .	. . .	. . .	. . .	. . .
인명구조기구	. . .	. . .	. . .	. . .	. . .	. . .	. . .
유도등	. . .	. . .	. . .	. . .	. . .	. . .	. . .
비상조명등	. . .	. . .	. . .	. . .	. . .	. . .	. . .
휴대용비상조명등	. . .	. . .	. . .	. . .	. . .	. . .	. . .
상수도소화용수설비	. . .	. . .	. . .	. . .	. . .	. . .	. . .
소화수조 · 저수조, 그 밖의 소화용수설비	. . .	. . .	. . .	. . .	. . .	. . .	. . .

210mm×297mm[백상지(80g/㎡) 또는 중질지(80g/㎡)]

그림 5.4.7.5 소방공사 감리계획서 (3)

(4쪽)

소방시설의 공정 및 감리일정							
설 치 대 상	공사 및 감리일정						
소방시설의 종류	연월일	연월일	연월일	연월일	연월일	연월일	연월일
제 연 설 비	. . .	. . .	. . .	. . .	. . .	. . .	. . .
연결송수관설비	. . .	. . .	. . .	. . .	. . .	. . .	. . .
연 결 살 수 설 비	. . .	. . .	. . .	. . .	. . .	. . .	. . .
비상콘센트설비	. . .	. . .	. . .	. . .	. . .	. . .	. . .
무선통신보조설비	. . .	. . .	. . .	. . .	. . .	. . .	. . .
연 소 방 지 설 비	. . .	. . .	. . .	. . .	. . .	. . .	. . .
피난시설, 방화구획 및 방 화 시 설	. . .	. . .	. . .	. . .	. . .	. . .	. . .
방염물품 사용 및 실내장식물 불연화	. . .	. . .	. . .	. . .	. . .	. . .	. . .
	. . .	. . .	. . .	. . .	. . .	. . .	. . .
	. . .	. . .	. . .	. . .	. . .	. . .	. . .
	. . .	. . .	. . .	. . .	. . .	. . .	. . .
	. . .	. . .	. . .	. . .	. . .	. . .	. . .
	. . .	. . .	. . .	. . .	. . .	. . .	. . .
	. . .	. . .	. . .	. . .	. . .	. . .	. . .
	. . .	. . .	. . .	. . .	. . .	. . .	. . .
	. . .	. . .	. . .	. . .	. . .	. . .	. . .
	. . .	. . .	. . .	. . .	. . .	. . .	. . .
	. . .	. . .	. . .	. . .	. . .	. . .	. . .
	. . .	. . .	. . .	. . .	. . .	. . .	. . .
작성 요령: 공사 및 감리일정은 해당 연월일에 "( )↔( )" 표시하되, "( )"안에는 시작과 휴무 또는 끝나는 날짜를 적으십시오.							

210mm×297mm[백상지(80g/㎡) 또는 중질지(80g/㎡)]

그림 5.4.7.6 소방공사 감리계획서 (4)

(6) 소방공사감리원 배치통보서 작성요령

① 특정소방대상물, ② 관계인 : 최종건축(변경)허가서의 내용으로 작성하되, 소방착공 (변경) 신고서, 감리지정 신고서, 소방공사 감리계획서의 내용과 동일하게 작성

③ 소방공사 감리원 : 배치하는 감리원의 소방감리원 경력수첩을 참조하여 기록하고, 책임감리원과 보조감리원으로 구분하여 기록

④ 감리원의 감리기간 : 소방공사 감리원을 배치하는 날부터 공사가 완료되는 계약기간의 날까지 기록

⑤ 감리대상 소방시설 종류 :

☞ 특정소방대상물에 설치되는 소방시설의 명칭을 전부 기록

☞ 별지 14호의 소방시설공사 착공(변경)신고서의 ①특정소방대상물 ㉳전체소방시설

☞ 별지 21호의 소방공사감리자 지정신고서 ⑥감리대상 소방시설 종류

☞ 별지 22호의 소방공사 감리계획서 ③소방시설의 종류와 ⑦소방공사 감리원 배치계획의 담당 소방시설의 명칭이 서로 동일하게 작성

⑥ 소방공사 감리업자 : 소방공사 감리업 등록증의 상호와 대표자의 성명을 기록하고 날인

⑦ 소방공사감리원 : ③소방공사감리원의 성명을 기록하고 날인, 배치되는 감리원이 2인 이상일 경우 배치되는 감리원을 전부 기록하고 날인

- 첨부서류 : 별지 21호 소방공사 감리자 지정신고서와 별지 24호 소방감리원 배치통보서에 첨부

  ☞ 감리원 경력증명서 사본과 소방공사 감리계약서 사본 각각 2부씩 준비

■ 소방시설공사업법 시행규칙 [별지 제24호서식] <개정 2016.1.21.>

소방공사감리원 배치통보서

(앞쪽)

접수번호	접수일자	처리기간 즉시

① 특정소방 대상물	상호(명칭)	용도 구분
	소재지 (전화번호 :)	
	구 조 지하 층, 지상 층, 연면적 ㎡, 바닥면적 ㎡, 개동	
	대지면적 ㎡ 연면적 ㎡ 건축면적 ㎡	
② 관계인	성명(기관 또는 법인명) (서명 또는 인)	생년월일 (외국인등록번호)
	주소 (전화번호 :)	

	성 명	분야/등급	감리원 구분
③ 소방공사 감리원			
④감리원의 감리기간	년 월 일부터 년 월 일까지		
⑤ 감리대상 소방시설 종류			

「소방시설공사업법 시행규칙」 제17조제1항에 따라 감리원 배치를 통보합니다.

년 월 일

⑥ 소방공사감리업자 (서명 또는 인)

⑦ 소방공사감리원 (서명 또는 인)

소방본부장/소방서장 귀하

첨부서류	1. 「소방시설공사업법 시행령」 별표 4의2 제3호나목에 따른 감리원의 등급을 증명하는 서류 2. 소방공사 감리계약서 사본 1부	수수료 없 음

210㎜×297㎜[백상지 80g/㎡ 또는 중질지 80g/㎡]

그림 5.4.7.7 소방공사감리원 배치통보서

5.5 시공 단계 업무

5.5.1 일반 행정업무

(1) 감리업무일지

1) 기능 및 보관

① 감리일지는 감리원이 소방공사 전반의 과정과 감리업무 중 주요사항(작업지시, 자재승인 및 검수, 설계변경, 주요회의 등)을 기록하여 근거 자료와 함께 보관

② 감리결과보고 시 관할 소방서에 '소방시설 성능시험조사표'와 함께 제출하는 서류 중 하나

2) 구성 및 작성 방법

① 감리일지는 갑지와 을지 구분

② 갑지 : 건축주, 감리자, 설계자, 시공자 및 공사 대상 건축물에 대한 정보를 기록

☞ 감리원이 변경된 경우 해당 부분의 줄을 추가하여 배치 기간별로 구분

☞ 설계업자와 공사업자가 2인 이상인 경우 줄을 추가하여 기록

③ 을지 : 현장에 배치되어 근무하는 동안 매일(일반감리의 경우 주 1회 이상 현장 방문 시)의 공사 진행 상황과 수행한 감리업무를 기록

☞ 육하원칙에 따라 작성하지 않더라도 행위와 결과가 나타나도록 "○○을 확인한 결과 ○○○에 적합하도록 설치됨"과 같이 기록하여 공사 진행 상황과 적합 여부를 파악할 수 있도록 함

3) 작성 시 유의사항

① 하루 분량의 내용이 한 면을 넘거나 채울 필요는 없으나, 공사 도중 또는 완료 후 법적 분쟁이나 소송 발생 시 중요한 증거자료로 제시될 수 있으므로 내용이 전달될 수 있도록 함축적이고 구체적으로 기술

② 회의, 자재검수, 시공검측 등의 경우 관계 서류에 구체적인 사항이 있으므로 간략하게 실시했음과 결과를 기록

☞ PIPE 100A 60 m 외 ○종이 반입되어 검수한 결과 기승인자재로서 공사에 사용하기 적합하여 반입 승인함(자재승인번호 : ○○호)

☞ ○○○동 X층 스프링클러 소화배관의 수압을 검측한 결과 양호함(최초 : ○○MPa,

최종 : △△MPa)

③ 문서로 작성되지 않은 구두 약속이나 지시 등도 감리업무 도중 시행해야 하는 업무는 감리일지에 기록하는 것이 합리적

■ 소방시설공사업법 시행규칙 [별지 제13호서식] <개정 2016.1.27.>

소방공사 감리일지

업 체 명	상호(기관명)		등록번호	제 호	대표자	(서명 또는 인)
	업종/분야		소 재 지	(전화 :)		
책임감리원	성 명		분야/등급		배 치 기 간	년 월 일 년 월 일
보조감리원	성 명		분야/등급		배 치 기 간	년 월 일 년 월 일
특정소방 대상물	상호(명칭)			주요용도		
	소 재 지	(전화 :)				
	구 조	지하 층, 지상 층, 연면적 ㎡, 바닥면적 ㎡, 개동				
관계인 또는 도급인	성명(기관 또는 법인명)	(서명 또는 인)				
	주 소	(전화 :)				
소방시설 설계업자	상호(기관명)		등록번호	제 호	대표자	
	업종/분야		소 재 지	(전화 :)		
소방시설 공사업자	상호(기관명)		등록번호	제 호	대표자	(서명 또는 인)
	업종/분야		소 재 지	(전화 :)		
소방공사 감리기간		년 월 일부터 년 월 일까지				
소방시설 개요						

소방공사 감리사항

날 짜	감 리 사 항	비 고

※ 상세 내용은 별지 작성

210mm×297mm[백상지(80g/㎡) 또는 중질지(80g/㎡)]

그림 5.5.1.1 소방공사 감리일지

(2) 각종 보고서 (월간/분기/최종 보고서)

1) 사업개요 : 공사 및 감리용역 개요
2) 공정현황 : 주요 공정별 간략한 설명 포함, 계획 및 실적 표시
3) 품질관리 현황 및 자재관리 시험실적 : 선정, 관리, 검사 및 의뢰시험 실적
4) 주요자재 검사 및 수불현황 : 지급자재 입출고 명시
5) 검측현황
6) 설계변경에 관한 사항
7) 우수시공사례 및 새로운 기술, 특수공법 사용실적
8) 안전관리 실적 : 교육, 안전관리비 사용실적, 안전사고 발생 건수 및 원인·방지대책
9) 기타 감리와 관련하여 중요하다고 인정되는 사항

(3) 감리원의 교체 인수인계

- 발생 사유 : 감리원의 퇴사, 질병 등의 사유 발생 시

(4) 감리원 배치 변경 통보

1) 절차 및 내용
   ① 변경 사유 및 변경 후 감리원 선정 내용을 포함
   ② 소방감리자가 작성하고 발주자의 직인 날인 후 관할 소방서에 제출

(5) 현장대리인(책임시공기술자) 변경 승인 요청

- 발생 사유 : 현장대리인의 질병, 퇴사 또는 기타 사유로 인한 변경 발생 시

(6) 소방시설공사 변경신고 대상

1) 설치되는 소방시설의 종류가 신설(추가) 또는 변경되는 경우
2) 책임시공 및 기술관리 소방기술자가 변경되는 경우
3) 시공자가 변경되는 경우

(7) 회의록 작성

1) 현장에서 발생하는 문제점의 협의 및 결정 내용 기록
2) 발주자와 주요 결정사항의 협의 및 결정 내용 기록
3) 타 공정과의 일정 조율 및 문제점 결정 사항 기록

<table>
<tr><td colspan="2">공 사 명</td><td colspan="3">사무실 신축공사</td></tr>
<tr><td colspan="2">건 명</td><td colspan="3">주간공정회의(소방)</td></tr>
<tr><td colspan="2">협 의 일 시</td><td>2004년 11월 15일 14:00 - 15:00</td><td>협의장소</td><td>현장 회의실</td></tr>
<tr><td rowspan="4">참석자</td><td>발주자</td><td colspan="3"></td></tr>
<tr><td>감리단</td><td colspan="3">소 방 감 리</td></tr>
<tr><td>시공사</td><td colspan="3">공사부장
공사소장</td></tr>
<tr><td>기 타</td><td colspan="3"></td></tr>
</table>

협 의 내 용	조치일자	비 고
(일반사항)		
1. 가스소화설비 공사건	즉 시	
- 전기실(지하4층), IT전산실(지상2층)등 가스소화설비 시공상세도를 제출하여 승인을 득한후 시공하여 주시기 바라며		
- 계산서와 도면이 상이한 부분에 대해선 필히 설계사무소( )에 확인후 시공에 반영하여 주시기 바람		
- 배관Line변경시 재계산하여 시공에 반영하여 주시기 바람 (FI 인증 프로그램)		
2. NAFS-III 모듈러 시스템의 집합관(80A) 노출시 마감 방안 검토	즉 시	
- 방안1: 집합관을 모듈러 캐비넷속에 내장		
- 방안2: 인테리어에서 노출된 집합관을 마감 처리		
- 분사시 충격을 고려한 약제 저장용기 고정 방법 (바닥마감은 O.A Floor)		
- O.A Floor내 헤드 설치 방법		
3. 비상콘센트 설치건		
- 발주처에서 요구하는 비상콘센트 자재 입고전 견본 제출후 승인을 득한후 입고하여 주시기 바람		
4. 소화배관 시공건	즉 시	
- 용접후 부식방지를 위해 용접부위 광명단 도색하여 주시기 바람		
5. 세부공정표 제출건	11. 16	
- 년말 85%공정율 달성을 위한 세부공정표를 작성 제출하여 주시기 바람		

그림 5.5.1.2 현장 회의록

업 무 지 시 서

문서번호	업지 제2004-51호	년 월 일	2004년 5월 17일
수 신	건설(주) 현장대리인	참 조	담 당 자
발 신	(주) 엔지니어링 건축사사무소 감리단장 (인)	담당감리 (협 의)	소방감리원 박 찬 호 (인)
제 목	소방분야 시공상세도 작성 제출 지시		

지 시 내 용	조치기일	비 고
1. 귀 사의 무사안전을 진심으로 기원합니다. 2. 소방 시방서(1.10 시공도 작성), 업지제2004-11호(2004.2.10) 및 주간공정회의(2004.02.04) 관련 사항입니다. 3. 상기에 근거하여 당현장 조적부위의 소방전기 매입배관 및 시공상 곤란한 부위에 대하여 사전에 도면검토후 시공상세도를 제출하시어 승인후 작업이 진행될 수 있도록 조치하여 주시기 바랍니다. 4. 아래와 같은 사항에 대해서도 시공전에 상세도를 작성 감리승인 하에 시공될 수 있도록 조속히 시공상세도를 작성 제출하여 승인받으시기 바랍니다.		
- 아 래 -		
가. 지하층 조적부위 소방전기 시공상세도	시공7일전	
나. 인테리어 공사에 따른 시공상세도.	"	
다. 시공상 곤란한 부위에 대한 시공상세도.	"	
라. 간선 노출배관 시공상세도	"	
마. 무선통신보조설비 시공상세도(옥내 및 옥외안테나).	"	
바. 제연설비 댐퍼 시공상세도.	"	
사. 옥내배선 입선 계획서. 끝.		

시공사 현장대리인 또는 시공사 담당자 확인

결과확인		확 인 자	서명

(210×297mm) 엔지니어링건축사사무소 (UTE-229. Rev.3)

그림 5.5.1.3 업무지시서

(8) 업무 지시서

1) 발급 및 확인 절차

① 감리원은 업무지시서를 시공사 담당자에게 발급하고, 이후 업무지시에 대한 결과를 확인

② 업무지시 내용은 감리일지에 기록하고 관련 근거를 보관

③ 이러한 절차를 누락하면 이후 분쟁이 발생할 수 있으므로 주의

2) 발급 사유

① 현장 시공사항이 부적합하여 시정 조치가 필요한 경우

② 공정 진행과 관련하여 부적합한 사항이 있을 경우

③ 시공 변경사항이 발생한 경우

④ 현장에서 안전, 공정관리 부적합 등 기타 사항이 발생하여 필요한 경우

(9) 공종 간 공사협의 및 공사한계

1) 공종 간 협의 및 조정 사항 발생 시 공사의 시공한계를 명확히 함

2) 토목, 건축, 기계, 전기 분야와 소방공사의 중첩 및 간섭이 발생한 경우

3) 공사 진행 전 중첩 및 간섭이 예상될 때

(10) 공사사진첩 관리

1) 촬영 및 보관 대상

① 벽체, 슬래브, 지중 등에 매입(매몰)되는 부위로 공사 확인이 필요한 경우

② 공사 후 확인이 필요한 주요 공정 부분을 촬영하여 보관

(11) 위반 사항 조치

관련기준 ▸ 소방시설공사업법 제19조 (위반사항에 대한 조치)
▸ 소방시설공사업법 시행규칙 제18조 (위반사항의 보고 등)

1) 위반 사항 예측 및 대응

① 설계도서의 오류 또는 누락이 많은 경우, 소방공사의 위반이 예상되는 부분은 초기 도면 검토 시점부터 예측 가능

② 시공자가 오류가 있더라도 설계도서대로만 시공하고 싶어 할 수 있으며, 이로 인해 마찰이 발생하여 부적합한 시공 부분이 발생할 가능성이 있음

2) 적법 시공의 중요성

- 시공자는 소방공사가 계약된 설계도서대로만 시공하여 공사가 완료되는 것이 아니라, 화재안전기술기준 등 법령을 준수하여 설계도서의 오류를 정정하고 적법하게 시공하여야 함

3) 감리원의 역할 및 조치 절차

① 소방감리원은 소방공사 진반을 관리·지도할 책임이 있으므로, 원만한 공사가 이루어지도록 실정보고 또는 유관자 회의 등을 통해 발주자, 설계자, 시공자의 적합한 합의를 도출

② 일정 기간 이후에도 조치가 이루어지지 않아 상황 해결이 불가능한 부득이한 경우, 최종적으로 발주자와 합의 후 관할 소방서에 위반사항보고서를 제출

☞ 소방시설공사업법 시행규칙 [별지 제28호 서식]

5.5.2 시공 관리

(1) 시공계획서 작성 항목

1) 현장 조직표
2) 공사 예정 공정표 (주요 공종 세부 공정표 포함)
3) 주요 공정 시공 절차 및 기술 제안서
4) 시설물 시공 및 설치 상세도
5) 주요 자재 및 인력 투입 계획
6) 품질관리 대책
7) 안전 대책 및 환경 대책 등
8) 기타 감리원이 지정하는 필요 자료

(2) 시공상세도 검토 사항 및 절차

1) 검토 사항
   ① 설계도면 및 시방서 또는 관계 규정과의 일치 여부
   ② 현장 기술자 및 기능공이 명확히 이해할 수 있는지 여부
   ③ 실제 시공 가능 여부 (예: 전기, 기계 설비와의 간섭 여부)
   ④ 안전성 확보 여부
   ⑤ 계산의 정확성
   ⑥ 제도 품질 및 선명성, 도면 작성 표준의 일치 여부
   ⑦ 도면으로 표시하기 어려운 내용은 시공 시 유의사항으로 작성되었는지 여부
2) 시공상세도 승인 절차
   ① 감리원이 시공상세도(Shop Drawing)를 검토·승인할 때까지 시공 금지
   ② 시공상세도는 접수일로부터 7일 이내에 검토·승인
   ③ 7일 이내에 검토·승인이 불가능한 경우 사유를 명시하여 통보, 통보 사항이 없을 때에는 승인한 것으로 간주

(3) 작업일보 작성 및 제출

1) 시공사는 당일 진행 공정과 익일 예정 공정을 상세하게 기록하여 매일 일과 전에 감독자 및 감리원에게 제출
2) 당일 작업 중 문제점을 파악하고 예정 공정에 대한 조언을 할 수 있는 내용 포함

(4) 검측 절차

1) 시공사는 공정 일부 또는 전부를 마무리한 후 다음 공정을 진행하기 전에 검측 요청서 제출

2) 도면 및 시방서 등 설계도서에 적합하게 시공되었는지를 확인

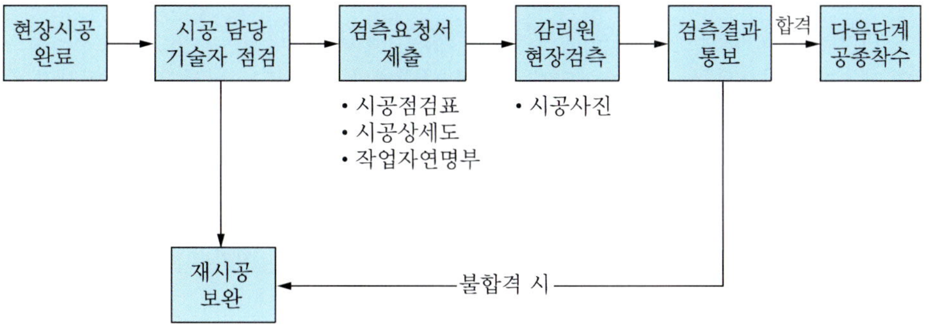

그림 5.5.2.1 검측 절차

(5) 자재검수 업무 절차

1) 법적 규정 및 확인 사항

① 소방용 기계 · 기구는 소방산업기술원의 형식승인 및 검정을 받은 제품 사용

② 자재 승인 시 형식승인서류를 확인, 자재 검수 시 검정표지를 확인한 후 사용

☞ 참고 : 2.2 소방자재의 성능시험 · 형식승인 · KFI 인정자재

2) 감리원의 업무 절차

① 시공자로 하여금 공정 계획에 따라 사전에 주요 자재 수급 계획을 수립하여 자재가 적기에 현장에 반입되도록 검토

② 지급 자재 수급 계획에 대하여 발주자에게 보고하여 수급 차질로 인한 공정 지연이 발생하지 않도록 함

③ 주요 자재 수급 계획이 공정 계획과 일치되는지 확인하고, 미비점이 있으면 시공자에게 계획을 수정하도록 지도

④ 공사 목적물을 구성하는 주요 기계, 설비, 제조품, 자재 등의 기자재가 공급원 승인을 받은 후 현장에 반입되면, 시공자로부터 송장 사본을 접수하고 반입된 기자재를 검수하여 결과를 검수부에 기록 · 비치

⑤ 계약 품질 조건과의 일치 여부를 확인할 때 규격, 성능, 수량뿐만 아니라 품질의 변질 여부를 확인

☞ 변질된 경우 즉시 현장에서 반출토록 하고, 반출 여부를 확인하며, 의심스러운 것은 별도 보관 후 품질시험 결과에 따라 검수 여부를 확정

⑥ 현장에 반입된 기자재가 도난 또는 우천에 훼손·유실되지 않도록 품목별, 규격별로 관리·저장하도록 지도

⑦ 공사 현장에 반입된 검수 재료 또는 시험 합격 재료는 시공자가 임의로 공사 현장 외로 반출하지 못하도록 하고, 주요 자재 검사 및 수불부를 작성하여 관리

⑧ 수급 요청한 지급 자재가 배정되면 납품 지시서에 기록된 품명, 수량, 인도 장소 등을 확

인하고, 시공자에게 인수 준비 요청

⑨ 현장에서 품질시험을 실시할 수 없는 자재에 대해서는 시공자와 공동 입회하여 생산 공장에서 시험을 실시하거나 의뢰시험을 요청하여 품질 확인

⑩ 자재가 차량으로 현장에 반입되면 상차된 상태에서 송장 또는 납품서를 확인하고 수량, 치수 등을 검사

☞ 공사 현장이 아닌 장소에서 가공 또는 조립되어 반입되는 자재의 경우, 사용된 재료 또는 부품 등이 설계도서 및 시방서의 관련 규정에 적합한지 확인

☞ 적합한 경우 하차하여 공사를 진행하고, 부적합한 경우 상차 상태로 공사 현장 밖으로 반출하도록 지도

⑪ 지급 자재의 현장 반입 후 이의 제기를 예방하기 위해 시공자 검사 입회

⑫ 지급 자재에 대한 검수조서를 작성할 때 시공자가 입회·날인하도록 하며, 검수조서는 발주자에게 보고

⑬ 공정 계획, 공기 등을 감안하여 시공자의 요청으로 대체 사용이 불가피하다고 판단될 경우 발주자의 승인을 얻어 이를 허용

⑭ 대체 사용 자재에 대해서도 품질, 규격 등을 확인하고 검수를 실시

⑮ 잉여 지급 자재가 발생하면 품명, 수량 등을 조사하여 발주자에게 보고하고, 시공자로 하여금 지정 장소에 반납하도록 지시

(6) 기술검토

1) 전문가 활용 및 조치 방안

① 소방공사 책임감리원은 특수한 공법이 적용되는 경우 기술 검토 및 시공상 문제점 검토 시 전문가 및 자료 활용

② 필요시 발주자와 협의하여 특수 공종에 대하여 외부 전문가의 자문을 받아 검토 의견을 제시하거나, 외부 전문가의 감리 참여가 필요하다고 판단될 경우 발주자와 협의하여 조치

2) 기술적 애로사항 해결 방안 제시

① 공사 도중 발견되는 기술적 견해 차이, 설계변경, 공사 계획 및 공법의 변경, 설계도면과 시방서 상호 간의 차이 · 모순 등 시공자가 공사 중 마주하는 다양한 애로사항에 대해 현장 실정을 충분히 조사 · 검토 · 분석하여 해결 방안을 제시

② 발주자가 해당 공사의 기술 검토를 요청한 사항에 대해서도 동일하게 대응

③ 공사비용, 공사 기간 등이 관여되는 중요한 기술 검토는 상세 기술 검토 내역 또는 근거가 첨부된 서면으로 반드시 작성 · 제출

(7) 현장 실정 보고

1) 설계변경 사항 등 발주자의 승인을 받아야 하는 경우

2) 공정 진행 중 문제점 및 공정에 차질을 줄 수 있는 사항 등이 발생하여 발주자에게 보고해야

할 상황이 발생한 경우

표 5.5.2.1 공동주택 공사의 검측시기(소방기계 분야) 예시

공 종	검측 세부 공종	검 측 방 법	검 측 시 기	검측단위
1. 슬리브 (SLEEVE)공사	1) 아파트 ① 지하층 ② 1층 ③ 기준층 2) 부속동 ① 지하주차장 ② 상가및부속건물	 ① 지하 옹벽관통 슬리브 ② 인서트플레이트 ① 입상 슬리브 ② 인서트플레이트 ① 입상 슬리브 ② 인서트플레이트 ① 지하 관통 슬리브 ② 인서트플레이트 ① 관통 슬리브 ② 입상 슬리브	거푸집 설치 마감 전	 동단위 동단위 5개층 동단위 동단위
2. 소화배관	1) 지하 횡주관 2) 입상배관 3) 교차배관 및 가지배관	① 가대설치 ② 배관규격 및 상태	시공 완료 후 천정 마감 전	동단위 5개층
	4) 헤드	① 헤드 간격		
	5) 소화전	② 설치 간격		
3. 보온공사	1) 횡주관 2) 입 상	① 보온재 두께 상태 ② 밴드 조임 상태	시공완료 후	동단위 5개층
	3) 세대 매립보온	① 매립보온 상태		
4. 옥외배관공사	1) 지하매립 배관	① 모래살포 ② 배관 및 용접상태	시공완료 후	적당한 구획
5. 기계실 배관	1) 장비 설치공사 2) 배관공사 3) 보온공사 4) 도색공사	① 장비설치공사 ② 방진가대 설치상태 ③ NAME PLATE 설치상태 ① 가대 및 배관 ① 보온공사 ① 도색 작업상태	시공완료 후	각기계실
6. 공동구 배관	1) 가대설치 2) 배관공사 3) 보온공사	① 가대규격 및 고정상태 ① 배관 및 용접상태 ① 보온상태	시공완료 후	각 구간별
7. 수압 시험	1) 입상 및 횡주관 2) 가지관	① 1.4 MPa 2시간	시공완료 후	동단위 5개층 적당한 구획
	1) 기계실	① 1차측 배관 1.4 MPa 2시간 ② 2차측 배관 1.4 MPa 2시간		

표 5.5.2.2 공동주택 공사의 검측시기(소방전기 분야) 예시

검측 세부 공종	검 측 방 법	검측시기	검측단위
1. 배관공사	① 배관규격 확인 ② 시공상태 확인	설치완료 후	층별(구간별)
2. 노출배관공사	① 배관규격 확인 ② 시공상태 확인	설치완료 후	층별(구간별)
3. 분전반, MCC 공사	① 규격 확인 ② 설치상태 확인	설치완료 후	층별(지하층) 지상층(5개층별)
4. 케이블 트레이 (CABLE TRAY) 공사	① 규격 확인 ② 포설 상태 확인	설치완료 후	층별(지하층) 지상층(5개층별)
5. 배선 공사	① 절연측정 ② 배선칼라 확인 ③ 규격확인 ④ 설치상태 확인	설치완료 후	층별(지하층) 지상층(5개층별)
6. 중계기 설치	① 설치상태 확인 ② 절연측정 ③ 선번장 작성	설치완료 후	층별(지하층) 지상층(5개층별)
7. 감지기 설치	① 절연측정 ② 규격확인 ③ 설치상태 확인	설치완료 후	층별(지하층) 지상층(5개층별)
8. 비상조명기구	① 절연측정 ② 규격확인 ③ 설치상태 확인	설치완료 후	층별(지하층) 지상층(5개층별)
9. 유도등설치	① 절연측정 ② 규격확인 ③ 설치상태 확인	설치완료 후	층별(지하층) 지상층(5개층별)
10. 비상방송 기구	① 절연측정 ② 규격확인 ③ 설치상태 확인	설치완료 후	층별(지하층) 지상층(5개층별)
11. 무선통신 배선	① DB 측정 확인 ② 설치상태 확인	설치완료 후	층별(지하층) 지상층(5개층별)
12. 수동조작함 설치	① 규격 확인 ② 설치상태 확인 ③ 선번장 작성	설치완료 후	층별(지하층)
13. 제어반 설치	① 규격 확인 ② 설치상태 확인 ③ 선번장 작성	설치완료 후	일괄
14. 화재수신반 설치	① 회로수 확인 ② 접지확인 : 기기절연 측정, 이격거리 확인 ③ 설치상태 확인	설치완료 후	일괄
15. 비상방송설비	① 회로수 확인 ② 접지확인 : 기기절연 측정, 기기용량확인, 이격거리 확인 ③ 설치상태 확인	설치완료 후	일괄
16. 무선통신 접속함	① 규격 확인 ② 설치상태 확인	설치완료 후	일괄
17. 발전기 설치 공사	① 접지확인 : 기기절연 측정, 기기용량 확인, 이격거리 확인	설치완료 후	일괄
18. 옥외공사 (배관, 맨홀)	① 터파기 깊이확인 ② 배관, 맨홀 규격 확인 ③ 보호관 및 표지 시트 확인	맨홀공종별 배관포설시	맨홀 : 개소별

5.5.3 공정 관리

(1) 공정관리 계획 수립, 운영, 평가

1) 소방공사 책임감리원의 역할

① 해당 공사가 정해진 공사 기간 내에 시방서, 도면 등에 따라 요구되는 품질로 완성될 수 있도록 감리

② 공정관리의 계획 수립, 운영, 평가 시 공정 진척도 관리가 동일한 기준으로 이루어지도록 함

(2) 공정관리계획서의 검토 및 승인 절차

1) 공정관리계획서 제출 및 승인 기한

① 제출 기한 : 공사 착공일로부터 30일 이내에 시공자로부터 제출받음

② 검토 및 승인 기한 : 제출받은 날로부터 14일 이내에 검토하여 승인 및 발주자에게 제출

2) 공정관리계획서의 검토 및 확인 사항

① 공정관리 기법의 적합성 확인

☞ 시공자의 공정관리 기법이 공사의 규모와 특성에 적합한지 여부 확인

② 공정관리 기법의 명시 여부에 따른 조치

☞ 계약서, 시방서 등에 공정관리 기법이 명시된 경우 : 명시된 공정관리 기법으로 시행되도록 조치

☞ 계약서, 시방서 등에 공정관리 기법이 명시되지 않은 경우 :
단순하거나 일반적인 공종인 경우 공사 조건에 적합한 공정관리 기법 적용
복잡한 공종이거나 감리원이 PERT(Program Evaluation and Review Technique) / CPM(Critical Path Method) 이론에 기반 한 공정관리가 필요하다고 판단하는 경우 별도의 PERT/CPM 기법을 적용하도록 조치

③ 특수한 현장 여건에 따른 공정관리

☞ 특수한 현장 여건(돌관공사 등)으로 전산 공정관리 등이 필요하다고 판단되는 경우, 발주자에게 별도의 공정관리를 시행하도록 건의

④ 종합관리 형태의 공정관리 구현

☞ 일정관리와 원가관리, 진도관리가 병행될 수 있는 종합관리 형태의 공정관리가 되도록 조치

공 사 예 정 공 정 표

■ 소방공사 공사기간 : 2007. 10. 29 ~ 2009. 04. 28 (18개월)

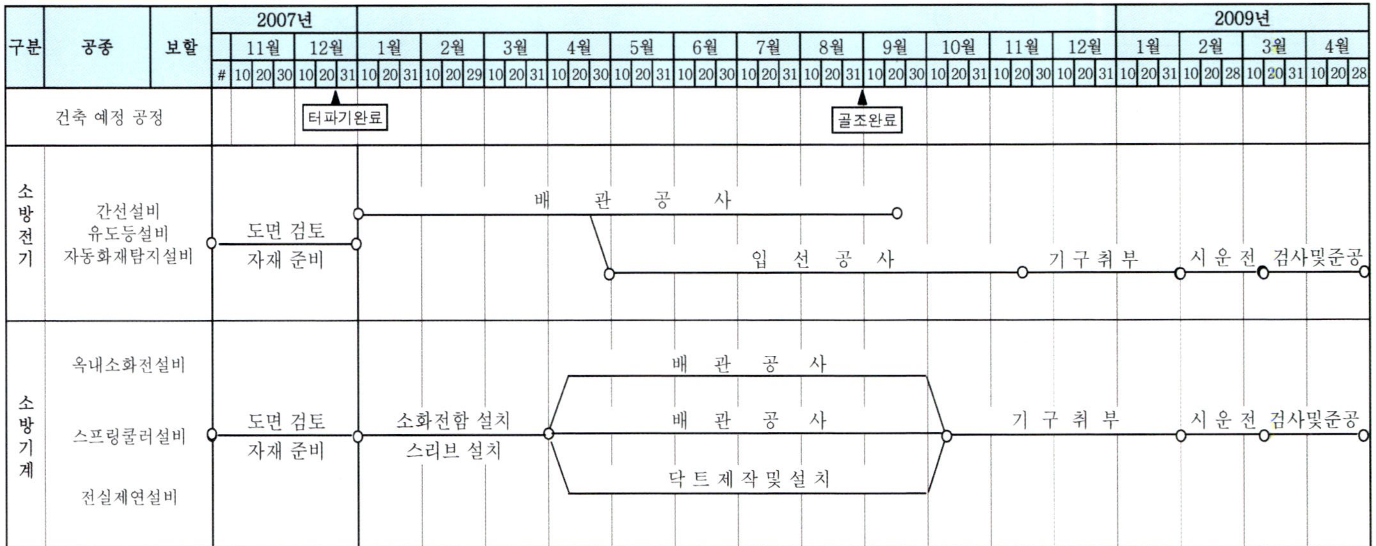

구분	보할	2007년 11월	12월	2008년 1월	2월	3월	4월	5월	6월	7월	8월	9월	10월	11월	12월	2009년 1월	2월	3월	4월
소방전기(%)	21.76	0	0	0.98	0.98	0.98	0.98	2.43	2.43	2.43	2.43	2.43	1.45	1.40	1.40	1.40	0.02	0.02	
소방기계(%)	78.24	0	0	0.43	0.43	0.43	9.37	9.37	9.37	9.37	9.37	9.37	9.37	2.93	2.93	2.93	2.55	0.02	
월 별(%)	100	0	0	1.41	1.41	1.41	10.35	11.8	11.8	11.8	11.8	11.8	10.82	4.33	4.33	4.33	2.57	0.04	0
누 계(%)	100	0	0	1.41	2.82	4.23	14.58	26.38	38.18	49.98	61.78	73.58	84.4	88.73	93.06	97.39	99.96	100	100

위와 같이 예정공정표를 제출합니다.　　2007년　10월　29일

(자 　　소방설비 ○○○

경리관 귀하

그림 5.5.3.1 공사예정공정표

(3) 공정관리 조직의 검토 및 확인

1) 목적

- 공사의 규모, 공종 등 제반 여건을 감안하여 시공자가 공정관리 업무를 성공적으로 수행할 수 있는 공정관리 조직 구성

2) 검토 및 확인 사항

① 공정관리 요원의 자격 및 인원 적합성

② 소프트웨어(SOFTWARE)와 하드웨어(HARDWARE) 규격 및 수량의 적합성

③ 보고 체계의 적합성

④ 계약 공기의 준수 여부

⑤ 각 작업(Activity) 공기에 품질 및 안전관리가 고려되었는지 여부

⑥ 지정 휴일, 기상 조건 등의 감안 여부

⑦ 자원 조달의 적정성

⑧ 주공정의 적합성

⑨ 공사 주변 여건 및 법적 제약 조건의 고려 여부

5.5.4 설계 변경

(1) 발주자 지시에 의한 설계변경

1) 설계변경 지시 절차

① 발주자는 설계변경이 필요한 경우 다음 서류를 첨부하여 서면으로 감리원에게 지시

☞ 설계변경 개요서

☞ 설계변경 도면, 시방서, 계산서 등

☞ 수량산출조서

☞ 기타 필요한 서류

② 단, 발주자가 설계변경 도서를 작성할 수 없을 경우 설계변경 개요서만 첨부하여 지시할 수 있음

2) 발주자 지시에 따른 감리원의 조치

① 설계변경 지시를 받으면 지체 없이 시공자에게 변경 내용을 통보

② 발주자의 방침에 따라 설계변경 서류를 작성하여 감리회사 대표자 명의로 발주자에게 제출

3) 시공자의 검토 및 보고

① 설계변경 지시 내용의 이행 가능 여부를 검토

☞ 공정 상황, 자재 수급 상황 등을 고려하여 확정

② 이행이 불가능할 경우 사유와 근거 자료를 첨부하여 감리원에게 보고

4) 시공자 보고에 따른 감리원의 보고

- 시공자의 보고 내용을 검토·확인하여 지체 없이 발주자에게 보고

5) 설계변경 도서 작성 비용

- 설계변경 도서 작성에 소요되는 비용은 원칙적으로 발주자가 부담

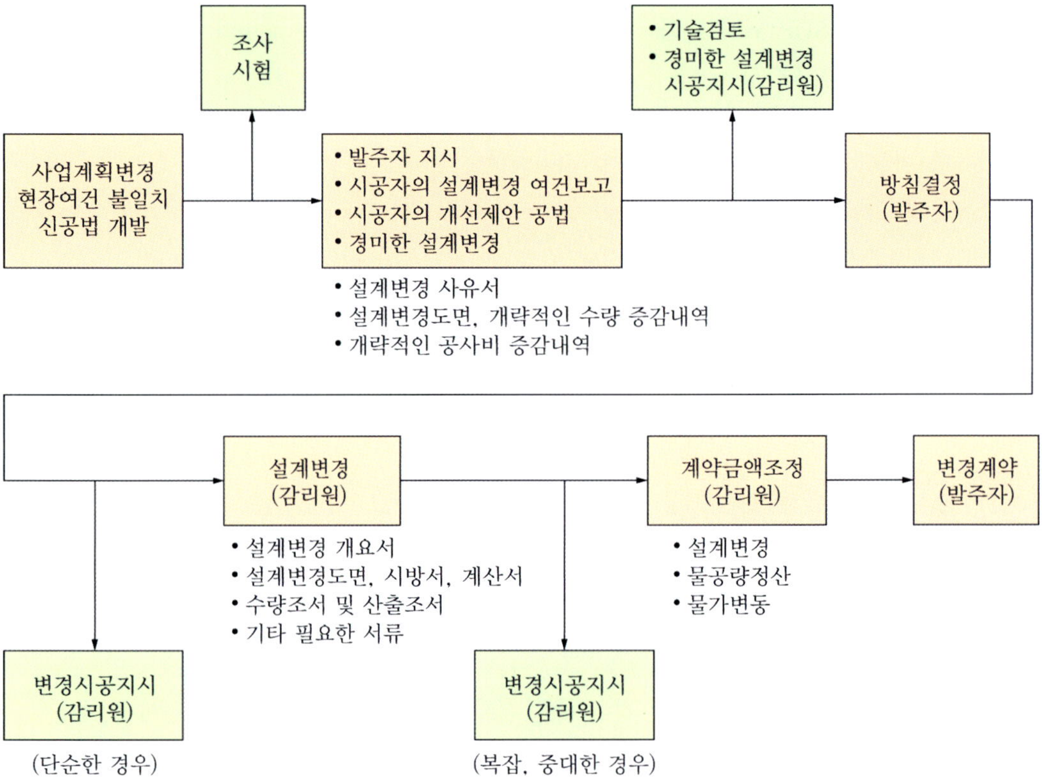

그림 5.5.4.1 설계변경 업무흐름도

(2) 공사업자 제안에 의한 설계변경

1) 시공자의 설계변경 제안

① 현지 여건과 설계도서 불일치, 공사비 절감, 품질 향상을 위한 개선사항 등이 있을 경우 설계변경이 필요하다고 인정

③ 시공자는 설계변경이 필요한 경우 다음 서류를 첨부하여 서면으로 감리원에게 제출

- ☞ 설계변경 사유서
- ☞ 설계변경 도면
- ☞ 개략적인 수량 증감 내역
- ☞ 공사비 증감 내역 등

2) 감리원의 조치

① 서류를 검토·확인하여 필요 시 기술검토 의견서를 첨부

② 발주자에게 실정보고를 하고 방침을 얻은 후 시공하도록 조치

③ 단순한 사항은 7일 이내, 그 외의 사항은 14일 이내에 검토 처리

④ 처리 기한 내 처리가 곤란하거나 기술적 검토가 미비한 경우 사유와 처리 계획을 발주자에게 보고하고 시공자에게도 통보

3) 긴급 설계변경

① 구조물의 기초공사 또는 주공정에 중대한 영향을 미치는 설계변경으로 긴급한 방침 확정이 필요한 경우에는 절차를 따르지 않고 감리원에게 긴급 현장 실정보고 진행

② 감리원은 지체 없이 발주자에게 유선 또는 이메일 등으로 보고

4) 발주자의 조치

① 설계변경 방침 결정 요구를 받으면 기술검토를 위한 기술검토팀(T/F팀) 구성 및 운영

② 단순한 사항은 7일 이내, 그 외의 사항은 14일 이내에 방침을 확정하여 감리원에게 통보

③ 처리가 지연될 경우 사유를 명시하여 통보

④ 설계변경 원인이 설계자의 하자라고 판단되면 설계자에게 설계변경 요청

5) 감리원의 설계변경 서류 제출

① 발주자의 방침을 통보받은 경우 시공자로부터 관련 서류를 제출받아 설계변경 서류를 작성

② 소속 감리업체의 심사와 대표자 명의로 발주자에게 제출

6) 계약금액 조정 시 절감액 반영

- 공사가 중앙·지방정부 및 산하기관의 발주 공사인 경우, 「국가를 당사자로 하는 계약에 관한 법률 시행령」 제65조 제4항에 따라 절감액의 30%에 해당하는 금액을 감액

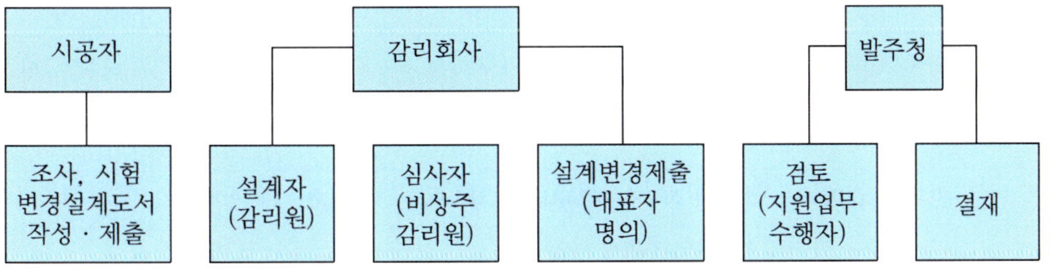

그림 5.5.4.2 설계변경에 의한 계약금액 조정업무의 처리절차

5.6 준공 단계 업무

업무 종류	관련서류	작성시기 (제출기한)	작성자	검토 확인	최종 보고기관	비고
준공 관리	시운전(성능시험) 계획서	시운전 30일 전	시공자	감리자	발주자	
	시운전 계획검토서	접수후 시운전 20일전	감리자	감리자	발주자	시공자에게도 통보
	시운전성과품 (종합정밀점검표)	시운전 완료후	시공자-감리자	감리자	발주자	결과보고시 첨부
	예비준공검사 점검표	준공일 2개월 전	감리자	감리자	발주자	감리회사 대표에게도 제출
	소방공사결과보고서	준공검사원 제출전 성능시험후 7일이내	감리자	발주자 날인	관할소방서	감리일지, 종합정밀점검표, 준공도서첨부
	준공 검사원	예비준공검사지적사항 보완후	시공자	감리자		소방공사 필증 첨부
	감리원 준공 감리조서	검사원 접수즉시	감리자	감리자	감리회사 대표자	
	준공검사조서	임명 받은(3일)후 11일이내	검사자	감리회사 대표자	발주자	
	정산설계도서(준공도서)	가능한 준공일 2개월전	시공자	감리자	발주자	결과보고시 첨부
인수 인계	인수, 인계 계획서	예비준공 검사후 14일 이내	시공자	감리자	발주자	
	인수, 인계 계획검토서	계획서 접수후 7일이내	감리자	감리자	발주자	시공자에 통보
	현장문서 인수 · 인계	감리용역 준공후 14일 이내	감리자	감리자	발주자	CD-ROM
	유지관리 지침서	감리용역 준공후 14일 이내	시공자	감리자	발주자	
	죄송감리보고서(소방공사결과통보서)	감리용역 순공후 14일 이내	감리자	감리자	발주자	CD-ROM
	하자보수대책 검토서	필요시	감리자	감리자	발주자	

5.6.1 준공 관리

(1) 준공관리계획 및 공정관리

1) 준공관리계획 수립 목적

- 소방시설공사가 설계도서, 시방서, 시공품질, 사업승인계획, 소방관계법령 등에 적합하게 완성되었는지 확인

2) 소방공사책임감리원의 역할

① 준공일 최소 2개월 전에 완공검사계획 수립

② 소방 완공 관련 타 공종의 협조 요청 사항을 공문으로 발송하여 공정관리 실시

(2) 시운전

1) 시운전(성능시험) 계획서 작성 및 제출

- 소방공사책임감리원은 시공자에게 시운전 30일 전에 소방시설의 성능에 대한 시운전계획서를 수립하여 제출하도록 지도

예시-소방시설 시운전계획서

1. 일 시 : 20XX. XX. XX(X 요일)
2. 장 소 : 지하3층 중앙감시실 및 전층
3. 참여자 : 건설단-기술지원팀(시설관리), 감리단, 시공사-(주) ○○건설
4. 내 용
   · 자동화재탐지설비 감지기 작동 및 연동관계
   · 가스소화설비 감지기 작동 및 솔레노이드밸브 연동관계
   · 유도등 및 시각경보기 연동관계
   · 방화셔터 및 배연창 작동 및 연동관계
   · 소방펌프 및 각종 밸브류 작동 및 성능시험
5. 시운전계획
   ○ 사전준비 확인(준비)사항
   - 시운전 참여자 참석여부 및 분담업무 확인
   - 각송 테스트 장비 준비 확인

일 정	내 용	비 고
09:00 ~ 10:00	시운전 준비 작업	테스트 장비 확인
10:00 ~ 16:00	소방설비 연동 운선 실시	소방관련 설비 연동확인
16:00 ~ 17:00	강 평	

2) 시운전계획서 포함 사항

① 시운전(성능시험) 일정

② 시운전 항목 및 종류

③ 시운전 절차

④ 시험 장비 확보 및 보정

⑤ 설비 기구 사용 계획

⑥ 운전 요원 및 검사 요원 선임 계획

⑦ 타 공종(기계, 전기) 협조, 세부 시운전 일정, 관련 공정 통보

3) 시운전계획 검토 및 통보

- 소방공사책임감리원은 시공자로부터 시운전계획서를 접수받아 시운전 검사 20일 전에 검토하여 발주자 및 시공자에게 통보

4) 타 공종 작업 공정 일정 확인

① 수전 일정 계획

② 통수 일정 계획

③ 비상조명등 및 비상방송설비 설치 일정

④ 방화 관련 설비(방화셔터, 방화문 설치 및 방화구획 등)

5) 시운전 성과품(성능시험조사표) 제출 및 검토

- 소방공사책임감리원은 시공자가 작성한 시운전계획서에 따라 시운전 완료 후 아래의 성과품을 시공자로부터 제출받아 검토 후 발주자에게 인계

6) 시운전 성과품 포함 사항

① 운전 개시, 가동 절차 및 방법

② 점검 항목 점검표

③ 운전 지침

④ 기기류 단독 시운전 방법 검토 및 계획서

⑤ 시스템 실제 가동 다이어그램

⑥ 시험 구분, 방법, 사용 매체 검토 및 계획서

⑦ 시험 성적서

⑧ 성능시험 성적서(성능시험 보고서)

☞ 시운전 성과품의 양식은 소방감리결과보고서에 첨부되는 성능시험조사표 이용

7) 시운전 입회 및 재검사 일정 협의

① 소방시설 시운전 시 시공자와 함께 입회하여 소방시설의 정상 작동 여부 확인

② 미진한 부분에 대해서는 재검사 실시 일정을 협의·지정

8) 성능시험조사표 작성 및 제출

- 성능시험조사표는 소방완공검사 완료 후 관할 소방서에 소방감리결과보고 시 첨부해야 하므로 정확하게 작성

(3) 예비완공검사

1) 예비완공검사의 목적

- 완공검사를 대비하여 소방시설 완성 상태를 점검하고 도출된 문제점을 완공 전에 보완하여 준공 기한 내 완공이 가능한지를 파악

2) 예비완공검사 점검표 작성 및 통보

- 소방공사책임감리원은 완공일 2개월 전에 예비완공검사 점검계획을 수립·작성하여 시공자에게 통보하고 발주자에게 보고

3) 예비완공검사 시 확인 사항

① 예비완공검사 체크리스트를 사용하여 확인

☞ 체크리스트 항목은 층별, 실별, 설비별로 세분화

② 확인 사항

☞ 설계도면, 시방서 등과 현장 시공 상태의 일치 여부

☞ 시공 상태의 관련 법규 적합 여부

☞ 시공 중 변경된 사항의 설계도면(준공도면) 반영 여부

☞ 소방시설 기 시공분의 훼손 및 고장 여부

☞ 완공에 필요한 적법 서류 및 인수·인계 시 필요한 사항 지도·점검

☞ 완공 기한 내 완공 가능 여부

4) 예비완공검사 결과 조치

- 예비완공검사 시 발생된 문제점을 보완하도록 시공자에게 지시
  그 결과를 발주자에게 보고

예시-소방공사 예비완공검사 결과

1. 지적사항 및 처리 일정(XX월 XX일까지 완료)
   - 표지판 미부착 : 완강기, 물탱크, 소화전, 소화기, 연결송수구
   - 완강기 미설치(5개소)
   - 소화전함 및 방수기구함 내 소방호스 및 관창 미비치
   - 복도 내 소화배관 노출부위 마감
   - 복도 내 방화문 상부 피난구 유도등 누락
   - 기계실내 소화펌프 주변배관 보온 미작업
   - 소화펌프 성능시험배관 적정 유량계로 교체
   - 4층 다목적실내 시각경보기(1개소) 누락
   - 비상조명등 접지 누락
   - 비상방송 앰프 전원 누락
   - 일부 냉방기에 근접한 감지기 이격작업
   - 옥상수조 내 소화배관 열선작업 미비
   - 소방완공도면 작성
   - 소방시설 유지관리지침서
   - 소화펌프 성능시험성적서 미첨부

2. 완공대비 관련공종 협조사항

○ 건축공사 : XX월 XX일
  - 제연설비관련 공사 : 계단실 방화문 도어릴리즈(폐쇄기) 취부 마감

○ 통신공사
  - 비상방송과 일반방송 연동관계(직상발보)
  - EPS실 층간방화구획

○ 전기공사 : XX월 XX일
  - EPS실 층간방화구획

○ 설비공사 : XX월 XX일
  - Pipe Shaft 층간방화구획(덕트 및 냉난방 배관주변)

3. 소방 완공 필증 수령을 위한 소방완공 검사 일정

① 화재수신반 및 자체 시운전 실시 : XX월 XX일
② 완공검사 : XX월 XX일~YY일
③ 소방서 접수 : XX월 XX일
④ 소방 완공 필증 수령 : XX월 XX일

(4) 완공검사

1) 완공검사 기간 및 절차

① 시공자의 완공검사원 접수 : 감리원은 검토 후 감리조서를 첨부하여 감리원 소속 회사 대표자에게 제출

② 검사자 임명 : 감리원 소속 회사 대표자는 완공검사원 및 감리조서 접수일로부터 3일 이내에 검사자를 임명

③ 완공검사 수행 : 완공검사자는 임명 통지일로부터 8일 이내에 완공검사를 완료

④ 검사결과 보고 : 검사조서를 작성하여 검사 완료일로부터 3일 이내에 소속 회사 대표자에게 보고

☞ 소속 회사 대표자는 검토 후 발주자에게 검사 결과를 보고

⑤ 재검사 요청 시 검사 기간 : 시공자로부터 시정을 완료한 사실을 통보받은 날로부터 기간(임명 통지일로부터 8일+검사 완료일로부터 3일)을 계산

2) 완공검사원 제출 서류

- 소방공사책임감리원은 시공자로부터 다음 서류를 포함한 완공검사원을 제출
  - ☞ 완공도면 및 공사 시방서
  - ☞ 설비별 용량 계신서
  - ☞ 완공 체크리스트 및 검사 관련 서류

3) 완공검사 시 검사 사항

① 완공된 공사가 설계서대로 시공되었는지 여부

② 공사 시공 시 소방공사책임감리원이 비치한 기록에 대한 검토

표 5.6.1.1 예비 완공검사 점검표(Punch List)

☑ 예비완공검사 ☐ 완공검사		점검표 (소 방)	점검자	소방 감리원	서명
				홍길동	
현 장 명		○○신축공사	점검일시	20XX. XX. XX	
부 위		점 검 사 항	미시공 사항		비 고 (완료일)
시운전	옥내소화전	○ 방수압력 측정 ○ 펌프 기동 및 동작램프 점등	시운전시 동작시험 예정		19.10.XX
	스프링클러	○ 헤드 방수 압력 측정 ○ 펌프 기동 및 A.V 기동			
	비상방송	○ 화재접점연동 AMP 출력			
	자동화재탐지	○ 자탐 회로 시험 및 수신기 연동			
	비상등	○ 정전접점 연동에 의한 점등			
	제연	○ 해당층 배기 및 전층 급기 작동			
	건축방화	○ 방화셔터 작동			
옥탑	소화기구	○ 입고 및 배치 상태	인수팀 요청시 배치 예정 (입고완료)		양호
	옥내소화전	○ 배관, 밸브류 및 외함 설치 상태	관창·호스는 인수팀 요청시 배치 예정(입고완료)		양호
	스프링클러	○ 배관, 밸브류, 헤드 및 시험밸브함 설치 상태	설치완료		양호
	자동화재탐지	○ 배관, 배선, 감지기 및 발신기 설치 상태	설치완료		양호
	비상방송	○ 배관, 배선 및 스피커 설치 상태	설치완료		양호
	유도등	○ 배관, 배선 및 유도등 설치 상태	설치완료		양호
	비상조명등	○ 배관, 배선 및 비상등 설치 상태	설치완료		양호
	제연	○ 덕트, 댐퍼, 차압측정공, 차압검지관 및 수동조작함 설치 상태	차압측정공 미설치		19.10.XX
지상 11층	소화기구	○ 입고 및 배치 상태	인수팀 요청시 배치 예정 (입고완료)		양호
	옥내소화전	○ 배관, 밸브류 및 외함 설치 상태	관창·호스는 인수팀 요청시 배치 예정(입고완료)		양호
	스프링클러	○ 배관, 밸브류, 헤드 및 시험밸브함 설치 상태	설치완료		양호
	자동화재탐지	○ 배관, 배선, 감지기 및 발신기 설치 상태	설치완료		양호
	비상방송	○ 배관, 배선 및 스피커 설치 상태	설치완료		양호
	유도등	○ 배관, 배선 및 유도등 설치 상태	설치완료		양호
	비상조명등	○ 배관, 배선 및 비상등 설치 상태	설치완료		양호
	제연	○ 덕트, 댐퍼, 차압측정공, 차압검지관 및 수동조작함 설치 상태	차압측정공 미설치		19.10.XX
	건축방화	○ 전실 방화문 설치 상태	설치완료		양호

③ 폐품 또는 발생물의 유무 및 처리의 적정 여부

④ 지급 자재의 사용 적합성과 잉여 자재의 유무 및 처리의 적정 여부

⑤ 제반 설비의 제거 및 원상복구 정리 상황 (토석 채취장 포함)

⑥ 소방공사책임감리원의 완공검사원에 대한 검토 의견서

⑦ 기타 검사자가 필요하다고 인정하는 사항

4) 감리조서 작성 및 통보

- 소방공사책임감리원은 시공자로부터 완공검사원을 접수받아 완공검사자를 임명하고 시공자에게 통보 및 발주자에게 보고

5) 완공검사조서 작성 및 결과 보고

① 완공검사자는 검사조서를 작성하여 소속 감리사 대표자에게 보고

② 감리업 대표자는 완공검사 수행 계획을 발주자에게 통보한 후 완공검사를 실시

③ 검사 완료 후 3일 이내에 완공검사자 연명으로 검사 결과를 발주자에게 통보

(5) 완공도서

1) 정산설계도서 검토 및 확인

- 소방공사책임감리원은 정산설계도서 등을 검토·확인하여 시설 목적물이 발주자에게 차질없이 인계될 수 있도록 지도·감독

2) 정산설계도서 제출 및 검토

- 소방공사책임감리원은 시공자로부터 건축 준공 예정일 2개월 전까지 정산설계도서를 제출받아 검토·확인

3) 준공도면의 검토 및 제출

① 시공자가 작성·제출한 준공도면이 실제 시공된 대로 작성되었는지 여부를 검토·확인하여 발주자에게 제출

② 준공도면은 계약에 정한 방법으로 작성되어야 하며, 모든 준공도면에는 설계자의 확인·서명 필요함

(6) 소방공사결과보고서

1) 보고서 제출 및 통보

- 소방공사책임감리원은 소방감리업무가 완료된 때에 소방공사 감리결과보고서에 다음 서류를 첨부하여 공사가 완료된 날부터 7일 이내에 특정소방대상물의 관계인, 소방시설공사의 도급인 및 그 특정소방대상물의 공사를 감리한 건축사에게 서면으로 알리고, 소방본부장 또는 소방서장에게 보고

2) 보고서 첨부 서류

① 소방시설 성능시험 조사표(종합정밀점검표 포함)

② 착공신고 후 변경된 소방시설 설계도면

③ 소방공사감리일지

④ 그 밖에 감리결과보고에 필요하다고 인정되는 서류

☞ 방염 필증

☞ 위험물 인허가 필증(해당되는 경우)

☞ 승강기 필증(비상용 승강기인 경우)

☞ 전화 선로 인입(자동화재속보기 대상인 경우)

☞ 상수도 영수증(상수도소화전 대상인 경우)

5.6.2 시설물 인수인계

(1) 인수인계 계획서

1) 인수인계 계획서 제출

- 소방공사책임감리원은 예비완공검사 완료 후 14일 이내에 시공자에게 발주자와 특정소방대상물에 대한 인수인계 절차를 수립하여 인수인계 계획서를 제출하도록 지도

2) 인수인계 계획서에 포함되어야 할 사항

① 주요 시설물 및 설비 목록

② 완공도서

③ 유지관리지침서 (필요한 경우)

④ 운전지침서 (필요한 경우)

⑤ 시운전 결과보고서

⑥ 감리 결과 보고서

3) 인수인계 계획 검토 및 통보

① 소방공사책임감리원은 시공자로부터 인수인계 계획서를 제출받아 7일 이내에 검토서를 작성하여 발주자 및 시공자에게 통보

② 소방시설 현황을 발주자 및 시공자와 합동으로 점검·확인

③ 인수인계 시 확인된 하자는 시공자가 보수하도록 요청

표 5.6.2.1 시설물 운영자 교육 및 인수/인계 계획 예시

시 설 개 요	일 정		인수/인계		시 운 전			교육인수/인계/입회자 이외	비고
	시운전	교육	인수자	인계자	인수자	인계자	입회자		
자동화재탐지설비			발주자 담당자	○○건설 ○○○	발주자 담당	홍길동	감리자	○○전자 ○○○과장	
스프링클러설비 옥내소화전설비									
가스계 소화설비									
무선통신보조설비									
제연설비									

(2) 현장문서 인수인계

1) 현장 문서 이관

- 소방공사책임감리원은 감리용역 완공 후 14일 이내에 발주자에게 감리업무 수행 시 발생한 서류 및 공사 계약서상 명시된 서류 등을 원본 및 CD-ROM 또는 저장장치 형태로 이관

2) 인수/인계해야 할 문서

① 완공 사진첩

② 완공 도면

③ 품질시험 · 검사 성과 총괄표

④ 기자재 구매 서류

⑤ 시설물 인수·인계서

⑥ 기타 발주자가 필요하다고 인정하는 서류

(3) 유지관리지침서

1) 유지관리지침서 제출 및 검토

- 소방공사책임감리원은 시공자로부터 소방시설의 운전 및 유지관리지침서를 접수받아 14일 이내에 검토 후 발주자에게 제출

2) 유지관리지침서 검토 사항

① 설치된 소방시설과 운전설명서의 일치 여부

② 소방시설의 규격 및 기능 설명서

③ 소방시설별 점검·보수 등 유지관리 지침 사항

예시-유지관리 지침서 항목

소방분야 유지관리 계획
Ⅰ. 유지관리 총론 1. 개요 2. 유지관리 업무 3. 관리 기술 기준 Ⅱ. 화재수신기 긴급복구방법 Ⅲ. 옥내소화전 및 스프링클러 펌프 관리 Ⅳ. 비상방송설비 취급설명 Ⅴ. 자동화재탐지설비 수신기 취급설명서 Ⅵ. 비상방송앰프 유지관리지침서 Ⅶ. 소화펌프 유지관리지침서 ※ 중요자재 업체의 연락처 기재

(4) 최종감리보고서(소방공사결과통보서)

1) 최종감리보고서 작성 및 통보

① 소방공사책임감리원은 시공자로부터 인수인계 계획서를 접수받아 7일 이내에 검토서를 작성하여 발주자에게 통보

② 소방시설 현황을 발주자 및 시공자와 합동으로 점검·확인

③ 인수인계 시 확인된 하자는 시공자가 보수하도록 요청

(5) 하자보수대책 검토서

1) 하자보수에 대한 기술검토 의견 제시

① 소방공사감리업 대표자는 감리용역 종료 후 발주자로부터 소방시설의 하자보수에 대한 기술 협조 요청이 있을 경우 기술검토 의견을 제시

② 검토 사항

☞ 하자의 종류 및 규모

☞ 하자의 원인

☞ 하자 보수 방법

☞ 하자의 책임에 대한 사항

2) 기술용역대가 청구

- 감리기술용역계약이 종료되고 시공자의 하자보수가 완료된 경우, 발주자에게 실비의 기술용역대가 청구

부록 ■ 단위환산표

길이

단 위	SI 단위	ft-lb 단위				토종단위			
	m	in	ft	yard	mile	자	간	정	리
미터	1	39.3700	3.2808	1.0936	0.0006	3.3000	0.5500	0.0092	0.0026
인치	0.0254	1	0.0833	0.0278	…	0.0838	0.0140	0.0023	…
피트	0.3048	12.0000	1	0.3333	0.0002	1.0058	0.1676	0.0279	0.0008
야드	0.9144	36.0000	3.0000	1	0.0006	3.0175	0.5029	0.0838	0.0023
마일	1609.3	63360.0	5280.0	1760.0	1	5310.8	885.14	147.523	4.0979
자	0.3030	11.9300	0.9942	0.3314	0.0002	1	0.1667	0.0278	0.0008
간	1.8180	71.5820	5.9650	1.9884	0.0011	6.0000	1	0.1667	0.0046
정	10.9091	429.490	35.7910	11.9303	0.0068	36.0000	6.0000	1	0.0278
리	392.73	154619.0	12885.0	4295.00	2.4403	12960.0	2160.00	36.000	1

면적

단 위	SI 단위	미터단위	ft-lb 단위			토종단위		
	m^2	a	ft^2	yd^2	acre(ac)	평	단보	정보
평방미터	1	0.01	10.764	1.1958	0.000247	0.3025	0.001008	0.0001
아르	100	1	1076.4	119.58	0.02471	30.25	0.10083	0.01008
평방피트	0.092903	0.000929	1	0.1111	0.000022	0.0281	0.00009	0.000009
평방야드	0.83613	0.00836	9	1	0.000207	0.25293	0.00084	0.00008
에이커	4046.8	40.468	43560	4840	1	1224.2	4.0806	0.40806
평	3.3058	0.03305	35.583	3.9537	0.00081	1	0.00333	0.00033
단보	991.74	9.9174	10674.9	1186.1	0.24506	300	1	0.1
정보	9917.4	99.174	106794	11861	2.4506	3000	10	1

무게

단 위	SI 단위	미터단위	ft-lb 단위			토종단위		
	kg	ton	grain(gr)	oz	lb	돈	근	관
킬로그램	1	0.001	15432	35.273	2.20459	266.666	1.6666	0.26666
톤	1000	1	…	35273	2204.59	266666	1666.6	266.666
그레인	0.00006	…	1	0.00228	0.00014	0.01728	0.000108	0.000017
온스	0.02835	0.000028	43.7	1	0.0625	7.56	0.0473	0.00756
파운드	0.45359	0.00045	7000	16	1	120.96	0.756	0.12096
돈	0.00375	0.000004	57.872	0.1323	0.00827	1	0.00625	0.001
근	0.6	0.0006	9259.556	21.1647	1.32279	160	1	0.16
관	3.75	0.00375	57872	132.28	8.2672	1000	6.25	1

밀도

단 위	SI 단위	미터단위		ft-lb 단위		
	kg/m³	g/cm³	kg/L	lb/in³	lb/ft³	lb/u.s.gal
kg/m³	1	0.001	0.001	3.613×10^{-5}	0.06244	0.008345
g/cm³	1000	1	1	0.03613	62.44	8.345
kg/L	1000	1	1	0.03613	62.44	8.345
lb/in³	27680	27.680	27.680	1	1728	231
lb/ft³	16.02	0.01602	0.01602	5.787×10^{-4}	1	0.1337
lb/u.s.gal	1.1198×10^{-4}	0.1198	0.1198	0.004329	7.481	1

체적

단 위	SI 단위	미터단위		ft-lb 단위				토종단위	
	m³	cm³	L	in³	ft³	yd³	gal³	되	말
입방미터	1	1000000	1000	61027	35.3165	1.3082	264.186	554.325	55.4352
입방센치	0.00001	1	0.001	0.06102	0.00003	0.00001	0.00026	0.00055	0.00005
리터	0.001	1000	1	61.027	0.03531	0.0013	0.26418	0.55435	0.05543
입방인치	0.00001	16.386	0.01638	1	0.00057	0.00002	0.00432	0.00908	0.00091
입방피트	0.02831	28316.8	28.3169	1728	1	0.03703	7.48051	15.6666	1.56966
입방야드	0.76451	764511	764.511	46656	27	1	201.974	423.809	42.3809
갤론	0.00378	3785.43	3.78543	231	0.13368	0.00495	1	2.0983	0.20938
되	0.0018	1803.9	1.8039	110.041	0.0637	0.00234	0.47656	1	0.1
말	0.01803	18039	18.039	1100.41	0.63707	0.02359	4.76567	10	1

압력

단 위	SI 단위		미터단위			ft-lb 단위	
	Pa	bar	kgf/cm²	atm	mmH_2O	lbf/in²	lbf/ft²
Pa	1	1.000×10^{-5}	1.020×10^{-5}	9.869×10^{-6}	1.020×10^{-1}	1.451×10^{-4}	2.089×10^{-2}
bar	1.000×10^{5}	1	1.01972	9.869×10^{-1}	1.020×10^{4}	1.451×10	2.089×10^{3}
kgf/cm²	9.807×10^{4}	9.807×10^{-1}	1	9.678×10^{-1}	1.000×10^{4}	1.422×10	2.05×10^{3}
atm	1.013×10^{5}	1.01325	1.03323	1	1.033×10^{4}	1.471×10	2116.0
mmH_2O	9.807	9.807×10^{-5}	1.000×10^{-4}	9.678×10^{-5}	1	1.421×10^{-3}	2.784
lbf/in²	6.890×10^{3}	6.890×10^{-2}	7.031×10^{-2}	6.800×10^{-2}	7.037×10^{-1}	1	144.0
lbf/ft²	47.88	4.788×10^{-4}	4.88×10^{-4}	478.80	0.359	0.6944×10^{-2}	1

엔탈피

단 위	SI 단위	미터단위	ft-lb 단위
	J/kg	kcal/kg	Btu/lb
J/kg	1	2.389×10^{-4}	4.30×10^{-4}
kcal/kg	4.18399×10^{3}	1	1.7897
Btu/lb	2.326×10^{3}	0.5559	1

비열

단 위	SI 단위	미터단위	ft-lb 단위
	J/kg·K	kcal/kg·℃	Btu/lb·°F
J/kg·K	1	2.389×10^{-4}	2.388×10^{-4}
kcal/kg·℃	4.1839×10^{3}	1	0.99933
Btu/lb·°F	4.1868×10^{3}	1.00067	1

열전도율

단 위	SI 단위		미터단위	ft-lb 단위	
	W/m·K	kJ/m·h·K	kcal/m·h·℃	BTU/ft·h·°F	BTU/in·ft·°F
W/m·K	1	3.6	0.8598	0.5778	0.04815
kJ/m·h·K	0.2778	1	0.239	0.1605	0.01338
kcal/m·h·℃	1.163	4.187	1	0.672	0.056
BTU/ft·h·°F	1.731	6.232	1.488	1	0.08333
BTU/in·ft·°F	20.77	74.8	17.86	12	1

열통과율 전열량

열 통 과 율				전 열 량		
단 위	SI 단위	미터단위	ft-lb 단위	단 위	$kcal/m^2$	BTU/ft^2
	W/cm^2·℃	$kcal/m^2$·h·℃	BTU/ft^2·h·°F			
W/cm^2·℃	1	0.86024	0.1761	$kcal/m^2$	1	0.3687
$kcal/m^2$·h·℃	1.162	1	0.2048	BTU/ft^2	2.713	1
BTU/ft^2·h·°F	5.678	4.885	1			

속도 각속도

단 위	속 도					각 속 도		
	SI 단위	미터단위	ft-lb 단위			단 위	rpm	rad/s
	m/s	km/h	ft/s	ft/m	mile/h			
m/s	1	3.6	3.281	196.85	2.237	rpm	1	0.1047
km/h	0.2778	1	0.9113	54.68	0.6214	rad/s	9.549	1
ft/s	0.3048	1.097	1	60	0.6818			
ft/m	0.00508	0.01829	0.01829	1	0.01136			
mile/h	0.447	1.609	1.467	88	1			

일 에너지(열량)

※ J=1N.m

단위	SI 단위	미터단위					ft-lb 단위	
	J	kgf · m	kcal	Wh	HP(미터)	HP(영국)	ft · lb	BTU
J	1	0.102	2.39×10^{-4}	2.77×10^{-4}	3.72×10^{-4}	3.72×10^{-4}	0.7376	9.48×10^{-4}
kgf · m	9.807	1	2.34×10^{-4}	2.72×10^{-3}	3.72×10^{-4}	3.72×10^{-4}	7.233	9.30×10^{-4}
kcal	4186	426.9	1	1.163	1.58×10^{-4}	1.56×10^{-4}	3086	3.968
Wh	3.6×10^{3}	367.1	0.860	1	1.36×10^{3}	1.341×10^{3}	2.655×10^{3}	3.416
HP(미터)	2.648×10^{6}	2.700×10^{5}	632.5	735.5	1	0.986	1.953×10^{6}	2510
HP(영국)	2.686×10^{6}	2.739×10^{5}	641.6	746	1.014	1	1.981×10^{6}	2546
ft · lb	1.356	0.1383	3.34×10^{-4}	3.77×10^{-4}	5.121×10^{-4}	5.12×10^{-4}	1	1.29×10^{-4}
BTU	1055	107.6	0.252	0.293	3.98×10^{-4}	3.93×10^{-4}	778.16	1

동점도

단 위	SI 단위	미터단위		ft-lb 단위		비 고
	m^2/s	cm^2/s	m^2/h	ft^2/s	ft^2/h	
m^2/s	1	1×10^{4}	3.6×10^{3}	10.764	3.875×10^{4}	1st(stokes) $=100mm^2/s$
cm^2/s	1×10^{-4}	1	0.36	1.0764×10^{-3}	3.875	
m^2/h	2.778×10^{-4}	2.778	1	2.990×10^{-3}	10.764	
ft^2/s	9.290×10^{-2}	929.0	334.4	1	3.6×10^{3}	
ft^2/h	2.581×10^{-5}	0.2581	9.29×10^{-2}	2.778×10^{-4}	1	

점도

단 위	SI 단위	미터단위		ft-lb 단위		비 고
	Pa·s	kgf·s/m^2	g/cm^2·s	kg/m·h	lbf·s/ft^2	
Pa·s	1	0.10197	10	3.6×10^{3}	2.089×10^{-2}	1ps(poise)
kgf·s/m^2	9.80665	1	98.07	3.53×10^{4}	0.20481	=100cP
g/cm^2·s	0.1	1.020×10^{-2}	1	360	2.089×10^{-3}	1Pa·s
kg/m·h	2.778×10^{-4}	2.833×10^{-5}	2.778×10^{-3}	1	5.80×10^{-6}	=1N·s/m^2
lbf·s/ft^2	47.88	4.882	478.8	1.724×10^{5}	1	=1kg/m·s

힘

단 위	SI 단위	미터단위		ft-lb 단위
	N = kg·m/s^2	kgf	g·cm/s^2	lbf
N	1	0.10197	1×10^{5}	0.2248
kgf	9.80665	1	9.80665×10^{5}	2.205
g·cm/s^2	1×10^{-5}	1.020×10^{-6}	1	2.248×10^{-6}
lbf	4.448	0.4536	4.448×10^{5}	1

동력

단위	SI 단위	미터단위				ft-lb 단위	
	kW	kgf·m/s	kcal/h	PS	HP	lbf·ft/s	Btu/h
kW	1	101.97	859.8	1.360	1.341	737.4	3.412×10^{3}
kgf·m/s	9.807×10^{-2}	1	8.432	1.333×10^{-2}	1.315×10^{-2}	7.232	33.46
kcal/h	1.163×10^{-3}	0.1186	1	1.58×10^{-3}	1.56×10^{-3}	0.8576	3.968
PS	0.7355	75.0	632.4	1	0.9863	542.4	2.509
HP	0.7457	76.04	641.2	1.014	1	550.0	2.544×10^{3}
lbf·ft/s	1.356×10^{-3}	0.1383	1.166	1.844×10^{-3}	1.820×10^{-3}	1	4.627×10^{3}
Btu/h	2.931×10^{-4}	2.989×10^{-2}	0.2520	3.986×10^{-4}	3.93×10^{-4}	0.216	1

체적유량

단 위	SI 단위	미터단위			ft-lb 단위		
	m^3/s	m^2/h	m^2/min	L/min	미 gal/min	영 gal/min	ft^2/h
m^3/s	1	3.6×10^{3}	60	6×10^{4}	1.585×10^{4}	1.320×10^{4}	1.271×10^{5}
m^2/h	2.778×10^{-4}	1	1.667×10^{-2}	16.670	4.403	3.667	35.31
m^2/min	1.667×10^{-2}	60	1	1×10^{3}	264.2	220.0	2.1186×10^{3}
L/min	1.667×10^{-5}	6×10^{-2}	1×10^{-3}	1	0.2642	0.220	2.1186
미 gal/min	6.308×10^{-5}	0.2271	3.785×10^{-3}	3.785	1	0.8326	8.0190
영 gal/min	7.577×10^{-5}	0.2730	4.546×10^{-3}	4.546	1.201	1	9.630
ft^2/h	7.867×10^{-6}	2.832×10^{-2}	0.472×10^{-3}	0.472	0.1247	0.1038	1

저자소개

강주형(姜周亨)

(현) ㈜글로벌이앤피
연구설계부 부사장

(현) 숭실사이버대 겸임교수

서울과학기술대학교 안전공학 석사

자격
소방기술사(2010)
소방기계 · 소방전기 기사

여용주(余龍周)

(현) (사)국가화재평가원 이사장

(현) 한백에프엔씨 기술고문

호서대학교 소방공학 박사

자격
소방기술사(2002)
소방기계 · 소방전기 기사

윤해권(尹海權)

(현) (사)한국안전인증원 이사장

(현) 경기대학교 공학대학원 겸임교수

(현) 세종사이버대 겸임교수

경기대학교 도시방재공학 박사

자격
소방기술사(2011)
소방기계 · 소방전기 기사

이영수(李榮洙)

(현) ㈜정도 전무

(현) (사)한국소방기술인협회 교육이사

(전) 용인송담대학 건축소방설비과
외래교수

자격
소방기계 · 소방전기 기사
재난관리지도사
기업재난관리자(실무)

최동호(崔東鎬)

(현) 마인엔지니어링건축사사무소(주)
현장관리기술본부
현장관리팀장 상무

자격
소방기계 · 소방전기 기사
건설기계기사

소방 실무 핸드북 정가 69,000원

발 행 2025년 9월 10일 3판 1쇄
저 자 강주형 · 여용주 · 윤해권 · 이영수 · 최동호
발행인 정우용
발행처 도서출판 동화기술
경기도 파주시 광인사길 201(문발동, 파주출판도시)
Tel (031)955-4211~6 donghwapub@nate.com
Fax (031)955-4217 www.donghwapub.co.kr
(등록) 1977년 12월 19일/9-16호

ISBN 978-89-425-9733-8